기출이 답이다
Answer

산업안전산업기사 필기

10개년 기출문제집

시대에듀

2026 기출이 답이다
산업안전산업기사 필기 10개년 기출문제집

Always with you

사람이 길에서 우연하게 만나거나 함께 살아가는 것만이 인연은 아니라고 생각합니다.
책을 펴내는 출판사와 그 책을 읽는 독자의 만남도 소중한 인연입니다.
시대에듀는 항상 독자의 마음을 헤아리기 위해 노력하고 있습니다.
늘 독자와 함께하겠습니다.

끝까지 책임진다! 시대에듀!
QR코드를 통해 도서 출간 이후 발견된 오류나 개정법령, 변경된 시험 정보, 최신기출문제, 도서 업데이트 자료 등이 있는지 확인해
보세요! **시대에듀 합격 스마트 앱**을 통해서도 알려 드리고 있으니 구글 플레이나 앱 스토어에서 다운받아 사용하세요.
또한, 파본 도서인 경우에는 구입하신 곳에서 교환해 드립니다.

편집진행 윤진영 · 오현석 | **표지디자인** 권은경 · 길전홍선 | **본문디자인** 정경일

머리말

경제가 발전하고 도심 등에 인구가 집중되면서 고층 아파트 및 건물이 세워지고 있지만, 우리나라 재해율은 선진국에 비해 높다. 산업현장에서 발생하는 크고 작은 사고로 인해 인명 및 재산 피해가 발생하는데, 안전사고의 원인을 살펴보면 대부분 안전장비를 갖추지 않거나 안전수칙을 지키지 않아 발생하는 인재(人災)이다. 2022년 1월 27일부터 중대재해 처벌 등에 관한 법률이 시행되고, 산업안전 관련 법 등이 강화되면서 산업안전 관련 자격증에 대한 관심도 높아지고 있다.

그중 산업안전산업기사 자격증을 취득한 사람은 제조 및 서비스업 등 각 산업현장에서 산업재해 예방계획의 수립에 관한 사항을 수행하며, 작업환경의 점검 및 개선에 관한 사항, 유해 및 위험방지에 관한 사항, 사고사례 분석 및 개선에 관한 사항, 근로자의 안전교육 및 훈련에 관한 업무 등을 수행한다.
안전사고에 대한 인식이 점차 높아지고, 정부나 기업에서도 산업안전에 대한 예방정책을 적극적으로 지원하고 있으므로 산업안전 관련 자격증에 대한 수요는 증가할 것이다.

본 도서는 핵심이론과 기출(복원)문제 및 해설로 구성하였다. 다년간의 출제경향을 분석하여 자주 출제되고 중요한 내용을 정리하여 핵심이론으로 구성하였고, 10개년 기출(복원)문제와 상세한 해설을 수록하여 수험생들이 혼자서도 어렵지 않게 시험을 준비할 수 있도록 하였다. 핵심이론과 기출(복원)문제를 반복학습한다면 좋은 결과를 얻을 수 있을 것이다.

본 도서의 부족한 점은 꾸준히 수정·보완하여 좋은 수험 대비서가 되도록 노력하겠으며, 수험생 여러분의 합격을 기원한다.

편저자 올림

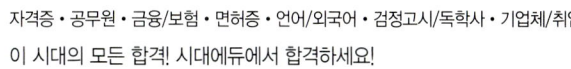

시험안내 INFORMATION

개요

생산관리에서 안전을 제외하고는 생산성 향상이 불가능하다는 인식 속에서 산업현장의 근로자를 보호하고 근로자들이 안심하고 생산성 향상에 주력할 수 있는 작업환경을 만들기 위하여 전문적인 지식을 가진 기술 인력을 양성하고자 자격제도를 제정하였다.

진로 및 전망

기계, 금속, 전기, 화학, 목재 등 모든 제조업체, 안전관리 대행업체, 산업안전관리 정부기관, 한국산업안전공단 등으로 진출할 수 있다. 우리나라의 경우 재해율 개선에 대한 투자와 사회적 인식이 높아짐에 따라 안전인증 대상을 확대하여 각종 방호장치까지 안전인증을 취득하도록 산업안전보건법 시행규칙이 개정되었다. 하지만 경제 회복 국면과 안전보건조직 축소가 맞물림에 따라 재해율이 상승하고 있어 정부의 적극적인 재해예방정책으로 산업안전산업기사 취득자에 대한 인력 수요는 증가할 것이다.

시험일정

구분	필기원서접수 (인터넷)	필기시험	필기합격 (예정자)발표	실기원서접수	실기시험	최종 합격자 발표일
제1회	1월 중순	2월 초순	3월 중순	3월 하순	4월 중순	6월 중순
제2회	4월 중순	5월 초순	6월 중순	6월 하순	7월 중순	9월 중순
제3회	7월 하순	8월 초순	9월 초순	9월 하순	11월 초순	12월 하순

※ 상기 시험일정은 시행처의 사정에 따라 변경될 수 있으니, 큐넷 홈페이지(www.q-net.or.kr)에서 확인하시기 바랍니다.

시험요강

① 시행처 : 한국산업인력공단
② 관련 학과 : 대학 및 전문대학의 안전공학, 산업안전공학, 보건안전학 관련 학과
③ 시험과목
- 필기 : 산업재해 예방 및 안전보건교육, 인간공학 및 위험성 평가 · 관리, 기계 · 기구 및 설비 안전관리, 전기 및 화학설비 안전관리, 건설공사 안전관리
- 실기 : 산업안전 실무
④ 검정방법
- 필기 : 객관식 4지 택일형 과목당 20문항(2시간 30분)
- 실기 : 복합형[필답형(1시간) + 작업형(1시간 정도)]
⑤ 합격기준
- 필기 : 100점을 만점으로 하여 과목당 40점 이상, 전 과목 평균 60점 이상
- 실기 : 100점을 만점으로 하여 60점 이상

검정현황

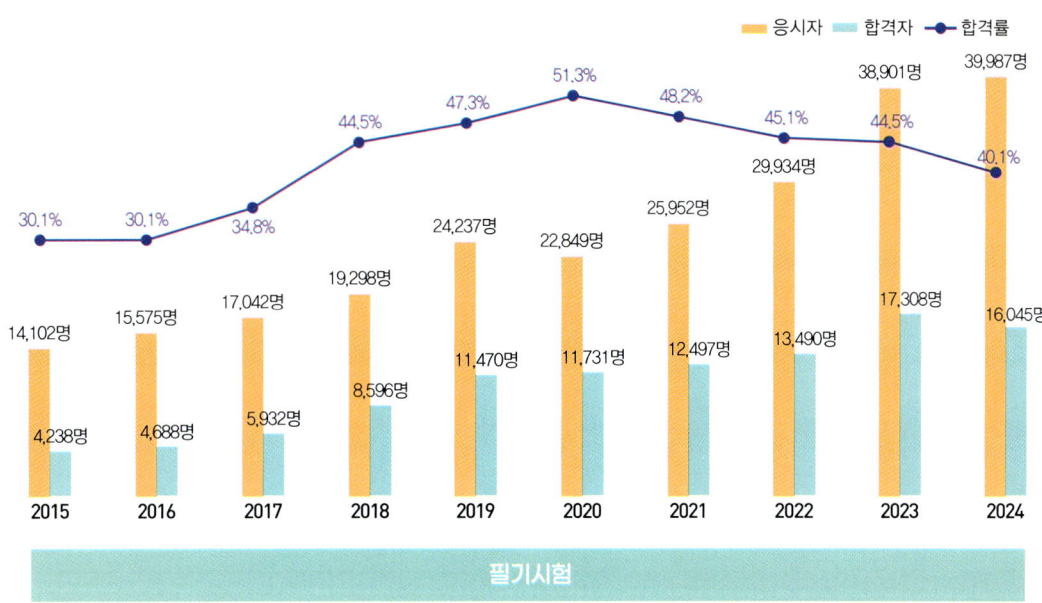

필기시험

연도	2015	2016	2017	2018	2019	2020	2021	2022	2023	2024
응시자	14,102명	15,575명	17,042명	19,298명	24,237명	22,849명	25,952명	29,934명	38,901명	39,987명
합격자	4,238명	4,688명	5,932명	8,596명	11,470명	11,731명	12,497명	13,490명	17,308명	16,045명
합격률	30.1%	30.1%	34.8%	44.5%	47.3%	51.3%	48.2%	45.1%	44.5%	40.1%

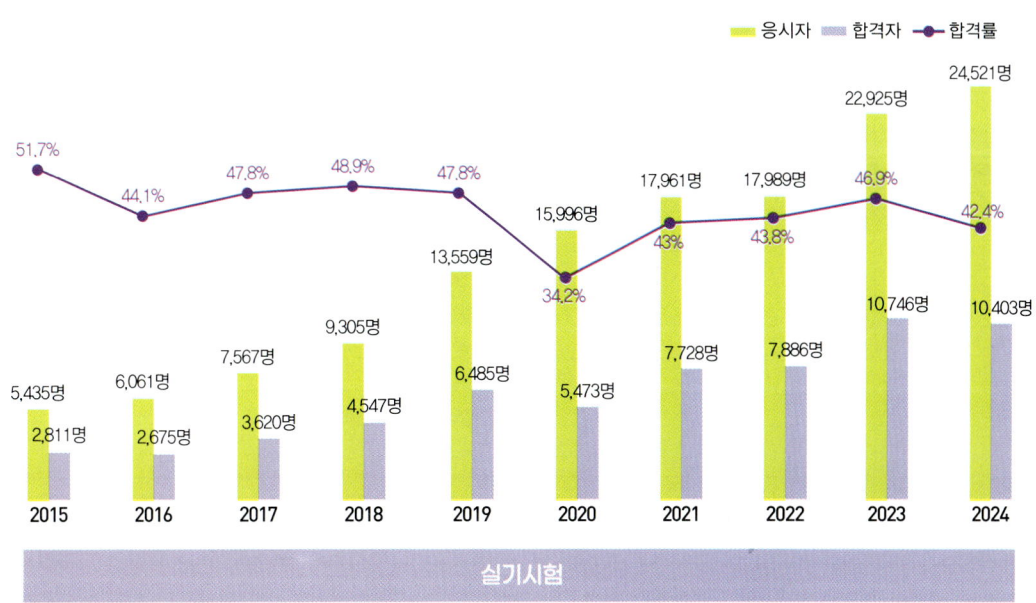

실기시험

연도	2015	2016	2017	2018	2019	2020	2021	2022	2023	2024
응시자	5,435명	6,061명	7,567명	9,305명	13,559명	15,996명	17,961명	17,989명	22,925명	24,521명
합격자	2,811명	2,675명	3,620명	4,547명	6,485명	5,473명	7,728명	7,886명	10,746명	10,403명
합격률	51.7%	44.1%	47.8%	48.9%	47.8%	34.2%	43%	43.8%	46.9%	42.4%

시험안내 INFORMATION

출제기준(필기)

필기과목명	주요 항목	세부 항목	
산업재해 예방 및 안전보건교육	산업재해 예방계획 수립	• 안전관리	• 안전보건관리 체제 및 운용
	안전보호구관리	• 보호구 및 안전장구관리	
	산업안전심리	• 산업심리와 심리검사 • 직업 적성과 배치 • 인간의 특성과 안전과의 관계	
	인간의 행동과학	• 조직과 인간행동 • 집단관리와 리더십	• 재해 빈발성 및 행동과학 • 생체리듬과 피로
	안전보건교육의 내용 및 방법	• 교육의 필요성과 목적 • 교육방법 • 교육 실시방법 • 안전보건교육계획 수립 및 실시 • 교육내용	
	산업안전 관계 법규	• 산업안전보건법령	
인간공학 및 위험성 평가 · 관리	안전과 인간공학	• 인간공학의 정의 • 체계설계와 인간요소	• 인간−기계체계 • 인간요소와 휴먼에러
	위험성 파악 · 결정	• 위험성 평가	• 시스템 위험성 추정 및 결정
	위험성 감소대책 수립 · 실행	• 위험성 감소대책 수립 및 실행	
	근골격계질환 예방관리	• 근골격계 유해요인 • 근골격계 유해요인관리	• 인간공학적 유해요인 평가
	유해요인관리	• 물리적 유해요인관리 • 생물학적 유해요인관리	• 화학적 유해요인관리
	작업환경관리	• 인체계측 및 체계제어 • 신체활동의 생리학적 측정법 • 작업 공간 및 작업 자세 • 작업 측정 • 작업환경과 인간공학 • 중량물 취급작업	
기계 · 기구 및 설비 안전관리	기계 안전시설관리	• 안전시설관리 계획하기 • 안전시설 유지 · 관리하기	• 안전시설 설치하기
	기계 분야 산업재해조사	• 재해조사	

필기과목명	주요 항목	세부 항목	
기계 · 기구 및 설비 안전관리	기계설비 위험요인 분석	• 공작기계의 안전 • 기타 산업용 기계 · 기구	• 프레스 및 전단기의 안전 • 운반기계 및 양중기
	기계 안전점검	• 안전점검계획 수립 • 안전점검 평가	• 안전점검 실행
	기계설비 유지 · 관리	• 기계설비 위험요인 대책 제시	• 기계설비 유지 · 관리
전기 및 화학설비 안전관리	전기작업 안전관리	• 전기작업의 위험성 파악 • 전기설비 및 기기	• 전기작업 안전 수행
	감전재해 및 방지대책	• 감전재해 예방 및 조치 • 절연용 안전장구	• 감전재해의 요인
	정전기 장 · 재해 관리	• 정전기 위험요소 파악	• 정전기 위험요소 제거
	전기방폭 관리	• 전기방폭설비	• 전기방폭 사고예방 및 대응
	전기설비 위험요인 관리	• 전기설비 위험요인 파악 • 전기설비 위험요인 점검 및 개선	
	화재 · 폭발 검토	• 화재 · 폭발 이론 및 발생 이해 • 소화원리 이해	• 폭발방지대책 수립
	화학물질 안전관리 실행	• 화학물질(위험물, 유해화학물질) 확인 • 화학물질(위험물, 유해화학물질) 유해 위험성 확인 • 화학물질 취급설비 개념 확인	
	화공 안전운전 · 점검	• 안전점검계획 수립 • 안전점검 평가	• 설비 및 공정안전
건설공사 안전관리	건설현장 안전점검	• 안전점검계획 수립	• 안전점검 고려사항
	건설현장 유해 · 위험요인관리	• 건설공사 유해 · 위험요인 확인	
	건설업 산업안전보건관리비 관리	• 건설업 산업안전보건관리비 규정	
	건설현장 안전시설 관리	• 안전시설 설치 및 관리	• 건설공구 및 기계
	비계 · 거푸집 가시설 위험 방지	• 건설 가시설물 설치 및 관리	
	공사 및 작업 종류별 안전	• 양중 및 해체공사 • 운반 및 하역작업	• 콘크리트 및 PC공사

목 차 CONTENTS

PART 01 | 핵심이론

CHAPTER 01 산업재해 예방 및 안전보건교육 ········· 003

CHAPTER 02 인간공학 및 위험성 평가 · 관리 ········· 033

CHAPTER 03 기계 · 기구 및 설비 안전관리 ········· 044

CHAPTER 04 전기 및 화학설비 안전관리 ········· 061

CHAPTER 05 건설공사 안전관리 ········· 084

PART 02 | 과년도 + 최근 기출복원문제

2016년 과년도 기출문제 ········· 111

2017년 과년도 기출문제 ········· 185

2018년 과년도 기출문제 ········· 258

2019년 과년도 기출문제 ········· 333

2020년 과년도 기출문제 ········· 409

2021년 과년도 기출복원문제 ········· 458

2022년 과년도 기출복원문제 ········· 535

2023년 과년도 기출복원문제 ········· 610

2024년 과년도 기출복원문제 ········· 683

2025년 최근 기출복원문제 ········· 759

PART 01

핵심이론

CHAPTER 01	산업재해 예방 및 안전보건교육
CHAPTER 02	인간공학 및 위험성 평가 · 관리
CHAPTER 03	기계 · 기구 및 설비 안전관리
CHAPTER 04	전기 및 화학설비 안전관리
CHAPTER 05	건설공사 안전관리

합격의 공식 **시대에듀** www.sdedu.co.kr

01 산업재해 예방 및 안전보건교육

[산업재해 예방계획 수립]

▌ 안전관리의 중요성
- 인간 존중이라는 인도적인 신념을 실현한다.
- 경영·경제상의 제품의 품질과 생산성을 향상시킨다.
- 재해로부터 인적·물적 손실을 예방한다.
- 작업환경 개선을 통해 투자비용을 감소한다.

▌ 제조물책임법에 명시된 결함의 종류 : 설계상의 결함, 표시상의 결함, 제조상의 결함

▌ near accident(아차사고) : 산업재해에 있어 인명이나 물적 등 일체의 피해가 없는 사고, 즉 사고가 발생할 뻔하였으나 다행히 피해가 발생하지 않은 사고이다.

▌ 리스크 테이킹(risk taking, 위험 감수) : 객관적인 위험을 스스로 판단하여 의지 결정 후 행동을 실천하는 것이다.

▌ 무재해운동의 3원칙
- 무의 원칙(제로의 원칙) : 사람이 죽거나 다쳐서 일을 못 하게 되는 일 및 모든 잠재요소를 제거한다.
- 선취의 원칙(안전제일의 원칙) : 잠재 위험요인을 발굴·제거하여 안전 확보 및 사고를 예방한다.
- 참가의 원칙 : 무재해를 지향하고 안전과 건강을 선취하기 위해 전원 참가한다.

▌ 지적 확인 : 무재해운동 추진기법 중 하나로, 작업을 오조작 없이 안전하게 하기 위하여 작업공정의 요소에서 자신의 행동을 하고 대상을 가리킨 후 큰 소리로 확인하는 것, 즉 사람의 눈이나 귀 등 오감의 감각기관을 총동원해서 작업의 정확성과 안전을 확인하는 기법이다.

▌ 지적 확인과 정확도
- 지적 확인한 경우 : 0.8%
- 확인만 하는 경우 : 1.25%
- 지적만 하는 경우 : 1.5%
- 아무것도 하지 않은 경우 : 2.85%

▌ 위험예지훈련의 4라운드(4R)

- 제1라운드(현상 파악) : 전원이 토의를 통하여 위험요인을 발견하는 단계(잠재적 요인 발견)
- 제2라운드(본질 추구) : 요인조사, 위험한 것을 결정하는 단계
- 제3라운드(대책 수립) : 관리적 대책(동기부여, 사기 향상 등)을 수립하는 단계
- 제4라운드(목표 설정) : 실천행동목표를 설정하는 단계

▌ 위험예지훈련의 방법

- 반복 훈련한다.
- 사전에 준비한다.
- 자신의 작업으로 실시한다.
- 단위 인원수를 적게 한다.

▌ TBM(Tool Box Meeting)

- 작업원 전원의 상호 대화로 스스로 생각하고 납득하는 작업장 안전회의이다.
- 사전에 주제를 정하고 자료 등을 준비한다.
- 현장에서 그때 그 장소의 상황에 즉응하여 실시한다.
- 10명 이하의 소수가 적합하며, 시간은 10분 정도가 바람직하다.
- 근로자 모두가 말하고 스스로 생각하고 '이렇게 하자.'라고 합의한 내용이 되어야 한다.
- 결론은 서두르지 않는다.

▌ TBM 실시단계 : 도입 → 점검 정비 → 작업 지시 → 위험예지훈련 → 확인

▌ 재해원인

- 직접원인 : 불안전한 행위(인적 요인), 불안전한 상태(물적 요인)
- 간접원인 : 기술적 요인, 교육적 원인, 작업관리상 원인, 신체적(생리적) 원인, 정신적 원인 등

▌ 불안전 상태와 불안전 행동을 제거하는 안전관리의 시책

- 적극적인 대책
  - 위험공정의 배제
  - 위험물질의 격리 및 대체
  - 위험성 평가를 통한 작업환경 개선
- 소극적인 대책 : 보호구의 사용

∎ 재해 원인 4M
- Media : 작업 정보, 작업환경
- Machine : 기계설비의 고장·결함
- Management : 법규 준수, 단속, 점검, 지휘감독, 교육훈련
- Man : 동료나 상사, 본인 이외의 사람

∎ 하인리히의 재해발생 5단계
- 1단계 : 사회적 환경 및 유전적 요소
- 2단계 : 개인적 결함(전문지식의 결여 및 기술, 숙련도 부족)
- 3단계 : 불안전한 행동 또는 불안전한 상태
- 4단계 : 사고
- 5단계 : 재해

∎ 하인리히 사고 예방대책의 기본원리 5단계
- 1단계(안전관리 조직) : 경영자의 안전목표 설정, 안전관리조직 구성 및 계획을 수립하는 단계
- 2단계(사실의 발견) : 사고 및 활동 기록 검토, 작업 분석, 안전점검 검사, 사고조사, 토의, 불안적 요소를 발견하는 단계
- 3단계(원인 규명 : 분석평가) : 사고 보고서 및 현장조사 분석, 사고 기록 관계자료 분석, 인적 및 물적 환경조건 분석, 작업공정 분석, 교육훈련 분석을 하는 단계
- 4단계(대책 선정 : 시정방법의 선정) : 기술적 개선, 인사 조정, 교육 및 훈련 개선, 안전행정의 개선, 규정 및 제도 개선, 효과적인 개선방법 선정을 하는 단계
- 5단계(대책의 적용 : 시정책의 적용) : 하베이 3E(Education, Engineering, Enforcement)

∎ 하인리히의 재해손실코스트
- 직접비 : 사고의 피해자에게 지급되는 산재보상비 또는 재해보상비[직업재활급여, 간병급여, 장해급여, 상병보상연금, 유족급여, 사망 시 장의비용(장례비, 장제비, 장의비), 요양비(요양급여), 장해보상비, 휴업보상비, 상해특별보상비 등]
- 간접비 : 기계·설비·공구·재료 등의 물적손실(재산손실), 설비 가동 정지에서 오는 생산손실, 작업을 하지 않았는데 지급한 임금손실, 신규채용비용(채용급여), 생산손실급여, 설비의 수리비 및 손실비, 부상자의 시간손실, 관리감독자가 재해의 원인조사를 하는 데 따른 시간손실, 입원 중의 잡비, 교육훈련비용, 기타 손실 등

▌ 재해손실비의 평가방식

- 하인리히의 계산방식 : 총재해비용 = 직접손실비용 + 간접손실비용
- 시몬즈(R.H. Simonds)의 계산방식 : 재해손실비 = 보험코스트 + 비보험코스트

▌ 하인리히의 재해코스트(하인리히 법칙)

- 재해 구성 비율 : 1 : 29 : 300의 법칙(중상해 : 경상해 : 무상해 ≃ 0.3% : 8.8% : 90.9%)
- 재해손실 코스트 산정 : 1 : 4의 법칙(직접손실비 : 간접손실비 = 1 : 4)

▌ 산업재해 방지의 4원칙

- 예방 가능의 원칙 : 재해사고는 예방이 가능하지만, 노력의 한계가 있다.
- 손실 우연의 원칙 : 사고 발생 당시 주변조건에 따라 손실의 크기가 달라진다.
- 원인 계기의 원칙 : 사고와 그 원인과의 사이에는 필연적인 인과관계로 이루어져 있다.
- 대책 선정의 원칙 : 가장 적절한 안전대책을 선정하고 차선책까지 고려해야 한다.

▌ 대책 선정 원칙의 충족조건

- 기술적 대책 : 안전설계, 작업행정 개선, 안전 기준 설정, 환경설비의 개선, 점검 보존 확립 등
- 교육적 대책 : 안전교육 및 훈련 등
- 관리적 대책 : 적합한 기준 설정, 전 종업원의 기준 이해, 동기부여와 사기 향상, 각종 규정·수칙 준수, 경영자·관리자의 솔선수범 등

▌ 산업재해조사표에 기록해야 할 내용

- 사업장의 개요 및 근로자의 인적사항
- 재해 발생의 일시 및 장소
- 재해 발생의 원인 및 과정
- 재해 재발 방지계획

▌ 재해 발생 시 조치 순서 : (산업재해 발생) → 긴급처리 → 재해조사 → 원인 강구 → 대책 수립 → 대책 실시계획 → 실시 → 평가

▌산업재해 주요 통계지표

- 연천인율 : 연평균 근로자 1,000명에 대한 재해자수의 비율

$$\frac{연간\ 재해자\ 수}{연평균\ 근로자\ 수} \times 10^3$$

- 도수율(FR ; Frequency Rate of injury) : 연근로시간 100만 시간에 대한 재해건수의 비율

$$\frac{재해\ 발생건수}{연근로시간\ 수} \times 10^6 = \frac{연천인율}{2.4}$$

- 환산도수율 : 한 근로자가 한 작업장에서 평생 동안 작업을 할 때 당할 수 있는 재해건수
  - 환산도수율(10만 시간 기준) : 도수율 × 0.1
  - 환산도수율(12만 시간 기준) : 도수율 × 0.12

- 강도율(SR ; Severity Rate of Injury) : 산업재해의 강도, 즉 재해의 경중을 나타내는 척도로 연근로시간 1,000시간에 대한 근로 손실일수의 비율. 강도율이 2.0이라면, 근로시간 1,000시간당 2.0일의 근로손실이 발생한 것이다.

$$\frac{근로\ 손실일수}{연근로시간수} \times 10^3$$

- 환산강도율 : 한 근로자가 한 작업장에서 평생 동안 작업을 할 때 당할 수 있는 근로손실일수

  강도율 × 100

- 평균강도율 : 재해 1건당 평균 근로손실일수

$$\frac{강도율}{도수율} \times 1,000$$

▌안전성적 평가

- 종합재해지수(FSI ; Frequency Severity Indicator) : 재해의 발생 빈도와 상해의 강약도를 혼합하여 집계하는 지표

$$\sqrt{도수율 \times 강도율} = \sqrt{FR \times SR}$$

▌세이프 티 스코어(Safe – T – Score) : 안전에 관한 과거와 현재의 중대성 차이를 비교할 때 사용하는 통계 방식으로, 과거와 현재의 안전성적을 비교 평가하는 지표이다.

- $Safe - T - Score = \dfrac{현재\ 도수율 - 과거\ 도수율}{\sqrt{\dfrac{과거\ 도수율}{현재\ 근로\ 총시간\ 수} \times 10^6}}$

- Safe – T – Score 평가 기준
  - −2 이하 : 과거보다 좋아짐
  - −2~+2 : 별 차이 없음
  - +2 이상 : 과거보다 나빠짐

▌ 통계에 의한 재해원인 분석방법 또는 사고원인 분석방법

- 관리도(control chart) : 재해 발생건수 등의 추이에 대해 한계선을 설정하여 목표관리를 수행하는 재해통계 분석기법이다.
- 파레토도(pareto diagram) : 작업현장에서 발생하는 작업환경 불량이나 고장, 재해 등의 내용을 분류하고 그 건수와 금액을 크기순으로 나열하여 작성한 그래프이다.
- 특성요인도(cause & effect diagram) : 어떠한 문제가 생했을 때 어떤 원인으로 일어나는지 인과관계를 살펴보고, 이를 물고기 뼈의 모양(어골도)으로 도식화해서 문제점을 파악하고 해결책을 모색하는 기법이다.

▌ 라인(line)형 조직(직계조직)

- 경영자, 관리자의 지휘와 명령이 위에서 아래로 직선적으로 신속히 전달되며 100명 이하의 소규모 기업에 적합한 조직 유형이다.
- 권한과 책임이 명백하고 이해하기 쉽다.
- 명령과 보고가 상하관계뿐이므로 명확하고 통솔이 잘된다.
- 부하에 대한 훈련이 용이하다.
- 안전에 관한 지시나 조치가 신속하고 철저하다.
- 안전정보 및 신기술 개발이 어렵고, 조직 규모가 커지면 적용하기 어렵다.
- 라인에 과중한 책임을 지우기 쉽다.
- 안전관리 전담 요원을 별도로 두지 않는다.
- 모든 명령은 생산계통을 따라 이루어진다.
- 모든 권한이 포괄적이며 하향적으로 행사된다.

▌ 스태프(staff)형 조직(참모조직)

- 분업의 원칙을 고도로 이용한 것으로, 책임 및 권한이 직능적으로 분담되어 있다.
- 생산 및 안전에 관한 명령이 각각 별개의 계통에서 나오는 결함이 있어 응급처치 및 통제 수속이 복잡하다.
- 참모(staff)의 특성상 참모는 각 생산라인의 업무를 직접 관장하거나 통제하지 않고 계획안의 작성, 조사, 점검결과에 따른 조언, 보고에 머문다.
- 경영자의 조언과 자문역할을 한다.
- 안전 정보 수집이 용이하고 빠르다.
- 안전전문가가 안전계획을 세워 문제해결 방안을 모색하고 조치한다.
- 권한 다툼이나 조정 때문에 통제 수속이 복잡해지며, 시간과 노력이 소모된다.

▌ 라인 · 스태프형(line-staff) 조직(직계-참모조직)

- 라인형과 스태프형의 장점을 취한 절충식 조직 형태이다.
- 라인의 관리감독자에게도 안전에 관한 책임과 권한이 부여된다.
- 안전활동과 생산업무가 분리될 가능성이 낮기 때문에 균형을 유지할 수 있다.
- 대규모 사업장(1,000명 이상)에 효율적이다.
- 안전업무를 전문적으로 담당하는 스태프 및 생산라인의 각 계층에도 겸임 또는 전임의 안전담당자를 둔다.
- 안전 스태프는 안전에 관한 기획·입안·조사·검토 및 연구를 행한다.

▌ 일반적으로 사업장에서 안전관리조직을 구성할 때 고려해야 할 사항

- 조직 구성원의 책임과 권한을 명확하게 한다.
- 회사의 특성과 규모에 부합되게 조직되어야 한다.
- 생산조직과는 밀접한 조직이 되도록 하여 효율성을 높인다.
- 조직의 기능이 충분히 발휘될 수 있는 제도적 체계가 갖추어져야 한다.

[안전보호구 관리]

▌ 보호구의 개요

- 산소 및 유해가스농도를 측정한 결과 적정 공기가 유지되고 있지 아니하다고 평가된 경우에는 작업장을 환기시키거나 근로자에게 공기호흡기 또는 송기마스크를 지급하여 착용하도록 하는 등 근로자의 건강장해 예방을 위하여 필요한 조치를 하여야 한다.
- 공작물 등이 회전하는 선반작업 시 장갑 착용을 금지한다.
- 귀마개는 저음~고음을 차단하는 제품(1종), 고음을 차단하는 제품(2종)이 있으며 사업장의 특성에 따라 선정하여 사용한다.
- 차광용 보안경의 사용 구분에 따라 자외선용, 적외선용, 복합용, 용접용으로 나뉜다.

▌ 보호구 자율안전확인 고시상 사용 구분에 따른 보안경의 종류

- 자율안전확인 대상 : 일반보안경(유리 보안경, 플라스틱 보안경, 도수 렌즈 보안경 등)
- 안전인증 대상 : 차광 및 비산물 위험방지용 보안경

■ 보호구 안전인증 고시에 따른 안전화의 정의(보호구 안전인증 고시 제5조)

- 중작업용 안전화란 1,000mm의 낙하 높이에서 시험했을 때 충격과 15.0 ± 0.1kN의 압축하중에서 시험했을 때 압박에 대하여 보호해 줄 수 있는 선심을 부착하여 착용자를 보호하기 위한 안전화이다.
- 보통작업용 안전화란 500mm의 낙하 높이에서 시험했을 때 충격과 10.0 ± 0.1kN의 압축하중에서 시험했을 때 압박에 대하여 보호해 줄 수 있는 선심을 부착하여 착용자를 보호하기 위한 안전화이다.
- 경작업용 안전화란 250mm의 낙하 높이에서 시험했을 때 충격과 4.4 ± 0.1kN의 압축하중에서 시험했을 때 압박에 대하여 보호해 줄 수 있는 선심을 부착하여 착용자를 보호하기 위한 안전화이다.
- 안전화 구분

구분	낙하 높이[mm]	축하중[kN]
중작업용	1,000	15.0 ± 0.1
보통작업용	500	10.0 ± 0.1
경작업용	250	4.4 ± 0.1

■ 안전모의 종류(보호구 안전인증 고시 별표 1)

- AB형 : 물체의 낙하 또는 비래 및 추락에 의한 위험을 방지 또는 경감시키기 위한 것
- AE형 : 물체의 낙하 또는 비래에 의한 위험을 방지 또는 경감하고, 머리 부위 감전에 의한 위험을 방지하기 위한 것(내전압성)
- ABE형 : 물체의 낙하 또는 비래 및 추락에 의한 위험을 방지 또는 경감하고, 머리 부위 감전에 의한 위험을 방지하기 위한 것(내전압성)

■ 추락 및 감전 위험방지용 안전모의 일반구조(보호구 안전인증 고시 별표 1)

- 모체(착장체), 머리 받침끈, 머리 고정대, 머리 받침고리, 충격 흡수재, 턱끈, 챙(차양)
- 안전모의 내부 수직거리는 25mm 이상 50mm 미만일 것
- 턱끈의 폭은 10mm 이상일 것
- 용융물에 의해 10mm 이상의 변형이 없고 관통되지 않을 것
- 금속 용융물의 방출을 정지한 후 5초 이상 불꽃을 내며 연소되지 않을 것

■ 방독마스크의 정화통 색상과 시험가스(보호구 안전인증 고시 별표 5)

종류	색상	시험가스
유기화합물용	갈색	사이클로헥산, 다이메틸에테르, 이소부탄
할로겐용	회색	염소가스 또는 증기
황화수소용		황화수소가스
사이안화수소용		사이안화수소
아황산용	노란색	아황산 가스
암모니아용	녹색	암모니아 가스

■ **안전모의 시험성능 기준항목(보호구 안전인증 고시 별표 1)** : 내관통성, 충격 흡수성, 내전압성, 내수성, 난연성, 턱끈 풀림

■ **표지의 종류(시행규칙 별표 6)**
- 금지표지(◎) : 출입금지, 보행금지, 차량통행금지, 사용금지, 탑승금지, 금연, 화기금지, 물체이동금지
- 경고표지
  - 마름모형(◇) : 인화성 물질 경고, 산화성 물질 경고, 폭발성 물질 경고, 급성독성 물질 경고, 부식성 물질 경고, 발암성·변이원성·생식독성·전신독성·호흡기과민성 물질 경고
  - 삼각형(△) : 방사성 물질 경고, 고압전기 경고, 매달린 물체 경고, 낙하물 경고, 고온 경고, 저온 경고, 몸균형 상실 경고, 레이저광선 경고, 위험장소 경고
- 지시표지(○) : 보안경 착용, 방독마스크 착용, 방진마스크 착용, 보안면 착용, 안전모 착용, 귀마개 착용, 안전화 착용, 안전장갑 착용, 안전복 착용
- 안내표지 : 녹십자 표지, 응급구호 표지, 들것, 세안장치, 비상용 기구, 비상구, 좌측 비상구, 우측 비상구
- 관계자 외 출입금지 : 허가 대상 물질 작업장, 석면 취급 및 해체 작업장, 금지 대상 물질 취급 실험실 등

■ **안전보건표지의 종류별 색채(시행규칙 별표 7)**
- 금지표지(출입금지, 보행금지 등) : 바탕은 흰색, 기본모형은 빨간색, 관련 부호 및 그림은 검은색
- 지시표지(방독마스크, 안전모·안전복 착용 등) : 바탕은 파란색, 관련 그림은 흰색
- 안내표지(녹십자표지, 비상구 등) : 바탕은 흰색, 기본모형 및 관련 부호는 녹색, 바탕은 녹색, 관련 부호 및 그림은 흰색
- 경고표지(인화성·산화성 물질, 고온·저온 경고 등) : 바탕은 노란색, 기본모형·관련 부호 및 그림은 검은색. 다만, 인화성 물질 경고, 산화성 물질 경고, 폭발성 물질 경고, 급성독성 물질 경고, 부식성 물질 경고 및 발암성·변이원성·생식독성·전신독성·호흡기과민성 물질 경고의 경우 바탕은 무색, 기본모형은 빨간색(검은색도 가능)

■ **안전보건표지의 종류(시행규칙 별표 6)**

부식성 물질 경고	산화성 물질 경고	인화성 물질 경고	폭발성 물질 경고

▍안전보건표지의 색도 기준 및 용도(시행규칙 별표 8)

색채	색도 기준	용도	사용 예
빨간색	7.5R 4/14	금지	정지신호, 소화설비 및 그 장소, 유해행위의 금지
		경고	화학물질 취급 장소에서의 유해·위험 경고
노란색	5Y 8.5/12	경고	화학물질 취급 장소에서의 유해·위험 경고 이외의 위험 경고, 주의표지 또는 기계 방호물
파란색	2.5PB 4/10	지시	특정행위의 지시 및 사실의 고지
검은색	N0.5		문자 및 빨간색 또는 노란색에 대한 보조색

[산업안전심리]

▍산업안전심리의 5대 요소

- 동기 : 사람의 마음을 움직이는 원동력
- 기질 : 인간의 성격, 능력 등 개인적인 특성
- 감정 : 사고를 일으키는 정신적 동기(희로애락 등)
- 습성 : 인간의 행동에 영향을 미칠 수 있는 것(동기, 기질 등과 밀접한 관계)
- 습관 : 성장과정을 통하여 형성된 특성

※ 표준화 : 심리검사의 특징 중 '검사의 관리를 위한 조건과 절차의 일관성과 통일성'을 의미

※ 습관에 영향을 주는 4요소 : 동기, 기질, 감정, 습성

※ 안전심리에서 중요시되는 인간요소 : 개성 및 사고력

▍학습정도의 4단계 : 인지 → 지각 → 이해 → 적용

▍집단 간의 갈등요인

- 제한된 자원
- 집단 간의 목표 차이
- 지각의 차이 : 동일한 사안을 바라보는 집단 간의 인식 차이
- 행동의 차이 : 과업목적과 기능에 따른 집단 간 견해와 행동경향의 차이
- 상호 의존성
- 보상구조
- 시간 인식의 차이
- 전문적 역할의 차이

▌ 스트레스(stress)

- 스트레스는 나쁜 일과 좋은 일에서 모두 발생한다.
- 스트레스는 긍정적인 측면과 부정적인 측면이 있다.
- 스트레스는 직무 몰입과 생산성 감소의 직접적인 원인이 된다.
- 스트레스 상황에 직면하는 기회가 많을수록 스트레스 발생 가능성은 높아진다.
- ※ 스트레스에 영향을 미치는 직무특성의 요인 : 과업의 양, 근무시간, 작업속도, 업무의 반복성 등

▌ 인간의 착오요인

- 인지과정의 착오 : 정보저장능력의 한계, 감각차단현상, 정서 불안정, 생리·심리적 능력의 한계 등
- 판단과정의 착오 : 자기합리화, 정보 부족, 능력 부족, 환경조건 불비 등
- 조작과정의 착오 : 작업자의 기능 미숙, 경험 부족, 피로 등
- 심리적 및 기타 요인 : 불안, 공포, 과로, 수면 부족 등

▌ 쾰러(Köhler)의 착시(윤곽착오) : 먼저 평행의 호를 보고 이어 직선을 본 경우에 직선이 호와의 반대 방향으로 휘어 보이는 현상이다.

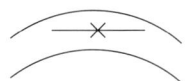

▌ 헤링(Hering)의 착시 : 실제로 두 직선은 평행하지만 주변에 있는 사선의 영향으로 인해 바깥쪽으로 휘어져 있는 것처럼 보이는 현상이다(분할착오).

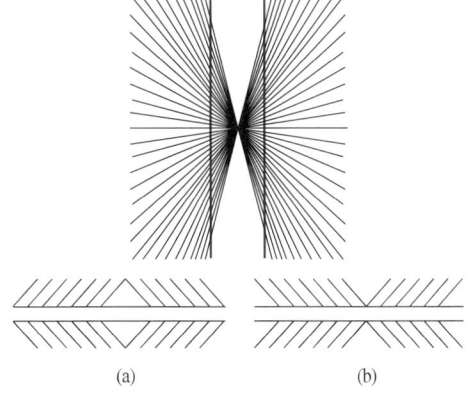

a는 양단이 벌어져 보이고, b는 중앙이 벌어져 보인다.

[인간의 행동과학]

▌사회적 행동의 기본 형태
- 협력 : 조력, 분업 등
- 대립 : 공격, 경쟁 등
- 도피 : 고립, 정신병, 자살 등
- 융합 : 강제, 타협, 통합 등

▌집단에서의 인간관계 메커니즘
- 모방(imitation) : 남의 행동이나 판단을 표본으로 하여 그것과 같거나 그것에 가까운 행동 또는 판단을 취하려는 것
- 암시(suggestion) : 다른 사람으로부터의 판단이나 행동을 무비판적으로 논리적·사실적 근거 없이 받아들이는 것
- 동일화(identification) : 다른 사람의 행동양식이나 태도를 투입시키거나 다른 사람 가운데서 자기와 비슷한 것을 발견하는 것
- 투사(projection) : 자기 속에 억압된 것을 다른 사람의 것으로 생각하는 것

▌비통제적 집단행동
- 군중 : 공통된 규범이나 조직성 없이 우연히 조직된 인간의 집합
- 모브(폭동) : 대규모의 사람들이 강한 감정적 상황에서 모여서 폭력적인 행동을 일으키는 것
- 패닉 : 이상적인 상황하에서 방어적인 행동 특성으로 보이는 집단행동으로 위험을 회피하기 위해서 일어나는 집합적인 도주현상
- 심리적 전염 : 사람들의 정서와 행동이 한 사람에서 다른 사람으로 옮겨져 심리 상태가 집단화되는 현상

▌인간의 행동 특성과 관련한 레빈의 법칙
$B = f(P \cdot E)$

여기서, B : behavior(인간의 행동)

f : function(함수관계)

P : personality(인간의 개체 : 연령, 경험, 성격(개성), 지능, 심신 상태 등)

E : environment(심리적 환경 : 작업환경, 인간관계 등)

▌적응기제
- 자기방어의 기제 : 합리화, 변화, 동일시, 보상, 승화
- 자기도피의 기제 : 탈출 도피, 부정적인 태도, 퇴행, 억압, 백일몽
- 공격의 기제 : 저항, 위협, 비행, 보복, 선동, 공격

▌ Y-G 성격검사(Yutaka-Guilford)

- A형(평균형) : 조화적, 적응적
- B형(우편형) : 정서 불안정, 활동적, 외향적(불안전, 부적응, 적극형)
- C형(좌편형) : 안전, 소극형(온순, 소극적, 안정, 비활동, 내향적)
- D형(우하형) : 안전, 적응, 적극형(정서 안정, 사회 적응, 활동적, 대인관계 양호)
- E형(좌하형) : 불안정, 부적응 수동형(D형과 반대 성향)

▌ 재해 유발원인

- 상황성 누발자
  - 작업의 어려움
  - 기계설비의 결함
  - 심신의 근심
  - 환경상 주의력 집중의 혼란
- 소질성 누발자
  - 도덕성의 결여
  - 주의력 산만

▌ 데이비스(K. Davis)의 동기부여이론에 관한 등식

- 지식 × 기능 = 능력
- 상황 × 태도 = 동기유발
- 능력 × 동기유발 = 인간의 성과
- 인간의 성과 × 물질의 성과 = 경영의 성과

▌ 안전을 위한 동기부여 방법

- 안전 근본이념을 확실히 인식시킬 것
- 안전목표는 명확히 설정할 것
- 결과를 알려줄 것
- 상 또는 벌을 줄 것
- 경쟁과 협동을 유도할 것
- 동기유발이나 최적 수준을 유지할 것

▌ 매슬로(Maslow)의 욕구 5단계 이론

- 1단계 : 생리적 욕구
- 2단계 : 안전에 대한 욕구
- 3단계 : 사회적 욕구
- 4단계 : 존경의 욕구
- 5단계 : 자아실현의 욕구

▌ 허즈버그(Herzberg)의 동기·위생이론

- 동기요인은 직무에 만족을 느끼는 주요인이다. 자아실현을 하려는 인간의 독특한 경향을 반영한 것으로 성취, 인정, 작업 자체, 책임감 등이 있다.
- 동기요인은 매슬로의 욕구단계 중 자아실현의 욕구와 유사하다.
- 위생요인은 직무 외의 내용에 관련된 요인이다. 즉, 인간의 동물적 욕구를 반영하는 것으로서 안전, 친교, 봉급, 감독 형태, 기업 정책의 작업조건 등이 있다.
- 위생요인은 매슬로의 욕구단계 중 생리적·사회적 욕구와 유사하다.

▌ ERG이론(Alderfer)에서 인간의 기본적인 3가지 욕구

- 존재(생존)의 욕구(E ; Existence needs) : 생리적 욕구, 물리적 측면의 안전욕구 등 저차원적 욕구
- 관계의 욕구(R ; Relatedness needs) : 사회적·인간적 관계에 대한 욕구
- 성장의 욕구(G ; Growth needs) : 개인의 성장에 대한 욕구

▌ 맥그리거(McGregor)의 X·Y이론 : 맥그리거(McGregor)는 인간의 하급 욕구에 착안해 권위적 통제에 입각한 관리전략을 처방하는 전통적 관점을 X이론이라 하고, 인간의 고급 욕구, 성장적 측면에 착안한 새로운 관리체제를 Y이론이라고 하였다.

X이론의 관리처방	Y이론의 관리처방
• 경제적 보상체제의 강화 • 권의주의적 리더십 확립 • 면밀한 감독과 엄격한 통제 • 상부 책임제도의 강화 • 조직구조의 고층성	• 민주적 리더십의 확립 • 분권화와 권한의 위임 • 목표에 의한 관리 • 직무 확장 • 비공식적 조직의 활용 • 자체 평가제도의 활성화 • 조직구조의 평면화

▌ 주의의 특징

- 선택성 : 여러 종류의 자극을 자각할 때 소수의 특정한 것에 한하여 주의가 집중된다.
- 방향성 : 한곳에 주의를 집중하면 다른 곳의 주의가 약해진다.
- 변동성 : 주의에는 주기적으로 부주의의 리듬이 존재한다.

▎ 주의의 수준(의식 수준의 단계)

단계	의식 모드	의식작용	행동 상태
Phase 0	무의식, 실신	없음	수면·뇌 발작
Phase Ⅰ	정상 이하, 의식 수준의 저하, 의식 둔화(의식 흐림)	부주의(inactive)	피로, 단조로움, 졸음
Phase Ⅱ	정상(느긋한 기분), 의식의 이완 상태	수동적(passive)	안정된 행동, 휴식, 정상작업
Phase Ⅲ	정상(분명한 의식), 명료한 상태	능동적(active) 위험예지, 주의력 범위 넓음	판단을 동반한 행동, 적극적 행동
Phase Ⅳ	과긴장, 흥분 상태	주의의 치우침, 판단 정지	흥분, 긴급, 당황, 공포반응

▎ 부주의

- 부주의는 거의 모든 사고의 간접원인이 된다.
- 부주의는 불안전한 행위뿐만 아니라 불안전한 상태에도 통용된다.
- 부주의는 결과를 표현한다.
- 부주의는 무의식적 행위나 의식의 주변에서 행해지는 행위에 나타난다.

▎ 부주의의 발생원인과 대책

- 의식의 우회 : 상담
- 소질적 조건 : 적성에 따른 작업자 재배치
- 작업환경 조건 불량 : 인간공학적 접근
- 작업 순서의 부적당 : 작업 순서의 정비

▎ 리더십(leadership)의 특성

- 민주주의적 지휘 형태
- 부하와의 좁은 사회적 간격
- 밑으로부터의 동의에 의한 권한 부여
- 개인적 영향에 의한 부하와의 관계 유지

▎ 리더십과 헤드십의 비교

구분	리더십	헤드십
지위 부여의 형태	구성원에서 선출	상부에서 임명
권한 부여	구성원의 동의	상부로부터 위임
권한 근거	개인의 능력	법과 규정
권한 귀속	집단에 기여한 공로로 인정	공식화 규정에 의거
상관과 부하의 관계	개인적 영향	지배적
책임 귀속	상사와 부하	상사
부하와의 사회적 간격	좁다.	넓다.
지휘 형태	민주주의적	권위주의적

리더십의 권한

- 조직이 리더에게 부여하는 권한
  - 보상적 권한
  - 강압적 권한
  - 합법적 권한
- 리더가 자신에게 부여하는 권한
  - 전문성의 권한
  - 위임된 권한

의사결정 과정에 따른 리더십의 행동 유형

- 전제형 : 지도자가 모든 정책을 결정한다.
- 민주형 : 집단토론이나 집단결정을 통해서 정책을 결정한다.
- 자유방임형 : 명목적인 리더의 자리를 지키고, 부하직원들의 의견에 따른다.

피로에 의한 신체적 증상

- 작업의 효과나 작업량이 감퇴 및 저하된다.
- 작업에 대한 몸의 자세가 흐트러지고 지친다.
- 작업에 대하여 무감각, 무표정, 경련 등이 일어난다.

피로에 의한 정신적 증상

- 주의력이 감소 또는 경감된다.
- 불쾌감이 증가한다.
- 긴장감이 해지 또는 해소된다.
- 권태 및 태만해지고 관심 및 흥미감이 상실된다.
- 졸음, 두통, 싫증, 짜증이 일어난다.

피로의 예방과 회복대책

- 작업부하를 작게 한다. 즉, 운동량을 최소로 하여 피로를 방지한다.
- 정적 동작을 피한다.
- 작업속도를 적절하게 한다.
- 근로시간과 휴식을 적정하게 한다.

▌피로 측정방법
- 심리학적 측정 : 동작 분석, 연속 반응시간 등을 통하여 측정한다.
- 생리학적 측정 : 심박수, 혈압, 혈중 젖산농도, 근전도 등을 측정한다.
- 생화학적 측정 : 카페인, 멜라토닌, 도파민 등의 수치를 측정한다.
- 생역학적 측정 : 자세, 균형, 동작 수행능력 등을 측정한다.

▌생체리듬의 특징
- 생체상의 변화는 하루 중에 일정한 시간 간격을 두고 교환된다.
- 안정일(+)과 불안정기(−)의 교차점을 위험일이라고 한다. 즉, 각각의 리듬이 (+)에서 (−)로 변화하는 점이 위험일이다.
- 생체리듬에서 중요한 점은 낮에는 신체활동, 밤에는 휴식이 더욱 효율적이라는 것이다.
- 몸이 흥분한 상태일 때는 교감신경이 우세하고, 수면을 취하거나 휴식을 할 때는 부교감신경이 우세하다.
- 주간에 상승하는 생체리듬 : 체온, 혈압, 맥압, 맥박 수, 체중, 말초운동기능 등
- 야간에 상승하는 생체리듬 : 수분, 염분량 등

[안전보건교육의 내용 및 방법]

▌교육 형태의 분류
- 교육의 의도에 따라 : 형식적 교육, 비형식적 교육
- 교육의 성격에 따라 : 일반교육, 교양교육, 특수교육
- 교육의 장소에 따라 : 가정교육, 학교교육, 사회교육, 직장교육
- 교육의 내용에 따라 : 실업교육, 직업교육, 고등교육

▌**구안법(project method)** : 학생이 마음속에 생각하고 있는 것을 외부에 구체적으로 실현하고 형상화하기 위하여 스스로 계획을 세워 수행하는 학습활동으로 이루어지는 학습지도의 형태

▌**손다이크(Thorndike)의 시행착오설** : 모든 학습은 자극과 반응의 시행착오적 반복을 통하여 이루어진다는 이론, 즉 문제해결을 위해 여러 번 시도하다 우연히 성공하여 행동의 변화를 가져온다는 이론(예 고양이 문제상자실험)

▌**파블로프(Pavlov)의 조건반사설에 의한 학습이론의 원리** : 시간의 원리, 강도의 원리, 일관성의 원리, 계속성의 원리 등

▌ 자극과 반응이론(S-R이론)

- 손다이크의 시행착오설
- 반두라의 사회학습이론
- 스키너의 조작적 조건화설
- 파블로프의 조건반사설

▌ 기억의 4단계

- 기명(memorizing) : 자극으로 주어진 자료를 지각하거나 정보를 받아들이는 단계
- 파지(retention) : 과거의 학습경험(기명)을 일정 기간 동안 기억 흔적으로 유지하는 단계
- 재생(recall) : 보존된 인상이 의식의 수준에 이르는 단계
- 재인(recognition) : 과거에 경험했던 것과 유사한 상황에 이르렀을 때 인상이 떠오르는 단계

▌ 5관 활용교육의 효과(이해도)

- 시각 : 60%
- 청각 : 20%
- 촉각 : 15%
- 미각 : 3%
- 후각 : 2%

▌ 학습전이의 조건

- 학습자의 태도요인
- 학습자의 지능요인
- 학습자료의 유사성 요인
- 학습 정도의 요인
- 시간적 간격의 요인

▌ 하버드학파의 5단계 교수법

- 1단계 : 준비시킨다(preparation).
- 2단계 : 교시한다(presentation).
- 3단계 : 연합한다(association).
- 4단계 : 총괄시킨다(generalization).
- 5단계 : 응용시킨다(application).

▌ 안전교육 3단계

- 지식교육 : 강의나 시청각 교육을 통해 지식을 전달하고 이해시키는 것이다.
- 기능교육 : 시범, 견학, 실습, 현장실습교육을 통해 경험을 체득하고 이해시키는 것이다.
- 태도교육 : 작업 동작 지도, 생활 지도 등을 통해 안전의 습관화를 이루는 것이다.

▌ 안전태도교육의 원칙(기본과정)

- 청취 위주의 대화를 한다.
- 이해하고 납득한다.
- 항상 모범을 보여 준다.
- 권장한다.
- 좋은 지도자를 얻도록 힘쓴다.
- 적정 배치한다.
- 평가한다.

▌ 안전교육 형태에서 행위의 난이도가 점차 높아지는 순서 : 지식 → 태도 변형 → 개인행위 → 집단행위

▌ 관리감독자훈련(TWI ; Training Within Industry) : 제일선 감독자에게 감독자의 기본적인 기능을 몸에 익히게 해서 감독능력을 발휘시키는 것을 목적으로 하는 기업 내 정형훈련이다.

- JIT(Job Instruction Training) : 작업지도훈련(감독자의 기술지도능력 향상)
- JMT(Job Method Training) : 작업방법훈련(생산관리능력 향상)
- JRT(Job Relation Training) : 인간관계훈련(부하통솔법, 민주적 리더십 향상)
- JST(Job Safety Training) : 작업안전훈련(안전관리능력 향상)

▌ ATT(American Telephone & Telegram Co) : 교육 대상 계층이 한정되어 있지 않고 한 번 훈련받은 관리자는 그 부하인 감독자에 대해서 지도원이 될 수 있다. 작업의 감독, 인사관계, 고객관계, 종업원의 향상, 공구 및 자료 보고 기록, 개인작업의 개선, 안전, 복무 조정 등의 내용을 교육한다.

▌ MTP(Management Training Program) : 중간 관리층을 대상으로 하는 관리자 훈련방법으로, 주로 관리의 기초, 작업의 개선, 작업의 관리, 부하의 훈련, 인간관계 및 관리의 전개 등으로 구성되어 있다.

▌ CCS(Civil Communication Section) : 최고층 관리감독자를 교육 대상자로 하며, ATP(Adminstration Training Program)라고도 한다. 톱 매니지먼트 교육에서 보급교육으로 변환된 교육방법으로 교육내용으로는 정책 수립, 조직, 통제, 운영 등이 있다.

OJT(On the Job Training)의 특징

- 상호 신뢰 및 이해도가 높아진다.
- 개개인에게 적절한 지도훈련이 가능하다.
- 개개인의 업무능력에 적합하고 자세한 교육이 가능하다.
- 직장의 실정에 맞게 실제적 훈련이 가능하다.
- 훈련의 효과가 곧 업무에 나타나며, 훈련의 개선이 용이하다.
- 훈련에 필요한 업무의 계속성이 유지된다.
- 직장의 직속상사에 의한 교육이 가능하다.
- 교육을 통하여 상사와 부하 간의 의사소통과 신뢰감이 깊어진다.

Off JT(Off the Job Training)의 특징

- 훈련에만 전념할 수 있다.
- 집합교육 형태의 훈련이다.
- 다수의 근로자에게 조직적 훈련이 가능하다.
- 전문가를 강사로 활용할 수 있다.
- 교육훈련목표에 대해 집단적 노력이 흐트러질 수 있다.

학습목적 3요소 : 목표(goal), 주제(subject), 학습정도(level of learning)

교육의 3요소

- 교육의 주체 : 강사, 교사, 교육자
- 교육의 객체 : 피교육자, 수강자, 교육생, 학생
- 교육의 매개체 : 교재, 교육자료, 교육내용

안전교육방법 또는 강의안 구성의 4단계

- 1단계(도입) : 관심과 흥미를 갖고 심신의 여유를 주는 단계
- 2단계(제시) : 상대의 능력에 따라 교육하여 내용을 확실하게 이해시키고 납득시키는 설명단계
- 3단계(적용) : 과제를 주어 문제를 해결시키거나 습득시키는 단계
- 4단계(확인) : 교육내용을 정확하게 이해하였는가를 테스트하는 단계

교육훈련 평가의 4단계 : 반응 → 학습 → 행동 → 결과

▌ 교육지도의 각 단계별 소요시간

단계		강의식 교육	토의식 교육
1	도입	5분	
2	제시	40분	10분
3	적용	10분	40분
4	확인	5분	

▌ **패널 디스커션(panel discussion)** : 교육과제에 정통한 전문가 4~5명이 피교육자 앞에서 자유롭게 토의를 실시한 후 피교육자 전원이 참가하여 사회자의 사회에 따라 토의하는 방법이다.

▌ **포럼(forum)** : 공공의 광장에 많은 사람이 모여 공공의 문제에 대해 사회자의 진행으로 공개 토의하는 방법으로, 토의를 위한 간략한 주제 발표를 한 후 청중의 참여로 이뤄진다.

▌ **심포지엄(symposium)** : 특정한 문제에 대하여 두 사람 이상의 전문가가 서로 다른 각도에서 의견을 발표하고 참석자의 질문에 답하는 형식의 토론회이다.

▌ **버즈 세션(buzz session)** : 사람의 수가 많고, 전원에게 능동적인 발언 참가를 통해서 교육의 효과를 올리기 위해 사용하는 학습기법이다.

▌ **브레인스토밍(brainstorming)기법의 4원칙**
- 대량 발언 : 주제와 관련이 없는 내용을 발표할 수 있고, 한 사람이 많은 의견을 제시할 수 있다.
- 비판금지 : 동료의 의견에 대하여 좋고 나쁨을 평가하지 않으며, 타인의 의견에 대하여 비판 또는 비평하지 않는다.
- 자유분방 : 발표 순서를 정하지 않고, 자유분방하게 의견을 발언한다.
- 수정 발언 : 타인의 의견에 대하여 수정하여 발표할 수 있다.

▌ **사례연구법의 특징**
- 여러 사례를 조사하여 결과를 도출하는 방법이다.
- 흥미가 있고, 학습동기를 유발할 수 있다.
- 현실적인 문제의 학습이 가능하다.
- 관찰력과 분석력을 높일 수 있다.
- 원칙과 규정의 체계적 습득에는 부적합하다.

▌ 재해사례연구의 특징

- 재해사례연구는 객관적이며 정확성이 있어야 한다.
- 문제점과 재해요인의 분석은 과학적이고, 신뢰성이 있어야 한다.
- 재해 사례를 과제로 하여 그 사고와 배경을 체계적으로 파악한다.
- 재해요인을 규명하여 분석하고 그에 대한 대책을 세운다.

▌ 모랄 서베이의 효용

- 근로자의 심리와 욕구를 파악하여 불만을 해소하고, 노동 의욕을 높인다.
- 종업원의 사기를 높이고, 노사 간의 의사소통을 촉진시킨다.
- 종업원의 일에 대한 태도를 개선한다.
- 종업원의 정화(catharsis)작용을 촉진시킨다.
- 경영관리를 개선할 수 있는 자료를 얻는다.

  ※ 모랄 서베이의 방법 중 태도조사법 : 문답법, 면접법, 질문지법, 집단토의법, 투사법 등

▌ 시청각 교육법

- 교육 대상자 수가 많고, 교육 대상자의 학습능력 차이가 큰 경우 집단 안전교육방법으로 가장 효과적이다.
- 대규모 수업체제의 구성이 용이하다.
- 학습의 다양성과 능률화를 기할 수 있다.
- 학습자에게 공통 경험을 형성시켜 줄 수 있다.
- 교재의 구조화를 기할 수 있다.
- 대량 수업체제가 확립될 수 있다.
- 교수의 평준화를 기할 수 있다.
- 많은 인원으로 인해 개인차를 고려할 수 없다.

▌ 안전·보건교육계획의 수립 시 고려해야 할 사항

- 가장 먼저 교육 대상을 고려한다.
- 현장의 의견을 충분히 반영한다.
- 대상자의 필요한 정보를 수집한다.
- 안전교육 시행체계와의 연관성을 고려한다.
- 정부 규정(법규정) 교육은 물론, 그 이상의 교육을 한다.

▌ 근로자의 정기교육 내용(시행규칙 별표 5)

- 산업안전 및 산업재해 예방에 관한 사항(화재·폭발 사고 발생 시 대피에 관한 사항을 포함한다)
- 산업보건 및 건강장해 예방에 관한 사항(폭염·한파작업으로 인한 건강장해 발생 시 응급조치에 관한 사항을 포함한다)
- 위험성 평가에 관한 사항
- 건강 증진 및 질병 예방에 관한 사항
- 유해·위험 작업환경관리에 관한 사항
- 산업안전보건법령 및 산업재해보상보험 제도에 관한 사항
- 직무 스트레스 예방 및 관리에 관한 사항
- 직장 내 괴롭힘, 고객의 폭언 등으로 인한 건강 장해 예방 및 관리에 관한 사항

▌ 근로자의 채용 시 교육 및 작업내용 변경 시 교육내용(시행규칙 별표 5)

- 산업안전 및 산업재해 예방에 관한 사항(화재·폭발 사고 발생 시 대피에 관한 사항을 포함한다)
- 산업보건 및 건강장해 예방에 관한 사항
- 위험성 평가에 관한 사항
- 산업안전보건법령 및 산업재해보상보험제도에 관한 사항
- 직무 스트레스 예방 및 관리에 관한 사항
- 직장 내 괴롭힘, 고객의 폭언 등으로 인한 건강 장해 예방 및 관리에 관한 사항
- 기계·기구의 위험성과 작업의 순서 및 동선에 관한 사항
- 작업 개시 전 점검에 관한 사항
- 정리·정돈 및 청소에 관한 사항
- 사고 발생 시 긴급조치에 관한 사항
- 물질안전보건자료에 관한 사항

▌ 타워크레인을 사용하는 작업 시 신호업무를 하는 작업의 교육내용(시행규칙 별표 5)

- 타워크레인의 기계적 특성 및 방호장치 등에 관한 사항
- 화물의 취급 및 안전작업방법에 관한 사항
- 신호방법 및 요령에 관한 사항
- 인양 물건의 위험성 및 낙하·비래·충돌재해 예방에 관한 사항
- 인양물이 적재될 지반의 조건, 인양하중, 풍압 등이 인양물과 타워크레인에 미치는 영향
- 그 밖에 안전·보건관리에 필요한 사항

▌ **밀폐 공간에서의 작업 시 교육내용(시행규칙 별표 5)**
- 산소농도 측정 및 작업환경에 관한 사항
- 사고 시의 응급처치 및 비상시 구출에 관한 사항
- 보호구 착용 및 보호장비 사용에 관한 사항
- 작업내용·안전작업방법 및 절차에 관한 사항
- 장비·설비 및 시설 등의 안전점검에 관한 사항
- 그 밖에 안전·보건관리에 필요한 사항

▌ **아세틸렌 용접장치 또는 가스집합 용접장치를 사용하는 금속의 용접·용단 또는 가열작업(발생기·도관 등에 의하여 구성되는 용접장치만 해당) 시 교육내용(시행규칙 별표 5)**
- 용접 흄, 분진 및 유해 광선 등의 유해성에 관한 사항
- 가스용접기, 압력조정기, 호스 및 취관두(불꽃이 나오는 용접기의 앞부분) 등의 기기 점검에 관한 사항
- 작업방법·순서 및 응급처치에 관한 사항
- 안전기 및 보호구 취급에 관한 사항
- 화재 예방 및 초기 대응에 관한 사항
- 그 밖에 안전·보건관리에 필요한 사항

[산업안전 관계 법규]

▌ **산업안전보건법의 목적(법 제1조)** : 산업안전 및 보건에 관한 기준을 확립하고 그 책임의 소재를 명확하게 하여 산업재해를 예방하고 쾌적한 작업환경을 조성함으로써 노무를 제공하는 사람의 안전 및 보건을 유지·증진함을 목적으로 한다.

▌ **안전보건관리규정의 작성·변경 절차(법 제26조)** : 사업주는 안전보건관리 규정을 작성하거나 변경할 때에는 산업안전보건위원회의 심의·의결을 거쳐야 한다. 다만, 산업안전보건위원회가 설치되어 있지 아니한 사업장의 경우에는 근로자 대표의 동의를 받아야 한다.

▌ **안전보건개선계획의 수립·시행 명령(법 제49조)**
- 산업 재해율이 같은 업종의 규모별 평균 산업 재해율보다 높은 사업장
- 사업주가 필요한 안전조치 또는 보건조치를 이행하지 아니하여 중대재해가 발생한 사업장
- 대통령령으로 정하는 수 이상의 직업성 질병자가 발생한 사업장(직업성 질병자가 연간 2명 이상 발생한 사업장)
- 유해인자 노출 기준 설정에 따른 유해인자의 노출 기준을 초과한 사업장

■ 안전보건진단을 받아 안전보건 개선계획을 수립할 대상(시행령 제49조)
- 산업재해율이 같은 업종 평균 산업재해율의 2배 이상인 사업장
- 사업주가 필요한 안전조치 또는 보건조치를 이행하지 아니하여 중대재해가 발생한 사업장
- 직업성 질병자가 연간 2명 이상(상시 근로자 1천명 이상 사업장의 경우 3명 이상) 발생한 사업장
- 그 밖에 작업환경 불량, 화재·폭발 또는 누출 사고 등으로 사업장 주변까지 피해가 확산된 사업장으로서 고용노동부령으로 정하는 사업장

■ 협의체의 구성 및 운영(법 제64조, 시행규칙 제79조) : 도급인은 관계 수급인 근로자가 도급인의 사업장에서 작업을 하는 경우 도급인과 수급인을 구성원으로 하는 안전 및 보건에 관한 협의체를 구성 및 운영하여야한다. 이 협의체는 매월 1회 이상 정기적으로 회의를 개최하고 그 결과를 기록·보존해야 한다.

■ 안전인증 대상 기계 등(시행령 제74조)

기계·설비	프레스, 전단기 및 절곡기, 크레인, 리프트, 압력용기, 롤러기, 사출성형기, 고소작업대, 곤돌라
방호장치	프레스 및 전단기 방호장치, 양중기용 과부하방지장치, 보일러 압력방출용 안전밸브, 압력용기 압력방출용 안전밸브, 압력용기 압력방출용 파열판, 절연용 방호구 및 활선작업용 기구, 방폭구조 전기기계·기구 및 부품, 추락·낙하 및 붕괴 등의 위험 방지 및 보호에 필요한 가설기자재, 충돌·협착 등의 위험 방지에 필요한 산업용 로봇 방호장치
보호구	안전모(추락 및 감전 위험방지용), 안전화, 안전장갑, 방진마스크, 방독마스크, 송기마스크, 전동식 호흡보호구, 보호복, 안전대, 보안경(차광 및 비산물 위험방지용), 용접용 보안면, 방음용 귀마개 또는 귀덮개

■ 자율안전확인 대상 기계 등(시행령 제77조)

기계·설비	연삭기 또는 연마기(휴대형은 제외), 산업용 로봇, 혼합기, 파쇄기 또는 분쇄기, 식품가공용 기계(파쇄·절단·혼합·제면기만 해당), 컨베이어, 자동차 정비용 리프트, 공작기계(선반, 드릴기, 평삭·형삭기, 밀링만 해당), 고정형 목재가공용 기계(둥근톱, 대패, 루터기, 띠톱, 모따기 기계만 해당), 인쇄기
방호장치	아세틸렌 용접장치용 또는 가스집합 용접장치용 안전기, 교류아크용접기용 자동전격방지기, 롤러기 급정지장치, 연삭기 덮개, 목재가공용 둥근톱 반발 예방장치와 날접촉 예방장치, 동력식 수동 대패용 칼날접촉 방지장치, 추락·낙하 및 붕괴 등의 위험 방지 및 보호에 필요한 가설기자재(안전인증 대상 제외)
보호구	안전모(안전인증 대상 안전모 제외), 보안경(안전인증 대상 보안경 제외), 보안면(안전인증 대상 보안면 제외)

■ 안전검사 대상 기계 등(시행령 제78조)
- 프레스
- 전단기
- 크레인(정격하중 2ton 미만인 것은 제외)
- 리프트
- 압력용기
- 곤돌라
- 국소 배기장치(이동식 제외)

- 원심기(산업용만 해당)
- 롤러기(밀폐형 구조 제외)
- 사출성형기(형 체결력 294kN 미만 제외)
- 고소작업대(화물자동차 또는 특수자동차에 탑재한 고소작업대로 한정)
- 컨베이어
- 산업용 로봇
- 혼합기(시행일 26.6.26)
- 파쇄기 또는 분쇄기(시행일 26.6.26)

▮ 유해·위험작업에 대한 근로시간 제한 등(법 제139조, 시행령 제99조)

유해하거나 위험한 작업으로서 높은 기압에서 하는 작업 등 대통령령으로 정하는 작업[잠함(潛函) 또는 잠수작업 등 높은 기압에서 하는 작업]에 종사하는 근로자에게는 1일 6시간, 1주 34시간을 초과하여 근로하게 해서는 아니 된다.

▮ 관리감독자의 업무 등(시행령 제15조)
- 사업장 내 관리감독자가 지휘·감독하는 작업(해당 작업)과 관련된 기계·기구 또는 설비의 안전·보건점검 및 이상 유무의 확인
- 관리감독자에게 소속된 근로자의 작업복·보호구 및 방호장치의 점검과 그 착용·사용에 관한 교육·지도
- 해당 작업에서 발생한 산업재해에 관한 보고 및 이에 대한 응급조치
- 해당 작업의 작업장 정리·정돈 및 통로 확보에 대한 확인·감독
- 사업장의 다음 어느 하나에 해당하는 사람의 지도·조언에 대한 협조
  - 안전관리자 또는 안전관리전문기관에 위탁한 사업장의 경우에는 그 안전관리전문기관의 해당 사업장 담당자
  - 보건관리자 또는 보건관리전문기관에 위탁한 사업장의 경우에는 그 보건관리전문기관의 해당 사업장 담당자
  - 안전보건관리담당자 또는 안전보건관리담당자의 업무를 안전관리전문기관 또는 보건관리전문기관에 위탁한 사업장의 경우에는 그 안전관리전문기관 또는 보건관리전문기관의 해당 사업장 담당자
  - 산업보건의
- 위험성 평가에 관한 다음의 업무
  - 유해·위험요인의 파악에 대한 참여
  - 개선조치의 시행에 대한 참여
- 그 밖에 해당 작업의 안전·보건에 관한 사항으로서 고용노동부령으로 정하는 사항

▌ 안전관리자의 업무 등(시행령 제18조)

- 산업안전보건위원회 또는 안전 및 보건에 관한 노사협의체에서 심의·의결한 업무와 해당 사업장의 안전보건 관리규정 및 취업규칙에서 정한 업무
- 위험성 평가에 관한 보좌 및 지도·조언
- 안전인증 대상 기계 등과 자율안전확인 대상 기계 등 구입 시 적격품의 선정에 관한 보좌 및 지도·조언
- 해당 사업장 안전교육계획의 수립 및 안전교육 실시에 관한 보좌 및 지도·조언
- 사업장 순회점검, 지도 및 조치 건의
- 산업재해 발생의 원인조사·분석 및 재발 방지를 위한 기술적 보좌 및 지도·조언
- 산업재해에 관한 통계의 유지·관리·분석을 위한 보좌 및 지도·조언
- 법 또는 법에 따른 명령으로 정한 안전에 관한 사항의 이행에 관한 보좌 및 지도·조언
- 업무 수행 내용의 기록·유지
- 그 밖에 안전에 관한 사항으로서 고용노동부장관이 정하는 사항

▌ 중대재해의 범위(시행규칙 제3조)

- 사망자가 1명 이상 발생한 재해
- 3개월 이상의 요양이 필요한 부상자가 동시에 2명 이상 발생한 재해
- 부상자 또는 직업성 질병자가 동시에 10명 이상 발생한 재해

▌ 안전보건관리규정을 작성해야 할 사업의 종류 및 상시 근로자 수(시행규칙 별표 2)

사업의 종류	상시 근로자 수
• 농업 • 어업 • 소프트웨어 개발 및 공급업 • 컴퓨터 프로그래밍, 시스템 통합 및 관리업 • 영상·오디오물 제공 서비스업 • 정보서비스업 • 금융 및 보험업 • 임대업(부동산 제외) • 전문, 과학 및 기술 서비스업(연구개발업 제외) • 사업지원 서비스업 • 사회복지 서비스업	300명 이상
• 위의 사업을 제외한 사업	100명 이상

▌안전보건교육 교육과정별 교육시간(시행규칙 별표 4)

교육과정	교육 대상		교육시간
정기교육	사무직 종사 근로자		매 반기 6시간 이상
	그 밖의 근로자	판매업무에 직접 종사하는 근로자	매 반기 6시간 이상
		판매업무에 직접 종사하는 근로자 외의 근로자	매 반기 12시간 이상
채용 시 교육	일용 근로자 및 근로계약기간이 1주일 이하인 기간제 근로자		1시간 이상
	근로계약기간이 1주일 초과 1개월 이하인 기간제 근로자		4시간 이상
	그 밖의 근로자		8시간 이상
작업내용 변경 시 교육	일용 근로자 및 근로계약기간이 1주일 이하인 기간제 근로자		1시간 이상
	그 밖의 근로자		2시간 이상
특별교육	일용 근로자 및 근로계약기간이 1주일 이하인 기간제 근로자 : 시행규칙 별표 5 제1호 라목(제39호는 제외한다)에 해당하는 작업에 종사하는 근로자에 한정한다.		2시간 이상
	일용 근로자 및 근로계약기간이 1주일 이하인 기간제 근로자 : 시행규칙 별표 5 제1호 라목 제39호에 해당하는 작업에 종사하는 근로자에 한정한다.		8시간 이상
	일용 근로자 및 근로계약기간이 1주일 이하인 기간제근로자를 제외한 근로자 : 시행규칙 별표 5 제1호 라목에 해당하는 작업에 종사하는 근로자에 한정한다.		• 16시간 이상(최초 작업에 종사하기 전 4시간 이상 실시하고 12시간은 3개월 이내에서 분할하여 실시 가능) • 단기간 작업 또는 간헐적 작업인 경우에는 2시간 이상
건설업 기초 안전·보건교육	건설 일용 근로자		4시간 이상

▌관리감독자 안전보건교육(시행규칙 별표 4)

교육과정	교육시간
정기교육	연간 16시간 이상
채용 시 교육	8시간 이상
작업내용 변경 시 교육	2시간 이상
특별교육	• 16시간 이상(최초 작업에 종사하기 전 4시간 이상 실시하고, 12시간은 3개월 이내에서 분할하여 실시 가능) • 단기간 작업 또는 간헐적 작업인 경우에는 2시간 이상

▌안전보건관리책임자 등에 대한 교육(시행규칙 별표 4)

교육 대상	교육시간	
	신규교육	보수교육
안전보건관리책임자	6시간 이상	6시간 이상
안전관리자, 안전관리전문기관의 종사자	34시간 이상	24시간 이상
보건관리자, 보건관리전문기관의 종사자		
건설재해예방전문지도기관의 종사자		
석면조사기관의 종사자		
안전보건관리담당자	–	8시간 이상
안전검사기관, 자율안전검사기관의 종사자	34시간 이상	24시간 이상

■ **산업재해 발생 보고 등(시행규칙 제73조)** : 사업주는 산업재해로 사망자가 발생하거나 3일 이상의 휴업이 필요한 부상을 입거나 질병에 걸린 사람이 발생한 경우에는 해당 산업재해가 발생한 날부터 1개월 이내에 산업재해조사표를 작성하여 관할 지방고용노동관서의 장에게 제출(전자문서로 제출하는 것을 포함)해야 한다.

■ **안전검사의 주기와 합격 표시 및 표시방법(시행규칙 제126조)**
- 크레인(이동식 크레인은 제외), 리프트(이삿짐 운반용 리프트는 제외) 및 곤돌라 : 사업장에 설치가 끝난 날부터 3년 이내에 최초 안전검사를 실시하되, 그 이후부터 2년마다(건설현장에서 사용하는 것은 최초로 설치한 날부터 6개월마다)
- 이동식 크레인, 이삿짐 운반용 리프트 및 고소작업대 : 자동차관리법에 따른 신규 등록 이후 3년 이내에 최초 안전검사를 실시하되, 그 이후부터 2년마다
- 프레스, 전단기, 압력용기, 국소 배기장치, 원심기, 롤러기, 사출성형기, 컨베이어 및 산업용 로봇 : 사업장에 설치가 끝난 날부터 3년 이내에 최초 안전검사를 실시하되, 그 이후부터 2년마다(공정안전보고서를 제출하여 확인을 받은 압력용기는 4년마다)

■ **일반건강진단의 주기 등(시행규칙 제197조)**
- 사업주는 상시 사용하는 근로자 중 사무직에 종사하는 근로자(공장 또는 공사현장과 같은 구역에 있지 않은 사무실에서 서무·인사·경리·판매·설계 등의 사무업무에 종사하는 근로자를 말하며, 판매업무 등에 직접 종사하는 근로자는 제외한다)에 대해서는 2년에 1회 이상, 그 밖의 근로자에 대해서는 1년에 1회 이상 일반건강진단을 실시해야 한다.
- 일반건강진단을 실시해야 할 사업주는 일반건강진단 실시 시기를 안전보건관리규정 또는 취업규칙에 규정하는 등 일반건강진단이 정기적으로 실시되도록 노력해야 한다.

■ **특수건강진단의 실시 시기 및 주기 등(시행규칙 제202조)**
- 사업주는 특수건강진단 대상 유해인자별로 정한 시기 및 주기에 따라 특수건강진단을 실시해야 한다.
- 사업장의 작업환경 측정결과 또는 특수건강진단 실시결과에 따라 다음의 어느 하나에 해당하는 근로자에 대해서는 다음 회에 한정하여 관련 유해인자별로 특수건강진단 주기를 2분의 1로 단축해야 한다.
  - 작업환경을 측정한 결과 노출 기준 이상인 작업공정에서 해당 유해인자에 노출되는 모든 근로자
  - 특수건강진단, 수시건강진단 또는 임시건강진단을 실시한 결과 직업병 유소견자가 발견된 작업공정에서 해당 유해인자에 노출되는 모든 근로자. 다만, 고용노동부장관이 정하는 바에 따라 특수건강진단·수시건강진단 또는 임시건강진단을 실시한 의사로부터 특수건강진단 주기를 단축하는 것이 필요하지 않다는 소견을 받은 경우는 제외한다.
  - 특수건강진단 또는 임시건강진단을 실시한 결과 해당 유해인자에 대하여 특수건강진단 실시주기를 단축해야 한다는 의사의 소견을 받은 근로자

- 사업주는 직업병 유소견자 발생의 원인이 된 유해인자에 대하여 해당 근로자를 진단한 의사가 필요하다고 인정하는 시기에 특수건강진단을 실시해야 한다.
- 특수건강진단을 실시해야 할 사업주는 특수건강진단 실시 시기를 안전보건관리규정 또는 취업규칙에 규정하는 등 특수건강진단이 정기적으로 실시되도록 노력해야 한다.

▌ **임시건강진단 명령 등(시행규칙 제207조)** : 특수건강진단 대상 유해인자 또는 그 밖의 유해인자에 의한 중독 여부, 질병에 걸렸는지 여부 또는 질병의 발생 원인 등을 확인하기 위하여 필요하다고 인정되는 경우로서 다음의 어느 하나에 해당하는 경우를 말한다.
- 같은 부서에 근무하는 근로자 또는 같은 유해인자에 노출되는 근로자에게 유사한 질병의 자각·타각 증상이 발생한 경우
- 직업병 유소견자가 발생하거나 여러 명이 발생할 우려가 있는 경우
- 그 밖에 지방고용노동관서의 장이 필요하다고 판단하는 경우

▌ **자율검사프로그램의 포함 내용(시행규칙 제132조)**
- 안전검사 대상 기계 등의 보유 현황
- 검사원 보유 현황과 검사를 할 수 있는 장비 및 장비 관리방법(자율안전검사기관에 위탁한 경우에는 위탁 증명 서류 제출)
- 안전검사 대상 기계 등의 검사 주기 및 검사 기준
- 향후 2년 간 안전검사 대상 기계 등의 검사 수행계획
- 과거 2년 간 자율검사프로그램 수행 실적(재신청의 경우만 해당)

CHAPTER 02 인간공학 및 위험성 평가 · 관리

- **■ 인간공학의 연구목적(Chapanis. A)** : 인간공학 연구의 궁극적인 목적은 안전과 능률이다.
  - 안전성의 향상과 사고 방지
  - 기계 조작의 능률성과 생산성 향상
  - 작업환경의 쾌적성 향상

- **■ 인간 – 기계체계(man-machine system)의 구분** : 자동화 체계, 기계화 체계, 수동체계

- **■ 인간 – 기계 시스템을 평가하는 척도의 요건** : 적절성(타당성), 무오염성, 신뢰성(반복성, 일관성, 안정성)

- **■ 인간 – 기계 통합체계 기본기능의 유형** : (정보 입력) → 감지기능 → 정보 보관기능 → 정보처리 및 의사결정 기능 → 행동기능(신체 제어 및 통신) → (출력)

- **■ 인간공학에 사용되는 인간 기준의 기본 유형** : 사고 및 과오의 빈도, 인간의 성능 척도, 주관적 반응, 생리학적 지표

- **■ 인간 – 기계시스템을 설계하기 위해 고려해야 할 사항**
  - 시스템 설계 시 동작 경제의 원칙이 만족되도록 고려한다.
  - 인간과 기계가 모두 복수인 경우 기계보다 종합적인 효과를 우선적으로 고려한다.
  - 대상이 되는 시스템이 위치할 환경조건이 인간에 대한 한계치를 만족하는가의 여부를 조사한다.
  - 인간이 수행해야 할 조작이 연속적인가 불연속적인가를 알아보기 위해 특성조사를 실시한다.

- **■ 인간 – 기계시스템 설계과정의 주요 6단계**
  - 1단계 : 시스템의 목표 및 성능명세 결정
  - 2단계 : 시스템의 정의
  - 3단계 : 기본 설계(작업설계, 직무 분석, 기능 할당)
  - 4단계 : 계면 설계(인터페이스 설계)
  - 5단계 : 보조물 설계(촉진물 설계)
  - 6단계 : 시험 및 평가

▌ 실수원인의 수준적 분류

- 1차 에러(primary error) : 작업자 자신으로부터 발생하는 에러
- 2차 에러(secondary error) : 어떤 결함으로부터 파생하여 발생하는 에러
- 지시 에러(command error) : 작업자가 움직일 수 없어 발생하는 에러

▌ Swain의 휴먼에러 분류 중 심리적 독립행동에 관한 분류

- commission error(작위오류) : 필요한 직무 또는 절차를 수행했으나 잘못 수행한 오류
- extraneous error(과잉행동오류) : 불필요한 작업 또는 절차를 수행함으로써 기인한 오류
- omission error(생략오류) : 필요한 작업 또는 절차를 수행하지 않는 데에서 기인한 오류
- sequential error(순서오류) : 필요한 작업 또는 절차 순서의 착오로 인하여 발생하는 오류
- time error(시간오류) : 시간적으로 발생된 오류(예 프레스작업 중 금형 내에 손이 오랫동안 남아 있어 발생한 재해)

▌ 원인 차원의 휴먼에러 분류에 적용하는 라스무센(Rasmussen)의 정보처리모형에서 분류한 행동

- 기능에 기초한 행동(skill-based behavior) : 자동적·무의식적으로 수행하는 과정
- 규칙에 기초한 행동(rule-based behavior) : 경험 등을 통해 학습한 규칙을 적용하여 문제를 해결하는 과정
- 지식에 기초한 행동(knowledge-based behavior) : 새롭거나 특수한 상황 등에서 의사결정을 해야 하는 과정

▌ 휴먼에러의 배후요소

- 인간요인(man) : 인간의 과오, 망각, 무의식, 피로 등
- 작업적 요인(media) : 작업 순서, 작업 정보, 작업방법, 작업환경
- 관리적 요인(management) : 안전관리조직이나 안전교육·훈련 미흡
- 설비적 요인(machine) : 기계설비 등의 결함, 기계설비의 안전장치 미설치 등

▌ 휴먼에러의 방지

- tamper proof : 장치를 임의로 조작하거나 파손하는 것을 방지하기 위해 설계하는 것
- fail safe : 기계 등이 고장이 발생했을 때 사고나 재해를 예방하도록 안전을 확보하는 장치 또는 기구
- fool proof : 작업자가 실수를 하더라도 사고로 연결되지 않도록 항상 안전하게 작동되는 구조
- lock out : 정비·청소·수리 등의 작업을 수행하기 위하여 해당 기계의 운전을 정지한 후 다른 사람이 그 기계를 운전하는 것을 방지하기 위하여 기동장치에 잠금장치를 하거나 표지판을 설치하는 등의 조치

▌ ETA(Event Tree Analysis, 사건수 분석)

디시전 트리(decision tree)를 재해사고 분석에 이용한 분석법이다. 설비의 설계단계에서부터 사용단계까지의 각 단계에서 위험을 분석하는 귀납적이며 정량적인 시스템 위험분석기법이다.

▌ FMEA(Failure Mode & Effects Analysis, 고장의 유형과 영향 분석)

- 서브시스템, 구성요소, 기능 등의 잠재적 고장 형태에 따른 시스템의 위험을 파악하는 위험분석기법이다.
- 정성적·귀납적 평가기법으로 시스템 요소의 고장을 형태별로 분석하는 기법이다.
- 위험도 순위를 부여하여 순위가 높은 것부터 개선한다.
- 예상되는 심각도, 발생도, 검출도 등에 의한 평가 기준을 설정해 두고 개개의 구성요소에 의한 고장 평가를 하고 종합하여 치명도를 산출한다.

▌ FMEA에서 고장 평점을 결정하는 평가요소

- 기능적 고장 영향의 중요도
- 영향을 미치는 시스템의 범위
- 고장 발생의 빈도
- 고장 방지의 가능성
- 신규 설계의 정도

▌ FTA(결함수분석법) : 예상되는 사고의 원인이 되는 장치, 기기의 결함이나 설계자, 조업자의 오류를 연역적·순차적·도식적·확률적으로 검토 분석하여 이의 정성적·정량적 안전성을 평가 진단하는 방법

▌ FT도에 사용되는 게이트

AND게이트	OR게이트	부정게이트	우선적 AND게이트
			a_i a_j a_k
조합 AND게이트	위험지속게이트	배타적 OR게이트	억제게이트

▌ 컷셋과 미니멀 컷셋

- 컷셋(cut set) : 모든 기본사상이 동시에 결함을 발생시켰을 때 정상사상을 일으키는 기본사상의 집합
- 미니멀 컷셋(minimal cut set, 최소 컷셋) : 정상사상(톱사상)을 발생시키는 기본사상의 최소 집합

▌ 패스셋과 미니멀 패스셋

- 패스셋(path set) : 정상사상이 일어나지 않는 기본사상의 집합
- 미니멀 패스셋(minimal path set, 최소 패스셋) : 정상 사상을 일으키지 않는 최소한의 사상 집합

■ HAZOP(Hazard and Operability, 위험 및 운전성 검토)기법 : 위험요소를 예측하고, 새로운 공정에 대한 가동문제를 예측하는 데 사용되는 위험성 평가방법으로, 화학공장(석유화학사업장 등)에서 가동문제를 파악하는 데 널리 사용된다.

■ HAZOP기법에서 사용하는 가이드 워드
   • as well as : 성질상의 증가
   • more/less : 정량적인 증가 또는 감소
   • no/not : 디자인 의도의 완전한 부정
   • other than : 완전한 대체
   • part of : 성질상의 감소
   • reverse : 디자인 의도의 논리적 반대

■ PHA(예비위험분석) : 초기단계에서 시스템 내의 위험요소가 어떠한 위험 상태에 있는가를 정성적으로 평가한다.

■ PHA에 의한 위험성 분류상 카테고리의 단계
   • 범주 Ⅰ 파국적 상태(catastrophic) : 부상 및 시스템의 중대한 손해를 초래하는 상태
   • 범주 Ⅱ 중대 상태(위기적 상태, critical) : 작업자의 부상 및 시스템의 중대한 손해를 초래하거나 작업자의 생존 및 시스템의 유지를 위하여 즉시 수정조치를 필요로 하는 상태
   • 범주 Ⅲ 한계적 상태(marginal) : 작업자의 부상 및 시스템의 중대한 손해를 초래하지 않고, 대처 또는 제어할 수 있는 상태
   • 범주 Ⅳ 무시 가능 상태(negligible) : 작업자의 생존 및 시스템의 유지가 가능한 상태

■ 안전성 평가의 기본원칙 6단계 : 관계자료의 작성 준비 또는 정비(검토) → 정성적 평가 → 정량적 평가 → 안전대책 → 재해 정보에 의한 재평가 → FTA에 의한 재평가

■ 평점척도법 : 활동의 내용마다 '우·양·가·불가'로 평가하고, 이 평가내용을 합하여 다시 종합적으로 정규화하여 평가하는 안전성 평가기법

■ THERP(인간실수율예측기법) : 인간의 과오를 정량적으로 평가하고 분석하는 데 사용하는 기법으로, event tree를 통해 전체 실패 확률을 구할 수 있다.

■ 시스템 신뢰도

- 시스템의 성공적 퍼포먼스를 확률로 나타낸 것이다.
- 각 부품이 동일한 신뢰도를 가질 경우 직렬구조의 신뢰도는 병렬구조에 비해 신뢰도가 낮다.
- 시스템의 직렬구조는 시스템의 어느 한 부품이 고장 나면 시스템이 고장 나는 구조이다.
- n 중 k구조는 n개의 부품으로 구성된 시스템에서 k개 이상의 부품이 작동하면 시스템이 정상적으로 가동되는 구조이다.

■ 근골격계질환의 정의

- 근골격계 부담작업이란 단순 반복작업 또는 인체에 과도한 부담을 주는 작업에 의한 건강장해에 따른 작업으로서 작업량·작업속도·작업강도 및 작업장 구조 등에 따라 고용노동부장관이 정하여 고시하는 작업이다.
- 근골격계질환이란 반복적인 동작, 부적절한 작업 자세, 무리한 힘의 사용, 날카로운 면과의 신체 접촉, 진동 및 온도 등의 요인에 의하여 발생하는 건강장해로서 목, 어깨, 허리, 팔다리의 신경·근육 및 그 주변 신체조직 등에 나타나는 질환이다.
- 근골격계질환 예방관리 프로그램이란 유해요인조사, 작업환경 개선, 의학적 관리, 교육·훈련, 평가에 관한 사항 등이 포함된 근골격계질환을 예방관리하기 위한 종합적인 계획이다.

■ NIOSH의 연구에 기초하여 목과 어깨 부위의 근골격계질환 발생과 인과관계가 큰 위험요인 : 반복작업, 과도한 힘, 작업 자세

■ 근골격계 부담작업(근골격계 부담작업의 범위 및 유해요인 조사방법에 관한 고시 제3조) : 근골격계 부담작업이란 다음의 어느 하나에 해당하는 작업을 말한다. 다만, 단기간작업 또는 간헐적인 작업은 제외한다.

- 하루에 4시간 이상 집중적으로 자료 입력 등을 위해 키보드 또는 마우스를 조작하는 작업
- 하루에 총 2시간 이상 목, 어깨, 팔꿈치, 손목 또는 손을 사용하여 같은 동작을 반복하는 작업
- 하루에 총 2시간 이상 머리 위에 손이 있거나, 팔꿈치가 어깨 위에 있거나, 팔꿈치를 몸통으로부터 들거나, 팔꿈치를 몸통 뒤쪽에 위치하도록 하는 상태에서 이루어지는 작업
- 지지되지 않은 상태이거나 임의로 자세를 바꿀 수 없는 조건에서 하루에 총 2시간 이상 목이나 허리를 구부리거나 트는 상태에서 이루어지는 작업
- 하루에 총 2시간 이상 쪼그리고 앉거나 무릎을 굽힌 자세에서 이루어지는 작업
- 하루에 총 2시간 이상 지지되지 않은 상태에서 1kg 이상의 물건을 한 손의 손가락으로 집어 옮기거나 2kg 이상에 상응하는 힘을 가하여 한손의 손가락으로 물건을 쥐는 작업
- 하루에 총 2시간 이상 지지되지 않은 상태에서 4.5kg 이상의 물건을 한 손으로 들거나 동일한 힘으로 쥐는 작업

- 하루에 10회 이상 25kg 이상의 물체를 드는 작업
- 하루에 25회 이상 10kg 이상의 물체를 무릎 아래에서 들거나, 어깨 위에서 들거나, 팔을 뻗은 상태에서 드는 작업
- 하루에 총 2시간 이상, 분당 2회 이상 4.5kg 이상의 물체를 드는 작업
- 하루에 총 2시간 이상 시간당 10회 이상 손 또는 무릎을 사용하여 반복적으로 충격을 가하는 작업

▮ 인체측정자료의 응용원칙

- 조절식 설계 → 극단치 설계 → 평균치 설계 순이다.
- 큰 사람을 기준으로 한 설계는 인체측정치의 95%tile을 사용한다.
- 의자의 깊이는 작은 사람을 기준으로, 의자의 너비는 큰 사람을 기준으로 설계한다.

▮ 인체계측자료에서 주로 사용하는 변수

- 극단적 설계는 남성 95백분위 수, 여성 5백분위 수를 기준으로 설계한다.
- 가변적 설계는 여성 5백분위 수에서 남성 95백분위 수를 수용하도록 설계한다.
- 평균적 설계는 극단이 이용이 불가능한 경우로 평균치를 이용하여 설계한다.

▮ 시각 표시장치와 청각 표시장치의 비교

시각적 표시장치	청각적 표시장치
• 메시지가 길고, 복잡한 경우	• 메시지가 짧고, 간단한 경우
• 메시지가 재참조되는 경우	• 메시지가 재참조되지 않는 경우
• 공간적인 위치를 다루는 경우	• 시간적인 사상을 다루는 경우
• 메시지가 즉각적 행동을 요구하지 않는 경우	• 메시지가 즉각적 행동을 요구하는 경우
• 청각계통이 과부하인 경우	• 시각계통이 과부하인 경우
• 주위가 너무 시끄러운 경우	• 주위가 너무 밝거나 암조응인 경우
• 한곳에 머무르는 경우	• 자주 움직이는 경우

▮ 정량적인 동적 표시장치

- 계수형 : 관측하고자 하는 측정값을 가장 정확하게 읽을 수 있는 표시장치이다. 즉, 택시요금계기와 같이 숫자로 표시되는 정량적인 동적 표시장치이다.
- 동침형 : 표시값의 변화방향이나 변화속도를 나타내어 전반적인 추이의 변화를 관측할 필요가 있는 경우 가장 적합한 표시장치이다.

▮ 통제표시비

$$C/R(C/D) = \frac{(\alpha/360°) \times 2\pi L}{\text{표시장치의 이동거리}}$$

■ **양립성** : 자극 또는 반응들 간의 관계가 인간의 기대에 일치되는 정도

- 개념 양립성 : 어떠한 신호가 전달하려는 내용과 연관성이 있어야 하는 것(예) 위험신호는 빨간색, 주의신호는 노란색, 안전신호는 파란색으로 표시하는 것)
- 양식 양립성 : 청각적 자극 제시와 이에 대한 음성응답과업에서 갖는 양립성
- 운동 양립성 : 표시 및 조종장치, 체계반응의 운동 방향의 양립성(예) 조종장치를 오른쪽으로 돌리면 지침도 오른쪽으로 이동하는 것)
- 공간 양립성 : 표시장치가 조종장치에서 물리적 형태나 공간적인 배치 양립성(예) 오른쪽 : 오른손 조절장치, 왼쪽 : 왼손 조절장치)

■ **수공구 설계의 원칙**

- 손목을 곧게 편다.
- 손가락으로 지나친 반복 동작을 하지 않는다.
- 손바닥면에 압력이 가해지지 않도록(접촉면을 크게) 한다.
- 안전 측면을 고려한 디자인이어야 한다.
- 적절한 장갑 사용한다.
- 왼손잡이 및 장애인을 위한 배려를 해야 한다.
- 공구의 무게를 줄이고 균형을 유지한다.

■ **생리적 스트레스를 전기적으로 측정하는 방법** : 뇌전도(EEG), 근전도(EMG), 전기피부반응(GSR)

■ **산소소비량** : 대사율을 평가할 수 있는 지표

- 1L/min의 산소 소비 시 5kcal/min의 에너지가 소비된다.
- 산소소비량 = (흡기 시 산소농도[%] × 분당 흡기량) − (배기 시 산소농도[%] × 분당 배기량)
- 흡기량 = 배기량 × $\dfrac{100 - O_2\% - CO_2\%}{79\%}$

■ **신체 동작의 유형**

- 내선(medial rotation) : 몸의 중심선으로 회전하는 동작
- 외선(lateral rotation) : 몸의 중심선으로부터 회전하는 동작
- 내전(adduction) : 몸의 중심선으로 이동하는 동작
- 외전(abduction) : 몸의 중심선으로부터 이동하는 동작
- 굴곡(flexion) : 신체 부위 간의 각도의 감소
- 신전(extension) : 신체 부위 간의 각도의 증가

▌ **기초대사량** : 최소 10시간 이상 금식한 다음 기상한 후 30~60분 동안 편안하게 휴식을 취한 후 측정한 산소 소비량으로 구한다.

▌ **사람의 감각기관 중 반응시간** : 청각(0.17초) > 촉각(0.18초) > 시각(0.20초) > 미각(0.29초) > 통각(0.70초)

▌ **웨버(Weber)의 법칙**
- 음의 높이, 무게 등 물리적 자극을 상대적으로 판단하는 데 있어 특정 감각의 변화 감지역(JND)으로 사용되는 표준 자극에 비례한다.
- 동일한 양의 인식(감각)의 증가를 얻기 위해서는 자극을 지수적으로 증가해야 한다.
- 변화 감지역은 동기, 적응, 연습, 피로 등의 요소에 의해서도 좌우된다.

▌ **JND(변화 감지역, Just Noticeable Difference)** : 신호의 강도, 진동수에 의한 신호의 상대 식별 등 물리적 자극의 변화 여부를 감지할 수 있는 최소의 자극범위

▌ **부품배치의 원칙**
- 중요성의 원칙 : 목표 달성에 긴요한 정도에 따라 우선순위를 정한다.
- 사용 빈도의 원칙 : 사용되는 빈도에 따라 우선순위를 정한다.
- 기능별 배치의 원칙 : 기능적으로 관련된 부품들을 모아서 배치한다.
- 사용 순서의 원칙 : 순서적으로 사용되는 장치들을 순서에 맞게 배치한다.

▌ **작업 공간의 설계**
- 작업 공간 포락면 : 사람이 작업하는 데 사용하는 공간
- 정상 작업역 : 위팔(상완, 어깨부터 팔꿈치까지)은 자연스럽게 수직으로 늘어뜨린 채 아래팔(전완)만 편하게 뻗어 작업할 수 있는 범위
- 최대작업역 : 위팔과 아래팔을 곧게 펴서 파악할 수 있는 구역

▌ **서서 하는 작업의 작업대 높이**
- 정밀작업의 경우 팔꿈치 높이보다 약간 높게 한다.
- 경작업의 경우 팔꿈치 높이보다 약간 낮게 한다.
- 중작업의 경우 경작업의 작업대 높이보다 약간 낮게 한다.
- 작업대나 작업테이블의 작업 높이는 근로자가 서서 일을 하거나 앉아서 일을 하는지에 상관없이 작업하기에 편하도록 설계되어야 한다.

▌ 의자의 등받이 설계
- 등받이 폭은 최소 30.5cm가 되게 한다.
- 등받이 높이는 최소 50cm가 되게 한다.
- 의자의 좌판과 등받이의 각도는 90~105°를 유지한다.
- 요부 받침의 높이는 15.2~22.9cm로 하고 폭은 30.5cm, 등받이로부터 5cm 정도의 두께로 한다.

▌ 최소 조도기준(산업안전보건기준에 관한 규칙 제8조)
- 초정밀작업 : 750lx 이상
- 정밀작업 : 300lx 이상
- 보통작업 : 150lx 이상
- 그 밖의 작업 : 75lx 이상

▌ 반사율 $= \dfrac{\text{표면에서 반사되는 빛의 양}}{\text{표면에 비치는 빛의 양}} = \dfrac{\text{휘도}}{\text{조도}}$

▌ 옥내 조명에서 최적 반사율의 크기 : 바닥 < 가구 < 벽 < 천장

▌ 소음원에 대한 대책
- 적극적 대책 : 소음의 원인 제거, 강제력 제거, 파동의 차단 및 감쇠, 방사율의 저감 등
- 소극적 대책 : 귀의 보호대책(보호구 착용), 차음대책(격리), 작업방법 개선, 능동 제어

▌ 신체의 열 교환과정
- 인체와 환경 사이에서 발생한 열교환작용의 교환경로 : 대류, 복사, 증발 등
- 신체 열 함량 변화량
  $\Delta S = (M - W) \pm R \pm C - E$
  여기서, M : 대사열 발생량, W : 수행한 일, R : 복사열 교환량, C : 대류열 교환량, E : 증발열 발산량

▌ 주파수(진동수, frequency)
- 단위 : Hz(1초 동안의 진동수)
- phon의 기준 순음 주파수는 1,000Hz이다.
- 소음에 대한 청력손실이 가장 심각하게 노출되는 진동수 : 4,000Hz
- 시력 손상에 가장 크게 영향을 미치는 전신 진동의 주파수 : 10~25Hz
- 청각적 표시장치에서 300m 이상의 장거리용 경보기에 사용하는 진동수 : 800Hz 전후
- 300m 이상 장거리용 신호는 1,000Hz 이하의 진동수를 사용한다.

▌ 음량 수준 평가 척도

- phon : 1,000Hz의 기준 음과 같은 크기로 들리는 다른 주파수의 음의 크기
- sone : 어떤 음의 기준 음과 비교한 배수
  - 1sone : 1,000Hz, 40dB의 음압 수준을 가진 순음의 크기
  - 1sone = 40phon
  - $sone = 2^{\frac{phon - 40}{10}}$

▌ 작업장의 실효온도에 영향을 주는 인자 : 온도, 습도, 대류(공기 유동)

▌ oxford지수(WD index)

- 습구온도와 건구온도의 단순가중치(가중평균값)
- $WD = 0.85W + 0.15D$

  여기서, W : 습구온도, D : 건구온도

▌ 고온 작업자의 고온 스트레스로 인해 발생하는 생리적 영향

- 피부와 직장온도의 상승
- 발한(sweating)의 증가
- 심박출량(cardiac output)의 증가
- 근육에서의 젖산 증가로 인한 근육통과 근육피로 증가

▌ masking : 높은 음이 낮은 음을 상쇄시켜 높은 음만 들리는 현상(예 한 사무실에서 타자기의 소리 때문에 말소리가 묻히는 경우)

▌ 유해하거나 위험한 작업(시행령 제99조)

- 갱(坑)내에서 하는 작업
- 다량의 고열물체를 취급하는 작업과 현저히 덥고 뜨거운 장소에서 하는 작업
- 다량의 저온물체를 취급하는 작업과 현저히 춥고 차가운 장소에서 하는 작업
- 라듐방사선이나 엑스선, 그 밖의 유해 방사선을 취급하는 작업
- 유리, 흙, 돌, 광물의 먼지가 심하게 날리는 장소에서 하는 작업
- 강렬한 소음이 발생하는 장소에서 하는 작업
- 착암기(바위에 구멍을 뚫는 기계) 등에 의하여 신체에 강렬한 진동을 주는 작업
- 인력(人力)으로 중량물을 취급하는 작업
- 납, 수은, 크롬, 망간, 카드뮴 등의 중금속 또는 이황화탄소·유기용제, 그 밖에 고용노동부령으로 정하는 특정 화학물질의 먼지·증기 또는 가스가 많이 발생하는 장소에서 하는 작업

▌ VDT(Visual Display Terminal)작업을 위한 조명의 일반원칙

- 화면 반사를 줄이기 위해 산란식 간접조명을 사용한다.
- 화면과 화면에서 먼 주위의 휘도비는 1 : 10으로 한다.
- 작업영역을 조명기구 바로 아래에 두면 눈이 부시기 때문에 조명기구 사이에 둔다.
- 조명의 수준이 높으면 자주 주위를 둘러봄으로써 수정체의 근육을 이완시키는 것이 좋다.

▌ 권장무게한계(RWL) 산출에 사용되는 평가요소 항목(NIOSH lifting guideline)

- 수평 위치
- 수직거리
- 수직이동거리
- 비대칭각도
- 들기 빈도
- 커플링

▌ 근골격계 유해요인 평가(NIOSH lifting equation)

- 장점 : 들기작업에 대한 전문적인 평가도구로 다양한 중량물의 무게를 평가한다.
- 단점 : 들기작업에 국한, 밀기·당기기에 대한 평가가 미흡하다.
- 적용 : 중량물 취급 업종

CHAPTER 03 기계·기구 및 설비 안전관리

[기계 안전시설관리]

▋ **방호장치** : 기계·기구 및 설비를 사용할 경우에 작업자에게 상해를 입힐 우려가 있는 부분으로부터 작업자를 보호하기 위하여 일시적 또는 영구적으로 설치하는 기계적 안전장치이다.

▋ **방호장치의 일반 원칙**
- 작업의 편의성
- 작업점의 방호
- 외관상의 안전화
- 기계의 특성과 성능 보장

▋ **방호장치 선정 시 고려사항**
- 방호의 정도 : 위험을 예지하는 것인가, 방지하는 것인가를 고려할 것
- 방호의 적용범위 : 기계성능에 따라 적합한 것을 선정할 것
- 보수, 정비의 난이 : 점검, 분해, 조립하기 쉬운 구조일 것
- 신뢰성 : 가능한 구조가 간단하며 방호능력의 신뢰도가 높을 것
- 작업성 : 작업성을 저해하지 않을 것
- 경비 : 가능한 한 가격이 저렴할 것

▋ **fail safe** : 기계나 그 부품에 고장이나 기능 불량이 생겨도 항상 안전하게 작동하는 안전화 대책
- fail-passive : 부품이 고장 나면 통상적으로 기계는 정지하는 방향으로 이동한다.
- fail-active : 부품이 고장 나면 기계는 경보를 울리는 가운데 짧은 시간 동안의 운전이 가능하다.
- fail-operational : 부품의 고장이 있어도 기계는 추후에 보수될 때까지 안전한 기능을 유지한다. 이것은 병렬 계통 또는 대기 여분(stand-by redundancy) 계통에 의한 것이다.

▋ **컨베이어의 분류(KS T 2301)**
- 산적화물 컨베이어 : 벨트 컨베이어, 체인 컨베이어. 스크루 컨베이어, 진동 컨베이어, 유체 컨베이어, 공기부상 컨베이어 등
- 단위화물 컨베이어 : 벨트 컨베이어, 체인 컨베이어, 승강 컨베이어, 롤러 컨베이어, 유체 컨베이어, 공기부상 컨베이어, 신축 컨베이어, 축적 컨베이어, 분류 컨베이어 등

▌ 역전방지장치 형식에 따른 컨베이어의 분류
- 기계식 : 래칫식, 밴드식, 롤러식
- 전기식 : 전기식, 스러스트식

[기계 분야 산업재해조사]

▌ 재해조사의 목적
- 재해 발생원인 및 결함 규명
- 재해 예방자료 수집
- 동종 및 유사 재해 재발 방지

▌ 재해조사 시 유의사항
- 사실을 있는 그대로 수집한다.
- 조사는 2인 이상이 실시한다.
- 사람, 기계설비, 양면의 재해요인을 모두 도출한다.
- 책임 추궁이나 책임 소재 파악보다는 재발 방지 목적을 우선으로 하는 기본적인 태도를 갖는다.
- 조사자가 전문가라도 단독으로 조사하거나 사고 정황을 추정하면 안 된다.
- 재해조사는 재해 발생 직후에 현장 보존에 유의하면서 행하며 물적 증거를 수집한다.
- 피해자 및 목격자 등 많은 사람으로부터 사고 시의 상황을 수집한다.
- 목격자 증언 등 사실 이외의 추측의 말은 신뢰성이 떨어지므로 참고만 한다.
- 조사는 신속하게 행하고 긴급히 조치하여 2차 재해 방지를 도모한다.
- 2차 재해 예방과 위험성에 대한 보호구를 착용한다.
- 재해 장소에 들어갈 때는 예방과 유해성에 대응하여 적정한 보호구를 반드시 착용한다.
- 과거의 사고 경향, 사례조사 기록 등을 참조한다.

▌ 재해 발생 시 조치 순서
- 긴급처리 : 관련 기계의 정지 → 재해자 구출 → 재해자의 응급조치 → 관계자 통보 → 2차 재해 방지 → 현장 보존
- 재해조사 : 잠재적인 재해 위험요인 색출
- 원인 강구 : 직접 원인(사람, 물체), 간접 원인(관리)
- 대책 수립 : 동종 또는 유사 재해 방지
- 대책 실시계획
- 실시
- 평가

▌ 산업재해 분석 시 기본사항

- 사고 유형(재해 형태) : 추락, 전도, 충돌, 낙하 및 비래, 협착, 감전, 폭발, 붕괴, 파열, 화재, 이상온도 접촉, 유해물 접촉, 무리한 동작 등
- 가해물 : 사람에게 직접 접촉되어 위해를 가한 물체이다.
- 기인물 : 직접적으로 재해를 일으키거나 영향을 전한 에너지원을 지닌 기계장치, 구조물, 물체, 사람을 뜻한다.

▌ 안전관리 : 재난이나 그 밖의 각종 사고로부터 사람의 생명·신체 및 재산의 안전을 확보하기 위한 모든 활동이며, PDCA 사이클의 4단계 반복이다.

- P : Plan(계획)
- D : Decision(do : 실행)
- C : Check(확인)
- A : Action(조치)

▌ 통계에 의한 재해원인 분석방법 또는 사고의 원인 분석방법 : 관리도, 파레토도, 특성요인도, 크로스도 등

[기계설비 위험요인 분석]

▌ 밀링작업 시 절삭가공

- 하향 절삭
  - 커터의 절삭 방향과 이송 방향이 같아 백래시 제거장치가 없으면 곤란하다.
  - 가공된 면 위에 칩이 쌓이므로, 절삭열로 인한 치수 정밀도가 불량해질 염려가 있다.
- 상향 절삭
  - 밀링커터의 날이 가공재를 들어 올리는 방향으로 작용한다.
  - 칩이 날을 방해하지 않고, 절삭열에 의한 치수 정밀도의 변화가 작다.

▌ 칩 브레이커 : 선반에서 절삭가공 중 발생하는 연속적인 칩을 자동으로 짧게 끊어 주는 안전장치

▌ 방진구 : 선반작업에서 가공물의 길이가 직경의 12배 이상으로 과도하게 길 때 절삭저항에 의한 떨림을 방지하기 위한 장치

■ **근로자에게 위험을 미칠 우려가 있을 때 덮개 또는 울을 설치해야 하는 위치**
- 연삭기 또는 평삭기의 테이블, 형삭기 램 등의 행정 끝
- 선반으로부터 돌출하여 회전하고 있는 가공물
- 띠톱기계의 위험한 톱날(절단 부분 제외) 부위
- 컨베이어 등으로부터 화물이 떨어져 근로자가 위험해질 우려가 있는 경우에는 해당 컨베이어 등
- 압력용기 및 공기압축기 등에 부속하는 원동기, 축이음, 벨트, 풀리의 회전 부위 등 근로자가 위험에 처할 우려가 있는 부위
- 가공물 등이 절단되거나 절삭편(切削片)이 날아오는 등 근로자가 위험해질 우려가 있는 기계

■ **밀링** : 일반적으로 기계 절삭에 의하여 발생하는 칩이 가장 가늘고 예리한 것

■ **밀링머신의 작업 시 안전수칙**
- 커터의 교환 시 테이블 위에 목재를 받쳐 놓는다.
- 강력 절삭 시에는 일감을 바이스에 깊게 물린다.
- 작업 중 장갑은 착용하지 않는다.
- 커터는 가능한 한 칼럼(column)으로부터 가까이 설치한다.
- 칩이나 부스러기는 반드시 브러시를 사용하여 제거한다.
- 가공 중에는 가공면을 손으로 점검하지 않는다.
- 기계를 가동 중에는 변속시키지 않는다.
- 바이트는 가급적 짧게 고정시킨다.
- 일감을 측정할 때는 반드시 정지시킨 다음에 한다.
- 상하 이송장치의 핸들은 사용 후 반드시 빼 두어야 한다.
- 테이블 위에 공구나 기타 물건들을 올려놓지 않는다.

■ **선반의 안전작업방법**
- 절삭 칩의 제거는 반드시 브러시를 사용한다.
- 기계 운전 중에는 백기어(back gear)의 사용을 금한다.
- 공작물의 길이가 직경의 12배 이상일 때는 반드시 방진구를 사용한다.
- 시동 전에 척 핸들을 빼 둔다.
- 회전 중에 가공품을 직접 만지지 않는다.
- 공작물의 설치가 끝나면 척에서 렌치류는 곧바로 제거한다.
- 칩이 비산할 때는 보안경을 쓰고 방호판을 설치하여 사용한다.
- 돌리개는 적정 크기의 것을 선택하고, 심압대 스핀들은 가능한 한 짧게 나오도록 한다.

▌ 회전 중인 연삭숫돌 지름이 최소 5cm 이상인 경우로서 근로자에게 위험을 미칠 우려가 있는 경우 해당 부위에 덮개를 설치하여야 한다(산업안전보건기준에 관한 규칙 제122조).

▌ 휴대용 연삭기 덮개의 각도는 180° 이내이다(방호장치 자율안전기준 고시 별표 4).

▌ **연삭작업 중 숫돌 파괴의 원인**
  • 숫돌의 회전속도가 너무 빠를 경우
  • 숫돌에 균열이 있을 경우
  • 숫돌작업 시 측면이 사용될 경우
  • 숫돌에 과대한 충격을 가할 경우
  • 숫돌의 내경의 크기가 적당하지 않을 경우
  • 플랜지의 지름이 현저히 작을 경우
  • 회전력이 결합력보다 클 경우
  • 숫돌의 회전중심이 잡히지 않았을 경우
  • 플랜지의 직경이 현저히 작을 경우

▌ **연삭기의 방호대책**
  • 탁상용 연삭기의 덮개에는 워크레스트 및 조정편을 구비하여야 하며, 워크레스트는 연삭숫돌과의 간격을 3mm 이하로 조정할 수 있는 구조이어야 한다.
  • 연삭기 덮개의 재료는 인장강도의 값[MPa]에 신장도[%]의 20배를 더한 값이 754.5 이상이어야 한다.
  • 연삭숫돌을 교체한 후에는 3분 이상 시운전을 한다.

▌ **셰이퍼(shaper) 작업 시 위험요인**
  • 가공칩 비산
  • 램(ram) 말단부 충돌
  • 바이트(bite)의 이탈

▌ **셰이퍼의 안전장치** : 울타리, 칩받이, 칸막이

▌ **소성가공(비절삭가공)의 종류** : 단조, 압연, 압출, 프레스(판금), 인발, 전조가공 등

▌ 소성가공을 열간가공과 냉간가공으로 분류하는 가공온도의 기준은 재결정온도이다.

▌ **프레스의 분류**
- 슬라이드 운동기구에 의한 프레스의 종류 : 크랭크프레스, 너클프레스, 마찰프레스 등
- 동력프레스의 종류 : 크랭크프레스, 토글프레스, 마찰프레스 등

▌ **안전블록** : 프레스 금형의 설치 및 조정 시 슬라이드 불시 하강을 방지하기 위하여 설치해야 하는 것

▌ **프레스 방호장치의 공통 일반구조**
- 방호장치의 표면은 벗겨짐 현상이 없어야 하며, 날카로운 모서리 등이 없어야 한다.
- 위험 기계·기구 등에 장착이 용이하고, 견고하게 고정될 수 있어야 한다.
- 외부 충격으로부터 방호장치의 성능이 유지될 수 있도록 보호덮개가 설치되어야 한다.
- 각종 스위치, 표시램프는 매립형으로 근로자가 쉽게 볼 수 있는 곳에 설치해야 한다.

▌ **프레스 방호장치의 종류** : 광전자식, 양수 조작식, 게이트 가드식, 손쳐내기식, 수인식

▌ **게이트 가드식 방호장치의 작동방식에 따른 분류** : 상승식, 하강식, 도립식, 횡 슬라이드식

▌ **프레스에 사용되는 광전자식 방호장치의 일반구조**
- 프레스작업의 안전을 위한 방호장치 중 투광부와 수광부를 구비하는 방호장치이다.
- 방호장치의 감지기능은 규정한 검출영역 전체에 걸쳐 유효하여야 한다.
- 슬라이드 하강 중 정전 또는 방호장치의 이상 시에 바로 정지할 수 있는 구조이어야 한다.
- 정상동작표시램프는 녹색, 위험표시램프는 붉은색으로 하며, 근로자가 쉽게 볼 수 있는 곳에 설치해야 한다.
- 방호장치의 정상 작동 중에 감지가 이루어지거나 공급전원이 중단되는 경우 적어도 두 개 이상의 독립된 출력신호 개폐장치가 꺼진 상태로 되어야 한다.

▌ **광축의 최소설치거리**
$$D_m = 1.6\,T_m$$

▌ **프레스기에 사용하는 양수 조작식 방호장치의 일반구조(방호장치 안전인증 고시 별표 1)**
- 1행정 1정지 기구에 사용할 수 있어야 한다.
- 누름 버튼을 양손으로 동시에 조작하지 않으면 작동시킬 수 없는 구조이어야 한다.
- 양쪽 버튼의 작동시간 차이는 최대 0.5초 이내일 때 프레스가 동작되도록 해야 한다.
- 방호장치는 사용전원전압의 ±20%의 변동에 대하여 정상적으로 작동되어야 한다.

■ 프레스기에 사용되는 손쳐내기식 방호장치의 일반구조(방호장치 안전인증 고시 별표 1)

- 슬라이드 하행정거리의 3/4 위치에서 손을 완전히 밀어내야 한다.
- 방호판의 폭은 금형폭의 1/2 이상이어야 하고, 행정길이가 300mm 이상의 프레스기계에는 방호판 폭을 300mm로 해야 한다.
- 부착볼트 등의 고정금속 부분은 예리하게 돌출되지 않아야 한다.
- 손쳐내기봉의 행정(stroke) 길이를 금형의 높이에 따라 조정할 수 있고, 진동폭은 금형폭 이상이어야 한다.

■ 프레스 이름판 기재사항 : 압력능력(전단기는 전단능력), 형식번호 및 제조번호, 제조자명, 제조 연월, 안전인증의 표시 등

■ 금형의 안전화와 울(프레스 금형작업의 안전에 관한 기술지침)

금형의 사이에 작업자의 신체의 일부가 들어가지 않도록 다음 부분의 간격이 8mm 이하가 되도록 설치한다.
- 상사점 위치에 있어서 펀치와 다이, 이동 스트리퍼와 다이, 펀치와 스트리퍼 사이 및 고정 스트리퍼와 다이 등의 간격이 8mm 이하이면 울은 불필요하다.
- 상사점 위치에 있어서 고정 스트리퍼와 다이의 간격이 8mm 이하이더라도 펀치와 고정 스트리퍼 사이가 8mm 이상이면 울을 설치하여야 한다.

■ 프레스 작업시작 전 점검사항(산업안전보건기준에 관한 규칙 별표 3)

- 클러치 및 브레이크의 기능
- 크랭크축·플라이휠·슬라이드·연결봉 및 연결 나사의 풀림 유무
- 1행정 1정지 기구, 급정지장치 및 비상정지장치의 기능
- 슬라이드 또는 칼날에 의한 위험방지기구의 기능
- 프레스의 금형 및 고정볼트 상태
- 방호장치의 기능
- 전단기의 칼날 및 테이블의 상태

■ 조작부의 설치 위치에 따른 급정지장치의 종류(방호장치 자율안전기준 고시 별표 3)

종류	설치 위치	비고
손 조작식	밑면에서 1.8m 이내	위치는 급정지장치의 조작부의 중심점을 기준
복부 조작식	밑면에서 0.8m 이상 1.1m 이내	
무릎 조작식	밑면에서 0.6m 이내	

▌ 원심기의 안전대책에 관한 사항

- 최고사용회전수를 초과하여 사용해서는 안 된다.
- 내용물이 튀어나오는 것을 방지하도록 덮개를 설치하여야 한다.
- 폭발을 방지하도록 압력방출장치를 1개 이상 설치하면 된다.
- 청소, 검사, 수리 등의 작업 시에는 기계의 운전을 정지하여야 한다.

▌ 발생기실의 설치 장소 등(산업안전보건기준에 관한 규칙 제286조)

- 사업주는 아세틸렌 용접장치의 아세틸렌 발생기(이하 '발생기'라 한다)를 설치하는 경우에는 전용의 발생기실에 설치하여야 한다.
- 발생기실은 건물의 최상층에 위치하여야 하며, 화기를 사용하는 설비로부터 3m를 초과하는 장소에 설치하여야 한다.
- 발생기실을 옥외에 설치한 경우에는 그 개구부를 다른 건축물로부터 1.5m 이상 떨어지도록 하여야 한다.

▌ 아세틸렌 용접장치 발생기실의 구조 등(산업안전보건기준에 관한 규칙 제287조)

- 벽은 불연성 재료로 하고 철근 콘크리트 또는 그 밖에 이와 같은 수준이거나 그 이상의 강도를 가진 구조로 할 것
- 지붕과 천장에는 얇은 철판이나 가벼운 불연성 재료를 사용할 것
- 바닥면적의 1/16 이상의 단면적을 가진 배기통을 옥상으로 돌출시키고 그 개구부를 창이나 출입구로부터 1.5m 이상 떨어지도록 할 것
- 출입구의 문은 불연성 재료로 하고 두께 1.5mm 이상의 철판이나 그 밖에 그 이상의 강도를 가진 구조로 할 것
- 벽과 발생기 사이에는 발생기의 조정 또는 카바이드 공급 등의 작업을 방해하지 않도록 간격을 확보할 것

▌ 아세틸렌 용접장치에 사용하는 역화방지기에서 요구되는 일반적인 구조(방호장치 자율안전기준 고시 별표 1)

- 역화방지기는 역화를 방지한 후 복원되어 계속 사용할 수 있는 구조이어야 한다.
- 다듬질면이 매끈하고 사용상 지장이 있는 부식, 흠, 균열 등이 없어야 한다.
- 가스의 흐름 방향은 지워지지 않도록 돌출 또는 각인하여 표시하여야 한다.
- 소염소자는 금망, 소결금속, 스틸울(steel wool), 다공성 금속물 또는 이와 동등 이상의 소염성능을 갖는 것이어야 한다.

■ **피복아크용접작업 시 생기는 결함**

- 스패터(spatter) : 용융된 금속의 작은 입자가 튀어나와 모재에 묻어 있는 것
- 언더컷(under cut) : 전류가 과대하고 용접속도가 너무 빠르며, 아크를 짧게 유지하기 어려운 경우 모재 및 용접부의 일부가 녹아서 발생하는 홈 또는 오목하게 생긴 부분
- 기공(blow hole, porosity) : 용착금속 속에 남아있는 가스로 인하여 생긴 구멍의 결함
- 크레이터(crater) : 아크를 끊을 때 비드 끝부분이 오목하게 들어가는 결함
- 오버랩(overlap) : 용접봉의 운행이 불량하거나 용접봉의 용융온도가 모재보다 낮을 때 과잉 용착금속이 남아 있는 부분
- 융합(fusion) 불량 : 용접 경계면끼리 서로 충분히 융합되지 않은 상태

■ **가스용접에서 역화의 원인**

- 토치성능이 부실한 경우
- 취관이 작업 소재에 너무 가까이 있는 경우
- 산소 공급량이 과다한 경우
- 토치 팁에 이물질이 묻은 경우

■ **산소-아세틸렌 가스용접 시 역화의 원인**

- 토치의 과열
- 압력조정기의 고장
- 아세틸렌 공급의 부족
- 토치 팁의 이물질

■ **보일러 방호장치의 종류** : 압력방출장치(안전밸브 및 압력릴리프장치), 압력제한스위치, 고저수위조절장치, 화염검출기 등

■ **압력방출장치(산업안전보건기준에 관한 규칙 제116조)** : 사업주는 보일러의 안전한 가동을 위하여 보일러 규격에 맞는 압력방출장치를 1개 또는 2개 이상 설치하고 최고사용압력(설계압력 또는 최고허용압력을 말한다) 이하에서 작동되도록 하여야 한다. 다만, 압력방출장치가 2개 이상 설치된 경우에는 최고사용압력 이하에서 1개가 작동되고, 다른 압력방출장치는 최고사용압력 1.05배 이하에서 작동되도록 부착하여야 한다.

■ **보일러에서 과열이 발생하는 직접적인 원인**

- 수관의 청소 불량
- 관수 부족 시 보일러의 가동
- 수면계의 고장으로 드럼 내의 물의 감소

■ 불순물이 포함된 물을 보일러수로 사용하여 보일러의 관 벽과 드럼 내면에 발생한 관석(scale)으로 인한 영향
- 과열
- 연료소비량 증가
- 보일러의 효율 저하
- 보일러수의 순환 저하

■ 포밍(foaming) : 보일러수에 불순물이 많이 포함되어 있을 경우 보일러수의 비등과 함께 수면 부위에 거품을 형성하여 수위가 불안정하게 되는 현상

■ 프라이밍과 포밍의 발생원인
- 고수위일 경우
- 급격한 과열
- 기계적 결함이 있는 경우
- 보일러가 과부하로 사용될 경우
- 보일러수에 불순물이 많이 포함되었을 경우

■ 절탄기(economizer) : 급수예열기. 보일러 전열면(傳熱面)을 가열하고 난 연도(煙道)가스로 보일러 급수를 가열하는 장치

■ 압력용기에 설치하는 안전밸브의 설치 및 작동
- 다단형 압축기에는 각 단 또는 각 공기압축기별로 안전밸브 등을 설치하여야 한다.
- 안전밸브 등을 통하여 보호하려는 설비의 최고사용압력 이하에서 작동되도록 하여야 한다. 다만, 안전밸브 등이 2개 이상 설치된 경우에 1개는 최고사용압력의 1.05배(외부 화재를 대비한 경우에는 1.1배) 이하에서 작동되도록 설치할 수 있다.
- 화학공정 유체와 안전밸브의 디스크 또는 시트가 직접 접촉될 수 있도록 설치된 경우에는 매년 1회 이상 국가 교정기관에서 검사한 후 납으로 봉인하여 사용한다.
- 공정안전보고서 이행 상태 평가결과가 우수한 사업장의 안전밸브의 경우 검사주기는 4년마다 1회 이상이다.

■ 압력용기 등에 설치하는 안전밸브(산업안전보건기준에 관한 규칙)
- 안지름이 150mm를 초과하는 압력용기에 대해서는 과압에 따른 폭발을 방지하기 위하여 규정에 맞는 안전밸브를 설치해야 한다(제261조).
- 급성독성물질이 지속적으로 외부에 유출될 수 있는 화학설비 및 그 부속설비에는 파열판과 안전밸브를 직렬로 설치하고 그 사이에는 압력지시계 또는 자동경보장치를 설치하여야 한다(제263조).

- 안전밸브는 보호하려는 설비의 최고사용압력 이하에서 작동되도록 하여야 한다(제264조).
- 안전밸브의 배출용량은 그 작동원인에 따라 각각의 소요분출량을 계산하여 가장 큰 수치를 해당 안전밸브의 배출용량으로 하여야 한다(제265조).

▌ 산업용 로봇의 동작 형태별 분류
- 직각좌표형 로봇
- 수평 다관절형 로봇
- 원통좌표형 로봇
- 극좌표형 로봇
- 수직 다관절형 로봇

▌ 산업용 로봇작업 시 안전조치 방법(산업안전보건기준에 관한 규칙 제222~224조)
- 작업을 하고 있는 동안 로봇의 기동스위치 등에 작업 중이라는 표시를 하는 등 작업에 종사하고 있는 근로자가 아닌 사람이 그 스위치 등을 조작할 수 없도록 필요한 조치를 한다.
- 로봇의 운전(교시 등을 위한 로봇의 운전과 수리 등 작업 시의 조치 등에 따른 로봇의 운전은 제외)으로 인하여 근로자에게 발생할 수 있는 부상 등의 위험을 방지하기 위하여 높이 1.8m 이상의 울타리(로봇의 가동범위 등을 고려하여 높이로 인한 위험성이 없는 경우에는 높이를 그 이하로 조절할 수 있다)를 설치해야 하며, 컨베이어 시스템의 설치 등으로 울타리를 설치할 수 없는 일부 구간에 대해서는 안전매트 또는 광전자식 방호장치 등 감응형 방호장치를 설치해야 한다.
- 로봇의 작동범위에서 해당 로봇의 수리·검사·조정(교시 등에 해당하는 것은 제외)·청소·급유 또는 결과에 대한 확인작업을 하는 경우에는 해당 로봇의 운전을 정지함과 동시에 그 작업을 하고 있는 동안 로봇의 기동스위치를 열쇠로 잠근 후 열쇠를 별도 관리하거나 해당 로봇의 기동스위치에 작업 중이란 내용의 표지판을 부착하는 등 해당 작업에 종사하고 있는 근로자가 아닌 사람이 해당 기동스위치를 조작할 수 없도록 필요한 조치를 하여야 한다.

▌ 교시 등(산업안전보건기준에 관한 규칙 제222조) : 산업용 로봇의 작동범위에서 해당 로봇에 대하여 교시 등의 작업을 하는 경우에는 해당 로봇의 예기치 못한 작동 또는 오조작에 의한 위험을 방지하기 위하여 다음 사항에 관한 지침을 정하고 그 지침에 따라 작업을 시켜야 한다.
- 로봇의 조작방법 및 순서
- 작업 중의 머니퓰레이터의 속도
- 2명 이상의 근로자에게 작업을 시킬 경우의 신호방법
- 이상을 발견한 경우 조치
- 이상을 발견하여 로봇의 운전을 정지시킨 후 이를 재가동시킬 때의 조치
- 그 밖에 로봇의 예기치 못한 작동 또는 오조작에 의한 위험을 방지하기 위하여 필요한 조치

▮ 산업용 로봇의 방호장치 : 안전매트 또는 방호울

▮ 산업용 로봇에 사용되는 안전매트에 요구되는 일반구조 및 추가 표시(방호장치 안전인증 고시 별표 25)
- 단선경보장치가 부착되어 있어야 한다.
- 감응시간을 조절하는 장치는 부착되어 있지 않아야 한다.
- 감응도조절장치가 있는 경우 봉인되어 있어야 한다.
- 전원을 켜면 출력신호 스위칭장치는 복귀신호가 가해지기 전까지는 꺼짐 상태로 유지하여야 한다.
- 복귀신호가 있는 압력감지매트의 경우 복귀신호는 수동으로 안전장치의 제어유닛에 작용하거나 기계제어시스템을 통해서 작용하여야 한다.
- 작동하중이 제거된 후 출력신호 스위칭장치는 복귀신호를 가한 이후에만 켜짐 상태로 바뀌어야 한다.
- 복귀신호가 없는 압력감지매트의 경우 출력신호 스위칭장치의 출력신호는 구동력이 제거된 후에 전원을 켜면 켜짐 상태로 되어야 한다.
- 로봇제어시스템에 복귀신호기능을 제공하여야 한다.
- 압력감지매트의 내부를 접근할 필요가 있는 경우 시건장치나 공구 등을 이용해서만 접근이 가능하도록 하여야 하며 이를 제외한 외장보호수단은 고정시켜야 한다.
- 추가적인 센서나 하부시스템이 플러그나 소켓으로 연결되어 있는 경우 제어유닛의 플러그나 소켓에서 센서나 하부시스템을 제거 또는 분리할 경우 출력신호 스위칭장치가 꺼짐 상태로 바뀌어야 한다.
- 외함의 전선 접촉 부분은 고무 등으로 밀폐되어 물과 먼지 등이 들어가지 않도록 하여야 한다.
- 안전매트에는 작동하중, 감응시간, 복귀신호의 자동 또는 수동 여부, 대·소인 공용 여부를 추가로 표시하여야 한다.

▮ 산업용 로봇에 지워지지 않는 방법으로 반드시 표시해야 하는 항목(산업용 로봇의 사용 등에 관한 안전기술지침)
- 제조자의 이름과 주소, 모델번호 및 제조 일련번호, 제조 연월
- 중량
- 전기 또는 유·공압시스템에 대한 공급사양
- 이동 및 설치를 위한 인양 지점
- 부하능력

▮ 목재가공용 둥근톱기계의 방호장치인 반발예방장치 : 분할날, 반발방지발톱, 반발방지롤러

▮ 비파괴검사의 실시(산업안전보건기준에 관한 규칙 제115조) : 사업주는 고속 회전체(회전축의 중량이 1ton을 초과하고 원주속도가 초당 120m 이상인 것으로 한정한다)의 회전시험을 하는 경우 미리 회전축의 재질 및 형상 등에 상응하는 종류의 비파괴검사를 해서 결함의 유무(有無)를 확인하여야 한다.

■ **산업안전보건법령상 지게차 방호장치** : 헤드가드, 백레스트, 전조등, 후미등, 안전벨트 등

■ **지게차 안전장치** : 주행 연동 안전벨트, 후방접근경보장치, 대형 후사경, 룸 미러, 포크 위치 표시, 지게차 식별을 위한 형광테이프, 헤드가드, 백레스트, 경광등, 주행 경고음, 포크 받침대, 전·후방 카메라, 축 후방 라인 빔, safety light(전방), 카운터 웨이트 자석, 경사로 밀링방지장치 등, 전조등 및 후미등, 좌석 안전띠

■ **헤드가드(산업안전보건기준에 관한 규칙 제180조)**
- 강도는 지게차의 최대하중의 2배 값(4ton을 넘는 값에 대해서는 4ton으로 한다)의 등분포정하중(等分布靜荷重)에 견딜 수 있을 것
- 상부틀의 각 개구부의 폭 또는 길이가 16cm 미만일 것
- 운전자가 앉아서 조작하거나 서서 조작하는 지게차의 헤드가드는 한국산업표준에서 정하는 높이 기준 이상일 것(입식 : 1.905m, 좌식 : 0.903m)

■ **지게차 좌우 안정도(S_{lr})**
- 기준 무부하·부하 상태에서 주행 시 전후 안정도는 18% 이내이다.
- 하역작업 시의 좌우 안정도는 최대 하중 상태에서 포크를 가장 높이 올리고 마스트를 가장 뒤로 기울인 상태에서 6% 이내이다.
- 하역작업 시의 전후 안정도는 최대 하중 상태에서 포크를 가장 높이 올린 경우 4% 이내이며, 5ton 이상은 3.5% 이내이다.
- 기준 무부하 상태에서 주행 시의 좌우 안정도는 $(15 + 1.1 \times V)\%$ 이내이고, V는 구내 최고속도[km/h]를 의미한다.

■ **컨베이어에 부착해야 할 방호장치** : 비상정지장치, 덮개 또는 울, 건널다리, 역전방지장치 및 브레이크, 기복장치

■ **컨베이어 방호장치**
- 작업자가 위험에 처하기 전에 임의로 작업을 중단할 수 있도록 비상정지장치를 부착한다.
- 화물의 낙하로 인하여 근로자에게 위험을 미칠 우려가 있는 때에는 컨베이어에 덮개 또는 울을 설치하는 등 낙하 방지를 위한 조치를 하여야 한다.
- 구동부 측면에 롤러 안내 가이드 등의 이탈방지장치를 설치한다.
- 운전 중인 컨베이어 위로 근로자를 넘어가도록 하는 때에는 근로자의 위험을 방지하기 위하여 건널다리를 설치하는 등 필요한 조치를 하여야 한다.
- 역전방지장치의 종류로는 기계식(래칫식, 롤러식, 밴드식), 전기식(전기 브레이크식, 스러스트 브레이크) 등이 있다.
- 롤러 컨베이어의 롤 사이에 방호판을 설치할 때 롤과의 최대 간격은 5mm이다.

■ **컨베이어 설치 시 주의사항**

- 컨베이어에 설치된 보도 및 운전실 상면은 가능한 한 수평이어야 한다.
- 근로자가 컨베이어를 횡단하는 곳에는 바닥면 등으로부터 90cm 이상 120cm 이하에 상부 난간대를 설치하고, 바닥면과의 중간에 중간 난간대가 설치된 건널다리를 설치한다.
- 폭발의 위험이 있는 가연성 분진 등을 운반하는 컨베이어 또는 폭발의 위험이 있는 장소에 사용되는 컨베이어의 전기기계 및 기구는 방폭구조이어야 한다.
- 보도, 난간, 계단, 사다리 등은 컨베이어의 가동 개시 전에 설치하여야 한다.

■ **컨베이어 작업 시작 전 점검사항(산업안전보건기준에 관한 규칙 별표 3)**

- 원동기 및 풀리기능의 이상 유무
- 이탈 등의 방지장치기능의 이상 유무
- 비상정지장치기능의 이상 유무
- 원동기·회전축·기어 및 풀리 등의 덮개 또는 울 등의 이상 유무

■ **양중기(산업안전보건기준에 관한 규칙 제132조)**

- 크레인(호이스트 포함)
- 이동식 크레인
- 리프트(이삿짐 운반용 리프트의 경우에는 적재하중이 0.1ton 이상인 것으로 한정)
- 곤돌라
- 승강기

■ **크레인의 방호장치** : 권과방지장치, 과부하방지장치, 비상정지장치, 훅해지장치, 충돌방지장치, 미끄럼방지 고정장치, 레일정지기구, 정전 시 보호장치, 회전 부분 방호장치, 선회제한스위치, 경사각 지시장치

■ **크레인 작업 시작 전 점검사항(산업안전보건기준에 관한 규칙 별표 3)**

- 권과방지장치·브레이크·클러치 및 운전장치의 기능
- 주행로의 상측 및 트롤리(trolley)가 횡행하는 레일의 상태
- 와이어로프가 통하고 있는 곳의 상태

■ **강풍 시 작업 중지(산업안전보건기준에 관한 규칙 제37조)** : 순간풍속이 10m/s를 초과하는 경우에는 타워크레인의 설치·수리·점검 또는 해체작업을 중지하여야 하며, 순간풍속이 15m/s를 초과하는 경우에는 타워크레인의 운전작업을 중지하여야 한다.

■ **타워크레인을 와이어로프로 지지하는 경우에 준수해야 할 사항(산업안전보건기준에 관한 규칙 제142조)**
- 산업안전보건법 시행규칙에 따른 서면 심사에 관한 서류 또는 제조사의 설치작업설명서 등에 따라 설치할 것
- 위의 서면 심사서류 등이 없거나 명확하지 아니한 경우에는 국가기술자격법에 따른 건축구조·건설기계·기계안전·건설안전기술사 또는 건설안전 분야 산업안전지도사의 확인을 받아 설치하거나 기종별·모델별 공인된 표준방법으로 설치할 것
- 와이어로프를 고정하기 위한 전용 지지프레임을 사용할 것
- 와이어로프 설치각도는 수평면에서 60° 이내로 하되 지지점은 4개소 이상으로 하고, 같은 각도로 설치할 것
- 와이어로프와 그 고정 부위는 충분한 강도와 장력을 갖도록 설치하고, 와이어로프를 클립·섀클(shackle, 연결고리) 등의 고정기구를 사용하여 견고하게 고정시켜 풀리지 않도록 하며, 사용 중에는 충분한 강도와 장력을 유지하도록 할 것. 이 경우 클립·섀클 등의 고정기구는 한국산업표준 제품이거나 한국산업표준이 없는 제품의 경우에는 이에 준하는 규격을 갖춘 제품이어야 한다.
- 와이어로프가 가공전선(架空電線)에 근접하지 않도록 할 것

■ **리프트(lift)의 안전장치** : 권과방지장치, 비상정지장치, 과부하방지장치, 출입문 연동장치, 낙하방지장치, 완충스프링, 안전고리 등

■ **승강기의 종류** : 승객용 엘리베이터, 화물용 엘리베이터, 승객화물용 엘리베이터, 소형 화물용 엘리베이터, 에스컬레이터

■ **와이어로프 등 달기구의 안전계수(산업안전보건기준에 관한 규칙 제163조)**
- 근로자가 탑승하는 운반구를 지지하는 달기 와이어로프 또는 달기 체인의 경우 : 10 이상
- 화물의 하중을 직접 지지하는 달기 와이어로프 또는 달기 체인의 경우 : 5 이상
- 훅, 섀클, 클램프, 리프팅 빔의 경우 : 3 이상
- 그 밖의 경우 : 4 이상

■ **안전계수 산출공식**
- 안전계수 = 기준강도 ÷ 허용응력
- 기준강도 : 파괴강도, 극한강도, 인장강도, 파괴하중, 최대응력
- 허용응력 : 허용하중, 최대설계응력, 인장응력, 안전하중, 허용응력

■ **화물 적재 시의 조치(산업안전보건기준에 관한 규칙 제173조)**
- 하중이 한쪽으로 치우치지 않도록 적재할 것
- 구내 운반차 또는 화물자동차의 경우 화물의 붕괴 또는 낙하에 의한 위험을 방지하기 위하여 화물에 로프를 거는 등 필요한 조치를 할 것
- 운전자의 시야를 가리지 않도록 화물을 적재할 것
- 화물을 적재하는 경우에는 최대적재량을 초과해서는 아니 된다.

[기계 안전점검 및 기계설비 유지 · 관리]

■ **방호장치의 종류**
- 위험원에 대한 방호장치 : 포집형, 감지형
- 위험장소에 대한 방호장치 : 격리형, 접근반응형, 위치제한형, 접근거부형

■ **기계설비 방호에서 가드의 설치조건**
- 충분한 강도를 유지할 것
- 구조가 단순하고 위험점 방호가 확실할 것
- 개구부(틈새)의 간격은 임의로 조정 불가능하게 할 것
- 작업, 점검, 주유 시 장애가 없을 것

■ **공장설비의 배치계획에서 고려해야 할 사항**
- 작업의 흐름에 따라 기계를 배치한다.
- 기계설비 주위에는 충분한 공간을 확보한다.
- 공장 내 안전통로를 설정한다.
- 기계설비의 보수점검 용이성을 고려하여 배치한다.
- 원자재 또는 제품 저장 공간을 충분히 확보한다.
- 압력용기, 고속 회전체, 고압 전기설비, 폭발성 물품을 취급하는 기계, 설비 등의 설치는 작업자의 관계 위치, 원격거리 등을 고려한다.
- 장내의 확장을 고려하여 설계 및 배치한다.

■ **기계운동 형태에 따른 위험점 분류(6가지)**
- 협착점(왕복운동 + 고정부) : 프레스, 절단기, 성형기
- 끼임점(회전 또는 직선운동 + 고정부) : 연삭숫돌과 작업대
- 절단점(회전운동 자체) : 둥근톱의 톱날, 띠톱날

- 물림점(회전운동 + 회전운동) : 롤러기
- 접선물림점(회전운동 + 접선부) : 벨트와 풀리
- 회전말림점(돌기회전부) : 회전축, 드릴

▌ 기계설비 안전화의 방법

- 외형의 안전화 : 덮개, 안전색채 조절, 가드의 설치
- 작업의 안전화 : 방호장치의 작동결함
- 구조의 안전화 : 설계결함, 재료결함, 가공결함, 사용결함 등에 대한 안전화
- 기능의 안전화
  - 페일 세이프(fail safe), 회로의 개선으로 오동작 방지
  - 전압 강하, 정전 및 단락, 사용압력 변동 등의 오작동 방지
  - 원활한 작동을 위한 사전 정비(청소, 급유 등)
  - 이완된 볼트, 너트에 대한 재체결
  - 이상 발생 후 방호장치의 작동조치

▌ 기계설비 작업의 안전수칙

- 기계설비별 담당자 이외의 기계는 취급, 작업, 청소를 금지한다.
- 기계설비 가동 중 작업자의 자리 이탈을 금지한다.
- 기계설비 운전 중에 기계에서 이상한 소리, 진동, 냄새 등이 날 때는 즉시 전원을 차단한다.
- 작업 종료 시 기계설비의 동력 차단 상태를 확인한다.
- 정전이 발생하면 우선 스위치를 차단하여 전원 공급 시 발생할 수 있는 오동작을 예방한다.
- 기계설비가 고장 났을 때는 정지 및 고장 표지 '수리 중', '점검 중' 안전표지를 부착한다.
- 작업에 적합한 보호구를 반드시 착용한다.
- 공동작업 시 시동할 경우에는 타인에게 위험이 없도록 확실한 신호를 보내고 스위치를 작동한다.
- 기계 가동 시에는 소매가 긴 옷(토시), 넥타이, 장갑, 반지 등의 착용을 금지한다.

CHAPTER 04 전기 및 화학설비 안전관리

[전기작업 안전관리]

▌절연물의 종류와 최고허용온도

절연의 종류	최고허용온도
Y	90℃
A	105℃
E	120℃
B	130℃
F	155℃
H	180℃
C	180℃ 초과

▌과전류에 의한 전선의 전류밀도

단계	전류밀도[A/mm²]
인화단계	40~43
착화단계	43~60
발화단계	60~120
용단단계	120 이상

▌충전전로에서 작업 시 접근한계거리(산업안전보건기준에 관한 규칙 제321조)

충전전로의 선간전압[kV]	충전전로에 대한 접근한계거리[cm]
0.3 이하	접촉금지
0.3 초과 0.75 이하	30
0.75 초과 2.0 이하	45
2.0 초과 15 이하	60
15 초과 37 이하	90
37 초과 88 이하	110
88 초과 121 이하	130
121 초과 145 이하	150
145 초과 169 이하	170
169 초과 242 이하	230
242 초과 362 이하	380
362 초과 550 이하	550
550 초과 800 이하	790

▌ 건설현장에서 사용하는 임시배선

- 모든 배선은 반드시 분전반 또는 배전반에서 인출해야 한다.
- 모든 전기기기의 외함은 접지시켜야 한다.
- 임시배선은 다심케이블을 사용하여야 한다.
- 지상 등에서 금속판으로 방호할 때는 그 금속관을 접지해야 한다.

▌ 스파크에 의한 가연물의 착화화재(개폐기로 인한 발화)를 방지하기 위한 대책

- 가연성 증기, 분진 등이 있는 곳은 방폭형을 사용한다.
- 개폐기를 불연성 상자 안에 수납한다.
- 포장 퓨즈를 사용한다.
- 접속부분의 나사 풀림이 없도록 한다.
- ※ 정전작업 시 퓨즈가 있는 개폐기의 경우는 퓨즈를 제거한다.

▌ 과전류차단장치의 설치(산업안전보건기준에 관한 규칙 제305조)

- 과전류차단장치로는 차단기 · 퓨즈 또는 보호계전기 등이 있다.
- 과전류차단장치는 반드시 접지선이 아닌 전로에 직렬로 연결하여 과전류 발생 시 전로를 자동으로 차단하도록 설치해야 한다.
- 차단기 · 퓨즈는 계통에서 발생하는 최대 과전류에 대하여 충분하게 차단할 수 있는 성능을 가져야 한다.
- 과전류차단장치가 전기계통상에서 상호 협조 · 보완되어 과전류를 효과적으로 차단하도록 하여야 한다.

▌ 누전차단기의 선정 및 설치

- 정격부동작전류와 정격감도전류와의 차는 가능한 한 작은 차단기로 선정한다.
- 감전 방지 목적으로 시설하는 누전차단기는 고감도 고속형을 선정한다.
- 차단기를 설치한 전로에 과부하보호장치를 설치하는 경우 서로 협조가 잘 이루어지도록 한다.
- 전로의 대지정전용량이 크면 차단기가 오동작하는 경우가 있으므로 각 분기회로마다 차단기를 설치한다.
- 전원전압은 정격전압의 85~110% 범위로 한다.
- 설치 장소가 직사광선을 받을 경우 차폐시설을 설치한다.
- 정격부동작전류가 정격감도전류의 50% 이상이어야 한다.
- 정격전부하전류가 30A인 이동형 전기기계 · 기구에 접속되어 있는 경우 일반적으로 정격감도 전류는 30mA 이하인 것을 사용한다.

▌ 감전방지를 위한 누전차단기를 접속하는 경우 준수사항(산업안전보건기준에 관한 규칙 제304조)

- 전기기계·기구에 설치되어 있는 누전차단기는 정격감도전류가 30mA 이하이고 작동시간은 0.03초 이내일 것. 다만, 정격전부하전류가 50A 이상인 전기기계·기구에 접속되는 누전차단기는 오작동을 방지하기 위하여 정격감도전류는 200mA 이하로, 작동시간은 0.1초 이내로 할 수 있다.
- 분기회로 또는 전기기계·기구마다 누전차단기를 접속할 것. 다만, 평상시 누설전류가 매우 적은 소용량부하의 전로에는 분기회로에 일괄하여 접속할 수 있다.
- 누전차단기는 배전반 또는 분전반 내에 접속하거나 꽂음접속기형 누전차단기를 콘센트에 접속하는 등 파손이나 감전사고를 방지할 수 있는 장소에 접속할 것
- 지락보호전용 기능만 있는 누전차단기는 과전류를 차단하는 퓨즈나 차단기 등과 조합하여 접속할 것

※ 한국전기설비규정(234.5)에 따라 욕조나 샤워시설이 있는 욕실 등 인체가 물에 젖어 있는 상태에서 전기를 사용하는 장소에 인체감전보호용 누전차단기가 부착된 콘센트를 시설하는 경우 누전차단기의 정격감도전류 및 동작시간 : 15mA 이하, 0.03초 이하

▌ 누전차단기를 설치하지 않아도 되는 것(한국전기설비규정 211.2.4)

- 기계·기구를 발전소·변전소·개폐소 또는 이에 준하는 곳에 시설하는 경우
- 기계·기구를 건조한 곳에 시설하는 경우
- 대지전압이 150V 이하인 기계·기구를 물기가 있는 곳 이외의 곳에 시설하는 경우
- 전기용품 및 생활용품 안전관리법의 적용을 받는 이중절연구조의 기계·기구를 시설하는 경우
- 그 전로의 전원 측에 절연변압기(2차 전압이 300V 이하인 경우에 한한다)를 시설하고 또한 그 절연 변압기의 부하 측의 전로에 접지하지 아니하는 경우
- 기계·기구가 고무·합성수지 기타 절연물로 피복된 경우
- 기계·기구가 유도전동기의 2차측 전로에 접속되는 것일 경우
- 기계·기구 내에 전기용품 및 생활용품 안전관리법의 적용을 받는 누전차단기를 설치하고 또한 기계·기구의 전원 연결선이 손상을 받을 우려가 없도록 시설하는 경우
- 절연대 위 등과 같이 감전위험이 없는 장소에서 사용하는 전기기계·기구(산업안전보건기준에 관한 규칙 제304조)

[감전재해 및 방지대책]

▌ 허용접촉전압의 종류

종별	접촉 상태	허용접촉전압
제1종	• 인체의 대부분이 수중에 있는 상태	2.5V 이하
제2종	• 인체가 현저히 젖어 있는 상태 • 금속성의 전기기계장치나 구조물에 인체의 일부가 상시 접촉되어 있는 상태	25V 이하
제3종	• 제1종, 제2종 이외의 경우로서 통상의 인체 상태에서 있어서 접촉전압이 가해지면 위험성이 높은 상태	50V 이하
제4종	• 제1종, 제2종 이외의 경우로서 통상 인체 상태에 접촉전압이 가해지더라도 위험성이 낮은 상태 • 접촉전압이 가해질 우려가 없는 경우	제한 없음

▌ 특고압용 기계·기구 충전 부분의 지표상 높이(한국전기설비규정 341.4)

사용전압의 구분	울타리의 높이와 울타리로부터 충전 부분까지의 거리의 합계 또는 지표상의 높이
35kV 이하	5m
35kV 초과 160kV 이하	6m
160kV 초과	6m에 160kV를 초과하는 10kV 또는 그 단수마다 0.12m를 더한 값

▌ **피전점(皮電点)** : 인체의 피부 중 $1\sim2mm^2$ 정도의 적은 부분은 전기 자극에 의해 신경이 이상적으로 흥분하여 다량의 피부 지방이 분비되기 때문에 그 부분의 전기저항이 1/10 정도로 적어지는 피전점이 존재한다. 피전점은 손등, 턱, 볼, 정강이에 존재한다.

▌ 접지저항치를 결정하는 저항

- 접지선·접지극의 도체저항
- 접지전극과 주회로 사이의 높은 절연저항
- 접지전극 주위의 토양이 나타내는 저항
- 접지전극의 표면과 접하는 토양 사이의 접촉저항

▌ 전격현상의 위험을 결정하는 주된 인자

- 1차적 감전 위험요인 : 통전전류의 크기, 통전경로, 통전시간, 통전 전원의 종류, 주파수 및 파형
- 2차적 감전 위험요인 : 전압의 크기, 인체의 조건, 계절, 개인차
- 인체의 통전전류가 클수록 위험성은 커진다.
- 상용 주파수의 직류 전원보다 교류 전원이 더 위험하다.
- 같은 크기의 전류에서는 감전시간이 길 경우에 위험성은 커진다.
- 같은 전류의 크기라도 심장쪽으로 전류가 흐를 때 위험성은 커진다.

▌ **절연 불량의 주요 원인**

- 온도 상승에 의한 열적 요인
- 진동, 충격 등에 의한 기계적 요인
- 높은 이상전압 등에 의한 전기적 요인
- 산화 등에 의한 화학적 요인

▌ **저압전로의 절연성능(전기설비기술기준 제52조)**

전로의 사용전압[V]	DC 시험전압[V]	절연저항[MΩ]
SELV 및 PELV	250	0.5
FELV를 포함한 500V 이하	500	1.0
500V 초과	1,000	1.0

▌ **절연용 보호구** : 절연 안전모, 절연 장갑, 절연 장화 등의 보호장구

▌ **절연장갑의 등급별 최대사용전압과 적용 색상(보호구 안전인증 고시 별표 3)**

등급	최대사용전압(V)		색상
	교류(실횻값)	직류	
00	500	750	갈색
0	1,000	1,500	빨간색
1	7,500	11,250	흰색
2	17,000	25,500	노란색
3	26,500	39,750	녹색
4	36,000	54,000	등색

▌ **절연용 보호구 등의 사용(산업안전보건기준에 관한 규칙 제323조)** : 사업주는 다음의 작업에 사용하는 절연용 보호구, 절연용 방호구, 활선작업용 기구, 활선작업용 장치에 대하여 각각의 사용목적에 적합한 종별·재질 및 치수의 것을 사용해야 한다.

- 밀폐 공간에서의 전기작업
- 이동 및 휴대장비 등을 사용하는 전기작업
- 정전전로 또는 그 인근에서의 전기작업
- 충전전로에서의 전기작업
- 충전전로 인근에서의 차량·기계장치 등의 작업

〔 정전기의 장해 및 재해관리 〕

▌ 정전기 발생에 영향을 주는 요인
- 물체의 특성
- 물체의 표면 상태
- 물질의 이력
- 접촉 면적 및 압력
- 분리속도

▌ 물질의 접촉과 분리에 따른 정전기 발생량의 정도
- 표면이 오염될수록 크다.
- 분리속도가 빠를수록 크다.
- 대전서열이 서로 멀수록 크다.
- 정전기 발생은 일반적으로 처음 접촉·분리가 일어날 때 최대가 되며, 이후 접촉·분리가 반복됨에 따라 발생량이 점차 감소한다.

▌ 방전의 종류 : 연면 방전, 코로나 방전, 낙뢰 방전, 스파크(불꽃) 방전, 브러시 방전(스트리머 방전), 뇌상 방전 등

▌ 코로나현상 : 전선 간에 가해지는 전압이 어떤 값 이상이 되면 전선 주위의 전기장이 강하게 되어 전선 표면의 공기가 국부적으로 절연이 파괴되어 빛과 소리를 내는 현상

▌ 정전기 제거방법
- 접지에 의한 방법
- 공기를 이온화하는 방법
- 공기 중의 상대습도를 70% 이상으로 하는 방법
- 전도체를 사용하는 방법

▌ 전기기계·기구의 접지(산업안전보건기준에 관한 규칙 제302조) : 사업주는 누전에 의한 감전의 위험을 방지하기 위하여 다음의 부분에 대하여 접지를 해야 한다.
- 전기기계·기구의 금속제 외함, 금속제 외피 및 철대
- 고정 설치되거나 고정 배선에 접속된 전기기계·기구의 노출된 비충전 금속체 중 충전될 우려가 있는 다음의 어느 하나에 해당하는 비충전 금속체
  - 지면이나 접지된 금속체로부터 수직거리 2.4m, 수평거리 1.5m 이내인 것

- 물기 또는 습기가 있는 장소에 설치되어 있는 것
- 금속으로 되어 있는 기기접지용 전선의 피복·외장 또는 배선관 등
- 사용전압이 대지전압 150V를 넘는 것
- 전기를 사용하지 아니하는 설비 중 다음의 어느 하나에 해당하는 금속체
  - 전동식 양중기의 프레임과 궤도
  - 전선이 붙어 있는 비전동식 양중기의 프레임
  - 고압(1.5천V 초과 7천V 이하의 직류전압 또는 1천V 초과 7천V 이하의 교류전압을 말한다) 이상의 전기를 사용하는 전기기계·기구 주변의 금속제 칸막이·망 및 이와 유사한 장치
- 코드와 플러그를 접속하여 사용하는 전기기계·기구 중 다음의 어느 하나에 해당하는 노출된 비충전 금속체
  - 사용전압이 대지전압 150V를 넘는 것
  - 냉장고·세탁기·컴퓨터 및 주변기기 등과 같은 고정형 전기기계·기구
  - 고정형·이동형 또는 휴대형 전동기계·기구
  - 물 또는 도전성(導電性)이 높은 곳에서 사용하는 전기기계·기구, 비접지형 콘센트
  - 휴대형 손전등
- 수중펌프를 금속제 물탱크 등의 내부에 설치하여 사용하는 경우 그 탱크(이 경우 탱크를 수중펌프의 접지선과 접속하여야 한다)

■ **접지를 안 해도 되는 경우(산업안전보건기준에 관한 규칙 제302조)**
- 전기용품 및 생활용품 안전관리법이 적용되는 이중 절연 또는 이와 같은 수준 이상으로 보호되는 구조로 된 전기기계·기구
- 절연대 위 등과 같이 감전 위험이 없는 장소에서 사용하는 전기기계·기구
- 비접지방식의 전로(그 전기기계·기구의 전원측의 전로에 설치한 절연변압기의 2차 전압이 300V 이하, 정격 용량이 3kVA 이하이고, 그 절연전압기의 부하측의 전로가 접지되어 있지 아니한 것으로 한정한다)에 접속하여 사용되는 전기기계·기구

■ **저압 옥내 직류전기설비의 접지를 생략할 수 있는 경우(한국전기설비규정 243.1.8)**
- 사용전압이 60V 이하인 경우
- 접지검출기를 설치하고 특정구역 내의 산업용 기계·기구에만 공급하는 경우
- 교류전로로부터 공급을 받는 정류기에서 인출되는 직류계통
- 최대전류 30mA 이하의 직류화재경보회로
- 절연감시장치 또는 절연고장점검출장치를 설치하여 관리자가 확인할 수 있도록 경보장치를 시설하는 경우

▌ 정전기 재해방지를 위한 배관 내 액체의 유속 제한에 관한 사항

- 저항률이 $10^{10}\Omega \cdot cm$ 미만의 도전성 위험물의 배관 내 유속은 7m/s 이하로 할 것
- 에테르, 이황화탄소 등과 같이 유동대전이 심하고, 폭발 위험성이 높으면 1m/s 이하로 할 것
- 물이나 기체를 혼합하는 비수용성 위험물의 배관 내 유속은 1m/s 이하로 할 것
- 저항률이 $10^{10}\Omega \cdot cm$ 이상인 위험물의 배관 내 유속은 배관 내경 4인치일 때 2.5m/s 이하로 할 것

▌ 정전기로 인한 화재 및 폭발을 예방하기 위해서는 관의 안지름을 크게 하여 접촉면과의 압력이 작아야 한다.

▌ 제전기의 종류 : 고전압인가식, 방사선식(연X선형, 이온식), 자기방전식

[전기 방폭 관리]

▌ 방폭구조의 종류와 기호

- 압력 방폭구조 : p
- 유입 방폭구조 : o
- 비점화 방폭구조 : n
- 본질안전 방폭구조 : ia 또는 ib
- 내압 방폭구조 : d
- 특수 방폭구조 : s
- 안전증 방폭구조 : e

▌ 분진 방폭구조의 종류와 기호

- 분진 방폭구조 : tD
- 특수방진 방폭구조 : SDP
- 방진특수 방폭구조 : XDP
- 보통방진 방폭구조 : DP

▌ 방폭구조의 특징

- 안전증 방폭구조 : e
  - 정상 상태의 전기기기에 대해 고장이 발생하지 않도록 안전도를 증가시킨 방폭구조이다.
  - 전기불꽃이나 과열에 대해서 회로 특성상 폭발의 위험을 방지할 수 있는 방폭구조이다.
  - 전기기기의 과도한 온도 상승, 아크 또는 불꽃 발생의 위험을 방지하기 위하여 추가적인 안전조치를 통한 안전도를 증가시킨 방폭구조이다.

- 내압 방폭구조 : d
  - 방폭형 기기에 폭발성 가스가 침입하여 내부에서 폭발이 발생하여도 이 압력에 견디도록 제작한 방폭구조이다.
  - 전폐구조를 하고 있으며 외부의 폭발성 가스가 내부로 침입하여 내부에서 폭발하더라도 용기는 그 압력에 견디고, 내부의 폭발로 인하여 외부의 폭발성 가스에 착화될 우려가 없도록 만들어진 구조이다.
  - 최대안전틈새(MESG)의 특성을 적용한 방폭구조이다.
  - 전기기기의 내압 방폭구조의 선택 요인 : 가연성 가스의 최대안전틈새, 발화온도
  - 가연성 가스의 폭발등급 및 이에 대응하는 내압 방폭구조 폭발등급의 분류 기준 : 최대안전틈새 범위
  - 슬립링, 정류자 등은 내압 방폭구조로 하여야 한다.
  ※ 전폐형 방폭구조가 아닌 것 : 안전증 방폭구조
- 압력 방폭구조 : p
  - 전기설비 용기 내부에 공기, 질소, 탄산가스 등의 보호가스를 봉입하여 해당 용기의 내부에 가연성 가스 또는 증기가 침입하지 못하도록 한 구조이다.
  - 종류로는 밀봉식, 통풍식, 봉입식이 있다.
- 본질안전 방폭구조 : ia 또는 ib
  발생되는 점화원이 폭발을 발생시킬 수 없도록 하는 방폭구조이다.
- 유입 방폭구조 : o
  전기기기의 불꽃, 아크 또는 고온이 발생하는 부분을 기름 속에 넣어 기름면 위에 존재하는 폭발성 가스 또는 증기에 인화될 우려가 없도록 한 구조이다.
- 충전 방폭구조 : q
  석영이나 유리입자 등의 충전 물질을 채워서 보호하는 방폭구조이다.
- 비점화 방폭구조 : n
  스파크가 발생하지 않는 전기기기, 통기 제한 용기에 의해 보호하는 것으로, 제2종 전용 방폭구조이다.
- 특수방진 방폭구조 : SDP
  전기기기의 케이스를 전폐구조로 하며 접합면에는 일정치 이상의 깊이를 갖는 패킹을 사용하여 분진이 용기 내로 침입하지 못하도록 한 방폭구조이다.
- 방진특수 방폭구조 : XDP
  기타의 방법으로 방진·방폭 성능이 확인된 방폭구조이다.
- 보통방진 방폭구조 : DP
  전폐구조로서 틈새면 깊이를 일정치 이상으로 하거나 접합면에 패킹을 사용하여 분진이 용기 내부로 침입하기 어렵게 한 방폭구조이다.
- 몰드(캡슐) 방폭구조 : m
  - 전기기기의 불꽃 또는 열로 인해 폭발성 위험 분위기에서 점화되지 않도록 콤파운드를 충전해서 보호한 방폭구조이다.

- 보호기기를 고체로 차단시켜 열적 안정을 유지하게 한다.
- 유지·보수가 필요 없는 기기를 영구적으로 보호하는 방법에 효과가 크다.
- 일반적으로 몰드 방폭구조는 용기와 분리하여 사용하는 전자회로판 등에 사용하며, 충격, 진동 등 기계적 보호효과도 매우 크다.

▌ 방폭 전기설비의 설치 시 고려하여야 할 환경조건 : 열, 진동, 수분 및 습기

▌ 방폭구조 선정 및 유의사항

- 가스 등의 발화온도
- 방폭전기기 설치지역의 방폭지역등급
- 내압방폭구조의 경우 : 최대안전틈새
- 본질안전방폭구조의 경우 : 최소점화전류
- 압력·유입방폭구조의 경우 : 최고표면온도
- 설치될 장소의 주변 온도, 먼지, 부식성 가스, 습기 등의 조건

※ 사용장소에 가스 등이 두 종류 이상인 경우 가장 위험도가 높은 물질의 위험특성에 대응하는 것을 선택한다.

▌ 전기폭발등급

- 폭발등급 및 대상가스

구분	안전간격	대상가스
1등급	0.6mm 초과	프로판, 일산화탄소, 메탄, 암모니아, 가솔린, 벤젠 등
2등급	0.4mm 초과 0.6mm 이하	에틸렌, 석탄가스 등
3등급	0.4mm 이하	아세틸렌, 이황화탄소, 수소, 수성가스 등

- 최대 안전틈새(화염일주한계)
  - ⅡA : 0.9mm 이상
  - ⅡB : 0.5mm 초과, 0.9mm 미만
  - ⅡC : 0.5mm 이하

▌ 위험장소별 방폭구조

구분	방폭구조	적용
0종 장소	본질안전 방폭구조	지속적인 위험분위기
1종 장소	내압 방폭구조, 압력 방폭구조, 안전증 방폭구조, 본질안전 방폭구조, 충전 방폭구조, 유입 방폭구조, 몰드 방폭구조	간헐적 위험분위기
2종 장소	비점화 방폭구조	이상상태의 위험분위기

▌ 절연저항, 접지저항, 정전용량 측정
- 절연저항 : 메가옴미터(megohmmeter)로 측정
- 접지저항 : 접지저항계(earth resistance tester)를 사용하여 측정
- 정전용량 : LCR 미터(LCR meter)로 측정

▌ 접지저항치를 결정하는 저항
- 접지선·접지극의 도체저항
- 접지전극 주위의 토양이 나타내는 저항
- 접지전극의 표면과 접하는 토양 사이의 접촉저항
- 접지전극과 주회로 사이의 높은 절연저항

[전기설비 위험요인 관리]

▌ 전기설비 위험요인(화재의 원인)
- 직접원인 : 단락합선, 누전, 과전류, 스파크, 접촉부 과열, 절연열화, 지락, 낙뢰 등
- 간접원인 : 애자의 오손, 애자의 기계적 강도 저하, 피뢰기의 손상접지, 절연저항 등

▌ 피뢰기의 성능
- 제한전압 또는 충격방전개시전압이 충분히 낮고 보호능력이 있을 것
- 뇌전류 방전능력이 클 것
- 속류 차단이 확실할 것
- 대전류방전, 속류 차단의 반복 동작에 대해서 장시간 견딜 수 있을 것
- 상용 주파수 방전개시전압은 회로전압보다 충분히 높아서 상용 주파수 방전을 하지 않을 것

▌ 고압 및 특고압 전로 중의 과전류 차단기의 시설(한국전기설비규정 341.10)
- 포장 퓨즈는 정격전류의 1.3배의 전류에 견디고, 2배의 전류로 2시간 안에 용단되는 것
- 비포장 퓨즈는 정격전류의 1.25배의 전류에 견디고, 2배의 전류로 2분 안에 용단되는 것

❚ 범용 퓨즈(gG)의 용단 특성(한국전기설비규정 212.3.4)

정격전류의 구분	시간	정격전류의 배수	
		불용단전류	용단전류
4A 이하	60분	1.5배	2.1배
4A 초과 16A 미만	60분	1.5배	1.9배
16A 이상 63A 이하	60분	1.25배	1.6배
63A 초과 160A 이하	120분	1.25배	1.6배
160A 초과 400A 이하	180분	1.25배	1.6배
400A 초과	240분	1.25배	1.6배

[화재 · 폭발 검토]

❚ 연소의 3요소와 연소의 4요소
- 연소의 3요소 : 가연물, 산소 공급원, 점화원
- 연소의 4요소 : 3요소 + 연쇄반응

❚ 인화점 : 가연성 기체와 공기가 혼합된 상태에서 외부의 직접적인 점화원에 의해 불이 붙을 수 있는 최저온도로, 인화점이 낮을수록 위험성이 높아진다.

❚ 발화점(착화점) : 점화원 없이 스스로 발화를 일으키는 최저온도이다.

❚ 분진폭발
- 가스폭발에 비교하여 연소시간이 길고, 발생에너지가 크기 때문에 파괴력과 연소 정도가 크다.
- 최초의 부분적인 폭발이 분진의 비산으로 2차, 3차 폭발로 파급되어 피해가 커진다.
- 가스에 비하여 불완전연소를 일으키기 쉬우므로 연소 후 가스중독 위험이 있다.
- 폭발 시 입자가 비산하므로 이것에 부딪히는 가연물은 국부적으로 탄화를 일으킬 수 있다.

❚ 폭발 위험 장소의 종류
- 제0종 장소 : 인화성 물질이나 가연성 가스가 폭발성 분위기를 생성할 우려가 있는 장소 중 가장 위험한 장소
- 제1종 장소 : 상용의 상태에서 가연성 가스가 체류해 위험하게 될 우려가 있는 장소
- 제2종 장소 : 폭발성 가스분위기가 정상 작동 중 조성되지 않거나 조성되더라도 짧은 기간에만 존재할 수 있는 장소
- 제20종 장소 : 공기 중에서 가연성 분진운의 형태가 연속적 또는 장기적 또는 단기적으로 자주 폭발성 분위기가 존재하는 장소

• 제21종 장소 : 공기 중에 가연성 분진운의 형태가 정상 작동 중 빈번하게 폭발분위기를 형성할 수 있는 장소

▌ 위험도(H)

$$H = \frac{U - L}{L}$$

여기서, U : 폭발상한계

L : 폭발하한계

• 아황화탄소의 위험도 $H = \dfrac{U - L}{L} = \dfrac{44 - 1.25}{1.25} = 34.2$

• 아세틸렌의 위험도 $H = \dfrac{U - L}{L} = \dfrac{81 - 2.5}{2.5} = 31.4$

• 산화에틸렌의 위험도 $H = \dfrac{U - L}{L} = \dfrac{80 - 3}{3} \simeq 25.7$

• 수소의 위험도 $H = \dfrac{U - L}{L} = \dfrac{75 - 4}{4} \simeq 17.75$

따라서 위험도가 큰 순서는 이황화탄소 > 아세틸렌 > 산화에틸렌 > 수소의 순이다.

▌ 화학양론농도(C_{st})[vol%]의 계산식

$$C_{st} = \frac{100}{1 + 4.773 \left\{ a + \dfrac{(b - c - 2d)}{4} + e \right\}}$$

▌ 화재의 종류

화재 등급	화재 명칭
A	일반화재
B	유류화재
C	전기화재
D	금속화재
K	주방화재

▌ 폭굉(detonation)

▌ **폭굉(detonation)** : 물질 내에서 반응전파속도가 음속보다 빠르게 진행되어 이로 인해 발생된 충격파가 반응을 일으키고, 유지하는 발열반응 화염의 전파속도가 음속보다 빨라 파면 선단에 충격파가 형성되는 현상이다. 일반적으로 그 속도가 1,000~3,500m/s에 이른다.

▌소화의 종류

- 냉각소화작용 : 열을 흡수하여 연소반응의 속도를 지연시키는 소화방법(물을 살포)이다.
- 질식소화작용 : 모래를 뿌리거나 담요로 덮는 소화방법이다.
- 제거소화작용 : 가연물을 제거하거나 공급을 중단시켜 소화시킨다(예 초를 불어서 끄는 것).
- 부촉매소화작용 : 할로겐 화합물 소화약제의 소화작용과 같이 연소의 연속적인 연쇄반응을 차단, 억제 또는 방해하여 연소현상이 일어나지 않도록 하는 소화방법이다.

▌물분무소화설비의 주된 소화효과 : 냉각효과, 질식효과

▌이산화탄소 소화기

- 주된 소화작용은 질식작용이다.
- 소화약제 자체 압력으로 방출이 가능하다.
- 전기절연성이 커서 전기화재에 많이 사용된다.

▌CO_2 소화약제의 장점

- 기체 팽창률 및 기화잠열이 크다.
- 액화하여 용기에 보관할 수 있다.
- 전기에 대해 부도체이다.
- 자체 증기압이 높기 때문에 자체 압력으로 방사가 가능하다.

▌분진폭발에 대한 안전대책

- 분진의 퇴적 방지
- 점화원 제거
- 불활성 분위기 조성
- 폭발 봉쇄
- 폭발억제장치 설치
- 소화설비 설치

▌폭발하한계와 폭발상한계(%, 폭발범위 폭)

- 아세틸렌(C_2H_2) : 2.5~81(78.5)
- 수소(H_2) : 4~75(71)
- 메탄(CH_4) : 5~15(10)
- 프로판(C_3H_8) : 2.1~9.5(7.4)

[화학물질 안전관리 실행]

▌ 반응화학식

- 탄화칼슘과 물의 반응식 : $CaC_2 + 2H_2O \rightarrow Ca(OH)_2 + C_2H_2$, 아세틸렌가스 발생
- 칼륨과 물의 반응식 : $2K + 2H_2O \rightarrow 2KOH + H_2$, 수소가스 발생
- 수소화나트륨과 물의 반응식 : $NaH + H_2O \rightarrow NaOH + H_2$, 수소가스 발생
- 트라이에틸알루미늄과 물의 반응식 : $(C_2H_5)_2Al + 3H_2O \rightarrow Al(OH)_3 + 3C_2H_6$, 에탄가스 발생

▌ 위험물안전관리법상 위험물의 분류

- 제1류 위험물 : 산화성 고체
- 제2류 위험물 : 가연성 고체
- 제3류 위험물 : 자연발화성 물질 및 금수성 물질
- 제4류 위험물 : 인화성 액체
- 제5류 위험물 : 자기연소성(자기반응성) 물질
- 제6류 위험물 : 산화성 액체

▌ 제4류 위험물(인화성 액체)의 일반 성질

- 증기는 대부분 공기보다 무겁다.
- 대부분 물보다 가볍고 물에 잘 녹지 않는다.
- 대부분 유기화합물이다.
- 발생 증기는 연소하기 쉽다.

▌ 인화성 액체의 취급 시 주의사항

- 소포성의 인화성 액체의 화재 시에는 내알코올포를 사용한다.
- 소화작업 시에는 공기호흡기 등 적합한 보호구를 착용하여야 한다.
- 인화성 액체의 화재 시 주수소화하면 화재 면적을 확대시키는 결과를 가져오므로, 공기의 공급을 차단시켜 질식소화를 한다.
- 화기·충격·마찰 등의 열원을 피하고, 밀폐용기를 사용하며, 사용상 불가능한 경우 환기장치를 이용한다.

▌ TWA 노출 기준

- 불소 : 0.1ppm
- 나이트로벤젠 : 1ppm
- 사염화탄소 : 5ppm
- 아세톤 : 500ppm
※ TWA(Time Weighted Average) : 1일 작업시간 동안의 시간가중평균노출기준

■ 염소산칼륨의 성질

- 탄소, 유기물과 접촉 시에 분해폭발 위험이 있다.
- 열에 약한 성질이 있어서 500℃의 고온에서 쉽게 분해된다.
- 찬물이나 에탄올에 녹지 않는다.
- 산화성 고체물질이다.

■ 금수성 물질(K, Na, Li)은 물과 접촉하면 발열반응 및 가연성 가스(산소)가 발생한다.

■ 나이트로화합물 : 가열·마찰·충격 또는 다른 화학물질과의 접촉 등으로 인하여 산소나 산화제의 공급이 없더라도 폭발 등 격렬한 반응을 일으킬 수 있는 물질

■ 질산의 성질

- 피부 및 의복을 부식시키는 성질이 있다.
- 무색의 부식성과 발연성이 있는 대표적인 강산이다.
- 위험물 유출 시 건조사를 뿌리거나 중화제로 중화한다.
- 물과 반응하면 발열반응을 일으키므로 물과의 접촉을 피한다.

■ 칼륨에 의한 화재에 적응성이 있는 것 : 건조사(마른 모래), 팽창질석 또는 팽창진주암

■ 마그네슘의 저장 및 취급

- 산화제와의 접촉을 피한다.
- 고온의 물이나 과열 수증기와 접촉하면 격렬히 반응하므로 주의한다.
- 분말은 분진폭발성이 있으므로 누설되지 않도록 포장한다.
- 권장되는 마그네슘용 소화약제는 탄산수소염류, 마른 모래, 팽창질석 또는 팽창진주암 등이다. 마그네슘은 발화되면 질식소화해야 하는 가연성 금속으로, 연소 중인 마그네슘은 다른 형태의 화재에 적합한 소화약제에 의해 더 강렬하게 연소할 수 있다. 일반적으로 물, 이산화탄소 및 할로겐화합물 등은 사용하지 않아야 한다.

■ LPG

- 독성이 없는 비독성 가스이다.
- 질식의 우려가 있다.
- 누설 시 인화, 폭발성이 있다.
- 가스의 비중은 공기보다 크다.

▌ 가스용접 등의 작업(산업안전보건기준에 관한 규칙 제233조)

- 가스 등의 호스와 취관(吹管)은 손상·마모 등에 의하여 가스 등이 누출할 우려가 없는 것을 사용할 것
- 가스 등의 취관 및 호스의 상호 접촉 부분은 호스밴드, 호스클립 등 조임기구를 사용하여 가스 등이 누출되지 않도록 할 것
- 가스 등의 호스에 가스 등을 공급하는 경우에는 미리 그 호스에서 가스 등이 방출되지 않도록 필요한 조치를 할 것
- 사용 중인 가스 등을 공급하는 공급구의 밸브나 콕에는 그 밸브나 콕에 접속된 가스 등의 호스를 사용하는 사람의 이름표를 붙이는 등 가스 등의 공급에 대한 오조작을 방지하기 위한 표시를 할 것
- 용단작업을 하는 경우에는 취관으로부터 산소의 과잉 방출로 인한 화상을 예방하기 위하여 근로자가 조절밸브를 서서히 조작하도록 주지시킬 것
- 작업을 중단하거나 마치고 작업 장소를 떠날 경우에는 가스 등의 공급구의 밸브나 콕을 잠글 것
- 가스 등의 분기관은 전용 접속기구를 사용하여 불량 체결을 방지하여야 하며, 서로 이어지지 않는 구조의 접속기구 사용, 서로 다른 색상의 배관·호스의 사용 및 꼬리표 부착 등을 통하여 서로 다른 가스배관과의 불량 체결을 방지할 것

▌ 유해·위험물질의 유출사고 시 대처요령

- 중화 또는 희석시킨다.
- 유해·위험물질을 즉시 모두 소각시키는 것은 위험하다.
- 유출된 부분을 억제 또는 폐쇄시킨다.
- 유출된 지역의 인원을 대피시킨다.

▌ 관리 대상 유해물질의 저장(산업안전보건기준에 관한 규칙 제443조)

- 사업주는 관리 대상 유해물질을 운반하거나 저장하는 경우에 그 물질이 새거나 발산될 우려가 없는 뚜껑 또는 마개가 있는 튼튼한 용기를 사용하거나 단단하게 포장을 하여야 하며, 그 저장 장소에는 다음의 조치를 하여야 한다.
  - 관계 근로자가 아닌 사람의 출입을 금지하는 표시를 할 것
  - 관리 대상 유해물질의 증기를 실외로 배출시키는 설비를 설치할 것
- 사업주는 관리 대상 유해물질을 저장할 경우에 일정한 장소를 지정하여 저장하여야 한다.

▌ 유해·위험물질의 일반적인 보관방법

- 불활성 가스인 질소와 함께 저장한다.
- 서늘한 장소에 저장한다.
- 부식성이 없는 용기에 저장한다.
- 차광막이 있는 곳에 저장한다.

■ 유해 · 위험물질 취급 시 보호구의 구비조건

- 착용이 간편해야 한다.
- 작업에 방해가 되지 않아야 한다.
- 유해 · 위험요소에 대한 방호성능이 충분해야 한다.
- 재료의 품질이 양호해야 한다.
- 구조와 끝마무리가 양호해야 한다.
- 외관이 양호해야 한다.

■ Haber의 법칙

$k = c \times t$

여기서, k : 유해물지수

c : 유해물질의 농도

t : 노출시간

■ 물질안전보건자료(MSDS) 작성 시 포함되어야 할 항목 및 순서(화학물질의 분류 · 표시 및 물질안전보건자료에 관한 기준 제10조)

- 화학제품과 회사에 관한 정보
- 유해성 · 위험성
- 구성 성분의 명칭 및 함유량
- 응급조치요령
- 폭발 · 화재 시 대처방법
- 누출사고 시 대처방법
- 취급 및 저장방법
- 노출 방지 및 개인보호구
- 물리화학적 특성
- 안정성 및 반응성
- 독성에 관한 정보
- 환경에 미치는 영향
- 폐기 시 주의사항
- 운송에 필요한 정보
- 법적 규제 현황
- 그 밖의 참고사항

▌ 송풍기의 상사법칙

- 유량은 송풍기의 회전속도에 비례한다.
- 풍압은 송풍기의 회전속도의 제곱에 비례한다.
- 동력은 송풍기의 회전속도의 세제곱에 비례한다

▌ 반응기 설계 시 고려해야 할 요인 : 부식성, 상의 형태, 온도범위, 운전압력, 체류시간과 공간속도, 열 전달, 온도 조절, 조작방법, 수율 등

▌ 관형 반응기의 특징

- 전열 면적이 넓어 온도 조절이 쉽다.
- 가는 관으로 된 긴 형태의 반응기이다.
- 처리량이 많아 대규모 생산에 쓰이는 것이 많다.
- 기상 또는 액상 등 반응속도가 빠른 물질에 사용된다.

▌ 증류탑 : 여러 가지 성분의 액체 혼합물을 각 성분별로 분리하고자 할 때 비점의 차이를 이용하여 분리하는 화학설비

▌ 증류탑의 원리

- 끓는점(휘발성) 차이를 이용하여 목적 성분을 분리한다.
- 열이동과 물질이동이 모두 일어난다.
- 기-액 두 상의 접촉이 충분히 일어날 수 있는 접촉 면적이 필요하다.
- 여러 개의 단을 사용하는 다단탑이 사용될 수 있다.

▌ 증류의 방법

- 진공증류 : 낮은 압력에서 물질의 끓는점이 내려가는 현상을 이용하여 시행하는 분리법으로, 온도를 높여서 가열할 경우 원료가 분해될 우려가 있는 물질을 증류할 때 사용하는 방법
- 추출증류 : 끓는점이 비슷한 성분의 혼합물에 사용하는 증류법으로, 휘발성이 작은 제3의 성분을 첨가해 한쪽의 증기압을 크게 내려 분리한다.
- 공비증류 : 보통증류로는 분리하기 어려운 혼합물을 분리할 때 제3의 성분을 첨가해 공비 혼합물을 만들어 증류에 의해 분리하는 방법이다.
- 수증기증류 : 물과 전혀 혼합되지 않는 성분과 물의 혼합계와 평형을 이루는 증기압은 양쪽의 순수 성분 증기압의 합이 되며, 이 합이 대기압과 같아지면 끓게 되는 성질을 이용한 증류법이다.

■ **건조설비의 사용(산업안전보건기준에 관한 규칙 제283조)**
- 위험물 건조설비를 사용하는 경우에는 미리 내부를 청소하거나 환기할 것
- 위험물 건조설비를 사용하는 경우에는 건조로 인하여 발생하는 가스·증기 또는 분진에 의하여 폭발·화재의 위험이 있는 물질을 안전한 장소로 배출시킬 것
- 위험물 건조설비를 사용하여 가열건조하는 건조물은 쉽게 이탈되지 않도록 할 것
- 고온으로 가열건조한 인화성 액체는 발화의 위험이 없는 온도로 냉각한 후에 격납시킬 것
- 건조설비(바깥면이 현저히 고온이 되는 설비만 해당한다)에 가까운 장소에는 인화성 액체를 두지 않도록 할 것

■ **정전기로 인한 화재폭발을 방지하기 위한 조치가 필요한 설비**
- 인화성 액체를 함유하는 도료 및 접착제 등을 제조·저장·취급 또는 도포하는 설비
- 위험물을 탱크로리에 주입하는 설비
- 탱크로리·탱크차 및 드럼 등 위험물 저장설비
- 위험물 건조설비 또는 그 부속설비
- 인화성 고체를 저장하거나 취급하는 설비
- 드라이클리닝 설비, 염색가공설비 또는 모피류 등을 씻는 설비 등 인화성 유기용제를 사용하는 설비
- 유압, 압축공기 또는 고전위 정전기 등을 이용하여 인화성 액체나 인화성 고체를 분무하거나 이송하는 설비
- 고압가스를 이송하거나 저장·취급하는 설비
- 화약류 제조설비
- 발파공에 장전된 화약류를 점화시키는 경우에 사용하는 발파기

■ **계측장치 등의 설치(산업안전보건기준에 관한 규칙 제273조)** : 사업주는 위험물을 기준량 이상으로 제조하거나 취급하는 다음의 어느 하나에 해당하는 화학설비(이하 '특수화학설비'라 한다)를 설치하는 경우에는 내부의 이상 상태를 조기에 파악하기 위하여 필요한 온도계·유량계·압력계 등의 계측장치를 설치하여야 한다.
- 발열반응이 일어나는 반응장치
- 증류·정류·증발·추출 등 분리를 하는 장치
- 가열시켜 주는 물질의 온도가 가열되는 위험물질의 분해온도 또는 발화점보다 높은 상태에서 운전되는 설비
- 반응폭주 등 이상 화학반응에 의하여 위험물질이 발생할 우려가 있는 설비
- 온도가 350℃ 이상이거나 게이지압력이 980kPa 이상인 상태에서 운전되는 설비
- 가열로 또는 가열기

■ **반응기의 운전을 중지할 때 필요한 주의사항**

- 급격한 유량 변화를 피한다.
- 가연성 물질이 새거나 흘러나올 때의 대책을 사전에 세운다.
- 급격한 압력 변화 또는 온도 변화를 피한다.
- 잔류물을 제거한 후 스팀이나 불활성 가스로 장치 내 가스를 완전히 제거하고, 필요에 따라 물 등으로 세척한다.

■ **반응기가 이상 과열인 경우 반응폭주를 방지하기 위하여 작동하는 장치**

- 고온경보장치
- 긴급차단장치
- 자동 셧다운(shutdown)장치

■ **열교환기의 가열 열원** : 공업에서 일반적으로 사용하는 전열매체에는 물, 수증기, 공기, 연도가스, 석유, 수은, 나트륨, 칼륨, 비페닐에테르와 비페닐의 혼합물인 다우섬 등이 있다.

■ **위험물 건조설비를 설치하는 건축물의 구조(산업안전보건기준에 관한 규칙 제280조)** : 사업주는 다음의 어느 하나에 해당하는 위험물 건조설비(이하 '위험물 건조설비'라 한다) 중 건조실을 설치하는 건축물의 구조는 독립된 단층 건물로 하여야 한다. 다만, 해당 건조실을 건축물의 최상층에 설치하거나 건축물이 내화구조인 경우에는 그러하지 아니하다.

- 위험물 또는 위험물이 발생하는 물질을 가열·건조하는 경우 내용적이 $1m^3$ 이상인 건조설비
- 위험물이 아닌 물질을 가열·건조하는 경우로서 다음 어느 하나의 용량에 해당하는 건조설비
  - 고체 또는 액체연료의 최대사용량이 시간당 10kg 이상
  - 기체연료의 최대사용량이 시간당 $1m^3$ 이상
  - 전기사용 정격용량이 10kW 이상

■ **건조설비의 구조(산업안전보건기준에 관한 규칙 제281조)** : 사업주는 건조설비를 설치하는 경우에 다음과 같은 구조로 설치하여야 한다. 다만, 건조물의 종류, 가열건조의 정도, 열원(熱源)의 종류 등에 따라 폭발이나 화재가 발생할 우려가 없는 경우에는 그러하지 아니하다.

- 건조설비의 바깥면은 불연성 재료로 만들 것
- 건조설비(유기과산화물을 가열건조하는 것은 제외)의 내면과 내부의 선반이나 틀은 불연성 재료로 만들 것
- 위험물 건조설비의 측벽이나 바닥은 견고한 구조로 할 것
- 위험물 건조설비는 그 상부를 가벼운 재료로 만들고 주위 상황을 고려하여 폭발구를 설치할 것
- 위험물 건조설비는 건조하는 경우에 발생하는 가스·증기 또는 분진을 안전한 장소로 배출시킬 수 있는 구조로 할 것

- 액체연료 또는 인화성 가스를 열원의 연료로 사용하는 건조설비는 점화하는 경우에는 폭발이나 화재를 예방하기 위하여 연소실이나 그 밖에 점화하는 부분을 환기시킬 수 있는 구조로 할 것
- 건조설비의 내부는 청소하기 쉬운 구조로 할 것
- 건조설비의 감시창·출입구 및 배기구 등과 같은 개구부는 발화 시에 불이 다른 곳으로 번지지 아니하는 위치에 설치하고 필요한 경우에는 즉시 밀폐할 수 있는 구조로 할 것
- 건조설비는 내부의 온도가 부분적으로 상승하지 아니하는 구조로 설치할 것
- 위험물 건조설비의 열원으로서 직화를 사용하지 아니할 것
- 위험물 건조설비가 아닌 건조설비의 열원으로서 직화를 사용하는 경우에는 불꽃 등에 의한 화재를 예방하기 위하여 덮개를 설치하거나 격벽을 설치할 것

■ **건조설비의 사용(산업안전보건기준에 관한 규칙 제283조)** : 사업주는 건조설비를 사용하여 작업을 하는 경우에 폭발이나 화재를 예방하기 위하여 다음의 사항을 준수하여야 한다.
- 위험물 건조설비를 사용하는 경우에는 미리 내부를 청소하거나 환기할 것
- 위험물 건조설비를 사용하는 경우에는 건조로 인하여 발생하는 가스·증기 또는 분진에 의하여 폭발·화재의 위험이 있는 물질을 안전한 장소로 배출시킬 것
- 위험물 건조설비를 사용하여 가열건조하는 건조물은 쉽게 이탈되지 않도록 할 것
- 고온으로 가열 건조한 인화성 액체는 발화의 위험이 없는 온도로 냉각한 후에 격납시킬 것
- 건조설비(바깥면이 현저히 고온이 되는 설비만 해당한다)에 가까운 장소에는 인화성 액체를 두지 않도록 할 것

■ **공정안전자료에 포함하여야 할 세부내용(시행규칙 제50조)**
- 취급·저장하고 있거나 취급·저장하려는 유해·위험물질의 종류 및 수량
- 유해·위험물질에 대한 물질안전보건자료
- 유해하거나 위험한 설비의 목록 및 사양
- 유해하거나 위험한 설비의 운전방법을 알 수 있는 공정도면
- 각종 건물·설비의 배치도
- 폭발 위험 장소 구분도 및 전기단선도
- 위험설비의 안전설계·제작 및 설치 관련 지침서

■ **공정위험성 평가서 및 잠재 위험에 대한 사고 예방·피해 최소화 대책의 세부내용(시행규칙 제50조)** : 공정위험성 평가서는 공정의 특성 등을 고려하여 다음의 위험성 평가기법 중 한 가지 이상을 선정하여 위험성 평가를 한 후 그 결과에 따라 작성해야 하며, 사고 예방·피해 최소화 대책은 위험성 평가 결과 잠재 위험이 있다고 인정되는 경우에만 작성한다.

- 체크리스트(check list)
- 상대위험순위 결정(dow and mond indices)
- 작업자 실수 분석(HEA)
- 사고 예상 질문 분석(what-if)
- 위험과 운전 분석(HAZOP)
- 이상위험도 분석(FMECA)
- 결함수 분석(FTA)
- 사건수 분석(ETA)
- 원인결과 분석(CCA)
- 위의 규정과 같은 수준 이상의 기술적 평가기법

■ **비상조치계획에 포함하여야 할 세부내용(시행규칙 제50조)**

- 비상조치를 위한 장비·인력 보유현황
- 사고 발생 시 각 부서·관련 기관과의 비상연락체계
- 사고 발생 시 비상조치를 위한 조직의 임무 및 수행 절차
- 비상조치계획에 따른 교육계획
- 주민 홍보계획
- 그 밖에 비상조치 관련 사항

CHAPTER 05 건설공사 안전관리

[건설현장 안전점검]

▌안전관리계획의 수립 기준(건설기술진흥법 시행령 제99조)

- 건설공사의 개요 및 안전관리조직
- 공정별 안전점검계획(계측장비 및 폐쇄회로 텔레비전 등 안전 모니터링 장비의 설치 및 운용계획 포함)
- 공사장 주변의 안전관리대책(건설공사 중 발파·진동·소음이나 지하수 차단 등으로 인한 주변 지역의 피해 방지대책과 굴착공사로 인한 위험징후 감지를 위한 계측계획을 포함한다)
- 통행 안전시설의 설치 및 교통 소통에 관한 계획
- 안전관리비 집행계획
- 안전교육 및 비상시 긴급조치계획
- 공종별 안전관리계획(대상 시설물별 건설공법 및 시공절차 포함)

▌건설현장의 특수성

- 작업환경의 특수성(주문 생산, 옥외작업, 비고정적인 생산현장)
- 작업 자체의 위험성
- 공사환경의 변화
- 공사 계약의 편무성
- 고용의 불안정과 근로자의 유동성

▌안전관리자의 업무(시행령 제18조)

- 산업안전보건위원회 또는 안전 및 보건에 관한 노사협의체에서 심의·의결한 업무와 해당 사업장의 안전보건관리규정 및 취업규칙에서 정한 업무
- 위험성 평가에 관한 보좌 및 지도·조언
- 안전인증 대상 기계 등과 자율안전확인 대상 기계 등 구입 시 적격품의 선정에 관한 보좌 및 지도·조언
- 해당 사업장 안전교육계획의 수립 및 안전교육 실시에 관한 보좌 및 지도·조언
- 사업장 순회점검, 지도 및 조치 건의
- 산업재해 발생의 원인조사·분석 및 재발 방지를 위한 기술적 보좌 및 지도·조언
- 산업재해에 관한 통계의 유지·관리·분석을 위한 보좌 및 지도·조언
- 법 또는 법에 따른 명령으로 정한 안전에 관한 사항의 이행에 관한 보좌 및 지도·조언

- 업무수행 내용의 기록·유지
- 그 밖에 안전에 관한 사항으로서 고용노동부장관이 정하는 사항

▌ **건설공사의 안전관리조직과 안전총괄책임자가 수행하여야 할 직무의 범위(건설기술진흥법 제64조, 시행령 제102조) :** 안전관리계획을 수립하는 건설사업자 및 주택건설등록업자는 다음의 사람으로 구성된 안전관리 조직을 두어야 한다.

- 해당 건설공사의 시공 및 안전에 관한 업무를 총괄하여 관리하는 안전총괄책임자
  - 안전관리계획서의 작성 및 제출
  - 안전관리 관계자의 업무 분담 및 직무 감독
  - 안전사고가 발생할 우려가 있거나 안전사고가 발생한 경우의 비상동원 및 응급조치
  - 안전관리비의 집행 및 확인
  - 협의체의 운영
  - 안전관리에 필요한 시설 및 장비 등의 지원
  - 자체 안전점검의 실시 및 점검 결과에 따른 조치에 대한 지휘·감독
  - 안전교육의 지휘·감독
- 토목, 건축, 전기, 기계, 설비 등 건설공사의 각 분야별 시공 및 안전관리를 지휘하는 분야별 안전관리책임자
  - 공사 분야별 안전관리 및 안전관리계획서의 검토·이행
  - 각종 자재 등의 적격품 사용 여부 확인
  - 자체 안전점검 실시의 확인 및 점검 결과에 따른 조치
  - 건설공사현장에서 발생한 안전사고의 보고
  - 안전교육의 실시
  - 작업 진행 상황의 관찰 및 지도
- 건설공사 현장에서 직접 시공 및 안전관리를 담당하는 안전관리담당자
  - 분야별 안전관리책임자의 직무 보조
  - 자체 안전점검의 실시
  - 안전교육의 실시

▌ **협의체의 구성(건설기술진흥법 시행령 제102조)**
- 협의체는 수급인 대표자 및 하수급인 대표자로 구성한다.
- 협의체는 매월 1회 이상 회의를 개최하여야 하며, 안전관리계획의 이행에 관한 사항과 안전사고 발생 시 대책 등에 관한 사항을 협의한다.

건설현장 유해 · 위험요인관리

■ **유해위험방지계획서 제출 대상(시행령 제42조)**
- 다음의 어느 하나에 해당하는 건축물 또는 시설 등의 건설 · 개조 또는 해체공사
  - 지상 높이가 31m 이상인 건축물 또는 인공구조물
  - 연면적 30,000m² 이상인 건축물
  - 연면적 5,000m² 이상인 시설로서 다음의 어느 하나에 해당하는 시설
    ⓐ 문화 및 집회시설(전시장 및 동물원 · 식물원은 제외한다)
    ⓑ 판매시설, 운수시설(고속철도의 역사 및 집배송시설은 제외한다)
    ⓒ 종교시설
    ⓓ 의료시설 중 종합병원
    ⓔ 숙박시설 중 관광숙박시설
    ⓕ 지하도 상가
    ⓖ 냉동 · 냉장 창고시설
- 연면적 5,000m² 이상인 냉동 · 냉장 창고시설의 설비공사 및 단열공사
- 최대 지간 길이(다리의 기둥과 기둥의 중심 사이의 거리)가 50m 이상인 다리의 건설 등 공사
- 터널의 건설 등 공사
- 다목적 댐, 발전용 댐, 저수용량 2,000만ton 이상의 용수 전용 댐 및 지방상수도 전용 댐의 건설 등 공사
- 깊이 10m 이상인 굴착공사

■ **유해위험방지계획서 첨부서류(시행규칙 별표 10)**
- 공사개요서
- 공사현장의 주변 현황 및 주변과의 관계를 나타내는 도면(매설물 현황을 포함한다)
- 전체 공정표
- 산업안전보건관리비 사용계획서
- 안전관리조직표
- 재해 발생 위험 시 연락 및 대피방법

■ **유해위험방지계획서의 건설안전 분야 자격 등(시행규칙 제43조)**
- 건설안전 분야 산업안전지도사
- 건설안전기술사 또는 토목 · 건축 분야 기술사
- 건설안전산업기사 이상의 자격을 취득한 후 건설안전 관련 실무경력이 건설안전기사 이상의 자격은 5년, 건설안전산업기사 자격은 7년 이상인 사람

- **건설업 산업안전보건관리비 계상 및 사용기준을 적용하는 공사 금액의 기준(건설업 산업안전보건관리비 계상 및 사용기준 제3조)** : 건설공사 중 총공사 금액 2천만 원 이상인 공사에 적용한다. 다만, 단가 계약에 의하여 행하는 공사에 대하여는 총계약 금액을 기준으로 적용한다.

- **공사 종류 및 규모별 산업안전보건관리비 계상기준표(건설업 산업안전보건관리비 계상 및 사용기준 별표 1)**

구분 공사종류	대상액 5억 원 미만인 경우 적용비율(%)	대상액 5억 원 이상 50억 원 미만인 경우		대상액 50억 원 이상인 경우 적용비율(%)	보건관리자 선임 대상 건설공사의 적용비율(%)
		적용비율(%)	기초액		
건축공사	3.11%	2.28%	4,325,000원	2.37%	2.64%
토목공사	3.15%	2.53%	3,300,000원	2.60%	2.73%
중건설공사	3.64%	3.05%	2,975,000원	3.11%	3.39%
특수건설공사	2.07%	1.59%	2,450,000원	1.64%	1.78%

- **공사 진척에 따른 산업안전보건관리비의 사용기준(건설업 산업안전보건관리비 계상 및 사용기준 별표 3)**

공정률	50% 이상 70% 미만	70% 이상 90% 미만	90% 이상
사용 기준	50% 이상	70% 이상	90% 이상

[건설현장 안전시설 관리]

- **추락방지설비·보호구** : 안전방망(추락방호망), 방호선반, 안전대, 안전난간, 덮개, 울타리 등

- **승강설비의 설치(산업안전보건기준에 관한 규칙 제46조)** : 사업주는 높이 또는 깊이가 2m를 초과하는 장소에서 작업하는 경우 해당 작업에 종사하는 근로자가 안전하게 승강하기 위한 건설용 리프트 등의 설비를 설치하여야 한다. 다만, 승강설비를 설치하는 것이 작업의 성질상 곤란한 경우에는 그렇지 않다.

- **추락의 방지(산업안전보건기준에 관한 규칙 제42조)**
  - 사업주는 근로자가 추락하거나 넘어질 위험이 있는 장소(작업 발판의 끝, 개구부 등 제외) 또는 기계·설비·선박 블록 등에서 작업을 할 때에 근로자가 위험해질 우려가 있는 경우 비계를 조립하는 등의 방법으로 작업 발판을 설치하여야 한다.
  - 사업주는 작업 발판을 설치하기 곤란한 경우 다음의 기준에 맞는 추락방호망을 설치해야 한다. 다만, 추락방호망을 설치하기 곤란한 경우에는 근로자에게 안전대를 착용하도록 하는 등 추락 위험을 방지하기 위해 필요한 조치를 해야 한다.
    - 추락방호망의 설치 위치는 가능하면 작업면으로부터 가까운 지점에 설치하여야 하며, 작업면으로부터 망의 설치지점까지의 수직거리는 10m를 초과하지 아니할 것

- 추락방호망은 수평으로 설치하고, 망의 처짐은 짧은 변 길이의 12% 이상이 되도록 할 것
- 건축물 등의 바깥쪽으로 설치하는 경우 추락방호망의 내민 길이는 벽면으로부터 3m 이상 되도록 할 것. 다만, 그물코가 20mm 이하인 추락방호망을 사용한 경우에는 낙하물방지망을 설치한 것으로 본다.
- 사업주는 추락방호망을 설치하는 경우에는 한국산업표준에서 정하는 성능기준에 적합한 추락방호망을 사용하여야 한다.
- 사업주는 작업발판 및 추락방호망을 설치하기 곤란한 경우에는 근로자로 하여금 3개 이상의 버팀대를 가지고 지면으로부터 안정적으로 세울 수 있는 구조를 갖춘 이동식 사다리를 사용하여 작업을 하게 할 수 있다. 이 경우 사업주는 근로자가 다음의 사항을 준수하도록 조치해야 한다.
  - 평탄하고 견고하며 미끄럽지 않은 바닥에 이동식 사다리를 설치할 것
  - 이동식 사다리의 넘어짐을 방지하기 위해 다음의 어느 하나 이상에 해당하는 조치를 할 것
    ⓐ 이동식 사다리를 견고한 시설물에 연결하여 고정할 것
    ⓑ 아웃트리거(outrigger, 전도방지용 지지대)를 설치하거나 아웃트리거가 붙어 있는 이동식 사다리를 설치할 것
    ⓒ 이동식 사다리를 다른 근로자가 지지하여 넘어지지 않도록 할 것
  - 이동식 사다리의 제조사가 정하여 표시한 이동식 사다리의 최대사용하중을 초과하지 않는 범위 내에서만 사용할 것
  - 이동식 사다리를 설치한 바닥면에서 높이 3.5m 이하의 장소에서만 작업할 것
  - 이동식 사다리의 최상부 발판 및 그 하단 디딤대에 올라서서 작업하지 않을 것. 다만, 높이 1m 이하의 사다리는 제외한다.
  - 안전모를 착용하되, 작업 높이가 2m 이상인 경우에는 안전모와 안전대를 함께 착용할 것
  - 이동식 사다리 사용 전 변형 및 이상 유무 등을 점검하여 이상이 발견되면 즉시 수리하거나 그 밖에 필요한 조치를 할 것

▌ 방망사의 강도(추락재해방지 표준안전작업지침 제5조)

- 방망사의 신품에 대한 인장강도

그물코의 크기 (단위 : cm)	방망의 종류(단위 : kg)	
	매듭 없는 방망	매듭방망
10	240	200
5		110

- 방망사의 폐기 시 인장강도

그물코의 크기 (단위 : cm)	방망의 종류(단위 : kg)	
	매듭 없는 방망	매듭방망
10	150	135
5		60

■ **안전난간의 구조 및 설치요건(산업안전보건기준에 관한 규칙 제13조)**
- 상부 난간대, 중간 난간대, 발끝막이판 및 난간 기둥으로 구성할 것. 다만, 중간 난간대, 발끝막이판 및 난간 기둥은 이와 비슷한 구조와 성능을 가진 것으로 대체할 수 있다.
- 상부 난간대는 바닥면·발판 또는 경사로의 표면(이하 '바닥면 등'이라 한다)으로부터 90cm 이상 지점에 설치하고, 상부 난간대를 120cm 이하에 설치하는 경우에는 중간 난간대는 상부 난간대와 바닥면 등의 중간에 설치해야 하며, 120cm 이상 지점에 설치하는 경우에는 중간 난간대를 2단 이상으로 균등하게 설치하고 난간의 상하 간격은 60cm 이하가 되도록 할 것. 다만, 난간 기둥 간의 간격이 25cm 이하인 경우에는 중간 난간대를 설치하지 않을 수 있다.
- 발끝막이판은 바닥면 등으로부터 10cm 이상의 높이를 유지할 것. 다만, 물체가 떨어지거나 날아올 위험이 없거나 그 위험을 방지할 수 있는 망을 설치하는 등 필요한 예방조치를 한 장소는 제외한다.
- 난간 기둥은 상부 난간대와 중간 난간대를 견고하게 떠받칠 수 있도록 적정한 간격을 유지할 것
- 상부 난간대와 중간 난간대는 난간 길이 전체에 걸쳐 바닥면 등과 평행을 유지할 것
- 난간대는 지름 2.7cm 이상의 금속제 파이프나 그 이상의 강도가 있는 재료일 것
- 안전난간은 구조적으로 가장 취약한 지점에서 가장 취약한 방향으로 작용하는 100kg 이상의 하중에 견딜 수 있는 튼튼한 구조일 것

■ **지붕 위에서의 위험 방지(산업안전보건기준에 관한 규칙 제45조)**
- 사업주는 근로자가 지붕 위에서 작업을 할 때에 추락하거나 넘어질 위험이 있는 경우에는 다음의 조치를 해야 한다.
  - 지붕의 가장자리에 안전난간을 설치할 것
  - 채광창(skylight)에는 견고한 구조의 덮개를 설치할 것
  - 슬레이트 등 강도가 약한 재료로 덮은 지붕에는 폭 30cm 이상의 발판을 설치할 것
- 사업주는 작업환경 등을 고려할 때 지붕의 가장자리에 안전난간을 설치하기 곤란한 경우에는 추락방호망을 설치해야 한다. 다만, 사업주는 작업환경 등을 고려할 때 추락방호망을 설치하기 곤란한 경우에는 근로자에게 안전대를 착용하도록 하는 등 추락 위험을 방지하기 위하여 필요한 조치를 해야 한다.

■ **굴착작업 시 위험방지(산업안전보건기준에 관한 규칙 제340조)** : 사업주는 굴착작업 시 토사 등의 붕괴 또는 낙하에 의하여 근로자에게 위험을 미칠 우려가 있는 경우에는 미리 흙막이 지보공의 설치, 방호망의 설치 및 근로자의 출입금지 등 그 위험을 방지하기 위하여 필요한 조치를 해야 한다.

■ 낙하물에 의한 위험의 방지(산업안전보건기준에 관한 규칙 제14조)

- 사업주는 작업장의 바닥, 도로 및 통로 등에서 낙하물이 근로자에게 위험을 미칠 우려가 있는 경우 보호망을 설치하는 등 필요한 조치를 하여야 한다.
- 사업주는 작업으로 인하여 물체가 떨어지거나 날아올 위험이 있는 경우 낙하물방지망, 수직보호망 또는 방호선반의 설치, 출입금지구역의 설정, 보호구의 착용 등 위험을 방지하기 위하여 필요한 조치를 하여야 한다. 이 경우 낙하물방지망 및 수직보호망은 산업표준화법에 따른 한국산업표준에서 정하는 성능 기준에 적합한 것을 사용하여야 한다.
- 낙하물방지망 또는 방호선반을 설치하는 경우에는 다음의 사항을 준수하여야 한다.
  - 높이 10m 이내마다 설치하고, 내민 길이는 벽면으로부터 2m 이상으로 할 것
  - 수평면과의 각도는 20° 이상 30° 이하를 유지할 것

■ 투하설비 등(산업안전보건기준에 관한 규칙 제15조) : 사업주는 높이가 3m 이상인 장소로부터 물체를 투하하는 경우 적당한 투하설비를 설치하거나 감시인을 배치하는 등 위험을 방지하기 위하여 필요한 조치를 하여야 한다.

■ 낙반 등에 의한 위험의 방지(산업안전보건기준에 관한 규칙 제351조) : 사업주는 터널 등의 건설작업을 하는 경우에 낙반 등에 의하여 근로자가 위험해질 우려가 있는 경우에 터널 지보공 및 록볼트의 설치, 부석(浮石)의 제거 등 위험을 방지하기 위하여 필요한 조치를 하여야 한다.

■ 보호구의 지급(산업안전보건기준에 관한 규칙 제32조)

- 물체가 떨어지거나 날아올 위험 또는 근로자가 추락할 위험이 있는 작업 : 안전모
- 높이 또는 깊이 2m 이상의 추락할 위험이 있는 장소에서 하는 작업 : 안전대(安全帶)
- 물체의 낙하·충격, 물체에의 끼임, 감전 또는 정전기의 대전(帶電)에 의한 위험이 있는 작업 : 안전화
- 물체가 흩날릴 위험이 있는 작업 : 보안경
- 용접 시 불꽃이나 물체가 흩날릴 위험이 있는 작업 : 보안면
- 감전의 위험이 있는 작업 : 절연용 보호구
- 고열에 의한 화상 등의 위험이 있는 작업 : 방열복
- 선창 등에서 분진(粉塵)이 심하게 발생하는 하역작업 : 방진마스크
- −18℃ 이하인 급냉동어창에서 하는 하역작업 : 방한모, 방한복, 방한화, 방한 장갑
- 물건을 운반하거나 수거·배달하기 위하여 도로교통법에 따른 이륜자동차 또는 원동기장치자전거를 운행하는 작업 : 도로교통법 시행규칙의 기준에 적합한 승차용 안전모
- 물건을 운반하거나 수거·배달하기 위해 도로교통법에 따른 자전거 등을 운행하는 작업 : 도로교통법 시행규칙의 기준에 적합한 안전모

■ 고소작업대가 갖추어야 할 설치조건(산업안전보건기준에 관한 규칙 제186조)

- 작업대를 와이어로프 또는 체인으로 올리거나 내릴 경우에는 와이어로프 또는 체인이 끊어져 작업대가 떨어지지 아니하는 구조여야 하며, 와이어로프 또는 체인의 안전율은 5 이상일 것
- 작업대를 유압에 의해 올리거나 내릴 경우에는 작업대를 일정한 위치에 유지할 수 있는 장치를 갖추고 압력의 이상 저하를 방지할 수 있는 구조일 것
- 권과방지장치를 갖추거나 압력의 이상 상승을 방지할 수 있는 구조일 것
- 붐의 최대 지면 경사각을 초과 운전하여 전도되지 않도록 할 것
- 작업대에 정격하중(안전율 5 이상)을 표시할 것
- 작업대에 끼임·충돌 등 재해를 예방하기 위한 가드 또는 과상승방지장치를 설치할 것
- 조작반의 스위치는 눈으로 확인할 수 있도록 명칭 및 방향 표시를 유지할 것

■ 고소작업대 사용 시의 준수사항(산업안전보건기준에 관한 규칙 제186조)

- 작업자가 안전모·안전대 등의 보호구를 착용하도록 할 것
- 관계자가 아닌 사람이 작업구역에 들어오는 것을 방지하기 위하여 필요한 조치를 할 것
- 안전한 작업을 위하여 적정 수준의 조도를 유지할 것
- 전로(電路)에 근접하여 작업을 하는 경우에는 작업 감시자를 배치하는 등 감전사고를 방지하기 위하여 필요한 조치를 할 것
- 작업대를 정기적으로 점검하고 붐·작업대 등 각 부위의 이상 유무를 확인할 것
- 전환스위치는 다른 물체를 이용하여 고정하지 말 것
- 작업대는 정격하중을 초과하여 물건을 싣거나 탑승하지 말 것
- 작업대의 붐대를 상승시킨 상태에서 탑승자는 작업대를 벗어나지 말 것. 다만, 작업대에 안전대 부착설비를 설치하고 안전대를 연결하였을 때는 그러하지 아니하다.

■ 수공구 관련 안전수칙

- 작업에 맞는 공구의 선택과 올바른 취급을 하여야 한다.
- 결함이 없는 완전한 공구를 사용하여야 한다.
- 작업 중인 공구를 기계 위에 올려놓지 않는다.
- 공구는 사용 후 안전한 장소에 보관하여야 한다.

■ 차량계 건설기계 : 모터그레이더, 크롤러드릴, 탠덤롤러, 스크레이퍼

■ 셔블계 굴착기계 : 파워셔블, 클램셸, 드래그라인, 백호

▌ 흙파기 공사용 기계

- 불도저 : 일반적으로 거리 60m 이하의 배토작업에 사용된다.
- 클램셸 : 수중 굴착 및 구조물의 기초 바닥 등과 같은 협소하고 상당히 깊은 범위의 굴착과 호퍼작업에 가장 적합하다.
- 파워셔블 : 기계가 서 있는 지면보다 높은 곳을 파는 작업에 가장 적합한 굴착기계이다.
- 드래그셔블(백호) : 기계가 서 있는 지반면보다 낮은 곳에 굴착 적합하고, 토질의 구멍 파기나 도랑 파기에 이용된다.
- 드래그라인 : 굴삭기가 위치한 저면보다 낮은데 적합하고 백호처럼 단단한 토질을 굴삭할 수 없으나 굴삭 반경 커서 수중 굴삭(하천 개수), 모래 채취 등에 많이 사용된다.

▌ 불도저를 이용한 작업 중 안전조치사항

- 작업 종료와 동시에 삽날을 지면에 내리고 주차 제동장치를 건다.
- 모든 조종간은 엔진 시동 전에 중립 위치에 놓는다.
- 장비의 승차 및 하차 시 뛰어내리거나 오르지 말고 안전하게 잡고 오르내린다.
- 야간작업 시 자주 장비에서 내려와 장비 주위를 살피며 점검하여야 한다.

▌ 철골공사에서 부재의 건립용 기계 : 타워크레인, 가이데릭, 삼각데릭, 스티프레그데릭, 진폴데릭 등

▌ 핸드 브레이커 취급 시 유의사항

- 기본적으로 현장 정리가 잘되어 있어야 한다.
- 브레이커 끝의 부러짐을 방지하기 위하여 작업 자세는 하향 수직 방향으로 유지해야 한다.
- 작업 전 기계에 대한 점검을 철저히 한다.
- 호스의 교차 및 꼬임 여부를 점검하여야 한다.

[비계ㆍ거푸집 가시설 위험 방지]

▌ 가설구조물의 특징

- 연결재가 적은 구조로 되기 쉽다.
- 부재 결합이 간단하지만, 불안전 결합이 많다.
- 구조물이라는 통상의 개념이 확고하지 않으며, 조립의 정밀도가 낮다.
- 부재는 과소 단면이거나 결함이 있는 재료를 사용하기 쉽다.
- 전체 구조에 대한 구조 계산 기준이 부족하여 구조적으로 문제점이 많다.

■ **가설구조물이 갖추어야 할 구비요건** : 안전성, 작업성, 경제성

■ **가설구조물의 구조적 안전성 확인(건설기술진흥법 시행령 제101조의2)**
- 높이가 31m 이상인 비계
- 브래킷(bracket) 비계
- 작업 발판 일체형 거푸집 또는 높이가 5m 이상인 거푸집 및 동바리
- 터널의 지보공(支保工) 또는 높이가 2m 이상인 흙막이 지보공
- 동력을 이용하여 움직이는 가설구조물
- 높이 10m 이상에서 외부작업을 하기 위하여 작업 발판 및 안전시설물을 일체화하여 설치하는 가설구조물
- 공사현장에서 제작하여 조립·설치하는 복합형 가설구조물
- 그 밖에 발주자 또는 인·허가기관의 장이 필요하다고 인정하는 가설구조물

■ **기둥과 기둥을 연결시키는 비계의 부재** : 띠장, 장선, 가새

■ **강관 비계의 조립 간격(산업안전보건기준에 관한 규칙 별표 5)**

강관 비계의 종류	조립 간격(단위 : m)	
	수직 방향	수평 방향
단관 비계	5	5
틀 비계(높이가 5m 미만인 것은 제외한다)	6	8

■ **강관비계의 구조(산업안전보건기준에 관한 규칙 제60조)**
- 비계 기둥의 간격은 띠장 방향에서는 1.85m 이하, 장선(長線) 방향에서는 1.5m 이하로 할 것. 다만, 다음의 어느 하나에 해당하는 작업의 경우에는 안전성에 대한 구조 검토를 실시하고, 조립도를 작성하면 띠장 방향 및 장선 방향으로 각각 2.7m 이하로 할 수 있다.
  - 선박 및 보트 건조작업
  - 그 밖에 장비 반입·반출을 위하여 공간 등을 확보할 필요가 있는 등 작업의 성질상 비계 기둥 간격에 관한 기준을 준수하기 곤란한 작업
- 띠장 간격은 2.0m 이하로 할 것. 다만, 작업의 성질상 이를 준수하기가 곤란하여 쌍기둥틀 등에 의하여 해당 부분을 보강한 경우에는 그러하지 아니하다.
- 비계 기둥의 제일 윗부분으로부터 31m 되는 지점 밑부분의 비계 기둥은 2개의 강관으로 묶어 세울 것. 다만, 브래킷(bracket, 까치발) 등으로 보강하여 2개의 강관으로 묶을 경우 이상의 강도가 유지되는 경우에는 그러하지 아니하다.
- 비계 기둥 간의 적재하중은 400kg을 초과하지 않도록 할 것

■ **달대비계** : 철공공사의 리벳치기, 볼트작업 시에 이용되는 비계이다. 주체인 철골에 매달아서 작업 발판을 만들고, 상하 이동을 시킬 수 없다.
- 달대비계를 조립하여 사용하는 경우 하중에 충분히 견딜 수 있도록 조치하여야 한다.
- 달대비계를 매다는 철선은 #8 소성철선을 사용하며, 4가닥 정도로 꼬아서 하중에 대한 안전계수를 8 이상으로 확보하여야 한다.
- 철근을 사용할 때는 19mm 이상을 쓴다.

■ **말비계(산업안전보건기준에 관한 규칙 제67조)**
- 지주부재(支柱部材)의 하단에는 미끄럼 방지장치를 하고, 근로자가 양측 끝부분에 올라서서 작업하지 않도록 할 것
- 지주부재와 수평면의 기울기를 75° 이하로 하고, 지주부재와 지주부재 사이를 고정시키는 보조부재를 설치할 것
- 말비계의 높이가 2m를 초과하는 경우에는 작업 발판의 폭을 40cm 이상으로 할 것

■ **이동식 비계(산업안전보건기준에 관한 규칙 제68조)**
- 이동식 비계의 바퀴에는 뜻밖의 갑작스러운 이동 또는 전도를 방지하기 위하여 브레이크·쐐기 등으로 바퀴를 고정시킨 다음 비계의 일부를 견고한 시설물에 고정하거나 아웃트리거를 설치하는 등 필요한 조치를 할 것
- 승강용 사다리는 견고하게 설치할 것
- 비계의 최상부에서 작업을 하는 경우에는 안전난간을 설치할 것
- 작업 발판은 항상 수평을 유지하고 작업 발판 위에서 안전난간을 딛고 작업을 하거나 받침대 또는 사다리를 사용하여 작업하지 않도록 할 것
- 작업 발판의 최대적재하중은 250kg을 초과하지 않도록 할 것

■ **비계의 점검 및 보수(산업안전보건기준에 관한 규칙 제58조)** : 사업주는 비, 눈, 그 밖의 기상 상태의 악화로 작업을 중지시킨 후 또는 비계를 조립·해체하거나 변경한 후에 그 비계에서 작업을 하는 경우에는 해당 작업을 시작하기 전에 다음의 사항을 점검하고, 이상을 발견하면 즉시 보수하여야 한다.
- 발판재료의 손상 여부 및 부착 또는 걸림 상태
- 해당 비계의 연결부 또는 접속부의 풀림 상태
- 연결재료 및 연결 철물의 손상 또는 부식 상태
- 손잡이의 탈락 여부
- 기둥의 침하, 변형, 변위 또는 흔들림 상태
- 로프의 부착 상태 및 매단장치의 흔들림 상태

■ **통로의 조명(산업안전보건기준에 관한 규칙 제21조)** : 사업주는 근로자가 안전하게 통행할 수 있도록 통로에 75lx 이상의 채광 또는 조명시설을 하여야 한다. 다만, 갱도 또는 상시 통행을 하지 아니하는 지하실 등을 통행하는 근로자에게 휴대용 조명기구를 사용하도록 한 경우에는 그러하지 아니하다.

■ **가설 통로의 구조(산업안전보건기준에 관한 규칙 제23조)**
- 견고한 구조로 할 것
- 경사는 30° 이하로 할 것. 다만, 계단을 설치하거나 높이 2m 미만의 가설 통로로서 튼튼한 손잡이를 설치한 경우에는 그러하지 아니하다.
- 경사가 15°를 초과하는 경우에는 미끄러지지 아니하는 구조로 할 것
- 추락할 위험이 있는 장소에는 안전난간을 설치할 것. 다만, 작업상 부득이한 경우에는 필요한 부분만 임시로 해체할 수 있다.
- 수직갱에 가설된 통로의 길이가 15m 이상인 경우에는 10m 이내마다 계단참을 설치할 것
- 건설공사에 사용하는 높이 8m 이상인 비계다리에는 7m 이내마다 계단참을 설치할 것

■ **사다리식 통로 등의 구조(산업안전보건기준에 관한 규칙 제24조)**
- 견고한 구조로 할 것
- 심한 손상·부식 등이 없는 재료를 사용할 것
- 발판의 간격은 일정하게 할 것
- 발판과 벽과의 사이는 15cm 이상의 간격을 유지할 것
- 폭은 30cm 이상으로 할 것
- 사다리가 넘어지거나 미끄러지는 것을 방지하기 위한 조치를 할 것
- 사다리의 상단은 걸쳐놓은 지점으로부터 60cm 이상 올라가도록 할 것
- 사다리식 통로의 길이가 10m 이상인 경우에는 5m 이내마다 계단참을 설치할 것
- 사다리식 통로의 기울기는 75° 이하로 할 것. 다만, 고정식 사다리식 통로의 기울기는 90° 이하로 하고, 그 높이가 7m 이상인 경우에는 다음 구분에 따른 조치를 할 것
  - 등받이울이 있어도 근로자 이동에 지장이 없는 경우 : 바닥으로부터 높이가 2.5m 되는 지점부터 등받이울을 설치할 것
  - 등받이울이 있으면 근로자가 이동이 곤란한 경우 : 한국산업표준에서 정하는 기준에 적합한 개인용 추락방지 시스템을 설치하고 근로자로 하여금 한국산업표준에서 정하는 기준에 적합한 전신안전대를 사용하도록 할 것
- 접이식 사다리 기둥은 사용 시 접혀지거나 펼쳐지지 않도록 철물 등을 사용하여 견고하게 조치할 것

■ **계단의 난간(산업안전보건기준에 관한 규칙 제30조)** : 사업주는 높이 1m 이상인 계단의 개방된 측면에 안전난간을 설치하여야 한다.

■ **미끄럼방지장치(가설공사 표준안전작업지침 제21조)**
- 사다리 지주의 끝에 고무, 코르크, 가죽, 강스파이크 등을 부착시켜 바닥과의 미끄럼을 방지하는 안전장치가 있어야 한다.
- 쐐기형 강스파이크는 지반이 평탄한 맨땅 위에 세울 때 사용하여야 한다.
- 미끄럼 방지 판자 및 미끄럼 방지 고정쇠는 돌마무릴 또는 인조석 깔기마감한 바닥용으로 사용하여야 한다.
- 미끄럼 방지 발판은 인조고무 등으로 마감한 실내용을 사용하여야 한다.

■ **콘크리트용 거푸집의 재료** : 목재, 철재, 경금속, 플라스틱

■ **거푸집 공사**
- 거푸집은 비계 및 규준틀 등의 가설물에는 절대로 연결시키면 안 된다.
- 거푸집 치수를 정확하게 하여 시멘트 모르타르가 새지 않도록 한다.
- 거푸집 해체가 쉽게 가능하도록 박리제 사용 등의 조치를 한다.
- 측압에 대한 안전성을 고려한다.

■ **층고가 높은 슬래브 거푸집 하부에 적용하는 무지주 공법** : 보우빔(bow beam), 철근 일체형 데크플레이트(deck plate), 페코빔(pecco beam)

■ **조립도(산업안전보건기준에 관한 규칙 제331조)**
- 사업주는 거푸집 및 동바리를 조립하는 경우에는 그 구조를 검토한 후 조립도를 작성하고, 그 조립도에 따라 조립하도록 해야 한다.
- 조립도에는 거푸집 및 동바리를 구성하는 부재의 재질·단면 규격·설치 간격 및 이음방법 등을 명시해야 한다.

■ **거푸집 조립 시의 안전조치(산업안전보건기준에 관한 규칙 제331조의2)**
- 거푸집을 조립하는 경우에는 거푸집이 콘크리트 하중이나 그 밖의 외력에 견딜 수 있거나, 넘어지지 않도록 견고한 구조의 긴결재(콘크리트를 타설할 때 거푸집이 변형되지 않게 연결하여 고정하는 재료를 말한다), 버팀대 또는 지지대를 설치하는 등 필요한 조치를 할 것
- 거푸집이 곡면인 경우에는 버팀대의 부착 등 그 거푸집의 부상(浮上)을 방지하기 위한 조치를 할 것

■ 동바리 유형에 따른 동바리 조립 시의 안전조치(산업안전보건기준에 관한 규칙 제332조의2)

- 동바리로 사용하는 파이프 서포트의 경우
  - 파이프 서포트를 3개 이상 이어서 사용하지 않도록 할 것
  - 파이프 서포트를 이어서 사용하는 경우에는 4개 이상의 볼트 또는 전용 철물을 사용하여 이을 것
  - 높이가 3.5m를 초과하는 경우에는 높이 2m 이내마다 수평 연결재를 2개 방향으로 만들고 수평 연결재의 변위를 방지할 것
- 동바리로 사용하는 강관틀의 경우
  - 강관틀과 강관틀 사이에 교차가새를 설치할 것
  - 최상단 및 5단 이내마다 동바리의 측면과 틀면의 방향 및 교차가새의 방향에서 5개 이내마다 수평 연결재를 설치하고 수평 연결재의 변위를 방지할 것
  - 최상단 및 5단 이내마다 동바리의 틀면의 방향에서 양단 및 5개틀 이내마다 교차가새의 방향으로 띠장틀을 설치할 것
- 동바리로 사용하는 조립강주의 경우 : 조립강주의 높이가 4m를 초과하는 경우에는 높이 4m 이내마다 수평 연결재를 2개 방향으로 설치하고 수평 연결재의 변위를 방지할 것
- 시스템 동바리(규격화·부품화된 수직재, 수평재 및 가새재 등의 부재를 현장에서 조립하여 거푸집을 지지하는 지주 형식의 동바리를 말한다)의 경우
  - 수평재는 수직재와 직각으로 설치해야 하며, 흔들리지 않도록 견고하게 설치할 것
  - 연결 철물을 사용하여 수직재를 견고하게 연결하고, 연결 부위가 탈락 또는 꺾어지지 않도록 할 것
  - 수직 및 수평하중에 대해 동바리의 구조적 안정성이 확보되도록 조립도에 따라 수직재 및 수평재에는 가새재를 견고하게 설치할 것
  - 동바리 최상단과 최하단의 수직재와 받침 철물은 서로 밀착되도록 설치하고 수직재와 받침철물의 연결부의 겹침 길이는 받침 철물 전체 길이의 3분의 1 이상 되도록 할 것
- 보 형식의 동바리(강제 갑판, 철재트러스 조립 보 등 수평으로 설치하여 거푸집을 지지하는 동바리를 말한다)의 경우
  - 접합부는 충분한 걸침 길이를 확보하고 못, 용접 등으로 양끝을 지지물에 고정시켜 미끄러짐 및 탈락을 방지할 것
  - 양끝에 설치된 보 거푸집을 지지하는 동바리 사이에는 수평 연결재를 설치하거나 동바리를 추가로 설치하는 등 보 거푸집이 옆으로 넘어지지 않도록 견고하게 할 것
  - 설계도면, 시방서 등 설계도서를 준수하여 설치할 것

▌ 철근콘크리트 공사 시 활용되는 거푸집의 필요조건

- 콘크리트의 하중에 대해 뒤틀림이 없는 강도를 갖출 것
- 콘크리트 내 수분 등에 대한 물 빠짐이 없는 구조를 갖출 것
- 최소한의 재료로 여러 번 사용할 수 있는 전용성을 가질 것
- 거푸집은 조립·해체·운반이 용이하도록 할 것

▌ 콘크리트 타설 시 거푸집의 측압에 영향을 미치는 인자

- 비례요인 : 슬럼프, 타설속도(부어넣기 속도), 콘크리트의 타설 높이, 다짐, 거푸집 수밀성, 거푸집의 부재 단면, 거푸집의 강도, 거푸집 표면의 평활도, 거푸집의 수밀성, 시공연도(workability), 콘크리트의 비중, 응결시간이 빠른 시멘트(조강시멘트 등), 묽은 콘크리트
- 반비례요인 : 기온(외기의 온도, 거푸집 속의 콘크리트 온도), 철근의 양, 거푸집의 투수성, 습도

▌ 철근콘크리트 공사에서 거푸집 동바리의 해체시기를 결정하는 요인

- 시방서상의 거푸집 존치기간의 경과
- 콘크리트 강도시험 결과
- 일정한 양생기간의 경과
- 동절기일 경우 적산온도

▌ 붕괴 등의 위험 방지(산업안전보건기준에 관한 규칙 제347조) : 사업주는 흙막이 지보공을 설치하였을 때는 정기적으로 다음의 사항을 점검하고 이상을 발견하면 즉시 보수하여야 한다.

- 부재의 손상·변형·부식·변위 및 탈락의 유무와 상태
- 버팀대의 긴압(緊壓)의 정도
- 부재의 접속부, 부착부 및 교차부의 상태
- 침하의 정도

▌ 투수계수에 영향을 주는 인자

- 흙의 영향 : 입경의 크기, 흙 입자의 구조, 공극비
- 물의 영향 : 물의 점성계수, 포화도, 유체의 밀도

▌ 흙의 투수계수에 영향을 주는 인자

- 공극비 : 공극비가 클수록 투수계수는 크다.
- 포화도 : 포화도가 클수록 투수계수도 크다.
- 유체의 밀도 : 유체의 밀도가 클수록 투수계수는 크다.
- 유체의 점성계수 : 점성계수가 클수록 투수계수는 작다.

▌굴착면의 기울기 기준(산업안전보건기준에 관한 규칙 별표 11)

지반의 종류	굴착면의 기울기
모래	1 : 1.8
연암 및 풍화암	1 : 1.0
경암	1 : 0.5
그 밖의 흙	1 : 1.2

※ 굴착면의 기울기 : 굴착면의 높이에 대한 수평거리의 비율

▌보링(boring) : 지반을 강관으로 천공하고 토사를 채취 후 여러 가지 시험을 시행하여 지반의 토질 분포, 흙의 층상과 구성 등을 알 수 있는 지반조사방법

▌지반의 개량공법

- 점성토 지반 : 프리로딩 공법, 치환공법, 페이퍼 드레인 공법, 생석회 말뚝공법, 샌드 드레인 공법
- 사질 지반 : 바이브로 플로테이션 공법, 진동다짐공법

▌히빙(heaving) : 연약 지반을 굴착할 때 흙막이벽 뒤쪽 흙의 중량이 바닥의 지지력보다 커지면 굴착 저면에서 흙이 부풀어 오르는 현상

▌히빙현상에 대한 안전대책

- 어스앵커를 설치한다.
- 굴착 주변을 웰포인트 공법과 병행한다.
- 흙막이벽의 근입심도를 깊게 한다.
- 지반 개량으로 흙의 전단강도를 높인다.
- 굴착 주변의 상재하중을 제거하여 토압을 최대한 낮춘다.
- 토류벽의 배면토압을 경감시킨다.
- 굴착 저면에 토사 등 인공중력을 가한다.
- 굴착방식을 아일랜드 컷 방식으로 개선한다.

▌보일링(boiling)현상

- 지하 수위가 높은 모래 지반을 굴착할 때 발생하는 현상이다.
- 보일링현상이 발생하는 경우 흙막이 보는 지지력이 저하된다.
- 흙막이벽의 근입장 깊이가 부족할 경우 발생한다.
- 아랫부분의 토사가 수압을 받아 굴착한 곳으로 밀려나와 굴착 부분을 다시 메우는 현상이다.

▌ 보일링현상 방지대책

- 흙막이 말뚝의 밑둥넣기를 깊게 한다.
- 굴착 저면보다 깊은 지반을 불투수로 개량한다.
- 굴착 밑 투수층에 피트(pit)나 배수암거를 설치하여 배수를 좋게 한다.
- 흙막이벽 주위에서 배수시설을 통해 수두차를 작게 한다.
- 보일링현상에 대한 대책의 일환으로 공사기간 중 웰포인트 공법으로 지하 수면을 낮춘다.

▌ 토사(토석) 붕괴의 내적 원인

- 절토 사면의 토질 구성 이상
- 성토 사면의 토질 구성 이상
- 토석의 강도 저하

▌ 토사(토석)붕괴의 외적 원인

- 사면·법면의 경사 증가
- 절토 및 성토의 높이 증가
- 공사에 의한 진동하중 및 반복하중의 증가
- 지표수 및 지하수의 침투에 의한 토사 중량의 증가
- 지진·차량·구조물의 하중작용
- 토사 및 암석의 혼합층 두께 등

▌ 토사 붕괴에 따른 재해를 방지하기 위한 흙막이 지보공 설비 : 흙막이판, 말뚝, 버팀대 및 띠장

▌ 흙막이 공법 선정 시 고려사항

- 흙막이 해체를 고려한다.
- 구축하기 쉬운 공법을 선택한다.
- 안전하고 경제적인 공법을 선택한다.
- 주변 대지 조건 및 지하 매설물 상태를 확인한다.
- 차수에 있어 수밀성이 높은 공법을 선택한다.
- 지반성상에 적합한 공법을 선택한다.
- 강성이 높은 공법을 선택한다.
- 지하수 배수 시 배수처리공법 적격 여부를 확인한다.

▍**지반 붕괴 등의 위험방지(산업안전보건기준에 관한 규칙 제370조)** : 사업주는 채석작업을 하는 경우 지반의 붕괴 또는 토사 등의 낙하로 인하여 근로자에게 발생할 우려가 있는 위험을 방지하기 위하여 다음의 조치를 해야 한다.

- 점검자를 지명하고 당일 작업 시작 전에 작업 장소 및 그 주변 지반의 부석과 균열의 유무와 상태, 함수·용수 및 동결 상태의 변화를 점검할 것
- 점검자는 발파 후 그 발파 장소와 그 주변의 부석 및 균열의 유무와 상태를 점검할 것

▍**발파의 작업기준(산업안전보건기준에 관한 규칙 제348조)**
- 얼어붙은 다이너마이트는 화기에 접근시키거나 그 밖의 고열물에 직접 접촉시키는 등 위험한 방법으로 융해되지 않도록 할 것
- 화약이나 폭약을 장전하는 경우에는 그 부근에서 화기를 사용하거나 흡연을 하지 않도록 할 것
- 장전구(裝塡具)는 마찰·충격·정전기 등에 의한 폭발의 위험이 없는 안전한 것을 사용할 것
- 발파공의 충진재료는 점토·모래 등 발화성 또는 인화성의 위험이 없는 재료를 사용할 것
- 점화 후 장전된 화약류가 폭발하지 아니한 경우 또는 장전된 화약류의 폭발 여부를 확인하기 곤란한 경우에는 다음의 사항을 따를 것
  - 전기뇌관에 의한 경우에는 발파모선을 점화기에서 떼어 그 끝을 단락시켜 놓는 등 재점화되지 않도록 조치하고 그때부터 5분 이상 경과한 후가 아니면 화약류의 장전 장소에 접근시키지 않도록 할 것
  - 전기뇌관 외의 것에 의한 경우에는 점화한 때부터 15분 이상 경과한 후가 아니면 화약류의 장전 장소에 접근시키지 않도록 할 것
- 전기뇌관에 의한 발파의 경우 점화하기 전에 화약류를 장전한 장소로부터 30m 이상 떨어진 안전한 장소에서 전선에 대하여 저항 측정 및 도통(導通)시험을 할 것

▍철골공사의 용접·용단작업에 사용되는 가스용기는 최대 40℃ 이하로 보존해야 한다.

▍**철골공사에서 용접작업을 실시함에 있어 전격 예방을 위한 안전조치**
- 전격 방지를 위해 자동전격방지기를 설치한다.
- 우천, 강설 시에는 야외작업을 중단한다.
- 개로전압이 낮은 교류용접기를 사용한다.
- 절연 홀더(holder)를 사용한다.

■ **설계도 및 공작도 확인(철골공사 표준안전작업지침 제3조)** : 구조 안전의 위험이 큰 다음의 철골구조물은 건립 중 강풍에 의한 풍압 등 외압에 대한 내력이 설계에 고려되었는지 확인하여야 한다.

- 높이 20m 이상의 구조물
- 구조물의 폭과 높이의 비가 1 : 4 이상인 구조물
- 단면구조에 현저한 차이가 있는 구조물
- 연면적당 철골량이 50kg/m² 이하인 구조물
- 기둥이 타이 플레이트(tie plate)형인 구조물
- 이음부가 현장용접인 구조물

■ **건설물 등의 벽체와 통로의 간격 등(산업안전보건기준에 관한 규칙 제145조)** : 사업주는 다음의 간격을 0.3m 이하로 하여야 한다. 다만, 근로자가 추락할 위험이 없는 경우에는 그 간격을 0.3m 이하로 유지하지 아니 할 수 있다.

- 크레인의 운전실 또는 운전대를 통하는 통로의 끝과 건설물 등의 벽체의 간격
- 크레인 거더(girder)의 통로 끝과 크레인 거더의 간격
- 크레인 거더의 통로로 통하는 통로의 끝과 건설물 등의 벽체의 간격

■ **크레인 작업 시의 조치(산업안전보건기준에 관한 규칙 제146조)**

- 인양할 하물(荷物)을 바닥에서 끌어당기거나 밀어내는 작업을 하지 아니할 것
- 유류 드럼이나 가스통 등 운반 도중에 떨어져 폭발하거나 누출될 가능성이 있는 위험물 용기는 보관함(또는 보관고)에 담아 안전하게 매달아 운반할 것
- 고정된 물체를 직접 분리·제거하는 작업을 하지 아니할 것
- 미리 근로자의 출입을 통제하여 인양 중인 하물이 작업자의 머리 위로 통과하지 않도록 할 것
- 인양할 하물이 보이지 아니하는 경우에는 어떠한 동작도 하지 아니할 것(신호하는 사람에 의하여 작업을 하는 경우는 제외)

[공사 및 작업 종류별 안전]

■ **안전율(S)**

$$S = \frac{N \times P}{Q}$$

여기서, N : 로프 가닥 수

$\quad\quad P$: 파단하중

$\quad\quad Q$: 최대하중

▌ 달비계에 사용 불가한 와이어로프(산업안전보건기준에 관한 규칙 제63조)

- 이음매가 있는 것
- 와이어로프의 한 꼬임[스트랜드(strand)를 말한다]에서 끊어진 소선(素線)[필러(pillar)선은 제외한다]의 수가 10% 이상(비자전로프의 경우에는 끊어진 소선의 수가 와이어로프 호칭 지름의 6배 길이 이내에서 4개 이상이거나 호칭 지름 30배 길이 이내에서 8개 이상)인 것
- 지름의 감소가 공칭지름의 7%를 초과하는 것
- 꼬인 것
- 심하게 변형되거나 부식된 것
- 열과 전기 충격에 의해 손상된 것

▌ 항타기 또는 항발기 조립·해체 시 점검사항(산업안전보건기준에 관한 규칙 제207조)

- 본체 연결부의 풀림 또는 손상의 유무
- 권상용 와이어로프·드럼 및 도르래의 부착 상태의 이상 유무
- 권상장치의 브레이크 및 쐐기장치 기능의 이상 유무
- 권상기의 설치 상태의 이상 유무
- 리더(leader)의 버팀 방법 및 고정 상태의 이상 유무
- 본체·부속장치 및 부속품의 강도가 적합한지 여부
- 본체·부속장치 및 부속품에 심한 손상·마모·변형 또는 부식이 있는지 여부

▌ 콘크리트 구조물에 적용하는 해체작업 공법의 종류 : 연삭공법, 발파공법, 유압공법 등

▌ 구조물의 해체작업을 위한 기계·기구 : 쇄석기, 압쇄기, 대형 브레이커, 철제 해머, 핸드 브레이커, 절단톱, 잭, 쐐기 타입기, 화염방사기, 절단 줄톱 등

▌ 거푸집 해체작업 시 준수사항(콘크리트공사 표준안전작업지침 제9조)

- 거푸집 및 지보공(동바리)의 해체는 순서에 의하여 실시하여야 하며 안전담당자를 배치하여야 한다.
- 거푸집 및 지보공(동바리)은 콘크리트 자중 및 시공 중에 가해지는 기타 하중에 충분히 견딜 만한 강도를 가질 때까지는 해체하지 아니하여야 한다.
- 해체작업을 할 때에는 안전모 등 안전 보호장구를 착용토록 하여야 한다.
- 거푸집 해체작업장 주위에는 관계자를 제외하고는 출입을 금지시켜야 한다.
- 상하 동시 작업은 원칙적으로 금지하여 부득이한 경우에는 긴밀히 연락을 취하며 작업을 하여야 한다.
- 거푸집 해체 때 구조체에 무리한 충격이나 큰 힘에 의한 지렛대 사용은 금지하여야 한다.
- 보 또는 슬래브 거푸집을 제거할 때에는 거푸집의 낙하 충격으로 인한 작업원의 돌발적 재해를 방지하여야 한다.

- 해체된 거푸집이나 각목 등에 박혀 있는 못 또는 날카로운 돌출물은 즉시 제거하여야 한다.
- 해체된 거푸집이나 각목은 재사용 가능한 것과 보수하여야 할 것을 선별, 분리하여 적치하고 정리 · 정돈을 하여야 한다.
- 기타 제3자의 보호조치에 대하여도 완전한 조치를 강구하여야 한다.

▌ 조립 · 해체 등 작업 시의 준수사항(산업안전보건기준에 관한 규칙 제333조) : 사업주는 기둥 · 보 · 벽체 · 슬래브 등의 거푸집 및 동바리를 조립하거나 해체하는 작업을 하는 경우에는 다음의 사항을 준수해야 한다.
- 해당 작업을 하는 구역에는 관계 근로자가 아닌 사람의 출입을 금지할 것
- 비, 눈, 그 밖의 기상 상태의 불안정으로 날씨가 몹시 나쁜 경우에는 그 작업을 중지할 것
- 재료, 기구 또는 공구 등을 올리거나 내리는 경우에는 근로자로 하여금 달줄 · 달포대 등을 사용하도록 할 것
- 낙하 · 충격에 의한 돌발적 재해를 방지하기 위하여 버팀목을 설치하고 거푸집 및 동바리를 인양장비에 매단 후에 작업을 하도록 하는 등 필요한 조치를 할 것

▌ 악천후 및 강풍 시 작업 중지(산업안전보건기준에 관한 규칙 제37조)
- 사업주는 비 · 눈 · 바람 또는 그 밖의 기상 상태의 불안정으로 인하여 근로자가 위험해질 우려가 있는 경우 작업을 중지하여야 한다. 다만, 태풍 등으로 위험이 예상되거나 발생되어 긴급복구작업을 필요로 하는 경우에는 그러하지 아니하다.
- 순간풍속이 초당 10m를 초과하는 경우 타워크레인의 설치 · 수리 · 점검 또는 해체작업을 중지하여야 하며, 순간풍속이 초당 15m를 초과하는 경우에는 타워크레인의 운전작업을 중지하여야 한다.

▌ 폭풍에 의한 이탈 방지(산업안전보건기준에 관한 규칙 제140조)
사업주는 순간풍속이 초당 30m를 초과하는 바람이 불어올 우려가 있는 경우 옥외에 설치되어 있는 주행크레인에 대하여 이탈방지장치를 작동시키는 등 이탈 방지를 위한 조치를 하여야 한다.

▌ 철골작업을 중지하여야 하는 기준(산업안전보건기준에 관한 규칙 제383조)
- 풍속이 초당 10m 이상인 경우
- 강우량이 시간당 1mm 이상인 경우
- 강설량이 시간당 1cm 이상인 경우

▌ 콘크리트의 양생방법 : 습윤양생, 증기양생, 전기양생, 보온양생(급열양생, 단열양생, 피복양생), 고온증기 양생(오토클레이브양생) 등

▌ 철근콘크리트 슬래브에 발생하는 응력

- 전단력은 일반적으로 중앙부보다 단부에서 크게 작용한다.
- 중앙부 하부에는 인장응력이 발생한다.
- 단부 하부에는 압축응력이 발생한다.
- 휨응력은 일반적으로 슬래브의 중앙부에서 크게 작용한다.

▌ 콘크리트의 타설작업(산업안전보건기준에 관한 규칙 제334조)

- 당일의 작업을 시작하기 전에 해당 작업에 관한 거푸집 및 동바리의 변형·변위 및 지반의 침하 유무 등을 점검하고 이상이 있으면 보수할 것
- 작업 중에는 감시자를 배치하는 등의 방법으로 거푸집 및 동바리의 변형·변위 및 침하 유무 등을 확인해야 하며, 이상이 있으면 작업을 중지하고 근로자를 대피시킬 것
- 콘크리트 타설작업 시 거푸집 붕괴의 위험이 발생할 우려가 있으면 충분한 보강조치를 할 것
- 설계도서상의 콘크리트 양생기간을 준수하여 거푸집 및 동바리를 해체할 것
- 콘크리트를 타설하는 경우에는 편심이 발생하지 않도록 골고루 분산하여 타설할 것

▌ 콘크리트 타설 시 안전수칙(콘크리트공사 표준안전작업지침 제13조)

- 타설 순서는 계획에 의하여 실시하여야 한다.
- 콘크리트를 치는 도중에는 거푸집, 지보공 등의 이상 유무를 확인하여야 하고, 담당자를 배치하여 이상이 발생한 때에는 신속한 처리를 하여야 한다.
- 타설속도는 건설부 제정 콘크리트 표준시방서에 의한다.
- 손수레를 이용하여 콘크리트를 운반할 때에는 다음의 사항을 준수하여야 한다.
  - 손수레를 타설하는 위치까지 천천히 운반하여 거푸집에 충격을 주지 아니하도록 타설하여야 한다.
  - 손수레에 의하여 운반할 때에는 적당한 간격을 유지하여야 하고 뛰어서는 안 되며, 통로 구분을 명확히 하여야 한다.
  - 운반 통로에 방해가 되는 것은 즉시 제거하여야 한다.
- 기자재 설치, 사용을 할 때에는 다음의 사항을 준수하여야 한다.
  - 콘크리트의 운반, 타설기계를 설치하여 작업할 때에는 성능을 확인하여야 한다.
  - 콘크리트의 운반, 타설기계는 사용 전, 사용 중, 사용 후 반드시 점검하여야 한다.
- 콘크리트를 한곳에만 치우쳐서 타설할 경우 거푸집의 변형 및 탈락에 의한 붕괴사고가 발생되므로 타설 순서를 준수하여야 한다.
- 전동기는 적절히 사용되어야 하며, 지나친 진동은 거푸집 도괴의 원인이 될 수 있으므로 각별히 주의하여야 한다.

▌ 콘크리트 타설장비 사용 시의 준수사항(산업안전보건기준에 관한 규칙 제335조) : 사업주는 콘크리트 타설 작업을 하기 위하여 콘크리트 플레이싱 붐(placing boom), 콘크리트 분배기, 콘크리트 펌프카 등(이하 '콘크리트 타설장비'라 한다)을 사용하는 경우에는 다음의 사항을 준수해야 한다.

- 작업을 시작하기 전에 콘크리트 타설장비를 점검하고 이상을 발견하였으면 즉시 보수할 것
- 건축물의 난간 등에서 작업하는 근로자가 호스의 요동·선회로 인하여 추락하는 위험을 방지하기 위하여 안전난간 설치 등 필요한 조치를 할 것
- 콘크리트 타설장비의 붐을 조정하는 경우에는 주변의 전선 등에 의한 위험을 예방하기 위한 적절한 조치를 할 것
- 작업 중에 지반의 침하나 아웃트리거 등 콘크리트 타설장비 지지구조물의 손상 등에 의하여 콘크리트 타설장비가 넘어질 우려가 있는 경우에는 이를 방지하기 위한 적절한 조치를 할 것

▌ PC(Precast Concrete)공법

- 기후의 영향을 받지 않아 동절기 시공이 가능하고, 공기를 단축할 수 있다.
- 현장작업이 감소되고, 생산성이 향상되어 인력 절감이 가능하다.
- 공장 제작이므로 콘크리트 양생 시 최적조건에 의한 양질의 제품 생산이 가능하다.

▌ PC(Precast Concrete) 조립 시 안전대책

- 달아 올린 부재의 아래에 작업자의 출입을 금지시킨다.
- 운전자는 부재를 달아 올린 채 운전대를 이탈해서는 안 된다.
- 신호는 사전에 정해진 방법에 의해서만 실시한다.
- 크레인 사용 시 PC판의 중량을 고려하여 아웃트리거를 사용한다.

▌ 취급운반 시의 원칙

- 운반작업을 집중화시킬 것
- 직선 운반을 할 것
- 생산을 최고로 하는 운반을 생각할 것
- 연속 운반을 할 것
- 시간과 경비를 최대한 절약할 수 있는 운반방법을 고려할 것

▌ 화물의 적재 시의 준수사항(산업안전보건기준에 관한 규칙 제393조)
- 침하 우려가 없는 튼튼한 기반 위에 적재할 것
- 건물의 칸막이나 벽 등이 화물의 압력에 견딜 만큼의 강도를 지니지 아니한 경우에는 칸막이나 벽에 기대어 적재하지 않도록 할 것
- 불안정할 정도로 높이 쌓아 올리지 말 것
- 하중이 한쪽으로 치우치지 않도록 쌓을 것

▌ 철근의 인력 운반방법(콘크리트공사 표준안전작업지침 제12조)
- 1인당 무게는 25kg 정도가 적절하며, 무리한 운반을 삼가하여야 한다.
- 2인 이상이 1조가 되어 어깨메기로 하여 운반하는 등 안전을 도모하여야 한다.
- 긴 철근을 부득이 한 사람이 운반할 때에는 한쪽을 어깨에 메고 한쪽 끝을 끌면서 운반하여야 한다.
- 운반할 때에는 양끝을 묶어 운반하여야 한다.
- 내려놓을 때는 천천히 내려놓고 던지지 않아야 한다.
- 공동작업을 할 때에는 신호에 따라 작업을 하여야 한다.

▌ 차량계 건설기계를 사용하는 작업 시 작업계획서 내용(산업안전보건기준에 관한 규칙 별표 4)
- 사용하는 차량계 건설기계의 종류 및 성능
- 차량계 건설기계의 운행경로
- 차량계 건설기계에 의한 작업방법

▌ 중량물 취급작업 시 작업계획서 내용(산업안전보건기준에 관한 규칙 별표 4)
- 추락 위험을 예방할 수 있는 안전대책
- 낙하 위험을 예방할 수 있는 안전대책
- 전도 위험을 예방할 수 있는 안전대책
- 협착 위험을 예방할 수 있는 안전대책
- 붕괴 위험을 예방할 수 있는 안전대책

▌ 운전 위치 이탈 시의 조치(산업안전보건기준에 관한 규칙 제99조)
- 포크, 버킷, 디퍼 등의 장치를 가장 낮은 위치 또는 지면에 내려 둘 것
- 원동기를 정지시키고 브레이크를 확실히 거는 등 차량계 하역운반기계 등, 차량계 건설기계의 갑작스러운 이동을 방지하기 위한 조치를 할 것
- 운전석을 이탈하는 경우에는 시동키를 운전대에서 분리시킬 것. 다만, 운전석에 잠금장치를 하는 등 운전자가 아닌 사람이 운전하지 못하도록 조치한 경우에는 그러하지 아니하다.

■ **전도 등의 방지(산업안전보건기준에 관한 규칙 제171조)** : 사업주는 차량계 하역운반기계 등을 사용하는 작업을 할 때에 그 기계가 넘어지거나 굴러떨어짐으로써 근로자에게 위험을 미칠 우려가 있는 경우에는 그 기계를 유도하는 사람(유도자)을 배치하고, 지반의 부동침하 및 갓길 붕괴를 방지하기 위한 조치를 해야 한다.

■ **차량계 하역운반기계 등의 이송(산업안전보건기준에 관한 규칙 제174조)** : 사업주는 차량계 하역운반기계 등을 이송하기 위하여 자주(自走) 또는 견인에 의하여 화물자동차에 싣거나 내리는 작업을 할 때에 발판·성토 등을 사용하는 경우에는 해당 차량계 하역운반기계 등의 전도 또는 굴러 떨어짐에 의한 위험을 방지하기 위하여 다음의 사항을 준수하여야 한다.
- 싣거나 내리는 작업은 평탄하고 견고한 장소에서 할 것
- 발판을 사용하는 경우에는 충분한 길이·폭 및 강도를 가진 것을 사용하고 적당한 경사를 유지하기 위하여 견고하게 설치할 것
- 가설대 등을 사용하는 경우에는 충분한 폭 및 강도와 적당한 경사를 확보할 것
- 지정 운전자의 성명·연락처 등을 보기 쉬운 곳에 표시하고 지정 운전자 외에는 운전하지 않도록 할 것

■ **싣거나 내리는 작업(산업안전보건기준에 관한 규칙 제177조)** : 사업주는 차량계 하역운반기계 등에 단위화물의 무게가 100kg 이상인 화물을 싣는 작업(로프 걸이 작업 및 덮개 덮기 작업을 포함) 또는 내리는 작업(로프 풀기 작업 또는 덮개 벗기기 작업을 포함)을 하는 경우에 해당 작업의 지휘자에게 다음의 사항을 준수하도록 하여야 한다.
- 작업순서 및 그 순서마다의 작업방법을 정하고 작업을 지휘할 것
- 기구와 공구를 점검하고 불량품을 제거할 것
- 해당 작업을 하는 장소에 관계 근로자가 아닌 사람이 출입하는 것을 금지할 것
- 로프 풀기 작업 또는 덮개 벗기기 작업은 적재함의 화물이 떨어질 위험이 없음을 확인한 후에 하도록 할 것

PART 02

과년도 + 최근
기출복원문제

2016~2020년   과년도 기출문제

2021~2024년   과년도 기출복원문제

2025년   최근 기출복원문제

합격의 공식 *시대에듀* www.sdedu.co.kr

01

연간 총근로시간 중에 발생하는 근로손실일수를 1,000시간당 발생하는 근로손실일수로 나타내는 식은?

① 강도율　　　　　② 도수율

③ 연천인율　　　　④ 종합재해지수

해설

① 강도율(SR) : (총근로손실일수 / 연근로시간 수)×1,000
② 도수율(FR ; Frequency Rate of injury) : 연근로시간 100만 시간당 발생하는 재해건수의 비율
③ 연천인율 : 연평균근로자 1,000명에 대한 재해자 수의 비율
④ 종합재해지수(FSI ; Frequency Severity Indicator) : 재해의 빈도와 상해의 강약도를 종합하여 집계하는 지표

02

재해원인을 직접원인과 간접원인으로 나눌 때 직접원인에 해당하는 것은?

① 기술적 원인

② 관리적 원인

③ 교육적 원인

④ 물적 원인

해설

재해의 원인

• 직접원인 : 불안전한 행위(인적 요인), 불안전한 상태(물적 요인)
• 간접원인 : 기술적 요인, 교육적 원인, 작업관리상 원인, 신체적(생리적) 원인, 정신적 원인 등

03

TBM(Tool Box Meeting)의 의미를 가장 잘 설명한 것은?

① 지시나 명령의 전달회의

② 공구함을 준비한 후 작업하라는 뜻

③ 작업원 전원의 상호 대화로 스스로 생각하고 납득하는 작업장 안전회의

④ 상사의 지시된 작업내용에 따른 공구를 하나하나 준비해야 한다는 뜻

해설

TBM(Tool Box Meeting)

작업자들이 작업 전에 관리감독자를 중심으로 작업내용, 위험요인, 안전작업절차 등에 대해 10분 내외로 서로 확인 및 의논하는 활동이다.
• 작업장의 현재 또는 향후 활동과 관련된 내용이어야 한다.
• 사전에 전달자료를 준비하고 내용을 숙지한다.
• 실시단계 : 도입 → 점검 정비 → 작업 지시 → 위험예지훈련 → 확인

04

교육 대상자 수가 많고, 교육 대상자의 학습능력의 차이가 큰 경우 집단안전 교육방법으로써 가장 효과적인 방법은?

① 문답식 교육　　　② 토의식 교육

③ 시청각 교육　　　④ 상담식 교육

해설

시청각 교육법

교육 대상자 수가 많고, 교육 대상자의 학습능력의 차이가 큰 경우 집단안전 교육방법으로 가장 효과적이다.
• 대규모 수업체제의 구성이 용이하다.
• 교재의 구조화를 기할 수 있고, 교수의 평준화가 가능하다.
• 학습의 다양성과 능률화를 기할 수 있고, 학습자에게 공통 경험을 형성시켜 줄 수 있다.

05

일선 관리감독자를 대상으로 작업지도기법, 작업개선기법, 인간관계 관리기법 등을 교육하는 방법은?

① ATT(American Telephone & Telegram Co.)
② MTP(Management Training Program)
③ CCS(Civil Communication Section)
④ TWI(Training Within Industry)

해설

관리감독자훈련(TWI ; Training Within Industry)
제일선 감독자에게 감독자의 기본적인 기능을 몸에 익히게 해서 감독능력을 발휘시키는 것을 목적으로 하는 훈련이다. 작업지도, 작업방법, 인간관계, 작업안전 등을 교육내용으로 하는 기업 내 정형훈련이다.
• JIT(Job Instruction Training) : 작업지도훈련(감독자의 기술지도능력 향상)
• JMT(Job Method Training) : 작업방법훈련(생산관리능력 향상)
• JRT(Job Relation Training) : 인간관계훈련(부하통솔법, 민주적 리더십 향상)
• JST(Job Safety Training) : 작업안전훈련(안전관리능력 향상)

06

교육훈련의 효과는 5관을 최대한 활용하여야 하는데, 다음 중 효과가 가장 큰 것은?

① 청각
② 시각
③ 촉각
④ 후각

해설

5관 활용교육의 효과(이해도)
• 시각효과 : 60%
• 청각효과 : 20%
• 촉각효과 : 15%
• 미각효과 : 3%
• 후각효과 : 2%

07

산업안전보건법상 바탕은 흰색, 기본모형은 빨간색, 관련 부호 및 그림은 검은색을 사용하는 안전보건표지는?

① 안전복 착용
② 출입금지
③ 고온 경고
④ 비상구

해설

안전보건표지의 종류별 색채(시행규칙 별표 7)
• 금지표지(출입금지, 보행금지 등) : 바탕은 흰색, 기본모형은 빨간색, 관련 부호 및 그림은 검은색
• 지시표지(방독마스크, 안전모 · 안전복 착용 등) : 바탕은 파란색, 관련 그림은 흰색
• 안내표지(녹십자표지, 비상구 등) : 바탕은 흰색, 기본모형 및 관련 부호는 녹색, 바탕은 녹색, 관련 부호 및 그림은 흰색
• 경고표지(인화성 · 산화성 물질, 고온 · 저온 경고 등) : 바탕은 노란색, 기본모형 · 관련 부호 및 그림은 검은색 등 그 외 바탕은 무색, 기본모형은 빨간색(검은색도 가능)

08

성공적인 리더가 갖추어야 할 특성으로 가장 거리가 먼 것은?

① 강한 출세 욕구
② 강력한 조직능력
③ 미래지향적 사고능력
④ 상사에 대한 부정적인 태도

해설

성공적인 리더는 상사에 대한 긍정적인 태도가 강하고, 부하직원에 대한 관심이 높다.

09

산업안전보건법상 아세틸렌 용접장치 또는 가스집합용접장치를 사용하여 행하는 금속의 용접·용단 또는 가열작업자에게 특별안전·보건교육을 시키고자 할 때의 교육내용이 아닌 것은?

① 용접 흄, 분진 및 유해 광선 등의 유해성에 관한 사항
② 작업방법, 작업 순서 및 응급처치에 관한 사항
③ 안전밸브의 취급 및 주의에 관한 사항
④ 안전기 및 보호구 취급에 관한 사항

해설

아세틸렌 용접장치 또는 가스집합용접장치를 사용하는 금속의 용접·용단 또는 가열작업(발생기·도관 등에 의하여 구성되는 용접장치만 해당)을 할 때 교육내용(시행규칙 별표 5)
• 용접 흄, 분진 및 유해 광선 등의 유해성에 관한 사항
• 가스용접기, 압력조정기, 호스 및 취관두(불꽃이 나오는 용접기의 앞부분) 등의 기기점검에 관한 사항
• 작업방법·순서 및 응급처치에 관한 사항
• 안전기 및 보호구 취급에 관한 사항
• 화재 예방 및 초기 대응에 관한 사항
• 그 밖에 안전·보건관리에 필요한 사항

10

다음 (   ) 안에 알맞은 것은?

> 사업주는 산업재해로 사망자가 발생하거나 (   )일 이상의 휴업이 필요한 부상을 입거나 질병에 걸린 사람이 발생한 경우 해당 산업재해가 발생한 날부터 1개월 이내에 산업재해조사표를 작성하여 관할 지방고용노동청장 또는 지청장에게 제출해야 한다.

① 3   ② 4
③ 5   ④ 7

해설

산업재해 발생 보고 등(시행규칙 제73조)
사업주는 산업재해로 사망자가 발생하거나 3일 이상의 휴업이 필요한 부상을 입거나 질병에 걸린 사람이 발생한 경우에는 해당 산업재해가 발생한 날부터 1개월 이내에 산업재해조사표를 작성하여 관할 지방고용노동관서의 장에게 제출(전자문서로 제출하는 것을 포함한다)해야 한다.
※ 법령 개정으로 문제 지문 중 '관할 지방고용노동청장 또는 지청장에게 제출'이 '관할 지방고용노동관서의 장에게 제출(전자문서로 제출하는 것을 포함한다)'로 변경됨

11

안전관리에 관한 계획에서 실시에 이르기까지 모든 권한이 포괄적이며 하향적으로 행사되며, 전문 안전 담당 부서가 없는 안전관리조직은?

① 직계식 조직   ② 참모식 조직
③ 직계 – 참모식 조직   ④ 안전보건조직

해설

직계식 조직[라인(line) 조직]
• 경영자, 관리자의 지휘와 명령이 위에서 아래로 직선적으로 신속히 전달되며, 100명 이하의 소규모 기업에 적합한 조직 유형이다.
• 권한과 책임이 명백하고 이해하기 쉽다.
• 명령과 보고가 상하관계뿐이므로 명확하고 통솔이 잘된다.
• 부하에 대한 훈련이 용이하다.
• 안전에 관한 지시나 조치가 신속하고 철저하다.
• 안전 정보 및 신기술 개발이 어렵고, 조직 규모가 커지면 적용하기 어렵다.

12

매슬로(Maslow)의 안전욕구 5단계 이론에서 각 단계별 내용이 잘못 연결된 것은?

① 1단계 – 자아실현의 욕구

② 2단계 – 안전에 대한 욕구

③ 3단계 – 사회적 욕구

④ 4단계 – 존경에 대한 욕구

해설

매슬로(Maslow)의 욕구 5단계 이론

• 1단계 : 생리적 욕구
• 2단계 : 안전에 대한 욕구
• 3단계 : 사회적 욕구
• 4단계 : 존경의 욕구
• 5단계 : 자아실현의 욕구

13

피로의 예방과 회복대책에 대한 설명이 아닌 것은?

① 작업부하를 크게 할 것

② 정적 동작을 피할 것

③ 작업속도를 적절하게 할 것

④ 근로시간과 휴식을 적정하게 할 것

해설

작업부하란 작업 수행에 따라 작업자에게 요구되는 육체적·정신적 기능 정도로, 피로를 예방하기 위해서는 작업부하를 작게 해야 한다. 즉, 운동량을 최소로 하여 피로를 방지한다.

14

다음과 같은 착시현상에 해당하는 것은?

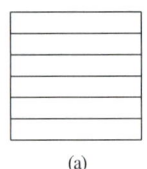 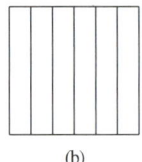

(a)   (b)

(a)는 세로로 길어 보이고, (b)는 가로로 길어 보인다.

① 뮐러리어(Müller–Lyer)의 착시

② 헬름홀츠(Helmholtz)의 착시

③ 헤링(Hering)의 착시

④ 포겐도르프(Poggendorff)의 착시

해설

① 뮐러리어(Müller–Lyer)의 착시 : 두 선분의 길이는 같지만, 양끝에 붙어 있는 화살표의 영향으로 길이가 다르게 보인다. 다음 그림을 보면 아래쪽의 선분이 더 길어 보인다.

③ 헤링(Hering)의 착시(분할착오) : 실제로 두 직선은 평행하지만 주변에 있는 사선의 영향으로 인해 바깥쪽으로 휘어진 것처럼 보인다.

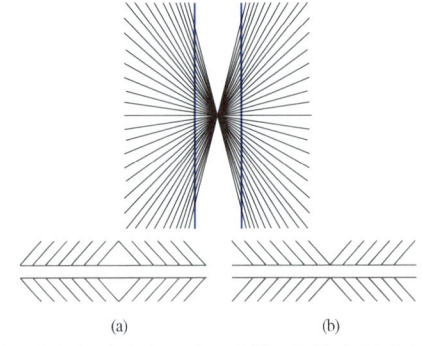

(a)   (b)

(a)는 양단이 벌어져 보이고, (b)는 중앙이 벌어져 보인다.

④ 포겐도르프(Poggendorff)의 착시(위치착오) : 왼쪽 선은 오른쪽 아래 선의 연장선에 있지만, 오른쪽 윗 선과 연결된 것처럼 보인다.

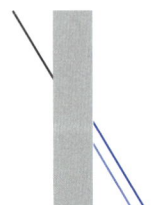

15

산업안전보건법상 중대재해에 해당하지 않는 것은?

① 추락으로 인하여 1명이 사망한 재해

② 건물의 붕괴로 인하여 15명의 부상자가 동시에 발생한 재해

③ 화재로 인하여 4개월의 요양이 필요한 부상자가 동시에 3명 발생한 재해

④ 근로환경으로 인하여 직업성 질병자가 동시에 5명 발생한 재해

중대재해의 범위(시행규칙 제3조)
• 사망자가 1명 이상 발생한 재해
• 3개월 이상의 요양이 필요한 부상자가 동시에 2명 이상 발생한 재해
• 부상자 또는 직업성 질병자가 동시에 10명 이상 발생한 재해

16

방독마스크 흡수관의 종류와 사용조건이 옳게 연결된 것은?

① 보통가스용 – 산화금속

② 유기가스용 – 활성탄

③ 일산화탄소용 – 알칼리제제

④ 암모니아용 – 산화금속

① 보통가스용 : 활성탄, 소다라임
③ 일산화탄소용 : 호프카라이트, 방습제
④ 암모니아용 : 큐프라마이트

17

하버드학파의 5단계 교수법에 해당되지 않는 것은?

① 교시(presentation)

② 연합(association)

③ 추론(reasoning)

④ 총괄(generalization)

하버드학파의 5단계 교수법
• 1단계 : 준비시킨다(preparation).
• 2단계 : 교시한다(presentation).
• 3단계 : 연합한다(association).
• 4단계 : 총괄시킨다(generalization).
• 5단계 : 응용시킨다(application).

18

산업안전보건법상 프레스 작업 시 작업 시작 전 점검사항에 해당하지 않는 것은?

① 클러치 및 브레이크의 기능

② 머니퓰레이터(Manipulator) 작동의 이상 유무

③ 프레스의 금형 및 고정볼트 상태

④ 1행정 1정지 기구·급정지장치 및 비상정지장치의 기능

프레스 작업 시작 전 점검사항(산업안전보건기준에 관한 규칙 별표 3)
• 클러치 및 브레이크의 기능
• 크랭크축·플라이휠·슬라이드·연결봉 및 연결 나사의 풀림 여부
• 1행정 1정지 기구·급정지장치 및 비상정지장치의 기능
• 슬라이드 또는 칼날에 의한 위험방지기구의 기능
• 프레스의 금형 및 고정볼트 상태
• 방호장치의 기능
• 전단기의 칼날 및 테이블의 상태

19

레빈(Lewin)의 법칙 중 환경조건(E)이 의미하는 것은?

① 지능 ② 소질
③ 적성 ④ 인간관계

해설

인간의 행동특성과 관련한 레빈의 법칙

$B= f(P \cdot E)$

여기서, B : behavior(인간의 행동)

$\quad\quad$ f : function(함수관계)

$\quad\quad$ P : personality(인간의 개체 : 연령, 경험, 성격(개성), 지능, 심신 상태 등)

$\quad\quad$ E : environment(심리적 환경 : 작업환경, 인간관계 등)

20

재해손실 코스트방식 중 하인리히의 방식에 있어 1 : 4의 원칙 중 1에 해당하지 않는 것은?

① 재해 예방을 위한 교육비
② 치료비
③ 재해자에게 지급된 급료
④ 재해 보상 보험금

해설

1 : 4(직접손실비 : 간접손실비)의 원칙에서 재해 예방을 위한 교육비는 간접손실비이며, 치료비, 재해자에게 지급된 급료, 재해 보상 보상금은 직접손실비이다.

제**2**과목 | 인간공학 및 시스템안전공학

21

음량 수준이 50phon일 때 sone 값은?

① 2 ② 5
③ 10 ④ 100

해설

sone 값 $= 2^{\frac{phon - 40}{10}} = 2^{\frac{50 - 40}{10}} = 2\text{sone}$

22

청각적 표시장치지침에 관한 설명으로 틀린 것은?

① 신호는 최소한 0.5~1초 동안 지속한다.
② 신호는 배경 소음과 다른 주파수를 이용한다.
③ 소음은 양쪽 귀에, 신호는 한쪽 귀에 들리게 한다.
④ 300m 이상 멀리 보내는 신호는 2,000Hz 이상의 주파수를 사용한다.

해설

300m 이상 멀리 보내는 신호는 1,000Hz 이하의 주파수를 사용한다.

23

인체측정치를 이용한 설계에 관한 설명으로 옳은 것은?

① 평균치를 기준으로 한 설계를 제일 먼저 고려한다.
② 자세와 동작에 따라 고려해야 할 인체 측정 치수가 달라진다.
③ 의자의 깊이와 너비는 작은 사람을 기준으로 설계한다.
④ 큰 사람을 기준으로 한 설계는 인체측정치의 5%tile을 사용한다.

해설
① 인체측정치를 제품 설계에 적용하는 순서는 조절식 설계 → 극단치 설계 → 평균치 설계 순으로, 평균치를 기준으로 한 설계를 제일 나중에 고려한다.
③ 의자의 깊이는 작은 사람을 기준으로, 너비는 큰 사람을 기준으로 설계한다.
④ 큰 사람을 기준으로 한 설계는 인체측정치의 95%tile을 사용한다.

24

인간 – 기계시스템 설계과정의 주요 6단계를 올바른 순서로 나열한 것은?

ⓐ 기본 설계
ⓑ 시스템의 정의
ⓒ 목표 및 성능명세 결정
ⓓ 인간 – 기계 인터페이스(human–machine interface) 설계
ⓔ 매뉴얼 및 성능 보조자료 작성
ⓕ 시험 및 평가

① ⓒ → ⓑ → ⓐ → ⓓ → ⓔ → ⓕ
② ⓐ → ⓑ → ⓒ → ⓓ → ⓔ → ⓕ
③ ⓑ → ⓒ → ⓐ → ⓔ → ⓓ → ⓕ
④ ⓒ → ⓐ → ⓑ → ⓔ → ⓓ → ⓕ

해설
인간 – 기계시스템 설계과정의 주요 6단계
• 1단계 : 시스템의 목표 및 성능명세 결정
• 2단계 : 시스템의 정의
• 3단계 : 기본 설계(작업 설계/직무 분석/기능 할당)
• 4단계 : 인터페이스 설계(계면 설계)
• 5단계 : 보조물 설계(촉진물 설계)
• 6단계 : 시험 및 평가

25

동전 던지기에 앞면이 나올 확률이 0.7이고, 뒷면이 나올 확률이 0.3일 때 앞면이 나올 사건의 정보량(A)과 뒷면이 나올 사건의 정보량(B)은 각각 얼마인가?

① A : 0.88bit, B : 1.74bit

② A : 0.51bit, B : 1.74bit

③ A : 0.88bit, B : 2.25bit

④ A : 0.51bit, B : 2.25bit

해설

- 앞면이 나올 사건의 정보량 : $H = \log_2\left(\dfrac{1}{0.7}\right) \simeq 0.51\,\text{bit}$

- 뒷면이 나올 사건의 정보량 : $H = \log_2\left(\dfrac{1}{0.3}\right) \simeq 1.74\,\text{bit}$

26

고온작업자의 고온 스트레스로 인해 발생하는 생리적 영향이 아닌 것은?

① 피부와 직장온도의 상승

② 발한(sweating)의 증가

③ 심박출량(cardiac output)의 증가

④ 근육에서의 젖산 감소로 인한 근육통과 근육 피로 증가

해설

근육에서 젖산이 증가하면 근육통과 근육 피로가 증가한다. 즉, 젖산이 감소하면 피로도 감소한다.

27

FMEA의 위험성 분류 중 카테고리 2에 해당되는 것은?

① 영향 없음

② 활동의 지연

③ 사명 수행의 실패

④ 생명 또는 가옥의 상실

해설

FMEA(고장의 유형과 영향 분석)의 위험성 분류 표시

- 카테고리 1 : 생명 또는 가옥의 상실
- 카테고리 2 : 작업 수행의 실패
- 카테고리 3 : 활동의 지연
- 카테고리 4 : 영향 없음

28

다음 중 일반적으로 가장 신뢰도가 높은 시스템의 구조는?

① 직렬 연결구조

② 병렬 연결구조

③ 단일 부품구조

④ 직병렬 혼합구조

해설

병렬 연결구조는 여러 개의 단자 중 하나만 정상이면 정상 작동하므로, 가장 신뢰도가 높은 시스템의 구조이다.

25 ② 26 ④ 27 ③ 28 ② **정답**

29

중량물을 반복적으로 드는 작업의 부하를 평가하기 위한 방법인 NIOSH 들기지수를 적용할 때 고려되지 않는 항목은?

① 들기 빈도
② 수평 이동거리
③ 손잡이 조건
④ 허리 비틀림

해설

NIOSH 들기지수를 적용할 때는 수평거리 또는 수직 이동거리를 고려해야 한다.

30

작업자가 소음작업환경에 장기간 노출되어 소음성 난청이 발병하였다면 일반적으로 청력손실이 가장 크게 나타나는 주파수는?

① 1,000Hz
② 2,000Hz
③ 4,000Hz
④ 6,000Hz

해설

소음에 의한 청력 저하는 대부분 3,000~6,000Hz의 고주파 음역에서 발생한다. 특히, 4,000Hz에서 가장 크게 나타난다.

31

다음 중 시스템 안전성 평가의 순서를 가장 올바르게 나열한 것은?

① 자료의 정리 → 정량적 평가 → 정성적 평가 → 대책 수립 → 재평가
② 자료의 정리 → 정성적 평가 → 정량적 평가 → 재평가 → 대책 수립
③ 자료의 정리 → 정량적 평가 → 정성적 평가 → 재평가 → 대책 수립
④ 자료의 정리 → 정성적 평가 → 정량적 평가 → 대책 수립 → 재평가

32

결함수분석법에 있어 정상사상(top event)이 발생하지 않게 하는 기본사상들의 집합을 무엇이라고 하는가?

① 컷셋(cut set)
② 페일셋(fail set)
③ 트루셋(truth set)
④ 패스셋(path set)

해설

컷셋(cut set)은 모든 기본사상이 동시에 결함을 발생시켰을 때 정상사상을 일으키는 기본사상의 집합이고, 패스셋은 정상사상을 일으키지 않는 기본사상의 집합이다.

※ 페일셋(fail set), 트루셋(truth set)은 결함수분석법에서 사용하지 않는 용어이다.

33

FT도에 사용되는 논리기호 중 AND게이트에 해당하는 것은?

① 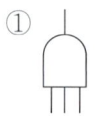 ②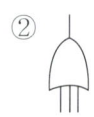

③ ④

해설

② OR게이트
③ 결함사상
④ 통상사상

34

조종반응비율(C/R비)에 관한 설명으로 틀린 것은?

① 조종장치와 표시장치의 물리적 크기와 성질에 따라 달라진다.
② 표시장치의 이동거리를 조종장치의 이동거리로 나눈 값이다.
③ 조종반응비율이 낮다는 것은 민감도가 높다는 의미이다.
④ 최적의 조종반응비율은 조종장치의 조종시간과 표시장치의 이동시간이 교차하는 값이다.

해설

조종반응비율(C/R비)은 조종장치의 이동거리를 표시장치의 이동거리로 나눈 값이다.

35

페일 세이프(fail-safe)의 원리에 해당되지 않는 것은?

① 교대구조　　　　　② 다경로하중구조
③ 배타설계구조　　　④ 하중경감구조

해설

페일 세이프의 원리(구조)

교대구조(대치구조), 다경로하중구조, 하중경감구조, 이중구조

36

옥내 조명에서 최적 반사율의 크기가 작은 것부터 큰 순서대로 나열된 것은?

① 벽 < 천장 < 가구 < 바닥
② 바닥 < 가구 < 천장 < 벽
③ 가구 < 바닥 < 천장 < 벽
④ 바닥 < 가구 < 벽 < 천장

37

관측하고자 하는 측정값을 가장 정확하게 읽을 수 있는 표시장치는?

① 계수형
② 동침형
③ 동목형
④ 묘사형

해설

- 계수형 : 관측하고자 하는 측정값을 가장 정확하게 읽을 수 있는 표시장치이다. 즉, 택시요금계기와 같이 숫자로 표시되는 정량적인 동적 표시장치이다.
- 동침형 : 표시값의 변화방향이나 변화속도를 나타내어 전반적인 추이의 변화를 관측할 필요가 있는 경우 가장 적합한 표시장치이다.

38

다음 그림의 FT도에서 최소 컷셋(minimal cut set)으로 옳은 것은?

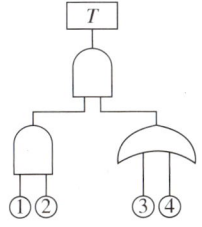

① {1, 2, 3, 4}
② {1, 2, 3}, {1, 2, 4}
③ {1, 3, 4}, {2, 3, 4}
④ {1, 3}, {1, 4}, {2, 3}, {2, 4}

해설

$T = (① \cdot ②) \times (③ + ④) = ① \cdot ② \cdot ③ + ① \cdot ② \cdot ④$이므로, 최소 패스셋은 {1, 2, 3}, {1, 2, 4}이다.

39

설비의 보전과 가동에 있어 시스템의 고장과 고장 사이의 시간 간격을 의미하는 용어는?

① MTTR
② MDT
③ MTBF
④ MTBR

해설

③ MTBF(Mean Time Between Failures) : 평균고장간격(시스템, 부품 등 고장 간의 동작시간 평균치)
① MTTR(Mean Time To Repair) : 평균수리시간(총수리시간을 그 기간의 수리 횟수로 나눈 시간)
② MDT(Mean Down Time) : 평균정지시간
④ MTBR(Mean Time Between Repair) : 평균수리간격(수리에서 수리까지의 평균시간)

40

에너지대사율(relative metabolic rate)에 관한 설명으로 틀린 것은?

① 작업대사량은 작업 시 소비에너지와 안정 시 소비에너지의 차로 나타낸다.
② RMR은 작업대사량을 기초대사량으로 나눈 값이다.
③ 산소소비량을 측정할 때 더글러스 백(douglas bag)을 이용한다.
④ 기초대사량은 의자에 앉아서 호흡하는 동안에 측정한 산소소비량으로 구한다.

해설

기초대사량은 최소 10시간 이상 금식한 다음 기상 후 30~60분 동안 편안하게 휴식을 취한 후 측정한 산소소비량으로 구한다.

41

운전자가 서서 조작하는 방식의 지게차의 경우 운전석의 바닥면에서 헤드가드의 상부틀의 하면까지의 높이가 몇 m 이상이 되어야 하는가?

① 0.3
② 0.5
③ 1.0
④ 2.0

해설

헤드가드(산업안전보건기준에 관한 규칙 제180조)

- 강도는 지게차의 최대하중의 2배 값(4ton을 넘는 값에 대해서는 4ton으로 한다)의 등분포정하중(等分布靜荷重)에 견딜 수 있을 것
- 상부틀의 각 개구부의 폭 또는 길이가 16cm 미만일 것
- 운전자가 앉아서 조작하거나 서서 조작하는 지게차의 헤드가드는 한국 산업표준에서 정하는 높이 기준 이상일 것(입식 : 1.905m, 좌식 : 0.903m)
- ※ 출제 당시 정답은 ④였으나 해당 규정이 개정되어 정답 없음

42

프레스에 적용되는 방호장치의 유형이 아닌 것은?

① 접근거부형
② 접근반응형
③ 위치제한형
④ 포집형

해설

프레스에 적용되는 방호장치의 유형

접근거부형, 접근반응형, 위치제한형, 격리형, 감지형, 인터로크식 등

43

롤러기 방호장치의 무부하 동작시험 시 앞면 롤러의 지름이 150mm이고, 회전수가 30rpm인 롤러기의 급정지거리는 몇 mm 이내이어야 하는가?

① 157
② 188
③ 207
④ 237

해설

앞면 롤러의 표면속도는

$$V = \frac{\pi dn}{1,000} = \frac{3.14 \times 150 \times 30}{1,000} = 14.13\,m/min\,이다.$$

30m/min 미만은 급정지거리가 앞면 롤러 원주의 1/3 이내이므로 허용되는 급정지장치의 급정지거리는

$$l = \frac{\pi d}{3} = \frac{3.14 \times 150}{3} = 157\,mm\,이다.$$

44

기계나 그 부품에 고장이나 기능 불량이 생겨도 항상 안전하게 작동하는 안전화 대책은?

① 진단
② 예방정비
③ 페일 세이프(fail safe)
④ 풀 프루프(fool proof)

해설

페일 세이프(fail safe)

조작상의 과오로 기기의 일부에 고장이 발생하는 경우, 이 부분의 고장으로 인하여 사고가 발생하는 것을 방지하는 대책이다.

- 기계나 그 부품에 고장이나 기능 불량이 생겨도 항상 안전하게 작동하는 안전화 대책이다.
- 시스템 안전 달성을 위한 시스템 안전 설계단계 중 위험 상태의 최소화 단계에 해당한다.

45

아세틸렌 용접장치의 발생기실을 옥외에 설치하는 경우에 그 개구부는 다른 건축물로부터 몇 m 이상 떨어져야 하는가?

① 1
② 1.5
③ 2.5
④ 3

해설

발생기실의 설치 장소 등(산업안전보건기준에 관한 규칙 제286조)
- 사업주는 아세틸렌 용접장치의 아세틸렌 발생기(이하 '발생기'라 한다)를 설치하는 경우에는 전용의 발생기실에 설치하여야 한다.
- 발생기실은 건물의 최상층에 위치하여야 하며, 화기를 사용하는 설비로부터 3m를 초과하는 장소에 설치하여야 한다.
- 발생기실을 옥외에 설치한 경우에는 그 개구부를 다른 건축물로부터 1.5m 이상 떨어지도록 하여야 한다.

46

위험한 작업점과 작업자 사이에 서로 접근되어 일어날 수 있는 재해를 방지하는 격리형 방호장치가 아닌 것은?

① 완전 차단형 방호장치
② 덮개형 방호장치
③ 안전방책
④ 양수 조작식 방호장치

해설

- 격리형 방호장치 : 위험한 작업점과 작업자 사이에 서로 접근되어 일어날 수 있는 재해를 방지하기 위해 차단벽이나 망(울 등)을 설치하는 것으로 완전차단형 방호장치, 덮개형 방호장치, 안전방책 등이 있다.
- 기타 : 위치제한형 방호장치(양수 조작식 방호장치), 접근거부형 방호장치(손쳐내기식 안전장치), 접촉반응형 방호장치(광전자식 안전장치), 포집형 방호장치(둥근톱 반발예방장치) 등

47

밀링머신(milling machine)의 작업 시 안전수칙에 대한 설명으로 틀린 것은?

① 커터의 교환 시에는 테이블 위에 목재를 받쳐 놓는다.
② 강력 절삭 시에는 일감을 바이스에 깊게 물린다.
③ 작업 중 면장갑은 끼지 않는다.
④ 커터는 가능한 한 칼럼(column)으로부터 멀리 설치한다.

해설

밀링머신 작업 시 커터는 가능한 한 칼럼(column)으로부터 가깝게 설치해야 한다.

48

공기압축기의 작업 시작 전 점검사항이 아닌 것은?

① 윤활유의 상태
② 언로드밸브의 기능
③ 비상정지장치의 기능
④ 압력방출장치의 기능

해설

공기압축기 가동 작업 시작 전 점검사항(산업안전보건기준에 관한 규칙 별표 3)
- 공기저장압력용기의 외관 상태
- 드레인밸브의 조작 및 배수
- 압력방출장치의 기능
- 언로드밸브의 기능
- 윤활유의 상태
- 회전부의 덮개 또는 울
- 그 밖의 연결 부위의 이상 유무

49

불순물이 포함된 물을 보일러수로 사용하여 보일러의 관 벽과 드럼 내면에 발생한 관석(scale)으로 인한 영향이 아닌 것은?

① 과열
② 불완전연소
③ 보일러의 효율 저하
④ 보일러수의 순환 저하

해설

불순물이 포함된 물을 보일러수로 사용하여 보일러의 관 벽과 드럼 내면에 발생한 관석(scale)으로 인한 영향

과열, 보일러의 효율 저하, 보일러수의 순환 저하, 연료소비량 증가 등

50

프레스 광전자식 방호장치의 광선에 신체의 일부가 감지된 후로부터 급정지기구 작동 시까지의 시간이 30ms이고, 급정지기구의 작동 직후로부터 프레스기가 정지될 때까지의 시간이 20ms라면 광축의 최소설치거리는?

① 75mm
② 80mm
③ 100mm
④ 150mm

해설

광축의 최소설치거리

$$D_m = 1.6 T_m$$
$$= 1.6(30 + 20)$$
$$= 80mm$$

51

프레스방호장치의 공통 일반구조에 대한 설명으로 틀린 것은?

① 방호장치의 표면은 벗겨짐 현상이 없어야 하며, 날카로운 모서리 등이 없어야 한다.
② 위험기계・기구 등에 장착이 용이하고, 견고하게 고정될 수 있어야 한다.
③ 외부 충격으로부터 방호장치의 성능이 유지될 수 있도록 보호덮개가 설치되어야 한다.
④ 각종 스위치, 표시램프는 돌출형으로 쉽게 근로자가 볼 수 있는 곳에 설치해야 한다.

해설

각종 스위치, 표시램프는 매립형으로 근로자가 쉽게 볼 수 있는 곳에 설치해야 한다.

52

소성가공의 종류가 아닌 것은?

① 단조
② 압연
③ 인발
④ 연삭

해설

연삭은 연삭칩이 발생되는 절삭가공법이다.

소성가공(비절삭가공)의 종류

단조, 압연, 인발, 압출, 판금가공, 전조가공 등

53

풀 프루프(fool proof)에 해당되지 않는 것은?

① 각종 기구의 인터로크 기구
② 크레인의 권과방지장치
③ 카메라의 이중 촬영 방지기구
④ 항공기의 엔진

해설

항공기의 엔진은 페일 세이프에 해당한다.

54

산업안전보건법상 양중기가 아닌 것은?

① 곤돌라

② 이동식 크레인

③ 최대하중이 0.2ton인 승강기

④ 적재하중이 0.1ton인 이삿짐 운반용 리프트

해설

양중기의 종류(산업안전보건기준에 관한 규칙 제132조)

크레인(호이스트 포함), 이동식 크레인, 리프트(이삿짐 운반용의 경우 적재하중 0.1ton 이상인 것으로 한정), 곤돌라, 승강기

※ 승강기의 경우 법령 개정 이전에는 최대하중 0.25ton 이상인 것으로 한정하였다.

55

컨베이어의 종류가 아닌 것은?

① 체인 컨베이어

② 스크루 컨베이어

③ 슬라이딩 컨베이어

④ 유체 컨베이어

해설

컨베이어의 분류(KS T 2301)

- 산적화물 컨베이어 : 벨트 컨베이어, 체인 컨베이어. 스크루 컨베이어, 진동 컨베이어, 유체 컨베이어, 공기부상 컨베이어 등
- 단위화물 컨베이어 : 벨트 컨베이어, 체인 컨베이어, 승강 컨베이어, 롤러 컨베이어, 유체 컨베이어, 공기부상 컨베이어, 신축 컨베이어, 축적 컨베이어, 분류 컨베이어 등

56

다음 그림과 같은 지게차에서 W를 화물 중량, G를 지게차 자체 중량, a를 앞바퀴 중심부터 화물의 중심까지의 최단거리, b를 앞바퀴 중심에서 지게차의 중심까지의 최단거리라고 할 때 지게차 안정조건은?

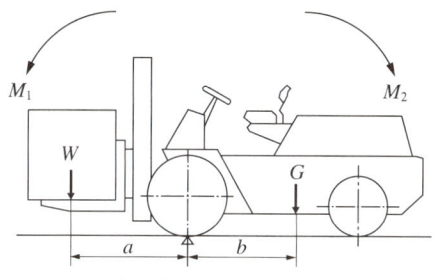

M_1 : 화물의 모멘트
M_2 : 차의 모멘트

① $W \cdot a < G \cdot b$

② $W - 1 < G \cdot (b/a)$

③ $W \cdot a > G \cdot (b-1)$

④ $W > G \cdot (b/a)$

해설

안정 모멘트 관계식(지게차의 안전작업에 관한 기술지원규정)

$M_1 \leq M_2, \quad Wa \leq Gb$

※ 화물쪽보다 지게차쪽이 무거워야 안정감이 있다.

57

기계설비의 안전조건에서 구조적 안전화로 틀린 것은?

① 가공결함

② 재료의 결함

③ 설계상의 결함

④ 방호장치의 작동결함

해설

방호장치의 작동결함은 기능적 결함에 해당한다.

- 기능적 안전화 : 전압 강하, 정전 및 단락, 사용압력 변동 등의 오작동 방지
- 구조적 안전화 : 설계·재료·가공상의 결함 방지

58

프레스 금형의 설치 및 조정 시 슬라이드 불시 하강을 방지하기 위하여 설치해야 하는 것은?

① 인터로크　　　　② 클러치
③ 게이트 가드　　　④ 안전블록

59

연삭기 덮개에 관한 설명으로 틀린 것은?

① 탁상용 연삭기의 워크레스트는 연삭숫돌과의 간격을 3mm 이하로 조정할 수 있는 구조이어야 한다.
② 연삭숫돌의 상부를 사용하는 것을 목적으로 하는 탁상용 연삭기의 덮개의 노출각도는 90° 이내로 제한하고 있다.
③ 덮개의 두께는 연삭숫돌의 최고사용속도, 연삭숫돌의 두께 및 직경에 따라 달라진다.
④ 덮개재료는 인장강도 274.5MPa 이상이고, 신장도가 14% 이상이어야 한다.

해설

탁상용 연삭기의 덮개의 노출각도
• 숫돌의 상부 사용을 목적으로 할 경우 60° 이내
• 덮개의 최대노출각도 90° 이내(원주의 1/4 이내)
• 숫돌 주축에서 수평면 위로 이루는 원주각도 60° 이내
• 수평면 이하의 부문에서 연삭할 경우 125° 이내

60

연강의 인장강도가 420MPa이고, 허용응력이 140MPa이라면 안전율은?

① 0.3　　　　② 0.4
③ 3　　　　　④ 4

해설

안전율(안전계수)

$$\frac{인장강도}{허용응력} = \frac{420}{140} = 3$$

61

저압전로의 사용전압이 220V인 경우 절연저항값은 몇 MΩ 이상이어야 하는가?

① 0.1　　　　② 0.2
③ 0.3　　　　④ 0.4

해설

저압전로의 절연성능(전기설비기술기준 제52조)

전로의 사용전압[V]	DC 시험전압[V]	절연저항[MΩ]
SELV 및 PELV	250	0.5
FELV를 포함한 500V 이하	500	1.0
500V 초과	1,000	1.0

※ 출제 당시 정답은 ②였으나 해당 규정이 개정되어 정답 없음

62

저항값이 0.1Ω인 도체에 10A의 전류가 1분간 흘렀을 경우 발생하는 열량은 몇 cal인가?

① 124　　　　② 144
③ 166　　　　④ 250

해설

$H = 0.24I^2Rt$
$\quad = 0.24 \times 10^2 \times 0.1 \times 60$
$\quad = 144\text{cal}$
여기서, I : 전류
$\qquad R$: 저항
$\qquad t$: 초

63

전류밀도, 통전전류, 접촉 면적과 피부저항과의 관계를 올바르게 설명한 것은?

① 전류밀도와 통전전류는 반비례관계이다.
② 통전전류와 접촉 면적에 관계없이 피부저항은 항상 일정하다.
③ 같은 크기의 통전전류가 흘러도 접촉 면적이 커지면 전류밀도는 커진다.
④ 같은 크기의 통전전류가 흘러도 접촉 면적이 커지면 피부저항은 작게 된다.

해설

① 전류밀도와 통전전류는 비례관계이다.
② 통전전류와 접촉 면적에 따라 피부저항은 변화한다.
③ 같은 크기의 통전전류가 흐를 때 접촉 면적이 커지면 전류밀도는 작아진다.

64

다음과 같은 특성이 있으며 제한전압이 낮기 때문에 접지 저항을 낮게 하기 어려운 배전선로에 적합한 피뢰기는?

피뢰기의 특성요소가 파이버관으로 되어 있고 방전은 직렬 갭을 통하여 파이버관 내부의 상부와 하부 전극 간에서 행하여지며, 속류 차단은 파이버관 내부 벽면에서 아크열에 의한 파이버질의 분해로 발생하는 고압가스의 소호작용에 의한다.

① 변형 피뢰기
② 방출형 피뢰기
③ 갭리스형 피뢰기
④ 변저항형 피뢰기

해설

① 변형 피뢰기(밸브형 피뢰기) : 피뢰기에 흐르는 속류를 직렬 갭이 저지하여 얻은 전룻값까지 합류하도록 비선형 전압 및 전류 특성의 저항 특성요소를 가진 피뢰기이다.
③ 갭리스형 피뢰기 : 직렬 갭이 존재하지 않고 산화아연(ZnO)을 주성분으로 하는 피뢰기이다. 특정 전압 이하에서는 거의 전류가 흐르지 않기 때문에 선로전압을 조정하면 속류를 차단할 필요가 없어 직렬 갭이 필요 없다.
④ 변저항형 피뢰기(밸브저항형 피뢰기) : 탄화규소(SiC)를 주성분으로 하는 비직선저항의 특성요소에 직렬 갭이 접속된 구조의 피뢰기이다. 이 특성요소는 전류가 증가함에 따라 저항치가 저하되는 비직선 특성이 있다.

65

전기불꽃이나 과열에 대해서 회로 특성상 폭발의 위험을 방지할 수 있는 방폭구조는?

① 내압 방폭구조
② 유입 방폭구조
③ 안전증 방폭구조
④ 압력 방폭구조

해설

① 내압 방폭구조 : 용기 내부에서 폭발성 가스 또는 증기의 폭발 시 용기가 그 압력에 견디며 접합면, 개구부 등을 통해서 외부의 폭발성 가스에 인화될 우려가 없도록 전기설비를 전폐구조의 특수용기에 넣어 보호한 구조
② 유입 방폭구조 : 전기기기의 불꽃, 아크 또는 고온이 발생하는 부분을 기름 속에 넣어 기름면 위에 존재하는 폭발성 가스 또는 증기에 인화될 우려가 없도록 한 구조
④ 압력 방폭구조 : 전기설비 용기 내부에 공기, 질소, 탄산가스 등의 보호가스를 봉입하여 해당 용기의 내부에 가연성 가스 또는 증기가 침입하지 못하도록 한 구조

66

사람이 전기에 접촉하는 경우에는 접촉하는 상태에 따라 인체저항과 통전전류가 달라지므로 인체의 접촉 상태에 따라 접촉전압을 제한할 필요가 있다. 다음의 경우 일반 허용 접촉전압으로 옳은 것은?

> • 인체가 현저히 젖어 있는 상태
> • 금속성의 전기기계장치나 구조물에 인체의 일부가 상시 접촉되어 있는 상태

① 2.5V 이하   ② 25V 이하

③ 50V 이하   ④ 제한 없음

해설

허용접촉전압의 종류

종별	접촉 상태	허용접촉전압
제1종	• 인체의 대부분이 수중에 있는 상태	2.5V 이하
제2종	• 인체가 현저히 젖어 있는 상태 • 금속성의 전기기계장치나 구조물에 인체의 일부가 상시 접촉되어 있는 상태	25V 이하
제3종	• 제1종, 제2종 이외의 경우로서 통상의 인체 상태에서 있어서 접촉전압이 가해지면 위험성이 높은 상태	50V 이하
제4종	• 제1종, 제2종 이외의 경우로서 통상 인체 상태에 접촉전압이 가해지더라도 위험성이 낮은 상태 • 접촉전압이 가해질 우려가 없는 경우	제한 없음

67

정전기 방전의 종류 중 부도체의 표면을 따라서 star check 마크를 가지는 나뭇가지 형태의 발광을 수반하는 것은?

① 기중방전   ② 불꽃방전

③ 연면방전   ④ 고압방전

해설

③ 연면방전 : 일반적으로 절연체의 표면에서 발생하는 방전현상으로, 공기 중에 놓인 절연체 표면의 전계강도가 큰 경우에 고체 표면을 따라서 진행하는 발광이 동반된 방전

① 기중방전 : 전자와 가스 분자와의 충돌로 생기는 이온운동의 발광현상

② 불꽃방전 : 표면의 전하밀도가 매우 높게 축적되어 분극화된 절연판 표면 또는 도체가 대전되었을 때 접지된 도체 사이에서 발생하는 강한 발광과 파괴음을 수반하는 강렬한 용량성 방전

68

인화성 액체의 증기 또는 가연성 가스에 의한 가스폭발 위험 장소의 분류에 해당되지 않는 것은?

① 제0종 장소   ② 제1종 장소

③ 제2종 장소   ④ 제3종 장소

해설

폭발 위험 장소 종별

폭발성 가스분위기의 생성 빈도와 지속시간을 바탕으로 구분되는 폭발 위험 장소이다.

• 제0종 장소(zone 0) : 폭발성 가스분위기가 연속적으로 장기간 또는 빈번하게 존재할 수 있는 장소이다.

• 제1종 장소(zone 1) : 폭발성 가스분위기가 정상 작동 중 주기적 또는 빈번하게 생성되는 장소이다.

• 제2종 장소(zone 2) : 폭발성 가스분위기가 정상 작동(운전) 중 조성되지 않거나 조성되더라도 짧은 기간에만 지속될 수 있는 장소이다.

69

전기기계·기구의 누전에 의한 감전 위험을 방지하기 위하여 해당 전로에는 정격에 적합하고 감도가 양호한 감전 방지용 누전차단기를 설치하여야 한다. 이 누전차단기의 기준은 정격감도전류가 30mA 이하이고, 작동시간은 몇 초 이내이어야 하는가?(단, 정격부하전류가 50A 미만의 전기기계·기구에 접속되는 누전차단기이다)

① 0.03초　　　　　② 0.1초
③ 0.3초　　　　　④ 0.5초

해설

전기기계·기구에 설치되어 있는 누전차단기는 정격감도전류가 30mA 이하이고, 작동시간은 0.03초 이내이어야 한다. 다만, 정격전부하전류가 50A 이상인 전기기계·기구에 접속되는 누전차단기는 오작동을 방지하기 위하여 정격감도전류는 200mA 이하로, 작동시간은 0.1초 이내로 할 수 있다(산업안전보건기준에 관한 규칙 제304조).

70

유류저장탱크에서 배관을 통해 드럼으로 기름을 이송하고 있다. 이때 유동전류에 의한 정전대전 및 정전기 방전에 의한 피해를 방지하기 위한 조치와 관련이 먼 것은?

① 유체가 흘러가는 배관을 접지시킨다.
② 배관 내 유류의 유속은 가능한 한 느리게 한다.
③ 유류저장탱크와 배관, 드럼 간에 본딩(bonding)을 시킨다.
④ 유류를 취급하고 있으므로 화기 등을 가까이 하지 않도록 점화원 관리를 한다.

해설

유류 취급 시 화기주의는 정전기 방전 방지조치와 무관하다.

71

소화방법에 대한 주된 소화원리로 틀린 것은?

① 물을 살포한다 : 냉각소화
② 모래를 뿌린다 : 질식소화
③ 초를 불어서 끈다 : 억제소화
④ 담요로 덮는다 : 질식소화

해설

초를 불어서 끄는 건 제거소화이다.

72

다음 중 절연성 액체를 운반하는 관에 있어서 정전기로 인한 화재 및 폭발을 예방하기 위한 방법으로 가장 거리가 먼 것은?

① 유속을 줄인다.
② 관을 접지시킨다.
③ 도전성이 큰 재료의 관을 사용한다.
④ 관의 안지름을 작게 한다.

해설

관의 안지름을 작게 하면 유속이 빨라져서 정전기가 잘 일어나므로 관의 안지름을 크게 한다.

73

액체계의 과도한 상승압력의 방출에 이용되고, 설정압력이 되었을 때 압력 상승에 비례하여 서서히 개방되는 밸브는?

① 릴리프 밸브

② 체크밸브

③ 안전밸브

④ 통기밸브

해설

② 체크밸브 : 유체의 역류를 방지하기 위한 밸브

③ 안전밸브 : 안지름 150mm 이상의 압력용기, 정변위압축기 등에 대해서 과압에 따른 폭발을 방지하기 위하여 설치하여야 하는 방호장치

④ 통기밸브 : 인화성 물질을 저장하고 있는 저장탱크 내부와 대기압 사이에 압력차가 발생했을 때 대기를 탱크 내로 흡인하거나 탱크 내의 압력을 방출시켜 탱크의 파손 등을 방지하기 위한 밸브

74

산업안전보건기준에 관한 규칙에서 정한 위험물질 종류 중 부식성 물질에서 부식성 염기류에 해당하는 것은?

① 농도 40% 이상인 염산

② 농도 40% 이상인 불산

③ 농도 40% 이상인 아세트산

④ 농도 40% 이상인 수산화칼륨

해설

부식성 염기류(산업안전보건기준에 관한 규칙 별표 1)

농도가 40% 이상인 수산화나트륨, 수산화칼륨, 그 밖에 이와 같은 정도 이상의 부식성을 가지는 염기류

75

다음 물질 중 가연성 가스가 아닌 것은?

① 수소

② 메탄

③ 프로판

④ 염소

해설

가연성 가스

수소, 아세틸렌, 에틸렌, 메탄, 에탄, 프로판, 부탄 등

※ 염소는 조연성 가스이다.

76

다음 가스 중 위험도가 가장 큰 것은?

① 수소

② 아세틸렌

③ 프로판

④ 암모니아

해설

• 위험도

$$H = \frac{U - L}{L}$$

여기서, U : 폭발상한계

L : 폭발하한계

• 각 가스의 폭발한계(%, 폭발범위의 폭)

– 아세틸렌(C_2H_2) : 2.5~81(78.5, 가장 넓음)

– 프로판(C_3H_8) : 2.1~9.5(7.4)

– 수소(H_2) : 4~75(71)

– 암모니아(NH_3) : 15~28(13)

※ 폭발한계의 범위가 넓으면 위험도가 크다.

77

물과의 접촉을 금지하여야 하는 물질은?

① 적린
② 칼슘
③ 하이드라진
④ 나이트로셀룰로스

해설

자연발화성 물질 및 금수성 물질은 공기, 물, 과열 등으로 인해 가연성 가스를 발생하여 발화 또는 폭발한다. 칼슘(제3류 위험물)은 자연발화성 물질 및 금수성 물질이므로 물과의 접촉을 금지하여야 한다.

78

다음 중 화학장치에서 반응기의 유해·위험요인(hazard) 으로 화학반응이 있을 때 특히 유의해야 할 사항은?

① 낙하, 절단
② 감전, 협착
③ 비래, 붕괴
④ 반응폭주, 과압

79

황린에 대한 설명으로 옳은 것은?

① 연소 시 인화수소가스를 발생한다.
② 황린은 자연발화하므로 물속에 보관한다.
③ 황린은 황과 인의 화합물이다.
④ 독성 및 부식성이 없다.

해설

① 황린은 연소 시 오산화인(P_2O_5) 가스가 발생한다.
③ 황린은 인의 동소체이며 인 원자 4개로 이루어진 분자로 존재한다.
④ 황린은 자극적이며, 맹독성 물질이다.

80

최소점화에너지(MIE)와 온도, 압력의 관계를 옳게 설명한 것은?

① 압력, 온도에 모두 비례한다.
② 압력, 온도에 모두 반비례한다.
③ 압력에 비례하고, 온도에 반비례한다.
④ 압력에 반비례하고, 온도에 비례한다.

해설

최소점화에너지(MIE)의 값이 작을수록 점화가 쉽다. 즉, 온도와 압력이 상승하면 최소점화에너지 값이 작아져 점화가 쉽게 일어난다.

81

다음 중 건설공사관리의 주요기능이라 볼 수 없는 것은?

① 안전관리　　　　② 공정관리
③ 품질관리　　　　④ 재고관리

해설

건설공사 관리의 주요기능
공정관리, 품질관리, 원가관리, 안전관리, 환경관리, 기상관리

82

사다리를 설치하여 사용함에 있어 사다리 지주 끝에 사용하는 미끄럼 방지재료로 적당하지 않은 것은?

① 고무　　　　　　② 코르크
③ 가죽　　　　　　④ 비닐

해설

미끄럼방지장치(가설공사 표준안전작업지침 제21조)
사업주는 사다리를 설치하여 사용함에 있어서 다음의 사항을 준수하여야 한다.
• 사다리 지주의 끝에 고무, 코르크, 가죽, 강스파이크 등을 부착시켜 바닥과의 미끄럼을 방지하는 안전장치가 있어야 한다.
• 쐐기형 강스파이크는 지반이 평탄한 맨땅 위에 세울 때 사용하여야 한다.
• 미끄럼 방지 판자 및 미끄럼 방지 고정쇠는 돌마무릴 또는 인조석 깔기마감한 바닥용으로 사용하여야 한다.
• 미끄럼 방지 발판은 인조고무 등으로 마감한 실내용을 사용하여야 한다.

83

공사 종류 및 규모별 안전관리비 계상기준표에서 공사 종류의 명칭에 해당되지 않는 것은?

① 철도·궤도 신설공사
② 일반건설공사(병)
③ 중건설공사
④ 특수 및 기타 건설공사

해설

건설공사의 종류(건설업 산업안전보건관리비 계상 및 사용기준 별표 5)
• 건축공사
• 토목공사
• 중건설공사
• 특수건설공사
※ 출제 당시 정답은 ②였으나 해당 법령 개정으로 정답은 ①, ②, ④ 이다.

84

안전난간의 구조 및 설치 기준으로 옳지 않은 것은?

① 안전난간은 상부 난간대, 중간 난간대, 발끝막이판, 난간 기둥으로 구성할 것
② 상부 난간대와 중간 난간대는 난간 길이 전체에 걸쳐 바닥면 등과 평행을 유지할 것
③ 발끝막이판은 바닥면 등으로부터 10cm 이상의 높이를 유지할 것
④ 안전난간은 구조적으로 가장 취약한 지점에서 가장 취약한 방향으로 작용하는 80kg 이상의 하중에 견딜 수 있는 튼튼한 구조일 것

해설

안전난간은 구조적으로 가장 취약한 지점에서 가장 취약한 방향으로 작용하는 100kg 이상의 하중에 견딜 수 있는 튼튼한 구조이어야 한다 (산업안전보건기준에 관한 규칙 제13조).

85

화물용 승강기를 설계하면서 와이어로프의 안전하중이 10ton이라면 로프의 가닥 수를 얼마로 하여야 하는가? (단, 와이어로프 한 가닥의 파단강도는 4ton이며, 화물용 승강기 와이어로프의 안전율은 6으로 한다)

① 10가닥 ② 15가닥
③ 20가닥 ④ 30가닥

해설

와이어로프의 안전계수

$$S = \frac{NP}{Q}$$

$$6 = \frac{N \times 4}{10}$$

$$N = \frac{6 \times 10}{4} = 15가닥$$

여기서, S : 안전율
N : 로프의 가닥 수
P : 파단하중
Q : 최대하중

86

현장에서 가설 통로의 설치 시 준수사항으로 옳지 않은 것은?

① 건설공사에 사용하는 높이 8m 이상인 비계다리에는 10m 이내마다 계단참을 설치할 것
② 수직갱에 가설된 통로의 길이가 15m 이상인 때에는 10m 이내마다 계단참을 설치할 것
③ 경사가 15°를 초과하는 때에는 미끄러지지 아니하는 구조로 할 것
④ 경사는 30° 이하로 할 것

해설

가설 통로의 구조(산업안전보건기준에 관한 규칙 제23조)

사업주는 가설 통로를 설치하는 경우 다음의 사항을 준수하여야 한다.

• 견고한 구조로 할 것
• 경사는 30° 이하로 할 것. 다만, 계단을 설치하거나 높이 2m 미만의 가설 통로로서 튼튼한 손잡이를 설치한 경우에는 그러하지 아니하다.
• 경사가 15°를 초과하는 경우에는 미끄러지지 아니하는 구조로 할 것
• 추락할 위험이 있는 장소에는 안전난간을 설치할 것. 다만, 작업상 부득이한 경우에는 필요한 부분만 임시로 해체할 수 있다.
• 수직갱에 가설된 통로의 길이가 15m 이상인 경우에는 10m 이내마다 계단참을 설치할 것
• 건설공사에 사용하는 높이 8m 이상인 비계다리에는 7m 이내마다 계단참을 설치할 것

87

철골공사의 용접, 용단작업에 사용되는 가스의 용기는 최대 몇 ℃ 이하로 보존해야 하는가?

① 25℃ ② 36℃
③ 40℃ ④ 48℃

88

철골공사에서 기둥의 건립작업 시 앵커볼트를 매립할 때 요구되는 정밀도에서 기둥 중심은 기준선 및 인접 기둥의 중심으로부터 얼마 이상 벗어나지 않아야 하는가?

① 3mm
② 5mm
③ 7mm
④ 10mm

철골공사에서 기둥의 건립작업 시 앵커볼트를 매립할 때 요구되는 정밀도(철골공사 표준안전작업지침 제5조)
- 기둥 중심은 기준선 및 인접 기둥의 중심으로부터 5mm 이상 벗어나지 않아야 한다.
- 인접 기둥 간에 중심거리는 3mm 이하이여야 한다.
- 앵커볼트는 기둥 중심에서 2mm 이상 벗어나지 않을 것
- 베이스 플레이트의 하단은 기준 높이 및 인접 기둥의 높이에서 3mm 이상 벗어나지 않을 것

89

철골작업을 중지해야 할 강설량 기준으로 옳은 것은?

① 강설량이 시간당 1mm 이상인 경우
② 강설량이 시간당 5mm 이상인 경우
③ 강설량이 시간당 1cm 이상인 경우
④ 강설량이 시간당 5cm 이상인 경우

철골작업을 중지하여야 하는 기준(산업안전보건기준에 관한 규칙 제383조)
- 풍속이 초당 10m 이상인 경우
- 강우량이 시간당 1mm 이상인 경우
- 강설량이 시간당 1cm 이상인 경우

90

다음은 지붕 위에서의 위험 방지를 위한 내용이다. (   ) 안에 알맞은 수치로 옳은 것은?

> 슬레이트, 선라이트(sunlight) 등 강도가 약한 재료로 덮은 지붕 위에서 작업을 할 때 발이 빠지는 등 근로자가 위험해질 우려가 있는 경우 폭 (   ) 이상의 발판을 설치하거나 추락방호망을 치는 등 위험을 방지하기 위하여 필요한 조치를 하여야 한다.

① 20cm
② 25cm
③ 30cm
④ 40cm

지붕 위에서의 위험 방지(산업안전보건기준에 관한 규칙 제45조)
사업주는 근로자가 지붕 위에서 작업을 할 때 추락하거나 넘어질 위험이 있는 경우에는 다음의 조치를 해야 한다.
- 지붕의 가장자리에 안전난간을 설치할 것
- 채광창(skylight)에는 견고한 구조의 덮개를 설치할 것
- 슬레이트 등 강도가 약한 재료로 덮은 지붕에는 폭 30cm 이상의 발판을 설치할 것

91

추락재해를 방지하기 위하여 10cm 그물코인 방망을 설치할 때 방망과 바닥면 사이의 최소 높이로 옳은 것은?(단, 설치된 방망의 단변 방향 길이 $L = 2\text{m}$, 장변 방향 방망의 지지 간격 $A = 3\text{m}$이다)

① 2.0m
② 2.4m
③ 3.0m
④ 3.4m

10cm 그물코이고, $L < A$이므로

$$H_2 = \frac{0.85}{4}(L+3A)$$
$$= \frac{0.85}{4}(2+3\times3)$$
$$\simeq 2.4\text{m}$$

92

옥외에 설치되어 있는 주행크레인에 대하여 이탈방지장치를 작동시키는 등 이탈 방지를 위한 조치를 하여야 하는 순간풍속 기준은?

① 초당 10m 초과
② 초당 20m 초과
③ 초당 30m 초과
④ 초당 40m 초과

해설

폭풍에 의한 이탈 방지(산업안전보건기준에 관한 규칙 제140조)

사업주는 순간풍속이 초당 30m를 초과하는 바람이 불어올 우려가 있는 경우 옥외에 설치되어 있는 주행크레인에 대하여 이탈방지장치를 작동시키는 등 이탈 방지를 위한 조치를 하여야 한다.

93

강재 거푸집과 비교한 합판 거푸집의 특성이 아닌 것은?

① 외기온도의 영향이 작다.
② 녹이 슬지 않으므로 보관하기가 쉽다.
③ 중량이 무겁다.
④ 보수가 간단하다.

해설

강제 거푸집보다 합판 거푸집의 중량이 가볍다.

94

이동식 사다리를 설치하여 사용하는 경우의 준수 기준으로 옳지 않은 것은?

① 길이가 6m를 초과해서는 안 된다.
② 다리의 벌림은 벽 높이의 1/4 정도가 적당하다.
③ 미끄럼 방지 발판은 인조고무 등으로 마감한 실내용을 사용하여야 한다.
④ 벽면 상부로부터 최소한 90cm 이상의 연장 길이가 있어야 한다.

해설

이동식 사다리 설치 시 벽면 상부로부터 최소한 60cm 이상의 연장 길이가 있어야 한다(가설공사 표준안전작업지침 제20조).

95

다음은 작업으로 인하여 물체가 떨어지거나 날아올 위험이 있는 경우에 조치하여야 하는 사항이다. (   ) 안에 알맞은 내용으로 옳은 것은?

> 낙하물방지망 또는 방호선반을 설치하는 경우 높이 10m 이내마다 설치하고, 내민 길이는 벽면으로부터 (   ) 이상으로 할 것

① 2m
② 2.5m
③ 3m
④ 3.5m

해설

낙하물에 의한 위험의 방지(산업안전보건기준에 관한 규칙 제14조)

낙하물방지망 또는 방호선반을 설치하는 경우에는 다음의 사항을 준수하여야 한다.

• 높이 10m 이내마다 설치하고, 내민 길이는 벽면으로부터 2m 이상으로 할 것
• 수평면과의 각도는 20° 이상 30° 이하를 유지할 것

96

철골조립 공사 중에 볼트작업을 하기 위해 주체인 철골에 매달아서 작업 발판으로 이용하는 비계는?

① 달비계
② 말비계
③ 달대비계
④ 선반비계

해설

달대비계

철공공사의 리벳치기, 볼트작업 시에 이용되는 비계이다. 주체인 철골에 매달아서 작업 발판을 만들고, 상하 이동을 시킬 수 없다.

• 달대비계를 조립하여 사용하는 경우 하중에 충분히 견딜 수 있도록 조치하여야 한다.
• 달대비계를 매다는 철선은 #8 소성철선을 사용하며, 4가닥 정도로 꼬아서 하중에 대한 안전계수를 8 이상으로 확보하여야 한다.
• 철근을 사용할 때는 19mm 이상을 쓴다.

97

말뚝박기 해머(hammer) 중 연약 지반에 적합하고 상대적으로 소음이 적은 것은?

① 드롭 해머(drop hammer)
② 디젤 해머(diesel hammer)
③ 스팀 해머(steam hammer)
④ 바이브로 해머(vibro hammer)

98

콘크리트의 양생방법이 아닌 것은?

① 습윤양생
② 건조양생
③ 증기양생
④ 전기양생

해설

콘크리트 양생방법

습윤양생, 증기양생, 전기양생, 보온양생(급열양생, 단열양생, 피복양생), 고온증기양생(오토클레이브양생) 등

99

기계가 서 있는 지면보다 높은 곳을 파는 작업에 가장 적합한 굴착기계는?

① 파워셔블
② 드래그라인
③ 백호
④ 클램셸

해설

① 파워셔블 : 기계가 서 있는 지반면보다 높은 곳, 단단한 지반 굴착에 적합하다.
② 드래그라인 : 기계가 서 있는 지반면보다 낮은 곳, 연약한 지반이나 굴착 반경이 큰 경우에 적당하다.
③ 백호(드래그셔블) : 기계가 서 있는 지반면보다 낮은 곳에 적합하다.
④ 클램셸 : 수중 굴착 등에 사용하고, 협소하고 깊은 곳의 굴착에 적합하다.

100

토석 붕괴의 요인 중 외적 요인이 아닌 것은?

① 토석의 강도 저하
② 사면, 법면의 경사 및 기울기의 증가
③ 절토 및 성토 높이의 증가
④ 공사에 의한 진동 및 반복하중의 증가

해설

토석의 강도 저하, 절토 사면의 토질 및 암질, 성토 사면의 토질 구성 및 분포 등은 내적 요인에 해당한다.

제**1**과목 | 산업안전관리론

01

산업안전보건법상 사업 내 안전보건교육의 교육과정에 해당하지 않는 것은?

① 검사원 정기점검교육
② 특별안전보건교육
③ 근로자 정기안전보건교육
④ 작업내용 변경 시의 교육

해설

안전보건교육 교육과정(시행규칙 별표 4)
• 근로자 안전보건교육 교육과정 : 정기교육, 채용 시 교육, 작업내용 변경 시 교육, 특별교육, 건설업 기초안전 · 보건교육
• 관리감독자 안전보건교육 교육과정 : 정기교육, 채용 시 교육, 작업 내용 변경 시 교육, 특별교육
• 안전보건관리책임자 등에 대한 교육
• 특수형태근로종사자에 대한 안전보건교육 : 최초 노무제공 시 교육, 특별교육
• 검사원 성능검사교육

02

자신의 약점이나 무능력, 열등감을 위장하여 유리하게 보호함으로써 안정감을 찾으려는 방어적 적응기제에 해당하는 것은?

① 보상　　　　　　② 고립
③ 퇴행　　　　　　④ 억압

해설

• 방어적 적응기제 : 보상, 합리화, 투사, 승화, 동일시, 치환 등
• 도피적 적응기제 : 고립, 퇴행, 억압, 백일몽

03

위험예지훈련 기초 4라운드(4R)에서 라운드별 내용이 바르게 연결된 것은?

① 1라운드 : 현상 파악
② 2라운드 : 대책 수립
③ 3라운드 : 목표 설정
④ 4라운드 : 본질 추구

해설

② 2라운드 : 본질 추구
③ 3라운드 : 대책 수립
④ 4라운드 : 목표 설정

04

ERG(Existence Relation Growth) 이론을 주창한 사람은?

① 매슬로(Maslow)
② 맥그리거(McGregor)
③ 테일러(Taylor)
④ 알더퍼(Alderfer)

해설

④ 알더퍼(Alderfer) : 매슬로의 욕구 5단계 이론을 확장한 ERG 이론 (Existence Relatedness & Growth, 존재–관계–성장)을 주창하였다.
① 매슬로(Maslow) : 욕구 5단계 이론
② 맥그리거(McGregor) : X이론 · Y이론
③ 테일러(Taylor) : 과학적 관리법

05

하인리히(Heinrich)의 이론에 의한 재해 발생의 주요 원인에 있어 다음 중 불안전한 행동에 의한 요인이 아닌 것은?

① 권한 없이 행한 조작
② 전문지식의 결여 및 기술, 숙련도 부족
③ 보호구 미착용 및 위험한 장비에서 작업
④ 결함 있는 장비 및 공구의 사용

해설

- 개인적 결함 : 선·후천적 결함, 전문지식의 결여, 기술 부족, 부적절한 행동, 신체적 부적격, 성격적 결함 등
- 불안전한 행동에 의한 요인 : 안전조치 불이행, 불안전한 상태 방치, 권한 없이 행한 조작, 보호구 미착용 및 위험한 장비에서 작업, 결함 있는 장비 및 공구의 사용 등

06

재해손실비용 중 직접비에 해당되는 것은?

① 인적손실
② 생산손실
③ 산재보상비
④ 특수손실

해설

- 직접비 : 산재보상비, 요양보상비, 휴업보상비, 장해보상비, 유족보상비, 장례비
- 간접비 : 인적손실, 임금손실, 물적손실, 생산손실, 특수손실 등

07

적응기제에서 방어기제가 아닌 것은?

① 보상
② 고립
③ 합리화
④ 동일시

해설

고립, 억압, 퇴행 등은 도피기제에 해당한다.

08

자율검사프로그램을 인정받으려는 자가 한국산업안전보건공단에 제출해야 하는 서류가 아닌 것은?

① 안전검사대상 유해·위험기계 등의 보유 현황
② 유해·위험기계 등의 검사 주기 및 검사 기준
③ 안전검사대상 유해·위험기계의 사용 실적
④ 향후 2년 간 검사대상 유해·위험기계 등의 검사수행계획

해설

자율검사프로그램의 인정 등(시행규칙 제132조)

자율검사프로그램에는 다음의 내용이 포함되어야 한다.

- 안전검사대상 기계 등의 보유 현황
- 검사원 보유 현황과 검사를 할 수 있는 장비 및 장비 관리방법(자율안전검사기관에 위탁한 경우에는 위탁을 증명할 수 있는 서류를 제출한다)
- 안전검사대상 기계 등의 검사 주기 및 검사 기준
- 향후 2년간 안전검사대상 기계 등의 검사수행계획
- 과거 2년간 자율검사프로그램 수행 실적(재신청의 경우만 해당한다)

09

토의식 교육지도에 있어서 가장 시간이 많이 소요되는 단계는?

① 도입
② 제시
③ 적용
④ 확인

해설

교육지도의 각 단계별 소요시간

단계		강의식 교육	토의식 교육
1	도입	5분	
2	제시	40분	10분
3	적용	10분	40분
4	확인	5분	

10

공장 내에 안전보건표지를 부착하는 주된 이유는?

① 안전의식 고취
② 인간행동의 변화 통제
③ 공장 내의 환경 정비 목적
④ 능률적인 작업을 유도

해설

공장 내에 안전보건표지를 부착하는 주된 이유는 작업장에 잠재적인 위험을 알리고, 작업자들의 안전한 행동을 유도하기 위한 것이다.

12

재해 예방의 4원칙에 해당되지 않는 것은?

① 손실 발생의 원칙
② 원인 계기의 원칙
③ 예방 가능의 원칙
④ 대책 선정의 원칙

해설

산업재해 방지의 4원칙

• 예방 가능의 원칙 : 재해사고는 예방 가능하지만, 노력의 한계가 있다.
• 손실 우연의 원칙 : 사고 발생 당시 주변조건에 따라 손실의 크기가 달라진다.
• 원인 계기의 원칙 : 사고와 그 원인은 필연적인 인과관계로 이루어져 있다.
• 대책 선정의 원칙 : 가장 적절한 안전대책을 선정하고 차선책까지 고려해야 한다.

11

안전관리의 중요성과 가장 거리가 먼 것은?

① 인간존중이라는 인도적인 신념의 실현
② 경영·경제상의 제품의 품질 향상과 생산성 향상
③ 재해로부터 인적·물적손실 예방
④ 작업환경 개선을 통한 투자비용 증대

해설

작업환경 개선을 통해 투자비용이 감소되어야 한다.

13

인간의 실수 및 과오의 요인과 직접적인 관계가 가장 먼 것은?

① 관리의 부적당
② 능력의 부족
③ 주의의 부족
④ 환경조건의 부적당

14

OJT(On the Job Training)에 관한 설명으로 옳은 것은?

① 집합교육 형태의 훈련이다.
② 다수의 근로자에게 조직적 훈련이 가능하다.
③ 직장의 설정에 맞게 실제적 훈련이 가능하다.
④ 전문가를 강사로 활용할 수 있다.

해설

①, ②, ④는 Off JT의 설명이다.

OJT(On the Job Training)
직장에서 실제 업무를 수행하면서 훈련을 받는 방법이다. 즉, 직장의 설정에 맞게 실제적인 훈련이 가능하다.

15

피로를 측정하는 방법 중 동작 분석, 연속 반응시간 등을 통하여 피로를 측정하는 방법은?

① 생리학적 측정
② 생화학적 측정
③ 심리학적 측정
④ 생역학적 측정

해설

① 생리학적 측정 : 심박수, 혈압, 혈중 젖산농도, 근전도 등을 측정한다.
② 생화학적 측정 : 카페인, 멜라토닌, 도파민 등의 수치를 측정한다.
④ 생역학적 측정 : 자세, 균형, 동작 수행능력 등을 측정한다.

16

인지과정 착오의 요인이 아닌 것은?

① 정서 불안정
② 감각차단현상
③ 작업자의 기능 미숙
④ 생리·심리적 능력의 한계

해설

• 인지과정의 착오 : 정서 불안정, 감각차단현상, 생리·심리적 능력의 한계, 정보저장능력의 한계 등
• 판단과정의 착오 : 정보 부족, 능력 부족, 자기합리화, 환경조건의 불비 등
• 조작과정의 착오 : 작업자의 기능 미숙, 경험 부족, 피로 등

17

산업안전보건법상 안전보건관리규정을 작성하여야 할 사업 중에 정보서비스업의 상시 근로자 수는 몇 명 이상인가?

① 50   ② 100
③ 300   ④ 500

해설

안전보건관리규정을 작성하여야 할 사업 중 정보서비스업의 상시 근로자 수는 300명 이상이다(시행규칙 별표 2).

18

안전모의 종류 중 머리 부위의 감전에 대한 위험을 방지할 수 있는 것은?

① A형   ② B형
③ AC형   ④ AE형

해설

머리 부위의 감전에 대한 위험을 방지할 수 있는 안전모는 AE형, ABE형 등이다.

19

도수율이 12.57, 강도율이 17.45인 사업장에서 1명의 근로자가 평생 근무한다면 며칠의 근로손실이 발생하겠는가?(단, 1인 근로자의 평생 근로시간은 10^5시간이다)

① 1,257일   ② 126일

③ 1,745일   ④ 175일

해설

$$강도율 = \frac{근로손실일수}{연근로시간 \ 수} \times 10^3$$

$$17.45 = \frac{근로손실일수}{100,000} \times 10^3$$

$$근로손실일수 = 17.45 \times 100$$
$$= 1,745일$$

20

모랄 서베이(morale survey)의 주요방법 중 태도조사법에 해당하는 것은?

① 사례연구법

② 관찰법

③ 실험연구법

④ 문답법

해설

태도조사법
문답법, 면접법, 질문지법, 집단토의법, 투사법 등

21

사고의 발단이 되는 초기사상이 발생할 경우 그 영향이 시스템에서 어떤 결과(정상 또는 고장)로 진전해 가는지를 나뭇가지가 갈라지는 형태로 분석하는 방법은?

① FTA   ② PHA

③ FHA   ④ ETA

해설

① FTA(결함수분석법) : 예상되는 사고의 원인이 되는 장치, 기기의 결함이나 설계자, 조업자의 오류를 연역적·순차적·도식적·확률적으로 검토 분석하여 이의 정성적·정량적 안전성을 평가 진단하는 방법

② PHA : 시스템 개발단계에 있어서 시스템 고유의 위험 상태를 식별하고 예상되는 재해의 위험 수준을 결정하는 방법

③ FHA : 시스템의 기능적 요구사항을 고려하여 사고의 잠재적인 위험요소를 식별하고 평가하는 방법

22

다음 그림의 부품 A, B, C로 구성된 시스템의 신뢰도는?(단, 부품 A의 신뢰도는 0.85, 부품 B와 C의 신뢰도는 각각 0.9이다)

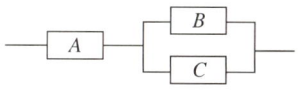

① 0.8415   ② 0.8425

③ 0.8515   ④ 0.8525

해설

$$R_s = 0.85 \times \{1 - (1 - 0.9)(1 - 0.9)\}$$
$$= 0.8415$$

23

시스템 수명주기에서 예비위험분석을 적용하는 단계는?

① 구상단계　　　　② 개발단계
③ 생산단계　　　　④ 운전단계

해설

예비위험분석(PHA)

복잡한 시스템을 설계, 가동하기 전의 최초단계(구상단계)에서 시스템의 근본적인 위험성을 평가하는 가장 기초적인 위험도 분석기법

24

건강한 남성이 8시간 동안 특정작업을 실시하고, 산소소비량이 1.2L/분으로 나타났다면 8시간 총작업시간에 포함되어야 할 최소 휴식시간은?(단, 남성의 권장 평균 에너지소비량은 5kcal/분, 안정 시 에너지소비량은 1.5kcal/분으로 가정한다)

① 107분　　　　② 117분
③ 127분　　　　④ 137분

해설

- 분당 에너지소비량 : $5 \times 1.2 = 6.0$kcal/min
- 8시간의 작업시간 중 필요한 휴식시간

$$R = 8 \times 60 \times \frac{6-5}{6-1.5} = \frac{480 \times 1}{4.5} \simeq 107\text{min}$$

25

음의 세기인 데시벨[dB]을 측정할 때 기준 음압의 주파수는?

① 10Hz　　　　② 100Hz
③ 1,000Hz　　　④ 10,000Hz

26

FT도에서 정상사상 A의 발생 확률은?(단, 사상 B_1의 발생 확률은 0.3이고, B_2의 발생 확률은 0.2이다)

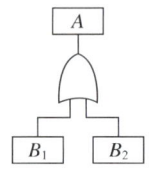

① 0.06　　　　② 0.44
③ 0.56　　　　④ 0.94

해설

$$T = 1 - (1-B_1)(1-B_2)$$
$$= 1 - (1-0.3)(1-0.2)$$
$$= 0.44$$

27

설비보전방식의 유형 중 궁극적으로는 설비의 설계, 제작단계에서 보전활동이 불필요한 체계를 목표로 하는 것은?

① 개량보전(corrective maintenance)
② 예방보전(preventive maintenance)
③ 사후보전(break-down maintenance)
④ 보전예방(maintenance prevention)

해설

① 개량보전(CM ; Corrective Maintenance) : 설비의 신뢰성, 보전성, 안정성 등의 향상을 목적으로 하여 현존 설비의 나쁜 곳을 계획적이고, 적극적인 방법으로 체질(재질이나 형상 등) 개선을 하여 열화·고장을 감소시키고, 보전이 불필요한 설비를 목표로 하는 보전방식이다.
② 예방보전(preventive maintenance) : 설비의 성능을 유지하려면 설비의 열화를 막기 위한 조치가 필요하다. 이는 설비의 열화를 막는 일상보전활동, 열화를 측정하는 정기검사, 열화를 회복하는 보수 및 정비활동 등이 있다.
③ 사후보전(break-down maintenance) : 고장이 일어난 후의 보전행위로, 수리에 대한 여러 대책을 확립해 둘 필요가 있다. 수리 부품을 준비하거나 수리를 외주하거나 예비기계를 설치하는 활동이다.

28

창문을 통해 들어오는 직사 휘광을 처리하는 방법으로 가장 거리가 먼 것은?

① 창문을 높이 단다.
② 간접조명 수준을 높인다.
③ 차양이나 발(blind)을 사용한다.
④ 옥외 창 위에 드리우개(overhang)를 설치한다.

해설

창문을 통해 들어오는 직사 휘광을 처리하기 위해서는 간접조명 수준을 낮춘다.

29

FTA의 논리게이트 중에서 3개 이상의 입력사상 중 2개가 일어나면 출력이 나오는 것은?

① 억제게이트
② 조합 AND게이트
③ 배타적 OR게이트
④ 우선적 AND게이트

해설

① 억제게이트 : 수정기호를 병용해서 게이트 역할을 한다. 입력사상이 수정기호 안의 조건을 만족시킬 때만 출력이 나온다.
③ 배타적 OR게이트 : OR게이트이지만, 2개 또는 2개 이상의 입력이 동시에 존재하는 경우에는 출력이 생기지 않는다.
④ 우선적 AND게이트 : 입력현상 중에서 어떤 현상이 다른 현상보다 먼저 일어나 출력현상이 생기는 수정게이트이다.

30

표시값의 변화방향이나 변화속도를 관찰할 필요가 있는 경우에 가장 적합한 표시장치는?

① 동목형 표시장치
② 계수형 표지장치
③ 묘사형 표시장치
④ 동침형 표시장치

해설

동침형 표시장치

시간에 따른 값의 변화를 실시간으로 표시할 수 있어 변화의 방향이나 변화속도를 쉽게 파악할 수 있다. 표시값의 변화를 빠르게 파악해야 하는 경우에 가장 적합한 표시장치이다.

31

조종장치의 저항 중 갑작스러운 속도의 변화를 막고 부드러운 제어동작을 유지하게 해 주는 저항을 무엇이라 하는가?

① 점성저항
② 관성저항
③ 마찰저항
④ 탄성저항

해설

점성저항

출력과 반대 방향으로 그 속도에 비례해서 작용하는 힘 때문에 생기는 항력으로 원활한 제어를 돕는다. 특히 규정된 변위속도를 유지하는 효과를 가지며, 물질의 점성에 기인하여 운동을 억제하려는 저항이다.

32

녹색과 적색의 두 신호가 있는 신호등에서 1시간 동안 적색과 녹색이 각각 30분씩 켜진다면 이 신호등의 정보량은?

① 0.5bit
② 1bit
③ 2bit
④ 4bit

해설

정보량(H)

$H = \log_2 N$
$\quad = \log_2 2$
$\quad = 1\text{bit}$

33

인간이 현존하는 기계를 능가하는 기능으로 거리가 먼 것은?

① 완전히 새로운 해결책을 도출할 수 있다.
② 원칙을 적용하여 다양한 문제를 해결할 수 있다.
③ 여러 개의 프로그램된 활동을 동시에 수행할 수 있다.
④ 상황에 따라 변하는 복잡한 자극 형태를 식별할 수 있다.

해설

여러 개의 프로그램된 활동을 동시에 수행할 수 있는 것은 현존하는 기계가 인간을 능가하는 기능이다. 즉, 기계는 다양한 프로그램을 동시에 작업할 수 있으나 인간은 하나에만 집중할 수 있다.

34

인간공학적 수공구의 설계에 관한 설명으로 맞는 것은?

① 손잡이 크기를 수공구 크기에 맞추어 설계한다.
② 수공구 사용 시 무게 균형이 유지되도록 설계한다.
③ 정밀작업용 수공구의 손잡이는 직경을 5mm 이하로 한다.
④ 힘을 요하는 수공구의 손잡이는 직경을 60mm 이상으로 한다.

해설

① 손잡이의 직경은 사용 용도에 따라 다르게 설계한다.
③ 정밀작업용 수공구의 손잡이는 직경을 0.75~1.5cm로 한다.
④ 힘을 요하는 수공구의 손잡이는 직경을 2.5~4cm로 한다.

35

과전압이 걸리면 전기를 차단하는 차단기, 퓨즈 등을 설치하여 오류가 재해로 이어지지 않도록 사고를 예방하는 설계 원칙은?

① 에러 복구 설계
② 풀 프루프(fool proof) 설계
③ 페일 세이프(fail safe) 설계
④ 탬퍼 프루프(tamper proof) 설계

해설

① 에러 복구 설계 : 오류가 발생하더라도 정상적인 상태로 복구할 수 있도록 설계하는 것
② 풀 프루프(fool proof) 설계 : 인간이 기계 등의 취급을 잘못해도 바로 사고나 재해와 연결되는 일이 없도록 설계하는 것
④ 탬퍼 프루프(tamper proof) 설계 : 장치를 임의로 조작하거나 파손하는 것을 방지하기 위해 설계하는 것

36

일반적으로 의자 설계의 원칙에서 고려해야 할 사항과 거리가 먼 것은?

① 체중 분포에 관한 사항
② 상반신의 안정에 관한 사항
③ 개인차의 반영에 관한 사항
④ 의자 좌판의 높이에 관한 사항

해설

의자 설계의 원칙

체중 분포, 의자 좌판의 높이, 의자 좌판의 깊이와 폭, 상반신의 안정에 관한 사항이 있다. 그러나 개인차의 반영에 관한 사항, 의자 등판의 높이 등은 의자 설계의 원칙에서 고려해야 할 사항과 거리가 멀다.

37

인적 오류로 인한 사고를 예방하기 위한 대책 중 성격이
다른 것은?

① 작업의 모의훈련
② 정보의 피드백 개선
③ 설비의 위험요인 개선
④ 적합한 인체측정치 적용

해설

②, ③, ④는 시스템적 오류를 예방하기 위한 대책이다.

38

결함수 분석의 컷셋(cut set)과 패스셋(path set)에 관한
설명으로 틀린 것은?

① 최소 컷셋은 시스템의 위험성을 나타낸다.
② 최소 패스셋은 시스템의 신뢰도를 나타낸다.
③ 최소 패스셋은 정상사상을 일으키는 최소한의 사상
   집합을 의미한다.
④ 최소 컷셋은 반복사상이 없는 경우 일반적으로 퍼셀
   (fussell) 알고리즘을 이용하여 구한다.

해설

최소 패스셋은 정상사상을 일으키지 않는 최소한의 사상 집합을 의미
한다.

39

실효온도(ET)의 결정요소가 아닌 것은?

① 온도   ② 습도
③ 대류   ④ 복사

해설

실효온도(ET)의 결정요소
온도, 습도, 대류

40

청각신호의 수신과 관련된 인간의 기능으로 볼 수 없는
것은?

① 검출(detection)
② 순응(adaptation)
③ 위치 판별(directional judgement)
④ 절대적 식별(absolute judgement)

해설

청각신호의 3가지 기능
• 청각신호의 검출 : 신호의 존재 여부를 결정하는 것
• 위치 판별(상대적 식별) : 2가지 이상의 신호가 인접하여 제시되었을
  때 이를 구별하는 것
• 절대적 식별 : 어떤 분류에 속하는 특정한 신호가 단독으로 제시되었
  을 때 이를 식별하는 것

41

선반의 안전작업방법 중 틀린 것은?

① 절삭칩의 제거는 반드시 브러시를 사용할 것
② 기계 운전 중에는 백기어(back gear)의 사용을 금할 것
③ 공작물의 길이가 직경의 6배 이상일 때는 반드시 방진구를 사용할 것
④ 시동 전에 척 핸들을 빼둘 것

해설

방진구

선반작업에서 가공물의 길이가 직경의 12배 이상으로 과도하게 길 때 절삭저항에 의한 떨림을 방지하기 위한 장치이다.

42

기계의 안전조건 중 구조의 안전화가 아닌 것은?

① 기계재료의 선정 시 재료 자체에 결함이 없는지 철저히 확인한다.
② 사용 중 재료의 강도가 열화될 것을 감안하여 설계 시 안전율을 고려한다.
③ 기계 작동 시 기계의 오동작을 방지하기 위하여 오동작방지회로를 적용한다.
④ 가공경화와 같은 가공결함이 생길 우려가 있는 경우는 열처리 등으로 결함을 방지한다.

해설

• 기능적 안전화 : 전압 강하, 정전 및 단락, 사용압력 변동 등의 오동작 방지
• 구조적 안전화 : 설계, 재료, 가공상의 결함 방지

43

가드(guard)의 종류가 아닌 것은?

① 고정식   ② 조정식
③ 자동식   ④ 반자동식

해설

가드의 종류

고정식, 조정식, 자동식, 인터로크식(연동식)

44

지게차가 무부하 상태로 구내 최고 속도 25km/h로 주행 시 좌우 안정도는 몇 % 이내인가?

① 16.5%   ② 25.0%
③ 37.5%   ④ 42.5%

해설

좌우 안정도(S_{lr})

$$S_{lr} = 15 + 1.1V$$
$$= 15 + 1.1 \times 25$$
$$= 42.5\%$$

45

근로자가 탑승하는 운반구를 지지하는 달기 체인의 안전계수는 몇 이상이어야 하는가?

① 3   ② 4
③ 5   ④ 10

해설

와이어로프 등 달기구의 안전계수(산업안전보건기준에 관한 규칙 제163조)

• 근로자가 탑승하는 운반구를 지지하는 달기 와이어로프 또는 달기 체인의 경우 : 10 이상
• 화물의 하중을 직접 지지하는 달기 와이어로프 또는 달기 체인의 경우 : 5 이상
• 훅, 섀클, 클램프, 리프팅 빔의 경우 : 3 이상
• 그 밖의 경우 : 4 이상

46

산업용 로봇의 방호장치로 옳은 것은?

① 압력방출장치
② 안전매트
③ 과부하방지장치
④ 자동전격방지장치

해설

산업용 로봇의 방호장치
안전매트 또는 방호울

47

수공구작업 시 재해 방지를 위한 일반적인 유의사항이 아닌 것은?

① 사용 전 이상 유무를 점검한다.
② 작업자에게 필요한 보호구를 착용시킨다.
③ 적합한 수공구가 없을 경우 유사한 것을 선택하여 사용한다.
④ 사용 전 충분한 사용법을 숙지한다.

해설

수공구작업 시 작업의 형태, 대상물의 특성, 작업자의 체력 등을 고려하여 공구의 종류와 크기를 선택해야 한다.

48

체인과 스프로킷, 랙과 피니언, 풀리와 V벨트 등에 형성되는 위험점은?

① 끼임점
② 회전말림점
③ 접선물림점
④ 협착점

해설

접선물림점(tangential point)
회전하는 부분의 접선 방향으로 물려 들어가는 위험점으로 체인과 스프로킷, 기어와 랙, 롤러와 평벨트, V벨트와 V풀리 등이 있다.

49

가스집합용접장치에서 가스장치실에 대한 안전조치로 틀린 것은?

① 가스가 누출될 때는 해당 가스가 정체되지 않도록 한다.
② 지붕 및 천장은 콘크리트 등의 재료로 폭발을 대비하여 견고히 한다.
③ 벽에는 불연성 재료를 사용한다.
④ 가스장치실에는 관계 근로자가 아닌 사람의 출입을 금지시킨다.

해설

지붕 및 천장에는 얇은 철판과 같은 가벼운 불연성 재료를 사용한다.

50

다음 그림과 같이 2줄 걸이 인양작업에서 와이어로프 1줄의 파단하중이 10,000N, 인양화물의 무게가 2,000N이라면 이 작업에서 확보된 안전율은?

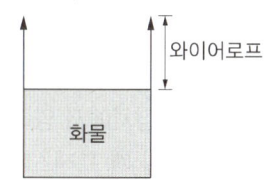

① 2
② 5
③ 10
④ 20

해설

안전율(S)

$S = $ 로프 가닥 수(N) × 파단강도(P)/허용응력(Q)

$$= \frac{2 \times 10,000}{2,000}$$

$$= 10$$

51

목재가공용 둥근톱의 목재 반발예방장치가 아닌 것은?

① 반발방지발톱(finger)
② 분할날(spreader)
③ 덮개(cover)
④ 반발방지롤(roll)

해설

덮개(cover)는 날 접촉 예방장치이다.

52

공작기계 중 플레이너 작업 시 안전대책이 아닌 것은?

① 베드 위에는 다른 물건을 올려놓지 않는다.
② 절삭행정 중 일감에 손을 대지 말아야 한다.
③ 프레임 내의 피트(pit)에는 뚜껑을 설치하여야 한다.
④ 바이트는 되도록 길게 나오도록 설치한다.

해설

바이트는 되도록 짧게 나오도록 설치하여 공구의 떨림을 최소화시킨다.

53

프레스의 양수 조작식 방호장치에서 양쪽 버튼의 작동시간 차이는 최대 몇 초 이내일 때 프레스가 동작되도록 해야 하는가?

① 0.1   ② 0.5
③ 1.0   ④ 1.5

해설

프레스의 양수 조작식 방호장치에서 누름 버튼을 양손으로 동시에 조작하지 않으면 작동시킬 수 없는 구조이어야 하며, 양쪽 버튼의 작동시간 차이는 최대 0.5초 이내일 때 프레스가 동작되도록 해야 한다(방호장치 안전인증 고시 별표 1).

54

보일러의 안전한 기동을 위해 압력방출장치가 2개 이상 설치된 경우 최고사용압력 이하에서 1개가 작동되었다면, 다른 압력방출장치 작동압력의 범위는?

① 최고사용압력 1.05배 이하
② 최고사용압력 1.1배 이하
③ 최고사용압력 1.15배 이하
④ 최고사용압력 1.2배 이하

해설

보일러의 안전한 가동을 위하여 보일러 규격에 맞는 압력방출장치를 1개 또는 2개 이상 설치하고, 최고사용압력(설계압력 또는 최고허용압력을 말한다) 이하에서 작동되도록 하여야 한다. 다만, 압력방출장치가 2개 이상 설치된 경우에는 최고사용압력 이하에서 1개가 작동되고, 다른 압력방출장치는 최고사용압력 1.05배 이하에서 작동되도록 부착하여야 한다(산업안전보건기준에 관한 규칙 제116조).

55

연삭숫돌의 파괴원인이 아닌 것은?

① 숫돌작업 시 측면 사용이 원인이 된다.
② 숫돌작업 시 드레싱을 실시했을 때 원인이 된다.
③ 숫돌의 회전속도가 너무 빠를 때 원인이 된다.
④ 숫돌의 회전 중심이 잡히지 않았거나 베어링의 마모에 의한 진동이 원인이 된다.

해설

연삭작업 중 숫돌 파괴의 원인

• 숫돌의 회전속도가 너무 빠를 경우
• 숫돌에 균열이 있을 경우
• 숫돌작업 시 측면이 사용될 경우
• 숫돌에 큰 충격을 가할 경우
• 숫돌 내경의 크기가 적당하지 않을 경우
• 플랜지의 지름이 현저히 작을 경우
• 회전력이 결합력보다 클 경우
• 숫돌의 회전 중심이 잡히지 않았을 경우
• 베어링 마모에 의한 진동

56

산업안전보건기준에 관한 규칙상 안전난간의 구조 및 설치요건 중 상부 난간대는 바닥면, 발판 또는 경사로의 표면으로부터 몇 cm 이상 지점에 설치해야 하는가?

① 30 　　　　　　② 60
③ 90 　　　　　　④ 120

해설

안전난간의 구조 및 설치요건(산업안전보건기준에 관한 규칙 제13조)
- 상부 난간대, 중간 난간대, 발끝막이판 및 난간 기둥으로 구성할 것. 다만, 중간 난간대, 발끝막이판 및 난간 기둥은 이와 비슷한 구조와 성능을 가진 것으로 대체할 수 있다.
- 상부 난간대는 바닥면·발판 또는 경사로의 표면(이하 '바닥면 등'이라 한다)으로부터 90cm 이상 지점에 설치하고, 상부 난간대를 120cm 이하에 설치하는 경우에는 중간 난간대는 상부 난간대와 바닥면 등의 중간에 설치해야 하며, 120cm 이상 지점에 설치하는 경우에는 중간 난간대를 2단 이상으로 균등하게 설치하고 난간의 상하 간격은 60cm 이하가 되도록 할 것. 다만, 난간 기둥 간의 간격이 25cm 이하인 경우에는 중간 난간대를 설치하지 않을 수 있다.
- 발끝막이판은 바닥면 등으로부터 10cm 이상의 높이를 유지할 것. 다만, 물체가 떨어지거나 날아올 위험이 없거나 그 위험을 방지할 수 있는 망을 설치하는 등 필요한 예방조치를 한 장소는 제외한다.
- 난간 기둥은 상부 난간대와 중간 난간대를 견고하게 떠받칠 수 있도록 적정한 간격을 유지할 것
- 상부 난간대와 중간 난간대는 난간 길이 전체에 걸쳐 바닥면 등과 평행을 유지할 것
- 난간대는 지름 2.7cm 이상의 금속제 파이프나 그 이상의 강도가 있는 재료일 것
- 안전난간은 구조적으로 가장 취약한 지점에서 가장 취약한 방향으로 작용하는 100kg 이상의 하중에 견딜 수 있는 튼튼한 구조일 것

57

기계설비에 있어서 방호의 기본원리가 아닌 것은?

① 위험 제거
② 덮어씌움
③ 위험도 분석
④ 위험에 적응

해설

기계설비에 있어서 방호의 기본원리
위험 제거, 덮어씌움, 위험에 적응, 차단

58

화물의 하중을 직접 지지하는 달기 와이어로프의 안전계수 기준은?

① 3 이상 　　　　　　② 4 이상
③ 5 이상 　　　　　　④ 10 이상

해설

와이어로프 등 달기구의 안전계수(산업안전보건기준에 관한 규칙 제163조)
- 근로자가 탑승하는 운반구를 지지하는 달기 와이어로프 또는 달기 체인의 경우 : 10 이상
- 화물의 하중을 직접 지지하는 달기 와이어로프 또는 달기 체인의 경우 : 5 이상
- 훅, 섀클, 클램프, 리프팅 빔의 경우 : 3 이상
- 그 밖의 경우 : 4 이상

59

프레스 작업의 안전을 위한 방호장치 중 투광부와 수광부를 구비하는 방호장치는?

① 양수 조작식
② 가드식
③ 광전자식
④ 수인식

해설

광전자식 방호장치

프레스 또는 전단기에서 일반적으로 많이 활용하는 형태이다. 투광부, 수광부, 컨트롤 부분으로 구성된 것으로서 신체의 일부가 광선을 차단하면 기계를 급정지시키는 방호장치이다.

60

플레이너와 셰이퍼의 방호장치가 아닌 것은?

① 칩 브레이커
② 칩받이
③ 칸막이
④ 방책

해설

칩 브레이커

선반에서 절삭가공 시 칩을 짧게 끊어 주는 안전장치이다.

61

22.9kV 특별고압 활선작업 시 충전전로에 대한 접근한계거리는 몇 cm인가?

① 30
② 60
③ 90
④ 110

해설

충전전로에서 작업 시 접근한계거리(산업안전보건기준에 관한 규칙 제321조)

충전전로의 선간전압[kV]	충전전로에 대한 접근한계거리[cm]
0.3 이하	접촉금지
0.3 초과 0.75 이하	30
0.75 초과 2.0 이하	45
2.0 초과 15 이하	60
15 초과 37 이하	90
37 초과 88 이하	110
88 초과 121 이하	130
121 초과 145 이하	150
145 초과 169 이하	170
169 초과 242 이하	230
242 초과 362 이하	380
362 초과 550 이하	550
550 초과 800 이하	790

62

대전된 물체가 방전을 일으킬 때의 에너지 E[J]를 구하는 식으로 옳은 것은?(단, 도체의 정전용량은 C[F], 대전전위는 V[V], 대전 전하량은 Q[C]이다)

① $E = \sqrt{2CQ}$
② $E = \dfrac{1}{2}CV$
③ $E = \dfrac{Q^2}{2C}$
④ $E = \sqrt{\dfrac{2V}{C}}$

해설

$Q = CV$에서 $V = \dfrac{Q}{C}$

$\therefore E = \dfrac{1}{2}CV^2 = \dfrac{1}{2}C\left(\dfrac{Q}{C}\right)^2 = \dfrac{Q^2}{2C}$

63

전기기기의 불꽃 또는 열로 인해 폭발성 위험분위기에서 점화되지 않도록 콤파운드를 충전해서 보호한 방폭구조는?

① 몰드 방폭구조
② 비점화 방폭구조
③ 안전증 방폭구조
④ 본질안전 방폭구조

해설

② 비점화 방폭구조 : 정상 작동 및 특정 이상 상태하에서 주의의 폭발분위기를 점화시키지 않는 전기기계·기구에 적용하는 방폭구조
③ 안전증 방폭구조 : 정상 운전 중의 내부에서 불꽃이 발생하지 않도록 전기적·기계적·구조적으로 온도 상승에 대한 안전도를 증가시킨 구조
④ 본질안전 방폭구조 : 스파크 등이 점화능력이 없다는 것을 확인하는 구조

64

전로에 시설하는 기계·기구의 철대 및 금속제 외함에는 규정에 따른 접지공사를 실시하여야 하나 시설하지 않아도 되는 경우가 있다. 예외 규정으로 틀린 것은?

① 사용전압이 교류 대지전압 150V 이하인 기계·기구를 습한 곳에 시설하는 경우
② 철대 또는 외함 주위에 적당한 절연대를 설치하는 경우
③ 저압용 기계·기구를 건조한 마루나 절연성 물질 위에서 취급하도록 시설하는 경우
④ 2중 절연구조로 되어 있는 기계·기구를 시설하는 경우

해설

사용전압이 교류 대지전압 150V 이하인 기계·기구를 건조한 곳에 시설하는 경우 접지공사를 시설하지 않아도 된다(한국전기설비규정 142.7).

65

누전차단기의 선정 및 설치에 관한 설명으로 틀린 것은?

① 차단기를 설치한 전로에 과부하보호장치를 설치하는 경우는 서로 협조가 잘 이루어지도록 한다.
② 정격부동작전류와 정격감도전류와의 차는 가능한 한 큰 차단기로 선정한다.
③ 휴대용, 이동용 전자기기에 설치하는 차단기는 정격감도전류가 낮고, 동작시간이 짧은 것을 선정한다.
④ 전로의 대지정전용량이 크면 차단기가 오작동하는 경우가 있으므로 각 분기회로마다 차단기를 설치한다.

해설

정격부동작전류와 정격감도전류와의 차는 가능한 한 작은 차단기로 선정한다.

66

교류아크용접작업 시 감전을 예방하기 위하여 사용하는 자동전격방지기의 2차 전압은 몇 V 이하로 유지하여야 하는가?

① 25
② 35
③ 50
④ 40

해설

자동전격방지장치
교류아크용접기의 자동전격방지장치는 전격의 위험을 방지하기 위하여 아크 발생이 중단된 후 약 1초 이내에 출력 측 무부하전압을 자동적으로 25V 이하로 저하시키는 장치이다.

67

저항이 0.2Ω인 도체에 10A의 전류가 1분 간 흘렀을 경우 발생하는 열량은 몇 cal인가?

① 64
② 144
③ 288
④ 386

해설

열량(H)

$H = 0.24 I^2 Rt$
$\quad = 0.24 \times 10^2 \times 0.2 \times 60$
$\quad = 288 cal$

68

일반적인 방전 형태의 종류가 아닌 것은?

① 스트리머(streamer) 방전
② 적외선(infrared-ray) 방전
③ 코로나(corona) 방전
④ 연면(surface) 방전

해설

방전의 종류

스파크(불꽃) 방전, 연면 방전, 코로나 방전, 뇌상 방전, 낙뢰 방전, 브러시 방전, 스트리머 방전 등

69

감전에 영향을 미치는 요인으로 통전경로별 위험도가 가장 높은 것은?

① 왼손 - 등
② 오른손 - 등
③ 오른손 - 왼발
④ 왼손 - 가슴

해설

통전이 심장에 가까울수록 감전 위험도가 높다.

70

가스 또는 분진 폭발 위험 장소에는 변전실, 배전반실, 제어실 등을 설치하여서는 아니 된다. 다만, 실내기압이 항상 양압을 유지하도록 하고, 별도의 조치를 한 경우에는 그러하지 않은데 이때 요구되는 조치사항으로 틀린 것은?

① 양압을 유지하기 위한 환기설비의 고장 등으로 양압이 유지되지 아니한 때 경보를 할 수 있는 조치를 한 경우
② 환기설비가 정지된 후 재가동하는 경우 변전실 등에 가스 등이 있는지를 확인할 수 있는 가스검지기 등의 장비를 비치한 경우
③ 환기설비에 의하여 변전실 등에 공급되는 공기는 가스 또는 분진 폭발 위험 장소가 아닌 곳으로부터 공급되도록 하는 조치를 한 경우
④ 항상 유지해야 하는 실내기압이 항상 양압 10Pa 이상이 되도록 장치를 한 경우

해설

유지해야 하는 실내기압이 항상 양압 25Pa 이상이 되도록 장치를 한 경우(산업안전보건기준에 관한 규칙 제312조)

71

다음 중 물분무소화설비의 주된 소화효과에 해당하는 것으로만 나열한 것은?

① 냉각효과, 질식효과
② 희석효과, 제거효과
③ 제거효과, 억제효과
④ 억제효과, 희석효과

해설

물분무소화설비의 주된 소화효과
냉각효과, 질식효과, 희석효과, 유화효과 등

73

다음 중 아세틸렌의 취급·관리 시 주의사항으로 옳지 않은 것은?

① 용기는 폭발할 수 있으므로 전도·낙하되지 않도록 한다.
② 폭발할 수 있으므로 필요 이상 고압으로 충전하지 않는다.
③ 용기는 밀폐된 장소에 보관하고, 누출 시에는 누출원에 직접 주수하도록 한다.
④ 폭발성 물질을 생성할 수 있으므로 구리나 일정 함량 이상의 구리합금과 접촉하지 않도록 한다.

해설

용기는 통풍이 잘되는 장소에 보관하고, 누출 시에는 누출원에 직접 주수하지 않도록 한다.

72

가열·마찰·충격 또는 다른 화학물질과의 접촉 등으로 인하여 산소나 산화제의 공급이 없더라도 폭발 등 격렬한 반응을 일으킬 수 있는 물질은?

① 알코올류
② 무기과산화물
③ 나이트로화합물
④ 과망간산칼륨

해설

폭발성 물질
질산에스테르류, 나이트로화합물, 아조화합물, 하이드라진(N_2H_4) 유도체, 유기과산화물 등

74

폭발범위에 있는 가연성 가스 혼합물에 전압을 변화시키며 전기불꽃을 주었더니 1,000V가 되는 순간 폭발이 일어났다. 이때 사용한 전기불꽃의 콘덴서 용량은 0.1μF을 사용하였다면 이 가스에 대한 최소발화에너지는 몇 mJ인가?

① 5   ② 10
③ 50   ④ 100

해설

$$E = \frac{1}{2}CV^2$$
$$= \frac{1}{2} \times 0.1 \times 10^{-6} \times 1,000^2$$
$$= 0.05J$$
$$= 50mJ$$

75

반응기가 이상 과열인 경우 반응폭주를 방지하기 위하여 작동하는 장치로 가장 거리가 먼 것은?

① 고온경보장치
② 블로다운 시스템
③ 긴급차단장치
④ 자동 shutdown 장치

해설

블로다운(blowdown) 시스템

보일러의 불순물을 배출하기 위해 수면에 수면 분출밸브를 설치하여 물을 배출하는 장치이다.

76

공정 중에서 발생하는 미연소가스를 연소하여 안전하게 밖으로 배출시키기 위하여 사용하는 설비는 무엇인가?

① 증류탑
② 플레어스택
③ 흡수탑
④ 인화방지망

해설

플레어스택

공정 중에서 발생하는 가스, 고휘발성 액체의 증기를 연소하여 대기 중으로 안전하게 방출하는 장치이다.

77

다음 중 분진폭발의 발생 위험성을 낮추는 방법으로 적절하지 않은 것은?

① 주변의 점화원을 제거한다.
② 분진이 날리지 않도록 한다.
③ 분진과 그 주변의 온도를 낮춘다.
④ 분진 입자의 표면적을 크게 한다.

해설

표면적을 크게 하면 많은 양의 산소가 공급되어 급격한 연소가 초래되므로, 분진 입자의 표면적을 작게 해야 한다.

78

산업안전보건법령상 안전밸브 전단, 후단에 자물쇠형 차단밸브를 설치할 수 없는 경우는?

① 화학설비 및 그 부속설비에 안전밸브 등이 복수방식으로 설치되어 있는 경우
② 예비용 설비를 설치하고 각각의 설비에 안전밸브 등이 설치되어 있는 경우
③ 열팽창에 의하여 상승된 압력을 낮추기 위한 목적으로 안전밸브가 설치된 경우
④ 안전밸브 등의 배출용량의 2분의 1 이상에 해당하는 용량의 자동압력조절밸브와 안전밸브가 직렬로 연결된 경우

해설

안전밸브 등의 배출용량의 2분의 1 이상에 해당하는 용량의 자동압력조절밸브와 안전밸브 등이 병렬로 연결된 경우 자물쇠형 또는 이에 준하는 형식의 차단밸브를 설치할 수 있다(산업안전보건기준에 관한 규칙 제266조).

79

폭발범위에 관한 설명으로 옳은 것은?

① 공기밀도에 대한 폭발성 가스 및 증기의 폭발 가능 밀도범위
② 가연성 액체의 액면 근방에 생기는 증기가 착화할 수 있는 온도범위
③ 폭발 화염이 내부에서 외부로 전파될 수 있는 용기의 틈새간격범위
④ 가연성 가스와 공기와의 혼합가스에 점화원을 주었을 때 폭발이 일어나는 혼합가스의 농도범위

80

유해 · 위험물질 취급 시 보호구의 구비조건으로 가장 거리가 먼 것은?

① 방호성능이 충분할 것
② 재료의 품질이 양호할 것
③ 작업에 방해가 되지 않을 것
④ 착용감이 뛰어나고 외관이 화려할 것

해설
보호구는 착용감이 뛰어나고 외관이나 디자인이 화려하지 않아야 한다.

제**5**과목 | **건설안전기술**

81

산업안전보건기준에 관한 규칙에서 규정하는 현장에서 고소작업대 사용 시 준수사항이 아닌 것은?

① 작업자가 안전모 · 안전대 등의 보호구를 착용하도록 할 것
② 관계자가 아닌 사람이 작업구역 내에 들어오는 것을 방지하기 위하여 필요한 조치를 할 것
③ 작업을 지휘하는 자를 선임하여 그 자의 지휘하에 작업을 실시할 것
④ 안전한 작업을 위하여 적정 수준의 조도를 유지할 것

해설
고소작업대 설치 등의 조치(산업안전보건기준에 관한 규칙 제186조)
사업주는 고소작업대를 사용하는 경우에는 다음의 사항을 준수하여야 한다.
• 작업자가 안전모 · 안전대 등의 보호구를 착용하도록 할 것
• 관계자가 아닌 사람이 작업구역에 들어오는 것을 방지하기 위하여 필요한 조치를 할 것
• 안전한 작업을 위하여 적정 수준의 조도를 유지할 것
• 전로(電路)에 근접하여 작업을 하는 경우에는 작업 감시자를 배치하는 등 감전사고를 방지하기 위하여 필요한 조치를 할 것
• 작업대를 정기적으로 점검하고 붐 · 작업대 등 각 부위의 이상 유무를 확인할 것
• 전환스위치는 다른 물체를 이용하여 고정하지 말 것
• 작업대는 정격하중을 초과하여 물건을 싣거나 탑승하지 말 것
• 작업대의 붐대를 상승시킨 상태에서 탑승자는 작업대를 벗어나지 말 것. 다만, 작업대에 안전대 부착설비를 설치하고 안전대를 연결하였을 때는 그러하지 아니하다.

82

다음 중 굴착기의 전부장치와 거리가 먼 것은?

① 붐(boom)
② 암(arm)
③ 버킷(bucket)
④ 블레이드(blade)

해설

굴착기의 전부장치(작업부)는 붐, 암, 버킷으로 구성되어 있다.
※ 블레이드는 도저에 사용되는 삽날이다.

84

차량계 건설기계의 운전자가 운전 위치를 이탈하는 경우 준수해야 할 사항으로 옳지 않은 것은?

① 버킷은 지상에서 1m 정도의 위치에 둔다.
② 브레이크를 걸어 둔다.
③ 디퍼는 지면에 내려 둔다.
④ 원동기를 정지시킨다.

해설

차량계 하역운반기계 등 차량계 건설기계의 운전자가 운전 위치를 이탈하는 경우 포크, 버킷, 디퍼 등의 장치를 가장 낮은 위치 또는 지면에 내려 두어야 한다(산업안전보건기준에 관한 규칙 제99조).

83

터널작업 중 낙반 등에 의한 위험 방지를 위해 취할 수 있는 조치사항이 아닌 것은?

① 터널 지보공 설치
② 록볼트 설치
③ 부석의 제거
④ 산소의 측정

해설

낙반 등에 의한 위험의 방지(산업안전보건기준에 관한 규칙 제351조)
사업주는 터널 등의 건설작업을 하는 경우에 낙반 등에 의하여 근로자가 위험해질 우려가 있는 경우에 터널 지보공 및 록볼트의 설치, 부석(浮石)의 제거 등 위험을 방지하기 위하여 필요한 조치를 하여야 한다.

85

말비계에 설치되는 작업 발판의 폭에 대한 기준으로 옳은 것은?

① 20cm 이상
② 40cm 이상
③ 60cm 이상
④ 80cm 이상

해설

말비계(산업안전보건기준에 관한 규칙 제67조)
사업주는 말비계를 조립하여 사용하는 경우에 다음의 사항을 준수하여야 한다.
• 지주부재(支柱部材)의 하단에는 미끄럼 방지장치를 하고, 근로자가 양측 끝부분에 올라서서 작업하지 않도록 할 것
• 지주부재와 수평면의 기울기를 75° 이하로 하고, 지주부재와 지주부재 사이를 고정시키는 보조부재를 설치할 것
• 말비계의 높이가 2m를 초과하는 경우에는 작업 발판의 폭을 40cm 이상으로 할 것

86

콘크리트 타설 시 안전에 유의해야 할 사항으로 옳지 않은 것은?

① 콘크리트 다짐효과를 위하여 최대한 높은 곳에서 타설한다.
② 타설 순서는 계획에 의하여 실시한다.
③ 콘크리트를 치는 도중에는 거푸집, 동바리 등의 이상 유무를 확인하여야 한다.
④ 타설 시 비어 있는 공간이 발생되지 않도록 밀실하게 부어 넣는다.

해설

콘크리트 타설 시 높은 위치에서 콘크리트를 직접 낙하시키면 재료의 분리, 공기의 혼입, 다지기 불충분 등 불량 콘크리트의 원인이 되기 쉬우므로 연직 슈트 또는 펌프 배출구를 낮추어 낙하거리를 가능한 한 짧게 한다.

87

지반의 투수계수에 영향을 주는 인자에 해당하지 않는 것은?

① 토립자의 단위중량
② 유체의 점성계수
③ 토립자의 공극비
④ 유체의 밀도

해설

투수계수에 영향을 주는 인자
• 흙의 영향 : 입경의 크기, 흙 입자의 구조, 공극비
• 물의 영향 : 물의 점성계수, 포화도, 유체의 밀도

88

강관을 사용하여 비계를 구성하는 경우 비계 기둥 간의 적재하중은 얼마를 초과하지 않도록 하여야 하는가?

① 200kg
② 300kg
③ 400kg
④ 500kg

해설

강관을 사용하여 비계를 구성하는 경우 비계 기둥 간의 적재하중은 400kg을 초과하지 않도록 하여야 한다(산업안전보건기준에 관한 규칙 제60조).

89

콘크리트의 비파괴 검사방법이 아닌 것은?

① 반발경도법
② 자기법
③ 음파법
④ 침지법

해설

콘크리트의 비파괴 검사방법
반발경도법(슈미트해머법), 자기법, 음파법(초음파법), 인발법, 방사선법 등

90

가설 통로 중 경사로를 설치, 사용함에 있어 준수해야 할 사항으로 옳지 않은 것은?

① 경사로의 폭은 최소 90cm 이상이어야 한다.
② 비탈면의 경사각은 45° 내외로 한다.
③ 높이 7m 이내마다 계단참을 설치하여야 한다.
④ 추락방지용 안전난간을 설치하여야 한다.

해설

가설 통로 설치 시 경사는 30° 이하로 할 것. 다만, 계단을 설치하거나 높이 2m 미만의 가설 통로로서 튼튼한 손잡이를 설치한 경우에는 그러하지 아니하다(산업안전보건기준에 관한 규칙 제23조).

91

철골작업에서 작업을 중지해야 하는 규정에 해당되지 않는 경우는?

① 풍속이 초당 10m 이상인 경우
② 강우량이 시간당 1mm 이상인 경우
③ 강설량이 시간당 1cm 이상인 경우
④ 겨울철 기온이 영상 4℃ 이상인 경우

해설

철골작업을 중지하여야 하는 기준(산업안전보건기준에 관한 규칙 제 383조)
• 풍속이 초당 10m 이상인 경우
• 강우량이 시간당 1mm 이상인 경우
• 강설량이 시간당 1cm 이상인 경우

92

거푸집에 작용하는 연직 방향 하중에 해당하지 않는 것은?

① 고정하중　　② 작업하중
③ 충격하중　　④ 콘크리트 측압

해설

거푸집에 작용하는 연직 방향 하중
고정하중, 충격하중, 작업하중

93

철골 기둥 건립작업 시 붕괴·도괴 방지를 위하여 베이스 플레이트의 하단은 기준 높이 및 인접 기둥의 높이에서 얼마 이상 벗어나지 않아야 하는가?

① 2mm　　　　② 3mm
③ 4mm　　　　④ 5mm

94

가설공사와 관련된 안전율에 대한 정의로 옳은 것은?

① 재료의 파괴응력도와 허용응력도의 비율이다.
② 재료가 받을 수 있는 허용응력도이다.
③ 재료의 변형이 일어나는 한계응력도이다.
④ 재료가 받을 수 있는 허용하중을 나타내는 것이다.

해설

가설공사와 관련된 안전율에 대한 정의
재료의 파괴응력도와 허용응력도의 비율이다.

$$안전율 = \frac{파단응력}{허용응력}$$

95

수중 굴착 및 구조물의 기초 바닥 등과 같은 협소하고 상당히 깊은 범위의 굴착과 호퍼작업에 가장 적당한 굴착기계는?

① 파워셔블
② 항타기
③ 클램셸
④ 리버스 서큘레이션 드릴

96

흙의 액성한계 $W_L = 48\%$, 소성한계 $W_P = 26\%$일 때 소성지수(I_P)는 얼마인가?

① 18%

② 22%

③ 26%

④ 32%

해설

소성지수(I_P)

$I_P = W_L - W_P = 48 - 26 = 22\%$

97

콘크리트를 타설할 때 거푸집에 작용하는 콘크리트 측압에 영향을 미치는 요인과 가장 거리가 먼 것은?

① 콘크리트 타설속도

② 콘크리트 타설 높이

③ 콘크리트의 강도

④ 기온

해설

콘크리트 타설작업 시 (거푸집의) 측압에 영향을 미치는 인자

콘크리트의 비중, 타설속도(부어넣기 속도), 콘크리트의 타설 높이, 다짐, 기온(외기의 온도, 거푸집 속의 콘크리트 온도), 슬럼프, 거푸집의 강도, 시공연도(workability) 등

98

토석 붕괴의 내적 요인으로 옳은 것은?

① 사면의 경사 증가

② 공사에 의한 진동, 하중의 증가

③ 절토 및 성토 높이의 증가

④ 토석의 강도 저하

해설

①, ②, ③은 외적 요인에 해당한다.

99

토사 붕괴를 방지하기 위한 대책으로 붕괴방지공법에 해당되지 않는 것은?

① 배토공법

② 압성토공법

③ 집수정공법

④ 공작물의 설치

해설

비탈면 붕괴 방지를 위한 붕괴방지공법

배토공법, 압성토공법, 공작물의 설치 등

100

다음 그림은 산업안전보건기준에 관한 규칙에 따른 풍화암에서 토사 붕괴를 예방하기 위한 기울기를 나타낸 것이다. x의 값은?

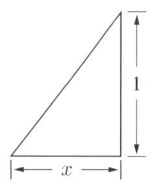

① 1.0

② 0.8

③ 0.5

④ 0.3

해설

굴착면의 기울기 기준(산업안전보건기준에 관한 규칙 별표 11)

지반의 종류	굴착면의 기울기
모래	1 : 1.8
연암 및 풍화암	1 : 1.0
경암	1 : 0.5
그 밖의 흙	1 : 1.2

굴착면의 기울기 : 굴착면의 높이에 대한 수평거리의 비율

∴ $x = 1 \times 1.0 = 1$

※ 출제 당시 정답은 ②였으나 해당 법령 개정으로 정답은 ①이다.

제1과목 | 산업안전관리론

01

주요 구조 부분을 변경하는 경우 안전인증을 받아야 하는 기계·기구가 아닌 것은?

① 원심기
② 사출성형기
③ 압력용기
④ 고소작업대

해설

안전인증 대상 기계 등(시행령 제74조)

기계 또는 설비	프레스, 전단기 및 절곡기, 크레인, 리프트, 압력용기, 롤러기, 사출성형기, 고소작업대, 곤돌라
방호장치	프레스 및 전단기 방호장치, 양중기용 과부하방지장치, 보일러 압력방출용 안전밸브, 압력용기 압력방출용 안전밸브, 압력용기 압력방출용 파열판, 절연용 방호구 및 활선작업용 기구, 방폭구조 전기기계·기구 및 부품, 추락·낙하 및 붕괴 등의 위험 방지 및 보호에 필요한 가설기자재, 충돌·협착 등의 위험 방지에 필요한 산업용 로봇 방호장치
보호구	안전모(추락 및 감전 위험방지용), 안전화, 안전장갑, 방진마스크, 방독마스크, 송기마스크, 전동식 호흡보호구, 보호복, 안전대, 보안경(차광 및 비산물 위험방지용), 용접용 보안면, 방음용 귀마개 또는 귀덮개

02

관리감독자를 대상으로 작업지도방법, 작업개선방법, 대인관계 능력 등을 가르치는 교육은?

① TWI(Training Within Industry)
② ATT(American Telephone & Telegram Co.)
③ MTP(Management Training Program)
④ CCS(Civil Communication Section)

해설

관리감독자 교육(TWI ; Training Within Industry)

교육 대상자는 관리감독자(현장감독자)이며 작업방법, 작업지도, 인간관계, 작업안전 등을 교육내용으로 하는 기업 내 정형교육이다.

03

국제노동기구(ILO)에서 구분한 '일시 전 노동 불능'에 관한 설명으로 옳은 것은?

① 부상의 결과로 근로기능을 완전히 잃은 부상
② 부상의 결과로 신체의 일부가 근로기능을 완전히 상실한 부상
③ 의사의 소견에 따라 일정기간 동안 노동에 종사할 수 없는 상해
④ 의사의 소견에 따라 일시적으로 근로시간 중 치료를 받는 정도의 상해

해설

일시 전 노동 불능

의사의 소견에 따라 일정기간 동안 노동에 종사할 수 없는 상해
※ ④는 일시 일부 노동 불능에 해당한다.

04

교육훈련 평가의 4단계를 올바르게 나열한 것은?

① 학습 → 반응 → 행동 → 결과
② 학습 → 행동 → 반응 → 결과
③ 행동 → 반응 → 학습 → 결과
④ 반응 → 학습 → 행동 → 결과

05

매슬로(Maslow)의 욕구 5단계 이론에 해당되지 않는 것은?

① 생리적 욕구　　　② 안전의 욕구
③ 사회적 욕구　　　④ 심리적 욕구

해설

매슬로(Maslow)의 욕구 5단계 이론
• 1단계 : 생리적 욕구
• 2단계 : 안전에 대한 욕구
• 3단계 : 사회적 욕구
• 4단계 : 존경의 욕구
• 5단계 : 자아실현의 욕구

06

안전교육의 3요소가 아닌 것은?

① 지식교육　　　② 기능교육
③ 태도교육　　　④ 실습교육

해설

안전교육의 3요소
지식교육, 기능교육, 태도교육

07

다음에서 설명하는 착시현상과 관계가 깊은 것은?

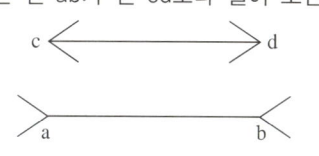

그림에서 선 ab와 선 cd는 그 길이가 동일한 것이지만,
시각적으로는 선 ab가 선 cd보다 길어 보인다.

① 헬름홀츠의 착시
② 쾰러의 착시
③ 뮐러리어의 착시
④ 포겐도르프의 착시

해설

① 헬름홀츠(Helmholtz)의 착시 : (a)는 세로로 길어 보이고, (b)는
　가로로 길어 보인다.

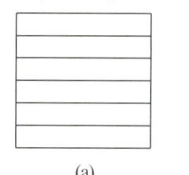 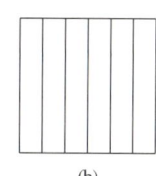

　　　(a)　　　　　　　　　　(b)

② 쾰러(Köhler)의 착시 : 평행의 호를 먼저 보고 이어서 직선을 본
　경우에 직선이 호와의 반대 방향으로 휘어 보이는 현상이다.

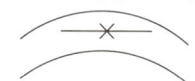

④ 포겐도르프(Poggendorff)의 착시 : 왼쪽의 선은 오른쪽의 아래 선의
　연장선에 있지만 오른쪽의 윗 선과 연결되어 있는 것처럼 보인다.

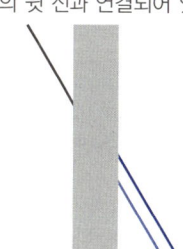

08

인간의 안전교육 형태에서 행위의 난이도가 점차적으로 높아지는 순서를 올바르게 표현한 것은?

① 지식 → 태도 변형 → 개인행위 → 집단행위
② 태도 변형 → 지식 → 집단행위 → 개인행위
③ 개인행위 → 태도 변형 → 집단행위 → 지식
④ 개인행위 → 집단행위 → 지식 → 태도 변형

09

산업안전보건법상 사업 내 안전 · 보건교육 교육과정이 아닌 것은?

① 특별교육
② 양성교육
③ 작업내용 변경 시의 교육
④ 건설업 기초 안전 · 보건교육

해설

안전보건교육 교육 대상별 교육내용(시행규칙 별표 4)
• 정기교육(사무직, 판매업무종사자)
• 채용 시 교육
• 작업내용 변경 시 교육
• 특별교육
• 건설업 기초 안전 · 보건교육

10

학습의 전개단계에서 주제를 논리적으로 체계화하는 방법이 아닌 것은?

① 간단한 것에서 복잡한 것으로
② 부분적인 것에서 전체적인 것으로
③ 미리 알려져 있는 것에서 미지의 것으로
④ 많이 사용하는 것에서 적게 사용하는 것으로

해설

학습의 전개단계에서 주제는 전체적인 것에서 부분적인 것으로 체계화해야 한다.

11

산업재해 손실액 산정 시 직접비가 2,000만 원일 때 하인리히 방식을 적용하면 총손실액은?

① 2,000만 원
② 8,000만 원
③ 1억 원
④ 1억 2,000만 원

해설

• 직접비 + 간접비 = 1 : 4 = 총재해비용
• 총손실액 = 20,000,000 + 4 × 20,000,000
= 100,000,000원

12

무재해운동의 3대 원칙에 대한 설명이 아닌 것은?

① 사람이 죽거나 다쳐서 일을 못 하게 되는 일 및 모든 잠재요소를 제거한다.
② 잠재 위험요인을 발굴 · 제거로 안전 확보 및 사고를 예방한다.
③ 작업환경을 개선하고 이상을 발견하면 정비 및 수리를 통해 사고를 예방한다.
④ 무재해를 지향하고 안전과 건강을 선취하기 위해 전원 참가한다.

해설

① 무의 원칙(제로의 원칙)
② 선취의 원칙(안전제일의 원칙)
④ 참가의 원칙

13

부주의에 대한 설명 중 틀린 것은?

① 부주의는 거의 모든 사고의 직접원인이 된다.

② 부주의라는 말은 불안전한 행위뿐만 아니라 불안전한 상태에도 통용된다.

③ 부주의라는 말은 결과를 표현한다.

④ 부주의는 무의식적 행위나 의식의 주변에서 행해지는 행위에 나타난다.

해설

부주의는 거의 모든 사고의 간접원인이 된다.

14

벨트식, 안전그네식 안전대의 사용 구분에 따른 분류에 해당되지 않는 것은?

① U자 걸이용

② D링 걸이용

③ 안전블록

④ 추락방지대

해설

벨트식, 안전그네식 안전대의 사용 구분에 따른 분류

• 벨트식 : 1개 걸이용, U자 걸이용
• 안전그네식 : 추락방지대, 안전블록

15

재해 예방 4원칙 중 대책 선정의 원칙의 충족조건이 아닌 것은?

① 문제해결능력 고취

② 적합한 기준 설정

③ 경영자 및 관리자의 솔선수범

④ 부단한 동기부여와 사기 향상

해설

대책 선정 원칙의 충족조건

• 기술적 대책(engineering) : 안전설계, 작업행정 개선, 안전 기준 설정, 환경설비의 개선, 점검 보존 확립 등
• 교육적 대책(education) : 안전교육 및 훈련 등
• 관리적 대책(enforcement) : 적합한 기준 설정, 전 종업원의 기준 이해, 동기부여와 사기 향상, 각종 규정·수칙 준수, 경영자·관리자의 솔선수범 등

16

위험예지훈련 기초 4라운드법의 진행에서 전원이 토의를 통하여 위험요인을 발견하는 단계로 가장 적절한 것은?

① 제1라운드 – 현상 파악

② 제2라운드 – 본질 추구

③ 제3라운드 – 대책 수립

④ 제4라운드 – 목표 설정

해설

위험예지훈련 기초 4라운드

• 제1라운드 – 현상 파악 : 전원이 토의를 통하여 위험요인을 발견하는 단계(잠재적 요인 발견)
• 제2라운드 – 본질 추구 : 요인조사, 위험한 것 결정
• 제3라운드 – 대책 수립 : 관리적 대책(동기부여, 사기 향상 등)
• 제4라운드 – 목표 설정 : 실천행동목표 설정

17

산업안전보건법상 안전보건표지의 종류 중 지시표지에 해당되지 않는 것은?

① 안전모 착용
② 안전화 착용
③ 방호복 착용
④ 방독마스크 착용

해설

지시표지의 종류(시행규칙 별표 7)
보안경 착용, 방독마스크 착용, 방진마스크 착용, 보안면 착용, 안전모 착용, 귀마개 착용, 안전화 착용, 안전장갑 착용, 안전복 착용

18

집단에 있어서의 인간관계를 하나의 단면(斷面)에서 포착하였을 때 이러한 단면적(斷面的)인 인간관계가 생기는 기제(mechanism)와 가장 거리가 먼 것은?

① 모방
② 암시
③ 습관
④ 커뮤니케이션

해설

집단에서의 인간관계 메커니즘
모방, 암시, 동일화, 투사, 커뮤니케이션 등

19

리더십에 있어서 권한의 역할 중 조직이 지도자에게 부여한 권한이 아닌 것은?

① 보상적 권한
② 강압적 권한
③ 합법적 권한
④ 전문성의 권한

해설

리더십의 권한
• 조직이 리더에게 부여하는 권한
  - 보상적 권한
  - 강압적 권한
  - 합법적 권한
• 리더가 자신에게 부여하는 권한
  - 전문성의 권한
  - 위임된 권한

20

다음 (   ) 안에 들어갈 내용으로 알맞은 것은?

> 산업안전보건법상 사업주는 안전보건관리규정을 작성 또는 변경할 때는 (㉠)의 심의·의결을 거쳐야 한다. 다만, (㉠)가 설치되어 있지 아니한 사업장에 있어서는 (㉡)의 동의를 받아야 한다.

① ㉠ 안전보건관리규정위원회
　 ㉡ 노사 대표
② ㉠ 안전보건관리규정위원회
　 ㉡ 근로자 대표
③ ㉠ 산업안전보건위원회
　 ㉡ 노사 대표
④ ㉠ 산업안전보건위원회
　 ㉡ 근로자 대표

해설

안전보건관리규정의 작성·변경 절차(법 제26조)
사업주는 안전보건관리규정을 작성하거나 변경할 때에는 산업안전보건위원회의 심의·의결을 거쳐야 한다. 다만, 산업안전보건위원회가 설치되어 있지 아니한 사업장의 경우에는 근로자 대표의 동의를 받아야 한다.

21

인간공학의 연구방법에서 인간 – 기계시스템을 평가하는 척도로서 인간 기준이 아닌 것은?

① 사고 빈도
② 인간성능 척도
③ 객관적 반응
④ 생리학적 지표

> **해설**
>
> 인간공학에 사용되는 인간 기준(human criteria)의 4가지 기본 유형
> 사고 빈도, 인간성능 척도, 주관적 반응, 생리학적 지표

22

인간오류의 확률을 이용하여 시스템의 위험성을 평가하는 기법은?

① PHA
② THERP
③ OHA
④ HAZOP

> **해설**
>
> ② THERP(인간실수율예측기법) : 인간의 과오를 정량적으로 평가하고 분석하는 데 사용하는 기법으로, event tree를 통해 전체 실패 확률을 구할 수 있다.
> ① PHA : 시스템의 최초(설계, 구상)단계에서 실시하는 정성적 평가법이다.
> ③ OHA : 시스템 정의 및 시스템 개발 초기단계에서 실행한다(모든 생산단계에서 안전요건을 결정하기 위한 기법).
> ④ HAZOP : 가동문제를 파악·예측하기 위한 기법이다(장비에 대한 안전성 평가/새로운 기술을 적용한 공정설비의 테스트가 목적이다).

23

'음의 높이, 무게 등 물리적 자극을 상대적으로 판단하는 데 있어 특정 감각기관의 변화 감지역은 표준 자극에 비례한다.'라는 법칙을 발견한 사람은?

① 피츠(Fitts)
② 드루리(Drury)
③ 웨버(Weber)
④ 호프만(Hofmann)

> **해설**
>
> **웨버(Weber)의 법칙**
> • 음의 높이, 무게 등 물리적 자극을 상대적으로 판단하는 데 있어 특정 감각의 변화 감지역으로 사용되는 표준 자극에 비례한다.
> • 동일한 양의 인식(감각)의 증가를 얻기 위해서는 자극을 지수적으로 증가시켜야 한다.
> • 변화 감지역은 동기, 적응, 연습, 피로 등의 요소에 의해서 좌우된다.

24

설비의 이상 상태 여부를 감시하여 열화의 정도가 사용 한도에 이른 시점에서 부품 교환 및 수리하는 설비보전방법은?

① 예지보전
② 개량보전
③ 사후보전
④ 일상보전

> **해설**
>
> ① 예지보전 : 설비의 사용 수명을 유지하거나 연장하기 위해 기능 구조, 시스템 또는 구성요소의 열화를 감지하거나 방지하는 고정된 일정 또는 규정된 기준에 따라 수행되는 설비보전방법
> ② 개량보전 : 설비의 개선·개조 등으로 좀 더 보전성이 우수한 설비를 만들어 내는 보전방법
> ③ 사후보전 : 고장 정지 또는 유해한 성능 저하가 초래한 뒤 수리하는 보전방법
> ④ 일상보전 : 설비의 열화를 방지하고 그 진행을 지연시켜 설비 수명을 연장하기 위한 설비의 점검, 청소, 주유, 교체 등을 수행하는 보전방법

25

신뢰도가 동일한 부품 4개로 구성된 시스템 전체의 신뢰도가 가장 높은 것은?

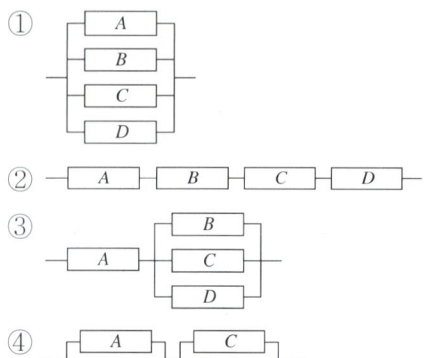

해설

①의 경우 병렬로 구성되어 시스템 전체의 신뢰도가 가장 높다.

26

FT에서 두 입력사상 A와 B가 AND게이트로 결합되어 있을 때 출력사상의 고장 발생 확률은?(단, A의 고장률은 0.6, B의 고장률은 0.2이다)

① 0.12   ② 0.40

③ 0.68   ④ 0.80

해설

$F_s = F_A \times F_B$
$\quad = 0.6 \times 0.2$
$\quad = 0.12$

27

인간 – 기계시스템의 신뢰도를 향상시킬 수 있는 방법으로 가장 적절하지 않은 것은?

① 중복 설계   ② 고가 재료 사용

③ 부품 개선   ④ 충분한 여유 용량

해설

인간 – 기계시스템의 신뢰도를 향상시킬 수 있는 설계적 방법으로 중복 설계, 부품 개선, 충분한 여유 용량, 적절한 유지관리 등이 있다.

28

다음 그림의 FT도에서 최소 패스셋(minimal path set)은?

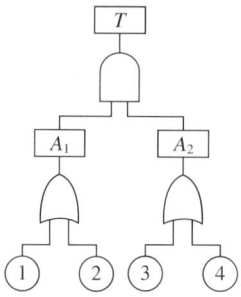

① {1, 3}, {1, 4}

② {1, 2}, {3, 4}

③ {1, 2, 3}, {1, 2, 4}

④ {1, 3, 4}, {2, 3, 4}

해설

패스셋(path set)은 시스템이 고장 나지 않도록 하는 기본사상의 조합이므로 결함수를 반대로 해석한다.
$T = (① \cdot ②) + (③ \cdot ④)$이므로,
최소 패스셋은 {1, 2}, {3, 4}이다.

29

광원으로부터 직사 휘광을 처리하기 위한 방법으로 틀린 것은?

① 광원의 휘도를 줄인다.

② 가리개나 차양을 사용한다.

③ 광원을 시선에서 멀리한다.

④ 광원의 주위를 어둡게 한다.

해설

광원으로부터 직사 휘광을 처리하기 위해서는 광원의 주위를 밝게 한다.

30

다음 그림의 선형 표시장치를 움직이기 위해 길이가 L인 레버(Lever)를 $\alpha°$ 움직일 때 조종반응(C/R) 비율을 계산하는 식은?

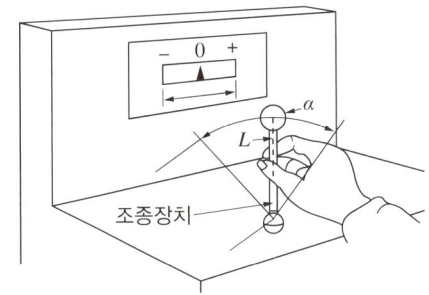

① $\dfrac{(\alpha/360)\times 2\pi L}{\text{표시장치 이동거리}}$

② $\dfrac{\text{표시장치 이동거리}}{(\alpha/360)\times 2\pi L}$

③ $\dfrac{(\alpha/360)\times 4\pi L}{\text{표시장치 이동거리}}$

④ $\dfrac{\text{표시장치 이동거리}}{(\alpha/360)\times 4\pi L}$

해설

조종구에서의 C/D비 또는 C/R비(조종 − 반응비, Control−Response Ratio)

$$C/R = \dfrac{(\alpha/360°)\times 2\pi L}{\text{표시장치의 이동거리}}$$

여기서, α : 조종장치의 움직인 각도
L : 통제기기의 회전 반경(지레 길이)

31

설비에 부착된 안전장치를 제거하면 설비가 작동되지 않도록 하는 안전설계는?

① fail safe

② fool proof

③ lock out

④ tamper proof

해설

① fail safe : 기계의 실수(오작동)가 발생해도 기계설비가 안전하게 작동하는 장치·기구
② fool proof : 인간의 실수가 발생해도 기계설비가 안전하게 유지되는 작동사고 방지 모드
③ lock out : 정비·청소·수리 등의 작업을 수행하기 위하여 해당 기계의 운전을 정지한 후, 다른 사람이 그 기계를 운전하는 것을 방지하기 위하여 기동장치에 잠금장치를 하거나 표지판을 설치하는 등의 조치

32

VDT(Visual Display Terminal) 작업을 위한 조명의 일반원칙으로 적절하지 않은 것은?

① 화면 반사를 줄이기 위해 산란식 간접조명을 사용한다.

② 화면과 화면에서 먼 주위의 휘도비는 1 : 10으로 한다.

③ 작업영역을 조명기구들 사이보다는 조명기구 바로 아래에 둔다.

④ 조명의 수준이 높으면 자주 주위를 둘러봄으로써 수정체의 근육을 이완시키는 것이 좋다.

해설

작업영역을 조명기구 바로 아래에 두면 눈이 부시기 때문에 조명기구들 사이에 두어야 한다.

33

인간의 반응체계에서 이미 시작된 반응을 수정하지 못하는 저항시간(refractory period)은?

① 0.1초　　　　　　② 0.5초
③ 1초　　　　　　　④ 2초

해설

인간의 반응체계에서 이미 시작된 반응을 수정하지 못하는 저항시간 (refractory period)은 0.5초이다.
총저항시간 = 단순 반응시간 + 동작시간 = 0.2 + 0.3 = 0.5초

34

60폰[phon]의 소리에 해당하는 손[sone]의 값은?

① 1　　　　　　　　② 2
③ 4　　　　　　　　④ 8

해설

$$sone = 2^{\frac{phon - 40}{10}} = 2^{\frac{60 - 40}{10}} = 4sone$$

35

의자 좌판의 높이 결정 시 사용할 수 있는 인체측정치는?

① 앉은키
② 앉은 무릎 높이
③ 앉은 팔꿈치 높이
④ 앉은 오금 높이

해설

의자 좌판의 높이 결정 시 사용할 수 있는 인체측정치는 앉은 오금(무릎의 구부러지는 안쪽의 오목한 부분) 높이이다.

36

다음의 인체측정자료의 응용원리를 설계에 적용하는 순서로 가장 적절한 것은?

㉠ 극단치 설계
㉡ 평균치 설계
㉢ 조절식 설계

① ㉠ → ㉡ → ㉢
② ㉢ → ㉡ → ㉠
③ ㉡ → ㉠ → ㉢
④ ㉢ → ㉠ → ㉡

37

후각적 표시장치에 대한 설명으로 틀린 것은?

① 냄새의 확산을 통제하기 힘들다.
② 코가 막히면 민감도가 떨어진다.
③ 복잡한 정보를 전달하는 데 유용하다.
④ 냄새에 대한 민감도의 개인차가 있다.

해설

복잡하지 않은 단순한 정보를 전달할 때는 후각적 표시장치가 유용하고, 복잡한 정보를 전달할 때는 시각적 표시장치가 유용하다.

38

측정값의 변화방향이나 변화속도를 나타내는 데 가장 유리한 표시장치는?

① 동침형
② 동목형
③ 계수형
④ 묘사형

해설

- 계수형 : 관측하고자 하는 측정값을 가장 정확하게 읽을 수 있는 표시장치이다. 즉, 택시요금계기와 같이 숫자로 표시되는 정량적인 동적 표시장치이다.
- 동침형 : 표시값의 변화방향이나 변화속도를 나타내어 전반적인 추이의 변화를 관측할 필요가 있는 경우 가장 적합한 표시장치이다.

39

FT에서 사용되는 사상기호에 대한 설명으로 맞는 것은?

① 위험지속기호 : 정해진 횟수 이상 입력이 될 때 출력이 발생한다.
② 억제게이트 : 조건부 사건이 일어났다는 조건하에 출력이 발생한다.
③ 우선적 AND게이트 : 입력이 될 때 정해진 순서대로 복수의 출력이 발생한다.
④ 배타적 OR게이트 : 2개 이상 입력이 동시에 존재하는 경우에 출력이 발생한다.

해설

① 위험지속기호 : 입력신호가 생긴 후 일정시간이 지속된 후에 출력이 생긴다.
③ 우선적 AND게이트 : 입력사상 중 어떤 사상이 다른 사상보다 앞에 일어났을 때 결과가 출력된다.
④ 배타적 OR게이트 : OR게이트이지만 2개 또는 그 이상의 입력이 동시에 존재하는 경우 출력이 발생하지 않는다.

40

다음 설명에 해당하는 시스템 위험분석방법은?

- 시스템의 정의 및 개발단계에서 실행한다.
- 시스템의 기능, 과업, 활동으로부터 발생되는 위험에 초점을 둔다.

① 모트(MORT)
② 결함수분석(FTA)
③ 예비위험분석(PHA)
④ 운용위험분석(OHA)

해설

① 모트(MORT) : 관리, 생산, 설계, 보전 등 광범위한 안전 확보를 위하여 활용하는 기법
② 결함수분석(FTA) : 시스템의 고장이나 사고를 장치나 운전자의 실수 등 사고원인의 관계를 논리게이트를 이용하여 tree 모양으로 나타내고 이에 의거하여 고장 확률을 구하는 기법
③ 예비위험분석(PHA) : 모든 시스템 안전프로그램의 최초단계(설계단계, 구상단계)에서 실시하는 분석법으로 시스템 내의 위험요소가 얼마나 위험 상태에 있는가를 정성적으로 평가하는 방식

41

프레스 등의 금형을 부착·해체 또는 조정작업 중 슬라이드가 갑자기 작동하여 발생할 수 있는 위험을 방지하기 위하여 설치하는 것은?

① 방호울
② 안전블록
③ 시건장치
④ 게이트 가드

해설

금형조정작업의 위험 방지(산업안전보건기준에 관한 규칙 제104조)
사업주는 프레스 등의 금형을 부착·해체 또는 조정하는 작업을 할 때 해당 작업에 종사하는 근로자의 신체가 위험한계 내에 있는 경우 슬라이드가 갑자기 작동함으로써 근로자에게 발생할 우려가 있는 위험을 방지하기 위하여 안전블록을 사용하는 등 필요한 조치를 하여야 한다.

42

롤러의 맞물림점 전방 60mm의 거리에 가드를 설치하고자 할 때 가드 개구부의 간격은?(단, 위험점이 전동체가 아닌 경우이다)

① 12mm
② 15mm
③ 18mm
④ 20mm

해설

가드(guard) 개구부의 간격
$Y = 6 + 0.15X$
$\quad = 6 + 0.15 \times 60$
$\quad = 15\text{mm}$

43

밀링작업에 관한 설명으로 틀린 것은?

① 하향 절삭은 날의 마모가 적고, 가공면이 깨끗하다.
② 상향 절삭은 절삭열에 의한 치수 정밀도의 변화가 작다.
③ 커터의 회전 방향과 반대 방향으로 가공재를 이송하는 것을 상향 절삭이라고 한다.
④ 하향 절삭은 커터의 회전 방향과 같은 방향으로 일감을 이송하므로 백래시 제거장치가 필요 없다.

해설

하향 절삭은 커터의 회전 방향과 같은 방향으로 일감을 이송하므로 백래시 제거장치가 필요하다.
※ 백래시 : 재료의 이송 방향과 공구의 회전 방향이 같을 때 재료가 당겨지는 현상

44

컨베이어 작업 시 준수해야 할 사항이 아닌 것은?

① 운전 중인 컨베이어 등의 위로 근로자를 넘어가도록 하는 경우에는 위험을 방지하기 위하여 건널다리를 설치하는 등 필요한 조치를 하여야 한다.
② 근로자를 운반할 수 있는 구조가 아닌 운전 중인 컨베이어에 근로자를 탑승시켜서는 안 된다.
③ 작업 중 급정지를 방지하기 위하여 비상정지장치는 해체해야 한다.
④ 트롤리 컨베이어에 트롤리와 체인·행거가 쉽게 벗겨지지 않도록 확실하게 연결시켜야 한다.

해설

근로자가 위험에 처하기 전에 임의로 작업을 중단할 수 있도록 부착된 비상정지장치는 해체하면 안 된다.

45

기계운동 형태에 따른 위험점 분류 중 다음에서 설명하는 것은?

> 고정 부분과 회전하는 동작 부분이 함께 만드는 위험점으로 연삭숫돌과 작업 받침대, 교반기의 날개와 하우스, 반복 왕복 운동을 하는 기계 부분 등이다.

① 끼임점
② 접선물림점
③ 협착점
④ 절단점

해설

② 접선물림점(회전운동 + 접선부) : 회전하는 부분의 접선 방향으로 물려 들어가는 위험점
③ 협착점(왕복운동 + 고정부) : 왕복운동을 하는 동작 부분과 고정 부분 사이에 형성되는 위험점
④ 절단점(회전운동 자체) : 회전하는 운동 부분이나 운동하는 기계 부분 자체에서 위험이 초래되는 것

46

위험기계·기구와 이에 해당하는 방호장치의 연결이 틀린 것은?

① 연삭기 – 급정지장치
② 프레스 – 광전자식 방호장치
③ 아세틸렌 용접장치 – 안전기
④ 압력용기 – 압력방출용 안전밸브

해설

연삭기의 방호장치
덮개, 작업 받침대와 조정편 등

47

기계설비의 일반적인 안전조건에 해당되지 않는 것은?

① 설비의 안전화
② 기능의 안전화
③ 구조의 안전화
④ 작업의 안전화

해설

기계설비의 안전조건
외형의 안전화, 작업의 안전화, 작업점의 안전화, 기능의 안전화, 구조의 안전화, 보전작업의 안전화

48

보일러수에 유지류, 고형물 등에 의한 거품이 생겨 수위를 판단하지 못하는 현상은?

① 역화
② 포밍
③ 프라이밍
④ 캐리오버

해설

② 포밍 : 부유물 등에 의해 보일러수면에 거품이 생겨 올바른 수위를 파악하지 못하는 현상이다.
① 역화 : 미연소가스가 노 내에 잔류하여 비정상적인 폭발적 연소를 일으킨다.
③ 프라이밍 : 수분이 증기와 분리되지 못하고 보일러수면이 심하게 솟아오르는 현상이다.
④ 캐리오버 : 보일러수 속에 유지류, 용해 고형물 등이 증기에 섞여 보일러 밖으로 튀어 나가는 현상이다.

49

프레스기에 사용하는 양수 조작식 방호장치의 일반구조에 관한 설명 중 틀린 것은?

① 1행정 1정지 기구에 사용할 수 있어야 한다.

② 누름 버튼을 양손으로 동시에 조작하지 않으면 작동시킬 수 없는 구조이어야 한다.

③ 양쪽 버튼의 작동시간 차이는 최대 0.5초 이내일 때 프레스가 동작되도록 해야 한다.

④ 방호장치는 사용전원전압의 ±50%의 변동에 대하여 정상적으로 작동되어야 한다.

> **해설**
> 방호장치는 사용전원전압의 ±20%의 변동에 대하여 정상적으로 작동되어야 한다.

50

기준 무부하 상태에서 구내 최고속도가 20km/h인 지게차의 주행 시 좌우 안정도 기준은 몇 % 이내인가?

① 4% ② 20%

③ 37% ④ 40%

> **해설**
> **지게차의 좌우 안정도(S_{lr})**
> $S_{lr} = 15 + 1.1 V$ %
> $= 15 + 1.1 \times 20$ %
> $= 37$ %

51

셰이퍼 작업 시의 안전대책으로 틀린 것은?

① 바이트는 가급적 짧게 물리도록 한다.

② 가공 중 다듬질면을 손으로 만지지 않는다.

③ 시동하기 전에 행정조정용 핸들을 끼워 둔다.

④ 가공 중에는 바이트의 운동 방향에 서지 않도록 한다.

> **해설**
> 셰이퍼 작업 시 시동하기 전에 행정조정용 핸들을 빼 둔다.

52

드릴작업 시 가공재를 고정하기 위한 방법으로 적합하지 않은 것은?

① 가공재가 길 때는 방진구를 이용한다.

② 가공재가 작을 때는 바이스로 고정한다.

③ 가공재가 크고 복잡할 때는 볼트와 고정구로 고정한다.

④ 대량 생산과 정밀도가 요구될 때는 지그로 고정한다.

> **해설**
> 방진구는 선반작업을 할 때 사용하는 부속장치이다.

53

산업용 로봇의 작동범위에서 그 로봇에 관하여 교시 등의 작업을 하는 때의 작업시간 전 점검사항에 해당하지 않는 것은?(단, 로봇의 동력원을 차단하고 행하는 것을 제외한다)

① 회전부의 덮개 또는 울
② 제동장치 및 비상정지장치의 기능
③ 외부 전선의 피복 또는 외장의 손상 유무
④ 머니퓰레이터(manipulator) 작동의 이상 유무

54

보일러에서 과열이 발생하는 직접적인 원인과 가장 거리가 먼 것은?

① 수관의 청소 불량
② 관 수 부족 시 보일러의 가동
③ 안전밸브의 기능이 부정확할 때
④ 수면계의 고장으로 드럼 내 물의 감소

해설

안전밸브는 압력방출장치로 기능이 부정확할 때는 압력 상승의 원인에 해당한다.

55

기계설비의 안전조건 중 외관의 안전화에 해당되는 조치는?

① 고장 발생을 최소화하기 위해 정기점검을 실시하였다.
② 강도의 열화를 생각하여 안전율을 최대로 고려하여 설계하였다.
③ 전압 강하, 정전 시의 오동작을 방지하기 위하여 자동제어장치를 설치하였다.
④ 작업자가 접촉할 우려가 있는 기계의 회전부를 덮개로 씌우고 안전색채를 사용하였다.

해설

외형(외관)의 안전화
• 상자로 내장한다.
• 안전덮개, 울, 가드를 설치한다.
• 원동기, 동력전달장치를 별실 또는 구획된 장소에 격리시킨다.
• 기계·장비의 본체, 버튼, 배관, 회전부 돌출 부분 등에 안전색채를 사용한다.

56

기계설비의 본질적 안전화를 위한 방식 중 성격이 다른 것은?

① 고정 가드
② 인터로크 기구
③ 압력용기 안전밸브
④ 양수 조작식 조작기구

해설

고정 가드, 인터로크 기구, 양수 조작식 조작기구 등은 풀 프루프 적용에 해당하고, 압력용기 안전밸브는 페일 세이프에 해당한다.

57

기계설비의 방호장치 분류 중 위험원에 대한 방호장치는?

① 감지형 방호장치

② 접근반응형 방호장치

③ 위치제한형 방호장치

④ 접근거부형 방호장치

해설

- 위험원에 대한 방호장치 : 포집형, 감지형 방호장치
- 위험 장소에 대한 방호장치 : 격리형, 접근반응형, 위치제한형, 접근거부형 방호장치

58

프레스기에서 사용하는 손쳐내기식 방호장치의 방호판에 관한 기준으로 옳은 것은?

① 방호판의 폭은 금형폭의 1/2 이상이어야 하고, 행정 길이가 300mm 이상의 프레스 기계에서는 방호판의 폭을 200mm로 해야 한다.

② 방호판의 폭은 금형폭의 1/2 이상이어야 하고, 행정 길이가 300mm 이상의 프레스 기계에서는 방호판의 폭을 300mm로 해야 한다.

③ 방호판의 폭은 금형폭의 1/3 이상이어야 하고, 행정 길이가 300mm 이상의 프레스 기계에서는 방호판의 폭을 200mm로 해야 한다.

④ 방호판의 폭은 금형폭의 1/3 이상이어야 하고, 행정 길이가 300mm 이상의 프레스 기계에서는 방호판의 폭을 300mm로 해야 한다.

해설

방호판의 폭은 금형폭의 1/2 이상이어야 하고, 행정 길이가 300mm 이상의 프레스 기계에는 방호판 폭을 300mm로 해야 한다(방호장치 안전인증 고시 별표 1).

59

작업장에서 사용하는 로프의 최대사용하중이 200kgf이고, 절단하중이 600kgf일 때 이 로프의 안전율은?

① 0.33　　　　② 3

③ 200　　　　④ 300

해설

안전율(S)

$$S = \frac{절단하중}{최대사용하중} = \frac{600}{200} = 3$$

60

연삭기에서 연삭숫돌차의 바깥지름이 250mm일 경우 평형 플랜지의 바깥지름은 약 몇 mm 이상이어야 하는가?

① 62　　　　② 84

③ 93　　　　④ 114

해설

평형 플랜지의 바깥지름 $\geq 250 \times \frac{1}{3} \simeq 83.3$mm

∴ 약 84mm

61

정전작업 시 주의할 사항으로 틀린 것은?

① 감독자를 배치시켜 스위치의 조작을 통제한다.

② 퓨즈가 있는 개폐기의 경우는 퓨즈를 제거한다.

③ 정전작업 전에 작업내용을 충분히 작업원에게 주지 시킨다.

④ 단시간에 끝나는 작업일 경우 작업원의 판단에 의해 작업한다.

해설

단시간에 끝나는 작업도 관리감독자에게 보고한 후 작업해야 한다.

62

근로자가 충전전로를 취급하거나 그 인근에서 작업하는 경우 조치하여야 하는 사항으로 틀린 것은?

① 충전전로를 취급하는 근로자에게 그 작업에 적합한 절연용 보호구를 착용시킬 것

② 충전전로를 정전시키는 경우 차단장치나 단로기 등의 잠금장치 확인 없이 빠른 시간 내에 작업을 완료할 것

③ 충전전로에 근접한 장소에서 전기작업을 하는 경우에는 해당 전압에 적합한 절연용 방호구를 설치할 것

④ 고압 및 특별고압의 전로에서 전기작업을 하는 근로자에게 활선작업용 기구 및 장치를 사용하도록 할 것

해설

충전전로를 정전시키는 경우 차단장치나 단로기 등의 잠금장치를 반드시 확인한 후 작업을 실시해야 한다.

63

전기설비의 점화원 중 잠재적 점화원에 속하지 않는 것은?

① 전동기 권선

② 마그넷 코일

③ 케이블

④ 릴레이 전기접점

해설

전기설비의 점화원

- 현재적 점화원
  - 직류전동기의 정류자, 권선형 유도전동기의 슬립링 등
  - 전열기, 저항기, 전동기의 고온부 등
  - 개폐기 및 차단기류의 접점, 제어기기 및 보호계전기의 전기 접점 등
- 잠재적 점화원 : 전동기의 권선, 변압기의 권선, 마그넷 코일, 전기적 광원, 케이블, 기타 배선 등

64

접지에 관한 설명으로 틀린 것은?

① 접지저항이 크면 클수록 좋다.

② 접지공사의 접지선은 과전류차단기를 시설하여서는 안 된다.

③ 접지극의 시설은 동판, 동봉 등이 부식될 우려가 없는 장소를 선정하여 지중에 매설 또는 타입한다.

④ 고압전로와 저압전로를 결합하는 변압기의 저압전로 사용전압이 300V 이하로 중성점 접지가 어려운 경우 저압측 임의의 한 단자에 제2종 접지공사를 실시한다.

해설

접지저항이 크면 인체 감전 시 통전전류가 인체에 많이 흐르게 되므로 접지저항은 낮을수록 좋다.

65

방폭구조의 명칭과 표기기호가 잘못 연결된 것은?

① 안전증 방폭구조 : e

② 유입(油入) 방폭구조 : o

③ 내압(耐壓) 방폭구조 : p

④ 본질안전 방폭구조 : ia 또는 ib

해설

내압(耐壓) 방폭구조 : d

66

인체의 대부분이 수중에 있는 상태에서의 허용접촉전압으로 옳은 것은?

① 2.5V 이하 ② 25V 이하

③ 50V 이하 ④ 100V 이하

해설

허용접촉전압의 종류

종별	접촉 상태	허용접촉전압
제1종	• 인체의 대부분이 수중에 있는 상태	2.5V 이하
제2종	• 인체가 현저히 젖어 있는 상태 • 금속성의 전기기계장치나 구조물에 인체의 일부가 상시 접촉되어 있는 상태	25V 이하
제3종	• 제1종, 제2종 이외의 경우로서 통상의 인체 상태에서 있어서 접촉전압이 가해지면 위험성이 높은 상태	50V 이하
제4종	• 제1종, 제2종 이외의 경우로서 통상 인체 상태에 접촉전압이 가해지더라도 위험성이 낮은 상태 • 접촉전압이 가해질 우려가 없는 경우	제한 없음

67

전기기계·기구의 조작 부분을 점검하거나 보수하는 경우에는 근로자가 안전하게 작업할 수 있도록 전기기계·기구로부터 몇 m 이상의 작업 공간을 확보하여야 하는지 그 기준으로 옳은 것은?

① 0.5 ② 0.7

③ 0.9 ④ 1.2

해설

전기기계·기구의 조작 시 등의 안전조치(산업안전보건기준에 관한 규칙 제310조)

사업주는 전기기계·기구의 조작 부분을 점검하거나 보수하는 경우에는 근로자가 안전하게 작업할 수 있도록 전기기계·기구로부터 폭 70cm 이상의 작업 공간을 확보하여야 한다.

68

정전기의 대전현상이 아닌 것은?

① 교반대전 ② 충돌대전

③ 박리대전 ④ 망상대전

해설

정전기의 대전현상

마찰대전, 박리대전, 유동대전, 분출대전, 충돌대전, 교반대전, 파괴대전, 혼합대전, 적하대전, 동결대전, 유도대전 등

69

인체가 전격(감전)으로 인한 사고 시 통전전류에 의한 인체반응으로 틀린 것은?

① 교류가 직류보다 일반적으로 더 위험하다.
② 주파수가 높아지면 감지전류는 작아진다.
③ 심장을 관통하는 경로가 가장 사망률이 높다.
④ 가수전류는 불수전류보다 값이 대체적으로 작다.

해설

주파수가 높아지면 감지전류는 높아진다.

70

400V를 넘는 저압전로의 절연저항값은 몇 MΩ 이상으로 하여야 하는가?

① 0.2 ② 0.4
③ 0.8 ④ 1.0

해설

저압전로의 절연성능(전기설비기술기준 제52조)

전로의 사용전압[V]	DC 시험전압[V]	절연저항[MΩ]
SELV 및 PELV	250	0.5
FELV를 포함한 500V 이하	500	1.0
500V 초과	1,000	1.0

※ 출제 당시 정답은 ②였으나 해당 규정이 개정되어 정답은 ④이다.

71

25℃, 1기압에서 공기 중 벤젠(C_6H_6)의 허용농도가 10ppm일 때 이를 mg/m³의 단위로 환산하면 약 얼마인가?(단, C, H의 원자량은 각각 12, 1이다)

① 28.7 ② 31.9
③ 34.8 ④ 45.9

해설

$$벤젠\ 10ppm = 78 \times \frac{10 \times 1,000 \times 1,000}{22.4 \times 10^6} \times \frac{273}{25 + 273}$$
$$\approx 31.9mg/m^3$$

72

다음 중 점화원에 해당하지 않는 것은?

① 기화열 ② 충격·마찰
③ 복사열 ④ 고온 물질 표면

해설

기화열은 물이 증발할 때 열을 흡수하거나 방출한 상태로, 액체가 기체로 되면서 흡수하는 열이다.

73

리튬(Li)에 관한 설명으로 틀린 것은?

① 연소 시 산소와는 반응하지 않는 특성이 있다.
② 염산과 반응하여 수소를 발생한다.
③ 물과 반응하여 수소를 발생한다.
④ 화재 발생 시 소화방법으로는 건조된 마른 모래 등을 이용한다.

해설

• 리튬은 물과 치환반응하여 수소를 발생한다. 그러나 물과의 반응은 다른 알칼리금속에 비하여 상온에서 매우 천천히 진행된다.
• 괴상의 고체 리튬은 순 산소와 접촉되어도 상온에서는 자연발화하지 않지만, 200℃ 이상의 온도에서 산소와 반응하면 독특한 선홍색으로 빛을 내는 산화리튬을 생성한다.

74

다음 중 화재의 종류가 옳게 연결된 것은?

① A급 화재 – 유류화재

② B급 화재 – 유류화재

③ C급 화재 – 일반화재

④ D급 화재 – 일반화재

해설

① A급 화재 – 일반화재

③ C급 화재 – 전기화재

④ D급 화재 – 금속화재

75

위험물안전관리법상 자기반응성 물질은 제 몇 류 위험물로 분류하는가?

① 제1류 위험물

② 제3류 위험물

③ 제4류 위험물

④ 제5류 위험물

해설

위험물(위험물안전관리법 시행령 별표 1)

• 제1류 위험물 : 산화성 고체

• 제2류 위험물 : 가연성 고체

• 제3류 위험물 : 자연발화성 물질 및 금수성 물질

• 제4류 위험물 : 인화성 액체

• 제5류 위험물 : 자기반응성 물질

• 제6류 위험물 : 산화성 액체

76

프로판(C_3H_8) 1mol이 완전연소하기 위한 산소의 화학양론계수는 얼마인가?

① 2　　　　　　② 3

③ 4　　　　　　④ 5

해설

프로판가스의 연소방정식 $C_3H_8 + 5O_2 \rightarrow 3CO_2 + 4H_2O$에서 산소의 몰수 5가 프로판 1mol이 완전연소하기 위한 산소의 화학양론계수이다.

77

다음 중 분해폭발하는 가스의 폭발 방지를 위하여 첨가하는 불활성 가스로 가장 적합한 것은?

① 산소　　　　　② 질소

③ 수소　　　　　④ 프로판

78

다음 중 물속에 저장이 가능한 물질은?

① 칼륨

② 황린

③ 인화칼슘

④ 탄화알루미늄

해설

황린은 물과 반응하지 않기 때문에 pH 9 정도의 물속에 저장한다.

79

다음 중 건조설비의 사용상 주의사항으로 적절하지 않은 것은?

① 건조설비 가까이 가연성 물질을 두지 말 것
② 고온으로 가열·건조한 물질은 즉시 격리 저장할 것
③ 위험물 건조설비를 사용할 때는 미리 내부를 청소하거나 환기시킨 후 사용할 것
④ 건조 시 발생하는 가스·증기 또는 분진에 의한 화재·폭발의 위험이 있는 물질은 안전한 장소로 배출할 것

해설

건조설비의 사용(산업안전보건기준에 관한 규칙 제283조)

사업주는 건조설비를 사용하여 작업을 하는 경우에 폭발이나 화재를 예방하기 위하여 다음의 사항을 준수하여야 한다.

• 위험물 건조설비를 사용하는 경우에는 미리 내부를 청소하거나 환기할 것
• 위험물 건조설비를 사용하는 경우에는 건조로 인하여 발생하는 가스·증기 또는 분진에 의하여 폭발·화재의 위험이 있는 물질을 안전한 장소로 배출시킬 것
• 위험물 건조설비를 사용하여 가열건조하는 건조물은 쉽게 이탈되지 않도록 할 것
• 고온으로 가열건조한 인화성 액체는 발화의 위험이 없는 온도로 냉각한 후에 격납시킬 것
• 건조설비(바깥면이 현저히 고온이 되는 설비만 해당한다)에 가까운 장소에는 인화성 액체를 두지 않도록 할 것

80

할로겐화합물 소화약제의 소화작용과 같이 연소의 연속적인 연쇄반응을 차단·억제 또는 방해하여 연소현상이 일어나지 않도록 하는 소화작용은?

① 부촉매소화작용
② 냉각소화작용
③ 질식소화작용
④ 제거소화작용

해설

억제소화(부촉매효과, 화학소화방법)

연소의 연쇄반응을 차단시켜 소화하는 방법으로, 증발성의 할로겐화합물 소화약제가 소화억제제로 이용된다. 이것은 부(負)촉매로서 작용하여 산화반응을 억제하므로 부촉매소화라고도 한다.

81

굴착면 붕괴의 원인과 가장 관계가 먼 것은?

① 사면 경사의 증가
② 성토 높이의 감소
③ 공사에 의한 진동하중의 증가
④ 굴착 높이의 증가

해설

굴착면 붕괴

• 외적 요인
 – 사면의 경사 및 기울기 증가
 – 절토 및 성토 높이의 증가
 – 굴착된 높이 증가
 – 공사에 의한 진동하중 및 반복하중의 증가
 – 지표수 및 지하수의 침투에 의한 토사 중량 증가
 – 지진, 차량, 구조물의 하중작업
 – 토사 및 암석의 혼합층 두께
• 내적 요인
 – 절토 사면의 토질, 암면
 – 성토 사면의 토질 구성 및 분포
 – 토석의 강도 저하

82

물체를 투하할 때 투하설비를 설치하거나 감시인을 배치하는 등의 위험 방지를 위한 조치를 하여야 하는 기준 높이는?

① 3m 이상
② 5m 이상
③ 7m 이상
④ 10m 이상

해설

투하설비 등(산업안전보건기준에 관한 규칙 제15조)

사업주는 높이가 3m 이상인 장소로부터 물체를 투하하는 경우 적당한 투하설비를 설치하거나 감시인을 배치하는 등 위험을 방지하기 위하여 필요한 조치를 하여야 한다.

83

공사 금액이 500억 원인 건설업 공사에서 선임해야 할 최소 안전관리자 수는?

① 1명
② 2명
③ 3명
④ 4명

해설

건설업의 안전관리자의 수(시행령 별표 3)

안전관리자의 수	공사 금액
1명 이상	• 50억 원 이상(관계 수급인은 100억 원 이상) 120억 원 미만(토목공사업의 경우는 150억 원 미만) • 120억 원 이상(토목공사업의 경우는 150억 원 이상) 800억 원 미만

84

채석작업을 하는 때 채석작업계획에 포함되어야 하는 사항에 해당되지 않는 것은?

① 굴착면의 높이와 기울기
② 기둥 침하의 유무 및 상태 확인
③ 암석의 분할방법
④ 표토 또는 용수의 처리방법

해설

채석작업 시 작업계획서 내용(산업안전보건기준에 관한 규칙 별표 4)
• 노천 굴착과 갱내 굴착의 구별 및 채석방법
• 굴착면의 높이와 기울기
• 굴착면 소단의 위치와 넓이
• 갱내에서의 낙반 및 붕괴 방지방법
• 발파방법
• 암석의 분할방법
• 암석의 가공 장소
• 사용하는 굴착기계·분할기계·적재기계 또는 운반기계의 종류 및 성능
• 토석 또는 암석의 적재 및 운반방법과 운반경로
• 표토 또는 용수의 처리방법

85

슬레이트, 선라이트 등 강도가 약한 재료로 덮은 지붕 위에서의 작업 중 위험 방지를 위하여 필요한 발판의 폭 기준은?

① 10cm 이상
② 20cm 이상
③ 25cm 이상
④ 30cm 이상

해설

지붕 위에서의 위험 방지(산업안전보건기준에 관한 규칙 제45조)
사업주는 근로자가 지붕 위에서 작업을 할 때 추락하거나 넘어질 위험이 있는 경우에는 다음의 조치를 해야 한다.
• 지붕의 가장자리에 안전난간을 설치할 것
• 채광창(skylight)에는 견고한 구조의 덮개를 설치할 것
• 슬레이트 등 강도가 약한 재료로 덮은 지붕에는 폭 30cm 이상의 발판을 설치할 것

86

가설구조물의 특징으로 옳지 않은 것은?

① 연결재가 적은 구조로 되기 쉽다.
② 부재의 결합이 매우 복잡하다.
③ 구조상의 결함이 있는 경우 중대재해로 이어질 수 있다.
④ 사용 부재가 과소 단면이거나 결함재료를 사용하기 쉽다.

해설

가설구조물은 부재의 결합이 매우 간단하다.

87

철골보 인양작업 시 준수사항으로 옳지 않은 것은?

① 인양용 와이어로프의 체결지점은 수평 부재의 1/4 지점을 기준으로 한다.

② 인양용 와이어로프의 매달기각도는 양변 60°를 기준으로 한다.

③ 흔들리거나 선회하지 않도록 유도로프로 유도한다.

④ 훅은 용접의 경우 용접규격을 반드시 확인한다.

인양용 와이어로프의 체결지점은 수평 부재의 1/3 지점을 기준으로 한다[철골공사(데크플레이트 포함)의 안전작업에 관한 기술지원규정].

88

강관틀 비계를 조립하여 사용하는 경우 벽이음의 수직 방향 조립 간격은?

① 2m 이내마다 　　　 ② 5m 이내마다

③ 6m 이내마다 　　　 ④ 8m 이내마다

강관 비계의 조립 간격(산업안전보건기준에 관한 규칙 별표 5)

강관 비계의 종류	조립 간격(단위 : m)	
	수직 방향	수평 방향
단관 비계	5	5
틀 비계(높이가 5m 미만인 것은 제외한다)	6	8

89

흙의 함수비 측정시험을 하였다. 먼저 용기의 무게를 잰 결과 10g이었다. 시료를 용기에 넣은 후에 총무게는 40g, 그대로 건조시킨 후 무게는 30g이었다. 이 흙의 함수비는?

① 25%　　　　　　② 30%

③ 50%　　　　　　④ 75%

• 물의 중량 + 순 토립자의 중량 : 40 − 10 = 30g
• 순 토립자의 중량 : 30 − 10 = 20g
• 물의 중량 : 30 − 20 = 10g

$$\therefore \ 함수비 = \frac{물의\ 중량}{순\ 토립자의\ 중량} \times 100\%$$

$$= \frac{10}{20} \times 100\%$$

$$= 50\%$$

90

일반적인 안전수칙에 따른 수공구와 관련된 행동으로 옳지 않은 것은?

① 작업에 맞는 공구의 선택과 올바른 취급을 하여야 한다.

② 결함이 없는 완전한 공구를 사용하여야 한다.

③ 작업 중인 공구는 작업이 편리한 반경 내의 작업대나 기계 위에 올려놓고 사용하여야 한다.

④ 공구는 사용 후 안전한 장소에 보관하여야 한다.

작업 중인 공구를 기계 위에 올려놓고 사용하면 위험하다.

91

낙하물방지망 설치 기준으로 옳지 않은 것은?

① 높이 10m 이내마다 설치한다.
② 내민 길이는 벽면으로부터 3m 이상으로 한다.
③ 수평면과의 각도는 20° 이상 30° 이하를 유지한다.
④ 방호선반의 설치 기준과 동일하다.

해설

낙하물에 의한 위험의 방지(산업안전보건기준에 관한 규칙 제14조)
낙하물방지망 또는 방호선반을 설치하는 경우에는 다음의 사항을 준수하여야 한다.
• 높이 10m 이내마다 설치하고, 내민 길이는 벽면으로부터 2m 이상으로 할 것
• 수평면과의 각도는 20° 이상 30° 이하를 유지할 것

92

추락방지망의 달기 로프를 지지점에 부착할 때 지지점의 간격이 1.5m인 경우 지지점의 강도는 최소 얼마 이상이어야 하는가?

① 200kg ② 300kg
③ 400kg ④ 500kg

해설

$F = 200 \times B$
$= 200 \times 1.5$
$= 300kg$

93

히빙현상에 대한 안전대책과 가장 거리가 먼 것은?

① 어스앵커 설치
② 흙막이벽의 근입심도 확보
③ 양질의 재료로 지반 개량 실시
④ 굴착 주변에 상재하중을 증대

해설

히빙현상을 방지하려면 굴착 주변의 상재하중을 제거해야 한다.

94

철골작업 시 폭우와 같은 악천후에 작업을 중지하여야 하는 강우량 기준은?

① 1시간당 1mm 이상일 때
② 2시간당 1mm 이상일 때
③ 3시간당 2mm 이상일 때
④ 4시간당 2mm 이상일 때

해설

철골작업을 중지하여야 하는 기준(산업안전보건기준에 관한 규칙 제383조)
• 풍속이 초당 10m 이상인 경우
• 강우량이 시간당 1mm 이상인 경우
• 강설량이 시간당 1cm 이상인 경우

95

철골공사에서 부재의 건립용 기계로 거리가 먼 것은?

① 타워크레인

② 가이데릭

③ 삼각데릭

④ 항타기

철골공사에서 부재의 건립용 기계

타워크레인, 가이데릭, 삼각데릭, 스티프레그데릭, 진폴데릭 등

※ 항타기는 강관 파일이나 콘크리트 파일, 시트 파일 등 말뚝을 땅에 박는 기계로, 건물의 기초 공사에 쓰인다.

96

콘크리트 양생작업에 관한 설명 중 옳지 않은 것은?

① 콘크리트 타설 후 소요기간까지 경화에 필요한 조건을 유지시켜 주는 작업이다.

② 양생기간 중에 예상되는 진동, 충격, 하중 등의 유해한 작용으로부터 보호하여야 한다.

③ 습윤양생 시 일광을 최대한 도입하여 수화작용을 촉진하도록 한다.

④ 습윤양생 시 거푸집판이 건조될 우려가 있는 경우에는 살수하여야 한다.

습윤양생이란 시멘트를 굳힐 때 물기가 있으면 더 잘 굳는 것으로, 일광을 최소로 하여 수화작용을 촉진시킨다.

97

양중기에서 화물을 직접 지지하는 달기 와이어로프의 안전계수는 최소 얼마 이상으로 하여야 하는가?

① 2

② 3

③ 5

④ 10

와이어로프 등 달기구의 안전계수(산업안전보건기준에 관한 규칙 제163조)

• 근로자가 탑승하는 운반구를 지지하는 달기 와이어로프 또는 달기 체인의 경우 : 10 이상

• 화물의 하중을 직접 지지하는 달기 와이어로프 또는 달기 체인의 경우 : 5 이상

• 훅, 샤클, 클램프, 리프팅 빔의 경우 : 3 이상

• 그 밖의 경우 : 4 이상

98

다음은 산업안전보건기준에 관한 규칙 중 조립도에 관한 사항이다. ( ) 안에 알맞은 것은?

> 거푸집 동바리 등을 조립하는 때에는 그 구조를 검토한 후 조립도를 작성하여야 한다. 조립도에는 동바리ㆍ멍에 등 부재의 재질ㆍ단면 규격ㆍ( ) 및 이음방법 등을 명시하여야 한다.

① 부재강도

② 기울기

③ 안전대책

④ 설치 간격

조립도(산업안전보건기준에 관한 규칙 제331조)

• 사업주는 거푸집 및 동바리를 조립하는 경우에는 그 구조를 검토한 후 조립도를 작성하고, 그 조립도에 따라 조립하도록 해야 한다.

• 조립도에는 거푸집 및 동바리를 구성하는 부재의 재질ㆍ단면 규격ㆍ설치 간격 및 이음방법 등을 명시해야 한다.

99

건설공사 유해위험방지계획서를 제출하는 경우 자격을 갖춘 자의 의견을 들은 후 제출하여야 하는데 이 자격에 해당하지 않는 자는?

① 건설안전기사로서 건설안전 관련 실무경력이 4년인 자
② 건설안전기술사
③ 토목시공기술사
④ 건설안전 분야 산업안전지도사

해설

유해위험방지계획서의 건설안전 분야 자격 등(시행규칙 제43조)
• 건설안전 분야 산업안전지도사
• 건설안전기술사 또는 토목·건축 분야 기술사
• 건설안전산업기사 이상의 자격을 취득한 후 건설안전 관련 실무경력이 건설안전기사 이상의 자격은 5년, 건설안전산업기사 자격은 7년 이상인 사람

100

흙의 안식각과 동일한 의미를 가진 용어는?

① 자연경사각
② 비탈면각
③ 시공경사각
④ 계획경사각

해설

흙의 안식각이란 안정된 비탈면과 원지면이 이루는 흙의 사면각도로 자연경사각, 휴식각, 자연구배라고도 한다.

제1과목 | 산업안전관리론

01

억측 판단의 배경이 아닌 것은?

① 생략행위

② 초조한 심정

③ 희망적 관측

④ 과거의 성공한 경험

해설

• 억측 판단의 배경(유도요인) : 과거의 성공한 경험, 강한 원망(願望), 희망적 관측, 불확실한 정보와 지식의 이해, 선입관, 초조한 심정 등

• 생략행위 : 규칙을 무시하고, 제멋대로의 판단에서 나오는 행동, 즉 작업 시에 원래 사용하던 작업용구를 사용하지 않고 가까이에 있는 다른 용도의 용구를 사용하여 임시적으로 사용하거나 정해진 순서를 그냥 넘어가거나 소정의 보호구를 사용하지 않는 것 등

02

개인 카운슬링(counseling) 방법으로 가장 거리가 먼 것은?

① 직접적 충고

② 설득적 방법

③ 설명적 방법

④ 반복적 충고

해설

개인적 카운슬링의 방법

직접적인 충고, 설득적 방법, 설명적 방법

※ 반복적 충고는 상담자가 계속 동일한 조언이나 충고를 반복하는 것으로, 관계 악화에 해당한다.

03

산업안전보건법령상 사업주가 근로자에 대하여 실시하여야 하는 교육 중 특별안전·보건교육의 대상이 되는 작업이 아닌 것은?

① 화학설비의 탱크 내 작업

② 전압이 30V인 정전 및 활선작업

③ 건설용 리프트·곤돌라를 이용한 작업

④ 동력에 의하여 작동되는 프레스 기계를 5대 이상 보유한 사업장에서 해당 기계로 하는 작업

해설

전압이 75V인 정전 및 활선작업이 근로자 특별교육의 대상이다(시행규칙 별표 5).

04

조직이 리더에게 부여하는 권한으로 볼 수 없는 것은?

① 보상적 권한

② 강압적 권한

③ 합법적 권한

④ 위임된 권한

해설

리더십의 권한

• 조직이 리더에게 부여하는 권한

  − 보상적 권한

  − 강압적 권한

  − 합법적 권한

• 리더가 자신에게 부여하는 권한

  − 전문성의 권한

  − 위임된 권한

05

인간의 행동특성에 관한 레빈(Lewin)의 법칙에서 각 인자에 대한 내용으로 틀린 것은?

$$B = f(P \cdot E)$$

① B : 행동
② f : 함수관계
③ P : 개체
④ E : 기술

해설

인간의 행동특성과 관련된 레빈의 법칙

$B = f(P \cdot E)$

여기서, B : behavior(인간의 행동)

$\quad$ f : function(함수관계)

$\quad$ P : personality(인간의 개체 : 연령, 경험, 성격(개성), 지능, 심신 상태 등)

$\quad$ E : environment(심리적 환경 : 작업환경, 인간관계 등)

06

무재해운동의 추진기법 중 위험예지훈련의 4라운드 중 2라운드 진행방법에 해당하는 것은?

① 본질 추구
② 목표 설정
③ 현상 파악
④ 대책 수립

해설

위험예지훈련의 4라운드(4R)

현상 파악 → 본질 추구 → 대책 수립 → 목표 설정

07

허즈버그(Herzberg)의 동기 · 위생이론에 대한 설명으로 옳은 것은?

① 위생요인은 직무내용에 관련된 요인이다.
② 동기요인은 직무에 만족을 느끼는 주요인이다.
③ 위생요인은 매슬로 욕구단계 중 존경, 자아실현의 욕구와 유사하다.
④ 동기요인은 매슬로 욕구단계 중 생리적 욕구와 유사하다.

해설

① 위생요인은 직무 외의 내용과 관련된 요인이다. 즉, 인간의 동물적 욕구를 반영하는 것으로서 안전, 친교, 봉급, 감독 형태, 기업의 정책 작업조건 등이 해당된다.
③ 위생요인은 매슬로 욕구단계 중 생리적 · 사회적 욕구와 유사하다.
④ 동기요인은 매슬로 욕구단계 중 자아실현의 욕구와 유사하다.

08

산업안전보건법령상 안전인증 대상 기계 · 기구 등이 아닌 것은?

① 프레스
② 전단기
③ 롤러기
④ 산업용 원심기

해설

안전인증 대상 기계 또는 설비(시행령 제74조)

프레스, 전단기 및 절곡기, 크레인, 리프트, 압력용기, 롤러기, 사출성형기, 고소작업대, 곤돌라

09

다음과 같은 스트레스에 대한 반응은 무엇에 해당하는가?

> 여동생이나 남동생을 얻게 되면서 손가락을 빠는 것과 같이 어린 시절의 버릇을 나타낸다.

① 투사
② 억압
③ 승화
④ 퇴행

퇴행(regression)
과거 발달단계의 행동 특징으로 되돌아감으로써 위협적 사건들을 피하는 것을 말한다.
예 말을 잘하던 아이가 동생이 태어나자 말을 하지 않고 어리광 부리는 행동을 하는 것

10

산업안전보건법령상 일용 근로자의 안전·보건교육 과정별 교육시간 기준으로 틀린 것은?

① 채용 시의 교육 : 1시간 이상
② 작업내용 변경 시의 교육 : 2시간 이상
③ 건설업 기초 안전·보건교육(건설 일용 근로자) : 4시간
④ 특별교육 : 2시간 이상(흙막이 지보공의 보강 또는 동바리를 설치하거나 해체하는 작업에 종사하는 일용 근로자)

작업내용 변경 시의 교육(시행규칙 별표 4)

일용 근로자 및 근로계약기간이 1주일 이하인 기간제 근로자	1시간 이상
그 밖의 근로자	2시간 이상

11

재해의 기본원인 4M에 해당하지 않는 것은?

① Man
② Machine
③ Media
④ Measurement

재해의 기본원인 4M
Man, Machine, Media, Management

12

연평균 근로자 수가 1,000명인 사업장에서 연간 6건의 재해가 발생한 경우, 이때의 도수율은?(단, 1일 근로시간 수는 4시간, 연평균 근로일수는 150일이다)

① 1
② 10
③ 100
④ 1,000

$$도수율 = \frac{재해건수}{연근로시간 \ 수} \times 10^6$$
$$= \frac{6}{1,000 \times 4 \times 150} \times 10^6$$
$$= 10$$

13

재해의 원인과 결과를 연계하여 상호관계를 파악하기 위해 도표화하는 분석방법은?

① 특성요인도
② 파레토도
③ 크로스 분류도
④ 관리도

• 특성요인도(cause & effect diagram) : 어떠한 문제가 발생했을 때 어떤 원인으로 일어나는지 인과관계를 살펴보고, 이를 물고기 뼈의 모양(어골도)으로 도식화해서 문제점을 파악하고 해결책을 모색하는 기법이다.
• 파레토도 : 작업현장에서 발생하는 작업환경 불량이나 고장, 재해 등의 내용을 분류하고 그 건수와 금액을 크기 순으로 나열하여 작성한 그래프이다.

14

적응기제(adjustment mechanism)의 도피적 행동인 고립에 해당하는 것은?

① 운동 시합에서 진 선수가 컨디션이 좋지 않았다고 말한다.
② 키가 작은 사람이 키 큰 친구들과 같이 사진을 찍으려 하지 않는다.
③ 자녀가 없는 여교사가 아동교육에 전념하게 되었다.
④ 동생이 태어나자 형이 된 아이가 말을 더듬는다.

해설

② 고립 : 자신이 없을 때 현실로부터 벗어남으로써 곤란한 상황과의 접촉을 피하여 자기 내부로 도피하는 행동
① 합리화 : 그럴듯한 구실이나 변명을 통해 실패를 정당화하는 것
③ 승화 : 억압당한 욕구가 사회적 · 문화적으로 가치 있는 목적으로 향하도록 노력함으로써 욕구를 충족하는 적응기제
④ 퇴행 : 자신의 욕구를 충족시킬 수 없을 때 유아시절의 감정이나 태도로 돌아가서 욕구를 충족시키려고 하는 기제

15

교육의 효과를 높이기 위하여 시청각 교재를 최대한으로 활용하는 시청각적 방법의 필요성이 아닌 것은?

① 교재의 구조화를 기할 수 있다.
② 대량 수업체제가 확립될 수 있다.
③ 교수의 평준화를 기할 수 있다.
④ 개인차를 최대한으로 고려할 수 있다.

해설

시청각적 방법은 많은 인원으로 인해 개인차를 고려할 수 없다.

16

무재해운동의 추진을 위한 3요소에 해당하지 않는 것은?

① 모든 위험 잠재요인의 해결
② 최고경영자의 경영 자세
③ 관리감독자(line)의 적극적 추진
④ 직장 소집단의 자주활동 활성화

해설

무재해운동 추진을 위한 3요소
• 최고경영자의 경영 자세
• 관리감독자에 의한 안전보건 추진
• 소집단의 자주활동 활발화

17

산업안전보건법상 고용노동부장관이 산업재해 예방을 위하여 종합적인 개선조치를 할 필요가 있다고 인정할 때 안전보건개선계획의 수립 · 시행을 명할 수 있는 대상 사업장이 아닌 것은?

① 산업재해율이 같은 업종의 규모별 평균 산업재해율보다 높은 사업장
② 사업주가 안전보건조치의무를 이행하지 아니하여 중대재해가 발생한 사업장
③ 고용노동부장관이 관보 등에 고시한 유해인자의 노출 기준을 초과한 사업장
④ 경미한 재해가 다발로 발생한 사업장

해설

안전보건개선계획의 수립 · 시행 명령(법 제49조)
• 산업재해율이 같은 업종의 규모별 평균 산업재해율보다 높은 사업장
• 사업주가 필요한 안전조치 또는 보건조치를 이행하지 아니하여 중대재해가 발생한 사업장
• 대통령령으로 정하는 수 이상의 직업성 질병자가 발생한 사업장(직업성 질병자가 연간 2명 이상 발생한 사업장)
• 유해인자의 노출 기준을 초과한 사업장

18

안전교육 훈련기법에 있어 태도 개발 측면에서 가장 적합한 기본교육훈련 방식은?

① 실습방식　　　　② 제시방식
③ 참가방식　　　　④ 시뮬레이션 방식

해설

① 실습방식 : 기능 훈련에 적합
② 제시방식 : 지식 형성에 적합

19

산업안전보건법령상 안전보건표지에 관한 설명으로 틀린 것은?

① 안전보건표지 속의 그림 또는 부호의 크기는 안전보건표지의 크기와 비례하여야 하며, 안전보건표지 전체 규격의 30% 이상이 되어야 한다.
② 안전보건표지 색채의 물감은 변질되지 아니하는 것에 색채 고정원료를 배합하여 사용하여야 한다.
③ 안전보건표지는 그 표시내용을 근로자가 빠르고 쉽게 알아볼 수 있는 크기로 제작하여야 한다.
④ 안전보건표지에는 야광물질을 사용하여서는 아니된다.

해설

야간에 필요한 안전보건표지는 야광물질 등을 사용하여 쉽게 알아볼 수 있도록 제작하여야 한다(시행규칙 제40조).
※ 시행규칙 개정으로 ②의 내용이 삭제됨

20

보호구 안전인증 고시에 따른 안전모의 일반구조 중 턱끈의 최소 폭 기준은?

① 5mm 이상　　　② 7mm 이상
③ 10mm 이상　　　④ 12mm 이상

21

산업안전보건법령에서 정한 물리적 인자의 분류 기준에 있어서 소음은 소음성 난청을 유발할 수 있는 몇 dB(A) 이상의 시끄러운 소리로 규정하고 있는가?

① 70　　　　　② 85
③ 100　　　　　④ 115

해설

• 소음 : 소음성 난청을 유발할 수 있는 85dB(A) 이상의 시끄러운 소리 (시행규칙 별표 18)
• 소음작업 : 1일 8시간 작업을 기준으로 85dB(A) 이상 소음이 발생하는 작업(산업안전보건기준에 관한 규칙 제512조)

22

반복되는 사건이 많이 있는 경우에 FTA의 최소 컷셋을 구하는 알고리즘이 아닌 것은?

① Fussell Algorithm
② Boolean Algorithm
③ Monte Carlo Algorithm
④ Limnios & Ziani Algorithm

해설

Monte Carlo Algorithm은 무작위 추출을 이용하여 함수의 값을 수리적으로 근사하는 알고리즘으로, 반복되는 사건이 많은 경우 최소 컷셋을 찾는 데 시간이 오래 걸리고 정확도가 떨어진다.

23

다음 그림은 C/R비와 시간과의 관계를 나타낸 그림이다. ㉠~㉣에 들어갈 내용이 맞는 것은?

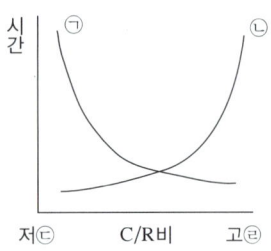

① ㉠ 이동시간 ㉡ 조정시간 ㉢ 민감 ㉣ 둔감
② ㉠ 이동시간 ㉡ 조정시간 ㉢ 둔감 ㉣ 민감
③ ㉠ 조정시간 ㉡ 이동시간 ㉢ 민감 ㉣ 둔감
④ ㉠ 조정시간 ㉡ 이동시간 ㉢ 둔감 ㉣ 민감

해설

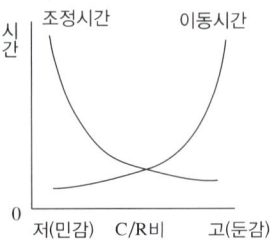

24

인간공학에 관련된 설명으로 틀린 것은?

① 편리성, 쾌적성, 효율성을 높일 수 있다.
② 사고를 방지하고 안전성과 능률성을 높일 수 있다.
③ 인간의 특성과 한계점을 고려하여 제품을 설계한다.
④ 생산성을 높이기 위해 인간을 작업 특성에 맞추는 것이다.

해설

인간공학은 생산성을 높이기 위해 작업을 인간 특성에 맞추는 것이다.

25

설비나 공법 등에서 나타날 위험에 대하여 정성적 또는 정량적인 평가를 행하고 그 평가에 따른 대책을 강구하는 것은?

① 설비보전
② 동작분석
③ 안전계획
④ 안전성 평가

26

어떤 작업자의 배기량을 측정하였더니 10분간 200L이었고, 배기량을 분석한 결과 O_2 : 16%, CO_2 : 4%였다. 분당 산소소비량은 약 얼마인가?

① 1.05L/분 ② 2.05L/분
③ 3.05L/분 ④ 4.05L/분

해설

- 분당 흡기량 = 분당 배기량 $\times \dfrac{100 - O_2\% - CO_2\%}{79\%}$

$$= \frac{200}{10} \times \frac{100 - 16 - 4}{79} = 20 \times \frac{80}{79}$$

$$\fallingdotseq 20.25L$$

- 분당 산소소비량 = (흡기 시 산소농도[%] × 분당 흡기량)
  − (배기 시 산소농도[%] × 분당 배기량)

$$= 0.21 \times 20.25 - 0.16 \times 20$$

$$\fallingdotseq 1.05L/min$$

27

작업장 내의 색채 조절이 적합하지 못한 경우에 나타나는 상황이 아닌 것은?

① 안전표지가 너무 많아 눈에 거슬린다.
② 현란한 색 배합으로 물체 식별이 어렵다.
③ 무채색으로만 구성되어 중압감을 느낀다.
④ 다양한 색채를 사용하면 작업의 집중도가 높아진다.

해설

다양한 색채를 사용하면 시야가 복잡해져 작업의 집중도가 낮아진다.

28

산업안전보건법에서 규정하는 근골격계 부담작업의 범위에 해당하지 않는 것은?

① 단기간 작업 또는 간헐적인 작업
② 하루에 10회 이상 25kg 이상의 물체를 드는 작업
③ 하루에 총 2시간 이상 쪼그리고 앉거나 무릎을 굽힌 자세에서 이루어지는 작업
④ 하루에 4시간 이상 집중적으로 자료 입력 등을 위해 키보드 또는 마우스를 조작하는 작업

해설

단기간 작업 또는 간헐적인 작업은 근육에 큰 무리가 가지 않아 근골격계 부담작업의 범위에 해당하지 않는다(근골격계 부담작업의 범위 및 유해요인 조사방법에 관한 고시 제3조).

29

인터페이스 설계 시 고려해야 하는 인간과 기계와의 조화성에 해당되지 않는 것은?

① 지적 조화성   ② 신체적 조화성
③ 감성적 조화성   ④ 심미적 조화성

해설

인간과 기계와의 조화성
신체적 조화성, (인)지적 조화성, 감성적 조화성

30

1cd의 점광원에서 1m 떨어진 곳에서의 조도가 3lx이었다. 동일한 조건에서 5m 떨어진 곳에서의 조도는 약 몇 lx인가?

① 0.12   ② 0.22
③ 0.36   ④ 0.56

해설

조도는 광도에 비례하고, 거리의 제곱에 반비례한다.

$$조도(lx) = \frac{광도}{거리^2}$$

$$= 3 \times \frac{1^2}{5^2} = 0.12lx$$

31

위험처리방법에 관한 설명으로 틀린 것은?

① 위험처리 대책 수립 시 비용문제는 제외된다.
② 재정적으로 처리하는 방법에는 보류와 전가방법이 있다.
③ 위험의 제어방법에는 회피, 손실제어, 위험 분리, 책임 전가 등이 있다.
④ 위험처리방법에는 위험을 제어하는 방법과 재정적으로 처리하는 방법이 있다.

해설

위험처리 대책 수립 시 비용문제를 포함시킨다.

32

인간의 가청주파수 범위는?

① 2~10,000Hz
② 20~20,000Hz
③ 200~30,000Hz
④ 200~40,000Hz

33

FTA에 의한 재해사례연구의 순서를 올바르게 나열한 것은?

> A. 목표사상 선정
> B. FT도 작성
> C. 사상마다 재해원인 규명
> D. 개선계획 작성

① A → B → C → D
② A → C → B → D
③ B → C → A → D
④ B → A → C → D

34

모든 시스템 안전프로그램 중 최초단계의 분석으로 시스템 내의 위험요소가 어떤 상태에 있는지를 정성적으로 평가하는 방법은?

① CA
② FHA
③ PHA
④ FMEA

해설

① CA(위험도분석) : 직접 시스템의 손실과 인명의 사상에 연결되는 높은 위험도를 가진 요소나 고장 형태에 따른 정량적 분석이다.
② FHA(결함사고분석) : 서브시스템 분석에 사용되는 분석기법이다.
④ FMEA(고장의 유형과 영향 분석) : 시스템을 구성하는 한 요소의 고장이 시스템 전체에 미치는 영향을 해석하는 정성적·귀납적 분석기법이다.

35

청각적 표시장치에서 300m 이상의 장거리용 경보기에 사용하는 진동수로 가장 적절한 것은?

① 800Hz 전후
② 2,200Hz 전후
③ 3,500Hz 전후
④ 4,000Hz 전후

36

인간 - 기계체계에서 인간의 과오에 기인된 원인 확률을 분석하여 위험성의 예측과 개선을 위한 평가기법은?

① PHA
② FMEA
③ THERP
④ MORT

해설

③ THERP(Technique for Human Error Rate Prediction, 인간실수율예측기법) : 인간의 과오를 정량적으로 평가하고 분석하는 데 사용하는 기법
① PHA(예비위험분석기법) : 프로그램의 최초단계에서 위험한 상태의 정도를 평가하는 기법
② FMEA(고장의 유형과 영향 분석) : 시스템을 구성하는 한 요소의 고장이 시스템 전체에 미치는 영향을 해석하는 정성적·귀납적 분석기법이다.
④ MORT : 광범위한 안전을 달성하기 위한 분석기법

37

기능식 생산에서 유연생산시스템 설비의 가장 적합한 배치는?

① 합류(Y)형 배치
② 유자(U)형 배치
③ 일자(一)형 배치
④ 복수라인(二)형 배치

해설

유자(U)형 배치

생산설비를 중앙에 배치하고 그 주위에 생산공정을 배치하는 형태이다. 생산설비와 생산공정 간의 이동거리를 최소화하여 생산성을 높일 수 있고, 연결이 용이하다. 생산라인의 유연성을 높일 수 있으며 다양한 제품 생산에 적합하다.

38

지게차 인장벨트의 수명은 평균이 100,000시간, 표준편차가 500시간인 정규분포를 따른다. 이 인장벨트의 수명이 101,000시간 이상일 확률은 약 얼마인가?(단, $P(Z \leq 1) =$ 0.8413, $P(Z \leq 2) = 0.9772$, $P(Z \leq 3) = 0.9987$이다)

① 1.60%
② 2.28%
③ 3.28%
④ 4.28%

해설

$$P(\overline{X} > 101,000) = P\left(Z > \frac{101,000 - 100,000}{500}\right)$$
$$= P\left(Z > \frac{1,000}{500}\right) = P(Z > 2)$$
$$= 1 - P(Z \leq 2)$$
$$= 1 - 0.9772$$
$$= 0.0228$$
$$= 2.28\%$$

39

FT도에 사용되는 다음 기호의 명칭으로 맞는 것은?

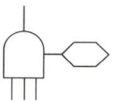

① 억제게이트
② 부정게이트
③ 배타적 OR게이트
④ 우선적 AND게이트

해설

① 억제게이트 :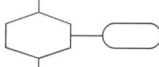

② 부정게이트 :

③ 배타적 OR게이트 :

40

인체계측자료에서 주로 사용하는 변수가 아닌 것은?

① 평균
② 5백분위 수
③ 최빈값
④ 95백분위 수

해설

인체계측자료에서 주로 사용하는 변수

• 극단적 설계는 남성 95백분위 수, 여성 5백분위 수를 기준으로 설계한다.
• 가변적 설계는 여성 5백분위 수에서 남성 95백분위 수를 수용하도록 설계한다.
• 평균적 설계는 극단이 이용이 불가능한 경우로 평균치를 이용하여 설계한다.

41

선반 등으로부터 돌출하여 회전하고 있는 가공물이 근로자에게 위험을 미칠 우려가 있는 경우 설치할 방호장치로 가장 적합한 것은?

① 덮개 또는 울
② 슬리브
③ 건널다리
④ 체인블록

해설

사업주는 선반 등으로부터 돌출하여 회전하고 있는 가공물이 근로자에게 위험을 미칠 우려가 있는 경우에 덮개 또는 울 등을 설치하여야 한다(산업안전보건기준에 관한 규칙 제87조).

42

금형 운반에 대한 안전수칙에 관한 설명으로 옳지 않은 것은?

① 상부 금형과 하부 금형이 닿을 위험이 있을 때는 고정 패드를 이용한 스트랩, 금속 재질이나 우레탄 고무의 블록 등을 사용한다.
② 금형을 안전하게 취급하기 위해 아이볼트를 사용할 때는 숄더형으로 사용하는 것이 좋다.
③ 관통 아이볼트가 사용될 때는 조립이 쉽도록 구멍 틈새를 크게 한다.
④ 운반하기 위해 꼭 들어올려야 할 때는 필요한 높이 이상으로 들어 올려서는 안 된다.

해설

관통 아이볼트가 사용될 때는 구멍 틈새가 최소화되도록 억지 끼워맞춤으로 한다.

43

지게차의 안정도 기준으로 틀린 것은?

① 기준 부하 상태에서 주행 시의 전후 안정도는 8% 이내이다.
② 하역작업 시의 좌우 안정도는 최대하중 상태에서 포크를 가장 높이 올리고 마스트를 가장 뒤로 기울인 상태에서 6% 이내이다.
③ 하역작업 시의 전후 안정도는 최대하중 상태에서 포크를 가장 높이 올린 경우 4% 이내이며, 5ton 이상은 3.5% 이내이다.
④ 기준 무부하 상태에서 주행 시의 좌우 안정도는 (15 + 1.1 × V)% 이내이고, V는 구내 최고속도[km/h]를 의미한다.

해설

기준 무부하·부하 상태에서 주행 시 전후 안정도는 18% 이내이다.

44

기계설비 구조의 안전을 위해 설계 시 고려하여야 할 안전계수(safety factor)의 산출 공식으로 틀린 것은?

① 파괴강도 ÷ 허용응력
② 안전하중 ÷ 파단하중
③ 파괴하중 ÷ 허용하중
④ 극한강도 ÷ 최대설계응력

해설

• 안전계수 = 파단하중 ÷ 안전하중
• 안전계수 산출공식의 기본 : 기준강도 ÷ 허용응력
• 기준강도 : 파괴강도, 극한강도, 인장강도, 파괴하중, 최대응력
• 허용응력 : 허용하중, 최대설계응력, 인장응력, 안전하중, 허용응력

45

산업용 로봇의 재해 발생에 대한 주된 원인이며, 본체의 외부에 조립되어 인간의 팔에 해당되는 기능을 하는 것은?

① 센서(sensor)
② 제어 로직(control logic)
③ 제동장치(brake system)
④ 머니퓰레이터(manipulator)

해설

머니퓰레이터(manipulator)

• 산업용 로봇의 재해 발생의 주된 원인은 머니퓰레이터의 오작동이다.
• 로봇의 본체 외부에 조립되어 인간의 팔에 해당되는 기능을 수행한다.

46

방호장치의 안전 기준상 평면 연삭기 또는 절단 연삭기에서 덮개의 노출각도 기준으로 옳은 것은?

① 80° 이내
② 125° 이내
③ 150° 이내
④ 180° 이내

해설

• 평면 연삭기, 절단 연삭기에서 덮개의 노출각도 : 150° 이내
• 스윙 연삭기, 슬라브 연삭기에서 덮개의 최대노출각도 : 180° 이내
• 연삭숫돌의 상부를 사용하는 것을 목적으로 하는 탁상용 연삭기에서 덮개의 최대노출각도 : 60° 이내

47

광전자식 방호장치가 설치된 프레스에서 손이 광선을 차단했을 때부터 급정지기구가 작동을 개시할 때까지의 시간은 0.3초, 급정지기구가 작동을 개시했을 때부터 슬라이드가 정지할 때까지의 시간이 0.4초 걸린다고 할 때 최소 안전거리는 약 몇 mm인가?

① 540
② 760
③ 980
④ 1,120

해설

최소 안전거리 $D_m = 1.6T_m$
$$= 1.6(300 + 400)$$
$$= 1,120\text{mm}$$

48

안전한 상태를 확보할 수 있도록 기계의 작동 부분 상호 간을 기계적, 전기적인 방법으로 연결하여 기계가 정상 작동을 하기 위한 모든 조건이 충족되어야지만 작동하며, 그중 하나라도 충족되지 않으면 자동적으로 정지시키는 방호장치 형식은?

① 자동식 방호장치
② 가변식 방호장치
③ 고정식 방호장치
④ 인터로크식 방호장치

49

다음 중 목재가공용 둥근톱에 설치해야 하는 분할날의 두께에 관한 설명으로 옳은 것은?

① 톱날 두께의 1.1배 이상이고, 톱날의 치진폭보다 커야 한다.

② 톱날 두께의 1.1배 이상이고, 톱날의 치진폭보다 작아야 한다.

③ 톱날 두께의 1.1배 이내이고, 톱날의 치진폭보다 커야 한다.

④ 톱날 두께의 1.1배 이내이고, 톱날의 치진폭보다 작아야 한다.

해설

톱날 두께, 분할날 두께, 톱날 진폭의 관계

$1.1t_1 \leq t_2 < b$

여기서, t_1 : 톱날 두께

t_2 : 분할날 두께

b : 치진폭

50

기계를 구성하는 요소에서 피로현상은 안전과 밀접한 관련이 있다. 다음 중 기계요소의 피로파괴현상과 가장 관련이 적은 것은?

① 소음(noise)

② 노치(notch)

③ 부식(corrosion)

④ 치수효과(size effect)

해설

소음은 인간요소의 피로파괴현상과 관련이 있다.

51

드릴링 머신의 드릴 지름이 10mm이고, 드릴 회전수가 1,000rpm일 때 원주속도는 약 얼마인가?

① 3.14m/min

② 6.28m/min

③ 31.4m/min

④ 62.8m/min

해설

원주속도 $v = \dfrac{\pi dn}{1,000}$

$= \dfrac{3.14 \times 10 \times 1,000}{1,000}$

$= 31.4\text{m/min}$

52

롤러기의 방호장치 중 복부 조작식 급정지장치의 설치 위치 기준에 해당하는 것은?(단, 위치는 급정지장치 조작부의 중심점을 기준으로 한다)

① 밑면에서 1.8m 이상

② 밑면에서 0.8m 미만

③ 밑면에서 0.8m 이상 1.1m 이내

④ 밑면에서 0.4m 이상 0.8m 이내

해설

롤러기 방호장치 중 조작부의 설치 위치(방호장치 자율안전기준 고시 별표 3)

• 복부 조작식 : 밑면에서 0.8m 이상 1.1m 이내

• 손 조작식 : 밑면에서 1.8m 이내

• 무릎 조작식 : 밑면에서 0.6m 이내

53

산업안전보건법령상 크레인의 직동식 권과방지장치는 훅·버킷 등 달기구의 윗면이 드럼, 상부 도르래 등 권상장치의 아랫면과 접촉할 우려가 있을 때 그 간격이 얼마 이상이어야 하는가?

① 0.01m 이상
② 0.02m 이상
③ 0.03m 이상
④ 0.05m 이상

해설

방호장치의 조정(산업안전보건기준에 관한 규칙 제134조)

크레인에 대한 권과방지장치는 훅·버킷 등 달기구의 윗면이 드럼, 상부 도르래, 트롤리프레임 등 권상장치의 아랫면과 접촉할 우려가 있는 경우에 그 간격이 0.25m 이상(직동식 권과방지장치는 0.05m 이상으로 한다)이 되도록 조정하여야 한다.

55

산업안전보건법령상 고속 회전체의 회전시험을 하는 경우 미리 회전축의 재질 및 형상 등에 상응하는 종류의 비파괴검사를 해서 결함 유무(有無)를 확인하여야 하는 고속 회전체 대상은?

① 회전축의 중량이 0.5ton을 초과하고, 원주속도가 15m/s 이상인 것
② 회전축의 중량이 1ton을 초과하고, 원주속도가 30m/s 이상인 것
③ 회전축의 중량이 0.5ton을 초과하고, 원주속도가 60m/s 이상인 것
④ 회전축의 중량이 1ton을 초과하고, 원주속도가 120m/s 이상인 것

해설

비파괴검사의 실시(산업안전보건기준에 관한 규칙 제115조)

사업주는 고속 회전체(회전축의 중량이 1ton을 초과하고 원주속도가 120m/s 이상인 것으로 한정한다)의 회전시험을 하는 경우 미리 회전축의 재질 및 형상 등에 상응하는 종류의 비파괴검사를 해서 결함의 유무(有無)를 확인하여야 한다.

54

원심기의 안전대책에 관한 사항에 해당되지 않는 것은?

① 최고사용회전수를 초과하여 사용해서는 아니 된다.
② 내용물이 튀어나오는 것을 방지하도록 덮개를 설치하여야 한다.
③ 폭발을 방지하도록 압력방출장치를 2개 이상 설치하여야 한다.
④ 청소, 검사, 수리 등의 작업 시에는 기계의 운전을 정지하여야 한다.

해설

압력방출장치를 2개 이상 설치해야 하는 경우는 보일러의 안전사항이다.

56

롤러기의 급정지장치를 작동시켰을 경우에 무부하 운전 시 앞면 롤러의 표면속도가 30m/min 미만일 때의 급정지거리로 적합한 것은?

① 앞면 롤러 원주의 1/1.5 이내
② 앞면 롤러 원주의 1/2 이내
③ 앞면 롤러 원주의 1/2.5 이내
④ 앞면 롤러 원주의 1/3 이내

해설

급정지거리 기준(무부하 운전 시)

• 앞면 롤러의 표면속도 30m/min 미만 : 앞면 롤러 원주의 1/3 이내
• 앞면 롤러의 표면속도 30m/min 이상 : 앞면 롤러 원주의 1/2.5 이내
※ 위험기계·기구 안전인증 고시 별표 5

57

위험기계·기구 자율안전확인 고시에 의하면 탁상용 연삭기에서 연삭숫돌의 외주면과 가공물 받침대 사이 거리는 몇 mm를 초과하지 않아야 하는가?

① 1
② 2
③ 4
④ 8

해설

탁상용 및 절단용 연삭기의 가공물 받침대(위험기계·기구 자율안전확인 고시 별표 1)

탁상용 및 절단용 연삭기에는 다음 요건에 적합한 조절 가능한 가공물 받침대를 설치해야 한다.

• 연삭숫돌의 외주면과 가공물 받침대 사이 거리는 2mm를 초과하지 않을 것
• 연삭기에서 사용토록 설계된 연삭숫돌 폭 이상의 크기일 것
• 연삭기에 견고히 고정될 것

59

탁상용 연삭기의 평형 플랜지 바깥지름이 150mm일 때, 숫돌의 바깥지름은 몇 mm 이내이어야 하는가?

① 300mm
② 450mm
③ 600mm
④ 750mm

해설

평형 플랜지 바깥지름은 숫돌의 바깥지름 $\times \frac{1}{3}$이므로

숫돌의 바깥지름은 $150 \times 3 = 450$mm이다.

58

지게차의 헤드가드 상부틀에 있어서 각 개구부의 폭 또는 길이의 크기는?

① 8cm 미만
② 10cm 미만
③ 16cm 미만
④ 20cm 미만

해설

헤드가드(산업안전보건기준에 관한 규칙 제180조)

• 강도는 지게차의 최대하중의 2배 값(4ton을 넘는 값에 대해서는 4ton으로 한다)의 등분포정하중(等分布靜荷重)에 견딜 수 있을 것
• 상부틀의 각 개구부의 폭 또는 길이가 16cm 미만일 것
• 운전자가 앉아서 조작하거나 서서 조작하는 지게차의 헤드가드는 한국산업표준에서 정하는 높이 기준 이상일 것

60

기계운동 형태에 따른 위험점 분류에 해당되지 않는 것은?

① 접선끼임점
② 회전말림점
③ 물림점
④ 절단점

해설

위험점 분류

• 협착점(왕복운동 + 고정부) : 프레스, 절단기, 성형기
• 끼임점(회전 또는 직선운동 + 고정부) : 연삭숫돌과 작업대
• 절단점(회전운동 자체) : 둥근톱의 톱날, 띠톱날
• 물림점(회전운동 + 회전운동) : 롤러기
• 접선물림점(회전운동 + 접선부) : 벨트와 풀리
• 회전말림점(돌기회전부) : 회전축, 드릴

61

교류아크용접기의 재해방지를 위해 쓰이는 것은?

① 자동전격방지장치
② 리밋스위치
③ 정전압장치
④ 정전류장치

해설

자동전격방지장치

아크 발생이 중단된 후 약 1.5초 안에 출력 측 무부하전압을 자동적으로 25V 이하로 강하시켜 전격의 위험을 방지하는 장치

62

방폭구조의 종류와 기호가 잘못 연결된 것은?

① 유입 방폭구조 – o
② 압력 방폭구조 – p
③ 내압 방폭구조 – d
④ 본질안전 방폭구조 – e

해설

본질안전 방폭구조

ia 또는 ib

63

전기화재의 직접적인 발생요인과 가장 거리가 먼 것은?

① 피뢰기의 손상
② 누전, 열의 축적
③ 과전류 및 절연의 손상
④ 지락 및 접속 불량으로 인한 과열

해설

전기화재의 직접적인 발생요인

단락에 의한 발화, 누전·열의 축적, 과전류 및 절연의 손상, 지락 및 접속 불량으로 인한 과열, 낙뢰에 의한 발화 등

64

콘덴서의 단자전압이 1kV, 정전용량이 740pF일 경우 방전에너지는 약 몇 mJ인가?

① 370
② 37
③ 3.7
④ 0.37

해설

방전에너지

$$E = \frac{1}{2}CV^2$$
$$= \frac{1}{2} \times 740 \times 10^{-12} \times 1,000^2$$
$$= 3.7 \times 10^{-4} \text{J}$$
$$= 0.37 \text{mJ}$$

65

이온 생성방법에 따라 정전기 제전기의 종류가 아닌 것은?

① 고전압인가식
② 접지제어식
③ 자기방전식
④ 방사선식

해설

제전기의 종류

고전압인가식, 방사선식(연X선형, 이온식), 자기방전식

정답 61 ① 62 ④ 63 ① 64 ④ 65 ②

66

송전선의 경우 복도체 방식으로 송전하는데 이는 어떤 방전 손실을 줄이기 위한 것인가?

① 코로나방전 ② 평등방전
③ 불꽃방전 ④ 자기방전

해설

복도체 방식은 3상 송전선로에서 한상의 전선을 2본 이상으로 분할한 전선이다. 코로나현상을 방지할 수 있고, 전위경도를 경감시킬 수 있으며, 임계전압을 높일 수 있다. 또한, 인덕턴스가 감소하고 정전용량이 증가하므로, 송전용량도 증가하고 안정도가 향상된다.

67

누전차단기의 설치환경조건에 관한 설명으로 틀린 것은?

① 전원전압은 정격전압의 85~110% 범위로 한다.
② 설치 장소가 직사광선을 받을 경우 차폐시설을 설치한다.
③ 정격부동작전류가 정격감도전류의 30% 이상이어야 하고 이들의 차가 가능한 큰 것이 좋다.
④ 정격전부하전류가 30A인 이동형 전기기계·기구에 접속되어 있는 경우 일반적으로 정격감도전류는 30mA 이하인 것을 사용한다.

해설

정격부동작전류가 정격감도전류의 50% 이상이어야 하고, 이들의 전류치가 가능한 한 작은 것이 좋다(감전방지용 누전차단기 설치에 관한 기술지침).

68

피뢰설비 기본 용어에 있어 외부 뇌 보호시스템에 해당되지 않는 구성요소는?

① 수뢰부 ② 인하도선
③ 접지시스템 ④ 등전위 본딩

해설

④ 등전위 본딩(EB ; Equipotential Bonding) : 뇌전류에 의한 전위차를 감소시키기 위한 내부 뇌 보호시스템의 일부
① 수뢰부시스템(air-termination system) : 뇌격을 포착하기 위한 외부 뇌 보호시스템의 일부
② 인하도선(down-conductor) : 뇌전류를 수뢰부시스템으로부터 접지시스템으로 흐르게 하기 위한 외부 뇌 보호시스템의 일부
③ 접지시스템(earth-termination system) : 뇌전류를 대지로 흘려 방류시키기 위한 외부 뇌 보호시스템의 일부

69

누전에 의한 감전 위험을 방지하기 위하여 누전차단기를 설치하여야 하는데 다음 중 누전차단기를 설치하지 않아도 되는 것은?

① 절연대 위에서 사용하는 이중 절연구조의 전동기기
② 임시 배선의 전로가 설치되는 장소에서 사용하는 이동형 전기기구
③ 철판 위와 같이 도전성이 높은 장소에서 사용하는 이동형 전기기구
④ 물과 같이 도전성이 높은 액체에 의한 습윤 장소에서 사용하는 이동형 전기기구

해설

누전차단기를 설치하지 않아도 되는 것
• 절연대 위에서 사용하는 이중 절연구조의 전동기기
• 기계·기구를 건조한 곳에 시설하는 경우
• 기계·기구가 고무, 합성수지, 기타 절연물로 피복된 경우
• 기계·기구가 유도전동기의 2차 측 전로에 접속되는 것일 경우
• 전기용품 및 생활용품 안전관리법의 적용을 받는 이중절연구조의 기계·기구를 시설하는 경우

70

위험 장소의 분류에 있어 다음 설명에 해당되는 것은?

> 분진운 형태의 가연성 분진이 폭발농도를 형성할 정도로 충분한 양이 정상 작동 중에 연속적으로 또는 자주 존재하거나 제어할 수 없을 정도의 양 및 두께의 분진층이 형성될 수 있는 장소

① 제20종 장소　　　　② 제21종 장소

③ 제22종 장소　　　　④ 제23종 장소

해설

① 제20종 장소 : 공기 중에 가연성 분진운의 형태가 연속적으로 장기간 존재하거나 단기간 내에 폭발성 분진분위기가 자주 존재하는 장소이다.

② 제21종 장소 : 공기 중에 가연성 분진운의 형태가 정상 작동 중 폭발분위기를 빈번하게 형성할 수 있는 장소이다.

③ 제22종 장소 : 공기 중에 가연성 분진운의 형태가 정상 작동 중 폭발분위기를 거의 형성하지 않고, 발생하더라도 단기간만 지속될 수 있는 장소이다.

71

프로판(C_3H_8) 가스의 공기 중 완전연소 조성농도는 약 몇 vol%인가?

① 2.02　　　　② 3.02

③ 4.02　　　　④ 5.02

해설

프로판의 완전연소 조성농도

$$C_{st} = \frac{100}{1 + 4.773\left\{ a + \frac{(b - c - 2d)}{4} + e \right\}}$$

$$= \frac{100}{1 + 4.773\left\{ 3 + \frac{8}{4} \right\}}$$

$$\simeq 4.02\,\text{vol\%}$$

72

산업안전보건법령에서 정한 위험물질의 종류에서 '물반응성 물질 및 인화성 고체'에 해당하는 것은?

① 나이트로화합물　　　② 과염소산

③ 아조화합물　　　　　④ 칼륨

해설

①, ③ 제5류 위험물(자기반응성 물질)

② 제6류 위험물(산화성 액체)

73

화재 발생 시 알코올포(내알코올포) 소화약제의 소화효과가 큰 대상물은?

① 특수인화물

② 물과 친화력이 있는 수용성 용매

③ 인화점이 영하 이하의 인화성 물질

④ 발생하는 증기가 공기보다 무거운 인화성 액체

74

다음 중 화학물질 및 물리적 인자의 노출 기준에 따른 TWA 노출 기준이 가장 낮은 물질은?

① 불소

② 아세톤

③ 나이트로벤젠

④ 사염화탄소

해설

TWA 노출 기준

• 불소 : 0.1ppm

• 나이트로벤젠 : 1ppm

• 사염화탄소 : 5ppm

• 아세톤 : 500ppm

75

다음 중 폭발한계의 범위가 가장 넓은 가스는?

① 수소

② 메탄

③ 프로판

④ 아세틸렌

해설

폭발하한계와 폭발상한계(%, 폭발범위 폭)

- 아세틸렌(C_2H_2) : 2.5~81(78.5)
- 수소(H_2) : 4~75(71)
- 메탄(CH_4) : 5~15(10)
- 프로판(C_3H_8) : 2.1~9.5(7.4)

76

20℃, 1기압의 공기를 압축비 3으로 단열압축하였을 때 온도는 약 몇 ℃가 되겠는가?(단, 공기의 비열비는 1.4 이다)

① 84

② 128

③ 182

④ 1,091

해설

단열압축 시의 공기의 온도

$$T_2 = T_1 \times \left(\frac{P_2}{P_1}\right)^{\frac{k-1}{k}}$$

$$= (20+273) \times 3^{\frac{1.4-1}{1.4}}$$

$$\simeq 401K$$

$$= 128℃$$

77

대기 중에 대량의 가연성 가스가 유출되거나 대량의 가연성 액체가 유출하여 그것으로부터 발생하는 증기가 공기와 혼합해서 가연성 혼합기체를 형성하고, 점화원에 의하여 발생하는 폭발을 무엇이라 하는가?

① UVCE

② BLEVE

③ detonation

④ boil over

해설

② BLEVE(비등액팽창증기폭발) : 비점 이상의 온도에서 액체 상태로 들어 있는 용기 파열 시 발생하는 폭발

③ detonation(폭굉) : 폭약이나 화약류의 가연성 물질이 강한 충격이나 급한 가열성 등으로 격렬한 폭음과 함께 폭발하는 현상

④ boil over : 중질유 탱크화재 시 탱크 바닥의 물이 비등하여 유류가 연소하면서 분출(over flow)하는 현상

78

가스를 저장하는 가스용기의 색상이 틀린 것은?(단, 의료용 가스는 제외한다)

① 암모니아 – 백색

② 이산화탄소 – 황색

③ 산소 – 녹색

④ 수소 – 주황색

해설

이산화탄소, 질소, 헬륨, 에틸렌, 사이클론 프로페인, 액화석유가스의 용기 색상은 회색이다.

79

여러 가지 성분의 액체 혼합물을 각 성분별로 분리하고자 할 때 비점의 차이를 이용하여 분리하는 화학설비를 무엇이라 하는가?

① 건조기　　　　　② 반응기
③ 진공관　　　　　④ 증류탑

해설

증류탑
휘발성의 차이에 따라 혼합물을 구성 부분 또는 분획으로 분리하기 위해 액체 혼합물의 증류에 필수적으로 사용한다.

80

산업안전보건법령에서 정한 안전검사의 주기에 따르면 건조설비 및 그 부속설비는 사업장에 설치가 끝난 날부터 몇 년 이내에 최초 안전검사를 실시하여야 하는가?

① 1　　　　　② 2
③ 3　　　　　④ 4

해설

안전검사의 주기와 합격표시 및 표시방법(시행규칙 제126조)
안전검사대상 기계 등의 안전검사 주기는 다음과 같다.
- 크레인(이동식 크레인은 제외한다), 리프트(이삿짐운반용 리프트는 제외한다) 및 곤돌라 : 사업장에 설치가 끝난 날부터 3년 이내에 최초 안전검사를 실시하되, 그 이후부터 2년마다(건설현장에서 사용하는 것은 최초로 설치한 날부터 6개월마다)
- 이동식 크레인, 이삿짐운반용 리프트 및 고소작업대 : 자동차관리법에 따른 신규등록 이후 3년 이내에 최초 안전검사를 실시하되, 그 이후부터 2년마다
- 프레스, 전단기, 압력용기, 국소 배기장치, 원심기, 롤러기, 사출성형기, 컨베이어 및 산업용 로봇, 혼합기, 파쇄기 또는 분쇄기 : 사업장에 설치가 끝난 날부터 3년 이내에 최초 안전검사를 실시하되, 그 이후부터 2년마다(공정안전보고서를 제출하여 확인을 받은 압력용기는 4년마다)
- ※ '혼합기, 파쇄기 또는 분쇄기'는 개정에 따라 2026년 6월 26일부로 추가되어 시행된다.
- ※ 출제 당시 정답은 ③이었으나 해당 규정이 개정되어 정답 없음

81

작업으로 인하여 물체가 떨어지거나 날아올 위험이 있는 경우 설치하는 낙하물방지망의 수평면과의 각도 기준으로 옳은 것은?

① 10° 이상 20° 이하를 유지
② 20° 이상 30° 이하를 유지
③ 30° 이상 40° 이하를 유지
④ 40° 이상 45° 이하를 유지

해설

낙하물방지망
- 최하단에서 10m 이내 설치
- 수평 내민거리 2m 이상
- 수평각 20~30° 이하
- 그물코 규격 10×10cm
- 방망 지지점 강도 : 600kg 외력에 견딜 것
- 낙하물 방지망 사용 개시 후 정기점검기간 : 1년
- 정기시험 기간 : 6개월
- 시험의 종류 : 등속인장시험

82

굴착공사 중 암질 변화 구간 및 이상 암질 출현 시에는 암질판별시험을 수행하는데 이 시험의 기준과 거리가 먼 것은?

① 함수비　　　　　② RQD
③ 탄성파속도　　　④ 일축압축강도

해설

암질 판별의 기준
암질 변화 구간 및 이상 암질의 출현 시 반드시 암질 판별을 실시하여야 한다. 암질 판별의 기준은 다음과 같다.
- RQD(%)
- 탄성파속도(m/s)
- RMR
- 일축압축강도(kg/cm^2)
- 진동치 속도(cm/s)

83

거푸집 동바리 등을 조립하거나 해체하는 작업을 하는 경우 준수사항으로 옳지 않은 것은?

① 해당 작업을 하는 구역에는 관계 근로자가 아닌 사람의 출입을 금지할 것
② 비, 눈, 그 밖의 기상 상태의 불안정으로 날씨가 몹시 나쁜 경우에는 그 작업을 중지할 것
③ 낙하·충격에 의한 돌발적 재해를 방지하기 위하여 버팀목을 설치하고 거푸집 동바리 등을 인양장비에 매단 후에 작업을 하도록 하는 등 필요한 조치를 할 것
④ 재료, 기구 또는 공구 등을 올리거나 내리는 경우에는 근로자로 하여금 달줄·달포대 등의 사용을 금지하도록 할 것

해설

재료, 기구 또는 공구 등을 올리거나 내리는 경우에는 근로자로 하여금 달줄·달포대 등을 사용하도록 해야 한다(산업안전보건기준에 관한 규칙 제333조).

84

고소작업대가 갖추어야 할 설치조건으로 옳지 않은 것은?

① 작업대를 와이어로프 또는 체인으로 올리거나 내릴 경우에는 와이어로프 또는 체인이 끊어져 작업대가 떨어지지 아니하는 구조여야 하며, 와이어로프 또는 체인의 안전율은 3 이상일 것
② 작업대를 유압에 의해 올리거나 내릴 경우에는 작업대를 일정한 위치에 유지할 수 있는 장치를 갖추고 압력의 이상 저하를 방지할 수 있는 구조일 것
③ 작업대에 정격하중(안전율 5 이상)을 표시할 것
④ 작업대에 끼임·충돌 등 재해를 예방하기 위한 가드 또는 과상승방지장치를 설치할 것

해설

작업대를 와이어로프 또는 체인으로 올리거나 내릴 경우에는 와이어로프 또는 체인이 끊어져 작업대가 떨어지지 아니하는 구조여야 하며, 와이어로프 또는 체인의 안전율은 5 이상이어야 한다(산업안전보건기준에 관한 규칙 제186조).

85

굴착작업을 하는 경우 지반의 붕괴 또는 토석의 낙하에 의한 근로자의 위험을 방지하기 위하여 관리감독자로 하여금 작업 시작 전에 점검하도록 해야 하는 사항과 가장 거리가 먼 것은?

① 부석·균열의 유무
② 함수·용수
③ 동결 상태의 변화
④ 시계의 상태

지반 붕괴 등의 위험 방지(산업안전보건기준이 관한 규칙 제370조)
사업주는 채석작업을 하는 경우 지반의 붕괴 또는 토사 등의 낙하로 인하여 근로자에게 발생할 우려가 있는 위험을 방지하기 위하여 다음의 조치를 해야 한다.
- 점검자를 지명하고 당일 작업 시작 전에 작업 장소 및 그 주변 지반의 부석과 균열의 유무와 상태, 함수·용수 및 동결 상태의 변화를 점검할 것
- 점검자는 발파 후 그 발파 장소와 그 주변의 부석 및 균열의 유무와 상태를 점검할 것

86

크레인을 사용하여 작업을 하는 경우 준수해야 할 사항으로 옳지 않은 것은?

① 인양할 하물(荷物)을 바닥에서 끌어당기거나 밀어 정위치 작업을 할 것
② 유류 드럼이나 가스통 등 운반 도중에 떨어져 폭발하거나 누출될 가능성이 있는 위험물 용기는 보관함(또는 보관고)에 담아 안전하게 매달아 운반할 것
③ 미리 근로자의 출입을 통제하여 인양 중인 하물이 작업자의 머리 위로 통과하지 않도록 할 것
④ 인양할 하물이 보이지 아니하는 경우에는 어떠한 동작도 하지 아니할 것(신호하는 사람에 의하여 작업을 하는 경우는 제외한다)

인양할 하물을 바닥에서 끌어당기거나 밀어내는 작업을 하면 안 된다(산업안전보건기준에 관한 규칙 제146조).

87

이동식 비계를 조립하여 작업을 하는 경우의 준수사항으로 옳지 않은 것은?

① 이동식 비계의 바퀴에는 뜻밖의 갑작스러운 이동 또는 전도를 방지하기 위하여 브레이크·쐐기 등으로 바퀴를 고정시킨 다음 비계의 일부를 견고한 시설물에 고정하거나 아웃트리거(outrigger)를 설치하는 등 필요한 조치를 할 것
② 작업 발판은 항상 수평을 유지하고 작업 발판 위에서 안전난간을 딛고 작업을 하지 않도록 하며, 대신 받침대 또는 사다리를 사용하여 작업할 것
③ 비계의 최상부에서 작업을 하는 경우에는 안전난간을 설치할 것
④ 작업 발판의 최대적재하중은 250kg을 초과하지 않도록 할 것

작업 발판은 항상 수평을 유지하고 작업 발판 위에서 안전난간을 딛고 작업을 하거나 받침대 또는 사다리를 사용하여 작업하지 않도록 한다(산업안전보건기준에 관한 규칙 제68조).

88

다음은 산업안전보건법령에 따른 말비계를 조립하여 사용하는 경우에 관한 준수사항이다. (   ) 안에 알맞은 숫자는?

> 말비계의 높이가 2m를 초과할 경우에는 작업 발판의 폭을 (   )cm 이상으로 할 것

① 10
② 20
③ 30
④ 40

말비계의 높이가 2m를 초과하는 경우에는 작업발판의 폭을 40cm 이상으로 할 것(산업안전보건기준에 관한 규칙 제67조)

89

아스팔트 포장도로의 노반의 파쇄 또는 토사 중에 있는 암석 제거에 가장 적당한 장비는?

① 스크레이퍼(scraper)
② 롤러(roller)
③ 리퍼(ripper)
④ 드래그라인(dragline)

해설

③ 리퍼(ripper) : 암석을 부수고 캐내거나 건물의 해체 및 철거, 포장도로의 파쇄 등에 사용하는 어태치먼트(attachment)이다.
① 스크레이퍼 : 작업거리가 멀 때 토사 절토, 운반작업용으로 주로 고속도로나 비행장 등 규모가 큰 건설현장에서 사용된다.
② 롤러 : 공사의 막바지에 지반이나 지층을 다지는 기계이다.
④ 드래그라인 : 굴삭기가 위치한 저면보다 낮은 데 적합하고 백호(드래그셔블)처럼 단단한 토질을 굴삭할 수 없으나 굴삭 반경이 커서 수중 굴삭(하천 개수), 모래 채취 등에 많이 사용된다.

90

통나무 비계를 건축물, 공작물 등의 건조 · 해체 및 조립 등의 작업에 사용하기 위한 지상 높이 기준은?

① 2층 이하 또는 6m 이하
② 3층 이하 또는 9m 이하
③ 4층 이하 또는 12m 이하
④ 5층 이하 또는 15m 이하

해설

※ 출제 당시 정답은 ③이었으나 산업안전보건기준에 관한 규칙의 개정으로 정답 없음(통나무 비계 구조 내용은 삭제됨)

91

다음은 산업안전보건법령에 따른 지붕 위에서의 위험 방지에 관한 사항이다. (   ) 안에 알맞은 것은?

> 슬레이트, 선라이트 등 강도가 약한 재료로 덮은 지붕 위에서 작업을 할 때 발이 빠지는 등 근로자가 위험해질 우려가 있는 경우 폭 (   )cm 이상의 발판을 설치하거나 추락방호망을 치는 등 위험을 방지하기 위하여 필요한 조치를 하여야 한다.

① 20
② 25
③ 30
④ 40

해설

지붕 위에서의 위험 방지(산업안전보건기준에 관한 규칙 제45조)
사업주는 근로자가 지붕 위에서 작업을 할 때 추락하거나 넘어질 위험이 있는 경우에는 다음의 조치를 해야 한다.
• 지붕의 가장자리에 안전난간을 설치할 것
• 채광창(skylight)에는 견고한 구조의 덮개를 설치할 것
• 슬레이트 등 강도가 약한 재료로 덮은 지붕에는 폭 30cm 이상의 발판을 설치할 것

92

버팀대(strut)의 축하중 변화 상태를 측정하는 계측기는?

① 경사계(inclino meter)
② 수위계(water level meter)
③ 침하계(extension)
④ 하중계(load cell)

해설

④ 하중계(load cell) : 스트럿(strut) 또는 어스앵커(earth anchor) 등의 축하중 변화를 측정하는 기구
① 경사계(inclino meter) : 지반 변위의 위치, 방향, 크기 및 속도를 계측하여 지반의 이완영역 및 흙막이 구조물의 안전성을 계측하는 기구
② 수위계(water level meter) : 지반 내 지하 수위의 변화를 측정하는 계측기기
③ 침하계(extension) : 지중에 설치하여 흙막이 배면의 지반이 토사 유출 또는 수위 변동으로 침하하는 정도를 파악하여 지중 수직 변위를 측정하는 계측기기

93

추락방지망의 방망 지지점은 최소 얼마 이상의 외력에 견딜 수 있는 강도를 보유하여야 하는가?

① 500kg　　　　　② 600kg
③ 700kg　　　　　④ 800kg

추락방지망의 방망 지지점은 최소 600kg 이상의 외력에 견딜 수 있는 강도를 보유하여야 한다(추락재해방지 표준안전작업지침 제8조).

94

다음에서 설명하고 있는 건설장비의 종류는?

> 앞뒤 두 개의 차륜이 있으며(2축 2륜), 각각의 차축이 평행으로 배치된 것으로 찰흙, 점성토 등의 두꺼운 흙을 다짐하는 데 적당하나 단단한 각재를 다지는 데는 부적당하며 머캐덤 롤러 다짐 후의 아스팔트 포장에 사용된다.

① 클램셸
② 탠덤롤러
③ 트랙터셔블
④ 드래그라인

95

건설업 산업안전보건관리비의 안전시설비로 사용 가능하지 않은 항목은?

① 비계·통로·계단에 추가 설치하는 추락방지용 안전난간
② 공사 수행에 필요한 안전통로
③ 틀비계에 별도로 설치하는 안전난간·사다리
④ 통로의 낙하물 방호선반

사용 기준(건설업 산업안전보건관리비 계상 및 사용기준 제7조)
- 산업재해 예방을 위한 안전난간, 추락방호망, 안전대 부착설비, 방호장치(기계·기구와 방호장치가 일체로 제작된 경우, 방호장치 부분의 가액에 한함) 등 안전시설의 구입·임대 및 설치를 위해 소요되는 비용
- 산업재해예방시설자금 융자금 지원사업 및 보조금 지급사업 운영규정에 따른 스마트안전장비 지원사업 및 건설기술진흥법에 따른 스마트 안전장비 구입·임대비용. 다만, 계상된 산업안전보건관리비 총액의 10분의 2를 초과할 수 없다.
- 용접작업 등 화재 위험작업 시 사용하는 소화기의 구입·임대비용

96

건설업에서 사업주의 유해위험방지계획서 제출 대상 사업장이 아닌 것은?

① 지상 높이가 31m 이상인 건축물의 건설, 개조 또는 해체공사
② 연면적 5,000m² 이상 관광숙박시설의 해체공사
③ 저수용량 5,000ton 이하의 지방상수도 전용 댐 건설 등의 공사
④ 깊이 10m 이상인 굴착공사

다목적 댐, 발전용 댐, 저수용량 2,000만ton 이상의 용수 전용 댐 및 지방상수도 전용 댐의 건설 등 공사가 유해위험방지계획서 제출 대상이다(시행령 제42조).

97

안전방망을 건축물의 바깥쪽으로 설치하는 경우 벽면으로부터 망의 내민 길이는 최소 얼마 이상이어야 하는가?

① 2m
② 3m
③ 5m
④ 10m

98

터널 지보공을 설치한 경우에 수시로 점검하여야 할 사항에 해당하지 않는 것은?

① 기둥 침하의 유무 및 상태
② 부재의 긴압 정도
③ 매설물 등의 유무 또는 상태
④ 부재의 접속부 및 교차부의 상태

해설

붕괴 등의 방지(산업안전보건기준에 관한 규칙 제366조)

사업주는 터널 지보공을 설치한 경우에 다음의 사항을 수시로 점검하여야 하며, 이상을 발견한 경우에는 즉시 보강하거나 보수하여야 한다.
• 부재의 손상・변형・부식・변위 탈락의 유무 및 상태
• 부재의 긴압 정도
• 부재의 접속부 및 교차부의 상태
• 기둥 침하의 유무 및 상태

99

콘크리트 타설작업을 하는 경우에 준수해야 할 사항으로 옳지 않은 것은?

① 당일의 작업을 시작하기 전에 해당 작업에 관한 거푸집 동바리 등의 변형・변위 및 지반의 침하 유무 등을 점검하고 이상이 있으면 보수할 것
② 작업 중에는 거푸집 동바리 등의 변형・변위 및 침하 유무 등을 감시할 수 있는 감시자를 배치하여 이상이 있으면 작업을 중지하고 근로자를 대피시킬 것
③ 설계도서상의 콘크리트 양생기간을 준수하여 거푸집 동바리 등을 해체할 것
④ 콘크리트를 타설하는 경우에는 편심을 유발하여 한쪽 부분부터 밀실하게 타설되도록 유도할 것

해설

콘크리트를 타설하는 경우에는 편심이 발생하지 않도록 골고루 분산하여 타설해야 한다(산업안전보건기준에 관한 규칙 제334조).

100

철골공사에서 나타나는 용접결함의 종류에 해당하지 않는 것은?

① 가우징(gouging)
② 오버랩(overlap)
③ 언더컷(under cut)
④ 블로홀(blow hole)

해설

가우징(gouging)은 용접 시 발생할 수 있는 결함 부분을 아크를 발생시켜서 융용시켜 파내는 작업이다.

제1과목 | 산업안전관리론

01

기업 내 정형교육 중 TWI의 훈련내용이 아닌 것은?

① 작업방법훈련　　　② 작업지도훈련
③ 사례연구훈련　　　④ 인간관계훈련

해설

TWI(Training Within Industry) 훈련내용
• 작업방법훈련(JMT ; Job Method Training)
• 작업지도훈련(JIT ; Job Instruction Training)
• 인간관계훈련(JRT ; Job Relations Training)
• 작업안전훈련(JST ; Job Safety Training)

03

비통제의 집단행동 중 폭동과 같은 것을 말하며, 군중보다 합의성이 없고, 감정에 의해서만 행동하는 특성은?

① 패닉(panic)
② 모브(mob)
③ 모방(imitation)
④ 심리적 전염(mental epidemic)

해설

비통제적 집단행동
• 군중 : 공통된 규범이나 조직성 없이 우연히 조직된 인간의 집합
• 모브(폭동) : 대규모의 사람들이 강한 감정적 상황에서 모여서 폭력적인 행동을 일으키는 것
• 패닉 : 이상적인 상황하에서 방어적인 행동 특성으로 보이는 집단행동으로 위험을 회피하기 위해서 일어나는 집합적인 도주현상
• 심리적 전염 : 사람들의 정서와 행동이 한 사람에서 다른 사람으로 옮겨져 심리 상태가 집단화되는 현상

04

부주의의 발생원인과 그 대책이 옳게 연결된 것은?

① 의식의 우회 – 상담
② 소질적 조건 – 교육
③ 작업환경 조건 불량 – 작업 순서 정비
④ 작업 순서의 부적당 – 작업자 재배치

해설

② 소질적 조건 – 적성에 따른 작업자 재배치
③ 작업환경 조건 불량 – 인간공학적 접근
④ 작업 순서의 부적당 – 작업 순서 정비

02

강의계획에 있어 학습목적의 3요소가 아닌 것은?

① 목표　　　　② 주제
③ 학습 내용　　④ 학습 정도

해설

학습목적의 3요소
목표(goal), 주제(subject), 학습 정도(level of learning) 등

05

산업안전보건법령상 안전검사 대상 유해·위험기계 등이 아닌 것은?

① 곤돌라
② 이동식 국소 배기장치
③ 산업용 원심기
④ 건조설비 및 그 부속설비

해설

안전검사 대상 기계 등(시행령 제78조)

안전검사	프레스, 전단기, 크레인(정격 하중 2ton 미만은 제외), 리프트, 압력용기, 곤돌라, 국소 배기장치(이동식 제외), 원심기(산업용만 해당), 롤러기(밀폐형 구조 제외), 사출성형기(형 체결력 294kN 미만은 제외), 고소작업대(화물자동차 또는 특수자동차에 탑재한 고소작업대로 한정), 컨베이어, 산업용 로봇, 혼합기, 파쇄기 또는 분쇄기

※ '혼합기, 파쇄기 또는 분쇄기'는 개정에 따라 2026년 6월 26일부로 추가되어 시행된다.
※ 출제 당시 정답은 ②였으나 해당 법령 개정으로 건조설비 및 그 부속설비는 안전검사대상 유해·위험기계에서 제외되어 정답은 ②, ④이다.

07

산업안전보건법령상 근로자 안전·보건교육의 기준으로 틀린 것은?

① 사무직 종사 근로자의 정기교육 : 매 분기 3시간 이상
② 일용 근로자의 작업내용 변경 시의 교육 : 1시간 이상
③ 관리감독자의 지위에 있는 사람의 정기교육 : 연간 16시간 이상
④ 건설 일용 근로자의 건설업 기초 안전·보건교육 : 2시간 이상

해설

교육과정별 교육시간(시행규칙 별표 4)

교육과정	교육 대상		교육시간
정기교육	사무직 종사 근로자		매 반기 6시간 이상
	그 밖의 근로자	판매업무에 직접 종사하는 근로자	매 반기 6시간 이상
		판매업무에 직접 종사하는 근로자 외의 근로자	매 반기 12시간 이상
작업내용 변경 시 교육	일용 근로자 및 근로계약기간이 1주일 이하인 기간제 근로자		1시간 이상
	그 밖의 근로자		2시간 이상
건설업 기초 안전·보건 교육	건설 일용 근로자		4시간 이상

※ 출제 당시 정답은 ④였으나 해당 법령 개정으로 정답은 ①, ④이다.

06

재해 발생의 주요원인 중 불안전한 상태에 해당하지 않는 것은?

① 기계설비 및 장비의 결함
② 부적절한 조명 및 환기
③ 작업 장소의 정리·정돈 불량
④ 보호구 미착용

해설

보호구 미착용은 불안전한 행동에 해당한다.

08

토의법의 유형 중 다음에서 설명하는 것은?

> 교육과제에 정통한 전문가 4~5명이 피교육자 앞에서 자유로이 토의를 실시한 다음에 피교육자 전원이 참가하여 사회자의 사회에 따라 토의하는 방법

① 포럼(forum)
② 패널 디스커션(panel discussion)
③ 심포지엄(symposium)
④ 버즈 세션(buzz session)

해설

① 포럼 : 공공의 광장에서 많은 사람이 모여 공공의 문제에 대해 사회자의 진행으로 공개 토의하는 방식이다. 토의를 위한 간략한 주제발표 후 청중의 참여로 이루어진다.
③ 심포지엄(symposium) : 특정한 문제에 대하여 두 사람 이상의 전문가가 서로 다른 각도에서 의견을 발표하고 참석자의 질문에 답하는 형식의 토론회이다.
④ 버즈 세션(buzz session) : 사람의 수가 많고, 전원에게 능동적인 발언 참가를 통해서 교육의 효과를 올리기 위해 사용하는 학습기법이다.

09

학습 정도(level of learning)의 4단계 요소가 아닌 것은?

① 지각
② 적용
③ 인지
④ 정리

해설

학습 정도의 4단계

인지 → 지각 → 이해 → 적용

10

안전관리조직의 형태 중 라인·스태프형에 대한 설명으로 틀린 것은?

① 안전스태프는 안전에 관한 기획·입안·조사·검토 및 연구를 행한다.
② 안전업무를 전문적으로 담당하는 스태프 및 생산라인의 각 계층에도 겸임 또는 전임의 안전담당자를 둔다.
③ 모든 안전관리업무를 생산라인을 통하여 직선적으로 이루어지도록 편성된 조직이다.
④ 대규모 사업장(1,000명 이상)에 효율적이다.

해설

③은 직계형(라인식 조직)에 대한 설명이다.

11

맥그리거(McGregor)의 X이론에 따른 관리처방이 아닌 것은?

① 목표에 의한 관리
② 권위주의적 리더십 확립
③ 경제적 보상체제의 강화
④ 면밀한 감독과 엄격한 통제

해설

맥그리거(McGregor)는 인간의 하급 욕구에 착안해 권위적 통제에 입각한 관리전략을 처방하는 전통적 관점을 X이론이라 하고, 인간의 고급 욕구·성장적 측면에 착안한 새로운 관리체제를 Y이론이라고 하였다.

X이론의 관리처방	Y이론의 관리처방
• 경제적 보상체제의 강화	• 민주적 리더십의 확립
• 권위주의적 리더십 확립	• 분권화와 권한의 위임
• 면밀한 감독과 엄격한 통제	• 목표에 의한 관리
• 상부 책임제도의 강화	• 직무 확장
• 조직구조의 고층성	• 비공식적 조직의 활용
	• 자체 평가제도의 활성화
	• 조직구조의 평면화

12

어느 공장의 재해율을 조사한 결과 도수율이 20이고, 강도율이 1.2로 나타났다. 이 공장에서 근무하는 근로자가 입사부터 정년퇴직할 때까지 예상되는 재해건수(a)와 이로 인한 근로손실일수(b)는?

① $a = 20$, $b = 1.2$ ② $a = 2$, $b = 120$

③ $a = 20$, $b = 0.12$ ④ $a = 120$, $b = 2$

해설
- 예상되는 재해건수(a)
  환산도수율 = 도수율 × 0.1 = 20 × 0.1 = 2
- 근로손실일수(b)
  환산강도율 = 강도율 × 100 = 1.2 × 100 = 120

14

무재해운동 추진기법 중 지적 확인에 대한 설명으로 옳은 것은?

① 비평을 금지하고, 자유로운 토론을 통하여 독창적인 아이디어를 끌어낼 수 있다.
② 참여자 전원의 스킨십을 통하여 연대감, 일체감을 조성할 수 있고 느낌을 교류한다.
③ 작업 전 5분간의 미팅을 통하여 시나리오상의 역할을 연기하여 체험하는 것을 목적으로 한다.
④ 오관의 감각기관을 총동원하여 작업의 정확성과 안전을 확인한다.

해설
지적 확인
사람의 눈이나 귀 등 오감의 감각기관을 총동원해서 작업의 정확성과 안전을 확인하는 것이다.

13

재해손실비의 평가방식 중 시몬즈(R.H. Simonds) 방식에 의한 계산방법으로 옳은 것은?

① 직접비 + 간접비
② 공동비용 + 개별비용
③ 보험코스트 + 비보험코스트
④ (휴업상해건수 × 관련 비용 평균치) + (통원상해건수 × 관련 비용 평균치)

해설
시몬즈(R.H. Simonds)의 평가방식에 의한 계산방법
재해손실비 = 보험코스트 + 비보험코스트

15

재해 예방의 4원칙에 해당하지 않는 것은?

① 예방 가능의 원칙
② 대책 선정의 원칙
③ 손실 우연의 원칙
④ 원인 추정의 원칙

해설
산업재해 방지의 4원칙
- 예방 가능의 원칙 : 재해사고는 예방 가능하지만, 노력의 한계가 있다.
- 손실 우연의 원칙 : 사고 발생 당시 주변조건에 따라 손실의 크기가 달라진다.
- 원인 계기의 원칙 : 사고와 그 원인은 필연적인 인과관계로 이루어져 있다.
- 대책 선정의 원칙 : 가장 적절한 안전대책을 선정하고 차선책까지 고려해야 한다.

16

인간의 착각현상 중 버스나 전동차의 움직임으로 인하여 자신이 승차하고 있는 정지된 차량이 움직이는 것 같은 느낌을 받는 현상은?

① 자동운동　　　　② 유도운동
③ 가현운동　　　　④ 플리커 현상

해설
① 자동운동 : 어두운 방에서 고정된 빛을 바라보면 빛이 움직이는 것처럼 보이는 착시현상
③ 가현운동(또는 베타운동) : 영화 영사기법, 즉 컷 하나하나는 멈춰 있지만 이를 빠르게 돌리면 컷 속의 사물이나 사람들이 실제 움직이는 것처럼 보이는 현상
④ 플리커 현상 : 전기제품의 빛이 깜박거리는 현상

17

안전보건표지의 기본모형 중 다음 그림의 기본모형의 표시사항으로 옳은 것은?

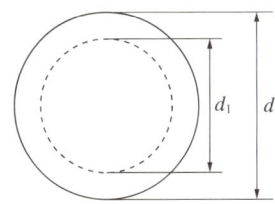

① 지시　　　　② 안내
③ 경고　　　　④ 금지

해설
② 안내 : □
③ 경고 : ◇
④ 금지 : ⃠

18

지도자가 추구하는 계획과 목표를 부하직원이 자신의 것으로 받아들여 자발적으로 참여하게 하는 리더십의 권한은?

① 보상적 권한　　　　② 강압적 권한
③ 위임된 권한　　　　④ 합법적 권한

해설
리더십의 권한
• 조직이 리더에게 부여하는 권한
　– 보상적 권한
　– 강압적 권한
　– 합법적 권한
• 리더가 자신에게 부여하는 권한
　– 전문성의 권한
　– 위임된 권한

19

하인리히의 사고 방지 5단계 중 제1단계 안전조직의 내용이 아닌 것은?

① 경영자의 안전목표 설정
② 안전관리자의 선임
③ 안전활동의 방침 및 계획 수립
④ 안전회의 및 토의

해설
하인리히의 사고 예방대책의 기본원리 5단계
• 1단계(안전조직) : 안전활동방침 및 계획 수립(안전관리 규정 작성, 책임·권한 부여, 조직 편성)
• 2단계(사실의 발견) : 현상 파악, 문제점 발견(사고 점검·검사 및 사고 조사 실시, 자료 수집, 작업 분석, 위험 확인, 안전회의 및 토의, 사고 및 안전활동 기록의 검토
• 3단계(분석·평가) : 현장조사
• 4단계 (시정책의 선정) : 대책의 선정 또는 시정방법 선정(인사 조정, 기술적 개선, 안전관리 행정업무의 개선(안전행정의 개선), 기술교육을 위한 교육 및 훈련의 개선)
• 5단계 : 시정책 적용

20

보호구 자율안전확인 고시상 사용 구분에 따른 보안경의 종류가 아닌 것은?

① 차광 보안경

② 유리 보안경

③ 플라스틱 보안경

④ 도수 렌즈 보안경

해설

- 자율안전확인 대상 : 일반 보안경(유리 보안경, 플라스틱 보안경, 도수 렌즈 보안경 등)
- 안전인증 대상 : 차광 및 비산물 위험방지용 보안경

22

사람의 감각기관 중 반응속도가 가장 느린 것은?

① 청각

② 시각

③ 미각

④ 촉각

해설

반응시간

- 청각 : 0.17초
- 촉각 : 0.18초
- 시각 : 0.20초
- 미각 : 0.29초
- 통각 : 0.70초

23

한 사무실에서 타자기의 소리 때문에 말소리가 묻히는 현상을 무엇이라 하는가?

① dBA

② CAS

③ phon

④ masking

해설

④ masking : 높은 음이 낮은 음을 상쇄시켜 높은 음만 들리는 현상

① dBA : 사람의 귀로 들을 수 있는 음의 크기를 주파수에 대한 가중치 필터를 적용하여 상대적 단위(dB)로 나타낸 값

③ phon : 음의 강도를 나타내는 단위

제**2**과목 | 인간공학 및 시스템안전공학

21

휘도(luminance)가 10cd/m²이고, 조도(illuminance)가 100lx일 때 반사율(reflectance)[%]은?

① 0.1π

② 10π

③ 100π

④ $1,000\pi$

해설

$$반사율 = \frac{표면에서 반사되는 빛의 양}{표면에 비치는 빛의 양} = \frac{휘도}{조도} = \frac{10}{100} = 0.1$$

24

1에서 15까지 수의 집합에서 무작위로 선택할 때 어떤 숫자가 나올지 알려 주는 경우의 정보량은 몇 bit인가?

① 2.91bit

② 3.91bit

③ 4.51bit

④ 4.91bit

해설

정보량

$$H = \log_2 N = \log_2 15 = \frac{\log 15}{\log 2} = \frac{1.1761}{0.3010} \approx 3.91\,\text{bit}$$

25

어떤 전자기기의 수명은 지수분포를 따르며, 그 평균수명이 1,000시간이라고 할 때, 500시간 동안 고장 없이 작동할 확률은 약 얼마인가?

① 0.1353　　　　　② 0.3935
③ 0.6065　　　　　④ 0.8647

해설

$$R(t) = e^{-\lambda t} = e^{-\frac{500}{1,000}} \simeq 0.6065$$

26

체계 분석 및 설계에 있어서 인간공학의 가치와 가장 거리가 먼 것은?

① 성능의 향상
② 훈련비용의 증가
③ 사용자의 수용도 향상
④ 생산 및 보전의 경제성 증대

해설

체계 분석 · 설계에서 인간공학의 가치
- 성능의 향상
- 사용자의 수용도 향상
- 작업 숙련도의 증가
- 사고 및 오용으로부터의 손실 감소
- 훈련비용의 절감
- 인력 이용률의 향상
- 생산 및 보전의 경제성 증가

27

작업기억과 관련된 설명으로 틀린 것은?

① 단기기억이라고도 한다.
② 오랜 기간 정보를 기억하는 것이다.
③ 작업기억 내의 정보는 시간이 흐름에 따라 쇠퇴할 수 있다.
④ 리허설(rehearsal)은 정보를 작업기억 내에 유지하는 유일한 방법이다.

해설

작업기억은 일시적으로 저장되는 기억이다.

28

의자의 등받이 설계에 관한 설명으로 가장 적절하지 않은 것은?

① 등받이 폭은 최소 30.5cm가 되게 한다.
② 등받이 높이는 최소 50cm가 되게 한다.
③ 의자의 좌판과 등받이각도는 90~105°를 유지한다.
④ 요부 받침의 높이는 25~35cm로 하고, 폭은 30.5cm로 한다.

해설

의자의 등받이 설계 시 요부 받침의 높이는 15.2~22.9cm, 폭은 30.5cm, 등받이로부터 5cm 정도의 두께로 한다.

29

FT도에 의한 컷셋(cut set)이 다음과 같이 구해졌을 때 최소 컷셋(minimal cut set)으로 맞는 것은?

- $(X_1,\ X_3)$
- $(X_1,\ X_2,\ X_3)$
- $(X_1,\ X_3,\ X_4)$

① $(X_1,\ X_3)$

② $(X_1,\ X_2,\ X_3)$

③ $(X_1,\ X_3,\ X_4)$

④ $(X_1,\ X_2,\ X_3,\ X_4)$

해설

최소 컷셋(minimal cut set)
정상사상을 발생시키는 기본사상의 최소 집합($X_1,\ X_3$)이다.

30

단일 차원의 시각적 암호 중 구성 암호, 영문자 암호, 숫자 암호에 대하여 암호로서의 성능이 가장 좋은 것부터 배열한 것은?

① 숫자 암호 – 영문자 암호 – 구성 암호

② 구성 암호 – 숫자 암호 – 영문자 암호

③ 영문자 암호 – 숫자 암호 – 구성 암호

④ 영문자 암호 – 구성 암호 – 숫자 암호

해설

암호로서의 성능이 좋은 순서
숫자 – 색깔 – 영문 – 형상 – 구성

31

정보 전달용 표시장치에서 청각적 표현이 좋은 경우가 아닌 것은?

① 메시지가 복잡하다.

② 시각장치가 지나치게 많다.

③ 즉각적인 행동이 요구된다.

④ 메시지가 그때의 사건을 다룬다.

해설

메시지가 짧고 간단한 경우에는 청각적 표현이 효과적이고, 메시지가 복잡한 경우에는 시각적 표현이 효과적이다.

32

FTA의 용도와 거리가 먼 것은?

① 고장의 원인을 연역적으로 찾을 수 있다.

② 시스템의 전체적인 구조를 그림으로 나타낼 수 있다.

③ 시스템에서 고장이 발생할 수 있는 부분을 쉽게 찾을 수 있다.

④ 구체적인 초기 사건에 대하여 상향식(bottom-up) 접근방식으로 재해경로를 분석하는 정량적 기법이다.

해설

FTA는 연역적, 정량적, 하향식(top-down) 접근방식이다.

33

안전가치 분석의 특징으로 틀린 것은?

① 기능 위주로 분석한다.
② 왜 비용이 드는가를 분석한다.
③ 특정 위험의 분석을 위주로 한다.
④ 그룹활동은 전원의 중지를 모은다.

해설

안전가치 분석 시 특정 위험의 분석 위주가 아닌 전체적으로 분석한다.

34

일반적인 인간 – 기계시스템의 형태 중 인간이 사용자나 동력원으로 기능하는 것은?

① 수동체계
② 기계화 체계
③ 자동체계
④ 반자동체계

35

산업안전보건법에 따라 상시작업에 종사하는 장소에서 보통작업을 하고자 할 때 작업면의 최소조도[lx]로 맞는 것은?(단, 작업장은 일반적인 작업 장소이며, 감광재료를 취급하지 않는 장소이다)

① 75   ② 150
③ 300   ④ 750

해설

조도(산업안전보건기준에 관한 규칙 제8조)
• 초정밀작업 : 750lx 이상
• 정밀작업 : 300lx 이상
• 보통작업 : 150lx 이상
• 그 밖의 작업 : 75lx 이상

36

보전효과 측정을 위해 사용하는 설비 고장 강도율의 식으로 맞는 것은?

① 부하시간 ÷ 설비 가동시간
② 총수리시간 ÷ 설비 가동시간
③ 설비 고장 건수 ÷ 설비 가동시간
④ 설비 고장 정지시간 ÷ 설비 가동시간

37

정보처리기능 중 정보 보관에 해당되는 것과 관계가 깊은 것은?

① 감지   ② 정보처리
③ 출력   ④ 행동기능

해설

※ 문제 오류로 전항 정답 처리됨

38

인체측정치 중 기능적 인체 치수에 해당되는 것은?

① 표준 자세
② 특정작업에 국한
③ 움직이지 않는 피측정자
④ 각 지체는 독립적으로 움직임

39

FT 작성 시 논리게이트에 속하지 않는 것은 무엇인가?

① OR게이트
② 억제게이트
③ AND게이트
④ 동등게이트

해설

논리게이트
OR게이트, 억제게이트, AND게이트, 부정게이트 등

40

시스템 안전 분석기법 중 인적 오류와 그로 인한 위험성의 예측과 개선을 위한 기법은 무엇인가?

① FTA
② ETBA
③ THERP
④ MORT

해설

③ THERP(Technique for Human Error Rate Prediction, 인간실수 율예측기법) : 인간의 과오를 정량적으로 평가하고 분석하는 데 사용하는 기법
① FTA : 사고의 원인이 되는 기기의 결함 및 작업자의 오류 등을 연역적 · 정량적으로 평가하는 분석법
④ MORT : 해석트리를 중심으로 관리 설계 보존 등에 대하여 광범위 하게 안전성을 확보하기 위한 논리적 · 정량적인 분석법

제**3**과목 | **기계위험방지기술**

41

산업안전보건법령상 양중기에 사용하지 않아야 하는 달기 체인의 기준으로 틀린 것은?

① 변형이 심한 것
② 균열이 있는 것
③ 길이의 증가가 제조 시보다 3%를 초과한 것
④ 링의 단면 지름의 감소가 제조 시 링 지름의 10%를 초과한 것

해설

달기 체인의 길이가 달기 체인이 제조된 때의 길이의 5%를 초과한 것은 사용하지 않아야 한다(산업안전보건기준에 관한 규칙 제63조).

42

아세틸렌 용접장치의 안전 기준과 관련하여 다음 (   ) 안에 들어갈 용어로 옳은 것은?

> 사업주는 가스용기가 발생기와 분리되어 있는 아세틸렌 용접장치에 대하여는 발생기와 가스용기 사이에 (   )을(를) 설치하여야 한다.

① 격납실
② 안전기
③ 안전밸브
④ 소화설비

해설

안전기의 설치(산업안전보건기준에 관한 규칙 289조)
• 사업주는 아세틸렌 용접장치의 취관마다 안전기를 설치하여야 한 다. 다만, 주관 및 취관에 가장 가까운 분기관(分岐管)마다 안전기를 부착한 경우에는 그러하지 아니하다.
• 사업주는 가스용기가 발생기와 분리되어 있는 아세틸렌 용접장치에 대하여 발생기와 가스용기 사이에 안전기를 설치하여야 한다.

43

기계설비의 안전조건 중 외관의 안전화에 해당되지 않는 것은?

① 오동작 방지회로 적용
② 안전색채 조절
③ 덮개의 설치
④ 구획된 장소에 격리

해설

오동작 방지회로 적용은 기계설비의 내부적인 구조를 변경하여 위험을 방지하는 것이므로 기능의 안전화에 해당한다.

44

산업용 로봇작업 시 안전조치방법이 아닌 것은?

① 높이 1.8m 이상의 방책을 설치한다.
② 로봇의 조작방법 및 순서의 지침에 따라 작업한다.
③ 로봇작업 중 이상 상황의 대처를 위해 근로자 이외에도 로봇의 기동스위치를 조작할 수 있도록 한다.
④ 2인 이상의 근로자에게 작업을 시킬 때는 신호방법의 지침을 정하고 그 지침에 따라 작업한다.

해설

수리 등 작업 시의 조치 등(산업안전보건기준에 관한 규칙 제224조)

사업주는 로봇의 작동범위에서 해당 로봇의 수리·검사·조정(교시 등에 해당하는 것은 제외한다)·청소·급유 또는 결과에 대한 확인작업을 하는 경우에는 해당 로봇의 운전을 정지함과 동시에 그 작업을 하고 있는 동안 로봇의 기동스위치를 열쇠로 잠근 후 열쇠를 별도 관리하거나 해당 로봇의 기동스위치에 작업 중이란 내용의 표지판을 부착하는 등 해당 작업에 종사하고 있는 근로자가 아닌 사람이 해당 기동스위치를 조작할 수 없도록 필요한 조치를 하여야 한다. 다만, 로봇의 운전 중에 작업을 하지 아니하면 안 되는 경우로서 해당 로봇의 예기치 못한 작동 또는 오조작에 의한 위험을 방지하기 위하여 조치를 한 경우에는 그러하지 아니하다.

45

다음 중 연삭기의 종류가 아닌 것은?

① 다두 연삭기
② 원통 연삭기
③ 센터리스 연삭기
④ 만능 연삭기

해설

연삭기의 종류

원통 연삭기, 센터리스 연삭기, 만능 연삭기, 내면 연삭기, 평면 연삭기 등

46

프레스의 제작 및 안전 기준에 따라 프레스의 각 항목이 표시된 이름판을 부착해야 하는데 이 이름판에 나타내어야 하는 항목이 아닌 것은?

① 압력능력 또는 전단능력
② 제조 연월
③ 안전인증의 표시
④ 정격하중

해설

프레스 이름판 기재사항

압력능력(전단기는 전단능력), 형식번호 및 제조번호, 제조자명, 제조연월, 안전인증의 표시 등

47

동력식 수동 대패기계의 덮개와 송급 테이블면과의 간격 기준은 몇 mm 이하여야 하는가?

① 3 ② 5
③ 8 ④ 12

해설

동력식 수동 대패에 손가락이 끼지 않도록 하기 위해서 덮개와 테이블 면과의 틈새는 최대 8mm 이하로 조절해야 한다.

48

기계나 그 부품에 고장이나 기능 불량이 생겨도 항상 안전하게 작동하는 안전화 대책은?

① fool proof
② fail safe
③ risk management
④ hazard diagnosis

해설

페일 세이프(fail safe)

조작상의 과오로 기기의 일부에 고장이 발생하는 경우, 이 부분의 고 장으로 인하여 사고가 발생하는 것을 방지하는 대책이다.

- 기계나 그 부품에 고장이나 기능 불량이 생겨도 항상 안전하게 작동 하는 안전화 대책이다.
- 시스템 안전 달성을 위한 시스템 안전 설계단계 중 위험 상태의 최소 화 단계에 해당한다.

49

다음 중 연삭기의 원주속도 V[m/s]를 구하는 식으로 옳은 것은?(단, D는 숫돌의 지름[m], n은 회전수[rpm]이다)

① $V = \dfrac{\pi D n}{16}$ ② $V = \dfrac{\pi D n}{32}$

③ $V = \dfrac{\pi D n}{60}$ ④ $V = \dfrac{\pi D n}{1,000}$

해설

연삭기의 원주속도

- $V = \dfrac{\pi D n}{1,000}$ m/min(숫돌 지름의 단위 : mm)

- $V = \dfrac{\pi D n}{60 \times 1,000}$ m/s(숫돌 지름의 단위 : mm)

- $V = \dfrac{\pi D n}{60}$ m/s(숫돌 지름의 단위 : m)

50

산업안전보건법령에 따라 다음 중 덮개 또는 울을 설치하 여야 하는 경우나 부위에 속하지 않는 것은?

① 목재가공용 띠톱기계를 제외한 띠톱기계에서 절단 에 필요한 톱날 부위 외의 위험한 톱날 부위

② 선반으로부터 돌출하여 회전하고 있는 가공물이 근 로자에게 위험을 미칠 우려가 있는 경우

③ 보일러에서 과열에 의한 압력 상승으로 인해 사용자 에게 위험을 미칠 우려가 있는 경우

④ 연삭기 또는 평삭기의 테이블, 형삭기 램 등의 행정 끝이 근로자에게 위험을 미칠 우려가 있는 경우

해설

압력제한스위치(산업안전보건기준에 관한 규칙 제117조)

사업주는 보일러의 과열을 방지하기 위하여 최고사용압력과 상용압 력 사이에서 보일러의 버너 연소를 차단할 수 있도록 압력제한스위치 를 부착하여 사용하여야 한다.

51

다음 중 컨베이어(conveyor)의 방호장치로 볼 수 없는 것은?

① 반발예방장치
② 이탈방지장치
③ 비상정지장치
④ 덮개 또는 울

해설

반발예방장치는 목재가공용 둥근톱의 방호장치에 해당한다.

52

클러치 프레스에 부착된 양수 기동식 방호장치에 있어서 확동 클러치의 봉합 개소의 수가 4, 분당 행정 수가 300 spm일 때 양수 기동식 조작부의 최소 안전거리는?(단, 인간의 손의 기준속도는 1.6m/s로 한다)

① 240mm
② 260mm
③ 340mm
④ 360mm

해설

최소 안전거리

$$D_m = 1.6\,T_m = 1.6 \times \left(\frac{1}{4} + \frac{1}{2}\right) \times \frac{60,000}{300} = 240mm$$

53

프레스의 본질적 안전화(no-hand in die 방식) 추진대책이 아닌 것은?

① 안전 금형을 설치
② 전용 프레스의 사용
③ 방호울이 부착된 프레스 사용
④ 감응식 방호장치 설치

해설

프레스의 본질적 안전화 방식의 예

안전 금형 부착 프레스, 금형에 설치한 안전장치, 방호울식 프레스, 전용 프레스, 자동(배출) 프레스 등(롤 피더, 다이얼 피더, 그리퍼 피더, 호퍼 피더, 푸셔 피더, 슈트, 슬라이딩 다이, 이젝터, 산업용 로봇 등)

54

산업안전보건법령상 크레인의 방호장치에 해당하지 않는 것은?

① 권과방지장치
② 낙하방지장치
③ 비상정지장치
④ 과부하방지장치

해설

크레인의 방호장치

권과방지장치, 과부하방지장치, 비상정지장치, 훅해지장치, 충돌방지장치, 미끄럼방지고정장치, 레일정지기구, 정전 시 보호장치, 회전 부분 방호장치, 선회제한스위치, 경사각지시장치

55

양수 조작식 방호장치에서 누름 버튼 상호 간의 내측거리는 얼마 이상이어야 하는가?

① 250mm 이상
② 300mm 이상
③ 350mm 이상
④ 400mm 이상

해설

양수 조작식 방호장치에서 누름 버튼 상호 간(2개의 누름 버튼 간)의 내측거리는 300mm 이상이어야 한다(방호장치 안전인증 고시 별표 1).

56

작업장 내 운반을 주목적으로 하는 구내 운반차가 준수해야 할 사항으로 옳지 않은 것은?

① 주행을 제동하거나 정지 상태를 유지하기 위하여 유효한 제동장치를 갖출 것
② 경음기를 갖출 것
③ 핸들의 중심에서 차체 바깥 측까지의 거리가 65cm 이내일 것
④ 운전자석이 차 실내에 있는 것은 좌우에 한 개씩 방향지시기를 갖출 것

해설

구내 운반차는 핸들의 중심에서 차체 바깥 측까지의 거리가 65cm 이상이어야 한다(산업안전보건기준에 관한 규칙 개정으로 삭제된 내용).

57

기계운동의 형태에 따른 위험점 분류에 해당되지 않는 것은?

① 끼임점
② 회전물림점
③ 협착점
④ 절단점

해설

위험점 분류
- 협착점(왕복운동 + 고정부) : 프레스, 절단기, 성형기
- 끼임점(회전 또는 직선운동 + 고정부) : 연삭숫돌과 작업대
- 절단점(회전운동 자체) : 둥근톱의 톱날, 띠톱날
- 물림점(회전운동 + 회전운동) : 롤러기
- 접선물림점(회전운동 + 접선부) : 벨트와 풀리
- 회전말림점(돌기회전부) : 회전축, 드릴

58

연삭기에서 숫돌의 바깥지름이 180mm라면, 평형 플랜지의 바깥지름은 몇 mm 이상이어야 하는가?

① 30
② 36
③ 45
④ 60

해설

숫돌 고정장치인 평형 플랜지의 직경은 설치하는 연삭숫돌 직경 180mm의 1/3 이상이어야 한다. 따라서 평형 플랜지의 지름은 최소 60mm 이상이어야 한다.

59

롤러기에 사용되는 급정지장치의 종류가 아닌 것은?

① 손 조작식
② 발 조작식
③ 무릎 조작식
④ 복부 조작식

60

드릴링 머신을 이용한 작업 시 안전수칙에 관한 설명으로 옳지 않은 것은?

① 일감을 손으로 견고하게 쥐고 작업한다.
② 장갑을 끼고 작업을 하지 않는다.
③ 칩은 기계를 정지시킨 다음에 와이어브러시로 제거한다.
④ 드릴을 끼운 후에는 척 렌치를 반드시 탈거한다.

해설

드릴링 머신 작업 시 일감을 손으로 쥐고 작업하면 매우 위험하므로 바이스로 고정시키고 작업해야 한다.

61

다음 중 접지공사의 종류에 해당되지 않는 것은?

① 특별 제1종 접지공사

② 특별 제3종 접지공사

③ 제1종 접지공사

④ 제2종 접지공사

해설

※ 해당 규정의 개정으로 정답 없음(종별 접지공사 내용은 폐지됨)

62

전기스파크의 최소발화에너지를 구하는 공식은?

① $W = \dfrac{1}{2} CV^2$

② $W = \dfrac{1}{2} CV$

③ $W = 2CV^2$

④ $W = 2C^2 V$

63

허용접촉전압이 종별 기준과 서로 다른 것은?

① 제1종 – 2.5V 이하

② 제2종 – 25V 이하

③ 제3종 – 75V 이하

④ 제4종 – 제한 없음

해설

허용접촉전압의 종류

종별	접촉 상태	허용접촉전압
제1종	• 인체의 대부분이 수중에 있는 상태	2.5V 이하
제2종	• 인체가 현저히 젖어 있는 상태 • 금속성의 전기기계장치나 구조물에 인체의 일부가 상시 접촉되어 있는 상태	25V 이하
제3종	• 제1종, 제2종 이외의 경우로서 통상의 인체 상태에서 있어서 접촉전압이 가해지면 위험성이 높은 상태	50V 이하
제4종	• 제1종, 제2종 이외의 경우로서 통상 인체 상태에 접촉전압이 가해지더라도 위험성이 낮은 상태 • 접촉전압이 가해질 우려가 없는 경우	제한 없음

64

감전을 방지하기 위하여 정전작업요령을 관계 근로자에 주지시킬 필요가 없는 것은?

① 전원설비효율에 관한 사항
② 단락접지 실시에 관한 사항
③ 전원 재투입 순서에 관한 사항
④ 작업 책임자의 임명, 정전범위 및 절연용 보호구 작업 등 필요한 사항

해설

감전을 방지하기 위하여 관계 근로자에 주지시켜야 할 정전작업사항
• 작업 책임자의 임명, 정전범위 및 절연보호구, 작업 시작 전 점검 등 작업 시작 전에 필요한 사항
• 전로 또는 설비의 정전 순서에 관한 사항
• 개폐기 관리 및 표지판 부착에 관한 사항
• 정전 확인 순서에 관한 사항
• 단락접지 실시에 관한 사항
• 전원 재투입 순서에 관한 사항
• 점검 또는 시운전을 위한 일시운전에 관한 사항
• 교대 근무지 근무 인계에 필요한 사항

65

누전에 의한 감전 위험을 방지하기 위하여 감전방지용 누전차단기의 접속에 관한 일반사항으로 틀린 것은?

① 분기회로마다 누전차단기를 설치한다.
② 동작시간은 0.03초 이내이어야 한다.
③ 전기기계·기구에 설치되어 있는 누전차단기는 정격감도전류가 30mA 이하이어야 한다.
④ 누전차단기는 배전반 또는 분전반 내에 접속하지 않고 별도로 설치한다.

해설

전기기계·기구에 설치되어 있는 누전차단기(산업안전보건기준에 관한 규칙 제304조)
• 전기기계·기구에 설치되어 있는 누전차단기는 정격감도전류가 30mA 이하이고, 작동시간은 0.03초 이내일 것. 다만, 정격전부하전류가 50A 이상인 전기기계·기구에 접속되는 누전차단기는 오작동을 방지하기 위하여 정격감도전류는 200mA 이하로, 작동시간은 0.1초 이내로 할 수 있다.
• 분기회로 또는 전기기계·기구마다 누전차단기를 접속할 것. 다만, 평상시 누설전류가 매우 적은 소용량 부하의 전로에는 분기회로에 일괄하여 접속할 수 있다.
• 누전차단기는 배전반 또는 분전반 내에 접속하거나 꽂음접속기형 누전차단기를 콘센트에 접속하는 등 파손이나 감전사고를 방지할 수 있는 장소에 접속할 것
• 지락보호전용 기능만 있는 누전차단기는 과전류를 차단하는 퓨즈나 차단기 등과 조합하여 접속할 것

66

방폭 전기설비의 설치 시 고려하여야 할 환경조건으로 가장 거리가 먼 것은?

① 열
② 진동
③ 산소량
④ 수분 및 습기

해설

방폭 전기설비의 설치 시 고려하여야 할 환경조건
열, 진동, 수분 및 습기

67

다음 중 방폭구조의 종류와 기호가 올바르게 연결된 것은?

① 압력 방폭구조 : q
② 유입 방폭구조 : m
③ 비점화 방폭구조 : n
④ 본질안전 방폭구조 : e

해설

방폭구조의 종류와 기호
• 압력 방폭구조 : p
• 유입 방폭구조 : o
• 비점화 방폭구조 : n
• 본질안전 방폭구조 : ia 또는 ib
• 내압 방폭구조 : d
• 특수 방폭구조 : s
• 안전 방폭구조 : e

68

페인트를 스프레이로 뿌려 도장작업을 하는 작업 중 발생할 수 있는 정전기 대전으로만 이루어진 것은?

① 분출대전, 충돌대전
② 충돌대전, 마찰대전
③ 유동대전, 충돌대전
④ 분출대전, 유동대전

69

제3종 접지공사 시 접지선에 흐르는 전류가 0.1A일 때 전압 강하로 인한 대지전압의 최댓값은 몇 V 이하이어야 하는가?

① 10V   ② 20V
③ 30V   ④ 50V

해설

※ 출제 당시 정답은 ①이었으나 해당 규정의 개정으로 정답 없음(종별 접지공사 및 접지저항 내용은 폐지됨)

70

다음 중 대전된 정전기의 제거방법으로 적당하지 않은 것은?

① 작업장 내에서의 습도를 가능한 한 낮춘다.
② 제전기를 이용해 물체에 대전된 정전기를 제거한다.
③ 도전성을 부여하여 대전된 전하를 누설시킨다.
④ 금속 도체와 대지 사이의 전위를 최소화하기 위하여 접지한다.

해설

작업장 내에서의 습도를 가능한 한 높여 정전기를 제거한다.

71

휘발유를 저장하던 이동저장탱크에 등유나 경유를 이동저장탱크의 밑부분으로부터 주입할 때 액 표면의 높이가 주입관의 선단의 높이를 넘을 때까지 주입속도는 몇 m/s 이하로 하여야 하는가?

① 0.5
② 1.0
③ 1.5
④ 2.0

해설
유체(등유, 경유 등) 주입속도는 1m/s 이하로 하여야 한다.

73

화염의 전파속도가 음속보다 빨라 파면 선단에 충격파가 형성되며, 보통 그 속도가 1,000~3,500m/s에 이르는 현상을 무엇이라 하는가?

① 폭발현상
② 폭굉현상
③ 파괴현상
④ 발화현상

해설
• 폭굉현상 : 폭굉과 폭연의 차이는 폭발 시 발생하는 충격파의 유무에 따라 구분된다. 음속을 초과하여 충격파를 형성하는 것을 폭굉이라 한다.
• 폭발현상 : 가연성 기체 또는 액체의 열 발생속도가 열의 일상속도를 상회하는 현상(폭발의 연소속도 : 0.1~10m/s)

72

다음 중 증류탑의 원리로 거리가 먼 것은?

① 끓는점(휘발성) 차이를 이용하여 목적 성분을 분리한다.
② 열이동은 도모하지만 물질이동은 관계하지 않는다.
③ 기-액 두 상의 접촉이 충분히 일어날 수 있는 접촉면적이 필요하다.
④ 여러 개의 단을 사용하는 다단탑이 사용될 수 있다.

해설
증류탑에서는 열이동과 물질이동이 모두 일어난다.

74

SO_2 20ppm은 약 몇 g/m^3인가?(단, SO_2의 분자량은 64이고, 온도는 21℃, 압력은 1기압으로 한다)

① 0.571
② 0.531
③ 0.0571
④ 0.0531

해설
0℃, 1기압 조건에서 기체 1mol의 부피는 22.4L이다. 보일-샤를의 법칙을 이용하여 21℃, 1기압 상태로 환산하면

$$SO_2 \ 20ppm = 64 \times \frac{20 \times 1,000}{22.4 \times 10^6} \times \frac{273}{21 + 273} \simeq 0.0531 g/m^3$$

75

다음 중 유해·위험물질이 유출되는 사고가 발생했을 때의 대처요령으로 가장 적절하지 않은 것은?

① 중화 또는 희석을 시킨다.
② 유해·위험물질을 즉시 모두 소각시킨다.
③ 유출 부분을 억제 또는 폐쇄시킨다.
④ 유출된 지역의 인원을 대피시킨다.

해설

유해·위험물질이 유출되는 사고가 발생했을 때 즉시 모두 소각시키는 것은 위험하다.

76

다음 중 가연성 분진의 폭발 메커니즘으로 옳은 것은?

① 퇴적 분진 → 비산 → 분산 → 발화원 발생 → 폭발
② 발화원 발생 → 퇴적 분진 → 비산 → 분산 → 폭발
③ 퇴적 분진 → 발화원 발생 → 분산 → 비산 → 폭발
④ 발화원 발생 → 비산 → 분산 → 퇴적 분진 → 폭발

77

다음 중 물질의 위험성과 시험방법이 올바르게 연결된 것은?

① 인화점 – 태그밀폐식
② 발화온도 – 산소지수법
③ 연소시험 – 가스크로마토그래피법
④ 최소발화에너지 – 클리블랜드 개방식

해설

② 발화온도 – 크루프식
③ 연소시험 – 산소지수법
④ 최소발화에너지 – 하트만식

78

메탄(CH_4) 100mol이 산소 중에서 완전연소하였다면 이때 소비된 산소량은 몇 mol인가?

① 50   ② 100
③ 150   ④ 200

해설

메탄의 연소방정식 $CH_4 + 2O_2 \rightarrow CO_2 + 2H_2O$에서
$CH_4 : O_2 = 1 : 2$이므로 메탄 100mol이 산소 중에서 완전연소하면 소비된 산소량은 200mol이다.

79

물반응성 물질에 해당하는 것은?

① 나이트로화합물

② 칼륨

③ 염소산나트륨

④ 부탄

해설

② 칼륨 : 제3류 위험물(물에 반응 : 자연발화성 물질 및 금수성 물질)

① 나이트로화합물 : 제5류 위험물(자기반응성 물질)

③ 염소산나트륨 : 제1류 위험물(산화성 고체)

④ 부탄 : 기체연료

80

가정에서 요리를 할 때 사용하는 가스레인지에서 일어나는 가스의 연소 형태에 해당되는 것은?

① 자기연소   ② 분해연소

③ 표면연소   ④ 확산연소

해설

확산연소

연료와 연소용 공기를 따로 공급하는 방법이다. 화염의 안정범위가 넓고 조작이 용이하며, 역화의 위험이 없는 연소현상으로, 불꽃은 있으나 불티가 없는 연소이다(수소, 아세틸렌, 프로판, 부탄).

81

산업안전보건 중 안전시설비의 항목에서 사용할 수 있는 항목에 해당하는 것은?

① 외부인 출입금지, 공사자 경계 표시를 위한 가설울 타리

② 작업 발판

③ 절토부 및 성토부 등의 토사 유실 방지를 위한 설비

④ 사다리 전도방지장치

82

달비계에 사용하는 와이어로프는 지름의 감소가 공칭 지름의 몇 %를 초과할 경우에 사용할 수 없도록 규정되어 있는가?

① 5%   ② 7%

③ 9%   ④ 10%

해설

달비계에 사용 불가한 와이어로프(산업안전보건기준에 관한 규칙 제63조)

• 이음매가 있는 것

• 와이어로프의 한 꼬임[스트랜드(strand)를 말한다]에서 끊어진 소선 (素線)[필러(pillar)선은 제외한다]의 수가 10% 이상(비자전로프의 경우에는 끊어진 소선의 수가 와이어로프 호칭 지름의 6배 길이 이내에서 4개 이상이거나 호칭지름 30배 길이 이내에서 8개 이상)인 것

• 지름의 감소가 공칭 지름의 7%를 초과하는 것

• 꼬인 것

• 심하게 변형되거나 부식된 것

• 열과 전기 충격에 의해 손상된 것

83

건설작업용 리프트에 대하여 바람에 의한 붕괴를 방지하는 조치를 한다고 할 때 그 기준이 되는 풍속은?

① 순간풍속 30m/s 초과

② 순간풍속 35m/s 초과

③ 순간풍속 40m/s 초과

④ 순간풍속 45m/s 초과

해설

순간풍속이 35m/s를 초과하는 바람이 불어올 우려가 있는 경우 건설작업용 리프트(지하에 설치되어 있는 것은 제외)에 대하여 받침의 수를 증가시키는 등 그 붕괴를 방지하기 위한 조치를 하여야 한다(산업안전보건기준에 관한 규칙 제154조).

84

추락에 의한 위험방지와 관련된 승강설비의 설치에 관한 사항이다. (   )에 들어갈 내용으로 옳은 것은?

> 사업주는 높이 또는 깊이가 (   )를 초과하는 장소에서 작업하는 경우 해당 작업에 종사하는 근로자가 안전하게 승강하기 위한 건설작업용 리프트 등의 설비를 설치하여야 한다.

① 1.0m   ② 1.5m

③ 2.0m   ④ 2.5m

해설

사업주는 높이 또는 깊이가 2m를 초과하는 장소에서 작업하는 경우 해당 작업에 종사하는 근로자가 안전하게 승강하기 위한 건설용 리프트 등의 설비를 설치해야 한다. 다만, 승강설비를 설치하는 것이 작업의 성질상 곤란한 경우에는 그렇지 않다(산업안전보건기준에 관한 규칙 제46조).

85

지반의 조사방법 중 지질의 상태를 가장 정확히 파악할 수 있는 보링방법은?

① 충격식 보링(percussion boring)

② 수세식 보링(wash boring)

③ 회전식 보링(rotary boring)

④ 오거 보링(auger boring)

해설

③ 회전식 보링 : 비교적 자연 상태 그대로 연속적으로 시료를 채취할 수 있어 지층의 변화를 정확히 알 수 있다.

① 충격식 보링 : 와이어로프 끝에 충격날을 부착하여 상하 충격에 의해 천공 또는 암석에도 가능하다.

② 수세식 보링 : 깊이 30m 내외의 연질층에 사용한다. 이중관을 박고 충격을 주며 물을 뿜어 파인 흙을 배출하여 침전시켜 토질를 판별한다.

④ 오거 보링 : 지표면 부근의 시료 채취나 10m 이내의 얕은 지반 조사에 사용한다.

86

철근의 인력 운반방법에 관한 설명으로 옳지 않은 것은?

① 긴 철근은 두 사람이 1조가 되어 같은 쪽의 어깨에 메고 운반한다.

② 양 끝은 묶어서 운반한다.

③ 1회 운반 시 1인당 무게는 50kg 정도로 한다.

④ 공동작업 시 신호에 따라 작업한다.

해설

철근 운반 시 1인당 무게는 25kg 이하로 제한하여 무리한 운반을 피하여야 한다(콘크리트공사 표준안전작업지침 제12조).

87

사다리식 통로를 설치할 때 사다리의 상단은 걸쳐 놓은 지점으로부터 최소 얼마 이상 올라가도록 하여야 하는가?

① 45cm 이상
② 60cm 이상
③ 75cm 이상
④ 90cm 이상

해설

사다리의 상단은 걸쳐놓은 지점으로부터 60cm 이상 올라가도록 해야 한다(산업안전보건기준에 관한 규칙 제24조).

88

차량계 건설기계의 작업계획서 작성 시 그 내용에 포함되어야 할 사항이 아닌 것은?

① 사용하는 차량계 건설기계의 종류 및 성능
② 차량계 건설기계의 운행경로
③ 차량계 건설기계에 의한 작업방법
④ 브레이크 및 클러치 등의 기능 점검

해설

산업안전보건기준에 관한 규칙 별표 4

89

개착식 굴착공사(open cut)에서 설치하는 계측기기와 거리가 먼 것은?

① 수위계
② 경사계
③ 응력계
④ 내공변위계

해설

개착식 굴착공사(open cut)에서 설치하는 계측기기(깊이 10.5m 이상의 굴착 시 설치해야 할 계측기기)
수위계, 경사계, 하중계, 침하계, 응력계, 수압계, 토압계 등
※ 내공변위계 : 터널 굴착공사에 사용하는 계측기

90

콘크리트 측압에 관한 설명으로 옳지 않은 것은?

① 대기의 온도가 높을수록 크다.
② 콘크리트의 타설속도가 빠를수록 크다.
③ 콘크리트의 타설 높이가 높을수록 크다.
④ 배근된 철근량이 적을수록 크다.

해설

콘크리트 측압은 대기의 온도와 습도가 낮을수록, 배근된 철근량이 적을수록 크다.

91

차량계 하역운반기계 등을 이송하기 위하여 자주(自走) 또는 견인에 의하여 화물자동차에 싣거나 내리는 작업을 할 때 발판 · 성토 등을 사용하는 경우 기계의 전도 또는 전락에 의한 위험을 방지하기 위하여 준수하여야 할 사항으로 옳지 않은 것은?

① 싣거나 내리는 작업은 견고한 경사지에서 실시할 것
② 가설대 등을 사용하는 경우에는 충분한 폭 및 강도와 적당한 경사를 확보할 것
③ 발판을 사용하는 경우에는 충분한 길이 · 폭 및 강도를 가진 것을 사용할 것
④ 지정 운전자의 성명 · 연락처 등을 보기 쉬운 곳에 표시하고 지정 운전자 외에는 운전하지 않도록 할 것

해설

싣거나 내리는 작업은 평탄하고 견고한 장소에서 해야 한다.

92

다음 중 차량계 건설기계에 속하지 않는 것은?

① 배처플랜트
② 모터그레이더
③ 크롤러드릴
④ 탠덤롤러

배처플랜트(batcher plant)
계량한 재료를 믹서(레미콘) 등에 투입하는 설비

93

거푸집 해체 시 작업자가 이행해야 할 안전수칙으로 옳지 않은 것은?

① 거푸집 해체는 순서에 입각하여 실시한다.
② 상하에서 동시작업을 할 때는 상하의 작업자가 긴밀하게 연락을 취해야 한다.
③ 거푸집 해체가 용이하지 않을 때는 큰 힘을 줄 수 있는 지렛대를 사용해야 한다.
④ 해체된 거푸집, 각목 등을 올리거나 내릴 때는 달줄, 달포대 등을 사용한다.

거푸집 해체 때 구조체에 무리한 충격을 주거나 큰 힘에 의한 지렛대 사용은 금지하여야 한다.

94

강관비계의 구조에서 비계 기둥 간의 최대 허용 적재하중으로 옳은 것은?

① 500kg
② 400kg
③ 300kg
④ 200kg

비계 기둥 간의 적재하중은 400kg을 초과하지 않도록 한다(산업안전보건기준에 관한 규칙 제60조).

95

다음 셔블계 굴착장비 중 좁고 깊은 굴착에 가장 적합한 장비는?

① 드래그라인(dragline)
② 파워셔블(power shovel)
③ 백호(back hoe)
④ 클램셸(clam shell)

클램셸(clam shell)
좁고 깊은 굴착, 수중 굴착(준설 등), 건축구조물의 기초 등 정해진 범위의 좁고 깊은 굴착에 적합하다.

96

추락방지망의 달기 로프를 지지점에 부착할 때 지지점의 간격이 1.5m인 경우 지지점의 강도는 최소 얼마 이상이어야 하는가?(단, 연속적인 구조물이 방망 지지점인 경우)

① 200kg
② 300kg
③ 400kg
④ 500kg

$F = 200 \times B$
$= 200 \times 1.5$
$= 300kg$

97

토류벽에 거치된 어스앵커의 인장력을 측정하기 위한 계측기는?

① 하중계(load cell)

② 변형계(strain gauge)

③ 간극수압계(piezometer)

④ 지중경사계(inclinometer)

해설

② 변형계(strain gauge) : 스트럿, 띠장에 설치하여 굴착작업 또는 주변 작업 시 구조물의 변형을 측정한다.

③ 간극수압계(piezometer) : 굴착, 성토에 의한 간극 수압의 변화를 측정한다.

④ 지중경사계(inclinometer) : 흙막이 구조물 및 인접 구조물 주변 설치, 수평 방향의 지반이완영역, 토류벽 기울어짐을 측정한다.

98

작업에서의 위험요인과 재해 형태가 가장 관련이 적은 것은?

① 무리한 자재 적재 및 통로 미확보 → 전도

② 개구부 안전난간 미설치 → 추락

③ 벽돌 등 중량물 취급작업 → 협착

④ 항만 하역작업 → 질식

해설

항만 하역작업은 추락 재해의 형태이다.

99

건설공사현장에 가설 통로를 설치하는 경우 경사는 몇 도 이내를 원칙으로 하는가?

① 15°

② 20°

③ 25°

④ 30°

해설

가설 통로의 구조(산업안전보건기준에 관한 규칙 제23조)

건설공사현장에 가설 통로를 설치하는 경우 경사는 30° 이하로 할 것. 다만, 계단을 설치하거나 높이 2m 미만의 가설 통로로서 튼튼한 손잡이를 설치한 경우에는 그러하지 아니하다.

100

건설업 산업안전보건관리비 계상 및 사용기준을 적용하는 공사 금액 기준으로 옳은 것은?(단, 산업재해보상보험법 제6조에 따라 산업재해보상보험법의 적용을 받는 공사)

① 총공사 금액 2천만 원 이상인 공사

② 총공사 금액 4천만 원 이상인 공사

③ 총공사 금액 6천만 원 이상인 공사

④ 총공사 금액 1억 원 이상인 공사

해설

적용범위(건설업 산업안전보건관리비 계상 및 사용기준 제3조)

건설공사 중 총공사 금액 2천만 원 이상인 공사에 적용한다. 다만, 단가 계약에 의하여 행하는 공사에 대하여는 총계약 금액을 기준으로 적용한다.

※ 출제 당시 정답은 ②였으나 해당 법령 개정으로 정답은 ①이다.

01

무재해운동 추진기법 중 다음에서 설명하는 것은?

> 작업을 오조작 없이 안전하게 하기 위하여 작업공정의 요소에서 자신의 행동을 하고 대상을 가리킨 후 큰 소리로 확인하는 것

① 지적 확인
② TBM
③ 터치 앤드 콜
④ 삼각위험예지훈련

해설

② TBM(Tool Box Meeting) : 현장에서 그때 그 장소의 상황에 즉응하여 실시하는 위험예지활동으로서, 즉시 즉응법이라고도 한다.
③ 터치 앤드 콜 : 피부를 맞대고 같이 소리치는 것으로 전원의 스킨십(skinship)이라고 할 수 있다.
④ 삼각위험예지훈련 : 위험예지훈련을 보다 빠르게, 보다 간편하게 하여 전원 참여로 말하거나 쓰는 것이 미숙한 작업자를 위한 방법이다.

02

산업안전보건법령상 안전검사 대상 유해·위험기계가 아닌 것은?

① 선반
② 리프트
③ 압력용기
④ 곤돌라

해설

안전검사 대상 기계 등(시행령 제78조)

안전검사	프레스, 전단기, 크레인(정격 하중 2ton 미만은 제외), 리프트, 압력용기, 곤돌라, 국소 배기장치(이동식 제외), 원심기(산업용만 해당), 롤러기(밀폐형 구조 제외), 사출성형기(형 체결력 294kN 미만 제외), 고소작업대(화물자동차 또는 특수자동차에 탑재한 고소작업대로 한정), 컨베이어, 산업용 로봇, 혼합기, 파쇄기 또는 분쇄기

※ '혼합기, 파쇄기 또는 분쇄기'는 개정에 따라 2026년 6월 26일부로 추가되어 시행된다.

03

50인의 상시 근로자를 가지고 있는 어느 사업장에 1년간 3건의 부상자를 내고, 그 휴업일수가 219일이라면 강도율은?

① 1.37
② 1.50
③ 1.86
④ 2.21

해설

$$강도율 = \frac{근로손실일수}{연근로시간 \ 수} \times 10^3$$

$$= \frac{219}{50 \times 8 \times 365}$$

$$= 1.50$$

04

조건반사설에 의한 학습이론의 원리에 해당하지 않는 것은?

① 강도의 원리　　　② 시간의 원리
③ 효과의 원리　　　④ 계속성의 원리

해설
조건반사설에 의한 학습이론의 원리
시간의 원리, 강도의 원리, 일관성의 원리, 계속성의 원리

05

의사결정 과정에 따른 리더십의 행동 유형 중 전제형에 속하는 것은?

① 집단 구성원에게 자유를 준다.
② 지도자가 모든 정책을 결정한다.
③ 집단토론이나 집단결정을 통해서 정책을 결정한다.
④ 명목적인 리더의 자리를 지키고 부하직원들의 의견에 따른다.

해설
①, ④ 자유방임형
③ 민주형

06

하인리히(Heinrich)의 사고 발생의 연쇄성 5단계 중 2단계에 해당되는 것은?

① 유전과 환경　　　② 개인적인 결함
③ 불안전한 행동　　④ 사고

해설
하인리히의 도미노이론(하인리히의 재해 발생 5단계)
• 1단계 : 사회적 환경 및 유전적 요소
• 2단계 : 개인적 결함
• 3단계 : 불안전한 행동 및 불안전한 상태
• 4단계 : 사고
• 5단계 : 재해

07

착시현상 중 다음 그림과 같이 우선 평행의 호를 보고 이어 직선을 본 경우에 직선은 호와의 반대 방향에 보이는 현상은?

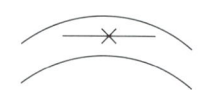

① 동화착오　　　② 분할착오
③ 윤곽착오　　　④ 방향착오

해설
퀼러(Köhler)의 착시(윤곽착오)
먼저 평행의 호를 보고 이어 직선을 본 경우에 직선은 호와의 반대 방향으로 휘어 보이는 현상

08

인간의 사회적 행동의 기본 형태가 아닌 것은?

① 대립　　　② 도피
③ 모방　　　④ 협력

해설
사회적 행동의 기본 형태
협력, 대립, 도피, 융합

09

안전보건관리조직의 형태 중 라인(line)형 조직의 특성이 아닌 것은?

① 소규모 사업장(100명 이하)에 적합하다.
② 라인에 과중한 책임을 지우기가 쉽다.
③ 안전관리 전담요원을 별도로 지정한다.
④ 모든 명령은 생산계통을 따라 이루어진다.

해설

라인형 조직에서는 안전관리에 관한 계획부터 실시에 이르기까지 모든 권한이 포괄적이고 직선적으로 행사되므로, 안전관리 전담요원을 별도로 두지 않는다.

10

무재해운동의 기본이념 3대 원칙이 아닌 것은?

① 무의 원칙
② 참가의 원칙
③ 선취의 원칙
④ 자주활동의 원칙

해설

무재해운동의 3원칙
- 무의 원칙(제로의 원칙) : 사람이 죽거나 다쳐서 일을 못 하게 되는 일 및 모든 잠재요소를 제거한다.
- 선취의 원칙(안전제일의 원칙) : 잠재 위험요인을 발굴·제거하여 안전 확보 및 사고를 예방한다.
- 참가의 원칙 : 무재해를 지향하고 안전과 건강을 선취하기 위해 전원 참가한다.

11

안전교육방법 중 사례연구법의 장점이 아닌 것은?

① 흥미가 있고, 학습동기를 유발할 수 있다.
② 현실적인 문제의 학습이 가능하다.
③ 관찰력과 분석력을 높일 수 있다.
④ 원칙과 규정의 체계적 습득이 용이하다.

해설

사례연구법은 여러 사례를 조사하여 결과를 도출하는 방법으로, 원칙과 규정을 체계적으로 습득하기 어렵다.

12

안전보건표지의 색채 및 색도 기준 중 다음 (   ) 안에 알맞은 것은?

색채	색도 기준	용도
(㉠)	5Y 8.5/12	경고
(㉡)	2.5PB 4/10	지시

① ㉠ 빨간색, ㉡ 흰색
② ㉠ 검은색, ㉡ 노란색
③ ㉠ 흰색, ㉡ 녹색
④ ㉠ 노란색, ㉡ 파란색

해설

안전보건표지의 색도 기준 및 용도(시행규칙 별표 8)

색채	색도 기준	용도
노란색	5Y 8.5/12	경고
파란색	2.5PB 4/10	지시

13

재해손실비의 평가방식 중 하인리히 계산방식으로 옳은 것은?

① 총재해비용 = 보험비용 + 비보험비용
② 총재해비용 = 직접손실비용 + 간접손실비용
③ 총재해비용 = 공동비용 + 개별비용
④ 총재해비용 = 노동손실비용 + 설비손실비용

14

산업안전보건법령상 사업장 내 안전보건교육 중 근로자의 정기안전·보건교육내용에 해당하지 않는 것은?

① 산업재해보상보험제도에 관한 사항
② 산업안전 및 사고 예방에 관한 사항
③ 산업보건 및 직업병 예방에 관한 사항
④ 기계·기구의 위험성과 작업의 순서 및 동선에 관한 사항

해설

근로자의 정기교육내용(시행규칙 별표 5)
- 산업안전 및 산업재해 예방에 관한 사항(화재·폭발 사고 발생 시 대피에 관한 사항을 포함한다)
- 산업보건 및 건강장해 예방에 관한 사항(폭염·한파작업으로 인한 건강장해 발생 시 응급조치에 관한 사항을 포함한다)
- 위험성 평가에 관한 사항
- 건강 증진 및 질병 예방에 관한 사항
- 유해·위험 작업환경 관리에 관한 사항
- 산업안전보건법령 및 산업재해보상보험제도에 관한 사항
- 직무 스트레스 예방 및 관리에 관한 사항
- 직장 내 괴롭힘, 고객의 폭언 등으로 인한 건강장해 예방 및 관리에 관한 사항
※ 해당 법령의 개정으로 ②, ③이 '산업안전 및 산업재해 예방에 관한 사항', '산업보건 및 건강장해 예방에 관한 사항'으로 변경됨

15

허즈버그(Herzberg)의 동기·위생이론 중 위생요인에 해당하지 않는 것은?

① 보수
② 책임감
③ 작업조건
④ 감독

해설

허즈버그의 동기·위생이론
- 동기요인 : 자아실현을 하려는 인간의 독특한 경향을 반영한 것으로 성취, 인정, 작업 자체, 책임감 등이 있다.
- 위생요인 : 인간의 동물적 욕구를 반영한 것으로 안전, 친교, 보수, 감독, 기업의 정책, 작업조건 등이 있다.

16

추락 및 감전 위험방지용 안전모의 난연성 시험성능 기준 중 모체가 불꽃을 내며 최소 몇 초 이상 연소되지 않아야 하는가?

① 3
② 5
③ 7
④ 10

해설

추락 및 감전 위험방지용 안전모의 난연성 시험성능 기준 중 모체가 불꽃을 내며 최소 5초 이상 연소되지 않아야 한다(보호구 안전인증 고시 별표 1).

17

TWI(Training Within Industry)의 교육내용이 아닌 것은?

① Job Support Training

② Job Method Training

③ Job Relation Training

④ Job Instruction Training

TWI의 교육내용

• JKT(Job Knowledge Training)

• JMT(Job Method Training)

• JIT(Job Instruction Training)

• JRT(Job Relation Training)

• JST(Job Safety Training)

18

재해원인 분석방법의 통계적 원인분석 중 다음에서 설명하는 것은?

> 사고의 유형, 기인물 등 분류 항목을 큰 순서대로 도표화한다.

① 파레토도　　　　② 특성요인도

③ 크로스도　　　　④ 관리도

② 특성요인도 : 어떠한 문제가 발생했을 때 어떤 원인으로 일어나는지 인과관계를 살펴보고, 이를 물고기 뼈의 모양(어골도)으로 도식화해서 문제점을 파악하고 해결책을 모색하는 기법이다.

③ 크로스도 : 2개 이상의 요인이 상호관계를 유지할 때 문제를 분석하는 데 사용하는 것으로, 데이터를 집계하고 표로 표시하여 요인별 결과 내역을 크로스 그림으로 작성하여 분석한다.

④ 관리도 : 재해 발생건수 등의 추이에 대해 한계선을 설정하여 목표관리를 수행하는 재해통계분석기법이다.

19

교육의 3요소 중 교육의 주체에 해당하는 것은?

① 강사　　　　　　② 교재

③ 수강자　　　　　④ 교육방법

교육의 3요소

• 교육의 주체 : 강사, 교사, 교육자

• 교육의 객체 : 피교육자, 수강자, 교육생, 학생

• 교육의 매개체 : 교재, 교육자료, 교육내용

20

상황성 누발자의 재해 유발원인과 거리가 먼 것은?

① 작업의 어려움

② 기계설비의 결함

③ 심신의 근심

④ 주의력의 산만

• 상황성 누발자의 재해 유발원인

– 작업의 어려움

– 기계설비의 결함

– 심신의 근심

– 환경상 주의력 집중의 혼란

• 소질성 누발자

– 도덕성의 결여

– 주의력 산만

21

MIL-STD-882B에서 시스템 안전 필요사항을 충족시키고 확인된 위험을 해결하기 위한 우선권을 정하는 순서로 맞는 것은?

> ㉠ 경보장치 설치
> ㉡ 안전장치 설치
> ㉢ 절차 및 교육훈련 개발
> ㉣ 최소 리스크를 위한 설계

① ㉣ → ㉡ → ㉠ → ㉢
② ㉣ → ㉠ → ㉡ → ㉢
③ ㉢ → ㉣ → ㉠ → ㉡
④ ㉢ → ㉣ → ㉡ → ㉠

22

반복되는 사건이 많이 있는 경우 FTA의 최소 컷셋과 관련이 없는 것은?

① Fussell Algorithm
② Boolean Algorithm
③ Monte Carlo Algorithm
④ Limnios & Ziani Algorithm

해설

Monte Carlo Algorithm은 무작위 추출을 이용하여 함수의 값을 수리적으로 근사하는 알고리즘으로, 반복되는 사건이 많은 경우 최소 컷셋을 찾는 데 시간이 오래 걸리고 정확도가 떨어진다.

23

계수형(digital) 표시장치를 사용하는 것이 부적합한 것은?

① 수치를 정확히 읽어야 할 경우
② 짧은 판독시간을 필요로 할 경우
③ 판독오차가 작은 것을 필요로 할 경우
④ 표시장치에 나타나는 값들이 계속 변하는 경우

해설

표시장치에 나타나는 값들이 계속 변하면 숫자나 문자가 제대로 표시되지 않을 수 있기 때문에 눈금이 고정되고 지침이 움직이는 형태의 정목동침형 표시장치가 적합하다.

24

안전성 향상을 위한 시설 배치의 예로 적절하지 않은 것은?

① 기계 배치는 작업의 흐름을 따른다.
② 작업자가 통로쪽으로 등을 향하여 일하도록 한다.
③ 기계설비 주위에 운전 공간, 보수점검 공간을 확보한다.
④ 통로는 선을 그어 작업장과 명확히 구별하도록 한다.

해설

작업자가 통로쪽을 등지고 일하면 안전에 문제가 있으므로 통로를 바라보고 일해야 한다.

25

기계의 고장률이 일정한 지수분포를 가지며, 고장률이 0.04/시간일 때, 이 기계가 10시간 동안 고장이 나지 않고 작동할 확률은 약 얼마인가?

① 0.40 ② 0.67
③ 0.84 ④ 0.96

해설

$R(t) = e^{-\lambda t} = e^{-0.04 \times 10} \simeq 0.67$

26

청각적 표시의 원리로 조작자에 대한 입력신호는 꼭 필요한 정보만을 제공한다는 원리는?

① 양립성 ② 분리성
③ 근사성 ④ 검약성

해설

④ 검약성 : 입력신호를 최소화하여 꼭 필요한 정보만 제공하여 효율적인 조작을 가능하게 하는 원리
① 양립성 : 사용자가 알고 있거나 자연스러운 신호 차원과 코드를 사용하는 원리
② 분리성 : 두 가지가 동시에 울릴 때 식별할 수 있는 원리
③ 근사성 : 복잡한 정보를 나타내고자 할 때 2단계의 신호를 고려하는 원리

27

불 대수(boolean algebra)의 관계식으로 맞는 것은?

① $A(A \cdot B) = B$
② $A + B = A \cdot B$
③ $A + A \cdot B = A \cdot B$
④ $A + B \cdot C = (A+B)(A+C)$

해설

$A + B \cdot C = (A+B)(A+C)$ 는 불 대수의 분배법칙이다.

28

고장의 발생 상황 중 부적합품 제조, 생산과정에서의 품질 관리 미비, 설계 미숙 등으로 일어나는 고장은?

① 초기고장 ② 마모고장
③ 우발고장 ④ 품질관리고장

해설

초기고장은 부적합품 제조, 생산과정에서의 품질관리 미비, 설계 미숙 등으로 처음부터 불량 제품이 생산되는 고장이다.

29

누적손상장애(CTDs)의 원인이 아닌 것은?

① 과도한 힘의 사용
② 높은 장소에서의 작업
③ 장시간 진동공구의 사용
④ 부적절한 자세에서의 작업

해설

CTDs(근골격계질환)의 발생인자

반복도가 높은 작업, 불편하고 부자연스러운 작업 자세, 부적절한 자세에서의 작업, 날카로운 면과 신체 접촉, 강한 노동강도, 무리한 힘의 사용, 장시간의 진동, 저온환경, 불충분한 휴식 등

30

인간 – 기계시스템을 설계하기 위해 고려해야 할 사항으로 틀린 것은?

① 시스템 설계 시 동작 경제의 원칙이 만족되도록 고려하여야 한다.
② 인간과 기계가 모두 복수인 경우, 종합적인 효과보다 기계를 우선적으로 고려한다.
③ 대상이 되는 시스템이 위치할 환경조건이 인간에 대한 한계치를 만족하는가의 여부를 조사한다.
④ 인간이 수행해야 할 조작이 연속적인가 불연속적인가를 알아보기 위해 특성 조사를 실시한다.

해설

인간과 기계가 모두 복수인 경우 기계보다 종합적인 효과를 우선적으로 고려한다.

31

좌식 평면작업대에서의 최대 작업영역에 관한 설명으로 맞는 것은?

① 각 손의 정상 작업영역 경계선이 작업자의 정면에서 교차되는 공통영역
② 위팔과 손목을 중립 자세로 유지한 채 손으로 원을 그릴 때, 부채꼴 원호의 내부영역
③ 어깨로부터 팔을 펴서 어깨를 축으로 하여 수평면상에 원을 그릴 때, 부채꼴 원호의 내부 지역
④ 자연스러운 자세로 위팔을 몸통에 붙인 채 손으로 수평면상에 원을 그릴 때, 부채꼴 원호의 내부 지역

해설

좌식 평면작업대에서의 최대 작업영역은 어깨로부터 팔을 펴서 어깨를 축으로 하여 수평면상에 원을 그릴 때, 부채꼴 원호의 내부 지역이다.
※ 최대 작업영역 : 아래팔(전완)과 위팔(상완)을 곧게 펴서 파악할 수 있는 구역

32

출력과 반대 방향으로 그 속도에 비례해서 작용하는 힘 때문에 생기는 항력으로 원활한 제어를 도우며, 특히 규정된 변위속도를 유지하는 효과를 가진 조종장치의 저항력은?

① 관성
② 탄성저항
③ 점성저항
④ 정지 및 미끄럼 마찰

33

현장에서 인간공학의 적용 분야로 가장 거리가 먼 것은?

① 설비관리
② 제품설계
③ 재해·질병 예방
④ 장비·공구·설비의 설계

해설

설비관리는 대부분 기계나 장비의 유지보수, 수리, 교체 등을 다루는데, 이는 인간의 신체적·인지적 특성과는 직접적인 연관성이 적기 때문에 현장에서의 인간공학 적용 분야로는 거리가 멀다.

34

신호검출이론의 응용 분야가 아닌 것은?

① 품질검사
② 의료 진단
③ 교통 통제
④ 시뮬레이션

35

FT도에서 사용되는 다음 기호의 의미로 맞는 것은?

① 결함사상
② 통상사상
③ 기본사상
④ 생략사상

해설

① 결함사상 : ▭

② 통상사상 : ⬡

④ 생략사상 : ◇

36

A요업공장의 근로자 최씨는 작업일 3월 15일에 다음과 같은 소음에 노출되었다. 총소음 투여량[%]은 약 얼마인가?

- 80[dB-A] : 2시간 30분
- 90[dB-A] : 4시간 30분
- 100[dB-A] : 1시간

① 114.1
② 124.1
③ 134.1
④ 144.1

해설

$$총소음\ 투여량 = \frac{2.5 \times \frac{1}{4} + 4.5 + 1 \times 4}{8} \times 100 \simeq 114.1\%$$

37

IES(Illuminating Engineering Society)의 권고에 따른 작업장 내부의 추천 반사율이 가장 높아야 하는 곳은?

① 벽
② 바닥
③ 천장
④ 가구

해설

- 반사율이 높은 순서 : 천장 > 벽 > 가구 > 바닥
- 추천 반사율이란 조명이 반사되어 돌아오는 비율로, 조명이 천장에서 반사되어 전체적인 조명 수준을 높여 주기 때문에 추천 반사율이 높은 곳은 천장이다.

38

일반적인 조종장치의 경우, 어떤 것을 켤 때 기대되는 운동 방향이 아닌 것은?

① 레버를 앞으로 민다.
② 버튼을 우측으로 민다.
③ 스위치를 위로 올린다.
④ 다이얼을 반시계 방향으로 돌린다.

해설

선풍기, 가스레인지 등은 다이얼을 시계 방향으로 돌린다.

39

작업장에서 광원으로부터의 직사 휘광을 처리하는 방법으로 맞는 것은?

① 광원의 휘도를 늘린다.
② 가리개, 차양을 설치한다.
③ 광원을 시선에서 가까이 위치시킨다.
④ 휘광원 주위를 밝게 하여 광도비를 늘린다.

해설

① 광원의 휘도를 줄인다.
③ 광원을 시선에서 멀리 위치시킨다.
④ 휘광원 주위를 밝게 하여 광도비를 줄인다.

40

정신적 작업부하 척도와 가장 거리가 먼 것은?

① 부정맥
② 혈액 성분
③ 점멸융합주파수
④ 눈깜박임률(blink rate)

해설

정신적 작업부하 척도
부정맥(심박수), 점멸융합주파수(뇌전위), 동공반응(눈깜빡임률), 호흡수 등

41

지름이 60cm이고, 20rpm으로 회전하는 롤러기의 무부하 동작에서 급정지거리 기준으로 옳은 것은?

① 앞면 롤러 원주의 1/1.5 이내 거리에서 급정지
② 앞면 롤러 원주의 1/2 이내 거리에서 급정지
③ 앞면 롤러 원주의 1/2.5 이내 거리에서 급정지
④ 앞면 롤러 원주의 1/3 이내 거리에서 급정지

해설

앞면 롤러의 표면속도는

$$V = \frac{\pi DN}{1,000} = \frac{3.14 \times 600 \times 20}{1,000} = 37.68 \text{m/min}$$으로 앞면 롤러의 표면

속도가 30m/min 이상이므로, 급정지거리가 앞면 롤러 원주의 1/2.5 이내이다.

42

다음 중 원심기에 적용하는 방호장치는?

① 덮개
② 권과방지장치
③ 리밋스위치
④ 과부하방지장치

해설

내용물이 튀어나오는 것을 방지하도록 덮개를 설치하여야 한다.

43

지게차의 작업과정에서 작업 대상물의 팔레트 폭이 b라고 할 때 적절한 포크 간격은?(단, 포크의 중심과 팔레트의 중심은 일치한다고 가정한다)

① $1/4b \sim 1/2b$
② $1/4b \sim 3/4b$
③ $1/2b \sim 3/4b$
④ $3/4b \sim 7/8b$

해설

지게차 포크의 간격은 적재 상태 팔레트 폭(b)의 1/2 이상, 3/4 이하 정도 간격을 유지한다(지게차의 안전작업에 관한 기술지원규정).

44

드릴작업 시 유의사항 중 틀린 것은?

① 균열이 심한 드릴은 사용해서는 안 된다.
② 드릴을 장치에서 제거할 경우에는 회전을 완전히 멈추고 한다.
③ 드릴이 밑면에 나왔는지 확인하기 위해 가공물 밑면을 손으로 만지면서 확인한다.
④ 가공 중에는 소리에 주의하여 드릴의 날에 이상한 소리가 나면 즉시 드릴을 연마하거나 다른 드릴과 교환한다.

해설

드릴이 밑면에 나왔는지 확인하기 위해 가공물 밑면을 손으로 만지면서 확인하는 행위는 부상을 당할 수 있는 매우 위험한 행동이다.

45

숫돌의 지름이 D[mm], 회전수 N[rpm]이라 할 경우 숫돌의 원주속도 V[m/min]를 구하는 식으로 옳은 것은?

① DN
② πDN
③ $DN/1,000$
④ $\pi DN/1,000$

해설

연삭기의 원주속도

- $V = \dfrac{\pi DN}{1,000}$ m/min(숫돌 지름 단위 : mm)
- $V = \dfrac{\pi DN}{60 \times 1,000}$ m/s(숫돌 지름 단위 : mm)
- $V = \dfrac{\pi DN}{60}$ m/s(숫돌 지름 단위 : m)

46

크레인 작업 시 2,000N의 화물을 걸어 25m/s^2 가속도로 감아올릴 때 로프에 걸리는 총하중은 약 몇 kN인가?(단, 중력 가속도는 9.81m/s^{2}이다)

① 3.1
② 5.1
③ 7.1
④ 9.1

해설

로프에 걸리는 총하중(장력)

$$w = w_1 + w_2 = w_1 + \frac{w_1 a}{g}$$

$$= 2,000 + \frac{2,000 \times 25}{9.81}$$

$$\simeq 7,097\text{N}$$

$$\simeq 7.1\text{kN}$$

여기서, w_1 : 정하중
$\qquad\quad w_2$: 동하중
$\qquad\quad a$: 권상 가속도
$\qquad\quad g$: 중력 가속도

47

연삭숫돌을 사용하는 작업 시 해당 기계의 이상 유무를 확인하기 위한 시험운전시간으로 옳은 것은?

① 작업 시작 전 30초 이상, 연삭숫돌 교체 후 5분 이상

② 작업 시작 전 30초 이상, 연삭숫돌 교체 후 3분 이상

③ 작업 시작 전 1분 이상, 연삭숫돌 교체 후 5분 이상

④ 작업 시작 전 1분 이상, 연삭숫돌 교체 후 3분 이상

48

프레스의 분류 중 동력프레스에 해당하지 않는 것은?

① 크랭크프레스 ② 토글프레스

③ 마찰프레스 ④ 아버프레스

해설

프레스의 분류

• 슬라이드 운동기구에 의한 프레스의 종류 : 크랭크프레스, 너클프레스, 마찰프레스 등

• 동력프레스의 종류 : 크랭크프레스, 토글프레스, 마찰프레스 등

49

기계 고장률의 기본모형에 해당하지 않는 것은?

① 예측고장 ② 초기고장

③ 우발고장 ④ 마모고장

해설

예측고장은 정기적인 점검이나 유지보수로 예방할 수 있는 고장이므로 기본모형에서 고려되지 않는다.

기계 고장률의 기본모형

초기고장, 우발고장, 마모고장

50

왕복운동을 하는 기계의 동작 부분과 고정 부분 사이에 형성되는 위험점으로 프레스, 절단기 등에서 주로 나타나는 것은?

① 끼임점

② 절단점

③ 협착점

④ 접선물림점

해설

① 끼임점 : 기계의 고정 부분과 회전하는 동작 부분이 함께 만드는 위험점(연삭숫돌과 작업대)

② 절단점 : 운동하는 기계와 회전하는 운동 부분의 위험이 형성되는 점(둥근톱의 톱날, 띠톱날)

④ 접선물림점 : 회전하는 부분의 접선 방향으로 물려 들어가는 위험점(벨트와 풀리)

51

롤러에 설치하는 급정지장치 조작부의 종류와 그 위치로 옳은 것은?(단, 위치는 조작부의 중심점을 기준으로 함)

① 발 조작식은 밑면으로부터 0.2m 이내

② 손 조작식은 밑면으로부터 1.8m 이내

③ 복부 조작식은 밑면으로부터 0.6m 이상 1m 이내

④ 무릎 조작식은 밑면으로부터 0.2m 이상 0.4m 이내

해설

① 발 조작식은 없다.

③ 복부 조작식은 밑면으로부터 0.8m 이상 1.1m 이내

④ 무릎 조작식은 밑면으로부터 0.4m 이상 0.6m 이내

※ 위험기계·기구 안전인증 고시 별표 5

52

크레인에 사용하는 방호장치가 아닌 것은?

① 과부하방지장치
② 가스집합장치
③ 권과방지장치
④ 제동장치

해설

크레인의 방호장치

권과방지장치, 과부하방지장치, 비상정지장치, 훅해지장치, 충돌방지장치, 미끄럼방지고정장치, 레일정지기구, 정전 시 보호장치, 회전 부분 방호장치, 선회제한스위치, 경사각지시장치

53

통로의 설치 기준 중 ( ) 안에 공통적으로 들어갈 숫자로 옳은 것은?

> 사업주는 통로면으로부터 높이 ( )m 이내에는 장애물이 없도록 해야 한다. 다만, 부득이하게 통로면으로부터 높이 ( )m 이내에 장애물을 설치할 수밖에 없거나 통로면으로부터 높이 ( )m 이내의 장애물을 제거하는 것이 곤란하다고 고용노동부장관이 인정하는 경우에는 근로자에게 발생할 수 있는 부상 등의 위험을 방지하기 위한 안전조치를 하여야 한다.

① 1
② 2
③ 1.5
④ 2.5

해설

산업안전보건기준에 관한 규칙 제22조

54

화물 적재 시 지게차의 안정조건을 옳게 나타낸 것은?(단, W는 화물의 중량, L_w는 앞바퀴에서 화물 중심까지의 최단거리, G는 지게차의 중량, L_G는 앞바퀴에서 지게차 중심까지의 최단거리이다)

① $G \times L_G \geqq W \times L_w$
② $W \times L_w \geqq G \times L_G$
③ $G \times L_w \geqq W \times L_G$
④ $W \times L_G \geqq G \times L_w$

해설

지게차의 안정조건(지게차의 안전작업에 관한 기술지원규정)

지게차는 화물 적재 시에 지게차의 카운터밸런스(counter balance) 무게에 의하여 안정된 상태를 유지할 수 있도록 최대하중 이하로 적재하여야 한다.

55

선반 등으로부터 돌출하여 회전하고 있는 가공물에 설치할 방호장치는?

① 클러치
② 울
③ 슬리브
④ 베드

해설

사업주는 선반 등으로부터 돌출하여 회전하고 있는 가공물이 근로자에게 위험을 미칠 우려가 있는 경우에 덮개 또는 울 등을 설치하여야 한다(산업안전보건기준에 관한 규칙 제87조).

56

작업자의 신체 움직임을 감지하여 프레스의 작동을 급정지시키는 광전자식 안전장치를 부착한 프레스가 있다. 안전거리가 48cm인 경우 급정지에 소요되는 시간은 최대 몇 초 이내일 때 안전한가?(단, 급정지에 소요되는 시간은 손이 광선을 차단한 순간부터 급정지기구가 작동하여 슬라이드가 정지할 때까지의 시간을 의미한다)

① 0.1초　　　　　② 0.2초

③ 0.3초　　　　　④ 0.5초

해설

안전거리

$$D_m = 1.6 T_m$$

$$T_m = \frac{D_m}{1.6} = \frac{480}{1.6} = 300m = 0.3초$$

57

프레스 및 전단기에서 양수 조작식 방호장치의 일반구조에 대한 설명으로 옳지 않은 것은?

① 누름 버튼(레버 포함)은 돌출형 구조로 설치할 것

② 누름 버튼의 상호 간 내측거리는 300mm 이상일 것

③ 누름 버튼을 양손으로 동시에 조작하지 않으면 작동시킬 수 없는 구조일 것

④ 정상동작표시등은 녹색, 위험표시등은 붉은색으로 하며, 쉽게 근로자가 볼 수 있는 곳에 설치할 것

해설

누름 버튼(레버 포함)은 매립형 구조로 설치한다(방호장치 안전인증 고시 별표 1).

58

프레스기에 사용되는 손쳐내기식 방호장치의 일반구조에 대한 설명으로 틀린 것은?

① 슬라이드 하행정거리의 1/4 위치에서 손을 완전히 밀어내야 한다.

② 방호판의 폭은 금형폭의 1/2 이상이어야 하고, 행정 길이가 300mm 이상의 프레스 기계에는 방호판폭을 300mm로 해야 한다.

③ 부착볼트 등의 고정금속 부분은 예리하게 돌출되지 않아야 한다.

④ 손쳐내기봉의 행정(stroke) 길이를 금형의 높이에 따라 조정할 수 있고, 진동폭은 금형폭 이상이어야 한다.

해설

슬라이드 하행정거리의 3/4 위치에서 손을 완전히 밀어내야 한다(방호장치 안전인증 고시 별표 1).

59

연삭숫돌의 상부를 사용하는 것을 목적으로 하는 탁상용 연삭기 덮개의 노출각도는?

① 60° 이내　　　　② 65° 이내

③ 80° 이내　　　　④ 125° 이내

60

다음 중 원통 보일러의 종류가 아닌 것은?

① 입형 보일러　　　② 노통 보일러

③ 연관 보일러　　　④ 관류 보일러

61

10Ω 저항에 10A의 전류를 1분간 흘렸을 때의 발열량은 몇 cal인가?

① 1,800   ② 3,600

③ 7,200   ④ 14,400

해설

발열량

$H = 0.24I^2 Rt = 0.24 \times 10^2 \times 10 \times 60 = 14,400 \text{cal}$

62

다음 중 인입용 비닐절연전선에 해당하는 약어로 옳은 것은?

① RB   ② IV

③ DV   ④ OW

해설

① RB : 600V 고무절연전선

② IV : 600V 비닐절연전선

④ OW : 옥외용 비닐절연전선

63

작업장 내 시설하는 저압전선에는 감전 등의 위험으로 나전선을 사용하지 않고 있지만, 특별한 이유에 의하여 사용할 수 있도록 규정된 곳이 있는데 이에 해당되지 않는 것은?

① 버스덕트작업에 의한 시설작업

② 애자사용작업에 의한 전기로용 전선

③ 유희용 전차시설의 규정에 준하는 접촉전선을 시설하는 경우

④ 애자사용작업에 의한 전선의 피복 절연물이 부식되지 않는 장소에 시설하는 전선

해설

④ 애자공사에 의하여 전개된 곳에 전선의 피복 절연물이 부식하는 장소에 시설하는 전선(한국전기설비규정 231.4)

※ 법령 개정으로 ③의 '유희용 전차시설'이 '놀이용 전차시설'로 변경됨

64

다음 설명에 해당하는 위험 장소의 종류로 옳은 것은?

> 공기 중에서 가연성 분진운의 형태가 연속적 또는 장기적 또는 단기적 자주 폭발성 분위기가 존재하는 장소

① 제0종 장소

② 제1종 장소

③ 제20종 장소

④ 제21종 장소

해설

① 제0종 위험 장소 : 인화성 물질이나 가연성 가스가 폭발성 분위기를 생성할 우려가 있는 장소 중 가장 위험한 장소

② 제1종 위험 장소 : 가연성 가스가 체류하여 위험하게 될 우려가 있는 장소

④ 제21종 위험 장소 : 공기 중에 가연성 분진운의 형태가 정상 작동 중 빈번하게 폭발분위기를 형성할 수 있는 장소

65

다음 중 전선이 연소될 때의 단계별 순서로 가장 적절한 것은?

① 착화단계 → 순시용단단계 → 발화단계 → 인화단계
② 인화단계 → 착화단계 → 발화단계 → 순시용단단계
③ 순시용단단계 → 착화단계 → 인화단계 → 발화단계
④ 발화단계 → 순시용단단계 → 착화단계 → 인화단계

66

절연물은 여러 가지 원인으로 전기저항이 저하되어 이른바 절연 불량을 일으켜 위험한 상태가 되는데 절연 불량의 주요원인이 아닌 것은?

① 정전에 의한 전기적 원인
② 온도 상승에 의한 열적 요인
③ 진동, 충격 등에 의한 기계적 요인
④ 높은 이상전압 등에 의한 전기적 요인

해설

절연 불량의 주요 원인
• 온도 상승에 의한 열적 요인
• 진동, 충격 등에 의한 기계적 요인
• 높은 이상전압 등에 의한 전기적 요인
• 산화 등에 의한 화학적 요인

67

제1종, 제2종 접지공사에서 사람이 접촉할 우려가 있는 경우에 시설하는 방법이 아닌 것은?

① 접지극은 지하 50cm 이상의 깊이로 매설할 것
② 접지극은 금속체로부터 1m 이상 이격시켜 매설할 것
③ 접지선은 절연전선, 케이블, 캡타이어케이블 등을 사용할 것
④ 접지선은 지하 75cm에서 지표상 2m까지의 합성수지관 또는 몰드로 덮을 것

해설

※ 출제 당시 정답은 ①이었으나 해당 규정의 개정으로 정답 없음(종별 접지공사 내용은 폐지됨)

68

정전기 제전기의 분류방식으로 틀린 것은?

① 고전압인가형   ② 자기방전형
③ 연X선형   ④ 접지형

해설

제전기의 종류
고전압인가식(형), 방사선식(연X선형, 이온식), 자기방전식(형)

69

전기기기의 과도한 온도 상승, 아크 또는 불꽃 발생의 위험을 방지하기 위하여 추가적인 안전조치를 통한 안전도를 증가시킨 방폭구조를 무엇이라 하는가?

① 충전 방폭구조
② 안전증 방폭구조
③ 비점화 방폭구조
④ 본질안전 방폭구조

해설

② 안전증 방폭구조(e) : 정상 상태의 전기기기에 대해 고장이 발생하지 않도록 안전도를 증가시킨 방폭구조이다.
① 충전 방폭구조(q) : 석영이나 유리입자 등의 충전물질을 채워서 보호하는 방폭구조이다.
③ 비점화 방폭구조(n) : 스파크가 발생되지 않는 전기기기, 통기 제한 용기에 의해 보호하는 것으로 제2종 전용 방폭구조이다.
④ 본질안전 방폭구조(ia, ib) : 발생되는 점화원이 폭발을 발생시킬 수 없도록 하는 방폭구조이다.

70

다음 중 정전기의 발생요인으로 적절하지 않은 것은?

① 도전성 재료에 의한 발생
② 박리에 의한 발생
③ 유동에 의한 발생
④ 마찰에 의한 발생

해설

정전기는 마찰, 박리, 충돌, 분출, 유동, 파괴, 교반, 적하, 유도대전 등에 의해 발생한다.

71

다음 중 독성이 강한 순서로 옳게 나열된 것은?

① 일산화탄소 > 염소 > 아세톤
② 일산화탄소 > 아세톤 > 염소
③ 염소 > 일산화탄소 > 아세톤
④ 염소 > 아세톤 > 일산화탄소

해설

독성이 강한 순서
염소 > 나프탈렌 > 일산화탄소 > 아세톤

72

어떤 혼합가스의 구성 성분이 공기는 50vol%, 수소는 20vol%, 아세틸렌은 30vol%인 경우 이 혼합가스의 폭발하한계는?(단, 폭발하한값이 수소는 4vol%, 아세틸렌은 2.5vol%이다)

① 2.50% ② 2.94%
③ 4.76% ④ 5.88%

해설

$$\frac{50}{LFL} = \frac{20}{4} + \frac{30}{2.5} = 17$$

$$\therefore \text{폭발하한계 } LFL = \frac{50}{17} \simeq 2.94\%$$

73

산업안전보건법령에서 규정한 위험물질을 기준량 이상으로 제조 또는 취급하는 특수화학설비에 설치하여야 할 계측장치가 아닌 것은?

① 온도계　　　　　② 유량계
③ 압력계　　　　　④ 경보계

해설

계측장치 등의 설치(산업안전보건기준에 관한 규칙 제273조)

사업주는 위험물을 기준량 이상으로 제조하거나 취급하는 다음의 어느 하나에 해당하는 화학설비(이하 '특수화학설비'라 한다)를 설치하는 경우에는 내부의 이상 상태를 조기에 파악하기 위하여 필요한 온도계·유량계·압력계 등의 계측장치를 설치하여야 한다.

- 발열반응이 일어나는 반응장치
- 증류·정류·증발·추출 등 분리를 하는 장치
- 가열시켜 주는 물질의 온도가 가열되는 위험물질의 분해온도 또는 발화점보다 높은 상태에서 운전되는 설비
- 반응폭주 등 이상 화학반응에 의하여 위험물질이 발생할 우려가 있는 설비
- 온도가 350℃ 이상이거나 게이지압력이 980kPa 이상인 상태에서 운전되는 설비
- 가열로 또는 가열기

74

부탄의 연소하한값이 1.6vol%일 경우, 연소에 필요한 최소산소농도는 약 몇 vol%인가?

① 9.4　　　　　② 10.4
③ 11.4　　　　　④ 12.4

해설

부탄의 연소방정식 $C_4H_{10} + 6.5O_2 \rightarrow 4CO_2 + 5H_2O$에서 산소 6.5mol이 소비된다.

최소산소농도 = 산소몰수 × 연소하한값 = 1.6 × 6.5 = 10.4%

75

LPG에 대한 설명으로 옳지 않은 것은?

① 강한 독성가스로 분류된다.
② 질식의 우려가 있다.
③ 누설 시 인화, 폭발성이 있다.
④ 가스의 비중은 공기보다 크다.

해설

LPG 가스는 독성이 없는 비독성가스이다.

76

배관설비 중 유체의 역류를 방지하기 위하여 설치하는 밸브는?

① 글로브밸브　　　　　② 체크밸브
③ 게이트밸브　　　　　④ 시퀀스밸브

해설

① 글로브밸브 : 시트면에 디스크를 상하운동시켜 유량을 제어하는 밸브로, 압력과 유량의 조절이 가능하여 유체의 감속이 필요한 곳에 적합하다.
③ 게이트밸브 : 디스크가 수문과 같이 상하로 움직이며 개폐하여 유로 차단의 목적으로 사용되며, 밸브 내의 압력 감소가 없어 100%의 유량을 확보해야 하는 곳에 적합하다.
④ 시퀀스밸브 : 액추에이터를 순차적으로 작동시킬 때 사용하는 압력제어밸브이다.

77

인화점에 대한 설명으로 옳은 것은?

① 인화점이 높을수록 위험하다.
② 인화점이 낮을수록 위험하다.
③ 인화점과 위험성은 관계없다.
④ 인화점이 0℃ 이상인 경우만 위험하다.

해설

인화점이 낮으면 불이 붙기 쉬우므로, 인화점이 낮을수록 위험하다.

78

응상폭발에 해당되지 않는 것은?

① 수증기폭발   ② 전선폭발
③ 증기폭발   ④ 분진폭발

해설

• 응상폭발 : 수증기폭발(과열 액체의 증기폭발), 전선폭발, 증기폭발, 고상 간 전이에 의한 폭발
• 기상폭발 : 가스폭발, 분무폭발, 분진폭발, 증기운폭발, 분해폭발

79

다음은 산업안전보건법령에 따른 위험물질의 종류 중 부식성 염기류에 관한 내용이다. (   ) 안에 알맞은 수치는?

> 농도가 (   )% 이상인 수산화나트륨, 수산화칼륨, 그 밖에 이와 같은 정도 이상의 부식성을 가지는 염기류

① 20   ② 40
③ 60   ④ 80

해설

부식성 염기류(산업안전보건기준에 관한 규칙 별표 1)
농도가 40% 이상인 수산화나트륨, 수산화칼륨, 그 밖에 이와 같은 정도 이상의 부식성을 가지는 염기류

80

고압가스 용기에 사용되며 화재 등으로 용기의 온도가 상승하였을 때 금속의 일부분을 녹여 가스의 배출구를 만들어 압력을 분출시켜 용기의 폭발을 방지하는 안전장치는?

① 가용 합금 안전밸브
② 방유제
③ 폭압방산공
④ 폭발억제장치

해설

② 방유제 : 저장탱크에서 위험물질이 누출될 경우에 외부로 확산되지 못하게 하여 주변의 건축물, 기계·기구 및 설비 등을 보호하기 위하여 위험물질 저장탱크 주위에 설치하는 지상 방벽 구조물(dike)이다.
③ 폭압방산공 : 폭발을 일으킬 염려가 있는 건물, 설비, 장치 등에서 설계강도가 가장 낮은 부분을 택하여 폭발압력을 그곳으로 방출시켜 장치 등의 전체적인 파괴를 방지하기 위해 설치한 압력방출장치의 일종이다.
④ 폭발억제장치 : 밀폐 또는 제한된 공간을 가지는 설비 내에서 발생된 화재를 조기에 감지하여 이를 초기단계에서 억제함으로써 폭연으로 인한 압력이 설비의 설계압력 이상으로 상승하는 것을 사전에 방지하여 설비 등의 파손을 예방하기 위하여 설치하는 장치이다.

81

다음과 같은 조건에서 방망사의 신품에 대한 최소 인장강도로 옳은 것은?(단, 그물코의 크기는 10cm, 매듭방망)

① 240kg

② 200kg

③ 150kg

④ 110kg

해설

방망사의 신품에 대한 인장강도(추락재해방지 표준안전작업지침 제5조)

그물코의 크기 (단위 : cm)	방망의 종류(단위 : kg)	
	매듭 없는 방망	매듭방망
10	240	200
5		110

82

굴착공사표준안전작업지침에 따른 인력 굴착작업 시 굴착면이 높아 계단식 굴착을 할 때 소단의 폭은 수평거리로 얼마 정도 하여야 하는가?

① 1m

② 1.5m

③ 2m

④ 2.5m

해설

굴착면이 높은 경우는 계단식으로 굴착하고 소단의 폭은 수평거리 2m 정도로 하여야 한다(굴착공사 표준안전작업지침 제7조).

83

다음 (   ) 안에 알맞은 숫자를 순서대로 옳게 나타낸 것은?

> 강관비계의 경우, 띠장 간격은 (   )m 이하로 설치하되, 첫 번째 띠장은 지상으로부터 (   )m 이하의 위치에 설치한다.

① 2, 2

② 2.5, 3

③ 1.5, 2

④ 1, 3

해설

※ 법령 개정으로 인해 해당 문제의 법령은 다음과 같이 변경됨
띠장 간격은 2.0m 이하로 할 것(산업안전보건기준에 관한 규칙 제60조)

84

다음 건설기계 중 360° 회전작업이 불가능한 것은?

① 타워크레인

② 크롤러 크레인

③ 가이데릭

④ 삼각데릭

해설

삼각데릭(Stiff Leg Derrick)

스티프레그 크레인이라고도 한다. 버팀지주 2개로 지지한 장치로서 주기둥과 다리(버팀다리) 하부를 삼각형 틀에 연결해 고정하고 틀에 권상장치 밸런스 웨이트를 두어 달아올림 장치 대신 클램셸 버킷 등을 붙여 기초 터파기 또는 화물의 하역 등에도 쓰인다. 붐의 선회각도는 버팀다리 때문에 250° 전후이다.

85

지내력 시험을 통하여 다음과 같은 하중 – 침하량 곡선을 얻었을 때 장기하중에 대한 허용 지내력도로 옳은 것은? (단, 장기하중에 대한 허용 지내력도 = 단기하중에 대한 허용 지내력도 × 1/2)

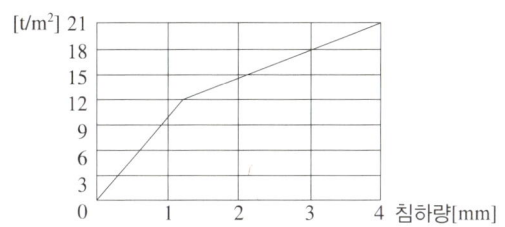

① 6t/m²   ② 7t/m²

③ 12t/m²   ④ 14t/m²

해설

장기하중에 대한 허용지내력도 $= 12 \times \dfrac{1}{2} = 6t/m^2$

86

앞뒤 두 개의 차륜이 있으며(2축 2륜) 각각의 차축이 평행으로 배치된 것으로 찰흙, 점성토 등의 두꺼운 흙을 다짐하는 데는 적당하나 단단한 각재를 다지는 데는 부적당한 기계는?

① 머캐덤롤러(macadam roller)

② 탠덤롤러(tandem roller)

③ 래머(rammer)

④ 진동롤러(vibrating roller)

해설

② 탠덤롤러(tandem roller) : 전륜, 후륜 각 1개의 철륜을 가진 롤러로, 점성토나 자갈, 쇄석의 다짐, 아스팔트 포장의 마무리 전압작업에 적합하다.

① 머캐덤롤러 : 3륜차(앞바퀴 2개, 뒷바퀴 1개) 형식의 쇠바퀴롤러가 배치된 기계로, 큰 후륜하중이 있어 골재의 맞물림에 의한 다짐효과가 크다.

87

다음은 건설현장의 추락재해를 방지하기 위한 사항이다. ( ) 안에 들어갈 내용으로 옳은 것은?

> 사업주는 높이 또는 깊이가 ( )를 초과하는 장소에서 작업하는 경우 해당 작업에 종사하는 근로자가 안전하게 승강하기 위한 건설작업용 리프트 등의 설비를 설치하여야 한다. 다만, 승강설비를 설치하는 것이 작업의 성질상 곤란한 경우에는 그러하지 아니하다.

① 2m   ② 3m

③ 4m   ④ 5m

해설

산업안전보건기준에 관한 규칙 제46조

88

작업장의 바닥, 도로 및 통로 등에서 낙하물이 근로자에게 위험을 미칠 우려가 있는 경우의 필요한 조치 및 준수사항으로 옳지 않은 것은?

① 수직보호망 또는 방호 선반 설치

② 출입금지구역의 설정

③ 낙하물방지망의 수평면과의 각도는 20° 이상 30° 이하 유지

④ 낙하물방지망을 높이 15m 이내마다 설치

해설

낙하물에 의한 위험의 방지(산업안전보건기준에 관한 규칙 제14조)

• 사업주는 작업으로 인하여 물체가 떨어지거나 날아올 위험이 있는 경우 낙하물방지망, 수직보호망 또는 방호 선반의 설치, 출입금지구역의 설정, 보호구의 착용 등 위험을 방지하기 위하여 필요한 조치를 하여야 한다.

• 낙하물방지망 또는 방호 선반을 설치하는 경우에는 다음의 사항을 준수하여야 한다.

　－ 높이 10m 이내마다 설치하고, 내민 길이는 벽면으로부터 2m 이상으로 할 것

　－ 수평면과의 각도는 20° 이상 30° 이하를 유지할 것

89

화물 취급작업 중 화물 적재 시 준수하여야 할 사항으로 옳지 않은 것은?

① 침하 우려가 없는 튼튼한 기반 위에 적재할 것
② 중량의 화물은 공간의 효율성을 고려하여 건물의 칸막이나 벽에 기대어 적재할 것
③ 불안정할 정도로 높이 쌓아 올리지 말 것
④ 하중이 한쪽으로 치우치지 않도록 쌓을 것

해설

건물의 칸막이나 벽 등이 화물의 압력에 견딜 만큼의 강도를 지니지 아니한 경우에는 칸막이나 벽에 기대어 적재하지 않도록 한다(산업안전보건기준에 관한 규칙 제393조).

90

하루의 평균기온이 4℃ 이하로 될 것이 예상되는 기상조건에서 낮에도 콘크리트가 동결의 우려가 있는 경우에 사용되는 콘크리트는?

① 고강도 콘크리트
② 경량 콘크리트
③ 서중 콘크리트
④ 한중 콘크리트

해설

① 고강도 콘크리트 : 설계 기준강도 400kg/cm²의 콘크리트로 신속하게 운반해야 하고, 비빔에서 타설 종료까지의 시간은 원칙적으로 90분을 넘으면 안 된다.
② 경량 콘크리트 : 중량 경감의 목적으로 인공 또는 천연의 골재 등을 이용하여 만든 것으로, 단위용적중량 2.0t/m² 이하의 콘크리트이다.
③ 서중 콘크리트 : 하루 평균기온이 25℃를 초과하는 경우 콘크리트의 슬럼프 저하나 수분의 급격한 증발 등의 염려가 있을 경우에 시공되는 콘크리트이다.

91

건설현장에서 근로자가 안전하게 통행할 수 있도록 통로에 설치하는 조명의 조도 기준은?

① 65lx 이상
② 75lx 이상
③ 85lx 이상
④ 95lx 이상

해설

통로의 조명(산업안전보건기준에 관한 규칙 제21조)

사업주는 근로자가 안전하게 통행할 수 있도록 통로에 75lx 이상의 채광 또는 조명시설을 하여야 한다.

92

리프트(lift)의 안전장치에 해당하지 않는 것은?

① 권과방지장치
② 비상정지장치
③ 과부하방지장치
④ 조속기

해설

리프트의 안전장치(방호장치)

권과방지장치, 비상정지장치, 과부하방지장치, 출입문 연동장치, 낙하방지장치, 완충스프링 등

93

방망의 정기시험은 사용 개시 후 몇 년 이내에 실시하는가?

① 1년 이내
② 2년 이내
③ 3년 이내
④ 4년 이내

해설

정기시험(추락재해방지 표준안전작업지침 제10조)

방망의 정기시험은 사용 개시 후 1년 이내로 하고, 그 후 6개월마다 1회씩 정기적으로 시험용사에 대해서 등속인장시험을 하여야 한다.

94

거푸집 동바리 등을 조립하는 경우의 준수사항으로 옳지 않은 것은?

① 강재와 강재의 접속부 및 교차부는 볼트·클램프 등 전용 철물을 사용하여 단단히 연결할 것
② 동바리로 사용하는 강관(파이프 서포트는 제외)은 높이 2m 이내마다 수평 연결재를 2개 방향으로 만들고 수평 연결재의 변위를 방지할 것
③ 동바리의 이음은 맞댄이음으로 하고 장부이음의 적용은 절대 금할 것
④ 거푸집이 곡면인 경우에는 버팀대의 부착 등 그 거푸집의 부상을 방지하기 위한 조치를 할 것

동바리 조립 시의 안전조치(산업안전보건기준에 관한 규칙 제332조)
사업주는 동바리를 조립하는 경우에는 하중의 지지 상태를 유지할 수 있도록 다음의 사항을 준수해야 한다.
• 받침목이나 깔판의 사용, 콘크리트 타설, 말뚝박기 등 동바리의 침하를 방지하기 위한 조치를 할 것
• 동바리의 상하 고정 및 미끄러짐 방지조치를 할 것
• 상부·하부의 동바리가 동일 수직선상에 위치하도록 하여 깔판·받침목에 고정시킬 것
• 개구부 상부에 동바리를 설치하는 경우에는 상부하중을 견딜 수 있는 견고한 받침대를 설치할 것
• U헤드 등의 단판이 없는 동바리의 상단에 멍에 등을 올릴 경우에는 해당 상단에 U헤드 등의 단판을 설치하고, 멍에 등이 전도되거나 이탈되지 않도록 고정시킬 것
• 동바리의 이음은 같은 품질의 재료를 사용할 것
• 강재의 접속부 및 교차부는 볼트·클램프 등 전용 철물을 사용하여 단단히 연결할 것
• 거푸집의 형상에 따른 부득이한 경우를 제외하고는 깔판이나 받침목은 2단 이상 끼우지 않도록 할 것
• 깔판이나 받침목을 이어서 사용하는 경우에는 그 깔판·받침목을 단단히 연결할 것
※ 출제 당시 정답은 ③이었으나 해당 법령 개정으로 정답 없음

95

다음 공사 규모를 가진 사업장 중 유해위험방지계획서를 제출해야 할 대상 사업장은?

① 최대 지간 길이가 40m인 교량 건설공사
② 연면적 4,000m²인 종합병원 공사
③ 연면적 3,000m²인 종교시설 공사
④ 연면적 6,000m²인 지하도 상가 공사

유해위험방지계획서 제출 대상(시행령 제42조)
대통령령으로 정하는 크기, 높이 등에 해당하는 건설공사란 다음의 어느 하나에 해당하는 공사를 말한다.
• 다음의 어느 하나에 해당하는 건축물 또는 시설 등의 건설·개조 또는 해체(건설 등)공사
 – 지상 높이가 31m 이상인 건축물 또는 인공구조물
 – 연면적 30,000m² 이상인 건축물
 – 연면적 5,000m² 이상인 시설로서 다음의 어느 하나에 해당하는 시설
  ⓐ 문화 및 집회시설(전시장 및 동물원·식물원은 제외한다)
  ⓑ 판매시설, 운수시설(고속철도의 역사 및 집배송시설은 제외한다)
  ⓒ 종교시설
  ⓓ 의료시설 중 종합병원
  ⓔ 숙박시설 중 관광숙박시설
  ⓕ 지하도 상가
  ⓖ 냉동·냉장 창고시설
• 연면적 5,000m² 이상인 냉동·냉장 창고시설의 설비공사 및 단열공사
• 최대 지간 길이(다리의 기둥과 기둥의 중심 사이의 거리)가 50m 이상인 다리의 건설 등 공사
• 터널의 건설 등 공사
• 다목적 댐, 발전용댐, 저수용량 2,000만ton 이상의 용수 전용 댐 및 지방상수도 전용 댐의 건설 등 공사
• 깊이 10m 이상인 굴착공사

96

다음은 건설업 산업안전보건관리비 계상 및 사용 기준의 적용에 관한 사항이다. (   ) 안에 들어갈 내용으로 옳은 것은?

> 이 고시는 산업재해보상보험법 제6조에 따라 산업재해보상보험법의 적용을 받는 공사 중 총공사 금액 (   ) 이상인 공사에 적용한다.

① 2천만 원
② 4천만 원
③ 8천만 원
④ 1억 원

해설

적용범위(건설업 산업안전보건관리비 계상 및 사용기준 제3조)
건설공사 중 총공사 금액 2천만 원 이상인 공사에 적용한다. 다만, 단가계약에 의하여 행하는 공사에 대하여는 총계약 금액을 기준으로 적용한다.
※ 출제 당시 정답은 ②였으나 해당 법령 개정으로 정답은 ①이다.

97

거푸집 동바리 등을 조립하는 때 동바리로 사용하는 파이프 서포트에 대해서는 다음 각 목에서 정하는 바에 의해 설치하여야 한다. (   ) 안에 들어갈 내용으로 옳은 것은?

> • 파이프 서포트를 (   )개 이상 이어서 사용하지 않도록 할 것
> • 파이프 서포트를 이어서 사용하는 경우에는 (   )개 이상의 볼트 또는 전용 철물을 사용하여 이을 것

① 1, 2   ② 2, 3
③ 3, 4   ④ 4, 5

98

터널 계측관리 및 이상 발견 시 조치에 관한 설명으로 옳지 않은 것은?

① 숏크리트가 벗겨지면 두께를 감소시키고, 뿜어붙이기를 금한다.
② 터널의 계측관리는 일상 계측과 대표 계측으로 나뉜다.
③ 록볼트의 축력이 증가하여 지압판이 휘게 되면 추가 볼트를 시공한다.
④ 지중변위가 크게 되고 이완영역이 이상하게 넓어지면 추가볼트를 시공한다.

해설

숏크리트가 벗겨지면 두께를 증가시키고, 뿜어붙이기를 한다.

99

거푸집 해체작업 시 일반적인 안전수칙과 거리가 먼 것은?

① 거푸집 동바리를 해체할 때는 작업책임자를 선임한다.
② 해체된 거푸집 재료를 올리거나 내릴 때는 달줄이나 달포대를 사용한다.
③ 보 밑 또는 슬래브 거푸집을 해체할 때는 동시에 해체하여야 한다.
④ 거푸집의 해체가 곤란한 경우 구조체에 무리한 충격이나 지렛대 사용은 금해야 한다.

해설

• 보 또는 슬리브 거푸집을 제거할 때는 한쪽씩 해체한다.
• 상하 동시 작업은 원칙적으로 금지하며, 부득이한 경우에는 긴밀히 연락을 취하며 작업을 하여야 한다(콘크리트공사 표준안전작업지침 제9조).

100

비계(달비계, 달대비계 및 말비계 제외)의 높이가 2m 이상인 작업 장소에 적합한 작업 발판의 폭은 최소 얼마 이상이어야 하는가?

① 10cm
② 20cm
③ 30cm
④ 40cm

해설

비계(달비계, 달대비계 및 말비계 제외)의 높이가 2m 이상인 작업 장소의 작업 발판의 폭은 40cm 이상으로 하고, 발판재료 간의 틈은 3cm 이하로 해야 한다(산업안전보건기준에 관한 규칙 제56조).

제1과목 | 산업안전관리론

01

산업안전보건법령상 근로자 안전·보건교육 기준 중 다음 (　) 안에 알맞은 것은?

교육과정	교육 대상	교육시간
채용 시의 교육	일용 근로자	(㉠) 시간 이상
	일용 근로자를 제외한 근로자	(㉡) 시간 이상

① ㉠ 1, ㉡ 8
② ㉠ 2, ㉡ 8
③ ㉠ 1, ㉡ 2
④ ㉠ 3, ㉡ 6

해설

안전보건교육 교육과정별 교육시간(시행규칙 별표 4)

교육과정	교육 대상	교육시간
채용 시의 교육	일용 근로자 및 근로계약기간이 1주일 이하인 기간제 근로자	1시간 이상
	근로계약기간이 1주일 초과 1개월 이하인 기간제근로자	4시간 이상
	그 밖의 근로자	8시간 이상

02

안전심리의 5대 요소에 해당하는 것은?

① 기질(temper)
② 지능(intelligence)
③ 감각(sense)
④ 환경(environment)

해설

산업안전심리의 5대 요소
• 동기 : 사람의 마음을 움직이는 원동력
• 기질 : 인간의 성격, 능력 등 개인적인 특성
• 감정 : 사고를 일으키는 정신적 동기(희로애락 등)
• 습성 : 인간의 행동에 영향을 미칠 수 있는 것(동기, 기질 등과 밀접한 관계)
• 습관 : 성장과정을 통하여 형성된 특성

03

학습을 자극에 의한 반응으로 보는 이론에 해당하는 것은?

① 손다이크(Thorndike)의 시행착오설
② 쾰러(Köhler)의 통찰설
③ 톨만(Tolman)의 기호형태설
④ 레빈(Lewin)의 장이론

해설

• 손다이크(Thorndike)의 시행착오설 : 모든 학습은 자극과 반응의 시행착오적 반복을 통하여 이루어진다는 이론이다. 즉, 문제해결을 위해 여러 번 시도하다가 우연적으로 성공하여 행동의 변화를 가져온다는 이론이다(예 고양이 문제상자실험).
• 자극과 반응이론(S-R 이론)
  – 손다이크의 시행착오설
  – 반두라의 사회학습이론
  – 스키너의 조작적 조건화설
  – 파블로프의 조건반사설

04

학생이 마음속에 생각하고 있는 것을 외부에 구체적으로 실현하고 형상화하기 위하여 자기 스스로가 계획을 세워 수행하는 학습활동으로 이루어지는 학습지도의 형태는?

① 케이스 메소드(case method)
② 패널 디스커션(panel discussion)
③ 구안법(project method)
④ 문제법(problem method)

해설

① 케이스 메소드(case method) : 개인이나 집단 등을 하나의 단위로 택하여 과거 어느 시점에서 어려운 결정에 직면한 사례를 사용하여 의사결정을 강요하는 교육적 접근방식
② 패널 디스커션(panel discussion) : 참가자 앞에서 소수의 전문가들이 과제에 관한 견해를 발표하고 토론한 후 참가자가 모두 참가하여 사회자의 사회에 따라 토의하는 방법
④ 문제법(problem method) : 어떤 내용을 배우기보다는 문제를 해결하는 방법을 배우는 방식

06

추락 및 감전 위험방지용 안전모의 일반구조가 아닌 것은?

① 착장체
② 충격 흡수재
③ 선심
④ 모체

해설

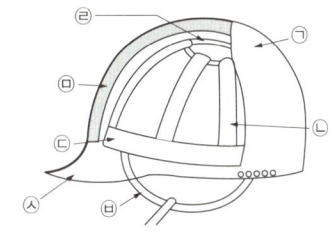

㉠ 모체
  (착장체 : ㉡, ㉢, ㉣)
㉡ 머리 받침끈
㉢ 머리 고정대
㉣ 머리 받침고리
㉤ 충격 흡수재
㉥ 턱끈
㉦ 챙(차양)

※ 선심 : 안전화 앞 코에 부착하는 철판

07

Safe-T-Score에 대한 설명으로 틀린 것은?

① 안전관리의 수행도를 평가하는 데 유용하다.
② 기업의 산업재해에 대한 과거와 현재의 안전성적을 비교 평가한 점수로 단위가 없다.
③ Safe-T-Score가 +2.0 이상인 경우는 안전관리가 과거보다 좋아졌음을 나타낸다.
④ Safe-T-Score가 +2.0~-2.0 사이인 경우는 안전관리가 과거에 비해 심각한 차이가 없음을 나타낸다.

해설

Safe-T-Score가 +2.0 이상인 경우는 안전관리가 과거보다 나빠졌음을 나타내고, Safe-T-Score가 -2.0 이하이면 과거보다 좋아졌음을 나타낸다.

05

헤드십(headship)에 관한 설명으로 틀린 것은?

① 구성원과 사회적 간격이 좁다.
② 지휘의 형태는 권위주의적이다.
③ 권한의 부여는 조직으로부터 위임받는다.
④ 권한귀속은 공식화된 규정에 의한다.

해설

헤드십은 외부에 의해 선출된 지도자(명목상 리더)로서 권위주의적·개인주의적이며, 구성원과 사회적 간격이 넓다.

08

매슬로(Maslow)의 욕구단계이론의 요소가 아닌 것은?

① 생리적 욕구

② 안전에 대한 욕구

③ 사회적 욕구

④ 심리적 욕구

해설

매슬로(Maslow)의 욕구 5단계 이론
- 1단계 : 생리적 욕구
- 2단계 : 안전에 대한 욕구
- 3단계 : 사회적 욕구
- 4단계 : 존경의 욕구
- 5단계 : 자아실현의 욕구

09

산업안전보건법령상 안전보건표지 중 지시표지사항의 기본모형은?

① 사각형   ② 원형

③ 삼각형   ④ 마름모형

해설

① 사각형 : 안내표지(응급구호, 들것, 세안장치, 비상용 기구, 비상구, 좌측 비상구, 우측 비상구)

③ 삼각형 : 경고표지(방사성 물질, 고압전기, 매달린 물체, 낙하물, 고온, 저온, 몸 균형 상실, 레이저광선, 위험 장소)

④ 마름모형 : 경고표지(인화성 물질, 산화성 물질, 폭발성 물질, 급성독성물질, 발암성·변이원성·생식독성·전신독성·호흡기과민성 물질)

10

재해 발생 시 조치사항 중 대책 수립의 목적은?

① 재해 발생 관련자 문책 및 처벌

② 재해 손실비 산정

③ 재해 발생원인 분석

④ 동종 및 유사 재해 방지

해설

대책 수립을 하는 목적 동종 또는 유사 재해의 방지하기 위함이다.

재해 발생 시 조치 순서

(산업재해 발생) → 긴급처리 → 재해조사 → 원인 강구 → 대책 수립 → 대책 실시계획 → 실시 → 평가

11

기업 내 정형교육 중 대상으로 하는 계층이 한정되어 있지 않고, 한 번 훈련을 받은 관리자는 그 부하인 감독자에 대해 지도원이 될 수 있는 교육방법은?

① TWI(Training Within Industry)

② MTP(Management Training Program)

③ CCS(Civil Communication Section)

④ ATT(American Telephone & Telegram Co)

해설

① TWI : 주로 관리감독자를 교육 대상자로 하며 직무에 관한 지식, 작업을 가르치는 능력, 작업방법을 개선하는 기능 등을 교육내용으로 하는 기업 내 정형교육

② MTP : 주로 관리의 기초, 작업의 개선, 작업의 관리, 부하의 훈련, 인간관계 및 관리의 전개 등으로 구성된 중간 관리층을 대상으로 하는 관리자 훈련방법이다.

③ CCS : ATP(Adminstration Training Program)라고도 한다. 톱 매니지먼트 교육에서 보급교육으로 변환된 교육방법으로 교육내용으로는 정책 수립, 조직, 통제, 운영 등이 있다.

12

부하의 행동에 영향을 주는 리더십 중 조언, 설명, 보상조건 등의 제시를 통한 적극적인 방법은?

① 강요
② 모범
③ 제언
④ 설득

14

주의(attention)의 특성 중 여러 종류의 자극을 받을 때 소수의 특정한 것에만 반응하는 것은?

① 선택성
② 방향성
③ 단속성
④ 변동성

해설

주의의 특징

- 선택성 : 여러 종류의 자극을 자각할 때 소수의 특정한 것에 한하여 주의가 집중된다.
- 방향성 : 한곳에 주의를 집중하면 다른 곳의 주의가 약해진다.
- 변동성 : 주의에는 주기적으로 부주의의 리듬이 존재한다.

13

사고예방대책의 기본원리 5단계 중 제4단계의 내용으로 틀린 것은?

① 인사 조정
② 작업 분석
③ 기술의 개선
④ 교육 및 훈련의 개선

해설

사고예방대책의 기본원리 5단계

- 1단계(안전관리조직) : 안전관리조직 구성 및 계획을 수립하는 단계
- 2단계(사실의 발견) : 사고 및 활동 기록 검토, 작업 분석, 안전점검 검사, 사고조사, 토의, 불안적 요소를 발견하는 단계
- 3단계(원인 규명 : 분석평가) : 사고 보고서 및 현장조사 분석, 사고 기록 관계자료 분석, 인적 및 물적 환경조건 분석, 작업공정 분석, 교육훈련 분석
- 4단계(대책의 선정 : 시정방법의 선정) : 기술적 개선, 인사 조정, 교육 및 훈련 개선, 안전행정의 개선, 규정 및 제도 개선, 효과적인 개선방법 선정
- 5단계(대책의 적용 : 시정책의 적용) : 하베이 3E(기술, 교육, 관리)

15

재해 예방의 4원칙이 아닌 것은?

① 원인 계기의 원칙
② 예방 가능의 원칙
③ 사실 보존의 원칙
④ 손실 우연의 원칙

해설

산업재해 방지의 4원칙

- 예방 가능의 원칙 : 재해사고는 예방 가능하지만, 노력의 한계가 있다.
- 손실 우연의 원칙 : 사고 발생 당시 주변조건에 따라 손실의 크기가 달라진다.
- 원인 계기의 원칙 : 사고와 그 원인은 필연적인 인과관계로 이루어져 있다.
- 대책 선정의 원칙 : 가장 적절한 안전대책을 선정하고 차선책까지 고려해야 한다.

16

산업안전보건법령상 관리감독자의 업무내용이 아닌 것은?

① 해당 작업에 관련되는 기계·기구 또는 설비의 안전·보건 점검 및 이상 유무의 확인

② 해당 사업장 산업보건의 지도·조언에 대한 협조

③ 위험성 평가를 위한 업무에 기인하는 유해·위험요인의 파악 및 그 결과에 따라 개선조치의 시행

④ 작성된 물질안전보건자료의 게시 또는 비치에 관한 보좌 및 조언·지도

해설

작성된 물질안전보건자료의 게시 또는 비치에 관한 보좌 및 지도·조언은 보건관리자의 업무이다(시행령 제22조).

17

400명의 근로자가 종사하는 공장에서 휴업일수 127일, 중대 재해 1건이 발생한 경우 강도율은?(단, 1일 8시간으로 연 300일 근무조건으로 한다)

① 10 　　　　　　② 0.1

③ 1.0 　　　　　　④ 0.01

해설

$$강도율 = \frac{근로손실일수}{연근로시간 수} \times 10^3$$

$$= \frac{127}{400 \times 8 \times 300} \times 10^3 \simeq 0.1$$

※ 근로손실일수 = 휴업일수 $\times \dfrac{300}{365}$

18

시행착오설에 의한 학습법칙이 아닌 것은?

① 효과의 법칙 　　　② 준비성의 법칙

③ 연습의 법칙 　　　④ 일관성의 법칙

19

산업안전보건법령상 건설현장에서 사용하는 크레인, 리프트 및 곤돌라의 안전검사의 주기로 옳은 것은?(단, 이동식 크레인, 이삿짐 운반용 리프트는 제외한다)

① 최초로 설치한 날부터 6개월마다

② 최초로 설치한 날부터 1년마다

③ 최초로 설치한 날부터 2년마다

④ 최초로 설치한 날부터 3년마다

해설

안전검사의 주기와 합격 표시 및 표시방법(시행규칙 제126조)

크레인(이동식 크레인은 제외한다), 리프트(이삿짐 운반용 리프트는 제외한다) 및 곤돌라 : 사업장에 설치가 끝난 날부터 3년 이내에 최초 안전검사를 실시하되, 그 이후부터 2년마다(건설현장에서 사용하는 것은 최초로 설치한 날부터 6개월마다)

20

위험예지훈련 4R 방식 중 각 라운드(round)별 내용 연결이 옳은 것은?

① 1R – 목표 설정

② 2R – 본질 추구

③ 3R – 현상 파악

④ 4R – 대책 수립

해설

① 1R – 현상 파악

③ 3R – 대책 수립

④ 4R – 목표 설정

21

시각적 표시장치를 사용하는 것이 청각적 표시장치를 사용하는 것보다 좋은 경우는?

① 메시지가 후에 참고되지 않을 때

② 메시지가 공간적인 위치를 다룰 때

③ 메시지가 시간적인 사건을 다룰 때

④ 사람의 일이 연속적인 움직임을 요구할 때

해설

시각적 표시장치가 유리한 경우
- 메시지가 복잡한 경우
- 메시지가 긴 경우
- 메시지가 후에 재참조되는 경우
- 메시지가 공간적인 위치를 다루는 경우
- 메시지가 즉각적인 행동을 요구하지 않는 경우
- 수신 장소가 너무 시끄러운 경우
- 직무상 수신자가 한곳에 머무르는 경우
- 수신자의 청각계통이 과부하 상태인 경우

22

체계 분석 및 설계에 있어서 인간공학의 가치와 가장 거리가 먼 것은?

① 성능의 향상

② 인력 이용률의 감소

③ 사용자의 수용도 향상

④ 사고 및 오용으로부터의 손실 감소

해설

체계 분석·설계에서 인간공학의 가치
- 성능의 향상
- 사용자의 수용도 향상
- 작업 숙련도의 증가
- 사고 및 오용으로부터의 손실 감소
- 훈련비용의 절감
- 생산 및 정비 유지의 경제성 증가
- 적절한 직무 및 작업 숙련도의 증가

23

휘도(luminance)의 척도 단위(unit)가 아닌 것은?

① fc

② fL

③ mL

④ cd/m²

해설

- fc는 조명의 세기를 나타내는 조도 단위로, 1fc는 1촉광의 점광원으로부터 1foot 떨어진 곡면에 비추는 광의 밀도이다.
- fL은 부피의 단위로, cd/m²와 동일한 의미의 단위이다. mL은 밀도(density)의 단위이다.

24

신체반응의 척도 중 생리적 스트레인의 척도로 신체적 변화의 측정 대상에 해당하지 않는 것은?

① 혈압

② 부정맥

③ 혈액 성분

④ 심박수

해설

신체반응의 척도 중 혈액 성분은 생화학적 측정요소이다.

25

안전성의 관점에서 시스템을 분석·평가하는 접근방법과 거리가 먼 것은?

① '이런 일은 금지한다.'의 개인 판단에 따른 주관적인 방법

② '어떻게 하면 무슨 일이 발생할 것인가?'의 연역적인 방법

③ '어떤 일은 하면 안 된다.'라는 점검표를 사용하는 직관적인 방법

④ '어떤 일이 발생하였을 때 어떻게 처리하여야 안전한가?'의 귀납적인 방법

해설

'이런 일은 금지한다.'는 개인 판단에 따른 객관적인 방법이다.

26

다음의 연산표에 해당하는 논리연산은?

입력		출력
X_1	X_2	
0	0	0
0	1	1
1	0	1
1	1	0

① XOR
② AND
③ NOT
④ OR

해설

XOR 논리연산
입력값이 서로 다를 때만 1이 출력된다.

27

항공기 위치표시장치의 설계원칙에 있어 다음 설명에 해당하는 것은?

> 항공기의 경우 일반적으로 이동 부분의 영상은 고정된 눈금이나 좌표계에 나타내는 것이 바람직하다.

① 통합
② 양립적 이동
③ 추종 표시
④ 표시의 현실성

해설

항공기 위치표시장치 설계원칙
- 양립적 이동(principle of compatibility motion) : 항공기의 경우 일반적으로 이동 부분의 영상은 고정된 눈금이나 좌표계에 나타내는 것이 바람직하다.
- 통합(principle of integration) : 관련된 모든 정보를 종합하여 상호관계를 바로 인식할 수 있도록 한다.
- 추종 표시(principle of Pursuit Presentation) : 원하는 목표와 실제 지표가 공통 눈금이나 좌표계에서 이동한다.
- 표시의 현실성(principle of pictorial realism) : 표시장치에 묘사되는 이미지는 기준틀에 상대적인 위치(상하, 좌우, 깊이) 등이 현실세계의 공간과 어느 정도 일치하여 표시가 나타내는 것을 쉽게 알 수 있어야 한다.

28

근골격계 질환의 인간공학적 주요 위험요인과 가장 거리가 먼 것은?

① 과도한 힘
② 부적절한 자세
③ 고온의 환경
④ 단순 반복작업

해설

근골격계 질환의 인간공학적 주요 위험요인
부적절한 자세, 정적인 동작, 무리한 힘의 사용(과도한 힘), 반복적인 작업, 날카로운 면과의 신체 접촉, 진동공구의 사용, 저온환경

29

산업현장에서 사용하는 생산설비의 경우 안전장치가 부착되어 있으나 생산성을 위해 제거하고 사용하는 경우가 있다. 이러한 경우를 대비하여 설계 시 안전장치를 제거하면 작동이 안 되는 구조를 채택하고 있다. 이러한 구조는 무엇인가?

① fail safe
② fool proof
③ lock out
④ tamper proof

해설

① fail safe : 기계 등에 고장이 발생했을 때 사고나 재해를 예방하도록 안전 확보를 하는 장치 또는 기구
② fool proof : 작업자가 실수를 하더라도 사고로 연결되지 않도록 항상 안전하게 작동되는 구조
③ lock out : 정비·청소·수리 등의 작업을 수행하기 위하여 해당 기계의 운전을 정지한 후 다른 사람이 그 기계를 운전하는 것을 방지하는 구조

30

FTA의 활용 및 기대효과가 아닌 것은?

① 시스템의 결함 진단
② 사고원인 규명화의 간편화
③ 사고원인 분석의 정량화
④ 시스템의 결함비용 분석

해설

FTA의 활용 및 기대효과
- 시스템의 결함 진단
- 사고원인 규명화의 간편화
- 사고원인 분석의 정량화

31

인간공학적 부품배치의 원칙에 해당하지 않는 것은?

① 신뢰성의 원칙
② 사용 순서의 원칙
③ 중요성의 원칙
④ 사용 빈도의 원칙

해설

부품배치의 원칙
중요성의 원칙, 사용 빈도의 원칙, 기능별 배치의 원칙, 사용 순서의 원칙

32

시스템안전프로그램계획(SSPP)에서 완성해야 할 시스템 안전업무에 속하지 않는 것은?

① 정성 해석
② 운용 해석
③ 경제성 분석
④ 프로그램 심사의 참가

해설

시스템안전프로그램계획(SSPP)에서 완성해야 할 시스템 안전업무
- 정성적 해석
- 운용위험요인 해석(OHA)
- 프로그램 심사의 참가 : 업무활동 심사의 참가 / 설계 심사의 참가

33

선형 조정장치를 16cm 옮겼을 때 선형 표시장치가 4cm 움직였다면, C/R비는 얼마인가?

① 0.2   ② 2.5
③ 4.0   ④ 5.3

해설

$$C/R비 = \frac{조종장치(제어기기)의\ 이동거리}{표시장치(표시기기)의\ 반응거리}$$

$$= \frac{16}{4}$$

$$= 4.0$$

34

자연습구온도가 20℃이고, 흑구온도가 30℃일 때 실내의 습구흑구온도지수(WBGT ; Wet-Bulb Globe Temperature)는 얼마인가?

① 20℃　　　　　　② 23℃

③ 25℃　　　　　　④ 30℃

해설

$WBGT = 0.7 \times$ 자연습구온도 $+ 0.3 \times$ 흑구온도
$= 0.7NWB + 0.3GT$
$= 0.7 \times 20 + 0.3 \times 30$
$= 23℃$

35

소음을 방지하기 위한 대책으로 틀린 것은?

① 소음원 통제　　　② 차폐장치 사용

③ 소음원 격리　　　④ 연속 소음 노출

해설

소음을 방지하기 위해서는 연속 소음을 차단시킨다.

36

산업안전 분야에서의 인간공학을 위한 제반 언급사항으로 관계가 먼 것은?

① 안전관리자와의 의사소통 원활화

② 인간 과오 방지를 위한 구체적 대책

③ 인간행동 특성자료의 정량화 및 축적

④ 인간-기계체계의 설계 개선을 위한 기금의 축적

37

시스템 안전을 위한 업무수행 요건이 아닌 것은?

① 안전활동의 계획 및 관리

② 다른 시스템 프로그램과 분리 및 배제

③ 시스템 안전에 필요한 사람의 동일성 식별

④ 시스템 안전에 대한 프로그램 해석 및 평가

해설

시스템 안전을 위해 다른 시스템 프로그램 영역과의 조정이 필요하다.

38

컷셋(cut sets)과 최소 패스셋(minimal path sets)을 정의한 것으로 맞는 것은?

① 컷셋은 시스템 고장을 유발시키는 필요 최소한의 고장들의 집합이며, 최소 패스셋은 시스템의 신뢰성을 표시한다.

② 컷셋은 시스템 고장을 유발시키는 필요 최소한의 고장들의 집합이며, 최소 패스셋은 시스템의 불신뢰도를 표시한다.

③ 컷셋은 그 속에 포함되어 있는 모든 기본사상이 일어났을 때 톱사상을 일으키는 기본사상의 집합이며, 최소 패스셋은 시스템의 신뢰성을 표시한다.

④ 컷셋은 그 속에 포함되어 있는 모든 기본사상이 일어났을 때 톱사상을 일으키는 기본사상의 집합이며, 최소 패스셋은 시스템의 성공을 유발하는 기본사상의 집합이다.

39

인체측정치의 응용원칙과 거리가 먼 것은?

① 극단치를 고려한 설계

② 조절범위를 고려한 설계

③ 평균치를 기준으로 한 설계

④ 기능적 치수를 이용한 설계

해설

인체측정치의 응용원칙

• 조절식 설계

• 극단치(최대치 설계와 최소치 설계)를 기준으로 한 설계

• 평균치를 기준으로 한 설계

40

10시간 설비 가동 시 설비 고장으로 1시간 정지하였다면 설비고장강도율은 얼마인가?

① 0.1%
② 9%

③ 10%
④ 11%

해설

$$설비고장강도율 = \frac{(고장정지시간)}{(부하시간)} \times 100$$

$$= \frac{1}{10} \times 100\%$$

$$= 10\%$$

41

500rpm으로 회전하는 연삭기의 숫돌 지름이 200mm일 때 원주속도[m/min]는?

① 628
② 62.8

③ 314
④ 31.4

해설

연삭숫돌의 원주속도

$$v = \frac{\pi d n}{1,000} = \frac{3.14 \times 200 \times 500}{1,000} = 314 \text{m/min}$$

여기서, d : 숫돌의 지름

n : 회전속도

42

기계의 운동 형태에 따른 위험점의 분류에서 고정 부분과 회전하는 동작 부분이 함께 만드는 위험점으로 교반기의 날개와 하우스 등에서 발생하는 위험점을 무엇이라 하는가?

① 끼임점
② 절단점

③ 물림점
④ 회전말림점

해설

② 절단점 : 운동하는 기계와 회전하는 운동 부분의 위험이 형성되는 점

③ 물림점 : 반대로 회전하는 두 개의 회전체가 맞닿는 사이에 발생하는 위험점

④ 회전말림점 : 회전하는 물체의 길이, 굵기, 속도 등의 불규칙한 부위와 돌기 회전 부위에 의해 장갑 및 작업복 등이 말려 들어가는 위험점

43

컨베이어 작업 시작 전 점검해야 할 사항으로 거리가 먼 것은?

① 원동기 및 풀리기능의 이상 유무
② 이탈 등의 방지장치기능의 이상 유무
③ 비상정지장치의 이상 유무
④ 자동전격방지장치의 이상 유무

해설

자동전격방지기는 교류아크용접기에 사용된다.
컨베이어 작업 시작 전 점검사항(산업안전보건기준에 관한 규칙 별표 3)
• 원동기 및 풀리기능의 이상 유무
• 이탈 등의 방지장치기능의 이상 유무
• 비상정지장치기능의 이상 유무
• 원동기·회전축·기어 및 풀리 등의 덮개 또는 울 등의 이상 유무

44

아세틸렌 용접장치에서 아세틸렌 발생기실 설치 위치 기준으로 옳은 것은?

① 건물 지하층에 설치하고 화기 사용설비로부터 3m 초과 장소에 설치
② 건물 지하층에 설치하고 화기 사용설비로부터 1.5m 초과 장소에 설치
③ 건물 최상층에 설치하고 화기 사용설비로부터 3m 초과 장소에 설치
④ 건물 최상층에 설치하고 화기 사용설비로부터 1.5m 초과 장소에 설치

해설

발생기실의 설치 장소 등(산업안전보건기준에 관한 규칙 제286조)
• 사업주는 아세틸렌 용접장치의 아세틸렌 발생기(이하 '발생기'라 한다)를 설치하는 경우에는 전용의 발생기실에 설치하여야 한다.
• 발생기실은 건물의 최상층에 위치하여야 하며, 화기를 사용하는 설비로부터 3m를 초과하는 장소에 설치하여야 한다.
• 발생기실을 옥외에 설치한 경우에는 그 개구부를 다른 건축물로부터 1.5m 이상 떨어지도록 하여야 한다.

45

기계설비 방호에서 가드의 설치조건으로 옳지 않은 것은?

① 충분한 강도를 유지할 것
② 구조가 단순하고 위험점 방호가 확실할 것
③ 개구부(틈새)의 간격은 임의로 조정이 가능할 것
④ 작업, 점검, 주유 시 장애가 없을 것

해설

개구부(틈새)의 간격은 임의로 조정할 수 없다.

46

완전 회전식 클러치 기구가 있는 양수 조작식 방호장치에서 확동 클러치의 봉합 개소가 4개, 분당 행정 수가 200spm일 때, 방호장치의 최소 안전거리는 몇 mm 이상이어야 하는가?

① 80   ② 120
③ 240   ④ 360

해설

최소 안전거리
$$D_m = 1.6\,T_m = 1.6 \times \left(\frac{1}{4} + \frac{1}{2}\right) \times \frac{60{,}000}{200} = 360\text{mm}$$
여기서, T_m : (1/클러치 수 + 1/2) × 60,000/행정 수

47

목재가공용 둥근톱의 두께가 3mm일 때, 분할날의 두께는 몇 mm 이상이어야 하는가?

① 3.3mm 이상   ② 3.6mm 이상
③ 4.5mm 이상   ④ 4.8mm 이상

해설

분할날의 두께는 톱날 두께의 1.1배와 같거나 커야 한다.
∴ 3 × 1.1 = 3.3mm

48

산업안전보건법령에 따라 타워크레인의 운전작업을 중지해야 되는 순간풍속의 기준은?

① 초당 10m를 초과하는 경우
② 초당 15m를 초과하는 경우
③ 초당 30m를 초과하는 경우
④ 초당 35m를 초과하는 경우

해설

악천후 및 강풍 시 작업 중지(산업안전보건기준에 관한 규칙 제37조)
사업주는 순간풍속이 초당 10m를 초과하는 경우 타워크레인의 설치·수리·점검 또는 해체 작업을 중지하여야 하며, 순간풍속이 초당 15m를 초과하는 경우에는 타워크레인의 운전작업을 중지하여야 한다.

49

탁상용 연삭기에서 숫돌을 안전하게 설치하기 위한 방법으로 옳지 않은 것은?

① 숫돌바퀴 구멍은 축 지름보다 0.1mm 정도 작은 것을 선정하여 설치한다.
② 설치 전에는 육안 및 목재 해머로 숫돌의 흠, 균열을 점검한 후 설치한다.
③ 축의 턱에 내측 플랜지, 압지 또는 고무판, 숫돌 순으로 끼운 후 외측에 압지 또는 고무판, 플랜지, 너트 순으로 조인다.
④ 가공물 받침대는 숫돌의 중심에 맞추어 연삭기에 견고히 고정한다.

해설

숫돌바퀴 구멍은 축 지름보다 0.1mm 정도 큰 것을 선정하여 설치한다.

50

다음 중 근로자에게 위험을 미칠 우려가 있을 때 덮개 또는 울을 설치해야 하는 위치와 가장 거리가 먼 것은?

① 연삭기 또는 평삭기의 테이블, 형삭기 램 등의 행정 끝
② 선반으로부터 돌출하여 회전하고 있는 가공물 부근
③ 과열에 따른 과열이 예상되는 보일러의 버너 연소실
④ 띠톱기계의 위험한 톱날(절단 부분 제외) 부위

해설

덮개 또는 울을 설치해야 하는 위치
• 혼합기의 개구부로 작업자가 추락하여 재해를 입을 우려가 있는 때에는 해당 부위에 덮개 또는 울 등을 설치해야 한다.
• 롤러와 평벨트, 기어와 랙 등 접선물림점이 있는 기계·기구에는 탈부착식 방호망 또는 방호덮개를 설치한다.
• 작업 발판 및 통로의 끝이나 개구부로서 근로자가 추락할 위험이 있는 장소에는 안전난간, 수직형 추락방망, 덮개 등을 설치한다.
• 기계의 원동기·회전축·기어·풀리·플라이휠·벨트 및 체인 등 근로자가 위험에 처할 우려가 있는 부위에 덮개·울 등을 설치하여야 한다.

51

산업안전보건법령상 차량계 하역운반기계를 이용한 화물 적재 시의 준수해야 할 사항으로 틀린 것은?

① 최대적재량의 10% 이상 초과하지 않도록 적재한다.
② 운전자의 시야를 가리지 않도록 적재한다.
③ 붕괴, 낙하 방지를 위해 화물에 로프를 거는 등 필요 조치를 한다.
④ 편하중이 생기지 않도록 적재한다.

화물 적재 시의 조치(산업안전보건기준에 관한 규칙 제173조)
• 사업주는 차량계 하역운반기계 등에 화물을 적재하는 경우에 다음의 사항을 준수하여야 한다.
  – 하중이 한쪽으로 치우치지 않도록 적재할 것
  – 구내 운반차 또는 화물자동차의 경우 화물의 붕괴 또는 낙하에 의한 위험을 방지하기 위하여 화물에 로프를 거는 등 필요한 조치를 할 것
  – 운전자의 시야를 가리지 않도록 화물을 적재할 것
• 화물을 적재하는 경우에는 최대적재량을 초과해서는 아니 된다.

52

롤러기의 급정지장치 중 복부 조작식과 무릎 조작식의 조작부 위치 기준은?(단, 밑면과 상대거리를 나타낸다)

복부 조작식 / 무릎 조작식

① 0.5~0.7m / 0.2~0.4m
② 0.8~1.1m / 0.4~0.6m
③ 0.8~1.1m / 0.6~0.8m
④ 1.1~1.4m / 0.8~1.0m

롤러기의 급정지장치 조작부의 종류 및 위치(위험기계·기구 안전인증 고시 별표 5)
설치 위치는 급정지장치의 조작부 중심점을 기준으로 한다.
• 손 조작식 : 밑면으로부터 1.8m 이내에 설치
• 복부 조작식 : 밑면으로부터 0.8m 이상 1.1m 이내에 설치
• 무릎 조작식 : 밑면으로부터 0.4m 이상 0.6m 이내에 설치

53

양수 조작식 방호장치에서 2개의 누름 버튼 간의 거리는 300mm 이상으로 정하고 있는데 이 거리의 기준은?

① 2개의 누름 버튼 간의 중심거리
② 2개의 누름 버튼 간의 외측거리
③ 2개의 누름 버튼 간의 내측거리
④ 2개의 누름 버튼의 평균 이동거리

양수 조작식 방호장치에서 누름 버튼의 상호 간(2개의 누름 버튼 간) 내측거리는 300mm 이상이어야 한다(방호장치 안전인증 고시 별표 1).

54

다음 중 프레스에 사용되는 광전자식 방호장치의 일반구조에 관한 설명으로 틀린 것은?

① 방호장치의 감지기능은 규정한 검출영역 전체에 걸쳐 유효하여야 한다.
② 슬라이드 하강 중 정전 또는 방호장치의 이상 시에는 1회 동작 후 정지할 수 있는 구조이어야 한다.
③ 정상동작표시램프는 녹색, 위험표시램프는 붉은색으로 하며 쉽게 근로자가 볼 수 있는 곳에 설치해야 한다.
④ 방호장치의 정상 작동 중에 감지가 이루어지거나 공급 전원이 중단되는 경우 적어도 두 개 이상의 독립된 출력신호 개폐장치가 꺼진 상태로 되어야 한다.

광전자식 방호장치는 슬라이드 하강 중 정전 또는 방호장치의 이상 시에 정지할 수 있는 구조이어야 한다(방호장치 안전인증 고시 별표 1).

55

보일러수에 불순물이 많이 포함되어 있을 경우, 보일러수의 비등과 함께 수면 부위에 거품을 형성하여 수위가 불안정하게 되는 현상은?

① 프라이밍(priming)

② 포밍(foaming)

③ 캐리오버(carry over)

④ 워터해머(water hammer)

해설

① 프라이밍(priming) : 보일러의 부하 급변으로 수위가 급상승하여 보일러수가 증기와 함께 배관으로 들어가는 현상

③ 캐리오버(carry over) : 보일러수 속에 유지류, 용해 고형물 등이 증기에 섞여 보일러 밖으로 튀어 나가는 현상

④ 워터해머(water hammer) : 펌프의 기동, 정지밸브 등의 급격한 개폐 등에 의해 유속차가 발생하여 압력으로 전환되어 충격파로 전달되는 현상

56

다음 중 연삭기의 사용상 안전대책으로 적절하지 않은 것은?

① 방호장치로 덮개를 설치한다.

② 숫돌 교체 후 1분 정도 시운전을 실시한다.

③ 숫돌의 최고사용회전속도를 초과하여 사용하지 않는다.

④ 숫돌 측면을 사용하는 것을 목적으로 하는 연삭숫돌을 제외하고는 측면연삭을 하지 않도록 한다.

해설

연삭숫돌을 사용하는 작업의 경우에는 작업을 시작하기 전에는 1분 이상, 연삭숫돌을 교체한 후에는 3분 이상 시험운전을 하고 해당 기계에 이상이 있는지를 확인해야 한다(산업안전보건기준에 관한 규칙 제122조).

57

다음 중 드릴작업 시 가장 안전한 행동에 해당하는 것은?

① 장갑을 끼고 옷소매가 긴 작업복을 입고 작업한다.

② 작업 중에 브러시로 칩을 털어낸다.

③ 가공할 구멍 지름이 클 경우 작은 구멍을 먼저 뚫고 그 위에 큰 구멍을 뚫는다.

④ 드릴을 먼저 회전시킨 상태에서 공작물을 고정한다.

해설

① 장갑을 끼거나 옷소매가 긴 작업복을 입고 작업하면 위험하다.

② 드릴이 회전하는 중에 칩을 털어내는 것은 위험하다. 작업 후에 브러시로 칩을 털어낸다.

④ 공작물을 먼저 고정한 상태에서 드릴을 회전시킨다.

58

다음 중 산업안전보건법령에 따라 비파괴검사를 실시해야 하는 고속 회전체의 기준은?

① 회전축 중량 1ton 초과, 원주속도 120m/s 이상

② 회전축 중량 1ton 초과, 원주속도 100m/s 이상

③ 회전축 중량 0.7ton 초과, 원주속도 120m/s 이상

④ 회전축 중량 0.7ton 초과, 원주속도 100m/s 이상

해설

비파괴검사의 실시(산업안전보건기준에 관한 규칙 제115조)

사업주는 고속 회전체(회전축의 중량이 1ton을 초과하고 원주속도가 초당 120m 이상인 것으로 한정한다)의 회전시험을 하는 경우 미리 회전축의 재질 및 형상 등에 상응하는 종류의 비파괴검사를 해서 결함의 유무(有無)를 확인하여야 한다.

59

지게차의 안전장치에 해당하지 않는 것은?

① 후사경   ② 헤드가드

③ 백레스트   ④ 권과방지장치

해설

권과방지장치는 크레인 안전장치이다.

지게차 안전장치

주행 연동 안전벨트, 후방접근경보장치, 대형 후사경, 룸 미러, 포크 위치 표시, 지게차 식별을 위한 형광테이프, 헤드가드, 백레스트, 경광등, 주행 경고음, 포크받침대, 전·후방 카메라, 축 후방 라인 빔, safety light(전방), 카운터 웨이트 자석, 경사로 밀림방지장치 등, 전조등 및 후미등, 좌석 안전띠

60

다음 중 접근반응형 방호장치에 해당되는 것은?

① 양수 조작식 방호장치

② 손쳐내기식 방호장치

③ 덮개식 방호장치

④ 광전자식 방호장치

해설

① 양수 조작식 방호장치 : 위치제한형 방호장치

② 손쳐내기식 방호장치 : 접근거부형 방호장치

③ 덮개식 방호장치 : 격리형 방호장치

제4과목 | 전기 및 화학설비위험방지기술

61

저압 옥내 직류전기설비를 전로보호장치의 확실한 동작의 확보와 이상전압 및 대지전압의 억제를 위하여 접지를 하여야 하나 직류 2선식으로 시설할 때, 접지를 생략할 수 있는 경우로 옳은 것은?

① 접지검출기를 설치하고, 특정구역 내의 산업용 기계·기구에만 공급하는 경우

② 사용전압이 110V 이상인 경우

③ 최대전류 30mA 이하의 직류화재경보회로

④ 교류계통으로부터 공급을 받는 정류기에서 인출되는 직류계통

해설

저압 옥내 직류전기설비의 접지를 생략할 수 있는 경우(한국전기설비규정 243.1.8)

• 사용전압이 60V 이하인 경우

• 접지검출기를 설치하고 특정구역 내의 산업용 기계·기구에만 공급하는 경우

• 교류전로로부터 공급을 받는 정류기에서 인출되는 직류계통

• 최대전류 30mA 이하의 직류화재경보회로

• 절연감시장치 또는 절연고장점검출장치를 설치하여 관리자가 확인할 수 있도록 경보장치를 시설하는 경우

62

감전에 의한 전격 위험을 결정하는 주된 인자와 거리가 먼 것은?

① 통전저항

② 통전전류의 크기

③ 통전경로

④ 통전시간

해설

감전에 의한 전격 위험을 결정하는 주된 인자

통전전류의 크기, 통전시간, 통전경로, 전원의 종류(직류보다 교류가 위험) 등

63

폭발 위험 장소를 분류할 때 가스 폭발 위험 장소의 종류에 해당하지 않는 것은?

① 제0종 장소
② 제1종 장소
③ 제2종 장소
④ 제3종 장소

65

전로의 과전류로 인한 재해를 방지하기 위한 방법으로 과전류차단장치를 설치할 때에 대한 설명으로 틀린 것은?

① 과전류차단장치로는 차단기·퓨즈 또는 보호계전기 등이 있다.
② 차단기·퓨즈는 계통에서 발생하는 최대과전류에 대하여 충분하게 차단할 수 있는 성능을 가져야 한다.
③ 과전류차단장치는 반드시 접지선에 병렬로 연결하여 과전류 발생 시 전로를 자동으로 차단하도록 설치하여야 한다.
④ 과전류차단장치가 전기계통상에서 상호 협조·보완되어 과전류를 효과적으로 차단하도록 하여야 한다.

해설

과전류차단장치는 반드시 접지선이 아닌 전로에 직렬로 연결하여 과전류 발생 시 전로를 자동으로 차단하도록 설치해야 한다(산업안전보건기준에 관한 규칙 제305조).

64

다음 중 정전기 재해의 방지대책으로 가장 적절한 것은?

① 절연도가 높은 플라스틱을 사용한다.
② 대전하기 쉬운 금속은 접지를 실시한다.
③ 작업장 내의 온도를 낮게 해서 방전을 촉진시킨다.
④ (+), (−)전하의 이동을 방해하기 위하여 주위의 습도를 낮춘다.

해설

① 전도도가 높은 재료를 사용한다(절연성 금지).
③ 작업장 내의 온도를 높여 방전을 촉진시킨다.
④ (+), (−)전하의 이동을 방해하기 위하여 주위의 습도를 높인다(공기 중 습도 60~70% 이상 유지).

66

인체의 저항이 500Ω이고, 440V 회로에 누전차단기(ELB)를 설치할 경우 다음 중 가장 적당한 누전차단기는?

① 30mA 이하, 0.1초 이하에 작동
② 30mA 이하, 0.03초 이하에 작동
③ 15mA 이하, 0.1초 이하에 작동
④ 15mA 이하, 0.03초 이하에 작동

해설

전기기계·기구에 설치되어 있는 누전차단기는 정격감도전류가 30mA 이하이고, 작동시간은 0.03초 이내일 것. 다만, 정격전부하전류가 50A 이상인 전기기계·기구에 접속되는 누전차단기는 오작동을 방지하기 위하여 정격감도전류는 200mA 이하로, 작동시간은 0.1초 이내로 할 수 있다(산업안전보건기준에 관한 규칙 제304조).

67

다음 중 통전경로별 위험도가 가장 높은 경로는?

① 왼손 – 등
② 오른손 – 가슴
③ 왼손 – 가슴
④ 오른손 – 양발

해설

통전경로별 위험도가 큰 순서(위험도)
- 왼손 – 가슴(1.5)
- 오른손 – 가슴(1.3)
- 왼손 – 한 발 또는 양발, 양손 – 양발(1.0)
- 오른손 – 한 발 또는 양발(0.8)
- 한 손 또는 양손 – 앉은 자세, 왼손 – 등(0.7)
- 왼손 – 오른손(0.4) > 오른손 – 등(0.3)

68

정전기 발생 종류가 아닌 것은?

① 박리
② 마찰
③ 분출
④ 방전

해설

정전기 발생의 종류
마찰, 박리, 유도, 비말, 적하, 유동, 분출, 충돌 등
※ 방전되면 정전기가 발생하지 않는다.

69

다음 중 방폭구조의 종류와 기호를 올바르게 나타낸 것은?

① 안전증 방폭구조 : e
② 몰드 방폭구조 : n
③ 충전 방폭구조 : p
④ 압력 방폭구조 : o

해설

② 몰드 방폭구조 : m
③ 충전 방폭구조 : q
④ 압력 방폭구조 : p

70

전기설비에서 일반적인 제2종 접지공사는 접지저항값을 몇 Ω 이하로 하여야 하는가?

① 10
② 100
③ $\dfrac{150}{1선지락전류}$
④ $\dfrac{400}{1선지락전류}$

해설

※ 출제 당시 정답은 ③이었으나 해당 규정의 개정으로 정답 없음(종별 접지공사 내용은 폐지됨)

71

다음 중 분진폭발의 가능성이 가장 낮은 물질은?

① 소맥분
② 마그네슘
③ 질석가루
④ 석탄

해설

질석가루는 불연성 물질이다.
분진폭발을 일으킬 위험이 높은 물질
마그네슘, 알루미늄, 폴리에틸렌, 소맥분, 석탄 등

72

인화성 가스, 불활성 가스 및 산소를 사용하여 금속의 용접·용단 또는 가열작업을 하는 경우 가스 등의 누출 또는 방출로 인한 폭발·화재 또는 화상을 예방하기 위하여 준수해야 할 사항으로 옳지 않은 것은?

① 가스 등의 호스와 취관(吹管)은 손상·마모 등에 의하여 가스 등이 누출할 우려가 없는 것을 사용할 것
② 비상 상황을 제외하고는 가스 등의 공급구의 밸브나 콕을 절대 잠그지 말 것
③ 용단작업을 하는 경우에는 취관으로부터 산소의 과잉 방출로 인한 화상을 예방하기 위하여 근로자가 조절밸브를 서서히 조작하도록 주지시킬 것
④ 가스 등의 취관 및 호스의 상호 접촉 부분은 호스밴드, 호스클립 등 조임기구를 사용하여 가스 등이 누출되지 않도록 할 것

해설
작업을 중단하거나 마치고 작업 장소를 떠날 경우에는 가스 등의 공급구의 밸브나 콕을 잠가야 한다(산업안전보건기준에관한 규칙 제233조).

73

산업안전보건기준에 관한 규칙상 섭씨 몇 ℃ 이상인 상태에서 운전되는 설비는 특수화학설비에 해당하는가?(단, 규칙에서 정한 위험물질의 기준량 이상을 제조하거나 취급하는 설비인 경우이다)

① 150℃   ② 250℃
③ 350℃   ④ 450℃

해설
계측장치 등의 설치(산업안전보건기준에 관한 규칙 제273조)
사업주는 위험물을 기준량 이상으로 제조하거나 취급하는 다음의 어느 하나에 해당하는 화학설비(이하 '특수화학설비'라 한다)를 설치하는 경우에는 내부의 이상 상태를 조기에 파악하기 위하여 필요한 온도계·유량계·압력계 등의 계측장치를 설치하여야 한다.
• 발열반응이 일어나는 반응장치
• 증류·정류·증발·추출 등 분리를 하는 장치
• 가열시켜 주는 물질의 온도가 가열되는 위험물질의 분해온도 또는 발화점보다 높은 상태에서 운전되는 설비
• 반응폭주 등 이상 화학반응에 의하여 위험물질이 발생할 우려가 있는 설비
• 온도가 350℃ 이상이거나 게이지 압력이 980kPa 이상인 상태에서 운전되는 설비
• 가열로 또는 가열기

74

점화원 없이 발화를 일으키는 최저온도를 무엇이라 하는가?

① 착화점   ② 연소점
③ 용융점   ④ 기화점

해설
② 연소점 : 연소 상태를 5초 이상 유지하기 위한 최저온도로, 인화점보다 10℃ 정도 높다.
③ 용융점 : 대기압하에서 고체가 용융하여 액체가 되는 온도이다.
④ 기화점 : 액체 상태의 물질이 기체 상태로 변화를 시작하는 특정 온도이다.

75

배관용 부품에 있어 사용되는 용도가 다른 것은?

① 엘보(elbow)
② 티(T)
③ 크로스(cross)
④ 밸브(valve)

해설

엘보, 티, 크로스는 유체의 방향을 변경하는 용도의 배관용 부품이고, 밸브는 종류에 따라 유체의 압력, 유량의 공급 등을 제어하는 부품이다.

76

에틸에테르(폭발하한값 1.9vol%)와 에틸알코올(폭발하한값 4.3vol%)이 4 : 1로 혼합된 증기의 폭발하한계[vol%]는 약 얼마인가?(단, 혼합증기는 에틸에테르가 80%, 에틸알코올이 20%로 구성되고, 르샤틀리에 법칙을 이용한다)

① 2.14vol%
② 3.14vol%
③ 4.14vol%
④ 5.14vol%

해설

$$\frac{100}{LFL} = \frac{80}{1.9} + \frac{20}{4.3} \approx 46.76$$

$$LFL = \frac{100}{46.76} \approx 2.14$$

77

다음 중 산업안전보건기준에 관한 규칙에서 규정하는 급성독성물질에 해당되지 않는 것은?

① 쥐에 대한 경구투입실험에 의하여 실험동물의 50%를 사망시킬 수 있는 물질의 양이 kg당 300mg-(체중) 이하인 화학물질
② 쥐에 대한 경피흡수실험에 의하여 실험동물의 50%를 사망시킬 수 있는 물질의 양이 kg당 1,000mg-(체중) 이하인 화학물질
③ 토끼에 대한 경피흡수실험에 의하여 실험동물의 50%를 사망시킬 수 있는 물질의 양이 kg당 1,000 mg-(체중) 이하인 화학물질
④ 쥐에 대한 4시간 동안의 흡입실험에 의하여 실험동물의 50%를 사망시킬 수 있는 가스의 농도가 3,000 ppm 이상인 화학물질

해설

쥐에 대한 4시간 동안의 흡입실험에 의하여 실험동물의 50%를 사망시킬 수 있는 물질의 농도가 2,500ppm 이하인 화학물질(산업안전보건기준에관한 규칙 별표 1)

78

연소의 3요소 중 1가지에 해당하는 요소가 아닌 것은?

① 메탄
② 공기
③ 정전기 방전
④ 이산화탄소

해설

① 메탄 : 가연물(연료)
② 공기 : 산소(산화제)
③ 정전기 방전 : 점화원(열원)

79

다음 물질이 물과 반응하였을 때 가스가 발생한다. 위험도 값이 가장 큰 가스를 발생하는 물질은?

① 칼륨
② 수소화나트륨
③ 탄화칼슘
④ 트라이에틸알루미늄

해설

③ 탄화칼슘과 물의 반응식 : $CaC_2 + 2H_2O \rightarrow Ca(OH)_2 + C_2H_2$이므로 아세틸렌가스를 발생한다(위험성이 가장 크다. 위험도 31.4).

① 칼륨과 물의 반응식 : $2K + 2H_2O \rightarrow 2KOH + H_2$이므로 수소가스를 발생한다.

② 수소화나트륨과 물의 반응식 : $NaH + H_2O \rightarrow NaOH + H_2$이므로 수소가스를 발생한다.

④ 트라이에틸알루미늄과 물의 반응식 : $(C_2H_5)_2Al + 3H_2O \rightarrow Al(OH)_3 + 3C_2H_6$이므로 에탄가스를 발생한다.

80

다음 중 화재의 분류에서 전기화재에 해당하는 것은?

① A급 화재
② B급 화재
③ C급 화재
④ D급 화재

해설

① A급 화재 : 일반 화재
② B급 화재 : 유류 화재
④ D급 화재 : 금속 화재

81

잠함 또는 우물통의 내부에서 근로자가 굴착작업을 하는 경우의 준수사항으로 옳지 않은 것은?

① 산소 결핍 우려가 있는 경우에는 산소의 농도를 측정하는 사람을 지명하여 측정하도록 할 것
② 근로자가 안전하게 오르내리기 위한 설비를 설치할 것
③ 굴착 깊이가 20m를 초과하는 경우에는 해당 작업 장소와 외부와의 연락을 위한 통신설비 등을 설치할 것
④ 잠함 또는 우물통의 급격한 침하에 의한 위험을 방지하기 위하여 바닥으로부터 천장 또는 보까지의 높이는 2m 이내로 할 것

해설

잠함 또는 우물통의 급격한 침하에 의한 위험 방지를 위해 바닥으로부터 천장 또는 보까지의 높이는 최소 1.8m 이상으로 하여야 한다(산업안전보건기준에관한 규칙 제376조).

82

굴착작업 시 근로자의 위험을 방지하기 위하여 해당 작업, 작업장에 대한 사전조사를 실시하여야 하는데 이 사전조사 항목에 포함되지 않는 것은?

① 지반의 지하 수위 상태
② 형상·지질 및 지층의 상태
③ 굴착기의 이상 유무
④ 매설물 등의 유무 또는 상태

해설

굴착작업 사전조사 등(산업안전보건기준에 관한 규칙 제338조)
사업주는 굴착작업을 할 때 토사 등의 붕괴 또는 낙하에 의한 위험을 미리 방지하기 위하여 다음의 사항을 점검해야 한다.
• 작업 장소 및 그 주변의 부석·균열의 유무
• 함수(含水)·용수(湧水) 및 동결의 유무 또는 상태의 변화

83

흙의 연경도(consistency)에서 반고체 상태와 소성 상태의 한계를 무엇이라 하는가?

① 액성한계
② 소성한계
③ 수축한계
④ 반수축한계

해설
① 액성한계 : 흙의 액상을 나타내는 최소의 함수비
③ 수축한계 : 흙의 체적 변화가 발생하지 않을 때의 함수비

84

화물을 적재하는 경우 준수하여야 할 사항으로 옳지 않은 것은?

① 침하 우려가 없는 튼튼한 기반 위에 적재할 것
② 화물의 압력 정도와 관계없이 건물의 벽이나 칸막이 등을 이용하여 화물을 기대어 적재할 것
③ 하중이 한쪽으로 치우치지 않도록 쌓을 것
④ 불안정할 정도로 높이 쌓아 올리지 말 것

해설
건물의 칸막이나 벽 등이 화물의 압력에 견딜 만큼의 강도를 지니지 아니한 경우에는 칸막이나 벽에 기대어 적재하지 않도록 한다(산업안전보건기준에 관한 규칙 제393조).

85

발파공사 암질 변화 구간 및 이상암질 출현 시 적용하는 암질 판별방법과 거리가 먼 것은?

① RQD
② RMR 분류
③ 탄성파 속도
④ 하중계(load cell)

해설
발파공사 암질 변화 구간 및 이상암질 출현 시 적용하는 암질 판별방법
RQD, RMR 분류, 탄성파 속도, 일축압축강도, 진동치속도

86

철골작업을 중지하여야 하는 풍속과 강우량 기준으로 옳은 것은?

① 풍속 : 10m/s 이상, 강우량 : 1mm/h 이상
② 풍속 : 5m/s 이상, 강우량 : 1mm/h 이상
③ 풍속 : 10m/s 이상, 강우량 : 2mm/h 이상
④ 풍속 : 5m/s 이상, 강우량 : 2mm/h 이상

해설
철골작업을 중지하여야 하는 기준(산업안전보건기준에 관한 규칙 제383조)
• 풍속이 초당 10m 이상인 경우
• 강우량이 시간당 1mm 이상인 경우
• 강설량이 시간당 1cm 이상인 경우

87

근로자의 추락 등의 위험을 방지하기 위하여 안전난간을 설치하는 경우 안전난간은 구조적으로 가장 취약한 지점에서 가장 취약한 방향으로 작용하는 얼마 이상의 하중에 견딜 수 있는 튼튼한 구조이어야 하는가?

① 50kg
② 100kg
③ 150kg
④ 200kg

해설
안전난간은 구조적으로 가장 취약한 지점에서 가장 취약한 방향으로 작용하는 100kg 이상의 하중에 견딜 수 있는 튼튼한 구조이어야 한다(산업안전보건기준에 관한 규칙 제13조).

88

달비계(곤돌라의 달비계는 제외)의 최대적재하중을 정하는 경우 달기 와이어로프 및 달기 강선의 안전계수 기준으로 옳은 것은?

① 5 이상
② 7 이상
③ 8 이상
④ 10 이상

89

지반의 종류에 따른 굴착면의 기울기 기준으로 옳지 않은 것은?

① 보통 흙의 습지 – 1 : 1~1 : 1.5
② 연암 – 1 : 0.7
③ 풍화암 – 1 : 0.8
④ 보통 흙의 건지 – 1 : 0.5~1 : 1

해설

굴착면의 기울기 기준(산업안전보건기준에 관한 규칙 별표 11)

지반의 종류	굴착면의 기울기
모래	1 : 1.8
연암 및 풍화암	1 : 1.0
경암	1 : 0.5
그 밖의 흙	1 : 1.2

굴착면의 기울기 : 굴착면의 높이에 대한 수평거리의 비율
※ 출제 당시 정답은 ②였으나 해당 법령의 개정으로 정답 없음

90

재료비가 30억 원 직접노무비가 50억 원인 건설공사의 예정 가격상 안전관리비로 옳은 것은?(단, 일반건설공사(갑)에 해당되며 계상 기준은 1.97%이다)

① 56,400,000원
② 94,000,000원
③ 150,400,000원
④ 157,600,000원

해설

※ 출제 당시 정답은 ④였으나 해당 법령 개정으로 공사 종류와 산업안전보건관리비 비율이 다음과 같이 변경되어 정답 없음

구분 공사 종류	대상액 5억 원 미만인 경우 적용비율 (%)	대상액 5억 원 이상 50억 원 미만인 경우		대상액 50억 원 이상인 경우 적용비율 (%)	보건관리자 선임 대상 건설공사의 적용비율 (%)
		적용 비율 (%)	기초액		
건축 공사	3.11%	2.28%	4,325,000원	2.37%	2.64%
토목 공사	3.15%	2.53%	3,300,000원	2.60%	2.73%
중건설 공사	3.64%	3.05%	2,975,000원	3.11%	3.39%
특수 건설 공사	2.07%	1.59%	2,450,000원	1.64%	1.78%

91

사질토 지반에서 보일링(boiling)현상에 의한 위험성이 예상될 경우의 대책으로 옳지 않은 것은?

① 흙막이 말뚝의 밑둥넣기를 깊게 한다.
② 굴착 저면보다 깊은 지반을 불투수로 개량한다.
③ 굴착 밑 투수층에 만든 피트(pit)를 제거한다.
④ 흙막이벽 주위에서 배수시설을 통해 수두차를 작게 한다.

해설

보일링 현상을 방지하려면 굴착 밑 투수층에 피트(pit)나 배수암거를 설치하여 배수를 좋게 한다.

92

유해위험방지계획서 제출 시 첨부서류의 항목이 아닌 것은?

① 보호장비폐기계획
② 공사개요서
③ 산업안전보건관리비 사용계획서
④ 전체 공정표

유해위험방지계획서 첨부서류(시행규칙 별표 10)
• 공사개요서
• 공사현장의 주변 현황 및 주변과의 관계를 나타내는 도면(매설물 현황 포함)
• 전체 공정표
• 산업안전보건관리비 사용계획서
• 안전관리조직표
• 재해 발생 위험 시 연락 및 대피방법

93

다음 (   ) 안에 알맞은 수치는?

> 슬레이트, 선라이트(sunlight) 등 강도가 약한 재료로 덮은 지붕 위에서 작업을 할 때에 발이 빠지는 등 근로자가 위험해질 우려가 있는 경우 폭 (   ) 이상의 발판을 설치하거나 추락방호망을 치는 등 위험을 방지하기 위하여 필요한 조치를 하여야 한다.

① 30cm   ② 40cm
③ 50cm   ④ 60cm

지붕 위에서의 위험 방지(산업안전보건기준에 관한 규칙 제45조)
사업주는 근로자가 지붕 위에서 작업을 할 때 추락하거나 넘어질 위험이 있는 경우에는 다음의 조치를 해야 한다.
• 지붕의 가장자리에 안전난간을 설치할 것
• 채광창(skylight)에는 견고한 구조의 덮개를 설치할 것
• 슬레이트 등 강도가 약한 재료로 덮은 지붕에는 폭 30cm 이상의 발판을 설치할 것

94

다음 중 셔블계 굴착기계에 속하지 않는 것은?

① 파워셔블(power shovel)
② 클램셸(clamshell)
③ 스크레이퍼(scraper)
④ 드래그라인(dragline)

스크레이퍼는 토공용 차량계 건설기계에 해당한다.
굴착기계의 분류
• 버킷계 굴착기계 : 버킷 래더, 버킷 휠 엑스카베이터, 트렌처
• 셔블계 굴착기계 : 파워셔블, 백호, 클램셸, 드래그라인, 드래그셔블

95

토사 붕괴의 내적 요인이 아닌 것은?

① 사면, 법면의 경사 증가
② 절토 사면의 토질 구성 이상
③ 성토 사면의 토질 구성 이상
④ 토석의 강도 저하

• 토사 붕괴의 내적 요인 : 절토 사면의 토질 구성 이상, 성토 사면의 토질 구성 이상, 토석의 강도 저하
• 토사 붕괴의 외적 요인 : 사면·법면의 경사 증가, 절토 및 성토의 높이 증가, 공사에 의한 진동하중 및 반복하중의 증가, 지표수 및 지하수의 침투에 의한 토사 중량의 증가, 지진·차량·구조물의 하중작용, 토사 및 암석의 혼합층 두께 등

96

다음은 비계 발판용 목재재료의 강도상의 결점에 대한 조사 기준이다. (   ) 안에 들어갈 내용으로 옳은 것은?

> 발판의 폭과 동일한 길이 내에 있는 결점 치수의 총합이 발판 폭의 (   )을 초과하지 않을 것

① 1/2
② 1/3
③ 1/4
④ 1/6

해설

발판의 폭과 동일한 길이 내에 있는 결점 치수의 총합이 발판 폭의 1/4을 초과하지 않아야 한다(가설공사 표준안전작업지침 제3조).

97

다음은 산업안전보건법령에 따른 작업장에서의 투하설비 등에 관한 사항이다. (   ) 안에 들어갈 내용으로 옳은 것은?

> 사업주는 높이가 (   ) 이상인 장소로부터 물체를 투하하는 경우 적당한 투하설비를 설치하거나 감시인을 배치하는 등 위험을 방지하기 위하여 필요한 조치를 하여야 한다.

① 2m
② 3m
③ 5m
④ 10m

해설

투하설비 등(산업안전보건기준에 관한 규칙 제15조)

사업주는 높이가 3m 이상인 장소로부터 물체를 투하하는 경우 적당한 투하설비를 설치하거나 감시인을 배치하는 등 위험을 방지하기 위하여 필요한 조치를 하여야 한다.

98

철골용접 작업자의 전격 방지를 위한 주의사항으로 옳지 않은 것은?

① 보호구와 복장을 구비하고, 기름기가 묻었거나 젖은 것은 착용하지 않을 것
② 작업 중지의 경우에는 스위치를 떼어 놓을 것
③ 개로전압이 높은 교류용접기를 사용할 것
④ 좁은 장소에서의 작업에서는 신체를 노출시키지 않을 것

해설

전격 방지를 위한 기타 주의사항
• 개로전압이 낮은 교류용접기를 사용할 것
• 전격 방지를 위해 자동전격방지기를 설치할 것
• 우천, 강설 시에는 야외작업을 중단할 것
• 절연 홀더(holder)를 사용할 것

99

층고가 높은 슬래브 거푸집 하부에 적용하는 무지주공법이 아닌 것은?

① 보우빔(bow beam)
② 철근 일체형 데크플레이트(deck plate)
③ 페코빔(pecco beam)
④ 솔저시스템(soldier system)

100

도심지에서 주변에 주요 시설물이 있을 때 침하와 변위를 작게 할 수 있는 가장 적당한 흙막이 공법은?

① 동결공법
② 샌드 드레인 공법
③ 지하연속벽 공법
④ 뉴매틱케이슨 공법

해설

① 동결공법 : 지반 중의 물을 동결시켜서 붕괴나 용수(湧水)의 누출을 방지하는 굴착법
② 샌드 드레인 공법 : 지반 내의 물을 지표면으로 배수시켜 지반을 압밀 강화하는 공법
④ 뉴매틱케이슨 공법 : 케이슨 하부에 압축공기를 넣어 공기의 압력으로 물이나 토사의 유입을 방지하면서 굴착하여 기초를 침하시키는 공법

제1과목 | 산업안전관리론

01

안전교육 방법 중 TWI의 교육과정이 아닌 것은?

① 작업지도훈련
② 인간관계훈련
③ 정책수립훈련
④ 작업방법훈련

해설

TWI의 교육내용
- JKT(Job Knowledge Training) : 직무지식훈련
- JMT(Job Method Training) : 작업방법훈련
- JIT(Job Instruction Training) : 작업지도훈련
- JRT(Job Relation Training) : 인간관계훈련
- JST(Job Safety Training) : 작업안전훈련

02

근로자가 작업대 위에서 전기공사 작업 중 감전에 의하여 지면으로 떨어져 다리에 골절 상해를 입은 경우의 기인물과 가해물로 옳은 것은?

① 기인물 – 작업대, 가해물 – 지면
② 기인물 – 전기, 가해물 – 지면
③ 기인물 – 지면, 가해물 – 전기
④ 기인물 – 작업대, 가해물 – 전기

해설

- 기인물 : 재해 발생의 주원인, 즉 감전의 원인이 된 전기이다.
- 가해물 : 직접 사람에게 접촉하여 피해를 주는 것, 즉 근로자가 추락하여 다리에 부상을 입힌 지면이다.

03

산업재해에 있어 인명이나 물적 등 일체의 피해가 없는 사고를 무엇이라고 하는가?

① near accident
② good accident
③ true accident
④ original accident

해설

① near accident(아차사고) : 산업재해에 있어 인명이나 물적 등 일체의 피해가 없는 사고, 즉 사고가 발생할 뻔하였으나 다행히 피해가 발생하지 않은 사고
② good accident : 사고가 발생하지 않고 안전하게 작업이 완료된 경우(산업재해와는 반대되는 개념)
③ true accident : 산업재해와 동일한 개념으로 인적, 물적 피해가 발생한 사고
④ original accident : 사고가 발생한 원인, 즉 원래의 사고

04

내전압용 절연장갑의 성능 기준상 최대사용전압에 따른 절연장갑의 구분 중 00등급의 색상으로 옳은 것은?

① 노란색
② 흰색
③ 녹색
④ 갈색

해설

내전압용 절연장갑의 등급별 색상(보호구 안전인증 고시 별표 3)
- 00등급 : 갈색
- 0등급 : 빨간색
- 1등급 : 흰색
- 2등급 : 노란색
- 3등급 : 녹색

정답 1 ③ 2 ② 3 ① 4 ④

05

점검시기에 의한 안전점검의 분류에 해당하지 않는 것은?

① 성능점검
② 정기점검
③ 임시점검
④ 특별점검

해설

점검시기(주기)에 따른 안전점검의 종류

특별점검, 임시점검, 수시점검(일상점검), 정기점검(계획점검) 등

07

파블로프(Pavlov)의 조건반사설에 의한 학습이론의 원리에 해당되지 않는 것은?

① 일관성의 원리
② 시간의 원리
③ 강도의 원리
④ 준비성의 원리

해설

파블로프(Pavlov)의 조건반사설에 의한 학습이론의 원리

시간의 원리, 강도의 원리, 일관성의 원리, 계속성의 원리 등

06

재해율 중 재직 근로자 1,000명당 1년간 발생하는 재해자 수를 나타내는 것은?

① 연천인율
② 도수율
③ 강도율
④ 종합재해지수

해설

① 연천인율 $= \dfrac{\text{연간 재해자 수}}{\text{연평균 근로자 수}} \times 10^3$

② 도수율(빈도율) : 1,000,000 근로시간당 요양재해 발생 건수

③ 강도율 : 근로시간 합계 1,000시간당 요양재해로 인한 근로손실 일수

④ 종합재해지수(FSI) : 재해의 발생 빈도와 재해로 인한 근로손실일 수를 종합하여 나타내는 것

08

착오의 요인 중 인지과정의 착오에 해당하지 않는 것은?

① 정서 불안정
② 감각차단현상
③ 정보 부족
④ 생리·심리적 능력의 한계

해설

- 인지과정의 착오 : 정서 불안정, 감각차단현상, 생리·심리적 능력의 한계, 정보저장능력의 한계 등
- 판단과정의 착오 : 정보 부족, 능력 부족, 자기합리화, 환경조건의 불비 등
- 조작과정의 착오 : 작업자의 기능 미숙, 경험 부족, 피로 등

09

산업안전보건법령상 안전관리자가 수행하여야 할 업무가 아닌 것은?(단, 그 밖에 안전에 관한 사항으로서 고용노동부장관이 정하는 사항은 제외한다)

① 위험성 평가에 관한 보좌 및 조언·지도
② 물질안전보건자료의 게시 또는 비치에 관한 보좌 및 조언·지도
③ 사업장 순회점검·지도 및 조치의 건의
④ 산업재해에 관한 통계의 유지·관리·분석을 위한 보좌 및 조언·지도

해설

안전관리자의 업무 등(시행령 제18조)
• 산업안전보건위원회 또는 안전 및 보건에 관한 노사협의체에서 심의·의결한 업무와 해당 사업장의 안전보건관리규정 및 취업규칙에서 정한 업무
• 위험성 평가에 관한 보좌 및 지도·조언
• 안전인증 대상 기계 등과 자율안전확인 대상 기계 등 구입 시 적격품의 선정에 관한 보좌 및 지도·조언
• 해당 사업장 안전교육계획의 수립 및 안전교육 실시에 관한 보좌 및 지도·조언
• 사업장 순회점검, 지도 및 조치 건의
• 산업재해 발생의 원인조사·분석 및 재발 방지를 위한 기술적 보좌 및 지도·조언
• 산업재해에 관한 통계의 유지·관리·분석을 위한 보좌 및 지도·조언
• 법 또는 법에 따른 명령으로 정한 안전에 관한 사항의 이행에 관한 보좌 및 지도·조언
• 업무수행 내용의 기록·유지
• 그 밖에 안전에 관한 사항으로서 고용노동부장관이 정하는 사항

10

모랄 서베이(morale survey)의 효용이 아닌 것은?

① 조직 또는 구성원의 성과를 비교·분석한다.
② 종업원의 정화(catharsis)작용을 촉진시킨다.
③ 경영관리를 개선하는 자료를 얻는다.
④ 근로자의 심리 또는 욕구를 파악하여 불만을 해소하고, 노동 의욕을 높인다.

해설

모랄 서베이의 효용
• 근로자의 심리 또는 욕구를 파악하여 불만을 해소하고, 노동 의욕을 높인다.
• 종업원의 사기를 높이고, 노사 간의 의사소통을 촉진시킨다.
• 종업원의 일에 대한 태도를 개선한다.
• 종업원의 정화(catharsis)작용을 촉진시킨다.
• 경영관리를 개선하는 자료를 얻는다.

11

부주의 현상 중 의식의 우회에 대한 예방대책으로 옳은 것은?

① 안전교육
② 표준작업제도 도입
③ 상담
④ 적성 배치

해설

의식의 우회에 대한 예방대책으로 상담(카운슬링)을 통하여 주의를 환기시켜야 한다.

12

산업안전보건법령상 안전보건표지의 색채, 색도 기준 및 용도 중 다음 (   ) 안에 알맞은 것은?

색채	색도 기준	용도	사용 예
( )	5Y 8.5/12	경고	화학물질 취급 장소에서의 유해·위험 경고 이외의 위험 경고, 주의 표지 또는 기계 방호물

① 파란색
② 노란색
③ 빨간색
④ 검은색

해설

안전보건표지의 색도 기준 및 용도(시행규칙 별표 8)

색채	색도 기준	용도	사용 예
빨간색	7.5R 4/14	금지	정지신호, 소화설비 및 그 장소, 유해행위의 금지
		경고	화학물질 취급 장소에서의 유해·위험 경고
노란색	5Y 8.5/12	경고	화학물질 취급 장소에서의 유해·위험 경고 이외의 위험 경고, 주의 표지 또는 기계 방호물
파란색	2.5PB 4/10	지시	특정행위의 지시 및 사실의 고지
검은색	N0.5		문자 및 빨간색 또는 노란색에 대한 보조색

13

보호구 안전인증 고시에 따른 안전화의 정의 중 다음 (   ) 안에 알맞은 것은?

> 경작업용 안전화란 (㉠)mm의 낙하 높이에서 시험했을 때 충격과 (㉡ ±0.1)kN의 압축하중에서 시험했을 때 압박에 대하여 보호해 줄 수 있는 선심을 부착하여 착용자를 보호하기 위한 안전화를 말한다.

① ㉠ 500, ㉡ 10.0
② ㉠ 250, ㉡ 10.0
③ ㉠ 500, ㉡ 4.4
④ ㉠ 250, ㉡ 4.4

14

산업안전보건법령상 특별안전·보건교육 대상 작업별 교육내용 중 밀폐 공간에서의 작업별 교육내용이 아닌 것은? (단, 그 밖에 안전·보건관리에 필요한 사항은 제외한다)

① 산소농도 측정 및 작업환경에 관한 사항
② 유해물질이 인체에 미치는 영향
③ 보호구 착용 및 사용방법에 관한 사항
④ 사고 시의 응급처치 및 비상시 구출에 관한 사항

해설

밀폐 공간에서의 작업 시 교육내용(시행규칙 별표 5)
• 산소농도 측정 및 작업환경에 관한 사항
• 사고 시의 응급처치 및 비상시 구출에 관한 사항
• 보호구 착용 및 보호장비 사용에 관한 사항
• 작업내용·안전작업방법 및 절차에 관한 사항
• 장비·설비 및 시설 등의 안전점검에 관한 사항
• 그 밖에 안전·보건관리에 필요한 사항

15

산업안전보건법령상 근로자 안전·보건교육 중 채용 시의 교육 및 작업내용 변경 시의 교육사항으로 옳은 것은?

① 물질안전보건자료에 관한 사항
② 건강 증진 및 질병 예방에 관한 사항
③ 유해·위험 작업환경관리에 관한 사항
④ 표준안전작업방법 및 지도요령에 관한 사항

해설

근로자 채용 시 교육 및 작업내용 변경 시 교육(시행규칙 별표 5)
• 산업안전 및 산업재해 예방에 관한 사항(화재·폭발 사고 발생 시 대피에 관한 사항을 포함한다)
• 산업보건 및 건강장해 예방에 관한 사항
• 위험성 평가에 관한 사항
• 산업안전보건법령 및 산업재해보상보험제도에 관한 사항
• 직무 스트레스 예방 및 관리에 관한 사항
• 직장 내 괴롭힘, 고객의 폭언 등으로 인한 건강장해 예방 및 관리에 관한 사항
• 기계·기구의 위험성과 작업의 순서 및 동선에 관한 사항
• 작업 개시 전 점검에 관한 사항
• 정리·정돈 및 청소에 관한 사항
• 사고 발생 시 긴급조치에 관한 사항
• 물질안전보건자료에 관한 사항

16

지난 한 해 동안 산업재해로 인하여 직접손실비용이 3조 1,600억 원이 발생한 경우의 총재해코스트는?(단, 하인리히의 재해손실비 평가방식을 적용한다)

① 6조 3,200억 원　　② 9조 4,800억 원

③ 12조 6,400억 원　　④ 15조 8,000억 원

해설

총재해코스트 = 직접손실 + 간접손실
= 3조 1,600억 원 + 4 × 3조 1,600억 원
= 15조 8,000억 원

17

안전모의 시험성능 기준항목이 아닌 것은?

① 내관통성　　② 충격 흡수성

③ 내구성　　④ 난연성

해설

안전모의 시험성능 기준항목(보호구 안전인증 고시 별표 1)
내관통성, 충격 흡수성, 내전압성, 내수성, 난연성, 턱끈 풀림

18

인간관계의 매커니즘 중 다른 사람으로부터의 판단이나 행동을 무비판적으로 논리적, 사실적 근거 없이 받아들이는 것은?

① 모방(imitation)

② 투사(projection)

③ 동일화(identification)

④ 암시(suggestion)

해설

① 모방(imitation) : 남의 행동이나 판단을 표본으로 하여 그것과 같거나 그것에 가까운 행동 또는 판단을 취하려는 것

② 투사(projection) : 자기 속에 억압된 것을 다른 사람의 것으로 생각하는 것

③ 동일화(identification) : 다른 사람의 행동양식이나 태도를 투입시키거나 다른 사람 가운데서 자기와 비슷한 점을 발견하는 것

19

안전교육 훈련의 기법 중 하버드학파의 5단계 교수법을 순서대로 나열한 것으로 옳은 것은?

① 총괄 → 연합 → 준비 → 교시 → 응용

② 준비 → 교시 → 연합 → 총괄 → 응용

③ 교시 → 준비 → 연합 → 응용 → 총괄

④ 응용 → 연합 → 교시 → 준비 → 총괄

20

매슬로(Maslow)의 욕구단계이론 중 제5단계 욕구로 옳은 것은?

① 안전에 대한 욕구

② 자아실현의 욕구

③ 사회적(애정적) 욕구

④ 존경과 긍지에 대한 욕구

해설

매슬로(Maslow)의 욕구 5단계 이론
• 1단계 : 생리적 욕구
• 2단계 : 안전에 대한 욕구
• 3단계 : 사회적 욕구
• 4단계 : 존경의 욕구
• 5단계 : 자아실현의 욕구

21

소음성 난청 유소견자로 판정하는 구분을 나타내는 것은?

① A   ② C
③ D_1 ④ D_2

해설

청력 수준에 따른 판정 구분(소음 노출 근로자 건강진단 판정 기준 세부 지침 개발)
• A : 정상
• C_1 : 소음성 난청주의
• D_1 : 소음성 난청
• D_2 : 일반질환 유소견자
• C_2 : 일반질환 요관찰자

22

휴먼에러의 배후요소 중 작업방법, 작업 순서, 작업 정보, 작업환경과 가장 관련이 깊은 것은?

① man
② machine
③ media
④ management

해설

휴먼에러의 배후요소
• 인간요인(man) : 인간의 과오, 망각, 무의식, 피로 등
• 작업적 요인(media) : 작업 순서, 작업 정보, 작업방법, 작업환경
• 관리적 요인(management) : 안전관리조직이나 안전교육·훈련 미흡
• 설비적 요인(machine) : 기계설비 등의 결함, 기계설비의 안전장치 미설치 등

23

시스템의 정의에 포함되는 조건 중 틀린 것은?

① 제약된 조건 없이 수행
② 요소의 집합에 의해 구성
③ 시스템 상호 간에 관계를 유지
④ 어떤 목적을 위하여 작용하는 집합체

해설

시스템
• 전체 목표를 달성하기 위한 유기적인 결합체이다.
• 시스템의 정의에 포함되는 조건 : 요소의 집합에 의한 구성, 시스템 상호 간의 관계 유지, 어떤 목적을 위하여 작용하는 집합체

24

단위면적당 표면을 떠나는 빛의 양을 설명한 것으로 맞는 것은?

① 휘도   ② 조도
③ 광도   ④ 반사율

해설

② 조도 : 표면의 단위면적에 비추는 빛의 양 또는 광속
③ 광도 : 광원에서 특정 방향으로 발하는 빛의 세기

25

다음 그림과 같은 시스템에서 전체 시스템의 신뢰도는 얼마인가?(단, 네모 안의 숫자는 각 부품의 신뢰도이다)

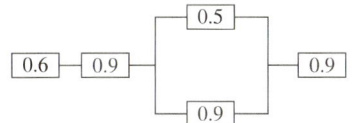

① 0.4104   ② 0.4617
③ 0.6314   ④ 0.6804

해설

$R_s = 0.6 \times 0.9 \times \{1 - (1 - 0.5)(1 - 0.9)\} \times 0.9 = 0.4617$

26

결함수분석법에서 일정 조합 안에 포함되어 있는 기본사상들이 모두 발생하지 않으면 틀림없이 정상사상(top event)이 발생되지 않는 조합을 무엇이라고 하는가?

① 컷셋(cut set)
② 패스셋(path set)
③ 결함수셋(fault tree set)
④ 불 대수(boolean algebra)

해설
① 컷셋(cut set) : 그 속에 포함된 모든 기본사상이 일어났을 때 정상사상을 일으키는 기본사상의 집합
③ 결함수셋(fault tree set) : 원하지 않는 특정 이벤트(예 시스템 오류로 인한 사고)를 일으키는 원인 이벤트와 이러한 이벤트들의 관계(relationships)를 논리게이트(예 AND, OR)를 통해 체계적으로 표현한 그래프모델
④ 불 대수(boolean algebra) : 주로 논리적인 상관관계를 다루며, 0(거짓)과 1(참)의 2가지 값만 처리한다.

27

반경 10cm의 조종구(ball control)를 30° 움직였을 때 표시장치가 2cm 이동하였다면, 통제표시비(C/R비)는 약 얼마인가?

① 1.3
② 2.6
③ 5.2
④ 7.8

해설
$$C/R = \frac{(\alpha/360°) \times 2\pi L}{\text{표시장치의 이동거리}}$$
$$= \frac{(30°/360°) \times 2\pi \times 10}{2} \simeq 2.6$$

28

건습지수로서 습구온도와 건구온도의 가중 평균치를 나타내는 oxford지수의 공식으로 맞는 것은?

① $WD = 0.65 WB + 0.35 DB$
② $WD = 0.75 WB + 0.25 DB$
③ $WD = 0.85 WB + 0.15 DB$
④ $WD = 0.95 WB + 0.05 DB$

해설
oxford지수(WD)
습구온도와 건구온도의 단순가중치(가중평균값)
$WD = 0.85 W + 0.15 D$
여기서, W : 습구온도
D : 건구온도

29

인간의 기대하는 바와 자극 또는 반응들이 일치하는 관계를 무엇이라 하는가?

① 관련성
② 반응성
③ 양립성
④ 자극성

해설
양립성
자극 또는 반응들 간의 관계가 인간의 기대에 일치되는 정도
• 개념 양립성 : 어떠한 신호가 전달하려는 내용과 연관성이 있어야 하는 것(예 위험신호는 빨간색, 주의신호는 노란색, 안전신호는 파란색으로 표시하는 것)
• 양식 양립성 : 청각적 자극 제시와 이에 대한 음성응답과업에서 갖는 양립성
• 운동 양립성 : 표시 및 조종장치, 체계반응의 운동 방향의 양립성(예 조종장치를 오른쪽으로 돌리면 지침도 오른쪽으로 이동하는 것)
• 공간 양립성 : 표시장치가 조종장치에서 물리적 형태나 공간적인 배치 양립성(예 오른쪽 : 오른손 조절장치, 왼쪽 : 왼손 조절장치)

30

FTA에서 어떤 고장이나 실수를 일으키지 않으면 정상사상(top event)은 일어나지 않는다고 하는 것으로, 시스템의 신뢰성을 표시하는 것은?

① cut set

② minimal cut set

③ free event

④ minimal path set

① cut set : 그 속에 포함된 모든 기본사상이 일어났을 때 정상사상을 일으키는 기본사상의 집합

② minimal cut set : 정상사상을 발생시키는 기본사상의 최소 집합이다.

31

Chapanis의 위험 수준에 의한 위험 발생률 분석에 대한 설명으로 맞는 것은?

① 자주 발생하는(frequent) $> 10^{-3}$/day

② 가끔 발생하는(occasional) $> 10^{-5}$/day

③ 거의 발생하지 않는(remote) $> 10^{-6}$/day

④ 극히 발생하지 않는(impossible) $> 10^{-8}$/day

32

체계 분석 및 설계에 있어서 인간공학적 노력의 효능을 산정하는 척도의 기준에 포함되지 않는 것은?

① 성능의 향상

② 훈련비용의 절감

③ 인력 이용률의 저하

④ 생산 및 보전의 경제성 향상

체계 분석·설계에서의 인간공학적 노력의 효능을 산정하는 척도의 기준

• 성능의 향상
• 사용자의 수용도 향상
• 작업 숙련도의 증가
• 사고 및 오용으로부터의 손실 감소
• 훈련비용의 절감
• 인력 이용률의 향상
• 생산 및 보전의 경제성 향상

33

정보를 전송하기 위해 청각적 표시장치를 사용해야 효과적인 경우는?

① 전언이 복잡할 경우

② 전언이 후에 재참조될 경우

③ 전언이 공간적인 위치를 다룰 경우

④ 전언이 즉각적인 행동을 요구할 경우

①, ②, ③은 시각적 표시장치가 효과적이다.

34

작업기억(working memory)에서 일어나는 정보코드화에 속하지 않는 것은?

① 의미 코드화　　　　② 음성 코드화
③ 시각 코드화　　　　④ 다차원 코드화

36

인간의 눈에서 빛이 가장 먼저 접촉하는 부분은?

① 각막　　　　　　　② 망막
③ 초자체　　　　　　④ 수정체

해설

인간의 눈에서 빛이 가장 먼저 접촉하는 부분은 각막이고, 카메라의 필름 역할을 하는 것은 망막이다.

37

인간공학적인 의자 설계를 위한 일반적 원칙으로 적절하지 않은 것은?

① 척추의 허리 부분은 요부 전만을 유지한다.
② 허리 강화를 위하여 쿠션을 설치하지 않는다.
③ 좌판의 앞 모서리 부분은 5cm 정도 낮아야 한다.
④ 좌판과 등받이 사이의 각도는 95~105°를 유지하도록 한다.

해설

의자 설계 시 허리 강화를 위하여 쿠션 두께는 4~5cm 정도로 설치한다.

35

인체에서 뼈의 주요 기능으로 볼 수 없는 것은?

① 대사작용　　　　　② 신체의 지지
③ 조혈작용　　　　　④ 장기의 보호

해설

대사작용은 간의 기능이다.

38

윤활관리시스템에서 준수해야 하는 4가지 원칙이 아닌 것은?

① 적정량 준수
② 다양한 윤활제의 혼합
③ 올바른 윤활법의 선택
④ 윤활기간의 올바른 준수

해설

기계마다 필요로 하는 윤활유를 선정한다.

40

설비의 위험을 예방하기 위한 안정성 평가단계 중 가장 마지막에 해당하는 것은?

① 재평가
② 정성적 평가
③ 안전대책
④ 정량적 평가

해설

안정성 평가(safety assessment)의 기본원칙 6단계
관계자료의 작성 준비 또는 정비(검토) → 정성적 평가 → 정량적 평가 → 안전대책 → 재해 정보에 의한 재평가 → FTA에 의한 재평가

제**3**과목 | **기계위험방지기술**

39

FT도에서 사용되는 기호 중 전이기호를 나타내는 기호는?

 ①

 ②

 ③

 ④

해설

① 기본사상
② 결함사상
③ 통상사상

41

산업안전보건법령에서 규정하는 양중기에 속하지 않는 것은?

① 호이스트
② 이동식 크레인
③ 곤돌라
④ 체인블록

해설

양중기(산업안전보건기준에 관한 규칙 제132조)
크레인(호이스트 포함), 이동식 크레인, 리프트(이삿짐 운반용 리프트는 적재하중이 0.1ton 이상인 것), 곤돌라, 승강기

42

산업용 로봇에 사용되는 안전매트에 요구되는 일반구조 및 표시에 관한 설명으로 옳지 않은 것은?

① 단선경보장치가 부착되어 있어야 한다.
② 감응시간을 조절하는 장치는 부착되어 있지 않아야 한다.
③ 자율안전확인의 표시 외에 작동하중, 감응시간, 복귀신호의 자동 또는 수동 여부, 대소인 공용 여부를 추가로 표시해야 한다.
④ 감응도조절장치가 있는 경우 봉인되어 있지 않아야 한다.

해설

산업용 로봇에 사용되는 안전매트에 요구되는 일반구조 및 추가 표시 (방호장치 안전인증 고시 별표 25)

• 단선경보장치가 부착되어 있어야 한다.
• 감응시간을 조절하는 장치는 부착되어 있지 않아야 한다.
• 감응도조절장치가 있는 경우 봉인되어 있어야 한다.
• 전원을 켜면 출력신호 스위칭장치는 복귀신호가 가해지기 전까지는 꺼짐 상태로 유지하여야 한다.
• 복귀신호가 있는 압력감지매트의 경우 복귀신호는 수동으로 안전장치의 제어유닛에 작용하거나 기계제어시스템을 통해서 작용하여야 한다.
• 작동하중이 제거된 후 출력신호 스위칭장치는 복귀신호를 가한 이후에만 켜짐 상태로 바뀌어야 한다.
• 복귀신호가 없는 압력감지매트의 경우 출력신호 스위칭장치의 출력신호는 구동력이 제거된 후에 전원을 켜면 켜짐 상태로 되어야 한다.
• 로봇제어시스템에 복귀신호기능을 제공하여야 한다.
• 압력감지매트의 내부를 접근할 필요가 있는 경우 시건장치나 공구 등을 이용해서만 접근이 가능하도록 하여야 하며 이를 제외한 외장 보호수단은 고정시켜야 한다.
• 추가적인 센서나 하부시스템이 플러그나 소켓으로 연결되어 있는 경우 제어유닛의 플러그나 소켓에서 센서나 하부시스템을 제거 또는 분리할 경우 출력신호 스위칭장치가 꺼짐 상태로 바뀌어야 한다.
• 외함의 전선 접촉 부분은 고무 등으로 밀폐되어 물과 먼지 등이 들어가지 않도록 하여야 한다.
• 안전매트에는 작동하중, 감응시간, 복귀신호의 자동 또는 수동 여부, 대 · 소인 공용 여부를 추가로 표시하여야 한다.

43

금형작업의 안전과 관련하여 금형 부품의 조립 시 주의사항으로 틀린 것은?

① 맞춤핀을 조립할 때는 헐거운 끼워맞춤으로 한다.
② 파일럿 핀, 직경이 작은 펀치, 핀게이지 등의 삽입부품은 빠질 위험이 있으므로 플랜지를 설치하는 등 이탈 방지대책을 세워 둔다.
③ 쿠션핀을 사용할 경우에는 상승 시 누름판의 이탈 방지를 위하여 단붙임한 나사로 견고히 조여야 한다.
④ 가이드 포스트, 섕크는 확실하게 고정한다.

해설

맞춤핀을 사용할 때는 억지 끼워맞춤으로 한다(프레스 금형작업의 안전에 관한 기술지침).

44

선반작업 시 주의사항으로 틀린 것은?

① 회전 중에 가공품을 직접 만지지 않는다.
② 공작물의 설치가 끝나면 척에서 렌치류는 곧바로 제거한다.
③ 칩(chip)이 비산할 때는 보안경을 쓰고 방호판을 설치하여 사용한다.
④ 돌리개는 적정 크기의 것을 선택하고, 심압대 스핀들은 가능한 한 길게 나오도록 한다.

해설

선반작업 시 돌리개는 적당한 크기의 것을 선택하고, 심압대 스핀들은 가능한 한 짧게 나오도록 한다.

45

다음 중 기계 고장률의 기본모형이 아닌 것은?

① 초기고장
② 우발고장
③ 영구고장
④ 마모고장

46

연삭숫돌의 덮개재료 선정 시 최고속도에 따라 허용되는 덮개 두께가 달라지는데, 동일한 최고속도에서 가장 얇은 판을 쓸 수 있는 덮개의 재료로 다음 중 가장 적절한 것은?

① 회주철
② 압연강판
③ 가단주철
④ 탄소강주강품

47

프레스의 양수 조작식 방호장치에서 누름 버튼의 상호 간 내측거리는 몇 mm 이상이어야 하는가?

① 200
② 300
③ 400
④ 500

해설

프레스의 양수 조작식 방호장치에서 누름 버튼의 상호 간 내측거리는 300mm 이상이어야 한다(방호장치 안전인증 고시 별표 1).

48

와이어로프의 절단하중이 11,160N이고, 한 줄로 물건을 매달고자 할 때 안전계수를 6으로 하면 몇 N 이하의 물건을 매달 수 있는가?

① 1,860
② 3,720
③ 5,580
④ 66,960

해설

안전계수(S)

물건의 무게를 x라 하면

$$6 = \frac{11,160}{x}$$

$$\therefore \ x = \frac{11,160}{6} = 1,860\text{N}$$

49

지게차의 헤드가드가 갖추어야 할 조건에 대한 설명으로 틀린 것은?

① 강도는 지게차 최대하중의 2배 값(4ton을 넘는 값에 대해서는 4ton으로 한다)의 등분포정하중에 견딜 수 있을 것
② 상부틀의 각 개구의 폭 또는 길이가 26cm 미만일 것
③ 운전자가 앉아서 조작하는 방식의 지게차의 경우에는 운전자 좌석의 윗면에서 헤드가드의 상부틀의 아랫면까지의 높이가 1m 이상일 것
④ 운전자가 서서 조작하는 방식의 지게차는 운전석의 바닥면에서 헤드가드 상부틀의 하면까지의 높이가 2m 이상일 것

해설

헤드가드(산업안전보건기준에 관한 규칙 제180조)

- 강도는 지게차의 최대하중의 2배 값(4ton을 넘는 값에 대해서는 4ton으로 한다)의 등분포정하중(等分布靜荷重)에 견딜 수 있을 것
- 상부틀의 각 개구부의 폭 또는 길이가 16cm 미만일 것
- 운전자가 앉아서 조작하거나 서서 조작하는 지게차의 헤드가드는 한국산업표준에서 정하는 높이 기준 이상일 것(입식 : 1.905m, 좌식 : 0.903m)

※ 출제 당시 정답은 ②였으나 해당 법령 개정으로 정답은 ②, ③, ④이다.

50

작업자의 신체 움직임을 감지하여 프레스의 작동을 급정지시키는 광전자식 안전장치를 부착한 프레스가 있다. 안전거리가 32cm라면 급정지에 소요되는 시간은 최대 몇 초 이내이어야 하는가?(단, 급정지에 소요되는 시간은 손이 광선을 차단한 순간부터 급정지기구가 작동하여 하강하는 슬라이드가 정지할 때까지의 시간을 의미한다)

① 0.1초　　　　　　② 0.2초
③ 0.5초　　　　　　④ 1초

해설

안전거리

$D_m = 1.6\,T_m$

$T_m = \dfrac{D_m}{1.6} = \dfrac{320}{1.6} = 200\text{ms} = 0.2$초

51

위험한 작업점과 작업자 사이의 위험을 차단시키는 격리형 방호장치가 아닌 것은?

① 접촉반응형 방호장치
② 완전차단형 방호장치
③ 덮개형 방호장치
④ 안전방책

해설

- 격리형 방호장치 : 위험한 작업점과 작업자 사이에 서로 접근되어 일어날 수 있는 재해를 방지하기 위해 차단벽이나 망(울 등)을 설치하는 것으로 완전차단형 방호장치, 덮개형 방호장치, 안전방책 등이 있다.
- 기타 : 위치제한형 방호장치(양수 조작식 방호장치), 접근거부형 방호장치(손쳐내기식 안전장치), 접촉반응형 방호장치(광전자식안전장치), 포집형 방호장치(둥근톱 반발예방장치) 등

52

동력프레스를 분류하는 데 있어서 그 종류에 속하지 않는 것은?

① 크랭크프레스　　　② 토글프레스
③ 마찰프레스　　　　④ 터릿프레스

해설

동력프레스의 종류
크랭크프레스, 토글프레스, 마찰프레스 등

53

선반에서 절삭가공 중 발생하는 연속적인 칩을 자동적으로 끊어 주는 역할을 하는 것은?

① 칩 브레이커　　　　② 방진구
③ 보안경　　　　　　④ 커버

54

구멍이 있거나 노치(notch) 등이 있는 재료에 외력이 작용할 때 가장 현저하게 나타나는 현상은?

① 가공경화
② 피로
③ 응력집중
④ 크리프(creep)

해설

응력집중
응력의 흐름을 방해하는 구조, 구성요소의 기하학적 구조나 재료에 불규칙성이 있을 때 발생한다. 이는 구멍, 홈, 노치 및 필렛과 같은 세부사항에서 발생한다.

55

근로자의 추락 등에 의한 위험을 방지하기 위하여 안전난간을 설치하는 경우, 이에 관한 구조 및 설치요건으로 틀린 것은?

① 상부 난간대, 중간 난간대, 발끝막이 및 난간 기둥으로 구성할 것
② 발끝막이판은 바닥면 등으로부터 5cm 이상의 높이를 유지할 것
③ 난간대은 지름 2.7cm 이상의 금속제 파이프나 그 이상의 강도를 가진 재료일 것
④ 안전난간은 구조적으로 가장 취약한 지점에서 가장 취약한 방향으로 작용하는 100kg 이상의 하중에 견딜 수 있을 것

해설
발끝막이판은 바닥면 등으로부터 10cm 이상의 높이를 유지해야 한다 (산업안전보건기준에 관한 규칙 제13조).

57

제철공장에서는 주괴(ingot)를 운반하는 데 주로 컨베이어를 사용하고 있다. 이 컨베이어에 대한 방호조치의 설명으로 옳지 않은 것은?

① 근로자의 신체 일부가 말려드는 등 근로자에게 위험을 미칠 우려가 있을 때 및 비상시에는 즉시 컨베이어의 운전을 정지시킬 수 있는 장치를 설치하여야 한다.
② 화물의 낙하로 인하여 근로자에게 위험을 미칠 우려가 있는 때는 컨베이어에 덮개 또는 울을 설치하는 등 낙하 방지를 위한 조치를 하여야 한다.
③ 수평 상태로만 사용하는 컨베이어의 경우 정전, 전압 강하 등에 의한 화물 또는 운반구의 이탈 및 역주행을 방지하는 장치를 갖추어야 한다.
④ 운전 중인 컨베이어 위로 근로자를 넘어가도록 하는 때에는 근로자의 위험을 방지하기 위하여 건널다리를 설치하는 등 필요한 조치를 하여야 한다.

해설
컨베이어를 사용하는 경우에는 정전·전압 강하 등에 따른 화물 또는 운반구의 이탈 및 역주행을 방지하는 장치를 갖추어야 한다. 다만, 무동력 상태 또는 수평 상태로만 사용하여 근로자가 위험해질 우려가 없는 경우에는 그러하지 아니하다(산업안전보건기준에 관한 규칙 제191조).

56

휴대용 연삭기 덮개의 노출각도 기준은?

① 60° 이내
② 90° 이내
③ 150° 이내
④ 180° 이내

58

목재가공용 둥근톱에서 둥근톱의 두께가 4mm일 때 분할날의 두께는 몇 mm 이상이어야 하는가?

① 4.0　　　　　　② 4.2
③ 4.4　　　　　　④ 4.8

해설

톱날 두께, 분할날 두께, 톱날 진폭의 관계

$1.1t_1 \leq t_2 < b$

여기서, t_1 : 톱날 두께

　　　　t_2 : 분할날 두께

　　　　b : 톱날 진폭(치진폭)

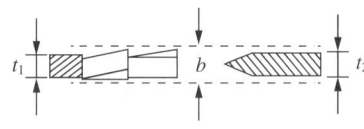

$\therefore t_2 \geq 1.1t_1 = 1.1 \times 4 = 4.4mm$

59

롤러기에서 손 조작식 급정지장치의 조작부 설치 위치로 옳은 것은?(단, 위치는 급정지장치의 조작부의 중심점을 기준으로 한다)

① 밑면으로부터 0.4m 이상, 0.6m 이내
② 밑면으로부터 0.8m 이상, 1.1m 이내
③ 밑면으로부터 0.8m 이내
④ 밑면으로부터 1.8m 이내

해설

롤러기의 급정지장치 조작부의 종류 및 위치(위험기계·기구 안전인증 고시 별표 5)

설치 위치는 급정지장치의 조작부 중심점을 기준으로 한다.
• 손 조작식 : 밑면으로부터 1.8m 이내에 설치
• 복부 조작식 : 밑면으로부터 0.8m 이상 1.1m 이내에 설치
• 무릎 조작식 : 밑면으로부터 0.4m 이상 0.6m 이내에 설치

60

보일러수에 유지류, 고형물 등의 부유물로 인한 거품이 발생하여 수위를 판단하지 못하는 현상은?

① 프라이밍(priming)
② 캐리오버(carry over)
③ 포밍(foaming)
④ 워터해머(water hammer)

해설

① 프라이밍(priming) : 보일러의 부하 급변으로 수위가 급상승하여 보일러수가 증기와 함께 배관으로 들어가는 현상
② 캐리오버(carry over) : 보일러수 속에 유지류, 용해 고형물 등이 증기에 섞여 보일러 밖으로 튀어 나가는 현상
④ 워터해머(water hammer) : 펌프의 기동, 정지밸브 등의 급격한 개폐 등에 의해 유속차가 발생하여 압력으로 전환되어 충격파로 전달되는 현상

61

폭발 위험 장소의 분류 중 제1종 장소에 해당하는 것은?

① 폭발성 가스분위기가 연속적, 장기간 또는 빈번하게 존재하는 장소
② 폭발성 가스분위기가 정상 작동 중 조성되지 않거나 조성된다 하더라도 짧은 기간에만 존재할 수 있는 장소
③ 폭발성 가스분위기가 정상 작동 중 주기적 또는 빈번하게 생성되는 장소
④ 폭발성 가스분위기가 장기간 또는 거의 조성되지 않는 장소

해설

폭발 위험 장소
• 제0종 장소(zone 0) : 폭발성 가스분위기가 연속적, 장기간 또는 빈번하게 존재하는 장소
• 제1종 장소(zone 1) : 폭발성 가스분위기가 정상 작동 중 주기적 또는 빈번하게 생성되는 장소
• 제2종 장소(zone 2) : 폭발성 가스분위기가 정상 작동 중 조성되지 않거나 조성되더라도 짧은 기간에만 존재할 수 있는 장소

62

인체저항을 5,000Ω으로 가정하면 심실세동을 일으키는 전류에서의 전기에너지는?(단, 심실세동전류는 $\frac{165}{\sqrt{T}}$ mA 이며, 통전시간 T는 1초이고, 전원은 교류정현파이다)

① 33J
② 130J
③ 136J
④ 142J

해설

심실세동을 일으키는 전류에서의 전기에너지

$$W = I^2 RT = \left(\frac{165}{\sqrt{T}} \times 10^{-3}\right)^2 \times 5{,}000 \times T \simeq 136J$$

63

전선 간에 가해지는 전압이 어떤 값 이상으로 되면 전선 주위의 전기장이 강하게 되어 전선 표면의 공기가 국부적으로 절연이 파괴되어 빛과 소리를 내는 것은?

① 표피작용
② 페란티효과
③ 코로나현상
④ 근접현상

해설

• 표피작용(효과) : 도체에 교류전류를 흘렸을 때 나타나는 현상이다. 흘리는 전류의 주파수가 높아지면 흐를수록 도체의 중심 부분에는 전류가 흐르기 어려워지고 전류가 도체의 표면을 흐르게 되는 효과이다.
• 페란티효과 : 선로의 진상전류(충전전류)나 자기 인덕턴스에 의한 기전력 때문에 수전단의 전압이 송전단 전압보다 높아지는 현상이다.
• 근접현상(효과) : 도체가 평행 배치될 때 양전류의 상호작용에 의해 2개의 선이 서로 가깝거나 먼 부분의 전류밀도가 증가하는 현상이다.

64

누전에 의한 감전의 위험을 방지하기 위하여 반드시 접지를 하여야만 하는 부분에 해당되지 않는 것은?

① 절연대 위 등과 같이 감전 위험이 없는 장소에서 사용하는 전기기계·기구의 금속체
② 전기기계·기구의 금속제 외함, 금속제 외피 및 철대
③ 전기를 사용하지 아니하는 설비 중 전동식 양중기의 프레임과 궤도에 해당하는 금속체
④ 코드와 플러그를 접속하여 사용하는 휴대형 전동기계·기구의 노출된 비충전 금속체

해설

접지를 안 해도 되는 경우(산업안전보건기준에 관한 규칙 제302조)
• 전기용품 및 생활용품 안전관리법이 적용되는 이중 절연 또는 이와 같은 수준 이상으로 보호되는 구조로 된 전기기계·기구
• 절연대 위 등과 같이 감전 위험이 없는 장소에서 사용하는 전기기계·기구
• 비접지방식의 전로(그 전기기계·기구의 전원측의 전로에 설치한 절연변압기의 2차 전압이 300V 이하, 정격용량이 3kVA 이하이고, 그 절연전압기의 부하측의 전로가 접지되어 있지 아니한 것으로 한정한다)에 접속하여 사용되는 전기기계·기구

65

정전기 발생에 영향을 주는 요인이 아닌 것은?

① 물체의 특성
② 물체의 표면 상태
③ 접촉 면적 및 압력
④ 응집속도

해설

정전기 발생에 영향을 주는 요인
물체의 특성, 물체의 표면 상태, 물질의 이력, 접촉 면적 및 압력, 분리 속도 등

66

전기기계·기구에 대하여 누전에 의한 감전 위험을 방지하기 위하여 누전차단기를 전기기계·기구에 접속할 때 준수하여야 할 사항으로 옳은 것은?

① 누전차단기는 정격감도전류가 60mA 이하이고, 작동시간은 0.1초 이내일 것
② 누전차단기는 정격감도전류가 50mA 이하이고, 작동시간은 0.08초 이내일 것
③ 누전차단기는 정격감도전류가 40mA 이하이고, 작동시간은 0.06초 이내일 것
④ 누전차단기는 정격감도전류가 30mA 이하이고, 작동시간은 0.03초 이내일 것

67

방폭구조의 종류 중 분진 방폭구조를 나타내는 표시로 옳은 것은?

① DDP　　　　② tD
③ XDP　　　　④ DP

해설

분진 방폭구조(tD)의 종류
• 보통방진 방폭구조(DP) : 전폐구조로서 틈새면 깊이를 일정치 이상으로 하거나 접합면에 패킹을 사용하여 분진이 용기 내부로 침입하기 어렵게 한 방폭구조
• 방진특수 방폭구조(XDP) : 기타의 방법으로 방진방폭 성능이 확인된 방폭구조
• 특수방진 방폭구조(SDP) : 전기기기의 케이스를 전폐구조로 하며 접합면에는 일정치 이상의 깊이를 갖는 패킹을 사용하여 분진이 용기 내로 침입하지 못하도록 한 방폭구조

68

고압 또는 특고압의 기계기구·모선 등을 옥외에 시설하는 발전소·변전소·개폐소 또는 이에 준하는 곳에는 구내에 취급자 이외의 자가 들어가지 못하도록 하기 위한 시설의 기준에 대한 설명으로 틀린 것은?

① 울타리·담 등의 높이는 1.5m 이상으로 시설하여야 한다.
② 출입구에는 출입금지의 표시를 하여야 한다.
③ 출입구에는 자물쇠장치 기타 적당한 장치를 하여야 한다.
④ 지표면과 울타리·담 등의 하단 사이의 간격은 15cm 이하로 하여야 한다.

해설

울타리·담 등의 높이는 2.0m 이상으로 시설하여야 한다(한국전기설비규정 351.1).

69

전기기계·기구의 조작 부분을 점검하거나 보수하는 경우에는 근로자가 안전하게 작업할 수 있도록 전기기계·기구로부터 최소 몇 cm 이상의 작업 공간 폭을 확보하여야 하는가?(단, 작업 공간을 확보하는 것이 곤란하여 절연용 보호구를 착용하도록 한 경우 제외)

① 60cm　　　　② 70cm
③ 80cm　　　　④ 90cm

해설

전기기계·기구의 조작 시 등의 안전조치(산업안전보건기준에 관한 규칙 제310조)
• 사업주는 전기기계·기구의 조작 부분을 점검하거나 보수하는 경우에는 근로자가 안전하게 작업할 수 있도록 전기기계·기구로부터 폭 70cm 이상의 작업 공간을 확보하여야 한다. 다만, 작업 공간을 확보하는 것이 곤란하여 근로자에게 절연용 보호구를 착용하도록 한 경우에는 그러하지 아니하다.
• 사업주는 전기적 불꽃 또는 아크에 의한 화상의 우려가 있는 고압 이상의 충전전로작업에 근로자를 종사시키는 경우에는 방염처리된 작업복 또는 난연(難燃)성능을 가진 작업복을 착용시켜야 한다.

70

과전류차단기로 시설하는 퓨즈 중 고압전로에 사용하는 비포장 퓨즈에 대한 설명으로 옳은 것은?

① 정격전류의 1.25배의 전류에 견디고, 또한 2배의 전류로 2분 안에 용단되는 것이어야 한다.
② 정격전류의 1.25배의 전류에 견디고, 또한 2배의 전류로 4분 안에 용단되는 것이어야 한다.
③ 정격전류의 2배의 전류에 견디고, 또한 2배의 전류로 2분 안에 용단되는 것이어야 한다.
④ 정격전류의 2배의 전류에 견디고, 또한 2배의 전류로 4분 안에 용단되는 것이어야 한다.

해설

과전류차단기로 시설하는 퓨즈 중 고압전로에 사용하는 비포장 퓨즈는 정격전류의 1.25배의 전류에 견디고, 또한 2배의 전류로 2분 안에 용단되는 것이어야 한다(한국전기설비규정 341.10).

71

다음 중 물리적 공정에 해당되는 것은?

① 유화중합
② 축합중합
③ 산화
④ 증류

해설

①, ②, ③은 화학적 공정에 해당한다.

72

산화성 액체 중 질산의 성질에 관한 설명으로 옳지 않은 것은?

① 피부 및 의복을 부식하는 성질이 있다.
② 쉽게 연소하는 가연성 물질이므로 화기에 극도로 주의한다.
③ 위험물 유출 시 건조사를 뿌리거나 중화제로 중화한다.
④ 물과 반응하면 발열반응을 일으키므로 물과의 접촉을 피한다.

해설

질산(窒酸, nitric acid)은 무색의 부식성과 발연성이 있는 대표적인 강산이다. 열, 스파크, 화염, 고열로부터 멀리해야 하고, 가연성 물질이나 금속, 물과 혼합하면 안 된다.

73

최소착화에너지가 0.25mJ, 극간 정전용량이 10pF인 부탄가스 버너를 점화시키기 위해서 최소 얼마 이상의 전압을 인가하여야 하는가?

① 0.52×10^2V
② 0.74×10^3V
③ 7.07×10^3V
④ 5.03×10^5V

해설

$$E = \frac{1}{2}CV^2$$

$$V = \sqrt{\frac{2E}{C}} = \sqrt{\frac{2 \times 0.25 \times 10^{-3}}{10 \times 10^{-12}}} \simeq 7.07 \times 10^3\text{V}$$

74

다음 중 유류화재의 종류에 해당하는 것은?

① A급
② B급
③ C급
④ D급

해설

화재의 종류

화재 등급	화재 명칭
A	일반화재
B	유류화재
C	전기화재
D	금속화재
K	주방화재

75

다음 중 가연성 가스의 폭발범위에 관한 설명으로 틀린 것은?

① 상한과 하한이 있다.
② 압력과 무관하다.
③ 공기와 혼합된 가연성 가스의 체적농도로 표시된다.
④ 가연성 가스의 종류에 따라 다른 값을 갖는다.

해설

가연성 가스는 온도, 압력이 증가하면 폭발범위가 더 넓어진다.

76

산업안전보건법령상 관리 대상 유해물질의 운반 및 저장 방법으로 적절하지 않은 것은?

① 저장 장소에는 관계 근로자가 아닌 사람의 출입을 금지하는 표시를 한다.

② 저장 장소에서 관리 대상 유해물질의 증기가 실외로 배출되지 않도록 적절한 조치를 한다.

③ 관리 대상 유해물질을 저장할 때 일정한 장소를 지정하여 저장하여야 한다.

④ 물질이 새거나 발산될 우려가 없는 뚜껑 또는 마개가 있는 튼튼한 용기를 사용한다.

해설

관리 대상 유해물질의 저장(산업안전보건기준에 관한 규칙 제443조)

• 사업주는 관리 대상 유해물질을 운반하거나 저장하는 경우에 그 물질이 새거나 발산될 우려가 없는 뚜껑 또는 마개가 있는 튼튼한 용기를 사용하거나 단단하게 포장을 하여야 하며, 그 저장 장소에는 다음의 조치를 하여야 한다.
  – 관계 근로자가 아닌 사람의 출입을 금지하는 표시를 할 것
  – 관리 대상 유해물질의 증기를 실외로 배출시키는 설비를 설치할 것

• 사업주는 관리 대상 유해물질을 저장할 경우에 일정한 장소를 지정하여 저장하여야 한다.

77

어떤 물질 내에서 반응전파속도가 음속보다 빠르게 진행되고 이로 인해 발생된 충격파가 반응을 일으키고 유지하는 발열반응을 무엇이라 하는가?

① 점화(ignition)

② 폭연(deflagration)

③ 폭발(explosion)

④ 폭굉(detonation)

해설

폭굉과 폭연의 차이는 폭발 시 발생하는 충격파의 속도이다. 압력파가 미반응물질 속으로 음속보다 빠른 속도로 이동할 때의 폭발을 폭굉이라 하고, 음속보다 낮은 속도로 이동할 때를 폭연이라고 한다.

78

산업안전보건법령상의 위험물을 저장 · 취급하는 화학설비 및 그 부속설비를 설치하는 경우 폭발이나 화재에 따른 피해를 줄이기 위하여 단위공정시설 및 설비로부터 다른 단위공정시설 및 설비 사이의 안전거리는 얼마로 하여야 하는가?

① 설비의 안쪽면으로부터 10m 이상

② 설비의 바깥면으로부터 10m 이상

③ 설비의 안쪽면으로부터 5m 이상

④ 설비의 바깥면으로부터 5m 이상

해설

안전거리(산업안전보건기준에 관한 규칙 별표 8)

구분	안전거리
단위공정시설 및 설비로부터 다른 단위공정시설 및 설비의 사이	설비의 바깥면으로부터 10m 이상
플레어스택으로부터 단위공정시설 및 설비, 위험물질 저장탱크 또는 위험물질 하역설비의 사이	플레어스택으로부터 반경 20m 이상. 다만, 단위공정시설 등이 불연재로 시공된 지붕 아래에 설치된 경우에는 그러하지 아니하다.
위험물질 저장탱크로부터 단위공정시설 및 설비, 보일러 또는 가열로의 사이	저장탱크의 바깥 면으로부터 20m 이상. 다만, 저장탱크의 방호벽, 원격조종 소화설비 또는 살수설비를 설치한 경우에는 그러하지 아니하다.
사무실 · 연구실 · 실험실 · 정비실 또는 식당으로부터 단위공정시설 및 설비, 위험물질 저장탱크, 위험물질 하역설비, 보일러 또는 가열로의 사이	사무실 등의 바깥면으로부터 20m 이상. 다만, 난방용 보일러인 경우 또는 사무실 등의 벽을 방호구조로 설치한 경우에는 그러하지 아니하다.

79

다음 중 산업안전보건법령상 위험물의 종류에서 인화성 가스에 해당하지 않는 것은?

① 수소
② 질산에스테르
③ 아세틸렌
④ 메탄

해설

질산에스테르는 폭발성 물질 및 유기과산화물에 속한다.

80

산소용기의 압력계가 100kgf/cm²일 때 약 몇 psia인가? (단, 대기압은 표준대기압이다)

① 1,465
② 1,455
③ 1,438
④ 1,423

해설

절대압력 = 압력계압력 + 대기압
$$= 100kgf/cm^2 + 1.033kgf/cm^2$$
$$= 101.033kgf/cm^2$$
$$= 101.033 \times \frac{14.7}{1.033} \simeq 1,438psia$$

81

다음 중 유해위험방지계획서 제출대상 공사에 해당하는 것은?

① 지상 높이가 25m인 건축물 건설공사
② 최대 지간 길이가 45m인 교량 건설공사
③ 깊이가 8m인 굴착공사
④ 제방 높이가 50m인 다목적댐 건설공사

해설

① 지상 높이가 31m 이상인 건축물 건설공사
② 최대 지간 길이가 50m 이상인 교량 건설공사
③ 깊이가 10m 이상인 굴착공사

82

차량계 하역운반기계 등을 사용하는 작업을 할 때, 그 기계가 넘어지거나 굴러 떨어짐으로써 근로자에게 위험을 미칠 우려가 있는 경우에 이를 방지하기 위한 조치사항과 거리가 먼 것은?

① 유도자 배치
② 지반의 부동 침하 방지
③ 상단 부분의 안정을 위하여 버팀줄 설치
④ 갓길 붕괴 방지

해설

전도 등의 방지(산업안전보건기준에 관한 규칙 제171조)
• 해당 차량계 하역운반기계 등을 유도하는 사람 배치
• 지반의 부동 침하 방지조치
• 갓길 붕괴 방지조치

83

콘크리트 구조물에 적용하는 해체작업 공법의 종류가 아닌 것은?

① 연삭공법   ② 발파공법
③ 오픈컷공법   ④ 유압공법

해설

콘크리트 구조물에 적용하는 해체작업 공법
연삭공법, 발파공법, 유압공법
※ 오픈컷공법은 지하 굴착방법이다.

84

달비계에 사용이 불가한 와이어로프의 기준으로 옳지 않은 것은?

① 이음매가 없는 것
② 지름의 감소가 공칭 지름의 7%를 초과하는 것
③ 심하게 변형되거나 부식된 것
④ 와이어로프의 한 꼬임에서 끊어진 소선(素線)의 수가 10% 이상인 것

해설

달비계에 사용 불가한 와이어로프(산업안전보건기준에 관한 규칙 제63조)

• 이음매가 있는 것
• 와이어로프의 한 꼬임[스트랜드(strand)를 말한다]에서 끊어진 소선(素線)[필러(pillar)선은 제외한다]의 수가 10% 이상(비자전로프의 경우에는 끊어진 소선의 수가 와이어로프 호칭 지름의 6배 길이 이내에서 4개 이상이거나 호칭 지름 30배 길이 이내에서 8개 이상)인 것
• 지름의 감소가 공칭 지름의 7%를 초과하는 것
• 꼬인 것
• 심하게 변형되거나 부식된 것
• 열과 전기 충격에 의해 손상된 것

85

드럼에 다수의 돌기를 붙여 놓은 기계로 점토층의 내부를 다지는 데 적합한 것은?

① 탠덤롤러   ② 타이어롤러
③ 진동롤러   ④ 탬핑롤러

해설

① 탠덤롤러 : 2륜식과 3륜식이 있으며, 포장의 완성 다짐이나 차가운 아스팔트 다짐에 사용된다.
② 타이어롤러 : 접지압을 공기압으로 조절하여 접지압이 크면 깊은 다짐을 하고, 접지압이 작으면 표면 다짐을 한다.
③ 진동롤러 : 주로 유압식 기진기장치가 부착된다.

86

다음은 산업안전보건기준에 관한 규칙 중 가설 통로의 구조에 관한 사항이다. (   ) 안에 들어갈 내용으로 옳은 것은?

> 수직갱에 가설된 통로의 길이가 15m 이상인 경우에는 10m 이내마다 (   )을/를 설치할 것

① 손잡이   ② 계단참
③ 클램프   ④ 버팀대

해설

가설 통로의 구조(산업안전보건기준에 관한 규칙 제23조)
사업주는 가설 통로를 설치하는 경우 다음의 사항을 준수하여야 한다.
• 견고한 구조로 할 것
• 경사는 30° 이하로 할 것. 다만, 계단을 설치하거나 높이 2m 미만의 가설 통로로서 튼튼한 손잡이를 설치한 경우에는 그러하지 아니하다.
• 경사가 15°를 초과하는 경우에는 미끄러지지 아니하는 구조로 할 것
• 추락할 위험이 있는 장소에는 안전난간을 설치할 것. 다만, 작업상 부득이한 경우에는 필요한 부분만 임시로 해체할 수 있다.
• 수직갱에 가설된 통로의 길이가 15m 이상인 경우에는 10m 이내마다 계단참을 설치할 것
• 건설공사에 사용하는 높이 8m 이상인 비계다리에는 7m 이내마다 계단참을 설치할 것

87

다음 중 구조물의 해체작업을 위한 기계·기구가 아닌 것은?

① 쇄석기
② 데릭
③ 압쇄기
④ 철제 해머

해체작업용 기계·기구

쇄석기, 압쇄기, 대형 브레이커, 철제 해머, 핸드 브레이커, 절단톱, 잭, 쐐기 타입기(rock jack), 화염방사기, 절단 줄톱 등
※ 데릭은 크레인의 약칭이다.

88

근로자의 추락 위험이 있는 장소에서 발생하는 추락재해의 원인으로 볼 수 없는 것은?

① 안전대를 부착하지 않았다.
② 덮개를 설치하지 않았다.
③ 투하설비를 설치하지 않았다.
④ 안전난간을 설치하지 않았다.

89

발파작업에 종사하는 근로자가 준수하여야 할 사항으로 옳지 않은 것은?

① 장전구는 마찰·충격·정전기 등에 의한 폭발의 위험이 없는 안전한 것을 사용할 것
② 발파공의 충진재료는 점토·모래 등 발화성 또는 인화성의 위험이 없는 재료를 사용할 것
③ 얼어붙은 다이너마이트는 화기에 접근시키거나 그 밖의 고열물에 직접 접촉시켜 단시간 안에 융해시킬 수 있도록 할 것
④ 전기뇌관에 의한 발파의 경우 점화하기 전에 화약류를 장전한 장소로부터 30m 이상 떨어진 안전한 장소에서 전선에 대하여 저항 측정 및 도통시험을 할 것

발파의 작업기준(산업안전보건기준에 관한 규칙 제348조)

• 얼어붙은 다이너마이트는 화기에 접근시키거나 그 밖의 고열물에 직접 접촉시키는 등 위험한 방법으로 융해되지 않도록 할 것
• 화약이나 폭약을 장전하는 경우에는 그 부근에서 화기를 사용하거나 흡연을 하지 않도록 할 것
• 장전구(裝塡具)는 마찰·충격·정전기 등에 의한 폭발의 위험이 없는 안전한 것을 사용할 것
• 발파공의 충진재료는 점토·모래 등 발화성 또는 인화성의 위험이 없는 재료를 사용할 것
• 점화 후 장전된 화약류가 폭발하지 아니한 경우 또는 장전된 화약류의 폭발 여부를 확인하기 곤란한 경우에는 다음의 사항을 따를 것
  − 전기뇌관에 의한 경우에는 발파모선을 점화기에서 떼어 그 끝을 단락시켜 놓는 등 재점화되지 않도록 조치하고 그때부터 5분 이상 경과한 후가 아니면 화약류의 장전 장소에 접근시키지 않도록 할 것
  − 전기뇌관 외의 것에 의한 경우에는 점화한 때부터 15분 이상 경과한 후가 아니면 화약류의 장전 장소에 접근시키지 않도록 할 것
• 전기뇌관에 의한 발파의 경우 점화하기 전에 화약류를 장전한 장소로부터 30m 이상 떨어진 안전한 장소에서 전선에 대하여 저항 측정 및 도통(導通)시험을 할 것

90

다음은 산업안전보건법령에 따른 근로자의 추락 위험 방지를 위한 추락방호망의 설치 기준이다. (　) 안에 들어갈 내용으로 옳은 것은?

> 추락방호망은 수평으로 설치하고, 망의 처짐은 짧은 변 길이의 (　) 이상이 되도록 할 것

① 10%
② 12%
③ 15%
④ 18%

해설

추락방호망은 수평으로 설치하고, 망의 처짐은 짧은 변 길이의 12% 이상이 되도록 한다(산업안전보건기준에 관한 규칙 제42조).

91

산업안전보건법령에 따른 중량물을 취급하는 작업을 하는 경우의 작업계획서 내용에 포함되지 않는 사항은?

① 추락 위험을 예방할 수 있는 안전대책
② 낙하 위험을 예방할 수 있는 안전대책
③ 전도 위험을 예방할 수 있는 안전대책
④ 위험물 누출 위험을 예방할 수 있는 안전대책

해설

중량물 취급작업의 작업계획서에 포함해야 할 사항
• 추락 위험을 예방할 수 있는 안전대책
• 낙하 위험을 예방할 수 있는 안전대책
• 전도 위험을 예방할 수 있는 안전대책
• 협착 위험을 예방할 수 있는 안전대책
• 붕괴 위험을 예방할 수 있는 안전대책

92

콘크리트 타설작업 시 거푸집에 작용하는 연직하중이 아닌 것은?

① 콘크리트의 측압
② 거푸집의 중량
③ 굳지 않은 콘크리트의 중량
④ 작업원의 작업하중

해설

콘크리트의 측압은 횡하중이다.

93

추락재해방지용 방망의 신품에 대한 인장강도는 얼마인가?(단, 그물코의 크기가 10cm이며, 매듭 없는 방망)

① 220kg
② 240kg
③ 260kg
④ 280kg

해설

방망사의 신품에 대한 인장강도(추락재해방지 표준안전작업지침 제5조)

그물코의 크기 (단위 : cm)	방망의 종류(단위 : kg)	
	매듭 없는 방망	매듭방망
10	240	200
5		110

94

산업안전보건관리비 계상을 위한 대상액이 56억 원인 교량공사의 산업안전보건관리비는 얼마인가?(단, 일반건설공사(갑)에 해당)

① 104,160천 원
② 110,320천 원
③ 144,800천 원
④ 150,400천 원

해설

※ 출제 당시 정답은 ②였으나 해당 법령 개정으로 공사 종류와 산업안전보건관리비 비율이 다음과 같이 변경되어 정답 없음

구분 공사 종류	5억 원 미만인 경우 적용비율(%)	대상액 5억 원 이상 50억 원 미만인 경우		대상액 50억 원 이상인 경우 적용비율(%)
		적용비율(%)	기초액	
건축공사	3.11%	2.28%	4,325,000원	2.37%
토목공사	3.15%	2.53%	3,300,000원	2.60%
중건설 공사	3.64%	3.05%	2,975,000원	3.11%
특수건설 공사	2.07%	1.59%	2,450,000원	1.64%

95

기상 상태의 악화로 비계에서의 작업을 중지시킨 후 그 비계에서 작업을 다시 시작하기 전에 점검해야 할 사항에 해당하지 않는 것은?

① 기둥의 침하·변형·변위 또는 흔들림 상태
② 손잡이의 탈락 여부
③ 격벽의 설치 여부
④ 발판재료의 손상 여부 및 부착 또는 걸림 상태

해설

비계의 점검 및 보수(산업안전보건기준에 관한 규칙 제58조)
• 발판재료의 손상 여부 및 부착 또는 걸림 상태
• 해당 비계의 연결부 또는 접속부의 풀림 상태
• 연결재료 및 연결 철물의 손상 또는 부식 상태
• 손잡이의 탈락 여부
• 기둥의 침하, 변형, 변위 또는 흔들림 상태
• 로프의 부착 상태 및 매단장치의 흔들림 상태

96

강풍 시 타워크레인의 설치·수리·점검 또는 해체작업을 중지하여야 하는 순간풍속 기준으로 옳은 것은?

① 순간풍속이 초당 10m를 초과하는 경우
② 순간풍속이 초당 15m를 초과하는 경우
③ 순간풍속이 초당 20m를 초과하는 경우
④ 순간풍속이 초당 30m를 초과하는 경우

해설

악천후 및 강풍 시 작업 중지(산업안전보건기준에 관한 규칙 제37조)
사업주는 순간풍속이 초당 10m를 초과하는 경우 타워크레인의 설치·수리·점검 또는 해체 작업을 중지하여야 하며, 순간풍속이 초당 15m를 초과하는 경우에는 타워크레인의 운전작업을 중지하여야 한다.

97

사다리식 통로 등을 설치하는 경우 발판과 벽과의 사이는 최소 얼마 이상의 간격을 유지하여야 하는가?

① 5cm
② 10cm
③ 15cm
④ 20cm

해설

사다리식 통로 등을 설치하는 경우 발판과 벽과의 사이는 15cm 이상의 간격을 유지해야 한다(산업안전보건기준에 관한 규칙 제24조).

98

개착식 굴착공사에서 버팀보공법을 적용하여 굴착할 때 지반 붕괴를 방지하기 위하여 사용하는 계측장치로 거리가 먼 것은?

① 지하수위계
② 경사계
③ 변형률계
④ 록볼트응력계

해설

록볼트응력계
터널이나 통신구, 공동구 등 지하 공간 굴착에서 암반을 강화하기 위해 설치되는 록볼트에 인가되는 응력(축력)을 측정하는 데 사용한다.

99

거푸집 동바리 등을 조립하는 경우의 준수사항으로 옳지 않은 것은?

① 동바리로 사용하는 파이프 서포트는 최소 3개 이상 이어서 사용하도록 할 것

② 동바리의 상하 고정 및 미끄러짐 방지조치를 하고, 하중의 지지 상태를 유지할 것

③ 동바리의 이음은 맞댄이음이나 장부이음으로 하고 같은 품질의 재료를 사용할 것

④ 강재와 강재의 접속부 및 교차부는 볼트·클램프 등 전용 철물을 사용하여 단단히 연결할 것

해설

동바리 조립 시의 안전조치(산업안전보건기준에 관한 규칙 제332조, 제332조의2)

사업주는 동바리를 조립하는 경우에는 하중의 지지 상태를 유지할 수 있도록 다음의 사항을 준수해야 한다.

- 받침목이나 깔판의 사용, 콘크리트 타설, 말뚝박기 등 동바리의 침하를 방지하기 위한 조치를 할 것
- 동바리의 상하 고정 및 미끄러짐 방지조치를 할 것
- 상부·하부의 동바리가 동일 수직선상에 위치하도록 하여 깔판·받침목에 고정시킬 것
- 개구부 상부에 동바리를 설치하는 경우에는 상부하중을 견딜 수 있는 견고한 받침대를 설치할 것
- U헤드 등의 단판이 없는 동바리의 상단에 멍에 등을 올릴 경우에는 해당 상단에 U헤드 등의 단판을 설치하고, 멍에 등이 전도되거나 이탈되지 않도록 고정시킬 것
- 동바리의 이음은 같은 품질의 재료를 사용할 것
- 강재의 접속부 및 교차부는 볼트·클램프 등 전용 철물을 사용하여 단단히 연결할 것
- 거푸집의 형상에 따른 부득이한 경우를 제외하고는 깔판이나 받침목은 2단 이상 끼우지 않도록 할 것
- 깔판이나 받침목을 이어서 사용하는 경우에는 그 깔판·받침목을 단단히 연결할 것
- 동바리로 사용하는 파이프 서포트는 3개 이상 이어서 사용하지 않도록 할 것

※ 출제 당시 정답은 ①였으나 해당 법령 개정으로 정답 없음

100

거푸집 공사에 관한 설명으로 옳지 않은 것은?

① 거푸집 조립 시 거푸집이 이동하지 않도록 비계 또는 기타 공작물과 직접 연결한다.

② 거푸집 치수를 정확하게 하여 시멘트 모르타르가 새지 않도록 한다.

③ 거푸집 해체가 쉽게 가능하도록 박리제 사용 등의 조치를 한다.

④ 측압에 대한 안전성을 고려한다.

해설

거푸집은 비계 및 규준틀 등의 가설물에는 절대로 연결시키면 안 된다.

과년도 기출문제

제1과목 | 산업안전관리론

01

사고예방대책의 기본원리 5단계 중 사실의 발견단계에 해당하는 것은?

① 작업환경 측정
② 안정성 진단, 평가
③ 점검, 검사 및 조사 실시
④ 안전관리계획 수립

해설

사고예방대책의 기본원리

• 1단계 : 조직(안전관리조직) − 경영층이 참여, 안전관리자의 임명 및 라인조직 구성, 안전활동방침 및 안전계획 수립 등
• 2단계 : 사실의 발견(현상 파악) − 각종 사고 및 안전활동의 기록 검토, 작업 분석, 안전점검 및 안전진단, 사고 조사, 안전회의 및 토의, 종업원의 건의 및 여론조사 등
• 3단계 : 분석평가(원인 규명) − 사고보고서 및 현장 조사, 사고 기록, 인적·물적 조건의 분석, 작업공정의 분석, 교육과 훈련의 분석 등
• 4단계 : 시정방법의 선정(대책의 선정) − 기술의 개선, 인사 조정, 교육 및 훈련의 개선, 안전행정의 개선, 규정 및 수칙의 개선, 확인 및 통제 체제 개선 등
• 5단계 : 시정책의 적용(목표 달성) − 시정책은 3E, 즉 기술, 교육, 관리를 완성함으로써 이루어진다.

02

재해 예방의 4원칙에 해당하지 않는 것은?

① 손실 연계의 원칙
② 대책 선정의 원칙
③ 예방 가능의 원칙
④ 원인 계기의 원칙

해설

산업재해 방지의 4원칙

• 예방 가능의 원칙 : 재해사고는 예방 가능하지만, 노력의 한계가 있다.
• 손실 우연의 원칙 : 사고 발생 당시 주변조건에 따라 손실의 크기가 달라진다.
• 원인 계기의 원칙 : 사고와 그 원인은 필연적인 인과관계로 이루어져 있다.
• 대책 선정의 원칙 : 가장 적절한 안전대책을 선정하고 차선책까지 고려해야 한다.

03

산업 스트레스의 요인 중 직무특성과 관련된 요인으로 볼 수 없는 것은?

① 조직구조
② 작업속도
③ 근무시간
④ 업무의 반복성

해설

스트레스에 영향을 미치는 직무특성의 요인

과업의 양, 근무시간, 작업속도, 업무의 반복성 등

04

산업심리의 5대 요소에 해당되지 않는 것은?

① 동기
② 지능
③ 감정
④ 습관

산업안전심리의 5대 요소
- 동기 : 사람의 마음을 움직이는 원동력
- 기질 : 인간의 성격, 능력 등 개인적인 특성
- 감정 : 사고를 일으키는 정신적 동기(희로애락 등)
- 습성 : 인간의 행동에 영향을 미칠 수 있는 것(동기, 기질 등과 밀접한 관계)
- 습관 : 성장과정을 통하여 형성된 특성

05

사업장의 도수율이 10.83이고, 강도율이 7.92일 경우의 종합재해지수(FSI)는?

① 4.63
② 6.42
③ 9.26
④ 12.84

해설

$$\text{종합재해지수(FSI)} = \sqrt{\text{도수율} \times \text{강도율}}$$
$$= \sqrt{FR \times SR}$$
$$= \sqrt{10.83 \times 7.92}$$
$$\simeq 9.26$$

06

리더십(leadership)의 특성으로 볼 수 없는 것은?

① 민주주의적 지휘 형태
② 부하와의 넓은 사회적 간격
③ 밑으로부터의 동의에 의한 권한 부여
④ 개인적 영향에 의한 부하와의 관계 유지

해설

부하와의 사회적 간격이 좁다.

07

매슬로(Maslow) 욕구단계이론의 각 단계별 내용으로 틀린 것은?

① 1단계 : 자아실현의 욕구
② 2단계 : 안전에 대한 욕구
③ 3단계 : 사회적(애정적) 욕구
④ 4단계 : 존경과 긍지에 대한 욕구

해설

매슬로(Maslow)의 욕구 5단계 이론
- 1단계 : 생리적 욕구
- 2단계 : 안전에 대한 욕구
- 3단계 : 사회적 욕구
- 4단계 : 존경의 욕구
- 5단계 : 자아실현의 욕구

08

산업안전보건법령에 따른 근로자 안전·보건교육 중 채용 시의 교육내용이 아닌 것은?(단, 산업안전보건법 및 일반관리에 관한 사항은 제외한다)

① 사고 발생 시 긴급조치에 관한 사항
② 유해·위험 작업환경관리에 관한 사항
③ 산업보건 및 직업병 예방에 관한 사항
④ 기계·기구의 위험성과 작업의 순서 및 동선에 관한 사항

해설

근로자 채용 시 교육 및 작업내용 변경 시 교육(시행규칙 별표 5)
- 산업안전 및 산업재해 예방에 관한 사항(화재·폭발 사고 발생 시 대피에 관한 사항을 포함한다)
- 산업보건 및 건강장해 예방에 관한 사항
- 위험성 평가에 관한 사항
- 산업안전보건법령 및 산업재해보상보험제도에 관한 사항
- 직무 스트레스 예방 및 관리에 관한 사항
- 직장 내 괴롭힘, 고객의 폭언 등으로 인한 건강장해 예방 및 관리에 관한 사항
- 기계·기구의 위험성과 작업의 순서 및 동선에 관한 사항
- 작업 개시 전 점검에 관한 사항
- 정리·정돈 및 청소에 관한 사항
- 사고 발생 시 긴급조치에 관한 사항
- 물질안전보건자료에 관한 사항

09

피로에 의한 정신적 증상과 가장 관련이 깊은 것은?

① 주의력이 감소 또는 경감된다.
② 작업의 효과나 작업량이 감퇴 및 저하된다.
③ 작업에 대한 몸의 자세가 흐트러지고 지치게 된다.
④ 작업에 대하여 무감각, 무표정, 경련 등이 일어난다.

10

산업안전보건법령에 따른 안전보건표지에 사용하는 색채 기준 중 비상구 및 피난소, 사람 또는 차량의 통행표지의 안내 용도로 사용하는 색채는?

① 빨간색
② 녹색
③ 노란색
④ 파란색

해설

① 빨간색 : 금지(정지신호, 소화설비 및 그 장소, 유해행위의 금지 등), 경고(화학물질 취급 장소에서의 유해·위험 경고 등)
③ 노란색 : 경고(화학물질 취급 장소에서의 유해·위험 경고 이외의 위험 경고, 주의표지 또는 기계 방호물)
④ 파란색 : 지시(특정행위의 지시 및 사실의 고지)
※ 시행규칙 별표 8

11

일반적으로 교육이란 '인간행동의 계획적 변화'로 정의할 수 있다. 여기서 인간의 행동이 의미하는 것은?

① 신념과 태도
② 외현적 행동만 포함
③ 내현적 행동만 포함
④ 내현적, 외현적 행동 모두 포함

12

Off JT의 설명으로 틀린 것은?

① 다수의 근로자에게 조직적 훈련이 가능하다.
② 훈련에만 전념하게 된다.
③ 효과가 곧 업무에 나타나며 훈련의 좋고 나쁨에 따라 개선이 쉽다.
④ 교육훈련목표에 대해 집단적 노력이 흐트러질 수 있다.

해설

③은 OJT에 대한 설명이다.

13

산업안전보건법령에 따른 안전검사 대상 유해·위험기계 등의 검사주기 기준 중 다음 (   ) 안에 알맞은 것은?

> 크레인(이동식 크레인은 제외), 리프트(이삿짐 운반용 리프트는 제외) 및 곤돌라는 사업장에 설치가 끝난 날부터 3년 이내에 최초 안전검사를 실시하되, 그 이후부터 (㉠)년마다(건설현장에서 사용하는 것은 최초로 설치한 날부터 (㉡)개월마다)

① ㉠ 1, ㉡ 4
② ㉠ 1, ㉡ 6
③ ㉠ 2, ㉡ 4
④ ㉠ 2, ㉡ 6

해설

안전검사 대상 기계 등의 안전검사주기 기준(시행규칙 제126조)
크레인(이동식 크레인은 제외), 리프트(이삿짐 운반용 리프트는 제외) 및 곤돌라는 사업장에 설치가 끝난 날부터 3년 이내에 최초 안전검사를 실시하되, 그 이후부터 2년마다(건설현장에서 사용하는 것은 최초로 설치한 날부터 6개월마다) 실시하여야 한다.

14

보호구 안전인증 고시에 따른 방독마스크 중 할로겐용 정화통 외부 측면의 표시 색으로 옳은 것은?

① 갈색
② 회색
③ 녹색
④ 노란색

해설

① 갈색 : 유기화합물용
③ 녹색 : 암모니아용
④ 노란색 : 아황산용
※ 보호구 안전인증 고시 별표 5

15

직접 사람에게 접촉되어 위해를 가한 물체를 무엇이라고 하는가?

① 낙하물
② 비래물
③ 기인물
④ 가해물

해설

• 가해물 : 사람에게 직접 접촉되어 위해를 가한 물체이다.
• 기인물 : 직접적으로 재해를 일으키거나 영향을 전한 에너지원을 지닌 기계장치, 구조물, 물체, 사람을 뜻한다.

16

산업재해보상보험법에 따른 산업재로 인한 보상비가 아닌 것은?

① 교통비
② 장의비
③ 휴업급여
④ 유족급여

해설

산업재해 보상비

치료비, 휴업급여, 요양급여, 장애보상비, 유족보상비, 장례비, 간병급여, 상병보상연금, 직업재활급여 등

17

기업 내 교육방법 중 작업의 개선방법 및 사람을 다루는 방법, 작업을 가르치는 방법 등을 주된 교육내용으로 하는 것은?

① CCS(Civil Communication Section)
② MTP(Management Training Program)
③ TWI(Training Within Industry)
④ ATT(American Telephone & Telegram Co)

해설

① CCS : ATP(Adminstration Training Program)라고도 한다. 톱 매니지먼트 교육에서 보급교육으로 변환된 교육방법으로 교육내용으로는 정책 수립, 조직, 통제, 운영 등이 있다.
② MTP : 주로 관리의 기초, 작업의 개선, 작업의 관리, 부하의 훈련, 인간관계 및 관리의 전개 등으로 구성된 중간 관리층을 대상으로 하는 관리자 훈련방법이다. TWI보다 약간 높은 관리자 훈련프로그램이다.
④ ATT : 대상 계층이 한정되어 있지 않고 한 번 훈련받은 관리자는 그 부하인 감독자에 대해서 지도원이 될 수 있다. 작업의 감독, 인사관계, 고객관계, 종업원의 향상, 공구 및 자료 보고 기록, 개인작업의 개선, 안전, 복무 조정 등의 내용을 교육한다.

18

다음 중 교육의 3요소에 해당되지 않는 것은?

① 교육의 주체
② 교육의 기간
③ 교육의 매개체
④ 교육의 객체

해설

교육의 3요소

• 교육의 주체 : 강사, 교사, 교육자
• 교육의 객체 : 피교육자, 수강자, 교육생, 학생
• 교육의 매개체 : 교재, 교육자료, 교육내용

정답 14 ② 15 ④ 16 ① 17 ③ 18 ②

19

산업안전보건법령에 따른 최소 상시 근로자 50명 이상 규모에 산업안전보건위원회를 설치 운영하여야 할 사업의 종류가 아닌 것은?

① 토사석 광업
② 1차 금속 제조업
③ 자동차 및 트레일러 제조업
④ 정보서비스업

해설

정보서비스업의 산업안전보건위원회를 구성해야 할 사업장의 상시근로자 수는 300명 이상이다(시행령 별표 9).

20

위험예지훈련의 방법으로 적절하지 않은 것은?

① 반복 훈련한다.
② 사전에 준비한다.
③ 자신의 작업으로 실시한다.
④ 단위 인원수를 많게 한다.

해설

위험예지훈련은 단위 인원수를 적게 해야 한다.

21

체계 설계과정 중 기본 설계단계의 주요활동으로 볼 수 없는 것은?

① 작업 설계
② 체계의 정의
③ 기능의 할당
④ 인간성능요건명세

해설

체계 설계 주요과정
1단계 : 목표 및 성능명세 결정
2단계 : 체계의 정의(시스템 정의)
3단계 : 기본 설계(작업 설계, 직무 분석, 기능 할당, 인간성능요건명세)
4단계 : 계면 설계(작업 공간, 표시장치, 조종장치)
5단계 : 촉진물 설계(인간 성능 증진, 보조물 설계)
6단계 : 시험 및 평가

22

정보 입력에 사용되는 표시장치 중 청각장치보다 시각장치를 사용하는 것이 더 유리한 경우는?

① 정보의 내용이 긴 경우
② 수신자가 직무상 자주 이동하는 경우
③ 정보의 내용이 즉각적인 행동을 요구하는 경우
④ 정보를 나중에 다시 확인하지 않아도 되는 경우

해설

시각적 표시장치가 유리한 경우
• 메시지가 복잡한 경우
• 메시지가 긴 경우
• 메시지가 후에 재참조되는 경우
• 메시지가 공간적인 위치를 다루는 경우
• 메시지가 즉각적인 행동을 요구하지 않는 경우
• 수신 장소가 너무 시끄러운 경우
• 직무상 수신자가 한곳에 머무르는 경우
• 수신자의 청각계통이 과부하 상태인 경우

23

FTA 도표에서 사용하는 논리기호 중 기본사상을 나타내는 기호는?

① ▭　　　② ◯

③ ⬠　　　④ ◇

25

검사공정의 작업자가 제품의 완성도에 대한 검사를 하고 있다. 어느 날 10,000개의 제품에 대한 검사를 실시하여 200개의 부적합품을 발견하였으나 이 로트에는 실제로 500개의 부적합품이 있었다. 이때 인간과오확률(human error probability)은 얼마인가?

① 0.02　　　② 0.03

③ 0.04　　　④ 0.05

24

조도가 250lx인 책상 위에 짙은 색 종이 A와 B가 있다. 종이 A의 반사율은 20%이고, 종이 B의 반사율은 15%이다. 종이 A에는 반사율 80%의 색으로, 종이 B에는 반사율 60%의 색으로 같은 글자를 각각 썼을 때의 설명으로 맞는 것은?(단, 두 글자의 크기, 색, 재질 등은 동일하다)

① 두 종이에 쓴 글자는 동일한 수준으로 보인다.

② 어느 종이에 쓰인 글자가 더 잘 보이는지 알 수 없다.

③ A종이에 쓰인 글자가 B종이에 쓰인 글자보다 눈에 더 잘 보인다.

④ B종이에 쓰인 글자가 A종이에 쓰인 글자보다 눈에 더 잘 보인다.

26

제품의 설계단계에서 고유 신뢰성을 증대시키기 위하여 일반적으로 많이 사용되는 방법이 아닌 것은?

① 병렬 및 대기 리던던시의 활용

② 부품과 조립품의 단순화 및 표준화

③ 제조 부문과 납품업자에 대한 부품 규격의 명세 제시

④ 부품의 전기적, 기계적, 열적 및 기타 작동조건의 경감

27

작업장의 실효온도에 영향을 주는 인자 중 가장 관계가 먼 것은?

① 온도
② 체온
③ 습도
④ 공기 유동

작업장의 실효온도에 영향을 주는 인자
온도, 습도, 공기 유동

28

인간 – 기계시스템에 관련된 정의로 틀린 것은?

① 시스템이란 전체 목표를 달성하기 위한 유기적인 결합체이다.
② 인간 – 기계시스템이란 인간과 물리적 요소가 주어진 입력에 대해 원하는 출력을 내도록 결합되어 상호작용하는 집합체이다.
③ 수동시스템은 입력된 정보를 근거로 자신의 신체적 에너지를 사용하여 수공구나 보조기구에 힘을 가하여 작업을 제어하는 시스템이다.
④ 자동화 시스템은 기계에 의해 동력과 몇몇 다른 기능들이 제공되며, 인간이 원하는 반응을 얻기 위해 기계의 제어장치를 사용하여 제어기능을 수행하는 시스템이다.

• 기계화 체계(기계화 시스템) : 인간의 통제를 받아 기계에 의해 동력과 몇몇 다른 기능들이 제공되며, 인간이 원하는 반응을 얻기 위해 기계의 제어장치를 사용하여 제어기능을 수행하는 시스템이다.
• 자동화 체계(자동화 시스템) : 기계가 의사결정을 한다. 즉, 체계가 감지, 정보 보관, 정보처리 및 의식 결정, 행동을 포함한 모든 임무를 수행하는 시스템이다.

29

통제표시비를 설계할 때 고려해야 할 5가지 요소에 해당하지 않는 것은?

① 공차
② 조작시간
③ 일치성
④ 목측거리

통제표시비(C/D비) 설계 시 고려해야 할 사항
• 계기의 크기
• 목측거리(목시거리)
• 공차
• 조작시간
• 방향성

30

결함수분석(FTA) 결과 다음과 같은 패스셋을 구하였다. X_4가 중복사상인 경우, 최소 패스셋(minimal path sets)으로 맞는 것은?

$$\{X_2,\ X_3,\ X_4\}$$
$$\{X_1,\ X_3,\ X_4\}$$
$$\{X_3,\ X_4\}$$

① $\{X_3,\ X_4\}$
② $\{X_1,\ X_3,\ X_4\}$
③ $\{X_2,\ X_3,\ X_4\}$
④ $\{X_2,\ X_3,\ X_4\}$와 $\{X_3,\ X_4\}$

최소 패스셋(minimal path sets)은 가장 적은 건수인 $\{X_3,\ X_4\}$이다.

31

인간 실수의 주원인에 해당하는 것은?

① 기술 수준
② 경험 수준
③ 훈련 수준
④ 인간 고유의 변화성

33

청각적 자극 제시와 이에 대한 음성응답과업에서 갖는 양립성에 해당하는 것은?

① 개념의 양립성
② 운동 양립성
③ 공간적 양립성
④ 양식 양립성

해설

양립성

자극 또는 반응들 간의 관계가 인간의 기대에 일치되는 정도

• 개념 양립성 : 어떠한 신호가 전달하려는 내용과 연관성이 있어야 하는 것(예 위험신호는 빨간색, 주의신호는 노란색, 안전신호는 파란색으로 표시하는 것)
• 양식 양립성 : 청각적 자극 제시와 이에 대한 음성응답과업에서 갖는 양립성
• 운동 양립성 : 표시 및 조종장치, 체계반응의 운동 방향의 양립성(예 조종장치를 오른쪽으로 돌리면 지침도 오른쪽으로 이동하는 것)
• 공간 양립성 : 표시장치가 조종장치에서 물리적 형태나 공간적인 배치 양립성(예 오른쪽 : 오른손 조절장치, 왼쪽 : 왼손 조절장치)

32

통신에서 잡음 중의 일부를 제거하기 위해 필터(filter)를 사용하였다면, 어느 것의 성능을 향상시키는 것인가?

① 신호의 양립성
② 신호의 산란성
③ 신호의 표준성
④ 신호의 검출성

해설

통신에서 잡음 중의 일부를 제거하기 위해 필터(filter)를 사용하였다면, 신호 검출성의 성능을 향상시키는 것이다. 즉, 잡음이 신호와 혼재되어 있을 때 필터를 사용하여 잡음을 제거하면 신호를 더 잘 감지할 수 있다.

34

작업 공간에서 부품 배치의 원칙에 따라 레이아웃을 개선하려 할 때 부품 배치의 원칙에 해당하지 않는 것은?

① 편리성의 원칙
② 사용 빈도의 원칙
③ 사용 순서의 원칙
④ 기능별 배치의 원칙

해설

작업장에서 부품 배치의 원칙

사용 빈도의 원칙, 중요성의 원칙, 기능별 배치의 원칙(기능성의 원칙), 사용 순서의 원칙

35

시스템에 영향을 미치는 모든 요소의 고장을 형태별로 분석하여 그 영향을 검토하는 분석기법은?

① FTA
② check list
③ FMEA
④ decision tree

해설

FMEA(Failure Mode & Effects Analysis, 고장의 유형과 영향 분석)
- 서브시스템, 구성요소, 기능 등의 잠재적 고장 형태에 따른 시스템의 위험을 파악하는 위험분석기법이다.
- 정성적·귀납적 평가기법으로 시스템 요소의 고장을 형태별로 분석하는 기법이다.
- 위험도 순위를 부여하여 순위가 높은 것부터 개선한다.
- 예상되는 심각도, 발생도, 검출도 등에 의한 평가 기준을 설정해 두고 개개의 구성요소에 의한 고장 평가를 하고 종합하여 치명도를 산출한다.

36

시력 손상에 가장 크게 영향을 미치는 전신 진동의 주파수는?

① 5Hz 미만
② 5~10Hz
③ 10~25Hz
④ 25Hz 초과

37

화학설비의 안전성을 평가하는 방법 5단계 중 제3단계에 해당하는 것은?

① 안전대책
② 정량적 평가
③ 관계자료 검토
④ 정성적 평가

해설

화학설비의 안전성 평가의 5단계
- 제1단계 : 관계자료의 작성 준비
- 제2단계 : 정성적 평가
- 제3단계 : 정량적 평가
- 제4단계 : 안전대책
- 제5단계 : 재평가(재해정보 및 FTA에 의한 재평가)

38

사후보전에 필요한 평균수리시간을 나타내는 것은?

① MDT
② MTTF
③ MTBF
④ MTTR

해설

① MDT(Mean Down Time) : 평균정지시간
② MTTF(Mean Time To Failure) : 평균고장시간
③ MTBF(Mean Time Between Failure) : 평균고장간격

39

런닝벨트 위를 일정한 속도로 걷는 사람의 배기가스를 5분 간 수집한 표본을 가스 성분 분석기로 조사한 결과, 산소 16%, 이산화탄소 4%로 나타났다. 배기가스 전량을 가스 미터에 통과시킨 결과, 배기량이 90L였다면 분당 산소소 비량과 에너지가(에너지소비량)는 약 얼마인가?

① 0.95L/분 − 4.75kcal/분

② 0.96L/분 − 4.80kcal/분

③ 0.97L/분 − 4.85kcal/분

④ 0.98L/분 − 4.90kcal/분

해설

- 분당 흡기량 = 분당 배기량 × $\dfrac{100 - O_2\% - CO_2\%}{79\%}$

  $= \dfrac{90}{5} \times \dfrac{100 - 16 - 4}{79} = 18 \times \dfrac{80}{79} \simeq 18.23L$

- 분당 산소소비량 = (흡기 시 산소농도[%] × 분당 흡기량)

  $-$ (배기 시 산소농도[%] × 분당 배기량)

  $= 0.21 \times 18.23 - 0.16 \times 18 \simeq 0.95L/min$

∴ 분당 에너지소비량 = 5 × 0.95 = 4.75kcal/min

40

톱사상 T를 일으키는 컷셋에 해당하는 것은?

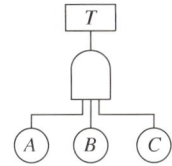

① $\{A\}$

② $\{A,\ B\}$

③ $\{A,\ B,\ C\}$

④ $\{B,\ C\}$

해설

$T = A \cdot B \cdot C$이므로 톱사상 T를 일으키는 컷셋은 $\{A,\ B,\ C\}$이다.

41

다음은 기계설비의 안전화 중 기능의 안전화와 구조의 안전화를 위해 고려해야 할 사항을 열거한 것이다. 다음 중 기능의 안전화를 위해 고려해야 할 사항에 속하는 것은?

> ㉠ 재료의 결함
> ㉡ 가공상의 잘못
> ㉢ 정전 시의 오동작
> ㉣ 설계의 잘못

① ㉠　　　　　　　② ㉡

③ ㉢　　　　　　　④ ㉣

해설

- 기능의 안전화를 위해 고려해야 할 사항 : 전압 강하, 정전 및 단락, 사용압력 변동 등의 오작동 방지
- 구조의 안전화를 위해 고려해야 할 사항 : 재료, 강도, 설계, 안전율, 가공상의 결함 방지

42

탁상용 연삭기에서 일반적으로 플랜지의 지름은 숫돌 지름의 얼마 이상이 적정한가?

① 1/2　　　　　　② 1/3

③ 1/5　　　　　　④ 1/10

해설

탁상용 연삭기에서 일반적으로 플랜지의 지름은 숫돌 지름의 1/3 이상 이어야 한다(연삭기 안전작업에 관한 기술지원규정).

43

공작기계인 밀링작업의 안전사항이 아닌 것은?

① 사용 전에는 기계·기구를 점검하고 시운전을 한다.
② 칩을 제거할 때는 칩 브레이커로 제거한다.
③ 회전하는 커터에 손을 대지 않는다.
④ 커터의 제거·설치 시에는 반드시 스위치를 차단하고 한다.

해설

칩을 제거할 때는 기계를 정지하고 브러시로 제거한다.
※ 칩브레이커 : 선반에서 절삭가공 시 칩을 짧게 끊어 주는 안전장치

45

산업안전보건법령에 따른 안전난간의 구조 및 설치 요건에 대한 설명으로 옳은 것은?

① 상부 난간대, 중간 난간대, 발끝막이판 및 난간 기둥으로 구성하여야 한다.
② 발끝막이판은 바닥면 등으로부터 5cm 이하의 높이를 유지하여야 한다.
③ 난간대는 지름 1.5cm 이상의 금속제 파이프를 사용하여야 한다.
④ 안전난간은 가장 취약한 지점에서 가장 취약한 방향으로 작용하는 70kg 이상의 하중에 견딜 수 있어야 한다.

해설

② 발끝막이판은 바닥면 등으로부터 10cm 이상의 높이를 유지해야 한다.
③ 난간대는 지름 2.7cm 이상의 금속제 파이프나 그 이상의 강도가 있는 재료이어야 한다.
④ 안전난간은 구조적으로 가장 취약한 지점에서 가장 취약한 방향으로 작용하는 100kg 이상의 하중에 견딜 수 있는 튼튼한 구조이어야 한다.
※ 산업안전보건기준에 관한 규칙 제13조

44

다음 중 욕조 형태를 갖는 일반적인 기계고장곡선에서의 기본적인 3가지 고장 유형에 해당하지 않는 것은?

① 피로고장
② 우발고장
③ 초기고장
④ 마모고장

46

보일러의 안전한 가동을 위하여 압력방출장치를 2개 설치한 경우에 작동방법으로 옳은 것은?

① 최고사용압력 이하에서 2개가 동시 작동
② 최고사용압력 이하에서 1개가 작동되고, 다른 것은 최고사용압력 1.05배 이하에서 작동
③ 최고사용압력 이하에서 1개가 작동되고, 다른 것은 최고 사용 압력 1.1배 이하에서 작동
④ 최고사용압력의 1.1배 이하에서 2개가 동시 작동

해설

압력방출장치(산업안전보건기준에 관한 규칙 제116조)
사업주는 보일러의 안전한 가동을 위하여 보일러 규격에 맞는 압력방출장치를 1개 또는 2개 이상 설치하고 최고사용압력(설계압력 또는 최고허용압력을 말한다) 이하에서 작동되도록 하여야 한다. 다만, 압력방출장치가 2개 이상 설치된 경우에는 최고사용압력 이하에서 1개가 작동되고, 다른 압력방출장치는 최고사용압력 1.05배 이하에서 작동되도록 부착하여야 한다.

47

크레인에서 훅걸이용 와이어로프 등이 훅으로부터 벗겨지는 것을 방지하기 위해 사용하는 방호장치는?

① 덮개
② 권과방지장치
③ 비상정지장치
④ 해지장치

해설

② 권과방지장치 : 와이어가 과하게 감기는 것을 방지하는 장치
③ 비상정지장치 : 비상사태 발생 시 급정지시킬 수 있는 장치

48

프레스 및 전단기에서 양수 조작식 방호장치 누름 버튼의 상호 간 최소 내측거리로 옳은 것은?

① 100mm
② 150mm
③ 250mm
④ 300mm

49

다음 중 드릴링 작업에 있어서 공작물을 고정하는 방법으로 가장 적절하지 않은 것은?

① 작은 공작물은 바이스로 고정한다.
② 작고 길쭉한 공작물은 플라이어로 고정한다.
③ 대량 생산과 정밀도를 요구할 때는 지그로 고정한다.
④ 공작물이 크고 복잡할 때는 볼트와 고정구로 고정한다.

해설

작고 길쭉한 공작물을 플라이어로 고정하면 위험하므로 바이스로 고정시키고 작업한다.

50

이동식 크레인과 관련된 용어의 설명 중 옳지 않은 것은?

① 정격하중이라 함은 이동식 크레인의 지브나 붐의 경사각 및 길이에 따라 부하할 수 있는 최대하중에서 인양기구(훅, 그래브 등)의 무게를 뺀 하중을 말한다.
② 정격 총하중이라 함은 최대하중(붐 길이 및 작업 반경에 따라 결정)과 부가하중(훅과 그 이외의 인양 도구들의 무게)을 합한 하중을 말한다.
③ 작업 반경이라 함은 이동식 크레인의 선회중심선으로부터 훅의 중심선까지의 수평거리를 말하며, 최대 작업 반경은 이동식 크레인으로 작업이 가능한 최대치를 말한다.
④ 파단하중이라 함은 줄걸이 용구 1개를 가지고 안전율을 고려하여 수직으로 매달 수 있는 최대무게를 말한다.

해설

파단하중
줄걸이 용구(와이어로프 등) 1개가 절단(파단)에 이를 때까지의 최대하중

51

프레스 금형의 설치 및 조정 시 슬라이드 불시 하강을 방지하기 위하여 설치해야 하는 것은?

① 인터로크
② 클러치
③ 게이트 가드
④ 안전블록

해설

프레스 금형을 설치 해체 또는 조정하는 작업을 하는 때에는 슬라이드가 작동하거나 금형 낙하에 의한 위험을 방지하기 위하여 안전블록을 설치하여야 한다.

52

프레스방호장치 중 가드식 방호장치의 구조 및 선정조건에 대한 설명으로 옳지 않은 것은?

① 미동(inching)행정에서는 작업자 안전을 위해 가드를 개방할 수 없는 구조로 한다.
② 1행정, 1정지 기구를 갖춘 프레스에 사용한다.
③ 가드 폭이 400mm 이하일 때는 가드 측면을 방호하는 가드를 부착하여 사용한다.
④ 가드 높이는 프레스에 부착되는 금형 높이 이상(최소 180mm)으로 한다.

해설

미동(inching)행정에서는 가드를 개방할 수 있는 것이 작업성에 좋다(프레스방호장치의 선정·설치 및 사용 기술지침).

53

다음은 지게차의 헤드가드에 관한 기준이다. (   ) 안에 들어갈 내용으로 옳은 것은?

> 지게차 사용 시 화물 낙하 위험의 방호조치사항으로 헤드가드를 갖추어야 한다. 그 강도는 지게차 최대하중의 (   )값의 등분포정하중에 견딜 수 있어야 한다. 단, 그 값이 4ton을 넘는 것에 대하여서는 4ton으로 한다.

① 2배   ② 3배
③ 4배   ④ 5배

해설

헤드가드(산업안전보건기준에 관한 규칙 제180조)

사업주는 다음에 따른 적합한 헤드가드(head guard)를 갖추지 아니한 지게차를 사용해서는 안 된다. 다만, 화물의 낙하에 의하여 지게차의 운전자에게 위험을 미칠 우려가 없는 경우에는 그렇지 않다.

• 강도는 지게차의 최대하중의 2배 값(4ton을 넘는 값에 대해서는 4ton으로 한다)의 등분포정하중(等分布靜荷重)에 견딜 수 있을 것
• 상부틀의 각 개구의 폭 또는 길이가 16cm 미만일 것
• 운전자가 앉아서 조작하거나 서서 조작하는 지게차의 헤드가드는 한국산업표준에서 정하는 높이 기준 이상일 것

54

다음 중 보일러의 폭발사고 예방을 위한 장치로 가장 거리가 먼 것은?

① 압력제한스위치
② 압력방출장치
③ 고저수위고정장치
④ 화염검출기

해설

고저수위조절장치

보일러 수위가 이상현상으로 인해 위험 수위로 변하면 작업자가 쉽게 감지할 수 있도록 경보등, 경보음을 발하고 자동적으로 급수 또는 단수되어 수위를 조절하는 방호장치이다.

55

산업안전보건법령상 회전 중인 연삭숫돌 지름이 최소 얼마 이상인 경우로서 근로자에게 위험을 미칠 우려가 있는 경우 해당 부위에 덮개를 설치하여야 하는가?

① 3cm 이상
② 5cm 이상
③ 10cm 이상
④ 20cm 이상

해설

연삭숫돌의 덮개 등(산업안전보건기준에 관한 규칙 제122조)
- 사업주는 회전 중인 연삭숫돌(지름이 5cm 이상인 것으로 한정한다)이 근로자에게 위험을 미칠 우려가 있는 경우에 그 부위에 덮개를 설치하여야 한다.
- 사업주는 연삭숫돌을 사용하는 작업의 경우 작업을 시작하기 전에는 1분 이상, 연삭숫돌을 교체한 후에는 3분 이상 시험운전을 하고 해당 기계에 이상이 있는지를 확인하여야 한다.

56

프레스 작업 시 금형의 파손을 방지하기 위한 조치내용 중 틀린 것은?

① 금형 맞춤핀은 억지 끼워맞춤으로 한다.
② 쿠션핀을 사용할 경우에는 상승 시 누름판의 이탈 방지를 위하여 단붙임한 나사로 견고히 조여야 한다.
③ 금형에 사용하는 스프링은 인장형을 사용한다.
④ 스프링 등의 파손에 의해 부품이 비산될 우려가 있는 부분에는 덮개를 설치한다.

해설

금형에 사용하는 스프링은 압축형으로 한다(프레스 금형작업의 안전에 관한 기술지침).

57

산업용 로봇에 지워지지 않는 방법으로 반드시 표시해야 하는 항목이 있는데 다음 중 이에 속하지 않는 것은?

① 제조자의 이름과 주소, 모델번호 및 제조 일련번호, 제조 연월
② 머니퓰레이터 회전 반경
③ 중량
④ 이동 및 설치를 위한 인양 지점

해설

산업용 로봇에 지워지지 않는 방법으로 반드시 표시해야 하는 항목(산업용 로봇의 사용 등에 관한 안전기술지침)
- 제조자의 이름과 주소, 모델번호 및 제조 일련번호, 제조 연월
- 중량
- 전기 또는 유·공압시스템에 대한 공급 사양
- 이동 및 설치를 위한 인양 지점
- 부하능력

58

급정지기구가 있는 1행정 프레스의 광전자식 방호장치에서 광선에 신체의 일부가 감지된 후로부터 급정지기구의 작동 시까지의 시간이 40ms이고, 급정지기구의 작동 직후로부터 프레스기가 정지될 때까지의 시간이 20ms라면 안전거리는 몇 mm 이상이어야 하는가?

① 60
② 76
③ 80
④ 96

해설

안전거리
$$D_m = 1.6 T_m = 1.6(40+20) = 96mm$$

59

롤러의 위험점 전방에 개구 간격 16.5mm의 가드를 설치하고자 한다면, 개구부에서 위험점까지의 거리는 몇 mm 이상이어야 하는가?(단, 위험점이 전동체는 아니다)

① 70
② 80
③ 90
④ 100

해설

$Y = 6 + 0.15X$

$16.5 = 6 + 0.15X$

$\therefore X = \dfrac{16.5 - 6}{0.15} = 70\text{mm}$

60

산업안전보건법령에 따라 컨베이어의 작업 시작 전 점검사항 중 틀린 것은?

① 원동기 및 풀리기능의 이상 유무
② 이탈 등의 방지장치기능의 이상 유무
③ 과부하방지장치기능의 이상 유무
④ 원동기, 회전축, 기어 및 풀리 등의 덮개 또는 울 등의 이상 유무

해설

컨베이어 작업 시작 전 점검사항(산업안전보건기준에 관한 규칙 별표 3)
• 원동기 및 풀리(pulley)기능의 이상 유무
• 이탈 등의 방지장치기능의 이상 유무
• 비상정지장치기능의 이상 유무
• 원동기 · 회전축 · 기어 및 풀리 등의 덮개 또는 울 등의 이상 유무

제4과목 │ 전기 및 화학설비위험방지기술

61

작업장에서 꽂음접속기를 설치 또는 사용하는 때 작업자의 감전 위험을 방지하기 위하여 필요한 준수사항으로 틀린 것은?

① 서로 다른 전압의 꽂음접속기는 상호 접속되는 구조의 것을 사용할 것
② 습윤한 장소에 사용되는 꽂음접속기는 방수형 등 해당 장소에 적합한 것을 사용할 것
③ 꽂음접속기를 접속시킬 경우 땀 등으로 젖은 손으로 취급하지 않도록 할 것
④ 꽂음접속기에 잠금장치가 있는 때에는 접속 후 잠그고 사용할 것

해설

서로 다른 전압의 꽂음접속기는 서로 접속되지 아니한 구조의 것을 사용해야 한다.

62

전기기계·기구에 누전에 의한 감전 위험을 방지하기 위하여 설치한 누전차단기에 의한 감전 방지의 사항으로 틀린 것은?

① 정격감도전류가 30mA 이하이고, 작동시간은 3초 이내일 것
② 분기회로 또는 전기기계·기구마다 누전차단기를 접속할 것
③ 파손이나 감전사고를 방지할 수 있는 장소에 접속할 것
④ 지락보호전용기능만 있는 누전차단기는 과전류를 차단하는 퓨즈나 차단기 등과 조합하여 접속할 것

해설

전기기계·기구에 설치되어 있는 누전차단기 접속 시 준수사항(산업안전보건기준에 관한 규칙 제304조)

- 정격감도전류가 30mA 이하이고 작동시간은 0.03초 이내일 것. 다만, 정격전부하전류가 50A 이상인 전기기계·기구에 접속되는 누전차단기는 오작동을 방지하기 위하여 정격감도전류는 200mA 이하로, 작동시간은 0.1초 이내로 할 수 있다.
- 분기회로 또는 전기기계·기구마다 누전차단기를 접속할 것. 다만, 평상시 누설전류가 매우 적은 소용량 부하의 전로에는 분기회로에 일괄하여 접속할 수 있다.
- 누전차단기는 배전반 또는 분전반 내에 접속하거나 꽂음접속기형 누전차단기를 콘센트에 접속하는 등 파손이나 감전사고를 방지할 수 있는 장소에 접속할 것
- 지락보호전용기능만 있는 누전차단기는 과전류를 차단하는 퓨즈나 차단기 등과 조합하여 접속할 것

63

페인트를 스프레이로 뿌려 도장작업을 하는 작업 중 발생할 수 있는 정전기 대전으로만 이루어진 것은?

① 유동대전, 충돌대전
② 유동대전, 마찰대전
③ 분출대전, 충돌대전
④ 분출대전, 유동대전

해설

페인트를 스프레이로 뿌려 도장작업을 하는 작업은 정전기의 분출대전, 충돌대전을 이용한 것이다.

64

정전기에 의한 재해 방지대책으로 틀린 것은?

① 대전방지제 등을 사용한다.
② 공기 중의 습기를 제거한다.
③ 금속 등의 도체를 접지시킨다.
④ 배관 내 액체가 흐를 경우 유속을 제한한다.

해설

정전기를 방지하려면 공기 중에 습기(70%)를 더 공급한다.

65

폭발 위험 장소 중 제1종 장소에 해당하는 것은?

① 폭발성 가스분위기가 연속적, 장기간 또는 빈번하게 존재하는 장소

② 폭발성 가스분위기가 정상 작동 중 주기적 또는 빈번하게 생성되는 장소

③ 폭발성 가스분위기가 정상 작동 중 조성되지 않거나 조성된다 하더라도 짧은 기간에만 존재할 수 있는 장소

④ 전기설비를 제조, 설치 및 사용함에 있어 특별한 주의를 요하는 정도의 폭발성 가스분위기가 조성될 우려가 없는 장소

66

누설전류로 인해 화재가 발생될 수 있는 누전화재의 3요소에 해당하지 않는 것은?

① 누전점　　　　　② 인입점

③ 접지점　　　　　④ 출화점

해설

누전화재의 3요소
누전점, 접지점, 출화점(발화점)

67

전기 사용 장소의 사용전압이 440V인 저압전로의 전선 상호 간 및 전로와 대지 사이의 절연저항은 얼마 이상이어야 하는가?

① 0.1MΩ　　　　　② 0.2MΩ

③ 0.3MΩ　　　　　④ 0.4MΩ

해설

저압전로의 절연성능(전기설비기술기준 제52조)

전로의 사용전압[V]	DC 시험전압[V]	절연저항[MΩ]
SELV 및 PELV	250	0.5
FELV를 포함한 500V 이하	500	1.0
500V 초과	1,000	1.0

※ 출제 당시 정답은 ④였으나 해당 규정이 개정되어 정답 없음

68

다음 중 전압의 분류가 잘못된 것은?

① 600V 이하의 교류전압 – 저압

② 750V 이하의 직류전압 – 저압

③ 600V 초과 7kV 이하의 교류전압 – 고압

④ 10kV를 초과하는 직류전압 – 초고압

해설

전압의 종류(한국전기설비규정 111.1)
• 저압 : 교류는 1kV 이하, 직류는 1.5kV 이하인 것
• 고압 : 교류는 1kV, 직류는 1.5kV를 초과하고, 7kV 이하인 것
• 특고압 : 7kV를 초과하는 것
※ 출제 당시 정답은 ④였으나 해당 규정이 개정되어 정답 없음

69

방폭구조 중 전폐구조를 하고 있으며 외부의 폭발성 가스가 내부로 침입하여 내부에서 폭발하더라도 용기는 그 압력에 견디고, 내부의 폭발로 인하여 외부의 폭발성 가스에 착화될 우려가 없도록 만들어진 구조는?

① 안전증 방폭구조　　② 본질안전 방폭구조
③ 유입 방폭구조　　　④ 내압 방폭구조

해설

④ 내압 방폭구조 : 전기설비 내부에서 발생한 폭발이 설비 주변에 존재하는 가연성 물질에 파급되지 않도록 한 구조
① 안전증 방폭구조 : 전기기기의 과도한 온도 상승, 아크 또는 불꽃 발생의 위험을 방지하기 위하여 추가적인 안전조치를 통한 안전도를 증가시킨 방폭구조
② 본질안전 방폭구조 : 스파크 등의 점화능력이 없다는 것을 확인하는 구조
③ 유입 방폭구조 : 전기기기의 불꽃, 아크 또는 고온이 발생하는 부분을 기름 속에 넣어 기름면 위에 존재하는 폭발성 가스 또는 증기에 인화될 우려가 없도록 한 구조

70

피뢰기의 제한 전압이 800kV이고, 충격절연강도가 1,000kV라면 보호 여유도는?

① 12%　　　　　② 25%
③ 39%　　　　　④ 43%

해설

$$보호\ 여유도[\%] = \frac{충격절연강도 - 제한전압}{제한전압} \times 100\%$$

$$= \frac{1,000 - 800}{800} \times 100\%$$

$$= 25\%$$

71

최소점화에너지(MIE)와 온도, 압력관계를 옳게 설명한 것은?

① 압력, 온도에 모두 비례한다.
② 압력, 온도에 모두 반비례한다.
③ 압력에 비례하고, 온도에 반비례한다.
④ 압력에 반비례하고, 온도에 비례한다.

해설

최소점화에너지(MIE)의 값이 작을수록 점화가 쉽다. 즉, 온도와 압력이 상승하면 최소점화에너지의 값이 작아져 점화가 쉽게 일어난다.

72

폭발범위가 1.8~8.5vol%인 가스의 위험도를 구하면 얼마인가?

① 0.8　　　　　② 3.7
③ 5.7　　　　　④ 6.7

해설

위험도(H)

$$H = \frac{U-L}{L} = \frac{8.5 - 1.8}{1.8} \simeq 3.7$$

73

공정별로 폭발을 분류할 때 물리적 폭발이 아닌 것은?

① 분해폭발　　　　② 탱크의 감압폭발
③ 수증기 폭발　　　④ 고압용기의 폭발

해설

분해폭발은 화학적 폭발이다.

74

사업주가 금속의 용접·용단 또는 가열에 사용되는 가스 등의 용기를 취급하는 경우에 준수하여야 하는 사항으로 틀린 것은?

① 용기의 온도를 40℃ 이하로 유지할 것
② 전도의 위험이 없도록 할 것
③ 밸브의 개폐는 빠르게 할 것
④ 용해 아세틸렌의 용기는 세워 둘 것

해설

금속의 용접·용단 또는 가열에 사용되는 가스 등의 용기를 취급하는 경우 밸브의 개폐는 서서히 해야 한다.

75

관로의 크기를 변경하고자 할 때 사용하는 관 부속품은?

① 밸브(valve)
② 엘보(elbow)
③ 부싱(bushing)
④ 플랜지(flange)

해설

① 밸브(valve) : 유체의 압력, 유량, 방향 등을 조절할 때 사용한다.
② 엘보(elbow) : 관로의 방향을 변경할 때 사용한다.
④ 플랜지(flange) : 관과 관, 관과 다른 기계 부분을 결합할 때 사용한다.

76

산업안전보건기준에 관한 규칙상 (   ) 안의 내용으로 알맞은 것은?

> 사업주는 급성독성물질이 지속적으로 외부에 유출될 수 있는 화학설비 및 그 부속설비에 파열판과 안전밸브를 직렬로 설치하고, 그 사이에는 (   )를 설치하여야 한다.

① 온도지시계 또는 과열방지장치
② 압력지시계 또는 자동경보장치
③ 유량지시계 또는 유속지시계
④ 액위지시계 또는 과압방지장치

해설

사업주는 급성독성물질이 지속적으로 외부에 유출될 수 있는 화학설비 및 그 부속설비에 파열판과 안전밸브를 직렬로 설치하고, 그 사이에는 압력지시계 또는 자동경보장치를 설치하여야 한다(산업안전보건기준에 관한 규칙 제263조).

77

다음 물질 중 가연성 가스가 아닌 것은?

① 수소
② 메탄
③ 프로판
④ 염소

해설

염소는 조연성 가스이다.

78

산업안전보건기준에 관한 규칙에서 정한 위험물질의 종류에서 인화성 액체에 해당하지 않는 것은?

① 적린
② 에틸에테르
③ 산화프로필렌
④ 아세톤

해설

별표 1에 따르면 적린은 인화성 고체이다.

79

산업안전보건법령상 공정안전보고서의 내용 중 공정안전자료에 포함되지 않는 것은?

① 유해·위험설비의 목록 및 사양
② 폭발 위험 장소 구분도 및 전기단선도
③ 안전운전지침서
④ 각종 건물·설비의 배치도

해설

공정안전자료(시행규칙 제50조)
- 취급·저장하고 있거나 취급·저장하려는 유해·위험물질의 종류 및 수량
- 유해·위험물질에 대한 물질안전보건자료
- 유해하거나 위험한 설비의 목록 및 사양
- 유해하거나 위험한 설비의 운전방법을 알 수 있는 공정도면
- 각종 건물·설비의 배치도
- 폭발 위험 장소 구분도 및 전기단선도
- 위험설비의 안전설계·제작 및 설치 관련 지침서

80

황린의 저장 및 취급방법으로 옳은 것은?

① 강산화제를 첨가하여 중화된 상태로 저장한다.
② 물속에 저장한다.
③ 자연발화하므로 건조한 상태로 저장한다.
④ 강알칼리 용액 속에 저장한다.

해설

황린은 자연발화의 위험성이 커서 물속에 저장한다.

81

콘크리트 타설 시 거푸집의 측압에 영향을 미치는 인자들에 관한 설명으로 옳지 않은 것은?

① 슬럼프가 클수록 측압이 크다.
② 거푸집의 강성이 클수록 측압은 크다.
③ 철근량이 많을수록 측압은 작다.
④ 타설속도가 느릴수록 측압은 크다.

해설

타설속도가 느릴수록 측압은 작다.

82

굴착면의 기울기 기준으로 옳지 않은 것은?

① 풍화암 − 1 : 0.8
② 연암 − 1 : 0.5
③ 경암 − 1 : 0.2
④ 건지 − 1 : 0.5~1 : 1

해설

굴착면의 기울기 기준(산업안전보건기준에 관한 규칙 별표 11)

지반의 종류	굴착면의 기울기
모래	1 : 1.8
연암 및 풍화암	1 : 1.0
경암	1 : 0.5
그 밖의 흙	1 : 1.2

굴착면의 기울기 : 굴착면의 높이에 대한 수평거리의 비율
※ 출제 당시 정답은 ③이었으나 해당 법령의 개정으로 정답 없음

83

차량계 하역운반기계의 운전자가 운전 위치를 이탈하는 경우의 조치사항으로 부적절한 것은?

① 포크 및 버킷을 가장 높은 위치에 두어 근로자 통행을 방해하지 않도록 하였다.
② 원동기를 정지시키고 브레이크를 걸었다.
③ 시동키를 운전대에서 분리시켰다.
④ 경사지에서 갑작스런 주행이 되지 않도록 바퀴에 블록 등을 놓았다.

해설

차량계 하역운반기계 등 차량계 건설기계의 운전자가 운전 위치를 이탈하는 경우 포크, 버킷, 디퍼 등의 장치를 가장 낮은 위치 또는 지면에 내려 두어야 한다(산업안전보건기준에 관한 규칙 제99조).

84

작업으로 인하여 물체가 떨어지거나 날아올 위험이 있는 경우에 조치 및 준수하여야 할 사항으로 옳지 않은 것은?

① 낙하물방지망, 수직보호망 또는 방호선반 등을 설치한다.
② 낙하물방지망의 내민 길이는 벽면으로부터 2m 이상으로 한다.
③ 낙하물방지망의 수평면과의 각도는 20° 이상 30° 이하를 유지한다.
④ 낙하물방지망은 높이 15m 이내마다 설치한다.

해설

낙하물에 의한 위험의 방지(산업안전보건기준에 관한 규칙 제14조)
낙하물방지망 또는 방호선반을 설치하는 경우에는 다음의 사항을 준수하여야 한다.
• 높이 10m 이내마다 설치하고, 내민 길이는 벽면으로부터 2m 이상으로 할 것
• 수평면과의 각도는 20° 이상 30° 이하를 유지할 것

85

건설업 산업안전보건관리비 항목으로 사용 가능한 내역은?

① 경비원, 청소원 및 폐자재처리원 인건비
② 외부인 출입금지, 공사장 경계표시를 위한 가설 울타리 설치 및 해체비용
③ 원활한 공사수행을 위하여 사업장 주변 교통정리를 하는 신호자의 인건비
④ 해열제, 소화제 등 구급약품 및 구급용구 등의 구입비용

해설

※ 출제 당시 정답은 ④였으나 건설업 산업안전보건관리비 계상 및 사용기준의 개정으로 안전관리비의 항목별 사용 불가내역은 삭제되어 정답 없음

건설업 산업안전보건관리비 해설 및 질의회시집(2025)
건강장해예방비 항목으로 구입 가능한 구급약품은 산업안전보건기준에 관한 규칙 제82조에서 규정하는 구급용구에 한하여 사용이 가능하며, 해당 품목은 아래와 같다.
• 붕대재료 · 탈지면 · 핀셋 및 반창고
• 외상용 소독약
• 지혈대 · 부목 및 들것
• 화상약(고열물체를 취급하는 작업장이나 그 밖에 화상의 우려가 있는 작업장에만 해당한다)

86

산업안전보건법령에 따라 안전관리자와 보건관리자의 직무를 분류할 때 안전관리자의 직무에 해당되지 않는 것은?

① 산업재해에 관한 통계의 유지 · 관리 · 분석을 위한 보좌 및 조언 · 지도
② 산업재해 발생의 원인 조사 · 분석 및 재발 방지를 위한 기술적 보좌 및 조언 · 지도
③ 해당 사업장 안전교육계획의 수립 및 안전교육 실시에 관한 보좌 및 조언 · 지도
④ 작업장 내에서 사용되는 전체 환기장치 및 국소 배기장치 등에 관한 설비의 점검과 작업방법의 공학적 개선에 관한 보좌 및 조언 · 지도

안전관리자의 업무 등(시행령 제18조)
- 산업안전보건위원회 또는 안전 및 보건에 관한 노사협의체에서 심의·의결한 업무와 해당 사업장의 안전보건관리규정 및 취업규칙에서 정한 업무
- 위험성 평가에 관한 보좌 및 지도·조언
- 안전인증 대상 기계 등과 자율안전확인 대상 기계 등 구입 시 적격품의 선정에 관한 보좌 및 지도·조언
- 해당 사업장 안전교육계획의 수립 및 안전교육 실시에 관한 보좌 및 지도·조언
- 사업장 순회점검, 지도 및 조치 건의
- 산업재해 발생의 원인조사·분석 및 재발 방지를 위한 기술적 보좌 및 지도·조언
- 산업재해에 관한 통계의 유지·관리·분석을 위한 보좌 및 지도·조언
- 법 또는 법에 따른 명령으로 정한 안전에 관한 사항의 이행에 관한 보좌 및 지도·조언
- 업무수행 내용의 기록·유지
- 그 밖에 안전에 관한 사항으로서 고용노동부장관이 정하는 사항

88

산업안전보건법령에서는 터널건설작업을 하는 경우에 해당 터널 내부의 화기나 아크를 사용하는 장소에는 필히 무엇을 설치하도록 규정하고 있는가?

① 소화설비
② 대피설비
③ 충전설비
④ 차단설비

해설

소화설비 등(산업안전보건기준에 관한 규칙 제359조)
터널건설작업을 하는 경우에는 해당 터널 내부의 화기나 아크를 사용하는 장소 또는 배전반, 변압기, 차단기 등을 설치하는 장소에 소화설비를 설치하여야 한다.

87

추락에 의한 위험 방지를 위해 해당 장소에서 조치해야 할 사항과 거리가 먼 것은?

① 추락방호망 설치
② 안전난간 설치
③ 덮개 설치
④ 투하설비 설치

해설

추락방지설비 · 보호구
안전방망(추락방호망), 방호선반, 안전대, 안전난간, 덮개, 울타리 등

89

항타기 또는 항발기의 권상용 와이어로프의 안전계수 기준으로 옳은 것은?

① 3 이상
② 5 이상
③ 8 이상
④ 10 이상

해설

권상용 와이어로프의 안전계수(산업안전보건기준에 관한 규칙 제211조)
사업주는 항타기 또는 항발기의 권상용 와이어로프의 안전계수가 5 이상이 아니면 이를 사용해서는 아니 된다.

90

높이 2m를 초과하는 말비계를 조립하여 사용하는 경우 작업 발판의 최소 폭 기준으로 옳은 것은?

① 20cm 이상
② 30cm 이상
③ 40cm 이상
④ 50cm 이상

해설

말비계의 높이가 2m를 초과하는 경우에는 작업 발판의 폭을 40cm 이상으로 해야 한다(산업안전보건기준에 관한 규칙 제67조).

91

산업안전보건법령에 따른 가설 통로의 구조에 관한 설치 기준으로 옳지 않은 것은?

① 경사로가 25°를 초과하는 경우에는 미끄러지지 아니하는 구조로 할 것
② 경사는 30° 이하로 할 것
③ 수직갱에 가설된 통로의 길이가 15m 이상인 경우에는 10m 이내마다 계단참을 설치할 것
④ 건설공사에 사용하는 높이 8m 이상인 비계다리에는 7m 이내마다 계단참을 설치할 것

해설

가설 통로의 구조(산업안전보건기준에 관한 규칙 제23조)
사업주는 가설 통로를 설치하는 경우 다음의 사항을 준수하여야 한다.
• 견고한 구조로 할 것
• 경사는 30° 이하로 할 것. 다만, 계단을 설치하거나 높이 2m 미만의 가설 통로로서 튼튼한 손잡이를 설치한 경우에는 그러하지 아니하다.
• 경사가 15°를 초과하는 경우에는 미끄러지지 아니하는 구조로 할 것
• 추락할 위험이 있는 장소에는 안전난간을 설치할 것. 다만, 작업상 부득이한 경우에는 필요한 부분만 임시로 해체할 수 있다.
• 수직갱에 가설된 통로의 길이가 15m 이상인 경우에는 10m 이내마다 계단참을 설치할 것
• 건설공사에 사용하는 높이 8m 이상인 비계다리에는 7m 이내마다 계단참을 설치할 것

92

비탈면 붕괴를 방지하기 위한 방법으로 옳지 않은 것은?

① 비탈면 상부의 토사 제거
② 지하 배수공 시공
③ 비탈면 하부의 성토
④ 비탈면 내부 수압의 증가 유도

해설

수압이 증가하면 비탈면이 무너지므로 비탈면 내부 수압의 감소를 유도해야 한다.

93

철골작업 시 위험 방지를 위하여 철골작업을 중지하여야 하는 기준으로 옳은 것은?

① 강설량이 시간당 1mm 이상인 경우
② 강우량이 시간당 1mm 이상인 경우
③ 풍속이 초당 20m 이상인 경우
④ 풍속이 시간당 200m 이상인 경우

해설

철골작업을 중지하여야 하는 기준(산업안전보건기준에 관한 규칙 제383조)
• 풍속이 초당 10m 이상인 경우
• 강우량이 시간당 1mm 이상인 경우
• 강설량이 시간당 1cm 이상인 경우

94

발파작업에 종사하는 근로자가 준수해야 할 사항으로 옳지 않은 것은?

① 얼어붙은 다이너마이트는 화기에 접근시키거나 그 밖의 고열물에 직접 접촉시키는 등 위험한 방법으로 융해되지 않도록 한다.

② 발파공의 충진재료는 점토, 모래 등의 사용을 금할 것

③ 장전구(裝塡具)는 마찰·충격·정전기 등에 의한 폭발의 위험이 없는 안전한 것을 사용할 것

④ 전기뇌관에 의한 발파의 경우 점화하기 전에 화약류를 장전한 장소로부터 30m 이상 떨어진 안전한 장소에서 전선에 대하여 저항 측정 및 도통(道通)시험을 할 것

해설

발파의 작업 기준(산업안전보건기준에 관한 규칙 제348조)

• 얼어붙은 다이너마이트는 화기에 접근시키거나 그 밖의 고열물에 직접 접촉시키는 등 위험한 방법으로 융해되지 않도록 할 것

• 화약이나 폭약을 장전하는 경우에는 그 부근에서 화기를 사용하거나 흡연을 하지 않도록 할 것

• 장전구는 마찰·충격·정전기 등에 의한 폭발의 위험이 없는 안전한 것을 사용할 것

• 발파공의 충진재료는 점토·모래 등 발화성 또는 인화성의 위험이 없는 재료를 사용할 것

• 점화 후 장전된 화약류가 폭발하지 아니한 경우 또는 장전된 화약류의 폭발 여부를 확인하기 곤란한 경우에는 다음의 사항을 따를 것

　－ 전기뇌관에 의한 경우에는 발파모선을 점화기에서 떼어 그 끝을 단락시켜 놓는 등 재점화되지 않도록 조치하고 그때부터 5분 이상 경과한 후가 아니면 화약류의 장전 장소에 접근시키지 않도록 할 것

　－ 전기뇌관 외의 것에 의한 경우에는 점화한 때부터 15분 이상 경과한 후가 아니면 화약류의 장전 장소에 접근시키지 않도록 할 것

• 전기뇌관에 의한 발파의 경우 점화하기 전에 화약류를 장전한 장소로부터 30m 이상 떨어진 안전한 장소에서 전선에 대하여 저항 측정 및 도통(導通)시험을 할 것

95

유해위험방지계획서 작성 대상 공사의 기준으로 옳지 않은 것은?

① 지상 높이 31m 이상인 건축물 공사

② 저수용량 1,000만ton 이상의 용수 전용 댐

③ 최대 지간 길이 50m 이상인 교량건설 등 공사

④ 깊이 공사 10m 이상인 굴착공사

해설

다목적 댐, 발전용 댐, 저수용량 2,000만ton 이상의 용수 전용 댐 및 지방상수도 전용 댐의 건설 등 공사가 유해위험방지계획서 제출 대상이다(시행령 제42조).

96

앞쪽에 한 개의 조향륜 롤러와 뒤축에 두 개의 롤러가 배치된 것으로(2축 3륜) 하층 노반 다지기, 아스팔트 포장에 주로 쓰이는 장비의 이름은?

① 머캐덤 롤러　　　　② 탬핑롤러

③ 페이로더　　　　　④ 래머

해설

② 탬핑롤러 : 드럼에 다수의 돌기를 붙여 놓은 기계로 점토층의 내부를 다지는 데 적합하다.

③ 페이로더 : 로더(loader)라고 한다. 상하차 및 흙을 퍼 나르는 용도로 쓰이는 건설기계이다.

④ 래머 : 단기통기관의 폭발력을 직접 이용하여 기체를 도약시켰다가 낙하하는 충격에너지를 흙에 주어 다짐하는 기계이다.

97

거푸집 동바리에 작용하는 횡하중이 아닌 것은?

① 콘크리트 측압
② 풍하중
③ 자중
④ 지진하중

해설

- 횡하중 : 콘크리트 측압, 풍하중, 지진하중
- 연직 방향 하중 : 거푸집의 자중(중량), 철근콘크리트의 자중, 콘크리트 중량, 적재되는 시공기계 등의 중량, 작업자 중량, 작업하중, 고정하중, 충격하중 등

98

절토공사 중 발생하는 비탈면 붕괴의 원인과 거리가 먼 것은?

① 함수비 고정으로 인한 균일한 흙의 단위중량
② 건조로 인하여 점성토의 점착력 상실
③ 점성토의 수축이나 팽창으로 균열 발생
④ 공사 진행으로 비탈면의 높이와 기울기 증가

해설

함수비의 증가에 따라 흙의 단위체적중량이 감소하면 비탈면 붕괴의 원인이 된다.

99

달비계의 최대적재하중을 정하는 경우 달기 와이어로프의 최대하중이 50kg일 때 안전계수에 의한 와이어로프의 절단하중은 얼마인가?

① 1,000kg　　　② 700kg
③ 500kg　　　④ 300kg

해설

문제의 안전계수는 10이므로 절단하중은 50 × 10 = 500kg이다.

100

안전난간의 구조 및 설치요건과 관련하여 발끝막이판은 바닥면으로부터 얼마 이상의 높이를 유지하여야 하는가?

① 10cm 이상
② 15cm 이상
③ 20cm 이상
④ 30cm 이상

해설

발끝막이판은 바닥면 등으로부터 10cm 이상의 높이를 유지할 것. 다만, 물체가 떨어지거나 날아올 위험이 없거나 그 위험을 방지할 수 있는 망을 설치하는 등 필요한 예방조치를 한 장소는 제외한다(산업안전보건기준에 관한 규칙 제13조).

제**1**과목 | 산업안전관리론

01

하인리히의 재해 구성 비율에 따라 경상사고가 87건 발생하였다면 무상해사고는 몇 건이 발생하였겠는가?

① 300건
② 600건
③ 900건
④ 1,200건

해설

하인리히 법칙의 재해 구성 비율은
1 : 29 : 300(중상 또는 사망 : 경상 : 무상해사고)이므로
경상 29 × 3 = 87건이 발생하였다면
무상해사고는 300 × 3 = 900건이 발생한다.

02

OJT(On the Job Training)의 특징이 아닌 것은?

① 훈련에 필요한 업무의 계속성이 끊어지지 않는다.
② 교육효과가 업무에 신속히 반영된다.
③ 다수의 근로자들을 대상으로 동시에 조직적 훈련이 가능하다.
④ 개개인에게 적절한 지도훈련이 가능하다.

해설

③은 Off-JT(Off the Job Training)의 특징이다.

03

재해사례연구에 관한 설명으로 틀린 것은?

① 재해사례연구는 주관적이며 정확성이 있어야 한다.
② 문제점과 재해요인의 분석은 과학적이고, 신뢰성이 있어야 한다.
③ 재해 사례를 과제로 하여 그 사고와 배경을 체계적으로 파악한다.
④ 재해요인을 규명하여 분석하고 그에 대한 대책을 세운다.

해설

재해사례연구는 객관적이고, 정확성이 있어야 한다.

04

산업안전보건법상 안전보건표지에서 기본모형의 색상이 빨강이 아닌 것은?

① 산화성 물질 경고
② 화기금지
③ 탑승금지
④ 고온 경고

해설

고온 경고의 바탕은 노란색, 기본모형 관련 부호 및 그림은 검은색이다(시행규칙 별표 7).

05

모랄 서베이(morale survey)의 효용이 아닌 것은?

① 조직 또는 구성원의 성과를 비교·분석한다.
② 종업원의 정화(catharsis)작용을 촉진시킨다.
③ 경영관리를 개선하는 데에 대한 자료를 얻는다.
④ 근로자의 심리 또는 욕구를 파악하여 불만을 해소하고, 노동 의욕을 높인다.

해설

모랄 서베이의 효용
• 근로자의 심리 또는 욕구를 파악하여 불만을 해소하고, 노동 의욕을 높인다.
• 종업원의 사기를 높이고, 노사 간의 의사소통을 촉진시킨다.
• 종업원의 일에 대한 태도를 개선한다.
• 종업원의 정화(catharsis)작용을 촉진시킨다.
• 경영관리를 개선하는 자료를 얻는다.

06

주의(attention)의 특징 중 여러 종류의 자극을 자각할 때, 소수의 특정한 것에 한하여 주의가 집중되는 것은?

① 선택성　　　　② 방향성
③ 변동성　　　　④ 지속성

해설

주의의 특징
• 선택성 : 여러 종류의 자극을 자각할 때 소수의 특정한 것에 한하여 주의가 집중된다.
• 방향성 : 한곳에 주의를 집중하면 다른 곳의 주의가 약해진다.
• 변동성 : 주의에는 주기적으로 부주의의 리듬이 존재한다.

07

인간의 적응기제(適應機制)에 포함되지 않는 것은?

① 갈등(conflict)
② 억압(repression)
③ 공격(aggression)
④ 합리화(rationalization)

해설

적응기제
• 자기방어의 기제 : 합리화, 변화, 동일시, 보상, 승화
• 자기도피의 기제 : 탈출 도피, 부정적인 태도, 퇴행, 억압, 백일몽
• 공격의 기제 : 저항, 위협, 비행, 보복, 선동, 공격

08

산업안전보건법상 직업병 유소견자가 발생하거나 다수 발생할 우려가 있는 경우에 실시하는 건강진단은?

① 특별 건강진단
② 일반 건강진단
③ 임시 건강진단
④ 채용 시 건강진단

해설

임시 건강진단 명령 등(시행규칙 제207조)
• 같은 부서에 근무하는 근로자 또는 같은 유해인자에 노출되는 근로자에게 유사한 질병의 자각·타각 증상이 발생한 경우
• 직업병 유소견자가 발생하거나 여러 명이 발생할 우려가 있는 경우
• 그 밖에 지방고용노동관서의 장이 필요하다고 판단하는 경우

09

위험예지훈련 중 TBM(Tool Box Meeting)에 관한 설명으로 틀린 것은?

① 작업 장소에서 원형의 형태를 만들어 실시한다.
② 통상 작업 시작 전후 10분 정도 시간으로 미팅한다.
③ 토의는 다수인(30인)이 함께 수행한다.
④ 근로자 모두가 말하고 스스로 생각하고 '이렇게 하자.'라고 합의한 내용이 되어야 한다.

해설

토의는 소수인(10명 이하)이 좋다.

10

제조업자는 제조물의 결함으로 인하여 생명·신체 또는 재산에 손해를 입은 자에게 그 손해를 배상하여야 하는데 이를 무엇이라 하는가?(단, 해당 제조물에 대해서만 발생한 손해는 제외한다)

① 입증 책임
② 담보 책임
③ 연대 책임
④ 제조물 책임

해설

제조물 책임(제조물책임법 제3조)
제조업자는 제조물의 결함으로 생명·신체 또는 재산에 손해(그 제조물에 대하여만 발생한 손해는 제외한다)를 입은 자에게 그 손해를 배상하여야 한다.

11

하버드학파의 5단계 교수법에 해당되지 않는 것은?

① 교시(presentation)
② 연합(association)
③ 추론(reasoning)
④ 총괄(generalization)

해설

하버드학파의 5단계 교수법
준비 – 교시 – 연합 – 총괄 – 응용

12

객관적인 위험을 자기 나름대로 판정해서 의지 결정을 하고 행동에 옮기는 인간의 심리특성은?

① 세이프 테이킹(safe taking)
② 액션 테이킹(action taking)
③ 리스크 테이킹(risk taking)
④ 휴먼 테이킹(human taking)

해설

리스크 테이킹(risk taking, 위험 감수)
객관적인 위험을 자기 스스로 판단하여 의지 결정 후 행동을 실천하는 것

13

재해 예방의 4원칙에 해당하지 않는 것은?

① 예방 가능의 원칙
② 손실 우연의 원칙
③ 원인 계기의 원칙
④ 선취 해결의 원칙

해설

산업재해 방지의 4원칙
- 예방 가능의 원칙 : 재해사고는 예방 가능하지만, 노력의 한계가 있다.
- 손실 우연의 원칙 : 사고 발생 당시 주변조건에 따라 손실의 크기가 달라진다.
- 원인 계기의 원칙 : 사고와 그 원인은 필연적인 인과관계로 이루어져 있다.
- 대책 선정의 원칙 : 가장 적절한 안전대책을 선정하고 차선책까지 고려해야 한다.

14

방독마스크의 정화통 색상으로 틀린 것은?

① 유기화합물용 – 갈색
② 할로겐용 – 회색
③ 황화수소용 – 회색
④ 암모니아용 – 노란색

해설

방독마스크의 정화통 색상과 시험가스(보호구 안전인증 고시 별표 5)

종류	색상	시험가스
유기화합물용	갈색	사이클로헥산, 다이메틸에테르, 이소부탄
할로겐용	회색	염소가스 또는 증기
황화수소용		황화수소가스
사이안화수소용		사이안화수소
아황산용	노란색	아황산 가스
암모니아용	녹색	암모니아 가스

15

다음 중 스트레스(stress)에 관한 설명으로 가장 적절한 것은?

① 스트레스는 나쁜 일에서만 발생한다.
② 스트레스는 부정적인 측면만 가지고 있다.
③ 스트레스는 직무 몰입과 생산성 감소의 직접적인 원인이 된다.
④ 스트레스 상황에 직면하는 기회가 많을수록 스트레스 발생 가능성은 낮아진다.

해설

① 스트레스는 나쁜 일과 좋은 일에서 모두 발생한다.
② 스트레스는 긍정적인 측면과 부정적인 측면이 있다.
④ 스트레스 상황에 직면하는 기회가 많을수록 스트레스 발생 가능성은 높아진다.

16

누전차단장치 등과 같은 안전장치를 정해진 순서에 따라 작동시키고 동작 상황의 양부를 확인하는 점검은?

① 외관점검　　　　② 작동점검
③ 기술점검　　　　④ 종합점검

해설

안전점검 실시방법
- 외관점검 : 시각, 촉각 등에 의해 기기의 배치 상태, 손상, 부식, 진동, 발열, 누유 등을 조사하고 점검 기준에 의해 양부를 확인한다.
- 작동점검 : 안전장치나 누전차단기 등을 정해진 순서대로 작동시켜 상황의 양부를 확인한다.
- 기능점검 : 간단한 조작을 행하여 대상 기기의 양부를 확인한다.
- 종합점검 : 정해진 점검 기준에 의해 측정·검사를 행하고, 일정한 조건하에서 운전시험을 행하여 그 기계설비의 종합적인 기능을 확인한다.

17

재해 발생 형태별 분류 중 물건이 주체가 되어 사람이 상해를 입는 경우에 해당되는 것은?

① 추락 ② 전도
③ 충돌 ④ 낙하·비래

18

산업안전보건법령상 특별안전·보건교육의 대상작업에 해당하지 않는 것은?

① 석면 해체·제거작업
② 밀폐된 장소에서 하는 용접작업
③ 화학설비 취급품의 검수·확인작업
④ 2m 이상의 콘크리트 인공구조물의 해체작업

해설

특별교육 대상 작업별 교육(시행규칙 별표 5)
• 화학설비 중 반응기, 교반기·추출기의 사용 및 세척작업
• 화학설비의 탱크 내 작업

19

안전을 위한 동기부여로 틀린 것은?

① 기능을 숙달시킨다.
② 경쟁과 협동을 유도한다.
③ 상벌제도를 합리적으로 시행한다.
④ 안전목표를 명확히 설정하여 주지시킨다.

해설

안전을 위한 동기부여 방법
• 안전의 근본이념을 확실히 인식시킬 것
• 안전목표는 명확히 설정할 것
• 결과를 알려줄 것
• 상 또는 벌을 줄 것
• 경쟁과 협동을 유도할 것
• 동기유발이나 최적 수준을 유지할 것

20

안전교육의 3단계에서 생활지도, 작업동작지도 등을 통한 안전의 습관화를 위한 교육은?

① 지식교육 ② 기능교육
③ 태도교육 ④ 인성교육

해설

안전교육의 3단계
• 지식교육 : 강의나 시청각 교육을 통해 지식을 전달하고 이해시키는 것이다.
• 기능교육 : 시범, 견학, 실습, 현장실습교육을 통해 경험을 체득하고 이해시키는 것이다.
• 태도교육 : 작업동작지도, 생활지도 등을 통해 안전의 습관화를 이루는 것이다.

21

인간 – 기계시스템에 대한 평가에서 평가 척도나 기준(criteria)으로서 관심의 대상이 되는 변수는?

① 독립변수 ② 종속변수

③ 확률변수 ④ 통제변수

22

화학설비의 안전성 평가과정에서 제3단계인 정량적 평가 항목에 해당되는 것은?

① 목록

② 공정계통도

③ 화학설비 용량

④ 건조물의 도면

화학설비의 안전성 평가(안전성 평가의 5단계)
• 제1단계 : 관계자료의 작성 준비
• 제2단계 : 정성적 평가
• 제3단계 : 정량적 평가(항목)
 – 각 구성요소의 물질
 – 화학설비의 용량
 – 온도
 – 압력
 – 조작
• 제4단계 : 안전대책
 – 설비에 대한 대책 : 안전장치 및 방재장치에 관한 배려
 – 관리적인 대책 : 인원 배치, 교육훈련 및 보전에 관한 배려
• 제5단계 : 재평가(재해 정보 및 FTA에 의한 재평가)
 – 위험 등급이 Ⅰ등급에 해당하는 플랜트에 대해서 FTA에 의한 재평가 실시

23

다음 FTA 그림에서 a, b, c의 부품 고장률이 각각 0.01일 때, 최소 컷셋(minimal cut sets)과 신뢰도로 옳은 것은?

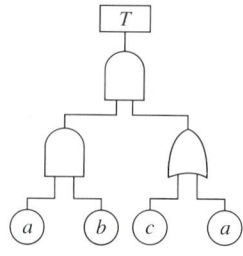

① $\{a, b\}$, $R(t) = 99.99\%$

② $\{a, b, c\}$, $R(t) = 98.99\%$

③ $\{a, c\}$, $R(t) = 96.99\%$
$\{a, b\}$

④ $\{a, c\}$, $R(t) = 97.99\%$
$\{a, b, c\}$

$T = (ab)(c+a) = abc + a(ab) = abc + ab = ab(c+1) = ab$

이므로 최소 컷셋은 $\{a, b\}$이다.
각 부품의 고장률이 0.01이므로,
각 부품의 신뢰도는 $1 - 0.01 = 0.99$이고
전체 신뢰도는

$R(t) = 1 - (1 - 0.99^2)\left[1 - \left\{1 - (1 - 0.99)^2\right\}\right]$
$\simeq 0.9999$
$= 99.99\%$

24

FT도에 사용되는 기호 중 입력신호가 생긴 후 일정시간이 지속된 후에 출력이 생기는 것을 나타내는 것은?

① OR게이트

② 위험지속기호

③ 억제게이트

④ 배타적 OR게이트

해설

① OR게이트 : 2개 이상의 입력에 대한 출력 1개를 얻는 게이트

③ 억제게이트 : 입력이 게이트 조건에 만족할 때 발생하는 게이트

④ 배타적 OR게이트 : OR게이트이지만 2개 또는 2 이상의 입력이 동시에 존재하는 경우 출력이 일어나지 않는 게이트

25

자동차나 항공기의 앞 유리 또는 차양판 등에 정보를 중첩 투사하는 표시장치는?

① CRT   ② LCD

③ HUD   ④ LED

해설

HUD(Head Up Display)는 전방표시장치이다.

26

암호체계 사용상의 일반적인 지침에 해당하지 않는 것은?

① 암호의 검출성

② 부호의 양립성

③ 암호의 표준화

④ 암호의 단일 차원화

해설

암호체계 사용상의 일반적인 지침

• 암호의 검출성

• 부호의 양립성

• 암호의 표준화

• 부호의 의미

• 암호의 다차원화

• 암호의 변별성

27

일반적인 수공구의 설계원칙으로 볼 수 없는 것은?

① 손목을 곧게 유지한다.

② 반복적인 손가락 동작을 피한다.

③ 사용이 용이한 검지만 주로 사용한다.

④ 손잡이는 접촉 면적을 가능하면 크게 한다.

해설

수공구 설계의 원칙

• 손목을 곧게 편다.

• 손가락으로 지나친 반복 동작을 하지 않는다.

• 손바닥면에 압력이 가해지지 않도록(접촉면을 크게) 한다.

• 안전측면을 고려한 디자인이어야 한다.

• 적절한 장갑을 사용한다.

• 왼손잡이 및 장애인을 위한 배려를 해야 한다.

• 공구의 무게를 줄이고 균형을 유지한다.

28

광원으로부터의 직사 휘광을 줄이기 위한 방법으로 적절하지 않은 것은?

① 휘광원 주위를 어둡게 한다.
② 가리개, 갓, 차양 등을 사용한다.
③ 광원을 시선에서 멀리 위치시킨다.
④ 광원의 수는 늘리고 휘도는 줄인다.

해설

직사 휘광을 줄이기 위해서는 휘광원 주위를 밝게 하여 광속 발산비(휘도)를 줄인다.

29

신뢰성과 보전성을 효과적으로 개선하기 위해 작성하는 보전기록자료로서 가장 거리가 먼 것은?

① 자재관리표
② MTBF 분석표
③ 설비이력카드
④ 고장원인대책표

해설

신뢰성과 보전성을 효과적으로 개선하기 위해 작성하는 보전기록자료
MTBF 분석표, 설비이력카드, 고장원인대책표

30

통제표시비(control/display ratio)를 설계할 때 고려하는 요소에 관한 설명으로 틀린 것은?

① 통제표시비가 낮다는 것은 민감한 장치라는 것을 의미한다.
② 목시거리(目示距離)가 길면 길수록 조절의 정확도는 떨어진다.
③ 짧은 주행시간 내에 공차의 인정범위를 초과하지 않는 계기를 마련한다.
④ 계기의 조절시간이 짧게 소요되도록 계기의 크기(size)는 항상 작게 설계한다.

해설

계기의 크기
크기가 작으면 오차가 많이 발생하므로, 계기의 조절시간에 짧게 소요되는 적절한 크기로 설계해야 한다.

31

다음 중 연마작업장의 가장 소극적인 소음대책은?

① 음향처리제를 사용할 것
② 방음보호용구를 착용할 것
③ 덮개를 씌우거나 창문을 닫을 것
④ 소음원으로부터 적절하게 배치할 것

해설

방음보호용구 착용은 연마작업장의 가장 소극적인 소음대책이며, 적극적인 대책은 문제의 원인 자체를 해결하는 것이다.

32

다음의 설명에서 ( ) 안의 내용을 맞게 나열한 것은?

> 40phon은 (㉠)sone을 나타내며, 이는 (㉡)dB의 (㉢) Hz 순음의 크기를 나타낸다.

① ㉠ 1, ㉡ 40, ㉢ 1,000
② ㉠ 1, ㉡ 32, ㉢ 1,000
③ ㉠ 2, ㉡ 40, ㉢ 2,000
④ ㉠ 2, ㉡ 32, ㉢ 2,000

33

위험 조정을 위해 필요한 기술은 조직 형태에 따라 다양하며 4가지로 분류하였을 때 이에 속하지 않는 것은?

① 전가(transfer)
② 보류(retention)
③ 계속(continuation)
④ 감축(reduction)

해설

위험 조정을 위한 필요한 기술 4가지(ARRT)
• 회피(Avoidance)
• 감축(Reduction)
• 보류(Retention)
• 전가(Transfer)

34

체내에서 유기물을 합성하거나 분해하는 데는 반드시 에너지의 전환이 뒤따른다. 이것을 무엇이라 하는가?

① 에너지 변환
② 에너지 합성
③ 에너지 대사
④ 에너지 소비

해설

에너지 대사
생물체 내에서 일어나고 있는 에너지의 방출, 전환, 저장 및 이용의 모든 과정이다.

35

전통적인 인간 – 기계(man–machine)체계의 대표적 유형과 거리가 먼 것은?

① 수동체계
② 기계화 체계
③ 자동체계
④ 인공지능체계

해설

전통적인 인간 – 기계(man–machine)체계의 대표적 유형
• 수동체계 : 인간이 동력원이다.
• 기계화 체계 : 기계가 동력원이고, 인간은 운전을 담당한다.
• 자동체계 : 기계가 동력원이며 운전을 하고, 인간은 감시·입력·정비를 담당한다.

36

다음 그림 중 형상 암호화된 조종장치에서 단회전용 조종장치로 가장 적절한 것은?

①
②
③
④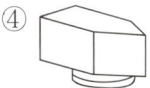

해설

②, ③ 다회전용 조종장치
④ 이산멈춤위치용 조종장치

37

작업장에서 구성요소를 배치하는 인간공학적 원칙과 가장 거리가 먼 것은?

① 중요도의 원칙
② 선입선출의 원칙
③ 기능성의 원칙
④ 사용 빈도의 원칙

해설

작업장에서 구성요소를 배치하는 인간공학적 원칙
• 중요도의 원칙
• 사용 빈도의 원칙
• 기능성의 원칙
• 사용 순서의 원칙

38

동전 던지기에서 앞면이 나올 확률 P(앞) = 0.6이고, 뒷면이 나올 확률 P(뒤) = 0.4일 때 앞면과 뒷면이 나올 사건의 정보량을 각각 맞게 나타낸 것은?

① 앞면 : 0.10bit, 뒷면 : 1.00bit
② 앞면 : 0.74bit, 뒷면 : 1.32bit
③ 앞면 : 1.32bit, 뒷면 : 0.74bit
④ 앞면 : 2.00bit, 뒷면 : 1.00bit

해설

• 앞면이 나올 사건의 정보량 : $H = \log_2\left(\dfrac{1}{0.6}\right) \simeq 0.74\text{bit}$

• 뒷면이 나올 사건의 정보량 : $H = \log_2\left(\dfrac{1}{0.4}\right) \simeq 1.32\text{bit}$

39

어떤 결함수의 쌍대결함수를 구하고, 컷셋을 찾아내어 결함(사고)을 예방할 수 있는 최소의 조합을 의미하는 것은?

① 최대 컷셋
② 최소 컷셋
③ 최대 패스셋
④ 최소 패스셋

해설

최소 패스셋
• 결함수의 쌍대결함수를 구하고, 컷셋을 찾아내어 결함(사고)을 예방할 수 있는 최소의 조합이다.
• FTA에서 시스템의 기능을 살리는 데 필요한 최소 요인의 집합이다.
• 시스템의 신뢰성을 나타낸다.

40

인간 – 기계시스템에서의 신뢰도 유지 방안으로 가장 거리가 먼 것은?

① lock system
② fail safe system
③ fool proof system
④ risk assessment system

41

금형조정작업 시 슬라이드가 갑자기 작동하는 것으로부터 근로자를 보호하기 위하여 가장 필요한 안전장치는?

① 안전블록
② 클러치
③ 안전 1행정 스위치
④ 광전자식 방호장치

해설

금형조정작업의 위험 방지(산업안전보건기준에 관한 규칙 제104조)
사업주는 프레스 등의 금형을 부착·해체 또는 조정하는 작업을 할 때 해당 작업에 종사하는 근로자의 신체가 위험한계 내에 있는 경우 슬라이드가 갑자기 작동함으로써 근로자에게 발생할 우려가 있는 위험을 방지하기 위하여 안전블록을 사용하는 등 필요한 조치를 하여야 한다.

42

프레스 작업 중 작업자의 신체 일부가 위험한 작업점으로 들어가면 자동적으로 정지되는 기능이 있는데, 이러한 안전대책을 무엇이라고 하는가?

① 풀 프루프(fool proof)
② 페일 세이프(fail safe)
③ 인터로크(interlock)
④ 리밋스위치(limit switch)

해설

• fool proof : 인간이 기계 등의 취급을 잘못해도 바로 사고나 재해와 연결되는 일이 없도록 안전하게 작동하는 기구
• fail safe : 기계가 고장 났을 경우 그대로 폭주해서 사고, 재해로 연결되지 않도록 안전을 확보하는 기구

43

다음 중 취급운반 시 준수해야 할 원칙으로 틀린 것은?

① 연속 운반으로 할 것
② 직선 운반으로 할 것
③ 운반작업을 집중화시킬 것
④ 생산을 최소로 하도록 운반할 것

해설

취급운반 시의 원칙
• 연속 운반을 할 것
• 직선 운반을 할 것
• 운반작업을 집중화시킬 것
• 생산을 최대로 하는 운반을 할 것
• 시간과 경비를 최대한 절약할 수 있는 운반방법을 고려할 것

44

프레스기에 사용하는 양수 조작식 방호장치의 일반구조에 관한 설명 중 틀린 것은?

① 1행정 1정지 기구에 사용할 수 있어야 한다.
② 누름 버튼을 양손으로 동시에 조작하지 않으면 작동시킬 수 없는 구조이어야 한다.
③ 양쪽 버튼의 작동시간 차이는 최대 0.5초 이내일 때 프레스가 동작되도록 해야 한다.
④ 방호장치는 사용전원전압의 ±50%의 변동에 대하여 정상적으로 작동되어야 한다.

해설

방호장치는 사용전원전압의 ±20%의 변동에 대하여 정상적으로 작동되어야 한다(방호장치 안전인증 고시 별표 1).

45

피복아크용접작업 시 생기는 결함에 대한 설명 중 틀린 것은?

① 스패터(spatter) : 용융된 금속의 작은 입자가 튀어 나와 모재에 묻어 있는 것

② 언더컷(under cut) : 전류가 과대하고 용접속도가 너무 빠르며, 아크를 짧게 유지하기 어려운 경우 모재 및 용접부의 일부가 녹아서 발생하는 홈 또는 오목하게 생긴 부분

③ 크레이터(crater) : 용착금속 속에 남아 있는 가스로 인하여 생긴 구멍

④ 오버랩(overlap) : 용접봉의 운행이 불량하거나 용접봉의 용융온도가 모재보다 낮을 때 과잉 용착금속이 남아 있는 부분

해설

• 기공(blow hole) : 용착금속 속에 남아 있는 가스로 인하여 생긴 구멍의 결함
• 크레이터(crater) : 아크를 끊을 때나 용접속도가 빠를 때 비드 끝부분이 오목하게 들어가는 것

46

다음 중 선반(lathe)의 방호장치에 해당하는 것은?

① 슬라이드(slide)

② 섬암대(tail stock)

③ 주축대(head stock)

④ 척 가드(chuck guard)

해설

선반(lathe)의 방호장치

• 쉴드(shield)
• 칩 브레이커(chip breaker)
• 척 커버(척 가드, chuck guard)
• 브레이크
• 방진구
• 고정 브리지(bridge)

47

안전계수 5인 로프의 절단하중이 4,000N이라면 이 로프는 몇 N 이하의 하중을 매달아야 하는가?

① 500

② 800

③ 1,000

④ 1,600

해설

안전계수(S)

하중을 x라 하면

$$5 = \frac{4,000}{x}$$

$$\therefore \ x = \frac{4,000}{5} = 800N$$

48

산업안전보건법령에 따라 아세틸렌 발생기실에 설치해야 할 배기통은 얼마 이상의 단면적을 가져야 하는가?

① 바닥 면적의 1/16

② 바닥 면적의 1/20

③ 바닥 면적의 1/24

④ 바닥 면적의 1/30

해설

바닥 면적의 16분의 1 이상의 단면적을 가진 배기통을 옥상으로 돌출시키고, 그 개구부를 창이나 출입구로부터 1.5m 이상 떨어지도록 한다(산업안전보건기준에 관한 규칙 제287조).

49

롤러기에서 앞면 롤러의 지름이 200mm, 회전속도가 30rpm인 롤러의 무부하 동작에서의 급정지거리로 옳은 것은?

① 66mm 이내

② 84mm 이내

③ 209mm 이내

④ 248mm 이내

해설

롤러의 원주속도 $v = \dfrac{\pi dn}{1,000} = \dfrac{3.14 \times 200 \times 30}{1,000} \simeq 18.8\text{m/min}$

롤러의 원주속도 30m/min 미만이므로, 급정지거리는 앞면 롤러 원주의 1/3 이내이다.

따라서 급정지거리는 $\pi d \times \dfrac{1}{3} = 3.14 \times 200 \times \dfrac{1}{3} \simeq 209\text{mm}$ 이내이다.

50

정(chisel)작업의 일반적인 안전수칙으로 틀린 것은?

① 따내기 및 칩이 튀는 가공에서는 보안경을 착용하여야 한다.

② 절단작업 시 절단된 끝이 튀는 것을 조심하여야 한다.

③ 작업을 시작할 때는 가급적 정을 세게 타격하고 점차 힘을 줄여 간다.

④ 담금질된 철강재료는 정가공을 하지 않는 것이 좋다.

해설

정작업 시 처음에는 가볍게 두드리고, 점차 힘을 가한 후 작업이 끝날 때는 가볍게 두드린다.

51

다음과 같은 작업조건일 경우 와이어로프의 안전율은?

작업대에서 사용된 와이어로프 1줄의 파단하중이 100kN, 인양하중이 40kN, 로프의 줄 수가 2줄

① 2 　　　　　② 2.5

③ 4 　　　　　④ 5

해설

와이어로프의 안전율(S)은 절단하중값을 해당 와이어로프에 걸리는 하중의 최댓값으로 나눈 값이다.

안전계수(S) $= \dfrac{100 \times 2}{40} = 5$

52

컨베이어 역전방지장치의 형식 중 전기식 장치에 해당하는 것은?

① 래칫 브레이크

② 밴드 브레이크

③ 롤러 브레이크

④ 스러스트 브레이크

해설

역전방지장치 형식에 따른 컨베이어의 분류

• 기계식 : 래칫식, 밴드식, 롤러식

• 전기식 : 전기식, 스러스트식

53

공장설비의 배치계획에서 고려할 사항이 아닌 것은?

① 작업의 흐름에 따라 기계 배치
② 기계설비의 주변 공간 최소화
③ 공장 내 안전통로 설정
④ 기계설비의 보수점검 용이성을 고려한 배치

해설

공장설비의 배치계획에서 고려해야 할 사항
• 기계, 설비 주위에는 공간을 충분히 확보한다.
• 원자재 또는 제품 저장 공간을 충분히 확보한다.
• 압력용기, 고속 회전체, 고압전기설비, 폭발성 물품을 취급하는 기계, 설비 등의 설치는 작업자의 관계 위치, 원격거리 등을 고려한다.
• 장내의 확장을 고려하여 설계 및 배치한다.

54

다음 중 기계설비에 의해 형성되는 위험점이 아닌 것은?

① 회전말림점
② 접선분리점
③ 협착점
④ 끼임점

해설

기계설비에 의해 형성되는 위험점
• 협착점
• 끼임점
• 절단점
• 물리점
• 접선물림점
• 회전말림점

55

가스용접에서 역화의 원인으로 볼 수 없는 것은?

① 토치성능이 부실한 경우
② 취관이 작업 소재에 너무 가까이 있는 경우
③ 산소 공급량이 부족한 경우
④ 토치 팁에 이물질이 묻은 경우

해설

용접 중 호스에 공기 또는 산소가 혼입되거나 압력조정기의 고장으로 산소 공급이 많은 경우, 토치 입구가 막힐 경우에 역화현상이 발생한다.

56

위험기계에 조작자의 신체 부위가 의도적으로 위험점 밖에 있도록 하는 방호장치는?

① 덮개형 방호장치
② 차단형 방호장치
③ 위치제한형 방호장치
④ 접근반응형 방호장치

해설

위치제한형 방호장치
위험점에 접근하지 못하도록 기계 · 기구의 구동 부분과 작동스위치, 비상스위치 등을 작업자의 초당 이동거리를 감안해서 안전거리를 확보함으로써 작업자를 방호하는 방법이다(예 프레스의 양수 조작식 방호장치 등).

57

선반작업에 대한 안전수칙으로 틀린 것은?

① 척 핸들은 항상 척에 끼워 둔다.
② 베드 위에 공구를 올려놓지 않아야 한다.
③ 바이트를 교환할 때는 기계를 정지시키고 한다.
④ 일감의 길이가 외경과 비교하여 매우 길 때는 방진구를 사용한다.

해설

공작물의 설치가 끝나면 척 핸들과 렌치는 떼어놓고, 공구 등을 기계 위에 올려놓으면 안 된다.

58

양중기에 사용 가능한 와이어로프에 해당하는 것은?

① 와이어로프의 한 꼬임에서 끊어진 소선의 수가 10% 초과한 것
② 심하게 변형 또는 부식된 것
③ 지름의 감소가 공칭 지름의 7% 이내인 것
④ 이음매가 있는 것

달비계에 사용 불가한 와이어로프(산업안전보건기준에 관한 규칙 제63조)

• 이음매가 있는 것
• 와이어로프의 한 꼬임[스트랜드(strand)를 말한다]에서 끊어진 소선(素線)[필러(pillar)선은 제외한다]의 수가 10% 이상(비자전로프의 경우에는 끊어진 소선의 수가 와이어로프 호칭 지름의 6배 길이 이내에서 4개 이상이거나 호칭 지름 30배 길이 이내에서 8개 이상)인 것
• 지름의 감소가 공칭 지름의 7%를 초과하는 것
• 꼬인 것
• 심하게 변형되거나 부식된 것
• 열과 전기 충격에 의해 손상된 것

59

프레스의 방호장치 중 확동식 클러치가 적용된 프레스에 한해서만 적용 가능한 방호장치로만 나열된 것은?(단, 방호장치는 한 가지 종류만 사용한다고 가정한다)

① 광전자식, 수인식
② 양수 조작식, 손쳐내기식
③ 광전자식, 양수 조작식
④ 손쳐내기식, 수인식

방호장치 구분	확동식 클러치		마찰식 클러치	
	120SPM 미만	120SPM 이상	120SPM 미만	120SPM 이상
게이트 가드식	○	○	○	○
손쳐내기식	○	×	○	×
수인식	○	×	○	×
양수 조작식	×	○(양수기 동식)	○	○
광전자식	×	×	○	○

60

산업안전보건법령에 따라 압력용기에 설치하는 안전밸브의 설치 및 작동에 관한 설명으로 틀린 것은?

① 다단형 압축기에는 각 단별로 안전밸브 등을 설치하여야 한다.
② 안전밸브는 이를 통하여 보호하려는 설비의 최저사용압력 이하에서 작동되도록 설정하여야 한다.
③ 화학공정 유체와 안전밸브의 디스크 또는 시트가 직접 접촉될 수 있도록 설치된 경우에는 매년 1회 이상 국가교정기관에서 교정을 받은 압력계를 이용하여 검사한 후 납으로 봉인하여 사용한다.
④ 공정안전보고서 이행 상태 평가결과가 우수한 사업장의 안전밸브의 경우 검사주기는 4년마다 1회 이상이다.

안전밸브 등의 작동요건(산업안전보건기준에 관한 규칙 제264조)

사업주는 설치한 안전밸브 등이 안전밸브 등을 통하여 보호하려는 설비의 최고사용압력 이하에서 작동되도록 하여야 한다. 다만, 안전밸브 등이 2개 이상 설치된 경우에 1개는 최고사용압력의 1.05배(외부 화재를 대비한 경우에는 1.1배) 이하에서 작동되도록 설치할 수 있다.

61

다음 정의에 해당하는 방폭구조는?

> 전기기기의 과도한 온도 상승, 아크 또는 불꽃 발생의 위험을 방지하기 위하여 추가적인 안전조치를 통한 안전도를 증가시킨 방폭구조를 말한다.

① 내압 방폭구조
② 유입 방폭구조
③ 안전증 방폭구조
④ 본질안전 방폭구조

해설

안전증 방폭구조
전기기기의 과도한 온도 상승, 아크 또는 불꽃 발생의 위험을 방지하기 위하여 추가적인 안전조치를 통한 안전도를 증가시킨 방폭구조이다. 다만, 정상 운전 중에 아크나 불꽃을 발생시키는 전기기기는 안전증 방폭구조의 전기기기 범위에서 제외한다.

62

근로자가 활선작업용 기구를 사용하여 작업할 경우 근로자의 신체 등과 충전전로 사이의 사용전압별 접근한계거리가 틀린 것은?

① 15kV 초과 37kV 이하 : 80cm
② 37kV 초과 88kV 이하 : 110cm
③ 121kV 초과 145kV 이하 : 150cm
④ 242kV 초과 362kV 이하 : 380cm

해설

충전전로에서 작업 시 접근한계거리(산업안전보건기준에 관한 규칙 제321조)

충전전로의 선간전압[kV]	충전전로에 대한 접근한계거리[cm]
0.3 이하	접촉금지
0.3 초과 0.75 이하	30
0.75 초과 2.0 이하	45
2.0 초과 15 이하	60
15 초과 37 이하	90
37 초과 88 이하	110
88 초과 121 이하	130
121 초과 145 이하	150
145 초과 169 이하	170
169 초과 242 이하	230
242 초과 362 이하	380
362 초과 550 이하	550
550 초과 800 이하	790

63

정전기 제거방법으로 가장 거리가 먼 것은?

① 설비 주위를 가습한다.
② 설비의 금속 부분을 접지한다.
③ 설비의 주변에 적외선을 조사한다.
④ 정전기 발생 방지 도장을 실시한다.

해설

정전기 제거방법
• 접지에 의한 방법
• 공기를 이온화하는 방법
• 공기 중의 상대습도를 70% 이상으로 하는 방법
• 전도체를 사용하는 방법

64

활선작업 시 사용하는 안전장구가 아닌 것은?

① 절연용 보호구
② 절연용 방호구
③ 활선작업용 기구
④ 절연저항 측정기구

해설

절연용 보호구 등의 사용(산업안전보건기준에 관한 규칙 제323조)
사업주는 다음의 작업에 사용하는 절연용 보호구, 절연용 방호구, 활선작업용 기구, 활선작업용 장치에 대하여 각각의 사용목적에 적합한 종별·재질 및 치수의 것을 사용해야 한다.
• 밀폐 공간에서의 전기작업
• 이동 및 휴대장비 등을 사용하는 전기작업
• 정전전로 또는 그 인근에서의 전기작업
• 충전전로에서의 전기작업
• 충전전로 인근에서의 차량·기계장치 등의 작업

65

정상 운전 중의 전기설비가 점화원으로 작용하지 않는 것은?

① 변압기 권선
② 개폐기 접점
③ 직류전동기의 정류자
④ 권선형 전동기의 슬립링

해설

전기설비의 점화원
• 현재적 점화원
 – 전기기기 : 직류전동기의 정류자, 권선형 유도전동기의 슬립링 등
 – 고온부 : 전열기, 저항기, 전동기의 고온부 등
 – 보호장치 : 개폐기 및 차단기류의 접점, 제어기기 및 보호계전기의 전기접점 등
• 잠재적 점화원 : 전동기의 권선, 변압기의 권선, 마그넷 코일, 전기적 광원, 케이블, 기타 배선 등

66

인체가 전격을 당했을 경우 통전시간이 1초라면 심실세동을 일으키는 전룻값[mA]은?(단, 심실세동 전룻값은 Dalziel의 관계식을 이용한다)

① 100
② 165
③ 180
④ 215

해설

심실세동 전룻값(I)

$$\frac{165}{\sqrt{T}} = \frac{165}{\sqrt{1}} = 165mA$$

67

건설현장에서 사용하는 임시 배선의 안전대책으로 거리가 먼 것은?

① 모든 전기기기의 외함은 접지시켜야 한다.
② 임시 배선은 다심케이블을 사용하지 않아도 된다.
③ 배선은 반드시 분전반 또는 배전반에서 인출해야 한다.
④ 지상 등에서 금속판으로 방호할 때는 그 금속관을 접지해야 한다.

해설

임시 배선은 전선은 다심케이블을 사용해야 하며, 이동식의 경우 유연성이 좋아야 한다.

68

제1종 또는 제2종 접지공사에 사용하는 접지선에 사람이 접촉할 우려가 있는 경우 접지공사방법으로 틀린 것은?

① 접지극은 지하 75cm 이상 깊이에 묻을 것
② 접지선을 시설한 지지물에는 피뢰침용 지선을 시설하지 않을 것
③ 접지선은 캡타이어케이블, 절연전선 또는 통신용 케이블 이외의 케이블을 사용할 것
④ 지하 60cm부터 지표위 1.5m까지의 부분은 접지선은 합성수지관 또는 몰드로 덮을 것

해설

지하 75cm부터 지표 위 2m까지 부분의 접지선은 합성수지관 또는 몰드로 덮어야 한다.

69

전기화재의 원인을 직접원인과 간접원인으로 구분할 때 직접원인과 거리가 먼 것은?

① 애자의 오손
② 과전류
③ 누전
④ 절연열화

해설

전기화재의 원인
- 직접원인 : 과전류, 누전, 절연열화, 단락합선 등
- 간접원인 : 애자의 오손, 애자의 기계적 강도 저하, 피뢰기의 손상접지, 절연저항 등

70

정전기의 발생에 영향을 주는 요인과 가장 거리가 먼 것은?

① 박리속도
② 물체의 표면 상태
③ 접촉 면적 및 압력
④ 외부 공기의 풍속

해설

정전기 발생에 영향을 주는 요인
- 물체의 특성
- 물체의 표면 상태
- 물질의 이력
- 접촉 면적 및 압력
- 분리속도

71

알루미늄 금속분말에 대한 설명으로 틀린 것은?

① 분진폭발의 위험성이 있다.

② 연소 시 열을 발생한다.

③ 분진폭발을 방지하기 위해 물속에 저장한다.

④ 염산과 반응하여 수소가스를 발생한다.

해설

알루미늄 분말이 공기 중에 섞이면 분진폭발을 일으킬 수 있다. 분말이 물, 산 또는 알칼리와 접촉하면 인화성이 높은 수소가 발생할 수 있다.

72

다음 중 가연성 가스가 아닌 것은?

① 이산화탄소

② 수소

③ 메탄

④ 아세틸렌

해설

불연성 가스

이산화탄소, 질소, 아르곤 등

73

다음 중 벤젠(C_6H_6)이 공기 중에서 연소될 때의 이론혼합비(화학양론조성)는?

① 0.72vol%   ② 1.22vol%

③ 2.72vol%   ④ 3.22vol%

해설

벤젠의 완전연소 조성농도(C_{st})

$$C_{st} = \frac{100}{1+4.773\left\{a+\dfrac{(b-c-2d)}{4}+e\right\}}$$

$$= \frac{100}{1+4.773\left\{6+\dfrac{6}{4}\right\}}$$

$$\simeq 2.72\text{vol}\%$$

74

다음은 산업안전보건법령상 파열판 및 안전밸브의 직렬 설치에 관한 내용이다. (　) 안에 알맞은 용어는?

> 사업주는 급성독성물질이 지속적으로 외부에 유출될 수 있는 화학설비 및 그 부속설비에 파열판과 안전밸브를 직렬로 설치하고 그 사이에는 압력지시계 또는 (　)을(를) 설치하여야 한다.

① 자동경보장치

② 차단장치

③ 플레어 헤드

④ 콕

해설

파열판 및 안전밸브의 직렬 설치(산업안전보건기준에 관한 규칙 제263조)

사업주는 급성독성물질이 지속적으로 외부에 유출될 수 있는 화학설비 및 그 부속설비에 파열판과 안전밸브를 직렬로 설치하고 그 사이에는 압력지시계 또는 자동경보장치를 설치하여야 한다.

75

산업안전보건법령상 용해 아세틸렌의 가스집합용접장치의 배관 및 부속기구에는 구리나 구리 함유량이 몇 % 이상인 합금을 사용할 수 없는가?

① 40   ② 50

③ 60   ④ 70

해설

구리의 사용 제한(산업안전보건기준에 관한 규칙 제294조)
사업주는 용해 아세틸렌의 가스집합용접장치의 배관 및 부속기구는 구리나 구리 함유량이 70% 이상인 합금을 사용해서는 아니 된다.

76

다음 중 분진폭발의 발생 위험성을 낮추는 방법으로 적절하지 않은 것은?

① 주변의 점화원을 제거한다.
② 분진이 날리지 않도록 한다.
③ 분진과 그 주변의 온도를 낮춘다.
④ 분진입자의 표면적을 크게 한다.

해설

분진폭발의 발생 위험성을 낮추는 방법
• 주변의 점화원을 제거한다.
• 분진이 날리지 않도록 한다.
• 분진과 그 주변의 온도를 낮춘다.
• 분진 입자의 표면적을 작게 한다.

77

유해 · 위험물질 취급 시 보호구로서 구비조건이 아닌 것은?

① 방호성능이 충분할 것
② 재료의 품질이 양호할 것
③ 작업에 방해가 되지 않을 것
④ 외관이 화려할 것

해설

보호구의 구비조건
• 착용이 간편해야 한다.
• 작업에 방해되지 않아야 한다.
• 유해 · 위험요소에 대한 방호성능이 충분해야 한다.
• 재료의 품질이 양호해야 한다.
• 구조와 끝마무리가 양호해야 한다.
• 외관이 양호해야 한다.

78

공기 중에 3ppm의 다이메틸아민(dimethylamine, TLV-TWA : 10ppm)과 20ppm의 사이클로헥산올(cyclohexanol, TLV-TWA : 50ppm)이 있고, 10ppm의 산화프로필렌(propylene oxide, TLV-TWA : 20ppm)이 존재한다면 혼합 TLV-TWA 몇 ppm인가?

① 12.5   ② 22.5

③ 27.5   ④ 32.5

해설

혼합물의 허용농도(C)

$$C = \frac{C_1 + C_2 + C_3}{R}$$

$$= \frac{3 + 20 + 10}{\dfrac{C_1}{T_1} + \dfrac{C_2}{T_2} + \dfrac{C_3}{T_3}} = \frac{33}{\dfrac{3}{10} + \dfrac{20}{50} + \dfrac{10}{20}} = \frac{33}{1.2}$$

$$= 27.5 \text{ppm}$$

79

건조설비의 사용에 있어 500~800℃ 범위의 온도에 가열된 스테인리스강에서 주로 일어나며, 탄화크롬이 형성되었을 때 결정경계면의 크롬 함유량이 감소하여 발생되는 부식 형태는?

① 전면부식

② 층상부식

③ 입계부식

④ 격간부식

해설

① 전면부식 : 금속의 표면이 일정하게 녹으로 변해가며 금속의 두께가 어느 부분이라도 같은 속도로 소모되는 부식 형태이다.

② 층상부식(박리부식) : 금속 내부에 층상으로 발생하는 부식으로, 경우에 따라서는 박리가 일어난다.

④ 격간부식(접촉부식) : 주로 금속과 비금속재료와의 접촉부에서 발생하는 부식 형태로, 일반적으로 나사 연결부에서 발생한다.

80

위험물안전관리법령상 칼륨에 의한 화재에 적응성이 있는 것은?

① 건조사(마른 모래)

② 포소화기

③ 이산화탄소 소화기

④ 할로겐화합물 소화기

해설

칼륨에 의한 화재에 적응성이 있는 것은 건조사(마른 모래), 팽창질석 또는 팽창진주암이다(위험물안전관리법 시행규칙 별표 17).

81

흙막이 가시설의 버팀대(strut)의 변형을 측정하는 계측기에 해당하는 것은?

① water level meter

② strain gauge

③ piezometer

④ load cell

해설

② strain gauge : 저항으로 이루어진 센서로서, 피측정물에 부착되어 물리적인 변형률(strain)을 전기적인 신호로 바꾸어 측정물의 변형량을 측정하는 저항게이지

① water level meter(지하수위계) : 지반 내 지하 수위의 변화를 측정하는 계측기기

③ piezometer(간극수압계) : 지중의 간극 수압을 측정하는 계측기기

④ load cell(하중계) : 흙막이 배면에 작용하는 측압 또는 어스앵커의 인장력을 측정하는 계측기기

82

사다리식 통로 등을 설치하는 경우 준수해야 할 기준으로 옳지 않은 것은?

① 접이식 사다리 기둥은 사용 시 접혀지거나 펼쳐지지 않도록 철물 등을 사용하여 견고하게 조치할 것

② 발판과 벽과의 사이는 25cm 이상의 간격을 유지할 것

③ 폭은 30cm 이상으로 할 것

④ 사다리식 통로의 길이가 10m 이상인 경우에는 5m 이내마다 계단참을 설치할 것

해설

발판과 벽과의 사이는 15cm 이상의 간격을 유지해야 한다(산업안전보건기준에 관한 규칙 제24조).

83

추락방지망의 달기 로프를 지지점에 부착할 때 지지점의 간격이 1.5m인 경우 지지점의 강도는 최소 얼마 이상이어야 하는가?

① 200kg
② 300kg
③ 400kg
④ 500kg

해설

$F = 200 \times B$
$\quad = 200 \times 1.5$
$\quad = 300kg$
여기서, B : 지지점의 간격

84

가설 통로를 설치하는 경우 준수해야 할 기준으로 옳지 않은 것은?

① 경사는 45° 이하로 할 것
② 경사가 15°를 초과하는 경우에는 미끄러지지 아니하는 구조로 할 것
③ 추락할 위험이 있는 장소에는 안전난간을 설치할 것
④ 수직갱에 가설된 통로의 길이가 15m 이상인 경우에는 10m 이내마다 계단참을 설치할 것

해설

가설 통로 설치 시 경사는 30° 이하로 할 것. 다만, 계단을 설치하거나 높이 2m 미만의 가설 통로로서 튼튼한 손잡이를 설치한 경우에는 그러하지 아니하다(산업안전보건기준에 관한 규칙 제23조).

85

유해위험방지계획서를 제출해야 하는 공사의 기준으로 옳지 않은 것은?

① 최대 지간 길이 30m 이상인 교량 건설 등 공사
② 깊이 10m 이상인 굴착공사
③ 터널 건설 등의 공사
④ 다목적 댐, 발전용 댐 및 저수용량 2천 만ton 이상의 용수 전용 댐, 지방상수도 전용 댐 건설 등의 공사

해설

유해위험방지계획서 제출 대상(시행령 제42조)
대통령령으로 정하는 크기, 높이 등에 해당하는 건설공사란 다음의 어느 하나에 해당하는 공사를 말한다.
- 다음의 어느 하나에 해당하는 건축물 또는 시설 등의 건설·개조 또는 해체(이하 '건설 등'이라 한다)공사
  - 지상 높이가 31m 이상인 건축물 또는 인공구조물
  - 연면적 30,000m² 이상인 건축물
  - 연면적 5,000m² 이상인 시설로서 다음의 어느 하나에 해당하는 시설
    ⓐ 문화 및 집회시설(전시장 및 동물원·식물원은 제외한다)
    ⓑ 판매시설, 운수시설(고속철도의 역사 및 집배송시설은 제외한다)
    ⓒ 종교시설
    ⓓ 의료시설 중 종합병원
    ⓔ 숙박시설 중 관광숙박시설
    ⓕ 지하도 상가
    ⓖ 냉동·냉장 창고시설
- 연면적 5,000m² 이상인 냉동·냉장 창고시설의 설비공사 및 단열공사
- 최대 지간 길이(다리의 기둥과 기둥의 중심 사이의 거리)가 50m 이상인 다리의 건설 등 공사
- 터널의 건설 등 공사
- 다목적 댐, 발전용 댐, 저수용량 2,000만ton 이상의 용수 전용 댐 및 지방상수도 전용 댐의 건설 등 공사
- 깊이 10m 이상인 굴착공사

86

굴착이 곤란한 경우 발파가 어려운 암석의 파쇄 굴착 또는 암석 제거에 적합한 장비는?

① 리퍼
② 스크레이퍼
③ 롤러
④ 드래그라인

87

중량물의 취급작업 시 근로자의 위험을 방지하기 위하여 사전에 작성하여야 하는 작업계획서 내용에 해당되지 않는 것은?

① 추락 위험을 예방할 수 있는 안전대책
② 낙하 위험을 예방할 수 있는 안전대책
③ 전도 위험을 예방할 수 있는 안전대책
④ 침수 위험을 예방할 수 있는 안전대책

88

콘크리트 타설용 거푸집에 작용하는 외력 중 연직 방향 하중이 아닌 것은?

① 고정하중
② 충격하중
③ 작업하중
④ 풍하중

89

화물을 적재하는 경우에 준수하여야 하는 사항으로 옳지 않은 것은?

① 침하 우려가 없는 튼튼한 기반 위에 적재할 것
② 건물의 칸막이나 벽 등이 화물의 압력에 견딜 만큼의 강도를 지니지 아니한 경우에는 칸막이나 벽에 기대어 적재하지 않도록 할 것
③ 불안정할 정도로 높이 쌓아 올리지 말 것
④ 편하중이 발생하도록 쌓아 적재효율을 높일 것

90

핸드 브레이커 취급 시 안전에 관한 유의사항으로 옳지 않은 것은?

① 기본적으로 현장 정리가 잘되어 있어야 한다.

② 작업 자세는 항상 하향 45° 방향으로 유지하여야 한다.

③ 작업 전 기계에 대한 점검을 철저히 한다.

④ 호스의 교차 및 꼬임 여부를 점검하여야 한다.

해설

브레이커 끝의 부러짐을 방지하기 위하여 작업 자세는 하향 수직 방향으로 유지하도록 하여야 한다(해체공사 안전보건작업 기술지침).

91

유한사면에서 사면 기울기가 비교적 완만한 점성토에서 주로 발생되는 사면파괴의 형태는?

① 저부파괴　　　　② 사면선단파괴

③ 사면내파괴　　　　④ 국부전단파괴

해설

저부파괴

사면의 응력 증가 또는 강도 감소로 인해 사면에서 기초 저부까지 파괴되는 현상이다.

92

산업안전보건관리비 중 안전시설비 등의 항목에서 사용 가능한 내역은?

① 외부인 출입금지, 공사장 경계표시를 위한 가설울타리

② 비계·통로·계단에 추가 설치하는 추락방지용 안전난간

③ 절토부 및 성토부 등의 토사 유실 방지를 위한 설비

④ 공사 목적물의 품질 확보 또는 건설장비 자체의 운행 감시, 공사 진척 상황 확인, 방범 등의 목적을 가진 CCTV 등 감시용 장비

해설

※ 출제 당시 정답은 ②였으나 건설업 산업안전보건관리비 계상 및 사용기준의 개정으로 안전관리비의 항목별 사용 불가내역은 삭제되어 정답 없음

93

추락방지용 방망을 구성하는 그물코의 모양과 크기로 옳은 것은?

① 원형 또는 사각으로서 그 크기는 10cm 이하이어야 한다.

② 원형 또는 사각으로서 그 크기는 20cm 이하이어야 한다.

③ 사각 또는 마름모로서 그 크기는 10cm 이하이어야 한다.

④ 사각 또는 마름모로서 그 크기는 20cm 이하이어야 한다.

해설

그물코는 사각 또는 마름모로서 그 크기는 10cm 이하이어야 한다(추락재해방지 표준안전작업지침 제3조).

94

지반조사의 방법 중 지반을 강관으로 천공하고 토사를 채취 후 여러 가지 시험을 시행하여 지반의 토질 분포, 흙의 층상과 구성 등을 알 수 있는 것은?

① 보링
② 표준관입시험
③ 베인테스트
④ 평판재하시험

해설

지반조사의 방법 중 보링(boring)은 지중을 천공하여 그 안의 토사를 채취하여 관찰할 수 있는 토질조사의 가장 중요한 방법으로, 지중 토질의 분포, 흙의 층상 및 구성을 알 수 있으며 주상도를 그릴 수 있다.

95

말비계를 조립하여 사용하는 경우의 준수사항으로 옳지 않은 것은?

① 지주부재의 하단에는 미끄럼방지장치를 할 것
② 지주부재와 수평면과의 기울기는 85° 이하로 할 것
③ 말비계의 높이가 2m를 초과할 경우에는 작업 발판의 폭을 40cm 이상으로 할 것
④ 지주부재와 지주부재 사이를 고정시키는 보조부재를 설치할 것

해설

말비계(산업안전보건기준에 관한 규칙 제67조)

사업주는 말비계를 조립하여 사용하는 경우에 다음의 사항을 준수하여야 한다.

- 지주부재(支柱部材)의 하단에는 미끄럼 방지장치를 하고, 근로자가 양측 끝부분에 올라서서 작업하지 않도록 할 것
- 지주부재와 수평면의 기울기를 75° 이하로 하고, 지주부재와 지주부재 사이를 고정시키는 보조부재를 설치할 것
- 말비계의 높이가 2m를 초과하는 경우에는 작업 발판의 폭을 40cm 이상으로 할 것

96

철골작업을 중지하여야 하는 제한 기준에 해당되지 않는 것은?

① 풍속이 초당 10m 이상인 경우
② 강우량이 시간당 1mm 이상인 경우
③ 강설량이 시간당 1cm 이상인 경우
④ 소음이 65dB 이상인 경우

해설

철골작업을 중지하여야 하는 기준(산업안전보건기준에 관한 규칙 제383조)

- 풍속이 초당 10m 이상인 경우
- 강우량이 시간당 1mm 이상인 경우
- 강설량이 시간당 1cm 이상인 경우

97

강관틀 비계의 높이가 20m를 초과하는 경우 주틀 간의 간격은 최대 얼마 이하로 사용해야 하는가?

① 1.0m
② 1.5m
③ 1.8m
④ 2.0m

해설

강관틀 비계의 높이가 20m를 초과하는 경우 주틀 간의 간격을 1.8m 이하로 해야 한다(산업안전보건기준에 관한 규칙 제62조).

98

철골공사에서 용접작업을 실시함에 있어 전격 예방을 위한 안전조치 중 옳지 않은 것은?

① 전격 방지를 위해 자동전격방지기를 설치한다.
② 우천, 강설 시에는 야외작업을 중단한다.
③ 개로전압이 낮은 교류용접기는 사용하지 않는다.
④ 절연 홀더(holder)를 사용한다.

해설

철골공사에서 용접작업 시 개로전압이 낮은 교류용접기를 사용해야 한다.

99

타워크레인의 운전작업을 중지하여야 하는 순간풍속 기준으로 옳은 것은?

① 초당 10m 초과
② 초당 12m 초과
③ 초당 15m 초과
④ 초당 20m 초과

해설

사업주는 순간풍속이 초당 10m를 초과하는 경우 타워크레인의 설치·수리·점검 또는 해체작업을 중지하여야 하며, 순간풍속이 초당 15m를 초과하는 경우에는 타워크레인의 운전작업을 중지하여야 한다(산업안전보건기준에 관한 규칙 제37조).

100

흙막이 지보공을 설치하였을 때 정기적으로 점검하고 이상을 발견하면 즉시 보수하여야 하는 사항으로 거리가 먼 것은?

① 부재의 손상, 변형, 부식, 변위 및 탈락의 유무와 상태
② 부재의 접속부, 부착부 및 교차부의 상태
③ 침하의 정도
④ 발판의 지지 상태

해설

붕괴 등의 위험 방지(산업안전보건기준에 관한 규칙 제347조)
사업주는 흙막이 지보공을 설치하였을 때는 정기적으로 다음의 사항을 점검하고 이상을 발견하면 즉시 보수하여야 한다.
• 부재의 손상·변형·부식·변위 및 탈락의 유무와 상태
• 버팀대의 긴압(緊壓)의 정도
• 부재의 접속부·부착부 및 교차부의 상태
• 침하의 정도

제 1과목 | 산업안전관리론

01

다음 중 무재해운동의 기본이념 3원칙에 포함되지 않는 것은?

① 무의 원칙
② 선취의 원칙
③ 참가의 원칙
④ 라인화의 원칙

해설

무재해운동의 3원칙

- 무의 원칙(제로의 원칙) : 사람이 죽거나 다쳐서 일을 못 하게 되는 일 및 모든 잠재요소를 제거한다.
- 선취의 원칙(안전제일의 원칙) : 잠재 위험요인을 발굴·제거하여 안전 확보 및 사고를 예방한다.
- 참가의 원칙 : 무재해를 지향하고 안전과 건강을 선취하기 위해 전원 참가한다.

02

산업안전보건법령상 상시 근로자 수의 산출 내역에 따라 연간 국내 공사 실적액이 50억 원이고, 건설업 평균임금이 250만 원이며, 노무 비율은 0.06인 사업장의 상시 근로자 수는?

① 10인
② 30인
③ 33인
④ 75인

해설

$$상시\ 근로자\ 수 = \frac{연간\ 국내\ 공사\ 실적액 \times 노무\ 비율}{건설업\ 월평균임금 \times 12}$$

$$= \frac{50억\ 원 \times 0.06}{250만\ 원 \times 12}$$

$$= 10인$$

03

산업안전보건법령상 산업재해조사표에 기록되어야 할 내용으로 옳지 않은 것은?

① 사업장 정보
② 재해 정보
③ 재해 발생 개요 및 과정
④ 안전교육계획

해설

산업재해조사표에 기록해야 할 내용

- 사업장의 개요 및 근로자의 인적사항
- 재해 발생의 일시 및 장소
- 재해 발생의 원인 및 과정
- 재해 재발 방지계획

04

하인리히의 재해 발생 원인 도미노이론에서 사고의 직접 원인으로 옳은 것은?

① 통제의 부족
② 관리구조의 부적절
③ 불안전한 행동과 상태
④ 유전과 환경적 영향

05

매슬로(Maslow)의 욕구단계이론 중 제2단계의 욕구에 해당하는 것은?

① 사회적 욕구

② 안전에 대한 욕구

③ 자아실현의 욕구

④ 존경과 긍지에 대한 욕구

해설

매슬로(Maslow)의 욕구 5단계 이론

• 1단계 : 생리적 욕구

• 2단계 : 안전에 대한 욕구

• 3단계 : 사회적 욕구

• 4단계 : 존경의 욕구

• 5단계 : 자아실현의 욕구

06

산업안전보건법령상 안전모의 종류(기호) 중 사용 구분에서 '물체의 낙하 또는 비래 및 추락에 의한 위험을 방지 또는 경감하고, 머리 부위 감전에 의한 위험을 방지하기 위한 것'으로 옳은 것은?

① A

② AB

③ AE

④ ABE

해설

안전모의 종류(보호구 안전인증 고시 별표 1)

• AB형 : 물체의 낙하 또는 비래 및 추락에 의한 위험을 방지 또는 경감시키기 위한 것

• AE형 : 물체의 낙하 또는 비래에 의한 위험을 방지 또는 경감하고, 머리 부위 감전에 의한 위험을 방지하기 위한 것(내전압성)

• ABE형 : 물체의 낙하 또는 비래 및 추락에 의한 위험을 방지 또는 경감하고, 머리 부위 감전에 의한 위험을 방지하기 위한 것(내전압성)

07

다음 중 산업심리의 5대 요소에 해당하지 않는 것은?

① 적성

② 감정

③ 기질

④ 동기

해설

산업안전심리의 5대 요소

• 동기 : 사람의 마음을 움직이는 원동력

• 기질 : 인간의 성격, 능력 등 개인적인 특성

• 감정 : 사고를 일으키는 정신적 동기(희로애락 등)

• 습성 : 인간의 행동에 영향을 미칠 수 있는 것(동기, 기질 등과 밀접한 관계)

• 습관 : 성장과정을 통하여 형성된 특성

08

주의의 수준에서 중간 수준에 포함되지 않는 것은?

① 다른 곳에 주의를 기울이고 있을 때

② 가시 시야 내 부분

③ 수면 중

④ 일상과 같은 조건일 경우

해설

수면 중은 0 수준에 속한다.

주의의 수준

• Phase 0 : 무의식 상태

• Phase 1 : 의식 흐림

• Phase 2 : 의식의 이완 상태(정상 상태)

• Phase 3 : 명료한 상태

• Phase 4 : 과긴장 상태

09

다음 중 안전태도교육의 원칙으로 적절하지 않은 것은?

① 청취 위주의 대화를 한다.
② 이해하고 납득한다.
③ 항상 모범을 보인다.
④ 지적과 처벌 위주로 한다.

해설

안전태도교육의 원칙(기본과정)

• 청취한다.
• 이해하고 납득한다.
• 항상 모범을 보여 준다.
• 권장한다.
• 좋은 지도자를 얻도록 힘쓴다.
• 적정 배치한다.
• 평가한다.

10

레빈(Lewin)은 인간행동과 인간의 조건 및 환경조건의 관계를 다음과 같이 표시하였다. 이때 f의 의미는?

$$B = f(P \cdot E)$$

① 행동　　　　　② 조명
③ 지능　　　　　④ 함수

해설

인간의 행동특성과 관련한 레빈의 법칙

$B = f(P \cdot E)$

여기서, B : behavior(인간의 행동)
　　　　f : function(함수관계)
　　　　P : personality(인간의 개체 : 연령, 경험, 성격(개성), 지능, 심신 상태 등)
　　　　E : environment(심리적 환경 : 작업환경, 인간관계 등)

11

적응기제(adjustment mechanism)의 유형에서 동일화(identification)의 사례에 해당하는 것은?

① 운동 시합에 진 선수가 컨디션이 좋지 않았다고 한다.
② 결혼에 실패한 사람이 고아들에게 정열을 쏟고 있다.
③ 아버지의 성공을 자신의 성공인 것처럼 자랑하며 거만한 태도를 보인다.
④ 동생이 태어난 후 초등학교에 입학한 큰아이가 손가락을 빨기 시작했다.

해설

① 합리화
② 승화
④ 퇴행

12

특성에 따른 안전교육의 3단계에 포함되지 않는 것은?

① 태도교육
② 지식교육
③ 직무교육
④ 기능교육

해설

안전교육의 3단계

지식교육 → 기능교육 → 태도교육 순으로 되풀이하면서 태도교육에 중점을 두고 실시한다.

13

산업안전보건법령상 다음 그림에 해당하는 안전보건표지의 종류로 옳은 것은?

① 부식성 물질 경고 ② 산화성 물질 경고
③ 인화성 물질 경고 ④ 폭발성 물질 경고

해설

경고표지(시행규칙 별표 6)

부식성 물질 경고	산화성 물질 경고	인화성 물질 경고	폭발성 물질 경고

14

다음 중 작업표준의 구비조건으로 옳지 않은 것은?

① 작업의 실정에 적합할 것
② 생산성과 품질의 특성에 적합할 것
③ 표현은 추상적으로 나타낼 것
④ 다른 규정 등에 위배되지 않을 것

해설

작업표준의 구비조건
• 작업의 실정에 적합할 것
• 생산성과 품질의 특성에 적합할 것
• 표현은 구체적으로 나타낼 것
• 이상 시의 조치 기준에 대해 정해 둘 것
• 좋은 작업의 표준일 것

15

다음 중 위험예지훈련 4라운드의 순서가 올바르게 나열된 것은?

① 현상 파악 → 본질 추구 → 대책 수립 → 목표 설정
② 현상 파악 → 대책 수립 → 본질 추구 → 목표 설정
③ 현상 파악 → 본질 추구 → 목표 설정 → 대책 수립
④ 현상 파악 → 목표 설정 → 본질 추구 → 대책 수립

16

산업안전보건법령상 특별안전 · 보건교육 대상 작업별 교육내용 중 밀폐 공간에서의 작업 시 교육내용에 포함되지 않는 것은?(단, 그 밖에 안전 · 보건관리에 필요한 사항은 제외한다)

① 산소농도 측정 및 작업환경에 관한 사항
② 유해물질이 인체에 미치는 영향
③ 보호구 착용 및 사용방법에 관한 사항
④ 사고 시의 응급 처치 및 비상시 구출에 관한 사항

해설

밀폐 공간에서의 작업 시 교육내용(시행규칙 별표 5)
• 산소농도 측정 및 작업환경에 관한 사항
• 사고 시의 응급처치 및 비상시 구출에 관한 사항
• 보호구 착용 및 보호장비 사용에 관한 사항
• 작업내용 · 안전작업방법 및 절차에 관한 사항
• 장비 · 설비 및 시설 등의 안전점검에 관한 사항
• 그 밖에 안전 · 보건관리에 필요한 사항

17

안전지식교육 실시 4단계에서 지식을 실제의 상황에 맞추어 문제를 해결해 보고, 그 수법을 이해시키는 단계로 옳은 것은?

① 도입　　　　　　　② 제시
③ 적용　　　　　　　④ 확인

해설

안전지식교육 실시 4단계
- 제1단계 : 도입(준비) – 학습할 준비를 시킨다.
- 제2단계 : 제시(설명) – 작업을 설명한다.
- 제3단계 : 적용(응용) – 작업을 시켜 본다. 실제 상황에 맞춰 문제해결을 시키거나 습득시키는 단계이다.
- 제4단계 : 확인(총괄, 평가) – 교육내용을 정확하게 이해하였는지 테스트한다.

18

다음 중 산업재해 통계에 관한 설명으로 적절하지 않은 것은?

① 산업재해 통계는 구체적으로 표시되어야 한다.
② 산업재해 통계는 안전활동을 추진하기 위한 기초자료이다.
③ 산업재해 통계만을 기반으로 해당 사업장의 안전 수준을 추측한다.
④ 산업재해 통계의 목적은 기업에서 발생한 산업재해에 대하여 효과적인 대책을 강구하기 위함이다.

해설

산업재해 통계만을 기반으로 해당 사업장의 안전 수준을 추측하면 안 된다. 산업재해 통계는 재해 빈도가 높고, 재해강도가 높은 산업을 도출하고, 단기적인 안전정책을 수립하거나 장기적인 재해예방정책을 수립하는 기초자료를 제공한다. 정부 또는 기관 차원에서 재해 빈도가 높은 순서로 산업들의 안전관리를 우선시하는 경향이 크다.

19

French와 Raven이 제시한 리더가 가지고 있는 세력의 유형이 아닌 것은?

① 전문 세력(expert power)
② 보상 세력(reward power)
③ 위임 세력(entrust power)
④ 합법 세력(legitimate power)

해설

French와 Raven이 제시한 리더가 가지고 있는 권력(세력)의 원천
합법적 권력, 보상적 권력, 전문가적 권력, 강압적 권력, 준거적 권력, 정보적 권력

20

산업안전보건법령상 안전검사 대상 유해·위험기계의 종류에 포함되지 않는 것은?

① 전단기
② 리프트
③ 곤돌라
④ 교류아크용접기

해설

안전검사 대상 기계 등(시행령 제78조)

안전검사	프레스, 전단기, 크레인(정격 하중 2ton 미만은 제외), 리프트, 압력용기, 곤돌라, 국소 배기장치(이동식 제외), 원심기(산업용만 해당), 롤러기(밀폐형 구조 제외), 사출성형기(형 체결력 294kN 미만 제외), 고소작업대(화물자동차 또는 특수자동차에 탑재한 고소작업대로 한정), 컨베이어, 산업용 로봇, 혼합기, 파쇄기 또는 분쇄기

※ '혼합기, 파쇄기 또는 분쇄기'는 개정에 따라 2026년 6월 26일부로 추가되어 시행된다.

21

체계 설계과정의 주요단계 중 가장 먼저 실시되어야 하는
것은?

① 기본 설계

② 계면 설계

③ 체계의 정의

④ 목표 및 성능명세 결정

해설

인간 - 기계시스템의 설계 6단계

• 1단계 : 목표와 성능명세 결정

• 2단계 : 시스템의 정의

• 3단계 : 기본 설계

• 4단계 : 인터페이스 설계(계면 설계)

• 5단계 : 촉진물 설계

• 6단계 : 시험 및 평가

22

고장 형태 및 영향 분석(FMEA ; Failure Mode and
Effect Analysis)에서 치명도 해석을 포함시킨 분석방법
으로 옳은 것은?

① CA

② ETA

③ FMETA

④ FMECA

해설

FMECA(Failure Mode Effect and Criticality Analysis, 고장 형태·
영향 및 치명도 분석)

• FMEA(고장 형태 및 영향 분석) + CA(치명도 분석)

• 정성적 분석방법인 FMEA를 정량적으로 보완하기 위하여 개발된 위
험분석법이다.

23

다음 그림과 같은 시스템의 신뢰도로 옳은 것은?(단, 그림
의 숫자는 각 부품의 신뢰도이다)

① 0.6261

② 0.7371

③ 0.8481

④ 0.9591

해설

신뢰도$(R_s) = 0.9 \times \{1 - (1 - 0.7)^2\} \times 0.9 = 0.7371$

24

인간의 시각특성을 설명한 것으로 옳은 것은?

① 적응은 수정체의 두께가 얇아져 근거리의 물체를 볼
   수 있게 되는 것이다.

② 시야는 수정체의 두께 조절로 이루어진다.

③ 망막은 카메라의 렌즈에 해당된다.

④ 암조응에 걸리는 시간은 명조응보다 길다.

해설

① 적응은 수정체의 두께가 두꺼워져 근거리의 물체를 볼 수 있게 되
   는 것이다.

② 시야는 안압의 조절로 이루어진다.

③ 망막은 카메라의 필름에 해당된다.

25

다음 중 생리적 스트레스를 전기적으로 측정하는 방법으로 옳지 않은 것은?

① 뇌전도(EEG)
② 근전도(EMG)
③ 전기피부반응(GSR)
④ 안구반응(EOG)

해설

생리적 스트레스를 전기적으로 측정하는 방법
뇌전도(EEG), 근전도(EMG), 전기피부반응(GSR)

26

레버를 10° 움직이면 표시장치는 1cm 이동하는 조종장치가 있다. 레버의 길이가 20cm라고 하면, 이 조종장치의 통제표시비(C/D비)는 약 얼마인가?

① 1.27
② 2.38
③ 3.49
④ 4.51

해설

$$C/D = C/R$$
$$= \frac{(\alpha/360°) \times 2\pi L}{\text{표시장치의 이동거리}}$$
$$= \frac{(10/360) \times 2\pi \times 20}{1}$$
$$\simeq 3.49$$

27

서서 하는 작업의 작업대 높이에 대한 설명으로 옳지 않은 것은?

① 정밀작업의 경우 팔꿈치 높이보다 약간 높게 한다.
② 경작업의 경우 팔꿈치 높이보다 약간 낮게 한다.
③ 중작업의 경우 경작업의 작업대 높이보다 약간 낮게 한다.
④ 작업대의 높이는 기준을 지켜야 하므로 높낮이가 조절되어서는 안 된다.

해설

작업대나 작업테이블의 작업 높이는 근로자가 서서 일을 하거나 앉아서 일을 하는지에 상관없이 작업하기 편하도록 설계해야 한다.

28

작업장 내부의 추천 반사율이 가장 낮아야 하는 곳은?

① 벽
② 천장
③ 바닥
④ 가구

해설

반사율이 낮은 순서
바닥 < 가구 < 벽 < 천장

29

인간의 정보처리기능 중 그 용량이 7개 내외로 작아 순간적 망각 등 인적 오류의 원인이 되는 것은?

① 지각
② 작업기억
③ 주의력
④ 감각 보관

30

인간오류의 분류 중 원인에 의한 분류의 하나로, 작업자 자신으로부터 발생하는 에러로 옳은 것은?

① command error

② secondary error

③ primary error

④ third error

해설

실수원인의 수준적 분류

- 1차 에러(primary error) : 작업자 자신으로부터 발생하는 에러
- 2차 에러(secondary error) : 어떤 결함으로부터 파생하여 발생하는 에러
- 지시 에러(command error) : 작업자가 움직일 수 없어 발생하는 에러

31

일반적으로 인체에 가해지는 온습도 및 기류 등의 외적 변수를 종합적으로 평가하는 데에는 불쾌지수라는 지표가 이용된다. 불쾌지수의 계산식이 다음과 같은 경우, 건구온도와 습구온도의 단위로 옳은 것은?

> 불쾌지수 = 0.72 × (건구온도 + 습구온도) + 40.6

① 실효온도

② 화씨온도

③ 절대온도

④ 섭씨온도

해설

불쾌지수

- 섭씨온도식 불쾌지수
  = 0.72 × (건구 섭씨온도 + 습구 섭씨온도) + 40.6
- 화씨온도식 불쾌지수
  = 0.4 × (건구 화씨온도 + 습구 화씨온도) + 15

32

FT도에 사용되는 논리기호 중 AND 게이트에 해당하는 것은?

①   ②

③ 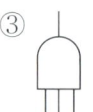   ④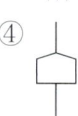

해설

① 결함사상

② OR게이트

④ 통상사상

33

위팔은 자연스럽게 수직으로 늘어뜨린 채 아래팔만을 편하게 뻗어 작업할 수 있는 범위는?

① 정상작업역   ② 최대작업역

③ 최소작업역   ④ 작업포락면

해설

작업 공간 설계

- 작업 공간 포락면 : 사람이 작업하는 데 사용하는 공간
- 정상작업역 : 위팔(상완, 어깨부터 팔꿈치까지)은 자연스럽게 수직으로 늘어뜨린 채 아래팔(전완)만 편하게 뻗어 작업할 수 있는 범위
- 최대작업역 : 위팔과 아래팔을 곧게 펴서 파악할 수 있는 구역

34

음의 강약을 나타내는 기본 단위는?

① dB
② pont
③ hertz
④ diopter

35

신뢰성과 보전성 개선을 목적으로 하는 효과적인 보전기록자료에 해당하지 않는 것은?

① 설비이력카드
② 자재관리표
③ MTBF 분석표
④ 고장원인대책표

36

예비위험분석(PHA)에 대한 설명으로 옳은 것은?

① 관련된 과거 안전점검결과의 조사에 적절하다.
② 안전 관련 법규 조항의 준수를 위한 조사방법이다.
③ 시스템 고유의 위험성을 파악하고 예상되는 재해의 위험 수준을 결정한다.
④ 초기단계에서 시스템 내의 위험요소가 어떠한 위험 상태에 있는가를 정성적으로 평가하는 것이다.

해설

PHA(Preliminary Hazard Analysis, 예비위험분석)
모든 시스템 안전프로그램의 최초단계의 분석으로 시스템 내의 위험 요소가 얼마나 위험 상태에 있는가를 정성적으로 평가하는 방식이다. 시스템의 개발단계에서 시스템 고유의 위험영역을 식별하고 예상되는 재해의 위험 수준을 평가하는 데 목적이 있다.

37

다음의 FT도에서 몇 개의 미니멀 패스셋(minimal path sets)이 존재하는가?

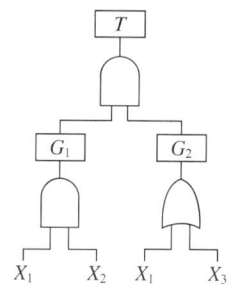

① 1개
② 2개
③ 3개
④ 4개

해설

FT도의 변환

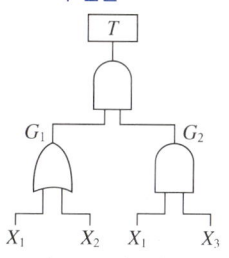

$$T = (X_1 + X_2) + (X_1 \cdot X_3)$$

따라서 최소 패스셋은 $\{X_1\}$, $\{X_2\}$, $\{X_1 X_3\}$으로 3개이다.

38

정보를 전송하기 위해 청각적 표시장치를 이용하는 것이 바람직한 경우로 적합한 것은?

① 전언이 복잡한 경우
② 전언이 이후에 재참조되는 경우
③ 전언이 공간적인 사건을 다루는 경우
④ 전언이 즉각적인 행동을 요구하는 경우

해설

①, ②, ③은 시각적 표시장치가 바람직하다.

39

FTA에서 모든 기본사상이 일어났을 때 톱(top)사상을 일으키는 기본사상의 집합을 무엇이라 하는가?

① 컷셋(cut set)

② 최소 컷셋(minimal cut set)

③ 패스셋(path set)

④ 최소 패스셋(minimal path set)

해설

② 최소 컷셋(minimal cut set) : 정상사상을 발생시키는 기본사상의 최소 집합이다.

③ 패스셋(path set) : 정상사상이 일어나지 않는 기본사상의 집합이다.

④ 최소 패스셋 : 결함수의 쌍대결함수를 구하고, 컷셋을 찾아내어 결함(사고)을 예방할 수 있는 최소의 조합이다.

40

조종장치를 통한 인간의 통제 아래 기계가 동력원을 제공하는 시스템의 형태로 옳은 것은?

① 기계화 시스템

② 수동시스템

③ 자동화 시스템

④ 컴퓨터시스템

41

선반에서 냉각재 등에 의한 생물학적 위험을 방지하기 위한 방법으로 틀린 것은?

① 냉각재가 기계에 잔류되지 않고 중력에 의해 수집탱크로 배유되도록 해야 한다.

② 냉각재 저장탱크에는 외부 이물질의 유입을 방지하기 위한 덮개를 설치해야 한다.

③ 특별한 경우를 제외하고는 정상 운전 시 전체 냉각재가 계통 내에서 순환되고 냉각재 탱크에 체류하지 않아야 한다.

④ 배출용 배관의 지름은 대형 이물질이 들어가지 않도록 작아야 하고, 지면과 수평이 되도록 제작해야 한다.

해설

배출용 배관의 직경은 슬러지의 체류를 최소화할 수 있을 정도로 커야 하고, 적정한 기울기를 부여한다.

42

산업용 로봇의 작동범위에서 그 로봇에 관하여 교시 등의 작업을 하는 경우 작업 시간 전 점검사항에 해당하지 않는 것은?(단, 로봇의 동력원을 차단하고 행하는 것을 제외한다)

① 회전부의 덮개 또는 울 부착 여부

② 제동장치 및 비상정지장치의 기능

③ 외부 전선의 피복 또는 외장의 손상 유무

④ 머니퓰레이터(manipulator) 작동의 이상 유무

43

기계장치의 안전 설계를 위해 적용하는 안전율 계산식은?

① 안전하중 ÷ 설계하중

② 최대사용하중 ÷ 극한강도

③ 극한강도 ÷ 최대설계응력

④ 극한강도 ÷ 파단하중

해설

안전율(S)

$$S = \frac{기준강도}{허용응력} = \frac{기초강도}{허용응력} = \frac{파괴응력도}{허용응력도}$$

$$= \frac{극한강도}{허용응력} = \frac{인장강도}{허용응력} = \frac{극한하중}{최대설계하중}$$

$$= \frac{파괴하중}{최대하중} = \frac{파단하중}{안전하중} = \frac{절단하중}{최대사용하중}$$

44

양수 조작식 방호장치에서 양쪽 누름 버튼 간의 내측거리는 몇 mm 이상이어야 하는가?

① 100
② 200
③ 300
④ 400

해설

양수 조작식 방호장치에서 누름 버튼 상호 간(2개의 누름 버튼 간)의 내측거리는 300mm 이상이어야 한다(방호장치 안전인증 고시 별표 1).

45

( ) 안에 각각 들어갈 내용으로 옳은 것은?

> 순간풍속이 (가)를 초과하는 경우에는 타워크레인의 설치, 수리, 점검 또는 해체작업을 중지하여야 하며, 순간풍속이 (나)를 초과하는 경우에는 타워크레인의 운전작업을 중지하여야 한다.

① 가 : 10m/s, 나 : 15m/s
② 가 : 10m/s, 나 : 25m/s
③ 가 : 20m/s, 나 : 35m/s
④ 가 : 20m/s, 나 : 45m/s

해설

사업주는 순간풍속이 초당 10m를 초과하는 경우 타워크레인의 설치·수리·점검 또는 해체 작업을 중지하여야 하며, 순간풍속이 초당 15m를 초과하는 경우에는 타워크레인의 운전작업을 중지하여야 한다(산업안전보건기준에 관한 규칙 제37조).

46

드릴작업 시 올바른 작업 안전수칙이 아닌 것은?

① 구멍을 뚫을 때 관통된 것을 확인하기 위해 손으로 만져서는 안 된다.

② 드릴을 끼운 후에 척 렌치(chuck wrench)를 부착한 상태에서 드릴작업을 한다.

③ 작업모를 착용하고 옷소매가 긴 작업복은 입지 않는다.

④ 보호안경을 쓰거나 안전덮개를 설치한다.

해설

드릴을 끼운 후에는 반드시 척 렌치(chuck wrench)를 뺀다.

47

지게차 헤드가드의 안전 기준에 관한 설명으로 틀린 것은?

① 상부틀의 각 개구의 폭 또는 길이가 20cm 이상일 것

② 강도는 지게차의 최대하중의 2배 값(4ton을 넘는 값에 대해서는 4ton으로 한다)의 등분포정하중에 견딜 수 있을 것

③ 운전자가 서서 조작하는 방식의 지게차의 경우에는 운전석의 바닥면에서 헤드가드의 상부틀 하면까지의 높이가 2m 이상일 것

④ 운전자가 앉아서 조작하는 방식의 지게차의 경우에는 운전자의 좌석 윗면에서 헤드가드의 상부틀 아랫면까지의 높이가 1m 이상일 것

해설

헤드가드(산업안전보건기준에 관한 규칙 제180조)
• 강도는 지게차의 최대하중의 2배 값(4ton을 넘는 값에 대해서는 4ton으로 한다)의 등분포정하중(等分布靜荷重)에 견딜 수 있을 것
• 상부틀의 각 개구부의 폭 또는 길이가 16cm 미만일 것
• 운전자가 앉아서 조작하거나 서서 조작하는 지게차의 헤드가드는 한국산업표준에서 정하는 높이 기준 이상일 것(입식 : 1.905m, 좌식 : 0.903m)

48

프레스 가공품의 이송방법으로 2차 가공용 송급배출장치가 아닌 것은?

① 다이얼 피더(dial feeder)

② 롤 피더(roll feeder)

③ 푸셔 피더(pusher feeder)

④ 트랜스퍼 피더(transfer feeder)

해설

• 1차 가공용 송급장치 : 롤 피더
• 2차 가공용 송급배출장치 : 다이얼 피더, 푸셔 피더, 트랜스퍼 피더 등

49

다음 중 연삭기를 이용한 작업의 안전대책으로 가장 옳은 것은?

① 연삭숫돌의 최고원주속도 이상으로 사용하여야 한다.

② 운전 중 연삭숫돌의 균열 확인을 위해 수시로 충격을 가해 본다.

③ 정밀한 작업을 위해서는 연삭기의 덮개를 벗기고 숫돌의 정면에 서서 작업한다.

④ 작업 시작 전에는 1분 이상 시운전을 하고 숫돌의 교체 시에는 3분 이상 시운전을 한다.

해설

① 연삭숫돌의 최고사용회전속도를 초과하여 사용하도록 해서는 안 된다.
② 사용 전에 연삭숫돌을 점검하여 숫돌의 균열 여부를 파악한 후 사용한다.
③ 회전 중인 연삭숫돌이 근로자에게 위험을 미칠 우려가 있는 경우에 그 부위에 덮개를 설치해야 한다. 작업 시에는 연삭숫돌 정면에서 작업하지 않는다.

50

압력용기에서 안전밸브를 2개 설치한 경우 그 설치방법으로 옳은 것은?(단, 해당하는 압력용기가 외부 화재에 대한 대비가 필요한 경우로 한정한다)

① 1개는 최고사용압력 이하에서 작동하고, 다른 1개는 최고사용압력의 1.1배 이하에서 작동하도록 한다.

② 1개는 최고사용압력 이하에서 작동하고, 다른 1개는 최고사용압력의 1.2배 이하에서 작동하도록 한다.

③ 1개는 최고사용압력의 1.05배 이하에서 작동하고, 다른 1개는 최고사용압력의 1.1배 이하에서 작동하도록 한다.

④ 1개는 최고사용압력의 1.05배 이하에서 작동하고, 다른 1개는 최고사용압력의 1.2배 이하에서 작동하도록 한다.

해설

안전밸브 등의 작동요건(산업안전보건기준에 관한 규칙 제264조)
사업주는 설치한 안전밸브 등이 안전밸브 등을 통하여 보호하려는 설비의 최고사용압력 이하에서 작동되도록 하여야 한다. 다만, 안전밸브 등이 2개 이상 설치된 경우에 1개는 최고사용압력의 1.05배(외부 화재를 대비한 경우에는 1.1배) 이하에서 작동되도록 설치할 수 있다.

51

범용 수동선반의 방호조치에 대한 설명으로 틀린 것은?

① 대형 선반의 후면 칩 가드는 새들의 전체 길이를 방호할 수 있어야 한다.

② 척 가드의 폭은 공작물의 가공작업에 방해되지 않는 범위에서 척 전체 길이를 방호해야 한다.

③ 수동 조작을 위한 제어장치는 정확한 제어를 위해 조작스위치를 돌출형으로 제작해야 한다.

④ 스핀들 부위를 통한 기어박스에 접촉될 위험이 있는 경우에는 해당 부위에 잠금장치가 구비된 가드를 설치하고 스핀들 회전과 연동회로를 구성해야 한다.

해설

수동 조작을 위한 제어장치는 매입형 스위치 사용 등 불시 접촉에 의한 기동을 방지하기 위한 조치를 해야 한다(위험기계·기구 자율안전확인 고시 별표 8).

52

프레스에 금형조정작업 시 슬라이드가 갑자기 작동함으로써 근로자에게 발생할 우려가 있는 위험을 방지하기 위하여 사용하는 것은?

① 안전블록

② 비상정지장치

③ 감응식 안전장치

④ 양수 조작식 안전장치

해설

금형조정작업의 위험 방지(산업안전보건기준에 관한 규칙 제104조)
사업주는 프레스 등의 금형을 부착·해체 또는 조정하는 작업을 할 때에 해당 작업에 종사하는 근로자의 신체가 위험한계 내에 있는 경우 슬라이드가 갑자기 작동함으로써 근로자에게 발생할 우려가 있는 위험을 방지하기 위하여 안전블록을 사용하는 등 필요한 조치를 하여야 한다.

53

크레인 작업 시 300kg의 질량을 10m/s²의 가속도로 감아올릴 때 로프에 걸리는 총하중은 약 몇 N인가?(단, 중력 가속도는 9.81m/s²으로 한다)

① 2,943
② 3,000
③ 5,943
④ 8,886

로프에 걸리는 총하중(장력)

$$w = w_1 + w_2 = w_1 + \frac{w_1 a}{g}$$

$$= 300 \times 9.81 + \frac{300 \times 9.81 \times 10}{9.81}$$

$$= 5,943N$$

여기서, w_1 : 정하중
w_2 : 동하중
a : 권상 가속도
g : 중력 가속도

54

사고 체인의 5요소에 해당하지 않는 것은?

① 함정(trap)
② 충격(impact)
③ 접촉(contact)
④ 결함(flaw)

사고 체인의 5요소(위험점의 5요소)

• 함정(trap)
• 충격(impact)
• 접촉(contact)
• 말림(entanglement)
• 튀어나옴(election)

55

프레스 작업 시 왕복운동하는 부분과 고정 부분 사이에서 형성되는 위험점은?

① 물림점
② 협착점
③ 절단점
④ 회전말림점

① 물림점 : 반대로 회전하는 두 개의 회전체가 맞닿는 사이에 발생하는 위험점
③ 절단점 : 운동하는 기계와 회전하는 운동 부분의 위험이 형성되는 점
④ 회전말림점 : 회전하는 물체의 길이, 굵기, 속도 등의 불규칙한 부위와 돌기 회전 부위에 의해 장갑 및 작업복 등이 말려 들어가는 위험점

56

기계설비의 안전화를 크게 외관의 안전화, 기능의 안전화, 구조적 안전화로 구분할 때 기능의 안전화에 해당하는 것은?

① 안전율의 확보
② 위험 부위 덮개 설치
③ 기계 외관에 안전색채 사용
④ 전압 강하 시 기계의 자동 정지

① 구조의 안전화
②, ③ 외관의 안전화

기능의 안전화

• 소극적 대책 : 이상 시 기계의 급정지로 안전화를 도모한다.
• 적극적 대책 : 페일 세이프(fail safe), 회로의 개선으로 오동작을 방지한다.
※ fail safe : 어떤 기계가 작동하다 잘못(fail)되어도 안전한(safe) 조치가 자동으로 취해지도록 하는 것

57

근로자에게 위험을 미칠 우려가 있는 원동기, 축이음, 풀리 등에 설치하여야 하는 것은?

① 덮개　　　　　　② 압력계
③ 통풍장치　　　　④ 과압방지기

원동기·축이음·벨트·풀리의 회전 부위 등 근로자가 위험에 처할 우려가 있는 부위에 덮개 또는 울 등을 설치하여야 한다.

58

컨베이어(conveyor)의 역전방지장치 형식이 아닌 것은?

① 램식　　　　　　② 래칫식
③ 롤러식　　　　　④ 전기 브레이크식

역전방지장치 형식에 따른 컨베이어의 분류
• 기계식 : 래칫식, 밴드식, 롤러식
• 전기식 : 전기식, 스러스트식

59

롤러기의 급정지를 위한 방호장치를 설치하고자 한다. 앞면 롤러의 지름이 30cm이고, 회전수가 30rpm일 때 요구되는 급정지거리의 기준은?

① 급정지거리가 앞면 롤러 원주의 1/3 이상일 것
② 급정지거리가 앞면 롤러 원주의 1/3 이내일 것
③ 급정지거리가 앞면 롤러 원주의 1/2.5 이상일 것
④ 급정지거리가 앞면 롤러 원주의 1/2.5 이내일 것

앞면 롤러의 표면속도(방호장치 자율안전기준 고시 별표 3)

$$v = \frac{\pi d n}{1,000} = \frac{3.14 \times 300 \times 30}{1,000} = 28.26 \text{m/min}$$

여기서, d : 롤러 원통의 직경(mm)
　　　　n : 1분간에 롤러기가 회전되는 수(rpm)

※ 앞면 롤러의 표면속도에 따른 급정지거리 기준(롤러기 급정지장치의 성능)
　• 앞면 롤러의 표면속도 30m/min 미만 : 급정지거리 앞면 롤러 원주의 1/3 이내 = $\pi d / 3$
　• 앞면 롤러의 표면속도 30m/min 이상 : 급정지거리 앞면 롤러 원주의 1/2.5 이내 = $\pi d / 2.5$

60

프레스의 작업 시작 전 점검사항으로 거리가 먼 것은?

① 클러치 및 브레이크의 기능
② 금형 및 고정볼트 상태
③ 전단기(剪斷機)의 칼날 및 테이블의 상태
④ 언로드밸브의 기능

프레스 작업 시작 전 점검사항(산업안전보건기준에 관한 규칙 별표 3)
• 클러치 및 브레이크의 기능
• 크랭크축·플라이휠·슬라이드·연결봉 및 연결 나사의 풀림 여부
• 1행정 1정지 기구·급정지장치 및 비상정지장치의 기능
• 슬라이드 또는 칼날에 의한 위험방지기구의 기능
• 프레스의 금형 및 고정볼트 상태
• 방호장치의 기능
• 전단기의 칼날 및 테이블의 상태

61

혼촉방지판이 부착된 변압기를 설치하고 혼촉방지판을 접지시켰다. 이러한 변압기를 사용하는 주요 이유는?

① 2차 측의 전류를 감소시킬 수 있기 때문에

② 누전전류를 감소시킬 수 있기 때문에

③ 2차 측에 비접지방식을 채택하면 감전 시 위험을 감소시킬 수 있기 때문에

④ 전력의 손실을 감소시킬 수 있기 때문에

해설

- 인체 감전사고 방지책으로 가장 좋은 방법은 계통을 비접지방식(혼촉방지판부 변압기 방식, 절연변압기 방식 등)으로 하는 것이다.
- 2차 측에 비접지방식을 채택하면 감전 시 위험을 감소시킬 수 있으므로 혼촉방지판이 부착된 변압기를 설치하고 혼촉방지판을 접지시킨다.

62

인체가 현저히 젖어 있는 상태 또는 금속성의 전기·기계장치나 구조물의 인체의 일부가 상시 접촉되어 있는 상태에서의 허용접촉전압으로 옳은 것은?

① 2.5V 이하

② 25V 이하

③ 50V 이하

④ 75V 이하

해설

허용접촉전압의 종류

종별	접촉 상태	허용접촉전압
제1종	• 인체의 대부분이 수중에 있는 상태	2.5V 이하
제2종	• 인체가 현저히 젖어 있는 상태 • 금속성의 전기기계장치나 구조물에 인체의 일부가 상시 접촉되어 있는 상태	25V 이하
제3종	• 제1종, 제2종 이외의 경우로서 통상의 인체 상태에서 있어서 접촉전압이 가해지면 위험성이 높은 상태	50V 이하
제4종	• 제1종, 제2종 이외의 경우로서 통상 인체 상태에 접촉전압이 가해지더라도 위험성이 낮은 상태 • 접촉전압이 가해질 우려가 없는 경우	제한 없음

63

아크용접작업 시 감전재해 방지에 쓰이지 않는 것은?

① 보호면

② 절연장갑

③ 절연용접봉 홀더

④ 자동전격방지장치

해설

아크용접작업 시 감전사고 방지대책

- 절연장갑을 사용한다.
- 적정한 케이블을 사용한다.
- 절연용접봉 홀더를 사용한다.
- 자동전격방지장치를 사용한다.
- 2차 측 공통선을 연결한다.
- 케이블 커넥터를 사용한다.
- 접지를 사용한다.

64

산업안전보건법상 전기기계·기구의 누전에 의한 감전 위험을 방지하기 위하여 접지를 하여야 하는 사항으로 틀린 것은?

① 전기기계·기구의 금속제 내부 충전부
② 전기기계·기구의 금속제 외함
③ 전기기계·기구의 금속제 외피
④ 전기기계·기구의 금속제 철대

해설

전기기계·기구의 접지(산업안전보건기준에 관한 규칙 제302조)
사업주는 누전에 의한 감전의 위험을 방지하기 위하여 다음의 부분에 대하여 접지를 해야 한다.
• 전기기계·기구의 금속제 외함, 금속제 외피 및 철대
• 고정 설치되거나 고정 배선에 접속된 전기기계·기구의 노출된 비충전 금속체 중 충전될 우려가 있는 다음의 어느 하나에 해당하는 비충전 금속체
　– 지면이나 접지된 금속체로부터 수직거리 2.4m, 수평거리 1.5m 이내인 것
　– 물기 또는 습기가 있는 장소에 설치되어 있는 것
　– 금속으로 되어 있는 기기접지용 전선의 피복·외장 또는 배선관 등
　– 사용전압이 대지전압 150V를 넘는 것
• 전기를 사용하지 아니하는 설비 중 다음의 어느 하나에 해당하는 금속체
　– 전동식 양중기의 프레임과 궤도
　– 전선이 붙어 있는 비전동식 양중기의 프레임
　– 고압(1.5천V 초과 7천V 이하의 직류전압 또는 1천V 초과 7천V 이하의 교류전압을 말한다) 이상의 전기를 사용하는 전기기계·기구 주변의 금속제 칸막이·망 및 이와 유사한 장치
• 코드와 플러그를 접속하여 사용하는 전기기계·기구 중 다음의 어느 하나에 해당하는 노출된 비충전 금속체
　– 사용전압이 대지전압 150V를 넘는 것
　– 냉장고·세탁기·컴퓨터 및 주변기기 등과 같은 고정형 전기기계·기구
　– 고정형·이동형 또는 휴대형 전동기계·기구
　– 물 또는 도전성(導電性)이 높은 곳에서 사용하는 전기기계·기구, 비접지형 콘센트
　– 휴대형 손전등
• 수중펌프를 금속제 물탱크 등의 내부에 설치하여 사용하는 경우 그 탱크(이 경우 탱크를 수중펌프의 접지선과 접속하여야 한다)

65

변압기 전로의 1선 지락전류가 6A일 때 제2종 접지공사의 접지저항값은?(단, 자동전로차단장치는 설치되지 않았다)

① 10Ω　　　② 15Ω
③ 20Ω　　　④ 25Ω

해설

※ 출제 당시 정답은 ④였으나 해당 규정의 개정으로 정답 없음(종별 접지공사 내용은 폐지됨)

66

전폐형 방폭구조가 아닌 것은?

① 압력 방폭구조　　　② 내압 방폭구조
③ 유입 방폭구조　　　④ 안전증 방폭구조

해설

전기설비 방폭화 방법
• 점화원의 실질적인 격리(전폐형 구조) : 내압 방폭구조(d), 유입 방폭구조(o), 압력 방폭구조(p)
• 전기설비의 안전도 증가 : 안전증 방폭구조(e)
• 점화능력의 본질적인 억제 : 본질안전 방폭구조(ia, ib)

67

방폭구조의 명칭과 표기기호가 잘못 연결된 것은?

① 안전증 방폭구조 : e
② 유입(油入) 방폭구조 : o
③ 내압(耐壓) 방폭구조 : p
④ 본질안전 방폭구조 : ia 또는 ib

해설

내압(耐壓) 방폭구조 : d

68

파이프 등에 유체가 흐를 때 발생하는 유동대전에 가장 큰 영향을 미치는 요인은?

① 유체의 이동거리
② 유체의 점도
③ 유체의 속도
④ 유체의 양

해설

유동대전

액체류가 파이프 등 내부에서 유동할 때 액체와 관 벽 사이에서 정전기가 발생되는 현상으로, 액체의 유동속도에 따라 크게 좌우된다.

69

충전전로의 선간전압이 121kV 초과 145kV 이하의 활선작업 시 충전전로에 대한 접근한계거리[cm]는?

① 130
② 150
③ 170
④ 230

해설

충전전로에서 작업 시 접근한계거리(산업안전보건기준에 관한 규칙 제321조)

충전전로의 선간전압[kV]	충전전로에 대한 접근한계거리[cm]
0.3 이하	접촉금지
0.3 초과 0.75 이하	30
0.75 초과 2.0 이하	45
2.0 초과 15 이하	60
15 초과 37 이하	90
37 초과 88 이하	110
88 초과 121 이하	130
121 초과 145 이하	150
145 초과 169 이하	170
169 초과 242 이하	230
242 초과 362 이하	380
362 초과 550 이하	550
550 초과 800 이하	790

70

정전기 발생의 원인에 해당되지 않는 것은?

① 마찰
② 냉장
③ 박리
④ 충돌

해설

정전기 발생현상(대전현상)의 분류

접촉, 박리, 마찰, 충돌, 변형, 변태, 이온 흡착 등

71

다음 중 분진폭발에 대한 설명으로 틀린 것은?

① 일반적으로 입자의 크기가 클수록 위험이 더 크다.
② 산소의 농도는 분진폭발 위험에 영향을 주는 요인이다.
③ 주위 공기의 난류 확산은 위험을 증가시킨다.
④ 가스폭발에 비하여 불완전연소를 일으키기 쉽다.

해설

일반적으로 입자의 크기가 작을수록 분진폭발 위험이 더 크다.

72

다음 중 폭굉(detonation)현상에 있어서 폭굉파의 진행전면에 형성되는 것은?

① 증발열
② 충격파
③ 역화
④ 화염의 대류

해설

폭굉파의 전파속도는 가스의 경우 1,000~3,500m/s 정도로 음속보다 빠른 속도로 진행하며 충격파를 형성한다.

68 ③ 69 ② 70 ② 71 ① 72 ② **정답**

73

위험물안전관리법령상 제4류 위험물(인화성 액체)이 갖는 일반 성질로 가장 거리가 먼 것은?

① 증기는 대부분 공기보다 무겁다.

② 대부분 물보다 가볍고 물에 잘 녹는다.

③ 대부분 유기화합물이다.

④ 발생증기는 연소하기 쉽다.

해설

제4류 위험물은 대부분 물보다 가볍고 물에 잘 녹지 않는다.

74

아세틸렌(C_2H_2)의 공기 중 완전연소 조성농도(C_{st})는 약 얼마인가?

① 6.7vol%

② 7.0vol%

③ 7.4vol%

④ 7.7vol%

해설

$$C_{st} = \frac{100}{1 + 4.773 \left\{ a + \frac{(b - c - 2d)}{4} + e \right\}}$$

$$= \frac{100}{1 + 4.773 \left\{ 2 + \frac{2}{4} \right\}}$$

$$\simeq 7.7 \text{vol}\%$$

75

산업안전보건기준에 관한 규칙에 따라 폭발성 물질을 저장·취급하는 화학설비 및 그 부속설비를 설치할 때, 단위공정시설 및 설비로부터 다른 단위공정시설 및 설비 사이의 안전거리는 설비 바깥 면으로부터 몇 m 이상 두어야 하는가?(단, 원칙적인 경우에 한한다)

① 3

② 5

③ 10

④ 20

해설

안전거리(산업안전보건기준에 관한 규칙 별표 8)

구분	안전거리
단위공정시설 및 설비로부터 다른 단위공정시설 및 설비의 사이	설비의 바깥면으로부터 10m 이상
플레어스택으로부터 단위공정시설 및 설비, 위험물질 저장탱크 또는 위험물질 하역설비의 사이	플레어스택으로부터 반경 20m 이상. 다만, 단위공정시설 등이 불연재로 시공된 지붕 아래에 설치된 경우에는 그러하지 아니하다.
위험물질 저장탱크로부터 단위공정시설 및 설비, 보일러 또는 가열로의 사이	저장탱크의 바깥면으로부터 20m 이상. 다만, 저장탱크의 방호벽, 원격조종 소화설비 또는 살수설비를 설치한 경우에는 그러하지 아니하다.
사무실·연구실·실험실·정비실 또는 식당으로부터 단위공정시설 및 설비, 위험물질 저장탱크, 위험물질 하역설비, 보일러 또는 가열로의 사이	사무실 등의 바깥면으로부터 20m 이상. 다만, 난방용 보일러인 경우 또는 사무실 등의 벽을 방호구조로 설치한 경우에는 그러하지 아니하다.

76

다음 중 가연성 가스가 아닌 것으로만 나열된 것은?

① 일산화탄소, 프로판

② 이산화탄소, 프로판

③ 일산화탄소, 산소

④ 산소, 이산화탄소

해설

• 가연성 가스 : 수소, 메탄, 아세틸렌, 에틸렌, 일산화탄소, 프로판 등

• 조연성 가스 : 산소, 염소 등

• 불연성 가스 : 이산화탄소, 질소, 아르곤 등

77

나트륨은 물과 반응할 때 위험성이 매우 크다. 그 이유로 적합한 것은?

① 물과 반응하여 지연성 가스 및 산소를 발생시키기 때문이다.

② 물과 반응하여 맹독성가스를 발생시키기 때문이다.

③ 물과 발열반응을 일으키면서 가연성 가스를 발생시키기 때문이다.

④ 물과 반응하여 격렬한 흡열반응을 일으키기 때문이다.

해설

금수성 물질(K, Na, Li)은 물과 접촉 시 발열반응 및 가연성 가스(산소)를 발생한다.

78

다음은 산업안전보건기준에 관한 규칙에서 정한 부식 방지와 관련한 내용이다. (   )에 해당하지 않는 것은?

> 사업주는 화학설비 또는 그 배관(화학설비 또는 그 배관의 밸브나 콕은 제외한다) 중 위험물 또는 인화점이 60℃ 이상인 물질이 접촉하는 부분에 대해서는 위험물질 등에 의하여 그 부분이 부식되어 폭발·화재 또는 누출되는 것을 방지하기 위하여 위험물질 등의 (   )·(   )·(   ) 등에 따라 부식이 잘되지 않는 재료를 사용하거나 도장(塗裝) 등의 조치를 하여야 한다.

① 종류   ② 온도
③ 농도   ④ 색상

해설

부식 방지(산업안전보건기준에 관한 규칙 제256조)

사업주는 화학설비 또는 그 배관(화학설비 또는 그 배관의 밸브나 콕은 제외한다) 중 위험물 또는 인화점이 60℃ 이상인 물질이 접촉하는 부분에 대해서는 위험물질 등에 의하여 그 부분이 부식되어 폭발·화재 또는 누출되는 것을 방지하기 위하여 위험물질 등의 종류·온도·농도 등에 따라 부식이 잘되지 않는 재료를 사용하거나 도장(塗裝) 등의 조치를 하여야 한다.

79

메탄올의 연소반응이 다음과 같을 때 최소산소농도(MOC)는 약 얼마인가?(단, 메탄올의 연소하한값(L)은 6.7vol%이다)

$$CH_3OH + 1.5O_2 \rightarrow CO_2 + 2H_2O$$

① 1.5vol%   ② 6.7vol%
③ 10vol%   ④ 15vol%

해설

$MOC = LFL \times O_2 = 6.7 \times 1.5 \simeq 10vol\%$

80

산업안전보건기준에 관한 규칙에서 부식성 염기류에 해당하는 것은?

① 농도 30%인 과염소산

② 농도 30%인 아세틸렌

③ 농도 40%인 다이아조화합물

④ 농도 40%인 수산화나트륨

해설

부식성 염기류(산업안전보건기준에 관한 규칙 별표 1)

농도가 40% 이상인 수산화나트륨·수산화칼륨, 그 밖에 이와 같은 정도 이상의 부식성을 가지는 염기류

81

근로자가 추락하거나 넘어질 위험이 있는 장소에서 추락 방호망의 설치 기준으로 옳지 않은 것은?

① 망의 처짐은 짧은 변 길이의 10% 이상이 되도록 할 것
② 추락방호망은 수평으로 설치할 것
③ 건축물 등의 바깥쪽으로 설치하는 경우 추락방호 망의 내민 길이는 벽면으로부터 3m 이상 되도록 할 것
④ 추락방호망의 설치 위치는 가능하면 작업면으로부터 가까운 지점에 설치하여야 하며, 작업면으로부터 망의 설치지점까지의 수직거리는 10m를 초과하지 아니할 것

해설

추락방호망은 수평으로 설치하고, 망의 처짐은 짧은 변 길이의 12% 이상이 되도록 한다(산업안전보건기준에 관한 규칙 제42조).

82

산업안전보건관리비에 관한 설명으로 옳지 않은 것은?

① 발주자는 수급인이 안전관리비를 다른 목적으로 사용한 금액에 대해서는 계약 금액에서 감액 조정할 수 있다.
② 발주자는 수급인이 안전관리비를 사용하지 아니한 금액에 대하여는 반환을 요구할 수 있다.
③ 자기공사자는 원가 계산에 의한 예정 가격 작성 시 안전관리비를 계상한다.
④ 발주자는 설계 변경 등으로 대상액의 변동이 있는 경우 공사 완료 후 정산하여야 한다.

해설

계상의무 및 기준(건설업 산업안전보건관리비 계상 및 사용기준 제4조)
발주자 또는 자기공사자는 설계 변경 등으로 대상액의 변동이 있는 경우 지체 없이 산업안전보건관리비를 조정 계상하여야 한다. 다만, 설계 변경으로 공사 금액이 800억 원 이상으로 증액된 경우에는 증액된 대상액을 기준으로 재계상한다.
※ 법령 개정으로 ①, ②의 '발주자는 수급인'이 '발주자는 도급인'으로 변경됨
※ 법령 개정으로 ③의 내용이 '발주자가 도급계약 체결을 위한 원가 계산에 의한 예정가격을 작성하거나, 자기공사자가 건설공사 사업계획을 수립할 때에는 산정한 금액 이상의 산업안전보건관리비를 계상하여야 한다.'로 변경됨

83

굴착면 붕괴의 원인과 가장 거리가 먼 것은?

① 사면 경사의 증가
② 성토 높이의 감소
③ 공사에 의한 진동하중의 증가
④ 굴착 높이의 증가

해설

굴착면 붕괴
• 외적 요인
 − 사면의 경사 및 기울기 증가
 − 절토 및 성토 높이의 증가
 − 굴착된 높이 증가
 − 공사에 의한 진동하중 및 반복하중의 증가 등
• 내적 요인
 − 절토 사면의 토질, 암면
 − 성토 사면의 토질 구성 및 분포
 − 토석의 강도 저하

84

다음 중 유해위험방지계획서 작성 및 제출 대상에 해당되는 공사는?

① 지상 높이가 20m인 건축물의 해체공사
② 깊이 9.5m인 굴착공사
③ 최대 지간거리가 50m인 교량 건설공사
④ 저수용량 10,000,000ton인 용수 전용 댐

해설

① 지상 높이가 31m인 건축물의 해체공사
② 깊이가 10m 이상인 굴착공사
④ 저수용량 20,000,000ton인 용수 전용 댐
※ 시행령 제42조

85

철근콘크리트 슬래브에 발생하는 응력에 대한 설명으로 옳지 않은 것은?

① 전단력은 일반적으로 단부보다 중앙부에서 크게 작용한다.
② 중앙부 하부에는 인장응력이 발생한다.
③ 단부 하부에는 압축응력이 발생한다.
④ 휨응력은 일반적으로 슬래브의 중앙부에서 크게 작용한다.

해설

전단력은 일반적으로 중앙부보다 단부에서 크게 작용한다.

86

연약 지반을 굴착할 때 흙막이벽 뒤쪽 흙의 중량이 바닥의 지지력보다 커지면 굴착 저면에서 흙이 부풀어 오르는 현상은?

① 슬라이딩(sliding)
② 보일링(boiling)
③ 파이핑(piping)
④ 히빙(heaving)

해설

① 슬라이딩(sliding) : 상부에 있는 흙이 미끄러지듯이 파괴되는 현상
② 보일링(boiling) : 사질 지반 굴착 시 굴착부와 지하 수위의 차가 있을 때 수두차에 의하여 삼투압이 생겨 흙막이벽 근입 부분을 침식하는 동시에 모래가 액상화되어 솟아오르는 현상
③ 파이핑(piping) : 보일링현상이 진전되어 물의 통로가 생기면서 파이프 모양으로 구멍이 뚫려 흙이 세굴되면서 지반이 파괴되는 현상

87

철근콘크리트 공사 시 활용되는 거푸집의 필요조건이 아닌 것은?

① 콘크리트의 하중에 대해 뒤틀림이 없는 강도를 갖출 것
② 콘크리트 내 수분 등에 대한 물 빠짐이 원활한 구조를 갖출 것
③ 최소한의 재료로 여러 번 사용할 수 있는 전용성을 가질 것
④ 거푸집은 조립·해체·운반이 용이하도록 할 것

해설

철근콘크리트 공사에 활용되는 거푸집은 콘크리트 내 수분 등에 대한 물 빠짐이 없는 구조를 갖추어야 한다.

88

말비계를 조립하여 사용하는 경우에 준수해야 하는 사항으로 옳지 않은 것은?

① 지주부재의 하단에는 미끄럼방지장치를 한다.
② 근로자는 양측 끝부분에 올라서서 작업하도록 한다.
③ 지주부재와 수평면의 기울기를 75° 이하로 한다.
④ 말비계의 높이가 2m를 초과하는 경우에는 작업 발판의 폭을 40cm 이상으로 한다.

해설

말비계(산업안전보건기준에 관한 규칙 제67조)
사업주는 말비계를 조립하여 사용하는 경우에 다음의 사항을 준수하여야 한다.

- 지주부재(支柱部材)의 하단에는 미끄럼 방지장치를 하고, 근로자가 양측 끝부분에 올라서서 작업하지 않도록 할 것
- 지주부재와 수평면의 기울기를 75° 이하로 하고, 지주부재와 지주부재 사이를 고정시키는 보조부재를 설치할 것
- 말비계의 높이가 2m를 초과하는 경우에는 작업 발판의 폭을 40cm 이상으로 할 것

89

슬레이트, 선라이트 등 강도가 약한 재료로 덮은 지붕 위에서 작업을 할 때 발이 빠지는 등 근로자의 위험을 방지하기 위하여 필요한 발판의 폭 기준은?

① 10cm 이상
② 20cm 이상
③ 25cm 이상
④ 30cm 이상

해설

지붕 위에서의 위험 방지(산업안전보건기준에 관한 규칙 제45조)
사업주는 근로자가 지붕 위에서 작업을 할 때 추락하거나 넘어질 위험이 있는 경우에는 다음의 조치를 해야 한다.

- 지붕의 가장자리에 안전난간을 설치할 것
- 채광창(skylight)에는 견고한 구조의 덮개를 설치할 것
- 슬레이트 등 강도가 약한 재료로 덮은 지붕에는 폭 30cm 이상의 발판을 설치할 것

90

추락방지용 방망 그물코의 모양 및 크기의 기준으로 옳은 것은?

① 원형 또는 사각으로서 그 크기는 5cm 이하이어야 한다.
② 원형 또는 사각으로서 그 크기는 10cm 이하이어야 한다.
③ 사각 또는 마름모로서 그 크기는 5cm 이하이어야 한다.
④ 사각 또는 마름모로서 그 크기는 10cm 이하이어야 한다.

91

콘크리트를 타설할 때 안전상 유의하여야 할 사항으로 옳지 않은 것은?

① 콘크리트를 치는 도중에는 거푸집, 지보공 등의 이상 유무를 확인한다.
② 진동기 사용 시 지나친 진동은 거푸집 도괴의 원인이 될 수 있으므로 적절히 사용해야 한다.
③ 최상부의 슬래브는 되도록 이어붓기를 하고 여러 번에 나누어 콘크리트를 타설한다.
④ 타워에 연결되어 있는 슈트의 접속이 확실한지 확인한다.

해설

최상부의 슬래브는 이어붓기를 피하고, 동시에 전체를 타설한다.

92

무한궤도식 장비와 타이어식(차륜식) 장비의 차이점에 관한 설명으로 옳은 것은?

① 무한궤도식은 기동성이 좋다.
② 타이어식은 승차감과 주행성이 좋다.
③ 무한궤도식은 경사 지반에서의 작업에 부적당하다.
④ 타이어식은 땅을 다지는 데 효과적이다.

해설

① 무한궤도식은 기동성이 좋지 않다.
③ 무한궤도식은 경사 지반에서의 작업에 적당하다.
④ 무한궤도식은 땅을 다지는 데 효과적이다.

93

사다리식 통로 등을 설치하는 경우 발판과 벽과의 사이는 최소 얼마 이상의 간격을 유지하여야 하는가?

① 10cm 이상　　　② 15cm 이상
③ 20cm 이상　　　④ 25cm 이상

해설

사다리식 통로 등을 설치하는 경우 발판과 벽과의 사이는 15cm 이상의 간격을 유지해야 한다(산업안전보건기준에 관한 규칙 제24조).

94

정기안전점검 결과 건설공사의 물리적·기능적 결함 등이 발견되어 보수·보강 등의 조치를 하기 위하여 필요한 경우에 실시하는 것은?

① 자체안전점검
② 정밀안전점검
③ 상시안전점검
④ 품질관리점검

해설

안전점검의 시기·방법 등(건설기술진흥법 시행령 제100조)

건설사업자와 주택건설등록업자는 건설공사의 공사기간 동안 매일 자체안전점검을 하고, 기관에 의뢰하여 다음의 기준에 따라 정기안전점검 및 정밀안전점검 등을 해야 한다.

• 건설공사의 종류 및 규모 등을 고려하여 국토교통부장관이 정하여 고시하는 시기와 횟수에 따라 정기안전점검을 할 것
• 정기안전점검 결과 건설공사의 물리적·기능적 결함 등이 발견되어 보수·보강 등의 조치를 위하여 필요한 경우에는 정밀안전점검을 할 것
• 시설물의 안전 및 유지관리에 관한 특별법에 따른 1종 시설물 및 2종 시설물의 건설공사에 대해서는 그 건설공사를 준공(임시 사용을 포함한다)하기 직전에 정기안전점검 수준 이상의 안전점검을 할 것
• 안전관리계획을 수립해야 하는 건설공사가 시행 도중에 중단되어 1년 이상 방치된 시설물이 있는 경우에는 그 공사를 다시 시작하기 전에 그 시설물에 대하여 정기안전점검 수준의 안전점검을 할 것

95

차량계 하역운반기계에 화물을 적재할 때의 준수사항과 거리가 먼 것은?

① 하중이 한쪽으로 치우치지 않도록 적재할 것
② 구내 운반차 또는 화물자동차의 경우 화물의 붕괴 또는 낙하에 의한 위험을 방지하기 위하여 화물에 로프를 거는 등 필요한 조치를 할 것
③ 운전자의 시야를 가리지 않도록 화물을 적재할 것
④ 제동장치 및 조정장치 기능의 이상 유무를 점검할 것

해설

화물 적재 시의 조치(산업안전보건기준에 관한 규칙 제173조)
• 사업주는 차량계 하역운반기계 등에 화물을 적재하는 경우에 다음의 사항을 준수하여야 한다.
　– 하중이 한쪽으로 치우치지 않도록 적재할 것
　– 구내 운반차 또는 화물자동차의 경우 화물의 붕괴 또는 낙하에 의한 위험을 방지하기 위하여 화물에 로프를 거는 등 필요한 조치를 할 것
　– 운전자의 시야를 가리지 않도록 화물을 적재할 것
• 화물을 적재하는 경우에는 최대적재량을 초과해서는 아니 된다.

96

시스템 비계를 사용하여 비계를 구성하는 경우에 준수하여야 할 사항으로 옳지 않은 것은?

① 수직재와 수직재의 연결 철물은 이탈되지 않도록 견고한 구조로 할 것
② 수직재·수평재·가새재를 견고하게 연결하는 구조가 되도록 할 것
③ 수직재와 받침 철물의 연결부 겹침 길이는 받침 철물 전체 길이의 4분의 1 이상이 되도록 할 것
④ 수평재는 수직재와 직각으로 설치하여야 하며, 체결 후 흔들림이 없도록 견고하게 설치할 것

해설

비계 밑단의 수직재와 받침 철물은 밀착되도록 설치하고, 수직재와 받침 철물의 연결부 겹침 길이는 받침 철물 전체 길이의 3분의 1 이상이 되도록 한다(산업안전보건기준에 관한 규칙 제69조).

97

공사현장에서 낙하물방지망 또는 방호선반을 설치할 때 설치 높이 및 벽면으로부터 내민 길이 기준으로 옳은 것은?

① 설치 높이 10m 이내마다, 내민 길이 2m 이상
② 설치 높이 15m 이내마다, 내민 길이 2m 이상
③ 설치 높이 10m 이내마다, 내민 길이 3m 이상
④ 설치 높이 15m 이내마다, 내민 길이 3m 이상

해설

낙하물에 의한 위험의 방지(산업안전보건기준에 관한 규칙 제14조)
낙하물방지망 또는 방호선반을 설치하는 경우에는 다음의 사항을 준수하여야 한다.
• 높이 10m 이내마다 설치하고, 내민 길이는 벽면으로부터 2m 이상으로 할 것
• 수평면과의 각도는 20° 이상 30° 이하를 유지할 것

98

가설구조물이 갖추어야 할 구비요건과 가장 거리가 먼 것은?

① 영구성
② 경제성
③ 작업성
④ 안전성

해설

가설구조물의 갖추어야 할 3대 구비요건
안전성, 작업성, 경제성

99

가설 통로를 설치하는 경우 준수하여야 할 기준으로 옳지 않은 것은?

① 견고한 구조로 할 것
② 경사는 30° 이하로 할 것
③ 경사가 30°를 초과하는 경우에는 미끄러지지 아니하는 구조로 할 것
④ 수직갱에 가설된 통로의 길이가 15m 이상인 경우에는 10m 이내마다 계단참을 설치할 것

해설

경사가 15°를 초과하는 경우에는 미끄러지지 아니하는 구조로 한다(산업안전보건기준에 관한 규칙 제23조).

100

산업안전보건기준에 관한 규칙에 따른 토사 굴착 시 굴착면의 기울기 기준으로 옳지 않은 것은?

① 보통 흙인 습지 – 1 : 1~1 : 1.5
② 풍화암 – 1 : 0.8
③ 연암 – 1 : 0.5
④ 보통 흙인 건지 – 1 : 1.2~1 : 5

해설

굴착면의 기울기 기준(산업안전보건기준에 관한 규칙 별표 11)

지반의 종류	굴착면의 기울기
모래	1 : 1.8
연암 및 풍화암	1 : 1.0
경암	1 : 0.5
그 밖의 흙	1 : 1.2

굴착면의 기울기 : 굴착면의 높이에 대한 수평거리의 비율

※ 출제 당시 정답은 ④이었으나 해당 법령 개정으로 정답 없음

제1과목 | 산업안전관리론

01

산업안전보건법령상 안전보건표지의 종류에 있어 안전모 착용은 어떤 표지에 해당하는가?

① 경고표지
② 지시표지
③ 안내표지
④ 관계자 외 출입금지

해설

지시표지의 종류(시행규칙 별표 7)

보안경 착용, 방독마스크 착용, 방진마스크 착용, 보안면 착용, 안전모 착용, 귀마개 착용, 안전화 착용, 안전장갑 착용, 안전복 착용

02

산업안전보건법상 특별안전·보건교육 대상 작업이 아닌 것은?

① 건설용 리프트·곤돌라를 이용한 작업
② 전압이 50V인 정전 및 활선작업
③ 화학설비 중 반응기, 교반기·추출기의 사용 및 세척작업
④ 액화석유가스·수소가스 등 인화성 가스 또는 폭발성 물질 중 가스의 발생장치 취급 작업

해설

전압이 75V 이상인 정전 및 활선작업이 특별교육 대상 작업에 해당한다(시행규칙 별표 5).

03

사고의 간접원인이 아닌 것은?

① 물적 원인
② 정신적 원인
③ 관리적 원인
④ 신체적 원인

해설

사고의 원인

• 직접원인 : 불안전한 행위(인적 요인), 불안전한 상태(물적 요인)
• 간접원인 : 기술적 요인, 교육적 원인, 관리적 원인, 신체적(생리적) 원인, 정신적 원인 등

04

다음 재해손실 비용 중 직접손실비에 해당하는 것은?

① 진료비
② 입원 중의 잡비
③ 당일 손실 시간손비
④ 구원, 연락으로 인한 부동 임금

해설

②, ③, ④는 간접손실비이다.

05

기업조직의 원리 중 지시일원화의 원리에 대한 설명으로 가장 적절한 것은?

① 지시에 따라 최선을 다해서 주어진 임무나 기능을 수행하는 것
② 책임을 완수하는 데 필요한 수단을 상사로부터 위임받은 것
③ 언제나 직속상사에게서만 지시를 받고 특정 부하직원들에게만 지시하는 것
④ 가능한 조직의 각 구성원이 한 가지 특수 직무만을 담당하도록 하는 것

06

안전모에 관한 내용으로 옳은 것은?

① 안전모의 종류는 안전모의 형태로 구분한다.
② 안전모의 종류는 안전모의 색상으로 구분한다.
③ A형 안전모 : 물체의 낙하, 비래에 의한 위험을 방지, 경감시키는 것으로 내전압성이다.
④ AE형 안전모 : 물체의 낙하, 비래에 의한 위험을 방지 또는 경감하고 머리 부위의 감전에 의한 위험을 방지하기 위한 것으로 내전압성이다.

해설

안전모의 종류(보호구 안전인증 고시 별표 1)
• AB형 : 물체의 낙하 또는 비래 및 추락에 의한 위험을 방지 또는 경감시키기 위한 것
• AE형 : 물체의 낙하 또는 비래에 의한 위험을 방지 또는 경감하고, 머리 부위 감전에 의한 위험을 방지하기 위한 것(내전압성)
• ABE형 : 물체의 낙하 또는 비래 및 추락에 의한 위험을 방지 또는 경감하고, 머리 부위 감전에 의한 위험을 방지하기 위한 것(내전압성)

07

어느 공장의 연평균근로자가 180명이고, 1년간 사상자가 6명이 발생했다면, 연천인율은 약 얼마인가?(단, 근로자는 하루 8시간씩 연간 300일을 근무한다)

① 12.79 ② 13.89
③ 33.33 ④ 43.69

해설

$$연천인율 = \frac{연간\ 재해자\ 수}{연평균근로자\ 수} \times 10^3 = \frac{6}{180} \times 10^3 \simeq 33.33$$

08

교육의 기본 3요소에 해당하지 않는 것은?

① 교육의 형태 ② 교육의 주체
③ 교육의 객체 ④ 교육의 매개체

해설

교육의 3요소
• 교육의 주체 : 강사
• 교육의 객체 : 피교육자, 수강자, 교육생, 학생
• 교육의 매개체 : 교재, 교육자료 등

09

안전교육방법 중 TWI(Training Within Industry)의 교육과정이 아닌 것은?

① 작업지도훈련 ② 인간관계훈련
③ 정책수립훈련 ④ 작업방법훈련

해설

TWI(Training Within Industry)의 교육과정
• 작업방법훈련
• 작업지도훈련
• 작업안전훈련
• 인간관계훈련

10

안전심리의 5대 요소 중 능동적인 감각에 의한 자극에서 일어난 사고의 결과로서, 사람의 마음을 움직이는 원동력이 되는 것은?

① 기질(temper) ② 동기(motive)
③ 감정(emotion) ④ 습관(custom)

산업안전심리의 5대 요소
- 동기 : 사람의 마음을 움직이는 원동력
- 기질 : 인간의 성격, 능력 등 개인적인 특성
- 감정 : 사고를 일으키는 정신적 동기(희로애락 등)
- 습성 : 인간의 행동에 영향을 미칠 수 있는 것(동기, 기질 등과 밀접한 관계)
- 습관 : 성장과정을 통하여 형성된 특성

11

지적 확인이란 사람의 눈이나 귀 등 오감의 감각기관을 총동원해서 작업의 정확성과 안전을 확인하는 것이다. 지적 확인과 정확도가 올바르게 짝지어진 것은?

① 지적 확인한 경우 : 0.3%
② 확인만 하는 경우 : 1.25%
③ 지적만 하는 경우 : 1.0%
④ 아무것도 하지 않은 경우 : 1.8%

지적 확인과 정확도
- 지적 확인한 경우 : 0.8%
- 지적만 하는 경우 : 1.5%
- 확인만 하는 경우 : 1.25%
- 아무것도 하지 않은 경우 : 2.85%

12

토의(회의)방식 중 참가자가 다수인 경우에 전원을 토의에 참가시키기 위하여 소집단으로 구분하고, 각각 자유토의를 행하여 의견을 종합하는 방식은?

① 포럼(forum)
② 심포지엄(symposium)
③ 버즈세션(buzz session)
④ 패널디스커션(panel discussion)

① 포럼(forum) : 새로운 자료나 교재를 제시하고 피교육자가 문제점을 제기하거나 여러 가지 방법으로 의견을 발표하여 다시 깊게 파고들어서 청중과 토론자 간의 활발한 의견 개진과 합의를 도출해 가는 토의방법
② 심포지엄(symposium) : 몇 명의 전문가에 의하여 과제에 관한 견해를 발표한 후 참가자가 의견이나 질문을 하면서 토의하는 방법
④ 패널디스커션(panel discussion) : 참가자 앞에서 소수의 전문가들이 과제에 관한 견해를 발표하고 토론한 후 참가자가 모두 참가하여 사회자의 사회에 따라 토의하는 방법

13

매슬로(Maslow)의 욕구위계이론 5단계를 올바르게 나열한 것은?

① 생리적 욕구 → 안전의 욕구 → 사회적 욕구 → 존경의 욕구 → 자아실현의 욕구
② 생리적 욕구 → 안전의 욕구 → 사회적 욕구 → 자아실현의 욕구 → 존경의 욕구
③ 안전의 욕구 → 생리적 욕구 → 사회적 욕구 → 자아실현의 욕구 → 존경의 욕구
④ 안전의 욕구 → 생리적 욕구 → 사회적 욕구 → 존경의 욕구 → 자아실현의 욕구

14

레빈(Lewin)의 법칙에서 환경조건(E)에 포함되는 것은?

$$B = f(P \cdot E)$$

① 지능
② 소질
③ 적성
④ 인간관계

해설

인간의 행동특성과 관련한 레빈의 법칙

$B = f(P \cdot E)$

여기서, B : behavior(인간의 행동)
      f : function(함수관계)
      P : personality(인간의 개체 : 연령, 경험, 성격(개성), 지능, 심신 상태 등)
      E : environment(심리적 환경 : 작업환경, 인간관계 등)

15

기기의 적정한 배치, 변형, 균열, 손상, 부식 등의 유무를 육안, 촉수 등으로 조사 후 그 설비별로 정해진 점검 기준에 따라 양부를 확인하는 점검은?

① 외관점검
② 작동점검
③ 기능점검
④ 종합점검

해설

② 작동점검 : 방호장치나 누전차단장치 등을 정해진 순서에 의해 작동시켜 상황의 양부를 확인하는 점검
③ 기능점검 : 간단한 조작을 행함으로써 대상 기기의 작동의 적정 여부를 확인하는 점검
④ 종합점검 : 정해진 기준에 따라 측정검사를 하고 정해진 조건하에서 운전시험을 행하여 그 기계설비의 종합적인 기능을 판단하는 점검

16

재해 누발자의 유형 중 작업이 어렵고, 기계설비에 결함이 있기 때문에 재해를 일으키는 유형은?

① 상황성 누발자
② 습관성 누발자
③ 소질성 누발자
④ 미숙성 누발자

해설

상황성 누발자의 재해 유발원인

• 작업이 어렵기 때문에
• 기계설비에 결함이 있기 때문에
• 환경상 주의력 집중이 곤란하기 때문에
• 심신에 근심이 있기 때문에

17

무재해운동의 3원칙에 해당되지 않는 것은?

① 참가의 원칙
② 무의 원칙
③ 예방의 원칙
④ 선취의 원칙

18

적응기제(adjustment mechanism) 중 방어적 기제(defence mechanism)에 해당하는 것은?

① 고립(isolation)
② 퇴행(regression)
③ 억압(suppression)
④ 합리화(rationalization)

해설

• 방어적 적응기제 : 보상, 합리화, 투사, 승화, 동일시, 치환 등
• 도피적 적응기제 : 고립, 퇴행, 억압, 백일몽

19

안전관리조직의 형태 중 참모식(staff) 조직에 대한 설명으로 틀린 것은?

① 이 조직은 분업의 원칙을 고도로 이용한 것이며, 책임 및 권한이 직능적으로 분담되어 있다.

② 생산 및 안전에 관한 명령이 각각 별개의 계통에서 나오는 결함이 있어 응급처치 및 통제 수속이 복잡하다.

③ 참모(staff)의 특성상 업무관장은 계획안의 작성, 조사, 점검결과에 따른 조언, 보고에 머무는 것이다.

④ 참모(staff)는 각 생산라인의 안전업무를 직접 관장하고 통제한다.

해설

참모(staff)는 각 생산라인의 안전업무를 직접 관장하고 통제하지 않는다. 참모의 특성상 업무관장은 계획안의 작성, 조사, 점검결과에 따른 조언, 보고에 머문다.

20

재해의 근원이 되는 기계장치나 기타의 물(物) 또는 환경을 뜻하는 것은?

① 상해
② 가해물
③ 기인물
④ 사고의 형태

해설

재해내용	사고 유형	기인물	가해물
근로자가 작업대 위에서 전기공사 작업 중 감전에 의하여 지면으로 떨어져 다리에 골절상해를 입었다.	추락	전기	지면

21

정적 자세 유지 시 진전(tremor)을 감소시킬 수 있는 방법으로 틀린 것은?

① 시각적인 참조가 있도록 한다.
② 손이 심장 높이에 있도록 유지한다.
③ 작업 대상물에 기계적 마찰이 있도록 한다.
④ 손을 떨지 않으려고 힘을 주어 노력한다.

해설

진전은 떨지 않으려고 노력하면 할수록 더 심하게 일어난다.

22

인간의 과오를 정량적으로 평가하기 위한 기법으로, 인간과오의 분류시스템과 확률을 계산하는 안전성 평가기법은?

① THERP   ② FTA
③ ETA   ④ HAZOP

해설

② FTA : 톱다운(top-down) 접근방법으로 일반적인 원리로부터 논리적인 절차를 밟아서 각각의 사실이나 명제를 이끌어 내는 연역적 평가기법이다.

③ ETA : 디시전 트리(decision tree)를 재해사고 분석에 이용한 분석법이다. 설비의 설계단계에서부터 사용단계까지의 각 단계에서 위험을 분석하는 귀납적이며 정량적인 시스템 위험분석기법이다.

④ HAZOP : 이상 상태(설계 의도에서 벗어나는 이탈현상)를 찾아내어 공정의 위험요소와 운전상의 문제점을 도출하는 기법이다.

23

어떤 기기의 고장률이 시간당 0.002로 일정하다고 한다. 이 기기를 100시간 사용했을 때 고장이 발생할 확률은?

① 0.1813

② 0.2214

③ 0.6253

④ 0.8187

해설

$$F(t) = 1 - R(t)$$
$$= 1 - e^{-\lambda t}$$
$$= 1 - e^{-0.002 \times 100}$$
$$\simeq 0.1813$$

24

시스템의 수명곡선에 고장의 발생 형태가 일정하게 나타나는 기간은?

① 초기고장기간

② 우발고장기간

③ 마모고장기간

④ 피로고장기간

해설

고장기간

• 초기고장 : 감소형

• 우발고장 : 일정형

• 마모고장 : 증가형

25

작업장에서 발생하는 소음에 대한 대책으로 가장 먼저 고려하여야 할 적극적인 방법은?

① 소음원의 통제

② 소음원의 격리

③ 귀마개 등 보호구의 착용

④ 덮개 등 방호장치의 설치

해설

소음원에 대한 대책

• 적극적 대책 : 소음의 원인 제거, 강제력 제거, 파동의 차단 및 감쇠, 방사율의 저감 등

• 소극적 대책 : 귀의 보호대책(보호구 착용), 차음대책(격리), 작업방법 개선, 능동 제어

26

반복적 노출에 따라 민감성이 가장 쉽게 떨어지는 표시장치는?

① 시각 표시장치

② 청각 표시장치

③ 촉각 표시장치

④ 후각 표시장치

해설

후각적 표시장치

후각은 여러 냄새에 대한 민감도의 개인차가 심하다. 코가 막히면 민감도가 떨어지고, 사람은 냄새에 빨리 익숙해져서 노출 후에는 냄새의 존재를 느끼지 못한다. 또한 냄새의 확산을 통제하기 어렵기 때문에 활용하지 않는다.

27

Fussell의 알고리즘으로 최소 컷셋을 구하는 방법에 대한 설명으로 틀린 것은?

① OR게이트는 항상 컷셋의 수를 증가시킨다.
② AND게이트는 항상 컷셋의 크기를 증가시킨다.
③ 중복 및 반복되는 사건이 많은 경우에 적용하기 적합하고 매우 간편하다.
④ 톱(top)사상을 일으키기 위해 필요한 최소한의 컷셋이 최소 컷셋이다.

해설

최소 컷셋은 일반적으로 반복사상이 없는 경우에 퍼셀(Fussell) 알고리즘을 이용하여 구한다.

28

FMEA 기법의 장점에 해당하는 것은?

① 서식이 간단하다.
② 논리적으로 완벽하다.
③ 해석의 초점이 인간에 맞추어져 있다.
④ 동시에 복수의 요소가 고장 나는 경우의 해석이 용이하다.

해설

FMEA 기법의 장단점

장점	• 서식이 간단하다. • 비교적 적은 노력으로 특별한 훈련 없이 분석이 가능하다.
단점	• 논리성이 부족하다. • 각 요소 간의 영향을 분석하기 어렵기 때문에 동시에 두 가지 이상의 요소가 고장 나는 경우 분석이 곤란하다. • 요소가 물체로 한정되어 있기 때문에 인적 원인을 분석하기 곤란하다.

29

60fL의 광도를 요하는 시각 표시장치의 반사율이 75%일 때, 소요조명은 몇 f_c인가?

① 75
② 80
③ 85
④ 90

해설

소요조명

$$f_c = \frac{\text{소요휘도}(f_L)}{\text{반사율}} = \frac{60}{0.75} = 80$$

30

FT에서 사용되는 사상기호에 대한 설명으로 맞는 것은?

① 위험지속기호 : 정해진 횟수 이상 입력이 될 때 출력이 발생한다.
② 억제게이트 : 조건부 사건이 일어나는 상황하에서 입력이 발생할 때 출력이 발생한다.
③ 우선적 AND게이트 : 사건이 발생할 때 정해진 순서대로 복수의 출력이 발생한다.
④ 배타적 OR게이트 : 동시에 2개 이상의 입력이 존재하는 경우에 출력이 발생한다.

해설

① 위험지속기호 : 입력신호가 생긴 후 일정시간이 지속된 후에 출력이 생긴다.
③ 우선적 AND게이트 : 입력현상 중 어떤 현상이 다른 현상보다 먼저 일어나 출력현상이 생긴다.
④ 배타적 OR게이트 : OR게이트이지만 2개 또는 2 이상의 입력이 동시에 존재하는 경우 출력이 일어나지 않는 게이트이다.

31

온도가 적정 온도에서 낮은 온도로 내려갈 때의 인체반응으로 옳지 않은 것은?

① 발한을 시작
② 직장온도가 상승
③ 피부온도가 하강
④ 혈액은 많은 양이 몸의 중심부를 순환

해설

발한은 체온이 높아졌을 때 땀으로 수분을 배출해 체열을 발산시켜 체온을 조절하는 현상으로, 예를 들어 정신적 긴장 시 땀이 나는 경우이다.

32

인간공학의 연구방법에서 인간 – 기계시스템을 평가하는 척도의 요건으로 적합하지 않은 것은?

① 적절성, 타당성
② 무오염성
③ 주관성
④ 신뢰성

해설

인간 – 기계시스템을 평가하는 척도의 요건

적절성(타당성), 무오염성, 신뢰성(반복성, 일관성, 안정성)

33

NIOSH의 연구에 기초하여 목과 어깨 부위의 근골격계 질환 발생과 인과관계가 가장 적은 위험요인은?

① 진동
② 반복작업
③ 과도한 힘
④ 작업 자세

34

인간 – 기계시스템에서의 기본적인 기능에 해당하지 않는 것은?

① 행동기능
② 정보의 설계
③ 정보의 수용
④ 정보의 저장

해설

인간 – 기계시스템의 기본적인 기능

정보의 수용, 정보의 저장, 정보의 처리 및 의사결정, 행동기능

35

시력과 대비 감도에 영향을 미치는 인자에 해당하지 않는 것은?

① 노출시간
② 연령
③ 주파수
④ 휘도 수준

36

조종장치를 3cm 움직였을 때 표시장치의 지침이 5cm 움직였다면, C/R비는 얼마인가?

① 0.25   ② 0.6

③ 1.6   ④ 1.7

해설

$C/R비 = \dfrac{3}{5} = 0.6$

37

필요한 작업 또는 절차의 잘못된 수행으로 발생하는 과오는?

① 시간적 과오(time error)

② 생략적 과오(omission error)

③ 순서적 과오(sequential error)

④ 수행적 과오(commision error)

해설

수행적 과오(commision error)
- 필요한 작업이나 절차의 불확실한 수행으로 발생한 에러
- 다른 것으로 착각하여 실행한 에러
- 선택착오, 순서착오, 시간착오 등

38

일반적인 FTA 기법의 순서로 맞는 것은?

> ㉠ FT의 작성
> ㉡ 시스템의 정의
> ㉢ 정량적 평가
> ㉣ 정성적 평가

① ㉠ → ㉡ → ㉢ → ㉣

② ㉠ → ㉡ → ㉣ → ㉢

③ ㉡ → ㉠ → ㉢ → ㉣

④ ㉡ → ㉠ → ㉣ → ㉢

39

인체측정치를 이용한 설계에 관한 설명으로 옳은 것은?

① 평균치를 기준으로 한 설계를 제일 먼저 고려한다.

② 의자의 깊이와 너비는 모두 작은 사람을 기준으로 설계한다.

③ 자세와 동작에 따라 고려해야 할 인체 측정 치수가 달라진다.

④ 큰 사람을 기준으로 한 설계는 인체측정치의 5%tile을 사용한다.

해설

① 인체측정치를 제품 설계에 적용하는 순서는 조절식 설계 → 극단치 설계 → 평균치 설계 순으로, 평균치를 기준으로 한 설계를 제일 나중에 고려한다.

② 의자의 깊이는 작은 사람을 기준으로, 의자의 너비는 큰 사람을 기준으로 설계한다.

④ 큰 사람을 기준으로 한 설계는 인체측정치의 95%tile을 사용한다.

40

제어장치와 표시장치에 있어 물리적 형태나 배열을 유사하게 설계하는 것은 어떤 양립성(compatibility)의 원칙에 해당하는가?

① 시각적 양립성(visual compatibility)
② 양식 양립성(modality compatibility)
③ 공간적 양립성(spatial compatibility)
④ 개념적 양립성(conceptual compatibility)

해설

양립성

자극 또는 반응들 간의 관계가 인간의 기대에 일치되는 정도
• 개념 양립성 : 어떠한 신호가 전달하려는 내용과 연관성이 있어야 하는 것
　예 위험신호는 빨간색, 주의신호는 노란색, 안전신호는 파란색으로 표시하는 것
• 양식 양립성 : 청각적 자극 제시와 이에 대한 음성응답과업에서 갖는 양립성
• 운동 양립성 : 표시 및 조종장치, 체계반응의 운동 방향의 양립성
　예 조종장치를 오른쪽으로 돌리면 지침도 오른쪽으로 이동하는 것
• 공간 양립성 : 표시장치가 조종장치에서 물리적 형태나 공간적인 배치 양립성
　예 오른쪽 : 오른손 조절장치, 왼쪽 : 왼손 조절장치

41

프레스기의 방호장치의 종류가 아닌 것은?

① 가드식
② 초음파식
③ 광전자식
④ 양수 조작식

해설

프레스기의 방호장치의 종류

광전자식, 양수 조작식, 가드식, 손쳐내기식, 수인식

42

다음 중 프레스의 안전작업을 위하여 활용하는 수공구로 가장 거리가 먼 것은?

① 브러시
② 진공컵
③ 마그넷 공구
④ 플라이어(집게)

해설

프레스의 안전작업을 위하여 활용하는 수공구

밀대, 갈고리, 핀셋, 플라이어(집게), 마그넷 공구, 진공컵

43

연삭기에서 숫돌의 바깥지름이 180mm라면, 평형 플랜지의 바깥지름은 몇 mm 이상이어야 하는가?

① 30
② 36
③ 45
④ 60

해설

숫돌 고정장치인 평형 플랜지의 지름은 숫돌 직경의 1/3 이상인 것이 적당하다. 따라서 평형 플랜지의 지름은 180 ÷ 3 = 60mm 이상이어야 한다.

44

산업안전보건법령에 따라 컨베이어에 부착해야 할 방호장치로 적합하지 않은 것은?

① 비상정지장치
② 과부하방지장치
③ 역주행방지장치
④ 덮개 또는 낙하방지용 울

해설

컨베이어에 부착해야 할 방호장치

비상정지장치, 덮개 또는 울, 건널다리, 역전방지장치 및 브레이크, 기복장치

45

보일러의 방호장치로 적절하지 않은 것은?

① 압력방출장치
② 과부하방지장치
③ 압력제한스위치
④ 고저수위조절장치

해설

보일러의 방호장치

압력방출장치(안전밸브 및 압력릴리프장치), 압력제한스위치, 고저수위조절장치

46

프레스의 손쳐내기식 방호장치에서 방호판의 기준에 대한 설명이다. (   )에 들어갈 내용으로 맞는 것은?

> 방호판의 폭은 금형폭의 (㉠) 이상이어야 하고, 행정 길이가 (㉡)mm 이상인 프레스 기계에서는 방호판의 폭을 (㉢)mm로 해야 한다.

① ㉠ 1/2, ㉡ 300, ㉢ 200
② ㉠ 1/2, ㉡ 300, ㉢ 300
③ ㉠ 1/3, ㉡ 300, ㉢ 200
④ ㉠ 1/3, ㉡ 300, ㉢ 300

해설

방호판의 폭은 금형폭의 1/2 이상이어야 하고, 행정 길이가 300mm 이상의 프레스 기계에는 방호판 폭을 300mm로 해야 한다(방호장치 안전인증 고시 별표 1).

47

선반작업에서 가공물의 길이가 외경에 비하여 과도하게 길 때, 절삭저항에 의한 떨림을 방지하기 위한 장치는?

① 센터
② 심봉
③ 방진구
④ 돌리개

해설

방진구
선반작업에서 가공물의 길이가 직경의 12배 이상으로 과도하게 길 때 절삭저항에 의한 떨림을 방지하기 위한 장치이다.

48

산업안전보건법령에 따라 목재가공용 기계에 설치하여야 하는 방호장치에 대한 내용으로 틀린 것은?

① 목재가공용 둥근톱 기계에는 분할날 등 반발예방장치를 설치하여야 한다.
② 목재가공용 둥근톱 기계에는 톱날접촉예방장치를 설치하여야 한다.
③ 모따기 기계에는 가공 중 목재의 회전을 방지하는 회전방지장치를 설치하여야 한다.
④ 작업 대상물이 수동으로 공급되는 동력식 수동 대패 기계에 날접촉예방장치를 설치하여야 한다.

해설

사업주는 모떼기 기계(자동이송장치를 부착한 것은 제외)에 날접촉예방장치를 설치하여야 한다(산업안전보건기준에 관한 규칙 제110조).

49

다음 중 산소-아세틸렌 가스용접 시 역화의 원인과 가장 거리가 먼 것은?

① 토치의 과열
② 토치 팁의 이물질
③ 산소 공급의 부족
④ 압력조정기의 고장

해설

산소-아세틸렌 가스용접 시 아세틸렌 공급이 부족하면 역화가 발생한다.

50

다음 그림과 같은 지게차가 안정적으로 작업할 수 있는 상태의 조건으로 적합한 것은?

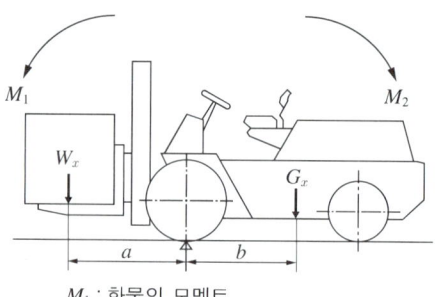

M_1 : 화물의 모멘트
M_2 : 차의 모멘트

① $M_1 < M_2$
② $M_1 > M_2$
③ $M_1 \geqq M_2$
④ $M_1 > 2M_2$

해설

안정 모멘트 관계식(지게차의 안전작업에 관한 기술지원규정)
$M_1 \leq M_2$, $Wa \leq Gb$
여기서, W : 화물의 중량
    a : 앞바퀴에서 화물 중심까지의 최단거리
    G : 지게차 자체 중량
    b : 앞바퀴에서 지게차 중심까지의 최단거리
※ 화물쪽보다 지게차쪽이 무거워야 안정감이 있다.

51

다음 그림과 같이 2줄의 와이어로프로 중량물을 달아 올릴 때, 로프에 가장 힘이 적게 걸리는 각도(θ)는?

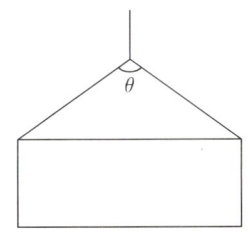

① 30°
② 60°
③ 90°
④ 120°

해설

각도(θ)가 작을수록 로프에 힘이 적게 걸린다.

52

기계설비의 안전조건에서 구조적 안전화에 해당하지 않는 것은?

① 가공결함
② 재료결함
③ 설계상의 결함
④ 방호장치의 작동결함

해설

방호장치의 작동결함은 기능적 결함에 해당한다.
• 기능적 안전화 : 전압 강하, 정전 및 단락, 사용압력 변동 등의 오작동 방지
• 구조적 안전화 : 설계·재료·가공상의 결함 방지

53

2개의 회전체가 회전운동을 할 때 물림점이 발생할 수 있는 조건은?

① 두 개의 회전체 모두 시계 방향으로 회전
② 두 개의 회전체 모두 시계 반대 방향으로 회전
③ 하나는 시계 방향으로 회전하고, 다른 하나는 정지
④ 하나는 시계 방향으로 회전하고, 다른 하나는 시계 반대 방향으로 회전

해설

물림점

회전하는 2개의 회전체에 물려 들어갈 위험성이 형성되는 것으로, 이때 위험점이 발생되는 조건은 회전체가 서로 반대 방향으로 맞물려 회전되는 경우이다(예 기어 물림, 롤러 회전 등).

54

양수 조작식 방호장치에서 누름 버튼 상호 간의 내측거리는 몇 mm 이상이어야 하는가?

① 250
② 300
③ 350
④ 400

해설

양수 조작식 방호장치에서 누름 버튼 상호 간(2개의 누름 버튼 간)의 내측거리는 300mm 이상이어야 한다(방호장치 안전인증 고시 별표 1).

55

기계의 왕복운동을 하는 동작 부분과 움직임이 없는 고정 부분 사이에 형성되는 위험점으로 프레스 등에서 주로 나타나는 것은?

① 물림점
② 협착점
③ 절단점
④ 회전말림점

해설

① 물림점 : 반대로 회전하는 두 개의 회전체가 맞닿는 사이에 발생하는 위험점
③ 절단점 : 운동하는 기계와 회전하는 운동 부분의 위험이 형성되는 점
④ 회전말림점 : 회전하는 물체의 길이, 굵기, 속도 등의 불규칙한 부위와 돌기 회전 부위에 의해 장갑 및 작업복 등이 말려 들어가는 위험점

56

연삭기의 방호장치에 해당하는 것은?

① 주수장치
② 덮개장치
③ 제동장치
④ 소화장치

해설

연삭기의 방호장치에는 덮개장치 또는 울 등이 있다.

57

산업안전보건법령에 따라 달기 체인을 달비계에 사용해서는 안 되는 경우가 아닌 것은?

① 균열이 있거나 심하게 변형된 것
② 달기 체인의 한 꼬임에서 끊어진 소선의 수가 10% 이상인 것
③ 달기 체인의 길이가 달기 체인이 제조된 때의 길이의 5%를 초과한 것
④ 링의 단면 지름이 달기 체인이 제조된 때의 해당 링의 지름의 10%를 초과하여 감소한 것

해설

달기 체인을 달비계에 사용해서는 안 되는 경우(산업안전보건기준에 관한 규칙 제63조)

- 달기 체인의 길이가 달기 체인이 제조된 때의 길이의 5%를 초과한 것
- 링의 단면 지름이 달기 체인이 제조된 때의 해당 링의 지름의 10%를 초과하여 감소한 것
- 균열이 있거나 심하게 변형된 것

58

다음 중 연삭기의 원주속도 V[m/s]를 구하는 식으로 옳은 것은?(단, D는 숫돌의 지름[m], n은 회전수[rpm]이다)

① $V = \dfrac{\pi D n}{16}$ ② $V = \dfrac{\pi D n}{32}$

③ $V = \dfrac{\pi D n}{60}$ ④ $V = \dfrac{\pi D n}{1,000}$

해설

연삭기의 원주속도

- $V = \dfrac{\pi D n}{1,000}$ m/min(숫돌 지름 단위 : mm)
- $V = \dfrac{\pi D n}{60 \times 1,000}$ m/s(숫돌 지름 단위 : mm)
- $V = \dfrac{\pi D n}{60}$ m/s(숫돌 지름 단위 : m)

59

산업용 로봇의 동작 형태별 분류에 해당하지 않는 것은?

① 관절 로봇　　　② 극좌표 로봇

③ 수치제어 로봇　④ 원통좌표 로봇

해설

산업용 로봇의 동작 형태별 분류
- 직각좌표형 로봇
- 수평 다관절형 로봇
- 원통좌표형 로봇
- 극좌표형 로봇
- 수직 다관절형 로봇

60

기계설비 외형의 안전화 방법이 아닌 것은?

① 덮개

② 안전색채 조절

③ 가드(guard)의 설치

④ 페일 세이프(fail safe)

해설

페일 세이프(fail safe)는 기능의 안전화에 해당된다.

제4과목 | 전기 및 화학설비위험방지기술

61

액체가 관 내를 이동할 때 정전기가 발생하는 현상은?

① 마찰대전　　　② 박리대전

③ 분출대전　　　④ 유동대전

해설

① 마찰대전 : 물체가 마찰을 일으킬 때 마찰에 의해서 전하 분리가 일어나서 정전기가 발생하는 현상
② 박리대전 : 서로 밀착되어 있는 테이프 등을 강제로 분리시킬 때 정전기가 발생되는 현상
③ 분출대전 : 분체류, 액체류, 기체류가 단면적이 작은 개구부를 통해 공기 중으로 분출될 때의 마찰로 인해 정전기가 발생되는 현상

62

전기기계·기구의 누전에 의한 감전의 위험을 방지하기 위하여 코드 및 플러그를 접속하여 사용하는 전기기계·기구 중 노출된 비충전 금속체에 접지를 실시하여야 하는 것이 아닌 것은?

① 사용전압이 대지전압 110V인 기구

② 냉장고·세탁기·컴퓨터 및 주변기기 등과 같은 고정형 전기기계·기구

③ 고정형·이동형 또는 휴대형 전동기계·기구

④ 휴대형 손전등

해설

전기기계·기구의 접지(산업안전보건기준에 관한 규칙 제302조)

사업주는 누전에 의한 감전의 위험을 방지하기 위하여 코드와 플러그를 접속하여 사용하는 전기기계·기구 중 다음의 어느 하나에 해당하는 노출된 비충전 금속체에 대하여 접지를 해야 한다.
- 사용전압이 대지전압 150V를 넘는 것
- 냉장고·세탁기·컴퓨터 및 주변기기 등과 같은 고정형 전기기계·기구
- 고정형·이동형 또는 휴대형 전동기계·기구
- 물 또는 도전성(導電性)이 높은 곳에서 사용하는 전기기계·기구, 비접지형 콘센트
- 휴대형 손전등

63

도체의 정전용량 $C = 20\mu F$, 대전전위(방전 시 전압) $V = 3kV$일 때 정전에너지[J]는?

① 45　　　　　　　　② 90

③ 180　　　　　　　④ 360

해설

정전에너지

$$\frac{1}{2}CV^2 = \frac{1}{2}\times(20\times10^{-6})\times(3\times10^3)^2 = 90\text{J}$$

64

사람이 접촉될 우려가 있는 장소에서 제종 접지공사의 접지선을 시설할 때 접지극의 최소 매설 깊이는?

① 지하 30cm 이상　　② 지하 50cm 이상

③ 지하 75cm 이상　　④ 지하 90cm 이상

해설

※ 출제 당시 정답은 ③이었으나 해당 규정의 개정으로 정답 없음(종별 접지공사 내용은 폐지됨)

65

산업안전보건기준에 관한 규칙에 따라 꽂음접속기를 설치 또는 사용하는 경우 준수하여야 할 사항으로 틀린 것은?

① 서로 다른 전압의 꽂음접속기는 서로 접속되지 아니한 구조의 것을 사용할 것

② 습윤한 장소에 사용되는 꽂음접속기는 방수형 등 그 장소에 적합한 것을 사용할 것

③ 근로자가 해당 꽂음접속기를 접속시킬 경우에는 땀 등으로 젖은 손으로 취급하지 않도록 할 것

④ 꽂음접속기에 잠금장치가 있을 때에는 접속 후 개방하여 사용할 것

해설

해당 꽂음접속기에 잠금장치가 있는 경우에는 접속 후 잠그고 사용한다(산업안전보건기준에 관한 규칙 제316조).

66

인체가 현저히 젖어 있거나 인체의 일부가 금속성의 전기기구 또는 구조물에 상시 접촉되어 있는 상태의 허용접촉전압[V]는?

① 2.5V 이하　　　　② 25V 이하

③ 50V 이하　　　　④ 제한 없음

해설

허용접촉전압의 종류

종별	접촉 상태	허용접촉전압
제1종	• 인체의 대부분이 수중에 있는 상태	2.5V 이하
제2종	• 인체가 현저히 젖어 있는 상태 • 금속성의 전기기계장치나 구조물에 인체의 일부가 상시 접촉되어 있는 상태	25V 이하
제3종	• 제1종, 제2종 이외의 경우로서 통상의 인체 상태에 있어서 접촉전압이 가해지면 위험성이 높은 상태	50V 이하
제4종	• 제1종, 제2종 이외의 경우로서 통상 인체 상태에 접촉전압이 가해지더라도 위험성이 낮은 상태 • 접촉전압이 가해질 우려가 없는 경우	제한 없음

67

방폭전기설비에서 제1종 위험 장소에 해당하는 것은?

① 이상 상태에서 위험분위기를 발생할 염려가 있는 장소

② 보통 장소에서 위험분위기를 발생할 염려가 있는 장소

③ 위험분위기가 보통의 상태에서 계속해서 발생하는 장소

④ 위험분위기가 장기간 또는 거의 조성되지 않는 장소

해설

① 제2종 장소
③ 제0종 장소
④ 비폭발 위험 장소

68

과전류차단기로 시설하는 퓨즈 중 고압전로에 사용하는 포장 퓨즈는 정격전류의 몇 배를 견딜 수 있어야 하는가?

① 1.1배
② 1.3배
③ 1.6배
④ 2.0배

해설

고압 및 특고압 전로 중의 과전류 차단기의 시설(한국전기설비규정 341.10)

• 포장 퓨즈는 정격전류의 1.3배의 전류에 견디고, 2배의 전류로 2시간 안에 용단되는 것
• 비포장 퓨즈는 정격전류의 1.25배의 전류에 견디고, 2배의 전류로 2분 안에 용단되는 것

69

접지공사의 종류별로 접지선의 굵기 기준이 바르게 연결된 것은?

① 제1종 접지공사 – 공칭 단면적 $1.6mm^2$ 이상의 연동선
② 제2종 접지공사 – 공칭 단면적 $2.6mm^2$ 이상의 연동선
③ 제3종 접지공사 – 공칭 단면적 $2mm^2$ 이상의 연동선
④ 특별 제3종 접지공사 – 공칭 단면적 $2.5mm^2$ 이상의 연동선

해설

※ 출제 당시 정답은 ④였으나 해당 규정의 개정으로 정답 없음(종별 접지공사 내용은 폐지됨)

70

신선한 공기 또는 불연성 가스 등의 보호기체를 용기의 내부에 압입함으로써 내부의 압력을 유지하여 폭발성 가스가 침입하지 않도록 하는 방폭구조는?

① 내압 방폭구조
② 압력 방폭구조
③ 안전증 방폭구조
④ 특수방진 방폭구조

해설

① 내압 방폭구조 : 외부의 폭발성 가스가 내부로 침입하여 내부에서 폭발하더라도 용기는 그 압력에 견디고, 내부의 폭발로 인하여 외부의 폭발성 가스에 착화될 우려가 없도록 만들어진 구조
③ 안전증 방폭구조 : 전기기기의 과도한 온도 상승, 아크 또는 불꽃 발생의 위험을 방지하기 위하여 추가적인 안전조치를 통한 안전도를 증가시킨 방폭구조
④ 특수방진 방폭구조 : 틈새 등으로 분진이 용기 내부에 침입하지 않도록 한 구조

71

연소의 3요소에 해당되지 않는 것은?

① 가연물
② 점화원
③ 연쇄반응
④ 산소 공급원

해설

연소의 3요소와 연소의 4요소

• 연소의 3요소 : 가연물, 산소 공급원, 점화원
• 연소의 4요소 : 3요소 + 연쇄반응

72

산업안전보건법령에서 정한 위험물을 기준량 이상으로 제조하거나 취급하는 설비 중 특수화학설비에 해당하지 않는 것은?

① 발열반응이 일어나는 반응장치
② 증류·정류·증발·추출 등 분리를 하는 장치
③ 가열로 또는 가열기
④ 고로 등 점화기를 직접 사용하는 열교환기류

해설

특수화학설비(산업안전보건기준에 관한 규칙 제273조)
• 발열반응이 일어나는 반응장치
• 증류·정류·증발·추출 등 분리를 하는 장치
• 가열시켜 주는 물질의 온도가 가열되는 위험물질의 분해온도 또는 발화점보다 높은 상태에서 운전되는 설비
• 반응폭주 등 이상 화학반응에 의하여 위험물질이 발생할 우려가 있는 설비
• 온도가 350℃ 이상이거나 게이지 압력이 980kPa 이상인 상태에서 운전되는 설비
• 가열로 또는 가열기

73

프로판(C_3H_8)의 완전연소 조성농도는 약 몇 vol%인가?

① 4.02
② 4.19
③ 5.05
④ 5.19

해설

프로판의 완전연소 조성농도

$$C_{st} = \frac{100}{1 + 4.773 \left\{ a + \frac{(b-c-2d)}{4} + e \right\}} = \frac{100}{1 + 4.773 \left\{ 3 + \frac{8}{4} \right\}}$$

$$\simeq 4.02 \text{vol}\%$$

74

물과의 반응 또는 열에 의해 분해되어 산소를 발생하는 것은?

① 적린
② 과산화나트륨
③ 유황
④ 이황화탄소

해설

산화성 고체
물질 자체로는 연소하지 않아도 일반적으로 산소를 발생시켜 다른 물질을 연소시키거나 연소를 촉진하는 고체이다(무기과산화물 – 과산화나트륨 등).

75

위험물안전관리법령상 제3류 위험물이 아닌 것은?

① 황화린
② 금속나트륨
③ 황린
④ 금속칼륨

해설

황화린은 제2류 위험물 가연성 고체이다.

76

환풍기가 고장 난 장소에서 인화성 액체를 취급할 때 부주의로 마개를 막지 않았다. 여기서 작업자가 담배를 피우기 위해 불을 켜는 순간 인화성 액체에서 불꽃이 일어나는 사고가 발생하였다. 이와 같은 사고의 발생 가능성이 가장 높은 물질은?(단, 작업현장의 온도는 20℃이다)

① 글리세린
② 중유
③ 다이에틸에테르
④ 경유

해설

제4류 위험물 중 특수인화물인 다이에틸에테르($C_4H_{10}O$)는 중 전기불량도체로 정전기가 발생되므로 주의해야 한다.

77

유해물질의 농도를 c, 노출시간을 t라 할 때 유해물지수 (k)와의 관계인 Haber의 법칙을 바르게 나타낸 것은?

① $k = c + t$

② $k = c / k$

③ $k = c \times t$

④ $k = c - t$

해설

Haber의 법칙

$k = c \times t$

여기서, k : 유해물지수

        c : 유해물질의 농도

        t : 노출시간

78

20℃인 1기압의 공기를 압축비 3으로 단열압축하였을 때, 온도는 약 몇 ℃가 되겠는가?(단, 공기의 비열비는 1.4이다)

① 84

② 128

③ 182

④ 1,091

해설

단열압축 시의 공기온도

$$T_2 = T_1 \times \left(\frac{P_2}{P_1} \right)^{\frac{k-1}{k}}$$

$$= (20 + 273) \times 3^{\frac{1.4-1}{1.4}}$$

$$\simeq 401\text{K}$$

$$= 128℃$$

79

절연성 액체를 운반하는 관에서 정전기로 인해 일어나는 화재 및 폭발을 예방하기 위한 방법으로 가장 거리가 먼 것은?

① 유속을 줄인다.

② 관을 접지시킨다.

③ 도전성이 큰 재료의 관을 사용한다.

④ 관의 안지름을 작게 한다.

해설

관의 안지름을 작게 하면 유속이 빨라져서 정전기가 잘 일어나므로 관의 안지름을 크게 한다.

80

분진폭발에 대한 안전대책으로 적절하지 않은 것은?

① 분진의 퇴적을 방지한다.

② 점화원을 제거한다.

③ 입자의 크기를 최소화한다.

④ 불활성 분위기를 조성한다.

해설

입자가 작을수록 폭발은 격렬해진다.

분진폭발에 대한 안전대책

• 분진의 퇴적 방지

• 점화원 제거

• 불활성 분위기 조성

• 폭발 봉쇄

• 폭발억제장치 설치

• 소화설비 설치

81

토석이 붕괴되는 원인을 외적 요인과 내적 요인으로 나눌 때 외적 요인으로 볼 수 없는 것은?

① 사면, 법면의 경사 및 기울기의 증가
② 지진 발생, 차량 또는 구조물의 중량
③ 공사에 의한 진동 및 반복하중의 증가
④ 절토 사면의 토질, 암질

해설

굴착면 붕괴
• 외적 요인
 - 사면의 경사 및 기울기 증가
 - 절토 및 성토 높이의 증가
 - 굴착된 높이 증가
 - 공사에 의한 진동하중 및 반복하중의 증가
 - 지표수 및 지하수의 침투에 의한 토사 중량 증가
 - 지진, 차량, 구조물의 하중작업
 - 토사 및 암석의 혼합층 두께
• 내적 요인
 - 절토 사면의 토질, 암면
 - 성토 사면의 토질 구성 및 분포
 - 토석의 강도 저하

82

건설용 양중기에 관한 설명으로 옳은 것은?

① 삼각데릭은 인접시설에 장해가 없는 상태에서 360°
  회전이 가능하다.
② 이동식 크레인(crane)에는 트럭크레인, 크롤러크
  레인 등이 있다.
③ 휠크레인에는 무한궤도식과 타이어식이 있으며 장
  거리 이동에 적당하다.
④ 크롤러크레인은 휠크레인보다 기동성이 뛰어나다.

해설

① 삼각데릭은 270°까지, 가이데릭은 360° 회전 가능하다.
③ 휠크레인은 타이어식이며, 장거리 이동이 가능하다.
④ 휠크레인은 크롤러크레인보다 기동성이 뛰어나다.

83

다음은 공사 진척에 따른 안전관리비의 사용 기준이다. ( )에 들어갈 내용으로 옳은 것은?

공정률	50% 이상 70% 미만	70% 이상 90% 미만	90% 이상
사용 기준	( )	70% 이상	90% 이상

① 30% 이상   ② 40% 이상
③ 50% 이상   ④ 60% 이상

해설

공사 진척에 따른 산업안전보건관리비 사용 기준(건설업 산업안전보건관리비 계상 및 사용기준 별표 3)

공정률	50% 이상 70% 미만	70% 이상 90% 미만	90% 이상
사용 기준	50% 이상	70% 이상	90% 이상

84

거푸집 동바리 조립도에 명시해야 할 사항과 거리가 가장 먼 것은?

① 작업환경 조건
② 부재의 재질
③ 단면 규격
④ 설치 간격

해설

거푸집 및 동바리 조립도에는 거푸집 및 동바리를 구성하는 부재의 재질·단면 규격·설치 간격 및 이음방법 등을 명시해야 한다(산업안전보건기준에 관한 규칙 제331조).

85

굴착공사 시 안전한 작업을 위한 사질 지반(점토질을 포함하지 않은 것)의 굴착면 기울기와 높이 기준으로 옳은 것은?

① 1 : 1.5 이상, 5m 미만
② 1 : 0.5 이상, 5m 미만
③ 1 : 1.5 이상, 2m 미만
④ 1 : 0.5 이상, 2m 미만

해설

굴착공사 시 사질 지반(점토질을 포함하지 않은 것)은 굴착면의 기울기를 1 : 1.5 이상으로 완만하게 하고 높이는 5m 미만으로 하여야 한다(굴착공사 표준안전작업지침 제26조).

86

철골공사 시 도괴의 위험이 있어 강풍에 대한 안전 여부를 확인해야 할 필요성이 가장 높은 경우는?

① 연면적당 철골량이 일반 건물보다 많은 경우
② 기둥에 H형강을 사용하는 경우
③ 이음부가 공장용접인 경우
④ 단면구조가 현저한 차이가 있으며 높이가 20m 이상인 건물

해설

구조 안전의 위험이 큰 다음의 철골구조물은 건립 중 강풍에 의한 풍압 등 외압에 대한 내력이 설계에 고려되었는지 확인하여야 한다(철골공사 표준안전작업지침 제3조).
• 높이 20m 이상의 구조물
• 구조물의 폭과 높이의 비가 1 : 4 이상인 구조물
• 단면구조에 현저한 차이가 있는 구조물
• 연면적당 철골량이 50kg/m² 이하인 구조물
• 기둥이 타이 플레이트(tie plate)형인 구조물
• 이음부가 현장용접인 구조물

87

강관을 사용하여 비계를 구성하는 경우 준수해야 할 기준으로 옳지 않은 것은?

① 비계 기둥의 간격은 띠장 방향에서는 1.5m 이상 1.8m 이하, 장선(長線) 방향에서는 1.5m 이하로 할 것
② 띠장 간격은 1.5m 이하로 설치하되, 첫 번째 띠장은 지상으로부터 2.5m 이하의 위치에 설치할 것
③ 비계 기둥의 제일 윗부분으로부터 31m 되는 지점 밑부분의 비계 기둥은 2개의 강관으로 묶어 세울 것
④ 비계 기둥 간의 적재하중은 400kg을 초과하지 않도록 할 것

해설

강관비계의 구조(산업안전보건기준에 관한 규칙 제60조)

사업주는 강관을 사용하여 비계를 구성하는 경우 다음의 사항을 준수해야 한다.
• 비계 기둥의 간격은 띠장 방향에서는 1.85m 이하, 장선(長線) 방향에서는 1.5m 이하로 할 것. 다만, 다음의 어느 하나에 해당하는 작업의 경우에는 안전성에 대한 구조 검토를 실시하고 조립도를 작성하면 띠장 방향 및 장선 방향으로 각각 2.7m 이하로 할 수 있다.
  － 선박 및 보트 건조작업
  － 그 밖에 장비 반입·반출을 위하여 공간 등을 확보할 필요가 있는 등 작업의 성질상 비계 기둥 간격에 관한 기준을 준수하기 곤란한 작업
• 띠장 간격은 2.0m 이하로 할 것. 다만, 작업의 성질상 이를 준수하기가 곤란하여 쌍기둥틀 등에 의하여 해당 부분을 보강한 경우에는 그러하지 아니하다.
• 비계 기둥의 제일 윗부분으로부터 31m 되는 지점 밑부분의 비계 기둥은 2개의 강관으로 묶어 세울 것. 다만, 브래킷(bracket, 까치발) 등으로 보강하여 2개의 강관으로 묶을 경우 이상의 강도가 유지되는 경우에는 그러하지 아니하다.
• 비계 기둥 간의 적재하중은 400kg을 초과하지 않도록 할 것
※ 출제 당시 정답은 ②였으나 해당 법령 개정으로 정답은 ①, ②이다.

88

양중기의 와이어로프 등 달기구의 안전계수 기준으로 옳은 것은?(단, 화물의 하중을 직접 지지하는 달기 와이어로프 또는 달기 체인의 경우)

① 3 이상
② 4 이상
③ 5 이상
④ 6 이상

해설

와이어로프 등 달기구의 안전계수(산업안전보건기준에 관한 규칙 제163조)
• 근로자가 탑승하는 운반구를 지지하는 달기 와이어로프 또는 달기 체인의 경우 : 10 이상
• 화물의 하중을 직접 지지하는 달기 와이어로프 또는 달기 체인의 경우 : 5 이상
• 훅, 섀클, 클램프, 리프팅 빔의 경우 : 3 이상
• 그 밖의 경우 : 4 이상

89

옥내 작업장에는 비상시에 근로자에게 신속하게 알리기 위한 경보용 설비 또는 기구를 설치하여야 한다. 그 설치 대상 기준으로 옳은 것은?

① 연면적이 $400m^2$ 이상이거나 상시 40명 이상의 근로자가 작업하는 옥내 작업장
② 연면적이 $400m^2$ 이상이거나 상시 50명 이상의 근로자가 작업하는 옥내 작업장
③ 연면적이 $500m^2$ 이상이거나 상시 40명 이상의 근로자가 작업하는 옥내 작업장
④ 연면적이 $500m^2$ 이상이거나 상시 50명 이상의 근로자가 작업하는 옥내 작업장

해설

경보용 설비 등(산업안전보건기준에 관한 규칙 제19조)
사업주는 연면적이 $400m^2$ 이상이거나 상시 50명 이상의 근로자가 작업하는 옥내 작업장에는 비상시에 근로자에게 신속하게 알리기 위한 경보용 설비 또는 기구를 설치하여야 한다.

90

비탈면 붕괴 방지를 위한 붕괴방지공법과 가장 거리가 먼 것은?

① 배토공법
② 압성토공법
③ 공작물의 설치
④ 언더피닝공법

해설

언더피닝공법
기존 건축물의 기초 보강이나 신규 기초를 설치해 기존 건축물을 보강하는 공법으로, 기울어진 건축물을 바로잡을 때 또는 인접 토공사에 따른 터파기 작업 시 기존 건축물의 침하 방지가 목적이다.

91

거푸집 동바리 등을 조립하거나 해체하는 작업을 하는 경우에 준수해야 할 사항으로 옳지 않은 것은?

① 해당 작업을 하는 구역에는 관계 근로자가 아닌 사람의 출입을 금지할 것
② 비, 눈, 그 밖의 기상 상태의 불안정으로 날씨가 몹시 나쁜 경우에는 그 작업을 중지할 것
③ 재료, 기구 또는 공구 등을 올리거나 내리는 경우에는 근로자 간 서로 직접 전달하도록 하고, 달줄·달포대 등의 사용을 금할 것
④ 낙하·충격에 의한 돌발적 재해를 방지하기 위하여 버팀목을 설치하고 거푸집 동바리 등을 인양장비에 매단 후에 작업을 하도록 하는 등 필요한 조치를 할 것

해설

재료, 기구 또는 공구 등을 올리거나 내리는 경우에는 근로자로 하여금 달줄·달포대 등을 사용하도록 한다(산업안전보건기준에 관한 규칙 제333조).

92

철근의 가스 절단작업 시 안전상 유의해야 할 사항으로 옳지 않은 것은?

① 작업장에는 소화기를 비치하도록 한다.
② 호스, 전선 등은 다른 작업장을 거치는 곡선상의 배선이어야 한다.
③ 전선의 경우 피복이 손상되어 있는지를 확인하여야 한다.
④ 호스는 작업 중에 겹치거나 밟히지 않도록 한다.

해설

호스나 전선 등은 다른 작업장을 거치지 않는 직선상의 배선이어야 한다.

93

터널 등의 건설작업을 하는 경우에 낙반 등에 의하여 근로자가 위험해질 우려가 있는 경우, 그 위험을 방지하기 위하여 취해야 할 조치와 거리가 먼 것은?

① 터널 지보공 설치   ② 록볼트 설치
③ 부석의 제거   ④ 산소의 측정

해설

낙반 등에 의한 위험의 방지(산업안전보건기준에 관한 규칙 제351조)
사업주는 터널 등의 건설작업을 하는 경우에 낙반 등에 의하여 근로자가 위험해질 우려가 있는 경우에 터널 지보공 및 록볼트의 설치, 부석(浮石)의 제거 등 위험을 방지하기 위하여 필요한 조치를 하여야 한다.

94

철골공사 중 트랩을 이용해 승강할 때 안전과 관련된 항목이 아닌 것은?

① 수평 구명줄   ② 수직 구명줄
③ 쐐줄   ④ 추락방지대

해설

철골공사 중 트랩을 이용해 승강할 때 안전과 관련된 항목
수직 구명줄, 쐐줄, 추락방지대

95

거푸집 및 동바리 설계 시 적용하는 연직 방향 하중에 해당되지 않는 것은?

① 콘크리트의 측압   ② 철근콘크리트의 자중
③ 작업하중   ④ 충격하중

해설

콘크리트의 측압은 거푸집의 수직면에 직각 방향으로 작용한다.
거푸집 및 동바리 설계 시 적용하는 연직하중
• 고정하중 : 철근콘크리트와 거푸집의 무게를 합한 하중
• 공사 중 발생하는 작업하중 : 작업원, 경량의 장비하중, 기타 콘크리트 타설에 필요한 자재 및 공구 등의 시공하중, 충격하중

96

철골작업 시의 위험 방지와 관련하여 철골작업을 중지하여야 하는 강설량의 기준은?

① 시간당 1mm 이상인 경우
② 시간당 3mm 이상인 경우
③ 시간당 1cm 이상인 경우
④ 시간당 3cm 이상인 경우

해설

철골작업을 중지하여야 하는 기준(산업안전보건기준에 관한 규칙 제383조)
• 풍속이 초당 10m 이상인 경우
• 강우량이 시간당 1mm 이상인 경우
• 강설량이 시간당 1cm 이상인 경우

97

굴착공사의 경우 유해위험방지계획서 제출 대상의 기준으로 옳은 것은?

① 깊이 5m 이상인 굴착공사
② 깊이 8m 이상인 굴착공사
③ 깊이 10m 이상인 굴착공사
④ 깊이 15m 이상인 굴착공사

98

비계의 높이가 2m 이상인 작업 장소에 설치되는 작업 발판의 구조에 관한 기준으로 옳지 않은 것은?

① 작업 발판의 폭은 40cm 이상으로 할 것
② 발판재료 간의 틈은 5cm 이하로 할 것
③ 작업 발판재료는 뒤집히거나 떨어지지 않도록 둘 이상의 지지물에 연결하거나 고정시킬 것
④ 작업 발판을 작업에 따라 이동시킬 경우에는 위험 방지에 필요한 조치를 할 것

해설

비계(달비계, 달대비계 및 말비계 제외)의 높이가 2m 이상인 작업 장소의 작업 발판의 폭은 40cm 이상으로 하고, 발판재료 간의 틈은 3cm 이하로 해야 한다(산업안전보건기준에 관한 규칙 제56조).

99

고소작업대를 사용하는 경우 준수해야 할 사항으로 옳지 않은 것은?

① 안전한 작업을 위하여 적정 수준의 조도를 유지할 것
② 전로(電路)에 근접하여 작업을 하는 경우에는 작업 감시자를 배치하는 등 감전사고를 방지하기 위하여 필요한 조치를 할 것
③ 작업대의 붐대를 상승시킨 상태에서 탑승자는 작업대를 벗어나지 말 것
④ 전환스위치는 다른 물체를 이용하여 고정할 것

해설

전환스위치는 다른 물체를 이용하여 고정하면 안 된다(산업안전보건기준에 관한 규칙 제186조).

100

계단의 개방된 측면에 근로자의 추락 위험을 방지하기 위하여 안전난간을 설치하고자 할 때 그 설치 기준으로 옳지 않은 것은?

① 안전난간은 상부 난간대, 중간 난간대, 발끝막이판 및 난간 기둥으로 구성할 것
② 발끝막이판은 바닥면 등으로부터 10cm 이상의 높이를 유지할 것
③ 난간 기둥은 상부 난간대와 중간 난간대를 견고하게 떠받칠 수 있도록 적정한 간격을 유지할 것
④ 난간대는 지름 3.8cm 이상의 금속제 파이프나 그 이상의 강도가 있는 재료일 것

해설

난간대는 지름 2.7cm 이상의 금속제 파이프나 그 이상의 강도가 있는 재료이어야 한다(산업안전보건기준에 관한 규칙 제13조).

제**1**과목 | **산업안전관리론**

01

상시 근로자 수가 75명인 사업장에서 1일 8시간씩 연간 320일을 작업하는 동안에 4건의 재해가 발생하였다면 이 사업장의 도수율은 약 얼마인가?

① 17.68
② 19.67
③ 20.83
④ 22.83

해설

$$도수율 = \frac{재해건수}{연근로시간\ 수} \times 10^6$$

$$= \frac{4}{75 \times 8 \times 320} \times 10^6 \simeq 20.83$$

02

보호구 안전인증 고시에 따른 안전화의 정의 중 ( ) 안에 알맞은 것은?

> 경작업용 안전화란 (㉠)mm의 낙하 높이에서 시험했을 때 충격과 [(㉡)±0.1]kN의 압축하중에서 시험했을 때 압박에 대하여 보호해 줄 수 있는 선심을 부착하여 착용자를 보호하기 위한 안전화를 말한다.

① ㉠ 500, ㉡ 10.0
② ㉠ 250, ㉡ 10.0
③ ㉠ 500, ㉡ 4.4
④ ㉠ 250, ㉡ 4.4

해설

안전화(보호구 안전인증 고시 제5조)

구분	낙하 높이[mm]	압축하중[kN]
중작업용	1,000	15.0±0.1
보통작업용	500	10.0±0.1
경작업용	250	4.4±0.1

03

산업안전보건법령상 안전보건표지의 종류와 형태 중 그림과 같은 경고표지는?(단, 바탕은 무색, 기본모형은 빨간색, 그림은 검은색이다)

① 부식성 물질 경고
② 폭발성 물질 경고
③ 산화성 물질 경고
④ 인화성 물질 경고

해설

① 부식성 물질 경고 :

② 폭발성 물질 경고 :

③ 산화성 물질 경고 :

※ 시행규칙 별표 6

04

일반적으로 사업장에서 안전관리조직을 구성할 때 고려할 사항과 가장 거리가 먼 것은?

① 조직 구성원의 책임과 권한을 명확하게 한다.

② 회사의 특성과 규모에 부합되게 조직되어야 한다.

③ 생산조직과는 동떨어진 독특한 조직이 되도록 하여 효율성을 높인다.

④ 조직의 기능이 충분히 발휘될 수 있는 제도적 체계가 갖추어져야 한다.

해설

안전관리조직 구성 시 생산조직과 밀접한 조직이 되도록 하여 효율성을 높인다.

05

주의의 특성으로 볼 수 없는 것은?

① 변동성　　　　② 선택성

③ 방향성　　　　④ 통합성

해설

주의의 특징
- 선택성 : 여러 종류의 자극을 자각할 때 소수의 특정한 것에 한하여 주의가 집중된다.
- 방향성 : 한곳에 주의를 집중하면 다른 곳의 주의가 약해진다.
- 변동성 : 주의에는 주기적으로 부주의의 리듬이 존재한다.

06

테크니컬 스킬즈(technical skills)에 관한 설명으로 옳은 것은?

① 모럴(morale)을 앙양시키는 능력

② 인간을 사물에게 적응시키는 능력

③ 사물을 인간에게 유리하게 처리하는 능력

④ 인간과 인간의 의사소통을 원활히 처리하는 능력

07

산업재해 예방의 4원칙 중 '재해 발생에는 반드시 원인이 있다.'라는 원칙은?

① 대책 선정의 원칙

② 원인 계기의 원칙

③ 손실 우연의 원칙

④ 예방 가능의 원칙

해설

산업재해 방지의 4원칙
- 예방 가능의 원칙 : 재해사고는 예방 가능하지만, 노력의 한계가 있다.
- 손실 우연의 원칙 : 사고 발생 당시 주변조건에 따라 손실의 크기가 달라진다.
- 원인 계기의 원칙 : 사고와 그 원인은 필연적인 인과관계로 이루어져 있다.
- 대책 선정의 원칙 : 가장 적절한 안전대책을 선정하고 차선책까지 고려해야 한다.

08

심리검사의 특징 중 '검사의 관리를 위한 조건과 절차의 일관성과 통일성'을 의미하는 것은?

① 규준　　　　② 표준화

③ 객관성　　　　④ 신뢰성

09

조직이 리더에게 부여하는 권한으로 볼 수 없는 것은?

① 보상적 권한
② 강압적 권한
③ 합법적 권한
④ 위임된 권한

해설

리더십의 권한
- 조직이 리더에게 부여하는 권한
  - 보상적 권한
  - 강압적 권한
  - 합법적 권한
- 리더가 자신에게 부여하는 권한
  - 전문성의 권한
  - 위임된 권한

10

기억의 과정 중 과거의 학습경험을 통해서 학습된 행동이 현재와 미래에 지속되는 것을 무엇이라 하는가?

① 기명(memorizing)
② 파지(retention)
③ 재생(recall)
④ 재인(recognition)

해설

기억의 4단계
- 기명(memorizing) : 자극으로 주어진 자료를 지각하거나 정보를 받아들이는 것
- 파지(retention) : 기명된 내용을 일정 기간 동안 기억 흔적으로 유지하는 것
- 재생(recall) : 보존된 인상이 의식의 수준에 이르는 것
- 재인(recognition) : 과거에 경험했던 것과 유사한 상황에 이르렀을 때 떠오르는 인상

11

하인리히 재해 발생 5단계 중 3단계에 해당하는 것은?

① 불안전한 행동 또는 불안전한 상태
② 사회적 환경 및 유전적 요소
③ 관리의 부재
④ 사고

해설

하인리히의 재해 발생 5단계 이론
- 1단계 : 사회적 환경 및 유전적 요소
- 2단계 : 개인적 결함
- 3단계 : 불안전한 행동 또는 불안전한 상태
- 4단계 : 사고
- 5단계 : 재해

12

산업안전보건법령상 특별교육 대상 작업별 교육 작업기준으로 틀린 것은?

① 전압이 75V 이상인 정전 및 활선작업
② 굴착면의 높이가 2m 이상이 되는 암석의 굴착작업
③ 동력에 의하여 작동되는 프레스 기계를 3대 이상 보유한 사업장에서 해당 기계로 하는 작업
④ 1ton 미만의 크레인 또는 호이스트를 5대 이상 보유한 사업장에서 해당 기계로 하는 작업

해설

동력에 의하여 작동되는 프레스 기계를 5대 이상 보유한 사업장에서 해당 기계로 하는 작업이 특별교육 대상 작업별 교육에 해당한다(시행규칙 별표 5).

13

기계·기구 또는 설비의 신설, 변경 또는 고장 수리 등 부정기적인 점검을 말하며, 기술적 책임자가 시행하는 점검은?

① 정기점검   ② 수시점검

③ 특별점검   ④ 임시점검

해설

① 정기점검 : 일정 기간마다 정기적으로 기계·기구를 점검하는 것
② 수시점검 : 작업자가 매일 작업 전, 중, 후에 해당 작업설비를 수시로 점검하는 것
④ 임시점검 : 사고가 발생한 후 곧바로 외부 전문가에 의하여 실시하는 점검

14

재해의 원인 분석법 중 사고의 유형, 기인물 등 분류 항목을 큰 순서대로 도표화하여 문제나 목표의 이해가 편리한 것은?

① 관리도(control chart)

② 파레토도(pareto diagram)

③ 클로즈 분석(close analysis)

④ 특성요인도(cause-reason diagram)

해설

① 관리도(control chart) : 재해 발생건수 등의 추이에 대해 한계선을 설정하여 목표관리를 수행하는 재해통계분석기법
③ 클로즈 분석(close analysis) : 데이터를 집계하고 표로 표시한 요인별 결과 내역을 크로스 그림을 사용하여 2개 이상의 문제관계를 분석하는 통계분석기법
④ 특성요인도(cause-reason diagram) : 어떠한 문제가 발생했을 때 어떤 원인으로 일어나는지 인과관계를 살펴보고, 이를 물고기 뼈의 모양(어골도)으로 도식화해서 문제점을 파악하고 해결책을 모색하는 기법

15

다음 중 매슬로(Maslow)가 제창한 인간의 욕구 5단계 이론을 단계별로 옳게 나열한 것은?

① 생리적 욕구 → 안전 욕구 → 사회적 욕구 → 존경의 욕구 → 자아실현의 욕구

② 안전 욕구 → 생리적 욕구 → 사회적 욕구 → 존경의 욕구 → 자아실현의 욕구

③ 사회적 욕구 → 생리적 욕구 → 안전 욕구 → 존경의 욕구 → 자아실현의 욕구

④ 사회적 욕구 → 안전 욕구 → 생리적 욕구 → 존경의 욕구 → 자아실현의 욕구

16

교육의 3요소 중 교육의 주체에 해당하는 것은?

① 강사   ② 교재

③ 수강자   ④ 교육방법

해설

교육의 3요소
• 교육의 주체 : 강사, 교사, 교육자
• 교육의 객체 : 피교육자, 수강자, 교육생, 학생
• 교육의 매개체 : 교재, 교육자료, 교육내용

17

OJT(On the Job Training) 교육의 장점과 가장 거리가 먼 것은?

① 훈련에만 전념할 수 있다.
② 직장의 실정에 맞게 실제적 훈련이 가능하다.
③ 개개인의 업무능력에 적합하고 자세한 교육이 가능하다.
④ 교육을 통하여 상사와 부하 간의 의사소통과 신뢰감이 깊게 된다.

해설

OJT는 훈련에 필요한 업무의 지속성이 유지된다. 훈련에만 전념할 수 있는 경우는 Off JT이다.

18

위험예지훈련 기초 4라운드(4R)에서 라운드별 내용이 바르게 연결된 것은?

① 1라운드 : 현상 파악
② 2라운드 : 대책 수립
③ 3라운드 : 목표 설정
④ 4라운드 : 본질 추구

해설

위험예지훈련 기초 4라운드(4R)
• 제1라운드(현상 파악) : 전원이 토의를 통하여 위험요인을 발견하는 단계(잠재적 요인 발견)
• 제2라운드(본질 추구) : 요인조사, 위험한 것을 결정하는 단계
• 제3라운드(대책 수립) : 관리적 대책(동기부여, 사기 향상 등)을 수립하는 단계
• 제4라운드(목표 설정) : 실천행동목표를 설정하는 단계

19

산업안전보건법령상 근로자 안전·보건교육 중 채용 시의 교육 및 작업내용 변경 시의 교육사항으로 옳은 것은?

① 물질안전보건자료에 관한 사항
② 건강 증진 및 질병 예방에 관한 사항
③ 유해·위험 작업환경 관리에 관한 사항
④ 표준안전작업방법 및 지도 요령에 관한 사항

해설

근로자의 채용 시 교육 및 작업내용 변경 시 교육(시행규칙 별표 5)
• 산업안전 및 산업재해 예방에 관한 사항(화재·폭발 사고 발생 시 대피에 관한 사항을 포함한다)
• 산업보건 및 건강장해 예방에 관한 사항
• 위험성 평가에 관한 사항
• 산업안전보건법령 및 산업재해보상보험제도에 관한 사항
• 직무 스트레스 예방 및 관리에 관한 사항
• 직장 내 괴롭힘, 고객의 폭언 등으로 인한 건강장해 예방 및 관리에 관한 사항
• 기계·기구의 위험성과 작업의 순서 및 동선에 관한 사항
• 작업 개시 전 점검에 관한 사항
• 정리·정돈 및 청소에 관한 사항
• 사고 발생 시 긴급조치에 관한 사항
• 물질안전보건자료에 관한 사항

20

산업재해의 발생유형으로 볼 수 없는 것은?

① 지그재그형
② 집중형
③ 연쇄형
④ 복합형

해설

산업재해의 발생유형
• 연쇄형(단순 연쇄, 복합 연쇄)
• 집중형(단순 자극형)
• 복합형

21

모든 시스템 안전프로그램 중 최초단계의 분석으로 시스템 내의 위험요소가 어떤 상태에 있는지를 정성적으로 평가하는 방법은?

① CA
② FHA
③ PHA
④ FMEA

해설

PHA(Preliminary Hazard Analysis, 예비위험분석)
모든 시스템 안전프로그램의 최초단계의 분석으로 시스템 내의 위험 요소가 얼마나 위험 상태에 있는가를 정성적으로 평가하는 방식이다. 시스템의 개발단계에서 시스템 고유의 위험영역을 식별하고 예상되는 재해의 위험 수준을 평가하는 데 목적이 있다.

22

시스템의 성능 저하가 인원의 부상이나 시스템 전체에 중대한 손해를 입히지 않고 제어가 가능한 상태의 위험강도는?

① 범주 Ⅰ : 파국적
② 범주 Ⅱ : 위기적
③ 범주 Ⅲ : 한계적
④ 범주 Ⅳ : 무시

해설

PHA의 카테고리 분류
• 범주 Ⅰ 파국적 상태(catastrophic)
  – 사망, 시스템 손상
  – 인간의 과오, 환경, 설계의 특성, 서브시스템의 고장 또는 기능 불량이 시스템의 성능을 저하시켜 그 결과 부상 및 시스템의 중대한 손해를 초래하는 상태
• 범주 Ⅱ 중대 상태(위기 상태, critical)
  – 심각한 상해, 시스템 중대 손상
  – 작업자의 부상 및 시스템의 중대한 손해를 초래하거나 작업자의 생존 및 시스템의 유지를 위하여 즉시 수정조치를 필요로 하는 상태
• 범주 Ⅲ 한계적 상태(marginal)
  – 경미한 상해, 시스템 성능 저하
  – 작업자의 부상 및 시스템의 중대한 손해를 초래하지 않고, 대처 또는 제어할 수 있는 상태
• 범주 Ⅳ 무시 가능 상태(negligible)
  – 경미 상해 및 시스템 저하가 없는 상태
  – 시스템의 성능, 기능이나 인적 손실이 전혀 없어 작업자의 생존 및 시스템의 유지가 가능한 상태

23

결함수분석법에서 일정 조합 안에 포함되는 기본사상들이 동시에 발생할 때 반드시 목표사상을 발생시키는 조합을 무엇이라 하는가?

① cut set
② decision tree
③ path set
④ 불 대수

24

통제표시비(C/D비)를 설계할 때의 고려할 사항으로 가장 거리가 먼 것은?

① 공차
② 운동성
③ 조작시간
④ 계기의 크기

통제표시비(C/D비) 설계 시 고려해야 하는 사항
계기의 크기, 공차, 목측거리(목시거리), 조작시간, 방향성

25

건구온도 38℃, 습구온도 32℃일 때의 oxford지수는 몇 ℃인가?

① 30.2
② 32.9
③ 35.3
④ 37.1

$$oxford지수(WD) = 0.85W + 0.15D$$
$$= 0.85 \times 32 + 0.15 \times 38$$
$$= 32.9℃$$

26

건강한 남성이 8시간 동안 특정작업을 실시하고, 분당 산소소비량이 1.1L/분으로 나타났다면 8시간 총작업시간에 포함될 휴식시간은 약 몇 분인가?(단, Murrell의 방법을 적용하며, 휴식 중 에너지소비율은 1.5kcal/min이다)

① 30분
② 54분
③ 60분
④ 75분

남성의 권장 평균 에너지소비량은 5kcal/min이므로
분당 에너지소비량은 5 × 1.1 = 5.5kcal/min이다.
따라서 8시간의 작업시간 중 필요한 휴식시간은
$$R = 8 \times 60 \times \frac{5.5 - 5}{5.5 - 1.5} = \frac{480 \times 0.5}{4.0} = 60분이다.$$

27

점광원(point source)에서 표면에 비추는 조도(lx)의 크기를 나타내는 식으로 옳은 것은?(단, D는 광원으로부터의 거리를 말한다)

① $\dfrac{광도[f_c]}{D^2[\text{m}^2]}$
② $\dfrac{광도[\text{lm}]}{D[\text{m}]}$
③ $\dfrac{광도[\text{cd}]}{D^2[\text{m}^2]}$
④ $\dfrac{광도[f\,\text{L}]}{D[\text{m}]}$

조도(E)

$$E = \frac{광속}{(조사면적)^2}\,\text{lm}/\text{m}^2 = \frac{광도}{(거리)^2}\,\text{cd}/\text{m}^2$$

28

인간공학적 수공구의 설계에 관한 설명으로 옳은 것은?

① 수공구 사용 시 무게 균형이 유지되도록 설계한다.
② 손잡이 크기를 수공구 크기에 맞추어 설계한다.
③ 힘을 요하는 수공구의 손잡이는 직경을 60mm 이상으로 한다.
④ 정밀작업용 수공구의 손잡이는 직경을 5mm 이하로 한다.

② 손잡이의 크기는 사용 용도에 따라 다르게 설계한다.
③ 힘을 요하는 수공구의 손잡이는 직경을 2.5~4cm로 한다.
④ 정밀작업용 수공구의 손잡이는 직경을 0.75~1.5cm로 한다.

29

인간 – 기계시스템에서 기계와 비교한 인간의 장점으로 볼 수 없는 것은?(단, 인공지능과 관련된 사항은 제외한다)

① 완전히 새로운 해결책을 찾아낸다.
② 여러 개의 프로그램된 활동을 동시에 수행한다.
③ 다양한 경험을 토대로 하여 의사결정을 한다.
④ 상황에 따라 변화하는 복잡한 자극 형태를 식별한다.

해설
②는 기계시스템의 장점이다.

30

인터페이스 설계 시 고려해야 하는 인간과 기계와의 조화성에 해당되지 않는 것은?

① 지적 조화성　　② 신체적 조화성
③ 감성적 조화성　　④ 심미적 조화성

해설
인간과 기계와의 조화성의 3가지 차원
신체적 조화성, (인)지적 조화성, 감성적 조화성

31

반복되는 사건이 많이 있는 경우, FTA의 최소 컷셋과 관련이 없는 것은?

① Fussell Algorithm
② Boolean Algorithm
③ Monte Carlo Algorithm
④ Limnios & Ziani Algorithm

해설
Monte Carlo Algorithm은 무작위 추출을 이용하여 함수의 값을 수리적으로 근사하는 알고리즘으로, 반복되는 사건이 많은 경우 최소 컷셋을 찾는 데 시간이 오래 걸리고 정확도가 떨어진다.

32

다음 중 설비보전관리에서 설비이력카드, MTBF 분석표, 고장원인대책표와 관련이 깊은 관리는?

① 보전기록관리　　② 보전자재관리
③ 보전작업관리　　④ 예방보전관리

해설
신뢰성과 보전성을 효과적으로 개선하기 위해 작성하는 보전기록자료
MTBF 분석표, 설비이력카드, 고장원인대책표

33

공간 배치의 원칙에 해당되지 않는 것은?

① 중요성의 원칙
② 다양성의 원칙
③ 사용 빈도의 원칙
④ 기능별 배치의 원칙

해설
작업 공간의 배치에 있어 구성요소(부품) 배치의 4원칙
• 중요성의 원칙
• 사용 빈도의 원칙
• 가능별 배치(기능성)의 원칙
• 사용 순서의 원칙

34

화학공장(석유화학사업장 등)에서 가동문제를 파악하는 데 널리 사용되며, 위험요소를 예측하고 새로운 공정에 대한 가동문제를 예측하는 데 사용되는 위험성 평가 방법은?

① SHA   ② EVP

③ CCFA   ④ HAZOP

해설

① SHA(Secure Hash Algorithm, 안전한 해시 알고리즘)
② EVP(Employee Value Proposition, 직원 가치 제안)
③ CCFA(Common Cause Failure Analysis, 공통 원인 고장 분석)
HAZOP(Hazard and Operability, 위험 및 운전성 검토)기법
• 이상 상태(설계 의도에서 벗어나는 일탈현상)를 찾아내어 공정의 위험요소와 운전상의 문제점을 도출하는 방법이다.
• 화학공장(석유화학사업장 등)에서 가동문제를 파악하는 데 널리 사용되며, 위험요소를 예측하고 새로운 공정에 대한 가동문제를 예측하는 데 사용된다.

35

다음은 1/100초 동안 발생한 3개의 음파를 나타낸 것이다. 음의 세기가 가장 큰 것과 가장 높은 음은 무엇인가?

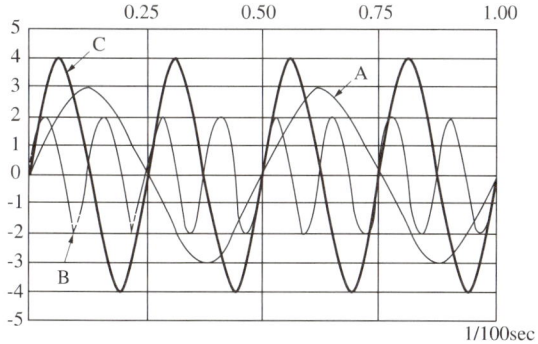

① 가장 큰 음의 세기 : A, 가장 높은 음 : B
② 가장 큰 음의 세기 : C, 가장 높은 음 : B
③ 가장 큰 음의 세기 : C, 가장 높은 음 : A
④ 가장 큰 음의 세기 : B, 가장 높은 음 : C

36

글자의 설계요소 중 검은 바탕에 쓰인 흰 글자가 번져 보이는 현상과 가장 관련 있는 것은?

① 획폭비
② 글자체
③ 종이 크기
④ 글자 두께

해설

획폭비
문자나 숫자의 높이에 대한 획 굵기의 비율

37

FTA에 사용되는 기호 중 다음 기호에 해당하는 것은?

① 생략사상
② 부정사상
③ 결함사상
④ 기본사상

해설

① 생략사상 : ◇

③ 결함사상 : ▭

38

휴먼에러(human error)의 분류 중 필요한 임무나 절차의 순서착오로 인하여 발생하는 오류는?

① ommission error

② sequential error

③ commission error

④ extraneous error

해설

① omission error(생략오류) : 필요한 작업 또는 절차를 수행하지 않아 기인한 에러

③ commission error(작위오류) : 필요한 작업 또는 절차를 불확실한 수행으로 인한 에러

④ extraneous error(과잉행동오류) : 불필요한 작업 또는 절차를 수행하여 기인된 에러

39

가청 주파수 내에서 사람의 귀가 가장 민감하게 반응하는 주파수 대역은?

① 20~20,000Hz

② 50~15,000Hz

③ 100~10,000Hz

④ 500~3,000Hz

40

작업자가 100개의 부품을 육안 검사하여 20개의 불량품을 발견하였다. 실제 불량품이 40개라면 인간에러(human error) 확률은 약 얼마인가?

① 0.2 　　　② 0.3

③ 0.4 　　　④ 0.5

해설

$$HEP = \frac{40-20}{100} = 0.2$$

41

작업장 내 운반을 주목적으로 하는 구내 운반차가 준수해야 할 사항으로 옳지 않은 것은?

① 주행을 제동하거나 정지 상태를 유지하기 위하여 유효한 제동장치를 갖출 것

② 경음기를 갖출 것

③ 핸들의 중심에서 차체 바깥 측까지의 거리가 65cm 이내일 것

④ 운전자석이 차 실내에 있는 것은 좌우에 한 개씩 방향지시기를 갖출 것

해설

구내 운반차는 핸들의 중심에서 차체 바깥 측까지의 거리가 65cm 이상이어야 한다(산업안전보건기준에 관한 규칙 개정으로 삭제된 내용).

42

다음 중 연삭기를 이용한 작업을 할 경우 연삭숫돌을 교체한 후에는 얼마 동안 시험운전을 하여야 하는가?

① 1분 이상

② 3분 이상

③ 10분 이상

④ 15분 이상

해설

사업주는 회전 중인 연삭숫돌(지름이 5cm 이상인 것으로 한정한다)이 근로자에게 위험을 미칠 우려가 있는 경우에 그 부위에 덮개를 설치하여야 하고, 연삭숫돌을 사용하는 작업의 경우 작업을 시작하기 전에는 1분 이상, 연삭숫돌을 교체한 후에는 3분 이상 시험운전을 하고 해당 기계에 이상이 있는지를 확인하여야 한다(산업안전보건기준에 관한 규칙 제122조).

43

프레스기가 작동 후 작업점까지의 도달시간이 0.2초 걸렸다면, 양수 기동식 방호장치의 설치거리는 최소 얼마인가?

① 3.2cm
② 32cm
③ 6.4cm
④ 64cm

해설

최소 설치거리

$D_m = 1.6 T_m = 1.6 \times 200 = 320mm = 32cm$

44

대패기계용 덮개의 시험방법에서 날접촉예방장치인 덮개와 송급 테이블면과의 간격 기준은 몇 mm 이하여야 하는가?

① 3
② 5
③ 8
④ 12

45

프레스 등의 금형을 부착·해체 또는 조정작업 중 슬라이드가 갑자기 작동하여 근로자에게 발생할 수 있는 위험을 방지하기 위하여 설치하는 것은?

① 방호울
② 안전블록
③ 시건장치
④ 게이트 가드

해설

금형조정작업의 위험 방지(산업안전보건기준에 관한 규칙 제104조)

사업주는 프레스 등의 금형을 부착·해체 또는 조정하는 작업을 할 때 해당 작업에 종사하는 근로자의 신체가 위험한계 내에 있는 경우 슬라이드가 갑자기 작동함으로써 근로자에게 발생할 우려가 있는 위험을 방지하기 위하여 안전블록을 사용하는 등 필요한 조치를 하여야 한다.

46

산업안전보건법령상 프레스를 사용하여 작업을 할 때 작업 시작 전 점검항목에 해당하지 않는 것은?

① 전선 및 접속부 상태
② 클러치 및 브레이크의 기능
③ 프레스의 금형 및 고정볼트 상태
④ 1행정 1정지 기구·급정지장치 및 비상정지장치의 기능

해설

프레스 작업 시작 전 점검사항(산업안전보건기준에 관한 규칙 별표 3)

• 클러치 및 브레이크의 기능
• 크랭크축·플라이휠·슬라이드·연결봉 및 연결 나사의 풀림 유무
• 1행정 1정지 기구·급정지장치 및 비상정지장치의 기능
• 슬라이드 또는 칼날에 의한 위험방지기구의 기능
• 프레스의 금형 및 고정볼트 상태
• 방호장치의 기능
• 전단기의 칼날 및 테이블의 상태

47

선반작업의 안전사항으로 틀린 것은?

① 베드 위에 공구를 올려놓지 않아야 한다.
② 바이트를 교환할 때는 기계를 정지시키고 한다.
③ 바이트는 끝을 길게 장치한다.
④ 반드시 보안경을 착용한다.

해설

바이트는 기계를 정지시킨 후 가급적 짧고 견고하게 고정한다.

48

연삭기 숫돌의 파괴원인으로 볼 수 없는 것은?

① 숫돌의 회전속도가 너무 빠를 때
② 숫돌 자체에 균열이 있을 때
③ 숫돌의 정면을 사용할 때
④ 숫돌에 과대한 충격을 주게 되는 때

해설

연삭작업 중 숫돌 파괴의 원인

- 숫돌의 회전속도가 너무 빠를 경우
- 숫돌에 균열이 있을 경우
- 숫돌작업 시 측면이 사용될 경우
- 숫돌에 큰 충격을 가할 경우
- 숫돌 내경의 크기가 적당하지 않을 경우
- 플랜지의 지름이 현저히 작을 경우
- 회전력이 결합력보다 클 경우
- 숫돌의 회전 중심이 잡히지 않았을 경우
- 베어링 마모에 의한 진동

49

기계설비의 방호를 위험 장소에 대한 방호와 위험원에 대한 방호로 분류할 때, 다음 중 위험원에 대한 방호장치에 해당하는 것은?

① 격리형 방호장치
② 포집형 방호장치
③ 접근거부형 방호장치
④ 위치제한형 방호장치

해설

방호장치의 분류

- 위험원에 대한 방호장치 : 감지형, 포집형
- 위험 장소에 대한 방호장치 : 격리형, 위치제한형, 접근거부형, 접근반응형

50

산업용 로봇작업 시 안전조치방법으로 틀린 것은?

① 작업 중의 머니퓰레이터의 속도의 지침에 따라 작업한다.
② 로봇의 조작방법 및 순서의 지침에 따라 작업한다.
③ 작업을 하고 있는 동안 해당 작업 근로자 이외에도 로봇의 기동스위치를 조작할 수 있도록 한다.
④ 2명 이상의 근로자에게 작업을 시킬 때는 신호방법의 지침을 정하고 그 지침에 따라 작업한다.

해설

교시 등(산업안전보건기준에 관한 규칙 제222조)

사업주는 산업용 로봇(이하 '로봇'이라 한다)의 작동범위에서 해당 로봇에 대하여 교시(敎示) 등[머니퓰레이터(manipulator)의 작동 순서, 위치·속도의 설정·변경 또는 그 결과를 확인하는 것을 말한다]의 작업을 하는 경우에는 해당 로봇의 예기치 못한 작동 또는 오(誤)조작에 의한 위험을 방지하기 위하여 다음의 사항에 관한 지침을 정하고 그 지침에 따라 작업을 시켜야 한다.

- 로봇의 조작방법 및 순서
- 작업 중의 머니퓰레이터의 속도
- 2명 이상의 근로자에게 작업을 시킬 경우의 신호방법
- 이상을 발견한 경우의 조치
- 이상을 발견하여 로봇의 운전을 정지시킨 후 이를 재가동시킬 경우의 조치
- 그 밖에 로봇의 예기치 못한 작동 또는 오조작에 의한 위험을 방지하기 위하여 필요한 조치

51

크레인 작업 시 조치사항 중 틀린 것은?

① 인양할 하물은 바닥에서 끌어당기거나 밀어내는 작업을 하지 아니할 것
② 유류 드럼이나 가스통 등의 위험물 용기는 보관함에 담아 안전하게 매달아 운반할 것
③ 고정된 물체는 직접 분리, 제거하는 작업을 할 것
④ 근로자의 출입을 통제하여 하물이 작업자의 머리 위로 통과하지 않게 할 것

해설

크레인 작업 시 고정된 물체를 직접 분리·제거하는 작업을 하면 안 된다(산업안전보건기준에 관한 규칙 제146조).

52

산업안전보건법령상 양중기에 사용하지 않아야 하는 달기 체인의 기준으로 틀린 것은?

① 심하게 변형된 것
② 균열이 있는 것
③ 달기 체인의 길이가 달기 체인이 제조된 때의 길이보다 3%를 초과한 것
④ 링의 단면 지름이 달기 체인이 제조된 때의 해당 링의 지름의 10%를 초과하여 감소한 것

해설

달기 체인을 달비계에 사용해서는 안 되는 경우(산업안전보건기준에 관한 규칙 제63조)
• 달기 체인의 길이가 달기 체인이 제조된 때의 길이의 5%를 초과한 것
• 링의 단면 지름이 달기 체인이 제조된 때의 해당 링의 지름의 10%를 초과하여 감소한 것
• 균열이 있거나 심하게 변형된 것

53

롤러기에 사용되는 급정지장치의 종류가 아닌 것은?

① 손 조작식
② 발 조작식
③ 무릎 조작식
④ 복부 조작식

54

드릴작업의 안전조치사항으로 틀린 것은?

① 칩은 와이어 브러시로 제거한다.
② 드릴작업에서는 보안경을 쓰거나 안전덮개를 설치한다.
③ 칩에 의한 자상을 방지하기 위해 면장갑을 착용한다.
④ 바이스 등을 사용하여 작업 중 공작물의 유동을 방지한다.

해설

드릴작업 중에는 장갑, 걸레 등을 사용하지 않는다.

55

개구부에서 회전하는 롤러의 위험점까지 최단거리가 60mm일 때 개구부 간격은?

① 10mm
② 12mm
③ 13mm
④ 15mm

해설

개구부 간격 $Y = 6 + 0.15X$
$= 6 + 0.15 \times 60 = 15mm$

56

연삭숫돌과 작업 받침대, 교반기의 날개, 하우스 등 기계의 회전운동하는 부분과 고정 부분 사이에 위험이 형성되는 위험점은?

① 물림점　　　　　② 끼임점
③ 절단점　　　　　④ 접선물림점

해설

위험점 분류
• 협착점(왕복운동 + 고정부) : 프레스, 절단기, 성형기
• 끼임점(회전 또는 직선운동 + 고정부) : 연삭숫돌과 작업대
• 절단점(회전운동 자체) : 둥근톱의 톱날, 띠톱날
• 물림점(회전운동 + 회전운동) : 롤러기
• 접선물림점(회전운동 + 접선부) : 벨트와 풀리
• 회전말림점(돌기회전부) : 회전축, 드릴

57

보일러의 연도(굴뚝)에서 버려지는 여열을 이용하여 보일러에 공급되는 급수를 예열하는 부속장치는?

① 과열기　　　　　② 절탄기
③ 공기예열기　　　④ 연소장치

해설

절탄기(economizer)
급수예열기. 보일러 전열면(傳熱面)을 가열하고 난 연도(煙道)가스로 보일러 급수를 가열하는 장치

58

다음 중 컨베이어의 안전장치가 아닌 것은?

① 이탈 및 역주행방지장치
② 비상정지장치
③ 덮개 또는 울
④ 비상난간

해설

컨베이어의 안전장치
이탈 및 역주행방지장치, 비상정지장치, 덮개 또는 울

59

밀링머신의 작업 시 안전수칙에 대한 설명으로 틀린 것은?

① 커터의 교환 시는 테이블 위에 목재를 받쳐 놓는다.
② 강력 절삭 시에는 일감을 바이스에 깊게 물린다.
③ 작업 중 면장갑은 착용하지 않는다.
④ 커터는 가능한 칼럼(column)으로부터 멀리 설치한다.

해설

밀링머신 작업 시 커터는 가능한 한 칼럼(column)으로부터 가까이 설치한다.

60

선반의 크기를 표시하는 것으로 틀린 것은?

① 양쪽 센터 사이의 최대거리
② 왕복대 위의 스윙
③ 베드 위의 스윙
④ 주축에 물릴 수 있는 공작물의 최대지름

해설

선반의 크기 표시
• 깎을 수 있는 일감의 최대지름과 길이
• 주축과 심압축의 센터 사이의 최대거리
• 왕복대 위의 스윙
• 베드 위의 스윙

61

최대안전틈새(MESG)의 특성을 적용한 방폭구조는?

① 내압 방폭구조

② 유입 방폭구조

③ 안전증 방폭구조

④ 압력 방폭구조

해설

최대안전틈새(MESG ; Maximum Experimental Safe Gaps)
폭발성분위기에 안에 있는 용기의 접합면 틈새를 통해 화염이 내부에서 외부로 전파되는 것을 막을 수 있는 틈새의 최대 간격치이다.

62

내전압용 절연장갑의 등급에 따른 최대사용전압이 올바르게 연결된 것은?

① 00등급 : 직류 750V

② 00등급 : 교류 650V

③ 0등급 : 직류 1,000V

④ 0등급 : 교류 800V

해설

절연장갑의 등급별 최대사용전압과 적용 색상(보호구 안전인증 고시 별표 3)

등급	최대사용전압(V)		색상
	교류(실횻값)	직류	
00	500	750	갈색
0	1,000	1,500	빨간색
1	7,500	11,250	흰색
2	17,000	25,500	노란색
3	26,500	39,750	녹색
4	36,000	54,000	등색

63

선간전압이 6.6kV인 충전전로 인근에서 유자격자가 작업하는 경우, 충전전로에 대한 최소 접근한계거리[cm]는? (단, 충전부에 절연조치가 되어 있지 않고, 작업자는 절연장갑을 착용하지 않았다)

① 20   ② 30

③ 50   ④ 60

해설

충전전로에서 작업 시 접근한계거리(산업안전보건기준에 관한 규칙 제321조)

충전전로의 선간전압[kV]	충전전로에 대한 접근한계거리[cm]
2 초과 15 이하	60

64

어떤 도체에 20초 동안에 100C의 전하량이 이동하면 이때 흐르는 전류[A]는?

① 200   ② 50

③ 10   ④ 5

해설

전하량 $Q = CV = It$

전류 $I = \dfrac{Q}{t} = \dfrac{100}{20} = 5A$

65

피뢰기가 반드시 가져야 할 성능 중 틀린 것은?

① 방전개시전압이 높을 것

② 뇌전류 방전능력이 클 것

③ 속류 차단을 확실하게 할 수 있을 것

④ 반복 동작이 가능할 것

해설

피뢰기의 성능조건
• 제한전압 또는 충격방전개시전압이 충분히 낮고 보호능력이 있을 것
• 뇌전류 방전능력이 클 것
• 속류 차단이 확실할 것
• 대전류방전, 속류 차단의 반복 동작에 대해서 장시간 견딜 수 있을 것
• 상용 주파수 방전개시전압은 회로전압보다 충분히 높아서 상용 주파수 방전을 하지 않을 것

66

가스 또는 분진폭발 위험 장소에는 변전실·배전반실·제어실 등을 설치하여서는 아니 된다. 다만, 실내기압이 항상 양압을 유지하도록 하고, 별도의 조치를 한 경우에는 그러하지 않는데, 이때 요구되는 조치사항으로 틀린 것은?

① 양압을 유지하기 위한 환기설비의 고장 등으로 양압이 유지되지 아니한 때 경보를 할 수 있는 조치를 한 경우
② 환기설비가 정지된 후 재가동하는 경우 변전실 등에 가스 등이 있는지를 확인할 수 있는 가스검지기 등의 장비를 비치한 경우
③ 환기설비에 의하여 변전실 등에 공급되는 공기는 가스폭발 위험 장소 또는 분진폭발 위험 장소가 아닌 곳으로부터 공급되도록 하는 조치를 한 경우
④ 실내기압이 항상 양압 10Pa 이상이 되도록 장치를 한 경우

해설

실내기압이 항상 양압 25Pa 이상이 되도록 유지한 경우에는 변전실, 배전반실, 제어실 등을 설치해도 된다(산업안전보건기준에 관한 규칙 312조).

67

절연체에 발생한 정전기는 일정 장소에 축적되었다가 점차 소멸되는데, 처음 값의 몇 %로 감소되는 시간을 그 물체의 '시정수' 또는 '완화시간'이라고 하는가?

① 25.8 ② 36.8
③ 45.8 ④ 67.8

해설

대전의 완화를 나타내는데 중요한 인자인 시정수(완화시간)는 최초의 전하가 약 36.8%까지 완화되는 시간이다.

68

누전차단기의 선정 및 설치에 대한 설명으로 틀린 것은?

① 차단기를 설치한 전로에 과부하보호장치를 설치하는 경우는 서로 협조가 잘 이루어지도록 한다.
② 정격부동작전류와 정격감도전류와의 차는 가능한 한 큰 차단기로 선정한다.
③ 감전 방지 목적으로 시설하는 누전차단기는 고감도 고속형을 선정한다.
④ 전로의 대지정전용량이 크면 차단기가 오동작하는 경우가 있으므로 각 분기회로마다 차단기를 설치한다.

해설

정격부동작전류와 정격감도전류와의 차는 가능한 한 작은 차단기로 선정한다.

69

정전기 발생량과 관련된 내용으로 옳지 않은 것은?

① 분리속도가 빠를수록 정전기 발생량이 많아진다.
② 두 물질 간의 대전서열이 가까울수록 정전기 발생량이 많아진다.
③ 접촉 면적이 넓을수록, 접촉압력이 증가할수록 정전기 발생량이 많아진다.
④ 물질의 표면이 수분이나 기름 등에 오염되어 있으면 정전기 발생량이 많아진다.

해설

두 물질 간의 대전서열이 가까울수록 정전기 발생량이 적어지고, 대전 서열이 멀수록 정전기 발생량이 많아진다.

70

전기설비 등에는 누전에 의한 감전의 위험을 방지하기 위하여 전기기계·기구에 접지를 실시하도록 하고 있다. 전기기계·기구의 접지에 대한 설명 중 틀린 것은?

① 특별고압의 전기를 취급하는 변전소·개폐소 그 밖에 이와 유사한 장소에서는 지락(地絡)사고가 발생할 경우 접지극의 전위 상승에 의한 감전 위험을 감소시키기 위한 조치를 하여야 한다.

② 코드 및 플러그를 접속하여 사용하는 전압이 대지전압 110V를 넘는 전기기계·기구가 노출된 비충전 금속체에는 접지를 반드시 실시하여야 한다.

③ 접지설비에 대하여는 상시 적정 상태 유지 여부를 점검하고 이상을 발견한 때에는 즉시 보수하거나 재설치하여야 한다.

④ 전기기계·기구의 금속제 외함·금속제 외피 및 철대에는 접지를 실시하여야 한다.

해설

전기기계·기구의 접지(산업안전보건기준에 관한 규칙 제302조)
사업주는 누전에 의한 감전의 위험을 방지하기 위하여 코드와 플러그를 접속하여 사용하는 전기기계·기구 중 다음의 어느 하나에 해당하는 노출된 비충전 금속체에 대하여 접지를 해야 한다.
• 사용전압이 대지전압 150V를 넘는 것
• 냉장고·세탁기·컴퓨터 및 주변기기 등과 같은 고정형 전기기계·기구
• 고정형·이동형 또는 휴대형 전동기계·기구
• 물 또는 도전성(導電性)이 높은 곳에서 사용하는 전기기계·기구, 비접지형 콘센트
• 휴대형 손전등

71

다음 가스 중 공기 중에서 폭발범위가 넓은 순서로 옳은 것은?

① 아세틸렌 > 프로판 > 수소 > 일산화탄소
② 수소 > 아세틸렌 > 프로판 > 일산화탄소
③ 아세틸렌 > 수소 > 일산화탄소 > 프로판
④ 수소 > 프로판 > 일산화탄소 > 아세틸렌

해설

폭발한계(폭발범위 폭)
• 아세틸렌(C_2H_2) : 2.5~81(78.5, 가장 넓음)
• 수소(H_2) : 4~75(71)
• 일산화탄소(CO) : 12.5~75(62.5)
• 프로판(C_3H_8) : 2.1~9.5(7.4)

72

산업안전보건법상 물질안전보건자료 작성 시 포함되어야 하는 항목이 아닌 것은?(단, 참고사항은 제외한다)

① 화학제품과 회사에 관한 정보
② 제조일자 및 유효기간
③ 운송에 필요한 정보
④ 환경에 미치는 영향

해설

작성항목(화학물질의 분류·표시 및 물질안전보건자료에 관한 기준 제10조)
물질안전보건자료(MSDS) 작성 시 포함되어야 할 항목 및 그 순서는 다음과 같다.
• 화학제품과 회사에 관한 정보
• 유해성·위험성
• 구성 성분의 명칭 및 함유량
• 응급조치요령
• 폭발·화재 시 대처방법
• 누출사고 시 대처방법
• 취급 및 저장방법
• 노출 방지 및 개인보호구
• 물리화학적 특성
• 안정성 및 반응성
• 독성에 관한 정보
• 환경에 미치는 영향
• 폐기 시 주의사항
• 운송에 필요한 정보
• 법적 규제 현황
• 그 밖의 참고사항

73

물반응성 물질에 해당하는 것은?

① 나이트로화합물　　　　② 칼륨
③ 염소산나트륨　　　　　④ 부탄

해설

② 칼륨 : 제3류 위험물(자연발화성 물질 및 금수성 물질)로서, 물과 접촉할 경우 화재나 폭발의 위험성이 더욱 증가한다.
① 나이트로화합물 : 제5류 위험물(자기반응성 물질)
③ 염소산나트륨 : 제1류 위험물(산화성 고체)
④ 부탄 : 인화성 가스

74

위험물을 건조하는 경우 내용적이 몇 m^3 이상인 건조설비일 때 위험물 건조설비 중 건조실을 설치하는 건축물의 구조를 독립된 단층으로 해야 하는가?(단, 건축물은 내화구조가 아니며, 건조실을 건축물의 최상층에 설치한 경우가 아니다)

① 0.1　　　　　　　　② 1
③ 10　　　　　　　　 ④ 100

해설

위험물 건조설비를 설치하는 건축물의 구조(산업안전보건기준에 관한 규칙 제280조)
사업주는 다음의 어느 하나에 해당하는 위험물 건조설비 중 건조실을 설치하는 건축물의 구조는 독립된 단층 건물로 하여야 한다. 다만, 해당 건조실을 건축물의 최상층에 설치하거나 건축물이 내화구조인 경우에는 그러하지 아니하다.
• 위험물 또는 위험물이 발생하는 물질을 가열·건조하는 경우 내용적이 1m^3 이상인 건조설비
• 위험물이 아닌 물질을 가열·건조하는 경우로서 다음 어느 하나에 용량에 해당하는 건조설비
　– 고체 또는 액체연료의 최대사용량이 시간당 10kg 이상
　– 기체연료의 최대사용량이 시간당 1m^3 이상
　– 전기사용 정격용량이 10kW 이상

75

다음 중 반응기의 운전을 중지할 때 필요한 주의사항으로 가장 적절하지 않은 것은?

① 급격한 유량 변화를 피한다.
② 가연성 물질이 새거나 흘러나올 때의 대책을 사전에 세운다.
③ 급격한 압력 변화 또는 온도 변화를 피한다.
④ 80~90℃의 염산으로 세정을 하면서 수소가스로 잔류가스를 제거한 후 잔류물을 처리한다.

해설

잔류물을 제거한 후 스팀이나 불활성 가스로 장치 내 가스를 완전 제거하고 필요에 따라 물 등으로 세척한다.

76

어떤 물질 내에서 반응전파속도가 음속보다 빠르게 진행되며 이로 인해 발생된 충격파가 반응을 일으키고 유지하는 발열반응을 무엇이라 하는가?

① 점화(ignition)
② 폭연(deflagration)
③ 폭발(explosion)
④ 폭굉(detonation)

해설

폭굉(detonation)
물질 내에서 반응전파속도가 음속보다 빠르게 진행되어 이로 인해 발생된 충격파가 반응을 일으키고, 유지하는 발열반응 화염의 전파속도가 음속보다 빨라 파면 선단에 충격파가 형성되는 현상이다. 일반적으로 그 속도가 1,000~3,500m/s에 이른다.

77

A가스의 폭발하한계가 4.1vol%, 폭발상한계가 62vol% 일 때 이 가스의 위험도는 약 얼마인가?

① 8.94
② 12.75
③ 14.12
④ 16.12

해설

위험도

$$H = \frac{U-L}{L} = \frac{62-4.1}{4.1} \simeq 14.12$$

78

사업장에서 유해·위험물질의 일반적인 보관방법으로 적합하지 않는 것은?

① 질소와 격리하여 저장
② 서늘한 장소에 저장
③ 부식성이 없는 용기에 저장
④ 차광막이 있는 곳에 저장

해설

유해·위험물질은 불활성 가스인 질소와 함께 저장한다.

79

다음 중 분진폭발의 가능성이 가장 낮은 물질은?

① 소맥분
② 마그네슘분
③ 질석가루
④ 석탄가루

해설

질석가루는 불연성 물질이다.

분진폭발을 일으킬 위험이 높은 물질

마그네슘, 알루미늄, 폴리에틸렌, 소맥분, 석탄 등

80

산업안전보건기준에 관한 규칙에서 규정하는 급성독성물질의 기준으로 틀린 것은?

① 쥐에 대한 경구투입실험에 의하여 실험동물의 50%를 사망시킬 수 있는 물질의 양이 kg당 300mg-(체중) 이하인 화학물질
② 쥐에 대한 경피흡수실험에 의하여 실험동물의 50%를 사망시킬 수 있는 물질의 양이 kg당 1,000mg-(체중) 이하인 화학물질
③ 토끼에 대한 경피흡수실험에 의하여 실험동물의 50%를 사망시킬 수 있는 물질의 양이 kg당 1,000mg-(체중) 이하인 화학물질
④ 쥐에 대한 4시간 동안의 흡입실험에 의하여 실험동물의 50%를 사망시킬 수 있는 가스의 농도가 3,000ppm 이상인 화학물질

해설

쥐에 대한 4시간 동안의 흡입실험에 의하여 실험동물의 50%를 사망시킬 수 있는 물질의 농도, 즉 가스 LC_{50}(쥐, 4시간 흡입)이 2,500ppm 이하인 화학물질(산업안전보건기준에 관한 규칙 별표 1)

81

건설현장에서 계단을 설치하는 경우 계단의 높이가 최소 몇 m 이상일 때 계단의 개방된 측면에 안전난간을 설치하여야 하는가?

① 0.8m
② 1.0m
③ 1.2m
④ 1.5m

해설

계단의 난간(산업안전보건기준에 관한 규칙 제30조)
사업주는 높이 1m 이상인 계단의 개방된 측면에 안전난간을 설치하여야 한다.

82

산업안전보건관리비 중 안전시설비의 항목에서 사용할 수 있는 항목에 해당하는 것은?

① 외부인 출입금지, 공사장 경계표시를 위한 가설울타리
② 작업 발판
③ 절토부 및 성토부 등의 토사 유실 방지를 위한 설비
④ 사다리 전도방지장치

83

포화도 80%, 함수비 28%, 흙 입자의 비중 2.7일 때 공극비를 구하면?

① 0.940
② 0.945
③ 0.950
④ 0.955

해설

포화도(S) × 공극비(e) = 비중(G_s) × 함수비(w)

$0.8 \times e = 2.7 \times 0.28$

$e = \dfrac{2.7 \times 0.28}{0.8} = 0.945$

84

다음 터널공법 중 전단면 기계 굴착에 의한 공법에 속하는 것은?

① ASSM(American Steel Supported Method)
② NATM(New Austrian Tunneling Method)
③ TBM(Tunnel Boring Machine)
④ 개착식 공법

해설

③ TBM(Tunnel Boring Machine) : 터널 굴착 시 사용하는 공법이다. 단면에 맞는 원형 hard rock tunnel boring machine을 사용해 땅을 파 들어가고, 이를 뒤따라가면서 숏크리트(shotcrete) 작업을 병행하는 전단면 기계 굴착에 의한 공법이다.
① ASSM(American Steel Supported Method) : 주변 지반의 작업하중을 철재 아치 지보와 콘크리트 라이닝을 주지보재로 활용해 지지하는 공법으로, 광산에서 사용하던 재래식 굴착공법이다.
② NATM(New Austrian Tunneling Method) : 지반의 본래 강도를 유지시켜서 지반 자체를 주지보재로 이용하는 굴착공법이다. 지반 변화에 대한 적응성이 좋고, 적용 단면의 범위가 넓어 일반적인 조건에서는 경제성이 우수하다.
④ 개착식 공법 : 지표면에서 소정의 위치까지 파 들어간 후 구조물을 축조하고 되메운 뒤 지표면을 원상태로 복구시키는 공법이다.

85

크레인 운전실을 통하는 통로의 끝과 건설물 등의 벽체와의 간격은 최대 얼마 이하로 하여야 하는가?

① 0.3m   ② 0.4m

③ 0.5m   ④ 0.6m

해설

건설물 등의 벽체와 통로의 간격 등(산업안전보건기준에 관한 규칙 제145조)

사업주는 다음의 간격을 0.3m 이하로 하여야 한다. 다만, 근로자가 추락할 위험이 없는 경우에는 그 간격을 0.3m 이하로 유지하지 아니할 수 있다.

- 크레인의 운전실 또는 운전대를 통하는 통로의 끝과 건설물 등의 벽체의 간격
- 크레인 거더(girder)의 통로 끝과 크레인 거더의 간격
- 크레인 거더의 통로로 통하는 통로의 끝과 건설물 등의 벽체의 간격

86

부두 등의 하역작업장에서 부두 또는 안벽의 선을 따라 설치하는 통로의 최소 폭 기준은?

① 30cm 이상   ② 50cm 이상

③ 70cm 이상   ④ 90cm 이상

해설

하역작업장의 조치기준(산업안전보건기준에 관한 규칙 제390조)

사업주는 부두·안벽 등 하역작업을 하는 장소에 다음의 조치를 하여야 한다.

- 작업장 및 통로의 위험한 부분에는 안전하게 작업할 수 있는 조명을 유지할 것
- 부두 또는 안벽의 선을 따라 통로를 설치하는 경우에는 폭을 90cm 이상으로 할 것
- 육상에서의 통로 및 작업 장소로서 다리 또는 선거(船渠) 갑문(閘門)을 넘는 보도(步道) 등의 위험한 부분에는 안전난간 또는 울타리 등을 설치할 것

87

옹벽 축조를 위한 굴착작업에 관한 설명으로 옳지 않은 것은?

① 수평 방향으로 연속적으로 시공한다.
② 하나의 구간을 굴착하면 방치하지 말고 기초 및 본체 구조물 축조를 마무리한다.
③ 절취 경사면에 전석, 낙석의 우려가 있고 또는 장기간 방치할 경우에는 숏크리트, 록볼트, 캔버스 및 모르타르 등으로 방호한다.
④ 작업 위치 좌우에 만일의 경우에 대비한 대피 통로를 확보하여 둔다.

해설

수평 방향의 연속 시공을 금하며, 블록으로 나누어 단위 시공 단면적을 최소화하여 분단 시공을 한다.

88

가설 통로 설치 시 경사가 몇 도를 초과하면 미끄러지지 않는 구조로 설치하여야 하는가?

① 15°   ② 20°

③ 25°   ④ 30°

해설

경사가 15°를 초과하는 경우에는 미끄러지지 아니하는 구조로 한다(산업안전보건기준에 관한 규칙 제23조).

89

이동식 비계작업 시 주의사항으로 옳지 않은 것은?

① 비계의 최상부에서 작업을 하는 경우에는 안전난간을 설치한다.

② 이동 시 작업 지휘자가 이동식 비계에 탑승하여 이동하며 안전 여부를 확인하여야 한다.

③ 비계를 이동시키고자 할 때는 바닥의 구멍이나 머리 위의 장애물을 사전에 점검한다.

④ 작업 발판은 항상 수평을 유지하고 작업 발판 위에서 안전난간을 딛고 작업을 하거나 받침대 또는 사다리를 사용하여 작업하지 않도록 한다.

이동식 비계(산업안전보건기준에 관한 규칙 제68조)
사업주는 이동식 비계를 조립하여 작업을 하는 경우에는 다음의 사항을 준수하여야 한다.

• 이동식 비계의 바퀴에는 뜻밖의 갑작스러운 이동 또는 전도를 방지하기 위하여 브레이크·쐐기 등으로 바퀴를 고정시킨 다음 비계의 일부를 견고한 시설물에 고정하거나 아웃트리거를 설치하는 등 필요한 조치를 할 것
• 승강용 사다리는 견고하게 설치할 것
• 비계의 최상부에서 작업을 하는 경우에는 안전난간을 설치할 것
• 작업 발판은 항상 수평을 유지하고 작업 발판 위에서 안전난간을 딛고 작업을 하거나 받침대 또는 사다리를 사용하여 작업하지 않도록 할 것
• 작업 발판의 최대적재하중은 250kg을 초과하지 않도록 할 것

90

가설구조물의 특징이 아닌 것은?

① 연결재가 적은 구조로 되기 쉽다.

② 부재 결합이 불완전할 수 있다.

③ 영구적인 구조 설계의 개념이 확실하게 적용된다.

④ 단면에 결함이 있기 쉽다.

가설구조물의 특징
• 연결재가 적은 구조로 되기 쉽다.
• 부재 결합이 간단하지만, 불안전 결합이 많다.
• 구조물이라는 통상의 개념이 확고하지 않으며, 조립의 정밀도가 낮다.
• 부재는 과소 단면이거나 결함이 있는 재료를 사용하기 쉽다.
• 전체 구조에 대한 구조 계산 기준이 부족하여 구조적으로 문제점이 많다.

91

물체가 떨어지거나 날아올 위험 또는 근로자가 추락할 위험이 있는 작업 시 착용하여야 할 보호구는?

① 보안경　　　　　② 안전모
③ 방열복　　　　　④ 방한복

① 보안경 : 물체가 흩날릴 위험이 있는 작업 시 착용한다.
③ 방열복 : 고열에 의한 화상 등의 위험이 있는 작업 시 착용한다.
④ 방한복 : −18℃ 이하인 급냉동어창에서 하는 하역작업 시 착용한다.

92

건설현장에서 사용하는 공구 중 토공용이 아닌 것은?

① 착암기
② 포장 파괴기
③ 연마기
④ 점토 굴착기

해설

연마기는 재료의 표면을 연마하는 공구이다.

93

운반작업 중 요통을 일으키는 인자와 가장 거리가 먼 것은?

① 물건의 중량
② 작업 자세
③ 작업시간
④ 물건의 표면 마감 종류

해설

운반작업 중 요통을 일으키는 인자

물건의 중량, 작업 자세, 작업시간, 작업강도

94

콘크리트용 거푸집의 재료에 해당되지 않는 것은?

① 철재
② 목재
③ 석면
④ 경금속

해설

콘크리트용 거푸집의 재료

목재, 철재, 경금속, 플라스틱

95

공사 종류 및 규모별 안전관리비 계상기준표에서 공사 종류의 명칭에 해당되지 않는 것은?

① 철도·궤도 신설공사
② 일반건설공사(병)
③ 중건설공사
④ 특수 및 기타 건설공사

해설

건설공사의 종류(건설업 산업안전보건관리비 계상 및 사용기준 별표 5)
- 건축공사
- 토목공사
- 중건설공사
- 특수건설공사

※ 출제 당시 정답은 ②였으나 해당 법령 개정으로 정답은 ①, ②, ④ 이다.

96

콘크리트 타설작업을 하는 경우에 준수해야 할 사항으로 옳지 않은 것은?

① 콘크리트를 타설하는 경우에는 편심을 유발하여 한쪽 부분부터 밀실하게 타설되도록 유도할 것
② 당일의 작업을 시작하기 전에 해당 작업에 관한 거푸집 동바리 등의 변형·변위 및 지반의 침하 유무 등을 점검하고 이상이 있으면 보수할 것
③ 작업 중에는 거푸집 동바리 등의 변형·변위 및 침하 유무 등을 감시할 수 있는 감시자를 배치하여 이상이 있으면 작업을 중지하고 근로자를 대피시킬 것
④ 설계도서상의 콘크리트 양생기간을 준수하여 거푸집 동바리 등을 해체할 것

해설

콘크리트를 타설하는 경우에는 편심이 발생하지 않도록 골고루 분산하여 타설해야 한다(산업안전보건기준에 관한 규칙 제334조).

97

다음 그림은 풍화암에서 토사 붕괴를 예방하기 위한 기울기를 나타낸 것이다. x의 값은?

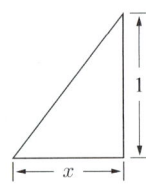

① 1.0
② 0.8
③ 0.5
④ 0.3

해설

굴착면의 기울기 기준(산업안전보건기준에 관한 규칙 별표 11)

지반의 종류	굴착면의 기울기
모래	1 : 1.8
연암 및 풍화암	1 : 1.0
경암	1 : 0.5
그 밖의 흙	1 : 1.2

굴착면의 기울기 : 굴착면의 높이에 대한 수평거리의 비율
∴ $x = 1 \times 1.0 = 1$
※ 출제 당시 정답은 ②였으나 해당 법령의 개정으로 정답은 ①이다.

99

철근콘크리트 공사에서 거푸집 동바리의 해체시기를 결정하는 요인으로 가장 거리가 먼 것은?

① 시방서상의 거푸집 존치기간의 경과
② 콘크리트 강도시험 결과
③ 동절기일 경우 적산온도
④ 후속공정의 착수시기

해설

철근콘크리트 공사에서 거푸집 동바리의 해체시기를 결정하는 요인
• 시방서상의 거푸집 존치기간의 경과
• 콘크리트 강도시험 결과
• 일정한 양생기간의 경과
• 동절기일 경우 적산온도

98

지반의 사면 파괴 유형 중 유한사면의 종류가 아닌 것은?

① 사면내파괴
② 사면선단파괴
③ 사면저부파괴
④ 직립사면파괴

해설

사면 파괴의 형태(유한 사면의 종류)
저부파괴(바닥면 파괴), 사면선단파괴, 사면내파괴, 국부전단파괴

100

건설현장에서의 PC(Precast Concrete) 조립 시 안전대책으로 옳지 않은 것은?

① 달아 올린 부재의 아래에서 정확한 상황을 파악하고 전달하여 작업한다.
② 운전자는 부재를 달아 올린 채 운전대를 이탈해서는 안 된다.
③ 신호는 사전 정해진 방법에 의해서만 실시한다.
④ 크레인 사용 시 PC판의 중량을 고려하여 아웃트리거를 사용한다.

해설

달아 올린 부재 아래에 작업자의 출입을 금지시킨다.

2020년 제**3**회

제1과목 | 산업안전관리론

01

무재해운동의 이념 가운데 직장의 위험요인을 행동하기 전에 예지하여 발견, 파악, 해결하는 것을 의미하는 것은?

① 무의 원칙
② 선취의 원칙
③ 참가의 원칙
④ 인간 존중의 원칙

해설

무재해운동의 3원칙
- 무의 원칙(제로의 원칙) : 사람이 죽거나 다쳐서 일을 못 하게 되는 일 및 모든 잠재요소를 제거한다.
- 선취의 원칙(안전제일의 원칙) : 잠재 위험요인을 발굴·제거하여 안전 확보 및 사고를 예방한다.
- 참가의 원칙 : 무재해를 지향하고 안전과 건강을 선취하기 위해 전원 참가한다.

02

산업안전보건법령상 안전·보건표시의 종류 중 인화성 물질에 관한 표지에 해당하는 것은?

① 금지표지
② 경고표지
③ 지시표지
④ 안내표지

해설

경고표지
- 마름모형 : 인화성 물질 경고, 산화성 물질 경고, 폭발성 물질 경고, 급성독성물질 경고, 부식성 물질 경고, 발암성·변이원성·생식독성·전신독성·호흡기 과민성 물질 경고
- 삼각형 : 방사성 물질 경고, 고압전기 경고, 매달린 물체 경고, 낙하물 경고, 고온 경고, 저온 경고, 몸 균형 상실 경고, 레이저광선 경고, 위험 장소 경고

03

인간관계의 메커니즘 중 다른 사람의 행동양식이나 태도를 투입시키거나 다른 사람 가운데서 자기와 비슷한 것을 발견하는 것을 무엇이라고 하는가?

① 투사(projection)
② 모방(imitation)
③ 암시(suggestion)
④ 동일화(identification)

해설

① 투사(projection) : 자기 속에 억압된 것을 다른 사람의 것으로 생각하는 것
② 모방(imitation) : 남의 행동이나 판단을 표본으로 하여 그것과 같거나 그것에 가까운 행동 또는 판단을 취하려는 것
③ 암시(suggestion) : 다른 사람으로부터의 판단이나 행동을 무비판적으로 논리적·사실적 근거 없이 받아들이는 것

04

산업안전보건법령상 근로자 안전보건교육 대상과 교육시간으로 옳은 것은?

① 정기교육인 경우 : 사무직 종사 근로자 – 매 분기 3시간 이상

② 정기교육인 경우 : 관리감독자 지위에 있는 사람 – 연간 10시간 이상

③ 채용 시 교육인 경우 : 일용 근로자 – 4시간 이상

④ 작업내용 변경 시 교육인 경우 : 일용 근로자를 제외한 근로자 – 1시간 이상

해설

① 정기교육인 경우 : 사무직 종사 근로자 – 매 반기 6시간 이상

② 정기교육인 경우 : 관리감독자 지위에 있는 사람 – 연간 16시간 이상

③ 채용 시 교육인 경우 : 일용 근로자 – 1시간 이상

④ 작업내용 변경 시 교육인 경우 : 일용 근로자를 제외한 근로자 – 2시간 이상

※ 출제 당시 정답은 ①이었으나 법령 개정으로 정답 없음

05

위험예지훈련 4라운드 기법의 진행방법에 있어 문제점 발견 및 중요 문제를 결정하는 단계는?

① 대책 수립 단계

② 현상 파악 단계

③ 본질 추구 단계

④ 행동목표 설정 단계

해설

위험예지훈련

• 제1라운드(현상 파악) : 전원이 토의를 통하여 위험요인을 발견하는 단계(잠재적 요인 발견)

• 제2라운드(본질 추구) : 요인조사, 위험한 것을 결정하는 단계

• 제3라운드(대책 수립) : 관리적 대책(동기부여, 사기 향상 등)을 수립하는 단계

• 제4라운드(목표 설정) : 실천행동목표를 설정하는 단계

06

산업안전보건법령상 안전모의 시험성능 기준항목이 아닌 것은?

① 난연성　　　　② 인장성

③ 내관통성　　　④ 충격 흡수성

해설

안전모의 시험성능 기준항목(보호구 안전인증 고시 별표 1)

내관통성, 충격 흡수성, 내전압성, 내수성, 난연성, 턱끈 풀림

07

OJT(On the Job Training)의 특징 중 틀린 것은?

① 훈련과 업무의 계속성이 끊어지지 않는다.

② 직장의 실정에 맞게 실제적 훈련이 가능하다.

③ 훈련의 효과가 곧 업무에 나타나며, 훈련의 개선이 용이하다.

④ 다수의 근로자들에게 조직적 훈련이 가능하다.

해설

④는 Off JT에 대한 설명이다.

08

인지과정 착오의 요인이 아닌 것은?

① 정서 불안정

② 감각차단현상

③ 작업자의 기능 미숙

④ 생리 · 심리적 능력의 한계

해설

• 인지과정의 착오 : 정서 불안정, 감각차단현상, 생리 · 심리적 능력의 한계, 정보저장능력의 한계 등

• 판단과정의 착오 : 정보 부족, 능력 부족, 자기합리화, 환경조건의 불비 등

• 조작과정의 착오 : 작업자의 기능 미숙, 경험 부족, 피로 등

09

학습성취에 직접적인 영향을 미치는 요인과 가장 거리가 먼 것은?

① 적성
② 준비도
③ 개인차
④ 동기유발

적성은 간접적인 영향 요인이다.

학습성취에 직접적인 영향을 미치는 요인

준비도, 개인차, 동기유발 등

10

태풍, 지진 등의 천재지변이 발생한 경우나 이상 상태 발생 시 기능상 이상 유무에 대한 안전점검의 종류는?

① 일상점검
② 정기점검
③ 수시점검
④ 특별점검

특별점검

기계·기구 또는 설비의 신설, 변경 또는 중대재해 발생 직후 등 고장 수리 등으로 비정기적인 특정점검으로, 기술 책임자가 실시한다.

11

연간 근로자 수가 300명인 A공장에서 지난 1년간 1명의 재해자(신체장해등급 : 1급)가 발생하였다면 이 공장의 강도율은?(단, 근로자 1인당 1일 8시간씩 연간 300일을 근무하였다)

① 4.27
② 6.42
③ 10.05
④ 10.42

$$강도율 = \frac{근로손실일수}{연근로시간 \ 수} \times 10^3$$

$$= \frac{7,500}{300 \times 8 \times 300} \times 10^3$$

$$\simeq 10.42$$

12

재해 예방의 4원칙에 해당하는 내용이 아닌 것은?

① 예방 가능의 원칙
② 원인 계기의 원칙
③ 손실 우연의 원칙
④ 사고 조사의 원칙

산업재해 방지의 4원칙

• 예방 가능의 원칙 : 재해사고는 예방 가능하지만, 노력의 한계가 있다.
• 손실 우연의 원칙 : 사고 발생 당시 주변조건에 따라 손실의 크기가 달라진다.
• 원인 계기의 원칙 : 사고와 그 원인은 필연적인 인과관계로 이루어져 있다.
• 대책 선정의 원칙 : 가장 적절한 안전대책을 선정하고 차선책까지 고려해야 한다.

13

알더퍼의 ERG(Existence Relation Growth)이론에서 생리적 욕구, 물리적 측면의 안전욕구 등 저차원적 욕구에 해당하는 것은?

① 관계욕구　　　　② 성장욕구

③ 존재욕구　　　　④ 사회적 욕구

해설

ERG이론(Alderfer)에서 인간의 기본적인 3가지 욕구
- 존재(생존)의 욕구(Existence needs) : 생리적 욕구, 물리적 측면의 안전욕구 등 저차원적 욕구
- 관계의 욕구(Relatedness needs) : 사회적·인간적 관계에 대한 욕구
- 성장의 욕구(Growth needs) : 개인의 성장에 대한 욕구

14

상황성 누발자의 재해 유발원인과 거리가 먼 것은?

① 작업의 어려움

② 기계설비의 결함

③ 심신의 근심

④ 주의력의 산만

해설

주의력 산만은 소질성 누발자의 재해 유발원인이다.
상황성 누발자의 재해 유발원인
- 작업이 어렵기 때문에
- 기계설비에 결함이 있기 때문에
- 심신에 근심이 있기 때문에
- 환경상 주의력 집중이 곤란하기 때문에

15

리더십(leadership)의 특성에 대한 설명으로 옳은 것은?

① 지휘 형태는 민주적이다.

② 권한 부여는 위에서 위임된다.

③ 구성원과의 관계는 지배적 구조이다.

④ 권한 근거는 법적 또는 공식적으로 부여된다.

해설

②, ③, ④는 헤드십(headship)의 특성이다.

16

재해원인을 통상적으로 직접원인과 간접원인으로 나눌 때 직접원인에 해당되는 것은?

① 기술적 원인　　　　② 물적 원인

③ 교육적 원인　　　　④ 관리적 원인

해설

산업재해의 원인
- 직접원인 : 물적 원인, 인적 원인
- 간접원인 : 관리적 원인, 교육적 원인, 기술적 원인, 신체적·정신적 원인

17

안전교육계획 수립 시 고려하여야 할 사항과 관계가 가장 먼 것은?

① 필요한 정보를 수집한다.
② 현장의 의견을 충분히 반영한다.
③ 법 규정에 의한 교육에 한정한다.
④ 안전교육 시행체계와의 관련을 고려한다.

해설

안전·보건교육계획의 수립 시 고려해야 할 사항
• 가장 먼저 교육 대상을 고려한다.
• 현장의 의견을 충분히 반영한다.
• 대상자의 필요한 정보를 수집한다.
• 안전교육 시행체계와의 연관성을 고려한다.
• 정부 규정(법규정) 교육은 물론, 그 이상의 교육을 한다.

18

안전관리조직의 형태 중 라인·스태프형에 대한 설명으로 틀린 것은?

① 대규모 사업장(1,000명 이상)에 효율적이다.
② 안전과 생산업무가 분리될 우려가 없기 때문에 균형을 유지할 수 있다.
③ 모든 안전관리업무를 생산라인을 통하여 직선적으로 이루어지도록 편성된 조직이다.
④ 안전업무를 전문적으로 담당하는 스태프 및 생산라인의 각 계층에도 겸임 또는 전임의 안전담당자를 둔다.

해설

③은 직계식 조직(라인식 조직)에 대한 설명이다.

19

기능(기술)교육의 진행방법 중 하버드학파의 5단계 교수법의 순서로 옳은 것은?

① 준비 → 연합 → 교시 → 응용 → 총괄
② 준비 → 교시 → 연합 → 총괄 → 응용
③ 준비 → 총괄 → 연합 → 응용 → 교시
④ 준비 → 응용 → 총괄 → 교시 → 연합

20

재해의 원인과 결과를 연계하여 상호관계를 파악하기 위해 도표화하는 분석방법은?

① 관리도
② 파레토도
③ 특성요인도
④ 크로스 분류도

해설

③ 특성요인도(cause & effect diagram) : 어떠한 문제가 발생했을 때 어떤 원인으로 일어나는지 인과관계를 살펴보고, 이를 물고기 뼈의 모양(어골도)으로 도식화해서 문제점을 파악하고 해결책을 모색하는 기법이다.
① 관리도 : 재해 발생건수 등의 추이에 대해 한계선을 설정하여 목표관리를 수행하는 재해통계분석기법이다.
② 파레토도 : 작업현장에서 발생하는 작업환경 불량이나 고장, 재해 등의 내용을 분류하고 그 건수와 금액을 크기 순으로 나열하여 작성한 그래프이다.
④ 크로스 분류도 : 2개 이상의 요인이 상호관계를 유지할 때 문제를 분석하는 데 사용하는 것으로, 데이터를 집계하고 표로 표시하여 요인별 결과 내역을 크로스 그림으로 작성하여 분석한다.

21

산업안전보건법령상 정밀작업 시 갖추어져야 할 작업면의 조도기준은?(단, 갱내 작업장과 감광재료를 취급하는 작업장은 제외한다)

① 75lx 이상
② 150lx 이상
③ 300lx 이상
④ 750lx 이상

해설

조도(산업안전보건기준에 관한 규칙 제8조)
• 초정밀작업 : 750lx 이상
• 정밀작업 : 300lx 이상
• 보통작업 : 150lx 이상
• 그 밖의 작업 : 75lx 이상

22

시스템 수명 주기단계 중 이전 단계들에서 발생되었던 사고 또는 사건으로부터 축적된 자료에 대해 실증을 통한 문제를 규명하고 이를 최소화하기 위한 조치를 마련하는 단계는?

① 구상단계
② 정의단계
③ 생산단계
④ 운전단계

해설

시스템 수명 주기단계

단계		내용	적용기법
제1단계	구상단계	• 시스템안전계획(SSP) 작성 • PHA 작성 • 안전성에 관한 정보 및 문서 파일 작성 • 포함되는 사고가 방침설정 과정에서 고려되기 위한 구상 정식화 회의 참가	PHA 실행
제2단계	정의단계	–	PHA 실행, FHA 적용
제3단계	개발단계	–	FHA 적용
제4단계	생산단계	–	
제5단계	운전단계	• 이전 단계에서 발생되었던 사고 또는 사건으로부터 축적된 자료에 대해 실증을 통한 문제를 규명하고 이를 최소화하기 위한 조치를 마련하는 단계 • 시스템 안전프로그램에 대하여 안전점검 기준에 따른 평가를 내리는 단계	

23

FTA에 의한 재해사례 연구의 순서를 올바르게 나열한 것은?

> A. 목표사상 선정
> B. FT도 작성
> C. 사상마다 재해원인 규명
> D. 개선계획 작성

① A → B → C → D

② A → C → B → D

③ B → C → A → D

④ B → A → C → D

24

반복되는 사건이 많이 있는 경우에 FTA의 최소 컷셋을 구하는 알고리즘이 아닌 것은?

① Fussell Algorithm

② Boolean Algorithm

③ Monte Carlo Algorithm

④ Limnios & Ziani Algorithm

해설

Monte Carlo Algorithm은 무작위 추출을 이용하여 함수의 값을 수리적으로 근사하는 알고리즘으로, 반복되는 사건이 많은 경우 최소 컷셋을 찾는 데 시간이 오래 걸리고 정확도가 떨어진다.

25

신뢰도가 0.4인 부품 5개가 병렬결합모델로 구성된 제품이 있을 때 이 제품의 신뢰도는?

① 0.90

② 0.91

③ 0.92

④ 0.93

해설

$R_s = 1 - (1 - 0.4)^5 \simeq 0.92$

26

조작자 한 사람의 신뢰도가 0.9일 때 요원을 중복하여 2인 1조가 되어 작업을 진행하는 공정이 있다. 작업기간 중 항상 요원 지원을 한다면 이 조의 인간 신뢰도는?

① 0.93

② 0.94

③ 0.96

④ 0.99

해설

$R_s = 1 - (1 - 0.9)^2 = 0.99$

27

주물공장 A작업자의 작업지속시간과 휴식시간을 열압박지수(HSI)를 활용하여 계산하니 각각 45분, 15분이었다. A작업자의 1일 작업량(TW)은 얼마인가?(단, 휴식시간은 포함하지 않으며, 1일 근무시간은 8시간이다)

① 4.5시간

② 5시간

③ 5.5시간

④ 6시간

해설

1일 작업량 $= \dfrac{45}{60} \times 8 = 6$시간

28

다수의 표시장치(디스플레이)를 수평으로 배열할 경우 해당 제어장치를 각각의 표시장치 아래에 배치하면 좋아지는 양립성의 종류는?

① 공간 양립성
② 운동 양립성
③ 개념 양립성
④ 양식 양립성

해설

양립성

자극 또는 반응들 간의 관계가 인간의 기대에 일치되는 정도

- 개념 양립성 : 어떠한 신호가 전달하려는 내용과 연관성이 있어야 하는 것(예 위험신호는 빨간색, 주의신호는 노란색, 안전신호는 파란색으로 표시하는 것)
- 양식 양립성 : 청각적 자극 제시와 이에 대한 음성응답과업에서 갖는 양립성
- 운동 양립성 : 표시 및 조종장치, 체계반응의 운동 방향의 양립성(예 조종장치를 오른쪽으로 돌리면 지침도 오른쪽으로 이동하는 것)
- 공간 양립성 : 표시장치가 조종장치에서 물리적 형태나 공간적인 배치 양립성(예 오른쪽 : 오른손 조절장치, 왼쪽 : 왼손 조절장치)

29

환경요소의 조합에 의해서 부과되는 스트레스나 노출로 인해서 개인에 유발되는 긴장(strain)을 나타내는 환경요소 복합지수가 아닌 것은?

① 카타온도(kata temperature)
② oxford지수(wet-dry index)
③ 실효온도(effective temperature)
④ 열스트레스지수(heat stress index)

해설

환경요소의 조합에 의해서 부과되는 스트레스나 노출로 인해서 개인에 유발되는 긴장(strain)을 나타내는 환경요소 복합지수

oxford지수(wet-dry index), 실효온도(effective temperature), 열스트레스지수(heat stress index)

※ 카타온도(kata temperature) : 체감(體感)을 바탕으로 더위나 추위를 카타온도계로 측정한 온도

30

활동의 내용마다 '우·양·가·불가'로 평가하고 이 평가 내용을 합하여 다시 종합적으로 정규화하여 평가하는 안전성 평가기법은?

① 평점척도법
② 쌍대비교법
③ 계층적 기법
④ 일관성 검정법

31

MIL-STD-882E에서 분류한 심각도(severity) 카테고리 범주에 해당하지 않는 것은?

① 재앙 수준(catastrophic)
② 임계 수준(critical)
③ 경계 수준(precautionary)
④ 무시 가능 수준(negligible)

해설

MIL-STD-882E에서 분류한 심각도(severity) 카테고리 범주

- 범주 I 재앙 수준 또는 파국적 상태(catastrophic) : 부상 및 시스템의 중대한 손해를 초래하는 상태
- 범주 II 임계 수준 또는 중대(위기) 상태(critical) : 작업자의 부상 및 시스템의 중대한 손해를 초래하거나 작업자의 생존 및 시스템의 유지를 위하여 즉시 수정조치가 필요한 상태
- 범주 III 한계적 수준 한계적 상태(marginal) : 작업자의 부상 및 시스템의 중대한 손해를 초래하지 않고, 대처 또는 제어할 수 있는 상태
- 범주 IV 무시 가능 수준 또는 무시 가능 상태(negligible) : 작업자의 생존 및 시스템의 유지가 가능한 상태

32

다음 중 육체적 활동에 대한 생리학적 측정방법과 가장 거리가 먼 것은?

① EMG
② EEG
③ 심박수
④ 에너지소비량

해설

육체적 활동에 대한 생리학적 측정방법
EMG(근전도), 심박수, 에너지소비량

33

작업기억(working memory)과 관련된 설명으로 옳지 않은 것은?

① 오랜 기간 정보를 기억하는 것이다.
② 작업기억 내의 정보는 시간이 흐름에 따라 쇠퇴할 수 있다.
③ 작업기억의 정보는 일반적으로 시각, 음성, 의미 코드의 3가지로 코드화된다.
④ 리허설(rehearsal)은 정보를 작업기억 내에 유지하는 유일한 방법이다.

해설

작업기억은 짧은 기간 정보를 기억하는 것이다.

34

다음 형상 암호화 조종장치 중 이산멈춤위치용 조종장치는?

①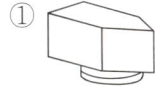
②
③
④

해설

②, ③ 다회전용 조종장치
④ 단회전용 조종장치

35

표시값의 변화방향이나 변화속도를 나타내어 전반적인 추이의 변화를 관측할 필요가 있는 경우에 가장 적합한 표시장치 유형은?

① 계수형(digital)
② 묘사형(descriptive)
③ 동목형(moving scale)
④ 동침형(moving pointer)

해설

• 계수형 : 관측하고자 하는 측정값을 가장 정확하게 읽을 수 있는 표시장치이다. 즉, 택시요금계기와 같이 숫자로 표시되는 정량적인 동적 표시장치이다.
• 동침형 : 표시값의 변화방향이나 변화속도를 나타내어 전반적인 추이의 변화를 관측할 필요가 있는 경우 가장 적합한 표시장치이다.

36

사용자의 잘못된 조작 또는 실수로 인해 기계의 고장이 발생하지 않도록 설계하는 방법은?

① FMEA
② HAZOP
③ fail safe
④ fool proof

해설

④ fool proof : 인간이 기계 등의 취급을 잘못해도 그것이 바로 사고나 재해와 연결되는 일이 없도록 설계하는 방법
① FMEA : 정성적·귀납적 평가기법으로 시스템 요소의 고장을 형태별로 분석하는 기법
② HAZOP : 가동문제를 파악·예측하기 위한 기법(장비에 대한 안전성 평가/새로운 기술을 적용한 공정설비의 테스트가 목적이다)
③ fail safe : 기계 내부의 구조 또는 시스템으로 발생한 문제를 방지하는 것

37

인간 – 기계시스템을 설계하기 위해 고려해야 할 사항과 거리가 먼 것은?

① 시스템 설계 시 동작 경제의 원칙이 만족되도록 고려한다.

② 인간과 기계가 모두 복수인 경우, 종합적인 효과보다 기계를 우선적으로 고려한다.

③ 대상이 되는 시스템이 위치할 환경조건이 인간에 대한 한계치를 만족하는가의 여부를 조사한다.

④ 인간이 수행해야 할 조작이 연속적인가 불연속적인가를 알아보기 위해 특성조사를 실시한다.

해설

인간과 기계가 모두 복수인 경우 기계보다 종합적인 효과를 우선적으로 고려한다.

38

한국산업표준상 결함나무분석(FTA) 시 다음과 같이 사용되는 사상기호가 나타내는 사상은?

① 공사상

② 기본사상

③ 통상사상

④ 심층분석사상

해설

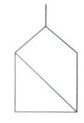

② 기본사상 :

③ 통상사상 :

39

작업자의 작업 공간과 관련된 내용으로 옳지 않은 것은?

① 서서 작업하는 작업 공간에서 발바닥을 높이면 뻗침 길이가 늘어난다.

② 서서 작업하는 작업 공간에서 신체의 균형에 제한을 받으면 뻗침 길이가 늘어난다.

③ 앉아서 작업하는 작업 공간은 동적 팔 뻗침에 의해 포락면(reach envelpoe)의 한계가 결정된다.

④ 앉아서 작업하는 작업 공간에서 기능적 팔 뻗침에 영향을 주는 제약이 적을수록 뻗침 길이가 늘어난다.

해설

서서 작업하는 작업 공간에서 신체의 균형에 제한을 받으면 뻗침 길이가 줄어든다.

40

조종장치의 촉각적 암호화를 위하여 고려하는 특성으로 볼 수 없는 것은?

① 형상

② 무게

③ 크기

④ 표면 촉감

41

크레인 작업 시 로프에 1ton의 중량을 걸어 20m/s²의 가속도로 감아올릴 때, 로프에 걸리는 총하중[kgf]은 약 얼마인가?(단, 중력 가속도는 10m/s²이다)

① 1,000 　　　　　② 2,000
③ 3,000 　　　　　④ 3,500

해설

로프에 걸리는 총하중(장력)

$$w = w_1 + w_2 = w_1 + \frac{w_1 a}{g}$$

$$= 1,000 + \frac{1,000 \times 20}{10}$$

$$= 3,000 \text{N}$$

여기서, w_1 : 정하중
　　　　w_2 : 동하중
　　　　a : 권상 가속도
　　　　g : 중력 가속도

42

다음 중 선반작업 시 준수하여야 하는 안전사항으로 틀린 것은?

① 작업 중 면장갑 착용을 금한다.
② 작업 시 공구는 항상 정리해 둔다.
③ 운전 중에 백기어를 사용한다.
④ 주유 및 청소를 할 때는 반드시 기계를 정지시키고 한다.

해설

선반작업 시 운전 중에 백기어 사용을 금한다.

43

기계설비의 안전조건 중 구조의 안전화에 대한 설명으로 가장 거리가 먼 것은?

① 기계재료의 선정 시 재료 자체에 결함이 없는지 철저히 확인한다.
② 사용 중 재료의 강도가 열화될 것을 감안하여 설계 시 안전율을 고려한다.
③ 기계 작동 시 기계의 오동작을 방지하기 위하여 오동작방지회로를 적용한다.
④ 가공경화와 같은 가공결함이 생길 우려가 있는 경우는 열처리 등으로 결함을 방지한다.

해설

• 기능적 안전화 : 전압 강하, 정전 및 단락, 사용압력 변동 등의 오동작 방지
• 구조적 안전화 : 설계, 재료, 가공상의 결함 방지

44

산업안전보건법령상 리프트의 종류로 틀린 것은?

① 건설작업용 리프트
② 자동차 정비용 리프트
③ 이삿짐 운반용 리프트
④ 간이 리프트

해설

리프트의 종류

건설작업용 리프트, 산업용 리프트, 자동차 정비용 리프트, 이삿짐 운반용 리프트

45

보일러수 속에 불순물 농도가 높아지면서 수면에 거품이 형성되어 수위가 불안정하게 되는 현상은?

① 포밍
② 서징
③ 수격현상
④ 공동현상

해설

② 서징 : 펌프의 송출압력과 송출유량 사이에 주기적인 변동이 일어나는 현상이다.
③ 수격현상 : 관 내를 흐르고 있는 액체의 유속을 급격히 변화시키면 발생하는 현상이다.
④ 공동현상 : 흡입압력이 유체의 증기압보다 낮을 때 유체 내부에서 기포가 발생하는 현상이다.

46

산업안전보건법령상 연삭숫돌의 상부를 사용하는 것을 목적으로 하는 탁상용 연삭기 덮개의 노출각도는?

① 60° 이내
② 65° 이내
③ 80° 이내
④ 125° 이내

47

산업안전보건법령상 위험기계 · 기구별 방호조치로 가장 적절하지 않은 것은?

① 산업용 로봇 – 안전매트
② 보일러 – 급정지장치
③ 목재가공용 둥근톱기계 – 반발예방장치
④ 산업용 로봇 – 광전자식 방호장치

해설

산업안전보건법령상 보일러 방호장치의 종류
압력방출장치, 압력제한스위치, 고저수위조절장치, 화염검출기 등

48

산업안전보건법령상 연삭숫돌의 시운전에 관한 설명으로 옳은 것은?

① 연삭숫돌의 교체 시에는 바로 사용할 수 있다.
② 연삭숫돌의 교체 시 1분 이상 시운전을 하여야 한다.
③ 연삭숫돌의 교체 시 2분 이상 시운전을 하여야 한다.
④ 연삭숫돌의 교체 시 3분 이상 시운전을 하여야 한다.

해설

연삭숫돌을 사용하는 작업의 경우 작업을 시작하기 전에는 1분 이상, 연삭숫돌을 교체한 후에는 3분 이상 시험운전을 하고 해당 기계에 이상이 있는지를 확인하여야 한다(산업안전보건기준에 관한 규칙 제122조).

49

금형의 안전화에 대한 설명 중 틀린 것은?

① 금형의 틈새는 8mm 이상 충분하게 확보한다.
② 금형 사이에 신체 일부가 들어가지 않도록 한다.
③ 충격이 반복되어 부가되는 부분에는 완충장치를 설치한다.
④ 금형 설치용 홈은 설치된 프레스의 홈에 적합한 형상의 것으로 한다.

해설

금형의 안전화와 울(프레스 금형작업의 안전에 관한 기술지침)
금형의 사이에 작업자의 신체 일부가 들어가지 않도록 다음 부분의 간격이 8mm 이하가 되도록 설치한다.
• 상사점 위치에 있어서 펀치와 다이, 이동 스트리퍼와 다이, 펀치와 스트리퍼 사이 및 고정 스트리퍼와 다이 등의 간격이 8mm 이하이면 울은 불필요하다.
• 상사점 위치에 있어서 고정 스트리퍼와 다이의 간격이 8mm 이하라도 펀치와 고정 스트리퍼 사이가 8mm 이상이면 울을 설치하여야 한다.

50

컨베이어의 종류가 아닌 것은?

① 체인 컨베이어

② 스크루 컨베이어

③ 슬라이딩 컨베이어

④ 유체 컨베이어

해설

컨베이어의 분류(KS T 2301)

- 산적화물 컨베이어 : 벨트 컨베이어, 체인 컨베이어. 스크루 컨베이어, 진동 컨베이어, 유체 컨베이어, 공기부상 컨베이어 등
- 단위화물 컨베이어 : 벨트 컨베이어, 체인 컨베이어, 승강 컨베이어, 롤러 컨베이어, 유체 컨베이어, 공기부상 컨베이어, 신축 컨베이어, 축적 컨베이어, 분류 컨베이어 등

51

산업안전보건법령상 지게차 방호장치에 해당하는 것은?

① 포크

② 헤드가드

③ 호이스트

④ 힌지드 버킷

해설

지게차 방호장치(시행규칙 제98조)

헤드가드, 백레스트(backrest), 전조등, 후미등, 안전벨트

52

프레스의 방호장치에 해당되지 않는 것은?

① 가드식 방호장치

② 수인식 방호장치

③ 롤 피드식 방호장치

④ 손쳐내기식 방호장치

해설

프레스기의 방호장치의 종류

광전자식, 양수 조작식, 가드식, 손쳐내기식, 수인식

53

산업안전보건법령상 양중기에서 절단하중이 100ton인 와이어로프를 사용하여 화물을 직접적으로 지지하는 경우, 화물의 최대허용하중[ton]은?

① 20

② 30

③ 40

④ 50

해설

화물의 하중을 직접 지지하는 경우 안전계수(S)는 5 이상이므로 화물의 최대허용하중을 x라 하면

$$5 = \frac{100\text{ton}}{x}$$

$$x = \frac{100\text{ton}}{5}$$

$$= 20\text{ton}$$

54

산업안전보건법령상 기계 · 기구의 방호조치에 대한 사업주 · 근로자 준수사항으로 가장 적절하지 않은 것은?

① 방호조치의 기능 상실에 대한 신고가 있을 시 사업주는 수리, 보수 및 작업 중지 등 적절한 조치를 할 것

② 방호조치 해체 사유가 소멸된 경우 근로자는 즉시 원상 회복시킬 것

③ 방호조치의 기능 상실을 발견 시 사업주에게 신고할 것

④ 방호조치 해체 시 해당 근로자가 판단하여 해체할 것

해설

방호조치 해체 시 사업주의 허가를 받아야 한다(시행규칙 제99조).

55

산업안전보건법령상 프레스를 사용하여 작업을 할 때 작업 시작 전 점검항목에 해당하지 않는 것은?

① 전선 및 접속부 상태
② 클러치 및 브레이크의 기능
③ 프레스의 금형 및 고정볼트 상태
④ 1행정 1정지 기구·급정지장치 및 비상정지장치의 기능

해설

프레스 작업 시작 전 점검사항(산업안전보건기준에 관한 규칙 별표 3)
• 클러치 및 브레이크의 기능
• 크랭크축·플라이휠·슬라이드·연결봉 및 연결 나사의 풀림 유무
• 1행정 1정지 기구·급정지장치 및 비상정지장치의 기능
• 슬라이드 또는 칼날에 의한 위험방지기구의 기능
• 프레스의 금형 및 고정볼트 상태
• 방호장치의 기능
• 전단기의 칼날 및 테이블의 상태

56

프레스의 분류 중 동력프레스에 해당하지 않는 것은?

① 크랭크프레스
② 토글프레스
③ 마찰프레스
④ 아버프레스

해설

동력프레스의 종류
크랭크프레스, 토글프레스, 마찰프레스 등

57

밀링작업 시 안전수칙에 해당되지 않는 것은?

① 칩이나 부스러기는 반드시 브러시를 사용하여 제거한다.
② 가공 중에는 가공면을 손으로 점검하지 않는다.
③ 기계를 가동 중에는 변속시키지 않는다.
④ 바이트는 가급적 짧게 고정시킨다.

해설

※ 저자 의견 : 바이트는 선반작업, 보링작업, 밀링작업 등 여러 절삭가공에서 사용되는 절삭공구이다. ④의 내용을 '밀링커터 또는 밀링커터의 바이트를 가급적 짧게 고정시킨다.'라고 해석하면 옳은 표현이 되므로 모두 전항 정답처리되었다.

58

산소 – 아세틸렌가스 용접에서 산소용기의 취급 시 주의사항으로 틀린 것은?

① 산소용기의 운반 시 밸브를 닫고 캡을 씌워서 이동할 것
② 기름이 묻은 손이나 장갑을 끼고 취급하지 말 것
③ 원활한 산소 공급을 위하여 산소용기는 눕혀서 사용할 것
④ 통풍이 잘되고 직사광선이 없는 곳에 보관할 것

해설

산소용기는 반드시 세워서 보관한다.

59

가드(guard)의 종류가 아닌 것은?

① 고정식   ② 조정식

③ 자동식   ④ 반자동식

해설

가드의 종류

고정식, 조정식, 자동식, 경고식, 인터로크식(연동식)

60

산업안전보건법령상 롤러기의 무릎 조작식 급정지장치의 설치 위치 기준은?(단, 위치는 급정지장치 조작부의 중심점을 기준)

① 밑면에서 0.7~0.8m 이내

② 밑면에서 0.6m 이내

③ 밑면에서 0.8~1.2m 이내

④ 밑면에서 1.5m 이내

해설

조작부의 설치 위치에 따른 급정지장치의 종류(방호장치 자율안전기준 고시 별표 3)

종류	설치 위치	비고
손 조작식	밑면에서 1.8m 이내	위치는 급정지장치의 조작부의 중심점을 기준
복부 조작식	밑면에서 0.8m 이상 1.1m 이내	
무릎 조작식	밑면에서 0.6m 이내	

61

대전된 물체가 방전을 일으킬 때의 에너지 E[J]를 구하는 식으로 옳은 것은?(단, 도체의 정전용량을 C[F], 대전전위를 V[V], 대전전하량을 Q[C]라 한다)

① $E = \sqrt{2CQ}$ ② $E = \dfrac{1}{2}CV$

③ $E = \dfrac{Q^2}{2C}$ ④ $E = \sqrt{\dfrac{2V}{C}}$

해설

$Q = CV$ 에서 $V = \dfrac{Q}{C}$

$\therefore E = \dfrac{1}{2}CV^2 = \dfrac{1}{2}C\left(\dfrac{Q}{C}\right)^2 = \dfrac{Q^2}{2C}$

62

인체의 대부분이 수중에 있는 상태에서의 허용접촉전압으로 옳은 것은?

① 2.5V 이하   ② 25V 이하

③ 50V 이하   ④ 100V 이하

해설

허용접촉전압의 종류

종별	접촉 상태	허용접촉전압
제1종	• 인체의 대부분이 수중에 있는 상태	2.5V 이하
제2종	• 인체가 현저히 젖어 있는 상태 • 금속성의 전기기계장치나 구조물에 인체의 일부가 상시 접촉되어 있는 상태	25V 이하
제3종	• 제1종, 제2종 이외의 경우로서 통상의 인체 상태에서 있어서 접촉전압이 가해지면 위험성이 높은 상태	50V 이하
제4종	• 제1종, 제2종 이외의 경우로서 통상 인체 상태에 접촉전압이 가해지더라도 위험성이 낮은 상태 • 접촉전압이 가해질 우려가 없는 경우	제한 없음

63

전기설비에서 제1종 접지공사는 접지저항을 몇 Ω 이하로 해야 하는가?

① 5 　　　　　　　② 10
③ 50 　　　　　　 ④ 100

해설

※ 출제 당시 정답은 ②였으나 해당 규정의 개정으로 종별 접지공사 내용이 폐지되어 정답 없음

64

저압전선로 중 절연 부분의 전선과 대지 간 및 전선의 심선 상호 간의 절연저항은 사용전압에 대한 누설전류가 최대공급전류의 얼마를 넘지 않도록 규정하고 있는가?

① 1/1,000 　　　　② 1/1,500
③ 1/2,000 　　　　④ 1/2,500

해설

저압전선로 중 절연 부분의 전선과 대지 사이 및 전선의 심선 상호 간의 절연저항은 사용전압에 대한 누설전류가 최대공급전류의 1/2,000을 넘지 않도록 하여야 한다(전기설비기술기준 제27조).

65

방폭구조 전기기계ㆍ기구의 선정 기준에 있어 가스폭발 위험 장소의 제1종 장소에 사용할 수 없는 방폭구조는?

① 내압 방폭구조
② 안전증 방폭구조
③ 본질안전 방폭구조
④ 비점화 방폭구조

해설

비점화 방폭구조(기호 : n)

• 정상 작동 상태에서 폭발 가능성은 없으나 이상 상태에서 짧은 시간 동안 폭발성 가스 또는 증기가 존재하는 지역에 사용 가능하다.
• 정상 운전 중인 고전압 등까지도 적용 가능하며 특히 계장설비에 에너지 발생을 제한한 본질 안전구조의 대용으로 적용 가능하다.
• 가스폭발 위험 장소의 제1종 장소에 사용할 수 없다.

66

폭발성 가스가 전기기기 내부로 침입하지 못하도록 전기기기의 내부에 불활성 가스를 압입하는 방식의 방폭구조는?

① 내압 방폭구조
② 압력 방폭구조
③ 본질안전 방폭구조
④ 유입 방폭구조

해설

압력 방폭구조(기호 : p)

• 방폭 전기설비의 용기 내부에 보호가스를 압입하여 내부압력을 유지함으로써 폭발성 가스 또는 증기가 내부로 유입하지 않도록 한 방폭구조이다.
• 종류로는 밀봉식, 통풍식, 봉입식이 있다.

67

옥내배선에서 누전으로 인한 화재 방지의 대책이 아닌 것은?

① 배선 불량 시 재시공할 것
② 배선에 단로기를 설치할 것
③ 정기적으로 절연저항을 측정할 것
④ 정기적으로 배선 시공 상태를 확인할 것

해설

옥내배선에서 누전으로 인한 화재를 방지하기 위해서는 반드시 누전 차단기를 설치해야 한다.

69

전기적 불꽃 또는 아크에 의한 화상의 우려가 높은 고압 이상의 충전전로작업에 근로자를 종사시키는 경우에는 어떠한 성능을 가진 작업복을 착용시켜야 하는가?

① 방충처리 또는 방수성능을 갖춘 작업복
② 방염처리 또는 난연성능을 갖춘 작업복
③ 방청처리 또는 난연성능을 갖춘 작업복
④ 방수처리 또는 방청성능을 갖춘 작업복

해설

사업주는 전기적 불꽃 또는 아크에 의한 화상의 우려가 있는 고압 이상의 충전전로작업에 근로자를 종사시키는 경우에는 방염처리된 작업복 또는 난연(難燃)성능을 가진 작업복을 착용시켜야 한다(산업안전보건기준에 관한 규칙 제310조).

68

제전기의 설치 장소로 가장 적절한 것은?

① 대전물체의 뒷면에 접지물체가 있는 경우
② 정전기의 발생원으로부터 5~20cm 정도 떨어진 장소
③ 오물과 이물질이 자주 발생하고 묻기 쉬운 장소
④ 온도가 150℃, 상대습도가 80% 이상인 장소

해설

제전기의 설치

원칙적으로 대전물체 이면의 접지 또는 타 제전기가 설치되어 있고, 정전기의 발생원, 오물이 많은 곳 등의 장소, 온도 150℃ 이상, 상대습도 80% 이상의 환경은 피하는 것이 좋다. 또한, 정전기의 발생원에서 최소거리 이상 떨어져 있으면서 발생원에 가까운 위치에 설치해야 하므로 정전기의 발생원으로부터 5~20cm 이상 떨어진 위치가 적절하다.

70

감전을 방지하기 위해 관계 근로자에게 반드시 주지시켜야 하는 정전작업사항으로 가장 거리가 먼 것은?

① 전원설비효율에 관한 사항
② 단락접지 실시에 관한 사항
③ 전원 재투입 순서에 관한 사항
④ 작업 책임자의 임명, 정전범위 및 절연용 보호구 작업 등 필요한 사항

해설

감전을 방지하기 위하여 관계 근로자에 주지시켜야 할 정전작업사항
· 작업 책임자의 임명, 정전범위 및 절연보호구, 작업 시작 전 점검 등 작업 시작 전에 필요한 사항
· 전로 또는 설비의 정전 순서에 관한 사항
· 개폐기 관리 및 표지판 부착에 관한 사항
· 정전 확인 순서에 관한 사항
· 단락접지 실시에 관한 사항
· 전원 재투입 순서에 관한 사항
· 점검 또는 시운전을 위한 일시운전에 관한 사항
· 교대 근무지 근무 인계에 필요한 사항

71

위험물안전관리법령상 제3류 위험물의 금수성 물질이 아닌 것은?

① 과염소산염   ② 금속나트륨
③ 탄화칼슘   ④ 탄화알루미늄

해설

위험물안전관리법 시행령 별표 1에 따라 과염소산염은 제1류 위험물(산화성 고체)이다.

72

이산화탄소 소화기에 관한 설명으로 옳지 않은 것은?

① 전기화재에 사용할 수 있다.
② 주된 소화작용은 질식작용이다.
③ 소화약제 자체 압력으로 방출이 가능하다.
④ 전기전도성이 높아 사용 시 감전에 유의해야 한다.

해설

이산화탄소 소화기는 전기절연성이 커서 전기화재에 많이 사용된다.

73

낮은 압력에서 물질의 끓는점이 내려가는 현상을 이용하여 시행하는 분리법으로, 온도를 높여서 가열할 경우 원료가 분해될 우려가 있는 물질을 증류할 때 사용하는 방법을 무엇이라 하는가?

① 진공증류   ② 추출증류
③ 공비증류   ④ 수증기증류

해설

② 추출증류 : 끓는점이 비슷한 성분의 혼합물에 사용하는 증류법으로, 휘발성이 작은 제3의 성분을 첨가해 한쪽의 증기압을 크게 내려 분리한다.
③ 공비증류 : 보통증류로는 분리하기 어려운 혼합물을 분리할 때 제3의 성분을 첨가해 공비 혼합물을 만들어 증류에 의해 분리하는 방법이다.
④ 수증기증류 : 물과 전혀 혼합되지 않는 성분과 물의 혼합계와 평형을 이루는 증기압은 양쪽의 순수 성분 증기압의 합이 되며 이 합이 대기압과 같아지면 끓게 되는 성질을 이용한 증류법이다.

74

다음 중 폭발하한농도[vol%]가 가장 높은 것은?

① 일산화탄소
② 아세틸렌
③ 다이에틸에테르
④ 아세톤

해설

폭발하한계와 폭발상한계(%, 폭발범위 폭)
• 일산화탄소(CO) : 12.5~75(62.5)
• 아세틸렌(C_2H_2) : 2.5~81(78.5, 가장 넓음)
• 아세톤 : 2~13(11)
• 다이에틸에테르($C_4H_{10}O$) : 1.7~48(46.3)

75

다음 중 불연성 가스에 해당하는 것은?

① 프로판
② 탄산가스
③ 아세틸렌
④ 암모니아

해설

불연성 가스
헬륨, 네온, 아르곤, 질소, 이산화탄소(탄산가스)

76

염소산칼륨에 관한 설명으로 옳은 것은?

① 탄소, 유기물과 접촉 시에도 분해폭발 위험은 거의 없다.
② 열에 강한 성질이 있어서 500℃의 고온에서도 안정적이다.
③ 찬물이나 에탄올에도 매우 잘 녹는다.
④ 산화성 고체물질이다.

해설

① 탄소, 유기물과 접촉 시에 분해폭발 위험이 있다.
② 열에 약한 성질이 있어서 500℃의 고온에서 쉽게 분해된다.
③ 찬물이나 에탄올에 녹지 않는다.

77

메탄 20vol%, 에탄 25vol%, 프로판 55vol%의 조성을 가진 혼합가스의 폭발하한계값[vol%]은 약 얼마인가?(단, 메탄, 에탄 및 프로판가스의 폭발하한값은 각각 5vol%, 3vol%, 2vol%이다)

① 2.51
② 3.12
③ 4.26
④ 5.22

해설

$$\frac{100}{LFL} = \frac{20}{5} + \frac{25}{3} + \frac{55}{2} \simeq 39.8$$

$$\therefore \ LFL = \frac{100}{39.8} \simeq 2.51$$

78

다음 중 증류탑의 원리로 거리가 먼 것은?

① 끓는점(휘발성) 차이를 이용하여 목적 성분을 분리한다.
② 열이동은 도모하지만 물질이동은 관계하지 않는다.
③ 기-액 두 상의 접촉이 충분히 일어날 수 있는 접촉면적이 필요하다.
④ 여러 개의 단을 사용하는 다단탑이 사용될 수 있다.

해설

증류탑에서는 열이동과 물질이동이 모두 일어난다.

79

물과 접촉할 경우 화재나 폭발의 위험성이 더욱 증가하는 것은?

① 칼륨
② 트라이나이트로톨루엔
③ 황린
④ 나이트로셀룰로스

해설

칼륨은 제3류 위험물(자연발화성 물질 및 금수성 물질)로서, 물과 접촉할 경우 화재나 폭발의 위험성이 더욱 증가한다.

80

다음 중 화재의 종류가 옳게 연결된 것은?

① A급 화재 – 유류화재
② B급 화재 – 유류화재
③ C급 화재 – 일반화재
④ D급 화재 – 일반화재

해설

① A급 화재 : 일반화재
③ C급 화재 : 전기화재
④ D급 화재 : 금속화재

81

항타기 및 항발기를 조립하는 경우 점검하여야 할 사항이 아닌 것은?

① 과부하장치 및 제동장치의 이상 유무
② 권상장치의 브레이크 및 쐐기장치 기능의 이상 유무
③ 본체 연결부의 풀림 또는 손상의 유무
④ 권상기의 설치 상태의 이상 유무

해설

조립·해체 시 점검사항(산업안전보건기준에 관한 규칙 제207조)
사업주는 항타기 또는 항발기를 조립하거나 해체하는 경우 다음의 사항을 점검해야 한다.
• 본체 연결부의 풀림 또는 손상의 유무
• 권상용 와이어로프·드럼 및 도르래의 부착 상태의 이상 유무
• 권상장치의 브레이크 및 쐐기장치 기능의 이상 유무
• 권상기의 설치 상태의 이상 유무
• 리더(leader)의 버팀 방법 및 고정 상태의 이상 유무
• 본체·부속장치 및 부속품의 강도가 적합한지 여부
• 본체·부속장치 및 부속품에 심한 손상·마모·변형 또는 부식이 있는지 여부

82

건설공사 유해위험방지계획서 제출 시 공통적으로 제출하여야 할 첨부서류가 아닌 것은?

① 공사개요서
② 전체 공정표
③ 산업안전보건관리비 사용계획서
④ 가설도로계획서

해설

유해위험방지계획서 첨부서류(시행규칙 별표 10)
• 공사개요서
• 공사현장의 주변 현황 및 주변과의 관계를 나타내는 도면(매설물 현황을 포함한다)
• 전체 공정표
• 산업안전보건관리비 사용계획서
• 안전관리조직표
• 재해 발생 위험 시 연락 및 대피방법

83

신축공사 현장에서 강관으로 외부 비계를 설치할 때 비계 기둥의 최고 높이가 45m라면 관련 법령에 따라 비계 기둥을 2개의 강관으로 보강하여야 하는 높이는 지상으로부터 얼마까지인가?

① 14m   ② 20m

③ 25m   ④ 31m

해설

비계 기둥의 제일 윗부분으로부터 31m 되는 지점 밑부분의 비계 기둥은 2개의 강관으로 묶어 세운다.

$\therefore \; 45 - 31 = 14m$

84

철근콘크리트 현장타설공법과 비교한 PC(Precast Concrete)공법의 장점으로 볼 수 없는 것은?

① 기후의 영향을 받지 않아 동절기 시공이 가능하고, 공기를 단축할 수 있다.

② 현장작업이 감소되고, 생산성이 향상되어 인력 절감이 가능하다.

③ 공사비가 매우 저렴하다.

④ 공장 제작이므로 콘크리트 양생 시 최적 조건에 의한 양질의 제품 생산이 가능하다.

85

흙막이 지보공을 설치하였을 때 붕괴 등의 위험 방지를 위하여 정기적으로 점검하고, 이상 발견 시 즉시 보수하여야 하는 사항이 아닌 것은?

① 침하의 정도

② 버팀대의 긴압의 정도

③ 지형·지질 및 지층 상태

④ 부재의 손상·변형·변위 및 탈락의 유무와 상태

해설

붕괴 등의 위험 방지(산업안전보건기준에 관한 규칙 제347조)

사업주는 흙막이 지보공을 설치하였을 때는 정기적으로 다음의 사항을 점검하고 이상을 발견하면 즉시 보수하여야 한다.

• 부재의 손상·변형·부식·변위 및 탈락의 유무와 상태
• 버팀대의 긴압(緊壓)의 정도
• 부재의 접속부·부착부 및 교차부의 상태
• 침하의 정도

86

작업 발판 및 통로의 끝이나 개구부로서 근로자가 추락할 위험이 있는 장소에서의 방호조치로 옳지 않은 것은?

① 안전난간 설치

② 와이어로프 설치

③ 울타리 설치

④ 수직형 추락방망 설치

해설

작업 발판 및 통로의 끝이나 개구부로서 근로자가 추락할 위험이 있는 장소에서의 방호조치(산업안전보건기준에 관한 규칙 제43조)

안전난간, 울타리, 수직형 추락방망 또는 덮개 등 설치

87

히빙(heaving)현상이 가장 쉽게 발생하는 토질 지반은?

① 연약한 점토 지반

② 연약한 사질토 지반

③ 견고한 점토 지반

④ 견고한 사질토 지반

해설

히빙(Heaving) 현상
연약한 점토 지반에서 흙의 중량 차이로 인해 부풀어 오르는 현상

88

암질 변화 구간 및 이상암질 출현 시 판별방법과 가장 거리가 먼 것은?

① RQD

② RMR

③ 지표 침하량

④ 탄성파 속도

해설

암질 변화 구간 및 이상암질의 출현 시 판별방법
• RQD%
• 탄성파 속도[m/s]
• RMR
• 일축압축강도[kg/cm^2]
• 진동치 속도[cm/s]

89

블레이드의 길이가 길고 낮으며 블레이드의 좌우를 전후 25~30° 각도로 회전시킬 수 있어 흙을 측면으로 보낼 수 있는 도저는?

① 레이크 도저

② 스트레이트 도저

③ 앵글 도저

④ 틸트 도저

해설

① 레이크 도저 : 블레이드 대신 레이크(갈퀴)를 설치한 도저로, 나무 뿌리나 잡목을 제거하는 데 이용한다.
② 스트레이트 도저 : 트랙터에 블레이드(배토판)를 장착한 것으로 굴착, 운반, 절토, 집토, 정지 등의 작업에 사용한다.
④ 틸트 도저 : 블레이드를 레버로 조정할 수 있으며, 좌우를 상하 25~30°까지 기울일 수 있다.

90

동바리로 사용하는 파이프 서포트에 관한 설치 기준으로 옳지 않은 것은?

① 파이프 서포트를 3개 이상 이어서 사용하지 않도록 할 것

② 파이프 서포트를 이어서 사용하는 경우에는 4개 이상의 볼트 또는 전용 철물을 사용하여 이을 것

③ 높이가 3.5m를 초과하는 경우에는 높이 2m 이내마다 수평 연결재를 2개 방향으로 만들고 수평 연결재의 변위를 방지할 것

④ 파이프 서포트 사이에 교차가새를 설치하여 수평력에 대하여 보강조치할 것

해설

동바리로 사용하는 강관틀의 경우 강관틀과 강관틀 사이에 교차가새를 설치해야 한다(산업안전보건기준에 관한 규칙 제332조의2).

91

건물 외부에 낙하물방지망을 설치할 경우 벽면으로부터 돌출되는 거리의 기준은?

① 1m 이상
② 1.5m 이상
③ 1.8m 이상
④ 2m 이상

낙하물에 의한 위험의 방지(산업안전보건기준에 관한 규칙 제14조)

낙하물방지망 또는 방호선반을 설치하는 경우에는 다음의 사항을 준수하여야 한다.

• 높이 10m 이내마다 설치하고, 내민 길이는 벽면으로부터 2m 이상으로 할 것
• 수평면과의 각도는 20° 이상 30° 이하를 유지할 것

92

콘크리트를 타설할 때 거푸집에 작용하는 콘크리트 측압에 영향을 미치는 요인과 가장 거리가 먼 것은?

① 콘크리트 타설속도
② 콘크리트 타설 높이
③ 콘크리트의 강도
④ 기온

콘크리트 타설작업 시 (거푸집의) 측압에 영향을 미치는 인자

• 비례요인 : 슬럼프, 콘크리트의 타설속도(부어넣기 속도), 콘크리트의 타설 높이, 다짐, 거푸집 수밀성, 거푸집의 부재 단면, 거푸집의 강도, 거푸집 표면의 평활도, 거푸집의 수밀성, 시공연도(work-ability), 콘크리트의 비중, 응결시간이 빠른 시멘트(조강시멘트 등), 묽은 콘크리트
• 반비례 요인 : 기온(외기의 온도, 거푸집 속의 콘크리트 온도), 철근의 양, 거푸집의 투수성, 습도

93

다음과 같은 조건에서 추락 시 로프의 지지점에서 최하단까지의 거리 h를 구하면 얼마인가?

• 로프 길이 150cm
• 로프 신율 30%
• 근로자 신장 170cm

① 2.8m
② 3.0m
③ 3.2m
④ 3.4m

추락 시 로프의 지지점에서 최하단까지의 거리(h)

$$h = l_1 + \Delta l_1 + \frac{l_2}{2}$$

$$= 1.5 + (1.5 \times 0.3) + \frac{1.7}{2}$$

$$= 2.8\text{m}$$

여기서, l_1 : 로프의 길이
Δl_1 : 로프의 늘어난 길이
l_2 : 근로자의 신장

94

산업안전보건법령에 따른 크레인을 사용하여 작업을 하는 때 작업 시작 전 점검사항에 해당되지 않는 것은?

① 권과방지장치·브레이크·클러치 및 운전장치의 기능
② 주행로의 상측 및 트롤리(trolley)가 횡행하는 레일의 상태
③ 원동기 및 풀리(pulley)기능의 이상 유무
④ 와이어로프가 통하고 있는 곳의 상태

③은 컨베이어 등을 사용하여 작업을 할 때 작업 시작 전 점검사항이다.

크레인 작업 시작 전 점검사항(산업안전보건기준에 관한 규칙 별표 3)

• 권과방지장치·브레이크·클러치 및 운전장치의 기능
• 주행로의 상측 및 트롤리가 횡행하는 레일의 상태
• 와이어로프가 통하고 있는 곳의 상태

95

다음은 비계를 조립하여 사용하는 경우 작업 발판 설치에 관한 기준이다. (   )에 들어갈 내용으로 옳은 것은?

> 사업주는 비계(달비계, 달대비계 및 말비계는 제외한다)의 높이가 (   ) 이상인 작업 장소에 다음의 기준에 맞는 작업 발판을 설치하여야 한다.
> • 발판재료는 작업할 때의 하중을 견딜 수 있도록 견고한 것으로 할 것
> • 작업 발판의 폭은 40cm 이상으로 하고, 발판재료 간의 틈은 3cm 이하로 할 것

① 1m ② 2m
③ 3m ④ 4m

해설

작업 발판의 구조(산업안전보건기준에 관한 규칙 제56조)
사업주는 비계(달비계, 달대비계 및 말비계는 제외한다)의 높이가 2m 이상인 작업 장소에 다음의 기준에 맞는 작업 발판을 설치하여야 한다.
• 발판재료는 작업할 때의 하중을 견딜 수 있도록 견고한 것으로 할 것
• 작업 발판의 폭은 40cm 이상으로 하고, 발판재료 간의 틈은 3cm 이하로 할 것. 다만, 외줄비계의 경우에는 고용노동부장관이 별도로 정하는 기준에 따른다.
• 선박 및 보트 건조작업의 경우 선박블록 또는 엔진실 등의 좁은 작업 공간에 작업 발판을 설치하기 위하여 필요하면 작업 발판의 폭을 30cm 이상으로 할 수 있고, 걸침비계의 경우 강관 기둥 때문에 발판재료 간의 틈을 3cm 이하로 유지하기 곤란하면 5cm 이하로 할 수 있다. 이 경우 그 틈 사이로 물체 등이 떨어질 우려가 있는 곳에는 출입금지 등의 조치를 하여야 한다.
• 추락의 위험이 있는 장소에는 안전난간을 설치할 것. 다만, 작업의 성질상 안전난간을 설치하는 것이 곤란한 경우 작업의 필요상 임시로 안전난간을 해체할 때에 추락방호망을 설치하거나 근로자로 하여금 안전대를 사용하도록 하는 등 추락위험 방지조치를 한 경우에는 그러하지 아니하다.
• 작업 발판의 지지물은 하중에 의하여 파괴될 우려가 없는 것을 사용할 것
• 작업 발판재료는 뒤집히거나 떨어지지 않도록 둘 이상의 지지물에 연결하거나 고정시킬 것
• 작업 발판을 작업에 따라 이동시킬 경우에는 위험 방지에 필요한 조치를 할 것

96

다음은 산업안전보건법령에 따른 승강설비의 설치에 관한 내용이다. (   )에 들어갈 내용으로 옳은 것은?

> 사업주는 높이 또는 깊이가 (   )를 초과하는 장소에서 작업하는 경우 해당 작업에 종사하는 근로자가 안전하게 승강하기 위한 건설작업용 리프트 등의 설비를 설치하여야 한다. 다만, 승강설비를 설치하는 것이 작업의 성질상 곤란한 경우에는 그러하지 아니하다.

① 2m ② 3m
③ 4m ④ 5m

해설

승강설비의 설치(산업안전보건기준에 관한 규칙 제46조)
사업주는 높이 또는 깊이가 2m를 초과하는 장소에서 작업하는 경우 해당 작업에 종사하는 근로자가 안전하게 승강하기 위한 건설용 리프트 등의 설비를 설치하여야 한다. 다만, 승강설비를 설치하는 것이 작업의 성질상 곤란한 경우에는 그렇지 않다.

97

리프트(lift)의 방호장치에 해당하지 않는 것은?

① 권과방지장치
② 비상정지장치
③ 과부하방지장치
④ 자동경보장치

해설

리프트의 안전장치(방호장치)
권과방지장치, 리밋스위치, 비상정지장치, 과부하방지장치, 출입문 연동장치, 낙하방지장치, 안전고리, 완충장치, 3상 전원차단스위치

98

부두·안벽 등 하역작업을 하는 장소에서 부두 또는 안벽의 선을 따라 통로를 설치하는 경우 그 폭을 최소 얼마 이상으로 하여야 하는가?

① 60cm   ② 90cm

③ 120cm   ④ 150cm

하역작업장의 조치기준(산업안전보건기준에 관한 규칙 제390조)

사업주는 부두·안벽 등 하역작업을 하는 장소에 다음의 조치를 하여야 한다.

- 작업장 및 통로의 위험한 부분에는 안전하게 작업할 수 있는 조명을 유지할 것
- 부두 또는 안벽의 선을 따라 통로를 설치하는 경우에는 폭을 90cm 이상으로 할 것
- 육상에서의 통로 및 작업 장소로서 다리 또는 선거(船渠) 갑문(閘門)을 넘는 보도(步道) 등의 위험한 부분에는 안전난간 또는 울타리 등을 설치할 것

99

안전관리비의 사용항목에 해당하지 않는 것은?

① 안전시설비

② 개인보호구 구입비

③ 접대비

④ 사업장의 안전·보건진단비

100

강관을 사용하여 비계를 구성하는 경우의 준수사항으로 옳지 않은 것은?

① 비계 기둥의 간격은 띠장 방향에서는 1.85m 이하로 할 것

② 비계 기둥의 간격은 장선(長線) 방향에서는 1.0m 이하로 할 것

③ 띠장 간격은 2.0m 이하로 할 것

④ 비계 기둥 간의 적재하중은 400kg을 초과하지 않도록 할 것

비계 기둥의 간격은 장선(長線) 방향에서는 1.5m 이하로 해야 한다(산업안전보건기준에 관한 규칙 제60조).

※ 2021년부터는 CBT(컴퓨터 기반 시험)로 진행되어 수험자의 기억에 의해 문제를 복원하였습니다. 실제 시행문제와 일부 상이할 수 있음을 알려드립니다.

제1과목 | 산업안전관리론

01

다음 중 'near accident'에 관한 내용으로 가장 적절한 것은?

① 사고가 일어난 인접지역
② 사망사고가 발생한 중대재해
③ 사고가 일어난 지점에 계속 사고가 발생하는 지역
④ 사고가 일어나더라도 손실을 전혀 수반하지 않는 재해

해설

near accident(아차사고)
산업재해에 있어 인명이나 물적 등 일체의 피해가 없는 사고, 즉 사고가 발생할 뻔하였으나 다행히 피해가 발생하지 않은 사고

02

교육 대상자 수가 많고, 교육 대상자의 학습능력의 차이가 큰 경우 집단안전 교육방법으로써 가장 효과적인 것은?

① 상담식 교육
② 토의식 교육
③ 시청각 교육
④ 문답식 교육

해설

② 토의식 교육 : 쌍방적 의사 전달에 의한 교육방식(최적 인원 10~20명)이다.
④ 문답식 교육 : 질문과 대답에 의해 학습활동이 전개되는 형태로 강의법과 함께 오래전부터 사용되는 학습 형태이다.

03

브레인스토밍(brainstorming) 기법의 4원칙에 관한 설명으로 틀린 것은?

① 타인의 의견을 수정하여 발언할 수 있다.
② 한 사람이 많은 의견을 제시할 수 있다.
③ 타인의 의견에 대하여 비판 또는 비평하지 않는다.
④ 의견을 발언할 때는 주어진 요건에 맞추어 발언한다.

해설

브레인스토밍(brainstorming)의 4원칙
• 대량 발언 : 주제와 관련 없는 내용을 발표할 수 있다.
• 비판금지 : 동료의 의견에 대하여 좋고 나쁨을 평가하지 않는다.
• 자유분방 : 발표 순서를 정하지 않고, 자유분방하게 의견을 발언한다.
• 수정 발언 : 타인의 의견에 대하여 수정하여 발표할 수 있다.

04

교육훈련의 효과를 높이기 위해서는 5관을 최대한 활용하여야 하는데 다음 중 효과가 가장 큰 것은?

① 후각
② 시각
③ 촉각
④ 청각

해설

5관 활용 교육효과(이해도)
• 시각 : 60%
• 청각 : 20%
• 촉각 : 15%
• 미각 : 3%
• 후각 : 2%

05

재해율 중 재직 근로자 1,000명당 1년간 발생하는 재해자 수를 나타내는 것은?

① 연천인율   ② 강도율
③ 도수율   ④ 종합재해지수

해설

$$연천인율 = \frac{연간\ 재해자\ 수}{연평균\ 근로자\ 수} \times 10^3$$

06

산업안전보건법상 프레스 작업 시 작업 시작 전 점검사항에 해당하지 않는 것은?

① 클러치 및 브레이크의 기능
② 머니퓰레이터(manipulator) 작동의 이상 유무
③ 프레스의 금형 및 고정볼트 상태
④ 1행정 1정지 기구·급정지장치 및 비상정지장치의 기능

해설

프레스 작업 시작 전 점검사항(산업안전보건기준에 관한 규칙 별표 3)
- 클러치 및 브레이크의 기능
- 크랭크축·플라이휠·슬라이드·연결봉 및 연결 나사의 풀림 유무
- 1행정 1정지 기구·급정지장치 및 비상정지장치의 기능
- 슬라이드 또는 칼날에 의한 위험방지기구의 기능
- 프레스의 금형 및 고정볼트 상태
- 방호장치의 기능
- 전단기의 칼날 및 테이블의 상태

07

하인리히 방식에 따라 산업재해 손실액 산정 시 직접비가 2,000만 원일 때 총손실액은?

① 2,000만 원   ② 9,000만 원
③ 1억 원   ④ 1억 2,000만 원

해설

- 직접비 + 간접비 = 1 : 4 = 총재해비용
- 총손실액 = 20,000,000 + 4 × 20,000,000
 = 100,000,000원

08

다음 중 하인리히(Heinrich)의 이론에 의한 재해 발생의 주요 원인에 있어 불안전한 행동에 의한 요인이 아닌 것은?

① 권한 없이 행한 조작
② 전문지식의 결여 및 기술, 숙련도 부족
③ 보호구 미착용 및 위험한 장비에서 작업
④ 결함 있는 장비 및 공구의 사용

해설

- 개인적 결함 : 선·후천적 결함, 전문지식의 결여, 기술 부족, 부적절한 행동, 신체적 부적격, 성격적 결함 등
- 불안전한 행동에 의한 요인 : 안전조치 불이행, 불안전한 상태 방치, 권한 없이 행한 조작, 보호구 미착용 및 위험한 장비에서 작업, 결함 있는 장비 및 공구의 사용 등

09

주요 구조 부분을 변경하는 경우 안전인증을 받아야 하는 기계·기구가 아닌 것은?

① 원심기 ② 고소작업대
③ 압력용기 ④ 사출성형기

안전인증 대상 기계 등(시행령 제74조)

기계 또는 설비	프레스, 전단기 및 절곡기, 크레인, 리프트, 압력용기, 롤러기, 사출성형기, 고소작업대, 곤돌라
방호장치	프레스 및 전단기 방호장치, 양중기용 과부하방지장치, 보일러 압력방출용 안전밸브, 압력용기 압력방출용 안전밸브, 압력용기 압력방출용 파열판, 절연용 방호구 및 활선작업용 기구, 방폭구조 전기기계·기구 및 부품, 추락·낙하 및 붕괴 등의 위험 방지 및 보호에 필요한 가설기자재, 충돌·협착 등의 위험 방지에 필요한 산업용 로봇 방호장치
보호구	안전모(추락 및 감전 위험방지용), 안전화, 안전장갑, 방진마스크, 방독마스크, 송기마스크, 전동식 호흡보호구, 보호복, 안전대, 보안경(차광 및 비산물 위험방지용), 용접용 보안면, 방음용 귀마개 또는 귀덮개

11

산업안전보건법상 고용노동부장관이 산업재해 예방을 위하여 종합적인 개선조치를 할 필요가 있다고 인정할 때 안전보건개선계획의 수립·시행을 명할 수 있는 대상 사업장이 아닌 것은?

① 산업재해율이 같은 업종 평균 산업재해율의 2배 이상인 사업장
② 직업병에 걸린 사람이 연간 2명 이상 발생한 사업장
③ 유해인자의 노출 기준을 초과한 사업장
④ 경미한 재해가 다발로 발생한 사업장

안전보건진단을 받아 안전보건개선계획을 수립할 대상(법 제49조, 시행령 제49조)
• 산업재해율이 같은 업종 평균 산업재해율의 2배 이상인 사업장
• 사업주가 필요한 안전조치 또는 보건조치를 이행하지 아니하여 중대재해가 발생한 사업장
• 대통령령으로 정하는 수 이상의 직업성 질병자가 발생한 사업장[직업성 질병자가 연간 2명 이상(상시 근로자 1천 명 이상 사업장의 경우 3명 이상) 발생한 사업장]
• 유해인자의 노출 기준을 초과한 사업장
• 그 밖에 작업환경 불량, 화재·폭발 또는 누출 사고 등으로 사업장 주변까지 피해가 확산된 사업장으로서 고용노동부령으로 정하는 사업장

10

산업안전보건법령상 안전보건표지 중 지시표지사항의 기본모형은?

① 사각형 ② 원형
③ 삼각형 ④ 마름모형

① 사각형 : 안내표지
③ 삼각형 : 경고표지
④ 마름모형 : 경고표지

12

어느 공장의 재해율을 조사한 결과 도수율이 20이고, 강도율이 1.2로 나타났다. 이 공장에서 근무하는 근로자의 입사부터 정년퇴직까지 예상되는 재해건수(a)와 이로 인한 근로손실일수(b)는?

① $a = 2$, $b = 1.2$
② $a = 2$, $b = 120$
③ $a = 120$, $b = 20$
④ $a = 120$, $b = 2$

해설
- 예상되는 재해건수(a)
  환산도수율 = 도수율 × 0.1 = 20 × 0.1 = 2
- 근로손실일수(b)
  환산강도율 = 강도율 × 100 = 1.2 × 100 = 120

13

보호구에 관한 설명으로 옳은 것은?
① 유해물질이 발생하는 산소결핍지역에서는 필히 방독마스크를 착용하여야 한다.
② 차광용 보안경의 사용 구분에 따른 종류에는 자외선용, 적외선용, 복합용, 용접용이 있다.
③ 선반작업과 같이 손에 재해가 많이 발생하는 작업장에서는 장갑 착용을 의무화한다.
④ 귀마개는 처음에는 저음만 차단하는 제품부터 사용하며, 일정 기간이 지난 후 고음까지 모두 차단할 수 있는 제품을 사용한다.

해설
① 산소 및 유해가스농도를 측정한 결과 적정 공기가 유지되고 있지 아니하다고 평가된 경우에는 작업장을 환기시키거나 근로자에게 공기호흡기 또는 송기마스크를 지급하여 착용하도록 하는 등 근로자의 건강장해 예방을 위하여 필요한 조치를 하여야 한다.
③ 공작물 등이 회전하는 선반작업 시 장갑 착용을 금지한다.
④ 귀마개는 저음~고음을 차단하는 제품(1종), 고음을 차단하는 제품(2종)이 있으며, 사업장의 특성에 따라 선정하여 사용한다.

14

산업안전보건법령상 일용 근로자의 안전·보건교육 과정별 교육시간 기준으로 옳지 않은 것은?
① 건설업 기초 안전·보건교육(건설 일용 근로자) : 4시간 이상
② 작업내용 변경 시의 교육 : 3시간 이상
③ 채용 시의 교육 : 1시간 이상
④ 특별교육 : 2시간 이상(흙막이 지보공의 보강 또는 동바리를 설치하거나 해체하는 작업에 종사하는 일용 근로자)

해설
작업내용 변경 시의 근로자 안전보건교육(시행규칙 별표 4)

일용 근로자 및 근로계약기간이 1주일 이하인 기간제 근로자	1시간 이상
그 밖의 근로자	2시간 이상

15

다음 중 일반적으로 시간의 변화에 따라 야간에 상승하는 생체리듬은?
① 체중
② 염분량
③ 혈압
④ 맥박 수

해설
- 주간에 상승하는 생체리듬 : 체온, 혈압, 맥박 수, 체중, 말초운동기능 등
- 야간에 상승하는 생체리듬 : 수분, 염분량 등

16

보호구 안전인증 고시에 따른 안전화의 정의 중 다음 (   ) 안에 알맞은 것은?

> 경작업용 안전화란 (㉠)mm의 낙하 높이에서 시험했을 때 충격과 (㉡ ±0.1)kN의 압축하중에서 시험했을 때 압박에 대하여 보호해 줄 수 있는 선심을 부착하여 착용자를 보호하기 위한 안전화이다.

① ㉠ 500, ㉡ 10.0
② ㉠ 250, ㉡ 10.0
③ ㉠ 500, ㉡ 4.4
④ ㉠ 250, ㉡ 4.4

해설

안전화(보호구 안전인증 고시 제5조)

구분	낙하 높이[mm]	압축하중[kN]
중작업용	1,000	15.0±0.1
보통작업용	500	10.0±0.1
경작업용	250	4.4±0.1

17

산업안전보건법령에 따른 최소 상시 근로자 50명 이상 규모에 산업안전보건위원회를 설치 운영하여야 할 사업이 아닌 것은?

① 토사석 광업
② 정보서비스업
③ 1차 금속 제조업
④ 자동차 및 트레일러 제조업

해설

정보서비스업은 산업안전보건위원회를 구성해야 할 사업장의 상시근로자 수가 300명 이상이어야 한다(시행령 별표 9).

18

다음 중 산업안전보건법령상 안전관리자의 업무가 아닌 것은?(단, 그 밖에 안전에 관한 사항으로서 고용노동부장관이 정하는 사항은 제외한다)

① 사업장 순회점검ㆍ지도 및 조치의 건의
② 산업재해 발생의 원인 조사ㆍ분석 및 재발 방지를 위한 기술적 보좌 및 조언ㆍ지도
③ 해당 사업장 안전교육계획의 수립 및 안전교육 실시에 관한 보좌 및 조언ㆍ지도
④ 해당 작업의 작업장 정리ㆍ정돈 및 통로 확보에 대한 확인ㆍ감독

해설

안전관리자의 업무 등(시행령 제18조)

- 산업안전보건위원회 또는 안전 및 보건에 관한 노사협의체에서 심의ㆍ의결한 업무와 해당 사업장의 안전보건관리규정 및 취업규칙에서 정한 업무
- 위험성 평가에 관한 보좌 및 지도ㆍ조언
- 안전인증 대상 기계 등과 자율안전확인 대상 기계 등 구입 시 적격품의 선정에 관한 보좌 및 지도ㆍ조언
- 해당 사업장 안전교육계획의 수립 및 안전교육 실시에 관한 보좌 및 지도ㆍ조언
- 사업장 순회점검, 지도 및 조치 건의
- 산업재해 발생의 원인조사ㆍ분석 및 재발 방지를 위한 기술적 보좌 및 지도ㆍ조언
- 산업재해에 관한 통계의 유지ㆍ관리ㆍ분석을 위한 보좌 및 지도ㆍ조언
- 법 또는 법에 따른 명령으로 정한 안전에 관한 사항의 이행에 관한 보좌 및 지도ㆍ조언
- 업무수행 내용의 기록ㆍ유지
- 그 밖에 안전에 관한 사항으로서 고용노동부장관이 정하는 사항

19

라인(line)형 안전관리조직의 특징으로 옳은 것은?

① 안전에 관한 기술의 축적이 용이하다.

② 안전에 관한 지시나 조치가 신속하다.

③ 조직원 전원을 자율적으로 안전활동에 참여시킬 수 있다.

④ 권한 다툼이나 조정 때문에 통제 수속이 복잡해지며, 시간과 노력이 소모된다.

해설

①, ④ 스태프형

③ 라인형 생산라인의 각급 관리감독자는 일상의 생산업무에 쫓겨 안전에 대한 전문지식이나 정보를 몸에 익힐 수 없다.

20

근로자가 작업대 위에서 전기공사 작업 중 감전에 의하여 지면으로 떨어져 다리에 골절 상해를 입은 경우의 기인물과 가해물로 옳은 것은?

① 기인물 – 작업대, 가해물 – 전기

② 기인물 – 전기, 가해물 – 지면

③ 기인물 – 지면, 가해물 – 전기

④ 기인물 – 작업대, 가해물 – 지면

해설

재해내용	사고 유형	기인물	가해물
근로자가 작업대 위에서 전기공사 작업 중 감전에 의하여 지면으로 떨어져 다리에 골절상해를 입었다.	추락	전기	지면

21

조도가 250lx인 책상 위에 짙은 색 종이 A와 B가 있다. 종이 A의 반사율은 20%이고, 종이 B의 반사율은 15%이다. 종이 A에는 반사율 80%의 색으로, 종이 B에는 반사율 60%의 색으로 같은 글자를 각각 썼을 때의 설명으로 옳은 것은?(단, 두 글자의 크기, 색, 재질 등은 동일하다)

① 두 종이에 쓴 글자는 동일한 수준으로 보인다.

② 어느 종이에 쓰인 글자가 더 잘 보이는지 알 수 없다.

③ A종이에 쓰인 글자가 B종이에 쓰인 글자보다 눈에 더 잘 보인다.

④ B종이에 쓰인 글자가 A종이에 쓰인 글자보다 눈에 더 잘 보인다.

해설

- A의 대비 $= \dfrac{0.2 - 0.8}{0.2} = -3.0$

- B의 대비 $= \dfrac{0.15 - 0.6}{0.15} = -3.0$

A의 대비와 B의 대비가 같으므로 두 종이에 쓴 글자는 동일한 수준이다.

22

반복적 노출에 따라 민감성이 가장 쉽게 떨어지는 표시장치는?

① 시각 표시장치 ② 청각 표시장치

③ 촉각 표시장치 ④ 후각 표시장치

해설

후각적 표시장치

후각은 여러 냄새에 대한 민감도의 개인차가 심하다. 코가 막히면 민감도가 떨어지고, 사람은 냄새에 빨리 익숙해져서 노출 후에는 냄새의 존재를 느끼지 못한다. 또한 냄새의 확산을 통제하기 어렵기 때문에 활용하지 않는다.

23

인간오류의 확률을 이용하여 시스템의 위험성을 평가하는 기법은?

① PHA
② THERP
③ OHA
④ HAZOP

해설

② THERP : 인간의 과오를 정량적으로 평가하고 분석하는 데 사용하는 기법으로, event tree를 통해 전체 실패 확률을 구할 수 있다.
① PHA : 시스템의 최초(설계, 구상) 단계에서 실시하는 정성적 평가법이다.
③ OHA : 시스템 정의 및 시스템 개발 초기단계에서 실행한다(모든 생산단계에서 안전요건을 결정하기 위한 기법).
④ HAZOP : 가동문제를 파악·예측하기 위한 기법이다(장비에 대한 안전성 평가/새로운 기술을 적용한 공정설비의 테스트가 목적이다).

24

인체측정치를 이용한 설계에 관한 설명으로 옳은 것은?

① 평균치를 기준으로 한 설계를 제일 먼저 고려한다.
② 자세와 동작에 따라 고려해야 할 인체 측정 치수가 달라진다.
③ 의자의 깊이와 너비는 작은 사람을 기준으로 설계한다.
④ 큰 사람을 기준으로 한 설계는 인체측정치의 5%tile을 사용한다.

해설

① 인체측정치를 제품 설계에 적용하는 순서는 조절식 설계 → 극단치 설계 → 평균치 설계 순으로, 평균치를 기준으로 한 설계를 제일 나중에 고려한다.
③ 의자의 깊이는 작은 사람을 기준으로, 의자의 너비는 큰 사람을 기준으로 설계한다.
④ 큰 사람을 기준으로 한 설계는 인체측정치의 95%tile을 사용한다.

25

VDT(Visual Display Terminal) 작업을 위한 조명의 일반원칙으로 옳지 않은 것은?

① 화면 반사를 줄이기 위해 산란식 간접조명을 사용한다.
② 화면과 화면에서 먼 곳의 휘도비는 1 : 10으로 한다.
③ 작업영역을 조명기구들 사이보다는 조명기구 바로 아래에 둔다.
④ 조명의 수준이 높으면 주위를 자주 둘러봄으로써 수정체의 근육을 이완시키는 것이 좋다.

해설

작업영역을 조명기구 바로 아래에 두면 눈이 부시기 때문에 조명기구들 사이에 두어야 한다.

26

창문을 통해 들어오는 직사 휘광을 처리하는 방법으로 옳지 않은 것은?

① 창문을 높이 단다.
② 간접조명 수준을 높인다.
③ 차양이나 발(blind)을 사용한다.
④ 옥외 창 위에 드리우개(overhang)를 설치한다.

해설

창문을 통해 들어오는 직사 휘광을 처리하기 위해서는 간접조명 수준을 낮춘다.

27

인간 – 기계시스템 설계과정의 주요 6단계 순서로 옳은 것은?

> ⓐ 기본 설계
> ⓑ 시스템의 정의
> ⓒ 목표 및 성능명세 결정
> ⓓ 인간 – 기계 인터페이스(human-machine interface) 설계
> ⓔ 매뉴얼 및 성능 보조자료 작성
> ⓕ 시험 및 평가

① ⓒ → ⓑ → ⓐ → ⓓ → ⓔ → ⓕ

② ⓐ → ⓑ → ⓒ → ⓓ → ⓔ → ⓕ

③ ⓑ → ⓒ → ⓐ → ⓔ → ⓓ → ⓕ

④ ⓒ → ⓐ → ⓑ → ⓔ → ⓓ → ⓕ

28

실효온도(ET)의 결정요소가 아닌 것은?

① 온도　　　　　　② 습도

③ 대류　　　　　　④ 복사

29

다음 그림의 부품 A, B, C로 구성된 시스템의 신뢰도는?(단, 부품 A의 신뢰도는 0.85, 부품 B와 C의 신뢰도는 각각 0.9이다)

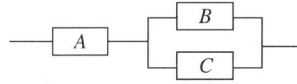

① 0.8415　　　　　② 0.8425

③ 0.8515　　　　　④ 0.8525

해설

$R_s = 0.85 \times \{1 - (1 - 0.9)(1 - 0.9)\}$

　　$= 0.8415$

30

1에서 15까지 수의 집합에서 무작위로 선택할 때, 어떤 숫자가 나올지 알려 주는 경우의 정보량은?

① 2.91bit　　　　　② 3.91bit

③ 4.51bit　　　　　④ 4.91bit

해설

정보량　$H = \log_2 N = \log_2 15 = \dfrac{\log 15}{\log 2} = \dfrac{1.1761}{0.3010} \simeq 3.91 \text{bit}$

31

다음 그림의 FT도에서 최소 컷셋(minimal cut set)으로 옳은 것은?

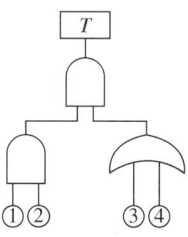

① {1, 2, 3, 4}

② {1, 2, 3}, {1, 2, 4}

③ {1, 3, 4}, {2, 3, 4}

④ {1, 3}, {1, 4}, {2, 3}, {2, 4}

해설

$T = (① \cdot ②) \times (③ + ④) = ① \cdot ② \cdot ③ + ① \cdot ② \cdot ④$이므로 최소 패스셋은 {1, 2, 3}, {1, 2, 4}이다.

32

'음의 높이, 무게 등 물리적 자극을 상대적으로 판단하는 데 있어 특정 감각기관의 변화 감지역은 표준자극에 비례한다.'라는 법칙을 발견한 사람은?

① 피츠(Fitts)
② 드루리(Drury)
③ 웨버(Weber)
④ 호프만(Hofmann)

해설

웨버(Weber)의 법칙
- 음의 높이, 무게 등 물리적 자극을 상대적으로 판단하는 데 있어 특정 감각의 변화 감지역으로 사용되는 표준 자극에 비례한다.
- 동일한 양의 인식(감각)의 증가를 얻기 위해서는 자극을 지수적으로 증가시켜야 한다.
- 변화 감지역은 동기, 적응, 연습, 피로 등의 요소에 의해서 좌우된다.

33

어떤 작업자의 배기량을 측정하였더니, 10분간 200L이었고, 배기량을 분석한 결과 O_2 : 16%, CO_2 : 4%였다. 분당 산소비량은 약 얼마인가?

① 1.05L/분
② 2.05L/분
③ 3.05L/분
④ 4.05L/분

해설

- 분당 흡기량 = 분당 배기량 × $\dfrac{100 - O_2\% - CO_2\%}{79\%}$

$$= \frac{200}{10} \times \frac{100 - 16 - 4}{79}$$

$$\simeq 20.25L$$

- 분당 산소소비량 = (흡기 시 산소농도[%] × 분당 흡기량)
  − (배기 시 산소농도[%] × 분당 배기량)
  = 0.21 × 20.25 − 0.16 × 20
  = 1.05L/min

34

FTA의 용도로 옳지 않은 것은?

① 고장의 원인을 연역적으로 찾을 수 있다.
② 시스템의 전체적인 구조를 그림으로 나타낼 수 있다.
③ 시스템에서 고장이 발생할 수 있는 부분을 쉽게 찾을 수 있다.
④ 구체적인 초기사건에 대하여 상향식(bottom-up) 접근방식으로 재해경로를 분석하는 정량적 기법이다.

해설

FTA는 연역적, 정량적, 하향식(top-down) 접근방식이다.

35

위험 조정을 위해 필요한 방법(위험조정기술)이 아닌 것은?

① 위험 회피(avoidance)
② 위험 감축(reduction)
③ 보류(retention)
④ 위험 확인(confirmation)

해설

위험 조정을 위한 필요한 기술 4가지(ARRT)
- 회피(Avoidance)
- 감축(Reduction)
- 보류(Retention)
- 전가(Transfer)

36

시스템 안전을 위한 업무수행 요건이 아닌 것은?

① 안전활동의 계획 및 관리
② 다른 시스템 프로그램과 분리 및 배제
③ 시스템 안전에 필요한 사람의 동일성 식별
④ 시스템 안전에 대한 프로그램 해석 및 평가

해설

시스템 안전을 위해 다른 시스템 프로그램 영역과의 조정이 필요하다.

37

24개의 공정제어회로가 있는 화학공장에서 4,000시간의 공정 가동 중 14번의 고장이 발생하였고, 고장이 발생하였을 때마다 회로는 즉시 교체되었다. 이 회로의 평균고장시간(MTTF)은 약 얼마인가?

① 6,857시간
② 7,571시간
③ 8,240시간
④ 9,800시간

해설

$$MTTF = \frac{총가동시간}{고장건수} = \frac{24 \times 2,400}{14} \simeq 6,857시간$$

38

다음 중 설비보전을 평가하기 위한 식으로 옳지 않은 것은?

① 성능가동률 = 속도가동률 × 정미가동률
② 시간가동률 = (부하시간 – 정지시간)/부하시간
③ 설비종합효율 = 시간가동률 × 성능가동률 × 양품률
④ 정미가동률 = (생산량 × 기준 주기시간)/가동시간

해설

정미가동률 = (생산량 × 기준 주기시간)/(부하시간 – 정지시간)

39

MIL-STD-882B에서 시스템 안전 필요사항을 충족시키고, 확인된 위험을 해결하기 위한 우선권을 정하는 순서로 옳은 것은?

> ㉠ 경보장치 설치
> ㉡ 안전장치 설치
> ㉢ 절차 및 교육훈련 개발
> ㉣ 최소 리스크를 위한 설계

① ㉣ – ㉡ – ㉠ – ㉢
② ㉣ – ㉠ – ㉡ – ㉢
③ ㉢ – ㉣ – ㉠ – ㉡
④ ㉢ – ㉣ – ㉡ – ㉠

40

시스템 위험분석기법 중 고장 형태 및 영향 분석(FMEA)에서 고장 등급의 평가요소에 해당하지 않는 것은?

① 고장 발생의 빈도
② 고장 영향의 크기
③ 기능적 고장 영향의 중요도
④ 영향을 미치는 시스템의 범위

해설

FMEA에서 고장 평점을 결정하는 5가지 평가요소
• 기능적 고장 영향의 중요도
• 영향을 미치는 시스템의 범위
• 고장 발생의 빈도
• 고장 방지의 가능성
• 신규 설계의 정도

41

지게차의 헤드가드 상부틀에 있어서 각 개구부의 폭 또는 길이의 크기는?

① 8cm 미만
② 10cm 미만
③ 16cm 미만
④ 20cm 미만

해설

헤드가드(산업안전보건기준에 관한 규칙 제180조)
- 강도는 지게차의 최대하중의 2배 값(4ton을 넘는 값에 대해서는 4ton으로 한다)의 등분포정하중(等分布靜荷重)에 견딜 수 있을 것
- 상부틀의 각 개구부의 폭 또는 길이가 16cm 미만일 것
- 운전자가 앉아서 조작하거나 서서 조작하는 지게차의 헤드가드는 한국산업표준에서 정하는 높이 기준 이상일 것

42

아세틸렌 용접장치의 발생기실을 옥외에 설치하는 경우에 그 개구부는 다른 건축물로부터 몇 m 이상 떨어져야 하는가?

① 1
② 1.5
③ 2.5
④ 3

해설

발생기실의 설치 장소 등(산업안전보건기준에 관한 규칙 제286조)
- 사업주는 아세틸렌 용접장치의 아세틸렌 발생기(이하 '발생기'라 한다)를 설치하는 경우에는 전용의 발생기실에 설치하여야 한다.
- 발생기실은 건물의 최상층에 위치하여야 하며, 화기를 사용하는 설비로부터 3m를 초과하는 장소에 설치하여야 한다.
- 발생기실을 옥외에 설치한 경우에는 그 개구부를 다른 건축물로부터 1.5m 이상 떨어지도록 하여야 한다.

43

산업용 로봇의 작동범위 내에서 해당 로봇에 대한 교시 등의 작업 시 예기치 못한 작동 및 오조작에 의한 위험을 방지하기 위하여 수립해야 하는 지침사항에 해당하지 않는 것은?

① 로봇의 조작방법 및 순서
② 작업 중의 머니퓰레이터의 속도
③ 로봇 구성품의 설계 및 조립방법
④ 2명 이상의 근로자에게 작업을 시킬 경우의 신호방법

해설

교시 등(산업안전보건기준에 관한 규칙 제222조)
사업주는 산업용 로봇(이하 '로봇'이라 한다)의 작동범위에서 해당 로봇에 대하여 교시(教示) 등[머니퓰레이터(manipulator)의 작동 순서, 위치·속도의 설정·변경 또는 그 결과를 확인하는 것을 말한다]의 작업을 하는 경우에는 해당 로봇의 예기치 못한 작동 또는 오(誤)조작에 의한 위험을 방지하기 위하여 다음의 사항에 관한 지침을 정하고 그 지침에 따라 작업을 시켜야 한다.
- 로봇의 조작방법 및 순서
- 작업 중의 머니퓰레이터의 속도
- 2명 이상의 근로자에게 작업을 시킬 경우의 신호방법
- 이상을 발견한 경우의 조치
- 이상을 발견하여 로봇의 운전을 정지시킨 후 이를 재가동시킬 경우의 조치
- 그 밖에 로봇의 예기치 못한 작동 또는 오조작에 의한 위험을 방지하기 위하여 필요한 조치

44

연강의 인장강도가 420MPa이고, 허용응력이 140MPa일 때 안전율은?

① 0.3
② 0.4
③ 3
④ 4

해설

안전율(안전계수)

$$\frac{인장강도}{허용응력} = \frac{420}{140} = 3$$

45

하물 중량이 200kgf, 지게차 중량이 400kgf, 앞바퀴에서 하물의 무게중심까지의 최단거리가 1m이면, 지게차가 안정되기 위한 앞바퀴에서 지게차의 무게중심까지의 최단거리는 최소 몇 m 이상이어야 하는가?

① 0.2m
② 0.5m
③ 1.0m
④ 3.0m

해설

안정 모멘트 관계식(지게차의 안전작업에 관한 기술지원규정)

$M_1 \leq M_2$, $Wa \leq Gb$

여기서, W : 화물의 중량

$\qquad a$: 앞바퀴에서 화물 중심까지의 최단거리

$\qquad G$: 지게차 자체의 중량

$\qquad b$: 앞바퀴에서 지게차 중심까지의 최단거리

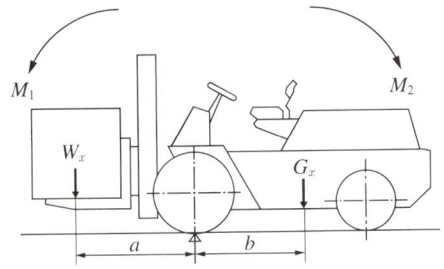

$M_1 = Wa = 200 \times 1 = 200 \text{kgf}$

$M_2 = Gb = 400 \times b = 400b \text{kgf}$

$200 \leq 400b$이므로, $b \geq 0.5\text{m}$

46

선반 등으로부터 돌출하여 회전하고 있는 가공물이 근로자에게 위험을 미칠 우려가 있는 경우 설치할 방호장치로 가장 적합한 것은?

① 덮개 또는 울
② 슬리브
③ 건널다리
④ 체인블록

해설

사업주는 선반 등으로부터 돌출하여 회전하고 있는 가공물이 근로자에게 위험을 미칠 우려가 있는 경우에 덮개 또는 울 등을 설치하여야 한다(산업안전보건기준에 관한 규칙 제87조).

47

셰이퍼(shaper) 작업에서의 위험요인이 아닌 것은?

① 가공칩(chip) 비산
② 램(ram) 말단부 충돌
③ 바이트(bite)의 이탈
④ 척-핸들(chuck-handle) 이탈

해설

척-핸들(chuck-handle) 이탈은 드릴작업에서의 위험요인이다.

셰이퍼(shaper)

램(ram)의 왕복운동에 의한 바이트의 직선절삭운동과 절삭운동에 수직 방향인 테이블의 운동으로 일감이 이송되어 평면을 주로 가공하는 공작기계이다.

48

기계운동 형태에 따른 위험점 분류 중 다음에서 설명하는 것은?

> 고정 부분과 회전하는 동작 부분이 함께 만드는 위험점으로 연삭숫돌과 작업 받침대, 교반기의 날개와 하우스, 반복 왕복 운동을 하는 기계 부분 등이다.

① 끼임점
② 접선물림점
③ 협착점
④ 절단점

해설

위험점 분류

- 협착점(왕복운동 + 고정부) : 프레스, 절단기, 성형기
- 끼임점(회전 또는 직선운동 + 고정부) : 연삭숫돌과 작업대
- 절단점(회전운동 자체) : 둥근톱의 톱날, 띠톱날
- 물림점(회전운동 + 회전운동) : 롤러기
- 접선물림점(회전운동 + 접선부) : 벨트와 풀리
- 회전말림점(돌기회전부) : 회전축, 드릴

49

금형 운반 시 안전수칙에 관한 설명으로 옳지 않은 것은?

① 상부 금형과 하부 금형이 닿을 위험이 있을 때는 고정 패드를 이용한 스트랩 또는 금속 재질이나 우레탄 고무의 블록 등을 사용한다.

② 금형을 안전하게 취급하기 위해 아이볼트를 사용할 때는 숄더형으로 사용하는 것이 좋다.

③ 관통 아이볼트를 사용할 때는 조립이 쉽도록 구멍 틈새를 크게 한다.

④ 운반하기 위해 꼭 들어 올려야 할 때는 필요한 높이 이상으로 들어 올려서는 안 된다.

해설

관통 아이볼트를 사용할 때는 구멍 틈새가 최소화되도록 억지 끼워맞춤으로 한다.

50

선반의 안전작업방법 중 옳지 않은 것은?

① 절삭칩의 제거는 반드시 브러시를 사용한다.

② 기계 운전 중에는 백기어(back gear)의 사용을 금한다.

③ 공작물의 길이가 직경의 6배 이상일 때는 반드시 방진구를 사용한다.

④ 시동 전에 척 핸들을 빼 둔다.

해설

방진구

선반작업에서 가공물의 길이가 직경의 12배 이상으로 과도하게 길 때 절삭저항에 의한 떨림을 방지하기 위한 장치이다.

51

프레스 광전자식 방호장치의 광선에 신체 일부가 감지된 후로부터 급정지기구 작동 시까지의 시간이 30ms이고, 급정지기구의 작동 직후로부터 프레스기가 정지될 때까지의 시간이 20ms라면 광축의 최소설치거리는?

① 75mm   ② 80mm
③ 100mm   ④ 150mm

해설

광축의 최소설치거리
$$D_m = 1.6\,T_m$$
$$= 1.6(30 + 20)$$
$$= 80\text{mm}$$

52

롤러기 방호장치의 무부하 동작시험 시 앞면 롤러의 지름이 150mm이고, 회전수가 30rpm인 롤러기의 급정지거리는 몇 mm 이내이어야 하는가?

① 157   ② 188
③ 207   ④ 237

해설

앞면 롤러의 표면속도는

$$v = \frac{\pi dn}{1{,}000} = \frac{3.14 \times 150 \times 30}{1{,}000} = 14.13\text{m/min}이다.$$

30m/min 미만은 급정지거리가 앞면 롤러 원주의 1/3 이내이므로 허용되는 급정지장치의 급정지거리는

$$l = \frac{\pi d}{3} = \frac{3.14 \times 150}{3} = 157\text{mm}이다.$$

53

공기압축기의 작업 시작 전 점검사항이 아닌 것은?

① 윤활유의 상태
② 언로드밸브의 기능
③ 비상정지장치의 기능
④ 압력방출장치의 기능

해설

공기압축기 가동 작업 시작 전 점검사항(산업안전보건기준에 관한 규칙 별표 3)
• 공기저장압력용기의 외관 상태
• 드레인밸브의 조작 및 배수
• 압력방출장치의 기능
• 언로드밸브의 기능
• 윤활유의 상태
• 회전부의 덮개 또는 울
• 그 밖의 연결 부위의 이상 유무

54

기계설비 방호에서 가드의 설치조건으로 옳지 않은 것은?

① 충분한 강도를 유지할 것
② 구조가 단순하고 위험점 방호가 확실할 것
③ 개구부(틈새)의 간격은 임의로 조정이 가능할 것
④ 작업, 점검, 주유 시 장애가 없을 것

해설

개구부(틈새)의 간격은 임의로 조정할 수 없다.

55

수공구작업 시 재해 방지를 위한 일반적인 유의사항이 아닌 것은?

① 사용 전 이상 유무를 점검한다.
② 작업자에게 필요한 보호구를 착용시킨다.
③ 적합한 수공구가 없을 경우 유사한 것을 선택하여 사용한다.
④ 사용 전 충분한 사용법을 숙지한다.

해설

수공구작업 시 작업의 형태, 대상물의 특성, 작업자의 체력 등을 고려하여 공구의 종류와 크기를 선택해야 한다.

56

제철공장에서는 주괴(ingot)를 운반하는 데 주로 컨베이어를 사용한다. 이 컨베이어의 방호조치에 대한 설명으로 옳지 않은 것은?

① 근로자의 신체 일부가 말려 들어가는 등 근로자에게 위험을 미칠 우려가 있을 때 및 비상시에는 즉시 컨베이어의 운전을 정지시킬 수 있는 장치를 설치하여야 한다.
② 화물의 낙하로 인하여 근로자에게 위험을 미칠 우려가 있는 때에는 컨베이어에 덮개 또는 울을 설치하는 등 낙하 방지를 위한 조치를 하여야 한다.
③ 수평 상태로만 사용하는 컨베이어의 경우 정전, 전압 강하 등에 의한 화물 또는 운반구의 이탈 및 역주행을 방지하는 장치를 갖추어야 한다.
④ 운전 중인 컨베이어 위로 근로자를 넘어가도록 하는 때에는 근로자의 위험을 방지하기 위하여 건널다리를 설치하는 등 필요한 조치를 하여야 한다.

해설

컨베이어를 사용하는 경우에는 정전·전압 강하 등에 따른 화물 또는 운반구의 이탈 및 역주행을 방지하는 장치를 갖추어야 한다. 다만, 무동력 상태 또는 수평 상태로만 사용하여 근로자가 위험해질 우려가 없는 경우에는 그러하지 아니하다(산업안전보건기준에 관한 규칙 제191조).

57

피복아크용접작업 시 생기는 결함에 대한 설명으로 옳지 않은 것은?

① 스패터(spatter) : 용융된 금속의 작은 입자가 튀어 나와 모재에 묻어 있는 것

② 언더컷(under cut) : 전류가 과대하고 용접속도가 너무 빠르며 아크를 짧게 유지하기 어려운 경우 모재 및 용접부의 일부가 녹아서 발생하는 홈 또는 오목하게 생긴 부분

③ 크레이터(crater) : 용착금속 속에 남아 있는 가스로 인하여 생긴 구멍

④ 오버랩(overlap) : 용접봉의 운행이 불량하거나 용접봉의 용융온도가 모재보다 낮을 때 과잉 용착금속이 남아 있는 부분

해설

• 기공(blow hole, porosity) : 용착금속 속에 남아 있는 가스로 인하여 생긴 구멍의 결함

• 크레이터(crater) : 아크를 끊을 때 비드 끝부분이 오목하게 들어가는 결함

58

이동식 크레인과 관련된 용어의 설명 중 옳지 않은 것은?

① 정격하중이란 이동식 크레인의 지브나 붐의 경사각 및 길이에 따라 부하할 수 있는 최대 하중에서 인양기구(훅, 그래브 등)의 무게를 뺀 하중이다.

② 정격 총하중이란 최대하중(붐 길이 및 작업 반경에 따라 결정)과 부가 하중(훅과 그 이외의 인양도구들의 무게)을 합한 하중이다.

③ 작업 반경이란 이동식 크레인의 선회중심선으로부터 훅의 중심선까지의 수평거리로, 최대 작업 반경은 이동식 크레인으로 작업이 가능한 최대치이다.

④ 파단하중이란 줄걸이 용구 1개를 가지고 안전율을 고려하여 수직으로 매달 수 있는 최대무게이다.

해설

파단하중

줄걸이 용구(와이어로프 등) 1개가 절단(파단)에 이를 때까지의 최대하중

59

기계설비의 안전조건에서 구조적 안전화가 아닌 것은?

① 가공결함
② 재료의 결함
③ 설계상의 결함
④ 방호장치의 작동결함

해설

방호장치의 작동결함은 기능적 결함에 해당한다.
• 기능적 안전화 : 전압 강하, 정전 및 단락, 사용압력 변동 등의 오작동 방지
• 구조적 안전화 : 설계·재료·가공상의 결함 방지

60

크레인 로프에 2ton의 중량을 걸어 20m/s²의 가속도로 감아올릴 때 로프에 걸리는 총하중은 약 몇 kN인가?

① 49.6   ② 59.6
③ 84.5   ④ 91.3

해설

로프에 걸리는 총하중(장력)

$$w = w_1 + w_2 = w_1 + \frac{w_1 a}{g}$$

$$= 2,000 \times 9.81 + \frac{2,000 \times 9.81 \times 20}{9.81}$$

$$= 59,620N$$

$$\simeq 59.6kN$$

여기서, w_1 : 정하중

w_2 : 동하중

a : 권상 가속도

g : 중력 가속도

61

다음 중 절연용 고무장갑과 가죽장갑의 안전한 사용방법으로 가장 적합한 것은?

① 활선작업에서는 가죽장갑만 사용한다.
② 활선작업에서는 고무장갑만 사용한다.
③ 먼저 가죽장갑을 끼고 그 위에 고무장갑을 낀다.
④ 먼저 고무장갑을 끼고 그 위에 가죽장갑을 낀다.

해설

B종 및 C종의 절연 고무장갑을 사용할 때는 고무장갑을 보호하기 위해 가죽장갑을 바깥쪽에 착용하여야 한다.

62

산업안전보건법령에 따라 기계·기구 및 설비의 설치·이전 등으로 인해 유해위험방지계획서를 제출하여야 하는 대상에 해당하지 않는 것은?

① 건조설비
② 공기압축기
③ 화학설비
④ 가스집합용접장치

해설

유해위험방지계획서를 제출하여야 하는 기계·기구 및 설비(시행령 제42조)

• 금속이나 그 밖의 광물의 용해로
• 화학설비
• 건조설비
• 가스집합용접장치
• 근로자의 건강에 상당한 장해를 일으킬 우려가 있는 물질로서 고용노동부령으로 정하는 물질의 밀폐·환기·배기를 위한 설비

63

정전기 발생에 영향을 주는 요인이 아닌 것은?

① 분리속도
② 물체의 질량
③ 접촉 면적 및 압력
④ 물체의 표면 상태

해설

정전기 발생에 영향을 주는 요인
• 물체의 특성
• 물체의 표면 상태
• 물질의 이력
• 접촉 면적 및 압력
• 분리속도

64

감전사고의 사망경로에 해당되지 않는 것은?

① 전류가 뇌의 호흡중추부로 흘러 발생한 호흡기능 마비
② 전류가 흉부에 흘러 발생한 흉부근육 수축으로 인한 질식
③ 전류가 심장부로 흘러 심실세동에 의한 혈액 순환기능 장애
④ 전류가 인체에 흐를 때 인체의 저항으로 발생한 줄열에 의한 화상

해설

전기 화상
아크나 스파크의 고열에 의해 피부가 열상을 받는 화상과 전류가 인체에 흐를 때 인체의 저항으로 발생한 줄열에 의한 화상이 있다.

65

전로에 시설하는 기계·기구의 철대 및 금속제 외함에 접지공사를 생략할 수 없는 경우는?

① 30V 이하의 기계·기구를 건조한 곳에 시설하는 경우
② 물기 없는 장소에 설치하는 저압용 기계·기구를 위한 전로에 정격감도전류 40mA 이하, 동작시간 2초 이하의 전류동작형 누전차단기를 시설하는 경우
③ 철대 또는 외함의 주위에 적당한 절연대를 설치하는 경우
④ 전기용품 및 생활용품 안전관리법의 적용을 받는 이중절연구조로 되어 있는 기계·기구를 시설하는 경우

해설

물기 있는 장소 이외의 장소에 시설하는 저압용의 개별 기계·기구에 전기를 공급하는 전로에 전기용품 및 생활용품 안전관리법의 적용을 받는 인체감전보호용 누전차단기(정격감도전류가 30mA 이하, 동작시간이 0.03초 이하의 전류동작형에 한한다)를 시설하는 경우에는 접지공사를 생략할 수 있다(한국전기설비규정 142.7).

66

다음 중 폭발한계의 범위가 가장 넓은 가스는?

① 수소　　　　　　② 메탄
③ 프로판　　　　　④ 아세틸렌

해설

폭발하한계와 폭발상한계(%, 폭발범위 폭)
• 아세틸렌(C_2H_2) : 2.5~81(78.5)
• 수소(H_2) : 4~75(71)
• 메탄(CH_4) : 5~15(10)
• 프로판(C_3H_8) : 2.1~9.5(7.4)

67

감전 등의 재해를 예방하기 위하여 특고압용 기계 · 기구 주위에 관계자 외 출입을 금하도록 울타리를 설치할 때, 울타리의 높이와 울타리로부터 충전 부분까지의 거리의 합이 최소 몇 m 이상이 되어야 하는가?(단, 사용전압이 35kV 이하인 특고압용 기계 · 기구이다)

① 5m ② 6m
③ 7m ④ 9m

해설

특고압용 기계 · 기구 충전 부분의 지표상 높이(한국전기설비규정 341.4)

사용전압의 구분	울타리의 높이와 울타리로부터 충전 부분까지의 거리의 합계 또는 지표상의 높이
35kV 이하	5m
35kV 초과 160kV 이하	6m
160kV 초과	6m에 160kV를 초과하는 10kV 또는 그 단수마다 0.12m를 더한 값

68

다음 중 마그네슘의 저장 및 취급에 관한 설명으로 옳지 않은 것은?

① 산화제와의 접촉을 피한다.
② 고온의 물이나 과열 수증기와 접촉하면 격렬히 반응하므로 주의한다.
③ 분말은 분진폭발성이 있으므로 누설되지 않도록 포장한다.
④ 화재 발생 시 물의 사용을 금하고, 이산화탄소 소화기를 사용하여야 한다.

해설

권장되는 마그네슘용 소화약제는 탄산수소염류, 마른 모래, 팽창질석 또는 팽창진주암 등이다. 마그네슘은 발화되면 질식소화해야 하는 가연성 금속으로, 연소 중인 마그네슘은 다른 형태의 화재에 적합한 소화약제에 의해 더 강렬하게 연소할 수 있다. 일반적으로 물, 이산화탄소 및 할로겐화합물 등은 사용하지 않아야 한다.

69

일반적인 방전 형태의 종류가 아닌 것은?

① 스트리머(streamer) 방전
② 적외선(infrared-ray) 방전
③ 코로나(corona) 방전
④ 연면(surface) 방전

해설

방전의 종류

스파크(불꽃) 방전, 연면 방전, 코로나 방전, 뇌상 방전, 낙뢰 방전, 브러시 방전, 스트리머 방전 등

70

다음 중 전압의 구분에 대한 설명으로 옳은 것은?

① 저압이란 교류 600V 이하, 직류는 교류의 $\sqrt{2}$ 배 이하인 전압을 말한다.
② 고압이란 교류 700V 이하, 직류 7,500V 이하의 전압을 말한다.
③ 특고압이란 7kV를 초과하는 전압을 말한다.
④ 고압이란 교류, 직류 모두 7.5kV를 넘지 않는 전압을 말한다.

해설

전압의 종류(한국전기설비규정 111.1)
• 저압 : 교류는 1kV 이하, 직류는 1.5kV 이하인 것
• 고압 : 교류는 1kV, 직류는 1.5kV를 초과하고, 7kV 이하인 것
• 특고압 : 7kV를 초과하는 것

71

절연전선의 과전류에 의한 연소단계 중 착화단계의 전선 전류밀도[A/mm²]로 옳은 것은?

① 40 ② 50
③ 65 ④ 120

해설

과전류에 의한 전선의 전류밀도

단계	전류밀도[A/mm²]
인화단계	40~43
착화단계	43~60
발화단계	60~120
용단단계	120 이상

72

다음 중 산업안전보건법령상 화학설비에 해당하는 것은?

① 응축기, 냉각기, 가열기, 증발기 등 열교환기류
② 사이클론, 백필터, 전기집진기 등 분진처리설비
③ 온도, 압력, 유량 등을 지시, 기록하는 자동제어 관련 설비
④ 안전밸브, 안전판, 긴급 차단 또는 방출밸브 등 비상 조치 관련 설비

해설

②, ③, ④는 화학설비의 부속설비에 해당한다(산업안전보건기준에 관한 규칙 별표 7).

73

다음 중 CO_2 소화약제의 장점이 아닌 것은?

① 기체 팽창률 및 기화잠열이 작다.
② 액화하여 용기에 보관할 수 있다.
③ 전기에 대해 부도체이다.
④ 자체 증기압이 높기 때문에 자체 압력으로 방사가 가능하다.

해설

CO_2 소화약제는 기체 팽창률 및 기화잠열이 크다.

74

다음과 같은 특성이 있으며 제한전압이 낮기 때문에 접지 저항을 낮게 하기 어려운 배전선로에 적합한 피뢰기는?

> 피뢰기의 특성요소가 파이버관으로 되어 있고, 방전은 파이버관 내부의 상부와 하부 전극 간에서 직렬 갭을 통하여 행해지며, 속류 차단은 파이버관 내부 벽면에서 아크열에 의한 파이버질의 분해로 발생하는 고압가스의 소호작용에 의한다.

① 변형 피뢰기 ② 방출형 피뢰기
③ 갭리스형 피뢰기 ④ 변저항형 피뢰기

해설

① 변형 피뢰기(밸브형 피뢰기) : 피뢰기에 흐르는 속류를 직렬 갭이 저지하여 얻은 전룻값까지 합류하도록 비선형 전압 및 전류 특성의 저항 특성요소를 가진 피뢰기이다.
③ 갭리스형 피뢰기 : 직렬 갭이 존재하지 않고 산화아연(ZnO)을 주성분으로 하는 피뢰기이다. 특정 전압 이하에서는 거의 전류가 흐르지 않기 때문에 선로전압을 조정하면 속류를 차단할 필요가 없어 직렬 갭이 필요 없다.
④ 변저항형 피뢰기(밸브저항형 피뢰기) : 탄화규소(SiC)를 주성분으로 하는 비직선저항의 특성요소에 직렬 갭이 접속된 구조의 피뢰기이다. 이 특성요소는 전류가 증가함에 따라 저항치가 저하되는 비직선 특성이 있다.

75

다음 중 벤젠(C_6H_6)이 공기 중에서 연소될 때의 이론 혼합비(화학양론조성)는?

① 0.72vol%
② 1.22vol%
③ 2.72vol%
④ 3.22vol%

벤젠의 완전연소 조성농도(C_{st})

$$C_{st} = \frac{100}{1 + 4.773 \left\{ a + \frac{(b-c-2d)}{4} + e \right\}}$$

$$= \frac{100}{1 + 4.773 \left\{ 6 + \frac{6}{4} \right\}}$$

$$\simeq 2.72 vol\%$$

76

공정안전보고서 중 공정안전자료에 포함하여야 할 세부 내용에 해당하는 것은?

① 비상조치계획에 따른 교육계획
② 안전운전지침서
③ 각종 건물·설비의 배치도
④ 도급업체 안전관리계획

공정안전자료(시행규칙 제50조)
• 취급·저장하고 있거나 취급·저장하려는 유해·위험물질의 종류 및 수량
• 유해·위험물질에 대한 물질안전보건자료
• 유해하거나 위험한 설비의 목록 및 사양
• 유해하거나 위험한 설비의 운전방법을 알 수 있는 공정도면
• 각종 건물·설비의 배치도
• 폭발 위험 장소 구분도 및 전기단선도
• 위험설비의 안전설계·제작 및 설치 관련 지침서

77

산업안전보건기준에 관한 규칙에서 정한 위험물질 종류 중 부식성 염기류에 해당하는 것은?

① 농도 40% 이상인 염산
② 농도 40% 이상인 불산
③ 농도 40% 이상인 아세트산
④ 농도 40% 이상인 수산화칼륨

부식성 염기류(산업안전보건기준에 관한 규칙 별표 1)
농도가 40% 이상인 수산화나트륨·수산화칼륨, 그 밖에 이와 같은 정도 이상의 부식성을 가지는 염기류

78

산업안전보건법령상 용해 아세틸렌의 가스집합용접장치의 배관 및 부속기구에는 구리나 구리 함유량이 몇 % 이상인 합금을 사용할 수 없는가?

① 40
② 50
③ 60
④ 70

구리의 사용 제한(산업안전보건기준에 관한 규칙 제294조)
사업주는 용해 아세틸렌의 가스집합용접장치의 배관 및 부속기구는 구리나 구리 함유량이 70% 이상인 합금을 사용해서는 아니 된다.

79

위험물을 건조하는 경우 내용적이 몇 m³ 이상인 건조설비일 때 위험물 건조설비 중 건조실을 설치하는 건축물의 구조를 독립된 단층으로 해야 하는가?(단, 건축물은 내화구조가 아니며, 건조실을 건축물의 최상층에 설치한 경우가 아니다)

① 0.1 ② 1
③ 10 ④ 100

해설

위험물 건조설비를 설치하는 건축물의 구조(산업안전보건기준에 관한 규칙 제280조)

사업주는 다음의 어느 하나에 해당하는 위험물 건조설비 중 건조실을 설치하는 건축물의 구조는 독립된 단층 건물로 하여야 한다. 다만, 해당 건조실을 건축물의 최상층에 설치하거나 건축물이 내화구조인 경우에는 그러하지 아니하다.

• 위험물 또는 위험물이 발생하는 물질을 가열·건조하는 경우 내용적이 1m³ 이상인 건조설비
• 위험물이 아닌 물질을 가열·건조하는 경우로서 다음 어느 하나의 용량에 해당하는 건조설비
  – 고체 또는 액체연료의 최대사용량이 시간당 10kg 이상
  – 기체연료의 최대사용량이 시간당 1m³ 이상
  – 전기사용 정격용량이 10kW 이상

80

연소의 3요소에 해당하지 않는 것은?

① 가연물
② 점화원
③ 연쇄반응
④ 산소 공급원

해설

연소의 3요소와 연소의 4요소

• 연소의 3요소 : 가연물, 산소 공급원, 점화원
• 연소의 4요소 : 3요소 + 연쇄반응

81

추락재해를 방지하기 위하여 10cm 그물코인 방망을 설치할 때 방망과 바닥면 사이의 최소 높이로 옳은 것은?(단, 설치된 방망의 단변 방향 길이 $L = 2m$, 장변 방향 방망의 지지 간격 $A = 3m$이다)

① 2.0m ② 2.4m
③ 3.0m ④ 3.4m

해설

10cm 그물코이고, $L < A$이므로

$$H_2 = \frac{0.85}{4}(L+3A)$$
$$= \frac{0.85}{4}(2+3\times3)$$
$$\simeq 2.4m$$

82

철근콘크리트 슬래브에 발생하는 응력에 대한 설명으로 옳지 않은 것은?

① 전단력은 일반적으로 단부보다 중앙부에서 크게 작용한다.
② 중앙부 하부에는 인장응력이 발생한다.
③ 단부 하부에는 압축응력이 발생한다.
④ 휨응력은 일반적으로 슬래브의 중앙부에서 크게 작용한다.

해설

전단력은 일반적으로 중앙부보다 단부에서 크게 작용한다.

83

다음 중 건설공사관리의 주요기능이 아닌 것은?

① 안전관리
② 공정관리
③ 품질관리
④ 재고관리

해설

건설공사관리의 주요기능
공정관리, 품질관리, 원가관리, 안전관리, 환경관리, 기상관리

84

신축공사 현장에서 외부 비계를 강관으로 설치할 때 비계 기둥의 최고 높이가 45m라면 관련 법령에 따라 비계 기둥을 2개의 강관으로 보강하여야 하는 높이는 지상으로부터 얼마까지인가?

① 14m
② 20m
③ 25m
④ 31m

해설

비계 기둥의 제일 윗부분으로부터 31m 되는 지점 밑부분의 비계 기둥은 2개의 강관으로 묶어 세운다.
∴ 45 − 31 = 14m

85

포화도 80%, 함수비 28%, 흙 입자의 비중이 2.7일 때 공극비를 구하면?

① 0.930
② 0.940
③ 0.945
④ 0.950

해설

포화도(S) × 공극비(e) = 비중(G_s) × 함수비(w)

$0.8 \times e = 2.7 \times 0.28$

$e = \dfrac{2.7 \times 0.28}{0.8} = 0.945$

86

화물용 승강기를 설계하면서 와이어로프의 안전하중이 10ton이라면 로프의 가닥수를 얼마로 하여야 하는가? (단, 와이어로프 한 가닥의 파단강도는 4ton이며, 화물용 승강기의 와이어로프의 안전율은 6으로 한다)

① 5가닥
② 10가닥
③ 15가닥
④ 20가닥

해설

와이어로프의 안전계수

$S = \dfrac{NP}{Q}$

$6 = \dfrac{N \times 4}{10}$

$N = \dfrac{6 \times 10}{4} = 15$가닥

여기서, S : 안전율
N : 로프의 가닥 수
P : 파단하중
Q : 최대하중

87

공사 금액이 500억 원인 건설업 공사에서 선임해야 할 최소 안전관리자 수는?

① 1명
② 2명
③ 3명
④ 4명

해설

건설업의 안전관리자의 수(시행령 별표 3)

안전관리자의 수	공사 금액
1명 이상	• 50억 원 이상(관계수급인은 100억 원 이상) 120억 원 미만(토목공사업의 경우는 150억 원 미만) • 120억 원 이상(토목공사업의 경우는 150억 원 이상) 800억 원 미만

88

다음은 산업안전보건법령에 따른 동바리로 사용하는 파이프 서포트에 관한 사항이다. (   ) 안에 들어갈 내용을 순서대로 옳게 나타낸 것은?

> • 파이프 서포트를 (A) 이상 이어서 사용하지 않도록 할 것
> • 파이프 서포트를 이어서 사용하는 경우에는 (B) 이상의 볼트 또는 전용 철물을 사용하여 이을 것

① A : 3개, B : 2개
② A : 3개, B : 4개
③ A : 4개, B : 3개
④ A : 4개, B : 4개

해설

동바리로 사용하는 파이프 서포트의 경우(산업안전보건기준에 관한 규칙 제332조의2)
• 파이프 서포트를 3개 이상 이어서 사용하지 않도록 할 것
• 파이프 서포트를 이어서 사용하는 경우에는 4개 이상의 볼트 또는 전용 철물을 사용하여 이을 것
• 높이가 3.5m를 초과하는 경우에는 높이 2m 이내마다 수평 연결재를 2개 방향으로 만들고 수평 연결재의 변위를 방지할 것

89

보일링(boiling)현상에 관한 설명으로 옳지 않은 것은?

① 지하 수위가 높은 모래 지반을 굴착할 때 발생하는 현상이다.
② 보일링현상에 대한 대책의 일환으로 공사기간 중 지하 수위를 일정하게 유지시켜야 한다.
③ 보일링현상이 발생하는 경우 흙막이 보는 지지력이 저하된다.
④ 아랫부분의 토사가 수압을 받아 굴착한 곳으로 밀려나와 굴착 부분을 다시 메우는 현상이다.

해설

보일링현상에 대한 대책 중 하나는 공사기간 중 웰포인트 공법으로 지하 수위를 낮추는 방법이 있다.

90

유해위험방지계획서 제출 대상 공사가 아닌 것은?

① 지상 높이가 31m 이상인 건축물의 건설공사
② 터널건설공사
③ 깊이 10m 이상인 굴착공사
④ 최대 지간 길이가 40m 이상인 교량공사

해설

유해위험방지계획서 제출 대상(시행령 제42조)
대통령령으로 정하는 크기, 높이 등에 해당하는 건설공사란 다음의 어느 하나에 해당하는 공사를 말한다.
• 다음의 어느 하나에 해당하는 건축물 또는 시설 등의 건설·개조 또는 해체(이하 '건설 등'이라 한다)공사
　– 지상 높이가 31m 이상인 건축물 또는 인공구조물
　– 연면적 30,000m^2 이상인 건축물
　– 연면적 5,000m^2 이상인 시설로서 다음의 어느 하나에 해당하는 시설
　　ⓐ 문화 및 집회시설(전시장 및 동물원·식물원은 제외한다)
　　ⓑ 판매시설, 운수시설(고속철도의 역사 및 집배송시설은 제외한다)
　　ⓒ 종교시설
　　ⓓ 의료시설 중 종합병원
　　ⓔ 숙박시설 중 관광숙박시설
　　ⓕ 지하도 상가
　　ⓖ 냉동·냉장 창고시설
• 연면적 5,000m^2 이상인 냉동·냉장 창고시설의 설비공사 및 단열공사
• 최대 지간 길이(다리의 기둥과 기둥의 중심 사이의 거리)가 50m 이상인 다리의 건설 등 공사
• 터널의 건설 등 공사
• 다목적 댐, 발전용 댐, 저수용량 2천 만ton 이상의 용수 전용 댐 및 지방상수도 전용 댐의 건설 등 공사
• 깊이 10m 이상인 굴착공사

91

터널 붕괴를 방지하기 위한 지보공에 대한 점검사항과 가장 거리가 먼 것은?

① 부재의 긴압 정도
② 부재의 손상·변형·부식·변위·탈락의 유무 및 상태
③ 기둥 침하의 유무 및 상태
④ 경보장치의 작동 상태

해설

붕괴 등의 방지(산업안전보건기준에 관한 규칙 제366조)

사업주는 터널 지보공을 설치한 경우에 다음의 사항을 수시로 점검하여야 하며, 이상을 발견한 경우에는 즉시 보강하거나 보수하여야 한다.
- 부재의 손상·변형·부식·변위 탈락의 유무 및 상태
- 부재의 긴압 정도
- 부재의 접속부 및 교차부의 상태
- 기둥 침하의 유무 및 상태

92

토석 붕괴의 요인 중 외적 요인이 아닌 것은?

① 토석의 강도 저하
② 사면, 법면의 경사 및 기울기의 증가
③ 절토 및 성토 높이의 증가
④ 공사에 의한 진동 및 반복하중의 증가

해설

- 토사 붕괴의 내적 요인 : 절토 사면의 토질 구성 이상, 성토 사면의 토질 구성 이상, 토석의 강도 저하
- 토사 붕괴의 외적 요인 : 사면·법면의 경사 증가, 절토 및 성토의 높이 증가, 공사에 의한 진동하중 및 반복하중의 증가, 지표수 및 지하수의 침투에 의한 토사 중량의 증가, 지진·차량·구조물의 하중작용, 토사 및 암석의 혼합층 두께 등

93

산업안전보건기준에 관한 규칙에서 규정하는 현장에서 고소작업대 사용 시 준수사항이 아닌 것은?

① 작업자가 안전모·안전대 등의 보호구를 착용하도록 할 것
② 관계자가 아닌 사람이 작업구역 내에 들어오는 것을 방지하기 위하여 필요한 조치를 할 것
③ 작업을 지휘하는 자를 선임하여 그 자의 지휘하에 작업을 실시할 것
④ 안전한 작업을 위하여 적정 수준의 조도를 유지할 것

해설

고소작업대 사용 시 준수사항(산업안전보건기준에 관한 규칙 제186조)
- 작업자가 안전모·안전대 등의 보호구를 착용하도록 할 것
- 관계자가 아닌 사람이 작업구역에 들어오는 것을 방지하기 위하여 필요한 조치를 할 것
- 안전한 작업을 위하여 적정 수준의 조도를 유지할 것
- 전로(電路)에 근접하여 작업을 하는 경우에는 작업 감시자를 배치하는 등 감전사고를 방지하기 위하여 필요한 조치를 할 것
- 작업대를 정기적으로 점검하고 붐·작업대 등 각 부위의 이상 유무를 확인할 것
- 전환스위치는 다른 물체를 이용하여 고정하지 말 것
- 작업대는 정격하중을 초과하여 물건을 싣거나 탑승하지 말 것
- 작업대의 붐대를 상승시킨 상태에서 탑승자는 작업대를 벗어나지 말 것. 다만, 작업대에 안전대 부착설비를 설치하고 안전대를 연결하였을 때는 그러하지 아니하다.

94

철골 건립 준비를 할 때 준수하여야 할 사항과 가장 거리가 먼 것은?

① 지상 작업장에서 세우기 준비 및 기계·기구를 배치할 경우에는 낙하물의 위험이 없는 평탄한 장소를 선정하여 정비하고, 경사지에는 작업대나 임시 발판 등을 설치하는 등 안전조치를 한 후 작업하여야 한다.

② 세우기 작업에 다소 지장이 있어도 수목은 제거하여서는 안 된다.

③ 사용 전에 기계·기구에 대한 정비 및 보수를 철저히 실시하여야 한다.

④ 기계에 부착된 앵커 등 고정장치와 기초구조 등을 확인하여야 한다.

해설

세우기 작업에 지장이 되는 수목은 제거하거나 이설하여야 한다[철골공사(데크플레이트 포함)의 안전작업에 관한 기술지원규정].

95

흙막이 가시설의 버팀대(strut)의 변형을 측정하는 계측기에 해당하는 것은?

① water level meter
② strain gauge
③ piezometer
④ load cell

해설

② strain gauge : 저항으로 이루어진 센서로서, 피측정물에 부착되어 물리적인 변형률(strain)을 전기적인 신호로 바꾸어 측정물의 변형량을 측정하는 저항게이지

① water level meter(지하수위계) : 지반 내 지하 수위의 변화를 측정하는 계측기기

③ piezometer(간극수압계) : 지중의 간극 수압을 측정하는 계측기기

④ load cell(하중계) : 흙막이 배면에 작용하는 측압 또는 어스앵커의 인장력을 측정하는 계측기기

96

말비계에 설치되는 작업 발판의 폭에 대한 기준으로 옳은 것은?

① 20cm 이상
② 40cm 이상
③ 60cm 이상
④ 80cm 이상

해설

말비계(산업안전보건기준에 관한 규칙 제67조)

사업주는 말비계를 조립하여 사용하는 경우에 다음의 사항을 준수하여야 한다.

• 지주부재(支柱部材)의 하단에는 미끄럼 방지장치를 하고, 근로자가 양측 끝부분에 올라서서 작업하지 않도록 할 것
• 지주부재와 수평면의 기울기를 75° 이하로 하고, 지주부재와 지주부재 사이를 고정시키는 보조부재를 설치할 것
• 말비계의 높이가 2m를 초과하는 경우에는 작업 발판의 폭을 40cm 이상으로 할 것

97

강재 거푸집과 비교한 합판 거푸집의 특성이 아닌 것은?

① 외기온도의 영향이 작다.
② 녹이 슬지 않으므로 보관하기가 쉽다.
③ 중량이 무겁다.
④ 보수가 간단하다.

해설

강재 거푸집보다 합판 거푸집 중량이 가볍다.

98

이동식 사다리를 설치하여 사용하는 경우의 준수 기준으로 옳지 않은 것은?

① 길이가 6m를 초과해서는 안 된다.
② 다리의 벌림은 벽 높이의 1/4 정도가 적당하다.
③ 벽면 상부로부터 최소한 90cm 이상의 연장 길이가 있어야 한다.
④ 미끄럼방지 발판은 인조고무 등으로 마감한 실내용을 사용하여야 한다.

해설
이동식 사다리 설치 시 벽면 상부로부터 최소한 60cm 이상의 연장 길이가 있어야 한다(가설공사 표준안전작업지침 제20조).

99

철골보 인양작업 시 준수사항으로 옳지 않은 것은?

① 인양용 와이어로프의 체결지점은 수평 부재의 1/4 지점을 기준으로 한다.
② 인양용 와이어로프의 매달기각도는 양변 60°를 기준으로 한다.
③ 흔들리거나 선회하지 않도록 유도로프로 유도한다.
④ 혹은 용접의 경우 용접 규격을 반드시 확인한다.

해설
인양용 와이어로프의 체결지점은 수평 부재의 1/3 지점을 기준으로 한다[철골공사(데크플레이트 포함)의 안전작업에 관한 기술지원규정].

100

산업안전보건기준에 관한 규칙에 따른 토사 굴착 시 굴착면의 기울기 기준으로 옳은 것은?

① 모래 – 1 : 1.2
② 풍화암 – 1 : 1.0
③ 연암 – 1 : 0.5
④ 경암 – 1 : 1.2

해설
굴착면의 기울기 기준(산업안전보건기준에 관한 규칙 별표 11)

지반의 종류	굴착면의 기울기
모래	1 : 1.8
연암 및 풍화암	1 : 1.0
경암	1 : 0.5
그 밖의 흙	1 : 1.2

굴착면의 기울기 : 굴착면의 높이에 대한 수평거리의 비율

제1과목 | 산업안전관리론

01

다음 중 일반적인 안전관리조직의 기본 유형이 아닌 것은?

① line system

② staff system

③ safety system

④ line-staff system

02

상시 근로자 수가 100명인 사업장에서 1일 8시간씩 연간 280일을 근무하였을 때, 1명의 사망사고와 4건의 재해로 인하여 180일의 휴업일수가 발생하였다. 이 사업장의 종합재해지수는 약 얼마인가?

① 22.32   ② 27.59

③ 34.14   ④ 56.42

해설

$$\text{도수율} = \frac{\text{재해건수}}{\text{연근로시간 수}} \times 10^6 = \frac{5}{100 \times 8 \times 280} \times 10^6$$
$$\simeq 22.32$$

$$\text{강도율} = \frac{\text{근로손실일수}}{\text{연근로시간 수}} \times 10^3$$
$$= \frac{7,500 + \left(180 \times \dfrac{280}{365}\right)}{100 \times 8 \times 280} \times 10^3$$
$$\simeq 34.1$$

$$\text{종합재해지수(FSI)} = \sqrt{\text{도수율} \times \text{강도율}}$$
$$= \sqrt{22.32 \times 34.1} \simeq 27.59$$

03

안전교육 훈련의 기법 중 하버드학파의 5단계 교수법을 순서대로 나열한 것으로 옳은 것은?

① 총괄 → 연합 → 준비 → 교시 → 응용

② 준비 → 교시 → 연합 → 총괄 → 응용

③ 교시 → 준비 → 연합 → 응용 → 총괄

④ 응용 → 연합 → 교시 → 준비 → 총괄

04

집단 간의 갈등요인으로 옳지 않은 것은?

① 욕구 좌절

② 제한된 자원

③ 집단 간의 목표 차이

④ 동일한 사안을 바라보는 집단 간의 인식 차이

해설

집단 간의 갈등요인
- 제한된 자원
- 집단 간의 목표 차이
- 지각의 차이 : 동일한 사안을 바라보는 집단 간의 인식 차이
- 행동의 차이 : 과업의 목적과 기능에 따른 집단 간 견해와 행동경향의 차이
- 상호 의존성
- 보상구조
- 시간 인식의 차이
- 전문적 역할의 차이

05

산업안전보건법령상 같은 장소에서 행하여지는 사업으로서 사업의 일부를 분리하여 도급을 주는 사업의 경우 산업재해를 예방하기 위한 조치로 구성·운영하는 안전·보건에 관한 협의체의 회의 주기는?

① 매월 1회 이상

② 2개월마다 1회 이상

③ 3개월 내 1회 이상

④ 6개월 내 1회 이상

해설

도급인은 관계 수급인 근로자가 도급인의 사업장에서 작업을 하는 경우 도급인과 수급인을 구성원으로 하는 안전 및 보건에 관한 협의체를 구성 및 운영하여야 한다. 이 협의체는 매월 1회 이상 정기적으로 회의를 개최하고 그 결과를 기록·보존해야 한다(법 제64조, 시행규칙 제79조).

06

호손(Hawthorne)실험에서 작업자의 작업능률에 영향을 미치는 주요한 요인은?

① 작업조건

② 생산기술

③ 임금 수준

④ 인간관계

해설

호손(Hawthorne)실험을 통해 물리적인 조건보다는 응집력, 소속감, 사기, 인정 등과 같은 인간의 사회적·심리적 조건의 변화가 생산성을 높이는 데 매우 중요한 영향을 끼친다는 점과 공식적 조직 내부에 자생하는 비공식적 조직이 협력적이냐 비협력적이냐에 따라서 생산능률이 크게 좌우된다는 점을 밝혔다.

07

레빈(Lewin)은 인간행동과 인간의 조건 및 환경조건의 관계를 다음과 같이 표시하였다. 이때 f 가 의미하는 것은?

$$B = f(P \cdot E)$$

① 행동

② 조명

③ 지능

④ 함수

해설

인간의 행동특성과 관련된 레빈의 법칙

$B = f(P \cdot E)$

여기서, B : behavior(인간의 행동)

　　　 f : function(함수관계)

　　　 P : personality(인간의 개체 : 연령, 경험, 성격(개성), 지능, 심신 상태 등)

　　　 E : environment(심리적 환경 : 작업환경, 인간관계 등)

08

재해를 분석하는 방법에 있어 재해건수가 비교적 적은 사업장에 적용하기 적합하고, 특수재해나 중대재해의 분석에 사용하는 방법은?

① 개별 분석

② 통계 분석

③ 사전 분석

④ 크로스(cross) 분석

해설

개별 분석

• 개개의 재해를 하나하나 분석하여 상세하게 그 원인을 규명하는 방법이다.

• 특수재해나 중대재해 및 건수가 적은 사업장 또는 개별재해 특유의 조사항목을 사용할 필요성이 있을 때 사용한다.

09

산업안전보건법령상 잠함(潛函) 또는 잠수작업 등 높은 기압에서 하는 작업에 종사하는 근로자의 근로 제한시간은?

① 1일 6시간, 1주 34시간 초과 금지

② 1일 6시간, 1주 36시간 초과 금지

③ 1일 8시간, 1주 40시간 초과 금지

④ 1일 8시간, 1주 44시간 초과 금지

해설

사업주는 유해하거나 위험한 작업으로서 높은 기압에서 하는 작업 등 대통령령으로 정하는 작업[잠함(潛函) 또는 잠수작업 등 높은 기압에서 하는 작업]에 종사하는 근로자에게는 1일 6시간, 1주 34시간을 초과하여 근로하게 해서는 아니 된다(법 제139조, 시행령 제99조).

10

산업안전보건법령상 안전보건표지의 종류와 형태 중 다음 그림과 같은 경고표지는?(단, 바탕은 무색, 기본모형은 빨간색, 그림은 검은색이다)

① 부식성 물질 경고

② 폭발성 물질 경고

③ 산화성 물질 경고

④ 인화성 물질 경고

해설

안전보건표지의 종류와 형태(시행규칙 별표 6)

부식성 물질 경고	폭발성 물질 경고	산화성 물질 경고

11

산업안전보건법상 안전검사 대상 유해·위험 기계의 종류가 아닌 것은?

① 곤돌라

② 압력용기

③ 리프트

④ 아크용접기

해설

안전검사 대상 기계 등(시행령 제78조)

안전검사	프레스, 전단기, 크레인(정격 하중 2ton 미만은 제외), 리프트, 압력용기, 곤돌라, 국소 배기장치(이동식 제외), 원심기(산업용만 해당), 롤러기(밀폐형 구조 제외), 사출성형기(형 체결력 294kN 미만 제외), 고소작업대(화물자동차 또는 특수자동차에 탑재한 고소작업대로 한정), 컨베이어, 산업용 로봇, 혼합기, 파쇄기 또는 분쇄기

※ '혼합기, 파쇄기 또는 분쇄기'는 개정에 따라 2026년 6월 26일부로 추가되어 시행된다.

12

다음 중 산업안전보건법령상 근로자에 대한 일반건강진단의 실시 시기가 옳게 연결된 것은?

① 사무직에 종사하는 근로자 – 1년에 1회 이상

② 사무직에 종사하는 근로자 – 2년에 1회 이상

③ 사무직 외의 업무에 종사하는 근로자 – 6개월에 1회 이상

④ 사무직 외의 업무에 종사하는 근로자 – 2년에 1회 이상

해설

일반건강진단의 주기 등(시행규칙 제197조)

• 사업주는 상시 사용하는 근로자 중 사무직에 종사하는 근로자(공장 또는 공사현장과 같은 구역에 있지 않은 사무실에서 서무·인사·경리·판매·설계 등의 사무업무에 종사하는 근로자를 말하며, 판매업무 등에 직접 종사하는 근로자는 제외한다)에 대해서는 2년에 1회 이상, 그 밖의 근로자에 대해서는 1년에 1회 이상 일반건강진단을 실시해야 한다.

• 일반건강진단을 실시해야 할 사업주는 일반건강진단 실시시기를 안전보건관리규정 또는 취업규칙에 규정하는 등 일반건강진단이 정기적으로 실시되도록 노력해야 한다.

13

산업안전보건법상 고용노동부장관이 산업재해 예방을 위하여 종합적인 개선조치를 할 필요가 있다고 인정할 때 안전보건개선계획의 수립·시행을 명할 수 있는 대상 사업장이 아닌 것은?

① 산업재해율이 같은 업종 평균 산업재해율의 2배 이상인 사업장

② 직업병에 걸린 사람이 연간 2명 이상(상시 근로자 1천명 이상 사업자의 경우 3명 이상) 발생한 사업장

③ 작업환경 불량, 화재·폭발 또는 누출사고 등으로 사회적 물의를 일으킨 사업장

④ 경미한 재해가 다발로 발생한 사업장

해설

안전보건진단을 받아 안전보건개선계획을 수립할 대상(법 제49조, 시행령 제49조)

• 산업재해율이 같은 업종 평균 산업재해율의 2배 이상인 사업장
• 사업주가 필요한 안전조치 또는 보건조치를 이행하지 아니하여 중대재해가 발생한 사업장
• 대통령령으로 정하는 수 이상의 직업성 질병자가 발생한 사업장[직업성 질병자가 연간 2명 이상(상시 근로자 1천 명 이상 사업장의 경우 3명 이상) 발생한 사업장]
• 유해인자의 노출 기준을 초과한 사업장
• 그 밖에 작업환경 불량, 화재·폭발 또는 누출 사고 등으로 사업장 주변까지 피해가 확산된 사업장으로서 고용노동부령으로 정하는 사업장

14

안전모의 시험성능 기준항목이 아닌 것은?

① 내관통성   ② 충격 흡수성

③ 내구성   ④ 난연성

해설

안전모의 시험성능 기준항목(보호구 안전인증 고시 별표 1)

내관통성, 충격 흡수성, 내전압성, 내수성, 난연성, 턱끈 풀림

15

Safe-T-Score에 대한 설명으로 옳지 않은 것은?

① 안전관리의 수행도를 평가하는 데 유용하다.

② 기업의 산업재해에 대한 과거와 현재의 안전성적을 비교 평가한 점수로 단위가 없다.

③ Safe-T-Score가 +2.0 이상인 경우는 안전관리가 과거보다 좋아졌음을 나타낸다.

④ Safe-T-Score가 +2.0~-2.0 사이인 경우는 안전관리가 과거에 비해 심각한 차이가 없음을 나타낸다.

해설

Safe-T-Score가 +2.0 이상인 경우는 안전관리가 과거보다 나빠졌음을 나타내고, Safe-T-Score가 -2.0 이하이면 과거보다 좋아졌음을 나타낸다.

16

맥그리거(McGregor)의 X이론에 따른 관리처방이 아닌 것은?

① 목표에 의한 관리

② 권위주의적 리더십 확립

③ 경제적 보상체제의 강화

④ 면밀한 감독과 엄격한 통제

해설

맥그리거(McGregor)는 인간의 하급 욕구에 착안해 권위적 통제에 입각한 관리전략을 처방하는 전통적 관점을 X이론이라 하고, 인간의 고급 욕구·성장적 측면에 착안한 새로운 관리체제를 Y이론이라고 하였다.

X이론의 관리처방	Y이론의 관리처방
• 경제적 보상체제의 강화	• 민주적 리더십의 확립
• 권의주의적 리더십 확립	• 분권화와 권한의 위임
• 면밀한 감독과 엄격한 통제	• 목표에 의한 관리
• 상부 책임제도의 강화	• 직무 확장
• 조직구조의 고층성	• 비공식적 조직의 활용
	• 자체 평가제도의 활성화
	• 조직구조의 평면화

17

산업안전보건법령상 사업주가 근로자에 대하여 실시하여야 하는 교육 중 특별교육의 대상이 되는 작업이 아닌 것은?

① 화학설비의 탱크 내 작업
② 전압이 30V인 정전 및 활선작업
③ 건설용 리프트·곤돌라를 이용한 작업
④ 동력에 의하여 작동되는 프레스 기계를 5대 이상 보유한 사업장에서 해당 기계로 하는 작업

해설

전압이 75V 이상인 정전 및 활선작업이 특별교육 대상 작업에 해당한다(시행규칙 별표 5).

18

주의의 수준이 Phase 0인 상태에서의 의식 상태는?

① 무의식 상태
② 의식의 이완 상태
③ 명료한 상태
④ 과긴장 상태

해설

주의의 수준
• Phase 0 : 무의식 상태
• Phase 1 : 의식 흐림
• Phase 2 : 의식의 이완 상태(정상 상태)
• Phase 3 : 명료한 상태
• Phase 4 : 과긴장 상태

19

피로에 의한 정신적 증상과 가장 관련이 깊은 것은?

① 주의력이 감소 또는 경감된다.
② 작업의 효과나 작업량이 감퇴 및 저하된다.
③ 작업에 대한 몸의 자세가 흐트러지고 지치게 된다.
④ 작업에 대하여 무감각, 무표정, 경련 등이 일어난다.

해설

②, ③, ④는 피로에 의한 신체적 증상이다.

피로에 의한 정신적 증상
• 주의력이 감소 또는 경감된다.
• 불쾌감이 증가된다.
• 긴장감이 해지 또는 해소된다.
• 권태·태만해지고 관심 및 흥미감이 상실된다.
• 졸음, 두통, 싫증, 짜증이 일어난다.

20

지적 확인이란 사람의 눈이나 귀 등 오감의 감각기관을 총동원해서 작업의 정확성과 안전을 확인하는 것이다. 지적 확인과 정확도가 옳게 짝지어진 것은?

① 지적 확인한 경우 : 0.8%
② 확인만 하는 경우 : 1.5%
③ 지적만 하는 경우 : 1.0%
④ 아무것도 하지 않은 경우 : 1.8%

해설

지적 확인과 정확도
• 지적 확인한 경우 : 0.8%
• 지적만 하는 경우 : 1.5%
• 확인만 하는 경우 : 1.25%
• 아무것도 하지 않은 경우 : 2.85%

21

산업안전보건법령상 유해위험방지계획서의 심사결과에 따른 구분·판정에 해당하지 않는 것은?

① 적정　　　　　　② 일부 적정
③ 부적정　　　　　④ 조건부 적정

해설

심사결과의 구분(시행규칙 제45조)
공단은 유해위험방지계획서의 심사 결과를 다음과 같이 구분·판정한다.
- 적정 : 근로자의 안전과 보건을 위하여 필요한 조치가 구체적으로 확보되었다고 인정되는 경우
- 조건부 적정 : 근로자의 안전과 보건을 확보하기 위하여 일부 개선이 필요하다고 인정되는 경우
- 부적정 : 건설물·기계·기구 및 설비 또는 건설공사가 심사 기준에 위반되어 공사 착공 시 중대한 위험이 발생할 우려가 있거나 해당 계획에 근본적 결함이 있다고 인정되는 경우

22

휴식 중 에너지소비량은 1.5kcal/min이고, 어떤 작업의 평균 에너지소비량이 6kcal/min이라고 할 때 60분간 총 작업시간 내에 포함되어야 하는 휴식시간은 약 몇 분인가?(단, 기초대사를 포함한 작업에 대한 평균 에너지소비량의 상한은 5kcal/min이다)

① 10.3　　　　　　② 11.3
③ 12.3　　　　　　④ 13.3

해설

60분간 총작업시간 내에 포함되어야 하는 휴식시간

$$R = 60 \times \frac{E-5}{E-1.5} = 60 \times \frac{6-5}{6-1.5} \simeq 13.3\text{min}$$

여기서, E : 작업 시 평균 에너지소비량(kcal/min)

23

청각적 표시장치보다 시각적 표시장치를 이용하는 경우가 더 유리한 경우는?

① 메시지가 간단한 경우
② 메시지가 추후에 재참조되는 경우
③ 직무상 수신자가 자주 움직이는 경우
④ 정보 전달이 즉각적인 행동을 요구할 때

해설

시각적 표시장치와 청각적 표시장치의 비교

시각적 표시장치	청각적 표시장치
• 메시지가 길고, 복잡한 경우	• 메시지가 짧고, 간단한 경우
• 메시지가 재참조되는 경우	• 메시지가 재참조되지 않는 경우
• 공간적인 위치를 다루는 경우	• 시간적인 사상을 다루는 경우
• 메시지가 즉각적 행동을 요구하지 않는 경우	• 메시지가 즉각적 행동을 요구하는 경우
• 청각계통이 과부하인 경우	• 시각계통이 과부하인 경우
• 주위가 너무 시끄러운 경우	• 주위가 너무 밝거나 암조응인 경우
• 한곳에 머무르는 경우	• 자주 움직이는 경우

24

암호체계 사용상의 일반적인 지침에 해당하지 않는 것은?

① 암호의 검출성
② 부호의 양립성
③ 암호의 표준화
④ 암호의 단일 차원화

해설

암호체계 사용상의 일반적인 지침
- 암호의 검출성
- 부호의 양립성
- 암호의 표준화
- 부호의 의미
- 암호의 다차원화
- 암호의 변별성

25

3개 공정의 소음 수준 측정결과 1공정은 100dB에서 1시간, 2공정은 95dB에서 1시간, 3공정은 90dB에서 1시간이 소요될 때 총소음량(TND)과 소음 설계의 적합성을 옳게 나열한 것은?(단, 90dB에 8시간 노출할 때를 허용기준으로 하며, 5dB 증가할 때 허용시간은 1/2로 감소되는 법칙을 적용한다)

① $TND = 0.685$, 적합

② $TND = 0.785$, 적합

③ $TND = 0.875$, 적합

④ $TND = 1.085$, 부적합

$TND < 1$: 적합, $TND > 1$: 부적합

$TND = \dfrac{1}{2} + \dfrac{1}{4} + \dfrac{1}{8} = 0.875$ 이며,

TND가 1 이하로 나타났으므로 소음 설계는 적합하다.

26

어떤 기기의 고장률이 시간당 0.002로 일정하다고 한다. 이 기기를 100시간 사용했을 때 고장이 발생할 확률은?

① 0.1813

② 0.2214

③ 0.6253

④ 0.8187

$$F(t) = 1 - R(t)$$
$$= 1 - e^{-\lambda t}$$
$$= 1 - e^{-0.002 \times 100}$$
$$\simeq 0.1813$$

27

작업장의 설비 3대에서 각각 80dB, 86dB, 78dB의 소음이 발생되고 있을 때 작업장의 음압 수준은?

① 약 81.3dB

② 약 85.5dB

③ 약 87.5dB

④ 약 90.3dB

작업장의 음압 수준

$L = 10\log(10^{8.0} + 10^{8.6} + 10^{7.8}) \simeq 87.5\text{dB}$

28

산업안전보건법에서 규정하는 근골격계 부담작업의 범위에 해당하지 않는 것은?

① 단기간 작업 또는 간헐적인 작업

② 하루에 10회 이상 25kg 이상의 물체를 드는 작업

③ 하루에 총 2시간 이상 쪼그리고 앉거나 무릎을 굽힌 자세에서 이루어지는 작업

④ 하루에 4시간 이상 집중적으로 자료 입력 등을 위해 키보드 또는 마우스를 조작하는 작업

단기간 작업 또는 간헐적인 작업은 근육에 큰 무리가 가지 않아 근골격계 부담작업의 범위에 해당하지 않는다(근골격계 부담작업의 범위 및 유해요인 조사방법에 관한 고시 제3조).

29

다음 중 시각에 관한 설명으로 옳은 것은?

① vernier acuity : 눈이 식별할 수 있는 표적의 최소 모양

② minimum separable acuity : 배경과 구별하여 탐지할 수 있는 최소의 점

③ stereoscopic acuity : 거리가 있는 한 물체의 상이 두 눈의 망막에 맺힐 때 그 상의 차이를 구별하는 능력

④ minimum perceptible acuity : 하나의 수직선이 중간에서 끊겨 아랫부분이 옆으로 옮겨진 경우 미세한 치우침을 구별하는 능력

해설

① vernier acuity : 평면에 배열된 둘 또는 그 이상의 물체가 일렬로 서 있는지 판별하는 능력

② minimum separable acuity(최소분간시력) : 눈이 식별할 수 있는 표적에 대한 최소 공간

④ minimum perceptible acuity(최소지각시력) : 배경과 구별하여 탐지할 수 있는 최소의 점

30

다음 중 HAZOP 기법에서 사용되는 가이드워드와 그 의미가 잘못 연결된 것은?

① as well as – 성질상의 증가

② more/less – 정량적인 증가 또는 감소

③ part of – 성질상의 감소

④ other than – 기타 환경적인 요인

해설

other than – 완전한 대체

31

다음 중 몸의 중심선으로부터 밖으로 이동하는 신체 부위의 동작은?

① 외전　　　　　　② 외선

③ 내전　　　　　　④ 내선

해설

신체 동작의 유형

• 내선(medial rotation) : 몸의 중심선으로 회전하는 동작

• 외선(lateral rotation) : 몸의 중심선으로부터 회전하는 동작

• 내전(adduction) : 몸의 중심선으로 이동하는 동작

• 외전(abduction) : 몸의 중심선으로부터 이동하는 동작

• 굴곡(flexion) : 신체 부위 간의 각도의 감소

• 신전(extension) : 신체 부위 간의 각도의 증가

32

신뢰도가 동일한 부품 4개로 구성된 시스템 전체의 신뢰도가 가장 높은 것은?

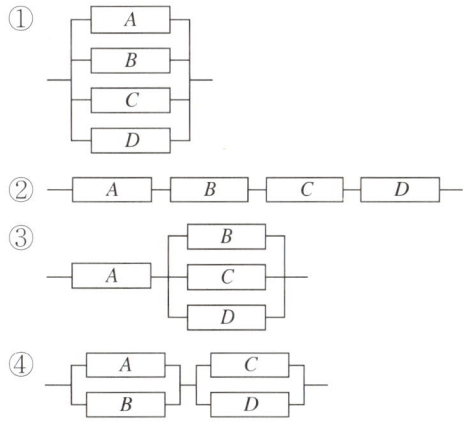

해설

①의 경우 병렬로 구성되어 시스템 전체의 신뢰도가 가장 높다.

33

시스템의 성능 저하가 인원의 부상이나 시스템 전체에 중대한 손해를 입히지 않고 제어가 가능한 상태의 위험강도는?

① 범주 Ⅰ : 파국적
② 범주 Ⅱ : 위기적
③ 범주 Ⅲ : 한계적
④ 범주 Ⅳ : 무시

해설

PHA의 카테고리 분류
- 범주 Ⅰ 파국적 상태(catastrophic)
  - 사망, 시스템 손상
  - 인간의 과오, 환경, 설계의 특성, 서브시스템의 고장 또는 기능불량이 시스템의 성능을 저하시켜 그 결과 부상 및 시스템의 중대한 손해를 초래하는 상태
- 범주 Ⅱ 중대 상태(위기 상태, critical)
  - 심각한 상해, 시스템 중대 손상
  - 작업자의 부상 및 시스템의 중대한 손해를 초래하거나 작업자의 생존 및 시스템의 유지를 위하여 즉시 수정조치를 필요로 하는 상태
- 범주 Ⅲ 한계적 상태(marginal)
  - 경미한 상해, 시스템 성능 저하
  - 작업자의 부상 및 시스템의 중대한 손해를 초래하지 않고, 대처 또는 제어할 수 있는 상태
- 범주 Ⅳ 무시 가능 상태(negligible)
  - 경미 상해 및 시스템 저하가 없는 상태
  - 시스템의 성능, 기능이나 인적 손실이 전혀 없어 작업자의 생존 및 시스템의 유지가 가능한 상태

34

의자의 등받이 설계에 관한 설명으로 가장 적절하지 않은 것은?

① 등받이 폭은 최소 30.5cm가 되게 한다.
② 등받이 높이는 최소 50cm가 되게 한다.
③ 의자의 좌판과 등받이 각도는 90~105°를 유지한다.
④ 요부 받침의 높이는 25~35cm로 하고, 폭은 30.5 cm로 한다.

해설

요부 받침의 높이는 15.2~22.9cm로 하고, 폭은 30.5cm, 등받이로부터 5cm 정도의 두께로 한다.

35

FTA의 용도에 대한 설명으로 옳지 않은 것은?

① 고장의 원인을 연역적으로 찾을 수 있다.
② 시스템의 전체적인 구조를 그림으로 나타낼 수 있다.
③ 시스템에서 고장이 발생할 수 있는 부분을 쉽게 찾을 수 있다.
④ 구체적인 초기사건에 대하여 상향식(bottom-up) 접근방식으로 재해경로를 분석하는 정량적 기법이다.

해설

FTA는 연역적, 정량적, 하향식(top-down) 접근방식이다.

36

다음 중 FMEA 기법의 장점은?

① 서식이 간단하다.
② 논리적으로 완벽하다.
③ 해석의 초점이 인간에 맞추어져 있다.
④ 동시에 복수의 요소가 고장 나는 경우의 해석이 용이하다.

해설

FMEA 기법의 장단점

장점	• 서식이 간단하다. • 비교적 적은 노력으로 특별한 훈련 없이 분석이 가능하다.
단점	• 논리성이 부족하다. • 각 요소 간의 영향을 분석하기 어렵기 때문에 동시에 두 가지 이상의 요소가 고장 나는 경우 분석이 곤란하다. • 요소가 물체로 한정되어 있기 때문에 인적 원인을 분석하기 곤란하다.

37

FT도에서 정상사상 A의 발생 확률은?(단, 사상 B_1의 발생 확률은 0.30이고, B_2의 발생 확률은 0.20이다)

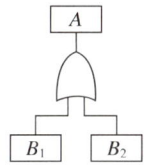

① 0.38

② 0.44

③ 0.58

④ 0.64

해설

$$T = 1 - (1-B_1)(1-B_2)$$
$$= 1 - (1-0.3)(1-0.2)$$
$$= 0.44$$

39

통제표시비(C/D비)를 설계할 때의 고려해야 할 사항으로 가장 거리가 먼 것은?

① 공차

② 운동성

③ 조작시간

④ 계기의 크기

해설

통제표시비(C/D비) 설계 시 고려해야 할 사항

• 계기의 크기
• 목측거리(목시거리)
• 공차
• 조작시간
• 방향성

38

인체계측자료에서 주로 사용하는 변수가 아닌 것은?

① 평균

② 5백분위 수

③ 최빈값

④ 95백분위 수

해설

인체계측자료에서 주로 사용하는 변수

• 극단적 설계는 남성 95백분위 수, 여성 5백분위 수를 기준으로 설계한다.
• 가변적 설계는 여성 5백분위 수에서 남성 95백분위 수를 수용하도록 설계한다.
• 평균적 설계는 극단이 이용이 불가능한 경우로 평균치를 이용하여 설계한다.

40

시스템안전프로그램계획(SSPP)에서 완성해야 할 시스템 안전업무에 속하지 않는 것은?

① 정성 해석

② 운용 해석

③ 경제성 분석

④ 프로그램 심사의 참가

해설

시스템안전프로그램계획(SSPP)에서 완성해야 할 시스템 안전업무

• 정성적 해석
• 운용위험요인 해석(OHA)
• 프로그램 심사의 참가 : 업무활동 심사의 참가 / 설계 심사의 참가

41

타워크레인을 와이어로프로 지지하는 경우에 준수해야 할 사항으로 옳지 않은 것은?

① 와이어로프를 고정하기 위한 전용 지지프레임을 사용할 것

② 와이어로프 설치각도는 수평면에서 60° 이상으로 하되, 지지점은 4개소 미만으로 할 것

③ 와이어로프와 그 고정 부위는 충분한 강도와 장력을 갖도록 설치할 것

④ 와이어로프가 가공전선에 근접하지 않도록 할 것

해설

타워크레인의 지지(산업안전보건기준에 관한 규칙 제142조)

사업주는 타워크레인을 와이어로프로 지지하는 경우 다음의 사항을 준수해야 한다.

• 산업안전보건법 시행규칙에 따른 서면 심사에 관한 서류 또는 제조사의 설치작업설명서 등에 따라 설치할 것

• 위의 서면 심사서류 등이 없거나 명확하지 아니한 경우에는 국가기술자격법에 따른 건축구조 · 건설기계 · 기계안전 · 건설안전기술사 또는 건설안전 분야 산업안전지도사의 확인을 받아 설치하거나 기종별 · 모델별 공인된 표준방법으로 설치할 것

• 와이어로프를 고정하기 위한 전용 지지프레임을 사용할 것

• 와이어로프 설치각도는 수평면에서 60° 이내로 하되 지지점은 4개소 이상으로 하고, 같은 각도로 설치할 것

• 와이어로프와 그 고정 부위는 충분한 강도와 장력을 갖도록 설치하고, 와이어로프를 클립 · 섀클(shackle, 연결고리) 등의 고정기구를 사용하여 견고하게 고정시켜 풀리지 않도록 하며, 사용 중에는 충분한 강도와 장력을 유지하도록 할 것. 이 경우 클립 · 섀클 등의 고정기구는 한국산업표준 제품이거나 한국산업표준이 없는 제품의 경우에는 이에 준하는 규격을 갖춘 제품이어야 한다.

• 와이어로프가 가공전선(架空電線)에 근접하지 않도록 할 것

42

다음 중 기계설비 기능의 안전화를 위해 고려해야 할 사항에 속하는 것은?

┌─────────────────────┐
│ ㉠ 재료의 결함   │
│ ㉡ 가공상의 잘못   │
│ ㉢ 정전 시의 오동작   │
│ ㉣ 설계의 잘못   │
└─────────────────────┘

① ㉠   ② ㉡

③ ㉢   ④ ㉣

해설

• 기능의 안전화를 위해 고려해야 할 사항 : 전압 강하, 정전 및 단락, 사용압력 변동 등의 오작동 방지

• 구조의 안전화를 위해 고려해야 할 사항 : 재료, 강도, 설계, 안전율, 가공상의 결함 방지

43

가드(guard)의 종류가 아닌 것은?

① 고정식   ② 조정식

③ 자동식   ④ 반자동식

해설

가드의 종류

고정식, 조정식, 자동식, 경고식, 인터로크식(연동식)

44

산업용 로봇에 사용되는 안전매트에 요구되는 일반구조 및 표시에 관한 설명으로 옳지 않은 것은?

① 단선경보장치가 부착되어 있어야 한다.

② 감응시간을 조절하는 장치는 부착되어 있지 않아야 한다.

③ 자율안전확인의 표시 외에 작동하중, 감응시간, 복귀신호의 자동 또는 수동 여부, 대소인 공용 여부를 추가로 표시해야 한다.

④ 감응도조절장치가 있는 경우 봉인되어 있지 않아야 한다.

해설

산업용 로봇에 사용되는 안전매트에 감응도 조절장치가 있는 경우 봉인되어 있어야 한다(방호장치 안전인증 고시 별표 25).

45

아세틸렌 용접장치에 사용하는 역화방지기에 요구되는 일반적인 구조로 옳지 않은 것은?

① 재사용 시 안전에 우려가 있으므로 역화 방지 후 바로 폐기하도록 해야 한다.

② 다듬질면이 매끈하고 사용상 지장이 있는 부식, 흠, 균열 등이 없어야 한다.

③ 가스의 흐름 방향은 지워지지 않도록 돌출 또는 각인하여 표시하여야 한다.

④ 소염소자는 금망, 소결금속, 스틸울(steel wool), 다공성 금속물 또는 이와 동등 이상의 소염성능을 갖는 것이어야 한다.

해설

역화방지기는 역화를 방지한 후 복원되어 계속 사용할 수 있는 구조이어야 한다(방호장치 자율안전기준 고시 별표 1).

46

다음 중 목재가공용 둥근톱 기계의 방호장치인 반발예방장치가 아닌 것은?

① 반발방지발톱

② 분할날

③ 반발방지롤

④ 가동식 접촉예방장치

해설

가동식 접촉예방장치

가공재를 송급할 때 가공재 끝부분 절단 시 톱날에 접촉되거나 톱날 근처에서 청소 등을 할 때 톱날에 닿아서 생기는 재해를 예방하는 장치이다.

47

500rpm으로 회전하는 연삭기의 숫돌 지름이 200mm일 때 원주속도[m/min]는?

① 628   ② 62.8

③ 314   ④ 31.4

해설

연삭숫돌의 원주속도

$$v = \frac{\pi dn}{1,000} = \frac{3.14 \times 200 \times 500}{1,000} = 314 \text{m/min}$$

여기서, d : 숫돌의 지름

n : 회전속도

48

질량 100kg의 화물이 와이어로프에 매달려 2m/s² 의 가속도로 권상되고 있다. 이때 와이어로프에 작용하는 장력의 크기는 몇 N인가?(단, 여기서 중력 가속도는 10m/s³ 로 한다)

① 200N ② 300N

③ 1,200N ④ 2,000N

해설

로프에 걸리는 하중(장력)

$$w = w_1 + w_2 = w_1 + \frac{w_1 a}{g}$$

$$= 100 + \frac{100 \times 2}{10} = 120 \text{kg} \simeq 1,200\text{N}$$

여기서, w_1 : 정하중 w_2 : 동하중
a : 권상 가속도 g : 중력 가속도

49

프레스기에서 사용하는 손쳐내기식 방호장치의 방호판에 관한 기준으로 옳은 것은?

① 방호판의 폭은 금형폭의 1/2 이상이어야 하고, 행정 길이가 300mm 이상의 프레스 기계에서는 방호판의 폭을 200mm로 해야 한다.

② 방호판의 폭은 금형폭의 1/2 이상이어야 하고, 행정 길이가 300mm 이상의 프레스 기계에서는 방호판의 폭을 300mm로 해야 한다.

③ 방호판의 폭은 금형폭의 1/3 이상이어야 하고, 행정 길이가 300mm 이상의 프레스 기계에서는 방호판의 폭을 200mm로 해야 한다.

④ 방호판의 폭은 금형폭의 1/3 이상이어야 하고, 행정 길이가 300mm 이상의 프레스 기계에서는 방호판의 폭을 300mm로 해야 한다.

해설

방호판의 폭은 금형폭의 1/2 이상이어야 하고, 행정 길이가 300mm 이상의 프레스 기계에는 방호판 폭을 300mm로 해야 한다(방호장치 안전인증 고시 별표 1).

50

광전자식 방호장치의 광선에 신체 일부가 감지된 후로부터 급정지기구가 작동하기까지의 시간이 40ms이고, 광축의 최소설치거리(안전거리)가 200mm일 때 급정지기구가 작동한 때로부터 프레스기의 슬라이드가 정지될 때까지의 시간은 약 몇 ms인가?

① 60ms ② 85ms

③ 105ms ④ 130ms

해설

광축의 최소설치거리

$$D_m = 1.6 T_m$$

$$200 = 1.6(40 + T_m)$$

$$T_m = \frac{200}{1.6} - 40$$

$$= 85 \text{ms}$$

51

보일러수 속에 불순물 농도가 높아지면서 수면에 거품이 형성되어 수위가 불안정하게 되는 현상은?

① 포밍

② 서징

③ 수격현상

④ 공동현상

해설

② 서징 : 펌프의 송출압력과 송출유량 사이에 주기적인 변동이 일어나는 현상이다.

③ 수격현상 : 관 내를 흐르고 있는 액체의 유속을 급격히 변화시키면 발생하는 현상이다.

④ 공동현상 : 흡입압력이 유체의 증기압보다 낮을 때 유체 내부에서 기포가 발생하는 현상이다.

52

선반에서 냉각재 등에 의한 생물학적 위험을 방지하기 위한 방법으로 옳지 않은 것은?

① 냉각재가 기계에 잔류되지 않고 중력에 의해 수집탱크로 배유되도록 해야 한다.
② 냉각재 저장탱크에는 외부 이물질의 유입을 방지하기 위해 덮개를 설치해야 한다.
③ 특별한 경우를 제외하고 정상 운전 시 전체 냉각재가 계통 내에서 순환되고 냉각재 탱크에 체류하지 않아야 한다.
④ 배출용 배관의 지름은 대형 이물질이 들어가지 않도록 작아야 하고, 지면과 수평이 되도록 제작해야 한다.

해설

배출용 배관의 직경은 슬러지의 체류를 최소화할 수 있을 정도로 커야 하고, 적정한 기울기를 부여한다.

53

작업장 내 운반을 주목적으로 하는 구내 운반차가 준수해야 할 사항으로 옳지 않은 것은?

① 주행을 제동하거나 정지 상태를 유지하기 위하여 유효한 제동장치를 갖추어야 한다.
② 경음기를 갖추어야 한다.
③ 전조등만 갖추면 된다.
④ 운전자석이 차 실내에 있는 것은 좌우에 한 개씩 방향지시기를 갖추어야 한다.

해설

작업장 내 운반을 주목적으로 하는 구내 운반차는 전조등과 후미등을 갖출 것. 다만, 작업을 안전하게 하기 위하여 필요한 조명이 있는 장소에서 사용하는 구내 운반차에 대해서는 그러하지 아니하다(산업안전보건기준에 관한 규칙 제184조).

54

금형작업의 안전과 관련하여 금형 부품의 조립 시 주의사항으로 옳지 않은 것은?

① 맞춤핀을 조립할 때는 헐거운 끼워맞춤으로 한다.
② 파일럿 핀, 직경이 작은 펀치, 핀게이지 등의 삽입 부품은 빠질 위험이 있으므로 플랜지를 설치하는 등 이탈 방지대책을 세운다.
③ 쿠션핀을 사용할 경우에는 상승 시 누름판의 이탈 방지를 위하여 단붙임한 나사로 견고히 조여야 한다.
④ 가이드 포스트, 생크는 확실하게 고정시킨다.

해설

맞춤핀을 사용할 때는 억지 끼워맞춤으로 한다(프레스 금형작업의 안전에 관한 기술지침).

55

압력용기 등에 설치하는 안전밸브에 관한 설명으로 옳지 않은 것은?

① 안지름이 150mm를 초과하는 압력용기에 대해서는 과압에 따른 폭발을 방지하기 위하여 규정에 맞는 안전밸브를 설치해야 한다.
② 급성독성물질이 지속적으로 외부에 유출될 수 있는 화학설비 및 그 부속설비에는 파열판과 안전밸브를 병렬로 설치한다.
③ 안전밸브는 보호하려는 설비의 최고사용압력 이하에서 작동되도록 하여야 한다.
④ 안전밸브의 배출용량은 그 작동원인에 따라 각각의 소요 분출량을 계산하여 가장 큰 수치를 해당 안전밸브의 배출용량으로 하여야 한다.

해설

파열판 및 안전밸브의 직렬 설치(산업안전보건기준에 관한 규칙 제263조)
사업주는 급성독성물질이 지속적으로 외부에 유출될 수 있는 화학설비 및 그 부속설비에 파열판과 안전밸브를 직렬로 설치하고 그 사이에는 압력지시계 또는 자동경보장치를 설치하여야 한다.

56

롤러기 방호장치의 무부하 동작시험 시 앞면 롤러의 지름이 150mm이고, 회전수가 30rpm인 롤러기의 급정지거리는 몇 mm 이내이어야 하는가?

① 147   ② 157
③ 207   ④ 237

해설

앞면 롤러의 표면속도는

$v = \dfrac{\pi d n}{1,000} = \dfrac{3.14 \times 150 \times 30}{1,000} = 14.13\text{m/min}$이다.

30m/min 미만은 급정지거리가 앞면 롤러 원주의 1/3 이내이므로 허용되는 급정지장치의 급정지거리는

$l = \dfrac{\pi d}{3} = \dfrac{3.14 \times 150}{3} = 157\text{mm}$이다.

57

컨베이어 방호장치에 대한 설명으로 옳은 것은?

① 역전방지장치에는 롤러식, 래칫식, 권과방지식, 전기 브레이크식 등이 있다.
② 작업자가 임의로 작업을 중단할 수 없도록 비상정지장치를 부착하지 않는다.
③ 구동부 측면에 롤러 안내 가이드 등의 이탈방지장치를 설치한다.
④ 롤러 컨베이어의 롤 사이에 방호판을 설치할 때 롤과의 최대 간격은 8mm이다.

해설

① 역전방지장치의 종류로는 기계식(래칫식, 롤러식, 밴드식), 전기식(전기 브레이크식, 스러스트 브레이크) 등이 있다.
② 작업자가 위험에 처하기 전에 임의로 작업을 중단할 수 있도록 비상정지장치를 부착한다.
④ 롤러 컨베이어의 롤 사이에 방호판을 설치할 때 롤과의 최대 간격은 5mm이다.

58

산업안전보건법령상 양중기에서 절단하중이 100ton인 와이어로프를 사용하여 화물을 직접적으로 지지하는 경우, 화물의 최대허용하중[ton]은?

① 10   ② 20
③ 30   ④ 40

해설

화물의 하중을 직접 지지하는 경우 안전계수(S)는 5 이상이므로 화물의 최대허용하중을 x라 하면

$5 = \dfrac{100\text{ton}}{x}$

$x = \dfrac{100\text{ton}}{5} = 20\text{ton}$

59

강자성체의 결함을 찾을 때 사용하는 비파괴시험으로 표면 또는 표층(표면에서 수 mm 이내)에 결함이 있을 경우 누설 자속을 이용하여 육안으로 결함을 검출하는 시험법은?

① 와류탐상시험(ET)
② 자분탐상시험(MT)
③ 초음파탐상시험(UT)
④ 방사선투과시험(RT)

60

소성가공의 종류가 아닌 것은?

① 단조   ② 압연
③ 프레스   ④ 연삭

해설

연삭은 연삭칩이 발생되는 절삭가공법이다.

소성가공(비절삭가공)의 종류

단조, 압연, 압출, 프레스, 인발, 전조가공, 제관 등

61

저압전선로 중 절연 부분의 전선과 대지 간 및 전선의 심선 상호 간의 절연저항은 사용전압에 대한 누설전류가 최대공급전류의 얼마를 넘지 않도록 규정하고 있는가?

① 1/1,000
② 1/1,500
③ 1/2,000
④ 1/2,500

해설

저압전선로 중 절연 부분의 전선과 대지 사이 및 전선의 심선 상호 간의 절연저항은 사용전압에 대한 누설전류가 최대공급전류의 1/2,000을 넘지 않도록 하여야 한다(전기설비기술기준 제27조).

62

개폐기, 차단기, 유도 전압조정기의 최대사용전압이 7kV 이하인 전로의 경우 절연내력시험은 최대사용전압의 1.5 배의 전압을 몇 분간 가하는가?

① 10
② 15
③ 20
④ 25

해설

개폐기, 차단기, 유도전압조정기의 최대사용전압이 7kV 이하인 전로의 경우 절연내력시험은 최대사용전압의 1.5배의 전압을 연속하여 10분간 가하여 절연내력을 시험하였을 때 이에 견디어야 한다(한국전기설비규정 136).

63

다음 중 인입용 비닐절연전선의 약어는?

① RB
② IV
③ DV
④ OW

해설

① RB : 600V 고무절연전선
② IV : 600V 비닐절연전선
④ OW : 옥외용 비닐절연전선

64

고압 및 특고압 전로에 시설하는 피뢰기의 설치 장소로 잘못된 곳은?

① 가공전선로와 지중전선로가 접속되는 곳
② 발전소, 변전소의 가공전선 인입구 및 인출구
③ 고압 가공전선로에 접속하는 배전용 변압기의 저압측
④ 고압 가공전선로로부터 공급을 받는 수용장소의 인입구

해설

고압 및 특고압의 전로 중 다음의 장소 또는 이에 근접한 곳에는 피뢰기를 시설하여야 한다(한국전기설비규정 341.13).
• 발전소·변전소 또는 이에 준하는 장소의 가공전선 인입구 및 인출구
• 특고압 가공전선로에 접속하는 배전용 변압기의 고압측 및 특고압측
• 고압 및 특고압 가공전선로로부터 공급을 받는 수용장소의 인입구
• 가공전선로와 지중전선로가 접속되는 곳

65

대지에서 용접작업을 하고 있는 작업자가 용접봉에 접촉한 경우 통전전류는?

> - 용접기의 출력 측 무부하전압 : 90V
> - 접촉저항(손, 용접봉 등 포함) : 10kΩ
> - 인체의 내부저항 : 1kΩ
> - 발과 대지의 접촉저항 : 20kΩ

① 약 0.19mA

② 약 0.29mA

③ 약 1.96mA

④ 약 2.90mA

해설

대지에서 용접작업을 하고 있는 작업자가 용접봉에 접촉한 경우의 통전전류(I)

$$I = \frac{V}{R_1 + R_2 + R_3}$$

$$= \frac{90}{10,000 + 1,000 + 20,000}$$

$$= 0.0029A$$

$$= 2.90mA$$

여기서, V : 출력 측 무부하전압

       R_1 : 접촉저항(손, 용접봉 등 포함)

       R_2 : 인체의 내부저항

       R_3 : 발과 대지의 접촉저항

66

교류 3상 전압 380V, 부하 50kVA인 경우 배선에서의 누전전류의 한계는 약 몇 mA인가?(단, 전기설비기술기준에서의 누설전류 허용값을 적용한다)

① 10mA

② 38mA

③ 54mA

④ 76mA

해설

누전전류의 한계값(I_{min})

$$I_{min} = \frac{I_{max}}{2,000} = \frac{P}{\sqrt{3}\ V\cos\theta} \times \frac{1}{2,000}$$

$$= \frac{50 \times 1,000}{\sqrt{3} \times 380} \times \frac{1}{2,000} = 0.038A = 38mA$$

67

전로에 시설하는 기계·기구의 철대 및 금속제 외함에 접지공사를 생략할 수 없는 경우는?

① 30V 이하의 기계·기구를 건조한 곳에 시설하는 경우

② 물기 없는 장소에 설치하는 저압용 기계·기구를 위한 전로에 정격감도전류 40mA 이하, 동작시간 2초 이하의 전류 동작형 누전차단기를 시설하는 경우

③ 철대 또는 외함의 주위에 적당한 절연대를 설치하는 경우

④ 전기용품 및 생활용품 안전관리법의 적용을 받는 이중절연구조로 되어 있는 기계·기구를 시설하는 경우

해설

물기 있는 장소 이외의 장소에 시설하는 저압용의 개별 기계·기구에 전기를 공급하는 전로에 전기용품 및 생활용품 안전관리법의 적용을 받는 인체감전보호용 누전차단기(정격감도전류가 30mA 이하, 동작시간이 0.03초 이하의 전류동작형에 한한다)를 시설하는 경우에는 접지공사를 생략할 수 있다(한국전기설비규정 142.7).

68

저항값이 0.1Ω인 도체에 10A의 전류가 1분간 흘렀을 경우 발생하는 열량은 몇 cal인가?

① 124

② 144

③ 166

④ 250

해설

$$H = 0.24I^2Rt$$

$$= 0.24 \times 10^2 \times 0.1 \times 60$$

$$= 144cal$$

여기서, I : 전류

       R : 저항

       t : 초

69

다음 중 산업안전보건법령상 화학설비에 해당하는 것은?

① 응축기·냉각기·가열기·증발기 등 열교환기류
② 사이클론, 백필터, 전기집진기 등 분진처리설비
③ 온도·압력·유량 등을 지시·기록 등을 하는 자동제어 관련 설비
④ 안전밸브·안전판·긴급차단 또는 방출밸브 등 비상조치 관련 설비

해설

②, ③, ④는 화학설비의 부속설비에 해당한다(산업안전보건기준에 관한 규칙 별표 7).

71

화학설비 중 분체화학물질 분리장치에 해당하지 않는 것은?

① 건조기　　　　　② 분쇄기
③ 유동탑　　　　　④ 결정조

해설

화학설비(산업안전보건기준에 관한 규칙 별표 7)
• 분체화학물질 분리장치 : 결정조, 유동탑, 탈습기, 건조기 등
• 분체화학물질 취급장치 : 분쇄기, 분체분리기, 용융기 등

72

20℃, 1기압의 공기를 압축비 3으로 단열압축하였을 때 온도는 약 몇 ℃가 되는가?(단, 공기의 비열비는 1.40이다)

① 100　　　　　② 128
③ 182　　　　　④ 200

해설

단열압축 시의 공기의 온도

$$T_2 = T_1 \times \left(\frac{P_2}{P_1}\right)^{\frac{k-1}{k}}$$

$$= (20+273) \times 3^{\frac{1.4-1}{1.4}}$$

$$\simeq 401\text{K}$$

$$= 128℃$$

70

정전기 방전현상에 해당하지 않는 것은?

① 연면 방전　　　　　② 코로나 방전
③ 낙뢰 방전　　　　　④ 스팀 방전

해설

방전의 종류
연면 방전, 코로나 방전, 낙뢰 방전, 스파크(불꽃) 방전, 브러시 방전, 뇌상 방전, 스트리머 방전 등

73

전기기기의 불꽃 또는 열로 인해 폭발성 위험분위기에서 점화되지 않도록 콤파운드를 충전해서 보호한 방폭구조는?

① 몰드 방폭구조
② 비점화 방폭구조
③ 안전증 방폭구조
④ 본질안전 방폭구조

해설
② 비점화 방폭구조 : 정상 작동 및 특정 이상 상태하에서 주의의 폭발 분위기를 점화시키지 않는 전기기계·기구에 적용하는 방폭구조
③ 안전증 방폭구조 : 정상 운전 중의 내부에서 불꽃이 발생하지 않도록 전기적·기계적·구조적으로 온도 상승에 대한 안전도를 증가시킨 구조
④ 본질안전 방폭구조 : 스파크 등이 점화능력이 없다는 것을 확인하는 구조

74

응상폭발에 해당하지 않는 것은?

① 수증기폭발
② 전선폭발
③ 증기폭발
④ 분진폭발

해설
응상폭발과 기상폭발
• 응상폭발 : 수증기폭발(과열액체의 증기폭발), 전선폭발, 증기폭발, 고상 간의 전이에 의한 폭발
• 기상폭발 : 가스폭발, 분무폭발, 분진폭발, 증기운폭발, 분해폭발

75

건조설비를 사용하여 작업하는 경우에 폭발이나 화재를 예방하기 위하여 준수하여야 하는 사항으로 옳지 않은 것은?

① 위험물 건조설비를 사용하는 경우에는 미리 내부를 청소하거나 환기할 것
② 위험물 건조설비를 사용하여 가열·건조하는 건조물은 쉽게 이탈되도록 할 것
③ 고온으로 가열·건조한 인화성 액체는 발화의 위험이 없는 온도로 냉각한 후에 격납시킬 것
④ 바깥면이 현저히 고온이 되는 건조설비에 가까운 장소에는 인화성 액체를 두지 않도록 할 것

해설
건조설비의 사용(산업안전보건기준에 관한 규칙 제283조)
사업주는 건조설비를 사용하여 작업을 하는 경우에 폭발이나 화재를 예방하기 위하여 다음의 사항을 준수하여야 한다.
• 위험물 건조설비를 사용하는 경우에는 미리 내부를 청소하거나 환기할 것
• 위험물 건조설비를 사용하는 경우에는 건조로 인하여 발생하는 가스·증기 또는 분진에 의하여 폭발·화재의 위험이 있는 물질을 안전한 장소로 배출시킬 것
• 위험물 건조설비를 사용하여 가열·건조하는 건조물은 쉽게 이탈되지 않도록 할 것
• 고온으로 가열건조한 인화성 액체는 발화의 위험이 없는 온도로 냉각한 후에 격납시킬 것
• 건조설비(바깥면이 현저히 고온이 되는 설비만 해당한다)에 가까운 장소에는 인화성 액체를 두지 않도록 할 것

76

5% NaOH 수용액과 10% NaOH 수용액을 반응기에 혼합하여 6% 100kg의 NaOH 수용액을 만들려면 각각 몇 kg의 NaOH 수용액이 필요한가?

① 5% NaOH 수용액 : 33.3, 10% NaOH 수용액 : 66.7

② 5% NaOH 수용액 : 50, 10% NaOH 수용액 : 50

③ 5% NaOH 수용액 : 66.7, 10% NaOH 수용액 : 33.3

④ 5% NaOH 수용액 : 80, 10% NaOH 수용액 : 20

해설

혼합 수용액이 6% NaOH 수용액 100kg이므로 5% NaOH 수용액의 무게를 $x$kg이라고 하면 10% NaOH 수용액의 무게는 $100 - x$ kg이다.

따라서, $0.06 \times 100 = 0.05x + 0.1 \times (100 - x)$

$x = 80$kg, $100 - x = 20$

∴ 5% NaOH 수용액 80kg, 10% NaOH 수용액 20kg

77

물과의 접촉을 금지하여야 하는 물질은?

① 적린

② 칼슘

③ 하이드라진

④ 나이트로셀룰로스

해설

자연발화성 물질 및 금수성 물질은 공기, 물, 과열 등으로 인해 가연성 가스를 발생하여 발화 또는 폭발한다. 칼슘(제3류 위험물)은 자연발화성 물질 및 금수성 물질이므로 물과의 접촉을 금지하여야 한다.

78

다음 중 송풍기의 상사법칙에 대한 설명으로 옳은 것은? (단, 송풍기의 크기와 공기의 비중량은 일정하다)

① 풍압은 회전수에 반비례한다.

② 풍량은 회전수의 제곱에 비례한다.

③ 소요동력은 회전수의 세제곱에 비례한다.

④ 풍압과 동력은 절대온도에 비례한다.

해설

송풍기의 상사법칙

- 유량은 송풍기의 회전속도에 비례한다.
- 풍압은 송풍기 회전속도의 제곱에 비례한다.
- 동력은 송풍기 회전속도의 세제곱에 비례한다.

79

메탄(CH_4) 100mol이 산소 중에서 완전연소하였다면, 이때 소비된 산소량은 몇 mol인가?

① 100   ② 200

③ 250   ④ 350

해설

메탄의 연소방정식 $CH_4 + 2O_2 \rightarrow CO_2 + 2H_2O$에서 $CH_4 : O_2 = 1 : 2$이므로 메탄 100mol이 산소 중에서 완전연소하면 소비된 산소량은 200mol이다.

80

프로판(C_3H_8) 1mol이 완전연소하기 위한 산소의 화학양론계수는 얼마인가?

① 1   ② 3

③ 5   ④ 6

해설

프로판가스의 연소방정식 $C_3H_8 + 5O_2 \rightarrow 3CO_2 + 4H_2O$에서 산소의 몰 수 5가 프로판 1mol이 완전연소하기 위한 산소의 화학양론계수이다.

81

토석이 붕괴되는 원인을 외적 요인과 내적 요인으로 나눌 때 외적 요인이 아닌 것은?

① 사면, 법면의 경사 및 기울기의 증가
② 지진 발생, 차량 또는 구조물의 중량
③ 공사에 의한 진동하중 및 반복하중의 증가
④ 절토 사면의 토질, 암질

해설

굴착면 붕괴
• 외적 요인
  - 사면의 경사 및 기울기 증가
  - 절토 및 성토 높이의 증가
  - 굴착된 높이 증가
  - 공사에 의한 진동하중 및 반복하중의 증가
  - 지표수 및 지하수의 침투에 의한 토사 중량 증가
  - 지진, 차량, 구조물의 하중작업
  - 토사 및 암석의 혼합층 두께
• 내적 요인
  - 절토 사면의 토질, 암면
  - 성토 사면의 토질 구성 및 분포
  - 토석의 강도 저하

82

달비계에 사용이 불가한 와이어로프의 기준으로 옳지 않은 것은?

① 이음매가 없는 것
② 지름의 감소가 공칭지름의 7%를 초과하는 것
③ 심하게 변형되거나 부식된 것
④ 와이어로프의 한 꼬임에서 끊어진 소선(素線)의 수가 10% 이상인 것

해설

달비계에 사용 불가한 와이어로프(산업안전보건기준에 관한 규칙 제 63조)
• 이음매가 있는 것
• 와이어로프의 한 꼬임[스트랜드(strand)를 말한다]에서 끊어진 소선(素線)[필러(pillar)선은 제외한다]의 수가 10% 이상(비자전로프의 경우에는 끊어진 소선의 수가 와이어로프 호칭 지름의 6배 길이 이내에서 4개 이상이거나 호칭 지름 30배 길이 이내에서 8개 이상)인 것
• 지름의 감소가 공칭 지름의 7%를 초과하는 것
• 꼬인 것
• 심하게 변형되거나 부식된 것
• 열과 전기 충격에 의해 손상된 것

83

다음 공사 규모를 가진 사업장 중 유해위험방지계획서를 제출해야 할 대상 사업장은?

① 최대 지간 길이가 40m인 교량 건설공사
② 연면적 4,000m²인 종합병원 공사
③ 연면적 3,000m²인 종교시설 공사
④ 연면적 6,000m²인 지하도 상가 공사

해설

유해위험방지계획서 제출 대상(시행령 제42조)

대통령령으로 정하는 크기, 높이 등에 해당하는 건설공사란 다음의 어느 하나에 해당하는 공사를 말한다.
- 다음의 어느 하나에 해당하는 건축물 또는 시설 등의 건설·개조 또는 해체(건설 등)공사
  - 지상 높이가 31m 이상인 건축물 또는 인공구조물
  - 연면적 30,000m² 이상인 건축물
  - 연면적 5,000m² 이상인 시설로서 다음의 어느 하나에 해당하는 시설
    ⓐ 문화 및 집회시설(전시장 및 동물원·식물원은 제외한다)
    ⓑ 판매시설, 운수시설(고속철도의 역사 및 집배송시설은 제외한다)
    ⓒ 종교시설
    ⓓ 의료시설 중 종합병원
    ⓔ 숙박시설 중 관광숙박시설
    ⓕ 지하도 상가
    ⓖ 냉동·냉장 창고시설
- 연면적 5,000m² 이상인 냉동·냉장 창고시설의 설비공사 및 단열공사
- 최대 지간 길이(다리의 기둥과 기둥의 중심 사이의 거리)가 50m 이상인 다리의 건설 등 공사
- 터널의 건설 등 공사
- 다목적 댐, 발전용댐, 저수용량 2,000만ton 이상의 용수 전용 댐 및 지방상수도 전용 댐의 건설 등 공사
- 깊이 10m 이상인 굴착공사

84

히빙(heaving)현상에 대한 안전대책이 아닌 것은?

① 굴착 주변을 웰포인트(well point) 공법과 병행한다.
② 시트파일(sheet pile) 등의 근입심도를 검토한다.
③ 굴착 저면에 토사 등 인공중력을 감소시킨다.
④ 굴착 배면의 상재하중을 제거하여 토압을 최대한 낮춘다.

해설

히빙(heaving)현상에 대한 안전대책

- 지반의 지하 수위를 저하시킨다(well point, deep well 공법으로 지하 수위 저하, 피압수층의 그라우팅).
- 흙막이 벽체의 근입 깊이를 깊게 한다.
- 굴착부 주변의 상재하중을 감소시킨다.
- 아일랜드컷 공법을 적용한다.
- 지반 개량에 의한 전단강도를 증가시킨다(preloading—선행 재하 실시, 시멘트 및 약액주입공법 등으로 그라우팅 실시).

85

표준관입시험에 관한 설명으로 옳지 않은 것은?

① N치(N-value)는 지반을 30cm 굴진하는 데 필요한 타격 횟수를 의미한다.
② N치가 4~10일 경우 모래의 상대밀도는 매우 단단한 편이다.
③ 63.5kg의 추를 76cm 높이에서 자유낙하하여 타격하는 시험이다.
④ 사질 지반에 적용하며, 점토 지반에서는 편차가 커서 신뢰성이 떨어진다.

해설

N치가 4~10일 경우 모래의 상대밀도는 느슨한 편이다. N치가 클수록 토질이 밀실하다.

86

다음 중 360° 회전작업이 불가능한 건설기계는?

① 타워크레인 ② 크롤러 크레인
③ 가이데릭 ④ 삼각데릭

해설

삼각데릭(stiff leg derrick)
• 회전범위 : 270°
• 작업범위 : 180°

87

크레인 운전실을 통하는 통로의 끝과 건설물 등의 벽체와의 간격은 최대 얼마 이하로 하여야 하는가?

① 0.3m ② 0.4m
③ 0.5m ④ 0.6m

해설

건설물 등의 벽체와 통로의 간격 등(산업안전보건기준에 관한 규칙 제145조)

사업주는 다음의 간격을 0.3m 이하로 하여야 한다. 다만, 근로자가 추락할 위험이 없는 경우에는 그 간격을 0.3m 이하로 유지하지 아니할 수 있다.
• 크레인의 운전실 또는 운전대를 통하는 통로의 끝과 건설물 등의 벽체의 간격
• 크레인 거더(girder)의 통로 끝과 크레인 거더의 간격
• 크레인 거더의 통로로 통하는 통로의 끝과 건설물 등의 벽체의 간격

88

다음은 산업안전보건기준에 관한 규칙 중 조립도에 관한 사항이다. ( ) 안에 알맞은 것은?

> 거푸집 동바리 등을 조립하는 때에는 그 구조를 검토한 후 조립도를 작성하여야 한다. 조립도에는 거푸집 및 동바리를 구성하는 부재의 재질·단면 규격·( ) 및 이음방법 등을 명시하여야 한다.

① 부재강도 ② 기울기
③ 안전대책 ④ 설치 간격

해설

조립도(산업안전보건기준에 관한 규칙 제331조)
• 사업주는 거푸집 및 동바리를 조립하는 경우에는 그 구조를 검토한 후 조립도를 작성하고, 그 조립도에 따라 조립하도록 해야 한다.
• 조립도에는 거푸집 및 동바리를 구성하는 부재의 재질·단면 규격·설치 간격 및 이음방법 등을 명시해야 한다.

89

거푸집 동바리 등을 조립하거나 해체하는 작업을 하는 경우 준수사항으로 옳지 않은 것은?

① 해당 작업을 하는 구역에는 관계 근로자가 아닌 사람의 출입을 금지할 것
② 비, 눈, 그 밖의 기상 상태의 불안정으로 날씨가 몹시 나쁜 경우에는 그 작업을 중지할 것
③ 낙하·충격에 의한 돌발적 재해를 방지하기 위하여 버팀목을 설치하고 거푸집 동바리 등을 인양장비에 매단 후에 작업을 하도록 하는 등 필요한 조치를 할 것
④ 재료, 기구 또는 공구 등을 올리거나 내리는 경우에는 근로자로 하여금 달줄·달포대 등의 사용을 금지하도록 할 것

해설

재료, 기구 또는 공구 등을 올리거나 내리는 경우에는 근로자로 하여금 달줄·달포대 등을 사용하도록 해야 한다(산업안전보건기준에 관한 규칙 제333조).

90

다음 터널공법 중 전단면 기계 굴착에 의한 공법에 속하는 것은?

① ASSM(American Steel Supported Method)
② NATM(New Austrian Tunneling Method)
③ TBM(Tunnel Boring Machine)
④ 개착식 공법

해설

③ TBM(Tunnel Boring Machine) : 터널 굴착 시 사용하는 공법이다. 단면에 맞는 원형 hard rock tunnel boring machine을 사용해 땅을 파 들어가고, 이를 뒤따라가면서 숏크리트(shotcrete) 작업을 병행하는 전단면 기계 굴착에 의한 공법이다.
① ASSM(American Steel Supported Method) : 주변 지반의 작업하중을 철재 아치 지보와 콘크리트 라이닝을 주지보재로 활용해 지지하는 공법으로, 광산에서 사용하던 재래식 굴착공법이다.
② NATM(New Austrian Tunneling Method) : 지반의 본래 강도를 유지시켜서 지반 자체를 주지보재로 이용하는 굴착공법이다. 지반 변화에 대한 적응성이 좋고, 적용 단면의 범위가 넓어 일반적인 조건에서는 경제성이 우수하다.
④ 개착식 공법 : 지표면에서 소정의 위치까지 파 들어간 후 구조물을 축조하고 되메운 뒤 지표면을 원상태로 복구시키는 공법이다.

91

사다리식 통로 등을 설치하는 경우 준수해야 할 기준으로 옳지 않은 것은?

① 접이식 사다리 기둥은 사용 시 접히거나 펼쳐지지 않도록 철물 등을 사용하여 견고하게 조치할 것
② 발판과 벽과의 사이는 10cm 이상의 간격을 유지할 것
③ 폭은 30cm 이상으로 할 것
④ 사다리식 통로의 길이가 10m 이상인 경우에는 5m 이내마다 계단참을 설치할 것

해설

발판과 벽과의 사이는 15cm 이상의 간격을 유지해야 한다(산업안전보건기준에 관한 규칙 제24조).

92

철골작업을 중지해야 하는 기준으로 옳은 것은?

① 1시간당 강설량이 1cm 이상인 경우
② 풍속이 15m/s 이상인 경우
③ 진도 3 이상의 지진이 발생한 경우
④ 1시간당 강우량이 1cm 이상인 경우

해설

철골작업을 중지하여야 하는 기준(산업안전보건기준에 관한 규칙 제383조)
• 풍속이 초당 10m 이상인 경우
• 강우량이 시간당 1mm 이상인 경우
• 강설량이 시간당 1cm 이상인 경우

93

건립 중 강풍에 의한 풍압 등 외압에 대한 내력이 설계에 고려되었는지 확인해야 하는 철골구조물의 기준으로 옳지 않은 것은?

① 높이 20m 이상의 구조물
② 구조물의 폭과 높이의 비가 1 : 4 이상인 구조물
③ 이음부가 공장 제작인 구조물
④ 연면적당 철골량이 50kg/m² 이하인 구조물

해설

구조 안전의 위험이 큰 다음의 철골구조물은 건립 중 강풍에 의한 풍압 등 외압에 대한 내력이 설계에 고려되었는지 확인하여야 한다(철골공사 표준안전작업지침 제3조).
• 높이 20m 이상의 구조물
• 구조물의 폭과 높이의 비가 1 : 4 이상인 구조물
• 단면구조에 현저한 차이가 있는 구조물
• 연면적당 철골량이 50kg/m² 이하인 구조물
• 기둥이 타이 플레이트(tie plate)형인 구조물
• 이음부가 현장용접인 구조물

94

근로자가 추락하거나 넘어질 위험이 있는 장소에서 추락 방호망의 설치 기준으로 옳지 않은 것은?

① 망의 처짐은 짧은 변 길이의 10% 이상이 되도록 할 것
② 추락방호망은 수평으로 설치할 것
③ 건축물 등의 바깥쪽으로 설치하는 경우 추락방호망의 내민 길이는 벽면으로부터 3m 이상 되도록 할 것
④ 추락방호망의 설치위치는 가능하면 작업면으로부터 가까운 지점에 설치하여야 하며, 작업면으로부터 망의 설치지점까지의 수직거리는 10m를 초과하지 아니할 것

해설

추락방호망은 수평으로 설치하고, 망의 처짐은 짧은 변 길이의 12% 이상이 되도록 한다(산업안전보건기준에 관한 규칙 제42조).

95

강관비계의 설치 기준으로 옳은 것은?

① 비계 기둥의 간격은 띠장 방향에서는 1.5m 이상 1.8m 이하로 하고, 장선 방향에서는 2.0m 이하로 한다.
② 띠장 간격은 1.8m 이하로 할 것
③ 비계 기둥 간의 적재하중은 400kg을 초과하지 않도록 한다.
④ 비계 기둥의 제일 윗부분으로부터 21m 되는 지점 밑부분의 비계 기둥은 2개의 강관으로 묶어 세운다.

해설

① 비계 기둥의 간격은 띠장 방향에서는 1.85m 이하, 장선 방향에서는 1.5m 이하로 한다.
② 띠장 간격은 2.0m 이하로 한다. 다만, 작업의 성질상 이를 준수하기가 곤란하여 쌍기둥틀 등에 의하여 해당 부분을 보강한 경우에는 그러하지 아니하다.
④ 비계 기둥의 제일 윗부분으로부터 31m 되는 지점 밑부분의 비계 기둥은 2개의 강관으로 묶어 세운다.
※ 산업안전보건기준에 관한 규칙 제60조

96

항타기 및 항발기를 조립하는 경우 점검하여야 할 사항이 아닌 것은?

① 과부하장치 및 제동장치의 이상 유무
② 권상장치의 브레이크 및 쐐기장치 기능의 이상 유무
③ 본체 연결부의 풀림 또는 손상의 유무
④ 권상기의 설치 상태의 이상 유무

해설

조립·해체 시 점검사항(산업안전보건기준에 관한 규칙 제207조)

사업주는 항타기 또는 항발기를 조립하거나 해체하는 경우 다음의 사항을 점검해야 한다.
• 본체 연결부의 풀림 또는 손상의 유무
• 권상용 와이어로프·드럼 및 도르래의 부착 상태의 이상 유무
• 권상장치의 브레이크 및 쐐기장치 기능의 이상 유무
• 권상기의 설치 상태의 이상 유무
• 리더(leader)의 버팀 방법 및 고정 상태의 이상 유무
• 본체·부속장치 및 부속품의 강도가 적합한지 여부
• 본체·부속장치 및 부속품에 심한 손상·마모·변형 또는 부식이 있는지 여부

97

시스템 비계를 사용하여 비계를 구성하는 경우에 준수하여야 할 사항으로 옳지 않은 것은?

① 수직재와 수직재의 연결 철물은 이탈되지 않도록 견고한 구조로 할 것
② 수직재·수평재·가새재를 견고하게 연결하는 구조가 되도록 할 것
③ 수직재와 받침 철물의 연결부 겹침 길이는 받침 철물 전체길이의 4분의 1 이상이 되도록 할 것
④ 수평재는 수직재와 직각으로 설치하여야 하며, 체결 후 흔들림이 없도록 견고하게 설치할 것

해설

비계 밑단의 수직재와 받침 철물은 밀착되도록 설치하고, 수직재와 받침 철물의 연결부 겹침 길이는 받침 철물 전체 길이의 3분의 1 이상이 되도록 한다(산업안전보건기준에 관한 규칙 제69조).

98

터널공사의 전기발파작업에 관한 설명으로 옳지 않은 것은?

① 전선은 점화하기 전에 화약류를 충진한 장소로부터 30m 이상 떨어진 안전한 장소에서 도통시험 및 저항시험을 하여야 한다.

② 점화는 충분한 허용량을 갖는 발파기를 사용하고 규정된 스위치를 반드시 사용하여야 한다.

③ 발파 후 발파기와 발파모선의 연결을 유지한 채 그 단부를 절연시킨 후 재점화되지 않도록 한다.

④ 점화는 선임된 발파책임자가 행하고 발파기의 핸들을 점화할 때 이외에는 시건장치를 하거나 모선을 분리하여야 하며 발파책임자의 엄중한 관리하에 두어야 한다.

해설

발파 후 즉시 발파모선을 발파기에서 분리하여 단락시키는 등 재기폭되지 않도록 조치해야 한다.

99

그물코의 크기가 5cm인 매듭방망사의 폐기 시 인장강도 기준은?

① 30kg
② 60kg
③ 100kg
④ 200kg

해설

방망사의 폐기 시 인장강도(추락재해방지 표준안전작업지침 제5조)

그물코의 크기	방망의 종류(단위 : kg)	
(단위 : cm)	매듭 없는 방망	매듭방망
10	150	135
5		60

100

항만하역작업에서의 선박승강설비 설치 기준으로 옳지 않은 것은?

① 현문 사다리의 양측에는 82cm 이상의 높이로 울타리를 설치하여야 한다.

② 현문 사다리는 견고한 재료로 제작된 것으로 너비는 55cm 이상이어야 한다.

③ 현문 사다리는 근로자의 통행에만 사용하여야 하며, 화물용 발판 또는 화물용 보판으로 사용하도록 해서는 아니 된다.

④ 200ton급 이상의 선박에서 하역작업을 하는 경우에 근로자들이 안전하게 오르내릴 수 있는 현문(舷門) 사다리를 설치하여야 하며, 이 사다리 밑에 안전망을 설치하여야 한다.

해설

선박승강설비의 설치(산업안전보건기준에 관한 규칙 제397조)

• 사업주는 300ton급 이상의 선박에서 하역작업을 하는 경우에 근로자들이 안전하게 오르내릴 수 있는 현문(舷門) 사다리를 설치하여야 하며, 이 사다리 밑에 안전망을 설치하여야 한다.

• 현문 사다리는 견고한 재료로 제작된 것으로 너비는 55cm 이상이어야 하고, 양측에 82cm 이상의 높이로 울타리를 설치하여야 하며, 바닥은 미끄러지지 않도록 적합한 재질로 처리되어야 한다.

• 현문 사다리는 근로자의 통행에만 사용하여야 하며, 화물용 발판 또는 화물용 보판으로 사용하도록 해서는 아니 된다.

제**1**과목 | 산업안전관리론

01

하인리히 재해 발생 5단계 중 3단계에 해당하는 것은?

① 불안전한 행동 또는 불안전한 상태

② 사회적 환경 및 유전적 요소

③ 관리의 부재

④ 사고

해설

하인리히의 재해 발생 5단계 이론
- 1단계 : 사회적 환경 및 유전적 요소
- 2단계 : 개인적 결함
- 3단계 : 불안전한 행동 또는 불안전한 상태
- 4단계 : 사고
- 5단계 : 재해

02

안전관리조직 중 대규모 사업장에서 가장 이상적인 조직 형태는?

① 직계형 조직

② 직능전문화조직

③ 라인 · 스태프(line-staff)형 조직

④ 테스크포스(task-force)조직

해설

라인 · 스태프(line-staff)형 조직은 대규모 사업장(1,000명 이상)에 효율적이다.

03

참가자에게 일정한 역할을 주어 실제적으로 연기를 시켜 봄으로써 자기의 역할을 보다 확실히 인식할 수 있도록 체험학습을 시키는 교육방법은?

① symposium

② brain storming

③ role playing

④ fish bowl playing

04

데이비스(K. Davis)의 동기부여이론에 관한 등식에서 그 관계가 옳지 않은 것은?

① 지식 × 기능 = 능력

② 상황 × 능력 = 동기유발

③ 능력 × 동기유발 = 인간의 성과

④ 인간의 성과 × 물질의 성과 = 경영의 성과

해설

데이비스(K. Davis)의 동기부여이론에 관한 등식
- 지식(knowledge) × 기능(skill) = 능력(ability)
- 상황(situation) × 태도(attitude) = 동기유발(motivation)
- 능력 × 동기유발 = 인간의 성과(human performance)
- 인간의 성과 × 물질의 성과 = 경영의 성과

05

산업안전심리의 5대 요소에 포함되지 않는 것은?

① 습관　　　　　　　② 동기
③ 감정　　　　　　　④ 지능

산업안전심리의 5대 요소
- 동기 : 사람의 마음을 움직이는 원동력
- 기질 : 인간의 성격, 능력 등 개인적인 특성
- 감정 : 사고를 일으키는 정신적 동기(희로애락 등)
- 습성 : 인간의 행동에 영향을 미칠 수 있는 것(동기, 기질 등과 밀접한 관계)
- 습관 : 성장과정을 통하여 형성된 특성

06

50인의 상시 근로자를 가지고 있는 어느 사업장에 1년간 3건의 부상자를 내고 그 휴업일수가 219일이라면 강도율은?

① 1.37　　　　　　　② 1.50
③ 1.86　　　　　　　④ 2.21

해설

$$강도율 = \frac{근로손실일수}{연근로시간 수} \times 10^3$$
$$= \frac{219}{50 \times 8 \times 365} \times 10^3$$
$$= 1.50$$

07

특정과업에서 에너지 소비 수준에 영향을 미치는 인자가 아닌 것은?

① 작업방법　　　　　② 작업속도
③ 작업관리　　　　　④ 도구

해설

에너지 소비 수준에 영향을 미치는 인자
작업방법, 작업속도, 작업 자세, 도구(도구 설계)

08

다음 중 안전교육의 형태 중 OJT(On the Job Training) 교육에 대한 설명과 거리가 먼 것은?

① 다수의 근로자에게 조직적 훈련이 가능하다.
② 직장의 실정에 맞게 실제적인 훈련이 가능하다.
③ 훈련에 필요한 업무의 지속성이 유지된다.
④ 직장의 직속상사에 의한 교육이 가능하다.

해설

①은 Off JT의 특징이다.

09

재해 예방의 4원칙에 해당하지 않는 것은?

① 예방 가능의 원칙
② 손실 우연의 원칙
③ 원인 계기의 원칙
④ 선취 해결의 원칙

해설

산업재해 방지의 4원칙
- 예방 가능의 원칙 : 재해사고는 예방 가능하지만, 노력의 한계가 있다.
- 손실 우연의 원칙 : 사고 발생 당시 주변조건에 따라 손실의 크기가 달라진다.
- 원인 계기의 원칙 : 사고와 그 원인은 필연적인 인과관계로 이루어져 있다.
- 대책 선정의 원칙 : 가장 적절한 안전대책을 선정하고 차선책까지 고려해야 한다.

10

안전교육방법 중 사례연구법의 장점이 아닌 것은?

① 흥미가 있고, 학습동기를 유발할 수 있다.
② 현실적인 문제의 학습이 가능하다.
③ 관찰력과 분석력을 높일 수 있다.
④ 원칙과 규정의 체계적 습득이 용이하다.

해설

사례연구법은 여러 사례를 조사하여 결과를 도출하는 방법으로, 원칙과 규정을 체계적으로 습득하기 어렵다.

11

비통제의 집단행동 중 폭동과 같은 것을 의미하며, 군중보다 합의성이 없고, 감정에 의해서만 행동하는 특성은?

① 패닉(panic)
② 모브(mob)
③ 모방(imitation)
④ 심리적 전염(mental epidemic)

해설

비통제적 집단행동
• 군중 : 공통된 규범이나 조직성 없이 우연히 조직된 인간의 집합
• 모브(폭동) : 대규모의 사람들이 강한 감정적 상황에서 모여서 폭력적인 행동을 일으키는 것
• 패닉 : 이상적인 상황하에서 방어적인 행동 특성으로 보이는 집단행동으로 위험을 회피하기 위해서 일어나는 집합적인 도주현상
• 심리적 전염 : 사람들의 정서와 행동이 한 사람에서 다른 사람으로 옮겨져 심리 상태가 집단화되는 현상

12

불안전 상태와 불안전 행동을 제거하는 안전관리의 시책에는 적극적인 대책과 소극적인 대책이 있다. 다음 중 소극적인 대책에 해당하는 것은?

① 보호구의 사용
② 위험공정의 배제
③ 위험물질의 격리 및 대체
④ 위험성 평가를 통한 작업환경 개선

해설

불안전 상태와 불안전 행동을 제거하는 안전관리의 시책
• 적극적인 대책
　– 위험공정의 배제
　– 위험물질의 격리 및 대체
　– 위험성 평가를 통한 작업환경 개선
• 소극적인 대책 : 보호구 사용

13

헤드십(headship)에 관한 설명으로 옳지 않은 것은?

① 구성원과 사회적 간격이 좁다.
② 지휘의 형태는 권위주의적이다.
③ 권한의 부여는 조직으로부터 위임받는다.
④ 권한귀속은 공식화된 규정에 의한다.

해설

헤드십은 외부에 의해 선출된 지도자(명목상 리더)로서 권위주의적·개인주의적이며, 구성원과 사회적 간격이 넓다.

14

인간의 사회적 행동의 기본 형태가 아닌 것은?

① 대립　　　　② 도피
③ 모방　　　　④ 협력

해설

사회적 행동의 기본 형태
협력, 대립, 도피, 융합

15

TBM(Tool Box Meeting)의 의미를 가장 잘 설명한 것은?

① 지시나 명령의 전달회의

② 공구함을 준비한 후 작업하라는 뜻

③ 작업원 전원의 상호 대화로 스스로 생각하고 납득하는 작업장 안전회의

④ 상사의 지시된 작업내용에 따른 공구를 하나하나 준비해야 한다는 뜻

해설

TBM(Tool Box Meeting)

작업자들이 작업 전에 관리감독자를 중심으로 작업내용, 위험요인, 안전작업절차 등에 대해 10분 내외로 서로 확인 및 의논하는 활동이다.

• 작업장의 현재 또는 향후 활동과 관련된 내용이어야 한다.

• 사전에 전달자료를 준비하고 내용을 숙지한다.

• 실시단계 : 도입 → 점검 정비 → 작업 지시 → 위험예지훈련 → 확인

16

산업안전보건법령상 안전검사 대상 유해 · 위험기계의 종류가 아닌 것은?

① 곤돌라

② 산업용 원심기

③ 이동식 국소 배기장치

④ 고소작업대(화물자동차 또는 특수자동차에 탑재한 고소작업대로 한정)

해설

안전검사 대상 기계 등(시행령 제78조)

안전검사	프레스, 전단기, 크레인(정격 하중 2ton 미만은 제외), 리프트, 압력용기, 곤돌라, 국소 배기장치(이동식 제외), 원심기(산업용만 해당), 롤러기(밀폐형 구조 제외), 사출성형기(형 체결력 294kN 미만 제외), 고소작업대(화물자동차 또는 특수자동차에 탑재한 고소작업대로 한정), 컨베이어, 산업용 로봇, 혼합기, 파쇄기 또는 분쇄기

※ '혼합기, 파쇄기 또는 분쇄기'는 개정에 따라 2026년 6월 26일부로 추가되어 시행된다.

17

내전압용 절연장갑의 성능 기준상 최대사용전압에 따른 절연장갑의 구분 중 3등급의 색상으로 옳은 것은?

① 노란색　　　　　　② 흰색

③ 녹색　　　　　　　④ 갈색

해설

내전압용 절연장갑의 등급별 색상(보호구 안전인증 고시 별표 3)

• 00등급 : 갈색

• 0등급 : 빨간색

• 1등급 : 흰색

• 2등급 : 노란색

• 3등급 : 녹색

• 4등급 : 등색

18

산업안전보건법령에 따른 근로자 안전 · 보건교육 중 채용 시의 교육내용이 아닌 것은?

① 사고 발생 시 긴급조치에 관한 사항

② 유해 · 위험 작업환경 관리에 관한 사항

③ 산업보건 및 직업병 예방에 관한 사항

④ 기계 · 기구의 위험성과 작업의 순서 및 동선에 관한 사항

해설

근로자 채용 시 교육 및 작업내용 변경 시 교육(시행규칙 별표 5)

• 산업안전 및 산업재해 예방에 관한 사항(화재 · 폭발 사고 발생 시 대피에 관한 사항을 포함한다)

• 산업보건 및 건강장해 예방에 관한 사항

• 위험성 평가에 관한 사항

• 산업안전보건법령 및 산업재해보상보험제도에 관한 사항

• 직무 스트레스 예방 및 관리에 관한 사항

• 직장 내 괴롭힘, 고객의 폭언 등으로 인한 건강장해 예방 및 관리에 관한 사항

• 기계 · 기구의 위험성과 작업의 순서 및 동선에 관한 사항

• 작업 개시 전 점검에 관한 사항

• 정리 · 정돈 및 청소에 관한 사항

• 사고 발생 시 긴급조치에 관한 사항

• 물질안전보건자료에 관한 사항

19

산업안전보건법령상 보호구 안전인증 대상 방독마스크의 유기화합물용 정화통 외부 측면 표시 색으로 옳은 것은?

① 빨간색　　　　　② 갈색

③ 회색　　　　　　④ 녹색

20

산업안전보건법상 안전보건표지에서 기본모형의 색상이 빨간색이 아닌 것은?

① 산화성 물질 경고

② 화기금지

③ 탑승금지

④ 고온 경고

21

계수형 표시장치를 사용하기 적합하지 않은 경우는?

① 수치를 정확히 읽어야 하는 경우

② 짧은 판독시간이 필요한 경우

③ 판독오차가 작은 것이 필요한 할 경우

④ 표시장치에 나타나는 값들이 계속 변하는 경우

22

다음 중 주어진 작업에 대하여 필요한 소요조명(f_c)을 구하는 식으로 옳은 것은?

① 소요조명$(f_c) = \dfrac{소요휘도(f_L)}{반사율(\%)}$

② 소요조명$(f_c) = \dfrac{반사율(\%)}{소요휘도(f_L)}$

③ 소요조명$(f_c) = \dfrac{소요휘도(f_L)}{(거리)^2}$

④ 소요조명$(f_c) = \dfrac{(거리)^2}{소요휘도(f_L)}$

23

음량 수준이 50phon일 때 sone 값은?

① 2   ② 5

③ 10   ④ 100

sone 값 $= 2^{\frac{phon-40}{10}} = 2^{\frac{50-40}{10}} = 2\text{sone}$

24

작업장 내의 색채 조절이 적합하지 못한 경우에 나타나는 상황에 대한 설명으로 옳지 않은 것은?

① 안전표지가 너무 많아 눈에 거슬린다.
② 현란한 색 배합으로 물체 식별이 어렵다.
③ 무채색으로만 구성되어 중압감을 느낀다.
④ 다양한 색채를 사용하면 작업의 집중도가 높아진다.

다양한 색채를 사용하면 시야가 복잡해져 작업의 집중도가 낮아진다.

25

'표시장치와 이에 대응하는 조종장치 간의 위치 또는 배열이 인간의 기대와 모순되지 않아야 한다.'는 인간공학적 설계원리와 가장 관계가 깊은 것은?

① 개념 양립성   ② 운동 양립성
③ 문화 양립성   ④ 공간 양립성

양립성

자극 또는 반응들 간의 관계가 인간의 기대에 일치되는 정도

• 개념 양립성 : 어떠한 신호가 전달하려는 내용과 연관성이 있어야 하는 것(예) 위험신호는 빨간색, 주의신호는 노란색, 안전신호는 파란색으로 표시하는 것)
• 양식 양립성 : 청각적 자극 제시와 이에 대한 음성응답과업에서 갖는 양립성
• 운동 양립성 : 표시 및 조종장치, 체계반응의 운동 방향의 양립성(예) 조종장치를 오른쪽으로 돌리면 지침도 오른쪽으로 이동하는 것)
• 공간 양립성 : 표시장치가 조종장치에서 물리적 형태나 공간적인 배치 양립성(예) 오른쪽 : 오른손 조절장치, 왼쪽 : 왼손 조절장치)

26

일반적으로 인체에 가해지는 온습도 및 기류 등의 외적 변수를 종합적으로 평가하는 데는 불쾌지수라는 지표를 이용한다. 불쾌지수의 계산식이 다음과 같은 경우, 건구온도와 습구온도의 단위로 옳은 것은?

> 불쾌지수 = 0.72 × (건구온도 + 습구온도) + 40.6

① 실효온도   ② 화씨온도
③ 절대온도   ④ 섭씨온도

불쾌지수

• 섭씨온도식 불쾌지수
 = 0.72 × (건구 섭씨온도 + 습구 섭씨온도) + 40.6
• 화씨온도식 불쾌지수
 = 0.4 × (건구 화씨온도 + 습구 화씨온도) + 15

27

Rasmussen의 행동 분류 3가지에 해당하지 않는 것은?

① 숙련기반행동(skill-based behavior)

② 지식기반행동(knowledge-based behavior)

③ 경험기반행동(experience-based behavior)

④ 규칙기반행동(rule-based behavior)

28

사람의 감각기관 중 반응속도가 가장 느린 것은?

① 청각   ② 시각

③ 미각   ④ 촉각

해설

반응시간

• 청각 : 0.17초
• 촉각 : 0.18초
• 시각 : 0.20초
• 미각 : 0.29초
• 통각 : 0.70초

29

인간공학의 연구방법에서 인간 – 기계시스템을 평가하는 척도로서 인간 기준이 아닌 것은?

① 사고 빈도   ② 인간성능 척도

③ 객관적 반응   ④ 생리학적 지표

해설

인간공학에 사용되는 인간 기준(human criteria)의 4가지 기본 유형

• 사고 빈도
• 인간성능 척도
• 주관적 반응
• 생리학적 지표

30

다음 중 시스템 신뢰도에 관한 설명으로 옳지 않은 것은?

① 시스템의 성공적 퍼포먼스를 확률로 나타낸 것이다.

② 각 부품이 동일한 신뢰도를 가질 경우 직렬구조의 신뢰도는 병렬구조에 비해 신뢰도가 낮다.

③ 시스템의 병렬구조는 시스템의 어느 한 부품이 고장 나면 시스템이 고장 나는 구조이다.

④ n 중 k구조는 n개의 부품으로 구성된 시스템에서 k개 이상의 부품이 작동하면 시스템이 정상적으로 가동되는 구조이다.

해설

시스템의 직렬구조는 시스템의 어느 한 부품이 고장 나면 형성된 경로가 차단되므로 시스템이 고장 나는 구조이다.

31

인간 – 기계시스템 설계과정의 주요 6단계의 순서로 옳은 것은?

> ⓐ 기본 설계
> ⓑ 시스템의 정의
> ⓒ 목표 및 성능명세 결정
> ⓓ 인간 – 기계 인터페이스(human-machine interface) 설계
> ⓔ 매뉴얼 및 성능 보조자료 작성
> ⓕ 시험 및 평가

① ⓒ → ⓑ → ⓐ → ⓓ → ⓔ → ⓕ
② ⓐ → ⓑ → ⓒ → ⓓ → ⓔ → ⓕ
③ ⓑ → ⓒ → ⓐ → ⓔ → ⓓ → ⓕ
④ ⓒ → ⓐ → ⓑ → ⓔ → ⓓ → ⓕ

해설

인간 – 기계시스템 설계과정의 주요 6단계
• 1단계 : 시스템의 목표 및 성능명세 결정
• 2단계 : 시스템의 정의
• 3단계 : 기본 설계(작업 설계/직무 분석/기능 할당)
• 4단계 : 인터페이스 설계(계면 설계)
• 5단계 : 보조물 설계(촉진물 설계)
• 6단계 : 시험 및 평가

32

자동차 엔진의 수명이 지수분포를 따르는 경우 신뢰도를 95%를 유지시키면서 8,000시간을 사용하기 위한 적합한 고장률은 약 얼마인가?

① 6.4×10^{-6}/시간
② 7.4×10^{-6}/시간
③ 8.2×10^{-6}/시간
④ 9.5×10^{-6}/시간

해설

고장률

$$\lambda = \frac{N}{t} = \frac{1 - 0.95}{8,000} = \frac{0.05}{8,000}$$

$$\simeq 6.4 \times 10^{-6}/\text{시간}$$

여기서, N : 고장건수
t : 총가동시간

33

FT도에 사용하는 기호에서 3개의 입력현상 중 임의의 시간에 2개가 발생하면 출력이 생기는 기호는?

① 억제게이트
② 조합 AND게이트
③ 배타적 OR게이트
④ 우선적 AND게이트

해설

① 억제게이트 : 수정기호를 병용해서 게이트 역할을 한다. 입력사상이 수정기호 안의 조건을 만족시킬 때만 출력이 나온다.
③ 배타적 OR게이트 : OR게이트이지만 2개 또는 2개 이상의 입력이 동시에 존재하는 경우에는 출력이 생기지 않는다.
④ 우선적 AND게이트 : 입력현상 중에서 어떤 현상이 다른 현상보다 먼저 일어나 출력현상이 생기는 수정게이트이다.

34

사고의 발단이 되는 초기사상이 발생할 경우 그 영향이 시스템에서 어떤 결과(정상 또는 고장)로 진전해 가는지를 나뭇가지가 갈라지는 형태로 분석하는 방법은?

① FTA
② FHA
③ PHA
④ ETA

해설

① FTA : 예상되는 사고의 원인이 되는 장치, 기기의 결함이나 설계자, 조업자의 오류를 연역적·순차적·도식적·확률적으로 검토 분석하여 이의 정성적·정량적 안전성을 평가 진단하는 방법
② FHA : 시스템의 기능적 요구사항을 고려하여 사고의 잠재적인 위험요소를 식별하고 평가하는 방법
③ PHA : 시스템 개발단계에 있어서 시스템 고유의 위험 상태를 식별하고 예상되는 재해의 위험 수준을 결정하는 방법

35

자연습구온도가 20℃이고, 흑구온도가 30℃일 때 실내의 습구흑구온도 지수(WBGT ; Wet-Bulb Globe Temperature)는 얼마인가?

① 20℃   ② 23℃

③ 25℃   ④ 30℃

해설

$$WBGT = 0.7 \times \text{자연습구온도} + 0.3 \times \text{흑구온도}$$
$$= 0.7 NWB + 0.3 GT$$
$$= 0.7 \times 20 + 0.3 \times 30$$
$$= 23℃$$

36

신뢰도가 0.4인 부품 5개가 병렬결합모델로 구성된 제품이 있을 때 이 제품의 신뢰도는?

① 0.90   ② 0.91

③ 0.92   ④ 0.93

해설

$R_s = 1 - (1-0.4)^5 \simeq 0.92$

37

일반적으로 위험(risk)은 3가지 기본요소로 표현하며, 3요소(triplets)로 정의한다. 3요소에 해당하지 않는 것은?

① 사고 시나리오(S_i)

② 사고 발생 확률(P_i)

③ 시스템 불이용도(Q_i)

④ 파급효과 또는 손실(X_i)

해설

위험(risk)의 기본 3요소(triplets)
• 사고 시나리오(S_i)
• 사고 발생 확률(P_i)
• 파급효과 또는 손실(X_i)

38

제품의 설계단계에서 고유 신뢰성을 증대시키기 위하여 일반적으로 많이 사용되는 방법이 아닌 것은?

① 병렬 및 대기 리던던시의 활용

② 부품과 조립품의 단순화 및 표준화

③ 제조 부문과 납품업자에 대한 부품 규격의 명세 제시

④ 부품의 전기적, 기계적, 열정 및 기타 작동조건의 경감

해설

③은 사용 신뢰성 증대방안에 해당한다.
제품의 설계단계에서 고유 신뢰성을 증대시키기 위하여 일반적으로 많이 사용하는 방법
• 병렬 및 대기 리던던시의 활용
• 부품과 조립품의 단순화 및 표준화
• 고신뢰도 부품의 사용
• 부품 고장의 사후 영향을 제한하기 위한 구조적 설계 방안의 강구
• 부품의 전기적, 기계적, 열적 및 기타 작동조건의 경감
• 시험의 자동화
• 제품의 단순화

39

위험관리에서 위험의 분석 및 평가에 유의할 사항으로 적절하지 않은 것은?

① 기업 간의 의존도는 어느 정도인지 점검한다.

② 발생 빈도보다는 손실 규모에 중점을 둔다.

③ 작업표준의 의미를 충분히 이해하고 있는지 점검한다.

④ 한 가지의 사고가 여러 가지 손실을 수반하는지 확인한다.

위험의 분석 및 평가단계

위험관리의 안전성 평가 시 발생 빈도보다는 손실에 중점을 두며, 기업 간 의존도는 어느 정도인지, 한 가지 사고가 여러 가지 손실을 수반하는지 등 안전에 미치는 영향의 강도를 평가하는 단계로, 유의사항은 다음과 같다.

- 기업 간의 의존도는 어느 정도인지 점검한다.
- 발생 빈도보다는 손실 규모에 중점을 둔다.
- 한 가지의 사고가 여러 가지 손실을 수반하는지 확인한다.

40

다음 FTA 그림에서 a, b, c의 부품 고장률이 각각 0.01일 때, 최소 컷셋(minimal cut sets)과 신뢰도로 옳은 것은?

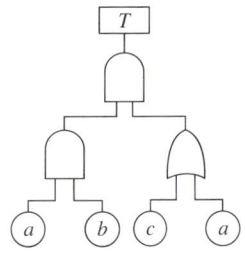

① $\{a,\ b\}$, $R(t) = 99.99\%$

② $\{a,\ b,\ c\}$, $R(t) = 98.99\%$

③ $\{a,\ c\}$, $R(t) = 96.99\%$
  $\{a,\ b\}$

④ $\{a,\ c\}$, $R(t) = 97.99\%$
  $\{a,\ b,\ c\}$

$T = (ab)(c+a) = abc + a(ab) = abc + ab = ab(c+1) = ab$이므로
최소 컷셋은 $\{a,\ b\}$이다.

각 부품의 고장률이 0.01이므로, 각 부품의 신뢰도는
$1 - 0.01 = 0.99$이고

전체 신뢰도는

$$R(t) = 1 - (1 - 0.99^2)\left[1 - \{1 - (1 - 0.99)^2\}\right]$$
$$\simeq 0.9999$$
$$= 99.99\%$$

41

롤러가 맞물림점의 전방에 개구부의 간격을 30mm로 하여 가드를 설치하고자 한다. 가드의 설치 위치는 맞물림점에서 적어도 얼마의 간격을 유지하여야 하는가?

① 150mm ② 155mm

③ 160mm ④ 172mm

해설

$Y = 6 + 0.15X$

$X = \dfrac{Y-6}{0.15} = \dfrac{30-6}{0.15}$

$\quad = 160mm$

42

기계설비의 안전조건 중 구조의 안전화에 대한 설명으로 옳지 않은 것은?

① 기계재료의 선정 시 재료 자체에 결함이 없는지 철저히 확인한다.

② 사용 중 재료의 강도가 열화될 것을 감안하여 설계 시 안전율을 고려한다.

③ 기계 작동 시 기계의 오동작을 방지하기 위하여 오동작방지회로를 적용한다.

④ 가공경화와 같은 가공결함이 생길 우려가 있는 경우는 열처리 등으로 결함을 방지한다.

해설

• 기능적 안전화 : 전압 강하, 정전 및 단락, 사용압력 변동 등의 오동작 방지
• 구조적 안전화 : 설계, 재료, 가공상의 결함 방지

43

연삭작업에서 숫돌의 파괴원인으로 적절하지 않은 것은?

① 숫돌의 회전속도가 너무 빠를 때

② 연삭작업 시 숫돌의 정면을 사용할 때

③ 숫돌에 큰 충격을 줬을 때

④ 숫돌의 회전 중심이 제대로 잡히지 않았을 때

해설

연삭작업 중 숫돌 파괴의 원인

• 숫돌의 회전속도가 너무 빠를 경우
• 숫돌에 균열이 있을 경우
• 숫돌작업 시 측면이 사용될 경우
• 숫돌에 큰 충격을 가할 경우
• 숫돌 내경의 크기가 적당하지 않을 경우
• 플랜지의 지름이 현저히 작을 경우
• 회전력이 결합력보다 클 경우
• 숫돌의 회전 중심이 잡히지 않았을 경우
• 베어링 마모에 의한 진동

44

산업안전보건법령상 승강기의 종류에 해당하지 않는 것은?

① 리프트

② 에스컬레이터

③ 화물용 엘리베이터

④ 승객용 엘리베이터

해설

리프트는 양중기이다.

승강기의 종류

승객용 엘리베이터, 화물용 엘리베이터, 승객화물용 엘리베이터, 소형 화물용 엘리베이터, 에스컬레이터

45

밀링머신 작업의 안전수칙으로 옳지 않은 것은?

① 강력 절삭을 할 때는 일감을 바이스로부터 길게 물린다.
② 일감을 측정할 때에는 반드시 정지시킨 다음에 한다.
③ 상하 이송장치의 핸들은 사용 후 반드시 빼 두어야 한다.
④ 커터는 될 수 있는 한 칼럼에 가깝게 설치한다.

해설

강력 절삭 시에는 일감을 바이스에 깊게 물린다.

46

확동 클러치의 봉합 개소의 수가 4개일 때, 300SPM(Stroke Per Minute)의 완전 회전식 클러치 기구가 있는 프레스의 양수 기동식 방호장치의 안전거리는 약 몇 mm 이상이어야 하는가?

① 360
② 315
③ 240
④ 225

해설

안전거리

$$D_m = 1.6\,T_m = 1.6 \times \left(\frac{1}{4} + \frac{1}{2} \right) \times \frac{60,000}{300} = 240\text{mm}$$

47

산업안전보건법령에 따라 타워크레인의 운전작업을 중지해야 하는 순간풍속의 기준은?

① 초당 10m를 초과하는 경우
② 초당 15m를 초과하는 경우
③ 초당 30m를 초과하는 경우
④ 초당 35m를 초과하는 경우

해설

사업주는 순간풍속이 초당 10m를 초과하는 경우 타워크레인의 설치·수리·점검 또는 해체작업을 중지하여야 하며, 순간풍속이 초당 15m를 초과하는 경우에는 타워크레인의 운전작업을 중지하여야 한다(산업안전보건기준에 관한 규칙 제37조).

48

프레스방호장치에서 게이트 가드식 방호장치의 작동방식에 따른 분류로 옳지 않은 것은?

① 경사식
② 하강식
③ 도립식
④ 횡 슬라이드식

해설

작동방식에 따른 게이트 가드식 방호장치의 종류
상승식, 하강식, 도립식, 횡 슬라이드식

49

목재가공용 둥근톱의 톱날 지름이 500mm일 경우 분할날의 최소길이는 약 몇 mm인가?

① 262
② 362
③ 162
④ 462

해설

분할날의 최소길이 $L = \dfrac{\pi \times D}{6} = \dfrac{\pi \times 500}{6} \simeq 262\text{mm}$

50

정(chisel)작업의 일반적인 안전수칙으로 옳지 않은 것은?

① 따내기 및 칩이 튀는 가공 시 보안경을 착용하여야 한다.

② 절단작업 시 절단된 끝이 튀는 것을 조심하여야 한다.

③ 작업을 시작할 때는 가급적 정을 세게 타격하고 점차 힘을 줄여간다.

④ 담금질된 철강재료는 정가공을 하지 않는 것이 좋다.

해설

정작업 시 처음에는 가볍게 두드리고, 점차 힘을 가한 후 작업이 끝날 때는 가볍게 두드린다.

51

불순물이 포함된 물을 보일러수로 사용하여 보일러의 관 벽과 드럼 내면에 생성된 관석(scale)으로 인해 나타나는 현상이 아닌 것은?

① 과열

② 불완전연소

③ 보일러의 효율 저하

④ 보일러수의 순환 저하

해설

불순물이 포함된 물을 보일러수로 사용하여 보일러의 관 벽과 드럼 내면에 발생한 관석(scale)으로 인한 영향

과열, 보일러의 효율 저하, 보일러수의 순환 저하, 연료소비량 증가 등

52

기계장치의 안전설계를 위해 적용하는 안전율 계산식은?

① 안전하중 ÷ 설계하중

② 최대사용하중 ÷ 극한강도

③ 극한강도 ÷ 최대설계응력

④ 극한강도 ÷ 파단하중

해설

안전율(S)

$$S = \frac{기준강도}{허용응력} = \frac{기초강도}{허용응력} = \frac{파괴응력도}{허용응력도}$$

$$= \frac{극한강도}{허용응력} = \frac{인장강도}{허용응력} = \frac{극한하중}{최대설계하중}$$

$$= \frac{파괴하중}{최대하중} = \frac{파단하중}{안전하중} = \frac{절단하중}{최대사용하중}$$

53

지게차 헤드가드의 안전 기준에 관한 설명으로 옳은 것은?

① 상부틀의 각 개구의 폭 또는 길이가 20cm 이상일 것

② 강도는 지게차의 최대하중의 2배 값(4ton을 넘는 값에 대해서는 4ton으로 한다)의 등분포정하중에 견딜 수 있을 것

③ 운전자가 서서 조작하는 방식의 지게차의 경우에는 운전석의 바닥면에서 헤드가드의 상부틀 하면까지의 높이가 2m 이상일 것

④ 운전자가 앉아서 조작하는 방식의 지게차의 경우에는 운전자의 좌석 윗면에서 헤드가드의 상부틀 아랫면까지의 높이가 1m 이상일 것

해설

① 상부틀의 각 개구의 폭 또는 길이가 16cm 미만이어야 한다.

③, ④ 운전자가 앉아서 조작하거나 서서 조작하는 지게차의 헤드가드는 한국산업표준에서 정하는 높이 기준 이상이어야 한다(입식 : 1.905m, 좌식 : 0.903m).

※ 산업안전보건기준에 관한 규칙 제180조

54

기계운동의 형태에 따른 위험점 분류에 해당하지 않는 것은?

① 끼임점 ② 회전물림점
③ 협착점 ④ 절단점

위험점 분류
- 협착점(왕복운동 + 고정부) : 프레스, 절단기, 성형기
- 끼임점(회전 또는 직선운동 + 고정부) : 연삭숫돌과 작업대
- 절단점(회전운동 자체) : 둥근톱의 톱날, 띠톱날
- 물림점(회전운동 + 회전운동) : 롤러기
- 접선물림점(회전운동 + 접선부) : 벨트와 풀리
- 회전말림점(돌기회전부) : 회전축, 드릴

55

산업용 로봇작업 시 안전조치방법으로 옳지 않은 것은?

① 작업 중의 머니퓰레이터의 속도의 지침에 따라 작업한다.
② 로봇의 조작방법 및 순서의 지침에 따라 작업한다.
③ 작업을 하는 동안 해당 작업 근로자 이외에도 로봇의 기동스위치를 조작할 수 있도록 한다.
④ 2명 이상의 근로자에게 작업을 시킬 때는 신호방법의 지침을 정하고 그 지침에 따라 작업한다.

교시 등(산업안전보건기준에 관한 규칙 제222조)
사업주는 산업용 로봇(이하 '로봇'이라 한다)의 작동범위에서 해당 로봇에 대하여 교시(敎示) 등[머니퓰레이터(manipulator)의 작동 순서, 위치·속도의 설정·변경 또는 그 결과를 확인하는 것을 말한다]의 작업을 하는 경우에는 해당 로봇의 예기치 못한 작동 또는 오(誤)조작에 의한 위험을 방지하기 위하여 다음의 사항에 관한 지침을 정하고 그 지침에 따라 작업을 시켜야 한다.
- 로봇의 조작방법 및 순서
- 작업 중의 머니퓰레이터의 속도
- 2명 이상의 근로자에게 작업을 시킬 경우의 신호방법
- 이상을 발견한 경우의 조치
- 이상을 발견하여 로봇의 운전을 정지시킨 후 이를 재가동시킬 경우의 조치
- 그 밖에 로봇의 예기치 못한 작동 또는 오조작에 의한 위험을 방지하기 위하여 필요한 조치

56

압력용기에서 안전밸브를 2개 설치한 경우 그 설치방법으로 옳은 것은?(단, 해당하는 압력용기가 외부 화재에 대한 대비가 필요한 경우로 한정한다)

① 1개는 최고사용압력 이하에서 작동하고, 다른 1개는 최고사용압력의 1.1배 이하에서 작동하도록 한다.
② 1개는 최고사용압력 이하에서 작동하고, 다른 1개는 최고사용압력의 1.2배 이하에서 작동하도록 한다.
③ 1개는 최고사용압력의 1.05배 이하에서 작동하고, 다른 1개는 최고사용압력의 1.1배 이하에서 작동하도록 한다.
④ 1개는 최고사용압력의 1.05배 이하에서 작동하고, 다른 1개는 최고사용압력의 1.2배 이하에서 작동하도록 한다.

안전밸브 등의 작동요건(산업안전보건기준에 관한 규칙 제264조)
사업주는 설치한 안전밸브 등이 안전밸브 등을 통하여 보호하려는 설비의 최고사용압력 이하에서 작동되도록 하여야 한다. 다만, 안전밸브 등이 2개 이상 설치된 경우에 1개는 최고사용압력의 1.05배(외부 화재를 대비한 경우에는 1.1배) 이하에서 작동되도록 설치할 수 있다.

57

프레스의 손쳐내기식 방호장치에서 방호판의 기준에 대한 설명이다. ( ) 안에 들어갈 내용으로 옳은 것은?

> 방호판의 폭은 금형폭의 (㉠) 이상이어야 하고, 행정 길이가 (㉡)mm 이상인 프레스 기계에서는 방호판의 폭을 (㉢)mm로 해야 한다.

① ㉠ 1/2, ㉡ 300, ㉢ 200
② ㉠ 1/2, ㉡ 300, ㉢ 300
③ ㉠ 1/3, ㉡ 300, ㉢ 200
④ ㉠ 1/3, ㉡ 300, ㉢ 300

해설

방호판의 폭은 금형폭의 1/2 이상이어야 하고, 행정 길이가 300mm 이상의 프레스 기계에는 방호판 폭을 300mm로 해야 한다(방호장치 안전인증 고시 별표 1).

58

가스용접에서 역화의 원인이 아닌 것은?

① 토치의 성능이 부실한 경우
② 취관이 작업 소재에 너무 가까이 있는 경우
③ 산소 공급량이 부족한 경우
④ 토치 팁에 이물질이 묻은 경우

해설

용접 중 호스에 공기 또는 산소가 혼입되거나 압력조정기의 고장으로 산소가 많이 공급되는 경우, 토치 입구가 막힐 경우에 역화현상이 발생한다.

59

산업안전보건기준에 관한 규칙상 안전난간의 구조 및 설치요건 중 상부 난간대는 바닥면, 발판 또는 경사로의 표면으로부터 몇 cm 이상의 지점에 설치해야 하는가?

① 30
② 60
③ 90
④ 120

해설

상부 난간대는 바닥면·발판 또는 경사로의 표면(이하 '바닥면 등'이라 한다)으로부터 90cm 이상 지점에 설치하고, 상부 난간대를 120cm 이하에 설치하는 경우에는 중간 난간대는 상부 난간대와 바닥면 등의 중간에 설치해야 하며, 120cm 이상 지점에 설치하는 경우에는 중간 난간대를 2단 이상으로 균등하게 설치하고 난간의 상하 간격은 60cm 이하가 되도록 할 것. 다만, 난간 기둥 간의 간격이 25cm 이하인 경우에는 중간 난간대를 설치하지 않을 수 있다(산업안전보건기준에 관한 규칙 제13조).

60

컨베이어 작업 시 준수해야 할 사항이 아닌 것은?

① 운전 중인 컨베이어 등의 위로 근로자를 넘어가도록 하는 경우에는 위험을 방지하기 위하여 건널다리를 설치하는 등 필요한 조치를 하여야 한다.
② 근로자를 운반할 수 있는 구조가 아닌 운전 중인 컨베이어에 근로자를 탑승시켜서는 안 된다.
③ 작업 중 급정지를 방지하기 위하여 비상정지장치는 해체해야 한다.
④ 트롤리 컨베이어에 트롤리와 체인·행거가 쉽게 벗겨지지 않도록 확실하게 연결시켜야 한다.

해설

근로자가 위험해질 우려가 있는 경우 위험에 처하기 전에 임의로 작업을 중단할 수 있도록 부착된 비상정지장치를 해체하면 안 된다.

61

폭발 위험 장소를 분류할 때 가스폭발 위험 장소의 종류에 해당하지 않는 것은?

① 제0종 장소　　　② 제1종 장소
③ 제2종 장소　　　④ 제3종 장소

62

대전된 물체가 방전을 일으킬 때의 에너지 $E[\text{J}]$를 구하는 식으로 옳은 것은?(단, 도체의 정전용량은 $C[\text{F}]$, 대전전위는 $V[\text{V}]$, 대전 전하량은 $Q[\text{C}]$이다)

① $E = \sqrt{2CQ}$　　　② $E = \dfrac{1}{2}CV$

③ $E = \dfrac{Q^2}{2C}$　　　④ $E = \sqrt{\dfrac{2V}{C}}$

해설

$Q = CV$에서 $V = \dfrac{Q}{C}$

$\therefore\ E = \dfrac{1}{2}CV^2 = \dfrac{1}{2}C\left(\dfrac{Q}{C}\right)^2 = \dfrac{Q^2}{2C}$

63

개폐기, 차단기, 유도전압조정기의 최대사용전압이 7kV 이하인 전로의 경우 절연내력시험은 최대사용전압의 1.5배의 전압을 몇 분간 가하는가?

① 10　　　② 15
③ 20　　　④ 25

해설

개폐기, 차단기, 유도전압조정기의 최대사용전압이 7kV 이하인 전로의 경우 절연내력시험은 최대사용전압의 1.5배의 전압을 연속하여 10분간 가하여 절연내력을 시험하였을 때 이에 견디어야 한다(한국전기설비규정 136).

64

피부의 전기저항 연구에 의하면 인체의 피부 중 1~2mm² 정도의 적은 부분은 전기 자극에 의해 신경이 이상적으로 흥분하여 다량의 피부지방이 분비되기 때문에 그 부분의 전기저항이 1/10 정도로 작아지는 피전점(皮電点)이 존재한다고 한다. 이러한 피전점이 존재하는 부분은?

① 머리　　　② 손등
③ 손바닥　　　④ 발바닥

해설

피전점은 손등, 턱, 볼, 정강이에 존재한다.

65

방폭구조의 종류와 기호가 잘못 연결된 것은?

① 유입 방폭구조 – o
② 압력 방폭구조 – p
③ 내압 방폭구조 – d
④ 본질안전 방폭구조 – e

해설

본질안전 방폭구조
ia 또는 ib

66

다음 중 일반적인 자동제어시스템의 작동 순서를 바르게 나열한 것은?

> ㉠ 검출
> ㉡ 조절계
> ㉢ 밸브
> ㉣ 공정 상황

① ㉠ → ㉡ → ㉣ → ㉢
② ㉣ → ㉠ → ㉡ → ㉢
③ ㉣ → ㉡ → ㉠ → ㉢
④ ㉢ → ㉡ → ㉣ → ㉠

67

전기작업에서 안전을 위한 일반 사항이 아닌 것은?

① 전로의 충전 여부 시험은 검전기를 사용한다.
② 단로기의 개폐는 차단기의 차단 여부를 확인한 후에 한다.
③ 전선을 연결할 때 전원 쪽을 먼저 연결하고 다른 전선을 연결한다.
④ 첨가 전화선에는 사전에 접지 후 작업을 하며, 끝난 후 반드시 제거해야 한다.

해설

전기작업 시 전선을 연결할 때 다른 전선을 먼저 연결한 후에 전원 쪽을 나중에 연결한다.

68

임시 배선의 안전대책으로 옳지 않은 것은?

① 모든 배선은 반드시 분전반 또는 배전반에서 인출해야 한다.
② 중량물의 압력 또는 기계적 충격을 받을 우려가 있는 곳에 설치할 때는 사전에 적절한 방호조치를 한다.
③ 케이블 트레이나 전선관의 케이블에 임시 배선용 케이블을 연결할 경우는 접속함을 사용하여 접속해야 한다.
④ 지상 등에서 금속관으로 방호할 때는 그 금속관을 접지하지 않아도 된다.

해설

배선 시 지상 등에서 금속관으로 방호할 때는 그 금속관을 접지해야 한다.

69

정전작업 시 주의사항으로 옳지 않은 것은?

① 감독자를 배치시켜 스위치의 조작을 통제한다.
② 퓨즈가 있는 개폐기의 경우는 퓨즈를 제거한다.
③ 정전작업 전에 작업내용을 충분히 작업원에게 주지시킨다.
④ 단시간에 끝나는 작업일 경우 작업원의 판단에 의해 작업한다.

해설

단시간에 끝나는 작업도 관리감독자에게 보고한 후 작업해야 한다.

70

다음 중 인입용 비닐절연전선을 의미하는 약어는?

① RB
② DV
③ IV
④ OW

71

정전기 재해방지를 위한 배관 내 액체의 유속 제한에 관한 사항으로 옳은 것은?

① 저항률이 $10^{10}\Omega\cdot$cm 미만의 도전성 위험물의 배관 내 유속은 7m/s 이하로 할 것
② 에테르, 이황화탄소 등과 같이 유동대전이 심하고, 폭발 위험성이 높으면 4m/s 이하로 할 것
③ 물이나 기체를 혼합하는 비수용성 위험물의 배관 내 유속은 5m/s 이하로 할 것
④ 저항률이 $10^{10}\Omega\cdot$cm 이상인 위험물의 배관 내 유속은 배관 내경이 4인치일 때 10m/s 이하로 할 것

해설

② 에테르, 이황화탄소 등과 같이 유동대전이 심하고, 폭발 위험성이 높으면 1m/s 이하로 할 것
③ 물이나 기체를 혼합하는 비수용성 위험물의 배관 내 유속은 1m/s 이하로 할 것
④ 저항률이 $10^{10}\Omega\cdot$cm 이상인 위험물의 배관 내 유속은 배관 내경이 4인치일 때 2.5m/s 이하로 할 것

72

다음 중 가연성 물질과 산화성 고체가 혼합하고 있을 때 연소에 미치는 현상으로 옳은 것은?

① 착화온도(발화점)가 높아진다.
② 최소점화에너지가 감소하며, 폭발의 위험성이 증가한다.
③ 가스나 가연성 증기의 경우 공기 혼합보다 연소범위가 축소된다.
④ 공기 중에서보다 산화작용이 약하게 발생하여 화염온도가 감소하며, 연소속도가 늦어진다.

해설

① 착화온도(발화점)가 낮아진다.
③ 가스나 가연성 증기의 경우 공기 혼합보다 연소범위가 증가된다.
④ 공기 중에서보다 산화작용이 강하게 발생하여 화염온도가 높아지며, 연소속도가 빨라진다.

73

공기 중 아세톤의 농도가 200ppm(TLV 500ppm), 메틸에틸케톤(MEK)의 농도가 100ppm(TLV 200ppm)일 때 혼합물질의 허용농도는 약 몇 ppm인가?(단, 두 물질은 서로 상가작용을 하는 것으로 가정한다)

① 150
② 200
③ 250
④ 333

해설

혼합물의 허용농도

$$C = \frac{C_1 + C_2}{R} = \frac{200 + 100}{\dfrac{C_1}{T_1} + \dfrac{C_2}{T_2}}$$

$$= \frac{300}{\dfrac{200}{500} + \dfrac{100}{200}} = \frac{300}{\dfrac{9}{10}} = \frac{3{,}000}{9} \simeq 333\text{ppm}$$

74

대기압하의 직경이 2m인 물탱크에 바닥에서부터 2m 높이까지 물이 들어 있다. 이 탱크의 바닥에서 0.5m 위 지점에 직경이 1cm인 작은 구멍으로 물이 새고 있다. 구멍의 위치까지 물이 모두 새는 데 필요한 시간은 약 얼마인가? (단, 탱크의 대기압은 0이며, 배출계수는 0.61로 한다)

① 2.0시간 ② 5.6시간
③ 11.6시간 ④ 16.1시간

해설

물탱크에서 구멍의 위치까지 물이 모두 새는 데 필요한 시간(t)

$$t = \frac{2A_1}{CA_2\sqrt{2g}}\left(\sqrt{y_1} - \sqrt{y_2}\right)$$

$$= \frac{2 \times \frac{\pi \times 2^2}{4}}{0.61 \times \frac{\pi \times 0.01^2}{4}\sqrt{2 \times 9.8}}\left(\sqrt{2} - \sqrt{0.5}\right)$$

$$\simeq 20,947s$$

$$\simeq 5.8hr$$

탱크의 대기압은 0기압이므로 배출시간은 이 값의 2배인 약 11.6시간이다.

75

부탄(C_4H_{10})의 연소에 필요한 최소산소농도(MOC)를 추정하여 계산하면 약 몇 vol%인가?(단, 부탄의 폭발하한계는 공기 중에서 1.6vol%이다)

① 5.6 ② 7.8
③ 10.4 ④ 14.1

해설

부탄의 연소방정식 $C_4H_{10} + 6.5O_2 \rightarrow 4CO_2 + 5H_2O$
$$MOC = LFL \times O_2$$
$$= 1.6 \times 6.5$$
$$= 10.4$$

76

위험물을 건조하는 경우 내용적이 몇 m³ 이상인 건조설비일 때 위험물 건조설비 중 건조실을 설치하는 건축물의 구조를 독립된 단층으로 해야 하는가?(단, 건축물은 내화구조가 아니며, 건조실을 건축물의 최상층에 설치한 경우가 아니다)

① 0.1 ② 1
③ 10 ④ 100

해설

위험물 건조설비를 설치하는 건축물의 구조(산업안전보건기준에 관한 규칙 제280조)

사업주는 다음의 어느 하나에 해당하는 위험물 건조설비 중 건조실을 설치하는 건축물의 구조는 독립된 단층 건물로 하여야 한다. 다만, 해당 건조실을 건축물의 최상층에 설치하거나 건축물이 내화구조인 경우에는 그러하지 아니하다.
• 위험물 또는 위험물이 발생하는 물질을 가열·건조하는 경우 내용적이 1m³ 이상인 건조설비
• 위험물이 아닌 물질을 가열·건조하는 경우로서 다음 어느 하나에 용량에 해당하는 건조설비
  – 고체 또는 액체연료의 최대사용량이 시간당 10kg 이상
  – 기체연료의 최대사용량이 시간당 1m³ 이상
  – 전기사용 정격용량이 10kW 이상

77

산업안전보건법령상 관리 대상 유해물질의 운반 및 저장 방법으로 옳지 않은 것은?

① 저장 장소에는 관계 근로자가 아닌 사람의 출입을 금지하는 표시를 한다.
② 저장 장소에서 관리 대상 유해물질의 증기가 실외로 배출되지 않도록 적절한 조치를 한다.
③ 관리 대상 유해물질을 저장할 때 일정한 장소를 지정하여 저장하여야 한다.
④ 물질이 새거나 발산될 우려가 없는 뚜껑 또는 마개가 있는 튼튼한 용기를 사용한다.

해설

관리 대상 유해물질의 증기를 실외로 배출시키는 설비를 설치해야 한다(산업안전보건기준에 관한 규칙 제443조).

78

다음 중 분진폭발의 가능성이 가장 낮은 물질은?

① 석탄   ② 소맥분

③ 마그네슘   ④ 질석가루

해설

질석가루는 불연성 물질이다.

분진폭발을 일으킬 위험이 높은 물질

마그네슘, 알루미늄, 폴리에틸렌, 소맥분, 석탄 등

79

제1종 위험 장소로 분류되지 않는 것은?

① 탱크류의 벤트(Vent) 개구부 부근

② 인화성 액체 탱크 내의 액면 상부의 공간부

③ 점검수리작업에서 가연성 가스 또는 증기를 방출하는 경우의 밸브 부근

④ 탱크로리, 드럼관 등이 인화성 액체를 충전하고 있는 경우의 개구부 부근

해설

인화성 액체의 용기 또는 탱크 내 액면 상부의 공간부는 제0종 위험 장소이다.

80

헥산 1vol%, 메탄 2vol%, 에틸렌 2vol%, 공기 95vol%로 된 혼합가스의 폭발하한계값[vol%]은 약 얼마인가?(단, 헥산, 메탄, 에틸렌의 폭발하한계 값은 각각 1.1, 5.0, 2.7vol%이다)

① 2.44   ② 12.89

③ 21.78   ④ 48.78

해설

$$\frac{5}{LFL} = \frac{1}{1.1} + \frac{2}{5.0} + \frac{2}{2.7} \simeq 2.05$$

$$LFL = \frac{5}{2.05} \simeq 2.44$$

81

토공기계 중 클램셸(clam shell)의 용도에 대한 설명으로 옳은 것은?

① 단단한 지반에 작업하기 쉽고 작업속도가 빠르며 특히 암반 굴착에 적합하다.

② 수면하의 자갈, 실트 또는 모래를 굴착하고 준설선에 많이 사용한다.

③ 상당히 넓고 얕은 범위의 점토질 지반 굴착에 적합하다.

④ 기계위치보다 높은 곳의 굴착, 비탈면 절취에 적합하다.

해설

클램셸(clam shell)은 항만이나 공장에서 석탄 등과 같은 벌크(bulk) 물건의 하역작업, 토목공사에서 부드러운 토질에서 깊은 구멍을 파는 작업, 루즈(loose) 토사의 적재 등에 적합하다.

82

흙막이 공법 선정 시 고려해야 할 사항으로 옳지 않은 것은?

① 흙막이 해체를 고려한다.

② 안전하고 경제적인 공법을 선택한다.

③ 차수성이 낮은 공법을 선택한다.

④ 지반성상에 적합한 공법을 선택한다.

해설

흙막이 공법 선정 시 차수성이 높은 공법을 선택한다.

83

가설 통로의 구조에 대한 기준으로 옳지 않은 것은?

① 경사가 15°를 초과하는 경우에는 미끄러지지 아니하는 구조로 할 것

② 경사는 20° 이하로 할 것

③ 추락의 위험이 있는 장소에는 안전난간을 설치할 것

④ 수직갱에 가설된 통로의 길이가 15m 이상인 경우에는 10m 이내마다 계단참을 설치할 것

해설

가설 통로의 경사는 30° 이하로 한다(산업안전보건기준에 관한 규칙 제23조).

84

추락방지망의 달기 로프를 지지점에 부착할 때 지지점의 간격이 1.5m인 경우 지지점의 강도는 최소 얼마 이상이어야 하는가?

① 100kg

② 200kg

③ 300kg

④ 400kg

해설

$F = 200 \times B$

$\quad = 200 \times 1.5$

$\quad = 300kg$

여기서, B : 지지점의 간격

85

토사 붕괴에 따른 재해를 방지하기 위한 흙막이 지보공 설비가 아닌 것은?

① 흙막이판

② 말뚝

③ 턴버클

④ 띠장

해설

턴버클은 철골공사에 사용하는 설비로, 지지 막대나 지지 와이어 등을 죄는 데 사용한다.

86

건축공사로서 대상액이 5억 원 이상 50억 원 미만인 경우에 산업안전보건관리비의 비율(A) 및 기초액(B)으로 옳은 것은?

① A : 2.28%, B : 4,325,000원

② A : 1.99%, B : 5,499,000원

③ A : 2.35%, B : 5,400,000원

④ A : 1.57%, B : 4,411,000원

해설

공사 종류 및 규모별 산업안전보건관리비 계상기준표(건설업 산업안전보건관리비 계상 및 사용기준 별표 1)

구분 공사 종류	대상액 5억 원 미만인 경우 적용비율 (%)	대상액 5억 원 이상 50억 원 미만인 경우		대상액 50억 원 이상인 경우 적용비율 (%)	보건관리자 선임 대상 건설공사의 적용비율 (%)
		적용 비율 (%)	기초액		
건축 공사	3.11%	2.28%	4,325,000원	2.37%	2.64%
토목 공사	3.15%	2.53%	3,300,000원	2.60%	2.73%
중건설 공사	3.64%	3.05%	2,975,000원	3.11%	3.39%
특수 건설 공사	2.07%	1.59%	2,450,000원	1.64%	1.78%

87

비계의 부재 중 기둥과 기둥을 연결시키는 부재가 아닌 것은?

① 띠장   ② 장선
③ 가새   ④ 작업 발판

해설

작업 발판은 작업자가 안전하게 작업할 수 있도록 하는 부품으로, 비계의 가로 바와 수평으로 연결되어 있다.

88

콘크리트용 거푸집의 재료에 해당하지 않는 것은?

① 철재   ② 목재
③ 석면   ④ 경금속

해설

콘크리트용 거푸집의 재료
목재, 철재, 경금속, 플라스틱

89

콘크리트 타설 시 안전에 유의해야 할 사항으로 옳지 않은 것은?

① 콘크리트 다짐효과를 위하여 최대한 높은 곳에서 타설한다.
② 타설 순서는 계획에 의하여 실시한다.
③ 콘크리트를 치는 도중에는 거푸집, 지보공 등의 이상 유무를 확인하여야 한다.
④ 타설 시 비어 있는 공간이 발생되지 않도록 밀실하게 부어 넣는다.

해설

콘크리트 타설 시 높은 위치에서 콘크리트를 직접 낙하시키면 재료의 분리, 공기의 혼입, 다지기 불충분 등 불량 콘크리트의 원인이 되기 쉬우므로 연직 슈트 또는 펌프 배출구를 낮추어 낙하거리를 가능한 한 짧게 한다.

90

옹벽 축조를 위한 굴착작업에 관한 설명으로 옳지 않은 것은?

① 수평 방향으로 연속적으로 시공한다.
② 하나의 구간을 굴착하면 방치하지 말고 기초 및 본체 구조물 축조를 마무리한다.
③ 절취 경사면에 전석, 낙석의 우려 또는 장기간 방치할 경우에는 숏크리트, 록볼트, 캔버스 및 모르타르 등으로 방호한다.
④ 작업 위치 좌우에 만일의 경우에 대비한 대피 통로를 확보하여 둔다.

해설

수평 방향의 연속 시공을 금지하며, 블록으로 나누어 단위시공 단면적을 최소화하여 분단시공을 한다.

91

작업으로 인하여 물체가 떨어지거나 날아올 위험이 있는 경우에 조치 및 준수하여야 할 사항으로 옳지 않은 것은?

① 낙하물방지망은 높이 15m 이내마다 설치한다.
② 낙하물방지망의 내민 길이는 벽면으로부터 2m 이상으로 한다.
③ 낙하물방지망의 수평면과의 각도는 20° 이상 30° 이하를 유지한다.
④ 낙하물방지망, 수직보호망 또는 방호선반 등을 설치한다.

해설

낙하물에 의한 위험의 방지(산업안전보건기준에 관한 규칙 제14조)
낙하물방지망 또는 방호선반을 설치하는 경우에는 다음의 사항을 준수하여야 한다.
• 높이 10m 이내마다 설치하고, 내민 길이는 벽면으로부터 2m 이상으로 할 것
• 수평면과의 각도는 20° 이상 30° 이하를 유지할 것

92

사다리를 설치하여 사용함에 있어 사다리 지주 끝에 사용하는 미끄럼 방지재료로 적당하지 않은 것은?

① 고무
② 코르크
③ 가죽
④ 비닐

해설

미끄럼방지장치(가설공사 표준안전작업지침 제21조)

사업주는 사다리를 설치하여 사용함에 있어서 다음의 사항을 준수하여야 한다.

- 사다리 지주의 끝에 고무, 코르크, 가죽, 강스파이크 등을 부착시켜 바닥과의 미끄럼을 방지하는 안전장치가 있어야 한다.
- 쐐기형 강스파이크는 지반이 평탄한 맨땅 위에 세울 때 사용하여야 한다.
- 미끄럼 방지 판자 및 미끄럼 방지 고정쇠는 돌마무리 또는 인조석 깔기마감한 바닥용으로 사용하여야 한다.
- 미끄럼 방지 발판은 인조고무 등으로 마감한 실내용을 사용하여야 한다.

93

지름이 15cm이고, 높이가 30cm인 원기둥 콘크리트 공시체에 대해 압축강도시험을 한 결과 460kN에 파괴되었다. 이때 콘크리트의 압축강도는?

① 15.2MPa
② 21.5MPa
③ 26MPa
④ 30.5MPa

해설

콘크리트의 압축강도

$$\sigma_c = \frac{W}{A} = \frac{4,600}{\frac{\pi d^2}{4}} = \frac{4 \times 4,600}{3.14 \times 15^2} \approx 26\text{MPa}$$

94

다음은 산업안전보건법령에 따른 말비계를 조립하여 사용하는 경우에 관한 준수사항이다. ( ) 안에 들어갈 내용으로 옳은 것은?

말비계의 높이가 2m를 초과할 경우에는 작업 발판의 폭을 ( )cm 이상으로 할 것

① 10
② 20
③ 30
④ 40

해설

말비계(산업안전보건기준에 관한 규칙 제67조)

사업주는 말비계를 조립하여 사용하는 경우에 다음의 사항을 준수하여야 한다.

- 지주부재(支柱部材)의 하단에는 미끄럼 방지장치를 하고, 근로자가 양측 끝부분에 올라서서 작업하지 않도록 할 것
- 지주부재와 수평면의 기울기를 75° 이하로 하고, 지주부재와 지주부재 사이를 고정시키는 보조부재를 설치할 것
- 말비계의 높이가 2m를 초과하는 경우에는 작업 발판의 폭을 40cm 이상으로 할 것

95

다음은 산업안전보건기준에 관한 규칙 중 가설 통로의 구조에 관한 사항이다. ( ) 안에 들어갈 내용으로 옳은 것은?

수직갱에 가설된 통로의 길이가 15m 이상인 경우에는 10m 이내마다 ( )을/를 설치해야 한다.

① 손잡이
② 계단참
③ 클램프
④ 버팀대

해설

수직갱에 가설된 통로의 길이가 15m 이상인 경우에는 10m 이내마다 계단참을 설치해야 한다(산업안전보건기준에 관한 규칙 제23조).

96

중량물을 운반할 때의 바른 자세로 옳은 것은?

① 허리를 구부리고 양손으로 들어 올린다.
② 중량은 보통 체중의 60%가 적당하다.
③ 물건은 최대한 몸에서 멀리하여 들어 올린다.
④ 길이가 긴 물건은 앞쪽을 높게 하여 운반한다.

해설

① 허리를 곧은 자세로 하여 양손으로 들어 올린다.
② 중량은 일반적으로 남자는 체중의 40%, 여자는 25% 정도가 적당하다.
③ 물건은 최대한 몸에 가까이하여 들어 올린다.

97

크레인을 사용하여 작업을 하는 경우 준수해야 할 사항으로 옳지 않은 것은?

① 인양할 하물(荷物)을 바닥에서 끌어당기거나 밀어 정위치에서 작업할 것
② 유류 드럼이나 가스통 등 운반 도중에 떨어져 폭발하거나 누출될 가능성이 있는 위험물 용기는 보관함(또는 보관고)에 담아 안전하게 매달아 운반할 것
③ 미리 근로자의 출입을 통제하여 인양 중인 하물이 작업자의 머리 위로 통과하지 않도록 할 것
④ 인양할 하물이 보이지 않는 경우에는 어떠한 동작도 하지 않을 것(신호하는 사람에 의하여 작업을 하는 경우는 제외)

해설

인양할 하물을 바닥에서 끌어당기거나 밀어내는 작업을 하지 않는다(산업안전보건기준에 관한 규칙 제146조).

98

거푸집 해체작업 시 유의사항으로 옳지 않은 것은?

① 일반적으로 수평 부재의 거푸집은 연직 부재의 거푸집보다 빨리 떼어낸다.
② 해체된 거푸집이나 각목 등에 박혀 있는 못 또는 날카로운 돌출물은 즉시 제거하여야 한다.
③ 상하 동시 작업은 원칙적으로 금지하며 부득이한 경우에는 긴밀히 연락을 취하여 작업을 하여야 한다.
④ 거푸집 해체작업장 주위에는 관계자를 제외하고는 출입을 금지시켜야 한다.

해설

해체(콘크리트공사 표준안전작업지침 제9조)

사업주는 거푸집의 해체작업을 하여야 할 때에는 다음의 사항을 준수하여야 한다.

• 거푸집 및 지보공(동바리)의 해체는 순서에 의하여 실시하여야 하며 안전담당자를 배치하여야 한다.
• 거푸집 및 지보공(동바리)은 콘크리트 자중 및 시공 중에 가해지는 기타 하중에 충분히 견딜 만한 강도를 가질 때까지는 해체하지 아니하여야 한다.
• 해체작업을 할 때에는 안전모 등 안전 보호장구를 착용토록 하여야 한다.
• 거푸집 해체작업장 주위에는 관계자를 제외하고는 출입을 금지시켜야 한다.
• 상하 동시 작업은 원칙적으로 금지하여 부득이한 경우에는 긴밀히 연락을 취하며 작업을 하여야 한다.
• 거푸집 해체 때 구조체에 무리한 충격이나 큰 힘에 의한 지렛대 사용은 금지하여야 한다.
• 보 또는 슬래브 거푸집을 제거할 때에는 거푸집의 낙하 충격으로 인한 작업원의 돌발적 재해를 방지하여야 한다.
• 해체된 거푸집이나 각목 등에 박혀 있는 못 또는 날카로운 돌출물은 즉시 제거하여야 한다.
• 해체된 거푸집이나 각목은 재사용 가능한 것과 보수하여야 할 것을 선별, 분리하여 적치하고 정리·정돈을 하여야 한다.
• 기타 제3자의 보호조치에 대하여도 완전한 조치를 강구하여야 한다.

99

건설공사 유해위험방지계획서 제출 시 공통적으로 제출하여야 할 첨부서류가 아닌 것은?

① 공사개요서
② 전체 공정표
③ 가설도로계획서
④ 산업안전보건관리비 사용계획서

해설

유해위험방지계획서 첨부서류(시행규칙 별표 10)
• 공사개요서
• 공사현장의 주변 현황 및 주변과의 관계를 나타내는 도면(매설물 현황 포함)
• 전체 공정표
• 산업안전보건관리비 사용계획서
• 안전관리조직표
• 재해 발생 위험 시 연락 및 대피방법

100

차량계 하역운반기계 등에 화물을 적재하는 경우에 준수하여야 할 사항으로 옳지 않은 것은?

① 최대적재량을 초과하지 않도록 할 것
② 운전자의 시야를 가리지 않도록 화물을 적재할 것
③ 하중이 한쪽으로 치우쳐서 효율적으로 적재되도록 할 것
④ 구내 운반차 또는 화물자동차의 경우 화물의 붕괴 또는 낙하에 의한 위험을 방지하기 위하여 화물에 로프를 거는 등 필요한 조치를 할 것

해설

화물 적재 시의 조치(산업안전보건기준에 관한 규칙 제173조)
• 사업주는 차량계 하역운반기계 등에 화물을 적재하는 경우에 다음의 사항을 준수하여야 한다.
  – 하중이 한쪽으로 치우치지 않도록 적재할 것
  – 구내 운반차 또는 화물자동차의 경우 화물의 붕괴 또는 낙하에 의한 위험을 방지하기 위하여 화물에 로프를 거는 등 필요한 조치를 할 것
  – 운전자의 시야를 가리지 않도록 화물을 적재할 것
• 화물을 적재하는 경우에는 최대적재량을 초과해서는 아니 된다.

01

연평균 근로자 수가 1,000명인 사업장에서 연간 6건의 재해가 발생한 경우, 이때의 도수율은?(단, 1일 근로시간 수는 4시간, 연평균 근로일수는 150일이다)

① 1   ② 10

③ 100   ④ 1,000

해설

$$도수율 = \frac{재해건수}{연근로시간\ 수} \times 10^6$$

$$= \frac{6}{1,000 \times 4 \times 150} \times 10^6$$

$$= 10$$

02

AE형 안전모에 있어 내전압성이란 최대 몇 V 이하의 전압에 견디는 것을 의미하는가?

① 750   ② 1,000

③ 3,000   ④ 7,000

해설

내전압성(보호구 안전인증 고시 별표 1)

7,000V 이하의 전압에 견디는 것을 의미한다(AE형, ABE형 안전모).

03

다음 중 산업재해 통계의 활용 용도로 가장 적절하지 않은 것은?

① 제도의 개선 및 시정

② 재해의 경향 파악

③ 관리자 수준 향상

④ 동종 업종과의 비교

해설

산업재해 통계의 활용 용도

• 제도의 개선 및 시정

• 재해의 경향 파악

• 동종 업종과의 비교

04

무재해운동의 기본이념 3원칙이 아닌 것은?

① 무의 원칙   ② 참가의 원칙

③ 선취의 원칙   ④ 자주활동의 원칙

해설

무재해운동의 3원칙

• 무의 원칙(제로의 원칙) : 사람이 죽거나 다쳐서 일을 못 하게 되는 일 및 모든 잠재요소를 제거한다.

• 선취의 원칙(안전제일의 원칙) : 잠재 위험요인을 발굴 · 제거하여 안전 확보 및 사고를 예방한다.

• 참가의 원칙 : 무재해를 지향하고 안전과 건강을 선취하기 위해 전원 참가한다.

05

다음 중 리더십의 특징이 아닌 것은?

① 민주주의적 지휘 형태
② 부하와의 넓은 사회적 간격
③ 밑으로부터의 동의에 의한 권한 부여
④ 개인적 영향에 의한 부하와의 관계 유지

해설

리더십과 헤드십의 비교

구분	리더십	헤드십
지위 부여의 형태	구성원에서 선출	상부에서 임명
권한 부여	구성원의 동의	상부로부터 위임
권한 근거	개인의 능력	법과 규정
권한 귀속	집단에 기여한 공로로 인정	공식화 규정에 의거
상관과 부하의 관계	개인적 영향	지배적
책임 귀속	상사와 부하	상사
부하와의 사회적 간격	좁다.	넓다.
지휘 형태	민주주의적	권위주의적

06

산업안전보건법령상 특별교육 대상 작업별 교육내용 중 밀폐 공간에서의 작업 시 교육내용에 포함되지 않는 것은?(단, 그 밖에 안전·보건관리에 필요한 사항은 제외한다)

① 산소농도 측정 및 작업환경에 관한 사항
② 유해물질이 인체에 미치는 영향
③ 보호구 착용 및 보호장비 사용에 관한 사항
④ 사고 시의 응급처치 및 비상시 구출에 관한 사항

해설

밀폐 공간에서의 작업 시 교육내용(시행규칙 별표 5)
• 산소농도 측정 및 작업환경에 관한 사항
• 사고 시의 응급처치 및 비상시 구출에 관한 사항
• 보호구 착용 및 보호장비 사용에 관한 사항
• 작업내용·안전작업방법 및 절차에 관한 사항
• 장비·설비 및 시설 등의 안전점검에 관한 사항
• 그 밖에 안전·보건관리에 필요한 사항

07

모랄 서베이의 방법 중 태도조사법에 해당하지 않는 것은?

① 면접법
② 질문지법
③ 관찰법
④ 집단토의법

해설

태도조사법
문답법, 면접법, 질문지법, 집단토의법, 투사법 등

08

산업재해의 분석 및 평가를 위하여 재해 발생건수 등의 추이에 대해 한계선을 설정하여 목표관리를 수행하는 재해통계분석기법은?

① 폴리건(polygon)
② 관리도(control chart)
③ 파레토도(pareto diagram)
④ 특성요인도(cause & effect diagram)

해설

② 관리도(control chart) : 재해 발생건수 등의 추이에 대해 한계선을 설정하여 목표관리를 수행하는 재해통계분석기법
③ 파레토도(pareto diagram) : 작업현장에서 발생하는 작업환경 불량이나 고장, 재해 등의 내용을 분류하고 그 건수와 금액을 크기 순으로 나열하여 작성한 그래프
④ 특성요인도(cause & effect diagram) : 어떠한 문제가 발생했을 때 어떤 원인으로 일어나는지 인과관계를 살펴보고, 이를 물고기 뼈의 모양(어골도)으로 도식화해서 문제점을 파악하고 해결책을 모색하는 기법

09

산업안전보건법령상 다음에 해당하는 안전보건표지의 명칭으로 옳은 것은?

① 물체 이동 경고
② 양중기 운행 경고
③ 낙하위험 경고
④ 매달린 물체 경고

10

안전모의 일반구조에 있어 안전모를 머리 모형에 장착하였을 때 모체 내면의 최고점과 머리 모형 최고점과의 수직거리의 기준은?

① 20mm 이상 40mm 이하
② 20mm 이상 50mm 이하
③ 25mm 이상 40mm 이하
④ 25mm 이상 50mm 이하

11

대뇌의 human error로 인한 착오요인이 아닌 것은?

① 인지과정 착오
② 조치과정 착오
③ 판단과정 착오
④ 행동과정 착오

12

다음 중 강의안 구성 4단계 중 제시(전개)에 대한 설명으로 옳은 것은?

① 관심과 흥미를 갖고 심신의 여유를 주는 단계
② 과제를 주어 문제를 해결시키거나 습득시키는 단계
③ 교육내용을 정확하게 이해하였는가를 테스트하는 단계
④ 상대의 능력에 따라 교육하여 내용을 확실하게 이해시키고 납득시키는 설명단계

13

다음 중 정기점검에 관한 설명으로 가장 적합한 것은?

① 안전강조기간, 방화점검기간에 실시하는 점검

② 사고 발생 이후 곧바로 외부 전문가에 의해 실시하는 점검

③ 작업자에 의해 매일 작업 전·중·후에 해당 작업설비에 대하여 수시로 실시하는 점검

④ 기계·기구·시설 등에 대하여 주·월·분기 등의 지정된 날짜에 실시하는 점검

해설

① 특별점검

② 임시점검

③ 수시점검(일상점검)

14

다음 중 재해원인의 4M에 대한 내용으로 옳지 않은 것은?

① Media : 작업 정보, 작업환경

② Machine : 기계설비의 고장, 결함

③ Management : 작업방법, 인간관계

④ Man : 동료나 상사, 본인 이외의 사람

해설

• 재해의 기본원인 4M : Man, Machine, Media, Management

• Management : 법규 준수, 단속, 점검, 지휘감독, 교육훈련

15

경험한 내용이나 학습된 행동을 다시 생각하여 작업에 적용하지 아니하고 방치함으로써, 경험의 내용이나 인상이 약해지거나 소멸되는 현상은?

① 착각   ② 훼손

③ 망각   ④ 단절

16

다음 중 매슬로(Maslow)의 욕구 5단계 이론에 해당하지 않는 것은?

① 생리적 욕구   ② 안전의 욕구

③ 감성적 욕구   ④ 존경의 욕구

해설

매슬로의 욕구 5단계 이론

• 1단계 : 생리적 욕구

• 2단계 : 안전에 대한 욕구

• 3단계 : 사회적 욕구

• 4단계 : 존경의 욕구

• 5단계 : 자아실현의 욕구

17

다음에서 설명하는 위험예지훈련법은?

> - 현장에서 그때 그 장소의 상황에 즉응하여 실시한다.
> - 10명 이하의 소수가 적합하며, 시간은 10분 정도가 바람직하다.
> - 사전에 주제를 정하고 자료 등을 준비한다.
> - 결론은 가급적 서두르지 않는다.

① 삼각위험예지훈련
② 시나리오 역할연기훈련
③ Tool Box Meeting
④ 원 포인트 위험예지훈련

18

적응기제(適應機制, adjustment mechanism)의 종류 중 도피적 기제(행동)에 해당하지 않는 것은?

① 고립
② 퇴행
③ 억압
④ 합리화

해설

합리화는 방어적 적응기제이다.

19

다음 중 헤링(Hering)의 착시현상에 해당하는 것은?

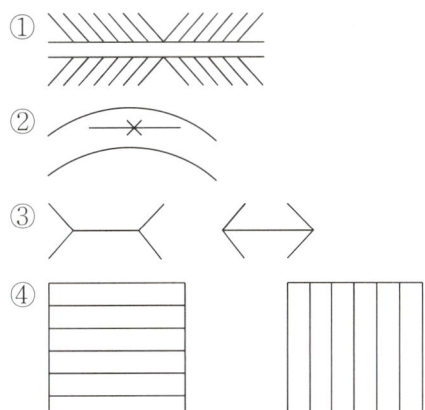

해설

② 쾰러(Köhler)의 착시현상
③ 뮐러리어(Müller-Lyer) 착시현상
④ 헬름홀츠(Helmholtz)의 착시현상

20

제조물책임법에 명시된 결함의 종류에 해당하지 않는 것은?

① 제조상의 결함
② 표시상의 결함
③ 사용상의 결함
④ 설계상의 결함

해설

제조물책임법에 명시된 결함의 종류(제조물책임법 제2조)
- 제조상의 결함 : 제조업자가 제조물에 대하여 제조상·가공상의 주의 의무를 이행하였는지에 관계없이 제조물이 원래 의도한 설계와 다르게 제조·가공됨으로써 안전하지 못하게 된 경우
- 설계상의 결함 : 제조업자가 합리적인 대체 설계(代替設計)를 채용하였더라면 피해나 위험을 줄이거나 피할 수 있었음에도 대체 설계를 채용하지 아니하여 해당 제조물이 안전하지 못하게 된 경우
- 표시상의 결함 : 제조업자가 합리적인 설명·지시·경고 또는 그 밖의 표시를 하였더라면 해당 제조물에 의하여 발생할 수 있는 피해나 위험을 줄이거나 피할 수 있었음에도 이를 하지 아니한 경우

21

착석식 작업대의 높이를 설계할 경우 고려해야 할 사항이
아닌 것은?

① 의자의 높이　　　　② 대퇴 여유
③ 작업의 성격　　　　④ 작업대의 형태

> **해설**
>
> **착석식 작업대의 높이 설계 시 고려사항**
> • 의자의 높이
> • 대퇴 여유
> • 작업의 성격
> • 작업대의 두께

23

욕조곡선에서의 고장 형태에서 일정한 형태의 고장률이
나타나는 구간은?

① 초기고장구간　　　　② 마모고장구간
③ 피로고장구간　　　　④ 우발고장구간

> **해설**
>
> **욕조곡선 고장의 분류 – 고장 발생시기**
> • 초기고장구간 : 감소 고장률(DFR)
> • 우발고장구간 : 일정한 형태의 고장률(CFR)
> • 마모고장구간 : 증가 형태의 고장률(IFR)

22

다음 중 형상 암호화된 조종장치에서 '이산멈춤위치용' 조
종장치로 가장 적절한 것은?

① 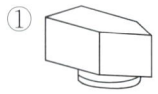　　　②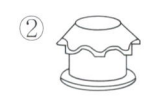
③ 　　　④

> **해설**
>
> ②, ③ 다회전용 조종장치
> ④ 단회전용 조종장치

24

FMEA의 위험성 분류 중 카테고리 2에 해당되는 것은?

① 영향 없음
② 활동의 지연
③ 사명 수행의 실패
④ 생명 또는 가옥의 상실

> **해설**
>
> **FMEA(고장의 유형과 영향 분석)의 위험성 분류 표시**
> • 카테고리 1 : 생명 또는 가옥의 상실
> • 카테고리 2 : 작업 수행의 실패
> • 카테고리 3 : 활동의 지연
> • 카테고리 4 : 영향 없음

25

신체 부위의 운동에 대한 설명으로 옳지 않은 것은?

① 굴곡은 부위 간의 각도가 증가하는 신체의 움직임을 의미한다.

② 외전은 신체 중심선으로부터 이동하는 신체의 움직임을 의미한다.

③ 내전은 신체의 외부에서 중심선으로 이동하는 신체의 움직임을 의미한다.

④ 외전은 신체의 움직임을 의미한다.

해설

굴곡은 부위 간의 각도가 감소하는 신체의 움직임을 의미한다.

26

반경 10cm의 조종구(ball control)를 30° 움직였을 때 표시장치가 2cm 이동하였다면, 통제표시비(C/R비)는 약 얼마인가?

① 1.3

② 2.6

③ 5.2

④ 7.8

해설

$$C/R = \frac{(\alpha/360°) \times 2\pi L}{\text{표시장치의 이동거리}}$$

$$= \frac{(30°/360°) \times 2\pi \times 10}{2}$$

$$\simeq 2.6$$

27

시각적 표시장치를 사용하는 것이 청각적 표시장치를 사용하는 것보다 좋은 경우는?

① 메시지가 후에 참고되지 않을 때

② 메시지가 공간적인 위치를 다룰 때

③ 메시지가 시간적인 사건을 다룰 때

④ 사람의 일이 연속적인 움직임을 요구할 때

해설

시각적 표시장치와 청각적 표시장치의 비교

시각적 표시장치	청각적 표시장치
• 메시지가 길고, 복잡한 경우	• 메시지가 짧고, 간단한 경우
• 메시지가 재참조되는 경우	• 메시지가 재참조되지 않는 경우
• 공간적인 위치를 다루는 경우	• 시간적인 사상을 다루는 경우
• 메시지가 즉각적 행동을 요구하지 않는 경우	• 메시지가 즉각적 행동을 요구하는 경우
• 청각계통이 과부하인 경우	• 시각계통이 과부하인 경우
• 주위가 너무 시끄러운 경우	• 주위가 너무 밝거나 암조응인 경우
• 한곳에 머무르는 경우	• 자주 움직이는 경우

28

인간공학적 수공구의 설계에 관한 설명으로 옳은 것은?

① 손잡이 크기를 수공구 크기에 맞추어 설계한다.

② 수공구 사용 시 무게 균형이 유지되도록 설계한다.

③ 정밀 작업용 수공구의 손잡이는 직경을 5mm 이하로 한다.

④ 힘을 요하는 수공구의 손잡이는 직경을 60mm 이상으로 한다.

해설

① 손잡이의 크기는 사용 용도에 따라 다르게 설계한다.

③ 정밀작업용 수공구의 손잡이는 직경을 0.75~1.5cm로 한다.

④ 힘을 필요로 하는 수공구의 손잡이는 직경을 2.5~4cm로 한다.

29

시력 손상에 가장 크게 영향을 미치는 전신 진동의 주파수는?

① 5Hz 미만
② 5~10Hz
③ 10~25Hz
④ 25Hz 초과

30

Swain의 휴먼에러 분류 중 심리적 독립행동에 관한 분류에 해당하지 않는 것은?

① omission error
② commission error
③ extraneous error
④ command error

해설

심리적 독립행동에 관한 Swain의 휴먼에러 분류
- omission error(생략오류) : 필요한 작업 또는 절차를 수행하지 않는 데에서 기인한 과오
- commission error(작위오류) : 필요한 직무 또는 절차를 수행했으나 잘못 수행한 과오
- extraneous error(과잉행동오류) : 불필요한 작업 또는 절차를 수행함으로써 기인한 과오
- time error(시간오류) : 시간적으로 발생된 과오(예 프레스 작업 중 금형 내에 손이 오랫동안 남아 있어 발생한 재해)
- sequential error(순서오류) : 필요한 작업 또는 절차 순서의 착오로 인한 과오

31

근섬유의 직경이 작아서 큰 힘을 발휘하지 못하지만, 장시간 지속시키고 피로가 쉽게 발생하지 않는 골격근의 근섬유는?

① type S 근섬유
② type Ⅱ 근섬유
③ type F 근섬유
④ type Ⅲ 근섬유

해설

근섬유
- type Ⅰ 근섬유 또는 type S 근섬유 : 근섬유의 직경이 작아서 큰 힘을 발휘하지 못하지만, 장시간 지속시키고 피로가 쉽게 발생하지 않는 골격근의 근섬유(지근섬유, slow twitch)
- type Ⅱ 근섬유 또는 type F 근섬유 : 근섬유의 직경이 커서 큰 힘을 발휘하고 단시간 지속시키지만, 장시간 지속 시 피로가 쉽게 발생하는 골격근의 근섬유(속근섬유, fast twitch)

32

시스템 안전을 위한 업무수행 요건이 아닌 것은?

① 안전활동의 계획 및 관리
② 다른 시스템 프로그램과 분리 및 배제
③ 시스템 안전에 필요한 사람의 동일성 식별
④ 시스템 안전에 대한 프로그램 해석 및 평가

해설

시스템 안전을 위해 다른 시스템 프로그램 영역과의 조정이 필요하다.

33

다음 그림과 같이 7개의 기기로 구성된 시스템의 신뢰도는 약 얼마인가?

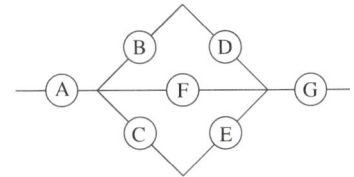

기기	A = G	B = C = D = E	F
신뢰도	0.75	0.8	0.9

① 0.5427

② 0.6234

③ 0.5552

④ 0.9740

해설

$R_s = A \times \{1 - (1 - B \times D)(1 - F)(1 - C \times E)\} \times G$

$= 0.75 \times \{1 - (1 - 0.8 \times 0.8)(1 - 0.9)(1 - 0.8 \times 0.8)\} \times 0.75$

$\simeq 0.5552$

35

인간공학의 연구방법에서 인간 – 기계시스템을 평가하는 척도의 요건으로 적합하지 않은 것은?

① 적절성·타당성

② 무오염성

③ 주관성

④ 신뢰성

해설

인간 – 기계시스템을 평가하는 척도의 요건

적절성(타당성), 무오염성, 신뢰성(반복성, 일관성, 안정성)

34

다음의 연산표에 해당하는 논리연산은?

입력		출력
X_1	X_2	
0	0	0
0	1	1
1	0	1
1	1	0

① XOR

② AND

③ NOT

④ OR

해설

입력의 값이 서로 다를 때만 1이 출력되므로, XOR 논리연산이다.

36

산업안전보건법령상 정밀작업 시 갖추어야 할 작업면의 조도 기준은?(단, 갱내 작업장과 감광재료를 취급하는 작업장은 제외한다)

① 75lx 이상

② 150lx 이상

③ 300lx 이상

④ 750lx 이상

해설

조도(산업안전보건기준에 관한 규칙 제8조)

• 초정밀작업 : 750lx 이상

• 정밀작업 : 300lx 이상

• 보통작업 : 150lx 이상

• 그 밖의 작업 : 75lx 이상

37

FT도에 사용되는 다음 기호의 명칭으로 맞는 것은?

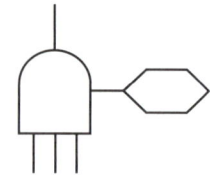

① 억제게이트
② 부정게이트
③ 배타적 OR게이트
④ 우선적 AND게이트

해설

① 억제게이트 :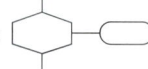

② 부정게이트 :

③ 배타적 OR게이트 :

38

신뢰성과 보전성을 효과적으로 개선하기 위해 작성하는 보전기록자료로서 가장 거리가 먼 것은?

① 자재관리표
② MTBF 분석표
③ 설비이력카드
④ 고장원인대책표

해설

신뢰성과 보전성을 효과적으로 개선하기 위해 작성하는 보전기록자료
MTBF 분석표, 설비이력카드, 고장원인대책표

39

서브시스템, 구성요소, 기능 등의 잠재적 고장 형태에 따른 시스템의 위험을 파악하는 위험분석기법으로 옳은 것은?

① ETA(Event Tree Analysis)
② HEA(Human Error Analysis)
③ PHA(Preliminary Hazard Analysis)
④ FMEA(Failure Mode and Effect Analysis)

해설

FMEA(Failure Mode & Effects Analysis, 고장의 유형과 영향 분석)
• 서브시스템, 구성요소, 기능 등의 잠재적 고장 형태에 따른 시스템의 위험을 파악하는 위험분석기법이다.
• 정성적 · 귀납적 평가기법으로 시스템 요소의 고장을 형태별로 분석하는 기법이다.
• 위험도 순위를 부여하여 순위가 높은 것부터 개선한다.
• 예상되는 심각도, 발생도, 검출도 등에 의한 평가 기준을 설정해 두고 개개의 구성요소에 의한 고장 평가를 하고 종합하여 치명도를 산출한다.

40

다음 중 FTA에서 사용되는 minimal cut set에 관한 설명으로 옳지 않은 것은?

① 사고에 대한 시스템의 약점을 표현한다.
② 정상사상(top event)을 일으키는 최소한의 집합이다.
③ 시스템에 고장이 발생하지 않도록 하는 모든 사상의 집합이다.
④ 일반적으로 fussell algorithm을 이용한다.

해설

시스템에 고장이 발생하지 않도록 하는 모든 사상의 집합은 패스셋(path set)이다.

41

2개의 회전체가 회전운동을 할 때 물림점이 발생할 수 있는 조건은?

① 두 개의 회전체 모두 시계 방향으로 회전시킨다.
② 두 개의 회전체 모두 시계 반대 방향으로 회전시킨다.
③ 하나는 시계 방향으로 회전하고, 다른 하나는 정지시킨다.
④ 하나는 시계 방향으로 회전하고, 다른 하나는 시계 반대 방향으로 회전시킨다.

해설

물림점
회전하는 2개의 회전체에 물려 들어갈 위험성이 형성되는 것으로, 이때 위험점이 발생되는 조건은 회전체가 서로 반대 방향으로 맞물려 회전되는 경우이다(예 기어 물림, 롤러 회전 등).

42

음향방출시험에 대한 설명으로 옳지 않은 것은?

① 가동 중 검사가 가능하다.
② 온도나 분위기 같은 외적 요인에 영향을 받는다.
③ 결함이 어떤 중대한 손상을 초래하기 전에 검출할 수 있다.
④ 재료의 종류나 물성 등의 특성과는 관계없이 검사가 가능하다.

해설
음향방출시험은 재료의 종류나 물성 등의 특성과 관계가 밀접하다.

43

다음 중 프레스에 사용되는 광전자식 방호장치의 일반구조에 관한 설명으로 옳지 않은 것은?

① 방호장치의 감지기능은 규정한 검출영역 전체에 걸쳐 유효하여야 한다.
② 슬라이드 하강 중 정전 또는 방호장치의 이상 시에는 1회 동작 후 정지할 수 있는 구조이어야 한다.
③ 정상동작표시램프는 녹색, 위험표시램프는 붉은색으로 하며, 쉽게 근로자가 볼 수 있는 곳에 설치해야 한다.
④ 방호장치의 정상 작동 중에 감지가 이루어지거나 공급 전원이 중단되는 경우 적어도 두 개 이상의 독립된 출력신호 개폐장치가 꺼진 상태로 되어야 한다.

해설
광전자식 방호장치는 슬라이드 하강 중 정전 또는 방호장치의 이상 시에 정지할 수 있는 구조이어야 한다(방호장치 안전인증 고시 별표 1).

44

휴대용 연삭기 덮개의 각도는 몇 도 이내인가?

① 60°
② 90°
③ 125°
④ 180°

해설
휴대용 연삭기 덮개의 각도는 180° 이내이다(방호장치 자율안전기준 고시 별표 4).

45

산업용 로봇의 작동범위 내에서 해당 로봇에 대한 교시 등의 작업 시 예기치 못한 작동 및 오조작에 의한 위험을 방지하기 위하여 수립해야 하는 지침사항에 해당하지 않는 것은?

① 로봇의 조작방법 및 순서
② 작업 중 머니퓰레이터의 속도
③ 로봇 구성품의 설계 및 조립방법
④ 2명 이상의 근로자에게 작업을 시킬 경우의 신호 방법

해설

교시 등(산업안전보건기준에 관한 규칙 제222조)

사업주는 산업용 로봇(이하 '로봇'이라 한다)의 작동범위에서 해당 로봇에 대하여 교시(敎示) 등[머니퓰레이터(manipulator)의 작동 순서, 위치·속도의 설정·변경 또는 그 결과를 확인하는 것을 말한다]의 작업을 하는 경우에는 해당 로봇의 예기치 못한 작동 또는 오(誤)조작에 의한 위험을 방지하기 위하여 다음의 사항에 관한 지침을 정하고 그 지침에 따라 작업을 시켜야 한다.

- 로봇의 조작방법 및 순서
- 작업 중의 머니퓰레이터의 속도
- 2명 이상의 근로자에게 작업을 시킬 경우의 신호방법
- 이상을 발견한 경우의 조치
- 이상을 발견하여 로봇의 운전을 정지시킨 후 이를 재가동시킬 경우의 조치
- 그 밖에 로봇의 예기치 못한 작동 또는 오조작에 의한 위험을 방지하기 위하여 필요한 조치

46

다음 중 플레이너(planer) 작업 시 안전수칙으로 옳지 않은 것은?

① 바이트(bite)는 되도록 길게 나오도록 설치한다.
② 기계 작동 중 테이블 위로 절대 올라가지 않는다.
③ 플레이너의 프레임 중앙부에 있는 비트(bit)에 덮개를 씌운다.
④ 테이블의 이동범위를 나타내는 안전방호울을 세워놓아 재해를 예방한다.

해설

플레이너 작업 시 바이트는 짧게 나오도록 설치한다.

47

근로자가 탑승하는 운반구를 지지하는 달기 체인의 안전계수는 몇 이상이어야 하는가?

① 3
② 4
③ 5
④ 10

해설

와이어로프 등 달기구의 안전계수(산업안전보건기준에 관한 규칙 제163조)

- 근로자가 탑승하는 운반구를 지지하는 달기 와이어로프 또는 달기 체인의 경우 : 10 이상
- 화물의 하중을 직접 지지하는 달기 와이어로프 또는 달기 체인의 경우 : 5 이상
- 훅, 섀클, 클램프, 리프팅 빔의 경우 : 3 이상
- 그 밖의 경우 : 4 이상

48

보일러에서 압력방출장치가 2개 설치된 경우 최고사용압력이 1MPa일 때 압력방출장치의 설정방법으로 가장 옳은 것은?

① 2개 모두 1.1MPa 이하에서 작동되도록 설정하였다.
② 하나는 1MPa 이하에서 작동되고, 나머지는 1.1MPa 이하에서 작동되도록 설정하였다.
③ 하나는 1MPa 이하에서 작동되고, 나머지는 1.05MPa 이하에서 작동되도록 설정하였다.
④ 2개 모두 1.05MPa 이하에서 작동되도록 설정하였다.

해설

안전밸브 등의 작동요건(산업안전보건기준에 관한 규칙 제264조)

사업주는 설치한 안전밸브 등이 안전밸브 등을 통하여 보호하려는 설비의 최고사용압력 이하에서 작동되도록 하여야 한다. 다만, 안전밸브 등이 2개 이상 설치된 경우에 1개는 최고사용압력의 1.05배(외부 화재를 대비한 경우에는 1.1배) 이하에서 작동되도록 설치할 수 있다.

49

포터블 벨트 컨베이어(portable belt conveyor) 운전 시 준수사항으로 옳지 않은 것은?

① 공회전하여 기계의 운전 상태를 파악한다.

② 정해진 조작스위치를 사용하여야 한다.

③ 운전 시작 전 주변 근로자에게 경고하여야 한다.

④ 하물 적치 후 몇 번씩 시동, 정지를 반복 테스트 한다.

해설

포터블 벨트 컨베이어 시동, 정지 테스트 시 화물을 적치하면 안 된다.

50

다음 중 드릴작업 시 가장 안전한 행동에 해당하는 것은?

① 장갑을 끼고 옷소매가 긴 작업복을 입고 작업한다.

② 작업 중에 브러시로 칩을 털어낸다.

③ 가공할 구멍의 지름이 클 경우 작은 구멍을 먼저 뚫고 그 위에 큰 구멍을 뚫는다.

④ 드릴을 먼저 회전시킨 상태에서 공작물을 고정한다.

해설

① 장갑을 끼거나 옷소매가 긴 작업복을 입고 작업하지 않는다.

② 드릴이 회전하는 중에 칩을 털어내는 것은 위험하다. 작업 후에 브러시로 칩을 털어낸다.

④ 공작물을 먼저 고정한 상태에서 드릴을 회전시킨다.

51

프레스기의 금형을 부착·해체 또는 조정하는 작업을 할 때 슬라이드가 갑자기 작동함으로써 근로자에게 발생하는 위험을 방지하기 위해 사용해야 하는 것은?

① 방호울　　　　　　② 안전블록

③ 시건장치　　　　　④ 날접촉예방장치

해설

안전블록

프레스기의 금형을 부착·해체 또는 조정하는 작업을 할 때 슬라이드가 갑자기 작동함으로써 근로자에게 발생하는 위험을 방지하기 위한 방호장치이다.

52

천장크레인에 중량 3kN의 화물을 두 줄로 매달았을 때 매달기용 와이어(sling wire)에 걸리는 장력은 얼마인가?(단, 슬링와이어 두 줄 사이의 각도는 55°이다)

① 1.3kN　　　　　　② 1.7kN

③ 2.0kN　　　　　　④ 2.3kN

해설

$$\cos\frac{\theta}{2} = \frac{w/2}{T}$$

$$T = \frac{3/2}{\cos 27.5°}$$

$$= \frac{1.5}{0.887}$$

$$\simeq 1.7kN$$

53

와이어로프의 꼬임은 일반적으로 특수로프를 제외하고 보통 꼬임(ordinary lay)과 랭 꼬임(lang's lay)으로 분류할 수 있다. 다음 중 랭 꼬임과 비교하여 보통 꼬임의 특징에 대한 설명으로 옳지 않은 것은?

① 킹크가 잘 생기지 않는다.
② 내마모성, 유연성, 저항성이 우수하다.
③ 로프의 변형이나 하중을 걸었을 때 저항성이 크다.
④ 스트랜드의 꼬임 방향과 로프의 꼬임 방향이 반대이다.

해설

①, ③, ④는 보통 꼬임에 대한 설명이다.

랭 꼬임(lang's lay)
• 스트랜드 꼬임 방향과 로프의 꼬임 방향이 같은 방향이다.
• 내마모성, 유연성, 내피로성이 우수하다.
• 수명이 길다.

54

롤러기의 급정지장치를 작동시켰을 경우에 무부하 운전 시 앞면 롤러의 표면속도가 30m/min 미만일 때의 급정지거리로 적합한 것은?

① 앞면 롤러 원주의 1/1.5 이내
② 앞면 롤러 원주의 1/2 이내
③ 앞면 롤러 원주의 1/2.5 이내
④ 앞면 롤러 원주의 1/3 이내

해설

급정지거리 기준(무부하 운전 시)
• 앞면 롤러의 표면속도 30m/min 미만 : 앞면 롤러 원주의 1/3 이내
• 앞면 롤러의 표면속도 30m/min 이상 : 앞면 롤러 원주의 1/2.5 이내

55

다음 중 산업안전보건법령에 따른 원동기·회전축 등의 위험 방지에 관한 사항으로 옳지 않은 것은?

① 사업주는 기계의 원동기·회전축·기어·풀리·플라이휠·벨트 및 체인 등 근로자가 위험에 처할 우려가 있는 부위에 덮개·울·슬리브 및 건널다리 등을 설치하여야 한다.
② 사업주는 선반 등으로부터 돌출하여 회전하고 있는 가공물이 근로자에게 위험을 미칠 우려가 있는 경우에 덮개 또는 울 등을 설치하여야 한다.
③ 사업주는 종이·천·비닐 및 와이어로프 등의 감김통 등에 의하여 근로자가 위험해질 우려가 있는 부위에 마개 또는 비상구 등을 설치하여야 한다.
④ 사업주는 근로자가 분쇄기 등의 개구로부터 가동 부분에 접촉함으로써 위해(危害)를 입을 우려가 있는 경우 덮개 또는 울 등을 설치하여야 한다.

해설

사업주는 종이·천·비닐 및 와이어로프 등의 감김통 등에 의하여 근로자가 위험해질 우려가 있는 부위에 덮개 또는 울 등을 설치하여야 한다(산업안전보건기준에 관한 규칙 제87조).

56

컨베이어(conveyor) 역전방지장치의 형식을 기계식과 전기식으로 구분할 때 기계식에 해당하지 않는 것은?

① 래칫식   ② 밴드식
③ 스러스트식   ④ 롤러식

해설

역전방지장치 형식에 따른 컨베이어의 분류
• 기계식 : 래칫식, 밴드식, 롤러식
• 전기식 : 전기식, 스러스트식

57

지게차의 헤드가드가 갖추어야 할 조건에 대한 설명으로 옳지 않은 것은?

① 강도는 지게차 최대하중의 2배 값(4ton을 넘는 값에 대해서는 4ton으로 한다)의 등분포정하중에 견딜 수 있을 것
② 상부틀의 각 개구의 폭 또는 길이가 26cm 미만일 것
③ 운전자가 앉아서 조작하거나 서서 조작하는 지게차의 헤드가드는 입식의 경우 1.905m 이상일 것
④ 운전자가 앉아서 조작하거나 서서 조작하는 지게차의 헤드가드는 좌식의 경우 0.903m 이상일 것

해설

헤드가드(산업안전보건기준에 관한 규칙 제180조)
• 강도는 지게차의 최대하중의 2배 값(4ton을 넘는 값에 대해서는 4ton으로 한다)의 등분포정하중(等分布靜荷重)에 견딜 수 있을 것
• 상부틀의 각 개구부의 폭 또는 길이가 16cm 미만일 것
• 운전자가 앉아서 조작하거나 서서 조작하는 지게차의 헤드가드는 한국산업표준에서 정하는 높이 기준 이상일 것(입식 : 1.905m, 좌식 : 0.903m)

58

연삭숫돌의 지름이 20cm이고, 원주속도가 250m/min일 때 연삭숫돌의 회전수는 약 몇 rpm인가?

① 298
② 398
③ 489
④ 500

해설

원주속도 $v = \dfrac{\pi dn}{1,000}$ 에서

회전수 $n = \dfrac{1,000v}{\pi d} = \dfrac{1,000 \times 250}{3.14 \times 200} \approx 398\text{rpm}$

59

산업안전보건법령상 회전시험을 하는 경우 미리 회전축의 재질 및 형상 등에 상응하는 종류의 비파괴검사를 실시해서 결함 유무를 확인하여야 하는 고속 회전체의 대상으로 옳은 것은?

① 회전축의 중량이 1ton을 초과하고, 원주속도가 100m/s 이내인 것
② 회전축의 중량이 1ton을 초과하고, 원주속도가 120m/s 이상인 것
③ 회전축의 중량이 0.5ton을 초과하고, 원주속도가 100m/s 이내인 것
④ 회전축의 중량이 0.5ton을 초과하고, 원주속도가 120m/s 이상인 것

해설

비파괴검사의 실시(산업안전보건기준에 관한 규칙 제115조)
사업주는 고속 회전체(회전축의 중량이 1ton을 초과하고 원주속도가 120m/s 이상인 것으로 한정한다)의 회전시험을 하는 경우 미리 회전축의 재질 및 형상 등에 상응하는 종류의 비파괴검사를 해서 결함의 유무(有無)를 확인하여야 한다.

60

다음 중 금형 설치·해체작업의 일반적인 안전사항으로 옳지 않은 것은?

① 금형을 설치하는 프레스의 T홈 안길이는 설치볼트 직경 이하로 한다.
② 금형의 설치용구는 프레스의 구조에 적합한 형태로 한다.
③ 고정볼트는 고정 후 가능하면 나사산을 3~4개 정도 짧게 남겨 슬라이드 면과의 사이에 협착이 발생하지 않도록 해야 한다.
④ 금형 고정용 브래킷(물림판)을 고정시킬 때 고정용 브래킷은 수평이 되게 하고, 고정볼트는 수직이 되도록 고정한다.

해설

금형을 설치하는 프레스의 T홈 안길이는 설치볼트 직경의 2배 이상으로 한다.

61

과전류차단기로 시설하는 퓨즈 중 고압전로에 사용하는 비포장 퓨즈에 대한 설명으로 옳은 것은?

① 정격전류의 1.25배의 전류에 견디고, 또한 2배의 전류로 2분 안에 용단되는 것이어야 한다.

② 정격전류의 1.25배의 전류에 견디고, 또한 2배의 전류로 4분 안에 용단되는 것이어야 한다.

③ 정격전류의 2배의 전류에 견디고, 또한 2배의 전류로 2분 안에 용단되는 것이어야 한다.

④ 정격전류의 2배의 전류에 견디고, 또한 2배의 전류로 4분 안에 용단되는 것이어야 한다.

해설

과전류차단기로 시설하는 퓨즈 중 고압전로에 사용하는 비포장 퓨즈는 정격전류의 1.25배의 전류에 견디고, 또한 2배의 전류로 2분 안에 용단되는 것이어야 한다(한국전기설비규정 341.10).

62

피뢰기의 제한전압이 752kV이고, 변압기의 기준충격 절연강도가 1,050kV이라면 보호 여유도[%]는 약 얼마인가?

① 10   ② 20
③ 30   ④ 40

해설

$$보호\ 여유도(\%) = \frac{충격절연강도 - 제한전압}{제한전압} \times 100\%$$

$$= \frac{1,050 - 752}{752} \times 100\% \simeq 40\%$$

63

물질의 접촉과 분리에 따른 정전기 발생량의 정도를 나타낸 것으로 옳지 않은 것은?

① 표면이 오염될수록 크다.

② 분리속도가 빠를수록 크다.

③ 대전 서열이 서로 멀수록 크다.

④ 접촉과 분리가 반복될수록 크다.

해설

정전기 발생은 일반적으로 접촉, 분리가 처음 일어날 때 최대가 되며 이후 접촉, 분리가 반복됨에 따라 발생량도 점차 감소한다.

64

소화방법에 대한 주된 소화원리로 옳지 않은 것은?

① 물을 살포한다 : 냉각소화

② 모래를 뿌린다 : 질식소화

③ 초를 불어서 끈다 : 억제소화

④ 담요로 덮는다 : 질식소화

해설

초를 불어서 끄는 건 제거소화이다.

65

콘덴서의 단자전압이 1kV, 정전용량이 740pF일 경우 방전에너지는 약 몇 mJ인가?

① 370 ② 37

③ 3.7 ④ 0.37

해설

방전에너지

$$E = \frac{1}{2}CV^2$$

$$= \frac{1}{2} \times 740 \times 10^{-12} \times 1,000^2$$

$$= 3.7 \times 10^{-4}\text{J}$$

$$= 0.37\text{mJ}$$

66

누전화재가 발생하기 전에 나타나는 현상이 아닌 것은?

① 인체 감전현상

② 빈번한 퓨즈 용단현상

③ 전기 사용 기계장치의 오동작 감소

④ 전등 밝기의 변화현상

해설

누전화재가 발생하기 전에 나타나는 현상

• 인체 감전현상

• 전등 밝기의 변화현상

• 빈번한 퓨즈 용단현상

• 전기 사용 기계장치의 오동작 증가

67

가연성 가스가 있는 곳에 저압 옥내전기설비를 금속관 공사로 시설하고자 할 때, 관 상호 간 또는 관과 전기기계 · 기구와는 몇 턱 이상의 나사 조임으로 접속하여야 하는가?

① 2턱 ② 3턱

③ 4턱 ④ 5턱

68

다음 중 전폐형 방폭구조가 아닌 것은?

① 압력 방폭구조

② 내압 방폭구조

③ 유입 방폭구조

④ 안전증 방폭구조

해설

전기설비 방폭화 방법

• 점화원의 실질적인 격리(전폐형 구조) : 내압 방폭구조(d), 유입 방폭구조(o), 압력 방폭구조(p)

• 전기설비의 안전도 증가 : 안전증 방폭구조(e)

• 점화능력의 본질적인 억제 : 본질안전 방폭구조(ia, ib)

69

접지저항치를 결정하는 저항이 아닌 것은?

① 접지선, 접지극의 도체저항

② 접지전극과 주회로 사이의 낮은 절연저항

③ 접지전극 주위의 토양이 나타내는 저항

④ 접지전극의 표면과 접하는 토양 사이의 접촉저항

해설

접지저항치를 결정하는 저항

• 접지선 · 접지극의 도체저항

• 접지전극과 주회로 사이의 높은 절연저항

• 접지전극 주위의 토양이 나타내는 저항

• 접지전극의 표면과 접하는 토양 사이의 접촉저항

70

개폐기로 인한 발화는 스파크에 의한 가연물의 착화화재가 많이 발생한다. 이를 방지하기 위한 대책으로 옳지 않은 것은?

① 가연성 증기, 분진 등이 있는 곳은 방폭형을 사용한다.
② 개폐기를 불연성 상자 안에 수납한다.
③ 비포장 퓨즈를 사용한다.
④ 접속 부분의 나사 풀림이 없도록 한다.

해설

포장 퓨즈를 사용해야 한다.

71

위험물안전관리법령상 제3류 위험물이 아닌 것은?

① 황화린
② 금속나트륨
③ 황린
④ 금속칼륨

해설

황화린은 제2류 위험물(가연성 고체)이다.

72

화재 감지에 있어서 열감지방식 중 차동식에 해당하지 않는 것은?

① 공기관식
② 열전대식
③ 바이메탈식
④ 열반도체식

해설

열감지기방식
• 차동식 : 공기관식, 열전대식, 열반도체식, 공기팽창식, 열기전력식
• 정온식 : 바이메탈식, 고체팽창식, 기체팽창식, 가용융식, 분포식
• 보상식

73

물과의 반응으로 유독한 포스핀 가스를 발생하는 것은?

① HCl
② NaCl
③ Ca_3P_2
④ $Al(OH)_3$

해설

인화칼슘과 물의 반응

$Ca_3P_2 + 6H_2O \rightarrow 3Ca(OH)_2 + 2PH_3$
수산화칼슘   포스핀

74

4% NaOH 수용액과 10% NaOH 수용액을 반응기에 혼합하여 6%의 NaOH 수용액 100kg을 만들려면 각각 몇 kg의 NaOH 수용액이 필요한가?

① 4% NaOH 수용액 : 50, 10% NaOH 수용액 : 50
② 4% NaOH 수용액 : 56.2, 10% NaOH 수용액 : 43.8
③ 4% NaOH 수용액 : 80, 10% NaOH 수용액 : 20
④ 4% NaOH 수용액 : 66.67, 10% NaOH 수용액 : 33.33

해설

혼합 수용액이 6% NaOH 수용액 100kg이므로 4% NaOH 수용액의 무게를 x kg이라고 하면 10% NaOH 수용액의 무게는 $100 - x$ kg이다.
따라서 $0.06 \times 100 = 0.04x + 0.1 \times (100 - x)$
$x = 66.67$ kg, $100 - x = 33.33$
∴ 4% NaOH 수용액 66.67kg, 10% NaOH 수용액 33.33kg

75

다음 중 냉각소화에 해당하는 것은?

① 튀김 기름이 인화되었을 때 싱싱한 야채를 넣어 소화한다.

② 가연성 기체의 분출화재 시 주밸브를 닫아서 연료 공급을 차단한다.

③ 금속화재의 경우 불활성 물질로 가연물을 덮어 미연소 부분과 분리한다.

④ 촛불을 입으로 불어서 끈다.

해설

②, ③, ④는 제거소화의 예시이다.

- 냉각소화 : 열을 흡수하여 연소반응의 속도를 지연시키는 소화방법이다.
- 제거소화 : 가연물을 제거하거나 공급을 중단시켜 소화시키는 소화방법이다.

76

가연성 물질을 취급하는 장치를 퍼지하고자 할 때 잘못된 것은?

① 대상물질의 물성을 파악한다.

② 사용하는 불활성 가스의 물성을 파악한다.

③ 장치 내부를 세정한 후 퍼지용 가스를 송입한다.

④ 퍼지용 가스를 가능한 한 빠른 속도로 단시간에 다량 송입한다.

해설

퍼지용 가스를 빠른 속도로 단시간에 다량 송입할 경우 폭발의 위험이 있으므로, 가능한 한 느린 속도로 천천히 소량씩 송입한다.

77

공기 중에서 A가스의 폭발하한계는 2.2vol%이다. 이 폭발하한계값을 기준으로 하여 표준 상태에서 A가스와 공기의 혼합 기체 $1m^3$에 함유되어 있는 A가스의 질량을 구하면 약 몇 g인가?(단, A가스의 분자량은 26이다)

① 19.54 ② 20.54

③ 25.54 ④ 35.54

해설

$$A가스의 \; 질량 = \frac{0.022 \times 1,000}{22.4} \times 26 \simeq 25.54g$$

78

다음 중 가연성 물질과 산화성 고체가 혼합하고 있을 때 연소에 미치는 현상으로 옳은 것은?

① 착화온도(발화점)가 높아진다.

② 최소점화에너지가 감소하며, 폭발의 위험성이 증가한다.

③ 가스나 가연성 증기의 경우 공기 혼합보다 연소범위가 축소된다.

④ 공기 중에서보다 산화작용이 약하게 발생하여 화염온도가 감소하며, 연소속도가 늦어진다.

해설

① 착화온도(발화점)가 낮아진다.

③ 가스나 가연성 증기의 경우 공기 혼합보다 연소범위가 넓어진다.

④ 공기 중에서보다 산화작용이 강하게 발생하여 화염온도가 높아지며, 연소속도가 빨라진다.

79

사업장에서 유해·위험물질의 일반적인 보관방법으로 옳지 않은 것은?

① 서늘한 장소에 저장한다.

② 질소와 격리시켜 저장한다.

③ 차광막이 있는 곳에 저장한다.

④ 부식성이 없는 용기에 저장한다.

해설

유해·위험물질은 불활성 가스인 질소와 함께 저장한다.

80

산업안전보건법상 물질안전보건자료 작성 시 포함되어야 하는 항목이 아닌 것은?(단, 참고사항은 제외한다)

① 화학제품과 회사에 관한 정보

② 제조일자 및 유효기간

③ 운송에 필요한 정보

④ 응급조치요령

해설

작성항목(화학물질의 분류·표시 및 물질안전보건자료에 관한 기준 제10조)

물질안전보건자료(MSDS) 작성 시 포함되어야 할 항목 및 그 순서는 다음과 같다.

• 화학제품과 회사에 관한 정보
• 유해성·위험성
• 구성 성분의 명칭 및 함유량
• 응급조치요령
• 폭발·화재 시 대처방법
• 누출 사고 시 대처방법
• 취급 및 저장방법
• 노출 방지 및 개인보호구
• 물리화학적 특성
• 안정성 및 반응성
• 독성에 관한 정보
• 환경에 미치는 영향
• 폐기 시 주의사항
• 운송에 필요한 정보
• 법적 규제 현황
• 그 밖의 참고사항

81

유해위험방지계획서 제출 시 첨부서류의 항목이 아닌 것은?

① 보호장비폐기계획

② 공사개요서

③ 산업안전보건관리비 사용계획서

④ 전체 공정표

해설

유해위험방지계획서 첨부서류(시행규칙 별표 10)

• 공사개요서
• 공사현장의 주변 현황 및 주변과의 관계를 나타내는 도면(매설물 현황 포함)
• 전체 공정표
• 산업안전보건관리비 사용계획서
• 안전관리조직표
• 재해 발생 위험 시 연락 및 대피방법

82

추락방호망 설치 시 작업면으로부터 망의 설치지점까지의 수직거리 기준은?

① 10m를 초과하지 아니할 것

② 15m를 초과하지 아니할 것

③ 20m를 초과하지 아니할 것

④ 25m를 초과하지 아니할 것

83

가설구조물이 갖추어야 할 구비요건이 아닌 것은?

① 영구성
② 경제성
③ 작업성
④ 안전성

84

동바리 등을 조립하는 경우에 준수하여야 하는 기준으로 옳지 않은 것은?

① 동바리로 사용하는 파이프 서포트를 이어서 사용하는 경우에는 3개 이상의 볼트 또는 전용 철물을 사용하여 이을 것
② 동바리로 사용하는 강관은 높이 2m 이내마다 수평 연결재를 2개 방향으로 만들 것
③ 깔판의 사용, 콘크리트 타설, 말뚝박기 등 동바리의 침하를 방지하기 위한 조치를 할 것
④ 동바리로 사용하는 파이프 서포트를 3개 이상 이어서 사용하지 말 것

동바리로 사용하는 파이프 서포트의 경우(산업안전보건기준에 관한 규칙 제332조의2)
• 파이프 서포트를 3개 이상 이어서 사용하지 않도록 할 것
• 파이프 서포트를 이어서 사용하는 경우에는 4개 이상의 볼트 또는 전용 철물을 사용하여 이을 것
• 높이가 3.5m를 초과하는 경우에는 높이 2m 이내마다 수평 연결재를 2개 방향으로 만들고 수평 연결재의 변위를 방지할 것

85

비계의 높이가 2m 이상인 작업 장소에 설치하는 작업 발판의 설치 기준으로 옳지 않은 것은?

① 작업 발판의 폭은 40cm 이상으로 한다.
② 작업 발판재료는 뒤집히거나 떨어지지 않도록 하나 이상의 지지물에 연결하거나 고정시킨다.
③ 발판재료 간의 틈은 3cm 이하로 한다.
④ 작업 발판의 지지물은 하중에 의하여 파괴될 우려가 없는 것을 사용한다.

작업 발판재료는 뒤집히거나 떨어지지 않도록 둘 이상의 지지물에 연결하거나 고정시킨다(산업안전보건기준에 관한 규칙 제56조).

86

추락재해를 방지하기 위하여 10cm 그물코인 방망을 설치할 때 방망과 바닥면 사이의 최소 높이로 옳은 것은?(단, 설치된 방망의 단변 방향 길이 $L = 2$m, 장변 방향 방망의 지지 간격 $A = 3$m이다)

① 2.4m
② 3.4m
③ 4.4m
④ 5.4m

10cm 그물코이고, $L < A$이므로

$$H_2 = \frac{0.85}{4}(L+3A)$$
$$= \frac{0.85}{4}(2+3\times3)$$
$$\simeq 2.4\text{m}$$

87

가설 통로의 설치 기준으로 옳지 않은 것은?

① 추락할 위험이 있는 장소에는 안전난간을 설치할 것

② 경사가 10°를 초과하는 경우에는 미끄러지지 않는 구조로 할 것

③ 경사는 30° 이하로 할 것

④ 건설공사에 사용하는 높이 8m 이상인 비계다리에는 7m 이내마다 계단참을 설치할 것

해설

경사가 15°를 초과하는 경우에는 미끄러지지 않는 구조로 한다(산업안전보건기준에 관한 규칙 제23조).

88

작업으로 인하여 물체가 떨어지거나 날아올 위험이 있는 경우에 조치 및 준수하여야 할 사항으로 옳지 않은 것은?

① 낙하물방지망, 수직보호망 또는 방호선반 등을 설치한다.

② 낙하물방지망의 내민 길이는 벽면으로부터 2m 이상으로 한다.

③ 낙하물방지망의 수평면과의 각도는 20° 이상 30° 이하를 유지한다.

④ 낙하물방지망은 높이 15m 이내마다 설치한다.

해설

낙하물에 의한 위험의 방지(산업안전보건기준에 관한 규칙 제14조)
낙하물방지망 또는 방호선반을 설치하는 경우에는 다음의 사항을 준수하여야 한다.
• 높이 10m 이내마다 설치하고, 내민 길이는 벽면으로부터 2m 이상으로 할 것
• 수평면과의 각도는 20° 이상 30° 이하를 유지할 것

89

산업안전보건법상 차량계 하역운반기계 등에 단위화물의 무게가 100kg 이상인 화물을 싣는 작업 또는 내리는 작업을 하는 경우에 해당 작업 지휘자가 준수하여야 할 사항으로 옳지 않은 것은?

① 작업 순서 및 그 순서마다의 작업방법을 정하고 작업을 지휘할 것

② 기구와 공구를 점검하고 불량품을 제거할 것

③ 대피방법을 미리 교육할 것

④ 로프 풀기 작업 또는 덮개 벗기기 작업은 적재함의 화물이 떨어질 위험이 없음을 확인한 후에 하도록 할 것

해설

싣거나 내리는 작업(산업안전보건기준에 관한 규칙 제177조)
사업주는 차량계 하역운반기계 등에 단위화물의 무게가 100kg 이상인 화물을 싣는 작업(로프 걸이 작업 및 덮개 덮기 작업을 포함) 또는 내리는 작업(로프 풀기 작업 또는 덮개 벗기기 작업을 포함)을 하는 경우에 해당 작업의 지휘자에게 다음의 사항을 준수하도록 하여야 한다.
• 작업 순서 및 그 순서마다의 작업방법을 정하고 작업을 지휘할 것
• 기구와 공구를 점검하고 불량품을 제거할 것
• 해당 작업을 하는 장소에 관계 근로자가 아닌 사람이 출입하는 것을 금지할 것
• 로프 풀기 작업 또는 덮개 벗기기 작업은 적재함의 화물이 떨어질 위험이 없음을 확인한 후에 하도록 할 것

90

추락방지용 방망 중 그물코의 크기가 5cm인 매듭방망 신품의 인장강도는 최소 몇 kg 이상이어야 하는가?

① 100 ② 110
③ 200 ④ 250

방망사의 신품에 대한 인장강도(추락재해방지 표준안전작업지침 제5조)

그물코의 크기	방망의 종류(단위 : kg)	
(단위 : cm)	매듭 없는 방망	매듭방망
10	240	200
5		110

91

철골구조의 앵커볼트 매립과 관련된 사항 중 옳지 않은 것은?

① 기둥 중심은 기준선 및 인접 기둥의 중심에서 3mm 이상 벗어나지 않을 것
② 인접 기둥 간에 중심거리는 3mm 이하여야 한다.
③ 베이스 플레이트의 하단은 기준 높이 및 인접 기둥의 높이에서 3mm 이상 벗어나지 않을 것
④ 앵커볼트는 기둥 중심에서 2mm 이상 벗어나지 않을 것

철골공사에서 기둥의 건립작업 시 앵커볼트를 매립할 때 요구되는 정밀도(철골공사 표준안전작업지침 제5조)
• 기둥 중심은 기준선 및 인접 기둥의 중심으로부터 5mm 이상 벗어나지 않아야 한다.
• 인접 기둥 간에 중심거리는 3mm 이하여야 한다.
• 앵커볼트는 기둥 중심에서 2mm 이상 벗어나지 않을 것
• 베이스 플레이트의 하단은 기준 높이 및 인접 기둥의 높이에서 3mm 이상 벗어나지 않을 것

92

옹벽 축조를 위한 굴착작업에 관한 설명으로 옳지 않은 것은?

① 수평 방향으로 연속적으로 시공한다.
② 하나의 구간을 굴착하면 방치하지 말고 기초 및 본체 구조물 축조를 마무리한다.
③ 절취 경사면에 전석, 낙석의 우려 또는 장기간 방치할 경우에는 숏크리트, 록볼트, 캔버스 및 모르타르 등으로 방호한다.
④ 작업위치 좌우에 만일의 경우에 대비한 대피 통로를 확보하여 둔다.

수평 방향의 연속시공을 금지하며, 블록으로 나누어 단위시공 단면적을 최소화하여 분단시공을 한다.

93

다음 중 유해위험방지계획서 작성 및 제출 대상에 해당되는 공사는?

① 깊이 9.5m인 굴착공사
② 저수용량 1천만ton인 용수전용 댐의 건설공사
③ 최대 지간 길이가 50m인 교량 건설공사
④ 지상 높이가 20m인 건축물의 해체공사

① 깊이가 10m 이상인 굴착공사
② 다목적댐, 발전용 댐, 저수용량 2천만ton 이상의 용수 전용 댐 및 지방상수도 전용 댐의 건설 등 공사
④ 지상 높이가 31m인 건축물의 해체공사
※ 시행령 제42조

94

강관틀 비계를 조립하여 사용하는 경우 준수하여야 할 사항으로 옳지 않은 것은?

① 비계 기둥의 밑둥에는 밑받침 철물을 사용할 것
② 높이가 20m를 초과하거나 중량물의 적재를 수반하는 작업을 할 경우에는 주틀 간의 간격을 1.8m 이하로 할 것
③ 주틀 간에 교차가새를 설치하고 최하층 및 3층 이내마다 수평재를 설치할 것
④ 길이가 띠장 방향으로 4m 이하이고, 높이가 10m를 초과하는 경우에는 10m 이내마다 띠장 방향으로 버팀 기둥을 설치할 것

해설

강관틀 비계 조립 시 주틀 간에 교차가새를 설치하고 최상층 및 5층 이내마다 수평재를 설치해야 한다(산업안전보건기준에 관한 규칙 제62조).

95

굴착작업 시 토사 등의 붕괴 또는 낙하에 의하여 근로자에게 위험을 미칠 우려가 있는 경우를 대비한 대책으로 옳지 않은 것은?

① 매설물 등의 유무 또는 상태 확인
② 근로자의 출입금지
③ 방호망의 설치
④ 흙막이 지보공의 설치

해설

굴착작업 시 위험 방지(산업안전보건기준에 관한 규칙 제340조)
사업주는 굴착작업 시 토사 등의 붕괴 또는 낙하에 의하여 근로자에게 위험을 미칠 우려가 있는 경우에는 미리 흙막이 지보공의 설치, 방호망의 설치 및 근로자의 출입금지 등 그 위험을 방지하기 위하여 필요한 조치를 해야 한다.

96

다음 중 해체작업용 기계 · 기구로 가장 거리가 먼 것은?

① 압쇄기
② 진동롤러
③ 철제 해머
④ 핸드 브레이커

해설

진동롤러는 다짐용 기계 · 기구이다.

97

흙막이 가시설 공사 중 발생할 수 있는 보일링(boiling)현상에 관한 설명으로 옳지 않은 것은?

① 이 현상이 발생하면 흙막이벽의 지지력이 상실된다.
② 지하 수위가 높은 지반을 굴착할 때 주로 발생된다.
③ 흙막이벽의 근입장 깊이가 부족할 경우 발생한다.
④ 연약한 점토 지반에서 굴착면의 융기로 발생한다.

해설

히빙(heaving)현상
연약한 지반을 굴착할 때 흙막이벽 뒤쪽 흙의 중량이 바닥의 지지력보다 커지면 굴착 저면에서 흙이 부풀어 오르는 현상

94 ③ 95 ① 96 ② 97 ④ **정답**

98

건설공사 도급인은 건설공사 중에 가설구조물의 붕괴 등 산업재해가 발생할 위험이 있다고 판단되면 건축·토목 분야의 전문가의 의견을 들어 건설공사 발주자에게 해당 건설공사의 설계 변경을 요청할 수 있는데, 이러한 가설구조물의 기준으로 옳지 않은 것은?

① 높이 20m 이상인 비계
② 작업 발판 일체형 거푸집 또는 높이 5m 이상인 거푸집 동바리
③ 터널의 지보공 또는 높이 2m 이상인 흙막이 지보공
④ 동력을 이용하여 움직이는 가설구조물

해설

설계 변경 요청 대상(시행령 제58조)
- 높이 31m 이상인 비계
- 작업 발판 일체형 거푸집 또는 높이 5m 이상인 거푸집 동바리(타설된 콘크리트가 일정 강도에 이르기까지 하중 등을 지지하기 위하여 설치하는 부재)
- 터널의 지보공(무너지지 않도록 지지하는 구조물) 또는 높이 2m 이상인 흙막이 지보공
- 동력을 이용하여 움직이는 가설구조물

99

차량계 하역운반기계의 운전자가 운전 위치를 이탈하는 경우 조치해야 할 내용으로 옳지 않은 것은?

① 포크 및 버킷을 가장 높은 위치에 두어 근로자 통행을 방해하지 않도록 하였다.
② 원동기를 정지시켰다.
③ 브레이크를 걸어 두고 확인하였다.
④ 시동키를 운전대에서 분리시켰다.

해설

차량계 하역운반기계 등 차량계 건설기계의 운전자가 운전 위치를 이탈하는 경우 포크, 버킷, 디퍼 등의 장치를 가장 낮은 위치 또는 지면에 내려 두어야 한다(산업안전보건기준에 관한 규칙 제99조).

100

산업안전보건관리비에 관한 설명으로 옳지 않은 것은?

① 발주자는 도급인이 안전관리비를 다른 목적으로 사용한 금액에 대해서는 계약 금액에서 감액 조정할 수 있다.
② 발주자는 도급인이 안전관리비를 사용하지 아니한 금액에 대하여는 반환을 요구할 수 있다.
③ 발주자가 도급계약 체결을 위한 원가 계산에 의한 예정 가격 작성 시 산업안전보건관리비를 계상한다.
④ 발주자는 설계 변경 등으로 대상액의 변동이 있는 경우 공사 완료 후 정산하여야 한다.

해설

계상의무 및 기준(건설업 산업안전보건관리비 계상 및 사용기준 제4조)
발주자 또는 자기공사자는 설계 변경 등으로 대상액의 변동이 있는 경우 지체 없이 산업안전보건관리비를 조정 계상하여야 한다. 다만, 설계 변경으로 공사 금액이 800억 원 이상으로 증액된 경우에는 증액된 대상액을 기준으로 재계상한다.

제1과목 | 산업안전관리론

01

특정과업에서 에너지 소비 수준에 영향을 미치는 인자가 아닌 것은?

① 도구
② 작업속도
③ 작업관리
④ 작업방법

해설

에너지 소비 수준에 영향을 미치는 인자
작업 자세, 작업방법, 작업속도, 도구(도구 설계)

02

50인의 상시 근로자를 가지고 있는 어느 사업장에 1년간 3건의 부상자를 내고 그 휴업일수가 219일 때의 강도율은?

① 1.37
② 1.50
③ 1.86
④ 2.21

해설

$$강도율 = \frac{근로손실일수}{연근로시간 수} \times 10^3$$

$$= \frac{219}{50 \times 8 \times 365} \times 10^3$$

$$= 1.50$$

03

다음 중 무재해운동 추진기법 중 지적 확인에 대한 설명으로 옳은 것은?

① 오관의 감각기관을 총동원하여 작업의 정확성과 안전을 확인한다.
② 참여자 전원의 스킨십을 통하여 연대감, 일체감을 조성할 수 있고 느낌을 교류한다.
③ 비평을 금지하고, 자유로운 토론을 통하여 독창적인 아이디어를 끌어낼 수 있다.
④ 작업 전 5분간의 미팅을 통하여 시나리오상의 역할을 연기하여 체험하는 것을 목적으로 한다.

해설

지적 확인
사람의 눈이나 귀 등 오감의 감각기관을 총동원해서 작업의 정확성과 안전을 확인하는 것이다.

04

위험예지훈련 4라운드의 순서로 옳은 것은?

① 현상 파악 → 본질 추구 → 대책 수립 → 목표 설정
② 현상 파악 → 대책 수립 → 본질 추구 → 목표 설정
③ 현상 파악 → 본질 추구 → 목표 설정 → 대책 수립
④ 현상 파악 → 목표 설정 → 본질 추구 → 대책 수립

05

다음에서 설명하는 토의법의 유형으로 옳은 것은?

> 교육 과제에 정통한 전문가 4~5명이 피교육자 앞에서 자유로이 토의를 실시한 다음에 피교육자 전원이 참가하여 사회자의 사회에 따라 토의하는 방법

① 포럼(forum)
② 패널 디스커션(panel discussion)
③ 심포지엄(symposium)
④ 버즈 세션(buzz session)

해설
① 포럼(forum) : 공공의 광장에서 많은 사람이 모여 공공의 문제에 대해 사회자의 진행으로 공개 토의하는 방식이다. 토의를 위한 간략한 주제 발표 후 청중의 참여로 이루어진다.
③ 심포지엄(symposium) : 특정한 문제에 대하여 두 사람 이상의 전문가가 서로 다른 각도에서 의견을 발표하고 참석자의 질문에 답하는 형식의 토론회이다.
④ 버즈 세션(buzz session) : 사람의 수가 많고, 전원에게 능동적인 발언 참가를 통해서 교육의 효과를 올리기 위해 사용하는 학습기법이다.

06

보호구 자율안전확인 고시상 사용 구분에 따른 보안경의 종류가 아닌 것은?

① 차광 보안경
② 유리 보안경
③ 플라스틱 보안경
④ 도수 렌즈 보안경

해설
차광 및 비산물 위험방지용 보안경은 안전인증 대상 보호구이다.

07

일선 관리감독자를 대상으로 작업지도기법, 작업개선기법, 인간관계 관리기법 등을 교육하는 방법은?

① ATT(American Telephone & Telegram Co.)
② MTP(Management Training Program)
③ CCS(Civil Communication Section)
④ TWI(Training Within Industry)

해설
① ATT : 대상 계층이 한정되어 있지 않고 한 번 훈련받은 관리자는 그 부하인 감독자에 대해서 지도원이 될 수 있다. 작업의 감독, 인사관계, 고객관계, 종업원의 향상, 공구 및 자료 보고 기록, 개인작업의 개선, 안전, 복무 조정 등의 내용을 교육한다.
② MTP : 주로 관리의 기초, 작업의 개선, 작업의 관리, 부하의 훈련, 인간관계 및 관리의 전개 등으로 구성된 중간 관리층을 대상으로 하는 관리자 훈련방법이다. TWI보다 약간 높은 관리자 훈련프로그램이다.
③ CCS : ATP(Adminstration Training Program)라고도 한다. 톱 매니지먼트 교육에서 보급교육으로 변환된 교육방법으로 교육내용으로는 정책 수립, 조직, 통제, 운영 등이 있다.

08

하인리히 방식을 적용하여 산업재해의 손실액 산정 시 직접비가 2,000만 원일 경우 총손실액은?

① 2,000만 원
② 8,000만 원
③ 1억 원
④ 1억2,000만 원

해설
- 직접비 + 간접비 = 1 : 4 = 총재해비용
- 총손실액 = $20,000,000 + 4 \times 20,000,000$
  $= 100,000,000$원

09

허즈버그(Herzberg)의 동기 · 위생이론에 대한 설명으로 옳은 것은?

① 위생요인은 직무내용에 관련된 요인이다.
② 동기요인은 직무에 만족을 느끼는 주요인이다.
③ 위생요인은 매슬로 욕구단계 중 존경, 자아실현의 욕구와 유사하다.
④ 동기요인은 매슬로 욕구단계 중 생리적 욕구와 유사하다.

해설
① 위생요인은 직무 외의 내용과 관련된 요인이다. 즉, 인간의 동물적 욕구를 반영하는 것으로서 안전, 친교, 봉급, 감독 형태, 기업의 정책 작업조건 등이 해당된다.
③ 위생요인은 매슬로 욕구단계 중 생리적 · 사회적 욕구와 유사하다.
④ 동기요인은 매슬로 욕구단계 중 자아실현의 욕구와 유사하다.

10

근로자가 작업대 위에서 전기공사 작업 중 감전에 의하여 지면으로 떨어져 다리에 골절상해를 입은 경우의 기인물과 가해물로 옳은 것은?

① 기인물 – 작업대, 가해물 – 지면
② 기인물 – 전기, 가해물 – 지면
③ 기인물 – 지면, 가해물 – 전기
④ 기인물 – 작업대, 가해물 – 전기

해설

재해내용	사고 유형	기인물	가해물
근로자가 작업대 위에서 전기공사 작업 중 감전에 의하여 지면으로 떨어져 다리에 골절상해를 입었다.	추락	전기	지면

11

산업안전보건법령상 다음 그림에 해당하는 안전보건표지의 종류로 옳은 것은?

① 부식성 물질 경고
② 산화성 물질 경고
③ 인화성 물질 경고
④ 폭발성 물질 경고

해설
안전보건표지의 종류와 형태(시행규칙 별표 6)

부식성 물질 경고	산화성 물질 경고	폭발성 물질 경고

12

레빈(Lewin)은 인간행동과 인간의 조건 및 환경조건의 관계를 다음과 같이 표시하였다. 이때 f 가 의미하는 것은?

$$B = f(P \cdot E)$$

① 행동　　　　　② 조명
③ 지능　　　　　④ 함수

해설
인간의 행동특성과 관련된 레빈의 법칙
$B = f(P \cdot E)$
여기서, B : behavior(인간의 행동)
　　　　f : function(함수관계)
　　　　P : personality(인간의 개체 : 연령, 경험, 성격(개성), 지능, 심신 상태 등)
　　　　E : environment(심리적 환경 : 작업환경, 인간관계 등)

13

헤드십(headship)에 관한 설명으로 옳지 않은 것은?

① 구성원과 사회적 간격이 좁다.

② 지휘의 형태는 권위주의적이다.

③ 권한 귀속은 공식화된 규정에 의한다.

④ 권한의 부여는 조직으로부터 위임받는다.

해설

헤드십은 외부에 의해 선출된 지도자(명목상 리더)로서 권위주의적·개인주의적이며, 구성원과 사회적 간격이 넓다.

14

산업안전보건법령상 잠함(潛函) 또는 잠수작업 등 높은 기압에서 하는 작업에 종사하는 근로자의 근로 제한시간은?

① 1일 6시간, 1주 30시간 초과금지

② 1일 6시간, 1주 34시간 초과금지

③ 1일 8시간, 1주 40시간 초과금지

④ 1일 8시간, 1주 44시간 초과금지

해설

사업주는 유해하거나 위험한 작업으로서 높은 기압에서 하는 작업 등 대통령령으로 정하는 작업[잠함(潛函) 또는 잠수작업 등 높은 기압에서 하는 작업]에 종사하는 근로자에게는 1일 6시간, 1주 34시간을 초과하여 근로하게 해서는 아니 된다(법 제139조, 시행령 제99조).

15

학습 정도(level of learning)의 4단계 요소가 아닌 것은?

① 지각   ② 적용

③ 인지   ④ 정리

해설

학습 정도의 4단계 순서

인지 → 지각 → 이해 → 적용

16

재해의 원인과 결과를 연계하여 상호관계를 파악하기 위해 도표화하는 분석방법은?

① 특성요인도

② 파레토도

③ 크로스 분류도

④ 관리도

해설

① 특성요인도 : 어떠한 문제가 발생했을 때 어떤 원인으로 일어나는지 인과관계를 살펴보고, 이를 물고기 뼈의 모양(어골도)으로 도식화해서 문제점을 파악하고 해결책을 모색하는 기법이다.

② 파레토도 : 작업현장에서 발생하는 작업환경 불량이나 고장, 재해 등의 내용을 분류하고 그 건수와 금액을 크기 순으로 나열하여 작성한 그래프이다.

③ 크로스 분류도 : 2개 이상의 요인이 상호관계를 유지할 때 문제를 분석하는 데 사용하는 것으로 데이터를 집계하고 표로 표시하여 요인별 결과 내역을 크로스 그림으로 작성하여 분석한다.

④ 관리도 : 재해 발생건수 등의 추이에 대해 한계선을 설정하여 목표관리를 수행하는 재해통계분석기법이다.

17

산업안전보건법상 안전보건관리규정을 작성하여야 할 사업 중에 정보서비스업의 상시 근로자 수는 몇 명 이상인가?

① 100
② 250
③ 300
④ 500

해설

안전보건관리규정을 작성하여야 할 사업 중에 정보서비스업의 상시 근로자 수는 300명 이상이다(시행규칙 별표 2).

18

산업안전보건법상 고용노동부장관이 산업재해 예방을 위하여 종합적인 개선조치를 할 필요가 있다고 인정할 때 안전보건개선계획의 수립 · 시행을 명할 수 있는 대상 사업장이 아닌 것은?

① 산업재해율이 같은 업종 평균 산업재해율의 2배 이상인 사업장
② 직업병에 걸린 사람이 연간 2명 이상(상시 근로자 1천 명 이상 사업자의 경우 3명 이상) 발생한 사업장
③ 작업환경 불량, 화재 · 폭발 또는 누출사고 등으로 사회적 물의를 일으킨 사업장
④ 경미한 재해가 다발로 발생한 사업장

해설

안전보건진단을 받아 안전보건개선계획을 수립할 대상(법 제49조, 시행령 제49조)
• 산업재해율이 같은 업종 평균 산업재해율의 2배 이상인 사업장
• 사업주가 필요한 안전조치 또는 보건조치를 이행하지 아니하여 중대재해가 발생한 사업장
• 대통령령으로 정하는 수 이상의 직업성 질병자가 발생한 사업장[직업성 질병자가 연간 2명 이상(상시 근로자 1천 명 이상 사업장의 경우 3명 이상) 발생한 사업장]
• 유해인자의 노출 기준을 초과한 사업장
• 그 밖에 작업환경 불량, 화재 · 폭발 또는 누출 사고 등으로 사업장 주변까지 피해가 확산된 사업장으로서 고용노동부령으로 정하는 사업장

19

산업안전보건법령상 사업주가 근로자에 대하여 실시하여야 하는 교육 중 특별교육의 대상이 되는 작업이 아닌 것은?

① 화학설비의 탱크 내 작업
② 전압이 30V인 정전 및 활선작업
③ 건설용 리프트 · 곤돌라를 이용한 작업
④ 동력에 의하여 작동되는 프레스 기계를 5대 이상 보유한 사업장에서 해당 기계로 하는 작업

해설

전압이 75V인 정전 및 활선작업이 특별교육의 대상이다(시행규칙 별표 5).

20

산업안전보건법상 프레스 작업 시 작업 시작 전 점검사항에 해당하지 않는 것은?

① 클러치 및 브레이크의 기능
② 프레스의 금형 및 고정볼트 상태
③ 머니퓰레이터(manipulator) 작동의 이상 유무
④ 1행정 1정지 기구 · 급정지장치 및 비상정지장치의 기능

해설

프레스 작업 시작 전 점검사항(산업안전보건기준에 관한 규칙 별표 3)
• 클러치 및 브레이크의 기능
• 크랭크축 · 플라이휠 · 슬라이드 · 연결봉 및 연결 나사의 풀림 유무
• 1행정 1정지 기구 · 급정지장치 및 비상정지장치의 기능
• 슬라이드 또는 칼날에 의한 위험방지기구의 기능
• 프레스의 금형 및 고정볼트 상태
• 방호장치의 기능
• 전단기의 칼날 및 테이블의 상태

21

인간공학의 주된 연구목적과 가장 거리가 먼 것은?

① 제품 품질 향상

② 작업의 안전성 향상

③ 작업환경의 쾌적성 향상

④ 기계 조작의 능률성 향상

해설

인간공학의 연구목적(Chapanis. A)

• 안전성의 향상과 사고 방지

• 기계 조작의 능률성과 생산성의 향상

• 쾌적성 향상

위 3가지의 궁극적인 목적은 안전과 능률이다.

22

청각적 표시장치지침에 관한 설명으로 옳지 않은 것은?

① 신호는 최소한 0.5~1초 동안 지속한다.

② 신호는 배경 소음과 다른 주파수를 이용한다.

③ 소음은 양쪽 귀에, 신호는 한쪽 귀에 들리게 한다.

④ 300m 이상 멀리 보내는 신호는 2,000Hz 이상의 주파수를 사용한다.

해설

300m 이상 멀리 보내는 신호는 1,000Hz 전후의 주파수를 사용한다.

23

고용노동부 고시의 근골격계 부담작업의 범위에서 근골격계부담작업에 대한 설명으로 옳지 않은 것은?

① 하루에 10회 이상 25kg 이상의 물체를 드는 작업

② 하루에 총 2시간 이상 쪼그리고 앉거나 무릎을 굽힌 자세에서 이루어지는 작업

③ 하루에 총 2시간 이상 집중적으로 자료 입력 등을 위해 키보드 또는 마우스를 조작하는 작업

④ 하루에 총 2시간 이상 지지되지 않은 상태에서 4.5kg 이상의 물건을 한 손으로 들거나 동일한 힘으로 쥐는 작업

해설

근골격계 부담작업(근골격계 부담작업의 범위 및 유해요인 조사방법에 관한 고시 제3조)

근골격계 부담작업이란 다음의 어느 하나에 해당하는 작업을 말한다. 다만, 단기간작업 또는 간헐적인 작업은 제외한다.

• 하루에 4시간 이상 집중적으로 자료 입력 등을 위해 키보드 또는 마우스를 조작하는 작업

• 하루에 총 2시간 이상 목, 어깨, 팔꿈치, 손목 또는 손을 사용하여 같은 동작을 반복하는 작업

• 하루에 총 2시간 이상 머리 위에 손이 있거나, 팔꿈치가 어깨 위에 있거나, 팔꿈치를 몸통으로부터 들거나, 팔꿈치를 몸통 뒤쪽에 위치하도록 하는 상태에서 이루어지는 작업

• 지지되지 않은 상태이거나 임의로 자세를 바꿀 수 없는 조건에서 하루에 총 2시간 이상 목이나 허리를 구부리거나 트는 상태에서 이루어지는 작업

• 하루에 총 2시간 이상 쪼그리고 앉거나 무릎을 굽힌 자세에서 이루어지는 작업

• 하루에 총 2시간 이상 지지되지 않은 상태에서 1kg 이상의 물건을 한 손의 손가락으로 집어 옮기거나, 2kg 이상에 상응하는 힘을 가하여 한 손의 손가락으로 물건을 쥐는 작업

• 하루에 총 2시간 이상 지지되지 않은 상태에서 4.5kg 이상의 물건을 한 손으로 들거나 동일한 힘으로 쥐는 작업

• 하루에 10회 이상 25kg 이상의 물체를 드는 작업

• 하루에 25회 이상 10kg 이상의 물체를 무릎 아래에서 들거나, 어깨 위에서 들거나, 팔을 뻗은 상태에서 드는 작업

• 하루에 총 2시간 이상, 분당 2회 이상 4.5kg 이상의 물체를 드는 작업

• 하루에 총 2시간 이상 시간당 10회 이상 손 또는 무릎을 사용하여 반복적으로 충격을 가하는 작업

24

서서 하는 작업의 작업대 높이에 대한 설명으로 옳지 않은 것은?

① 정밀작업의 경우 팔꿈치 높이보다 약간 높게 한다.
② 경작업의 경우 팔꿈치 높이보다 약간 낮게 한다.
③ 중작업의 경우 경작업의 작업대 높이보다 약간 낮게 한다.
④ 작업대의 높이는 기준을 지켜야 하므로 높낮이가 조절되어서는 안 된다.

해설

작업대나 작업테이블의 작업 높이는 근로자가 서서 일을 하거나 앉아서 일을 하는 것에 상관없이 작업하기 편하도록 설계해야 한다.

25

인체측정치를 이용한 설계에 관한 설명으로 옳은 것은?

① 평균치를 기준으로 한 설계를 제일 먼저 고려한다.
② 자세와 동작에 따라 고려해야 할 인체 측정 치수가 달라진다.
③ 의자의 깊이와 너비는 작은 사람을 기준으로 설계한다.
④ 큰 사람을 기준으로 한 설계는 인체측정치의 5%tile을 사용한다.

해설

① 인체측정치를 제품 설계에 적용하는 순서는 조절식 설계 → 극단치 설계 → 평균치 설계 순으로, 평균치를 기준으로 한 설계를 제일 나중에 고려한다.
③ 의자의 깊이는 작은 사람을 기준으로, 의자의 너비는 큰 사람을 기준으로 설계한다.
④ 큰 사람을 기준으로 한 설계는 인체측정치의 95%tile을 사용한다.

26

사람의 감각기관 중 반응속도가 가장 느린 것은?

① 미각
② 촉각
③ 청각
④ 시각

해설

반응시간
• 청각 : 0.17초
• 촉각 : 0.18초
• 시각 : 0.20초
• 미각 : 0.29초
• 통각 : 0.70초

27

런닝벨트 위를 일정한 속도로 걷는 사람의 배기가스를 5분간 수집한 표본을 가스 성분 분석기로 조사한 결과, 산소 16%, 이산화탄소 4%로 나타났다. 배기가스 전량을 가스미터에 통과시킨 결과, 배기량이 90L였다면 분당 산소소비량과 에너지가(에너지소비량)는 약 얼마인가?

① 0.95L/min, 4.75kcal/min
② 0.96L/min, 4.80kcal/min
③ 0.97L/min, 4.85kcal/min
④ 0.98L/min, 4.90kcal/min

해설

• 분당 흡기량 = 분당 배기량 $\times \dfrac{100 - O_2\% - CO_2\%}{79\%}$

$= \dfrac{90}{5} \times \dfrac{100 - 16 - 4}{79} = 18 \times \dfrac{80}{79} \fallingdotseq 18.23L$

• 분당 산소소비량 = (흡기 시 산소농도[%] × 분당 흡기량)
  − (배기 시 산소농도[%] × 분당 배기량)
  = 0.21 × 18.23 − 0.16 × 18 ≒ 0.95L/min

∴ 분당 에너지소비량은 5 × 0.95 = 4.75kcal/min이다.

28

다음 중 시스템 신뢰도에 관한 설명으로 옳지 않은 것은?

① 시스템의 성공적 퍼포먼스를 확률로 나타낸 것이다.
② 각 부품이 동일한 신뢰도를 가질 경우 직렬구조의 신뢰도는 병렬구조에 비해 신뢰도가 낮다.
③ 시스템의 병렬구조는 시스템의 어느 한 부품이 고장 나면 시스템이 고장 나는 구조이다.
④ n 중 k구조는 n개의 부품으로 구성된 시스템에서 k개 이상의 부품이 작동하면 시스템이 정상적으로 가동되는 구조이다.

해설

시스템의 직렬구조는 시스템의 어느 한 부품이 고장 나면 형성된 경로가 차단되므로 시스템이 고장 나는 구조이다.

29

다음 중 HAZOP 기법에서 사용되는 가이드 워드와 그 의미가 잘못 연결된 것은?

① as well as – 성질상의 증가
② part of – 성질상의 감소
③ other than – 기타 환경적인 요인
④ more/less – 정량적인 증가 또는 감소

해설

other than – 완전한 대체

30

인간의 기대하는 바와 자극 또는 반응들이 일치하는 관계는?

① 관련성
② 반응성
③ 양립성
④ 자극성

해설

양립성

자극 또는 반응들 간의 관계가 인간의 기대에 일치되는 정도

• 개념 양립성 : 어떠한 신호가 전달하려는 내용과 연관성이 있어야 하는 것(예 위험신호는 빨간색, 주의신호는 노란색, 안전신호는 파란색으로 표시하는 것)
• 양식 양립성 : 청각적 자극 제시와 이에 대한 음성응답과업에서 갖는 양립성
• 운동 양립성 : 표시 및 조종장치, 체계반응의 운동 방향의 양립성(예 조종장치를 오른쪽으로 돌리면 지침도 오른쪽으로 이동하는 것)
• 공간 양립성 : 표시장치가 조종장치에서 물리적 형태나 공간적인 배치 양립성(예 오른쪽 : 오른손 조절장치, 왼쪽 : 왼손 조절장치)

31

모든 시스템 안전프로그램 중 최초단계의 분석으로 시스템 내의 위험요소가 어떤 상태에 있는지를 정성적으로 평가하는 방법은?

① CA
② FHA
③ PHA
④ FMEA

해설

PHA(Preliminary Hazard Analysis, 예비위험분석)

모든 시스템 안전프로그램의 최초단계의 분석으로 시스템 내의 위험요소가 얼마나 위험 상태에 있는가를 정성적으로 평가하는 방식이다. 시스템의 개발단계에서 시스템 고유의 위험영역을 식별하고 예상되는 재해의 위험 수준을 평가하는 데 목적이 있다.

32

착오의 요인 중 인지과정의 착오에 해당하지 않는 것은?

① 정서 불안정
② 감각차단현상
③ 정보 부족
④ 생리·심리적 능력의 한계

<blockquote>
해설

• 인지과정의 착오 : 정서 불안정, 감각차단현상, 생리·심리적 능력의 한계, 정보저장능력의 한계 등
• 판단과정의 착오 : 정보 부족, 능력 부족, 자기합리화, 환경조건의 불비 등
• 조작과정의 착오 : 작업자의 기능 미숙, 경험 부족, 피로 등
</blockquote>

34

다음 FTA 그림에서 a, b, c의 부품 고장률이 각각 0.01일 때 최소 컷셋(minimal cut sets)과 신뢰도로 옳은 것은?

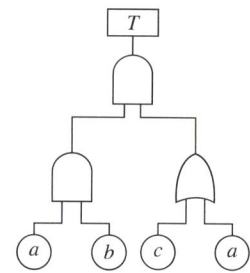

① $\{a,\ b\}$, $R(t) = 99.99\%$
② $\{a,\ b,\ c\}$, $R(t) = 98.99\%$
③ $\{a,\ c\}$, $R(t) = 96.99\%$
   $\{a,\ b\}$
④ $\{a,\ c\}$, $R(t) = 97.99\%$
   $\{a,\ b,\ c\}$

<blockquote>
해설

$T = (ab)(c+a) = abc + a(ab) = abc + ab = ab(c+1) = ab$이므로
최소 컷셋은 $\{a,\ b\}$이다.
각 부품의 고장률이 0.01이므로,
각 부품의 신뢰도는 $1 - 0.01 = 0.99$
전체 신뢰도는
$R(t) = 1 - (1 - 0.99^2)\left[1 - \{1 - (1 - 0.99)^2\}\right]$
$\quad\quad \simeq 0.9999$
$\quad\quad = 99.99\%$
</blockquote>

33

다음 중 욕조 형태를 갖는 일반적인 기계고장곡선에서의 기본적인 3가지 고장 유형에 해당하지 않는 것은?

① 피로고장
② 우발고장
③ 초기고장
④ 마모고장

35

제품의 설계단계에서 고유 신뢰성을 증대시키기 위하여 일반적으로 많이 사용되는 방법이 아닌 것은?

① 병렬 및 대기 리던던시의 활용
② 부품과 조립품의 단순화 및 표준화
③ 제조 부문과 납품업자에 대한 부품 규격의 명세 제시
④ 부품의 전기적, 기계적, 열정 및 기타 작동조건의 경감

해설

③은 사용 신뢰성 증대방안에 해당한다.
제품의 설계단계에서 고유 신뢰성을 증대시키기 위하여 일반적으로 많이 사용하는 방법
• 병렬 및 대기 리던던시의 활용
• 부품과 조립품의 단순화 및 표준화
• 고신뢰도 부품의 사용
• 부품 고장의 사후 영향을 제한하기 위한 구조적 설계 방안의 강구
• 부품의 전기적, 기계적, 열적 및 기타 작동조건의 경감(derating)
• 시험의 자동화
• 제품의 단순화

36

FMEA에서 고장 평점을 결정하는 5가지 평가요소에 해당하지 않는 것은?

① 생산능력의 범위
② 고장 발생의 빈도
③ 고장 방지의 가능성
④ 영향을 미치는 시스템의 범위

해설

FMEA에서 고장 평점을 결정하는 5가지 평가요소
• 기능적 고장 영향의 중요도
• 영향을 미치는 시스템의 범위
• 고장 발생의 빈도
• 고장 방지의 가능성
• 신규 설계의 정도

37

인지 및 인식의 오류를 예방하기 위해 목표와 관련하여 작동을 계획해야 하는데 특수하고 친숙하지 않은 상황에서 발생하며, 부적절한 분석이나 의사결정을 잘못하여 발생하는 오류는?

① 기능에 기초한 행동(skill-based behavior)
② 규칙에 기초한 행동(rule-based behavior)
③ 지식에 기초한 행동(knowledge-based behavior)
④ 사고에 기초한 행동(accident-based behavior)

해설

원인 차원의 휴먼에러 분류에 적용하는 라스무센(Rasmussen)의 정보처리모형에서 분류한 행동
• 기능에 기초한 행동(skill-based behavior) : 자동적 · 무의식적으로 수행하는 과정
• 규칙에 기초한 행동(rule-based behavior) : 경험 등을 통해 학습한 규칙을 적용하여 문제를 해결하는 과정
• 지식에 기초한 행동(knowledge-based behavior) : 새롭거나 특수한 상황 등에서 의사결정을 해야 하는 과정

38

다음 중 인간 - 기계시스템의 3가지 분류에 대한 설명으로 옳지 않은 것은?

① 자동시스템에서는 인간요소를 고려하여야 한다.
② 자동시스템에서 인간은 감시, 정비 유지, 프로그램 등의 작업을 담당한다.
③ 수동시스템에서 기계는 동력원을 제공하고, 인간의 통제하에서 제품을 생산한다.
④ 기계시스템에서는 동력기계화 체계와 고도로 통합된 부품으로 구성된다.

해설

수동시스템에서는 인간이 동력원을 제공하고, 인간의 통제하에서 제품을 생산한다.

39

신기술, 신공법을 도입함에 있어서 설계, 제조, 사용의 전 과정에 걸쳐서 위험성의 여부를 사전에 검토하는 관리기술은?

① 예비위험분석
② 위험성 평가
③ 안전분석
④ 안전성 평가

40

FTA에서 사용하는 다음 사상기호에 대한 설명으로 옳은 것은?

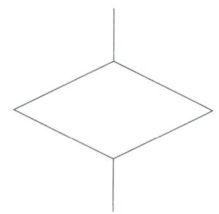

① 시스템 분석에서 좀 더 발전시켜야 하는 사상
② 시스템의 정상적인 가동 상태에서 일어날 것이 기대되는 사상
③ 불충분한 자료로 결론을 내릴 수 없어 더 이상 전개할 수 없는 사상
④ 주어진 시스템의 기본사상으로 고장원인이 분석되었기 때문에 더 이상 분석할 필요가 없는 사상

> **해설**
> ③ 생략사상
> ① 결함사상
> ② 통상사상

41

보일러에서 프라이밍(priming)과 포밍(foaming)의 발생 원인이 아닌 것은?

① 역화가 발생되었을 경우
② 기계적 결함이 있을 경우
③ 보일러가 과부하로 사용될 경우
④ 보일러수에 불순물이 많이 포함되었을 경우

> **해설**
> **프라이밍과 포밍의 발생원인**
> • 고수위일 경우
> • 급격한 과열
> • 기계적 결함이 있는 경우
> • 보일러가 과부하로 사용될 경우
> • 보일러수에 불순물이 많이 포함되었을 경우

42

와이어로프를 사용하여 달비계를 설치할 때 사용 가능한 와이어로프의 조건은?

① 지름의 감소가 공칭 지름의 8%인 것
② 이음매가 없는 것
③ 심하게 변형되거나 부식된 것
④ 와이어로프의 한 꼬임에서 끊어진 소선의 수가 10%인 것

> **해설**
> **달비계에 사용 불가한 와이어로프(산업안전보건기준에 관한 규칙 제63조)**
> • 이음매가 있는 것
> • 와이어로프의 한 꼬임[스트랜드(strand)를 말한다]에서 끊어진 소선(素線)[필러(pillar)선은 제외한다]의 수가 10% 이상(비자전로프의 경우에는 끊어진 소선의 수가 와이어로프 호칭 지름의 6배 길이 이내에서 4개 이상이거나 호칭 지름 30배 길이 이내에서 8개 이상)인 것
> • 지름의 감소가 공칭 지름의 7%를 초과하는 것
> • 꼬인 것
> • 심하게 변형되거나 부식된 것
> • 열과 전기 충격에 의해 손상된 것

43

기준 무부하 상태에서 구내 최고속도가 20km/h인 지게차의 주행 시 좌우 안정도 기준은 몇 % 이내인가?

① 10%
② 20%
③ 37%
④ 40%

해설

지게차의 좌우 안정도

$S_{tr} = 15 + 1.1\,V\,\%$
$\quad = 15 + 1.1 \times 20\%$
$\quad = 37\%$

44

체인과 스프로킷, 랙과 피니언, 풀리와 V벨트 등에 형성되는 위험점은?

① 끼임점
② 회전말림점
③ 접선물림점
④ 협착점

해설

접선물림점(tangential point)

회전하는 부분의 접선 방향으로 물려 들어가는 위험점으로 체인과 스프로킷, 기어와 랙, 롤러와 평벨트, V벨트와 V풀리 등이 있다.

45

반복응력을 받게 되는 기계구조 부분의 설계에서 허용응력을 결정하기 위한 기초강도로 가장 적합한 것은?

① 항복점(yield point)
② 극한강도(ultimate strength)
③ 크리프한도(creep limit)
④ 피로한도(fatigue limit)

해설

① 항복점 : 일정 크기의 외력에서 그 이상 힘을 가하지 않아도 변형이 급격히 증대하기 시작하는 점
② 극한강도 : 재료가 감당할 수 있는 최대의 응력
③ 크리프한도 : 특정시간 후에 크리프속도가 되는 응력

46

광전자식 방호장치의 광선에 신체 일부가 감지된 후로부터 급정지기구가 작동 개시하기까지의 시간이 40ms이고, 광축의 최소설치거리(안전거리)가 200mm일 때 급정지기구가 작동 개시한 때로부터 프레스기의 슬라이드가 정지될 때까지의 시간은 약 몇 ms인가?

① 65ms
② 75ms
③ 85ms
④ 95ms

해설

광축의 최소설치거리

$D_m = 1.6\,T_m$
$200 = 1.6(40 + T_m)$

$T_m = \dfrac{200}{1.6} - 40$
$\quad = 85ms$

47

산업안전보건법령상 안전모의 종류 중 사용 구분상 '물체의 낙하 또는 비래 및 추락에 의한 위험을 방지 또는 경감하고, 머리 부위 감전에 의한 위험을 방지하기 위한 것'으로 옳은 것은?

① A
② AB
③ AE
④ ABE

안전모의 종류(보호구 안전인증 고시 별표 1)
• AB형 : 물체의 낙하 또는 비래 및 추락에 의한 위험을 방지 또는 경감시키기 위한 것
• AE형 : 물체의 낙하 또는 비래에 의한 위험을 방지 또는 경감하고, 머리 부위 감전에 의한 위험을 방지하기 위한 것(내전압성)
• ABE형 : 물체의 낙하 또는 비래 및 추락에 의한 위험을 방지 또는 경감하고, 머리 부위 감전에 의한 위험을 방지하기 위한 것(내전압성)

48

선반 등으로부터 돌출하여 회전하고 있는 가공물이 근로자에게 위험을 미칠 우려가 있는 경우 설치할 방호장치로 가장 적합한 것은?

① 건널다리
② 슬리브
③ 덮개 또는 울
④ 체인블록

사업주는 선반 등으로부터 돌출하여 회전하고 있는 가공물이 근로자에게 위험을 미칠 우려가 있는 경우에 덮개 또는 울 등을 설치하여야 한다(산업안전보건기준에 관한 규칙 제87조).

49

프레스 가공품의 이송방법으로 2차 가공용 송급배출장치가 아닌 것은?

① 다이얼 피더(dial feeder)
② 롤 피더(roll feeder)
③ 푸셔 피더(pusher feeder)
④ 트랜스퍼 피더(transfer feeder)

• 1차 가공용 송급장치 : 롤 피더
• 2차 가공용 송급배출장치 : 다이얼 피더, 푸셔 피더, 트랜스퍼 피더 등

50

다음 중 산업안전보건법령상 산업용 로봇의 사용 및 수리 등에 관한 사항으로 옳지 않은 것은?

① 작업을 하는 동안 로봇의 가동스위치 등에 '작업 중'이라는 표시를 하여야 한다.
② 해당 작업에 종사하는 근로자의 안전한 작업을 위하여 작업 종사자 외의 사람이 가동스위치를 조작할 수 있도록 하여야 한다.
③ 로봇을 운전하는 경우에 근로자가 로봇에 부딪칠 위험이 있을 때는 높이 1.8m 이상의 울타리를 설치하는 등 필요한 조치를 하여야 한다.
④ 로봇의 작동범위에서 해당 로봇의 수리·검사·조정·청소·급유 또는 결과에 대한 확인작업을 하는 경우에는 해당 로봇의 운전을 정지함과 동시에 그 작업을 하고 있는 동안 로봇의 가동스위치를 열쇠로 잠근 후 열쇠를 별도 관리하여야 한다.

작업을 하고 있는 동안 로봇의 기동스위치 등에 작업 중이라는 표시를 하는 등 작업에 종사하고 있는 근로자가 아닌 사람이 그 스위치 등을 조작할 수 없도록 필요한 조치를 해야 한다(산업안전보건기준에 관한 규칙 제222조).

51

다음 중 목재가공용 둥근톱에 설치해야 하는 분할날의 두께에 관한 설명으로 옳은 것은?

① 톱날 두께의 1.1배 이상이고, 톱날의 치진폭보다 커야 한다.

② 톱날 두께의 1.1배 이상이고, 톱날의 치진폭보다 작아야 한다.

③ 톱날 두께의 1.1배 이내이고, 톱날의 치진폭보다 커야 한다.

④ 톱날 두께의 1.1배 이내이고, 톱날의 치진폭보다 작아야 한다.

해설

톱날 두께, 분할날 두께, 톱날 진폭의 관계

$1.1t_1 \leq t_2 < b$

여기서, t_1 : 톱날 두께

t_2 : 분할날 두께

b : 치진폭

52

프레스의 양수 조작식 방호장치에서 누름 버튼의 상호 간 내측거리는 몇 mm 이상이어야 하는가?

① 100   ② 200

③ 300   ④ 500

해설

프레스의 양수 조작식 방호장치에서 누름 버튼의 상호 간 내측거리는 300mm 이상이어야 한다(방호장치 안전인증 고시 별표 1).

53

크레인의 방호장치에 해당하지 않는 것은?

① 권과방지장치   ② 과부하방지장치

③ 자동보수장치   ④ 비상정지장치

해설

크레인의 방호장치

권과방지장치, 과부하방지장치, 비상정지장치, 훅해지장치, 충돌방지장치, 미끄럼방지고정장치, 레일정지기구, 정전 시 보호장치, 회전 부분 방호장치, 선회제한스위치, 경사각지시장치

54

공기압축기의 작업 시작 전 점검사항이 아닌 것은?

① 윤활유의 상태

② 언로드밸브의 기능

③ 비상정지장치의 기능

④ 압력방출장치의 기능

해설

공기압축기 가동 작업 시작 전 점검사항(산업안전보건기준에 관한 규칙 별표 3)

• 공기저장압력용기의 외관 상태

• 드레인밸브의 조작 및 배수

• 압력방출장치의 기능

• 언로드밸브의 기능

• 윤활유의 상태

• 회전부의 덮개 또는 울

• 그 밖의 연결 부위의 이상 유무

정답   51 ②   52 ③   53 ③   54 ③

55

연강의 인장강도가 420MPa이고, 허용응력이 140MPa이라면 안전율은?

① 2   ② 3
③ 4   ④ 5

해설

안전율(안전계수)

$$S = \frac{인장강도}{허용응력} = \frac{420}{140} = 3$$

56

개구부에서 회전하는 롤러의 위험점까지 최단거리가 60mm일 때 개구부 간격은?

① 10mm   ② 12mm
③ 13mm   ④ 15mm

해설

개구부 간격 $Y = 6 + 0.15X$
$$= 6 + 0.15 \times 60 = 15\text{mm}$$

57

크레인을 사용하여 작업을 할 때 작업 시작 전에 점검하여야 하는 사항에 해당하지 않는 것은?

① 권과방지장치·브레이크·클러치 및 운전장치의 기능
② 주행로의 상측 및 트롤리가 횡행하는 레일의 상태
③ 와이어로프가 통하고 있는 곳의 상태
④ 압력방출장치의 기능

해설

④는 공기압축기를 가동할 때 작업 시작 전 점검사항이다.
크레인 작업 시작 전 점검사항(산업안전보건기준에 관한 규칙 별표 3)
• 권과방지장치·브레이크·클러치 및 운전장치의 기능
• 주행로의 상측 및 트롤리가 횡행하는 레일의 상태
• 와이어로프가 통하고 있는 곳의 상태

58

기계설비에 대한 본질적인 안전화 방안의 하나인 풀 프루프(fool proof)에 관한 설명으로 옳지 않은 것은?

① 계기나 표시를 보기 쉽게 하거나 이른바 인체공학적 설계도 넓은 의미의 풀 프루프에 해당된다.
② 설비 및 기계장치 일부가 고장이 난 경우 기능의 저하는 가져오지만 전체 기능은 정지하지 않는다.
③ 인간이 에러를 일으키기 어려운 구조나 기능을 가진다.
④ 조작 순서가 잘못되어도 올바르게 작동한다.

해설

풀 프루프(fool proof)
인간이 기계 등의 취급을 잘못해도 그것이 바로 사고나 재해와 연결되는 일이 없도록 설계하는 방법이다.

59

단면 6×10cm인 목재가 4,000kg의 압축하중을 받고 있다. 안전율을 5로 하면 실제사용응력은 허용응력의 몇 %나 되는가?(단, 목재의 압축강도는 500kg/cm²이다)

① 33.3
② 66.7
③ 99.5
④ 250

해설

- 허용응력 $= \dfrac{압축강도}{안전율} = \dfrac{500}{5} = 100 \text{kg/cm}^2$

- 실제사용응력 $= \dfrac{압축하중}{단면적} = \dfrac{4,000}{6 \times 10} \simeq 66.7 \text{kg/cm}^2$

$\therefore \dfrac{실제사용응력}{허용응력} \times 100\% = \dfrac{66.7}{100} \times 100\% = 66.7\%$

60

롤러의 급정지를 위한 방호장치를 설치하고자 할 때, 앞면 롤러의 직경이 36cm이고, 분당 회전속도가 50rpm이라면 급정지거리는 약 얼마 이내이어야 하는가?(단, 무부하 동작에 해당한다)

① 35cm
② 45cm
③ 55cm
④ 65cm

해설

앞면 롤러의 표면속도는

$v = \dfrac{\pi D n}{1,000} = \dfrac{3.14 \times 360 \times 50}{1,000} \simeq 56.52 \text{m/min}$이고,

앞면 롤러의 표면속도가 30m/min 이상이므로 급정지거리가 앞면 롤러 원주의 1/2.5 이내이다.
따라서 허용되는 급정지장치의 급정지거리는

$l = \dfrac{\pi D}{3} = \dfrac{3.14 \times 36}{3} \simeq 45 \text{cm}$

제**4**과목 | 전기 및 화학설비위험방지기술

61

대전된 물체가 방전을 일으킬 때의 에너지 E[J]를 구하는 식으로 옳은 것은?(단, 도체의 정전용량은 C[F], 대전전위는 V[V], 대전 전하량은 Q[C]이다)

① $E = \sqrt{2CQ}$
② $E = \dfrac{1}{2} CV$
③ $E = \dfrac{Q^2}{2C}$
④ $E = \sqrt{\dfrac{2V}{C}}$

해설

$Q = CV$에서 $V = \dfrac{Q}{C}$

$\therefore E = \dfrac{1}{2} CV^2 = \dfrac{1}{2} C \left(\dfrac{Q}{C} \right)^2 = \dfrac{Q^2}{2C}$

62

전로에 지락이 생겼을 때 자동적으로 전로를 차단하는 장치를 시설해야 하는 전기기계의 사용전압 기준은?(단, 금속제 외함을 가지는 저압의 기계·기구로서 사람이 쉽게 접촉할 우려가 있는 곳에 시설되어 있다)

① 30V 초과
② 50V 초과
③ 90V 초과
④ 150V 초과

해설

금속제 외함을 가지는 사용전압이 50V를 초과하는 저압의 기계·기구로서 사람이 쉽게 접촉할 우려가 있는 곳에 시설하는 것에 전기를 공급하는 전로에는 전로에 지락이 생겼을 때 자동적으로 전로를 차단하는 장치를 하여야 한다.

63

절연체에 발생한 정전기는 일정 장소에 축적되었다가 점차 소멸되는데, 물체의 시정수 또는 완화시간은 처음 값의 몇 %로 감소되는 시간인가?

① 25.8
② 36.8
③ 45.8
④ 67.8

해설

대전의 완화를 나타내는 데 중요한 인자인 시정수(완화시간)는 최초의 전하가 약 36.8%까지 완화되는 시간이다.

64

다음 중 인화 및 인화점에 관한 설명으로 가장 적절하지 않은 것은?

① 가연성 액체의 액면 가까이에서 인화하는 데 충분한 농도의 증기를 발산하는 최저온도이다.
② 액체를 가열할 때 액면 부근의 증기농도가 폭발하한에 도달하였을 때의 온도이다.
③ 밀폐용기에 인화성 액체가 저장되어 있는 경우에 용기의 온도가 낮아 액체의 인화점 이하가 되어도 용기 내부의 혼합가스는 인화의 위험이 있다.
④ 용기의 온도가 상승하여 내부의 혼합가스가 폭발상한계를 초과한 경우, 누설되는 혼합가스는 인화되어 연소하지만 연소파가 용기 내로 들어가 가스폭발을 일으키지 않는다.

해설

밀폐용기에 인화성 액체가 저장되어 있는 경우에 용기의 온도가 낮아 액체의 인화점 이하가 되면 용기 내부의 혼합가스는 인화의 위험이 없다.

65

다음 중 정전기의 재해 방지대책으로 옳지 않은 것은?

① 대전하기 쉬운 금속은 접지를 실시한다.
② 작업자는 정전화를 착용한다.
③ 작업장의 습도를 30% 이하로 유지한다.
④ 배관 내 액체의 유속을 제한한다.

해설

정전기 재해를 방지하기 위해 공기 중의 상대습도를 60~70% 정도 유지하기 위해 가습방법을 사용한다.

66

분진폭발 방지대책이 아닌 것은?

① 작업장 등은 분진이 퇴적하지 않는 형상으로 한다.
② 분진취급장치에는 유효한 집진장치를 설치한다.
③ 분체 프로세스의 장치는 밀폐하고 누설이 없도록 한다.
④ 분진폭발의 우려가 있는 작업장에는 감독자를 상주시킨다.

해설

분진폭발 방지대책

• 작업장 등은 분진이 퇴적하지 않는 형상으로 한다.
• 분진취급장치에는 유효한 집진장치를 설치한다.
• 분체 프로세스 장치는 밀폐화하고 누설이 없도록 한다.
• 분진에 의한 폭발 또는 화재를 예방하기 위해 환풍기, 배풍기(排風機) 등 환기장치를 적절하게 설치해야 한다.

67

정전기로 인한 화재폭발의 위험이 가장 높은 설비는?

① 드라이클리닝 설비

② 전동기 사용설비

③ 가습기 가동설비

④ 누전차단기 적용설비

해설

정전기로 인한 화재폭발을 방지하기 위한 조치가 필요한 설비

• 인화성 액체를 함유하는 도료 및 접착제 등을 제조·저장·취급 또는 도포하는 설비

• 위험물을 탱크로리에 주입하는 설비

• 탱크로리·탱크차 및 드럼 등 위험물 저장설비

• 위험물 건조설비 또는 그 부속설비

• 인화성 고체를 저장하거나 취급하는 설비

• 드라이클리닝 설비, 염색가공설비 또는 모피류 등을 씻는 설비 등 인화성 유기용제를 사용하는 설비

• 유압, 압축공기 또는 고전위 정전기 등을 이용하여 인화성 액체나 인화성 고체를 분무하거나 이송하는 설비

• 고압가스를 이송하거나 저장·취급하는 설비

• 화약류 제조설비

• 발파공에 장전된 화약류를 점화시키는 경우에 사용하는 발파기

68

저항값이 0.1Ω인 도체에 10A의 전류가 1분간 흘렀을 경우 발생하는 열량은 몇 cal인가?

① 134 ② 144

③ 155 ④ 250

해설

$H = 0.24I^2Rt$

$= 0.24 \times 10^2 \times 0.1 \times 60$

$= 144\text{cal}$

여기서, I : 전류

R : 저항

t : 초

69

한국전기설비규정에 따라 욕조나 샤워시설이 있는 욕실 등 인체가 물에 젖어 있는 상태에서 전기를 사용하는 장소에 인체감전보호용 누전차단기가 부착된 콘센트를 시설하는 경우 누전차단기의 정격감도전류 및 동작시간은?

① 15mA 이하, 0.01초 이하

② 15mA 이하, 0.03초 이하

③ 30mA 이하, 0.01초 이하

④ 30mA 이하, 0.03초 이하

해설

욕조나 샤워시설이 있는 욕실 또는 화장실 등 인체가 물에 젖어 있는 상태에서 전기를 사용하는 장소에 콘센트를 시설하는 경우에는 다음에 따라 시설하여야 한다(한국전기설비규정 234.5).

• 전기용품 및 생활용품 안전관리법의 적용을 받는 인체감전보호용 누전차단기(정격감도전류 15mA 이하, 동작시간 0.03초 이하의 전류동작형의 것에 한한다) 또는 절연변압기(정격용량 3kVA 이하인 것에 한한다)로 보호된 전로에 접속하거나, 인체감전보호용 누전차단기가 부착된 콘센트를 시설하여야 한다.

70

다음 설명에 해당하는 위험 장소의 종류로 옳은 것은?

> 공기 중에서 가연성 분진운의 형태가 연속적 또는 장기적 또는 단기적 자주 폭발성 분위기가 존재하는 장소

① 제0종 장소 ② 제1종 장소

③ 제20종 장소 ④ 제21종 장소

해설

① 제0종 장소 : 인화성 물질이나 가연성 가스가 폭발성 분위기를 생성할 우려가 있는 장소 중 가장 위험한 장소

② 제1종 장소 : 가연성 가스가 체류해 위험하게 될 우려가 있는 장소

④ 제21종 장소 : 공기 중에 가연성 분진운의 형태가 정상 작동 중 빈번하게 폭발분위기를 형성할 수 있는 장소

71

폭발에 관한 용어 중 BLEVE가 의미하는 것은?

① 고농도분진폭발

② 저농도분해폭발

③ 개방계 증기운폭발

④ 비등액팽창증기폭발

해설

비등액팽창증기폭발(BLEVE ; Boiling Liquid Expanding Vapor Explosion)

고압 액화가스를 담고 있는 가스용기가 파괴된 경우 용기 내 액체가 급격히 기화하면서 발생하는 물리적 폭발현상이다.

73

다음을 참조하여 메탄 70vol%, 프로판 21vol%, 부탄 9vol% 인 혼합가스의 폭발범위를 구하면 약 몇 vol%인가?

가스	폭발하한계[vol%]	폭발상한계[vol%]
C_4H_{10}	1.8	8.4
C_3H_8	2.1	9.5
C_2H_6	3.0	12.4
CH_4	5.0	15.0

① 3.45~9.11

② 3.45~12.58

③ 3.85~9.11

④ 3.85~12.58

해설

- 폭발하한값(LFL)

$$\frac{100}{LFL} = \frac{70}{5.0} + \frac{21}{2.1} + \frac{9}{1.8} = 29$$

$$LFL = \frac{100}{29} \simeq 3.45$$

- 폭발상한값(UFL)

$$\frac{100}{UFL} = \frac{70}{15} + \frac{21}{9.5} + \frac{9}{8.4} \simeq 7.95$$

$$UFL = \frac{100}{7.95} \simeq 12.58$$

72

가스를 화학적 특성에 따라 분류할 때 독성가스가 아닌 것은?

① 황화수소(H_2S)

② 사이안화수소(HCN)

③ 이산화탄소(CO_2)

④ 산화에틸렌(C_2H_4O)

해설

이산화탄소(CO_2)는 불연성 가스이며, 독성가스가 아니다.

74

다음 중 크롬에 관한 설명으로 옳은 것은?

① 미나마타병의 원인물질로 알려져 있다.

② 3가와 6가의 화합물이 사용되고 있다.

③ 급성 중독으로 수포 피부염이 발생한다.

④ 6가보다 3가 화합물이 특히 인체에 유해하다.

해설

① 미나마타병의 원인물질은 메틸수은이다.

② 2가에서 6가까지 있지만 3가 화합물이 사용된다.

④ 3가보다 6가 화합물이 특히 인체에 유해하다.

75

다음 중 화염방지기의 구조 및 설치방법에 관한 설명으로 옳지 않은 것은?

① 화염방지기는 보호 대상 화학설비와 연결된 통기관의 중앙에 설치하여야 한다.
② 화염 방지 성능이 있는 통기밸브인 경우를 제외하고 화염방지기를 설치하여야 한다.
③ 본체는 금속제로 내식성이 있어야 하며, 폭발 및 화재로 인한 압력과 온도에 견딜 수 있어야 한다.
④ 소염소자는 내식, 내열성이 있는 재질이어야 하고, 이물질 등의 제거를 위한 정비작업이 용이하여야 한다.

해설

화염방지기는 가능한 한 보호 대상 화학설비의 통기관 끝단에 설치하는 것을 권장한다.

76

KS C IEC 60079-0에 따른 방폭기기에 대한 설명이다. 다음 (   ) 안에 들어갈 알맞은 용어는?

(ⓐ)은 EPL로 표현되며 점화원이 될 수 있는 가능성에 기초하여 기기에 부여된 보호 등급이다. EPL의 등급 중 (ⓑ)는 정상 작동, 예상된 오작동, 드문 오작동 중에 점화원이 될 수 없는 '매우 높은' 보호 등급의 기기이다.

① ⓐ Explosion Protection Level, ⓑ EPL Ga
② ⓐ Explosion Protection Level, ⓑ EPL Gc
③ ⓐ Equipment Protection Level, ⓑ EPL Ga
④ ⓐ Equipment Protection Level, ⓑ EPL Gc

해설

EPL(Equipment Protection Level) 등급
• Ga : 매우 높은 보호 등급 기기
• Gb : 높은 보호 등급 기기
• Gc : 강화된 보호 등급 기기

77

다음 가스 중 위험도가 큰 것부터 작은 순으로 나열한 것은?

구분	폭발하한값	폭발상한값
수소	4.0vol%	75.0vol%
산화에틸렌	3.0vol%	80.0vol%
이황화탄소	1.25vol%	44.0vol%
아세틸렌	2.5vol%	81.0vol%

① 아세틸렌 – 산화에틸렌 – 이황화탄소 – 수소
② 아세틸렌 – 산화에틸렌 – 수소 – 이황화탄소
③ 이황화탄소 – 아세틸렌 – 수소 – 산화에틸렌
④ 이황화탄소 – 아세틸렌 – 산화에틸렌 – 수소

해설

위험도(H)

$$H = \frac{U-L}{L}$$

여기서, U : 폭발상한계
L : 폭발하한계

• 이황화탄소의 위험도 $H = \dfrac{U-L}{L} = \dfrac{44-1.25}{1.25} = 34.2$

• 아세틸렌의 위험도 $H = \dfrac{U-L}{L} = \dfrac{81-2.5}{2.5} = 31.4$

• 산화에틸렌의 위험도 $H = \dfrac{U-L}{L} = \dfrac{80-3}{3} \simeq 25.7$

• 수소의 위험도 $H = \dfrac{U-L}{L} = \dfrac{75-4}{4} \simeq 17.75$

따라서 위험도가 큰 순서는 이황화탄소 > 아세틸렌 > 산화에틸렌 > 수소의 순이다.

78

여러 장의 걸레로 유압작동유를 닦은 후 이 기름걸레들을 작업장의 구석 중에서 햇빛이 가장 잘 드는 곳에 모아 두었을 때 발생할 수 있는 재해는?

① 분진폭발
② 마찰열에 의한 화재
③ 자연발화에 의한 화재
④ 정전기 불꽃에 의한 화재

해설

물질 자체가 열을 발생시키지는 않지만 외부의 열을 흡수하여 보관하는 능력이 뛰어난 물질인 경우, 열이 과도하게 쌓이면(축열되면) 자연발화가 일어날 수 있다.

79

산업안전보건법에서 규정한 급성독성물질은 쥐에 대한 4시간 동안의 흡입실험으로 실험동물 50%를 사망시킬 수 있는 농도(LC_{50})가 몇 ppm 이하인 물질인가?

① 2,000
② 2,500
③ 3,500
④ 4,000

해설

급성독성물질(산업안전보건기준에 관한 규칙 별표 1)

쥐에 대한 4시간 동안의 흡입실험에 의하여 실험동물의 50%를 사망시킬 수 있는 물질의 농도, 즉 가스 LC_{50}(쥐, 4시간 흡입)이 2,500ppm 이하인 화학물질, 증기 LC_{50}(쥐, 4시간 흡입)이 10mg/L 이하인 화학물질, 분진 또는 미스트 1mg/L 이하인 화학물질

80

다음 중 화재의 종류가 옳게 연결된 것은?

① A급 화재 – 유류화재
② B급 화재 – 유류화재
③ C급 화재 – 일반화재
④ D급 화재 – 일반화재

해설

② B급 화재 – 유류화재(황색 표시)
① A급 화재 – 일반화재(백색 표시)
③ C급 화재 – 전기화재(청색 표시)
④ D급 화재 – 금속화재(무색 표시)

81

산업안전보건관리비 중 안전관리자 등의 인건비 및 각종 업무수당 등의 항목에서 사용할 수 없는 내역은?

① 교통 통제를 위한 교통 정리 신호수의 인건비
② 공사장 내에서 양중기·건설기계 등의 움직임으로 인한 위험으로부터 주변 작업자를 보호하기 위한 유도자의 인건비
③ 건설용 리프트의 운전자 인건비
④ 고소작업대 작업 시 낙하물 위험 예방을 위한 하부 통제 등 공사현장의 특성에 따라 근로자 보호만을 목적으로 배치된 유도자의 인건비

해설

안전관리자·보건관리자의 임금 등(건설업 산업안전보건관리비 계상 및 사용기준 제7조)

• 안전관리 또는 보건관리 업무만을 전담하는 안전관리자 또는 보건관리자의 임금과 출장비 전액(지방고용노동관서에 선임 보고한 날부터 발생한 비용에 한정한다)
• 안전관리 또는 보건관리 업무를 전담하지 않는 안전관리자 또는 보건관리자의 임금과 출장비의 각각 1/2에 해당하는 비용(지방고용노동관서에 선임 보고한 날부터 발생한 비용에 한정한다)
• 안전관리자를 선임한 건설공사 현장에서 산업재해 예방 업무만을 수행하는 작업지휘자, 유도자, 신호자 등의 임금 전액
• 관리감독자 안전보건업무 수행 시 수당 지급작업에 해당하는 작업을 직접 지휘·감독하는 직·조·반장 등 관리감독자의 직위에 있는 자가 업무를 수행하는 경우에 지급하는 업무 수당(임금의 1/10 이내)

82

표준관입시험에 관한 설명으로 옳지 않은 것은?

① N치(N-value)는 지반을 30cm 굴진하는 데 필요한 타격 횟수를 의미한다.

② N치가 4~10일 경우 모래의 상대밀도는 매우 단단한 편이다.

③ 63.5kg의 추를 76cm 높이에서 자유낙하하여 타격하는 시험이다.

④ 사질 지반에 적용하며, 점토 지반에서는 편차가 커서 신뢰성이 떨어진다.

해설

N치가 4~10일 경우 모래의 상대밀도는 느슨한 편이다. N치가 클수록 토질이 밀실하다.

83

히빙(heaving)현상에 대한 안전대책이 아닌 것은?

① 굴착 주변을 웰 포인트(well point) 공법과 병행한다.

② 시트파일(sheet pile) 등의 근입심도를 검토한다.

③ 굴착 저면에 토사 등 인공중력을 감소시킨다.

④ 굴착 배면의 상재하중을 제거하여 토압을 최대한 낮춘다.

해설

히빙(heaving)현상에 대한 안전대책
- 지반의 지하 수위를 저하시킨다(well point, deep well 공법으로 지하 수위 저하, 피압수층의 그라우팅).
- 흙막이 벽체의 근입 깊이를 깊게 한다.
- 굴착부 주변의 상재하중을 감소시킨다.
- 아일랜드컷 공법을 적용한다.
- 지반 개량에 의한 전단강도를 증가시킨다(preloading-선행 재하 실시, 시멘트 및 약액주입공법 등으로 그라우팅 실시).

84

흙파기 공사용 기계에 관한 설명으로 옳지 않은 것은?

① 백호는 토질의 구멍 파기나 도랑 파기에 이용된다.

② 클램셸은 좁은 곳의 수직 파기를 할 때 사용한다.

③ 불도저는 일반적으로 거리 60m 이하의 배토작업에 사용된다.

④ 파워셔블은 기계가 위치한 면보다 낮은 곳을 파낼 때 유용하다.

해설

파워셔블은 기계가 위치한 면보다 높은 곳을 파낼 때 유용하다.

85

건설공사의 유해위험방지계획서 제출 기준일은 언제까지인가?

① 해당 공사 착공 전날까지

② 해당 공사 착공 15일 전까지

③ 해당 공사 착공 1개월 전까지

④ 해당 공사 착공 15일 이내

해설

대통령령으로 정하는 크기, 높이 등에 해당하는 건설공사를 착공하려는 경우에 해당하는 사업주가 유해위험방지계획서를 제출할 때에는 건설공사 유해위험방지계획서에 해당 서류를 첨부하여 해당 공사의 착공(유해위험방지계획서 작성 대상 시설물 또는 구조물의 공사를 시작하는 것을 말하며, 대지 정리 및 가설사무소 설치 등의 공사 준비기간은 착공으로 보지 않는다) 전날까지 공단에 2부를 제출해야 한다(시행규칙 제42조).

86

건설현장에서 근로자가 안전하게 통행할 수 있도록 통로에 설치하는 조명의 조도 기준은?

① 70lx 이상 ② 75lx 이상
③ 85lx 이상 ④ 95lx 이상

해설

통로의 조명(산업안전보건기준에 관한 규칙 제21조)
사업주는 근로자가 안전하게 통행할 수 있도록 통로에 75lx 이상의 채광 또는 조명시설을 하여야 한다.

87

로프 길이가 2m인 안전대를 착용한 근로자가 추락으로 인한 부상을 당하지 않기 위한 지면으로부터 안전대 고정점까지의 높이(H)의 기준으로 옳은 것은?(단, 로프의 신율 30%, 근로자의 신장 180cm)

① $H > 1.5$m ② $H > 2.5$m
③ $H > 3.5$m ④ $H > 4.5$m

해설

근로자가 추락으로 인한 부상을 당하지 않기 위한 지면으로부터 안전대 고정점까지의 높이(H)

$$H = l_1 + \Delta l_1 + \frac{l_2}{2} = 2 + (2 \times 0.3) = \frac{1.8}{2} = 3.5\text{m}$$

∴ $H > 3.5$m

여기서, l_1 : 로프의 길이
Δl_1 : 로프의 늘어난 길이
l_2 : 근로자의 신장

88

콘크리트 타설작업 시 안전에 대한 유의사항으로 옳지 않은 것은?

① 콘크리트를 치는 도중에는 지보공·거푸집 등의 이상 유무를 확인한다.
② 높은 곳으로부터 콘크리트를 타설할 때는 호퍼로 받아 거푸집 내에 꽂아 넣는 슈트를 통해서 부어 넣어야 한다.
③ 진동기를 가능한 한 많이 사용할수록 거푸집에 작용하는 측압상 안전하다.
④ 콘크리트를 한곳에만 치우쳐서 타설하지 않도록 주의한다.

해설

진동기 사용 시 지나친 진동은 거푸집 도괴의 원인이 될 수 있으므로 적절히 사용해야 한다.

89

부두·안벽 등 하역작업을 하는 장소에서는 부두 또는 안벽의 선을 따라 통로를 설치하는 경우에는 그 폭을 최소 얼마 이상으로 해야 하는가?

① 60cm ② 70cm
③ 80cm ④ 90cm

해설

하역작업장의 조치기준(산업안전보건기준에 관한 규칙 제390조)
사업주는 부두·안벽 등 하역작업을 하는 장소에 다음의 조치를 하여야 한다.
• 작업장 및 통로의 위험한 부분에는 안전하게 작업할 수 있는 조명을 유지할 것
• 부두 또는 안벽의 선을 따라 통로를 설치하는 경우에는 폭을 90cm 이상으로 할 것
• 육상에서의 통로 및 작업 장소로서 다리 또는 선거(船渠) 갑문(閘門)을 넘는 보도(步道) 등의 위험한 부분에는 안전난간 또는 울타리 등을 설치할 것

90

이동식 비계를 조립하여 작업을 하는 경우의 준수기준으로 옳지 않은 것은?

① 비계의 최상부에서 작업을 할 때는 안전난간을 설치하여야 한다.
② 작업 발판의 최대적재하중은 400kg을 초과하지 않도록 한다.
③ 승강용 사다리는 견고하게 설치하여야 한다.
④ 작업 발판은 항상 수평을 유지하고 작업 발판 위에서 안전난간을 딛고 작업을 하거나 받침대 또는 사다리를 사용하여 작업하지 않도록 한다.

해설

작업 발판의 최대적재하중은 250kg을 초과하지 않도록 한다(산업안전보건기준에 관한 규칙 제68조).

91

타워크레인을 벽체에 지지하는 경우 서면 심사서류 등이 없거나 명확하지 아니할 때 설치를 위해서는 특정 기술자의 확인을 필요로 하는데, 그 기술자에 해당하지 않는 것은?

① 건설안전기술사
② 기계안전기술사
③ 건축시공기술사
④ 건설안전 분야 산업안전지도사

해설

타워크레인을 벽체에 지지하는 경우 서면 심사서류 등이 없거나 명확하지 아니한 경우에는 국가기술자격법에 따른 건축구조·건설기계·기계안전·건설안전기술사 또는 건설안전 분야 산업안전지도사의 확인을 받아 설치하거나 기종별·모델별 공인된 표준방법으로 설치해야 한다(산업안전보건기준에 관한 규칙 제142조).

92

다음 (   ) 안에 알맞은 숫자는?

순간풍속이 (   )m/s를 초과하는 바람이 불어올 우려가 있는 경우 건설작업용 리프트(단, 지하에 설치되어 있는 것은 제외)에 대하여 받침의 수를 증가시키는 등 그 붕괴 등을 방지하기 위한 조치를 하여야 한다.

① 25
② 35
③ 45
④ 55

해설

순간풍속이 35m/s를 초과하는 바람이 불어올 우려가 있는 경우 건설용 리프트(지하에 설치되어 있는 것은 제외한다)에 대하여 받침의 수를 증가시키는 등 그 붕괴 등을 방지하기 위한 조치를 하여야 한다(산업안전보건기준에 관한 규칙 제154조).

93

화물 취급작업 중 화물 적재 시 준수하여야 할 사항으로 옳지 않은 것은?

① 침하 우려가 없는 튼튼한 기반 위에 적재할 것
② 중량의 화물은 공간의 효율성을 고려하여 건물의 칸막이나 벽에 기대어 적재할 것
③ 불안정할 정도로 높이 쌓아 올리지 말 것
④ 하중이 한쪽으로 치우치지 않도록 쌓을 것

해설

건물의 칸막이나 벽 등이 화물의 압력에 견딜 만큼의 강도를 지니지 아니한 경우에는 칸막이나 벽에 기대어 적재하지 않도록 한다(산업안전보건기준에 관한 규칙 제393조).

94

비계의 높이가 2m 이상인 작업 장소에 설치하는 작업 발판의 설치 기준으로 옳지 않은 것은?

① 작업 발판의 폭은 40cm 이상으로 한다.
② 작업 발판재료는 뒤집히거나 떨어지지 않도록 하나 이상의 지지물에 연결하거나 고정시킨다.
③ 발판재료 간의 틈은 3cm 이하로 한다.
④ 작업 발판의 지지물은 하중에 의하여 파괴될 우려가 없는 것을 사용한다.

해설

작업 발판재료는 뒤집히거나 떨어지지 않도록 둘 이상의 지지물에 연결하거나 고정시킨다(산업안전보건기준에 관한 규칙 제56조).

95

연약 지반의 침하로 인한 문제를 예방하기 위한 점토질 지반의 개량공법에 해당하지 않는 것은?

① 진동다짐공법
② 생석회 말뚝공법
③ 샌드 드레인 공법
④ 페이퍼 드레인 공법

해설

진동다짐공법은 사질토 지반의 개량공법이다.

96

철골공사에서 용접작업을 실시함에 있어 전격 예방을 위한 안전조치 중 옳지 않은 것은?

① 절연 홀더(holder)를 사용한다.
② 우천, 강설 시에는 야외작업을 중단한다.
③ 전격 방지를 위해 자동전격방지기를 설치한다.
④ 개로전압이 낮은 교류용접기는 사용하지 않는다.

해설

철골공사에서 용접작업 시 전격 예방을 위해 개로전압이 낮은 교류용접기를 사용해야 한다.

97

사다리를 설치하여 사용함에 있어 사다리 지주 끝에 사용하는 미끄럼 방지재료로 적당하지 않은 것은?

① 고무
② 코르크
③ 가죽
④ 비닐

해설

미끄럼방지장치(가설공사 표준안전작업지침 제21조)

사업주는 사다리를 설치하여 사용함에 있어서 다음의 사항을 준수하여야 한다.

- 사다리 지주의 끝에 고무, 코르크, 가죽, 강스파이크 등을 부착시켜 바닥과의 미끄럼을 방지하는 안전장치가 있어야 한다.
- 쐐기형 강스파이크는 지반이 평탄한 맨땅 위에 세울 때 사용하여야 한다.
- 미끄럼 방지 판자 및 미끄럼 방지 고정쇠는 돌마무리 또는 인조석 깔기마감한 바닥용으로 사용하여야 한다.
- 미끄럼 방지 발판은 인조고무 등으로 마감한 실내용을 사용하여야 한다.

98

공사 금액이 500억 원인 건설업 공사에서 선임해야 할 최소 안전관리자 수는?

① 1명
② 2명
③ 3명
④ 4명

해설

건설업의 안전관리자의 수(시행령 별표 3)

안전관리자의 수	공사 금액
1명 이상	• 50억 원 이상(관계 수급인은 100억 원 이상) 120억 원 미만(토목공사업의 경우는 150억 원 미만) • 120억 원 이상(토목공사업의 경우는 150억 원 이상) 800억 원 미만

99

다음은 산업안전보건기준에 관한 규칙 중 가설 통로의 구조에 관한 사항이다. (   ) 안에 들어갈 내용으로 옳은 것은?

> 수직갱에 가설된 통로의 길이가 15m 이상인 경우에는 10m 이내마다 (   )을 설치해야 한다.

① 손잡이
② 계단참
③ 클램프
④ 버팀대

해설

수직갱에 가설된 통로의 길이가 15m 이상인 경우에는 10m 이내마다 계단참을 설치해야 한다(산업안전보건기준에 관한 규칙 제23조).

100

건설업 산업안전보건관리비 계상 및 사용기준을 적용하는 공사 금액 기준으로 옳은 것은?

① 총공사 금액 1천만 원 이상인 공사
② 총공사 금액 2천만 원 이상인 공사
③ 총공사 금액 5천만 원 이상인 공사
④ 총공사 금액 1억 원 이상인 공사

해설

적용범위(건설업 산업안전보건관리비 계상 및 사용기준 제3조)

건설공사 중 총공사 금액 2천만 원 이상인 공사에 적용한다. 다만, 단가 계약에 의하여 행하는 공사에 대하여는 총계약 금액을 기준으로 적용한다.

제1과목 | 산업안전관리론

01

다음 중 Y-G 성격검사에서 '안전, 적응, 적극형'에 해당하는 유형은?

① A형　　　　　② B형
③ C형　　　　　④ D형

해설

Y-G 성격검사(Yutaka-Guilford)
• A형(평균형) : 조화적, 적응적
• B형(우편형) : 정서 불안정, 활동적, 외향적(불안전, 부적응, 적극형)
• C형(좌편형) : 안정, 소극형(온순, 소극적, 안정, 비활동, 내향적)
• D형(우하형) : 안정, 적응, 적극형(정서 안정, 사회 적응, 활동적, 대인관계 양호)
• E형(좌하형) : 불안정, 부적응, 수동형(D형과 반대 성향)

02

모랄 서베이(morale survey)의 효용이 아닌 것은?

① 조직 또는 구성원의 성과를 비교·분석한다.
② 종업원의 정화(catharsis)작용을 촉진시킨다.
③ 경영관리를 개선하는 자료를 얻는다.
④ 근로자의 심리 또는 욕구를 파악하여 불만을 해소하고, 노동 의욕을 높인다.

해설

모랄 서베이의 효용
• 근로자의 심리 또는 욕구를 파악하여 불만을 해소하고, 노동 의욕을 높인다.
• 종업원의 사기를 높이고, 노사 간의 의사소통을 촉진시킨다.
• 종업원의 일에 대한 태도를 개선한다.
• 종업원의 정화(catharsis)작용을 촉진시킨다.
• 경영관리를 개선하는 자료를 얻는다.

03

A사업장의 강도율이 2.5이고, 연간 재해 발생건수가 12건, 연간 총근로시간 수가 1,200,000시간일 때 이 사업장의 종합재해지수는 약 얼마인가?

① 2.6　　　　　② 5.0
③ 27.6　　　　　④ 230

해설

$$도수율 = \frac{재해건수}{연근로시간 수} \times 10^6$$
$$= \frac{12}{1,200,000} \times 10^6$$
$$\simeq 10$$
$$종합재해지수(FSI) = \sqrt{도수율 \times 강도율}$$
$$= \sqrt{10 \times 2.5}$$
$$= 5.0$$

04

학습을 자극(stimulus)에 의한 반응(response)으로 보는 이론에 해당하는 것은?

① 장설(field theory)
② 통찰설(insight theory)
③ 기호형태설(sign-gestalt theory)
④ 시행착오설(trial and error theory)

해설

① 장설(field theory) : 인간의 행동을 개인의 현재 상황, 즉 장(場, field)과의 관계로 설명하는 이론이다.
② 통찰설(insight theory) : 개인의 기존 경험을 바탕으로 주어진 문제의 조건과 그 해결책에 대한 논리적 인과관계를 새로운 방향에서 인지하는 학습이다.
③ 기호형태설(sign-gestalt theory) : 학습의 목표, 목표 달성의 수단 간의 관계를 기호-형태로 설명한 이론이다.

05

주의의 수준에서 중간 수준에 포함되지 않는 것은?

① 다른 곳에 주의를 기울이고 있을 때
② 가시 시야 내 부분
③ 수면 중
④ 일상과 같은 조건일 경우

해설

수면 중은 0수준에 속한다.
주의의 수준
• Phase 0 : 무의식 상태
• Phase 1 : 의식 흐림
• Phase 2 : 의식의 이완 상태(정상 상태)
• Phase 3 : 명료한 상태
• Phase 4 : 과긴장 상태

06

산업안전보건법령상 안전보건표지 중 안내표지의 종류에 해당하지 않는 것은?

① 들것
② 세안장치
③ 비상용 기구
④ 허가 대상 물질 작업

해설

안내표지의 종류(시행규칙 별표 7)
녹십자표지, 응급구호표지, 들것, 세안장치, 비상용 기구, 비상구, 좌측 비상구, 우측 비상구

07

재해의 발생 형태 중 다음 그림이 나타내는 것은?

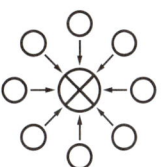

① 단순 연쇄형
② 복합 연쇄형
③ 단순 자극형
④ 복합형

해설

일반적인 재해 발생 양상

단순 연쇄형	복합 연쇄형	단순 자극형 (집중형)	복합형
o-o-o-o-⊗	o-o-o-o ⊗ o-o-o-o	(집중형 그림)	(복합형 그림)

08

안전모에 관한 내용으로 옳은 것은?

① 안전모의 종류는 안전모의 형태로 구분한다.
② 안전모의 종류는 안전모의 색상으로 구분한다.
③ A형 안전모는 물체의 낙하, 비래에 의한 위험을 방지, 경감시키는 것으로 내전압성이다.
④ AE형 안전모는 물체의 낙하, 비래에 의한 위험을 방지 또는 경감하고 머리 부위의 감전에 의한 위험을 방지하기 위한 것으로 내전압성이다.

해설

안전모의 종류(보호구 안전인증 고시 별표 1)
• AB형 : 물체의 낙하 또는 비래 및 추락에 의한 위험을 방지 또는 경감시키기 위한 것
• AE형 : 물체의 낙하 또는 비래에 의한 위험을 방지 또는 경감하고, 머리 부위 감전에 의한 위험을 방지하기 위한 것(내전압성)
• ABE형 : 물체의 낙하 또는 비래 및 추락에 의한 위험을 방지 또는 경감하고, 머리 부위 감전에 의한 위험을 방지하기 위한 것(내전압성)

09

산업재해의 발생 형태 중 사람이 평면상으로 넘어졌을 때의 사고 유형은?

① 비래   ② 전도

③ 도괴   ④ 추락

해설

① 비래 : 구조물, 기계 등에 고정되어 있던 물체가 중력, 원심력, 관성력 등에 의하여 고정부에서 이탈하거나 설비 등으로부터 물질이 분출되어 사람을 가해하는 사고 유형

③ 도괴 : 토사, 적재물, 구조물, 가설물 등이 전체적으로 허물어져 내리거나 주요 부분이 꺾어져 무너지는 사고 유형

④ 추락 : 사람이 인력(중력)에 의하여 건축물, 구조물, 가설물, 수목, 사다리 등의 높은 장소에서 떨어지는 사고 유형

10

Off JT의 설명으로 옳지 않은 것은?

① 다수의 근로자에게 조직적 훈련이 가능하다.

② 훈련에만 전념하게 된다.

③ 효과가 곧 업무에 나타나며 훈련의 좋고 나쁨에 따라 개선이 쉽다.

④ 교육훈련 목표에 대해 집단적 노력이 흐트러질 수 있다.

해설

③은 OJT에 대한 설명이다.

11

참모식(staff형) 안전관리조직의 장점이 아닌 것은?

① 경영자의 조언과 자문역할을 한다.

② 안전 정보 수집이 용이하고 빠르다.

③ 안전에 관한 명령과 지시는 생산라인을 통해 신속하게 전달한다.

④ 안전전문가가 안전계획을 세워 문제해결 방안을 모색하고 조치한다.

해설

③는 라인형 조직에 대한 설명이다.

12

다음 중 일반적으로 시간의 변화에 따라 야간에 상승하는 생체리듬은?

① 맥박 수   ② 염분량

③ 혈압   ④ 체중

해설

• 주간에 상승하는 생체리듬 : 체온, 혈압, 맥박 수, 체중, 말초운동기능 등

• 야간에 상승하는 생체리듬 : 수분, 염분량 등

13

산업안전보건법령상 명시된 타워크레인을 사용하는 작업에서 신호업무를 하는 작업 시 특별교육 대상 작업별 교육내용이 아닌 것은?(단, 그 밖에 안전·보건관리에 필요한 사항은 제외한다)

① 신호방법 및 요령에 관한 사항

② 걸고리·와이어로프 점검에 관한 사항

③ 화물의 취급 및 안전작업방법에 관한 사항

④ 인양물이 적재될 지반의 조건, 인양하중, 풍압 등이 인양물과 타워크레인에 미치는 영향

해설

타워크레인을 사용하는 작업 시 신호업무를 하는 작업의 교육(시행규칙 별표 5)
• 타워크레인의 기계적 특성 및 방호장치 등에 관한 사항
• 화물의 취급 및 안전작업방법에 관한 사항
• 신호방법 및 요령에 관한 사항
• 인양 물건의 위험성 및 낙하·비래·충돌재해 예방에 관한 사항
• 인양물이 적재될 지반의 조건, 인양하중, 풍압 등이 인양물과 타워크레인에 미치는 영향
• 그 밖에 안전·보건관리에 필요한 사항

14

재해조사에 관한 설명으로 옳지 않은 것은?

① 조사목적과 무관한 조사는 피한다.

② 조사는 현장을 정리한 후에 실시한다.

③ 목격자나 현장 책임자의 진술을 듣는다.

④ 조사자는 객관적이고 공정한 입장을 취해야 한다.

해설

재해조사는 재해 발생 직후에 실시한다(현장 보존).

15

산업안전보건법령상 근로자 안전보건교육 중 작업내용 변경 시 일용 근로자를 제외한 근로자의 교육시간은?

① 2시간 이상

② 3시간 이상

③ 4시간 이상

④ 8시간 이상

해설

근로자 작업내용 변경 시의 교육(시행규칙 별표 4)

일용 근로자 및 근로계약기간이 1주일 이하인 기간제 근로자	1시간 이상
그 밖의 근로자	2시간 이상

16

상황성 누발자의 재해 유발원인이 아닌 것은?

① 작업이 어렵기 때문이다.

② 심신에 근심이 있기 때문이다.

③ 기계설비의 결함이 있기 때문이다.

④ 도덕성이 결여되어 있기 때문이다.

해설

• 상황성 누발자의 재해 유발원인
 – 작업의 어려움
 – 기계설비의 결함
 – 심신의 근심
 – 환경상 주의력 집중의 혼란
• 소질성 누발자의 재해 유발원인
 – 도덕성의 결여
 – 주의력 산만

17

다음 중 브레인스토밍의 4원칙이 아닌 것은?

① 자유로운 비평
② 자유분방한 발언
③ 대량적인 발언
④ 타인 의견의 수정 발언

해설

브레인스토밍(brainstorming)의 4원칙
- 대량 발언 : 주제와 관련 없는 내용을 발표할 수 있다.
- 비판금지 : 동료의 의견에 대하여 좋고 나쁨을 평가하지 않는다.
- 자유분방 : 발표 순서를 정하지 않고, 자유분방하게 의견을 발언한다.
- 수정 발언 : 타인의 의견에 대하여 수정하여 발표할 수 있다.

19

산업안전보건법령상 협의체 구성 및 운영에 관한 사항으로 ( ) 안에 들어갈 알맞은 내용은?

> 도급인은 관계 수급인 근로자가 도급인의 사업장에서 작업을 하는 경우 도급인과 수급인을 구성원으로 하는 안전 및 보건에 관한 협의체를 구성 및 운영하여야 한다. 이 협의체는 ( ) 정기적으로 회의를 개최하고 그 결과를 기록·보존해야 한다.

① 매월 1회 이상
② 2개월마다 1회
③ 3개월마다 1회
④ 6개월마다 1회

해설

도급인은 관계 수급인 근로자가 도급인의 사업장에서 작업을 하는 경우 도급인과 수급인을 구성원으로 하는 안전 및 보건에 관한 협의체를 구성 및 운영하여야 한다. 이 협의체는 매월 1회 이상 정기적으로 회의를 개최하고 그 결과를 기록·보존해야 한다(법 제64조, 시행규칙 제79조).

18

재해원인 분석방법의 통계적 원인 분석 중 사고의 유형, 기인물 등 분류항목을 큰 순서대로 도표화한 것은?

① 파레토도
② 특성요인도
③ 크로스도
④ 관리도

해설

② 특성요인도 : 어떠한 문제가 발생했을 때 어떤 원인으로 일어나는지 인과관계를 살펴보고, 이를 물고기 뼈의 모양(어골도)으로 도식화해서 문제점을 파악하고 해결책을 모색하는 기법이다.
③ 크로스도 : 2개 이상의 요인이 상호관계를 유지할 때 문제를 분석하는 데 사용하는 것으로, 데이터를 집계하고 표로 표시하여 요인별 결과 내역을 크로스 그림으로 작성하여 분석한다.
④ 관리도 : 재해 발생건수 등의 추이에 대해 한계선을 설정하여 목표관리를 수행하는 재해통계분석기법이다.

20

산업안전보건법령상 중대재해의 범위에 해당하지 않는 것은?

① 1명의 사망자가 발생한 재해
② 1개월의 요양을 요하는 부상자가 동시에 5명 발생한 재해
③ 3개월의 요양을 요하는 부상자가 동시에 3명 발생한 재해
④ 10명의 직업성 질병자가 동시에 발생한 재해

해설

중대재해의 범위(시행규칙 제3조)
- 사망자가 1명 이상 발생한 재해
- 3개월 이상의 요양이 필요한 부상자가 동시에 2명 이상 발생한 재해
- 부상자 또는 직업성 질병자가 동시에 10명 이상 발생한 재해

21

조종장치를 3cm 움직였을 때 표시장치의 지침이 5cm 움직였다면, C/R비는 얼마인가?

① 0.25　　　　　　② 0.6

③ 1.6　　　　　　④ 1.7

해설

$$C/R비 = \frac{통제기기의\ 변위량}{표시계기지침의\ 변위량} = \frac{3}{5} = 0.6$$

22

청각적 표시장치에서 300m 이상의 장거리용 경보기에 사용하는 진동수로 가장 적절한 것은?

① 800Hz 전후

② 2,200Hz 전후

③ 3,500Hz 전후

④ 4,000Hz 전후

23

다음 중 인체 치수 측정자료의 활용을 위한 적용원리가 아닌 것은?

① 평균치의 활용

② 조절범위의 설정

③ 임의 선택 자료의 활용

④ 최대 치수와 최소 치수의 설정

해설

인체측정치의 응용원칙

• 조절식 설계
• 극단치(최대치 설계와 최소치 설계)를 기준으로 한 설계
• 평균치를 기준으로 한 설계

24

IES(Illuminating Engineering Society)의 권고에 따른 작업장 내부의 추천 반사율이 가장 높아야 하는 곳은?

① 벽　　　　　　② 바닥

③ 천장　　　　　④ 가구

해설

• 반사율이 높은 순서 : 천장 > 벽 > 가구 > 바닥
• 추천 반사율이란 조명이 반사되어 돌아오는 비율로, 조명이 천장에서 반사되어 전체적인 조명 수준을 높여 주기 때문에 추천 반사율이 높은 곳은 천장이다.

25

빨강, 노랑, 파랑의 3가지 색으로 구성된 교통 신호등이 있다. 신호등은 항상 3가지 색 중 하나가 켜지도록 되어 있다. 1시간 동안 조사한 결과 파란 등은 총 30분 동안, 빨간 등과 노란 등은 각각 총 15분 동안 켜진 것으로 나타났다. 이 신호등의 총정보량은 몇 bit인가?

① 0.5　　　　　　② 0.7

③ 1.0　　　　　　④ 1.5

해설

신호등의 총정보량

$$H = 0.5\log_2\left(\frac{1}{0.5}\right) + 2 \times 0.25\log_2\left(\frac{1}{0.25}\right) = 1.5$$

26

다음 중 FTA에 의한 재해사례 연구 순서에서 가장 먼저 실시하여야 하는 사항은?

① FT(Fault Tree)도의 작성
② 개선계획의 작성
③ 톱(top)사상의 선정
④ 사상의 재해원인 규명

해설
FTA에 의한 재해사례 연구의 순서
톱(top)사상 선정 → 사상마다 재해원인 규명 → FT도 작성 → 개선계획 작성

27

건습지수로서 습구온도와 건구온도의 가중 평균치를 나타내는 옥스퍼드(oxford)지수의 공식으로 맞는 것은?

① $WD = 0.65W + 0.35D$
② $WD = 0.75W + 0.25D$
③ $WD = 0.85W + 0.15D$
④ $WD = 0.95W + 0.05D$

해설
oxford 지수(WD)
습구온도와 건구온도의 단순가중치(가중평균값)
$WD = 0.85W + 0.15D$
여기서, W : 습구온도
D : 건구온도

28

위험 및 운전성 검토(HAZOP)에서의 전제조건으로 옳지 않은 것은?

① 두 개 이상의 기기 고장이나 사고는 일어나지 않는다.
② 조작자는 위험한 상황이 일어났을 때 그것을 인식할 수 있다.
③ 안전장치는 필요할 때 정상 동작하지 않는 것으로 간주한다.
④ 장치 자체는 설계 및 제작사양에 맞게 제작된 것으로 간주한다.

해설
안전장치는 필요할 때 정상 동작하는 것으로 간주한다.

29

다음 중 반응시간이 가장 느린 감각은?

① 청각
② 시각
③ 미각
④ 통각

해설
반응시간
• 청각 : 0.17초
• 촉각 : 0.18초
• 시각 : 0.20초
• 미각 : 0.29초
• 통각 : 0.70초

30

다음 중 정량적 표시장치에 관한 설명으로 옳은 것은?

① 연속적으로 변화하는 양을 나타내는 데는 일반적으로 아날로그 표시장치보다 디지털 표시장치가 유리하다.

② 정확한 값을 읽어야 하는 경우 일반적으로 디지털 표시장치보다 아날로그 표시장치가 유리하다.

③ 동침(moving pointer)형 아날로그 표시장치는 바늘의 진행 방향과 증감속도에 대한 인식적인 암시신호를 얻는 것이 불가능한 단점이 있다.

④ 동목(moving scale)형 아날로그 표시장치는 표시장치의 면적을 최소화할 수 있는 장점이 있다.

> **해설**
>
> ① 연속적으로 변화하는 양을 나타내는 데는 일반적으로 디지털 표시장치보다 아날로그 표시장치가 유리하다.
> ② 정확한 값을 읽어야 하는 경우 일반적으로 아날로그 표시장치보다 디지털 표시장치가 유리하다.
> ③ 동침(moving pointer)형 아날로그 표시장치는 바늘의 진행 방향과 증감속도에 대한 인식적인 암시신호를 얻는 것이 가능한 장점이 있다.

31

다음 중 점멸융합주파수에 대한 설명으로 옳은 것은?

① 암조 응시에는 주파수가 증가한다.

② 정신적으로 피로하면 주파수값이 내려간다.

③ 휘도가 동일한 색은 주파수값에 영향을 준다.

④ 주파수는 조명강도의 대수치에 선형 반비례한다.

> **해설**
>
> ① 암조 응시에는 주파수가 감소한다.
> ③ 휘도가 동일한 색은 주파수값에 영향을 주지 않는다.
> ④ 주파수는 조명강도의 대수치에 선형적으로 비례한다.

32

다음 중 설비의 일반적인 고장 형태에 있어 마모고장과 가장 거리가 먼 것은?

① 부품, 부재의 마모

② 열화에 생기는 고장

③ 부품, 부재의 피복 피로

④ 순간적 외력에 의한 파손

> **해설**
>
> 순간적 외력에 의한 파손은 우발고장에 속한다.

33

다음 FT도에서 1~5사상의 발생 확률이 모두 0.06일 경우 T사상의 발생 확률은 약 얼마인가?

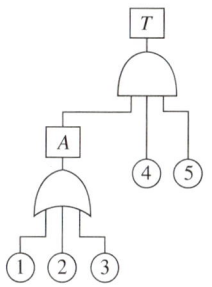

① 0.00036

② 0.00061

③ 0.142625

④ 0.2262

> **해설**
>
> $T = \{1 - (1 - 0.06)^3\} \times 0.06^2 = 0.00061$

34

화재 발생이라는 시작(초기)사상에 대하여 화재감지기·화재 경보·스프링클러 등의 성공 또는 실패 작동 여부와 그 확률에 따른 피해 결과를 분석하는 데 가장 적합한 위험분석기법은?

① FTA
② ETA
③ FHA
④ THERP

해설

ETA(Event Tree Analysis, 사건수분석)

디시전 트리(decision tree)를 재해사고 분석에 이용한 분석법이다. 설비의 설계단계에서부터 사용단계까지의 각 단계에서 위험을 분석하는 귀납적이며 정량적인 시스템 위험분석기법이다.

35

다음 중 안전성 평가의 기본원칙 6단계에 해당되지 않는 것은?

① 정성적 평가
② 관계자료의 정비 검토
③ 안전대책
④ 작업조건의 평가

해설

안전성 평가(safety assessment)의 기본원칙 6단계

관계자료의 작성 준비 또는 정비 검토 → 정성적 평가 → 정량적 평가 → 안전대책 → 재해 정보에 의한 재평가 → FTA에 의한 재평가

36

다음 중 설비보전을 평가하기 위한 식으로 옳지 않은 것은?

① 성능가동률 = 속도가동률 × 정미가동률
② 시간가동률 = (부하시간 − 정지시간) / 부하시간
③ 설비종합효율 = 시간가동률 × 성능가동률 × 양품률
④ 정미가동률 = (생산량 × 기준 주기시간) / 가동시간

해설

정미가동률 = (생산량 × 기준 주기시간) / (부하시간 − 정지시간)

37

설비보전의 조직 형태 중 집중보전(Central Maintenance)의 장점이 아닌 것은?

① 보전요원이 각 현장에 배치되어 있어 재빠르게 작업할 수 있다.
② 전 공장에 대한 판단으로 중점보전이 수행될 수 있다.
③ 분업·전문화가 진행되어 전문적으로 고도의 기술을 갖게 된다.
④ 직종 간의 연락이 좋고, 공사관리가 쉽다.

해설

①은 지역보전(area maintenance)에 대한 설명이다.

38

다음 중 의자 설계의 일반원리로 가장 적합하지 않은 것은?

① 디스크 압력을 줄인다.
② 등근육의 적정부하를 줄인다.
③ 자세 고정을 줄인다.
④ 요부측만을 촉진한다.

해설

의자 설계의 인간공학적 원리

• 쉽게 조절할 수 있도록 한다.
• 디스크가 받는 압력을 줄인다.
• 등근육의 적정부하를 줄인다.
• 자세 고정을 줄인다.
• 요추의 전만곡선을 유지한다.

39

다음 중 인간공학을 나타내는 용어가 아닌 것은?

① human factors

② ergonomics

③ human engineering

④ customize engineering

해설

인간공학을 나타내는 용어
- ergonomics
- human factors
- human engineering
- man machine system
- engineering

40

날개가 2개인 비행기의 양 날개에 엔진이 각각 2개씩 있다. 이 비행기는 양 날개에서 각각 최소한 1개의 엔진은 작동해야 추락하지 않고 비행할 수 있다. 각 엔진의 신뢰도가 0.90이며, 각 엔진은 독립적으로 작동한다고 할 때 이 비행기가 정상적으로 비행할 신뢰도는 약 얼마인가?

① 0.68   ② 0.84

③ 0.91   ④ 0.98

해설

한쪽 날개에서 엔진이 하나도 작동하지 않을 확률은 $(1-0.9)^2$이며, 한쪽 날개에서 적어도 하나의 엔진이 작동할 확률은 $1-(1-0.9)^2$이다. 양쪽 날개 각각에서 적어도 하나씩의 엔진이 작동하여야 하므로 신뢰도는 $R_s = \{1-(1-0.9)^2\}^2 \simeq 0.980$이다.

41

밀링머신 작업의 안전수칙으로 적절하지 않은 것은?

① 강력 절삭을 할 때는 일감을 바이스로부터 길게 물린다.

② 일감을 측정할 때는 반드시 정지시킨 후에 한다.

③ 상하 이송장치의 핸들은 사용 후 반드시 빼 두어야 한다.

④ 커터는 될 수 있는 한 칼럼에 가깝게 설치한다.

해설

강력 절삭 시에는 일감을 바이스에 깊게 물린다.

42

다음 중 프레스의 손쳐내기식 방호장치의 설치 기준으로 틀린 것은?

① 방호판의 폭이 금형폭의 1/2 이상이어야 한다.

② 슬라이드 행정 수가 150SPM 이상인 것에 사용한다.

③ 슬라이드 행정 길이가 40mm 이상인 것에 사용한다.

④ 금형폭이 500mm 이상인 프레스에는 사용하지 않는다.

해설

슬라이드 행정 수가 100SPM 이하인 것에 사용한다.

43

다음 중 소성가공을 열간가공과 냉간가공으로 분류하는 가공온도의 기준은?

① 융해점 온도
② 공석점 온도
③ 공정점 온도
④ 재결정 온도

44

다음 중 산업안전보건법령상 아세틸렌 가스용접장치에 관한 기준으로 옳지 않은 것은?

① 전용 발생기실을 옥외에 설치한 경우에는 그 개구부를 다른 건축물로부터 1.5m 이상 떨어지도록 하여야 한다.

② 아세틸렌 용접장치를 사용하여 금속의 용접·용단 또는 가열작업을 하는 경우에는 게이지 압력이 127kPa을 초과하는 아세틸렌을 발생시켜 사용해서는 아니 된다.

③ 전용 발생기실을 설치하는 경우 벽은 불연성 재료로 하고 철근콘크리트 또는 그 밖에 이와 동등하거나 그 이상의 강도를 가진 구조로 하여야 한다.

④ 전용 발생기실은 건물의 최상층에 위치하여야 하며, 화기를 사용하는 설비로부터 1m를 초과하는 장소에 설치하여야 한다.

45

무부하 상태에서 지게차로 20km/h의 속도로 주행할 때 좌우 안정도는 몇 % 이내이어야 하는가?

① 35
② 37
③ 40
④ 43

46

컨베이어 설치 시 주의사항에 관한 설명으로 옳지 않은 것은?

① 컨베이어에 설치된 보도 및 운전실 상면은 가능한 한 수평이어야 한다.

② 근로자가 컨베이어를 횡단하는 곳에는 바닥면 등으로부터 90cm 이상 120cm 이하에 상부 난간대를 설치하고, 바닥면과의 중간에 중간 난간대가 설치된 건널다리를 설치한다.

③ 폭발의 위험이 있는 가연성 분진 등을 운반하는 컨베이어 또는 폭발의 위험이 있는 장소에 사용되는 컨베이어의 전기기계 및 기구는 방폭구조이어야 한다.

④ 보도, 난간, 계단, 사다리의 설치 시 컨베이어를 가동시킨 후에 설치하면서 설치 상황을 확인한다.

47

다음 중 기계설비의 안전조건 중 안전화의 종류에 해당하지 않는 것은?

① 재질의 안전화
② 작업의 안전화
③ 기능의 안전화
④ 외형의 안전화

해설

기계설비의 안전조건에서 안전화의 종류
외형의 안전화, 작업의 안전화, 작업점의 안전화, 기능의 안전화, 구조의 안전화, 보전작업의 안전화

48

강자성체의 결함을 찾을 때 사용하는 비파괴시험으로 표면 또는 표층(표면에서 수 mm 이내)에 결함이 있을 경우 누설자속을 이용하여 육안으로 결함을 검출하는 시험법은?

① 와류탐상시험(ET)
② 초음파탐상시험(UT)
③ 자분탐상시험(MT)
④ 방사선투과시험(RT)

49

압력용기 등에 설치하는 안전밸브에 관한 설명으로 옳지 않은 것은?

① 안지름이 150mm를 초과하는 압력용기에 대해서는 과압에 따른 폭발을 방지하기 위하여 규정에 맞는 안전밸브를 설치해야 한다.
② 급성독성물질이 지속적으로 외부에 유출될 수 있는 화학설비 및 그 부속설비에는 파열판과 안전밸브를 병렬로 설치한다.
③ 안전밸브는 보호하려는 설비의 최고사용압력 이하에서 작동되도록 하여야 한다.
④ 안전밸브의 배출용량은 그 작동원인에 따라 각각의 소요 분출량을 계산하여 가장 큰 수치를 해당 안전밸브의 배출용량으로 하여야 한다.

해설

파열판 및 안전밸브의 직렬 설치(산업안전보건기준에 관한 규칙 제263조)
사업주는 급성독성물질이 지속적으로 외부에 유출될 수 있는 화학설비 및 그 부속설비에 파열판과 안전밸브를 직렬로 설치하고 그 사이에는 압력지시계 또는 자동경보장치를 설치하여야 한다.

50

산업용 로봇의 운전 시 근로자의 위험을 방지하기 위한 필요조치로 가장 적합한 것은?

① 미숙련자에 의한 로봇 조정은 6시간 이내에만 허용한다.
② 근로자가 로봇에 부딪칠 위험이 있을 때에는 높이 1.8m 이상의 울타리를 설치한다.
③ 조작 중 이상 발견 시 로봇을 정지시키지 말고 신속하게 관계 기관에 통보한다.
④ 급유는 작업의 연속성과 오동작 방지를 위하여 운전 중에만 실시하여야 한다.

> **해설**
> ① 미숙련자에 의한 로봇 조정은 금지해야 한다.
> ③ 조작 중 이상 발견 시 로봇을 바로 정지시킨 후 필요조치를 수행한다.
> ④ 급유는 운전 정지 후 실시하여야 한다.

51

목재가공용 둥근톱에 안전을 위해 요구되는 구조로 옳지 않은 것은?

① 톱날은 어떤 경우에도 외부에 노출되지 않고 덮개가 덮여 있어야 한다.
② 작업 중 근로자의 부주의에도 신체 일부가 날에 접촉할 염려가 없도록 설계되어야 한다.
③ 덮개의 가동부는 원활하게 상하로 움직일 수 있고 좌우로 움직일 수 없는 구조로 설계되어야 한다.
④ 덮개 및 지지부는 경량이면서 충분한 강도를 가져야 하며, 외부에서 힘을 가했을 때 쉽게 회전될 수 있는 구조로 설계되어야 한다.

> **해설**
> 덮개 및 지지부는 경량이면서 충분한 강도를 가져야 하며, 외부에서 힘을 가했을 때 지지부는 회전되지 않는 구조로 설계되어야 한다(방호장치 자율안전기준 고시 별표 5).

52

가공기계에 주로 쓰이는 풀 프루프(fool proof)의 형태가 아닌 것은?

① 금형의 가드
② 사출기의 인터로크 장치
③ 카메라의 이중촬영방지기구
④ 압력용기의 파열판

> **해설**
> 압력용기의 파열판은 페일 세이프의 형태이다.

53

다음 중 연삭기의 방호대책으로 옳지 않은 것은?

① 탁상용 연삭기의 덮개에는 워크레스트 및 조정편을 구비하여야 하며, 워크레스트는 연삭숫돌과의 간격을 3mm 이하로 조정할 수 있는 구조이어야 한다.
② 연삭기 덮개의 재료는 인장강도의 값[MPa]에 신장도[%]의 20배를 더한 값이 754.5 이상이어야 한다.
③ 연삭숫돌을 교체한 후에는 1분 이상 시운전을 한다.
④ 덮개에는 그 강도를 저하시키는 균열 및 기포 등이 없어야 한다.

> **해설**
> 연삭숫돌을 사용하는 작업의 경우에는 작업을 시작하기 전에는 1분 이상, 연삭숫돌을 교체한 후에는 3분 이상 시험운전을 하고 해당 기계에 이상이 있는지를 확인해야 한다(연삭기 안전작업에 관한 기술지원규정).
> ①, ②, ④ 방호장치 자율안전기준 고시 별표 4

54

롤러기에 사용되는 급정지장치의 종류가 아닌 것은?

① 손 조작식

② 발 조작식

③ 무릎 조작식

④ 복부 조작식

55

산업안전보건법령상 승강기의 종류가 아닌 것은?

① 리프트

② 승객용 엘리베이터

③ 화물용 엘리베이터

④ 승객화물용 엘리베이터

해설

리프트는 양중기이다.

승강기의 종류

승객용 엘리베이터, 화물용 엘리베이터, 승객화물용 엘리베이터, 소형 화물용 엘리베이터, 에스컬레이터

56

롤러기의 가드와 위험점 간의 거리가 100mm일 경우 가드 개구부의 간격은?

① 21mm

② 31mm

③ 41mm

④ 51mm

해설

가드 개구부의 간격

$Y = 6 + 0.15X = 6 + 0.15 \times 100 = 21mm$

57

다음 그림과 같이 2줄의 와이어로프로 중량물을 달아 올릴 때, 로프에 가장 힘이 적게 걸리는 각도(θ)는?

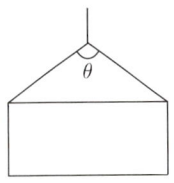

① 30°

② 60°

③ 90°

④ 120°

해설

각도(θ)가 작을수록 로프에 걸리는 힘이 작다.

58

프레스 금형의 설치 및 조정 시 슬라이드 불시 하강을 방지하기 위하여 설치해야 하는 것은?

① 인터로크

② 안전블록

③ 클러치

④ 게이트 가드

해설

금형조정작업의 위험 방지(산업안전보건기준에 관한 규칙 제104조)

사업주는 프레스 등의 금형을 부착·해체 또는 조정하는 작업을 할 때 해당 작업에 종사하는 근로자의 신체가 위험한계 내에 있는 경우 슬라이드가 갑자기 작동함으로써 근로자에게 발생할 우려가 있는 위험을 방지하기 위하여 안전블록을 사용하는 등 필요한 조치를 하여야 한다.

59

산업안전보건법령상 양중기를 사용하여 작업하는 운전자 또는 작업자가 보기 쉬운 곳에 해당 양중기에 대해 표시하여야 할 내용으로 옳지 않은 것은?(단, 승강기는 제외한다)

① 정격하중
② 운전속도
③ 경고 표시
④ 최대 인양 높이

해설

정력하중 등의 표시(산업안전보건기준에 관한 규칙 제133조)

사업주는 양중기(승강기는 제외한다) 및 달기구를 사용하여 작업하는 운전자 또는 작업자가 보기 쉬운 곳에 해당 기계의 정격하중, 운전속도, 경고 표시 등을 부착하여야 한다. 다만, 달기구는 정격하중만 표시한다.

60

일반적으로 전류가 과대하고, 용접속도가 너무 빠르며, 아크를 짧게 유지하기 어려운 경우 모재 및 용접부의 일부가 녹아서 홈 또는 오목한 부분이 생기는 용접부 결함은?

① 기공
② 언더컷
③ 잔류응력
④ 융합 불량

해설

① 기공(porosity) : 용착금속 속에 남아 있는 가스로 인하여 생긴 구멍의 결함
③ 잔류응력 : 재료가 변형된 후 중력을 제외한 외력이 모두 제거된 상태에서도 재료에 남아 있는 응력
④ 융합(fusion) 불량 : 용접 경계면끼리 서로 충분히 융합되지 않은 상태

61

절연성 액체를 운반하는 관에 있어서 정전기로 인한 화재 및 폭발을 예방하기 위한 방법이 아닌 것은?

① 유속을 줄인다.
② 관을 접지시킨다.
③ 도전성이 큰 재료의 관을 사용한다.
④ 관의 안지름을 작게 한다.

해설

관의 안지름을 작게 하면 유속이 빨라져서 정전기가 잘 일어나므로 관의 안지름을 크게 한다.

62

접지되어 있지 않고 정전유도를 받는 도전성 물체에 접촉한 경우 전격을 당하게 되는데 물체에 유도된 전압 V [V]를 옳게 나타낸 것은?(단, 송전선전압을 E, 송전선과 물체 사이의 정전용량을 C_1, 물체와 대지 사이의 정전용량을 C_2, 물체와 대지 사이의 저항이 무한대인 경우이다)

① $V = \dfrac{C_1}{C_1 + C_2} \cdot E$

② $V = \dfrac{C_1 + C_2}{C_1} \cdot E$

③ $V = \dfrac{C_1}{C_1 \cdot C_2} \cdot E$

④ $V = \dfrac{C_1 \cdot C_2}{C_1} \cdot E$

63

절연물의 절연 계급을 최고허용온도가 낮은 온도에서 높은 온도 순으로 배치한 것은?

① Y종 → A종 → E종 → B종
② A종 → B종 → E종 → Y종
③ Y종 → E종 → B종 → A종
④ B종 → Y종 → A종 → E종

해설

절연물의 종류와 최고허용온도

절연의 종류	최고허용온도
Y	90℃
A	105℃
E	120℃
B	130℃
F	155℃
H	180℃
C	180℃ 초과

64

절연전선의 과전류에 의한 연소단계 중 착화단계의 전선 전류밀도[A/mm^2]로 옳은 것은?

① 30   ② 40
③ 50   ④ 120

해설

과전류에 의한 전선의 전류밀도

단계	전류밀도[A/mm^2]
인화단계	40~43
착화단계	43~60
발화단계	60~120
용단단계	120 이상

65

다음 중 방폭구조의 종류와 기호가 옳은 것은?

① 안전증 방폭구조 : e
② 몰드 방폭구조 : n
③ 충전 방폭구조 : p
④ 압력 방폭구조 : o

해설

② 몰드 방폭구조 : m
③ 충전 방폭구조 : q
④ 압력 방폭구조 : p

66

전기기계·기구의 누전에 의한 감전 위험을 방지하기 위하여 코드 및 플러그를 접속하여 사용하는 전기기계·기구 중 노출된 비충전 금속체에 접지를 실시하여야 하는 것이 아닌 것은?

① 사용전압이 대지전압 110V인 기구
② 냉장고·세탁기·컴퓨터 및 주변기기 등과 같은 고정형 전기기계·기구
③ 고정형·이동형 또는 휴대형 전동기계·기구
④ 휴대형 손전등

해설

전기기계·기구의 접지(산업안전보건기준에 관한 규칙 제302조)

사업주는 누전에 의한 감전의 위험을 방지하기 위하여 코드와 플러그를 접속하여 사용하는 전기기계·기구 중 다음의 어느 하나에 해당하는 노출된 비충전 금속체에 접지를 해야 한다.
· 사용전압이 대지전압 150V를 넘는 것
· 냉장고·세탁기·컴퓨터 및 주변기기 등과 같은 고정형 전기기계·기구
· 고정형·이동형 또는 휴대형 전동기계·기구
· 물 또는 도전성(導電性)이 높은 곳에서 사용하는 전기기계·기구, 비접지형 콘센트
· 휴대형 손전등

67

과전류차단기로 시설하는 퓨즈 중 고압전로에 사용하는 포장 퓨즈는 정격전류의 몇 배를 견딜 수 있어야 하는가?

① 1.25배
② 1.3배
③ 1.5배
④ 2.0배

해설

고압 및 특고압 전로 중의 과전류 차단기의 시설(한국전기설비규정 341.10)
• 포장 퓨즈는 정격전류의 1.3배의 전류에 견디고, 2배의 전류로 2시간 안에 용단되는 것
• 비포장 퓨즈는 정격전류의 1.25배의 전류에 견디고, 2배의 전류로 2분 안에 용단되는 것

68

전기적 불꽃 또는 아크에 의한 화상의 우려가 높은 고압 이상의 충전전로작업에 근로자를 종사시키는 경우에는 어떠한 성능을 가진 작업복을 착용시켜야 하는가?

① 방충처리 또는 방수성능을 갖춘 작업복
② 방염처리 또는 난연성능을 갖춘 작업복
③ 방청처리 또는 난연성능을 갖춘 작업복
④ 방수처리 또는 방청성능을 갖춘 작업복

해설

사업주는 전기적 불꽃 또는 아크에 의한 화상의 우려가 있는 고압 이상의 충전전로작업에 근로자를 종사시키는 경우에는 방염처리된 작업복 또는 난연(難燃)성능을 가진 작업복을 착용시켜야 한다(산업안전보건기준에 관한 규칙 제310조).

69

반응기를 설계할 때 고려해야 할 요인이 아닌 것은?

① 부식성
② 상의 형태
③ 온도범위
④ 중간 생성물의 유무

해설

반응기 설계 시 고려해야 할 요인
부식성, 상의 형태, 온도범위, 운전압력, 체류시간과 공간속도, 열 전달, 온도 조절, 조작방법, 수율 등

70

제전기의 설치 장소로 가장 적절한 곳은?

① 대전물체의 뒷면에 접지 물체가 있는 경우
② 온도가 150℃, 상대습도가 80% 이상인 장소
③ 오물과 이물질이 자주 발생하고 묻기 쉬운 장소
④ 정전기의 발생원으로부터 5~20cm 정도 떨어진 장소

해설

제전기의 설치
원칙적으로 대전물체 이면의 접지 또는 타 제전기가 설치되어 있고, 정전기의 발생원, 오물이 많은 곳 등의 장소, 온도 150℃ 이상, 상대습도 80% 이상의 환경은 피하는 것이 좋다. 또한, 정전기의 발생원에서 최소 거리 이상 떨어져 있으면서 발생원에 가까운 위치에 설치해야 하므로 정전기의 발생원으로부터 5~20cm 이상 떨어진 위치가 적절하다.

71

프로판의 완전연소 조성농도는 약 몇 vol%인가?

① 3.02 ② 4.02
③ 5.05 ④ 5.19

해설

프로판(C_3H_8)의 완전연소 조성농도

$$C_{st} = \frac{100}{1+4.773\left\{a+\dfrac{(b-c-2d)}{4}+e\right\}} = \frac{100}{1+4.773\left\{3+\dfrac{8}{4}\right\}}$$

$\simeq 4.02 \text{vol}\%$

72

이산화탄소 소화기에 관한 설명으로 옳지 않은 것은?

① 전기화재에 사용할 수 있다.
② 주된 소화작용은 질식작용이다.
③ 소화약제 자체 압력으로 방출이 가능하다.
④ 전기전도성이 높아 사용 시 감전에 유의해야 한다.

해설

이산화탄소 소화기는 전기절연성이 크기 때문에 전기화재에 많이 사용된다.

73

다음 중 열교환기의 가열 열원으로 사용되는 것은?

① 다우섬 ② 염화칼슘
③ 프레온 ④ 암모니아

해설

공업에서 일반적으로 사용하는 전열매체에는 물, 수증기, 공기, 연도가스, 석유, 수은, 나트륨, 칼륨, 비페닐에테르와 비페닐의 혼합물인 다우섬 등이 있다.

74

점화원 없이 발화를 일으키는 최저온도는?

① 착화점 ② 연소점
③ 용융점 ④ 기화점

해설

② 연소점 : 연소 상태를 5초 이상 유지하기 위한 최저온도로, 인화점보다 10℃ 정도 높다.
③ 용융점 : 대기압하에서 고체가 용융하여 액체가 되는 온도이다.
④ 기화점 : 액체 상태의 물질이 기체 상태로 변화를 시작하는 특정 온도이다.

75

아세틸렌가스가 다음과 같은 반응식에 의하여 연소할 때 연소열은 약 몇 kcal/mol인가?(단, 다음의 열역학 표를 참조하여 계산한다)

$$C_2H_2 + \frac{5}{2}O_2 \rightarrow 2CO_2 + H_2O$$

구분	ΔH[kcal/mol]
C_2H_2	54.194
CO_2	−94.052
$H_2O(g)$	−57.798

① −300.1 ② −200.1
③ 200.1 ④ 300.1

해설

연소열

$Q = 2 \times (-94.052) + (-57.798) - 54.194 = -300.1 \text{kcal/mol}$

76

연소의 3요소에 해당하지 않는 것은?

① 가연물
② 점화원
③ 연쇄반응
④ 산소 공급원

해설

연소의 3요소와 연소의 4요소
• 연소의 3요소 : 가연물, 산소 공급원, 점화원
• 연소의 4요소 : 3요소 + 연쇄반응

77

폭발에 관한 용어 중 BLEVE가 의미하는 것은?

① 고농도분진폭발
② 저농도분해폭발
③ 개방계 증기운폭발
④ 비등액팽창증기폭발

해설

비등액팽창증기폭발(BLEVE ; Boiling Liquid Expanding Vapor Explosion)
고압 액화가스를 담고 있는 가스용기가 파괴된 경우 용기 내 액체가 급격히 기화하면서 발생하는 물리적 폭발현상이다.

78

어떤 도체에 20초 동안에 100C의 전하량이 이동하면 이 때 흐르는 전류[A]는 얼마인가?

① 5
② 10
③ 50
④ 200

해설

전하량 $Q = CV = It$

전류 $I = \dfrac{Q}{t} = \dfrac{100}{20} = 5A$

79

다음 중 산업안전보건법상 공정안전보고서에 포함되어야 할 사항이 아닌 것은?

① 평균 안전율
② 공전안전자료
③ 비상조치계획
④ 공정위험성 평가서

해설

공정안전보고서에 포함되어야 하는 사항(시행령 제44조)
• 공정안전자료
• 공정위험성 평가서
• 안전운전계획
• 비상조치계획
• 그 밖에 공정상의 안전과 관련하여 고용노동부장관이 필요하다고 인정하여 고시하는 사항

80

반응기 중 관형 반응기의 특징에 대한 설명으로 옳지 않은 것은?

① 전열 면적이 작아 온도 조절이 어렵다.
② 가는 관으로 된 긴 형태의 반응기이다.
③ 처리량이 많아 대규모 생산에 쓰이는 것이 많다.
④ 기상 또는 액상 등 반응속도가 빠른 물질에 사용된다.

해설

관형 반응기는 전열 면적이 넓어 온도 조절이 쉽다.

76 ③ 77 ④ 78 ① 79 ① 80 ① **정답**

81

항타기 또는 항발기의 권상용 와이어로프의 안전계수 기준으로 옳은 것은?

① 3 이상
② 5 이상
③ 8 이상
④ 10 이상

해설

권상용 와이어로프의 안전계수(산업안전보건기준에 관한 규칙 제211조)
사업주는 항타기 또는 항발기의 권상용 와이어로프의 안전계수가 5 이상이 아니면 이를 사용해서는 아니 된다.

82

건립 중 강풍에 의한 풍압 등 외압에 대한 내력이 설계에 고려되었는지 확인해야 하는 철골구조물이 아닌 것은?

① 단면이 일정한 구조물
② 기둥이 타이 플레이트형인 구조물
③ 이음부가 현장용접인 구조물
④ 구조물의 폭과 높이의 비가 1 : 4 이상인 구조물

해설

구조 안전의 위험이 큰 다음의 철골구조물은 건립 중 강풍에 의한 풍압 등 외압에 대한 내력이 설계에 고려되었는지 확인하여야 한다(철골공사 표준안전작업지침 제3조).
• 높이 20m 이상의 구조물
• 구조물의 폭과 높이의 비가 1 : 4 이상인 구조물
• 단면구조에 현저한 차이가 있는 구조물
• 연면적당 철골량이 50kg/m² 이하인 구조물
• 기둥이 타이 플레이트(tie plate)형인 구조물
• 이음부가 현장용접인 구조물

83

다음 (   ) 안에 들어갈 알맞은 내용은?

> 동바리로 사용하는 파이프 서포트의 높이가 (   )m를 초과하는 경우에는 높이 2m 이내마다 수평 연결재를 2개 방향으로 만들고, 수평 연결재의 변위를 방지해야 한다.

① 2
② 3.5
③ 4.5
④ 5

해설

동바리로 사용하는 파이프 서포트의 높이가 3.5m를 초과하는 경우에는 높이 2m 이내마다 수평 연결재를 2개 방향으로 만들고, 수평 연결재의 변위를 방지해야 한다(산업안전보건기준에 관한 규칙 제332조의2).

84

다음 중 셔블계 굴착기계에 해당하지 않는 것은?

① 파워셔블(power shovel)
② 클램셸(clamshell)
③ 스크레이퍼(scraper)
④ 드래그라인(dragline)

해설

스크레이퍼는 토공용 차량계 건설기계에 해당한다.
굴착기계의 분류
• 버킷계 굴착기계 : 버킷 래더, 버킷 휠 엑스카베이터, 트렌처
• 셔블계 굴착기계 : 파워셔블, 백호, 클램셸, 드래그라인, 드래그셔블

85

산업안전보건법상 안전시설비로 사용할 수 있는 항목에 해당하는 것은?

① 작업 발판

② 사다리 전도방지장치

③ 절토부 및 성토부 등의 토사 유실 방지를 위한 설비

④ 외부인 출입금지, 공사자 경계 표시를 위한 가설울 타리

86

다음은 건설현장의 추락재해를 방지하기 위한 사항이다. ( ) 안에 들어갈 내용으로 옳은 것은?

사업주는 높이 또는 깊이가 ( )를 초과하는 장소에서 작업하는 경우 해당 작업에 종사하는 근로자가 안전하게 승강하기 위한 건설작업용 리프트 등의 설비를 설치해야 한다. 다만, 승강설비를 설치하는 것이 작업의 성질상 곤란한 경우에는 그렇지 않다.

① 2m ② 3m

③ 4m ④ 5m

해설

승강설비의 설치(산업안전보건기준에 관한 규칙 제46조)

사업주는 높이 또는 깊이가 2m를 초과하는 장소에서 작업하는 경우 해당 작업에 종사하는 근로자가 안전하게 승강하기 위한 건설작업용 리프트 등의 설비를 설치해야 한다. 다만, 승강설비를 설치하는 것이 작업의 성질상 곤란한 경우에는 그렇지 않다.

87

콘크리트 타설 시 안전수칙으로 옳지 않은 것은?

① 타설 순서는 계획에 의하여 실시하여야 한다.

② 진동기는 최대한 많이 사용하여야 한다.

③ 콘크리트를 치는 도중에는 거푸집, 지보공 등의 이상 유무를 확인하여야 한다.

④ 손수레로 콘크리트를 운반할 때는 손수레를 타설하는 위치까지 천천히 운반하여 거푸집에 충격을 주지 않도록 타설해야 한다.

해설

진동기 사용 시 지나친 진동은 거푸집 도괴의 원인이 될 수 있으므로 적절히 사용해야 한다.

88

사다리식 통로 등을 설치하는 경우 고정식 사다리식 통로의 기울기는 최대 몇 도 이하로 하여야 하는가?

① 60° ② 75°

③ 85° ④ 90°

해설

사다리식 통로 등의 구조(산업안전보건기준에 관한 규칙 제24조)

사다리식 통로의 기울기는 75° 이하로 할 것. 다만, 고정식 사다리식 통로의 기울기는 90° 이하로 하고, 그 높이가 7m 이상인 경우에는 다음 구분에 따른 조치를 할 것

• 등받이울이 있어도 근로자 이동에 지장이 없는 경우 : 바닥으로부터 높이가 2.5m 되는 지점부터 등받이울을 설치할 것

• 등받이울이 있으면 근로자가 이동이 곤란한 경우 : 한국산업표준에서 정하는 기준에 적합한 개인용 추락 방지 시스템을 설치하고 근로자로 하여금 한국산업표준에서 정하는 기준에 적합한 전신안전대를 사용하도록 할 것

89

철근의 인력 운반방법에 관한 설명으로 옳지 않은 것은?

① 긴 철근은 두 사람이 한 조가 되어 같은 쪽의 어깨에 메고 운반한다.
② 양 끝은 묶어서 운반한다.
③ 1회 운반 시 1인당 무게는 50kg 정도로 한다.
④ 공동작업 시 신호에 따라 작업한다.

해설

철근 운반 시 1인당 무게는 25kg 이하로 제한하여 무리한 운반을 피하여야 한다(콘크리트공사 표준안전작업지침 제12조).

90

철공공사의 용접, 용단작업에 사용되는 가스의 용기는 최대 몇 ℃ 이하로 보존해야 하는가?

① 25℃   ② 35℃
③ 40℃   ④ 48℃

91

다음 건설기계의 명칭과 각 용도가 옳게 연결된 것은?

① 드래그라인 – 암반 굴착
② 드래그셔블 – 흙 운반작업
③ 클램셸 – 정지작업
④ 파워셔블 – 지반면보다 높은 곳의 흙 파기

해설

① 드래그라인 : 기계가 서 있는 지반면보다 낮은 곳, 연약한 지반이나 굴착 반경이 큰 경우에 적합하다.
② 드래그셔블(백호) : 기계가 서 있는 지반면보다 낮은 곳의 굴착에 적합하다.
③ 클램셸 : 수중 굴착 등에 사용하며, 협소하고 깊은 곳의 굴착에 적합하다.

92

다음 중 360° 회전작업이 불가능한 건설기계는?

① 타워크레인
② 삼각데릭
③ 가이데릭
④ 크롤러 크레인

해설

삼각데릭(stiff leg derrick)
• 회전범위 : 270°
• 작업범위 : 180°

93

철골작업을 중지하여야 하는 풍속과 강우량 기준으로 옳은 것은?

① 풍속 : 10m/s 이상, 강우량 : 1mm/h 이상
② 풍속 : 5m/s 이상, 강우량 : 1mm/h 이상
③ 풍속 : 10m/s 이상, 강우량 : 2mm/h 이상
④ 풍속 : 5m/s 이상, 강우량 : 2mm/h 이상

해설

철골작업을 중지하여야 하는 기준(산업안전보건기준에 관한 규칙 제383조)
• 풍속이 초당 10m 이상인 경우
• 강우량이 시간당 1mm 이상인 경우
• 강설량이 시간당 1cm 이상인 경우

94

잠함 또는 우물통의 내부에서 근로자가 굴착작업을 하는 경우의 준수사항으로 옳지 않은 것은?

① 산소 결핍 우려가 있는 경우에는 산소의 농도를 측정하는 사람을 지명하여 측정하도록 할 것
② 근로자가 안전하게 오르내리기 위한 설비를 설치할 것
③ 굴착 깊이가 20m를 초과하는 경우에는 해당 작업장소와 외부와의 연락을 위한 통신설비 등을 설치할 것
④ 잠함 또는 우물통의 급격한 침하에 의한 위험을 방지하기 위하여 바닥으로부터 천장 또는 보까지의 높이는 2m 이내로 할 것

해설

잠함 또는 우물통의 급격한 침하에 의한 위험 방지를 위해 바닥으로부터 천장 또는 보까지의 높이는 최소 1.8m 이상으로 하여야 한다(산업안전보건기준에관한 규칙 제376조).

95

산업안전보건법령상 터널건설작업 시 해당 터널 내부의 화기나 아크를 사용하는 장소에 필히 설치하도록 규정하고 있는 것은?

① 소화설비   ② 대피설비
③ 충전설비   ④ 차단설비

해설

소화설비 등(산업안전보건기준에 관한 규칙 제359조)

터널건설작업을 하는 경우에는 해당 터널 내부의 화기나 아크를 사용하는 장소 또는 배전반, 변압기, 차단기 등을 설치하는 장소에 소화설비를 설치하여야 한다.

96

달비계에 사용이 불가한 와이어로프의 기준으로 옳지 않은 것은?

① 이음매가 없는 것
② 심하게 변형되거나 부식된 것
③ 지름의 감소가 공칭지름의 7%를 초과하는 것
④ 와이어로프의 한 꼬임에서 끊어진 소선(素線)의 수가 10% 이상인 것

해설

달비계에 사용 불가한 와이어로프(산업안전보건기준에 관한 규칙 제63조)

- 이음매가 있는 것
- 와이어로프의 한 꼬임[스트랜드(strand)를 말한다]에서 끊어진 소선(素線)[필러(pillar)선은 제외한다]의 수가 10% 이상(비자전로프의 경우에는 끊어진 소선의 수가 와이어로프 호칭 지름의 6배 길이 이내에서 4개 이상이거나 호칭 지름 30배 길이 이내에서 8개 이상)인 것
- 지름의 감소가 공칭 지름의 7%를 초과하는 것
- 꼬인 것
- 심하게 변형되거나 부식된 것
- 열과 전기 충격에 의해 손상된 것

97

굴착과 싣기를 동시에 할 수 있는 토공기계가 아닌 것은?

① 백호(back hoe)
② 트랙터 셔블(tractor shovel)
③ 파워셔블(power shovel)
④ 모터그레이더(motor grader)

해설

모터그레이더(motor grader)는 땅을 고르는 중장비이다.

98

흙막이 지보공을 설치하였을 때 정기적으로 점검하고 이상을 발견하면 즉시 보수하여야 하는 사항이 아닌 것은?

① 침하의 정도
② 발판의 지지 상태
③ 부재의 접속부, 부착부 및 교차부의 상태
④ 부재의 손상, 변형, 부식, 변위 및 탈락의 유무와 상태

해설

붕괴 등의 위험 방지(산업안전보건기준에 관한 규칙 제347조)
사업주는 흙막이 지보공을 설치하였을 때는 정기적으로 다음의 사항을 점검하고 이상을 발견하면 즉시 보수하여야 한다.
• 부재의 손상 · 변형 · 부식 · 변위 및 탈락의 유무와 상태
• 버팀대의 긴압(緊壓)의 정도
• 부재의 접속부, 부착 및 교차부의 상태
• 침하의 정도

99

다음 중 유해위험방지계획서 제출 대상 공사에 해당하는 것은?

① 깊이가 8m인 굴착공사
② 지상 높이가 25m인 건축물 건설공사
③ 최대 지간 길이가 45m인 교량 건설공사
④ 제방 높이가 50m인 다목적댐 건설공사

해설

① 깊이가 10m 이상인 굴착공사
② 지상 높이가 31m 이상인 건축물 건설공사
③ 최대 지간 길이가 50m 이상인 교량 건설공사
※ 시행령 제42조

100

발파작업에 종사하는 근로자가 준수해야 할 사항으로 옳지 않은 것은?

① 얼어붙은 다이너마이트는 화기에 접근시키거나 그 밖의 고열물에 직접 접촉시키는 등 위험한 방법으로 융해되지 않도록 할 것
② 발파공의 충진재료는 점토 · 모래 등의 사용을 금할 것
③ 장전구(裝塡具)는 마찰 · 충격 · 정전기 등에 의한 폭발의 위험이 없는 안전한 것을 사용할 것
④ 전기뇌관에 의한 발파의 경우 점화하기 전에 화약류를 장전한 장소로부터 30m 이상 떨어진 안전한 장소에서 전선에 대하여 저항 측정 및 도통(道通)시험을 할 것

해설

발파의 작업기준(산업안전보건기준에 관한 규칙 제348조)
• 얼어붙은 다이너마이트는 화기에 접근시키거나 그 밖의 고열물에 직접 접촉시키는 등 위험한 방법으로 융해되지 않도록 할 것
• 화약이나 폭약을 장전하는 경우에는 그 부근에서 화기를 사용하거나 흡연을 하지 않도록 할 것
• 장전구(裝塡具)는 마찰 · 충격 · 정전기 등에 의한 폭발의 위험이 없는 안전한 것을 사용할 것
• 발파공의 충진재료는 점토 · 모래 등 발화성 또는 인화성의 위험이 없는 재료를 사용할 것
• 점화 후 장전된 화약류가 폭발하지 아니한 경우 또는 장전된 화약류의 폭발 여부를 확인하기 곤란한 경우에는 다음의 사항을 따를 것
  – 전기뇌관에 의한 경우에는 발파모선을 점화기에서 떼어 그 끝을 단락시켜 놓는 등 재점화되지 않도록 조치하고 그때부터 5분 이상 경과한 후가 아니면 화약류의 장전 장소에 접근시키지 않도록 할 것
  – 전기뇌관 외의 것에 의한 경우에는 점화한 때부터 15분 이상 경과한 후가 아니면 화약류의 장전 장소에 접근시키지 않도록 할 것
• 전기뇌관에 의한 발파의 경우 점화하기 전에 화약류를 장전한 장소로부터 30m 이상 떨어진 안전한 장소에서 전선에 대하여 저항 측정 및 도통(導通)시험을 할 것

제**1**과목 | **산업안전관리론**

01

다음 중 무재해운동의 기본이념 3원칙이 아닌 것은?

① 무의 원칙

② 자주활동의 원칙

③ 참가의 원칙

④ 선취 해결의 원칙

02

브레인스토밍(brainstorming) 기법의 4원칙에 관한 설명으로 옳은 것은?

① 주제와 관련 없는 내용은 발표할 수 없다.

② 동료의 의견에 대하여 좋고 나쁨을 평가한다.

③ 발표 순서를 정하고 동일한 발표 기회를 부여한다.

④ 타인의 의견에 대하여 수정하여 발표할 수 있다.

해설

브레인스토밍(brainstorming)의 4원칙

• 대량 발언 : 주제와 관련 없는 내용을 발표할 수 있다.

• 비판금지 : 동료의 의견에 대하여 좋고 나쁨을 평가하지 않는다.

• 자유분방 : 발표 순서를 정하지 않고, 자유분방하게 의견을 발언한다.

• 수정 발언 : 타인의 의견에 대하여 수정하여 발표할 수 있다.

03

산업재해에 있어 인명이나 물적 등 일체의 피해가 없는 사고는?

① near accident

② good accident

③ true accident

④ original accident

해설

near accident(아차사고)

산업재해에 있어 인명이나 물적 등 일체의 피해가 없는 사고, 즉 사고가 발생할 뻔하였으나 다행히 피해가 발생하지 않은 사고

04

상시 근로자 수가 100명인 사업장에서 1일 8시간씩 연간 280일을 근무하였을 때, 1명의 사망사고와 4건의 재해로 인하여 180일의 휴업일수가 발생하였다. 이 사업장의 종합재해지수는 약 얼마인가?

① 22.32

② 27.59

③ 34.14

④ 56.42

해설

$$도수율 = \frac{재해건수}{연근로시간 수} \times 10^6 = \frac{5}{100 \times 8 \times 280} \times 10^6$$

$$\simeq 22.32$$

$$강도율 = \frac{근로손실일수}{연근로시간 수} \times 10^3$$

$$= \frac{7,500 + \left(180 \times \frac{280}{365}\right)}{100 \times 8 \times 280} \times 10^3$$

$$\simeq 34.1$$

$$종합재해지수(FSI) = \sqrt{도수율 \times 강도율}$$

$$= \sqrt{22.32 \times 34.1} \simeq 27.59$$

05

재해 예방의 4원칙에 해당하지 않는 것은?

① 예방 가능의 원칙

② 손실 우연의 원칙

③ 원인 계기의 원칙

④ 선취 해결의 원칙

해설

산업재해 방지의 4원칙

- 예방 가능의 원칙 : 재해사고는 예방 가능하지만, 노력의 한계가 있다.
- 손실 우연의 원칙 : 사고 발생 당시 주변조건에 따라 손실의 크기가 달라진다.
- 원인 계기의 원칙 : 사고와 그 원인은 필연적인 인과관계로 이루어져 있다.
- 대책 선정의 원칙 : 가장 적절한 안전대책을 선정하고 차선책까지 고려해야 한다.

06

작업장에서 매일 작업자가 작업 전, 중, 후에 시설과 작업 동작 등에 대하여 실시하는 안전점검은?

① 정기점검　　　　② 일상점검

③ 임시점검　　　　④ 특별점검

해설

① 정기점검 : 기계·기구·시설 등에 대하여 주·월·분기 등의 지정된 날짜에 실시하는 점검

③ 임시점검 : 사고 발생 이후 곧바로 외부 전문가에 의해 실시하는 점검

④ 특별점검 : 안전강조기간, 방화점검기간에 실시하는 점검

07

제조물책임법에 명시된 결함의 종류가 아닌 것은?

① 제조상의 결함

② 표시상의 결함

③ 사용상의 결함

④ 설계상의 결함

해설

제조물책임법에 명시된 결함의 종류(제조물책임법 제2조)

- 제조상의 결함 : 제조업자가 제조물에 대하여 제조상·가공상의 주의 의무를 이행하였는지에 관계없이 제조물이 원래 의도한 설계와 다르게 제조·가공됨으로써 안전하지 못하게 된 경우
- 설계상의 결함 : 제조업자가 합리적인 대체 설계(代替設計)를 채용하였더라면 피해나 위험을 줄이거나 피할 수 있었음에도 대체 설계를 채용하지 아니하여 해당 제조물이 안전하지 못하게 된 경우
- 표시상의 결함 : 제조업자가 합리적인 설명·지시·경고 또는 그 밖의 표시를 하였더라면 해당 제조물에 의하여 발생할 수 있는 피해나 위험을 줄이거나 피할 수 있었음에도 이를 하지 아니한 경우

08

지적 확인이란 사람의 눈이나 귀 등 오감의 감각기관을 총동원해서 작업의 정확성과 안전을 확인하는 것이다. 지적 확인과 정확도가 옳게 짝지어진 것은?

① 지적 확인한 경우 : 0.3%

② 확인만 하는 경우 : 1.25%

③ 지적만 하는 경우 : 1.0%

④ 아무것도 하지 않은 경우 : 1.8%

해설

지적 확인과 정확도

- 지적 확인한 경우 : 0.8%
- 지적만 하는 경우 : 1.5%
- 확인만 하는 경우 : 1.25%
- 아무것도 하지 않은 경우 : 2.85%

09

다음 중 재해손실비용에 있어 직접손실비용에 해당되지 않는 것은?

① 채용급여
② 간병급여
③ 장해급여
④ 유족급여

해설

재해손실코스트

- 직접비 : 사고의 피해자에게 지급되는 산재보상비 또는 재해보상비 [직업재활급여, 간병급여, 장해급여, 상병보상연금, 유족급여, 사망 시 장의비용(장례비, 장제비, 장의비) 요양비(요양급여), 장해보상비, 휴업보상비, 상해특별보상비 등]
- 간접비 : 기계·설비·공구·재료 등의 물적손실(재산손실), 설비 가동 정지에서 오는 생산손실, 작업을 하지 않았는데도 지급한 임금손실, 신규채용비용(채용급여), 생산손실급여, 설비의 수리비 및 손실비, 부상자의 시간손실, 관리감독자가 재해의 원인조사를 하는 데 따른 시간손실, 입원 중의 잡비, 교육훈련비용, 기타 손실 등

10

다음 중 산업안전보건법령상 안전보건표지에 있어 금지표지가 아닌 것은?

① 금연
② 접촉금지
③ 보행금지
④ 차량통행금지

해설

금지표지의 종류(시행규칙 별표 7)

출입금지, 보행금지, 차량통행금지, 사용금지, 탑승금지, 금연, 화기금지, 물체이동금지

11

안전심리의 5대 요소에 해당하는 것은?

① 기질
② 지능
③ 감각
④ 환경

해설

산업안전심리의 5대 요소

- 동기 : 사람의 마음을 움직이는 원동력
- 기질 : 인간의 성격, 능력 등 개인적인 특성
- 감정 : 사고를 일으키는 정신적 동기(희로애락 등)
- 습성 : 인간의 행동에 영향을 미칠 수 있는 것(동기, 기질 등과 밀접한 관계)
- 습관 : 성장과정을 통하여 형성된 특성

12

인간의 적응기제(適應機制)에 포함되지 않는 것은?

① 갈등
② 억압
③ 공격
④ 합리화

해설

적응기제

- 자기방어의 기제 : 합리화, 변화, 동일시, 보상, 승화
- 자기도피의 기제 : 탈출 도피, 부정적인 태도, 퇴행, 억압, 백일몽
- 공격의 기제 : 저항, 위협, 비행, 보복, 선동

13

인간의 행동은 사람의 개성과 환경에 영향을 받는데, 다음 중 환경적 요인이 아닌 것은?

① 책임
② 작업조건
③ 감독
④ 직무의 안정

해설

책임은 개인의 내적인 요소이다.

14

다음 중 주의(attention)의 특징이 아닌 것은?

① 선택성   ② 양립성

③ 방향성   ④ 변동성

해설

주의의 특징
- 선택성 : 여러 종류의 자극을 자각할 때 소수의 특정한 것에 한하여 주의가 집중된다.
- 방향성 : 한곳에 주의를 집중하면 다른 곳의 주의가 약해진다.
- 변동성 : 주의에는 주기적으로 부주의의 리듬이 존재한다.

15

다음 중 교육 형태의 분류에 있어 가장 옳지 않은 것은?

① 교육의 의도에 따라 형식적 교육, 비형식적 교육

② 교육의 성격에 따라 일반교육, 교양교육, 특수교육

③ 교육방법에 따라 가정교육, 학교교육, 사회교육

④ 교육내용에 따라 실업교육, 직업교육, 고등교육

해설

교육의 장소에 따라 가정교육, 학교교육, 사회교육, 직장교육 등으로 나뉜다.

16

다음 중 강의계획 수립 시 학습목적 3요소가 아닌 것은?

① 목표   ② 주제

③ 학습 정도   ④ 교재내용

해설

학습목적 3요소
목표(goal), 주제(subject), 학습 정도(level of learning)

17

다음 중 학습전이의 조건이 아닌 것은?

① 학습자의 태도요인

② 학습자의 지능요인

③ 학습자료의 유사성 요인

④ 선행학습과 후행학습의 공간적 요인

해설

학습전이의 조건
- 학습자의 태도요인
- 학습자의 지능요인
- 학습자료의 유사성 요인
- 학습 정도의 요인
- 시간적 간격의 요인

18

다음 중 안전교육의 형태 중 OJT(On the Job Training) 교육에 대한 설명으로 옳지 않은 것은?

① 다수의 근로자에게 조직적 훈련이 가능하다.

② 직장의 실정에 맞게 실제적인 훈련이 가능하다.

③ 훈련에 필요한 업무의 지속성이 유지된다.

④ 직장의 직속상사에 의한 교육이 가능하다.

해설

①은 Off JT의 특징이다.

19

안전교육방법 중 TWI(Training Within Industry)의 교육과정이 아닌 것은?

① 작업지도훈련　　　② 인간관계훈련
③ 정책수립훈련　　　④ 작업방법훈련

해설

TWI(Training Within Industry)의 교육과정
- 작업방법훈련
- 작업지도훈련
- 작업안전훈련
- 인간관계훈련

20

다음 중 산업안전보건법상 용어의 정의로 옳지 않은 것은?

① 사업주란 근로자를 사용하여 사업을 하는 자를 말한다.
② 근로자 대표란 근로자의 과반수로 조직된 노동조합이 없는 경우에는 사업주가 지정하는 자를 말한다.
③ 산업재해란 노무를 제공하는 사람이 업무에 관계되는 건설물·설비·원재료·가스·증기·분진 등에 의하거나 작업 또는 그 밖의 업무로 인하여 사망 또는 부상하거나 질병에 걸리는 것을 말한다.
④ 안전·보건진단이란 산업재해를 예방하기 위하여 잠재적 위험성을 발견하고 그 개선대책을 수립할 목적으로 고용노동부장관이 지정하는 자가 하는 조사·평가를 말한다.

해설

근로자 대표란 근로자의 과반수로 조직된 노동조합이 있는 경우에는 그 노동조합을, 근로자의 과반수로 조직된 노동조합이 없는 경우에는 근로자의 과반수를 대표하는 자를 말한다(법 제2조).

21

다음 중 인간공학에 있어서 일반적인 인간－기계체계(man－machine system)의 구분으로 옳은 것은?

① 인간체계, 기계체계, 전기체계
② 전기체계, 유압체계, 내연기관체계
③ 수동체계, 반기계 체계, 반자동체계
④ 자동화 체계, 기계화 체계, 수동체계

22

인간－기계시스템 설계의 주요단계 중 기본 설계단계에서 인간의 성능 특성(human performance requirements)이 아닌 것은?

① 속도　　　　　② 정확성
③ 보조물 설계　　④ 사용자 만족

해설

인간－기계시스템 설계의 주요단계 중 기본 설계단계에서 인간의 성능 특성

속도, 정확성, 사용자 만족, 기술을 개발하는 데 필요한 시간

23

다음 그림 중 형상 암호화된 조종장치에서 단회전용 조종장치는?

① 　　　②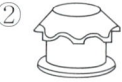

③ 　　　④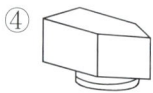

해설

②, ③ 다회전용 조종장치
④ 이산멈춤위치용 조종장치

24

다음 중 통제기기의 변위를 20mm 움직였을 때 표시기기의 지침이 25mm 움직였다면, 이 기기의 C/R비는 얼마인가?

① 0.3　　　　　　　② 0.4
③ 0.8　　　　　　　④ 0.9

해설

C/R비 $= \dfrac{2}{2.5} = 0.8$

25

다음 중 정보를 전송하기 위해 청각적 표시장치보다 시각적 표시장치를 사용하는 것이 더 효과적인 경우는?

① 정보의 내용이 간단한 경우
② 정보가 후에 재참조되는 경우
③ 정보가 즉각적인 행동을 요구하는 경우
④ 정보내용이 시간적인 사건을 다루는 경우

해설

시각적 표시장치와 청각적 표시장치의 비교

시각적 표시장치	청각적 표시장치
• 메시지가 길고, 복잡한 경우	• 메시지가 짧고, 간단한 경우
• 메시지가 재참조되는 경우	• 메시지가 재참조되지 않는 경우
• 공간적인 위치를 다루는 경우	• 시간적인 사상을 다루는 경우
• 메시지가 즉각적 행동을 요구하지 않는 경우	• 메시지가 즉각적 행동을 요구하는 경우
• 청각계통이 과부하인 경우	• 시각계통이 과부하인 경우
• 주위가 너무 시끄러운 경우	• 주위가 너무 밝거나 암조응인 경우
• 한곳에 머무르는 경우	• 자주 움직이는 경우

26

다음 그림과 같은 시스템에서 전체 시스템의 신뢰도는 얼마인가?(단, 네모 안의 숫자는 각 부품의 신뢰도이다)

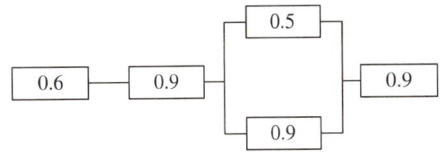

① 0.4104　　　　　　② 0.4617
③ 0.6314　　　　　　④ 0.6814

해설

$R_s = 0.6 \times 0.9 \times \{1 - (1-0.5)(1-0.9)\} \times 0.9 = 0.4617$

27

몸의 중심선으로부터 밖으로 이동하는 신체 부위의 동작 유형은?

① 외전　　　　　　　② 외선
③ 내전　　　　　　　④ 내선

해설

신체 동작의 유형
• 내선(medial rotation) : 몸의 중심선으로 회전하는 동작
• 외선(lateral rotation) : 몸의 중심선으로부터 회전하는 동작
• 내전(adduction) : 몸의 중심선으로 이동하는 동작
• 외전(abduction) : 몸의 중심선으로부터 이동하는 동작
• 굴곡(flexion) : 신체 부위 간의 각도의 감소
• 신전(extension) : 신체 부위 간의 각도의 증가

28

정적 자세 유지 시 진전(tremor)을 감소시키는 방법이 아닌 것은?

① 시각적인 참조가 있도록 한다.
② 손이 심장 높이에 있도록 유지한다.
③ 작업 대상물에 기계적 마찰이 있도록 한다.
④ 손을 떨지 않으려고 힘을 주어 노력한다.

> **해설**
> 진전은 떨지 않으려고 노력하면 할수록 더 심하게 일어난다.

29

인체측정치를 이용한 설계에 관한 설명으로 옳은 것은?

① 평균치를 기준으로 한 설계를 가장 먼저 고려한다.
② 의자의 깊이와 너비는 모두 작은 사람을 기준으로 설계한다.
③ 자세와 동작에 따라 고려해야 할 인체 측정 치수가 달라진다.
④ 큰 사람을 기준으로 한 설계는 인체측정치의 5%tile을 사용한다.

> **해설**
> ① 인체측정치를 제품 설계에 적용하는 순서는 조절식 설계 → 극단치 설계 → 평균치 설계 순으로, 평균치를 기준으로 한 설계를 제일 나중에 고려한다.
> ② 의자의 깊이는 작은 사람을 기준으로, 의자의 너비는 큰 사람을 기준으로 설계한다.
> ④ 큰 사람을 기준으로 한 설계는 인체측정치의 95%tile을 사용한다.

30

창문을 통해 들어오는 직사 휘광을 처리하는 방법이 아닌 것은?

① 창문을 높이 단다.
② 간접조명의 수준을 높인다.
③ 차양이나 발(blind)을 사용한다.
④ 옥외 창 위에 드리우개(overhang)를 설치한다.

> **해설**
> 창문을 통해 들어오는 직사 휘광을 처리하기 위해서는 간접조명의 수준을 낮춘다.

31

인간의 눈에서 빛이 가장 먼저 접촉하는 부분은?

① 각막
② 망막
③ 초자체
④ 수정체

> **해설**
> 인간의 눈에서 빛이 가장 먼저 접촉하는 부분은 각막이다.

32

지게차 인장벨트의 수명은 평균이 100,000시간, 표준편차가 500시간인 정규분포를 따른다. 이 인장벨트의 수명이 101,000시간 이상일 확률은 약 얼마인가?(단, $P(Z \leq 1) = 0.8413$, $P(Z \leq 2) = 0.9772$, $P(Z \leq 3) = 0.99987$이다)

① 1.60%
② 2.28%
③ 3.28%
④ 4.28%

> **해설**
> $$P(\overline{X} > 101,000) = P\left(Z > \frac{101,000 - 100,000}{500}\right)$$
> $$= P\left(Z > \frac{1,000}{500}\right) = P(Z > 2) = 1 - P(Z \leq 2)$$
> $$= 1 - 0.9772 = 0.0228 = 2.28\%$$

33

적절한 온도의 작업환경에서 추운 환경으로 변할 때, 우리의 신체가 수행하는 조절작용이 아닌 것은?

① 발한(發汗)이 시작된다.
② 피부의 온도가 내려간다.
③ 직장온도가 약간 올라간다.
④ 혈액의 많은 양이 몸의 중심부를 순환한다.

해설

발한은 체온이 높아졌을 때 땀으로 수분을 배출해 체열을 발산시켜 체온을 조절하는 현상으로, 예를 들어 정신적 긴장 시 땀이 나는 경우이다.

34

예비위험분석(PHA)에 대한 설명으로 옳은 것은?

① 관련된 과거 안전점검결과의 조사에 적절하다.
② 안전 관련 법규 조항의 준수를 위한 조사방법이다.
③ 시스템 고유의 위험성을 파악하고 예상되는 재해의 위험 수준을 결정한다.
④ 초기단계에서 시스템 내의 위험요소가 어떠한 위험 상태에 있는가를 정성적으로 평가하는 것이다.

해설

PHA(Preliminary Hazard Analysis, 예비위험분석)

모든 시스템 안전프로그램의 최초단계의 분석으로 시스템 내의 위험요소가 얼마나 위험 상태에 있는가를 정성적으로 평가하는 방식이다. 시스템의 개발단계에서 시스템 고유의 위험영역을 식별하고 예상되는 재해의 위험 수준을 평가하는 데 목적이 있다.

35

다음 중 FMEA 기법의 장점은?

① 서식이 간단하다.
② 논리적으로 완벽하다.
③ 해석의 초점이 인간에 맞추어져 있다.
④ 동시에 복수의 요소가 고장 나는 경우의 해석이 용이하다.

해설

FMEA 기법의 장단점

장점	• 서식이 간단하다. • 비교적 적은 노력으로 특별한 훈련 없이 분석이 가능하다.
단점	• 논리성이 부족하다. • 각 요소 간의 영향을 분석하기 어렵기 때문에 동시에 두 가지 이상의 요소가 고장 나는 경우 분석이 곤란하다. • 요소가 물체로 한정되어 있기 때문에 인적 원인을 분석하기 곤란하다.

36

다음 중 결함수분석법(FTA)에 관한 설명으로 옳지 않은 것은?

① 최초 Watson이 군용으로 고안하였다.
② 미니멀 패스셋(minimal path sets)을 구하기 위해서는 미니멀 컷셋(minimal cut sets)의 상대성을 이용한다.
③ 정상사상의 발생 확률을 구한 후 FT를 작성한다.
④ AND게이트의 확률 계산은 각 입력사상의 곱으로 한다.

해설

FT를 작성한 후 정상사상의 발생 확률을 구한다.

37

FT도에 사용되는 기호 중 다음 그림에 해당하는 것은?

① 생략사상　　　　② 부정사상
③ 결함사상　　　　④ 기본사상

해설

① 생략사상 : ◇

③ 결함사상 : ▭

38

Fussell의 알고리즘을 이용하여 최소 컷셋을 구하는 방법에 대한 설명으로 옳지 않은 것은?

① OR게이트는 항상 컷셋의 수를 증가시킨다.
② AND게이트는 항상 컷셋의 크기를 증가시킨다.
③ 중복되는 사건이 많은 경우 매우 간편하고 적용하기 적합하다.
④ 불 대수(boolean algebra) 이론을 적용하여 시스템 고장을 유발시키는 모든 기본사상들의 조합을 구한다.

해설

최소 컷셋은 일반적으로 반복사상이 없는 경우에 퍼셀(Fussell) 알고리즘을 이용하여 구한다.

39

다음 중 시스템 안전성 평가기법에 관한 설명으로 옳지 않은 것은?

① 가능성을 정량적으로 다룰 수 있다.
② 시각적 표현에 의해 정보 전달이 용이하다.
③ 원인, 결과 및 모든 사상들의 관계가 명확해진다.
④ 연역적 추리를 통해 결함사상을 빠짐없이 도출하지만, 귀납적 추리로는 불가능하다.

해설

시스템 안전성 평가기법은 연역적 추리를 통해 결함사상을 빠짐없이 도출하고, 귀납적 추리로도 가능하다.

40

건설업에서 사업주의 유해위험방지계획서 제출 대상 사업장이 아닌 것은?

① 지상 높이가 31m 이상인 건축물의 건설, 개조 또는 해체공사
② 연면적 5,000m² 이상 관광숙박시설의 해체공사
③ 저수용량 5,000ton 이하의 지방상수도 전용 댐 건설 등의 공사
④ 깊이 10m 이상인 굴착공사

해설

다목적 댐, 발전용 댐, 저수용량 2,000만ton 이상의 용수 전용 댐 및 지방상수도 전용 댐의 건설 등 공사가 유해위험방지계획서 제출 대상이다(시행령 제42조).

41

다음 중 기계설비에서 반대로 회전하는 두 개의 회전체가 맞닿는 사이에 발생하는 위험점은?

① 물림점(nip point)
② 협착점(squeeze point)
③ 접선물림점(tangential point)
④ 회전말림점(trapping point)

해설

물림점

회전하는 2개의 회전체에 물려 들어갈 위험성이 형성되는 것으로, 이때 위험점이 발생되는 조건은 회전체가 서로 반대 방향으로 맞물려 회전되는 경우이다(예 기어 물림, 롤러 회전 등).

42

페일 세이프(fail safe)의 기계설계상 본질적 안전화에 대한 설명으로 옳지 않은 것은?

① 구조적 fail safe : 인간이 기계 등의 취급을 잘못해도 그것이 바로 사고나 재해와 연결되는 일이 없도록 하는 기능이다.
② fail-passive : 부품이 고장 나면 통상적으로 기계는 정지하는 방향으로 이동한다.
③ fail-active : 부품이 고장 나면 기계는 경보를 울리는 가운데 짧은 시간 동안의 운전이 가능하다.
④ fail-operational : 부품의 고장이 있어도 기계는 추후에 보수가 될 때까지 안전한 기능을 유지하며 이것은 병렬 계통 또는 대기 여분(stand-by redundancy) 계통에 의한 것이다.

해설

• fail safe : 기계의 실수(오작동)가 발생해도 기계설비가 안전하게 작동하는 장치·기구
• fool proof : 인간의 실수가 발생해도 기계설비가 안전하게 유지되는 작동사고 방지 모드

43

아세틸렌 용접장치에 사용하는 역화방지기에 요구되는 일반적인 구조로 옳지 않은 것은?

① 재사용 시 안전에 우려가 있으므로 역화 방지 후 바로 폐기하도록 해야 한다.
② 다듬질면이 매끈하고 사용상 지장이 있는 부식, 흠, 균열 등이 없어야 한다.
③ 가스의 흐름 방향은 지워지지 않도록 돌출 또는 각인하여 표시하여야 한다.
④ 소염소자는 금망, 소결금속, 스틸울(steel wool), 다공성 금속물 또는 이와 동등 이상의 소염성능을 갖는 것이어야 한다.

해설

역화방지기는 역화를 방지한 후 복원이 되어 계속 사용할 수 있는 구조이어야 한다(방호장치 자율안전기준 고시 별표 1).

44

선반작업의 안전사항으로 옳지 않은 것은?

① 베드 위에 공구를 올려놓지 않아야 한다.
② 바이트를 교환할 때는 기계를 정지시키고 한다.
③ 바이트는 끝을 길게 장치한다.
④ 반드시 보안경을 착용한다.

해설

바이트는 기계를 정지시킨 후 가급적 짧고 견고하게 고정한다.

45

다음 중 밀링작업 시 안전수칙으로 옳지 않은 것은?

① 테이블 위에 공구나 기타 물건들을 올려놓지 않는다.
② 제품 치수를 측정할 때는 절삭공구의 회전을 정지한다.
③ 강력 절삭을 할 때는 일감을 바이스에 길게 물린다.
④ 상하좌우 이송장치의 핸들은 사용 후 풀어 둔다.

해설

강력 절삭을 할 때는 일감을 바이스에 깊게 물린다.

46

프레스 작업의 안전을 위한 방호장치 중 투광부와 수광부를 구비하는 방호장치는?

① 양수 조작식
② 가드식
③ 광전자식
④ 수인식

해설

광전자식 방호장치
프레스 또는 전단기에서 일반적으로 많이 활용하는 형태이다. 투광부, 수광부, 컨트롤 부분으로 구성된 것으로서 신체의 일부가 광선을 차단하면 기계를 급정지시키는 방호장치이다.

47

드릴작업의 안전조치사항으로 옳지 않은 것은?

① 칩은 와이어 브러시로 제거한다.
② 드릴작업 시 보안경을 쓰거나 안전덮개를 설치한다.
③ 칩에 의한 자상을 방지하기 위해 면장갑을 착용한다.
④ 바이스 등을 사용하여 작업 중 공작물의 유동을 방지한다.

해설

드릴작업 중 장갑, 걸레 등을 사용하지 않는다.

48

연삭기 숫돌의 바깥지름이 300mm일 경우 평형 플랜지의 바깥지름은 몇 mm 이상으로 해야 하는가?

① 50
② 100
③ 150
④ 200

해설

평형 플랜지의 지름 = 숫돌의 바깥지름 × $\frac{1}{3}$

$$= 300 \times \frac{1}{3}$$

$$= 100mm \text{ 이상}$$

49

프레스 등의 금형을 부착·해체 또는 조정작업 중 슬라이드가 갑자기 작동하여 발생할 수 있는 위험을 방지하기 위하여 설치하는 것은?

① 방호울
② 안전블록
③ 시건장치
④ 게이트 가드

해설

금형조정작업의 위험 방지(산업안전보건기준에 관한 규칙 제104조)
사업주는 프레스 등의 금형을 부착·해체 또는 조정하는 작업을 할 때 해당 작업에 종사하는 근로자의 신체가 위험한계 내에 있는 경우 슬라이드가 갑자기 작동함으로써 근로자에게 발생할 우려가 있는 위험을 방지하기 위하여 안전블록을 사용하는 등 필요한 조치를 하여야 한다.

50

다음 중 금형 설치·해체작업의 일반적인 안전사항으로 옳지 않은 것은?

① 금형을 설치하는 프레스의 T홈 안길이는 설치볼트 직경 이하로 한다.

② 금형의 설치용구는 프레스의 구조에 적합한 형태로 한다.

③ 고정볼트는 고정 후 가능하면 나사산을 3~4개 정도 짧게 남겨 슬라이드 면과의 사이에 협착이 발생하지 않도록 해야 한다.

④ 금형 고정용 브래킷(물림판)을 고정시킬 때 고정용 브래킷은 수평이 되게 하고, 고정볼트는 수직이 되도록 고정해야 한다.

해설

금형을 설치하는 프레스의 T홈 안길이는 설치볼트 직경의 2배 이상으로 한다.

51

롤러기에 사용되는 급정지장치가 아닌 것은?

① 손 조작식

② 발 조작식

③ 무릎 조작식

④ 복부 조작식

52

원심기의 안전대책에 관한 사항에 해당되지 않는 것은?

① 최고사용회전수를 초과하여 사용해서는 안 된다.

② 내용물이 튀어나오는 것을 방지하도록 덮개를 설치하여야 한다.

③ 폭발을 방지하도록 압력방출장치를 2개 이상 설치하여야 한다.

④ 청소, 검사, 수리 등의 작업 시에는 기계의 운전을 정지하여야 한다.

해설

압력방출장치를 2개 이상 설치해야 하는 경우는 보일러의 안전사항이다.

53

산업안전보건법령상 발생기에서부터 얼마 이내의 장소에서는 흡연, 화기의 사용 또는 불꽃을 발생할 우려가 있는 행위를 금지하여야 하는가?

① 5m

② 7m

③ 10m

④ 25m

해설

가스집합장치로부터 5m 이내의 장소에서는 흡연, 화기의 사용 또는 불꽃을 발생할 우려가 있는 행위를 금지해야 한다(산업안전보건기준에 관한 규칙 제295조).

54

다음 중 산업안전보건법령에 따른 압력용기에 설치하는 안전밸브의 설치 및 작동에 관한 설명으로 옳지 않은 것은?

① 다단형 압축기에는 각 단 또는 각 공기압축기별로 안전밸브 등을 설치하여야 한다.

② 안전밸브는 이를 통하여 보호하려는 설비의 최저사용압력 이하에서 작동되도록 설정하여야 한다.

③ 화학공정 유체와 안전밸브의 디스크 또는 시트가 직접 접촉될 수 있도록 설치된 경우에는 2년마다 1회 이상 국가 교정기관에서 검사한 후 납으로 봉인하여 사용한다.

④ 공정안전보고서 이행 상태 평가결과가 우수한 사업장의 안전밸브의 경우 검사주기는 4년마다 1회 이상이다.

해설

안전밸브 등의 작동요건(산업안전보건기준에 관한 규칙 제264조)
사업주는 설치한 안전밸브 등이 안전밸브 등을 통하여 보호하려는 설비의 최고사용압력 이하에서 작동되도록 하여야 한다. 다만, 안전밸브 등이 2개 이상 설치된 경우에 1개는 최고사용압력의 1.05배(외부 화재를 대비한 경우에는 1.1배) 이하에서 작동되도록 설치할 수 있다.

55

지게차 헤드가드의 안전 기준에 관한 설명으로 옳은 것은?

① 상부틀의 각 개구의 폭 또는 길이가 20cm 이상일 것

② 강도는 지게차의 최대하중의 2배 값(4ton을 넘는 값에 대해서는 4ton으로 한다)의 등분포정하중에 견딜 수 있을 것

③ 운전자가 서서 조작하는 방식의 지게차의 경우에는 운전석의 바닥면에서 헤드가드의 상부틀 하면까지의 높이가 2m 이상일 것

④ 운전자가 앉아서 조작하는 방식의 지게차의 경우에는 운전자의 좌석 윗면에서 헤드가드의 상부틀 아랫면까지의 높이가 1m 이상일 것

해설

① 상부틀의 각 개구의 폭 또는 길이가 16cm 미만이어야 한다.
③, ④ 운전자가 앉아서 조작하거나 서서 조작하는 지게차의 헤드가드는 한국산업표준에서 정하는 높이 기준 이상이어야 한다(입식 : 1.905m, 좌식 : 0.903m).
※ 산업안전보건기준에 관한 규칙 제180조

56

컨베이어 작업 시 준수해야 할 사항이 아닌 것은?

① 운전 중인 컨베이어 등의 위로 근로자를 넘어가도록 하는 경우에는 위험을 방지하기 위하여 건널다리를 설치하는 등 필요한 조치를 하여야 한다.

② 근로자를 운반할 수 있는 구조가 아닌 운전 중인 컨베이어에 근로자를 탑승시켜서는 안 된다.

③ 작업 중 급정지를 방지하기 위하여 비상정지장치는 해체해야 한다.

④ 트롤리 컨베이어에 트롤리와 체인·행거가 쉽게 벗겨지지 않도록 확실하게 연결시켜야 한다.

해설

근로자가 위험해질 우려가 있는 경우 위험에 처하기 전에 임의로 작업을 중단할 수 있도록 부착된 비상정지장치를 해체하면 안 된다.

57

산업안전보건법령상 승강기의 종류가 아닌 것은?

① 리프트
② 에스컬레이터
③ 화물용 엘리베이터
④ 승객화물용 엘리베이터

해설

리프트는 양중기이다.
승강기의 종류
승객용 엘리베이터, 화물용 엘리베이터, 승객화물용 엘리베이터, 소형
화물용 엘리베이터, 에스컬레이터

58

안전율이 6인 체인의 정격하중이 100kg일 경우 이 체인의 극한강도는 몇 kg인가?

① 0.06
② 16.67
③ 26.67
④ 600

해설

안전율(S)

$$6 = \frac{극한강도}{정격하중}$$

극한강도 $= 6 \times 100$
$\quad\quad\quad = 600\text{kg}$

59

산업안전보건법령상 위험기계·기구별 방호조치로 가장 적절하지 않은 것은?

① 산업용 로봇 – 안전매트
② 보일러 – 급정지장치
③ 목재가공용 둥근톱기계 – 반발예방장치
④ 산업용 로봇 – 광전자식 방호장치

해설

산업안전보건법령상 보일러 방호장치의 종류
압력방출장치, 압력제한스위치, 고저수위조절장치, 화염검출기 등

60

보일러수에 불순물이 많이 포함되어 있을 경우 보일러수의 비등과 함께 수면 부위에 거품을 형성하여 수위가 불안정하게 되는 현상은?

① 프라이밍(priming)
② 포밍(foaming)
③ 캐리오버(carry over)
④ 워터해머(water hammer)

해설

① 프라이밍(priming) : 보일러의 부하 급변으로 수위가 급상승하여 보일러수가 증기와 함께 배관으로 들어가는 현상
③ 캐리오버(carry over) : 보일러수 속에 유지류, 용해 고형물 등이 증기에 섞여 보일러 밖으로 튀어 나가는 현상
④ 워터해머(water hammer) : 펌프의 기동, 정지밸브 등의 급격한 개폐 등에 의해 유속차가 발생하여 압력으로 전환되어 충격파로 전달되는 현상

61

감전에 영향을 미치는 요인으로 통전경로별 위험도가 가장 높은 것은?

① 왼손 – 등
② 오른손 – 등
③ 오른손 – 왼발
④ 왼손 – 가슴

해설

통전이 심장에 가까울수록 감전 위험도가 높다.

62

누전에 의한 감전의 위험을 방지하기 위하여 반드시 접지를 하여야만 하는 부분에 해당되지 않는 것은?

① 절연대 위 등과 같이 감전 위험이 없는 장소에서 사용하는 전기기계·기구의 금속체
② 전기기계·기구의 금속제 외함, 금속제 외피 및 철대
③ 전기를 사용하지 아니하는 설비 중 전동식 양중기의 프레임과 궤도에 해당하는 금속체
④ 코드와 플러그를 접속하여 사용하는 휴대형 전동기계·기구의 노출된 비충전 금속체

해설

접지를 안 해도 되는 경우(산업안전보건기준에 관한 규칙 제302조)
• 전기용품 및 생활용품 안전관리법이 적용되는 이중 절연 또는 이와 같은 수준 이상으로 보호되는 구조로 된 전기기계·기구
• 절연대 위 등과 같이 감전 위험이 없는 장소에서 사용하는 전기기계·기구
• 비접지방식의 전로(그 전기기계·기구의 전원측의 전로에 설치한 절연변압기의 2차 전압이 300V 이하, 정격용량이 3kVA 이하이고 그 절연전압기의 부하측의 전로가 접지되어 있지 아니한 것으로 한정한다)에 접속하여 사용되는 전기기계·기구

63

전격현상의 위험도를 결정하는 인자에 대한 설명으로 옳지 않은 것은?

① 통전전류의 크기가 클수록 위험하다.
② 전원의 종류가 통전시간보다 더욱 위험하다.
③ 전원의 크기가 동일한 경우 교류가 직류보다 위험하다.
④ 통전전류의 크기는 인체에 저항이 일정할 때 접속전압에 비례한다.

해설

전격현상의 위험도를 결정하는 인자
• 1차적 감전위험요인 : 통전 전류의 크기, 통전경로, 통전 시간, 통전 전원의 종류, 주파수 및 파형
• 2차적 감전위험요인 : 전압의 크기, 인체의 조건, 계절, 개인차

64

한국전기설비규정에 따라 욕조나 샤워시설이 있는 욕실 등 인체가 물에 젖어 있는 상태에서 전기를 사용하는 장소에 인체감전보호용 누전차단기가 부착된 콘센트를 시설하는 경우 누전차단기의 정격감도전류 및 동작시간은?

① 15mA 이하, 0.01초 이하
② 15mA 이하, 0.03초 이하
③ 30mA 이하, 0.01초 이하
④ 30mA 이하, 0.03초 이하

해설

욕조나 샤워시설이 있는 욕실 또는 화장실 등 인체가 물에 젖어 있는 상태에서 전기를 사용하는 장소에 콘센트를 시설하는 경우에는 다음에 따라 시설하여야 한다(한국전기설비규정 234.5).
• 전기용품 및 생활용품 안전관리법의 적용을 받는 인체감전보호용 누전차단기(정격감도전류 15mA 이하, 동작시간 0.03초 이하의 전류동작형의 것에 한한다) 또는 절연변압기(정격용량 3kVA 이하인 것에 한한다)로 보호된 전로에 접속하거나, 인체감전보호용 누전차단기가 부착된 콘센트를 시설하여야 한다.
• 콘센트는 접지극이 있는 방적형 콘센트를 사용하여 규정에 준하여 접지하여야 한다.

65

전기화재의 직접적인 발생요인이 아닌 것은?

① 피뢰기의 손상
② 누전, 열의 축적
③ 과전류 및 절연의 손상
④ 지락 및 접속 불량으로 인한 과열

해설

전기화재의 직접적인 발생요인

단락에 의한 발화, 누전·열의 축적, 과전류 및 절연의 손상, 지락 및 접속 불량으로 인한 과열, 낙뢰에 의한 발화 등

66

절연물의 절연계급을 최고허용온도가 낮은 온도에서 높은 온도 순으로 배치한 것은?

① Y종 → A종 → E종 → B종
② A종 → B종 → E종 → Y종
③ Y종 → E종 → B종 → A종
④ B종 → Y종 → A종 → E종

해설

절연물의 종류와 최고허용온도

절연의 종류	최고허용온도
Y	90℃
A	105℃
E	120℃
B	130℃
F	155℃
H	180℃
C	180℃ 초과

67

정전기에 의한 재해 방지대책으로 옳지 않은 것은?

① 대전방지제 등을 사용한다.
② 공기 중의 습기를 제거한다.
③ 금속 등의 도체를 접지시킨다.
④ 배관 내 액체가 흐를 경우 유속을 제한한다.

해설

정전기를 방지하려면 공기 중에 습기(70%)를 더 공급한다.

68

사람이 전기에 접촉하는 경우에는 접촉하는 상태에 따라 인체저항과 통전전류가 달라지므로 인체의 접촉 상태에 따라 접촉전압을 제한할 필요가 있다. 다음의 경우 일반 허용 접촉전압으로 옳은 것은?

- 인체가 현저히 젖어 있는 상태
- 금속성의 전기기계장치나 구조물에 인체 일부가 상시 접촉되어 있는 상태

① 2.5V 이하　　　　② 25V 이하
③ 50V 이하　　　　④ 제한 없음

69

다음 설명에 해당하는 위험 장소는?

> 공기 중에서 가연성 분진운의 형태가 연속적 또는 장기적 또는 단기적 자주 폭발성 분위기가 존재하는 장소

① 제0종 장소
② 제1종 장소
③ 제20종 장소
④ 제21종 장소

해설

① 제0종 장소 : 인화성 물질이나 가연성 가스가 폭발성 분위를 생성할 우려가 있는 장소 중 가장 위험한 장소
② 제1종 장소 : 가연성 가스가 체류해 위험하게 될 우려가 있는 장소
④ 제21종 장소 : 공기 중에 가연성 분진운의 형태가 정상 작동 중 빈번하게 폭발분위기를 형성할 수 있는 장소

70

신선한 공기 또는 불연성 가스 등의 보호기체를 용기의 내부에 압입함으로써 내부의 압력을 유지하여 폭발성 가스가 침입하지 않도록 하는 방폭구조는?

① 내압 방폭구조
② 압력 방폭구조
③ 안전증 방폭구조
④ 특수 방진 방폭구조

해설

① 내압 방폭구조 : 외부의 폭발성 가스가 내부로 침입하여 내부에서 폭발하더라도 용기는 그 압력에 견디고, 내부의 폭발로 인하여 외부의 폭발성 가스에 착화될 우려가 없도록 만들어진 방폭구조
③ 안전증 방폭구조 : 전기기기의 과도한 온도 상승, 아크 또는 불꽃 발생의 위험을 방지하기 위하여 추가적인 안전조치를 통한 안전도를 증가시킨 방폭구조
④ 특수방진 방폭구조 : 틈새 등으로 분진이 용기 내부에 침입하지 않도록 한 구조

71

산업안전보건법령상 특수화학설비를 설치할 때 내부의 이상 상태를 조기에 파악하기 위하여 필요한 계측장치를 설치하여야 한다. 이러한 계측장치와 거리가 먼 것은?

① 압력계
② 유량계
③ 온도계
④ 비중계

72

반응기를 설계할 때 고려해야 할 요인이 아닌 것은?

① 부식성
② 상의 형태
③ 온도범위
④ 중간 생성물의 유무

해설

반응기 설계 시 고려해야 할 요인

부식성, 상의 형태, 온도범위, 운전압력, 체류시간과 공간속도, 열 전달, 온도 조절, 조작방법, 수율 등

73

염소산칼륨에 관한 설명으로 옳은 것은?

① 탄소, 유기물과 접촉 시에도 분해폭발 위험은 거의 없다.
② 열에 강한 성질이 있어서 500℃의 고온에서도 안정적이다.
③ 찬물이나 에탄올에도 매우 잘 녹는다.
④ 산화성 고체물질이다.

해설

① 탄소, 유기물과 접촉 시에 분해폭발 위험이 있다.
② 열에 약한 성질이 있어서 500℃의 고온에서 쉽게 분해된다.
③ 찬물이나 에탄올에 녹지 않는다.

74

물과 카바이드가 결합하면 생성되는 가스는?

① 염소가스
② 아황산가스
③ 수성가스
④ 아세틸렌가스

해설

카바이트(탄화칼슘)에 물을 가하면 아세틸렌이 발생한다.
$$CaC_2 + 2H_2O \rightarrow Ca(OH)_2 + C_2H_2$$
$$\qquad\qquad\qquad 수산화칼슘 \quad 아세틸렌$$

75

에틸에테르(폭발하한값 1.9vol%)와 에틸알코올(폭발하한값 4.3vol%)이 4 : 1로 혼합된 증기의 폭발하한계[vol%]는 약 얼마인가?(단, 혼합증기는 에틸에테르가 80%, 에틸알코올이 20%로 구성되고, 르샤틀리에 법칙을 이용한다)

① 2.14vol%
② 3.14vol%
③ 4.14vol%
④ 5.14vol%

해설

$$\frac{100}{LFL} = \frac{80}{1.9} + \frac{20}{4.3} \simeq 46.76$$

$$LFL = \frac{100}{46.76} \simeq 2.14$$

76

5% NaOH 수용액과 10% NaOH 수용액을 반응기에 혼합하여 6% 100kg의 NaOH 수용액을 만들려면 각각 몇 kg의 NaOH 수용액이 필요한가?

① 5% NaOH 수용액 : 33.3, 10% NaOH 수용액 : 66.7
② 5% NaOH 수용액 : 50, 10% NaOH 수용액 : 50
③ 5% NaOH 수용액 : 66.7, 10% NaOH 수용액 : 33.3
④ 5% NaOH 수용액 : 80, 10% NaOH 수용액 : 20

해설

혼합 수용액이 6% NaOH 수용액 100kg이므로 5% NaOH 수용액의 무게를 x kg이라고 하면 10% NaOH 수용액의 무게는 $100 - x$ kg이다.
따라서 $0.06 \times 100 = 0.05x + 0.1 \times (100 - x)$
$x = 80$kg, $100 - x = 20$
∴ 5% NaOH 수용액 80kg, 10% NaOH 수용액 20kg

77

고압가스 용기에 사용되며 화재 등으로 용기의 온도가 상승하였을 때 금속의 일부분을 녹여 가스의 배출구를 만들어 압력을 분출시켜 용기의 폭발을 방지하는 안전장치는?

① 가용합금 안전밸브
② 파열판
③ 폭압방산공
④ 폭발억제장치

해설

가용 합금 안전밸브(용전)

일반적으로 200℃ 이하의 낮은 융점을 갖는 합금(비스무트, 카드뮴, 납, 주석 등)을 가용 합금(fusible plug)이라고 하는데, 이 금속은 비교적 낮은 온도에서 유동하는 성질을 이용하여 용기가 화재 등으로 인하여 이상적으로 온도가 상승하면 용기 내의 가스를 방출시켜 용기가 이상 승압되는 것을 방지하기 위해 설치하는 용기용 안전장치이다.

78

다음 중 건조설비의 사용상 주의사항으로 옳지 않은 것은?

① 건조설비 가까이 가연성 물질을 두지 말 것
② 고온으로 가열·건조한 물질은 즉시 격리 저장할 것
③ 위험물 건조설비를 사용할 때는 미리 내부를 청소하거나 환기시킨 후 사용할 것
④ 건조 시 발생하는 가스·증기 또는 분진에 의한 화재·폭발의 위험이 있는 물질은 안전한 장소로 배출할 것

해설

건조설비의 사용(산업안전보건기준에 관한 규칙 제283조)
사업주는 건조설비를 사용하여 작업을 하는 경우에 폭발이나 화재를 예방하기 위하여 다음의 사항을 준수하여야 한다.
· 위험물 건조설비를 사용하는 경우에는 미리 내부를 청소하거나 환기할 것
· 위험물 건조설비를 사용하는 경우에는 건조로 인하여 발생하는 가스·증기 또는 분진에 의하여 폭발·화재의 위험이 있는 물질을 안전한 장소로 배출시킬 것
· 위험물 건조설비를 사용하여 가열·건조하는 건조물은 쉽게 이탈되지 않도록 할 것
· 고온으로 가열·건조한 인화성 액체는 발화의 위험이 없는 온도로 냉각한 후에 격납시킬 것
· 건조설비(바깥면이 현저히 고온이 되는 설비만 해당한다)에 가까운 장소에는 인화성 액체를 두지 않도록 할 것

79

다음 중 인화성 액체의 취급 시 주의사항으로 옳지 않은 것은?

① 소포성의 인화성 액체의 화재 시에는 내알코올포를 사용한다.
② 소화작업 시에는 공기호흡기 등 적합한 보호구를 착용하여야 한다.
③ 일반적으로 비중이 물보다 무거워서 물 아래로 가라앉으므로, 주수소화를 이용하면 효과적이다.
④ 화기, 충격, 마찰 등의 열원을 피하고, 밀폐용기를 사용하며, 사용상 불가능한 경우 환기장치를 이용한다.

해설

인화성 액체의 화재 시 주수소화하면 화재 면적을 확대시키는 결과를 가져오므로, 공기의 공급을 차단시켜 질식소화를 한다.

80

공정안전보고서 중 공정안전자료에 포함하여야 할 세부 내용에 해당하는 것은?

① 비상조치계획에 따른 교육계획
② 안전운전지침서
③ 각종 건물·설비의 배치도
④ 도급업체 안전관리계획

해설

공정안전자료(시행규칙 제50조)
· 취급·저장하고 있거나 취급·저장하려는 유해·위험물질의 종류 및 수량
· 유해·위험물질에 대한 물질안전보건자료
· 유해하거나 위험한 설비의 목록 및 사양
· 유해하거나 위험한 설비의 운전방법을 알 수 있는 공정도면
· 각종 건물·설비의 배치도
· 폭발 위험 장소 구분도 및 전기단선도
· 위험설비의 안전설계·제작 및 설치 관련 지침서

81

지반조사의 방법 중 지반을 강관으로 천공하고 토사를 채취 후 여러 가지 시험을 시행하여 지반의 토질 분포, 흙의 층상과 구성 등을 알 수 있는 것은?

① 보링
② 표준관입시험
③ 베인테스트
④ 평판재하시험

해설

지반조사의 방법 중 보링(boring)은 지중을 천공하여 그 안의 토사를 채취하여 관찰할 수 있는 토질조사의 가장 중요한 방법으로, 지중 토질의 분포, 흙의 층상 및 구성을 알 수 있으며 주상도를 그릴 수 있다.

82

흙막이 지보공을 설치하였을 때 정기적으로 점검하고 이상을 발견하면 즉시 보수하여야 하는 사항이 아닌 것은?

① 부재의 손상, 변형, 부식, 변위 및 탈락의 유무와 상태
② 부재의 접속부, 부착부 및 교차부의 상태
③ 침하의 정도
④ 발판의 지지 상태

해설

붕괴 등의 위험 방지(산업안전보건기준에 관한 규칙 제347조)
사업주는 흙막이 지보공을 설치하였을 때는 정기적으로 다음의 사항을 점검하고 이상을 발견하면 즉시 보수하여야 한다.
• 부재의 손상 · 변형 · 부식 · 변위 및 탈락의 유무와 상태
• 버팀대의 긴압(緊壓)의 정도
• 부재의 접속부, 부착 및 교차부의 상태
• 침하의 정도

83

콘크리트 타설 시 안전에 유의해야 할 사항으로 옳지 않은 것은?

① 타설 순서는 계획에 의하여 실시한다.
② 콘크리트 다짐효과를 위하여 최대한 높은 곳에서 타설한다.
③ 콘크리트를 치는 도중에는 거푸집, 지보공 등의 이상 유무를 확인하여야 한다.
④ 타설 시 비어 있는 공간이 발생되지 않도록 밀실하게 부어 넣는다.

해설

콘크리트 타설 시 높은 위치에서 콘크리트를 직접 낙하시키면 재료의 분리, 공기의 혼입, 다지기 불충분 등 불량 콘크리트의 원인이 되기 쉬우므로 연직 슈트 또는 펌프 배출구를 낮추어 낙하거리를 가능한 한 짧게 한다.

84

다음 공사 규모를 가진 사업장 중 유해위험방지계획서를 제출해야 할 대상 사업장은?

① 최대 지간 길이가 40m인 교량 건설공사
② 연면적 4,000㎡인 종합병원 공사
③ 연면적 3,000㎡인 종교시설 공사
④ 연면적 6,000㎡인 지하도 상가 공사

해설

① 최대 지간 길이가 50m인 교량 건설공사
② 연면적 5,000㎡인 종합병원 공사
③ 연면적 5,000㎡인 종교시설 공사
※ 시행령 제42조

85

철골조립 공사 중에 볼트작업을 하기 위해 주체인 철골에 매달아서 작업 발판으로 이용하는 비계는?

① 달비계
② 말비계
③ 달대비계
④ 선반비계

해설

달대비계

철공공사의 리벳치기, 볼트작업 시에 이용되는 비계이다. 주체인 철골에 매달아서 작업 발판을 만들고, 상하 이동을 시킬 수 없다.

• 달대비계를 조립하여 사용하는 경우 하중에 충분히 견딜 수 있도록 조치하여야 한다.
• 달대비계를 매다는 철선은 #8 소성철선을 사용하며 4가닥 정도로 꼬아서 하중에 대한 안전계수를 8 이상으로 확보하여야 한다.
• 철근에 사용할 때는 19mm 이상을 쓴다.

86

건설용 양중기에 관한 설명으로 옳은 것은?

① 삼각데릭은 인접시설에 장해가 없는 상태에서 360° 회전이 가능하다.
② 이동식 크레인에는 트럭크레인, 크롤러크레인 등이 있다.
③ 휠크레인에는 무한궤도식과 타이어식이 있으며 장거리 이동에 적당하다.
④ 크롤러크레인은 휠크레인보다 기동성이 뛰어나다.

해설

① 삼각데릭은 270°까지, 가이데릭은 360° 회전 가능하다.
③ 휠크레인은 타이어식이며, 장거리 이동이 가능하다.
④ 휠크레인은 크롤러크레인보다 기동성이 뛰어나다.

87

콘크리트 타설 시 거푸집의 측압에 영향을 미치는 인자들에 대한 설명으로 옳지 않은 것은?

① 슬럼프가 클수록 측압이 크다.
② 거푸집의 강성이 클수록 측압이 크다.
③ 철근량이 많을수록 측압이 작다.
④ 타설속도가 느릴수록 측압이 크다.

해설

콘크리트 타설 시 타설속도가 빠르면 측압이 크다.

88

다음 중 해체작업용 기계·기구가 아닌 것은?

① 압쇄기
② 핸드 브레이커
③ 철제 해머
④ 진동롤러

해설

진동롤러는 다짐용 기계·기구이다.

89

물체의 낙하·충격, 물체에의 끼임, 감전 또는 정전기의 대전에 의한 위험이 있는 작업 시 공통으로 근로자가 착용하여야 하는 보호구는?

① 방열복
② 안전대
③ 안전화
④ 보안경

90

가설 통로의 설치 기준으로 옳지 않은 것은?

① 추락할 위험이 있는 장소에는 안전난간을 설치할 것
② 경사가 10°를 초과하는 경우에는 미끄러지지 않는 구조로 할 것
③ 경사는 30° 이하로 할 것
④ 건설공사에 사용하는 높이 8m 이상인 비계다리에는 7m 이내마다 계단참을 설치할 것

91

산업안전보건기준에 관한 규칙에 따른 토사 굴착 시 굴착면의 기울기 기준으로 옳은 것은?

① 모래 - 1 : 1.2
② 풍화암 - 1 : 1.0
③ 연암 - 1 : 0.5
④ 경암 - 1 : 1.2

92

다음은 산업안전보건법령에 따른 작업장에서의 투하설비 등에 관한 사항이다. ( ) 안에 들어갈 내용으로 옳은 것은?

> 사업주는 높이가 ( )m 이상인 장소로부터 물체를 투하하는 경우 적당한 투하설비를 설치하거나 감시인을 배치하는 등 위험을 방지하기 위하여 필요한 조치를 하여야 한다.

① 2
② 3
③ 5
④ 10

93

비계의 부재 중 기둥과 기둥을 연결시키는 부재가 아닌 것은?

① 띠장
② 장선
③ 가새
④ 작업 발판

해설

작업 발판은 작업자가 안전하게 작업할 수 있도록 하는 부품으로, 비계의 가로 바와 수평으로 연결되어 있다.

94

와이어로프를 사용하여 달비계를 설치할 때 사용 가능한 와이어로프의 조건은?

① 지름의 감소가 공칭 지름의 8%인 것
② 이음매가 없는 것
③ 심하게 변형되거나 부식된 것
④ 와이어로프의 한 꼬임에서 끊어진 소선의 수가 10% 인 것

해설

달비계에 사용 불가한 와이어로프(산업안전보건기준에 관한 규칙 제63조)

• 이음매가 있는 것
• 와이어로프의 한 꼬임[스트랜드(strand)를 말한다]에서 끊어진 소선(素線)[필러(pillar)선은 제외한다]의 수가 10% 이상(비자전로프의 경우에는 끊어진 소선의 수가 와이어로프 호칭 지름의 6배 길이 이내에서 4개 이상이거나 호칭 지름 30배 길이 이내에서 8개 이상)인 것
• 지름의 감소가 공칭 지름의 7%를 초과하는 것
• 꼬인 것
• 심하게 변형되거나 부식된 것
• 열과 전기 충격에 의해 손상된 것

95

낙하물방지망 설치 기준으로 옳지 않은 것은?

① 높이 10m 이내마다 설치한다.
② 내민 길이는 벽면으로부터 3m 이상으로 한다.
③ 수평면과의 각도는 20° 이상 30° 이하를 유지한다.
④ 방호선반의 설치 기준과 동일하다.

해설

낙하물에 의한 위험의 방지(산업안전보건기준에 관한 규칙 제14조)

낙하물방지망 또는 방호선반을 설치하는 경우에는 다음의 사항을 준수하여야 한다.

• 높이 10m 이내마다 설치하고, 내민 길이는 벽면으로부터 2m 이상으로 할 것
• 수평면과의 각도는 20° 이상 30° 이하를 유지할 것

96

화물을 적재하는 경우 준수하여야 할 사항으로 옳지 않은 것은?

① 침하 우려가 없는 튼튼한 기반 위에 적재할 것
② 화물의 압력 정도와 관계없이 건물의 벽이나 칸막이 등을 이용하여 화물을 기대어 적재할 것
③ 하중이 한쪽으로 치우치지 않도록 쌓을 것
④ 불안정할 정도로 높이 쌓아 올리지 말 것

해설

건물의 칸막이나 벽 등이 화물의 압력에 견딜 만큼의 강도를 지니지 아니한 경우에는 칸막이나 벽에 기대어 적재하지 않도록 한다(산업안전보건기준에 관한 규칙 제393조).

97

철근콘크리트 공사 시 활용되는 거푸집의 필요조건이 아닌 것은?

① 콘크리트의 하중에 대해 뒤틀림이 없는 강도를 갖출 것
② 콘크리트 내 수분 등에 대한 물 빠짐이 원활한 구조를 갖출 것
③ 최소한의 재료로 여러 번 사용할 수 있는 전용성을 가질 것
④ 거푸집은 조립·해체·운반이 용이하도록 할 것

해설

철근콘크리트 공사에 활용되는 거푸집은 콘크리트 내 수분 등에 대한 물 빠짐이 없는 구조를 갖추어야 한다.

99

철골작업을 중지해야 하는 풍속과 강우량 기준으로 옳은 것은?

① 풍속 : 10m/s 이상, 강우량 : 1mm/h 이상
② 풍속 : 5m/s 이상, 강우량 : 2mm/h 이상
③ 풍속 : 10m/s 이상, 강우량 : 2mm/h 이상
④ 풍속 : 5m/s 이상, 강우량 : 1mm/h 이상

해설

철골작업을 중지하여야 하는 기준(산업안전보건기준에 관한 규칙 제383조)
• 풍속이 초당 10m 이상인 경우
• 강우량이 시간당 1mm 이상인 경우
• 강설량이 시간당 1cm 이상인 경우

98

철근의 인력 운반방법에 관한 설명으로 옳지 않은 것은?

① 긴 철근은 두 사람이 한 조가 되어 어깨메기로 하여 운반한다.
② 양 끝은 묶어서 운반한다.
③ 1회 운반 시 1인당 무게는 50kg 정도로 한다.
④ 공동작업 시 신호에 따라 작업한다.

해설

철근 운반 시 1인당 무게는 25kg 이하로 제한하여 무리한 운반을 피하여야 한다(콘크리트공사 표준안전지침 제12조).

100

차량계 건설기계의 운전자가 운전 위치를 이탈하는 경우 준수해야 할 사항으로 옳지 않은 것은?

① 버킷은 지상에서 1m 정도의 위치에 둔다.
② 브레이크를 걸어 둔다.
③ 디퍼는 지면에 내려 둔다.
④ 원동기를 정지시킨다.

해설

차량계 하역운반기계 등 차량계 건설기계의 운전자가 운전 위치를 이탈하는 경우 포크, 버킷, 디퍼 등의 장치를 가장 낮은 위치 또는 지면에 내려 두어야 한다(산업안전보건기준에 관한 규칙 제99조).

제1과목 | 산업안전관리론

01

재해 예방의 4원칙 중 대책 선정의 원칙에서 관리적 대책에 해당하지 않는 것은?

① 안전교육 및 훈련
② 동기부여와 사기 향상
③ 각종 규정 및 수칙의 준수
④ 경영자 및 관리자의 솔선수범

해설

①은 대책 선정의 원칙 중 교육적 대책에 해당한다.

02

안전조직 중에서 라인 · 스태프(line-staff) 조직의 특징으로 옳지 않은 것은?

① 라인형과 스태프형의 장점을 취한 절충식 조직 형태이다.
② 중규모 사업장(100명 이상~500명 미만)에 적합하다.
③ 라인의 관리감독자에게도 안전에 관한 책임과 권한이 부여된다.
④ 안전활동과 생산업무가 분리될 가능성이 낮기 때문에 균형을 유지할 수 있다.

해설

중규모 사업장(100명 이상~500명 미만)에 적합한 조직은 스태프형 조직(참모조직)이고, 1,000명 이상의 대규모 기업에 적합한 조직은 라인 · 스태프형 조직(직계-참모조직)이다.

03

추락 및 감전 위험방지용 안전모의 난연성 시험성능 기준 중 모체가 불꽃을 내며 최소 몇 초 이상 연소되지 않아야 하는가?

① 3
② 5
③ 7
④ 10

해설

추락 및 감전 위험방지용 안전모의 시험성능 기준 중 난연성 모체가 불꽃을 내며 5초 이상 연소되지 않아야 한다(보호구 안전인증 고시 별표 1).

04

연간 총근로시간 중에 발생하는 근로손실일수를 1,000시간당 발생하는 근로손실일수로 나타내는 식은?

① 강도율
② 도수율
③ 연천인율
④ 종합재해지수

해설

① 강도율(SR) : (총근로손실일수 / 연근로시간 수) × 1,000
② 도수율(FR ; Frequency Rate of injury) : 연근로시간 100만 시간당 발생하는 재해건수의 비율
③ 연천인율 : 연평균근로자 1,000명에 대한 재해자 수의 비율
④ 종합재해지수(FSI ; Frequency Severity Indicator) : 재해의 빈도와 상해의 강약도를 종합하여 집계하는 지표

05

산업안전보건법령상 안전인증 절연장갑에 안전인증 표시 외에 추가로 표시하여야 하는 내용 중 등급별 색상의 연결이 옳은 것은?

① 00등급 : 갈색
② 0등급 : 흰색
③ 1등급 : 노란색
④ 2등급 : 빨간색

절연장갑의 등급별 최대 사용전압과 적용 색상(보호구 안전인증 고시 별표 3)

등급	최대사용전압[V]		색상
	교류(실횟값)	직류	
00	500	750	갈색
0	1,000	1,500	빨간색
1	7,500	11,250	흰색
2	17,000	25,500	노란색
3	26,500	39,750	녹색
4	36,000	54,000	등색

07

무재해운동 추진기법 중 다음에서 설명하는 것은?

> 작업을 오조작 없이 안전하게 하기 위하여 작업공정의 요소에서 자신의 행동을 하고 대상을 가리킨 후 큰 소리로 확인하는 것

① 지적 확인
② TBM
③ 터치 앤드 콜
④ 삼각위험예지훈련

② TBM(Tool Box Meeting) : 현장에서 그때 그 장소의 상황에 즉응하여 실시하는 위험예지활동으로서, 즉시 즉응법이라고도 한다.
③ 터치 앤드 콜 : 피부를 맞대고 같이 소리치는 것으로 전원의 스킨십(skinship)이라고 할 수 있다.
④ 삼각위험예지훈련 : 위험예지훈련을 보다 빠르게, 보다 간편하게 하여 전원 참여로 말하거나 쓰는 것이 미숙한 작업자를 위한 방법이다.

06

다음 중 정기점검에 관한 설명으로 옳은 것은?

① 안전강조기간, 방화점검기간에 실시하는 점검
② 사고 발생 이후 곧바로 외부 전문가에 의해 실시하는 점검
③ 작업자에 의해 매일 작업 전·중·후에 해당 작업설비에 대하여 수시로 실시하는 점검
④ 기계·기구·시설 등에 대하여 주·월·분기 등의 지정된 날짜에 실시하는 점검

① 특별점검
② 임시점검
③ 수시점검(일상점검)

08

위험예지훈련 기초 4라운드(4R)에서 라운드별 내용이 옳게 연결된 것은?

① 1라운드 : 현상 파악
② 2라운드 : 대책 수립
③ 3라운드 : 목표 설정
④ 4라운드 : 본질 추구

② 2라운드 : 본질 추구
③ 3라운드 : 대책 수립
④ 4라운드 : 목표 설정

09

안전모의 종류 중 머리 부위의 감전에 대한 위험을 방지할 수 있는 것은?

① A형　　　　　　　　② B형
③ AC형　　　　　　　④ AE형

해설

안전모의 종류(보호구 안전인증 고시 별표 1)
- AB형 : 물체의 낙하 또는 비래 및 추락에 의한 위험을 방지 또는 경감시키기 위한 것
- AE형 : 물체의 낙하 또는 비래에 의한 위험을 방지 또는 경감하고, 머리 부위 감전에 의한 위험을 방지하기 위한 것(내전압성)
- ABE형 : 물체의 낙하 또는 비래 및 추락에 의한 위험을 방지 또는 경감하고, 머리 부위 감전에 의한 위험을 방지하기 위한 것(내전압성)

10

산업안전보건법령상 안전보건표지의 색채와 사용 예의 연결이 옳지 않은 것은?

① 노란색 – 정지신호, 소화설비 및 그 장소, 유해행위의 금지
② 파란색 – 특정행위의 지시 및 사실의 고지
③ 빨간색 – 화학물질 취급 장소에서의 유해 · 위험 경고
④ 녹색 – 비상구 및 피난소, 사람 또는 차량의 통행 표지

해설

안전보건표지의 색도 기준 및 용도(시행규칙 별표 8)

색채	색도 기준	용도	사용 예
빨간색	7.5R 4/14	금지	정지신호, 소화설비 및 그 장소, 유해행위의 금지
		경고	화학물질 취급 장소에서의 유해 · 위험 경고
노란색	5Y 8.5/12	경고	화학물질 취급 장소에서의 유해 · 위험 경고 이외의 위험 경고, 주의표지 또는 기계 방호물

11

하인리히의 재해코스트 평가방식 중 직접비에 해당하지 않는 것은?

① 산재보상비　　　　② 유족보상비
③ 장례비　　　　　　④ 생산손실

해설

- 직접비 : 산재보상비, 요양보상비, 휴업보상비, 장해보상비, 유족보상비, 장례비
- 간접비 : 인적손실, 임금손실, 물적손실, 생산손실, 특수손실 등

12

적응기제(適應機制, adjustment mechanism)의 종류 중 도피적 기제(행동)에 해당하지 않는 것은?

① 고립　　　　　　　② 퇴행
③ 억압　　　　　　　④ 합리화

해설

합리화는 방어적 적응기제이다.

13

매슬로(Maslow)의 욕구단계이론 중 인간에게 영향을 줄 수 있는 불안, 공포, 재해 등 각종 위험으로부터 해방되고자 하는 욕구는?

① 사회적 욕구　　　　② 존경의 욕구
③ 안전의 욕구　　　　④ 자아실현의 욕구

해설

안전의 욕구에는 안정, 보호, 질서, 불안과 공포로부터의 해방 등과 같은 욕구가 포함된다.

14

주의(attention)의 특성 중 여러 종류의 자극을 받을 때 소수의 특정한 것에만 반응하는 것은?

① 선택성 ② 방향성
③ 단속성 ④ 변동성

해설

주의의 특징

• 선택성 : 여러 종류의 자극을 자각할 때 소수의 특정한 것에 한하여 주의가 집중된다.
• 방향성 : 한곳에 주의를 집중하면 다른 곳의 주의가 약해진다.
• 변동성 : 주의에는 주기적으로 부주의의 리듬이 존재한다.

15

다음 중 교육의 3요소에 해당하지 않는 것은?

① 교육의 주체 ② 교육의 기간
③ 교육의 매개체 ④ 교육의 객체

해설

교육의 3요소

• 교육의 주체 : 강사, 교사, 교육자
• 교육의 객체 : 피교육자, 수강자, 교육생, 학생
• 교육의 매개체 : 교재, 교육자료, 교육내용

16

학습정도(level of learning)의 4단계 요소가 아닌 것은?

① 지각 ② 적용
③ 인지 ④ 정리

해설

학습정도의 4단계

인지 → 지각 → 이해 → 적용

17

경험한 내용이나 학습된 행동을 다시 생각하여 작업에 적용하지 않고 방치함으로써, 경험의 내용이나 인상이 약해지거나 소멸되는 현상은?

① 착각 ② 훼손
③ 망각 ④ 단절

18

다음 중 교육훈련의 학습을 극대화시키고, 개인의 능력 개발을 극대화시켜 주는 평가방법이 아닌 것은?

① 관찰법 ② 배제법
③ 자료분석법 ④ 상호평가법

19

일선 관리감독자를 대상으로 작업지도기법, 작업개선기법, 인간관계 관리기법 등을 교육하는 방법은?

① ATT(American Telephone & Telegram Co.)
② MTP(Management Training Program)
③ CCS(Civil Communication Section)
④ TWI(Training Within Industry)

해설

① ATT : 대상 계층이 한정되어 있지 않고 한 번 훈련받은 관리자는 그 부하인 감독자에 대해서 지도원이 될 수 있다. 작업의 감독, 인사관계, 고객관계, 종업원의 향상, 공구 및 자료 보고 기록, 개인작업의 개선, 안전, 복무 조정 등의 내용을 교육한다.
② MTP : 주로 관리의 기초, 작업의 개선, 작업의 관리, 부하의 훈련, 인간관계 및 관리의 전개 등으로 구성된 중간 관리층을 대상으로 하는 관리자 훈련방법이다. TWI보다 약간 높은 관리자 훈련프로그램이다.
③ CCS : ATP(Adminstration Training Program)라고도 한다. 톱 매니지먼트 교육에서 보급교육으로 변환된 교육방법으로 교육내용으로는 정책 수립, 조직, 통제, 운영 등이 있다.

20

다음 중 산업안전보건법령상 안전관리자의 업무가 아닌 것은?(단, 그 밖에 안전에 관한 사항으로서 고용노동부장관이 정하는 사항은 제외한다)

① 사업장 순회점검·지도 및 조치의 건의
② 해당 사업장 안전교육계획의 수립 및 안전교육 실시에 관한 보좌 및 조언·지도
③ 산업재해 발생의 원인조사·분석 및 재발 방지를 위한 기술적 보좌 및 조언·지도
④ 해당 작업의 작업장 정리·정돈 및 통로 확보에 대한 확인·감독

해설

안전관리자의 업무 등(시행령 제18조)
• 산업안전보건위원회 또는 안전 및 보건에 관한 노사협의체에서 심의·의결한 업무와 해당 사업장의 안전보건관리규정 및 취업규칙에서 정한 업무
• 위험성 평가에 관한 보좌 및 지도·조언
• 안전인증 대상 기계 등과 자율안전확인 대상 기계 등 구입 시 적격품의 선정에 관한 보좌 및 지도·조언
• 해당 사업장 안전교육계획의 수립 및 안전교육 실시에 관한 보좌 및 지도·조언
• 사업장 순회점검, 지도 및 조치 건의
• 산업재해 발생의 원인조사·분석 및 재발 방지를 위한 기술적 보좌 및 지도·조언
• 산업재해에 관한 통계의 유지·관리·분석을 위한 보좌 및 지도·조언
• 법 또는 법에 따른 명령으로 정한 안전에 관한 사항의 이행에 관한 보좌 및 지도·조언
• 업무수행 내용의 기록·유지
• 그 밖에 안전에 관한 사항으로서 고용노동부장관이 정하는 사항

21

자극과 반응의 실험에서 자극 A가 나타날 경우 1로 반응하고, 자극 B가 나타날 경우 2로 반응하는 것으로 할 때, 100회 반복하여 다음과 같은 결과를 얻었다. 제대로 전달된 정보량은 얼마인가?

반응 자극	1	2
A	50	–
B	10	40

① 0.001
② 0.610
③ 0.971
④ 1.361

해설

$$정보량 = 자극\ 정보량 - 반응\ 정보량$$
$$= H(A) + H(B) - H(A,\ B)$$
$$= \left(0.5\log_2\frac{1}{0.5} + 0.5\log_2\frac{1}{0.5}\right) + \left(0.6\log_2\frac{1}{0.6} + 0.4\log_2\frac{1}{0.4}\right)$$
$$- \left(0.5\log_2\frac{1}{0.5} + 0.1\log_2\frac{1}{0.1} + 0.4\log_2\frac{1}{0.4}\right)$$
$$= 1.0 + 0.97 - 1.36$$
$$= 0.61$$

22

제어장치와 표시장치에 있어 물리적 형태나 배열을 유사하게 설계하는 것의 양립성(compatibility) 원칙은?

① 시각적 양립성(visual compatibility)
② 양식 양립성(modality compatibility)
③ 공간적 양립성(spatial compatibility)
④ 개념적 양립성(conceptual compatibility)

해설

양립성

자극 또는 반응들 간의 관계가 인간의 기대에 일치되는 정도
- 개념 양립성 : 어떠한 신호가 전달하려는 내용과 연관성이 있어야 하는 것(예 위험신호는 빨간색, 주의신호는 노란색, 안전신호는 파란색으로 표시하는 것)
- 양식 양립성 : 청각적 자극 제시와 이에 대한 음성응답과업에서 갖는 양립성
- 운동 양립성 : 표시 및 조종장치, 체계반응의 운동 방향의 양립성(예 조종장치를 오른쪽으로 돌리면 지침도 오른쪽으로 이동하는 것)
- 공간 양립성 : 표시장치가 조종장치에서 물리적 형태나 공간적인 배치 양립성(예 오른쪽 : 오른손 조절장치, 왼쪽 : 왼손 조절장치)

23

반경 10cm의 조종구(ball control)를 30° 움직였을 때 표시장치가 2cm 이동하였다면, 통제표시비(C/R비)는 약 얼마인가?

① 1.3
② 2.6
③ 5.2
④ 7.8

해설

$$C/R = \frac{(\alpha/360°) \times 2\pi L}{\text{표시장치의 이동거리}}$$

$$= \frac{(30°/360°) \times 2\pi \times 10}{2}$$

$$\simeq 2.6$$

24

다음 중 정량적 표시장치에 관한 설명으로 옳은 것은?

① 연속적으로 변화하는 양을 나타내는 데는 일반적으로 아날로그 표시장치보다 디지털 표시장치가 유리하다.
② 정확한 값을 읽어야 하는 경우 일반적으로 디지털 표시장치보다 아날로그 표시장치가 유리하다.
③ 동침(moving pointer)형 아날로그 표시장치는 바늘의 진행 방향과 증감속도에 대한 인식적인 암시신호를 얻는 것이 불가능한 단점이 있다.
④ 동목(moving scale)형 아날로그 표시장치는 표시장치의 면적을 최소화할 수 있는 장점이 있다.

해설

① 연속적으로 변화하는 양을 나타내는 데는 일반적으로 디지털 표시장치보다 아날로그 표시장치가 유리하다.
② 정확한 값을 읽어야 하는 경우 일반적으로 아날로그 표시장치보다 디지털 표시장치가 유리하다.
③ 동침(moving pointer)형 아날로그 표시장치는 바늘의 진행 방향과 증감 속도에 대한 인식적인 암시신호를 얻는 것이 가능한 장점이 있다.

25

정보 전달용 표시장치에서 청각적 표현이 좋은 경우가 아닌 것은?

① 메시지가 복잡하다.
② 시각장치가 지나치게 많다.
③ 즉각적인 행동이 요구된다.
④ 메시지가 그때의 사건을 다룬다.

해설

메시지가 복잡한 경우는 시각적 표현이 효과적이다.

26

인간 – 기계시스템의 신뢰도를 향상시킬 수 있는 방법으로 가장 적절하지 않은 것은?

① 중복 설계
② 고가의 재료 사용
③ 부품 개선
④ 충분한 여유 용량

해설

인간 – 기계시스템의 신뢰도를 향상시킬 수 있는 설계적 방법으로 중복 설계, 부품 개선, 충분한 여유 용량, 적절한 유지관리, 고가의 재료 사용 등이 있으나 고가의 재료 사용은 다른 방법을 고려하기 전에 고려해야 할 마지막 방법이다.

27

신체 부위의 운동에 대한 설명으로 옳지 않은 것은?

① 굴곡은 부위 간의 각도가 증가하는 신체의 움직임을 의미한다.
② 외전은 신체 중심선으로부터 이동하는 신체의 움직임을 의미한다.
③ 내전은 신체의 외부에서 중심선으로 이동하는 신체의 움직임을 의미한다.
④ 외전은 신체의 움직임을 의미한다.

해설

굴곡은 부위 간의 각도가 감소하는 신체의 움직임을 의미한다.

28

재해원인을 직접원인과 간접원인으로 나눌 때 직접원인에 해당하는 것은?

① 기술적 원인
② 관리적 원인
③ 교육적 원인
④ 물적 원인

해설

재해의 원인

- 직접원인 : 불안전한 행위(인적 요인), 불안전한 상태(물적 요인)
- 간접원인 : 기술적 요인, 교육적 원인, 작업관리상 원인, 신체적(생리적) 원인, 정신적 원인 등

29

인체측정치 중 기능적 인체 치수에 해당하는 것은?

① 표준 자세
② 특정작업에 국한
③ 움직이지 않는 피측정자
④ 각 지체는 독립적으로 움직임

30

옥내 조명에서 최적 반사율의 크기가 작은 것부터 큰 순서대로 나열된 것은?

① 벽 < 천장 < 가구 < 바닥
② 바닥 < 가구 < 천장 < 벽
③ 가구 < 바닥 < 천장 < 벽
④ 바닥 < 가구 < 벽 < 천장

31

작업자가 소음작업환경에 장기간 노출되어 소음성 난청이 발병하였다면 일반적으로 청력손실이 가장 크게 나타나는 주파수는?

① 1,000Hz
② 2,000Hz
③ 4,000Hz
④ 6,000Hz

해설

소음에 의한 청력 저하는 대부분 3,000~6,000Hz의 고주파 음역에서 발생한다. 특히, 4,000Hz에서 가장 크게 나타난다.

32

다음 중 신호의 강도, 진동수에 의한 신호의 상대 식별 등 물리적 자극의 변화 여부를 감지할 수 있는 최소의 자극범위를 의미하는 것은?

① chunking
② stimulus range
③ SDT(Signal Detection Theory)
④ JND(Just Noticeable Difference)

해설

JND(Just Noticeable Difference, 변화 감지역)
실험 대상자들이 변화한 것으로 인지하는 최소 자극의 변화량이다.

33

실효온도(ET)의 결정요소가 아닌 것은?

① 온도
② 습도
③ 대류
④ 복사

34

시스템의 성능 저하가 인원의 부상이나 시스템 전체에 중대한 손해를 입히지 않고 제어가 가능한 상태의 위험강도는?

① 범주 Ⅰ : 파국적
② 범주 Ⅱ : 위기적
③ 범주 Ⅲ : 한계적
④ 범주 Ⅳ : 무시

해설

PHA의 카테고리 분류
• 범주 Ⅰ 파국적 상태(catastrophic)
 - 사망, 시스템 손상
 - 인간의 과오, 환경, 설계의 특성, 서브시스템의 고장 또는 기능 불량이 시스템의 성능을 저하시켜 그 결과 부상 및 시스템의 중대한 손해를 초래하는 상태
• 범주 Ⅱ 중대 상태(위기 상태, critical)
 - 심각한 상해, 시스템 중대 손상
 - 작업자의 부상 및 시스템의 중대한 손해를 초래하거나 작업자의 생존 및 시스템의 유지를 위하여 즉시 수정조치를 필요로 하는 상태
• 범주 Ⅲ 한계적 상태(marginal)
 - 경미한 상해, 시스템 성능 저하
 - 작업자의 부상 및 시스템의 중대한 손해를 초래하지 않고, 대처 또는 제어할 수 있는 상태
• 범주 Ⅳ 무시 가능 상태(negligible)
 - 경미 상해 및 시스템 저하가 없는 상태
 - 시스템의 성능, 기능이나 인적 손실이 전혀 없어 작업자의 생존 및 시스템의 유지가 가능한 상태

35

다음 중 FTA의 용도가 아닌 것은?

① 고장의 원인을 연역적으로 찾을 수 있다.

② 시스템의 전체적인 구조를 그림으로 나타낼 수 있다.

③ 시스템에서 고장이 발생할 수 있는 부분을 쉽게 찾을 수 있다.

④ 구체적인 초기사건에 대하여 상향식(bottom-up) 접근방식으로 재해경로를 분석하는 정량적 기법이다.

해설

FTA는 연역적, 정량적, 하향식(top-down) 접근방식이다.

36

시스템 위험분석기법 중 고장 형태 및 영향 분석(FMEA)에서 고장 등급의 평가요소에 해당하지 않는 것은?

① 고장 발생의 빈도

② 고장 영향의 크기

③ 기능적 고장 영향의 중요도

④ 영향을 미치는 시스템의 범위

해설

FMEA에서 고장 평점을 결정하는 5가지 평가요소
- 기능적 고장 영향의 중요도
- 영향을 미치는 시스템의 범위
- 고장 발생의 빈도
- 고장 방지의 가능성
- 신규 설계의 정도

37

FTA에서 사용하는 다음 사상기호에 대한 설명으로 옳은 것은?

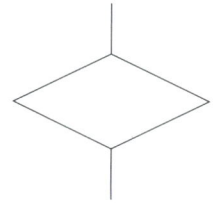

① 시스템 분석에서 좀 더 발전시켜야 하는 사상

② 시스템의 정상적인 가동 상태에서 일어날 것이 기대되는 사상

③ 불충분한 자료로 결론을 내릴 수 없어 더 이상 전개할 수 없는 사상

④ 주어진 시스템의 기본사상으로 고장원인이 분석되었기 때문에 더 이상 분석할 필요가 없는 사상

해설

③ 생략사상
① 결함사상
② 통상사상

38

FT도에 의한 컷셋(cut set)이 다음과 같이 구해졌을 때 최소 컷셋(minimal cut set)으로 맞는 것은?

- $(X_1,\ X_3)$
- $(X_1,\ X_2,\ X_3)$
- $(X_1,\ X_3,\ X_4)$

① $(X_1,\ X_3)$

② $(X_1,\ X_2,\ X_3)$

③ $(X_1,\ X_3,\ X_4)$

④ $(X_1,\ X_2,\ X_3,\ X_4)$

해설

최소 컷셋(minimal cut set)
정상사상을 발생시키는 기본사상의 최소 집합($X_1,\ X_3$)이다.

39

설비의 위험을 예방하기 위한 안전성 평가단계 중 가장 마지막 단계는?

① 재평가
② 정성적 평가
③ 안전대책
④ 정량적 평가

해설

안전성 평가(Safety Assessment)의 기본원칙 6단계
관계자료의 작성 준비 또는 정비 검토 → 정성적 평가 → 정량적 평가 → 안전대책 → 재해 정보에 의한 재평가 → FTA에 의한 재평가

40

산업안전보건법령에 따라 기계·기구 및 설비의 설치·이전 등으로 인해 유해위험방지계획서를 제출하여야 하는 대상에 해당하지 않는 것은?

① 건조설비
② 공기압축기
③ 화학설비
④ 가스집합용접장치

해설

유해위험방지계획서를 제출하여야 하는 기계·기구 및 설비(시행령 제42조)
• 금속이나 그 밖의 광물의 용해로
• 화학설비
• 건조설비
• 가스집합용접장치
• 근로자의 건강에 상당한 장해를 일으킬 우려가 있는 물질로서 고용노동부령으로 정하는 물질의 밀폐·환기·배기를 위한 설비

41

기계운동 형태에 따른 위험점 분류 중 다음에서 설명하는 것은?

> 고정 부분과 회전하는 동작 부분이 함께 만드는 위험점으로 연삭숫돌과 작업 받침대, 교반기의 날개와 하우스, 반복 왕복운동을 하는 기계 부분 등이다.

① 끼임점
② 접선물림점
③ 협착점
④ 절단점

해설

② 접선물림점(회전운동 + 접선부) : 회전하는 부분의 접선 방향으로 물려 들어가는 위험점
③ 협착점(왕복운동 + 고정부) : 왕복운동을 하는 동작 부분과 고정 부분 사이에 형성되는 위험점
④ 절단점(회전운동 자체) : 회전하는 운동 부분이나 운동하는 기계 부분 자체에서 위험이 초래되는 것

42

반복응력을 받게 되는 기계구조 부분의 설계에서 허용응력을 결정하기 위한 기초강도로 가장 적합한 것은?

① 항복점(yield point)
② 극한강도(ultimate strength)
③ 크리프한도(creep limit)
④ 피로한도(fatigue limit)

해설

① 항복점 : 일정 크기의 외력에서 그 이상 힘을 가하지 않아도 변형이 급격히 증대하기 시작하는 점
② 극한강도 : 재료가 감당할 수 있는 최대의 응력
③ 크리프한도 : 특정시간 후에 크리프속도가 되는 응력

43

다음과 같은 작업조건일 경우 와이어로프의 안전율은?

> 작업대에서 사용된 와이어로프 1줄의 파단하중이 100kN,
> 인양하중이 40kN, 로프의 줄 수가 2줄

① 2
② 2.5
③ 4
④ 5

해설

와이어로프의 안전율(S)은 절단하중값을 해당 와이어로프에 걸리는 하중의 최댓값으로 나눈 값이다.

$$안전율(S) = \frac{100 \times 2}{40}$$
$$= 5$$

44

다음 중 드릴작업 시 가장 안전한 행동에 해당하는 것은?

① 장갑을 끼고 옷소매가 긴 작업복을 입고 작업한다.
② 작업 중에 브러시로 칩을 털어낸다.
③ 가공할 구멍의 지름이 클 경우 작은 구멍을 먼저 뚫고 그 위에 큰 구멍을 뚫는다.
④ 드릴을 먼저 회전시킨 상태에서 공작물을 고정한다.

해설

① 드릴작업 시 장갑을 끼거나 옷소매가 긴 작업복을 입고 작업하지 않는다.
② 드릴이 회전하는 중에 칩을 털어내는 것은 위험하다. 작업 후에 브러시로 칩을 털어낸다.
④ 공작물을 먼저 고정한 상태에서 드릴을 회전시킨다.

45

밀링작업 시 절삭가공에 관한 설명으로 옳지 않은 것은?

① 하향 절삭은 커터의 절삭 방향과 이송 방향이 같아 백래시 제거장치가 없으면 곤란하다.
② 상향 절삭은 밀링커터의 날이 가공재를 들어 올리는 방향으로 작용한다.
③ 하향 절삭은 날의 마모가 커서 커터의 수명이 짧다.
④ 상향 절삭은 칩이 날을 방해하지 않고, 절삭열에 의한 치수 정밀도의 변화가 적다.

해설

상향 절삭은 날의 마모가 커서 커터의 수명이 짧다.

46

선반작업 시 주의사항으로 옳지 않은 것은?

① 회전 중에 가공품을 직접 만지지 않는다.
② 공작물의 설치가 끝나면 척에서 렌치류는 곧바로 제거한다.
③ 칩(chip)이 비산할 때는 보안경을 쓰고 방호판을 설치하여 사용한다.
④ 돌리개는 적정 크기의 것을 선택하고, 심압대 스핀들은 가능한 한 길게 나오도록 한다.

해설

선반작업 시 돌리개는 적정 크기의 것을 선택하고, 심압대 스핀들은 가능한 한 짧게 나오도록 한다.

47

산업안전보건법령상 회전 중인 연삭숫돌 지름이 최소 얼마 이상인 경우로서 근로자에게 위험을 미칠 우려가 있는 경우 해당 부위에 덮개를 설치하여야 하는가?

① 3cm 이상
② 5cm 이상
③ 10cm 이상
④ 20cm 이상

해설

회전 중인 연삭숫돌 지름이 최소 5cm 이상인 경우로서 근로자에게 위험을 미칠 우려가 있는 경우 해당 부위에 덮개를 설치하여야 한다 (산업안전보건기준에 관한 규칙 제122조).

48

연삭숫돌의 지름이 20cm이고, 원주속도가 250m/min일 때 연삭숫돌의 회전수는 약 몇 rpm인가?

① 398
② 433
③ 489
④ 552

해설

원주속도 $v = \dfrac{\pi dn}{1,000}$ 에서

회전수 $n = \dfrac{1,000 v}{\pi d} = \dfrac{1,000 \times 250}{3.14 \times 200} \approx 398 \text{rpm}$

49

체인과 스프로킷, 랙과 피니언, 풀리와 V벨트 등에 형성되는 위험점은?

① 끼임점
② 회전말림점
③ 접선물림점
④ 협착점

해설

접선물림점(tangential point)
회전하는 부분의 접선 방향으로 물려 들어가는 위험점으로 체인과 스프로킷, 기어와 랙, 롤러와 평벨트, V벨트와 V풀리 등이 있다.

50

금형의 안전화에 대한 설명으로 옳지 않은 것은?

① 금형의 틈새는 8mm 이상 충분하게 확보한다.
② 금형 사이에 신체 일부가 들어가지 않도록 한다.
③ 충격이 반복되어 부가되는 부분에는 완충장치를 설치한다.
④ 금형 설치용 홈은 설치된 프레스의 홈에 적합한 형상의 것으로 한다.

해설

금형의 안전화와 울(프레스 금형작업의 안전에 관한 지침)
금형의 사이에 작업자의 신체 일부가 들어가지 않도록 다음 부분의 간격이 8mm 이하가 되도록 설치한다.
• 상사점 위치에 있어서 펀치와 다이, 이동 스트리퍼와 다이, 펀치와 스트리퍼 사이 및 고정 스트리퍼와 다이 등의 간격이 8mm 이하이면 울은 불필요하다.
• 상사점 위치에 있어서 고정 스트리퍼와 다이의 간격이 8mm 이하라도 펀치와 고정 스트리퍼 사이가 8mm 이상이면 울을 설치하여야 한다.

51

산업안전보건법령상 롤러기의 무릎 조작식 급정지장치의 설치 위치 기준은?(단, 위치는 급정지장치 조작부의 중심점을 기준으로 한다)

① 밑면에서 0.7~0.8m 이내
② 밑면에서 0.6m 이내
③ 밑면에서 0.8~1.2m 이내
④ 밑면에서 1.5m 이내

해설

조작부의 설치 위치에 따른 급정지장치의 종류(방호장치 자율안전기준 고시 별표 3)

종류	설치 위치	비고
손 조작식	밑면에서 1.8m 이내	위치는 급정지장치의 조작부의 중심점을 기준
복부 조작식	밑면에서 0.8m 이상 1.1m 이내	
무릎 조작식	밑면에서 0.6m 이내	

52

다음 중 산소-아세틸렌 가스용접 시 역화의 원인이 아닌 것은?

① 토치의 과열
② 토치 팁의 이물질
③ 산소 공급의 부족
④ 압력조정기의 고장

해설

산소-아세틸렌 가스용접 시 아세틸렌 공급이 부족하면 역화가 발생한다.

53

보일러에서 압력방출장치가 2개 설치된 경우 최고사용압력이 1MPa일 때 압력방출장치의 설정방법으로 옳은 것은?

① 2개 모두 1.1MPa 이하에서 작동되도록 설정하였다.
② 하나는 1MPa 이하에서 작동되고, 나머지는 1.1MPa 이하에서 작동되도록 설정하였다.
③ 하나는 1MPa 이하에서 작동되고, 나머지는 1.05MPa 이하에서 작동되도록 설정하였다.
④ 2개 모두 1.05MPa 이하에서 작동되도록 설정하였다.

해설

안전밸브 등의 작동요건(산업안전보건기준에 관한 규칙 제264조)
사업주는 설치한 안전밸브 등이 안전밸브 등을 통하여 보호하려는 설비의 최고사용압력 이하에서 작동되도록 하여야 한다. 다만, 안전밸브 등이 2개 이상 설치된 경우에 1개는 최고사용압력의 1.05배(외부 화재를 대비한 경우에는 1.1배) 이하에서 작동되도록 설치할 수 있다.

54

설비보전 방식의 유형 중 궁극적으로는 설비의 설계, 제작단계에서 보전활동이 불필요한 체계를 목표로 하는 것은?

① 개량보전(corrective maintenance)
② 예방보전(preventive maintenance)
③ 사후보전(break-down maintenance)
④ 보전예방(maintenance prevention)

해설

① 개량보전(CM) : 설비의 신뢰성, 보전성, 안정성 등의 향상을 목적으로 하여 현존 설비의 나쁜 곳을 계획적이고, 적극적인 방법으로 체질(재질이나 형상 등) 개선을 하여 열화·고장을 감소시키고, 보전이 불필요한 설비를 목표로 하는 보전방식이다.
② 예방보전(PM) : 설비의 성능을 유지하려면 설비의 열화를 막기 위한 조치가 필요하다. 이는 설비의 열화를 막는 일상보전활동, 열화를 측정하는 정기검사, 열화를 회복하는 보수 및 정비활동 등이 있다.
③ 사후보전(BM) : 고장이 일어난 후의 보전행위로, 수리에 대한 여러 대책을 확립해 둘 필요가 있다. 수리 부품을 준비하거나 수리를 외주하거나 예비기계를 설치하는 활동이다.

55

다음 중 지게차 헤드가드에 관한 설명으로 옳지 않은 것은?

① 상부틀의 각 개구의 폭 또는 길이가 16cm 미만일 것
② 강도는 지게차 최대하중의 등분포정하중에 견딜 것
③ 운전자가 앉아서 조작하거나 서서 조작하는 지게차의 헤드가드는 입식의 경우 1.905m 이상일 것
④ 운전자가 앉아서 조작하거나 서서 조작하는 지게차의 헤드가드는 좌식의 경우 0.903m 이상일 것

해설

강도는 지게차의 최대하중의 2배 값(4ton을 넘는 값에 대해서는 4ton으로 한다)의 등분포정하중(等分布靜荷重)에 견딜 수 있어야 한다(산업안전보건기준에 관한 규칙 제180조).

56

리프트(lift)의 안전장치에 해당하지 않는 것은?

① 권과방지장치　　　② 비상정지장치
③ 과부하방지장치　　④ 조속기

해설

리프트의 안전장치(방호장치)

권과방지장치, 리밋스위치, 비상정지장치, 과부하방지장치, 출입문 연동장치, 낙하방지장치, 완충스프링, 안전고리 등

57

산업안전보건법령에서 규정하는 양중기에 속하지 않는 것은?

① 호이스트　　　② 이동식 크레인
③ 곤돌라　　　　④ 체인블록

해설

양중기의 종류(산업안전보건기준에 관한 규칙 제132조)

크레인(호이스트 포함), 이동식 크레인, 리프트(이삿짐 운반용의 경우 적재하중 0.1ton 이상인 것), 곤돌라, 승강기

58

와이어로프의 꼬임은 일반적으로 특수로프를 제외하고는 보통 꼬임(ordinary lay)과 랭 꼬임(lang's lay)으로 분류할 수 있다. 다음 중 랭 꼬임과 비교하여 보통 꼬임의 특징에 대한 설명으로 옳지 않은 것은?

① 킹크가 잘 생기지 않는다.
② 내마모성, 유연성, 저항성이 우수하다.
③ 로프의 변형이나 하중을 걸었을 때 저항성이 크다.
④ 스트랜드의 꼬임 방향과 로프의 꼬임 방향이 반대이다.

해설

①, ③, ④는 보통 꼬임에 대한 설명이다.

랭 꼬임(lang's lay)

• 스트랜드 꼬임 방향과 로프의 꼬임 방향이 같은 방향이다.
• 내마모성, 유연성, 내피로성이 우수하다.
• 수명이 길다.

59

산업안전보건법령상 고속 회전체의 회전시험을 하는 경우 미리 회전축의 재질 및 형상 등에 상응하는 종류의 비파괴검사를 해서 결함의 유무(有無)를 확인하여야 하는 고속 회전체 대상은?

① 회전축의 중량이 0.5ton을 초과하고, 원주속도가 15m/s 이상인 것
② 회전축의 중량이 1ton을 초과하고, 원주속도가 30m/s 이상인 것
③ 회전축의 중량이 0.5ton을 초과하고, 원주속도가 60m/s 이상인 것
④ 회전축의 중량이 1ton을 초과하고, 원주속도가 120m/s 이상인 것

해설

비파괴검사의 실시(산업안전보건기준에 관한 규칙 제115조)

사업주는 고속 회전체(회전축의 중량이 1ton을 초과하고 원주속도가 120m/s 이상인 것으로 한정한다)의 회전시험을 하는 경우 미리 회전축의 재질 및 형상 등에 상응하는 종류의 비파괴검사를 해서 결함의 유무(有無)를 확인하여야 한다.

60

회전축이나 베어링이 마모 등으로 변형되거나 회전의 불균형에 의하여 발생하는 진동은?

① 단속진동　　　② 정상진동
③ 충격진동　　　④ 우연진동

해설

회전축이나 베어링 등이 마모 등으로 변형되거나 회전의 불균형에 의하여 발생되는 진동을 정상진동이라 한다.

61

피부의 전기저항 연구에 의하면 인체의 피부 중 1~2mm² 정도의 적은 부분은 전기 자극에 의해 신경이 이상적으로 흥분하여 다량의 피부 지방이 분비되기 때문에 그 부분의 전기저항이 1/10 정도로 작아지는 피전점(皮電点)이 존재한다. 이러한 피전점이 존재하는 부분은?

① 머리
② 손등
③ 손바닥
④ 발바닥

해설

피전점은 손등, 턱, 볼, 정강이에 존재한다.

62

사용전압이 154kV인 변압기 설비를 지상에 설치할 때 감전사고 방지대책으로 울타리의 높이와 울타리로부터 충전 부분까지의 거리 합계의 최솟값은?

① 3m
② 5m
③ 6m
④ 8m

해설

특고압용 기계·기구 충전 부분의 지표상 높이(한국전기설비규정 341.4)

사용전압의 구분	울타리의 높이와 울타리로부터 충전 부분까지의 거리의 합계 또는 지표상의 높이
35kV 이하	5m
35kV 초과 160kV 이하	6m
160kV 초과	6m에 160kV를 초과하는 10kV 또는 그 단수마다 0.12m를 더한 값

63

정전작업 시 주의해야 할 사항으로 옳지 않은 것은?

① 감독자를 배치시켜 스위치의 조작을 통제한다.
② 퓨즈가 있는 개폐기의 경우는 퓨즈를 제거한다.
③ 정전작업 전에 작업내용을 충분히 작업원에게 주지시킨다.
④ 단시간에 끝나는 작업일 경우 작업원의 판단에 의해 작업한다.

해설

단시간에 끝나는 작업도 관리감독자에게 보고한 후 작업해야 한다.

64

다음 중 고압활선작업에 필요한 보호구에 해당하지 않는 것은?

① 절연대
② 절연 장갑
③ 절연 장화
④ AE형 안전모

해설

절연용 보호구
절연 안전모, 절연 장갑, 절연 장화 등의 보호장구

65

다음 중 유류화재의 화재 급수는?

① A급
② B급
③ C급
④ D급

해설

화재의 종류
• A급 : 일반화재
• B급 : 유류화재
• C급 : 전기화재
• D급 : 금속화재
• K급 : 주방화재

66

한국전기설비규정에 따라 과전류차단기로 저압전로에 사용하는 범용 퓨즈(gG)의 용단전류는 정격전류의 몇 배인가?(단, 정격전류가 4A 이하인 경우이다)

① 1.5배
② 1.6배
③ 1.9배
④ 2.1배

해설

퓨즈의 용단 특성(한국전기설비규정 212.3.4)

정격전류의 구분	시간	정격전류의 배수	
		불용단전류	용단전류
4A 이하	60분	1.5배	2.1배
4A 초과 16A 미만	60분	1.5배	1.9배
16A 이상 63A 이하	60분	1.25배	1.6배
63A 초과 160A 이하	120분	1.25배	1.6배
160A 초과 400A 이하	180분	1.25배	1.6배
400A 초과	240분	1.25배	1.6배

67

정전기 제전기의 분류방식으로 옳지 않은 것은?

① 고전압인가형
② 자기방전형
③ 연X선형
④ 접지형

해설

제전기의 종류

고전압인가식(형), 방사선식(연X선형, 이온식), 자기방전식(형)

68

정전기 방전의 종류 중 부도체의 표면을 따라서 star check 마크를 가지는 나뭇가지 형태의 발광을 수반하는 것은?

① 기중방전
② 불꽃방전
③ 연면방전
④ 고압방전

해설

③ 연면방전 : 일반적으로 절연체의 표면에서 발생하는 방전현상으로, 공기 중에 놓인 절연체 표면의 전계강도가 큰 경우에 고체 표면을 따라서 진행하는 발광이 동반된 방전

① 기중방전 : 전자와 가스 분자와의 충돌로 생기는 이온운동의 발광현상

② 불꽃방전 : 표면의 전하밀도가 매우 높게 축적되어 분극화된 절연판 표면 또는 도체가 대전되었을 때 접지된 도체 사이에서 발생하는 강한 발광과 파괴음을 수반하는 강렬한 용량성 방전

69

누전에 의한 감전 위험을 방지하기 위하여 감전 방지용 누전차단기의 접속에 관한 일반사항으로 옳지 않은 것은?

① 분기회로마다 누전차단기를 설치한다.
② 동작시간은 0.03초 이내이어야 한다.
③ 전기기계·기구에 설치되어 있는 누전차단기는 정격 감도전류가 30mA 이하이어야 한다.
④ 누전차단기는 배전반 또는 분전반 내에 접속하지 않고 별도로 설치한다.

해설

누전차단기는 배전반 또는 분전반 내에 접속하거나 꽂음접속기형 누전차단기를 콘센트에 접속하는 등 파손이나 감전사고를 방지할 수 있는 장소에 접속해야 한다(산업안전보건기준에 관한 규칙 제304조).

70

다음 중 분진 방폭구조를 나타내는 표시는?

① SDP ② tD
③ XDP ④ DP

① SDP(특수방진 방폭구조) : 전기기기의 케이스를 전폐구조로 하며 접합면에는 일정치 이상의 깊이를 갖는 패킹을 사용하여 분진이 용기 내로 침입하지 못하도록 한 방폭구조
③ XDP(방진특수 방폭구조) : 기타의 방법으로 방진방폭 성능이 확인된 방폭구조
④ DP(보통방진 방폭구조) : 전폐구조로서 틈새면 깊이를 일정치 이상으로 하거나 접합면에 패킹을 사용하여 분진이 용기 내부로 침입하기 어렵게 한 방폭구조

71

다음 중 점화원에 해당하지 않는 것은?

① 기화열 ② 충격 · 마찰
③ 복사열 ④ 고온 물질 표면

기화열은 물이 증발할 때 열을 흡수하거나 방출한 상태로, 액체가 기체로 되면서 흡수하는 열이다.

72

다음은 산업안전보건법령에 따른 위험물질의 종류 중 부식성 염기류에 관한 내용이다. ( ) 안에 알맞은 수치는?

> 농도가 ( )% 이상인 수산화나트륨, 수산화칼륨, 그 밖에 이와 같은 정도 이상의 부식성을 가지는 염기류

① 20 ② 40
③ 60 ④ 80

부식성 염기류(산업안전보건기준에 관한 규칙 별표 1)
농도가 40% 이상인 수산화나트륨, 수산화칼륨, 그 밖에 이와 같은 정도 이상의 부식성을 가지는 염기류

73

25℃, 1기압에서 공기 중 벤젠(C_6H_6)의 허용농도가 10 ppm일 때 이를 mg/m^3의 단위로 환산하면 약 얼마인가? (단, C, H의 원자량은 각각 12, 10이다)

① 28.7 ② 31.9
③ 34.8 ④ 45.9

$$벤젠\ 10ppm = 78 \times \frac{10 \times 1,000 \times 1,000}{22.4 \times 10^6} \times \frac{273}{25 + 273}$$
$$\simeq 31.9 mg/m^3$$

74

다음 중 가연성 가스가 아닌 것으로만 나열된 것은?

① 일산화탄소, 프로판
② 이산화탄소, 프로판
③ 일산화탄소, 산소
④ 산소, 이산화탄소

• 조연성 가스 : 산소, 염소 등
• 불연성 가스 : 이산화탄소, 질소, 아르곤 등
• 가연성 가스 : 수소, 메탄, 에탄, 프로판, 일산화탄소, 천연가스, 암모니아 등

75

다음 중 분진폭발에 관한 설명으로 옳지 않은 것은?

① 가스폭발보다 연소시간이 짧고, 발생에너지가 작다.
② 최초의 부분적인 폭발이 분진의 비산으로 2차, 3차 폭발로 파급되어 피해가 커진다.
③ 가스에 비하여 불완전연소를 일으키기 쉬우므로 연소 후 가스중독 위험이 있다.
④ 폭발 시 입자가 비산하므로 이것에 부딪히는 가연물은 국부적으로 탄화를 일으킬 수 있다.

해설

가스폭발보다 연소시간이 길고, 발생에너지가 크기 때문에 파괴력과 연소 정도가 크다.

76

다음 중 물리적 공정에 해당되는 것은?

① 유화중합   ② 축합중합
③ 산화   ④ 증류

해설

①, ②, ③은 화학적 공정에 해당한다.

77

건조설비를 사용하여 작업하는 경우에 폭발이나 화재를 예방하기 위하여 준수하여야 하는 사항으로 옳지 않은 것은?

① 위험물 건조설비를 사용하는 경우에는 미리 내부를 청소하거나 환기시킬 것
② 위험물 건조설비를 사용하여 가열건조하는 건조물은 쉽게 이탈되도록 할 것
③ 고온으로 가열건조한 인화성 액체는 발화의 위험이 없는 온도로 냉각한 후에 격납시킬 것
④ 바깥면이 현저히 고온이 되는 건조설비에 가까운 장소에는 인화성 액체를 두지 않도록 할 것

해설

건조설비의 사용(산업안전보건기준에 관한 규칙 제283조)
사업주는 건조설비를 사용하여 작업을 하는 경우에 폭발이나 화재를 예방하기 위하여 다음의 사항을 준수하여야 한다.
• 위험물 건조설비를 사용하는 경우에는 미리 내부를 청소하거나 환기할 것
• 위험물 건조설비를 사용하는 경우에는 건조로 인하여 발생하는 가스·증기 또는 분진에 의하여 폭발·화재의 위험이 있는 물질을 안전한 장소로 배출시킬 것
• 위험물 건조설비를 사용하여 가열건조하는 건조물은 쉽게 이탈되지 않도록 할 것
• 고온으로 가열건조한 인화성 액체는 발화의 위험이 없는 온도로 냉각한 후에 격납시킬 것
• 건조설비(바깥면이 현저히 고온이 되는 설비만 해당한다)에 가까운 장소에는 인화성 액체를 두지 않도록 할 것

78

다음 중 개방형 스프링식 안전밸브의 장점이 아닌 것은?

① 구조가 비교적 간단하다.
② 증기용에 어큐뮬레이션을 3% 이내로 할 수 있다.
③ 스프링, 밸브봉 등이 외기의 영향을 받지 않는다.
④ 밸브시트와 밸브스템 사이에서 누설을 확인하기 쉽다.

해설

스프링, 밸브봉 등은 외기의 영향을 받는다.

79

위험물안전관리법령상 칼륨에 의한 화재에 적응성이 있는 것은?

① 건조사(마른 모래)
② 포소화기
③ 이산화탄소 소화기
④ 할로겐화합물 소화기

해설

칼륨에 의한 화재에 적응성이 있는 것은 건조사(마른 모래), 팽창질석 또는 팽창진주암이다.

80

산업안전보건법상 공정안전보고서에 포함되어야 할 사항이 아닌 것은?

① 평균 안전율
② 공전안전자료
③ 비상조치계획
④ 공정위험성 평가서

해설

공정안전보고서에 포함되어야 하는 사항(시행령 제44조)
• 공정안전자료
• 공정위험성 평가서
• 안전운전계획
• 비상조치계획
• 그 밖에 공정상의 안전과 관련하여 고용노동부장관이 필요하다고 인정하여 고시하는 사항

81

연약 지반을 굴착할 때 흙막이벽 뒤쪽 흙의 중량이 바닥의 지지력보다 커지면 굴착 저면에서 흙이 부풀어 오르는 현상은?

① 슬라이딩(sliding)

② 보일링(boiling)

③ 파이핑(piping)

④ 히빙(heaving)

해설

① 슬라이딩(sliding) : 상부에 있는 흙이 미끄러지듯이 파괴되는 현상

② 보일링(boiling) : 사질 지반 굴착 시 굴착부와 지하 수위의 차가 있을 때 수두차에 의하여 삼투압이 생겨 흙막이벽 근입 부분을 침식하는 동시에 모래가 액상화되어 솟아오르는 현상

③ 파이핑(piping) : 보일링현상이 진전되어 물의 통로가 생기면서 파이프 모양으로 구멍이 뚫려 흙이 세굴되면서 지반이 파괴되는 현상

82

흙의 투수계수에 영향을 주는 인자에 관한 설명으로 옳지 않은 것은?

① 포화도 : 포화도가 클수록 투수계수도 크다.

② 공극비 : 공극비가 클수록 투수계수는 작다.

③ 유체의 점성계수 : 점성계수가 클수록 투수계수는 작다.

④ 유체의 밀도 : 유체의 밀도가 클수록 투수계수는 크다.

해설

공극비가 클수록 투수계수는 크다.

83

점성토 지반의 개량공법으로 적합하지 않은 것은?

① 바이브로 플로테이션 공법

② 프리로딩 공법

③ 치환공법

④ 페이퍼 드레인 공법

해설

바이브로 플로테이션 공법은 사질 지반의 개량공법이다.

84

건설공사 유해위험방지계획서 제출 시 공통적으로 제출하여야 할 첨부서류가 아닌 것은?

① 공사개요서

② 전체 공정표

③ 산업안전보건관리비 사용계획서

④ 가설도로계획서

해설

유해위험방지계획서 첨부서류(시행규칙 별표 10)

• 공사개요서

• 공사현장의 주변 현황 및 주변과의 관계를 나타내는 도면(매설물 현황 포함)

• 전체 공정표

• 산업안전보건관리비 사용계획서

• 안전관리조직표

• 재해 발생 위험 시 연락 및 대피방법

85

흙 파기 공사용 기계에 관한 설명으로 옳지 않은 것은?

① 불도저는 일반적으로 거리 60m 이하의 배토작업에 사용된다.
② 클램셸은 좁은 곳의 수직 파기를 할 때 사용한다.
③ 파워셔블은 기계가 위치한 면보다 낮은 곳을 파낼 때 유용하다.
④ 백호는 토질의 구멍 파기나 도랑 파기에 이용된다.

해설

파워셔블은 기계가 위치한 면보다 높은 곳을 파낼 때 유용하다.

86

강풍 시 타워크레인의 설치·수리·점검 또는 해체작업을 중지하여야 하는 순간풍속 기준으로 옳은 것은?

① 순간풍속이 초당 10m를 초과하는 경우
② 순간풍속이 초당 15m를 초과하는 경우
③ 순간풍속이 초당 20m를 초과하는 경우
④ 순간풍속이 초당 30m를 초과하는 경우

해설

순간풍속이 초당 10m를 초과하는 경우 타워크레인의 설치·수리·점검 또는 해체작업을 중지하여야 하며, 순간풍속이 초당 15m를 초과하는 경우에는 타워크레인의 운전작업을 중지하여야 한다(산업안전보건기준에 관한 규칙 제37조).

87

다음 중 360° 회전작업이 불가능한 건설기계는?

① 타워크레인
② 크롤러 크레인
③ 가이데릭
④ 삼각데릭

해설

삼각데릭(stiff leg derrick)
• 회전범위 : 270°
• 작업범위 : 180°

88

거푸집 동바리 등을 조립하거나 해체하는 작업을 하는 경우 준수사항으로 옳지 않은 것은?

① 해당 작업을 하는 구역에는 관계 근로자가 아닌 사람의 출입을 금지할 것
② 비, 눈, 그 밖의 기상 상태의 불안정으로 날씨가 몹시 나쁜 경우에는 그 작업을 중지할 것
③ 낙하·충격에 의한 돌발적 재해를 방지하기 위하여 버팀목을 설치하고, 거푸집 동바리 등을 인양장비에 매단 후에 작업을 하도록 하는 등 필요한 조치를 할 것
④ 재료, 기구 또는 공구 등을 올리거나 내리는 경우에는 근로자로 하여금 달줄·달포대 등의 사용을 금지하도록 할 것

해설

재료, 기구 또는 공구 등을 올리거나 내리는 경우에는 근로자로 하여금 달줄·달포대 등을 사용하도록 해야 한다(산업안전보건기준에 관한 규칙 제333조).

89

근로자가 추락하거나 넘어질 위험이 있는 장소에서 추락방호망의 설치 기준으로 옳지 않은 것은?

① 망의 처짐은 짧은 변 길이의 10% 이상이 되도록 할 것
② 추락방호망은 수평으로 설치할 것
③ 건축물 등의 바깥쪽으로 설치하는 경우 추락방호망의 내민 길이는 벽면으로부터 3m 이상 되도록 할 것
④ 추락방호망의 설치 위치는 가능하면 작업면으로부터 가까운 지점에 설치하여야 하며, 작업면으로부터 망의 설치지점까지의 수직거리는 10m를 초과하지 아니할 것

> **해설**
> 추락방호망은 수평으로 설치하고, 망의 처짐은 짧은 변 길이의 12% 이상이 되도록 한다(산업안전보건기준에 관한 규칙 제42조).

90

이동식 비계를 조립하여 작업을 하는 경우의 준수기준으로 옳지 않은 것은?

① 비계의 최상부에서 작업을 할 때는 안전난간을 설치하여야 한다.
② 작업 발판의 최대적재하중은 400kg을 초과하지 않도록 한다.
③ 승강용 사다리는 견고하게 설치하여야 한다.
④ 작업 발판은 항상 수평을 유지하고 작업 발판 위에서 안전난간을 딛고 작업을 하거나 받침대 또는 사다리를 사용하여 작업하지 않도록 한다.

> **해설**
> 작업 발판의 최대적재하중은 250kg을 초과하지 않도록 한다(산업안전보건기준에 관한 규칙 제68조).

91

토사 붕괴에 따른 재해를 방지하기 위한 흙막이 지보공 설비가 아닌 것은?

① 흙막이판
② 말뚝
③ 턴버클
④ 띠장

> **해설**
> 턴버클은 철골공사에 사용하는 설비로, 지지 막대나 지지 와이어 등을 죄는 데 사용한다.

92

옹벽의 활동에 대한 저항력은 옹벽에 작용하는 수평력보다 최소 몇 배 이상이 되어야 안전한가?

① 0.5
② 1.0
③ 1.5
④ 2.0

93

안전난간의 구조 및 설치요건과 관련하여 발끝막이판은 바닥면으로부터 얼마 이상의 높이를 유지하여야 하는가?

① 10cm 이상
② 15cm 이상
③ 20cm 이상
④ 30cm 이상

> **해설**
> 발끝막이판은 바닥면 등으로부터 10cm 이상의 높이를 유지할 것. 다만, 물체가 떨어지거나 날아올 위험이 없거나 그 위험을 방지할 수 있는 망을 설치하는 등 필요한 예방조치를 한 장소는 제외한다(산업안전보건기준에 관한 규칙 제13조).

94

비계(달비계, 달대비계 및 말비계 제외)의 높이가 2m 이상인 작업 장소에 적합한 작업 발판의 폭은 최소 얼마 이상이어야 하는가?

① 10cm ② 20cm

③ 30cm ④ 40cm

해설

비계(달비계, 달대비계 및 말비계 제외)의 높이가 2m 이상인 작업 장소의 작업 발판의 폭은 40cm 이상으로 하고, 발판재료 간의 틈은 3cm 이하로 해야 한다(산업안전보건기준에 관한 규칙 제56조).

95

층고가 높은 슬래브 거푸집 하부에 적용하는 무지주 공법이 아닌 것은?

① 보우빔(bow beam)

② 철근 일체형 데크플레이트(deck plate)

③ 페코빔(pecco beam)

④ 솔저시스템(soldier system)

96

거푸집 동바리 등을 조립하는 경우의 준수사항으로 옳지 않은 것은?

① 동바리로 사용하는 파이프 서포트는 최소 3개 이상 이어서 사용하도록 할 것

② 동바리의 상하 고정 및 미끄러짐 방지조치를 하고, 하중의 지지 상태를 유지할 것

③ 동바리의 이음은 같은 품질의 재료를 사용할 것

④ 강재의 접속부 및 교차부는 볼트·클램프 등 전용 철물을 사용하여 단단히 연결할 것

해설

동바리 조립 시의 안전조치(산업안전보건기준에 관한 규칙 제332조)

사업주는 동바리를 조립하는 경우에는 하중의 지지 상태를 유지할 수 있도록 다음의 사항을 준수해야 한다.

- 받침목이나 깔판의 사용, 콘크리트 타설, 말뚝박기 등 동바리의 침하를 방지하기 위한 조치를 할 것
- 동바리의 상하 고정 및 미끄러짐 방지조치를 할 것
- 상부·하부의 동바리가 동일 수직선상에 위치하도록 하여 깔판·받침목에 고정시킬 것
- 개구부 상부에 동바리를 설치하는 경우에는 상부하중을 견딜 수 있는 견고한 받침대를 설치할 것
- U헤드 등의 단판이 없는 동바리의 상단에 멍에 등을 올릴 경우에는 해당 상단에 U헤드 등의 단판을 설치하고, 멍에 등이 전도되거나 이탈되지 않도록 고정시킬 것
- 동바리의 이음은 같은 품질의 재료를 사용할 것
- 강재의 접속부 및 교차부는 볼트·클램프 등 전용 철물을 사용하여 단단히 연결할 것
- 거푸집의 형상에 따른 부득이한 경우를 제외하고는 깔판이나 받침목은 2단 이상 끼우지 않도록 할 것
- 깔판이나 받침목을 이어서 사용하는 경우에는 그 깔판·받침목을 단단히 연결할 것

97

철골공사에서 용접작업을 실시함에 있어 전격 예방을 위한 안전조치 중 옳지 않은 것은?

① 전격 방지를 위해 자동전격방지기를 설치한다.
② 우천, 강설 시에는 야외작업을 중단한다.
③ 개로전압이 낮은 교류용접기는 사용하지 않는다.
④ 절연 홀더(holder)를 사용한다.

해설

철골공사 용접작업 시 개로전압이 낮은 교류용접기를 사용해야 한다.

98

철골보 인양작업 시 준수사항으로 옳지 않은 것은?

① 인양용 와이어로프의 체결지점은 수평부재의 1/4 지점을 기준으로 한다.
② 인양용 와이어로프의 매달기각도는 양변 60°를 기준으로 한다.
③ 흔들리거나 선회하지 않도록 유도로프로 유도한다.
④ 훅은 용접의 경우 용접 규격을 반드시 확인한다.

해설

인양용 와이어로프의 체결지점은 수평부재의 1/3 지점을 기준하여야 한다[철골공사(데크플레이트 포함)의 안전작업에 관한 기술지원규정].

99

거푸집 동바리에 작용하는 횡하중이 아닌 것은?

① 콘크리트 측압   ② 풍하중
③ 자중   ④ 지진하중

해설

• 횡하중 : 콘크리트 측압, 풍하중, 지진하중
• 연직 방향 하중 : 거푸집의 자중(중량), 철근콘크리트의 자중, 콘크리트 중량, 적재되는 시공기계 등의 중량, 작업자 중량, 고정하중, 작업하중, 충격하중 등

100

산업안전보건법상 차량계 하역운반기계 등에 단위화물의 무게가 100kg 이상인 화물을 싣는 작업 또는 내리는 작업을 하는 경우에 해당 작업 지휘자가 준수하여야 할 사항으로 옳지 않은 것은?

① 작업 순서 및 그 순서마다의 작업방법을 정하고 작업을 지휘할 것
② 기구와 공구를 점검하고 불량품을 제거할 것
③ 대피방법을 미리 교육할 것
④ 로프 풀기 작업 또는 덮개 벗기기 작업은 적재함의 화물이 떨어질 위험이 없음을 확인한 후에 할 것

해설

싣거나 내리는 작업(산업안전보건기준에 관한 규칙 제177조)
사업주는 차량계 하역운반기계 등에 단위화물의 무게가 100kg 이상인 화물을 싣는 작업(로프 걸이 작업 및 덮개 덮기 작업을 포함한다) 또는 내리는 작업(로프 풀기 작업 또는 덮개 벗기기 작업을 포함한다)을 하는 경우에 해당 작업의 지휘자에게 다음의 사항을 준수하도록 하여야 한다.
• 작업 순서 및 그 순서마다의 작업방법을 정하고 작업을 지휘할 것
• 기구와 공구를 점검하고 불량품을 제거할 것
• 해당 작업을 하는 장소에 관계 근로자가 아닌 사람이 출입하는 것을 금지할 것
• 로프 풀기 작업 또는 덮개 벗기기 작업은 적재함의 화물이 떨어질 위험이 없음을 확인한 후에 하도록 할 것

01

근로자가 작업대 위에서 전기공사 작업 중 감전에 의하여 지면으로 떨어져 다리에 골절상해를 입은 경우의 기인물과 가해물로 옳은 것은?

① 기인물 – 작업대, 가해물 – 지면
② 기인물 – 전기, 가해물 – 지면
③ 기인물 – 지면, 가해물 – 전기
④ 기인물 – 작업대, 가해물 – 전기

해설

재해내용	사고 유형	기인물	가해물
근로자가 작업대 위에서 전기공사 작업 중 감전에 의하여 지면으로 떨어져 다리에 골절상해를 입었다.	추락	전기	지면

02

산업안전보건법상 안전보건관리규정을 작성하여야 할 사업 중에 정보서비스업의 상시 근로자 수는 몇 명 이상인가?

① 50
② 100
③ 300
④ 500

해설

안전보건관리규정을 작성하여야 할 사업 중에 정보서비스업의 상시 근로자 수는 300명 이상이다(시행규칙 별표 2).

03

어느 부서의 직원 6명의 선호관계를 분석한 결과 다음과 같은 소시오그램이 작성되었다. 이 부서의 집단 응집성 지수는 얼마인가?(단, 그림에서 실선은 선호관계, 점선은 거부관계를 나타낸다)

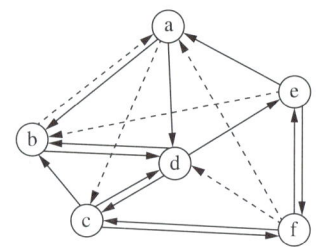

① 0.13
② 0.27
③ 0.33
④ 0.47

해설

$$집단응집성지수 = \frac{\text{실제 상호 선호관계의 수}}{\text{가능한 상호 선호관계의 총수}}$$

$$= \frac{N}{{}_nC_2} = \frac{4}{(5 \times 6)/(2 \times 1)} \simeq 0.27$$

04

인간의 사회적 행동의 기본 형태가 아닌 것은?

① 모방
② 도피
③ 대립
④ 협력

해설

사회적 행동의 기본 형태
협력, 대립, 도피, 융합

05

다음 중 산업재해 통계에 관한 설명으로 옳지 않은 것은?

① 산업재해 통계는 구체적으로 표시되어야 한다.
② 산업재해 통계는 안전활동을 추진하기 위한 기초자료이다.
③ 산업재해 통계만을 기반으로 해당 사업장의 안전 수준을 추측한다.
④ 산업재해 통계의 목적은 기업에서 발생한 산업재해에 대하여 효과적인 대책을 강구하기 위함이다.

해설

산업재해 통계만을 기반으로 해당 사업장의 안전 수준을 추측하면 안 된다. 산업재해 통계는 재해 빈도가 높고, 재해강도가 높은 산업을 도출하고, 단기적인 안전정책을 수립하거나 장기적인 재해예방정책을 수립하는 기초자료를 제공한다. 정부 또는 기관 차원에서 재해 빈도가 높은 순서로 산업들의 안전관리를 우선시하는 경향이 크다.

06

재해의 원인분석법 중 사고의 유형, 기인물 등 분류 항목을 큰 순서대로 도표화하여 문제나 목표의 이해가 편리한 것은?

① 관리도(control chart)
② 파레토도(pareto diagram)
③ 클로즈 분석(close analysis)
④ 특성요인도(cause-reason diagram)

해설

① 관리도(control chart) : 재해 발생건수 등의 추이에 대해 한계선을 설정하여 목표관리를 수행하는 재해통계분석기법이다.
③ 클로즈 분석(close analysis) : 2개 이상의 요인이 상호관계를 유지할 때 문제를 분석하는 데 사용하는 것으로, 데이터를 집계하고 표로 표시하여 요인별 결과 내역을 크로스 그림으로 작성하여 분석한다.
④ 특성요인도(cause-reason diagram) : 어떠한 문제가 발생했을 때 어떤 원인으로 일어나는지 인과관계를 살펴보고, 이를 물고기 뼈의 모양(어골도)으로 도식화해서 문제점을 파악하고 해결책을 모색하는 기법이다.

07

산업안전보건법령상 근로자 안전보건교육 대상과 교육시간으로 옳은 것은?

① 정기교육인 경우 사무직 종사 근로자 : 매 반기 6시간 이상
② 정기교육인 경우 관리감독자 지위에 있는 사람 : 연간 10시간 이상
③ 채용 시 교육인 경우 일용 근로자 : 4시간 이상
④ 작업내용 변경 시 교육인 경우 일용 근로자를 제외한 근로자 : 1시간 이상

해설

② 정기교육인 경우 관리감독자 지위에 있는 사람 : 연간 16시간 이상
③ 채용 시 교육인 경우 일용 근로자 : 1시간 이상
④ 작업내용 변경 시 교육인 경우 일용 근로자 및 근로계약기간이 1주일 이하인 기간제 근로자를 제외한 근로자 : 2시간 이상
※ 시행규칙 별표 4

08

무재해운동의 이념 가운데 직장의 위험요인을 행동하기 전에 예지하여 발견, 파악, 해결하는 것을 의미하는 것은?

① 무의 원칙   ② 선취의 원칙
③ 참가의 원칙   ④ 인간 존중의 원칙

해설

무재해운동의 3원칙

• 무의 원칙(제로의 원칙) : 사람이 죽거나 다쳐서 일을 못 하게 되는 일 및 모든 잠재요소를 제거한다.
• 선취의 원칙(안전제일의 원칙) : 잠재 위험요인을 발굴·제거하여 안전 확보 및 사고를 예방한다.
• 참가의 원칙 : 무재해를 지향하고 안전과 건강을 선취하기 위해 전원 참가한다.

09

보호구에 관한 설명으로 옳은 것은?

① 유해물질이 발생하는 산소결핍지역에서는 반드시 방독마스크를 착용하여야 한다.

② 차광용 보안경의 사용 구분에 따른 종류에는 자외선용, 적외선용, 복합용, 용접용이 있다.

③ 선반작업과 같이 손에 재해가 많이 발생하는 작업장에서는 장갑 착용을 의무화한다.

④ 귀마개는 처음에는 저음만을 차단하는 제품부터 사용하며, 일정 기간이 지난 후 고음까지 모두 차단할 수 있는 제품을 사용한다.

해설

① 산소 및 유해가스농도를 측정한 결과 적정 공기가 유지되고 있지 아니하다고 평가된 경우에는 작업장을 환기시키거나 근로자에게 공기호흡기 또는 송기마스크를 지급하여 착용하도록 하는 등 근로자의 건강장해 예방을 위하여 필요한 조치를 하여야 한다.

③ 공작물 등이 회전하는 선반작업 시 장갑 착용을 금지한다.

④ 귀마개는 저음~고음을 차단하는 제품(1종), 고음을 차단하는 제품(2종)이 있으며, 사업장의 특성에 따라 선정 사용한다.

11

산업안전보건법령상 안전보건표지의 종류에 있어 안전모 착용은 어떤 표지에 해당하는가?

① 경고표지

② 지시표지

③ 안내표지

④ 관계자 외 출입금지

해설

지시표지의 종류(시행규칙 별표 7)

보안경 착용, 방독마스크 착용, 방진마스크 착용, 보안면 착용, 안전모 착용, 귀마개 착용, 안전화 착용, 안전장갑 착용, 안전복 착용

10

보호구 자율안전확인 고시상 사용 구분에 따른 보안경의 종류가 아닌 것은?

① 차광 보안경

② 유리 보안경

③ 플라스틱 보안경

④ 도수 렌즈 보안경

해설

차광 및 비산물 위험방지용 보안경은 안전인증 대상 보호구이다.

12

자신의 약점이나 무능력, 열등감을 위장하여 유리하게 보호함으로써 안정감을 찾으려는 방어적 적응기제는?

① 보상　　　　　　② 고립

③ 퇴행　　　　　　④ 억압

해설

• 방어적 적응기제 : 보상, 합리화, 투사, 승화, 동일시, 치환 등

• 도피적 적응기제 : 고립, 퇴행, 억압, 백일몽

13

데이비스(K. Davis)의 동기부여이론에 관한 등식에서 그 관계가 옳지 않은 것은?

① 지식 × 기능 = 능력
② 상황 × 능력 = 동기유발
③ 능력 × 동기유발 = 인간의 성과
④ 인간의 성과 × 물질의 성과 = 경영의 성과

해설

데이비스(K. Davis)의 동기부여이론에 관한 등식
- 지식(knowledge) × 기능(skill) = 능력(ability)
- 상황(situation) × 태도(attitude) = 동기유발(motivation)
- 능력 × 동기유발 = 인간의 성과(human performance)
- 인간의 성과 × 물질의 성과 = 경영의 성과

14

교육 대상자 수가 많고, 교육 대상자의 학습능력의 차이가 큰 경우 집단안전 교육방법으로 가장 효과적인 방법은?

① 문답식 교육
② 토의식 교육
③ 시청각 교육
④ 상담식 교육

해설

시청각 교육법
교육 대상자 수가 많고, 교육 대상자의 학습능력의 차이가 큰 경우 집단안전 교육방법으로 가장 효과적이다.
- 대규모 수업체제의 구성이 용이하다.
- 교재의 구조화를 기할 수 있고, 교수의 평준화가 가능하다.
- 학습의 다양성과 능률화를 기할 수 있고, 학습자에게 공통 경험을 형성시켜 줄 수 있다.

15

다음 중 안전태도교육의 원칙으로 옳지 않은 것은?

① 청취 위주의 대화를 한다.
② 이해하고 납득한다.
③ 항상 모범을 보인다.
④ 지적과 처벌 위주로 한다.

해설

안전태도교육의 원칙(기본과정)
- 청취한다.
- 이해하고 납득한다.
- 항상 모범을 보여 준다.
- 권장한다.
- 좋은 지도자를 얻도록 힘쓴다.
- 적정 배치한다.
- 평가한다.

16

피로를 측정하는 방법 중 동작 분석, 연속 반응시간 등을 통하여 피로를 측정하는 방법은?

① 생리학적 측정
② 생화학적 측정
③ 심리학적 측정
④ 생역학적 측정

해설

① 생리학적 측정 : 심박수, 혈압, 혈중 젖산농도, 근전도 등을 측정한다.
② 생화학적 측정 : 카페인, 멜라토닌, 도파민 등의 수치를 측정한다.
④ 생역학적 측정 : 자세, 균형, 동작 수행능력 등을 측정한다.

17

다음 중 Off JT(Off the Job Training)의 특징으로 옳은 것은?

① 훈련에만 전념할 수 있다.

② 상호 신뢰 및 이해도가 높아진다.

③ 개개인에게 적절한 지도훈련이 가능하다.

④ 직장의 실정에 맞게 실제적 훈련이 가능하다.

해설

②, ③, ④는 OJT의 특징이다.

18

안전지식교육 실시 4단계 중 지식을 실제의 상황에 맞추어 문제를 해결해 보고, 그 수법을 이해시키는 단계는?

① 도입   ② 제시

③ 적용   ④ 확인

해설

안전지식교육 실시 4단계

• 제1단계 : 도입(준비) – 학습할 준비를 시킨다.
• 제2단계 : 제시(설명) – 작업을 설명한다.
• 제3단계 : 적용(응용) – 작업을 시켜 본다. 실제 상황에 맞춰 문제해결을 시키거나 습득시키는 단계이다.
• 제4단계 : 확인(총괄, 평가) – 교육내용을 정확하게 이해하였는지 테스트한다.

19

교육훈련의 효과를 높이기 위해서는 5관을 최대한 활용하여야 하는데 다음 중 효과가 가장 큰 것은?

① 청각   ② 시각

③ 촉각   ④ 후각

해설

5관 활용교육의 효과(이해도)

• 시각 : 60%
• 청각 : 20%
• 촉각 : 15%
• 미각 : 3%
• 후각 : 2%

20

다음 중 산업안전보건법상 안전검사 대상 유해·위험 기계의 종류가 아닌 것은?

① 곤돌라

② 압력용기

③ 리프트

④ 아크용접기

해설

안전검사 대상 기계 등(시행령 제78조)

안전검사	프레스, 전단기, 크레인(정격 하중 2ton 미만은 제외), 리프트, 압력용기, 곤돌라, 국소 배기장치(이동식 제외), 원심기(산업용만 해당), 롤러기(밀폐형 구조 제외), 사출성형기(형 체결력 294kN 미만은 제외), 고소작업대(화물자동차 또는 특수자동차에 탑재한 고소작업대로 한정), 컨베이어, 산업용 로봇, 혼합기, 파쇄기 또는 분쇄기

※ '혼합기, 파쇄기 또는 분쇄기'는 개정에 따라 2026년 6월 26일부로 추가되어 시행된다.

21

인간공학에 관한 설명으로 옳지 않은 것은?

① 편리성, 쾌적성, 효율성을 높일 수 있다.
② 사고를 방지하고 안전성과 능률성을 높일 수 있다.
③ 인간의 특성과 한계점을 고려해 제품을 설계한다.
④ 생산성을 높이기 위해 인간을 작업 특성에 맞춘다.

해설

인간공학은 생산성을 높이기 위해 작업을 인간 특성에 맞추는 것이다.

22

다음 중 인간 – 기계시스템의 3가지 분류에 대한 설명으로 옳지 않은 것은?

① 자동시스템에서는 인간요소를 고려하여야 한다.
② 자동시스템에서 인간은 감시, 정비 유지, 프로그램 등의 작업을 담당한다.
③ 수동시스템에서 기계는 동력원을 제공하고, 인간의 통제하에서 제품을 생산한다.
④ 기계시스템에서는 동력기계화 체계와 고도로 통합된 부품으로 구성된다.

해설

수동시스템에서는 인간이 동력원을 제공하고, 인간의 통제하에서 제품을 생산한다.

23

인간공학의 연구방법에서 인간 – 기계시스템을 평가하는 척도로서 인간기준이 아닌 것은?

① 사고 빈도
② 인간성능 척도
③ 객관적 반응
④ 생리학적 지표

해설

인간공학에 사용되는 인간 기준(human criteria)의 4가지 기본 유형
사고 빈도, 인간성능 척도, 주관적 반응, 생리학적 지표

24

A작업장에서 1시간 동안에 480BTU의 일을 하는 근로자의 대사량은 900BTU이고, 증발 열손실이 2,250BTU, 복사 및 대류로부터 열이득이 각각 1,900BTU 및 80BTU라 할 때 열 축적은 얼마인가?

① 100
② 150
③ 200
④ 250

해설

신체 열 함량 변화량
$$\Delta S = (M - W) \pm R \pm C - E$$
$$= (900 - 480) + 1,900 + 80 - 2,250 = 150$$
여기서, M : 대사열 발생량
W : 수행한 일
R : 복사열 교환량
C : 대류열 교환량
E : 증발열 발산량

25

페일 세이프(fail safe)의 원리에 해당하지 않는 것은?

① 교대구조
② 다경로하중구조
③ 배타설계구조
④ 하중경감구조

해설

페일 세이프의 원리(구조)
교대구조(대치구조), 다경로하중구조, 이중구조, 하중경감구조

26

다음 중 시스템 신뢰도에 관한 설명으로 옳지 않은 것은?

① 시스템의 성공적 퍼포먼스를 확률로 나타낸 것이다.
② 각 부품이 동일한 신뢰도를 가질 경우 직렬구조의 신뢰도는 병렬구조에 비해 신뢰도가 낮다.
③ 시스템의 병렬구조는 시스템의 어느 한 부품이 고장 나면 시스템이 고장 나는 구조이다.
④ n 중 k구조는 n개의 부품으로 구성된 시스템에서 k개 이상의 부품이 작동하면 시스템이 정상적으로 가동되는 구조이다.

해설

시스템의 직렬구조는 시스템의 어느 한 부품이 고장 나면 형성된 경로가 차단되므로 시스템이 고장 나는 구조이다.

27

인체측정치를 이용한 설계에 관한 설명으로 옳은 것은?

① 평균치를 기준으로 한 설계를 제일 먼저 고려한다.
② 자세와 동작에 따라 고려해야 할 인체 측정 치수가 달라진다.
③ 의자의 깊이와 너비는 작은 사람을 기준으로 설계한다.
④ 큰 사람을 기준으로 한 설계는 인체측정치의 5%tile을 사용한다.

해설

① 인체측정치를 제품 설계에 적용하는 순서는 조절식 설계 → 극단치 설계 → 평균치 설계 순으로, 평균치를 기준으로 한 설계를 제일 나중에 고려한다.
③ 의자의 깊이는 작은 사람을 기준으로, 의자의 너비는 큰 사람을 기준으로 설계한다.
④ 큰 사람을 기준으로 한 설계는 인체측정치의 95%tile을 사용한다.

28

작업 종료 후에도 체내에 쌓인 젖산을 제거하기 위하여 추가로 요구되는 산소량은?

① 산소 피로　　　　② 에너지대사율
③ 산소 빚　　　　　④ 산소 최대 섭취

해설

산소 빚(oxygen debt, 산소 부채)
작업 종료 후에도 체내에 쌓인 젖산을 제거하기 위하여 추가로 요구되는 산소량

29

인간계측자료를 응용하여 제품을 설계하고자 할 때 다음 중 제품과 적용 기준으로 옳지 않은 것은?

① 출입문 – 최대 집단치 설계 기준
② 안내 데스크 – 평균치 설계 기준
③ 선반 높이 – 최대 집단치 설계 기준
④ 공구 – 평균치 설계 기준

해설

선반 높이 – 최소 집단치 설계 기준

30

다음 중 layout의 원칙으로 옳은 것은?

① 운반작업을 수작업화한다.
② 중간중간에 중복 부분을 만든다.
③ 인간이나 기계의 흐름을 라인화한다.
④ 사람이나 물건의 이동거리를 단축하기 위해 기계 배치를 분산화한다.

해설

layout의 원칙
• 기계화(기계활동을 집중화, 운반기계를 유효하게 활용, 인간과 기계의 이동을 효율화)
• 중복 제거(돌거나 되돌아오는 부분 및 중복 제거)
• 인간과 기계의 흐름 라인화
• 집중화(이동거리 단축, 기계 배치의 집중화)

31

1cd의 점광원에서 1m 떨어진 곳에서의 조도가 3lx이었다. 동일한 조건에서 5m 떨어진 곳에서의 조도는 약 몇 lx인가?

① 0.12   ② 0.22
③ 0.36   ④ 0.56

해설

조도는 광도에 비례하고, 거리의 제곱에 반비례한다.

$$조도(lx) = \frac{광도}{거리^2}$$
$$= 3 \times \frac{1^2}{5^2}$$
$$= 0.12lx$$

32

A회사에서는 새로운 기계를 설계하면서 레버를 위로 올리면 압력이 올라가도록 하고, 오른쪽 스위치를 눌렀을 때 오른쪽 전등이 켜지도록 하였다면, 이것은 각각 어떤 유형의 양립성을 고려한 것인가?

① 레버 – 공간 양립성, 스위치 – 개념 양립성
② 레버 – 운동 양립성, 스위치 – 개념 양립성
③ 레버 – 개념 양립성, 스위치 – 운동 양립성
④ 레버 – 운동 양립성, 스위치 – 공간 양립성

해설

새로운 기계를 설계하면서 레버를 위로 올리면 압력이 올라가도록 하고, 오른쪽 스위치를 눌렀을 때 오른쪽 전등이 켜지도록 하였다면, 이것은 각각 레버 – 운동 양립성, 스위치 – 공간 양립성을 고려한 것이다.
• 운동 양립성 : 표시 및 조종장치, 체계반응의 운동 방향의 양립성
• 공간 양립성 : 표시장치가 조종장치에서 물리적 형태나 공간적인 배치 양립성

33

환경요소의 조합에 의해서 부과되는 스트레스나 노출로 인해서 개인에 유발되는 긴장(strain)을 나타내는 환경요소 복합지수가 아닌 것은?

① 카타온도(kata temperature)
② oxford지수(wet-dry index)
③ 실효온도(effective temperature)
④ 열스트레스지수(heat stress index)

해설

환경요소의 조합에 의해서 부과되는 스트레스나 노출로 인해서 개인에 유발되는 긴장(strain)을 나타내는 환경요소 복합지수
oxford지수(wet-dry index), 실효온도(effective temperature), 열스트레스지수(heat stress index)
※ 카타온도(kata temperature) : 체감(體感)을 바탕으로 더우나 추위를 카타온도계로 측정한 온도

34

MIL-STD-882E에서 분류한 심각도(severity) 카테고리 범주에 해당하지 않는 것은?

① 재앙 수준(catastrophic)
② 임계 수준(critical)
③ 경계 수준(precautionary)
④ 무시 가능 수준(negligible)

해설

MIL-STD-882E에서 분류한 심각도(severity) 카테고리 범주
• 범주 I 재앙 수준 또는 파국적 상태(catastrophic) : 부상 및 시스템의 중대한 손해를 초래하는 상태
• 범주 II 임계 수준 또는 중대(위기) 상태(critical) : 작업자의 부상 및 시스템의 중대한 손해를 초래하거나 작업자의 생존 및 시스템의 유지를 위하여 즉시 수정조치가 필요한 상태
• 범주 III 한계적 수준 한계적 상태(marginal) : 작업자의 부상 및 시스템의 중대한 손해를 초래하지 않고, 대처 또는 제어할 수 있는 상태
• 범주 IV 무시 가능 수준 또는 무시 가능 상태(negligible) : 작업자의 생존 및 시스템의 유지가 가능한 상태

35

서브시스템, 구성요소, 기능 등의 잠재적 고장 형태에 따른 시스템의 위험을 파악하는 위험분석기법으로 옳은 것은?

① ETA(Event Tree Analysis)
② HEA(Human Error Analysis)
③ PHA(Preliminary Hazard Analysis)
④ FMEA(Failure Mode and Effect Analysis)

해설

FMEA(Failure Mode & Effects Analysis, 고장의 유형과 영향 분석)
- 서브시스템, 구성요소, 기능 등의 잠재적 고장 형태에 따른 시스템의 위험을 파악하는 위험분석기법이다.
- 정성적·귀납적 평가기법으로 시스템 요소의 고장을 형태별로 분석하는 기법이다.
- 위험도 순위를 부여하여 순위가 높은 것부터 개선한다.
- 예상되는 심각도, 발생도, 검출도 등에 의한 평가 기준을 설정해 두고 개개의 구성요소에 의한 고장 평가를 하고 종합하여 치명도를 산출한다.

36

FT도에서 정상사상 A의 발생 확률은?(단, 사상 B_1의 발생 확률은 0.3이고, B_2의 발생 확률은 0.2이다)

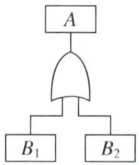

① 0.06
② 0.44
③ 0.56
④ 0.94

해설

$$T = 1 - (1 - B_1)(1 - B_2)$$
$$= 1 - (1 - 0.3)(1 - 0.2)$$
$$= 0.44$$

37

FT도에 사용하는 기호에서 3개의 입력현상 중 임의의 시간에 2개가 발생하면 출력이 생기는 기호는?

① 억제게이트
② 조합 AND게이트
③ 배타적 OR게이트
④ 우선적 AND게이트

해설

① 억제게이트 : 수정기호를 병용해서 게이트 역할을 한다. 입력사상이 수정기호 안의 조건을 만족시킬 때만 출력이 나온다.
③ 배타적 OR게이트 : OR게이트이지만 2개 또는 2개 이상의 입력이 동시에 존재하는 경우에는 출력이 생기지 않는다.
④ 우선적 AND게이트 : 입력현상 중에서 어떤 현상이 다른 현상보다 먼저 일어나 출력현상이 생기는 수정게이트이다.

38

인간오류의 확률을 이용하여 시스템의 위험성을 평가하는 기법은?

① PHA
② THERP
③ OHA
④ HAZOP

해설

② THERP(인간실수율예측기법) : 인간의 과오를 정량적으로 평가하고 분석하는 데 사용하는 기법으로, event tree를 통해 전체 실패 확률을 구한다.
① PHA : 시스템의 최초(설계, 구상) 단계에서 실시하는 정성적 평가법이다.
③ OHA : 시스템 정의 및 시스템 개발 초기단계에서 실행한다(모든 생산단계에서 안전요건을 결정하기 위한 기법).
④ HAZOP : 가동문제를 파악·예측하기 위한 기법이다(장비에 대한 안전성 평가/새로운 기술을 적용한 공정설비의 테스트가 목적이다).

39

다음 중 불(bool) 대수의 정리를 나타낸 관계식으로 옳지 않은 것은?

① $A \cdot 0 = 0$

② $A + 1 = 1$

③ $A \cdot \overline{A} = 1$

④ $A(A + B) = A$

해설

$A \cdot \overline{A} = 0$

40

유해위험방지계획서 제출 대상 공사가 아닌 것은?

① 지상 높이가 31m 이상인 건축물의 건설공사

② 터널건설공사

③ 깊이 10m 이상인 굴착공사

④ 최대 지간 길이가 40m 이상인 교량공사

해설

유해위험방지계획서 제출 대상(시행령 제42조)

대통령령으로 정하는 크기, 높이 등에 해당하는 건설공사란 다음의 어느 하나에 해당하는 공사를 말한다.

• 다음의 어느 하나에 해당하는 건축물 또는 시설 등의 건설·개조 또는 해체공사

  – 지상 높이가 31m 이상인 건축물 또는 인공구조물

  – 연면적 30,000m^2 이상인 건축물

  – 연면적 5,000m^2 이상인 시설로서 다음의 어느 하나에 해당하는 시설

   ⓐ 문화 및 집회시설(전시장 및 동물원·식물원은 제외한다)

   ⓑ 판매시설, 운수시설(고속철도의 역사 및 집배송시설은 제외한다)

   ⓒ 종교시설

   ⓓ 의료시설 중 종합병원

   ⓔ 숙박시설 중 관광숙박시설

   ⓕ 지하도 상가

   ⓖ 냉동·냉장 창고시설

• 연면적 5,000m^2 이상인 냉동·냉장 창고시설의 설비공사 및 단열공사

• 최대 지간 길이(다리의 기둥과 기둥의 중심 사이의 거리)가 50m 이상인 다리의 건설 등 공사

• 터널의 건설 등 공사

• 다목적 댐, 발전용 댐, 저수용량 2천 만ton 이상의 용수 전용 댐 및 지방상수도 전용 댐의 건설 등 공사

• 깊이 10m 이상인 굴착공사

41

왕복운동을 하는 기계의 동작 부분과 고정 부분 사이에 형성되는 위험점으로 프레스, 절단기 등에서 주로 나타나는 것은?

① 끼임점

② 절단점

③ 협착점

④ 접선물림점

해설

① 끼임점 : 기계의 고정 부분과 회전하는 동작 부분이 함께 만드는 위험점(연삭숫돌과 작업대)

② 절단점 : 운동하는 기계와 회전하는 운동 부분의 위험이 형성되는 점(둥근톱의 톱날, 띠톱날)

④ 접선물림점 : 회전하는 부분의 접선 방향으로 물려 들어가는 위험점(벨트와 풀리)

42

단면 6×10cm인 목재가 4,000kg의 압축하중을 받고 있다. 안전율을 5로 하면 실제사용응력은 허용응력의 몇 % 나 되는가?(단, 목재의 압축강도는 500kg/cm^{2}이다)

① 33.3

② 66.7

③ 99.5

④ 250

해설

• 허용응력 $= \dfrac{압축강도}{안전율} = \dfrac{500}{5} = 100\text{kg/cm}^2$

• 실제사용응력 $= \dfrac{압축하중}{단면적} = \dfrac{4,000}{6 \times 10} \simeq 66.7\text{kg/cm}^2$

∴ $\dfrac{실제사용응력}{허용응력} \times 100\% = \dfrac{66.7}{100} \times 100\% = 66.7\%$

43

기계설비의 안전조건에서 구조적 안전화가 아닌 것은?

① 가공결함

② 재료의 결함

③ 설계상의 결함

④ 방호장치의 작동결함

해설

방호장치의 작동결함은 기능적 결함에 해당한다.

• 기능적 안전화 : 전압 강하, 정전 및 단락, 사용압력 변동 등의 오작동 방지

• 구조적 안전화 : 설계·재료·가공상의 결함 방지

44

다음 중 선반작업에서 가늘고 긴 공작물의 처짐이나 휨을 방지하는 부속장치는?

① 방진구

② 심봉

③ 돌리개

④ 면판

해설

방진구

선반작업에서 가공물의 길이가 직경의 12배 이상으로 길 때 절삭저항에 의한 떨림을 방지하기 위한 장치이다.

45

다음 중 일반적으로 기계 절삭에 의하여 발생하는 칩이 가장 가늘고 예리한 것은?

① 밀링

② 세이퍼

③ 드릴

④ 플레이너

46

다음 중 드릴링 작업에서 반복적 위치에서의 작업과 대량 생산 및 정밀도를 요구할 때 사용하는 고정장치로 가장 적합한 것은?

① 바이스(vise)

② 지그(jig)

③ 클램프(clamp)

④ 렌치(wrench)

해설

지그(jig)는 공작물을 고정하고 안내하기 위해 제조 공정에 사용되는 특수장치이다.

47

목재가공용 둥근톱 기계에서 가동식 접촉예방장치에 대한 요건으로 옳지 않은 것은?

① 덮개의 하단이 송급되는 가공재의 상면에 항상 접하는 방식의 것이고, 절단작업을 하고 있지 않을 때는 톱날에 접촉되는 것을 방지할 수 있어야 한다.

② 절단작업 중 가공재의 절단에 필요한 날 이외의 부분을 항상 자동적으로 덮을 수 있는 구조여야 한다.

③ 지지부는 덮개의 위치를 조정할 수 있고 체결볼트에는 이완방지조치를 해야 한다.

④ 톱날이 보이지 않게 완전히 가려진 구조이어야 한다.

해설

가동식 접촉예방장치는 작업에 현저한 지장을 초래하지 않고 톱날을 관찰할 수 있어야 한다(위험기계·기구 자율안전확인 고시 별표 9).

48

프레스기에 사용되는 방호장치 중 방호판을 가지고 있는 것은?

① 수인식 방호장치

② 광전자식 방호장치

③ 손쳐내기식 방호장치

④ 양수 조작식 방호장치

해설

손쳐내기식 방호장치

작업에 사용될 금형의 크기에 따라 방호판의 크기를 선택하여야 한다.

49

프레스 작업 중 작업자의 신체 일부가 위험한 작업점으로 들어가면 자동적으로 정지되는 기능이 있는 안전대책은?

① 풀 프루프(fool proof)

② 페일 세이프(fail safe)

③ 인터로크(interlock)

④ 리밋스위치(limit switch)

해설

풀 프루프(fool proof)

인간이 기계 등의 취급을 잘못해도 그것이 바로 사고나 재해와 연결되는 일이 없도록 설계하는 방법이다.

50

광전자식 방호장치가 설치된 프레스에서 손이 광선을 차단했을 때부터 급정지기구가 작동을 개시할 때까지의 시간은 0.3초, 급정지기구가 작동을 개시했을 때부터 슬라이드가 정지할 때까지의 시간이 0.4초 걸린다고 할 때 최소 안전거리는 약 몇 mm인가?

① 540   ② 760

③ 980   ④ 1,120

해설

최소 안전거리

$$D_m = 1.6\,T_m$$
$$= 1.6(300+400)$$
$$= 1,120\text{mm}$$

51

다음 중 롤러기의 급정지장치 설치방법으로 옳지 않은 것은?

① 손 조작식 급정지장치의 조작부는 밑면에서 1.8m 이내로 설치한다.

② 복부 조작식 급정지장치의 조작부는 밑면에서 0.8m 이상, 1.1m 이내로 설치한다.

③ 무릎 조작식 급정지장치의 조작부는 밑면에서 0.8m 이내에 설치한다.

④ 급정지장치의 위치는 급정지장치의 조작부 중심점을 기준으로 한다.

해설

조작부의 설치 위치에 따른 급정지장치의 종류(방호장치 자율안전기준 고시 별표 3)

종류	설치 위치	비고
손 조작식	밑면에서 1.8m 이내	위치는 급정지장치의 조작부의 중심점을 기준
복부 조작식	밑면에서 0.8m 이상 1.1m 이내	
무릎 조작식	밑면에서 0.6m 이내	

52

아세틸렌 용접장치의 안전 기준과 관련하여 다음 (　) 안에 들어갈 용어로 옳은 것은?

> 사업주는 가스용기가 발생기와 분리되어 있는 아세틸렌 용접장치에 대하여는 발생기와 가스용기 사이에 (　)을(를) 설치하여야 한다.

① 격납실　　　　　② 안전기
③ 안전밸브　　　　④ 소화설비

해설

안전기의 설치(산업안전보건기준에 관한 규칙 제289조)
- 사업주는 아세틸렌 용접장치의 취관마다 안전기를 설치하여야 한다. 다만, 주관 및 취관에 가장 가까운 분기관(分岐管)마다 안전기를 부착한 경우에는 그러하지 아니하다.
- 사업주는 가스용기가 발생기와 분리되어 있는 아세틸렌 용접장치에 대하여 발생기와 가스용기 사이에 안전기를 설치하여야 한다.

53

산업안전보건법령에 따라 덮개 또는 울을 설치하여야 하는 경우나 부위에 해당하지 않는 것은?

① 목재가공용 띠톱기계를 제외한 띠톱기계에서 절단에 필요한 톱날 부위 외의 위험한 톱날 부위
② 선반으로부터 돌출하여 회전하고 있는 가공물이 근로자에게 위험을 미칠 우려가 있는 경우
③ 보일러에서 과열에 의한 압력 상승으로 인해 사용자에게 위험을 미칠 우려가 있는 경우
④ 연삭기 또는 평삭기의 테이블, 형삭기 램 등의 행정 끝이 근로자에게 위험을 미칠 우려가 있는 경우

해설

압력제한스위치(산업안전보건기준에 관한 규칙 제117조)
사업주는 보일러의 과열을 방지하기 위하여 최고사용압력과 상용압력 사이에서 보일러의 버너 연소를 차단할 수 있도록 압력제한스위치를 부착하여 사용하여야 한다.

54

산업용 로봇에 사용되는 안전매트에 요구되는 일반구조 및 표시에 관한 설명으로 옳지 않은 것은?

① 단선경보장치가 부착되어 있어야 한다.
② 감응시간을 조절하는 장치는 부착되어 있지 않아야 한다.
③ 자율안전확인의 표시 외에 작동하중, 감응시간, 복귀신호의 자동 또는 수동 여부, 대소인 공용 여부를 추가로 표시해야 한다.
④ 감응도조절장치가 있는 경우 봉인되어 있지 않아야 한다.

해설

산업용 로봇에 사용되는 안전매트에 감응도조절장치가 있는 경우 봉인되어 있어야 한다(방호장치 안전인증 고시 별표 25).

55

기준 무부하 상태에서 구내 최고속도가 20km/h인 지게차의 주행 시 좌우 안정도 기준은 몇 % 이내인가?

① 4%　　　　　② 20%
③ 37%　　　　　④ 40%

해설

지게차의 좌우 안정도
$$S_{tr} = 15 + 1.1V\%$$
$$= 15 + 1.1 \times 20\%$$
$$= 37\%$$

56

산업안전보건법령에 따른 다음 설명에 해당하는 기계설비는?

> 동력을 사용하여 가이드 레일을 따라 상하로 움직이는 운반구를 매달아 화물을 운반할 수 있는 설비 또는 이와 유사한 구조 및 성능을 가진 것으로 건설현장 외의 장소에서 사용한다.

① 크레인
② 산업용 리프트
③ 곤돌라
④ 이삿짐 운반용 리프트

해설

① 크레인 : 동력을 사용하여 중량물을 매달아 상하 및 좌우(수평 또는 선회를 말한다)로 운반하는 것을 목적으로 하는 기계 또는 기계장치
③ 곤돌라 : 달기 발판 또는 운반구, 승강장치, 그 밖의 장치 및 이들에 부속된 기계 부품에 의하여 구성되고, 와이어로프 또는 달기 강선에 의하여 달기 발판 또는 운반구가 전용 승강장치에 의하여 오르내리는 설비
④ 이삿짐 운반용 리프트 : 연장 및 축소가 가능하고 끝단을 건축물 등에 지지하는 구조의 사다리형 붐에 따라 동력을 사용하여 움직이는 운반구를 매달아 화물을 운반하는 설비로서 화물자동차 등 차량 위에 탑재하여 이삿짐 운반 등에 사용하는 것
※ 산업안전보건 기준에 관한 규칙 제132조

57

어떤 양중기에서 3,000kg의 질량을 가진 물체를 한쪽이 45°로 다음 그림과 같이 2개의 와이어로프로 직접 들어 올릴 때, 안전율이 고려된 가장 적절한 와이어로프 지름을 표에서 구하면 얼마인가?(단, 안전율은 산업안전보건법령을 따르고, 두 와이어로프의 지름은 동일하며, 기준을 만족하는 가장 작은 지름을 선정한다)

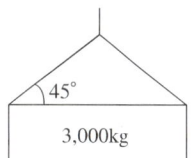

와이어로프 지름[mm]	절단강도[kN]
10	56
12	88
14	110
16	114

① 10mm
② 12mm
③ 14mm
④ 16mm

해설

산업안전보건법령에 의한 안전율은 $S = 5$이며

로프 사이의 각이 θ일 때, $\cos\dfrac{\theta}{2} = \dfrac{w/2}{T}$ 이므로

$T = \dfrac{3,000/2}{\cos 45°} = \dfrac{1,500}{\cos 45°} \simeq 2,121\text{kg} \simeq 20,789\text{N} \simeq 20.8\text{kN}$

$S = \dfrac{\text{절단강도}}{T}$ 이므로

절단강도 $= S \times T = 5 \times 20.8 = 104\text{kN}$이다.

따라서 표에서 와이어로프의 가장 적절한 최소 직경은 14mm이다.

58

양중기에 사용 가능한 와이어로프에 해당하는 것은?

① 와이어로프의 한 꼬임에서 끊어진 소선의 수가 10% 초과한 것
② 심하게 변형 또는 부식된 것
③ 지름의 감소가 공칭 지름의 7% 이내인 것
④ 이음매가 있는 것

해설

달비계에 사용 불가한 와이어로프(산업안전보건기준에 관한 규칙 제63조)

• 이음매가 있는 것
• 와이어로프의 한 꼬임[스트랜드(strand)를 말한다]에서 끊어진 소선(素線)[필러(pillar)선은 제외한다]의 수가 10% 이상(비자전로프의 경우에는 끊어진 소선의 수가 와이어로프 호칭 지름의 6배 길이 이내에서 4개 이상이거나 호칭 지름 30배 길이 이내에서 8개 이상)인 것
• 지름의 감소가 공칭 지름의 7%를 초과하는 것
• 꼬인 것
• 심하게 변형되거나 부식된 것
• 열과 전기 충격에 의해 손상된 것

59

일반적으로 전류가 과대하고, 용접속도가 너무 빠르며, 아크를 짧게 유지하기 어려운 경우 모재 및 용접부의 일부가 녹아서 홈 또는 오목한 부분이 생기는 용접부 결함은?

① 잔류응력　　　　② 융합 불량
③ 기공　　　　　　④ 언더컷

해설

① 잔류응력 : 재료가 변형된 후 중력을 제외한 외력이 모두 제거된 상태에서도 재료에 남아 있는 응력
② 융합(fusion) 불량 : 용접 경계면끼리 서로 충분히 융합되지 않은 상태
③ 기공(porosity) : 용착금속 속에 남아 있는 가스로 인하여 생긴 구멍의 결함

60

연삭숫돌의 파괴원인이 아닌 것은?

① 숫돌작업 시 측면 사용이 원인이 된다.
② 숫돌작업 시 드레싱을 실시했을 때 원인이 된다.
③ 숫돌의 회전속도가 너무 빠를 때 원인이 된다.
④ 숫돌의 회전 중심이 잡히지 않았거나 베어링의 마모에 의한 진동이 원인이 된다.

해설

연삭작업 중 숫돌 파괴의 원인

• 숫돌의 회전속도가 너무 빠를 경우
• 숫돌에 균열이 있을 경우
• 숫돌작업 시 측면이 사용될 경우
• 숫돌에 큰 충격을 가할 경우
• 숫돌 내경의 크기가 적당하지 않을 경우
• 플랜지의 지름이 현저히 작을 경우
• 회전력이 결합력보다 클 경우
• 숫돌의 회전 중심이 잡히지 않았을 경우
• 베어링 마모에 의한 진동

61

인체저항을 5,000Ω으로 가정하면 심실세동을 일으키는 전류에서의 전기에너지는?(단, 심실세동전류는 $\dfrac{165}{\sqrt{T}}$ mA이며 통전시간 T는 1초이고, 전원은 교류정현파이다)

① 33J
② 130J
③ 136J
④ 142J

해설

심실세동을 일으키는 전류에서의 전기에너지

$$W = I^2 RT = \left(\frac{165}{\sqrt{T}} \times 10^{-3}\right)^2 \times 5,000 \times T \simeq 136J$$

62

혼촉방지판이 부착된 변압기를 설치하고, 혼촉방지판을 접지시킨 변압기를 사용하는 주요 이유는?

① 2차 측의 전류를 감소시킬 수 있기 때문에
② 누전전류를 감소시킬 수 있기 때문에
③ 2차 측에 비접지방식을 채택하면 감전 시 위험을 감소시킬 수 있기 때문에
④ 전력의 손실을 감소시킬 수 있기 때문에

해설

• 인체 감전사고 방지책으로 가장 좋은 방법은 계통을 비접지방식(혼촉방지판부 변압기 방식, 절연변압기 방식 등)으로 하는 것이다.
• 2차 측에 비접지방식을 채택하면 감전 시 위험을 감소시킬 수 있으므로 혼촉방지판이 부착된 변압기를 설치하고 혼촉방지판을 접지시킨다.

63

다음 중 전압을 구분한 것으로 옳은 것은?

① 저압이란 교류 600V 이하, 직류는 교류의 $\sqrt{2}$ 배 이하인 전압이다.
② 고압이란 교류 700V 이하, 직류 7,500V 이하의 전압이다.
③ 특고압이란 7kV를 초과하는 전압이다.
④ 고압이란 교류, 직류 모두 7.5kV를 넘지 않는 전압이다.

해설

전압의 종류(한국전기설비규정 111.1)
• 저압 : 교류는 1kV 이하, 직류는 1.5kV 이하인 것
• 고압 : 교류는 1kV, 직류는 1.5kV를 초과하고, 7kV 이하인 것
• 특고압 : 7kV를 초과하는 것

64

방폭전기설비에서 제1종 위험 장소에 해당하는 것은?

① 이상 상태에서 위험분위기를 발생할 염려가 있는 장소
② 보통 장소에서 위험분위기를 발생할 염려가 있는 장소
③ 위험분위기가 보통의 상태에서 계속해서 발생하는 장소
④ 위험분위기가 장기간 또는 거의 조성되지 않는 장소

해설

① 제2종 장소
③ 제0종 장소
④ 비폭발 위험 장소

65

이산화탄소 소화기에 관한 설명으로 옳지 않은 것은?

① 전기화재에 사용할 수 있다.
② 주된 소화작용은 질식작용이다.
③ 소화약제 자체 압력으로 방출이 가능하다.
④ 전기전도성이 높아 사용 시 감전에 유의해야 한다.

해설

이산화탄소 소화기는 전기절연성이 크기 때문에 전기화재에 많이 사용된다.

66

대전된 물체가 방전을 일으킬 때의 에너지 E[J]를 구하는 식으로 옳은 것은?(단, 도체의 정전용량은 C[F], 대전전위는 V[V], 대전전하량은 Q[C]이다)

① $E = \sqrt{2CQ}$

② $E = \dfrac{1}{2}CV$

③ $E = \dfrac{Q^2}{2C}$

④ $E = \sqrt{\dfrac{2V}{C}}$

해설

$Q = CV$

$V = \dfrac{Q}{C}$

$\therefore E = \dfrac{1}{2}CV^2 = \dfrac{1}{2}C\left(\dfrac{Q}{C}\right)^2 = \dfrac{Q^2}{2C}$

67

정전기의 대전현상이 아닌 것은?

① 교반대전   ② 충돌대전
③ 박리대전   ④ 망상대전

해설

정전기의 대전현상

마찰대전, 박리대전, 유동대전, 분출대전, 충돌대전, 교반대전, 파괴대전, 혼합대전, 적하대전, 동결대전, 유도대전 등

68

피뢰기가 반드시 가져야 할 성능이 아닌 것은?

① 방전개시전압이 높을 것
② 뇌전류 방전능력이 클 것
③ 속류 차단을 확실하게 할 수 있을 것
④ 반복 동작이 가능할 것

해설

피뢰기의 성능

• 제한전압 또는 충격방전개시전압이 충분히 낮고 보호능력이 있을 것
• 뇌전류 방전능력이 클 것
• 속류 차단이 확실할 것
• 대류류방전, 속류 차단의 반복 동작에 대해서 장시간 견딜 수 있을 것
• 상용 주파수 방전개시전압은 회로전압보다 충분히 높아서 상용 주파수 방전을 하지 않을 것

69

근로자가 충전전로를 취급하거나 그 인근에서 작업하는 경우 조치하여야 하는 사항으로 옳지 않은 것은?

① 충전전로를 취급하는 근로자에게 그 작업에 적합한 절연용 보호구를 착용시킬 것

② 충전전로를 정전시키는 경우 차단장치나 단로기 등의 잠금장치 확인 없이 빠른 시간 내에 작업을 완료할 것

③ 충전전로에 근접한 장소에서 전기작업을 하는 경우에는 해당 전압에 적합한 절연용 방호구를 설치할 것

④ 고압 및 특별고압의 전로에서 전기작업을 하는 근로자에게 활선작업용 기구 및 장치를 사용하도록 할 것

충전전로를 정전시키는 경우 차단장치나 단로기 등의 잠금장치를 반드시 확인한 후 작업을 실시해야 한다.

70

SO₂ 20ppm은 약 몇 g/m³인가?(단, SO₂의 분자량은 64이고, 온도는 21℃, 압력은 1기압으로 한다)

① 0.571

② 0.531

③ 0.0571

④ 0.0531

0℃, 1기압 조건에서 기체 1mol의 부피는 22.4L이다. 보일-샤를의 법칙을 이용하여 21℃, 1기압 상태로 환산하면

$$SO_2 \; 20ppm = 64 \times \frac{20 \times 1,000}{22.4 \times 10^6} \times \frac{273}{21 + 273} \simeq 0.0531 g/m^3$$

71

전기기기의 불꽃 또는 열로 인해 폭발성 위험분위기에서 점화되지 않도록 콤파운드를 충전해서 보호한 방폭구조는?

① 몰드 방폭구조

② 비점화 방폭구조

③ 안전증 방폭구조

④ 본질안전 방폭구조

② 비점화 방폭구조 : 정상 작동 및 특정 이상 상태하에서 주의의 폭발분위기를 점화시키지 않는 전기기계·기구에 적용하는 방폭구조

③ 안전증 방폭구조 : 정상 운전 중의 내부에서 불꽃이 발생하지 않도록 전기적·기계적·구조적으로 온도 상승에 대한 안전도를 증가시킨 구조

④ 본질안전 방폭구조 : 스파크 등이 점화능력이 없다는 것을 확인하는 구조

72

아세틸렌가스가 다음과 같은 반응식에 의하여 연소할 때 연소열은 약 몇 kcal/mol인가?(단, 다음의 열역학 표를 참조하여 계산한다)

$C_2H_2 + \dfrac{5}{2}O_2 \; \rightarrow \; 2CO_2 + H_2O$	
구분	ΔH[kcal/mol]
C_2H_2	54.194
CO_2	−94.052
$H_2O(g)$	−57.798

① −300.1

② −200.1

③ 200.1

④ 300.1

연소열

$Q = 2 \times (-94.052) + (-57.798) - 54.194 = -300.1kcal/mol$

73

감전되어 사망하는 주된 메커니즘이 아닌 것은?

① 심장부에 전류가 흘러 심실세동이 발생하고 혈액순
환기능이 상실되어 일어난 것

② 흉골에 전류가 흘러 혈압이 약해지고 뇌에 산소 공급
기능이 정지되어 일어난 것

③ 뇌의 호흡중추신경에 전류가 흘러 호흡기능이 정지
되어 일어난 것

④ 흉부에 전류가 흘러 흉부 수축에 의한 질식으로 일어
난 것

해설

감전사고로 인한 전격사의 메커니즘(감전되어 사망하는 주된 메커니즘)
• 심실세동에 의한 혈액순환기능의 상실
• 호흡중추신경 마비에 따른 호흡기능 상실
• 흉부 수축에 의한 질식 : 흉부에 전류가 흘러 흉부 수축에 의한 질식
으로 일어난 것

74

메탄(CH_4) 100mol이 산소 중에서 완전연소하였다면, 이
때 소비된 산소량 몇 mol인가?

① 50   ② 100

③ 150   ④ 200

해설

메탄의 연소방정식 $CH_4 + 2O_2 \rightarrow CO_2 + 2H_2O$에서
$CH_4 : O_2 = 1 : 2$이므로 메탄 100mol이 산소 중에서 완전연소하면 소비
된 산소량은 200mol이다.

75

산업안전보건법령상 관리 대상 유해물질의 운반 및 저장
방법으로 옳지 않은 것은?

① 저장 장소에는 관계 근로자가 아닌 사람의 출입을
금지하는 표시를 한다.

② 저장 장소에서 관리 대상 유해물질의 증기가 실외로
배출되지 않도록 적절한 조치를 한다.

③ 관리 대상 유해물질을 저장할 때 일정한 장소를 지
정하여 저장하여야 한다.

④ 물질이 새거나 발산될 우려가 없는 뚜껑 또는 마개
가 있는 튼튼한 용기를 사용한다.

해설

관리 대상 유해물질의 증기를 실외로 배출시키는 설비를 설치해야 한
다(산업안전보건기준에 관한 규칙 제443조).

76

다음 중 증류탑의 원리가 아닌 것은?

① 끓는점(휘발성) 차이를 이용하여 목적 성분을 분리
한다.

② 열이동은 도모하지만 물질이동은 관계하지 않는다.

③ 기-액 두 상의 접촉이 충분히 일어날 수 있는 접촉
면적이 필요하다.

④ 여러 개의 단을 사용하는 다단탑이 사용될 수 있다.

해설

증류탑에서는 열이동과 물질이동이 모두 일어난다.

77

다음 중 분해폭발하는 가스의 폭발 방지를 위하여 첨가하는 불활성 가스로 가장 적합한 것은?

① 산소
② 질소
③ 수소
④ 프로판

78

산업안전보건법령상 안전밸브 전단, 후단에 자물쇠형 차단밸브를 설치할 수 없는 경우는?

① 화학설비 및 그 부속설비에 안전밸브 등이 복수방식으로 설치되어 있는 경우
② 예비용 설비를 설치하고 각각의 설비에 안전밸브 등이 설치되어 있는 경우
③ 열팽창에 의하여 상승된 압력을 낮추기 위한 목적으로 안전밸브가 설치된 경우
④ 안전밸브 등의 배출용량의 2분의 1 이상에 해당하는 용량의 자동압력조절밸브와 안전밸브가 직렬로 연결된 경우

해설

안전밸브 등의 배출용량의 2분의 1 이상에 해당하는 용량의 자동압력조절밸브와 안전밸브 등이 병렬로 연결된 경우 자물쇠형 또는 이에 준하는 형식의 차단밸브를 설치할 수 있다(산업안전보건기준에 관한 규칙 제266조).

79

할로겐화합물 소화약제의 소화작용과 같이 연소의 연속적인 연쇄반응을 차단·억제 또는 방해하여 연소현상이 일어나지 않도록 하는 소화작용은?

① 부촉매소화작용
② 냉각소화작용
③ 질식소화작용
④ 제거소화작용

해설

억제소화(부촉매효과, 화학소화방법)

연소의 연쇄반응을 차단시켜 소화하는 방법으로, 증발성의 할로겐화합물 소화약제가 소화억제제로 이용된다. 이것은 부(負)촉매로서 작용하여 산화반응을 억제하므로 부촉매소화라고도 한다.

80

다음 중 공정안전보고서의 심사결과 구분에 해당하지 않는 것은?

① 적정
② 부적정
③ 보류
④ 조건부 적정

해설

심사결과 구분(공정안전보고서의 제출·심사·확인 및 이행상태평가 등에 관한 규정 제11조)

• 적정 : 보고서의 심사 기준을 충족한 경우
• 조건부 적정 : 보고서의 심사 기준을 대부분 충족하고 있으나 부분적인 보완이 필요한 경우
• 부적정 : 다음의 어느 하나에 해당하는 경우
  − 심사결과 조건부 적정항목이 10개 이상인 경우
  − 서류 보완을 기간 내에 하지 아니하여 심사가 곤란한 경우
  − 안전보건규칙 제225조부터 제300조까지, 제311조 또는 제422조 중 어느 하나를 준수하지 않은 경우

81

토사 붕괴를 방지하기 위한 대책으로 붕괴방지공법에 해당되지 않는 것은?

① 배토공법
② 압성토공법
③ 집수정공법
④ 공작물의 설치

82

지반의 투수계수에 영향을 주는 인자에 해당하지 않는 것은?

① 토립자의 단위중량
② 유체의 점성계수
③ 토립자의 공극비
④ 유체의 밀도

해설

투수계수에 영향을 주는 인자

• 흙의 영향 : 입경의 크기, 흙 입자의 구조, 공극비
• 물의 영향 : 물의 점성계수, 포화도, 유체의 밀도

83

굴착공사에서 굴착 깊이가 5m, 굴착 저면의 폭이 5m인 경우 양 단면 굴착을 할 때 굴착부 상단면의 폭은?(단, 굴착면의 기울기는 1:1로 한다)

① 10m ② 15m
③ 20m ④ 25m

해설

굴착공사

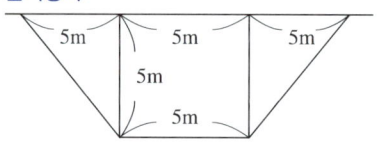

상부 단면의 폭은 15m이다.

84

건설공사 유해위험방지계획서를 제출하는 경우 자격을 갖춘 자의 의견을 들은 후 제출하여야 하는데 이 자격에 해당하지 않는 자는?

① 건설안전기사로서 건설안전 관련 실무경력이 4년인 자
② 건설안전기술사
③ 토목시공기술사
④ 건설안전 분야 산업안전지도사

해설

유해위험방지계획서의 건설안전 분야 자격 등(시행규칙 제43조)

• 건설안전 분야 산업안전지도사
• 건설안전기술사 또는 토목·건축 분야 기술사
• 건설안전산업기사 이상의 자격을 취득한 후 건설안전 관련 실무경력이 건설안전기사 이상의 자격은 5년, 건설안전산업기사 자격은 7년 이상인 사람

85

불도저를 이용한 작업 중 안전조치사항으로 옳지 않은 것은?

① 작업 종료와 동시에 삽날을 지면에서 띄우고 주차 제동장치를 건다.
② 모든 조종간은 엔진 시동 전에 중립 위치에 놓는다.
③ 장비의 승차 및 하차 시 뛰어내리거나 오르지 말고 안전하게 잡고 오르내린다.
④ 야간작업 시 자주 장비에서 내려와 장비 주위를 살피며 점검하여야 한다.

해설

불도저는 작업 종료와 동시에 삽날을 지면에 내리고 주차 제동장치를 건다.

86

옥외에 설치되어 있는 주행크레인에 대하여 이탈방지장치를 작동시키는 등 이탈 방지를 위한 조치를 하여야 하는 순간풍속 기준은?

① 초당 10m 초과
② 초당 20m 초과
③ 초당 30m 초과
④ 초당 40m 초과

해설

폭풍에 의한 이탈 방지(산업안전보건기준에 관한 규칙 제140조)
사업주는 순간풍속이 초당 30m를 초과하는 바람이 불어올 우려가 있는 경우 옥외에 설치되어 있는 주행크레인에 대하여 이탈방지장치를 작동시키는 등 이탈 방지를 위한 조치를 하여야 한다.

87

이동식 사다리를 설치하여 사용하는 경우의 준수 기준으로 옳지 않은 것은?

① 길이가 6m를 초과해서는 안 된다.
② 다리의 벌림은 벽 높이의 1/4 정도가 적당하다.
③ 미끄럼 방지 발판은 인조고무 등으로 마감한 실내용을 사용하여야 한다.
④ 벽면 상부로부터 최소한 90cm 이상의 연장 길이가 있어야 한다.

해설

이동식 사다리 설치 시 벽면 상부로부터 최소한 60cm 이상의 연장 길이가 있어야 한다(가설공사 표준안전작업지침 제20조).

88

철골공사 시 도괴의 위험이 있어 강풍에 대한 안전 여부를 확인해야 할 필요성이 가장 높은 경우는?

① 연면적당 철골량이 일반 건물보다 많은 경우
② 기둥에 H형강을 사용하는 경우
③ 이음부가 공장용접인 경우
④ 단면구조가 현저한 차이가 있으며 높이 20m 이상인 건물

해설

구조 안전의 위험이 큰 다음의 철골구조물은 건립 중 강풍에 의한 풍압 등 외압에 대한 내력이 설계에 고려되었는지 확인하여야 한다(철골공사 표준안전작업지침 제3조).
• 높이 20m 이상의 구조물
• 구조물의 폭과 높이의 비가 1 : 4 이상인 구조물
• 단면구조에 현저한 차이가 있는 구조물
• 연면적당 철골량이 50kg/m² 이하인 구조물
• 기둥이 타이 플레이트(tie plate)형인 구조물
• 이음부가 현장용접인 구조물

89

건설현장에서 작업으로 인하여 물체가 떨어지거나 날아올 위험이 있는 경우에 대한 안전조치에 해당하지 않는 것은?

① 수직보호망 설치
② 방호선반 설치
③ 울타리 설치
④ 낙하물방지망 설치

해설

낙하물에 의한 위험의 방지(산업안전보건기준에 관한 규칙 제14조)
사업주는 작업으로 인하여 물체가 떨어지거나 날아올 위험이 있는 경우 낙하물방지망, 수직보호망 또는 방호선반의 설치, 출입금지구역의 설정, 보호구의 착용 등 위험을 방지하기 위하여 필요한 조치를 하여야 한다.

90

취급운반의 원칙으로 옳지 않은 것은?

① 운반작업을 집중하여 시킬 것
② 곡선 운반을 할 것
③ 생산을 최고로 하는 운반을 생각할 것
④ 연속 운반을 할 것

해설

이동하는 운반은 직선으로 해야 한다.

91

토석 붕괴의 내적 요인으로 옳은 것은?

① 사면의 경사 증가
② 공사에 의한 진동, 하중의 증가
③ 절토 및 성토 높이의 증가
④ 토석의 강도 저하

해설

①, ②, ③은 외적 요인에 해당한다.

92

터널 굴착공사에서 뿜어 붙이기 콘크리트의 효과를 설명한 것으로 옳지 않은 것은?

① 암반의 크랙(crack)을 보강한다.
② 굴착면의 요철을 늘리고 응력집중을 최대한 증대시킨다.
③ rock bolt의 힘을 지반에 분산시켜 전달한다.
④ 굴착면을 덮음으로써 지반의 침식을 방지한다.

해설

터널 굴착공사에서 뿜어 붙이기 콘크리트의 효과를 높이려면, 굴착면의 요철을 줄이고 응력집중을 최대한 감소시킨다.

93

단관비계의 도괴 또는 전도를 방지하기 위하여 사용하는 벽이음의 간격 기준으로 옳은 것은?

① 수직 방향 5m 이하, 수평 방향 5m 이하
② 수직 방향 6m 이하, 수평 방향 6m 이하
③ 수직 방향 7m 이하, 수평 방향 7m 이하
④ 수직 방향 8m 이하, 수평 방향 8m 이하

94

채석작업계획에 포함되어야 하는 사항에 해당되지 않는 것은?

① 굴착면의 높이와 기울기
② 기둥 침하의 유무 및 상태 확인
③ 암석의 분할방법
④ 표토 또는 용수의 처리방법

해설

채석작업계획에 포함되어야 하는 사항(산업안전보건기준에 관한 규칙 별표 4)
- 노천 굴착과 갱내 굴착의 구별 및 채석방법
- 굴착면의 높이와 기울기
- 굴착면 소단의 위치와 넓이
- 갱내에서의 낙반 및 붕괴 방지방법
- 발파방법
- 암석의 분할방법
- 암석의 가공 장소
- 사용하는 굴착기계·분할기계·적재기계 또는 운반기계의 종류 및 성능
- 토석 또는 암석의 적재 및 운반방법과 운반경로
- 표토 또는 용수의 처리방법

95

콘크리트 타설작업을 하는 경우에 준수해야 할 사항으로 옳지 않은 것은?

① 당일의 작업을 시작하기 전에 해당 작업에 관한 거푸집 동바리 등의 변형·변위 및 지반의 침하 유무 등을 점검하고 이상이 있으면 보수할 것
② 작업 중에는 거푸집 동바리 등의 변형·변위 및 침하 유무 등을 감시할 수 있는 감시자를 배치하여 이상이 있으면 작업을 중지하고 근로자를 대피시킬 것
③ 설계도서상의 콘크리트 양생기간을 준수하여 거푸집 동바리 등을 해체할 것
④ 콘크리트를 타설하는 경우에는 편심을 유발하여 한쪽 부분부터 밀실하게 타설되도록 유도할 것

해설

콘크리트를 타설하는 경우에는 편심이 발생하지 않도록 골고루 분산하여 타설해야 한다(산업안전보건기준에 관한 규칙 제334조).

96

거푸집 해체 시 작업자가 이행해야 할 안전수칙으로 옳지 않은 것은?

① 거푸집 해체는 순서에 입각하여 실시한다.
② 상하에서 동시작업을 할 때는 상하의 작업자가 긴밀하게 연락을 취해야 한다.
③ 거푸집 해체가 용이하지 않을 때는 큰 힘을 줄 수 있는 지렛대를 사용해야 한다.
④ 해체된 거푸집, 각목 등을 올리거나 내릴 때는 달줄, 달포대 등을 사용한다.

해설

거푸집 해체 때 구조체에 무리한 충격을 주거나 큰 힘에 의한 지렛대 사용은 금지하여야 한다.

97

그물코의 크기가 10cm인 매듭방망사의 폐기 시 인장강도 기준은?

① 135kg   ② 150kg
③ 200kg   ④ 240kg

해설

방망사의 폐기 시 인장강도(추락재해방지 표준안전작업지침 제5조)

그물코의 크기 (단위 : cm)	방망의 종류(단위 : kg)	
	매듭 없는 방망	매듭방망
10	150	135
5		60

98

철골구조의 앵커볼트 매립과 관련된 사항 중 옳지 않은 것은?

① 기둥 중심은 기준선 및 인접 기둥의 중심에서 3mm 이상 벗어나지 않을 것
② 앵커볼트는 매립 후에 수정하지 않도록 설치할 것
③ 베이스 플레이트의 하단은 기준 높이 및 인접 기둥의 높이에서 3mm 이상 벗어나지 않을 것
④ 앵커볼트는 기둥 중심에서 2mm 이상 벗어나지 않을 것

해설

철골공사에서 기둥의 건립작업 시 앵커볼트를 매립할 때 요구되는 정밀도(철골공사 표준안전작업지침 제5조)

• 기둥 중심은 기준선 및 인접 기둥의 중심으로부터 5mm 이상 벗어나지 않아야 한다.
• 인접 기둥 간에 중심거리는 3mm 이하여야 한다.
• 앵커볼트는 기둥 중심에서 2mm 이상 벗어나지 않을 것
• 베이스 플레이트의 하단은 기준 높이 및 인접 기둥의 높이에서 3mm 이상 벗어나지 않을 것

99

철공공사의 용접, 용단작업에 사용되는 가스의 용기는 최대 몇 ℃ 이하로 보존해야 하는가?

① 25℃   ② 36℃
③ 40℃   ④ 48℃

100

운반작업을 인력운반작업과 기계운반작업으로 분류할 때 기계운반작업으로 실시하기에 부적절한 대상은?

① 단순하고 반복적인 작업
② 표준화되어 있어 지속적이고 운반량이 많은 작업
③ 취급물의 형상, 성질, 크기 등이 다양한 작업
④ 취급물이 중량인 작업

해설

취급물의 형상, 성질, 크기 등이 다양한 작업은 인력운반작업이 적당하다.

제1과목 | 산업재해 예방 및 안전보건교육

01

교육훈련의 효과는 5관을 최대한 활용하여야 하는데, 다음 중 효과가 가장 큰 것은?

① 청각
② 시각
③ 촉각
④ 후각

해설

5관 활용교육의 효과(이해도)

• 시각효과 : 60%
• 청각효과 : 20%
• 촉각효과 : 15%
• 미각효과 : 3%
• 후각효과 : 2%

02

특정과업에서 에너지 소비 수준에 영향을 미치는 인자가 아닌 것은?

① 작업방법
② 작업속도
③ 작업관리
④ 도구

해설

에너지 소비 수준에 영향을 미치는 인자

작업방법, 작업속도, 작업자세, 도구(도구설계)

03

산업안전보건법령상 안전관리자가 수행하여야 할 업무가 아닌 것은?(단, 그 밖에 안전에 관한 사항으로서 고용노동부 장관이 정하는 사항은 제외한다)

① 위험성평가에 관한 보좌 및 지도·조언
② 물질안전보건자료의 게시 또는 비치에 관한 보좌 및 조언·지도
③ 사업장 순회점검, 지도 및 조치 건의
④ 산업재해에 관한 통계의 유지·관리·분석을 위한 보좌 및 지도·조언

해설

안전관리자의 업무 등(시행령 제18조)

• 산업안전보건위원회 또는 안전 및 보건에 관한 노사협의체에서 심의·의결한 업무와 해당 사업장의 안전보건관리규정 및 취업규칙에서 정한 업무
• 위험성평가에 관한 보좌 및 지도·조언
• 안전인증대상기계 등과 자율안전확인대상기계 등 구입 시 적격품의 선정에 관한 보좌 및 지도·조언
• 해당 사업장 안전교육계획의 수립 및 안전교육 실시에 관한 보좌 및 지도·조언
• 사업장 순회점검, 지도 및 조치 건의
• 산업재해 발생의 원인 조사·분석 및 재발 방지를 위한 기술적 보좌 및 지도·조언
• 산업재해에 관한 통계의 유지·관리·분석을 위한 보좌 및 지도·조언
• 법 또는 법에 따른 명령으로 정한 안전에 관한 사항의 이행에 관한 보좌 및 지도·조언
• 업무 수행 내용의 기록·유지
• 그 밖에 안전에 관한 사항으로서 고용노동부장관이 정하는 사항

04

TWI(Training Within Industry)의 교육내용으로 옳지 않은 것은?

① Job Support Training

② Job Method Training

③ Job Relation Training

④ Job Instruction Training

해설

TWI(관리감독자 훈련)의 교육내용

- JKT(Job Knowledge Training)
- JMT(Job Method Training)
- JIT(Job Instruction Training)
- JRT(Job Relation Training)
- JST(Job Safety Training)

05

산업안전심리의 5대 요소에 해당하는 것은?

① 기질(temper)

② 지능(intelligence)

③ 감각(sense)

④ 환경(environment)

해설

산업안전심리의 5대 요소

- 동기 : 사람의 마음을 움직이는 원동력
- 기질 : 인간의 성격, 능력 등 개인적인 특성
- 감정 : 사고를 일으키는 정신적 동기(희로애락 등)
- 습성 : 인간의 행동에 영향을 미칠 수 있는 것(동기, 기질 등과 밀접한 관계)
- 습관 : 성장과정을 통하여 형성된 특성

06

사업장의 도수율이 10.83이고, 강도율이 7.92일 경우의 종합재해지수(FSI)는?

① 4.63　　　　② 6.42

③ 9.26　　　　④ 12.84

해설

$$종합재해지수(FSI) = \sqrt{도수율 \times 강도율}$$
$$= \sqrt{FR \times SR}$$
$$= \sqrt{10.83 \times 7.92}$$
$$\simeq 9.26$$

07

안전모의 시험성능 기준항목이 아닌 것은?

① 내관통성

② 충격 흡수성

③ 내구성

④ 난연성

해설

안전모의 시험성능 기준항목(보호구 안전인증 고시 별표 1)

내관통성, 충격 흡수성, 내전압성, 내수성, 난연성, 턱끈 풀림

08

피로에 의한 정신적 증상과 가장 관련이 깊은 것은?

① 주의력이 감소 또는 경감된다.

② 작업의 효과나 작업량이 감퇴 및 저하된다.

③ 작업에 대한 몸의 자세가 흐트러지고 지치게 된다.

④ 작업에 대하여 무감각 무표정 경련 등이 일어난다.

해설

피로에 의한 정신적 증상

• 주의력이 감소 또는 경감된다.

• 불쾌감이 증가한다.

• 긴장감이 해지 또는 해소된다.

• 권태 및 태만해지고 관심 및 흥미감이 상실된다.

• 졸음, 두통, 싫증, 짜증이 일어난다.

09

산업재해 방지의 4원칙 중 대책 선정의 원칙에서 관리적 대책에 해당하지 않는 것은?

① 안전교육 및 훈련

② 동기부여와 사기 향상

③ 각종 규정 및 수칙의 준수

④ 경영자 및 관리자의 솔선수범

해설

대책 선정 원칙의 충족조건

• 관리적 대책 : 적합한 기준 설정, 전 종업원의 기준 이해, 동기부여와 사기 향상, 각종 규정·수칙 준수, 경영자·관리자의 솔선수범 등

• 교육적 대책 : 안전교육 및 훈련 등

• 기술적 대책 : 안전설계, 작업행정 개선, 안전 기준 설정, 환경설비의 개선, 점검 보존 확립 등

10

다음 설명하는 착시현상과 관계가 깊은 것은?

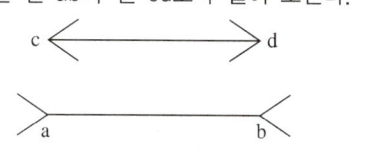

그림에서 선 ab와 선 cd는 그 길이가 동일한 것이지만, 시각적으로는 선 ab가 선 cd보다 길어 보인다.

① 헬름홀츠의 착시

② 쾰러의 착시

③ 뮐러리어의 착시

④ 포겐도르프의 착시

해설

① 헬름홀츠(Helmholtz)의 착시 : (a)는 세로로 길어 보이고, (b)는 가로로 길어 보인다.

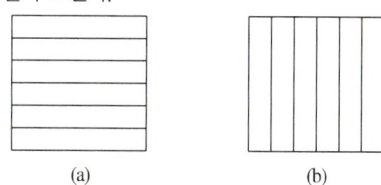

(a)　　　　　　　　(b)

② 쾰러(Köhler)의 착시 : 평행의 호를 먼저 보고 이어서 직선을 본 경우에 직선이 호와의 반대 방향으로 휘어 보이는 현상이다.

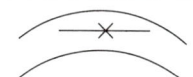

④ 포겐도르프(Poggendorff)의 착시 : 왼쪽의 선은 오른쪽의 아래 선의 연장선에 있지만 오른쪽 위에 있는 선과 연결되어 있는 것처럼 보인다.

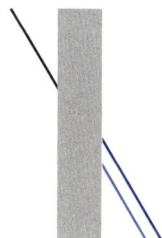

11

일반적으로 사업장에서 안전관리조직을 구성할 때 고려할 사항과 가장 거리가 먼 것은?

① 조직 구성원의 책임과 권한을 명확하게 한다.
② 회사의 특성과 규모에 부합되게 조직되어야 한다.
③ 생산조직과는 동떨어진 독특한 조직이 되도록 하여 효율성을 높인다.
④ 조직의 기능이 충분히 발휘될 수 있는 제도적 체계가 갖추어져야 한다.

해설

안전관리조직 구성 시 생산조직과 밀접한 조직이 되도록 하여 효율성을 높여야 한다.

12

대뇌의 human error로 인한 착오요인으로 옳지 않은 것은?

① 인지과정 착오
② 조작과정 착오
③ 판단과정 착오
④ 행동과정 착오

해설

인간의 착오요인
- 인지과정의 착오 : 정보저장능력의 한계, 감각차단현상, 정서 불안정, 생리·심리적 능력의 한계
- 판단과정의 착오 : 자기합리화, 정보 부족, 능력 부족, 환경조건 불비 등
- 조작과정의 착오 : 작업자의 기능 미숙, 경험 부족, 피로
- 심리적 및 기타 요인 : 불안, 공포, 과로, 수면 부족

13

다음 중 심리검사의 종류에 관한 설명으로 옳은 것은?

① 성격검사 : 인지능력이 직무수행을 얼마나 예측하는지 측정한다.
② 신체능력검사 : 근력, 순발력, 전반적인 신체 조정 능력, 체력 등을 측정한다.
③ 기계적성검사 : 기계를 다루는 데 있어 예민성, 색채, 시각, 청각적 예민성을 측정한다.
④ 지능검사 : 제시된 진술문에 대하여 어느 정도 동의하는지에 관해 응답하고, 이를 척도점수로 측정한다.

해설

① 성격검사 : 성격의 특징 또는 성격 유형을 진단하기 위한 검사이다.
③ 기계적성검사 : 기계를 다루는 데 있어 필요한 현재 능력의 상태나 발전 가능성을 측정하기 위한 검사이다.
④ 지능검사 : 지적 능력을 측정하기 위한 검사이다.

14

하인리히의 재해 구성 비율에 따라 경상사고가 87건 발생하였다면 무상해사고는 몇 건이 발생하였겠는가?

① 300건
② 600건
③ 900건
④ 1,200건

해설

하인리히 법칙의 재해 구성 비율
1(중상해) : 29(경상해) : 300(무상해)
따라서, 경상사고가 29 × 3 = 87건이 발생되었으므로 무상해사고는 300 × 3 = 900건이 발생한다.

15

벨트식, 안전그네식 안전대의 사용 구분에 따른 분류에 해당하지 않는 것은?

① U자 걸이용
② D링 걸이용
③ 안전블록
④ 추락방지대

벨트식, 안전그네식 안전대의 사용 구분에 따른 분류
• 벨트식 : 1개 걸이용, U자 걸이용
• 안전그네식 : 추락방지대, 안전블록

16

토의식 교육방법 중 몇 명의 전문가에 의하여 과제에 관한 서로 다른 견해가 발표된 뒤 참가자로 하여금 의견이나 질문을 하게 하여 토의하는 방식은 어느 것인가?

① 패널 디스커션(panel discussion)
② 심포지엄(symposium)
③ 포럼(forum)
④ 버즈 세션(buzz session)

① 패널 디스커션 : 교육과제에 정통한 전문가 4~5명이 피교육자 앞에서 자유롭게 토의를 실시한 후 피교육자 전원이 참가하여 사회자의 사회에 따라 토의하는 방법이다.
③ 포럼 : 공공의 광장에 많은 사람이 모여 공공의 문제에 대해 사회자의 진행으로 공개 토의하는 방법으로, 토의를 위한 간략한 주제 발표를 한 후 청중의 참여로 이뤄진다.
④ 버즈 세션 : 사람의 수가 많고, 전원에게 능동적인 발언 참가를 통해서 교육의 효과를 올리기 위해 사용하는 학습기법이다.

17

학습성취에 직접적인 영향을 미치는 요인과 가장 거리가 먼 것은?

① 적성
② 준비도
③ 개인차
④ 동기유발

적성은 간접적인 영향 요인이다.

18

다음 중 스트레스(stress)에 관한 설명으로 가장 적절한 것은?

① 스트레스는 나쁜 일에서만 발생한다.
② 스트레스는 부정적인 측면만 가지고 있다.
③ 스트레스는 직무 몰입과 생산성 감소의 직접적인 원인이 된다.
④ 스트레스 상황에 직면하는 기회가 많을수록 스트레스 발생 가능성은 낮아진다.

① 스트레스는 나쁜 일과 좋은 일에서 모두 발생한다.
② 스트레스는 긍정적인 측면과 부정적인 측면이 있다.
④ 스트레스 상황에 직면하는 기회가 많을수록 스트레스 발생 가능성은 높아진다.

19

안전관리에 관한 계획에서 실시에 이르기까지 모든 권한이 포괄적이고 하향적으로 행사되며, 전문 안전 담당 부서가 없는 안전관리조직은?

① 직계식 조직
② 참모식 조직
③ 직계 – 참모식 조직
④ 안전보건 조직

해설

직계식 조직[라인(line) 조직]
• 모든 권한이 포괄적이며 하향적으로 행사된다.
• 안전관리 전담 요원을 별도로 두지 않는다.
• 경영자, 관리자의 지휘와 명령이 위에서 아래로 직선적으로 신속히 전달되며, 100명 이하의 소규모 기업에 적합한 조직 유형이다.
• 권한과 책임이 명백하고 이해하기 쉽다.
• 명령과 보고가 상하관계뿐이므로 명확하고 통솔이 잘된다.
• 부하에 대한 훈련이 용이하다.
• 안전에 관한 지시나 조치가 신속하고 철저하다.
• 안전정보 및 신기술 개발이 어렵고, 조직 규모가 커지면 적용하기 어렵다.

20

안전조직에서 line system의 단점으로 옳은 것은?

① 비경제적 조직체제이다.
② 안전관리부와 생산부 간의 유기적 협조가 곤란하다.
③ 안전조직원은 전문가이어야 한다.
④ 대규모 기업에서 채택이 곤란하다.

해설

직계식 조직[라인(line) 조직]
• 경영자, 관리자의 지휘와 명령이 위에서 아래로 직선적으로 신속히 전달되며 100명 이하의 소규모 기업에 적합한 조직 유형이다.
• 안전관리 전담 요원을 별도로 두지 않는다.
• 명령과 보고가 상하관계뿐이므로 명확하고 통솔이 잘된다.
• 모든 명령은 생산계통을 따라 이루어진다.
• 안전정보 및 신기술 개발이 어렵고 조직 규모가 커지면 적용하기 어렵다.

21

다음 중 인체 치수 측정자료의 활용을 위한 적용원리로 옳지 않은 것은?

① 평균치의 활용
② 조절범위의 설정
③ 임의 선택 자료의 활용
④ 최대 치수와 최소 치수의 설정

해설

인체측정치의 응용원칙
• 조절식 설계
• 극단치(최대치 설계와 최소치 설계)를 기준으로 한 설계
• 평균치를 기준으로 한 설계 등

22

위팔은 자연스럽게 수직으로 늘어뜨린 채 아래팔만을 편하게 뻗어 작업할 수 있는 범위는?

① 최대 작업역
② 평면 작업역
③ 작업 공간 포락면
④ 정상 작업역

해설

작업 공간의 설계
• 정상 작업역 : 위팔(상완, 어깨부터 팔꿈치까지)은 자연스럽게 수직으로 늘어뜨린 채 아래팔(전완)만 편하게 뻗어 작업할 수 있는 범위
• 작업 공간 포락면 : 사람이 작업하는 데 사용하는 공간
• 최대 작업역 : 위팔과 아래팔을 곧게 펴서 파악할 수 있는 구역

23

시스템안전프로그램계획(SSPP)에서 완성해야 할 시스템 안전업무에 속하지 않는 것은?

① 정성 해석
② 운용 해석
③ 경제성 분석
④ 프로그램 심사의 참가

해설

시스템안전프로그램계획(SSPP)에서 완성해야 할 시스템 안전업무
• 정성 해석
• 운용위험요인 해석(OHA)
• 프로그램 심사의 참가 : 업무활동 심사의 참가 / 설계 심사의 참가

24

고장 형태 및 영향 분석(FMEA ; Failure Mode and Effect Analysis)에서 치명도 분석을 포함시킨 분석방법으로 옳은 것은?

① CA
② ETA
③ FMETA
④ FMECA

해설

FMECA(Failure Mode Effect and Criticality Analysis, 고장 형태 · 영향 및 치명도 분석)
• FMEA(고장 형태 및 영향 분석) + CA(치명도 분석)
• 정성적 분석방법인 FMEA를 정량적으로 보완하기 위하여 개발된 위험 분석법이다.

25

동작자의 태도를 보고 동작자의 상태를 파악하는 감시방법은?

① self monitoring
② visual monitoring
③ 생리학적 감시
④ 반응에 의한 감시

26

휴먼에러(human error)의 분류 중 필요한 임무나 절차의 순서 착오로 인하여 발생하는 오류는?

① omission error
② sequential error
③ commission error
④ extraneous error

해설

① omission error(생략오류) : 필요한 작업 또는 절차를 수행하지 않아 기인한 에러
③ commission error(작위오류) : 필요한 작업 또는 절차를 잘못 수행함으로 인한 에러
④ extraneous error(과잉행동오류) : 불필요한 작업 또는 절차를 수행하여 기인된 에러

27

재해의 기본원인 4M에 해당하지 않는 것은?

① Man
② Machine
③ Material
④ Media

해설

재해의 기본원인 4M
Man, Machine, Media, Management

28

VDT(Visual Display Terminal) 작업을 위한 조명의 일반원칙으로 옳지 않은 것은?

① 화면 반사를 줄이기 위해 산란식 간접조명을 사용한다.
② 화면과 화면에서 먼 곳의 휘도비는 1 : 10으로 한다.
③ 작업영역을 조명기구들 사이보다는 조명기구 바로 아래에 둔다.
④ 조명의 수준이 높으면 주위를 자주 둘러봄으로써 수정체의 근육을 이완시키는 것이 좋다.

해설

작업영역을 조명기구 바로 아래에 두면 눈이 부시기 때문에 조명기구 사이에 둔다.

29

다음은 어느 실험의 결과인가?

> 조명강도를 높이자 작업자들의 생산성이 향상되었고, 그 후 다시 조명강도를 낮추었지만, 생산성의 변화는 거의 없었다.

① Heinrich 실험
② Compes 실험
③ Birds 실험
④ Hawthorne 실험

해설

호손(공장)실험

산업심리학이 발전하던 1920년대에 시작된 연구로 처음에는 조명도와 생산성의 관계를 밝히려 했으나, 결과적으로 생산성과 작업능률에는 사원들의 태도, 감독자, 비공식 집단의 중요성 등 인간관계가 복잡하게 영향을 미친다는 것을 확인한 실험이다.

30

설비보전을 평가하기 위한 식으로 옳지 않은 것은?

① 성능가동률 = 속도가동률 × 정미가동률
② 시간가동률 = (부하시간 − 정지시간)/부하시간
③ 설비종합효율 = 시간가동률 × 성능가동률 × 양품률
④ 정미가동률 = (생산량 × 기준 주기시간)/가동시간

해설

정미가동률 = (생산량 × 기준 주기시간)/(부하시간 − 정지시간)

31

광원으로부터의 직사 휘광을 처리하는 방법이 아닌 것은?

① 광원의 휘도를 줄이며 수를 줄인다.
② 광원을 시선에서 멀리한다.
③ 휘광원 주위를 밝게 하여 휘도비를 줄인다.
④ 가리개, 갓 등을 사용한다.

해설

광원의 휘도를 줄이며 수를 늘린다.

32

휴먼에러 중 안전교육을 통하여 제거할 수 있는 것은?

① command error
② multi error
③ primary error
④ secondary error

해설

primary error(1차 에러)

작업자 자신으로부터 발생한 착오로, 적절한 교육과 훈련을 통해 인간의 실수를 감소시킬 수 있다.

33

암호체계 사용상의 일반적인 지침에 해당하지 않는 것은?

① 암호의 검출성
② 부호의 양립성
③ 암호의 표준화
④ 암호의 단일 차원화

암호체계 사용상의 일반적인 지침
• 암호의 검출성
• 부호의 양립성
• 암호의 표준화
• 부호의 의미
• 암호의 다차원화
• 암호의 변별성

35

인간이 현존하는 기계를 능가하는 기능으로 거리가 먼 것은?

① 완전히 새로운 해결책을 도출할 수 있다.
② 원칙을 적용하여 다양한 문제를 해결할 수 있다.
③ 프로그램된 여러 개의 활동을 동시에 수행할 수 있다.
④ 상황에 따라 변하는 복잡한 자극 형태를 식별할 수 있다.

프로그램된 여러 개의 활동을 동시에 수행할 수 있는 것은 현존하는 기계가 인간을 능가하는 기능이다. 즉, 기계는 다양한 프로그램을 동시에 작업할 수 있으나 인간은 하나에만 집중할 수 있다.

34

산업안전보건법에서 규정하는 근골격계 부담작업의 범위에 해당하지 않는 것은?

① 단기간 작업 또는 간헐적인 작업
② 하루에 10회 이상 25kg 이상의 물체를 드는 작업
③ 하루에 총 2시간 이상 쪼그리고 앉거나 무릎을 굽힌 자세에서 이루어지는 작업
④ 하루에 4시간 이상 집중적으로 자료 입력 등을 위해 키보드 또는 마우스를 조작하는 작업

단기간 작업 또는 간헐적인 작업은 근육에 큰 무리가 가지 않아 근골격계 부담작업의 범위에 해당하지 않는다(근골격계 부담작업의 범위 및 유해요인 조사방법에 관한 고시 제3조).

36

택시요금계기와 같이 숫자로 표시되는 정량적 표시장치를 무엇이라 하는가?

① 계수형
② 동목형
③ 동침형
④ 수평형

정량적인 동적 표시장치
• 계수형 : 관측하고자 하는 측정값을 가장 정확하게 읽을 수 있는 표시장치이다. 즉, 택시요금계기와 같이 숫자로 표시되는 정량적인 동적 표시장치이다.
• 동침형 : 표시값의 변화방향이나 변화속도를 나타내어 전반적인 추이의 변화를 관측할 필요가 있는 경우 가장 적합한 표시장치이다.

37

직렬구조를 갖는 시스템의 특징으로 옳지 않은 것은?

① 요소 중 어느 하나가 고장이면 시스템은 고장이다.
② 요소의 수가 적을수록 시스템의 신뢰도는 높아진다.
③ 요소의 수가 많을수록 시스템의 수명은 짧아진다.
④ 시스템의 수명은 요소 중에서 수명이 가장 긴 것으로 정해진다.

해설

직렬구조 시스템의 수명은 요소 중에서 수명이 가장 짧은 것으로 정해진다.

38

기계의 고장률이 일정한 지수분포를 가지며, 고장률이 0.04/시간일 때, 이 기계가 10시간 동안 고장이 나지 않고 작동할 확률은 약 얼마인가?

① 0.40   ② 0.67
③ 0.84   ④ 0.96

해설

신뢰도 $R(t) = e^{(-0.04 \times 10)}$
$\qquad\qquad = e^{-0.4}$
$\qquad\qquad \simeq 0.67$

39

인간의 정보처리 능력의 한계를 시간으로 표시하는 경우 어느 정도인가?(단, 계속 발생하는 신호의 뒷부분을 검출할 수 없는 경우가 가끔 발생할 때의 시간)

① 0.1초 이내
② 0.2초 이내
③ 0.3초 이내
④ 0.5초 이내

40

정보를 전송하기 위해 청각적 표시장치를 사용해야 효과적인 경우는?

① 전언이 복잡한 경우
② 전언이 후에 재참조되는 경우
③ 전언이 공간적인 위치를 다루는 경우
④ 전언이 즉각적인 행동을 요구하는 경우

해설

①, ②, ③은 시각적 표시장치가 효과적이다.

41

산업현장에서 사용하는 생산설비의 경우 안전장치가 부착되어 있으나 생산성을 위해 제거하고 사용하는 경우가 있다. 이러한 경우를 대비하여 설계 시 안전장치를 제거하면 작동이 안 되는 구조를 채택하고 있다. 이러한 구조는 무엇인가?

① fail safe
② fool proof
③ lock out
④ tamper proof

해설

① fail safe : 기계 등에 고장이 발생했을 때 사고나 재해를 예방하도록 안전 확보를 하는 장치 또는 기구
② fool proof : 작업자가 실수를 하더라도 사고로 연결되지 않도록 항상 안전하게 작동되는 구조
③ lock out : 정비 · 청소 · 수리 등의 작업을 수행하기 위하여 해당 기계의 운전을 정지한 후 다른 사람이 그 기계를 운전하는 것을 방지하는 구조

42

페일 세이프(fail safe) 구조의 기능면에서 설비 및 기계장치의 일부가 고장이 난 경우, 기능의 저하를 가져오더라도 전체 기능은 정지하지 않고 다음 정기점검 시까지 운전이 가능한 방법은?

① fail-passive
② fail-soft
③ fail-active
④ fail-operational

해설

fail safe : 기계나 그 부품에 고장이나 기능 불량이 생겨도 항상 안전하게 작동하는 안전화 대책
• fail-operational : 부품의 고장이 있어도 기계는 추후에 보수될 때까지 안전한 기능을 유지한다. 이것은 병렬 계통 또는 대기 여분(stand-by redundancy) 계통에 의한 것이다.
• fail-passive : 부품이 고장 나면 통상적으로 기계는 정지하는 방향으로 이동한다.
• fail-active : 부품이 고장 나면 기계는 경보를 울리는 가운데 짧은 시간 동안의 운전이 가능하다.

43

기계운동 형태에 따른 위험점 분류에 해당하지 않는 것은?

① 끼임점
② 회전물림점
③ 협착점
④ 절단점

해설

기계운동 형태에 따른 위험점 분류
• 협착점(왕복운동 + 고정부) : 프레스, 절단기, 성형기
• 끼임점(회전 또는 직선운동 + 고정부) : 연삭숫돌과 작업대
• 절단점(회전운동 자체) : 둥근톱의 톱날, 띠톱날
• 물림점(회전운동 + 회전운동) : 롤러기
• 접선물림점(회전운동 + 접선부) : 벨트와 풀리
• 회전말림점(돌기회전부) : 회전축, 드릴

44

선반작업 시 주의사항으로 옳지 않은 것은?

① 돌리개는 적정 크기의 것을 선택하고, 심압대 스핀들은 가능한 한 길게 나오도록 한다.
② 칩(chip)이 비산할 때는 보안경을 쓰고 방호판을 설치하여 사용한다.
③ 공작물의 설치가 끝나면, 척에서 렌치류는 곧바로 제거한다.
④ 회전 중에 가공품을 직접 만지지 않는다.

해설

선반작업 시 돌리개는 적당한 크기의 것을 선택하고, 심압대 스핀들은 가능한 한 짧게 나오도록 한다.

45

숫돌의 지름이 D[mm], 회전수가 N[rpm]일 때 숫돌의 원주속도 V[m/min]를 구하는 식으로 옳은 것은?

① DN

② πDN

③ $\dfrac{DN}{1,000}$

④ $\dfrac{\pi DN}{1,000}$

해설

연삭기의 원주속도

- $V = \dfrac{\pi DN}{1,000}$ m/min(숫돌 지름의 단위 : mm)

- $V = \dfrac{\pi DN}{60 \times 1,000}$ m/s(숫돌 지름의 단위 : mm)

- $V = \dfrac{\pi DN}{60}$ m/s(숫돌 지름의 단위 : m)

46

셰이퍼(shaper) 작업에서의 위험요인으로 옳지 않은 것은?

① 가공칩(chip) 비산

② 램(ram) 말단부 충돌

③ 바이트(bite)의 이탈

④ 척-핸들(chuck-handle) 이탈

해설

척-핸들(chuck-handle) 이탈은 드릴작업에서의 위험요인이다.

셰이퍼(shaper)

램(ram)의 왕복운동에 의한 바이트의 직선절삭운동과 절삭운동에 수직 방향인 테이블의 운동으로 일감이 이송되어 평면을 주로 가공하는 공작기계이다.

47

상부를 사용하는 탁상용 연삭기에 사용하는 덮개의 최대 노출각도는?

① 45°

② 60°

③ 90°

④ 120°

해설

연삭기 덮개의 각도(방호장치 자율안전기준 고시 별표 4)

연삭숫돌의 상부를 사용하는 것을 목적으로 하는 탁상용 연삭기 덮개의 노출각도는 60° 이내이다.

48

위험기계 · 기구 자율안전확인 고시에 의하면 탁상용 연삭기에서 연삭숫돌의 외주면과 가공물 받침대 사이 거리는 몇 mm를 초과하지 않아야 하는가?

① 1

② 2

③ 4

④ 8

해설

탁상용 및 절단용 연삭기의 가공물 받침대(위험기계 · 기구 자율안전확인 고시 별표 1)

탁상용 및 절단용 연삭기에는 다음 요건에 적합한 조절 가능한 가공물 받침대를 설치해야 한다.

- 연삭숫돌의 외주면과 받침대 사이 거리는 2mm를 초과하지 않을 것
- 연삭기에서 사용토록 설계된 연삭숫돌 폭 이상의 크기일 것
- 연삭기에 견고히 고정될 것

49

밀링작업 시 안전수칙으로 옳지 않은 것은?

① 절삭칩 제거에는 브러시를 사용한다.
② 테이블 위에 공구 등을 올려놓지 않는다.
③ 칩의 비산이 많으므로 보안경을 착용한다.
④ 절삭 중에는 손의 보호를 위하여 장갑을 착용한다.

해설

밀링작업 중 장갑은 착용하지 않는다.

51

기계설비의 방호장치 분류 중 위험원에 대한 방호장치는?

① 감지형 방호장치
② 격리형 방호장치
③ 위치제한형 방호장치
④ 접근거부형 방호장치

해설

방호장치의 종류
• 위험원에 대한 방호장치 : 포집형, 감지형 방호장치
• 위험장소에 대한 방호장치 : 격리형, 접근반응형, 위치제한형, 접근거부형 방호장치

50

안전율이 6인 체인의 정격하중이 100kg일 경우 이 체인의 극한강도는 몇 kg인가?

① 0.06
② 16.67
③ 26.67
④ 600

해설

안전율(S)

$$6 = \frac{극한강도}{정격하중}$$

극한강도 $= 6 \times 100$
$= 600kg$

52

다음 중 기동스위치를 활용한 안전장치는?

① 양수 조작식
② 게이트 가드식
③ 광전자식
④ 급정지장치

해설

양수 조작식 방호장치는 기계의 조작을 양손으로 동시에 하지 않으면 기계가 가동하지 않으며, 한 손이라도 떼어내면 기계가 급정지 또는 급상승하게 하는 장치를 말한다.

53

양수 조작식 방호장치에서 누름 버튼 상호 간의 내측거리는 얼마 이상이어야 하는가?

① 250mm 이상

② 300mm 이상

③ 350mm 이상

④ 400mm 이상

해설

양수 조작식 방호장치에서 누름 버튼 상호 간(2개의 누름 버튼 간)의 내측거리는 300mm 이상이어야 한다(방호장치 안전인증 고시 별표 1).

55

용접 팁의 청소는 다음 중 무엇으로 해야 가장 좋은가?

① 동선이나 놋쇠선

② 동선이나 철선

③ 전선케이블

④ 줄이나 팁 클리너

56

동력식 수동 대패기계의 덮개와 송급 테이블면과의 간격 기준은 몇 mm 이하여야 하는가?

① 3mm ② 5mm

③ 8mm ④ 12mm

해설

동력식 수동 대패에 손이 끼지 않도록 하기 위해서 덮개와 테이블면과의 틈새는 최대 8mm 이하로 조절해야 한다.

54

프레스의 본질적 안전화(no-hand in die 방식) 추진대책으로 옳지 않은 것은?

① 안전 금형 설치

② 전용 프레스 사용

③ 방호울이 부착된 프레스 사용

④ 감응식 방호장치 설치

해설

프레스의 본질적 안전화 방식의 예

안전 금형 부착 프레스, 금형에 설치한 안전장치, 방호울식 프레스, 전용 프레스, 자동(배출) 프레스 등(롤 피더, 다이얼 피더, 그리퍼 피더, 호퍼 피더, 푸셔 피더, 슈트, 슬라이딩 다이, 이젝터, 산업용 로봇 등)

57

다음 중 산업안전보건법령에 따라 비파괴검사를 실시해야 하는 고속 회전체의 기준은?

① 회전축중량 1ton 초과, 원주속도 120m/s 이상

② 회전축중량 1ton 초과, 원주속도 100m/s 이상

③ 회전축중량 0.7ton 초과, 원주속도 120m/s 이상

④ 회전축중량 0.7ton 초과, 원주속도 100m/s 이상

해설

회전시험을 하는 경우 미리 회전축의 재질 및 형상 등에 상응하는 종류의 비파괴검사를 해서 결함유무를 확인하여야 하는 고속 회전체의 대상(산업안전보건기준에 관한 규칙 제115조)

회전축의 중량이 1ton을 초과하고 원주속도가 120m/s 이상인 것

53 ② 54 ④ 55 ④ 56 ③ 57 ① **정답**

58

컨베이어의 종류로 옳지 않은 것은?

① 벨트 컨베이어
② 체인 컨베이어
③ 롤러 컨베이어
④ 풀리 컨베이어

해설

컨베이어의 분류(KS T 2301)

- 산적화물 컨베이어 : 벨트 컨베이어, 체인 컨베이어, 스크루 컨베이어, 진동 컨베이어, 유체 컨베이어, 공기부상 컨베이어 등
- 단위화물 컨베이어 : 벨트 컨베이어, 체인 컨베이어, 승강 컨베이어, 롤러 컨베이어, 유체 컨베이어, 공기부상 컨베이어, 신축 컨베이어, 축적 컨베이어, 분류 컨베이어 등

59

크레인 작업 시 준수사항으로 옳지 않은 것은?

① 인양할 하물을 바닥에서 끌어당기거나, 밀어 작업하지 아니할 것
② 유류 드럼이나 가스통 등의 위험물 용기는 보관함에 담아 안전하게 매달아 운반할 것
③ 고정된 물체는 직접 분리·제거하는 작업을 할 것
④ 근로자의 출입을 통제하여 하물이 작업자의 머리 위로 통과하지 않게 할 것

해설

고정된 물체를 직접 분리·제거하는 작업을 하면 안 된다(산업안전보건기준에 관한 규칙 제146조).

60

다음 중 근로자에게 위험을 미칠 우려가 있을 때 덮개 또는 울을 설치해야 하는 위치와 가장 거리가 먼 것은?

① 연삭기 또는 평삭기의 테이블, 형삭기 램 등의 행정 끝
② 선반으로부터 돌출하여 회전하고 있는 가공물 부근
③ 과열에 따른 과열이 예상되는 보일러의 버너 연소실
④ 띠톱기계의 위험한 톱날(절단 부분 제외) 부위

해설

근로자에게 위험을 미칠 우려가 있을 때 덮개 또는 울을 설치해야 하는 위치

- 연삭기 또는 평삭기의 테이블, 형삭기 램 등의 행정 끝
- 선반으로부터 돌출하여 회전하고 있는 가공물
- 띠톱기계의 위험한 톱날(절단에 필요한 부분 제외) 부위
- 컨베이어 등으로부터 화물이 떨어져 근로자가 위험해질 우려가 있는 경우 해당 컨베이어 등
- 압력용기 및 공기압축기 등에 부속하는 원동기, 축이음, 벨트, 풀리의 회전 부위 등 근로자가 위험에 처할 우려가 있는 부위
- 가공물 등이 절단되거나 절삭편이 날아오는 등 근로자가 위험해질 우려가 있는 기계

제4과목 | 전기 및 화학설비 안전관리

61

활선작업에 대한 설명으로 옳지 않은 것은?

① 전기를 휴전시킨 채로 전기작업을 하는 것이다.
② 근접된 충전 부분에 방호구를 설치해야 한다.
③ 작업자는 절연용 보호구를 착용해야 한다.
④ 감시인을 정하여 감시하게 한다.

해설

활선작업은 노출 충전된 도체나 기기 등을 작업자의 보호구 착용 여부와 관계없이 손발 또는 신체의 기타 부분으로 만지거나 시험 기기로 접촉하는 것을 말한다(활선작업 및 활선근접작업에 관한 기술지침).

62

충전전로의 선간전압이 121kV 초과 145kV 이하의 활선 작업 시 충전전로에 대한 접근한계거리[cm]는?

① 130
② 150
③ 170
④ 230

해설

충전전로에서 작업 시 접근한계거리(산업안전보건기준에 관한 규칙 제321조)

충전전로의 선간전압[kV]	충전전로에 대한 접근한계거리[cm]
0.3 이하	접촉금지
0.3 초과 0.75 이하	30
0.75 초과 2 이하	45
2 초과 15 이하	60
15 초과 37 이하	90
37 초과 88 이하	110
88 초과 121 이하	130
121 초과 145 이하	150
145 초과 169 이하	170
169 초과 242 이하	230
242 초과 362 이하	380
362 초과 550 이하	550
550 초과 800 이하	790

63

감전사고의 요인과 가장 관계가 없는 것은?

① 전기기기나 공구의 절연 파괴
② 전기기기의 장시간 연속 운전
③ 콘덴서에 방전코일이 없는 것
④ 정전작업 시 접지가 없어 유도전압 발생

해설

감전사고의 원인
• 충전부에 직접 접촉하거나 안전거리 이내 접근 시
• 절연열화, 손상, 파손 등에 의해 누전된 전기기기 등에 접촉 시
• 잔류전하가 충전된 콘덴서, 고압케이블 등에 접촉 시
• 전기기기 등의 외함과 권선 사이 또는 외함과 대지 간의 정전용량에 의한 전압이 인가된 경우
• 지락전류 등이 흐르고 있는 도체 부근에 발생하는 전위경사도(전위차)에 의한 경우
• 고전압 송전선의 정전유도 또는 유도전압에 의한 경우
• 정전회로의 오조작 또는 자가용 발전기 운전으로 인한 역송전에 의한 가압의 경우
• 낙뢰의 진행파에 의한 경우

64

누전경보기의 구성요소가 아닌 것은?

① 변류기
② 단로기
③ 수신부
④ 차단기구

65

누전에 의한 감전 위험을 방지하기 위하여 감전방지용 누전차단기의 접속 시 준수사항으로 옳지 않은 것은?

① 분기회로마다 누전차단기를 접속한다.
② 전기기계·기구에 설치되어 있는 누전차단기의 작동시간은 0.03초 이내이어야 한다.
③ 전기기계·기구에 설치되어 있는 누전차단기는 정격감도전류가 30mA 이하이어야 한다.
④ 누전차단기는 배전반 또는 분전반 내에 접속하지 않고 별도로 설치한다.

해설

누전차단기 접속 시 준수사항(산업안전보건기준에 관한 규칙 제304조)
• 전기기계·기구에 설치되어 있는 누전차단기는 정격감도전류가 30mA 이하이고, 작동시간은 0.03초 이내일 것. 다만, 정격전부하전류가 50A 이상인 전기기계·기구에 접속되는 누전차단기는 오작동을 방지하기 위하여 정격감도전류는 200mA 이하로, 작동시간은 0.1초 이내로 할 수 있다.
• 분기회로 또는 전기기계·기구마다 누전차단기를 접속할 것. 다만, 평상시 누설전류가 매우 적은 소용량 부하의 전로에는 분기회로에 일괄하여 접속할 수 있다.
• 누전차단기는 배전반 또는 분전반 내에 접속하거나 꽂음접속기형 누전차단기를 콘센트에 접속하는 등 파손이나 감전사고를 방지할 수 있는 장소에 접속할 것
• 지락보호전용 기능만 있는 누전차단기는 과전류를 차단하는 퓨즈나 차단기 등과 조합하여 접속할 것

66

액체가 관 내를 이동할 때에 정전기가 발생하는 현상은?

① 마찰대전
② 박리대전
③ 분출대전
④ 유동대전

해설

① 마찰대전 : 물체가 마찰을 일으킬 때 마찰에 의해서 전하 분리가 일어나서 정전기가 발생하는 현상
② 박리대전 : 서로 밀착되어 있는 테이프 등을 강제로 분리시킬 때 발생하는 정전기가 발생하는 현상
③ 분출대전 : 분체류, 액체류, 기체류가 단면적이 작은 개구부를 통해 공기 중으로 분출될 때의 마찰로 인해 정전기가 발생하는 현상

67

정전기로 인한 재해의 방지대책으로 옳지 않은 것은?

① 접지
② 보호구 착용
③ 배관 내 액체의 유속 증가
④ 습도가 일정 수치 이상이 되도록 유지

해설

정전기 재해방지를 위하여 배관 내 액체가 흐를 경우 유속을 제한해야 한다.

68

고압전로에 사용하는 포장 퓨즈는 정격전류의 몇 배에 견뎌야 하는가?

① 1.2배
② 1.3배
③ 1.6배
④ 1.8배

해설

과전류차단기로 시설하는 퓨즈 중 고압전로에 사용하는 포장 퓨즈는 정격전류의 1.3배를 견딜 수 있어야 한다(한국전기설비규정 341.10).

69

전기화재를 발화원으로 분류한 출화형태가 아닌 것은?

① 감전에 의한 출화
② 전기배선 또는 전기기기로부터의 출화
③ 정전기 불꽃에 의한 출화
④ 누전에 의한 출화

해설

감전은 신체가 회로의 한 부분이 되었을 때, 전류가 몸을 타고 흘러 신체에 상해를 입히는 현상이다.

70

여러 장의 걸레로 유압작동유를 닦은 후 이 기름걸레들을 작업장의 구석 중에서 햇빛이 가장 잘 드는 곳에 모아 두었을 때 발생할 수 있는 재해는?

① 자연발화에 의한 화재
② 분진폭발
③ 정전기 불꽃에 의한 화재
④ 마찰열에 의한 화재

해설

물질 자체가 열을 발생시키지는 않지만 외부의 열을 흡수하여 보관하는 능력이 뛰어난 물질인 경우, 열이 과도하게 쌓이면(축열되면) 자연발화가 일어날 수 있다.

71

다음 중 가연성 분진의 폭발 메커니즘으로 옳은 것은?

① 퇴적 분진 → 비산 → 분산 → 발화원 발생 → 폭발
② 퇴적 분진 → 발화원 발생 → 분산 → 비산 → 폭발
③ 퇴적 분진 → 분산 → 비산 → 발화원 발생 → 폭발
④ 비산 → 퇴적 분진 → 분산 → 발화원 발생 → 폭발

72

다음 중 폭발의 위험성이 가장 높은 것은?

① 폭발 상한농도
② 완전연소 조성농도
③ 폭발 상한선과 하한선의 중간점 농도
④ 폭굉 상한선과 하한선의 중간점 농도

해설

완전연소 조성농도
가연성 가스를 완전연소시키기 위해 필요한 공기와의 혼합기체 조성을 뜻한다.

73

폭발범위에 있는 가연성 가스 혼합물에 전압을 변화시키며 전기 불꽃을 주었더니 1,000V가 되는 순간 폭발이 일어났다. 이때 전기불꽃의 콘덴서 용량은 0.1μF을 사용하였다면 이 가스에 대한 최소발화에너지는 얼마인가?

① 5mJ
② 10mJ
③ 50mJ
④ 100mJ

해설

$$E = \frac{1}{2}CV^2$$
$$= \frac{1}{2} \times 0.1 \times 10^{-6} \times 1,000^2$$
$$= 0.05\text{J}$$
$$= 50\text{mJ}$$

70 ① 71 ① 72 ② 73 ③ **정답**

74

다음 중 화학장치에서 반응기의 유해·위험요인(hazard)으로 화학반응이 있을 때 특히 유의해야 할 사항은?

① 낙하, 절단
② 감전, 협착
③ 비래, 붕괴
④ 반응폭주, 과압

75

질식효과가 있는 소화기로 옳지 않은 것은?

① 포말 소화기
② 분말 소화기
③ 산·알칼리 소화기
④ CO_2 소화기

> **해설**
>
> **질식 소화기**
> 포말, 분말, CO_2, 할로겐화합물 소화기 등

76

위험물질 중에서 급격한 반응으로 고열과 부피 팽창을 수반하는 물질은?

① 폭발물
② 인화물
③ 발화물
④ 기화물

77

제4류 위험물(인화성 액체)의 일반 성질로 옳지 않은 것은?

① 증기는 대부분 공기보다 무겁다.
② 대부분 물보다 가볍고 물에 잘 녹는다.
③ 대부분 유기화합물이다.
④ 발생 증기는 연소하기 쉽다.

> **해설**
>
> 대부분 물보다 가볍고 물에 잘 녹지 않는다.

78

전폐형 방폭구조로 옳지 않은 것은?

① 내압 방폭구조
② 유입 방폭구조
③ 압력 방폭구조
④ 안전증 방폭구조

> **해설**
>
> **전기설비 방폭화 방법**
> • 점화원의 실질적인 격리(전폐형 구조) : 내압 방폭구조(d), 유입 방폭구조(o), 압력 방폭구조(p)
> • 전기설비의 안전도 증가 : 안전증 방폭구조(e)
> • 점화능력의 본질적인 억제 : 본질안전 방폭구조(ia, ib)

79

분진에 대한 방폭구조의 설명으로 옳지 않은 것은?

① 보통방진 방폭구조 : 전폐구조로 접합면 깊이를 일정치 이상으로 하거나 접합면에 패킹을 사용하여 분진이 침입하기 어렵게 한 구조

② 특수방진 방폭구조 : 전기기기의 케이스를 전폐구조로 하며 접합면에는 일정치 이상의 깊이를 갖는 패킹을 사용하여 분진침입을 막는 구조

③ 몰드 방폭구조 : 폭발성 가스 또는 증기에 점화시킬 수 있는 전기기기의 불꽃 또는 고온 발생 부분을 콤파운드 등으로 밀폐한 구조

④ 방진특수 방폭구조 : 특수방진, 보통방진 구조 이외의 구조로서 방진·방폭 성능이 확인된 구조

해설

몰드 방폭구조

전기기기의 불꽃 또는 열로 인해 폭발성 위험 분위기에서 점화되지 않도록 콤파운드를 충전해서 보호한 방폭구조

80

화학공정에서 반응을 시키기 위한 조작 조건에 해당하지 않는 것은?

① 반응 온도
② 반응 농도
③ 반응 높이
④ 반응 압력

해설

화학공정에서 반응을 시키기 위한 조작 조건

온도, 농도, 압력, 촉매

81

산업안전보건법상 물질안전보건자료 작성 시 포함되어야 하는 항목이 아닌 것은?(단, 참고사항은 제외한다)

① 화학제품과 회사에 관한 정보
② 제조일자 및 유효기간
③ 운송에 필요한 정보
④ 환경에 미치는 영향

해설

작성항목(화학물질의 분류·표시 및 물질안전보건자료에 관한 기준 제10조)

물질안전보건자료(MSDS) 작성 시 포함되어야 할 항목 및 그 순서는 다음과 같다.

• 화학제품과 회사에 관한 정보
• 유해성·위험성
• 구성성분의 명칭 및 함유량
• 응급조치요령
• 폭발·화재 시 대처방법
• 누출사고 시 대처방법
• 취급 및 저장방법
• 노출방지 및 개인보호구
• 물리화학적 특성
• 안정성 및 반응성
• 독성에 관한 정보
• 환경에 미치는 영향
• 폐기 시 주의사항
• 운송에 필요한 정보
• 법적규제 현황
• 그 밖의 참고사항

82

다음 중 유해위험방지계획서 제출 대상인 것은?

① 지상높이가 20m인 건축물의 해체공사
② 깊이가 5.5m인 굴착공사
③ 최대 지간길이가 50m인 다리의 건설공사
④ 제방높이 30m 이상인 댐건설공사

해설

유해위험방지계획서를 제출해야 하는 공사의 기준(시행령 제42조)
- 다음 어느 하나에 해당하는 건축물 또는 시설 등의 건설·개조 또는 해체(이하 '건설 등'이라 한다) 공사
  - 지상높이가 31m 이상인 건축물 또는 인공구조물
  - 연면적 30,000㎡ 이상인 건축물
  - 연면적 5,000㎡ 이상인 시설로서 다음의 어느 하나에 해당하는 시설
    ⓐ 문화 및 집회시설(전시장 및 동물원·식물원은 제외한다)
    ⓑ 판매시설, 운수시설(고속철도의 역사 및 집배송시설은 제외한다)
    ⓒ 종교시설
    ⓓ 의료시설 중 종합병원
    ⓔ 숙박시설 중 관광숙박시설
    ⓕ 지하도 상가
    ⓖ 냉동·냉장 창고시설
- 연면적 5,000㎡ 이상인 냉동·냉장 창고시설의 설비공사 및 단열공사
- 최대지간길이(다리의 기둥과 기둥의 중심 사이의 거리)가 50m 이상인 다리의 건설 등 공사
- 터널의 건설 등 공사
- 다목적댐, 발전용댐, 저수용량 2,000만ton 이상의 용수 전용 댐 및 지방상수도 전용 댐의 건설 등 공사
- 깊이 10m 이상인 굴착공사

83

산업안전보건관리비에 관한 설명으로 옳지 않은 것은?

① 발주자는 도급인이 산업안전보건관리비를 다른 목적으로 사용한 금액에 대해서는 계약금액에서 감액 조정할 수 있다.
② 발주자는 도급인이 산업안전보건관리비를 사용하지 아니한 금액에 대하여는 반환을 요구할 수 있다.
③ 발주자가 도급계약 체결을 위한 원가계산에 의한 예정가격 작성 시 산업안전보건관리비를 계상해야 한다.
④ 발주자는 설계변경 등으로 대상액의 변동이 있는 경우 공사 완료 후 정산하여야 한다.

해설

발주자 또는 자기공사자는 설계변경 등으로 대상액의 변동이 있는 경우 설계변경 시 산업안전보건관리비 조정·계상방법에 따라 지체 없이 산업안전보건관리비를 조정 계상하여야 한다(건설업 산업안전보건관리비 계상 및 사용기준 제4조).

84

안전난간에 대한 설명으로 옳지 않은 것은?

① 발끝막이판은 바닥면 등으로부터 10cm 이상의 높이를 유지할 것
② 안전난간은 임의의 점에서 임의의 방향으로 움직이는 50kg 이상의 하중을 견딜 수 있는 구조일 것
③ 난간기둥은 상부 난간대와 중간 난간대를 견고하게 떠받칠 수 있도록 적정한 간격을 유지할 것
④ 상부 난간대와 중간 난간대는 난간 길이 전체에 걸쳐 바닥면 등과 평행을 유지할 것

해설

안전난간은 구조적으로 가장 취약한 지점에서 가장 취약한 방향으로 작용하는 100kg 이상의 하중에 견딜 수 있는 튼튼한 구조여야 한다(산업안전보건기준에 관한 규칙 제13조).

85

추락방지용 방망을 구성하는 그물코의 모양과 크기로 옳은 것은?

① 원형 또는 사각으로서 그 크기는 10cm 이하이어야 한다.
② 원형 또는 사각으로서 그 크기는 20cm 이하이어야 한다.
③ 사각 또는 마름모로서 그 크기는 10cm 이하이어야 한다.
④ 사각 또는 마름모로서 그 크기는 20cm 이하이어야 한다.

해설

그물코(추락재해방지 표준안전작업지침 제3조)
사각 또는 마름모로서 그 크기는 10cm 이하이어야 한다.

86

근로자의 작업배치 시 추락위험이 있을 때 비계 조립 등에 의하여 작업발판을 설치해야 하는 높이 기준은?

① 1m 이상
② 2m 이상
③ 3m 이상
④ 4m 이상

해설

사업주는 비계(달비계, 달대비계 및 말비계는 제외한다)의 높이가 2m 이상인 작업장소에 기준에 맞는 작업발판을 설치하여야 한다(산업안전보건기준에 관한 규칙 제56조).

87

스크레이퍼의 용도로 가장 거리가 먼 것은?

① 싣기
② 운반
③ 하역
④ 다짐

해설

스크레이퍼는 굴착, 적재, 운반, 하역 등의 작업을 연속적으로 수행하는 중장비이다.

88

비계의 조립·해체 또는 변경작업의 특별안전보건교육 내용이 아닌 것은?

① 비계의 조립순서, 방법에 관한 사항
② 보호구 착용에 관한 사항
③ 방호물 설치 및 기준에 관한 사항
④ 추락재해방지에 관한 사항

해설

비계의 조립·해체 또는 변경작업의 특별안전보건교육 내용(시행규칙 별표 5)
• 비계의 조립순서 및 방법에 관한 사항
• 비계 작업의 재료 취급 및 설치에 관한 사항
• 추락재해방지에 관한 사항
• 보호구 착용에 관한 사항
• 비계 상부 작업 시 최대 적재하중에 관한 사항
• 그밖에 안전·보건관리에 필요한 사항

89

낙하물 방지를 위하여 비계의 외부에 설치하는 방호선반의 내민 길이(㉠)와 수평면에 대한 각도(㉡)는 각각 얼마를 기준으로 하는가?

① ㉠ : 벽면으로부터 2m 이상, ㉡ : 20° 내지 30° 유지
② ㉠ : 벽면으로부터 2m 이상, ㉡ : 30° 내지 40° 유지
③ ㉠ : 벽면으로부터 3m 이상, ㉡ : 20° 내지 30° 유지
④ ㉠ : 벽면으로부터 3m 이상, ㉡ : 30° 내지 40° 유지

해설

낙하물에 의한 위험의 방지(산업안전보건기준에 관한 규칙 제14조)
낙하물 방지망 또는 방호선반을 설치하는 경우에는 다음 사항을 준수하여야 한다.
• 높이 10m 이내마다 설치하고, 내민 길이는 벽면으로부터 2m 이상으로 할 것
• 수평면과의 각도는 20° 이상 30° 이하를 유지할 것

90

양중기에 사용 가능한 와이어로프에 해당하는 것은?

① 이음매가 있는 것
② 와이어로프의 한 꼬임에서 끊어진 소선의 수가 5%인 것
③ 지름의 감소가 공칭지름의 8%인 것
④ 심하게 변형되거나 부식된 것

해설

달비계에 사용 불가한 와이어로프(산업안전보건기준에 관한 규칙 제63조)
• 이음매가 있는 것
• 와이어로프의 한 꼬임[스트랜드(strand)를 말한다]에서 끊어진 소선(素線)[필러(pillar)선은 제외한다]의 수가 10% 이상(비자전로프의 경우에는 끊어진 소선의 수가 와이어로프 호칭 지름의 6배 길이 이내에서 4개 이상이거나 호칭지름 30배 길이 이내에서 8개 이상)인 것
• 지름의 감소가 공칭 지름의 7%를 초과하는 것
• 꼬인 것
• 심하게 변형되거나 부식된 것
• 열과 전기 충격에 의해 손상된 것

91

부두, 안벽 등 하역작업을 하는 장소에 대하여 부두 또는 안벽의 선을 따라 통로를 설치할 때 통로의 최소 폭은?

① 70cm
② 80cm
③ 90cm
④ 100cm

해설

부두·안벽 등 하역작업을 하는 장소에 부두 또는 안벽의 선을 따라 통로를 설치하는 경우에는 폭을 90cm 이상으로 해야 한다(산업안전보건기준에 관한 규칙 제390조).

92

콘크리트 타설 시 거푸집의 측압에 영향을 미치는 인자에 대한 설명으로 옳지 않은 것은?

① 거푸집의 부재단면이 클수록 크다.
② 슬럼프가 작을수록 크다.
③ 거푸집 속의 콘크리트 온도가 낮을수록 크다.
④ 붓는 속도가 빠를수록 크다.

해설

콘크리트 타설작업 시 거푸집의 측압에 영향을 미치는 인자
• 비례 요인 : 슬럼프, 타설속도(부어넣기 속도), 콘크리트의 타설높이, 다짐, 거푸집 수밀성, 거푸집의 부재단면, 거푸집의 강도, 거푸집 표면의 평활도, 거푸집의 수밀성, 시공연도(workability), 콘크리트의 비중, 응결시간이 빠른 시멘트(조강시멘트 등), 묽은 콘크리트
• 반비례 요인 : 기온(외기의 온도, 거푸집 속의 콘크리트 온도), 철근의 양, 거푸집의 투수성, 습도

93

거푸집에 작용하는 하중 중에서 연직하중이 아닌 것은?

① 거푸집의 자중
② 작업원의 작업하중
③ 가설설비의 충격하중
④ 콘크리트의 측압

해설

콘크리트의 측압은 거푸집의 수직면에 직각 방향으로 작용하는 것이다.

거푸집 및 동바리 설계 시 적용하는 연직하중
• 고정하중 : 철근콘크리트와 거푸집의 무게를 합한 하중
• 공사 중 발생하는 작업하중 : 작업원, 경량의 장비하중, 기타 콘크리트 타설에 필요한 자재 및 공구 등의 시공하중, 충격하중

94

다음 중 거푸집 동바리의 조립 또는 해체작업 시 특별안전보건교육 내용으로 옳지 않은 것은?

① 동바리의 조립방법 및 작업 절차에 관한 사항
② 조립재료의 취급방법 및 설치기준에 관한 사항
③ 보호구 착용 및 점검에 관한 사항
④ 유해물질이 인체에 미치는 영향

해설

거푸집 동바리의 조립 또는 해체작업의 특별안전보건교육 내용(시행규칙 별표 5)
• 동바리의 조립방법 및 작업 절차에 관한 사항
• 조립재료의 취급방법 및 설치기준에 관한 사항
• 조립·해체 시의 사고 예방에 관한 사항
• 보호구 착용 및 점검에 관한 사항
• 그밖에 안전·보건관리에 필요한 사항

95

흙막이 지보공의 조립도에 명시되어야 할 사항이 아닌 것은?

① 부재의 배치
② 부재의 치수
③ 버팀대 긴압의 정도
④ 설치 방법과 순서

해설

흙막이 지보공의 조립도는 흙막이판·말뚝·버팀대 및 띠장 등 부재의 배치·치수·재질 및 설치 방법과 순서가 명시되어야 한다(산업안전보건기준에 관한 규칙 제346조).

96

굴착기계로 채석작업 시 근로자의 작업장에 후진하여 접근하거나 굴러떨어질 우려가 있을 때 사고를 방지하기 위하여 배치하여야 하는 사람은?

① 작업지휘자
② 안전담당자
③ 감시인
④ 유도자

해설

굴착기계 등의 유도(산업안전보건기준에 관한 규칙 제344조)

사업주는 굴착작업을 할 때에 굴착기계 등이 근로자의 작업장소로 후진하여 근로자에게 접근하거나 굴러떨어질 우려가 있는 경우에는 유도자를 배치하여 굴착기계 등을 유도하도록 해야 한다.

97

콘크리트 타설작업 시 준수해야 할 사항으로 옳지 않은 것은?

① 당일의 작업을 시작하기 전에 해당 작업에 관한 거푸집 및 동바리의 변형·변위 및 지반의 침하 유무 등을 점검하고 이상이 있으면 보수할 것

② 작업 중에는 거푸집 및 동바리의 변형·변위 및 침하 유무 등을 감시할 수 있는 감시자를 배치하여 이상이 있으면 작업을 중지하고 근로자를 대피시킬 것

③ 설계도서상의 콘크리트 양생기간을 준수하여 거푸집 및 동바리를 해체할 것

④ 콘크리트를 타설하는 경우에는 한 쪽면부터 채워질 수 있도록 편심을 발생시켜 타설할 것

해설

콘크리트의 타설작업(산업안전보건기준에 관한 규칙 제334조)

사업주는 콘크리트 타설작업을 하는 경우에는 다음의 사항을 준수해야 한다.

- 당일의 작업을 시작하기 전에 해당 작업에 관한 거푸집 및 동바리의 변형·변위 및 지반의 침하 유무 등을 점검하고 이상이 있으면 보수할 것
- 작업 중에는 감시자를 배치하는 등의 방법으로 거푸집 및 동바리의 변형·변위 및 침하 유무 등을 확인해야 하며, 이상이 있으면 작업을 중지하고 근로자를 대피시킬 것
- 콘크리트 타설작업 시 거푸집 붕괴의 위험이 발생할 우려가 있으면 충분한 보강조치를 할 것
- 설계도서상의 콘크리트 양생기간을 준수하여 거푸집 및 동바리를 해체할 것
- 콘크리트를 타설하는 경우에는 편심이 발생하지 않도록 골고루 분산하여 타설할 것

98

재해사고를 예방하기 위해 크레인에 설치된 안전장치가 아닌 것은?

① 과부하방지장치

② 비상정지장치

③ 권과방지장치

④ 버킷장치

해설

버킷장치는 굴착 및 적재용 굴삭기의 가장 일반적인 부착 장치이다.

방호장치의 조정(산업안전보건기준에 관한 규칙 제134조)

사업주는 크레인에 과부하방지장치, 권과방지장치, 비상정지장치 및 제동장치, 그 밖의 방호장치[승강기의 파이널 리밋 스위치(final limit switch), 속도조절기, 출입문 인터록(inter lock) 등을 말한다]가 정상적으로 작동될 수 있도록 미리 조정해 두어야 한다.

99

다음 중 옥외에 설치되어 있는 주행크레인에 대하여 폭풍에 의한 이탈방지 조치를 해야 할 순간풍속은?

① 초당 10m 초과

② 초당 20m 초과

③ 초당 30m 초과

④ 초당 40m 초과

해설

사업주는 순간풍속이 초당 30m를 초과하는 바람이 불어올 우려가 있는 경우 옥외에 설치되어 있는 주행크레인에 대하여 이탈방지장치를 작동시키는 등 이탈방지를 위한 조치를 하여야 한다(산업안전보건기준에 관한 규칙 제140조).

※ 순간풍속 기준
- 설치·수리·점검 또는 해체 작업의 중지 : 10m/s
- 운전 중지 : 15m/s
- 이탈방지 조치 : 30m/s

100

차량계 하역운반기계에 화물을 적재할 때의 준수사항이 아닌 것은?

① 하중이 한쪽으로 치우치지 않도록 적재할 것
② 구내운반차 또는 화물자동차의 경우 화물의 붕괴 또는 낙하에 의한 위험을 방지하기 위하여 화물에 로프를 거는 등 필요한 조치를 할 것
③ 운전자의 시야를 가리지 않도록 화물을 적재할 것
④ 제동장치 및 조정장치 기능의 이상 유무를 점검할 것

해설

화물적재 시의 조치(산업안전보건기준에 관한 규칙 제173조)
• 사업주는 차량계 하역운반기계 등에 화물을 적재하는 경우에 다음 사항을 준수하여야 한다.
　- 하중이 한쪽으로 치우치지 않도록 적재할 것
　- 구내운반차 또는 화물자동차의 경우 화물의 붕괴 또는 낙하에 의한 위험을 방지하기 위하여 화물에 로프를 거는 등 필요한 조치를 할 것
　- 운전자의 시야를 가리지 않도록 화물을 적재할 것
• 위의 화물을 적재하는 경우에는 최대적재량을 초과해서는 아니 된다.

제**1**과목 | 산업재해 예방 및 안전보건교육

01

하인리히 재해발생 5단계 중 3단계에 해당하는 것은?

① 불안전한 행동 또는 불안전한 상태

② 사회적 환경 및 유전적 요소

③ 관리의 부재

④ 사고

해설

하인리히의 도미노이론(하인리히의 재해발생 5단계)
- 1단계 : 사회적 환경 및 유전적 요소
- 2단계 : 개인적 결함(전문지식의 결여 및 기술, 숙련도 부족)
- 3단계 : 불안전한 행동 또는 불안전한 상태
- 4단계 : 사고
- 5단계 : 재해

02

무재해운동의 3원칙으로 옳지 않은 것은?

① 무의 원칙

② 참가의 원칙

③ 선취의 원칙

④ 자주활동의 원칙

해설

무재해운동의 3원칙
- 무의 원칙(제로의 원칙) : 사람이 죽거나 다쳐서 일을 못 하게 되는 일 및 모든 잠재요소를 제거한다.
- 선취의 원칙(안전제일의 원칙) : 잠재 위험요인을 발굴·제거하여 안전 확보 및 사고를 예방한다.
- 참가의 원칙 : 무재해를 지향하고 안전과 건강을 선취하기 위해 전원 참가한다.

03

재해발생 형태별 분류 중 물건이 주체가 되어 사람이 상해를 입는 경우에 해당하는 것은?

① 추락

② 전도

③ 충돌

④ 낙하·비래

04

라인(line)형 안전관리조직의 특징으로 옳은 것은?

① 안전에 관한 기술의 축적이 용이하다.

② 안전에 관한 지시나 조치가 신속하다.

③ 조직원 전원을 자율적으로 안전활동에 참여시킬 수 있다.

④ 권한 다툼이나 조정 때문에 통제 수속이 복잡해지며, 시간과 노력이 소모된다.

해설

①, ④ 스태프형에 대한 설명이다.
③ 라인형 생산라인의 각급 관리 감독자는 일상의 생산 업무에 쫓겨 안전에 대한 전문지식이나 정보를 몸에 익힐 수가 없다.

05

산업안전보건법령상 협의체 구성 및 운영에 관한 사항으로 빈칸에 알맞은 내용은?

> 도급인은 관계수급인 근로자가 도급인의 사업장에서 작업을 하는 경우 도급인과 수급인을 구성원으로 하는 안전 및 보건에 관한 협의체를 구성 및 운영하여야 한다. 이 협의체는 (　　) 정기적으로 회의를 개최하고 그 결과를 기록·보존해야 한다.

① 매월 1회 이상
② 2개월마다 1회
③ 3개월마다 1회
④ 6개월마다 1회

해설

도급인은 관계수급인 근로자가 도급인의 사업장에서 작업을 하는 경우 도급인과 수급인을 구성원으로 하는 안전 및 보건에 관한 협의체를 구성 및 운영하여야 한다. 이 협의체는 매월 1회 이상 정기적으로 회의를 개최하고 그 결과를 기록·보존해야 한다(법 제64조, 시행규칙 제79조).

06

피로의 예방과 회복대책으로 옳지 않은 것은?

① 작업속도를 적절하게 할 것
② 정적 동작을 피할 것
③ 작업부하를 크게 할 것
④ 근로시간과 휴식을 적정하게 할 것

해설

작업부하를 작게 한다. 즉, 운동량을 최소로 하여 피로를 방지한다.
※ 작업부하
  • 작업공간 : 작업자세, 작업면, 의자, 책상 등의 지지면, 동적공간
  • 작업방식 : 동작순서, 조작방법, 정보표시, 작업의 흐름
  • 작업밀도 : 작업속도, 근육강도, 주의집중, 긴장도 등

07

작업 시 착용해야 할 보호구로 가장 잘못 연결된 것은?

① 폐수 맨홀청소 – 분진마스크
② 아세틸렌용접 – 용접용 보안면
③ 용광로 – 방열복
④ 3m 위 작업 – 안전대

해설

폐수 맨홀청소 시 착용해야 할 보호구에는 공기호흡기 및 송기마스크 등이 있다.

08

일상점검 내용 중 이상 소음, 냄새, 진동, 기름누출 등의 위험요소 중심으로 주안점을 두고 점검하는 시기는?

① 작업 전
② 작업 중
③ 작업종료 시
④ 사고 발생 직후

09

산업안전보건법령상 안전보건표지 중 지시표지의 기본모형은?

① 사각형
② 원형
③ 삼각형
④ 마름모형

해설

① 사각형 : 안내표지
③ 삼각형 : 경고표지
④ 마름모형 : 경고표지
※ 시행규칙 별표 6

10

1일 8시간씩 연간 300일을 근무하는 사업장의 연천인율이 7이었다면 도수율은 약 얼마인가?

① 2.41
② 2.92
③ 3.42
④ 4.53

$$도수율 = \frac{연천인율}{2.4}$$
$$= \frac{7}{2.4}$$
$$= 2.92$$

11

공장 내에 안전표지를 부착하는 주된 이유는?

① 안전의식 고취
② 인간 행동의 변화 통제
③ 공장 내의 환경 정비 목적
④ 능률적인 작업을 유도

공장 내에 안전보건표지를 부착하는 주된 이유는 작업장에 잠재적인 위험을 알리고, 작업자들의 안전한 행동을 유도하기 위한 것이다.

12

Lewin. K의 $B = f(P \cdot E)$ 이론 대한 설명으로 옳은 것은?

① B : 인간행동
② f : 인간관계, 작업환경
③ P : 함수
④ E : 심신상태, 성격, 지능, 연령

인간의 행동 특성과 관련한 레빈의 법칙
$B = f(P \cdot E)$
여기서, B : behavior(인간의 행동)
　　　　f : function(함수)
　　　　P : personality(인간의 개체 : 연령, 경험, 성격(개성), 지능, 심신상태 등)
　　　　E : environment(심리적 환경 : 작업환경, 인간관계 등)

13

다음 중 안전관리조직의 기본 유형으로 옳지 않은 것은?

① line system
② staff system
③ line-staff system
④ safety system

14

다음 중 헤링(Hering)의 착시현상에 해당하는 것은?

① a가 b보다 길게 보인다.

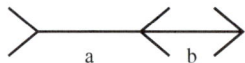

② a는 세로로 길어 보이고, b는 가로로 길어 보인다.

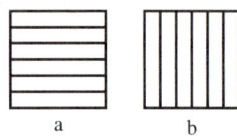

③ a는 양단이 벌어져 보이고 b는 중앙이 벌어져 보인다.

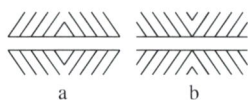

④ a와 c가 일직선으로 보인다.

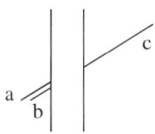

해설

① 뮐러리어(Müller-Lyer)의 착시
② 헬름홀츠(Helmholtz)의 착시
④ 포겐도르프(Poggendorff)의 착시

15

재해의 기본원인 4M 가운데 Media의 의미는?

① 인간과 기계를 연결하는 매개체
② 인간과 관리를 연결하는 매개체
③ 기계와 관리를 연결하는 매개체
④ 인간과 작업환경을 연결하는 매개체

해설

재해의 기본원인 4M
• Man : 동료나 상사, 본인 이외의 사람
• Machine : 기계설비의 고장·결함
• Media : 작업정보, 작업환경
• Management : 법규 준수, 단속, 점검, 지휘감독, 교육훈련

16

다음 중 준비, 교시, 연합, 총괄, 응용시키는 사고과정의 기술교육 진행방법에 해당하는 것은?

① 듀이의 사고과정
② 태도 교육 단계이론
③ 하버드학파의 교수법
④ MTP(Management Training Program)

해설

하버드학파의 5단계 교수법
• 1단계 : 준비시킨다(preparation).
• 2단계 : 교시한다(presentation).
• 3단계 : 연합한다(association).
• 4단계 : 총괄시킨다(generalization).
• 5단계 : 응용시킨다(application).

17

태도교육의 효과를 높이기 위하여 취할 수 있는 가장 바람직한 교육방법은?

① 강의식
② 프로그램 학습법
③ 토의식
④ 문답식

19

다음 중 스트레스의 해소법으로 가장 좋지 못한 것은?

① 주위 사람과의 대화
② 자기 감정을 무시할 것
③ 자기 자신에 대한 반성
④ 양보와 협조

> **해설**
>
> 자신의 감정을 존중하고 아껴 준다.

18

기억의 과정 중 과거의 학습경험을 통해서 학습된 행동이 현재와 미래에 지속되는 것을 무엇이라 하는가?

① 기명(memorizing)
② 파지(retention)
③ 재생(recall)
④ 재인(recognition)

> **해설**
>
> **기억의 4단계**
> - 기명(memorizing) : 자극으로 주어진 자료를 지각하거나 정보를 받아들이는 것
> - 파지(retention) : 기명된 내용을 일정 기간 동안 기억 흔적으로 유지하는 것
> - 재생(recall) : 보존된 인상이 의식의 수준에 이르는 것
> - 재인(recognition) : 과거에 경험했던 것과 유사한 상황에 이르렀을 때 떠오르는 인상

20

안전교육의 3단계에서 생활지도, 작업동작지도 등을 통한 안전의 습관화를 위한 교육은?

① 지식교육 ② 기능교육
③ 태도교육 ④ 인성교육

> **해설**
>
> **안전교육의 3단계**
> - 지식교육 : 강의나 시청각 교육을 통해 지식을 전달하고 이해시키는 것이다.
> - 기능교육 : 시범, 견학, 실습, 현장실습교육을 통해 경험을 체득하고 이해시키는 것이다.
> - 태도교육 : 작업동작지도, 생활지도 등을 통해 안전의 습관화를 이루는 것이다.

21

작업장 내부의 추천 반사율이 가장 낮아야 하는 곳은?

① 바닥   ② 천장
③ 가구   ④ 벽

해설

옥내 조명에서 최적 반사율의 크기

바닥 < 가구 < 벽 < 천장

22

다음 중 FTA에서 사용되는 minimal cut set에 관한 설명으로 옳지 않은 것은?

① 사고에 대한 시스템의 약점을 표현한다.
② 정상사상(top event)을 일으키는 최소한의 집합이다.
③ 시스템에 고장이 발생하지 않도록 하는 모든 사상의 집합이다.
④ 일반적으로 fussell algorithm을 이용한다.

해설

시스템에 고장이 발생하지 않도록 하는 모든 사상의 집합은 패스셋(path set)이다.

23

체계 분석 및 설계에 있어서 인간공학의 가치와 가장 거리가 먼 것은?

① 성능의 향상
② 훈련비용의 증가
③ 사용자의 수용도 향상
④ 생산 및 보전의 경제성 증대

해설

체계 분석 · 설계에서 인간공학의 가치

• 성능의 향상
• 사용자의 수용도 향상
• 작업 숙련도의 증가
• 사고 및 오용으로부터의 손실 감소
• 훈련비용의 절감
• 인력 이용률의 향상
• 생산 및 보전의 경제성 증가

24

작업 영역을 설계할 때 조정 가능성의 대상에 해당하지 않는 것은?

① 작업대의 조정 가능성
② 작업 공구의 조정 가능성
③ 작업 대상물의 조정 가능성
④ 작업대와 관련된 작업자 자세의 조정 가능성

해설

작업 영역을 설계할 때 조정 가능성의 대상

• 작업대 등의 조정 가능성 고려
• 작업 공구의 조정 가능성 고려
• 작업대와 관련된 작업자 자세의 조정 가능성 고려
• 작업 반경(조작 거리)을 고려한 작업 위치(작업점)의 조정 가능성 고려

25

다음 중 통제표시비(C/D비, control/display ratio)를 설계할 때의 고려할 사항과 가장 거리가 먼 것은?

① 공차
② 계기의 크기
③ 운동성
④ 조작시간

26

인간공학의 연구방법에서 인간 – 기계시스템을 평가하는 척도로서 인간 기준이 아닌 것은?

① 사고 빈도
② 인간성능 척도
③ 객관적 반응
④ 생리학적 지표

27

인간공학적 수공구의 설계에 관한 설명으로 옳은 것은?

① 손잡이 크기를 수공구 크기에 맞추어 설계한다.
② 수공구 사용 시 무게 균형이 유지되도록 설계한다.
③ 정밀작업용 수공구의 손잡이는 직경을 5mm 이하로 한다.
④ 힘을 요하는 수공구의 손잡이는 직경을 60mm 이상으로 한다.

28

모든 기본사상이 동시에 결함을 발생시켰을 때 톱(top)사상을 일으키는 기본사상의 집합을 무엇이라 하는가?

① 컷셋(cut set)
② 최소 컷셋(minimal cut set)
③ 패스셋(path set)
④ 최소 패스셋(minimal path set)

29

다음 중 인간 에러(human error)를 일으킬 수 있는 정신적 요소로 옳지 않은 것은?

① 방심과 공상
② 개성적 결함요소
③ 판단력의 부족
④ 기능 정도

30

사무실이나 일반적 산업상황에서 광속 발산비(luminance ratio)의 추천 발산비는 얼마인가?

① 2 : 1
② 3 : 1
③ 4 : 1
④ 5 : 1

해설

사무실, 산업현장의 추천 광속 발산비는 3 : 1이다.

31

인간의 시각특성을 설명한 것으로 옳은 것은?

① 적응은 수정체의 두께가 얇아져 근거리의 물체를 볼 수 있게 되는 것이다.
② 시야는 수정체의 두께 조절로 이루어진다.
③ 망막은 카메라의 렌즈에 해당된다.
④ 암조응에 걸리는 시간은 명조응보다 길다.

해설

① 적응은 수정체의 두께가 두꺼워져 근거리의 물체를 볼 수 있게 되는 것이다.
② 시야는 안압의 조절로 이루어진다.
③ 망막은 카메라의 필름에 해당된다.

32

운전자의 조종에 의해 운용되며 융통성이 없는 시스템 형태는 무엇인가?

① 수동 체계
② 기계화 체계
③ 자동 체계
④ 시스템 체계

해설

기계화 체계(기계화 시스템) : 기계에 의해 동력과 몇몇 다른 기능들이 제공되며, 인간이 원하는 반응을 얻기 위해 기계의 제어장치를 사용하여 제어기능을 수행하는 시스템이다. 반자동 시스템이라고도 한다.
• 운전자의 조종에 의해 운용되며 융통성이 없는 시스템이다.
• 조종장치를 통한 인간의 통제하에 기계가 동력원을 제공하는 시스템이다.
• 동력기계화 체계와 고도로 통합된 부품으로 구성된다.
• 기계는 동력원을 제공하고 인간의 통제하에서 제품을 생산한다.
• 일반적으로 변화가 거의 없는 기능들을 수행한다.
• 인간 – 기계시스템에서의 기계가 의미하는 것은 인간이 만든 모든 것을 말한다.
• 기계의 정보처리기능은 연역적 처리기능과 관련이 있다.

33

인간공학의 연구에서 기준척도의 신뢰성이란 무엇을 뜻하는가?

① 보편성
② 정확성
③ 객관성
④ 반복성

34

경계 및 경보신호를 설계할 때의 내용으로 적합하지 않은 것은?

① 장애물이 있을 때에는 500Hz 이하의 진동수를 갖는 신호를 사용한다.

② 주의를 끌기 위해서는 변조된 신호를 사용한다.

③ 배경 소음의 진동수와 같은 신호를 사용한다.

④ 경보효과를 높이기 위해서 개시시간이 짧은 고감도 신호를 사용한다.

해설

배경 소음의 진동수와 다른 진동수의 신호를 사용해야 한다.

35

인간 – 기계 시스템(man–machine system)에서 인간과 기계에 로크 시스템(lock system)을 설치할 때 다음 설명 중 옳은 것은?

① 기계에 인트라 로크 시스템(intra-lock system)을 둔다.

② 인터로크 시스템(inter-lock system)과 인트라 로크 시스템(intra-lock system) 중간에 트랜스 로크 시스템(trans-lock system)을 둔다.

③ 트랜스 로크 시스템(trans-lock system)과 인터로크 시스템(inter-lock system) 중간에 인트라 로크 시스템(intra-lock system)을 둔다.

④ 트랜스 로크 시스템(trans-lock system)과 인트라 로크 시스템(intra-lock system) 중간에 인터로크 시스템(inter-lock system)을 둔다.

해설

로크 시스템(lock system)에서 인간과 기계의 중간에 두는 시스템을 인터로크 시스템(inter-lock system)이라고 한다.

36

인간의 실수 중 개인능력에 속하지 않는 것은?

① 긴장수준

② 피로상태

③ 교육훈련

④ 자질

37

정량적인 동적 표시장치에 해당하지 않는 것은?

① 정목동침형

② 정침동목형

③ 계수형

④ 상태표시기

해설

정량적인 동적 표시장치

• 정목동침형(예 시계)

• 정침동목형(예 나침판)

• 계수형(예 택시미터기, 수도 계량기)

38

인간 – 기계시스템의 신뢰도를 개선할 수 있는 방법이 아닌 것은?

① 중복 설계
② 충분한 여유 용량
③ 고가 재료 사용
④ 부품 개선

> **해설**
>
> 인간 – 기계시스템의 신뢰도 향상 방법
>
> 중복 설계, 충분한 여유 용량, 부품 개선, lock system, fool proof system, fail safe system 등

39

'에너지 대사율, 체내수분의 손실량, 흡기량의 억제도'는 인간의 신뢰성과 관련하는 여러 특성 중 무엇을 측정하기 위함인가?

① 주의력
② 긴장수준
③ 의식수준
④ 관찰력

40

역치(threshold value)의 설명으로 가장 적절한 것은?

① 역치는 감각에 필요한 최소량의 에너지를 말한다.
② 에너지의 양이 증가할수록 차이 역치는 감소한다.
③ 표시장치를 설계할 때는 신호의 강도를 역치 이하로 설계하여야 한다.
④ 표시장치의 설계와 역치는 아무런 관계가 없다.

> **해설**
>
> ② 에너지의 양이 증가할수록 차이 역치는 증가한다.
> ③ 표시장치를 설계할 때는 신호의 강도를 역치 이상으로 설계하여야 한다.
> ④ 표시장치의 설계와 역치는 관련성이 깊다.

제3과목 | 기계 · 기구 및 설비 안전관리

41

사용자의 잘못된 조작 또는 실수로 인해 기계의 고장이 발생하지 않도록 설계하는 방법은?

① FMEA
② HAZOP
③ fail safe
④ fool proof

> **해설**
>
> ④ fool proof : 인간이 기계 등의 취급을 잘못해도 그것이 바로 사고나 재해와 연결되는 일이 없도록 설계하는 방법
> ① FMEA : 정성적 · 귀납적 평가기법으로 시스템 요소의 고장을 형태별로 분석하는 기법
> ② HAZOP : 가동문제를 파악 · 예측하기 위한 기법(장비에 대한 안전성 평가/새로운 기술을 적용한 공정설비의 테스트가 목적이다)
> ③ fail safe : 기계 내부의 구조 또는 시스템으로 발생한 문제를 방지하는 것

42

기계나 그 부품에 고장이나 기능 불량이 생겨도 항상 안전하게 작동하는 안전화 대책은?

① lock out

② fail safe

③ risk management

④ hazard diagnosis

해설

페일 세이프(fail safe)

조작상의 과오로 기기의 일부에 고장이 발생하는 경우, 이 부분의 고장으로 인하여 사고가 발생하는 것을 방지하는 대책이다.

• 기계나 그 부품에 고장이나 기능 불량이 생겨도 항상 안전하게 작동하는 안전화 대책이다.

• 시스템 안전 달성을 위한 시스템 안전 설계단계 중 위험 상태의 최소화 단계에 해당한다.

43

무부하 상태에서 지게차로 20km/h의 속도로 주행할 때 좌우 안정도는 얼마 이내이어야 하는가?

① 37%   ② 39%

③ 40%   ④ 42%

해설

무부하 상태에서 주행 시 지게차의 좌우 안정도

$S_{tr} = 15 + 1.1\,V\,\%$

$\quad\; = 15 + (1.1 \times 20)$

$\quad\; = 37\%$

44

재해조사에 관한 설명으로 옳지 않은 것은?

① 조사목적에 무관한 조사는 피한다.

② 조사는 현장을 정리한 후에 실시한다.

③ 목격자나 현장 책임자의 진술을 듣는다.

④ 조사자는 객관적이고 공정한 입장을 취해야 한다.

해설

재해조사는 재해 발생 직후에 실시한다(현장 보존).

45

산업안전보건법령상 연삭숫돌의 시운전에 관한 설명으로 옳은 것은?

① 연삭숫돌의 교체 시에는 바로 사용할 수 있다.

② 연삭숫돌의 교체 시 1분 이상 시운전을 하여야 한다.

③ 연삭숫돌의 교체 시 2분 이상 시운전을 하여야 한다.

④ 연삭숫돌의 교체 시 3분 이상 시운전을 하여야 한다.

해설

사업주는 연삭숫돌을 사용하는 작업의 경우 작업을 시작하기 전에는 1분 이상, 연삭숫돌을 교체한 후에는 3분 이상 시험운전을 하고 해당 기계에 이상이 있는지를 확인하여야 한다(산업안전보건기준에 관한 규칙 제122조).

46

보일러수에 불순물로 인한 거품이 발생하여 수위가 불안정하게 되는 현상은?

① 프라이밍(priming)

② 캐리오버(carry over)

③ 포밍(foaming)

④ 워터해머(water hammer)

해설

① 프라이밍(priming) : 보일러의 부하 급변으로 수위가 급상승하여 보일러수가 증기와 함께 배관으로 들어가는 현상

② 캐리오버(carry over) : 보일러수 속에 유지류, 용해 고형물 등이 증기에 섞여 보일러 밖으로 튀어 나가는 현상

④ 워터해머(water hammer) : 펌프의 기동, 정지밸브 등의 급격한 개폐 등에 의해 유속차가 발생하여 압력으로 전환되어 충격파로 전달되는 현상

47

다음 중 선반의 안전작업방법으로 옳지 않은 것은?

① 절삭 칩의 제거는 반드시 브러시를 사용할 것

② 기계 운전 중에는 백기어(back gear)의 사용을 금할 것

③ 공작물의 길이가 직경의 6배 이상일 때는 반드시 방진구를 사용할 것

④ 시동 전에 척 핸들을 빼 둘 것

해설

방진구

선반작업에서 가공물의 길이가 직경의 12배 이상으로 과도하게 길 때 절삭저항에 의한 떨림을 방지하기 위한 장치이다.

48

500rpm으로 회전하는 연삭기의 숫돌 지름이 200mm일 때 원주속도[m/min]는?

① 628   ② 62.8

③ 314   ④ 31.4

해설

연삭숫돌의 원주속도

$$v = \frac{\pi dn}{1,000} = \frac{3.14 \times 200 \times 500}{1,000} = 314 \text{m/min}$$

여기서, d : 숫돌의 지름

n : 회전속도

49

산업용 로봇작업 시 안전조치방법이 아닌 것은?

① 높이 1.8m 이상의 방책을 설치한다.

② 로봇의 조작방법 및 순서의 지침에 따라 작업한다.

③ 로봇작업 중 이상 상황의 대처를 위해 근로자 이외에도 로봇의 기동스위치를 조작할 수 있도록 한다.

④ 2인 이상의 근로자에게 작업을 시킬 때는 신호방법의 지침을 정하고 그 지침에 따라 작업한다.

해설

수리 등 작업 시의 조치 등(산업안전보건기준에 관한 규칙 제224조)

사업주는 로봇의 작동범위에서 해당 로봇의 수리·검사·조정(교시 등에 해당하는 것은 제외한다)·청소·급유 또는 결과에 대한 확인작업을 하는 경우에는 해당 로봇의 운전을 정지함과 동시에 그 작업을 하고 있는 동안 로봇의 기동스위치를 열쇠로 잠근 후 열쇠를 별도 관리하거나 해당 로봇의 기동스위치에 작업 중이란 내용의 표지판을 부착하는 등 해당 작업에 종사하고 있는 근로자가 아닌 사람이 해당 기동스위치를 조작할 수 없도록 필요한 조치를 하여야 한다. 다만, 로봇의 운전 중에 작업을 하지 아니하면 안 되는 경우로서 해당 로봇의 예기치 못한 작동 또는 오조작에 의한 위험을 방지하기 위하여 조치를 한 경우에는 그러하지 아니하다.

50

밀링작업에 관한 설명으로 옳지 않은 것은?

① 하향 절삭은 날의 마모가 적고, 가공면이 깨끗하다.

② 상향 절삭은 절삭열에 의한 치수 정밀도의 변화가 적다.

③ 커터의 회전 방향과 반대 방향으로 가공재를 이송하는 것을 상향 절삭이라고 한다.

④ 하향 절삭은 커터의 회전 방향과 같은 방향으로 일감을 이송하므로 백래시 제거장치가 필요 없다.

해설

하향 절삭은 커터의 회전 방향과 같은 방향으로 일감을 이송하므로 백래시 제거장치가 필요하다.

※ 백래시 : 재료의 이송 방향과 공구의 회전 방향이 같을 때 재료가 당겨지는 현상

51

위험기계·기구 방호조치 기준상 작업자의 신체 부위가 위험 한계 내로 접근하였을 때 기계적인 작용에 의하여 접근하지 못하도록 하는 방호장치는?

① 위치제한형 방호장치

② 접근거부형 방호장치

③ 접근반응형 방호장치

④ 감지형 방호장치

52

작업장 내 운반을 주목적으로 하는 구내 운반차가 준수해야 할 사항으로 옳지 않은 것은?

① 주행을 제동하거나 정지 상태를 유지하기 위하여 유효한 제동장치를 갖추어야 한다.

② 경음기를 갖추어야 한다.

③ 전조등만 갖추면 된다.

④ 운전석이 차 실내에 있는 것은 좌우에 한 개씩 방향지시기를 갖추어야 한다.

해설

작업장 내 운반을 주목적으로 하는 구내 운반차는 전조등과 후미등을 갖출 것. 다만, 작업을 안전하게 하기 위하여 필요한 조명이 있는 장소에서 사용하는 구내 운반차에 대해서는 그러하지 아니하다(산업안전보건기준에 관한 규칙 제184조).

53

광전자식 방호장치의 광선에 신체의 일부가 감지된 후로부터 급정지기구가 작동하기까지의 시간이 40ms이고, 광축의 최소설치거리(안전거리)가 200mm일 때 급정지기구가 작동한 때로부터 프레스기의 슬라이드가 정지될 때까지의 시간은 약 몇 ms인가?

① 60ms ② 85ms

③ 105ms ④ 130ms

해설

광축의 최소설치거리

$D_m = 1.6 T_m$

$200 = 1.6(40 + T_m)$ 이므로

$T_m = \dfrac{200}{1.6} - 40$

$\quad = 85ms$

54

기계장치 안전설계를 위해 적용하는 안전율(safety factor) 산출공식이 아닌 것은?

① $\dfrac{기초강도}{허용응력}$ ② $\dfrac{극한강도}{허용응력}$

③ $\dfrac{파괴하중}{최대하중}$ ④ $\dfrac{안전하중}{파단하중}$

안전율(S)

$$S = \frac{기준강도}{허용응력} = \frac{기초강도}{허용응력} = \frac{파괴응력도}{허용응력도}$$

$$= \frac{극한강도}{허용응력} = \frac{인장강도}{허용응력} = \frac{극한하중}{최대설계하중}$$

$$= \frac{파괴하중}{최대하중} = \frac{파단하중}{안전하중} = \frac{절단하중}{최대사용하중}$$

55

원심기의 안전대책에 관한 사항으로 옳지 않은 것은?

① 최고사용회전수를 초과하여 사용해서는 아니 된다.
② 내용물이 튀어나오는 것을 방지하도록 덮개를 설치 하여야 한다.
③ 폭발을 방지하도록 압력방출장치를 2개 이상 설치 하여야 한다.
④ 청소, 검사, 수리 등의 작업 시에는 기계의 운전을 정지하여야 한다.

압력방출장치를 2개 이상 설치하여야 하는 경우는 보일러의 안전사항 이다.

56

보일러의 부속장치로 연도를 흐르는 여열을 이용해 보일 러에 공급되는 급수를 예열하여 증발량을 증가시키고, 연 료소비량을 감소시키는 장치는?

① 과열기 ② 절탄기
③ 공기예열기 ④ 연소장치

절탄기(economizer)
급수예열기. 보일러 전열면(傳熱面)을 가열하고 난 연도(煙道) 가스로 보일러 급수를 가열하는 장치

57

압력용기에서 안전밸브를 2개 설치한 경우 그 설치방법으 로 옳은 것은?(단, 해당하는 압력용기가 외부 화재에 대한 대비가 필요한 경우로 한정한다)

① 1개는 최고사용압력 이하에서 작동하고, 다른 1개는 최고사용압력의 1.1배 이하에서 작동하도록 한다.
② 1개는 최고사용압력 이하에서 작동하고, 다른 1개는 최고사용압력의 1.2배 이하에서 작동하도록 한다.
③ 1개는 최고사용압력의 1.05배 이하에서 작동하고 다른 1개는 최고사용압력의 1.1배 이하에서 작동하 도록 한다.
④ 1개는 최고사용압력의 1.05배 이하에서 작동하고 다른 1개는 최고사용압력의 1.2배 이하에서 작동하 도록 한다.

안전밸브 등의 작동요건(산업안전보건기준에 관한 규칙 제264조)
사업주는 설치한 안전밸브 등이 안전밸브 등을 통하여 보호하려는 설 비의 최고사용압력 이하에서 작동되도록 하여야 한다. 다만, 안전밸브 등이 2개 이상 설치된 경우에 1개는 최고사용압력의 1.05배(외부 화재 를 대비한 경우에는 1.1배) 이하에서 작동되도록 설치할 수 있다.

58

안전계수가 6인 로프의 파단하중이 1,116kg라면 이 로프는 얼마 이하로 물건을 매달아야 하는가?

① 186kg
② 190kg
③ 195kg
④ 200kg

화물의 최대허용하중을 x라 하면 $S = 6 = \dfrac{1,116kg}{x}$이다.

따라서, 화물의 최대허용하중 $x = \dfrac{1,116kg}{6}$
$\qquad\qquad\qquad\qquad = 186kg$

59

롤러가 맞물림점의 전방에 개구부의 간격을 30mm로 하여 가드를 설치하고자 한다. 가드의 설치 위치는 맞물림점에서 적어도 얼마의 간격을 유지하여야 하는가?

① 154mm
② 160mm
③ 166mm
④ 172mm

$Y = 6 + 0.15X$
$X = \dfrac{Y-6}{0.15} = \dfrac{30-6}{0.15}$
$\quad = 160mm$

60

롤러기의 무릎 조작식 급정지장치의 설치 위치 기준은? (단, 위치는 급정지장치 조작부의 중심점을 기준으로 한다)

① 밑면에서 1.8m 이상
② 밑면에서 0.7~1.1m 이내
③ 밑면에서 0.6m 이내
④ 밑면에서 0.4m 이내

조작부의 설치 위치에 따른 급정지장치의 종류(방호장치 자율안전기준 고시 별표 3)

종류	설치 위치	비고
손 조작식	밑면에서 1.8m 이내	위치는 급정지장치의 조작부의 중심점을 기준
복부 조작식	밑면에서 0.8m 이상 1.1m 이내	
무릎 조작식	밑면에서 0.6m 이내	

제4과목 | 전기 및 화학설비 안전관리

61

한국전기설비규정에 따른 용어의 정의에서 감전에 대한 보호 등 안전을 위해 제공되는 도체를 말하는 것은?

① 접지도체
② 보호도체
③ 수평도체
④ 접지극도체

62

활선작업 시 사용하는 안전장구가 아닌 것은?

① 절연용 보호구 ② 절연용 방호구
③ 활선작업용 기구 ④ 절연저항 측정기구

해설

절연용 보호구 등의 사용(산업안전보건기준에 관한 규칙 제323조)
사업주는 다음 작업에 사용하는 절연용 보호구, 절연용 방호구, 활선작업용 기구, 활선작업용 장치에 대하여 각각의 사용목적에 적합한 종별·재질 및 치수의 것을 사용해야 한다.
• 밀폐공간에서의 전기작업
• 이동 및 휴대장비 등을 사용하는 전기작업
• 정전전로 또는 그 인근에서의 전기작업
• 충전전로에서의 전기작업
• 충전전로 인근에서의 차량·기계장치 등의 작업

63

허용접촉전압이 종별 기준과 서로 다른 것은?

① 제1종 – 2.5V 이하
② 제2종 – 25V 이하
③ 제3종 – 75V 이하
④ 제4종 – 제한 없음

해설

허용접촉전압의 종류

종별	접촉 상태	허용접촉전압
제1종	• 인체의 대부분이 수중에 있는 상태	2.5V 이하
제2종	• 인체가 현저히 젖어 있는 상태 • 금속성의 전기·기계장치나 구조물에 인체의 일부가 상시 접촉되어 있는 상태	25V 이하
제3종	• 제1종, 제2종 이외의 경우로서 통상의 인체 상태에 있어서 접촉전압이 가해지면 위험성이 높은 상태	50V 이하
제4종	• 제1종, 제2종 이외의 경우로서 통상의 인체 상태에 접촉전압이 가해지더라도 위험성이 낮은 상태 • 접촉전압이 가해질 우려가 없는 경우	제한 없음

64

다음 중 인체의 통전경로별 위험도 중 가장 위험한 것은?

① 왼손 – 오른손 ② 왼손 – 등
③ 왼손 – 가슴 ④ 왼손 – 오른발

해설

통전은 심장에 가까울수록 감전 위험도가 높다.

65

다음 중 정전기의 발생요인으로 적절하지 않은 것은?

① 도전성 재료에 의한 발생
② 박리에 의한 발생
③ 유동에 의한 발생
④ 마찰에 의한 발생

해설

정전기는 마찰, 박리, 충돌, 분출, 유동, 파괴, 교반, 적하, 유도대전 등에 의해 발생한다.

66

페인트를 스프레이로 뿌려 도장작업을 할 때 발생하는 정전기 대전으로 이루어진 것은?

① 충돌대전, 유동대전
② 마찰대전, 유동대전
③ 충돌대전, 분출대전
④ 유동대전, 분출대전

해설

• 충돌대전 : 분체류에 의한 입자 상호 간이나 입자와 고체와의 충돌에 의해 빠른 접촉·분리과정에서 발생되는 대전현상
• 분출대전 : 분체류, 액체류, 기체류가 단면적이 작은 분출구를 통해 공기 중으로 분출될 때 분출되는 물질과 분출구의 마찰에 의해 발생되는 대전현상

67

다음 중 대전된 정전기의 제거방법으로 적당하지 않은 것은?

① 작업장 내에서의 습도를 가능한 한 낮춘다.
② 제전기를 이용해 물체에 대전된 정전기를 제거한다.
③ 도전성을 부여하여 대전된 전하를 누설시킨다.
④ 금속 도체와 대지 사이의 전위를 최소화하기 위하여 접지한다.

해설

작업장 내에서의 습도를 가능한 한 높여 정전기를 제거한다.

69

다음 전기화재의 원인으로 거리가 먼 것은?

① 누전　　　　　　② 단락
③ 과전류　　　　　④ 접지

해설

접지는 사람을 감전으로부터 안전하게 보호할 수 있는 역할을 한다.

68

정전기의 발생에 영향을 주는 요인과 가장 거리가 먼 것은?

① 박리속도
② 물체의 표면 상태
③ 접촉 면적 및 압력
④ 외부 공기의 풍속

해설

정전기 발생에 영향을 주는 요인
• 분리속도
• 물체의 표면 상태
• 접촉 면적 및 압력
• 물질의 이력
• 물체의 특성

70

전기설비의 점화원 중 잠재적인 점화원은?

① 전동기 권선
② 전열기
③ 보호계전기의 전기 접점
④ 직류전동기의 정류자

해설

전기설비의 점화원
• 현재적 점화원
 – 직류전동기의 정류자, 권선형 유도전동기의 슬립링 등
 – 전열기, 저항기, 전동기의 고온부 등
 – 개폐기 및 차단기류의 접점, 제어기기 및 보호계전기의 전기 접점 등
• 잠재적 점화원 : 전동기의 권선, 변압기의 권선, 마그넷 코일, 전기적 광원, 케이블, 기타 배선 등

71

전기스파크의 최소발화에너지를 구하는 공식은?

① $W = \dfrac{1}{2}CV^2$

② $W = \dfrac{1}{2}CV$

③ $W = 2CV^2$

④ $W = 2C^2V$

72

다음 가스 중 공기 중에서 폭발범위가 넓은 순서로 옳은 것은?

① 아세틸렌 > 수소 > 프로판 > 일산화탄소

② 수소 > 아세틸렌 > 프로판 > 일산화탄소

③ 아세틸렌 > 수소 > 일산화탄소 > 프로판

④ 일산화탄소 > 프로판 > 수소 > 아세틸렌

해설

폭발한계(%, 폭발범위 폭)
- 아세틸렌(C_2H_2) : 2.5~81(78.5, 가장 넓음)
- 수소(H_2) : 4~75(71)
- 일산화탄소(CO) : 12.5~75(62.5)
- 프로판(C_3H_8) : 2.1~9.5(7.4)

73

어떤 혼합가스의 구성 성분이 공기는 50vol%, 수소는 20vol%, 아세틸렌은 30vol%인 경우 이 혼합가스의 폭발하한계는?(단, 폭발하한값이 수소는 4vol%, 아세틸렌은 2.5vol%이다)

① 2.50% ② 2.94%

③ 4.76% ④ 5.88%

해설

$\dfrac{50}{LFL} = \dfrac{20}{4} + \dfrac{30}{2.5} = 17$에서

∴ 폭발하한계 $LFL = \dfrac{50}{17} \approx 2.94\%$

74

다음 중 폭발화재 발생 시 장치 내부의 이상압력을 안전하게 방출, 경감시키는 장치와 거리가 먼 것은?

① 안전밸브 ② 파열판

③ 폭압방산구 ④ 격리밸브

해설

격리밸브는 가스, 액체, 슬러리 또는 분말의 흐름을 막는다. 이러한 밸브는 일반적으로 프로세스 매체를 지휘하기 위해 닫혔거나 완전히 열린 위치에서 작동하고 비상상황에서 보호하며 안전한 유지보수를 용이하게 한다.

75

금속물질 화재의 소화방법으로 가장 부적절한 것은?

① 포말소화 ② 탄산가스

③ 물 ④ 건조사

해설

물과 반응하여 수소, 아세틸렌 등과 같은 가연성 가스가 발생하는 금수성 물질 화재는 물 및 물을 포함한 소화약제를 사용해서는 안 된다.

76

다음 중 산업안전보건법령상 물반응성 물질 및 인화성 고체로 분류되지 않는 것은?

① 리튬
② 아세틸렌
③ 셀룰로이드류
④ 칼슘 탄화물

해설

아세틸렌은 인화성 가스에 속한다(산업안전보건기준에 관한 규칙 별표 1).

77

공기 중에 3ppm의 다이메틸아민(dimethylamine, TLV-TWA : 10ppm)과 20ppm의 사이클로헥산올(cyclohexanol, TLV-TWA : 50ppm)이 있고, 10ppm의 산화프로필렌(propylene oxide, TLV-TWA : 20ppm)이 존재한다면 혼합물질의 허용농도는 몇 ppm인가?

① 12.5 ② 22.5
③ 27.5 ④ 32.5

해설

혼합물의 허용농도(C)

$$C = \frac{C_1 + C_2 + C_3}{R}$$

$$= \frac{3 + 20 + 10}{\dfrac{C_1}{T_1} + \dfrac{C_2}{T_2} + \dfrac{C_3}{T_3}} = \frac{33}{\dfrac{3}{10} + \dfrac{20}{50} + \dfrac{10}{20}} = \frac{33}{1.2}$$

$$= 27.5\text{ppm}$$

78

방폭전기설비에서 제1종 위험 장소에 해당하는 것은?

① 이상 상태에서 위험분위기를 발생할 염려가 있는 장소
② 보통 장소에서 위험분위기를 발생할 염려가 있는 장소
③ 위험분위기가 보통의 상태에서 계속해서 발생하는 장소
④ 위험분위기가 장기간 또는 거의 조성되지 않는 장소

해설

① 2종 장소
③ 0종 장소
④ 비폭발 위험 장소

79

산업안전보건법령상의 위험물을 저장·취급하는 화학설비 및 그 부속설비를 설치하는 경우, 폭발이나 화재에 따른 피해를 줄이기 위하여 단위공정시설 및 설비로부터 다른 단위공정시설 및 설비 사이의 안전거리는 얼마로 하여야 하는가?

① 설비의 안쪽 면으로부터 10m 이상
② 설비의 바깥 면으로부터 10m 이상
③ 설비의 안쪽 면으로부터 5m 이상
④ 설비의 바깥 면으로부터 5m 이상

해설

안전거리(산업안전보건기준에 관한 규칙 별표 8)

구분	안전거리
단위공정시설 및 설비로부터 다른 단위공정시설 및 설비의 사이	설비의 바깥 면으로부터 10m 이상

80

다음 중 산업안전보건법령상 화학설비에 해당하는 것은?

① 응축기, 냉각기, 가열기, 증발기 등 열교환기류
② 사이클론, 백필터, 전기집진기 등 분진처리설비
③ 온도, 압력 등을 기록하는 자동제어 관련 설비
④ 안전밸브, 안전판, 긴급 차단 또는 방출밸브 등 비상 조치 관련 설비

해설

②, ③, ④는 화학설비의 부속설비에 해당한다.
화학설비(산업안전보건기준에 관한 규칙 별표 7)
• 반응기·혼합조 등 화학물질 반응 또는 혼합장치
• 증류탑·흡수탑·추출탑·감압탑 등 화학물질 분리장치
• 저장탱크·계량탱크·호퍼·사일로 등 화학물질 저장설비 또는 계량설비
• 응축기·냉각기·가열기·증발기 등 열교환기류
• 고로 등 점화기를 직접 사용하는 열교환기류
• 캘린더(calender)·혼합기·발포기·인쇄기·압출기 등 화학제품 가공설비
• 분쇄기·분체분리기·용융기 등 분체화학물질 취급장치
• 결정조·유동탑·탈습기·건조기 등 분체화학물질 분리장치
• 펌프류·압축기·이젝터(ejector) 등의 화학물질 이송 또는 압축설비

제**5**과목 │ 건설공사 안전관리

81

재해예방전문지도기관의 기술지도계약 체결 대상 제외 사업장이 아닌 것은?

① 공사기간이 6개월 미만인 건설공사
② 육지와 연결되지 않은 섬 지역(제주도 제외)에서 행하는 공사
③ 유해위험방지계획서 제출 대상 공사
④ 유자격 전담 안전관리자를 선임한 공사

해설

기술지도계약 체결 대상 제외 사업장(시행령 제59조)
공사기간이 1개월 미만인 공사

82

유해위험방지계획서 작성 대상의 기준으로 옳지 않은 것은?

① 지상높이 31m 이상인 건축물 공사
② 저수용량 1천만ton 이상인 용수 전용 댐의 건설공사
③ 최대지간길이가 50m 이상인 다리의 건설공사
④ 깊이 10m 이상인 굴착공사

해설

유해위험방지계획서를 제출해야 하는 공사의 기준(시행령 제42조)
• 다음 어느 하나에 해당하는 건축물 또는 시설 등의 건설·개조 또는 해체(이하 '건설 등'이라 한다) 공사
  − 지상높이가 31m 이상인 건축물 또는 인공구조물
  − 연면적 30,000m² 이상인 건축물
  − 연면적 5,000m² 이상인 시설로서 다음의 어느 하나에 해당하는 시설
    ⓐ 문화 및 집회시설(전시장 및 동물원·식물원은 제외한다)
    ⓑ 판매시설, 운수시설(고속철도의 역사 및 집배송시설은 제외한다)
    ⓒ 종교시설
    ⓓ 의료시설 중 종합병원
    ⓔ 숙박시설 중 관광숙박시설
    ⓕ 지하도 상가
    ⓖ 냉동·냉장 창고시설
• 연면적 5,000m² 이상인 냉동·냉장 창고시설의 설비공사 및 단열공사
• 최대지간길이(다리의 기둥과 기둥의 중심 사이의 거리)가 50m 이상인 다리의 건설 등 공사
• 터널의 건설 등 공사
• 다목적댐, 발전용댐, 저수용량 2,000만ton 이상의 용수 전용 댐 및 지방상수도 전용 댐의 건설 등 공사
• 깊이 10m 이상인 굴착공사

83

건설업 산업안전보건관리비 사용내역에 해당하지 않는 것은?

① 안전관리자의 인건비
② 추락방지용 안전시설비
③ 스마트 안전장비 구입·임대 비용(총액의 10% 한도)
④ 안전담당자 업무수당 외의 인건비

해설

※ 건설업 산업안전보건관리비 계상 및 사용기준 제7조 참고

건설업 산업안전보건관리비 내역 중 계상비용에 해당되지 않는 것으로 출제되는 것

- 경비원, 청소원 및 폐자재 처리원 인건비
- 외부인 출입금지, 공사장 경계표시를 위한 가설 울타리 설치 및 해체 비용
- 원활한 공사수행을 위하여 사업장 주변 교통정리를 하는 신호자의 인건비
- 차량의 원활한 흐름 또는 교통통제를 위한 교통정리·신호수의 인건비
- 외부비계 작업발판 등의 가설구조물 설치 소요비
- 운반기계 수리비
- 본사 일반관리비
- 안전관리계획서 작성비용
- 안전담당자 업무수당 외의 인건비

84

철골작업 시 추락재해를 방지하기 위한 설비가 아닌 것은?

① 안전대 및 구명줄
② 어스앵커
③ 기둥의 승강용 트랩
④ 추락방지용 방망

해설

어스앵커는 히빙현상을 방지하기 위해 설치한다.

85

추락방지용 방망 중 그물코의 크기가 5cm인 매듭방망 신품의 인장강도는 최소 몇 kg 이상이어야 하는가?

① 60　　　　　　② 110
③ 150　　　　　　④ 200

해설

방망사의 신품에 대한 인장강도(추락재해방지 표준안전작업지침 제5조)

그물코의 크기[cm]	방망의 종류[kg]	
	매듭 없는 방망	매듭방망
10	240	200
5		110

86

작업발판 및 통로의 끝이나 개구부에서 추락을 방지하기 위해 설치하여야 하는 설비로 가장 적합하지 않은 것은?

① 안전난간　　　　　　② 덮개
③ 방호선반　　　　　　④ 울타리

해설

사업주는 작업발판 및 통로의 끝이나 개구부로서 근로자가 추락할 위험이 있는 장소에는 안전난간, 울타리, 수직형 추락방망 또는 덮개 등의 방호 조치를 충분한 강도를 가진 구조로 튼튼하게 설치하여야 하며, 덮개를 설치하는 경우에는 뒤집히거나 떨어지지 않도록 설치하여야 한다. 이 경우 어두운 장소에서도 알아볼 수 있도록 개구부임을 표시해야 하며, 수직형 추락방망은 한국산업표준에서 정하는 성능기준에 적합한 것을 사용해야 한다(산업안전보건기준에 관한 규칙 제43조).

87

수중 굴착 공사에 가장 적합한 건설기계는?

① 스크레이퍼　　　　　② 불도저
③ 파워셔블　　　　　　④ 클램셀

해설

④ 클램셀 : 수중 굴착 및 구조물의 기초 바닥 등과 같은 협소하고 상당히 깊은 범위의 굴착과 호퍼작업에 가장 적합하다.
① 스크레이퍼 : 작업거리가 멀 때 토사 절토, 운반작업용으로 주로 고속도로나 비행장 등 규모가 큰 건설현장에서 사용된다.
② 불도저 : 일반적으로 거리 60m 이하의 배토작업에 사용된다.
③ 파워셔블 : 기계가 서 있는 지면보다 높은 곳을 파는 작업에 가장 적합한 굴착기계이다.

88

가설비계의 종류로 옳지 않은 것은?

① 단관비계　　　　　　② 달대비계
③ 사다리 비계　　　　　④ 이동식 비계

해설

가설비계의 종류

강관비계(단관비계), 강관틀 비계, 달비계, 달대비계 및 걸침비계, 이동식 비계, 말비계, 시스템 비계

89

다음 중 가설구조물이 갖추어야 할 구비요건과 가장 거리가 먼 것은?

① 안전성　　　　　　　② 작업성
③ 경제성　　　　　　　④ 영구성

90

달비계에 사용하는 와이어로프의 기준에 대한 설명으로 옳지 않은 것은?

① 와이어로프의 한 꼬임에서 소선의 수가 8% 이상 절단된 것은 사용할 수 없다.
② 지름의 감소가 공칭지름의 7%를 초과하는 것은 사용할 수 없다.
③ 심하게 변형, 부식된 것은 사용할 수 없다.
④ 이음매가 있는 것은 사용할 수 없다.

해설

와이어로프의 한 꼬임에서 끊어진 소선의 수가 10% 이상인 것은 사용할 수 없다(산업안전보건기준에 관한 규칙 제63조).

91

비계의 수평재의 최대 휨모멘트가 5,000kgf·cm, 수평재의 단면 계수가 5cm³일 때 휨응력(σ)은 얼마인가?

① 500kgf/cm²

② 1,000kgf/cm²

③ 2,000kgf/cm²

④ 2,500kgf/cm²

해설

$\sigma = \dfrac{M}{W}$

여기서, σ : 휨응력

M : 휨모멘트

W : 단면 계수

$\sigma = \dfrac{5,000\text{kgf}\cdot\text{cm}}{5\text{cm}^3}$

$= 1,000\text{kgf/cm}^2$

92

가설통로의 설치 기준으로 옳지 않은 것은?

① 건설공사에 사용하는 높이 8m 이상인 비계다리에는 7m 이내마다 계단참을 설치한다.

② 경사는 30° 이하로 한다.

③ 수직갱에 가설된 통로엔 5m 이내마다 계단참을 설치한다.

④ 경사가 15°를 초과하는 경우 미끄러지지 아니하는 구조로 한다.

해설

수직갱에 가설된 통로의 길이가 15m 이상인 경우에는 10m 이내마다 계단참을 설치해야 한다(산업안전보건기준에 관한 규칙 제23조).

93

콘크리트 측압에 관한 설명으로 옳지 않은 것은?

① 슬럼프가 클수록 측압은 커진다.

② 벽 두께가 두꺼울수록 측압은 커진다.

③ 부어 넣는 속도가 빠를수록 측압은 커진다.

④ 대기 온도가 높을수록 측압은 커진다.

콘크리트 타설작업 시 (거푸집의) 측압에 영향을 미치는 인자

- 비례 요인 : 슬럼프, 타설 속도(부어 넣기 속도), 콘크리트의 타설 높이, 다짐, 거푸집 수밀성, 거푸집의 부재 단면, 거푸집의 강도, 거푸집 표면의 평활도, 거푸집의 수밀성, 시공연도(workability), 콘크리트의 비중, 응결시간이 빠른 시멘트(조강 시멘트 등), 묽은 콘크리트
- 반비례 요인 : 기온(외기의 온도, 거푸집 속의 콘크리트 온도), 철근의 양, 거푸집의 투수성, 습도

94

동바리 조립을 위한 준수 사항으로 옳지 않은 것은?

① 파이프 서포트를 3개 이상 이어서 사용하지 않는다.

② 조립강주의 높이가 4m를 초과하는 경우에는 높이 4m 이내마다 수평연결재를 2개 방향으로 설치한다.

③ 파이프 서포트는 높이 3m 이내마다 수평연결재를 2개 방향으로 설치한다.

④ 파이프 서포트를 이어서 사용할 때는 4개 이상의 볼트 또는 전용철물을 사용한다.

해설

파이프 서포트를 사용하는 경우 높이가 3.5m를 초과하는 경우에는 높이 2m 이내마다 수평연결재를 2개 방향으로 만들고 수평연결재의 변위를 방지해야 한다(산업안전보건기준에 관한 규칙 제332조의2).

95

흙막이 지보공을 설치할 때 정기적으로 점검하고 이상이 있을 때에 즉시 보수하여야 할 사항으로 옳지 않은 것은?

① 부재의 손상·변형·변위 및 탈락의 유무와 상태
② 지표수의 흐름 상태
③ 부재의 접속부·부착부 및 교차부의 상태
④ 침하의 정도

해설

붕괴 등의 위험방지(산업안전보건기준에 관한 규칙 제347조)

사업주는 흙막이 지보공을 설치하였을 때에는 정기적으로 다음 사항을 점검하고 이상을 발견하면 즉시 보수하여야 한다.
• 부재의 손상·변형·부식·변위 및 탈락의 유무와 상태
• 버팀대의 긴압의 정도
• 부재의 접속부·부착부 및 교차부의 상태
• 침하의 정도

96

다음 중 풍화암 굴착면의 기울기 기준으로 옳은 것은?

① 1 : 0.3 ② 1 : 0.5
③ 1 : 0.8 ④ 1 : 1.0

해설

굴착면의 기울기 기준(산업안전보건기준에 관한 규칙 별표 11)

지반의 종류	굴착면의 기울기
모래	1 : 1.8
연암 및 풍화암	1 : 1.0
경암	1 : 0.5
그 밖의 흙	1 : 1.2

※ 굴착면의 기울기 : 굴착면의 높이에 대한 수평거리의 비율

97

핸드 브레이커 취급 시 안전기준과 거리가 먼 것은?

① 기본적으로 현장 정리가 잘되어 있어야 한다.
② 작업 자세는 항상 하향 45° 방향으로 유지하여야 한다.
③ 작업 전 기계에 대한 점검을 철저히 한다.
④ 호스의 교차 및 꼬임 여부를 점검하여야 한다.

해설

브레이커 끝의 부러짐을 방지하기 위하여 작업 자세는 하향 수직 방향을 유지하여야 한다.

98

경화된 콘크리트의 각종 강도를 비교한 것으로 옳은 것은?

① 전단강도 > 인장강도 > 압축강도
② 압축강도 > 인장강도 > 전단강도
③ 인장강도 > 압축강도 > 전단강도
④ 압축강도 > 전단강도 > 인장강도

99

다음 중 철골작업을 중지하여야 하는 기준으로 옳은 것은?

① 풍속이 시간당 10m 이상인 경우
② 풍속이 분당 10m 이상인 경우
③ 강우량이 분당 1mm 이상인 경우
④ 강우량이 시간당 1mm 이상인 경우

해설

철골작업을 중지하여야 하는 기준(산업안전보건기준에 관한 규칙 제383조)
• 풍속이 초당 10m 이상인 경우
• 강우량이 시간당 1mm 이상인 경우
• 강설량이 시간당 1cm 이상인 경우

100

다음 중 기계운반작업으로 실시하기에 부적절한 작업은?

① 단순하고 반복적인 작업
② 표준화되어 있어 지속적이고 운반량이 많은 작업
③ 취급물의 형상, 성질, 크기 등이 다양한 작업
④ 취급물이 중량인 작업

해설

취급물의 형상, 성질, 크기 등이 다양한 작업은 인력운반작업이 적당하다.

과년도 기출복원문제

제1과목 | 산업재해 예방 및 안전보건교육

01

매슬로(Maslow)의 안전욕구 5단계 이론에서 단계별 내용이 잘못 연결된 것은?

① 1단계 : 자아실현의 욕구

② 2단계 : 안전에 대한 욕구

③ 3단계 : 사회적 욕구

④ 4단계 : 존경의 욕구

해설

매슬로(Maslow)의 욕구 5단계 이론

• 1단계 : 생리적 욕구
• 2단계 : 안전에 대한 욕구
• 3단계 : 사회적 욕구
• 4단계 : 존경의 욕구
• 5단계 : 자아실현의 욕구

02

맥그리거(McGregor)의 X이론에 따른 관리처방으로 옳지 않은 것은?

① 목표에 의한 관리

② 권위주의적 리더십 확립

③ 경제적 보상체제의 강화

④ 면밀한 감독과 엄격한 통제

해설

맥그리거의 X · Y이론

X이론의 관리처방	Y이론의 관리처방
• 경제적 보상체제의 강화	• 민주적 리더십의 확립
• 권의주의적 리더십 확립	• 분권화와 권한의 위임
• 면밀한 감독과 엄격한 통제	• 목표에 의한 관리
• 상부 책임제도의 강화	• 직무 확장
• 조직구조의 고충성	• 비공식적 조직의 활용
	• 자체 평가제도의 활성화
	• 조직구조의 평면화

03

산업 스트레스의 요인 중 직무특성과 관련된 요인으로 옳지 않은 것은?

① 조직구조

② 작업속도

③ 근무시간

④ 업무의 반복성

해설

스트레스에 영향을 미치는 직무특성 요인

과업의 양, 근무시간, 작업속도, 업무의 반복성 등

04

OJT(On the Job Training) 교육의 장점으로 옳지 않은 것은?

① 훈련에만 전념할 수 있다.

② 직장의 실정에 맞게 실제적 훈련이 가능하다.

③ 개개인의 업무능력에 적합하고 자세한 교육이 가능하다.

④ 교육을 통하여 상사와 부하 간의 의사소통과 신뢰감이 깊게 된다.

해설

OJT는 직속상사가 현장에서 업무상의 개별교육이나 지도훈련을 하는 교육의 형태로 훈련에 필요한 업무의 지속성이 유지된다. 훈련에만 전념할 수 있는 경우는 Off JT이다.

05

안전관리조직의 유형 중 참모식(staff) 조직의 특성이 아닌 것은?

① 모든 명령은 생산계통을 따라 이루어진다.

② 100명 이상의 사업장에 적합하다.

③ 안전업무가 전담기능에 의하여 수행되므로 발전적이다.

④ 라인식 조직보다 비경제적인 조직이며 안전기술 축적이 용이하다.

해설

①은 직계조직이며, 참모조직은 생산 및 안전에 관한 명령이 각각 별개의 계통에서 나오는 결함이 있어, 응급처치 및 통제수속이 복잡하다.

06

인지(認知)과정에서 생길 수 있는 착오의 원인이 아닌 것은?

① 심리적 능력한계

② 감각차단현상

③ 자기기술 과신

④ 정보량의 저장한계

해설

인지과정의 착오 요인

- 생리·심리적 능력의 한계(정보 수용능력의 한계)
- 정보량의 저장능력 한계
- 감각차단현상
- 정서 불안정

07

연간 총근로시간 중에 발생하는 근로손실일수를 1,000시간당 발생하는 근로손실일수로 나타내는 식은?

① 강도율　　　　　　② 도수율

③ 연천인율　　　　　④ 종합재해지수

해설

① 강도율(SR) : $\dfrac{\text{근로손실일수}}{\text{연근로시간 수}} \times 1,000$

② 도수율(FR ; Frequency Rate of injury) : 연근로시간 100만 시간당 발생하는 재해건수의 비율

③ 연천인율 : 연평균 근로자 1,000명에 대한 재해자 수의 비율

④ 종합재해지수(FSI ; Frequency Severity Indicator) : 재해의 발생 빈도와 상해의 강약도를 종합하여 집계하는 지표

08

다음 중 하버드학파의 5단계 교수법을 순서대로 나열한 것은?

① 총괄 → 연합 → 준비 → 교시 → 응용
② 준비 → 교시 → 연합 → 총괄 → 응용
③ 교시 → 준비 → 연합 → 응용 → 총괄
④ 응용 → 연합 → 교시 → 준비 → 총괄

해설

하버드학파의 5단계 교수법의 순서

- 1단계 : 준비시킨다(preparation).
- 2단계 : 교시한다(presentation).
- 3단계 : 연합한다(association).
- 4단계 : 총괄시킨다(generalization).
- 5단계 : 응용시킨다(application).

09

다음 중 무재해운동의 3원칙에 해당하는 것은?

① 팀 활동의 원칙
② 포상의 원칙
③ 참가의 원칙
④ 예방의 원칙

해설

무재해운동의 3원칙

- 무의 원칙(제로의 원칙) : 사람이 죽거나 다쳐서 일을 못 하게 되는 일 및 모든 잠재요소를 제거한다.
- 선취의 원칙(안전제일의 원칙) : 잠재위험요인을 발굴·제거하여 안전 확보 및 사고를 예방한다.
- 참가의 원칙 : 무재해를 지향하고 안전과 건강을 선취하기 위해 전원 참가한다.

10

산업안전보건법령상 안전보건표지의 색채, 색도기준 및 용도 중 빈칸 안에 알맞은 것은?

색채	색도 기준	용도	사용 예
( )	5Y 8.5/12	경고	화학물질 취급장소에서의 유해·위험 경고 이외의 위험경고, 주의표지 또는 기계방호물

① 파란색 ② 노란색
③ 빨간색 ④ 검은색

해설

안전보건표지의 색도 기준 및 용도(시행규칙 별표 8)

색채	색도 기준	용도	사용 예
빨간색	7.5R 4/14	금지	정지신호, 소화설비 및 그 장소, 유해 행위의 금지
		경고	화학물질 취급장소에서의 유해·위험 경고
노란색	5Y 8.5/12	경고	화학물질 취급장소에서의 유해·위험경고 이외의 위험경고, 주의표지 또는 기계방호물
파란색	2.5PB 4/10	지시	특정 행위의 지시 및 사실의 고지
녹색	2.5G 4/10	안내	비상구 및 피난소, 사람 또는 차량의 통행표지
흰색	N9.5		파란색 또는 녹색에 대한 보조색
검은색	N0.5		문자 및 빨간색 또는 노란색에 대한 보조색

8 ② 9 ③ 10 ② **정답**

11

재해의 원인 분석법 중 사고의 유형, 기인물 등의 분류 항목을 크기순으로 나열하여 도표화한 것은?

① 파레토도(pareto diagram)
② 클로즈 분석(close analysis)
③ 관리도(control chart)
④ 특성요인도(cause & reason diagram)

② 클로즈 분석 : 2개 이상의 요인이 상호관계를 유지할 때 문제를 분석하는 데 사용하는 것으로, 데이터를 집계하고 표로 표시하여 요인별 결과 내역을 크로스 그림으로 작성하여 분석한다.
③ 관리도 : 재해 발생건수 등의 추이에 대해 한계선을 설정하여 목표 관리를 수행하는 재해통계 분석기법이다.
④ 특성요인도 : 어떠한 문제가 발생했을 때 어떤 원인으로 일어나는 지 인과관계를 살펴보고, 이를 물고기 뼈의 모양(어골도)으로 도식화해서 문제점을 파악하고 해결책을 모색하는 기법이다.

12

의사결정 과정에 따른 리더십의 행동 유형 중 전제형에 속하는 것은?

① 집단 구성원에게 자유를 준다.
② 지도자가 모든 정책을 결정한다.
③ 집단토론이나 집단결정을 통해서 정책을 결정한다.
④ 명목적인 리더의 자리를 지키고, 부하직원들의 의견에 따른다.

①, ④ 자유방임형
③ 민주형

13

보호구 자율안전확인 고시상 사용 구분에 따른 보안경의 종류가 아닌 것은?

① 차광 보안경
② 유리 보안경
③ 플라스틱 보안경
④ 도수 렌즈 보안경

• 자율안전확인 대상 보안경 : 유리 보안경, 플라스틱 보안경, 도수 렌즈 보안경 등
• 안전인증 대상 보안경(시행령 제74조) : 차광 및 비산물 위험방지용 보안경

14

안전교육방법 중 사례연구법의 장점이 아닌 것은?

① 흥미가 있고, 학습동기를 유발할 수 있다.
② 현실적인 문제의 학습이 가능하다.
③ 관찰력과 분석력을 높일 수 있다.
④ 원칙과 규정의 체계적 습득이 용이하다.

사례연구법은 여러 사례를 조사하여 결과를 도출하는 방법으로, 원칙과 규정을 체계적으로 습득하기 어렵다.

15

동작 분석, 연속 반응시간 등을 통하여 피로를 측정하는 방법은?

① 생리학적 측정

② 생화학적 측정

③ 심리학적 측정

④ 생역학적 측정

해설

① 생리학적 측정 : 심박수, 혈압, 혈중 젖산농도, 근전도 등을 측정한다.

② 생화학적 측정 : 카페인, 멜라토닌, 도파민 등의 수치를 측정한다.

④ 생역학적 측정 : 자세, 균형, 동작 수행 능력 등을 측정한다.

16

산업안전보건법령상 보호구 안전인증 대상 방독마스크의 유기화합물용 정화통 외부 측면 표시 색으로 옳은 것은?

① 갈색   ② 녹색

③ 회색   ④ 노란색

해설

방독마스크의 정화통 외부 측면 표시 색상과 시험가스(보호구 안전인증 고시 별표 5)

종류	정화통 색상	시험가스
유기화합물용	갈색	사이클로헥산, 다이메틸에테르, 이소부탄
할로겐용	회색	염소가스 또는 증기
황화수소용		황화수소가스
사이안화수소용		사이안화수소가스
아황산용	노란색	아황산가스
암모니아용	녹색	암모니아가스

17

다음 중 산업재해 통계의 활용 용도로 가장 적절하지 않은 것은?

① 제도의 개선 및 시정

② 재해의 경향 파악

③ 관리자 수준 향상

④ 동종 업종과의 비교

18

하인리히의 1 : 29 : 300의 원칙에서 관리해야 할 사항을 가장 적절하게 설명한 것은?

① 총재해 330건에 치중해야 한다.

② 29건의 경상의 재해를 제거해야 한다.

③ 1건의 사망재해의 원인 제거에 치중해야 한다.

④ 300건의 무상해 재해의 원인 제거에 치중해야 한다.

해설

하인리히 법칙은 사소한 문제가 발생했을 때 신속히 대처한다면 사고로 이어지지 않으나, 방치한다면 훗날 대형 사고를 초래할 수 있다는 점을 경고한다.

19

안전을 위한 동기부여 방법과 거리가 먼 것은?

① 경쟁과 협동심을 유발시킨다.

② 안전목표를 명확히 설정한다.

③ 포상 조건만을 강조한다.

④ 동기유발의 최적 수준을 유지토록 한다.

안전을 위한 동기부여 방법
- 안전 근본이념을 확실히 인식시킬 것
- 안전목표는 명확히 설정할 것
- 결과를 알려줄 것
- 상 또는 벌을 줄 것
- 경쟁과 협동을 유도할 것
- 동기유발이나 최적 수준을 유지할 것

20

파블로프(Pavlov)의 조건반사설에 의거한 학습이론의 원리로 옳지 않은 것은?

① 강도의 원리

② 일관성의 원리

③ 계속성의 원리

④ 시행착오의 원리

파블로프(Pavlov)의 조건반사설에 의한 학습이론의 원리
시간의 원리, 강도의 원리, 일관성의 원리, 계속성의 원리 등

제**2**과목 | 인간공학 및 위험성 평가 · 관리

21

시스템 수명주기에서 예비위험분석을 적용하는 단계는?

① 구상단계   ② 개발단계

③ 생산단계   ④ 운전단계

예비위험분석(PHA)
복잡한 시스템을 설계, 가동하기 전의 최초단계(구상단계)에서 시스템의 근본적인 위험성을 평가하는 가장 기초적인 위험도 분석기법

22

시스템 안전을 위한 업무수행 요건이 아닌 것은?

① 안전활동의 계획 및 관리

② 시스템 안전에 필요한 사람의 동일성 식별

③ 시스템 안전에 대한 프로그램 해석 · 평가

④ 다른 시스템 프로그램과 분리 및 배제

시스템 안전을 위해 다른 시스템 프로그램 영역과의 조정이 필요하다.

23

정보를 전송하기 위해 청각적 표시장치를 사용해야 효과적인 경우는?

① 전언이 복잡한 경우
② 전언이 후에 재참조될 경우
③ 전언이 공간적인 위치를 다루는 경우
④ 전언이 즉각적인 행동을 요구하는 경우

해설

①, ②, ③은 시각적 표시장치가 바람직하다.

24

1cd의 점광원에서 1m 떨어진 곳에서의 조도가 3lx이었다. 동일한 조건하에 5m 떨어진 곳에서의 조도는 약 몇 lx인가?

① 0.12 ② 0.22
③ 0.36 ④ 0.56

해설

조도는 광도에 비례하고, 거리의 제곱에 반비례한다.

$$조도(lx) = \frac{광도}{거리^2}$$
$$= 3 \times \frac{1^2}{5^2}$$
$$= 0.12$$

25

다음 빈칸 안에 들어갈 내용으로 알맞은 것은?

> 산업안전보건법상 사업주는 안전보건관리규정을 작성하거나 변경할 때에는 (㉠)의 심의·의결을 거쳐야 한다. 다만, (㉠)가 설치되어 있지 아니한 사업장의 경우에는 (㉡)의 동의를 받아야 한다.

① ㉠ 안전보건관리규정위원회 ㉡ 노사대표
② ㉠ 안전보건관리규정위원회 ㉡ 근로자대표
③ ㉠ 산업안전보건위원회 ㉡ 노사대표
④ ㉠ 산업안전보건위원회 ㉡ 근로자대표

해설

안전보건관리규정의 작성·변경 절차(법 제26조)

사업주는 안전보건관리규정을 작성하거나 변경할 때에는 산업안전보건위원회의 심의·의결을 거쳐야 한다. 다만, 산업안전보건위원회가 설치되어 있지 아니한 사업장의 경우에는 근로자대표의 동의를 받아야 한다.

26

반경 10cm의 조종구(ball control)를 30° 움직였을 때 표시장치가 2cm 이동하였다면, 통제표시비(C/R비)는 약 얼마인가?

① 1.3 ② 2.6
③ 5.2 ④ 7.8

해설

$$C/R = \frac{(\alpha/360°) \times 2\pi L}{표시장치의 이동거리}$$
$$= \frac{(30°/360°) \times 2\pi \times 10}{2} \simeq 2.6$$

27

인간과 기계의 기능 비교에 대한 설명으로 옳지 않은 것은?

① 인간의 임기응변 능력이 기계보다 앞선다.

② 기계는 쉽게 피로하지 않는다는 점에서 인간보다 앞선다.

③ 반복작업인 경우는 인간의 신뢰도는 기계보다 앞선다.

④ 인간은 귀납적으로 정보를 처리한다.

해설

인간과 기계의 기능 비교

구분	인간이 기계보다 우수한 기능	기계가 인간보다 우수한 기능
감지 기능	• 저에너지 자극 감지 • 복잡 다양한 자극 형태 식별 • 예기치 못한 사건의 감지	• 인간의 정상적 감지 범위 밖의 자극 감지 • 인간 및 기계에 대한 모니터 기능
정보 처리 및 결정	• 많은 양의 정보를 장기간 보관 • 관찰을 통한 일반화 • 귀납적 추리 • 원칙적용 • 다양한 문제 해결(정서적)	• 암호화된 정보를 신속하게 대량 보관 • 연역적 추리 • 정량적 정보처리
행동 기능	• 과부하 상태에서는 중요한 일에만 전념함	• 과부하 상태에서도 효율적으로 작동 가능 • 장시간 중량작업 • 반복작업, 동시에 여러 가지 작업 가능

28

선 작업 자세로서 수리 작업을 하는 작업역에 대한 내용으로 옳은 것은?

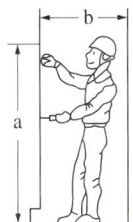

① a = 160cm   b = 65cm

② a = 170cm   b = 70cm

③ a = 180cm   b = 75cm

④ a = 190cm   b = 80cm

29

인간오류의 확률을 이용하여 시스템의 위험성을 평가하는 기법은?

① PHA   ② THERP

③ OHA   ④ HAZOP

해설

② THERP(인간실수율예측기법) : 인간의 과오를 정량적으로 평가하고 분석하는 데 사용하는 기법으로, event tree를 통해 전체 실패확률을 구한다.

① PHA : 시스템의 최초(설계, 구상) 단계에서 실시하는 정성적 평가법이다.

③ OHA : 시스템 정의 및 시스템 개발 초기단계에서 실행한다(모든 생산단계에서 안전요건을 결정하기 위한 기법).

④ HAZOP : 가동문제를 파악·예측하기 위한 기법이다(장비에 대한 안전성 평가/새로운 기술을 적용한 공정설비의 테스트가 목적이다).

30

'숫자, 영문자, 기하학적 형상, 구성' 중 암호로서의 성능이 가장 좋은 것부터 순서대로 배열한 것은?

① 기하학적 형상 → 숫자 → 구성 → 영문자
② 구성 → 기하학적 형상 → 영문자 → 숫자
③ 영문자 → 구성 → 숫자 → 기하학적 형상
④ 숫자 → 영문자 → 기하학적 형상 → 구성

32

인간 – 기계 통합체계에서 인간 또는 기계에 의해서 수행되는 네 가지 기본기능 중 다른 세 가지 기능 모두와 상호작용하는 것은?

① 감지   ② 정보 보관
③ 행동기능   ④ 정보처리 및 의사결정

해설

정보 보관기능(정보의 저장) : 다른 세 가지 기능 모두와 상호작용하는 기능
• 인간의 보관정보는 기억된 학습 내용이다.
• 그 외 정보는 컴퓨터, 기록, 자료표 등과 같은 물리적 기구에 여러 가지 방법으로 보관한다.

33

표시장치를 배치할 때의 기본요인으로 옳지 않은 것은?

① 보편성   ② 가시성
③ 관련성   ④ 그룹(group)편성

31

신뢰도가 0.4인 부품 5개가 병렬결합모델로 구성된 제품이 있을 때 이 제품의 신뢰도는?

① 0.90   ② 0.91
③ 0.92   ④ 0.93

해설

$R_s = 1 - (1 - 0.4)^5 \simeq 0.92$

34

체계(system)의 특성으로 가장 적절하지 않은 것은?

① 집합성   ② 관련성
③ 목적 추구성   ④ 환경 독립성

해설

시스템이란 여러 개의 요소, 또는 요소의 집합에 의해 구성되고(집합성), 그것이 서로 상호 관계를 가지면서(관련성), 정해진 조건하에서 어떤 목적을 달성하기 위해 작용하는 집합체(목적 추구성)이다.

35

시각적 표시장치에서 지침설계의 요령으로 옳지 않은 것은?

① 뾰족한 지침을 사용한다.
② 지침의 끝은 눈금과 겹치도록 한다.
③ 지침을 눈금면에 밀착시킨다.
④ 원형 눈금일 경우 지침의 색은 선단에서 눈금의 중심까지 칠한다.

해설

지침의 끝은 눈금과 맞닿되 겹치지 않게 한다.

36

광원으로부터의 직사 휘광을 처리하는 방법에 해당하지 않는 것은?

① 광원의 휘도를 줄인다.
② 광원을 시선에서 가깝게 위치시킨다.
③ 가리개 및 차양을 사용한다.
④ 휘광원 주위를 밝게 하여 광속발산비를 줄인다.

해설

광원을 시선에서 멀리 위치시킨다.

37

산업안전보건법에 따라 상시작업에 종사하는 장소에서 보통작업을 하고자 할 때 작업면의 최소조도[lx]로 맞는 것은?(단, 작업장은 일반적인 작업 장소이며, 감광재료를 취급하지 않는 장소이다)

① 75   ② 150
③ 300   ④ 750

해설

조도(산업안전보건기준에 관한 규칙 제8조)
• 초정밀작업 : 750lx 이상
• 정밀작업 : 300lx 이상
• 보통작업 : 150lx 이상
• 그 밖의 작업 : 75lx 이상

38

다음 중 몸의 중심선으로부터 밖으로 이동하는 신체 부위의 동작은?

① 외전   ② 외선
③ 내전   ④ 내선

해설

신체 동작의 유형
• 외전(abduction) : 몸의 중심선으로부터 이동하는 동작
• 외선(lateral rotation) : 몸의 중심선으로부터 회전하는 동작
• 내전(adduction) : 몸의 중심선으로 이동하는 동작
• 내선(medial rotation) : 몸의 중심선으로 회전하는 동작
• 굴곡(flexion) : 신체 부위 간의 각도의 감소
• 신전(extension) : 신체 부위 간의 각도의 증가

39

고장의 발생상황 중 불량 제조, 생산 과정에서의 품질 관리 미비, 설계 미숙 등으로 일어나는 고장은?

① 마모고장

② 우발고장

③ 초기고장

④ 품질관리고장

해설

초기고장(감소형 고장)

• 설계상 · 구조상 결함, 불량 제조, 생산 과정 등의 품질 관리 미비로 생기는 고장 형태

• 점검 작업이나 시운전 작업 등으로 사전에 방지할 수 있는 고장

40

인간공학 전문 분야를 특성화하여 다른 응용 분야와 구별한 일반적 견해와 거리가 가장 먼 것은?

① 인간에게 쓸모가 있는 사물, 기계 등을 만들되, 항상 설계자가 우선이다.

② 인간의 능력 및 한계와 설계 내용에 대한 평가에는 개인차가 있음을 인식한다.

③ 사물, 절차 등의 설계가 인간의 행동과 복지에 영향을 미친다고 믿는다.

④ 과학적 방법과 객관적 자료에 바탕을 두고 가설을 시험하여 인간행동에 관한 기초 자료를 얻는다.

해설

인간에게 쓸모가 있는 사물, 기계 등을 만들되, 항상 사용자를 염두에 둔다.

41

프레스 작업 중 작업자의 신체 일부가 위험한 작업점으로 들어가면 자동적으로 정지되는 기능이 있는데, 이러한 안전대책을 무엇이라고 하는가?

① 풀 프루프(fool proof)

② 페일 세이프(fail safe)

③ 인터로크(inter-lock)

④ 리밋스위치(limit switch)

해설

• fool proof : 인간이 기계 등의 취급을 잘못해도 바로 사고나 재해와 연결되는 일이 없도록 안전하게 작동하는 기구

• fail safe : 기계가 고장 났을 경우 그대로 폭주해서 사고, 재해로 연결되지 않도록 안전을 확보하는 기구

42

설비에 부착된 안전장치를 제거하면 설비가 작동되지 않도록 하는 안전설계는?

① fail safe

② fool proof

③ lock out

④ tamper proof

해설

① fail safe : 기계의 실수(오작동)가 발생해도 기계설비가 안전하게 작동하는 장치 · 기구

② fool proof : 인간의 실수가 발생해도 기계설비가 안전하게 유지되는 작동사고 방지 모드

③ lock out : 정비 · 청소 · 수리 등의 작업을 수행하기 위하여 해당 기계의 운전을 정지한 후, 다른 사람이 그 기계를 운전하는 것을 방지하기 위하여 기동장치에 잠금장치를 하거나 표지판을 설치하는 등의 조치

43

다음 중 프레스의 손쳐내기식 방호장치의 설치기준으로 옳지 않은 것은?

① 방호판의 폭이 금형 폭의 1/2 이상이어야 한다.
② 슬라이드 행정 수가 150SPM 이상인 것에 사용한다.
③ 슬라이드 행정길이가 40mm 이상인 것에 사용한다.
④ 슬라이드 하행정거리의 3/4 위치에서 손을 완전히 밀어내야 한다.

해설

슬라이드 행정 수가 120SPM 이하인 것에 사용한다.

44

체인과 스프로킷, 랙과 피니언, 풀리와 V벨트 등에 형성되는 위험점은?

① 끼임점
② 회전말림점
③ 접선물림점
④ 협착점

해설

접선물림점(tangential point)
회전하는 부분의 접선 방향으로 물려 들어가는 위험점으로 체인과 스프로킷, 기어와 랙, 롤러와 평벨트, V벨트와 V풀리 등이 있다.

45

다음 중 연삭기의 사용상 안전대책으로 적절하지 않은 것은?

① 방호장치로 덮개를 설치한다.
② 숫돌 교체 후 1분 정도 시운전을 실시한다.
③ 숫돌의 최고사용회전속도를 초과하여 사용하지 않는다.
④ 숫돌 측면을 사용하는 것을 목적으로 하는 연삭숫돌을 제외하고는 측면연삭을 하지 않도록 한다.

해설

연삭숫돌을 사용하는 작업의 경우에는 작업을 시작하기 전에는 1분 이상, 연삭숫돌을 교체한 후에는 3분 이상 시험운전을 하고 해당 기계에 이상이 있는지를 확인해야 한다(산업안전보건기준에 관한 규칙 제122조).

46

연삭숫돌의 파괴원인이 아닌 것은?

① 숫돌작업 시 측면 사용이 원인이 된다.
② 숫돌작업 시 드레싱을 실시했을 때 원인이 된다.
③ 숫돌의 회전속도가 너무 빠를 때 원인이 된다.
④ 숫돌의 회전 중심이 잡히지 않았거나 베어링의 마모에 의한 진동이 원인이 된다.

해설

연삭작업 중 숫돌 파괴의 원인
• 숫돌의 회전속도가 너무 빠를 경우
• 숫돌에 균열이 있을 경우
• 숫돌작업 시 측면이 사용될 경우
• 숫돌에 큰 충격을 가할 경우
• 숫돌 내경의 크기가 적당하지 않을 경우
• 플랜지의 지름이 현저히 작을 경우
• 회전력이 결합력보다 클 경우
• 숫돌의 회전 중심이 잡히지 않았을 경우
• 베어링 마모에 의한 진동

47

연삭기에서 연삭숫돌차의 바깥지름이 250mm일 경우 평형 플랜지의 바깥지름은 약 몇 mm 이상이어야 하는가?

① 62
② 84
③ 93
④ 114

해설

평형 플랜지의 바깥지름 $\geq 250 \times \dfrac{1}{3} \simeq 83.3\text{mm}$

∴ 약 84mm

48

선반의 바이트에 설치된 안전장치는?

① 브레이크
② 칩받이
③ 커버
④ 칩 브레이커

해설

칩 브레이커
선반에서 절삭가공 중 발생하는 연속적인 칩을 자동으로 짧게 끊어주는 안전장치

49

위험기계·기구 자율안전확인 고시에 의하면 탁상용 연삭기에서 연삭숫돌의 외주면과 가공물 받침대 사이 거리는 몇 mm를 초과하지 않아야 하는가?

① 1
② 2
③ 4
④ 8

해설

연삭숫돌의 외주면과 가공물 받침대 사이 거리는 2mm를 초과하지 않을 것(위험기계·기구 자율안전확인 고시 별표 1)

50

밀링머신(milling machine)의 작업 시 안전수칙에 대한 설명으로 옳지 않은 것은?

① 커터는 가능한 한 칼럼(column)으로부터 멀리 설치한다.
② 커터의 교환 시에는 테이블 위에 목재를 받쳐 놓는다.
③ 강력 절삭 시에는 일감을 바이스에 깊게 물린다.
④ 작업 중 장갑은 끼지 않는다.

해설

밀링머신 작업 시 커터는 가능한 한 칼럼(column)으로부터 가깝게 설치해야 한다.

51

연강의 인장강도가 420MPa이고, 허용응력이 140MPa이라면 안전율은?

① 1
② 2
③ 3
④ 4

해설

안전율(S)

$$S = \dfrac{\text{인장강도}}{\text{허용응력}}$$

$$= \dfrac{420}{140}$$

$$= 3$$

52

프레스기 작동 후 작업점까지 도달시간이 0.5초 걸렸다면, 양수 기동식 방호장치의 최소 설치거리는?

① 60cm
② 70cm
③ 80cm
④ 90cm

최소 설치거리

$D_m = 1.6 \times T_m$
$= 1.6 \times 500 = 800mm$
$= 80cm$

53

기계설비의 안전조건 중 외관의 안전화에 해당하는 조치는?

① 고장 발생을 최소화하기 위해 정기점검을 실시하였다.
② 강도의 열화를 생각하여 안전율을 최대로 고려하여 설계하였다.
③ 전압 강하, 정전 시의 오동작을 방지하기 위하여 자동제어장치를 설치하였다.
④ 작업자가 접촉할 우려가 있는 기계의 회전부를 덮개로 씌우고 안전색채를 사용하였다.

외형(외관)의 안전화
• 상자로 내장한다.
• 안전덮개, 울, 가드를 설치한다.
• 원동기, 동력전달장치를 별실 또는 구획된 장소에 격리시킨다.
• 기계·장비의 본체, 버튼, 배관, 회전부 돌출 부분 등에 안전색채를 사용한다.

54

공기압축기의 작업 시작 전 점검사항이 아닌 것은?

① 윤활유의 상태
② 언로드밸브의 기능
③ 비상정지장치의 기능
④ 압력방출장치의 기능

공기압축기 가동 작업 시작 전 점검사항(산업안전보건기준에 관한 규칙 별표 3)
• 공기저장압력용기의 외관 상태
• 드레인밸브의 조작 및 배수
• 압력방출장치의 기능
• 언로드밸브의 기능
• 윤활유의 상태
• 회전부의 덮개 또는 울
• 그 밖의 연결 부위의 이상 유무

55

산소-아세틸렌 용접 시 역류, 역화의 원인으로 옳지 않은 것은?

① 토치의 과열
② 토치 팁의 이물질
③ 압력조정기의 고장
④ 산소 공급의 부족

산소-아세틸렌 가스용접 시 아세틸렌 공급이 부족하면 역화가 발생한다.

56

기계설비 방호에서 가드의 설치조건으로 옳지 않은 것은?

① 충분한 강도를 유지할 것
② 구조가 단순하고 위험점 방호가 확실할 것
③ 개구부(틈새)의 간격은 임의로 조정이 가능할 것
④ 작업, 점검, 주유 시 장애가 없을 것

해설

개구부(틈새)의 간격은 임의로 조정 불가능하게 해야 한다.

57

산업용 로봇의 작동 범위에서 그 로봇에 관하여 교시 등의 작업을 하는 때의 작업 시간 전 점검사항에 해당하지 않는 것은?(단, 로봇의 동력원을 차단하고 행하는 것을 제외한다)

① 회전부의 덮개 또는 울
② 제동장치 및 비상정지장치의 기능
③ 외부 전선의 피복 또는 외장의 손상 유무
④ 머니퓰레이터(manipulator) 작동의 이상 유무

해설

작업 시작 전 점검사항(산업안전보건기준에 관한 규칙 별표 3)

작업의 종류	점검내용
로봇의 작동 범위에서 그 로봇에 관하여 교시 등(로봇의 동력원을 차단하고 하는 것은 제외한다)의 작업을 할 때	• 외부 전선의 피복 또는 외장의 손상 유무 • 머니퓰레이터(manipulator) 작동의 이상 유무 • 제동장치 및 비상정지장치의 기능

58

운전 중 이동 시 안전을 위하여 건널다리를 설치하는 운반 기계는?

① 포크리프트　　　　② 데릭
③ 호이스트　　　　　④ 컨베이어

해설

사업주는 운전 중인 컨베이어 등의 위로 근로자를 넘어가도록 하는 경우에는 위험을 방지하기 위하여 건널다리를 설치하는 등 필요한 조치를 하여야 한다(산업안전보건기준에 관한 규칙 제195조).

59

산업안전보건법령에서 규정하는 양중기에 속하지 않는 것은?

① 호이스트　　　　　② 이동식 크레인
③ 곤돌라　　　　　　④ 체인블록

해설

양중기에 해당되지 않는 것으로 체인블록, 도르래, 항발기, 컨베이어, 트롤리 컨베이어, 어스드릴 등이 출제된다.

양중기(산업안전보건기준에 관한 규칙 제132조)
• 크레인(호이스트를 포함한다)
• 이동식 크레인
• 리프트(이삿짐 운반용 리프트의 경우에는 적재하중이 0.1ton 이상인 것으로 한정한다)
• 곤돌라
• 승강기

60

산업안전보건법령상 양중기에서 절단하중이 100ton인 와이어로프를 사용하여 화물을 직접적으로 지지하는 경우, 화물의 최대허용하중[ton]은?

① 20
② 30
③ 40
④ 50

화물의 하중을 직접 지지하는 경우 안전계수(S)는 5 이상이므로 화물의 최대허용하중을 x 라 하면

$$S = 5 = \frac{100\text{ton}}{x}$$

$$x = \frac{100\text{ton}}{5}$$

$$= 20\text{ton}$$

제4과목 | 전기 및 화학설비 안전관리

61

다음 중 전압의 구분에 대한 설명으로 옳은 것은?

① 직류에서의 저압은 1,000V 이하의 전압을 말한다.
② 교류에서의 저압은 1,500V 이하의 전압을 말한다.
③ 직류에서의 고압은 3,500V를 초과하고 7,000V 이하인 전압을 말한다.
④ 특고압은 7,000V를 초과하는 전압을 말한다.

정의(전기사업법 시행규칙 제2조)
- "저압"이란 직류에서는 1,500V 이하의 전압을 말하고, 교류에서는 1,000V 이하의 전압을 말한다.
- "고압"이란 직류에서는 1,500V를 초과하고 7,000V 이하인 전압을 말하고, 교류에서는 1,000V를 초과하고 7,000V 이하인 전압을 말한다.
- "특고압"이란 7,000V를 초과하는 전압을 말한다.

62

근로자가 활선작업용 기구를 사용하여 작업할 경우, 근로자의 신체 등과 충전전로 사이의 사용전압별 접근한계거리로 옳지 않은 것은?

① 15kV 초과 37kV 이하 : 80cm
② 37kV 초과 88kV 이하 : 110cm
③ 121kV 초과 145kV 이하 : 150cm
④ 242kV 초과 362kV 이하 : 380cm

충전전로에서 작업 시 접근한계거리(산업안전보건기준에 관한 규칙 제321조)

충전전로의 선간전압[kV]	충전전로에 대한 접근한계거리[cm]
0.3 이하	접촉금지
0.3 초과 0.75 이하	30
0.75 초과 2 이하	45
2 초과 15 이하	60
15 초과 37 이하	90
37 초과 88 이하	110
88 초과 121 이하	130
121 초과 145 이하	150
145 초과 169 이하	170
169 초과 242 이하	230
242 초과 362 이하	380
362 초과 550 이하	550
550 초과 800 이하	790

63

인체의 전기저항을 500Ω으로 보았을 때 심실세동을 일으키는 위험한 전기에너지는 몇 J인가?(단, 심실세동전류는 $\frac{165}{\sqrt{T}}$ mA이며, 통전시간 T는 1초이고, 전원은 교류 정현파이다)

① 9.6J
② 11.6J
③ 13.6J
④ 15.6J

해설

심실세동을 일으키는 전류에서의 전기에너지

$$W = I^2 RT$$
$$= \left(\frac{165}{\sqrt{T}} \times 10^{-3} \right)^2 \times 500 \times T$$
$$\simeq 13.6J$$

64

감전사고의 사망경로에 해당하지 않는 것은?

① 전류가 뇌의 호흡중추부로 흘러 발생한 호흡기능 마비
② 전류가 흉부에 흘러 발생한 흉부근육 수축으로 인한 질식
③ 전류가 심장부로 흘러 심실세동에 의한 혈액 순환기능 장애
④ 전류가 인체에 흐를 때 인체의 저항으로 발생한 줄열에 의한 화상

해설

전기 화상

아크나 스파크의 고열에 의해 피부가 열상을 받는 화상과 전류가 인체에 흐를 때 인체의 저항으로 발생한 줄열에 의한 화상이 있다.

65

다음과 같은 특성이 있으며 제한전압이 낮기 때문에 접지저항을 낮게 하기 어려운 배전선로에 적합한 피뢰기는?

> 피뢰기의 특성요소가 파이버관으로 되어 있고, 방전은 파이버관 내부의 상부와 하부 전극 간에서 직렬 갭을 통하여 행해지며, 속류 차단은 파이버관 내부 벽면에서 아크열에 의한 파이버질의 분해로 발생하는 고압가스의 소호작용에 의한다.

① 변형 피뢰기
② 방출형 피뢰기
③ 갭리스형 피뢰기
④ 변저항형 피뢰기

해설

① 변형 피뢰기(밸브형 피뢰기) : 피뢰기에 흐르는 속류를 직렬 갭이 저지하여 얻은 전룻값까지 합류하도록 비선형 전압 및 전류 특성의 저항 특성요소를 가진 피뢰기이다.
③ 갭리스형 피뢰기 : 직렬 갭이 존재하지 않고 산화아연(ZnO)을 주성분으로 하는 피뢰기이다. 특정 전압 이하에서는 거의 전류가 흐르지 않기 때문에 선로전압을 조정하면 속류를 차단할 필요가 없어 직렬갭이 필요 없다.
④ 변저항형 피뢰기(밸브저항형 피뢰기) : 탄화규소(SiC)를 주성분으로 하는 비직선저항의 특성요소에 직렬 갭이 접속된 구조의 피뢰기이다. 이 특성요소는 전류가 증가함에 따라 저항치가 저하되는 비직선 특성이 있다.

66

다음 중 정전기 발생 현상으로 옳지 않은 것은?

① 박리현상
② 마찰현상
③ 분출현상
④ 응고현상

해설

정전기의 대전현상

박리대전, 마찰대전, 분출대전, 유동대전, 충돌대전, 교반대전, 파괴대전, 혼합대전, 적하대전, 동결대전, 유도대전 등

67

정전기 방전의 종류로 옳지 않은 것은?

① 브러시(brush) 방전
② 적외선(infrared-ray) 방전
③ 코로나(corona) 방전
④ 연면(surface) 방전

해설

정전기 방전의 종류
브러시(스트리머) 방전, 코로나 방전, 연면 방전, 낙뢰 방전, 스파크 방전(불꽃 방전), 뇌상 방전 등

69

전기설비의 경로별 재해 중 발생 비율이 가장 높은 것은?

① 접촉부의 과열
② 과전류
③ 누전
④ 단락

해설

대부분의 전기화재가 단락으로 인한 비율이 높다.

70

연소의 3요소에 해당되지 않는 것은?

① 가연물
② 점화원
③ 연쇄반응
④ 산소 공급원

해설

연소의 3요소와 연소의 4요소
• 연소의 3요소 : 가연물, 산소 공급원, 점화원
• 연소의 4요소 : 3요소 + 연쇄반응

68

정전기 제거방법으로 옳지 않은 것은?

① 정전기 발생 방지 도장을 한다.
② 설비 주변을 가습한다.
③ 설비의 금속 부분을 접지한다.
④ 설비 주변에 자외선을 조사한다.

해설

설비 주변에 적외선, 자외선 등을 조사하면 정전기가 더 발생한다.

71

다음 중 응상폭발이 아닌 것은?

① 분진폭발
② 수증기폭발
③ 전선폭발
④ 증기폭발

해설

• 응상폭발 : 수증기폭발(과열액체의 증기폭발), 전선폭발, 증기폭발, 고상 간의 전이에 의한 폭발
• 기상폭발 : 가스폭발, 분무폭발, 분진폭발, 분해폭발

72

20℃, 1기압의 공기를 압축비 3으로 단열압축하였을 때의 온도는 약 몇 ℃가 되겠는가?(단, 공기의 비열비는 1.4이다)

① 84
② 128
③ 182
④ 1,091

해설

단열압축 시의 공기의 온도

$$T_2 = T_1 \times \left(\frac{P_2}{P_1}\right)^{\frac{k-1}{k}}$$
$$= (20+273) \times 3^{\frac{1.4-1}{1.4}}$$
$$\simeq 401\text{K}$$
$$= 128℃$$

73

다음 중 독성이 강한 순서로 옳게 나열된 것은?

① 일산화탄소 > 염소 > 아세톤
② 일산화탄소 > 아세톤 > 염소
③ 염소 > 일산화탄소 > 아세톤
④ 염소 > 아세톤 > 일산화탄소

해설

독성이 강한 순서

염소 > 나프탈렌 > 일산화탄소 > 아세톤

74

산업안전보건법령상 안전밸브 전단, 후단에 자물쇠형 차단밸브를 설치할 수 없는 경우는?

① 화학설비 및 그 부속설비에 안전밸브 등이 복수방식으로 설치되어 있는 경우
② 예비용 설비를 설치하고 각각의 설비에 안전밸브 등이 설치되어 있는 경우
③ 열팽창에 의하여 상승된 압력을 낮추기 위한 목적으로 안전밸브가 설치된 경우
④ 안전밸브 등의 배출용량의 2분의 1 이상에 해당하는 용량의 자동압력조절밸브와 안전밸브가 직렬로 연결된 경우

해설

안전밸브 등의 배출용량의 2분의 1 이상에 해당하는 용량의 자동압력조절밸브와 안전밸브 등이 병렬로 연결된 경우 자물쇠형 또는 이에 준하는 형식의 차단밸브를 설치할 수 있다(산업안전보건기준에 관한 규칙 제266조).

75

아세틸렌 용기에 화재가 발생하였을 때 제일 먼저 해야 할 일은?

① 용기를 옥외로 끌어낸다.
② 소화기로 소화한다.
③ 젖은 거적으로 용기를 덮는다.
④ 메인밸브를 잠근다.

76

위험물안전관리법령상 칼륨에 의한 화재에 적응성이 있는 것은?

① 건조사(마른 모래)
② 포소화기
③ 이산화탄소 소화기
④ 할로겐화합물 소화기

해설

칼륨에 의한 화재에 적응성이 있는 것은 건조사(마른 모래), 팽창질석 또는 팽창진주암이다.

77

가스를 화학적 특성에 따라 분류할 때 독성가스가 아닌 것은?

① 황화수소(H_2S)
② 사이안화수소(HCN)
③ 이산화탄소(CO_2)
④ 산화에틸렌(C_2H_4O)

해설

이산화탄소(CO_2)는 불연성 가스이며 독성가스는 아니다.

78

LPG에 대한 설명으로 옳지 않은 것은?

① 강한 독성가스로 분류된다.
② 질식의 우려가 있다.
③ 누설 시 인화, 폭발성이 있다.
④ 가스의 비중은 공기보다 크다.

해설

LPG 가스는 독성이 없는 비독성가스이다.

79

방폭구조의 명칭과 표기기호가 잘못 연결된 것은?

① 안전증 방폭구조 : e
② 유입 방폭구조 : o
③ 내압 방폭구조 : p
④ 본질안전 방폭구조 : ia 또는 ib

해설

내압 방폭구조 : d

80

다음 중 건조설비의 사용상 주의점으로 가장 옳지 않은 것은?

① 건조설비에 가까운 장소에는 인화성 액체를 두지 말 것
② 고온으로 가열건조한 물질은 즉시 격리 저장할 것
③ 위험물 건조설비를 사용할 때는 미리 내부를 청소하거나 환기시킨 후 사용할 것
④ 건조로 인해 발생하는 가스·증기 또는 분진에 의한 화재·폭발의 위험이 있는 물질은 안전한 장소로 배출할 것

해설

건조설비의 사용(산업안전보건기준에 관한 규칙 제283조)

사업주는 건조설비를 사용하여 작업을 하는 경우에 폭발이나 화재를 예방하기 위하여 다음 사항을 준수하여야 한다.

• 위험물 건조설비를 사용하는 경우에는 미리 내부를 청소하거나 환기할 것
• 위험물 건조설비를 사용하는 경우에는 건조로 인하여 발생하는 가스·증기 또는 분진에 의하여 폭발·화재의 위험이 있는 물질을 안전한 장소로 배출시킬 것
• 위험물 건조설비를 사용하여 가열건조하는 건조물은 쉽게 이탈되지 않도록 할 것
• 고온으로 가열건조한 인화성 액체는 발화의 위험이 없는 온도로 냉각한 후에 격납시킬 것
• 건조설비(바깥 면이 현저히 고온이 되는 설비만 해당한다)에 가까운 장소에는 인화성 액체를 두지 않도록 할 것

81

작업에서의 위험요인과 재해 형태가 가장 관련이 적은 것은?

① 무리한 자재 적재 및 통로 미확보 → 전도
② 개구부 안전난간 미설치 → 추락
③ 벽돌 등 중량물 취급작업 → 협착
④ 항만 하역작업 → 질식

해설

항만 하역작업은 추락 재해의 형태이다.

82

건설공사 유해위험방지계획서 제출 시 공통적으로 제출하여야 할 첨부서류가 아닌 것은?

① 공사개요서
② 전체 공정표
③ 산업안전보건관리비 사용계획서
④ 가설도로계획서

해설

유해위험방지계획서 첨부서류(시행규칙 별표 10)
• 공사개요서
• 공사현장의 주변현황 및 주변과의 관계를 나타내는 도면(매설물 현황 포함)
• 전체 공정표
• 산업안전보건관리비 사용계획서
• 안전관리조직표
• 재해 발생 위험 시 연락 및 대피방법

83

산업안전보건관리비에 관한 설명으로 옳지 않은 것은?

① 발주자는 도급인이 산업안전보건관리비를 다른 목적으로 사용한 금액에 대해서는 계약 금액에서 감액 조정할 수 있다.
② 발주자는 도급인이 산업안전보건관리비를 사용하지 아니한 금액에 대하여는 반환을 요구할 수 있다.
③ 발주자가 도급계약 체결을 위한 원가 계산에 의한 예정 가격 작성 시 산업안전보건관리비를 계상해야 한다.
④ 발주자는 설계 변경 등으로 대상액의 변동이 있는 경우 공사 완료 후 정산하여야 한다.

해설

계상의무 및 기준(건설업 산업안전보건관리비 계상 및 사용기준 제4조)
발주자 또는 자기공사자는 설계 변경 등으로 대상액의 변동이 있는 경우 지체 없이 산업안전보건관리비를 조정 계상하여야 한다. 다만, 설계 변경으로 공사 금액이 800억 원 이상으로 증액된 경우에는 증액된 대상액을 기준으로 재계상한다.

84

작업 발판 및 통로의 끝이나 개구부로서 근로자가 추락할 위험이 있는 장소에서의 방호조치로 옳지 않은 것은?

① 와이어로프 설치
② 안전난간 설치
③ 울타리 설치
④ 수직형 추락방망 설치

해설

작업 발판 및 통로의 끝이나 개구부로서 근로자가 추락할 위험이 있는 장소에서의 방호조치(산업안전보건기준에 관한 규칙 제43조)
안전난간, 울타리, 수직형 추락방망 또는 덮개 등 설치

85

화물자동차에 짐을 싣는 작업 또는 내리는 작업을 하는 때에 추락에 의한 근로자의 위험을 방지하기 위하여, 안전하게 오르내리기 위한 설비를 설치하여야 하는 기준으로 옳은 것은?

① 바닥으로부터 짐 윗면까지의 높이가 2m 이상일 때
② 바닥으로부터 짐 아랫면까지의 높이가 2m 이상일 때
③ 바닥으로부터 짐 윗면까지의 높이가 1m 이상일 때
④ 바닥으로부터 짐 아랫면까지의 높이가 1m 이상일 때

해설

화물자동차 승강설비(산업안전보건기준에 관한 규칙 제187조)
사업주는 바닥으로부터 짐 윗면까지의 높이가 2m 이상인 화물자동차에 짐을 싣는 작업 또는 내리는 작업을 하는 경우에는 근로자의 추락 위험을 방지하기 위하여 해당 작업에 종사하는 근로자가 바닥과 적재함의 짐 윗면 간을 안전하게 오르내리기 위한 설비를 설치하여야 한다.

86

추락재해를 방지하기 위하여 10cm 그물코인 방망을 설치할 때 방망과 바닥면 사이의 최소 높이로 옳은 것은?(단, 설치된 방망의 단변 방향 길이 $L = 2$m, 장변 방향 방망의 지지 간격 $A = 3$m이다)

① 2.0m   ② 2.4m
③ 3.0m   ④ 3.4m

해설

10cm 그물코이고 $L < A$이므로

$$H_2 = \frac{0.85}{4}(L + 3A)$$
$$= \frac{0.85}{4}(2 + 9)$$
$$\simeq 2.4\text{m}$$

87

다음 중 산업안전보건법령상 작업으로 인하여 물체가 낙하 또는 비래할 위험이 있는 경우, 위험방지를 위해 취해야 할 조치사항으로 가장 거리가 먼 것은?

① 낙하물 방지망 또는 방호선반의 설치
② 출입금지구역의 설정
③ 보호구의 착용
④ 감시인 배치

해설

사업주는 작업으로 인하여 물체가 떨어지거나 날아올 위험이 있는 경우 낙하물 방지망, 수직보호망 또는 방호선반의 설치, 출입금지구역의 설정, 보호구의 착용 등 위험을 방지하기 위하여 필요한 조치를 하여야 한다. 이 경우 낙하물 방지망 및 수직보호망은 산업표준화법에 따른 한국산업표준에서 정하는 성능기준에 적합한 것을 사용하여야 한다(산업안전보건기준에 관한 규칙 제14조).

88

건물의 층수가 적은 긴 평면일 때 또는 당김줄을 마음대로 맬 수 없을 때 작업이 용이하며, 수평 이동을 하면서 세우기를 할 수 있는 기계설비는?

① 가이데릭(guy derrick)
② 스티프레그데릭(stiff-leg derrick)
③ 트럭 크레인(truck crane)
④ 진폴데릭(gin pole derrick)

해설

스티프레그데릭(stiff-leg derrick)
수평 이동이 가능하여 건물의 층수가 적은 긴 평면에 사용되며 회전 범위가 270°인 특징을 갖고 있는 철골 세우기용 장비이다.

89

작업장소 전체에 비계를 설치하기에는 비경제적이고, 주로 일시적인 작업을 할 때 가장 적당한 비계는?

① 이동식비계   ② 강관비계

③ 강관틀비계   ④ 달대비계

90

현장에서 강관을 사용하여 비계를 구성할 때 비계기둥 간의 적재하중은 얼마를 초과해서는 안 되는가?

① 200kg   ② 300kg

③ 400kg   ④ 500kg

해설

강관비계의 구조(산업안전보건기준에 관한 규칙 제60조)
비계기둥 간의 적재하중은 400kg을 초과하지 않도록 할 것

91

사다리식 통로를 설치하는 경우 준수사항으로 옳지 않은 것은?

① 발판의 간격은 일정하게 할 것

② 발판과 벽과의 사이는 15cm 이상의 간격을 유지할 것

③ 사다리의 상단은 걸쳐놓은 지점으로부터 60cm 이상 올라가도록 할 것

④ 사다리식 통로의 길이가 10m 이상인 때에는 7m 이내마다 계단참을 설치할 것

해설

사다리식 통로의 길이가 10m 이상인 경우에는 5m 이내마다 계단참을 설치해야 한다(산업안전보건기준에 관한 규칙 제24조).

92

사업주는 계단 및 계단참을 설치하는 경우 매 m²당 몇 kg 이상의 하중에 견딜 수 있는 강도를 가진 구조로 설치하여야 하는가?

① 200kg   ② 300kg

③ 400kg   ④ 500kg

해설

계단의 강도(산업안전보건기준에 관한 규칙 제26조)
사업주는 계단 및 계단참을 설치하는 경우 매 m²당 500kg 이상의 하중에 견딜 수 있는 강도를 가진 구조로 설치하여야 하며, 안전율은 4 이상으로 하여야 한다.

93

콘크리트를 타설할 때 거푸집의 측압에 크게 영향을 미치지 않는 것은?

① 콘크리트 타설 속도

② 콘크리트 타설 높이

③ 콘크리트 설계기준강도

④ 기온

해설

콘크리트 타설작업 시 거푸집의 측압에 영향을 미치는 인자
• 비례요인 : 슬럼프, 타설 속도(부어넣기 속도), 콘크리트의 타설 높이, 다짐, 거푸집 수밀성, 거푸집의 부재 단면, 거푸집의 강도, 거푸집 표면의 평활도, 거푸집의 수밀성, 시공연도(workability), 콘크리트의 비중, 응결시간이 빠른 시멘트(조강시멘트 등), 묽은 콘크리트
• 반비례요인 : 기온(외기의 온도, 거푸집 속의 콘크리트 온도), 철근의 양, 거푸집의 투수성, 습도

94

다음 중 흙의 안식각과 동일한 의미를 가진 용어는?

① 자연경사각
② 비탈면각
③ 시공경사각
④ 계획경사각

해설

흙의 안식각이란 안정된 비탈면과 원지면이 이루는 흙의 사면각도로 자연경사각, 휴식각, 자연구배라고도 한다.

95

지반의 개량공법 중 점성토 지반 개량공법으로 옳지 않은 것은?

① 치환 공법
② 샌드 드레인 공법
③ 페이퍼 드레인 공법
④ 바이브로 플로테이션 공법

해설

지반의 개량공법
- 점성토 지반 : 프리로딩 공법, 치환공법, 페이퍼 드레인 공법, 생석회 말뚝공법, 샌드 드레인 공법
- 사질 지반 : 바이브로 플로테이션 공법, 진동다짐공법

96

굴착면의 기울기 기준으로 옳지 않은 것은?

① 풍화암 – 1:1.0
② 연암 – 1:1.0
③ 경암 – 1:0.3
④ 모래 – 1:1.8

해설

굴착면의 기울기 기준(산업안전보건기준에 관한 규칙 별표 11)

지반의 종류	굴착면의 기울기
모래	1:1.8
연암 및 풍화암	1:1.0
경암	1:0.5
그 밖의 흙	1:1.2

※ 굴착면의 기울기 : 굴착면의 높이에 대한 수평거리의 비율

97

발파작업에 종사하는 근로자가 준수해야 할 사항으로 옳지 않은 것은?

① 얼어붙은 다이너마이트는 화기에 접근시키거나 그 밖의 고열물에 직접 접촉시키는 등 위험한 방법으로 융해되지 않도록 한다.
② 발파공의 충진 재료로 점토·모래 등의 사용을 금할 것
③ 장전구는 마찰·충격·정전기 등에 의한 폭발의 위험이 없는 안전한 것을 사용할 것
④ 전기뇌관에 의한 발파의 경우 점화하기 전에 화약류를 장전한 장소로부터 30m 이상 떨어진 안전한 장소에서 전선에 대하여 저항측정 및 도통시험을 할 것

해설

발파공의 충진 재료는 점토·모래 등 발화성 또는 인화성의 위험이 없는 재료를 사용한다(산업안전보건기준에 관한 규칙 제348조).

98

하루 평균기온이 4℃ 이하일 것이라고 예상되는 기상조건에서, 낮에도 콘크리트가 동결의 우려가 있는 경우에 사용되는 콘크리트는?

① 고강도 콘크리트
② 경량 콘크리트
③ 서중 콘크리트
④ 한중 콘크리트

해설

① 고강도 콘크리트 : 설계 기준강도 400kg/cm²의 콘크리트로 신속하게 운반해야 하고, 비빔에서 타설 종료까지의 시간은 원칙적으로 90분을 넘으면 안 된다.
② 경량 콘크리트 : 중량 경감의 목적으로 인공 또는 천연의 골재 등을 이용하여 만든 것으로, 단위용적중량 2.0t/m² 이하의 콘크리트이다.
③ 서중 콘크리트 : 하루 평균기온이 25℃를 초과하는 경우 콘크리트의 슬럼프 저하나 수분의 급격한 증발 등의 염려가 있을 경우에 시공되는 콘크리트이다.

99

철골공사 등의 용접작업 시 사용되는 가스용기의 취급상 주의사항으로 잘못된 것은?

① 용기는 통풍 또는 환기가 잘되는 장소에 보관한다.
② 용기의 온도는 40℃ 이하로 유지한다.
③ 밸브의 개폐는 가능한 한 빠르고 신속히 하여야 한다.
④ 용해 아세틸렌 용기는 세워서 보관한다.

해설

밸브의 개폐는 서서히 해야 한다(산업안전보건기준에 관한 규칙 제234조).

100

인력운반으로 물건을 이동시킬 때 지켜야 할 규칙사항으로 옳지 않은 것은?

① 짐을 몸으로부터 멀리해서 든다.
② 짐을 이동할 때는 몸을 반듯이 편다.
③ 가능하면 운반대 등과 같은 보조구를 사용한다.
④ 등을 반드시 편 상태에서만 짐을 들어 올리고 내린다.

해설

짐을 몸에 가까이 붙여 든다.

01

국제노동기구(ILO)에서 구분한 '일시 전 노동 불능'에 관한 설명으로 옳은 것은?

① 부상의 결과로 근로기능을 완전히 잃은 부상
② 부상의 결과로 신체의 일부가 근로기능을 완전히 상실한 부상
③ 의사의 소견에 따라 일정기간 동안 노동에 종사할 수 없는 상해
④ 의사의 소견에 따라 일시적으로 근로시간 중 치료를 받는 정도의 상해

해설

일시 전 노동 불능

의사의 소견에 따라 일정기간 동안 노동에 종사할 수 없는 상해
※ ④는 일시 일부 노동 불능에 해당한다.

02

재해 예방 4원칙 중 대책 선정의 원칙의 충족조건이 아닌 것은?

① 문제해결능력 고취
② 적합한 기준 설정
③ 경영자 및 관리자의 솔선수범
④ 부단한 동기부여와 사기 향상

해설

대책 선정의 원칙의 충족조건

• 기술적 대책(engineering) : 안전설계, 작업행정 개선, 안전 기준 설정, 환경설비의 개선, 점검 보존 확립 등
• 교육적 대책(education) : 안전교육 및 훈련 등
• 관리적 대책(enforcement) : 적합한 기준 설정, 전 종업원의 기준 이해, 동기부여와 사기 향상, 각종 규정・수칙 준수, 경영자・관리자의 솔선수범 등

03

재해의 기본원인 4M에 해당하지 않는 것은?

① Man
② Machine
③ Media
④ Measurement

해설

재해의 기본원인 4M

Man, Machine, Media, Management

04

안전관리 조직의 형태 중 참모식(staff) 조직에 대한 설명으로 옳지 않은 것은?

① 이 조직은 분업의 원칙을 고도로 이용한 것이며, 책임 및 권한이 직능적으로 분담되어 있다.

② 생산 및 안전에 관한 명령이 각각 별개의 계통에서 나오는 결함이 있어, 응급처치 및 통제수속이 복잡하다.

③ 참모(staff)의 특성상 업무관장은 계획안의 작성, 조사, 점검결과에 따른 조언, 보고에 머문다.

④ 참모(staff)는 각 생산라인의 안전 업무를 직접 관장하고 통제한다.

해설

참모(staff)는 각 생산라인의 안전업무를 직접 관장하거나 통제하지 않는다. 참모의 특성상 업무관장은 계획안의 작성, 조사, 점검결과에 따른 조언, 보고에 머문다.

05

다음 중 산업안전보건법령상 안전관리자의 업무가 아닌 것은?(단, 그 밖에 안전에 관한 사항으로서 고용노동부장관이 정하는 사항은 제외한다)

① 사업장 순회점검, 지도 및 조치 건의

② 해당 사업장 안전교육계획의 수립 및 안전교육 실시에 관한 보좌 및 지도·조언

③ 산업재해 발생의 원인 조사·분석 및 재발 방지를 위한 기술적 보좌 및 지도·조언

④ 해당 작업의 작업장 정리·정돈 및 통로 확보에 대한 확인·감독

해설

④는 관리감독자의 업무이다.

안전관리자의 업무 등(시행령 제18조)

• 산업안전보건위원회 또는 안전 및 보건에 관한 노사협의체에서 심의·의결한 업무와 해당 사업장의 안전보건관리규정 및 취업규칙에서 정한 업무

• 위험성 평가에 관한 보좌 및 지도·조언

• 안전인증 대상 기계 등과 자율안전확인 대상 기계 등 구입 시 적격품의 선정에 관한 보좌 및 지도·조언

• 해당 사업장 안전교육계획의 수립 및 안전교육 실시에 관한 보좌 및 지도·조언

• 사업장 순회점검, 지도 및 조치 건의

• 산업재해 발생의 원인 조사·분석 및 재발 방지를 위한 기술적 보좌 및 지도·조언

• 산업재해에 관한 통계의 유지·관리·분석을 위한 보좌 및 지도·조언

• 법 또는 법에 따른 명령으로 정한 안전에 관한 사항의 이행에 관한 보좌 및 지도·조언

• 업무 수행 내용의 기록·유지

• 그 밖에 안전에 관한 사항으로서 고용노동부장관이 정하는 사항

06

산업안전보건법령상 안전보건표지의 종류 중 지시표지에 해당되지 않는 것은?

① 안전모 착용 ② 안전화 착용
③ 방호복 착용 ④ 방독마스크 착용

해설

지시표지의 종류(시행규칙 별표 7)

보안경 착용, 방독마스크 착용, 방진마스크 착용, 보안면 착용, 안전모 착용, 귀마개 착용, 안전화 착용, 안전장갑 착용, 안전복 착용

07

안전보건표지의 기본모형 중 다음 그림의 기본모형의 표시사항으로 옳은 것은?

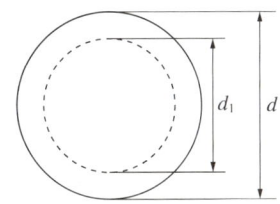

① 지시 ② 안내
③ 경고 ④ 금지

해설

지시표지의 기본도형(시행규칙 별표 8, 별표 9)

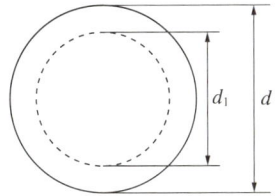

- 색도기준 : 2.5PB 4/10
- 규격비율(크기)
  - $d_1 = 0.8d$
  - $d \geq 0.025L$(여기서, L : 안전보건표지를 인식할 수 있거나 인식해야 할 안전거리)

08

적응기제(adjustment mechanism)의 도피적 행동인 고립에 해당하는 것은?

① 운동 시합에서 진 선수가 컨디션이 좋지 않았다고 말한다.
② 키가 작은 사람이 키 큰 친구들과 같이 사진을 찍으려 하지 않는다.
③ 자녀가 없는 여교사가 아동교육에 전념하게 되었다.
④ 동생이 태어나자 형이 된 아이가 말을 더듬는다.

해설

② 고립 : 자신이 없을 때 현실로부터 벗어남으로써 곤란한 상황과의 접촉을 피하여 자기 내부로 도피하는 행동
   예 사업에 실패하고 두문불출하는 경우 등
① 합리화 : 그럴듯한 구실이나 변명을 통해 실패를 정당화하는 것
③ 승화 : 억압당한 욕구가 사회적·문화적으로 가치 있는 목적으로 향하도록 노력함으로써 욕구를 충족하는 적응기제
④ 퇴행 : 자신의 욕구를 충족시킬 수 없을 때 유아시절의 감정이나 태도로 돌아가서 욕구를 충족시키려고 하는 기제

09

허즈버그(Herzberg)의 동기·위생이론에 대한 설명으로 옳은 것은?

① 위생요인은 직무내용에 관련된 요인이다.
② 동기요인은 직무에 만족을 느끼는 주요인이다.
③ 위생요인은 매슬로 욕구단계 중 존경, 자아실현의 욕구와 유사하다.
④ 동기요인은 매슬로 욕구단계 중 생리적 욕구와 유사하다.

해설

① 위생요인은 직무 외의 내용에 관련된 요인이다. 즉, 인간의 동물적 욕구를 반영하는 것으로서 안전, 친교, 봉급, 감독형태, 기업의 정책 작업조건 등이 해당된다.
③ 위생요인은 매슬로 욕구단계 중 생리적·사회적 욕구와 유사하다.
④ 동기요인은 매슬로 욕구단계 중 자아실현의 욕구와 유사하다.

10

다음에서 설명하는 착시 현상과 관계가 깊은 것은?

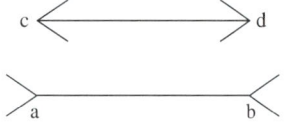

그림에서 선 ab와 선 cd는 그 길이가 동일한 것이지만,
시각적으로는 선 ab가 선 cd보다 길어 보인다.

① 헬름홀츠의 착시
② 쾰러의 착시
③ 뮐러리어의 착시
④ 포겐도르프의 착시

> **해설**

① 헬름홀츠(Helmholtz)의 착시 : (a)는 세로로 길어 보이고, (b)는
　가로로 길어 보인다.

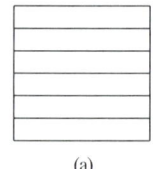 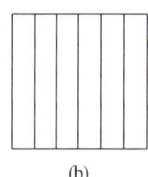

② 쾰러(Köhler)의 착시 : 평행의 호를 먼저 보고 이어서 직선을 본
　경우에 직선이 호와의 반대 방향으로 휘어 보이는 현상이다.

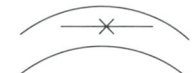

④ 포겐도르프(Poggendorff)의 착시 : 왼쪽의 선은 오른쪽의 아래 선의
　연장선에 있지만 오른쪽 위에 있는 선과 연결되어 있는 것처럼 보
　인다.

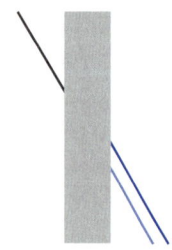

11

매슬로(Maslow)의 욕구 5단계 이론에 해당하지 않는
것은?

① 생리적 욕구
② 안전의 욕구
③ 사회적 욕구
④ 심리적 욕구

> **해설**

매슬로(Maslow)의 욕구 5단계 이론
• 1단계 : 생리적 욕구
• 2단계 : 안전에 대한 욕구
• 3단계 : 사회적 욕구
• 4단계 : 존경의 욕구
• 5단계 : 자아실현의 욕구

12

주의(attention)의 특성 중 여러 종류의 자극을 받을 때
소수의 특정한 것에만 반응하는 것은?

① 선택성　　　　　　② 방향성
③ 단속성　　　　　　④ 변동성

> **해설**

주의의 특징
• 선택성 : 여러 종류의 자극을 자각할 때 소수의 특정한 것에 한하여
　주의가 집중된다.
• 방향성 : 한곳에 주의를 집중하면 다른 곳의 주의가 약해진다.
• 지속성 : 인간의 주의력은 장시간 유지되기 어렵고 고도의 주의는
　장시간 지속될 수 없다.
• 변동성 : 주의에는 주기적으로 부주의의 리듬이 존재한다.

13

리더십에 있어서 권한의 역할 중 조직이 지도자에게 부여한 권한이 아닌 것은?

① 보상적 권한   ② 강압적 권한

③ 합법적 권한   ④ 전문성의 권한

해설

리더십의 권한
- 조직이 지도자에게 부여한 권한 : 보상적 권한, 강압적 권한, 합법적 권한
- 지도자가 자신에게 부여하는 권한 : 전문성의 권한, 위임된 권한

14

안전교육의 3요소로 옳지 않은 것은?

① 지식교육   ② 기능교육

③ 태도교육   ④ 실습교육

해설

안전교육의 3요소
지식교육, 기능교육, 태도교육

15

다음 중 하버드학파의 5단계 교수법에 해당하지 않는 것은?

① 교시(presentation)

② 연합(association)

③ 추론(reasoning)

④ 총괄(generalization)

해설

하버드학파의 5단계 교수법
- 1단계 : 준비시킨다(preparation).
- 2단계 : 교시한다(presentation).
- 3단계 : 연합한다(association).
- 4단계 : 총괄시킨다(generalization).
- 5단계 : 응용시킨다(application).

16

토의식 교육지도에 있어서 가장 시간이 많이 소요되는 단계는?

① 도입   ② 제시

③ 적용   ④ 확인

해설

교육지도의 각 단계별 소요시간

단계		강의식 교육	토의식 교육
1	도입	5분	
2	제시	40분	10분
3	적용	10분	40분
4	확인	5분	

17

교육의 3요소 중 교육의 주체에 해당하는 것은?

① 강사
② 교재
③ 수강자
④ 교육내용

교육의 3요소
- 교육의 주체 : 강사, 교사, 교육자
- 교육의 객체 : 피교육자, 수강자, 교육생, 학생
- 교육의 매개체 : 교재, 교육자료, 교육내용

18

산업안전보건법령상 사업 내 안전보건교육의 교육과정에 해당하지 않는 것은?

① 검사원 정기점검교육
② 특별교육
③ 건설업 기초 안전·보건교육
④ 작업내용 변경 시의 교육

안전보건교육 교육과정(시행규칙 별표 4)
- 근로자 안전보건교육 교육과정 : 정기교육, 채용 시 교육, 작업내용 변경 시 교육, 특별교육, 건설업 기초 안전·보건교육
- 관리감독자 안전보건교육 교육과정 : 정기교육, 채용 시 교육, 작업내용 변경 시 교육, 특별교육
- 안전보건관리책임자 등에 대한 교육
- 특수형태근로종사자에 대한 안전보건교육 교육과정 : 최초 노무제공 시 교육, 특별교육
- 검사원 성능검사교육

19

보호구 안전인증 고시에 따른 안전모의 일반 구조 중 턱끈의 최소 폭 기준은?

① 5mm 이상
② 7mm 이상
③ 10mm 이상
④ 12mm 이상

보호구 안전인증 고시 별표 1

20

주요 구조 부분을 변경하는 경우 안전인증을 받아야 하는 기계 또는 설비가 아닌 것은?

① 원심기
② 사출성형기
③ 압력용기
④ 고소작업대

안전인증 대상 기계 등(시행령 제74조)

기계 또는 설비	프레스, 전단기 및 절곡기, 크레인, 리프트, 압력용기, 롤러기, 사출성형기, 고소작업대, 곤돌라
방호장치	프레스 및 전단기 방호장치, 양중기용 과부하 방지장치, 보일러 압력방출용 안전밸브, 압력용기 압력방출용 안전밸브, 압력용기 압력방출용 파열판, 절연용 방호구 및 활선작업용 기구, 방폭구조 전기기계·기구 및 부품, 추락·낙하 및 붕괴 등의 위험방지 및 보호에 필요한 가설기자재, 충돌·협착 등의 위험 방지에 필요한 산업용 로봇 방호장치
보호구	안전모(추락 및 감전 위험방지용), 안전화, 안전장갑, 방진마스크, 방독마스크, 송기마스크, 전동식 호흡보호구, 보호복, 안전대, 보안경(차광 및 비산물 위험방지용), 용접용 보안면, 방음용 귀마개 또는 귀덮개

21

다음 설명에 해당하는 시스템 위험분석방법은?

- 시스템의 정의 및 개발단계에서 실행한다.
- 시스템의 기능, 과업, 활동으로부터 발생되는 위험에 초점을 둔다.

① 모트(MORT)
② 결함수분석(FTA)
③ 예비위험분석(PHA)
④ 운용위험분석(OHA)

해설

① 모트(MORT) : 관리, 생산, 설계, 보전 등의 광범위한 안전 확보를 위하여 활용하는 기법
② 결함수분석(FTA) : 시스템의 고장이나 사고를 장치나 운전자의 실수 등 사고원인들의 관계를 논리게이트를 이용하여 tree 모양으로 나타내고 이에 의거하여 고장 확률을 구하는 기법
③ 예비위험분석(PHA) : 모든 시스템 안전프로그램의 최초단계(설계단계, 구상단계)에서 실시하는 분석법으로 시스템 내의 위험요소가 얼마나 위험상태에 있는가를 정성적으로 평가하는 방식
※ OHA(Operating Hazard Analysis, 운용위험분석)

22

설비나 공법 등에서 나타날 위험에 대하여 정성적 또는 정량적인 평가를 행하고 그 평가에 따른 대책을 강구하는 것은?

① 설비보전　　　　② 동작분석
③ 안전계획　　　　④ 안전성 평가

23

인간이 현존하는 기계를 능가하는 기능으로 거리가 먼 것은?

① 완전히 새로운 해결책을 도출할 수 있다.
② 원칙을 적용하여 다양한 문제를 해결할 수 있다.
③ 여러 개의 프로그램된 활동을 동시에 수행할 수 있다.
④ 상황에 따라 변하는 복잡한 자극 형태를 식별할 수 있다.

해설

여러 개의 프로그램된 활동을 동시에 수행할 수 있는 것은 현존하는 기계가 인간을 능가하는 기능이다. 즉, 기계는 다양한 프로그램을 동시에 작업할 수 있으나 인간은 하나에만 집중할 수 있다.

24

과전압이 걸리면 전기를 차단하는 차단기, 퓨즈 등을 설치하여 오류가 재해로 이어지지 않도록 사고를 예방하는 설계 원칙은?

① 에러 복구 설계
② 풀 프루프(fool proof) 설계
③ 페일 세이프(fail safe) 설계
④ 템퍼 프루프(tamper proof) 설계

해설

③ 페일 세이프(fail safe) 설계 : 기계 등이 고장이 발생했을 때 사고나 재해를 예방하도록 안전을 확보하는 장치 또는 기구
① 에러 복구 설계 : 오류가 발생하더라도 정상적인 상태로 복구할 수 있도록 설계하는 것
② 풀 프루프(fool proof) 설계 : 작업자가 실수를 하더라도 사고로 연결되지 않도록 항상 안전하게 작동되는 구조
④ 템퍼 프루프(tamper proof) 설계 : 장치를 임의로 조작하거나 파손하는 것을 방지하기 위해 설계하는 것

25

위험처리방법에 관한 설명으로 옳지 않은 것은?

① 위험처리 대책수립 시 비용문제는 제외된다.

② 재정적으로 처리하는 방법에는 보류와 전가방법이 있다.

③ 위험의 제어방법에는 회피, 손실제어, 위험 분리, 책임 전가 등이 있다.

④ 위험처리방법에는 위험을 제어하는 방법과 재정적으로 처리하는 방법이 있다.

해설

위험처리 대책 수립 시 비용문제를 포함시킨다.

27

다음 중 시스템 안전성 평가의 순서를 가장 올바르게 나열한 것은?

① 자료의 정리 → 정량적 평가 → 정성적 평가 → 대책 수립 → 재평가

② 자료의 정리 → 정성적 평가 → 정량적 평가 → 재평가 → 대책 수립

③ 자료의 정리 → 정량적 평가 → 정성적 평가 → 재평가 → 대책 수립

④ 자료의 정리 → 정성적 평가 → 정량적 평가 → 대책 수립 → 재평가

26

인간오류의 확률을 이용하여 시스템의 위험성을 평가하는 기법은?

① PHA   ② THERP

③ OHA   ④ HAZOP

해설

② THERP(인간실수율예측기법) : 인간의 과오를 정량적으로 평가하고 분석하는 데 사용하는 기법으로 event tree를 통해 전체 실패확률을 구할 수 있다.

① PHA : 시스템의 최초(설계, 구상) 단계에서 실시하는 정성적 평가법이다.

③ OHA : 시스템 정의 및 시스템 개발 초기단계에서 실행한다(모든 생산단계에서 안전을 결정하기 위한 기법).

④ HAZOP : 가동문제를 파악, 예측하기 위한 기법이다(장비에 대한 안전성 평가/새로운 기술을 적용한 공정설비의 테스트가 목적).

28

예비위험분석(PHA)에 대한 설명으로 옳은 것은?

① 관련된 과거 안전점검결과의 조사에 적절하다.

② 안전 관련 법규 조항의 준수를 위한 조사방법이다.

③ 시스템 고유의 위험성을 파악하고 예상되는 재해의 위험 수준을 결정한다.

④ 초기단계에서 시스템 내의 위험요소가 어떠한 위험 상태에 있는가를 정성적으로 평가하는 것이다.

해설

PHA(Preliminary Hazard Analysis, 예비위험분석)

모든 시스템 안전프로그램의 최초단계의 분석으로 시스템 내의 위험요소가 얼마나 위험 상태에 있는가를 정성적으로 평가하는 방식이다. 시스템의 개발단계에서 시스템 고유의 위험영역을 식별하고 예상되는 재해의 위험수준을 평가하는 데 목적이 있다.

29

다음 중 근골격계 질환의 원인으로 가장 거리가 먼 것은?

① 과도한 힘　　　　　② 부적절한 자세
③ 높은 장소에서의 작업　④ 단순 반복 작업

근골격계 질환

반복적인 동작, 부적절한 작업 자세, 무리한 힘의 사용, 날카로운 면과의 신체 접촉, 진동 및 온도 등의 요인에 의하여 발생하는 건강장해로서 목, 어깨, 허리, 팔다리의 신경·근육 및 그 주변 신체조직 등에 나타나는 질환이다.

30

적절한 온도의 작업환경에서 추운 환경으로 변할 때, 우리의 신체가 수행하는 조절작용이 아닌 것은?

① 발한(發汗)이 시작된다.
② 피부의 온도가 내려간다.
③ 직장온도가 약간 올라간다.
④ 혈액의 많은 양이 몸의 중심부를 순환한다.

발한은 체온이 높아졌을 때 땀으로 수분을 배출해 체열을 발산시켜 체온조절을 하거나 정신적 긴장 시 땀이 나는 현상이다.

31

욕조곡선에서의 고장 형태에서 일정한 형태의 고장률이 나타나는 구간은?

① 초기고장구간　　　② 마모고장구간
③ 피로고장구간　　　④ 우발고장구간

④ 우발고장구간 : 일정한 형태의 고장률(CFR)
① 초기고장구간 : 감소 형태의 고장률(DFR)
② 마모고장구간 : 증가 형태의 고장률(IFR)
③ 피로고장구간이라는 고장구간의 분류는 없다.

32

고열 작업환경에서 심한 근육 작업 후에 근육의 수축이 격렬하게 일어나며, 탈수와 체내 염분농도 부족에 의해 야기되는 장해는?

① 열경련(heat cramp)
② 열사병(heat stroke)
③ 열쇠약(heat prostration)
④ 열피로(heat exhaustion)

온열질환

• 열경련 : 고온환경에서 심한 육체적 노동을 할 때 잘 발생하며 발생기전은 지나친 발한에 의한 탈수와 염분손실이다.
• 열사병 : 체온조절기능이 마비되어 체온이 40℃ 이상으로 올라가는 가장 위험한 온열질환이다.
• 열쇠약 : 고열에 의한 만성 체력소모를 말한다.
• 열피로(열허탈증) : 말초혈관 운동신경의 조절 장애와 심박출량의 부족으로 인한 순환 부전, 특지 대뇌피질의 혈류량 부족이 주 원인이다.

33

서브시스템, 구성요소, 기능 등의 잠재적 고장 형태에 따른 시스템의 위험을 파악하는 위험분석기법으로 옳은 것은?

① ETA(Event Tree Analysis)
② HEA(Human Error Analysis)
③ PHA(Preliminary Hazard Analysis)
④ FMEA(Failure Mode and Effect Analysis)

FMEA(Failure Mode & Effects Analysis, 고장의 유형과 영향 분석)

• 서브시스템, 구성요소, 기능 등의 잠재적 고장 형태에 따른 시스템의 위험을 파악하는 위험분석기법이다.
• 정성적·귀납적 평가기법으로 시스템 요소의 고장을 형태별로 분석하는 기법이다.
• 위험도 순위를 부여하여 순위가 높은 것부터 개선한다.
• 예상되는 심각도, 발생도, 검출도 등에 의한 평가 기준을 설정해 두고 개개의 구성요소에 의한 고장 평가를 하고 종합하여 치명도를 산출한다.

34

다음 중 몸의 중심선으로부터 밖으로 이동하는 신체 부위의 동작을 무엇이라 하는가?

① 외전 ② 외선
③ 내전 ④ 내선

신체 동작의 유형

- 내선(medial rotation) : 몸의 중심선으로의 회전
- 외선(lateral rotation) : 몸의 중심선으로부터의 회전
- 내전(adduction) : 몸의 중심선으로의 이동
- 외전(abduction) : 몸의 중심선으로부터의 이동
- 굴곡(flexion) : 신체 부위 간의 각도의 감소
- 신전(extension) : 신체 부위 간의 각도의 증가

35

표시값의 변화방향이나 변화속도를 나타내어 전반적인 추이의 변화를 관측할 필요가 있는 경우에 가장 적합한 표시장치는?

① 동목형 표시장치
② 계수형 표시장치
③ 묘사형 표시장치
④ 동침형 표시장치

동침형 표시장치

시간에 따른 값의 변화를 실시간으로 표시할 수 있어 변화의 방향이나 변화속도를 쉽게 파악할 수 있다. 표시값의 변화를 빠르게 파악해야 하는 경우에 가장 적합한 표시장치이다.

36

인간공학적 부품 배치의 원칙에 해당하지 않는 것은?

① 신뢰성의 원칙 ② 사용 순서의 원칙
③ 중요성의 원칙 ④ 사용 빈도의 원칙

부품 배치의 원칙

- 중요성의 원칙 : 목표 달성에 긴요한 정도에 따라 우선순위를 정한다.
- 사용 빈도의 원칙 : 사용되는 빈도에 따라 우선순위를 정한다.
- 기능별 배치의 원칙 : 기능적으로 관련된 부품들을 모아서 배치한다.
- 사용 순서의 원칙 : 순서적으로 사용되는 장치들을 순서에 맞게 배치한다.

37

관측하고자 하는 측정값을 가장 정확하게 읽을 수 있는 표시장치는?

① 계수형 ② 동침형
③ 동목형 ④ 묘사형

정량적인 동적 표시장치

- 계수형 : 관측하고자 하는 측정값을 가장 정확하게 읽을 수 있는 표시장치이다. 즉, 택시요금계기와 같이 숫자로 표시되는 정량적인 동적 표시장치이다.
- 동침형 : 표시값의 변화 방향이나 변화속도를 나타내어 전반적인 추이의 변화를 관측할 필요가 있는 경우 가장 적합한 표시장치이다.

38

녹색과 적색의 두 신호가 있는 신호등에서 1시간 동안 적색과 녹색이 각각 30분씩 켜진다면 이 신호등의 정보량은?

① 0.5bit ② 1bit
③ 2bit ④ 4bit

정보량(H)

$$H = \log_2 N$$
$$= \log_2 2$$
$$= 1\text{bit}$$

39

청각적 표시장치지침에 관한 설명으로 옳지 않은 것은?

① 신호는 최소한 0.5~1초 동안 지속한다.

② 신호는 배경 소음과 다른 주파수를 이용한다.

③ 소음은 양쪽 귀에, 신호는 한쪽 귀에 들리게 한다.

④ 300m 이상 멀리 보내는 신호는 2,000Hz 이상의 주파수를 사용한다.

해설

300m 이상 멀리 보내는 신호는 1,000Hz 이하의 주파수를 사용한다.

40

실효온도(ET)의 결정요소가 아닌 것은?

① 온도　　　　② 습도

③ 대류　　　　④ 복사

해설

실효온도(ET)의 결정요소
온도, 습도, 대류(공기 유동)

제3과목 | 기계 · 기구 및 설비 안전관리

41

기계설비에 대한 본질적인 안전화 방안의 하나인 풀 프루프(fool proof)에 관한 설명으로 가장 거리가 먼 것은?

① 계기나 표시를 보기 쉽게 하거나 이른바 인체공학적 설계도 넓은 의미의 풀 프루프에 해당된다.

② 설비 및 기계장치 일부가 고장이 난 경우 기능의 저하는 가져오나 전체 기능은 정지하지 않는다.

③ 인간이 에러를 일으키기 어려운 구조나 기능을 가진다.

④ 조작순서가 잘못되어도 올바르게 작동한다.

해설

풀 프루프(fool proof)
인간이 기계 등의 취급을 잘못해도 그것이 바로 사고나 재해와 연결되는 일이 없도록 설계하는 방법이다.

42

기계장치의 안전 설계를 위해 적용하는 안전율 계산식은?

① 안전하중 ÷ 설계하중

② 최대사용하중 ÷ 극한강도

③ 극한강도 ÷ 최대설계응력

④ 극한강도 ÷ 파단하중

해설

안전계수 산출공식
• 안전계수 = 기준강도 ÷ 허용응력
• 기준강도 : 파괴강도, 극한강도, 인장강도, 파괴하중, 최대응력
• 허용응력 : 허용하중, 최대설계응력, 인장응력, 안전하중, 허용응력

43

페일 세이프(fail safe)의 기계설계상 본질적 안전화에 대한 설명으로 옳지 않은 것은?

① 구조적 fail safe : 인간이 기계 등의 취급을 잘못해도 그것이 바로 사고나 재해와 연결되는 일이 없도록 하는 기능을 말한다.

② fail-passive : 부품이 고장 나면 통상적으로 기계는 정지하는 방향으로 이동한다.

③ fail-active : 부품이 고장 나면 기계는 경보를 울리는 가운데 짧은 시간 동안의 운전이 가능하다.

④ fail-operational : 부품의 고장이 있어도 기계는 추후에 보수가 될 때까지 안전한 기능을 유지하며 이것은 병렬 계통 또는 대기 여분(stand-by redundancy) 계통에 의한 것이다.

해설

fail safe와 fool proof

• fail safe : 기계 등이 고장이 발생했을 때 사고나 재해를 예방하도록 안전을 확보하는 장치 또는 기구

• fool proof : 작업자가 실수를 하더라도 사고로 연결되지 않도록 항상 안전하게 작동되는 구조

44

산업안전보건법령상 지게차 방호장치에 해당하는 것은?

① 포크

② 헤드가드

③ 호이스트

④ 힌지드 버킷

해설

지게차 방호장치(시행규칙 제98조)

헤드가드, 백레스트(backrest), 전조등, 후미등, 안전벨트

45

산업안전보건법령상 연삭숫돌의 시운전에 관한 설명으로 옳은 것은?

① 연삭숫돌 교체 후에는 바로 사용할 수 있다.

② 연삭숫돌 교체 후 1분 이상 시험운전을 하여야 한다.

③ 연삭숫돌 교체 후 2분 이상 시험운전을 하여야 한다.

④ 연삭숫돌 교체 후 3분 이상 시험운전을 하여야 한다.

해설

사업주는 연삭숫돌을 사용하는 작업의 경우 작업을 시작하기 전에는 1분 이상, 연삭숫돌을 교체한 후에는 3분 이상 시험운전을 하고 해당 기계에 이상이 있는지를 확인하여야 한다(산업안전보건기준에 관한 규칙 제122조).

46

재해조사에 관한 설명으로 옳지 않은 것은?

① 조사목적에 무관한 조사는 피한다.

② 조사는 현장을 정리한 후에 실시한다.

③ 목격자나 현장 책임자의 진술을 듣는다.

④ 조사자는 객관적이고 공정한 입장을 취해야 한다.

해설

재해조사 시 유의사항

• 사실을 있는 그대로 수집한다.

• 조사는 2인 이상이 실시한다.

• 사람, 기계설비, 양면의 재해요인을 모두 도출한다.

• 책임 추궁이나 책임 소재 파악보다는 재발 방지 목적을 우선으로 하는 기본적인 태도를 갖는다.

• 조사자가 전문가라도 단독으로 조사하거나 사고 정황을 추정하면 안 된다.

• 재해조사는 재해 발생 직후에 현장 보존에 유의하면서 행하며 물적 증거를 수집한다.

• 피해자 및 목격자 등 많은 사람으로부터 사고 시의 상황을 수집한다.

• 목격자 증언 등 사실 이외의 추측의 말은 신뢰성이 떨어지므로 참고만 한다.

• 조사는 신속하게 행하고 긴급히 조치하여 2차 재해 방지를 도모한다.

• 2차 재해 예방과 위험성에 대한 보호구를 착용한다.

• 재해 장소에 들어갈 때는 예방과 유해성에 대응하여 적정한 보호구를 반드시 착용한다.

• 과거의 사고 경향, 사례조사 기록 등을 참조한다.

47

선반작업에서 가공물의 길이가 외경에 비하여 과도하게 길 때, 절삭저항에 의한 떨림을 방지하기 위한 장치는?

① 센터
② 심봉
③ 방진구
④ 돌리개

해설

방진구

선반작업에서 가공물의 길이가 직경의 12배 이상으로 과도하게 길 때 처짐·휨, 절삭저항에 의한 떨림을 방지하기 위한 장치이다.

48

금형의 안전화에 대한 설명으로 옳지 않은 것은?

① 금형의 틈새는 8mm 이상 충분하게 확보한다.
② 금형 사이에 신체 일부가 들어가지 않도록 한다.
③ 충격이 반복되어 부가되는 부분에는 완충장치를 설치한다.
④ 금형 설치용 홈은 설치된 프레스의 홈에 적합한 형상의 것으로 한다.

해설

금형의 안전화와 울(프레스 금형작업의 안전에 관한 기술지침)

금형의 사이에 작업자의 신체의 일부가 들어가지 않도록 다음 부분의 간격이 8mm 이하 되도록 설치한다.

- 상사점 위치에 있어서 펀치와 다이, 이동 스트리퍼와 다이, 펀치와 스트리퍼 사이 및 고정 스트리퍼와 다이 등의 간격이 8mm 이하이면 울은 불필요하다.
- 상사점 위치에 있어서 고정 스트리퍼와 다이의 간격이 8mm 이하이더라도 펀치와 고정 스트리퍼 사이가 8mm 이상이면 울을 설치하여야 한다.

49

산업용 로봇작업 시 안전조치방법이 아닌 것은?

① 높이 1.8m 이상의 울타리를 설치한다.
② 로봇의 조작방법 및 순서의 지침에 따라 작업한다.
③ 로봇 작업 중 이상상황의 대처를 위해 근로자 이외에도 로봇의 기동스위치를 조작할 수 있도록 한다.
④ 2인 이상의 근로자에게 작업을 시킬 때는 신호 방법의 지침을 정하고 그 지침에 따라 작업을 시켜야 한다.

해설

작업을 하고 있는 동안 로봇의 기동스위치 등에 작업 중이라는 표시를 하는 등 작업에 종사하고 있는 근로자가 아닌 사람이 그 스위치 등을 조작할 수 없도록 필요한 조치를 해야 한다(로봇의 구동원을 차단하고 작업을 하는 경우에는 이 조치를 하지 아니할 수 있음).
※ 산업안전보건기준에 관한 규칙 제222조, 제223조

50

산업안전보건법령에 따라 다음 중 덮개 혹은 울을 설치하여야 하는 경우나 부위에 속하지 않는 것은?

① 목재가공용 띠톱기계를 제외한 띠톱기계에서 절단에 필요한 톱날 부위 외의 위험한 톱날 부위
② 선반으로부터 돌출하여 회전하고 있는 가공물이 근로자에게 위험을 미칠 우려가 있는 경우
③ 보일러에서 과열에 의한 압력 상승으로 인해 사용자에게 위험을 미칠 우려가 있는 경우
④ 연삭기 또는 평삭기의 테이블, 형삭기 램 등의 행정 끝이 근로자에게 위험을 미칠 우려가 있는 경우

해설

압력제한스위치(산업안전보건기준에 관한 규칙 제117조)

사업주는 보일러의 과열을 방지하기 위하여 최고사용압력과 상용압력 사이에서 보일러의 버너 연소를 차단할 수 있도록 압력제한스위치를 부착하여 사용하여야 한다.

51

산업안전보건법령에서 규정하는 양중기에 속하지 않는 것은?

① 호이스트
② 이동식 크레인
③ 곤돌라
④ 체인블록

양중기에 해당하지 않는 것으로 체인블록, 도르래, 항발기, 컨베이어, 트롤리 컨베이어, 어스드릴 등이 출제된다.

양중기(산업안전보건기준에 관한 규칙 제132조)
- 크레인(호이스트를 포함한다)
- 이동식 크레인
- 리프트(이삿짐 운반용 리프트의 경우에는 적재하중이 0.1ton 이상인 것으로 한정한다)
- 곤돌라
- 승강기

52

작업장 내 운반을 주목적으로 하는 구내 운반차가 준수해야 할 사항으로 옳지 않은 것은?

① 주행을 제동하거나 정지상태를 유지하기 위하여 유효한 제동장치를 갖출 것
② 경음기를 갖출 것
③ 전조등만 갖출 것
④ 운전자석이 차 실내에 있는 것은 좌우에 한 개씩 방향지시기를 갖출 것

작업장 내 운반을 주목적으로 하는 구내 운반차는 전조등과 후미등을 갖출 것. 다만, 작업을 안전하게 하기 위하여 필요한 조명이 있는 장소에서 사용하는 구내 운반차에 대해서는 그러하지 아니하다(산업안전보건기준에 관한 규칙 제184조).

53

지름이 60cm이고, 20rpm으로 회전하는 롤러기의 무부하 동작에서 급정지거리 기준으로 옳은 것은?

① 앞면 롤러 원주의 1/1.5 이내 거리에서 급정지
② 앞면 롤러 원주의 1/2 이내 거리에서 급정지
③ 앞면 롤러 원주의 1/2.5 이내 거리에서 급정지
④ 앞면 롤러 원주의 1/3 이내 거리에서 급정지

무부하 동작에서의 급정지거리(방호장치 자율안전기준 고시 별표 3)

앞면 롤러의 표면속도(m/min)	급정지거리
30 미만	앞면 롤러 원주의 1/3 이내
30 이상	앞면 롤러 원주의 1/2.5 이내

$V = \dfrac{\pi DN}{1,000} = \dfrac{3.14 \times 600 \times 20}{1,000} = 37.68$m/min이어서 앞면 롤러의

표면속도가 30m/min 이상이므로 급정지거리가 앞면 롤러 원주의 1/2.5 이내이다.

여기서, V : 표면속도
D : 롤러 원통의 직경(mm)
N : 1분간에 롤러기가 회전되는 수(rpm)

54

연삭기에서 숫돌의 바깥지름이 180mm라면, 평형 플랜지의 바깥지름은 몇 mm 이상이어야 하는가?

① 30
② 36
③ 45
④ 60

숫돌 고정장치인 평형 플랜지의 직경은 숫돌 직경 180mm의 1/3 이상이어야 하므로 평형 플랜지의 직경은 최소 60mm 이상이어야 한다(위험기계 · 기구 자율안전확인 고시 별표 1).

55

컨베이어 방호장치에 대한 설명으로 옳은 것은?

① 역전방지장치에 롤러식, 래칫식, 권과방지식, 전기 브레이크식 등이 있다.

② 작업자가 임의로 작업을 중단할 수 없도록 비상정지 장치를 부착하지 않는다.

③ 구동부 측면에 롤러 안내 가이드 등의 이탈방지장치 를 설치한다.

④ 롤러 컨베이어의 롤 사이에 방호판을 설치할 때 롤 과의 최대 간격은 8mm이다.

해설

① 역전방지장치의 종류로는 기계식(래칫식, 롤러식, 밴드식), 전기식 (전기 브레이크식, 스러스트 브레이크) 등이 있다.

② 작업자가 위험에 처하기 전에 임의로 작업을 중단할 수 있도록 비 상정지장치를 부착한다.

④ 롤러 컨베이어의 롤 사이에 방호판을 설치할 때 롤과의 최대 간격 은 5mm이다.

56

기준 무부하 상태에서 구내 최고속도가 20km/h인 지게 차의 주행 시 좌우 안정도 기준은 몇 % 이내인가?

① 4% ② 20%

③ 37% ④ 40%

해설

지게차의 좌우 안정도(S_{lr})

$S_{lr} = (15 + 1.1V)\%$
$= (15 + 1.1 \times 20)\%$
$= 37\%$

여기서, V : 구내 최고속도(km/h)

57

압력용기에서 안전밸브를 2개 설치한 경우 그 설치방법으 로 옳은 것은?(단, 해당하는 압력용기가 외부 화재에 대한 대비가 필요한 경우로 한정한다)

① 1개는 최고사용압력 이하에서 작동하고 다른 1개는 최고사용압력의 1.1배 이하에서 작동하도록 한다.

② 1개는 최고사용압력 이하에서 작동하고 다른 1개는 최고사용압력의 1.2배 이하에서 작동하도록 한다.

③ 1개는 최고사용압력의 1.05배 이하에서 작동하고 다른 1개는 최고사용압력의 1.1배 이하에서 작동하 도록 한다.

④ 1개는 최고사용압력의 1.05배 이하에서 작동하고 다른 1개는 최고사용압력의 1.2배 이하에서 작동하 도록 한다.

해설

안전밸브 등의 작동요건(산업안전보건기준에 관한 규칙 제264조)

사업주는 설치한 안전밸브 등이 안전밸브 등을 통하여 보호하려는 설 비의 최고사용압력 이하에서 작동되도록 하여야 한다. 다만, 안전밸브 등이 2개 이상 설치된 경우에 1개는 최고사용압력의 1.05배(외부 화재 를 대비한 경우에는 1.1배) 이하에서 작동되도록 설치할 수 있다.

58

2개의 회전체가 회전운동을 할 때에 물림점이 발생할 수 있는 조건은?

① 두 개의 회전체 모두 시계 방향으로 회전

② 두 개의 회전체 모두 시계 반대 방향으로 회전

③ 하나는 시계 방향으로 회전하고 다른 하나는 정지

④ 하나는 시계 방향으로 회전하고 다른 하나는 시계 반대 방향으로 회전

해설

물림점

회전하는 2개의 회전체에 물려 들어갈 위험성이 형성되는 것으로, 이 때 위험점이 발생되는 조건은 회전체가 서로 반대 방향으로 맞물려 회전되는 경우이다(예 기어 물림, 롤러 회전 등).

59

가스용접에서 역화의 원인으로 볼 수 없는 것은?

① 토치성능이 부실한 경우
② 취관이 작업 소재에 너무 가까이 있는 경우
③ 산소 공급량이 부족한 경우
④ 토치 팁에 이물질이 묻은 경우

해설

가스용접에서 역화의 원인
• 산소 공급량이 과다한 경우
• 토치성능이 부실한 경우
• 취관이 작업 소재에 너무 가까이 있는 경우
• 토치 팁에 이물질이 묻은 경우

60

방호장치의 자율안전기준 고시상 평면 연삭기 또는 절단 연삭기에서 덮개의 노출각도 기준으로 옳은 것은?

① 80° 이내
② 125° 이내
③ 150° 이내
④ 180° 이내

해설

연삭기 덮개의 각도(방호장치 자율안전기준 고시 별표 4)
• 평면 연삭기, 절단 연삭기의 덮개 노출각도 : 150° 이내
• 휴대용 연삭기, 스윙 연삭기, 슬라브 연삭기의 덮개 노출각도 : 180° 이내
• 연삭숫돌의 상부를 사용하는 것을 목적으로 하는 탁상용 연삭기의 덮개 노출각도 : 60° 이내

제4과목 | 전기 및 화학설비 안전관리

61

전로에 시설하는 기계·기구의 철대 및 금속제 외함에는 규정에 따른 접지공사를 실시하여야 하나 시설하지 않아도 되는 경우가 있다. 예외 규정으로 옳지 않은 것은?

① 사용전압이 교류 대지전압 150V 이하인 기계·기구를 습한 곳에 시설하는 경우
② 철대 또는 외함 주위에 적당한 절연대를 설치하는 경우
③ 저압용 기계·기구를 건조한 목재의 마루나 절연성 물질 위에서 취급하도록 시설하는 경우
④ 이중 절연구조로 되어 있는 기계·기구를 시설하는 경우

해설

사용전압이 직류 300V 또는 교류 대지전압이 150V 이하인 기계·기구를 건조한 곳에 시설하는 경우 접지공사를 하지 않을 수 있다(한국전기설비규정 142.7).

62

정전작업 시 주의할 사항으로 옳지 않은 것은?

① 감독자를 배치시켜 스위치의 조작을 통제한다.
② 퓨즈가 있는 개폐기의 경우는 퓨즈를 제거한다.
③ 정전작업 전에 작업내용을 충분히 작업원에게 주지시킨다.
④ 단시간에 끝나는 작업일 경우 작업원의 판단에 의해 작업한다.

해설

단시간에 끝나는 작업일지라도 관리감독자에게 보고 후 작업해야 한다.

63

누전에 의한 감전 위험을 방지하기 위하여 누전차단기를 설치하여야 하는데 다음 중 누전차단기를 설치하지 않아도 되는 것은?

① 절연대 위에서 사용하는 이중 절연구조의 전기기구
② 임시 배선의 전로가 설치되는 장소에서 사용하는 이동형 전기기구
③ 철판 위와 같이 도전성이 높은 장소에서 사용하는 이동형 전기기구
④ 물과 같이 도전성이 높은 액체가 있는 습윤장소에서 사용하는 저압용 전기기구

해설

누전차단기에 의한 감전방지(산업안전보건기준에 관한 규칙 제304조)
사업주는 다음의 전기기계·기구에 대하여 누전에 의한 감전위험을 방지하기 위하여 해당 전로의 정격에 적합하고 감도(전류 등에 반응하는 정도)가 양호하며 확실하게 작동하는 감전방지용 누전차단기를 설치해야 한다.
- 대지전압이 150V를 초과하는 이동형 또는 휴대형 전기기계·기구
- 물 등 도전성이 높은 액체가 있는 습윤장소에서 사용하는 저압(1.5천V 이하 직류전압이나 1천V 이하의 교류전압을 말한다)용 전기기계·기구
- 철판·철골 위 등 도전성이 높은 장소에서 사용하는 이동형 또는 휴대형 전기기계·기구
- 임시 배선의 전로가 설치되는 장소에서 사용하는 이동형 또는 휴대형 전기기계·기구

64

저항이 0.2Ω 인 도체에 10A의 전류가 1분간 흘렀을 경우 발생하는 열량은 몇 cal인가?

① 64
② 144
③ 288
④ 386

해설

열량(H)
$H = 0.24 I^2 Rt$ (여기서 I : 전류, R : 저항, t : 초)
$= 0.24 \times 10^2 \times 0.2 \times 60 = 288 cal$

65

인체가 전격(감전)으로 인한 사고 시 통전전류에 의한 인체반응으로 옳지 않은 것은?

① 교류가 직류보다 일반적으로 더 위험하다.
② 주파수가 높아지면 감지전류는 작아진다.
③ 심장을 관통하는 경로가 가장 사망률이 높다.
④ 가수전류는 불수전류보다 값이 대체적으로 작다.

해설

주파수가 높아지면 감지전류는 높아진다.

66

다음 중 유해·위험물질 취급 시 보호구의 구비조건으로 가장 거리가 먼 것은?

① 방호성능이 충분할 것
② 재료의 품질이 양호할 것
③ 작업에 방해가 되지 않을 것
④ 외관이 화려할 것

해설

보호구는 착용감이 뛰어나고 외관이나 디자인이 화려하지 않아야 한다.
유해·위험물질 취급 시 보호구의 구비조건
- 유해·위험요소에 대한 방호성능이 충분해야 한다.
- 재료의 품질이 양호해야 한다.
- 작업에 방해가 되지 않아야 한다.
- 착용이 간편해야 한다.
- 구조와 끝마무리가 양호해야 한다.
- 외관이 양호해야 한다.

67

정전기 제전기의 분류방식으로 틀린 것은?

① 고전압인가형

② 자기방전형

③ 연X선형

④ 접지형

해설

제전기의 종류

고전압인가식(형), 방사선식(연X선형, 이온식), 자기방전식(형)

68

전기기기의 불꽃 또는 열로 인해 폭발성 위험 분위기에서 점화되지 않도록 콤파운드를 충전해서 보호한 방폭구조는?

① 몰드 방폭구조

② 비점화 방폭구조

③ 안전증 방폭구조

④ 본질안전 방폭구조

해설

② 비점화 방폭구조 : 스파크가 발생하지 않는 전기기기, 통기 제한 용기에 의해 보호하는 것으로, 제2종 전용 방폭구조이다.

③ 안전증 방폭구조 : 정상 상태의 전기기기에 대해 고장이 발생하지 않도록 안전도를 증가시킨 방폭구조이다.

④ 본질안전 방폭구조 : 발생되는 점화원이 폭발을 발생시킬 수 없도록 하는 방폭구조이다.

69

인화성 액체의 증기 또는 가연성 가스에 의한 가스폭발 위험 장소의 분류에 해당하지 않는 것은?

① 0종 장소   ② 1종 장소

③ 2종 장소   ④ 3종 장소

해설

폭발 위험 장소의 종별(zones)

폭발성 가스 분위기의 생성 빈도와 지속시간을 바탕으로 하는 구분되는 폭발 위험 장소를 말하며, 다음과 같이 3가지로 구분한다.

• 0종 장소(zone 0) : 폭발성 가스 분위기가 지속적으로 또는 장기간 또는 빈번하게 존재하는 장소

• 1종 장소(zone 1) : 폭발성 가스 분위기가 정상작동 중 가끔 발생할 가능성이 있는 장소

• 2종 장소(zone 2) : 폭발성 가스 분위기가 정상작동 중 발생할 가능성은 없지만, 발생하더라고 단기간만 존재하는 장소

※ KS C IEC 60079-10-1

70

어떤 물질 내에서 반응전파속도가 음속보다 빠르게 진행되며 이로 인해 발생된 충격파가 반응을 일으키고 유지하는 발열반응을 무엇이라 하는가?

① 점화(ignition)

② 폭연(deflagration)

③ 폭발(explosion)

④ 폭굉(detonation)

해설

폭굉과 폭연의 차이는 폭발 시 발생하는 충격파의 속도이다. 압력파가 미반응물질 속으로 음속보다 빠른 속도로 이동할 때의 폭발을 폭굉이라 하고, 음속보다 낮은 속도로 이동할 때를 폭연이라고 한다.

71

피뢰기가 반드시 가져야 할 성능이 아닌 것은?

① 방전개시전압이 높을 것
② 뇌전류 방전능력이 클 것
③ 속류 차단을 확실하게 할 수 있을 것
④ 반복 동작이 가능할 것

해설

피뢰기의 성능
- 제한전압 또는 충격방전개시전압이 충분히 낮고 보호능력이 있을 것
- 뇌전류 방전능력이 클 것
- 속류 차단이 확실할 것
- 대전류방전, 속류 차단의 반복 동작에 대해서 장시간 견딜 수 있을 것
- 상용 주파수 방전개시전압은 회로전압보다 충분히 높아서 상용 주파수 방전을 하지 않을 것

72

연소의 3요소에 해당하지 않는 것은?

① 가연물
② 점화원
③ 연쇄반응
④ 산소 공급원

해설

연소의 3요소와 연소의 4요소
- 연소의 3요소 : 가연물, 산소 공급원, 점화원
- 연소의 4요소 : 3요소 + 연쇄반응

73

이산화탄소 소화기에 관한 설명으로 옳지 않은 것은?

① 전기화재에 사용할 수 있다.
② 주된 소화작용은 질식작용이다.
③ 소화약제 자체 압력으로 방출이 가능하다.
④ 전기전도성이 높아 사용 시 감전에 유의해야 한다.

해설

이산화탄소 소화기
- 전기절연성이 커서 전기화재에 많이 사용된다.
- 주된 소화작용은 질식작용이다.
- 소화약제 자체 압력으로 방출이 가능하다.

74

다음 가스 중 위험도가 가장 큰 것은?

① 수소
② 아세틸렌
③ 프로판
④ 암모니아

해설

- 위험도(H)

$$H = \frac{U - L}{L}$$

여기서, U : 폭발상한계
　　　　L : 폭발하한계
- 각 가스의 폭발한계(%, 폭발범위 폭)
  - 아세틸렌(C_2H_2) : 2.5~81(78.5 가장 넓음)
  - 수소(H_2) : 4~75(71)
  - 프로판(C_3H_8) : 2.1~9.5(7.4)
  - 암모니아(NH_3) 15~28(13)
- ※ 폭발한계의 범위가 넓으면 위험도가 크다.

75

산업안전보건기준에 관한 규칙에서 정한 위험물질 종류 중 부식성 물질에서 부식성 염기류에 해당하는 것은?

① 농도 40% 이상인 염산

② 농도 40% 이상인 불산

③ 농도 40% 이상인 아세트산

④ 농도 40% 이상인 수산화칼륨

해설

부식성 염기류(산업안전보건기준에 관한 규칙 별표 1)

농도가 40% 이상인 수산화나트륨, 수산화칼륨, 그 밖에 이와 같은 정도 이상의 부식성을 가지는 염기류

76

다음 중 아세틸렌의 취급·관리 시 주의사항으로 옳지 않은 것은?

① 용기는 폭발할 수 있으므로 전도·낙하되지 않도록 한다.

② 폭발할 수 있으므로 필요 이상 고압으로 충전하지 않는다.

③ 용기는 밀폐된 장소에 보관하고, 누출 시에는 누출원에 직접 주수하도록 한다.

④ 폭발성 물질을 생성할 수 있으므로 구리나 일정 함량 이상의 구리합금과 접촉하지 않도록 한다.

해설

용기는 통풍이 잘 되는 장소에 보관하고, 누출 시에는 누출원에 직접 주수하지 않도록 한다.

77

산업안전보건법령에서 정한 위험물을 기준량 이상으로 제조하거나 취급하는 설비 중 특수화학설비에 해당하지 않는 것은?

① 발열반응이 일어나는 반응장치

② 증류·정류·증발·추출 등 분리를 하는 장치

③ 가열로 또는 가열기

④ 고로 등 점화기를 직접 사용하는 열교환기류

해설

계측장치 등의 설치(산업안전보건기준에 관한 규칙 제273조)

사업주는 위험물을 정한 기준량 이상으로 제조하거나 취급하는 다음의 어느 하나에 해당하는 화학설비(이하 '특수화학설비'라 한다)를 설치하는 경우에는 내부의 이상 상태를 조기에 파악하기 위하여 필요한 온도계·유량계·압력계 등의 계측장치를 설치하여야 한다.

• 발열반응이 일어나는 반응장치

• 증류·정류·증발·추출 등 분리를 하는 장치

• 가열시켜 주는 물질의 온도가 가열되는 위험물질의 분해온도 또는 발화점보다 높은 상태에서 운전되는 설비

• 반응폭주 등 이상 화학반응에 의하여 위험물질이 발생할 우려가 있는 설비

• 온도가 350℃ 이상이거나 게이지 압력이 980kPa 이상인 상태에서 운전되는 설비

• 가열로 또는 가열기

78

정전기의 대전현상이 아닌 것은?

① 교반대전   ② 충돌대전

③ 박리대전   ④ 망상대전

해설

정전기의 대전현상

마찰대전, 박리대전, 유동대전, 분출대전, 충돌대전, 교반대전, 파괴대전, 혼합대전, 적하대전, 동결대전, 유도대전 등

79

가스 또는 분진 폭발 위험 장소에는 변전실, 배전반실, 제어실 등을 설치해서는 아니 된다. 다만, 실내기압이 항상 양압을 유지하도록 하고, 별도의 조치를 한 경우에는 그러하지 않은데 이때 요구되는 조치사항으로 옳지 않은 것은?

① 양압을 유지하기 위한 환기설비의 고장 등으로 양압이 유지되지 아니한 경우 경보를 할 수 있는 조치를 한 경우

② 환기설비가 정지된 후 재가동하는 경우 변전실 등에 가스 등이 있는지를 확인할 수 있는 가스검지기 등의 장비를 비치한 경우

③ 환기설비에 의하여 변전실 등에 공급되는 공기는 가스 또는 분진폭발 위험 장소가 아닌 곳으로부터 공급되도록 하는 조치를 한 경우

④ 항상 유지해야 하는 실내기압이 항상 양압 10Pa 이상이 되도록 장치를 한 경우

해설

유지해야 하는 실내기압이 항상 양압 25Pa 이상이 되도록 장치를 한 경우(산업안전보건기준에 관한 규칙 제312조)

80

화학설비 가운데 분체화학물질 분리장치에 해당하지 않는 것은?

① 건조기   ② 분쇄기
③ 유동탑   ④ 결정조

해설

화학설비(산업안전보건기준에 관한 규칙 별표 7)
• 분체화학물질 분리장치 : 결정조, 유동탑, 탈습기, 건조기 등
• 분체화학물질 취급장치 : 분쇄기, 분체분리기, 용융기 등

81

공사 금액이 500억 원인 건설업 공사에서 선임해야 할 최소 안전관리자 수는?

① 1명   ② 2명
③ 3명   ④ 4명

해설

건설업의 안전관리자의 수(시행령 별표 3)

안전관리자의 수	공사 금액
1명 이상	• 공사 금액 50억 원 이상(관계수급인은 100억 원 이상) 120억 원 미만(토목공사업의 경우에는 150억 원 미만) • 공사 금액 120억 원 이상(토목공사업의 경우에는 150억 원 이상) 800억 원 미만

82

흙의 함수비 측정시험을 하였다. 먼저 용기의 무게를 잰 결과 10g이었다. 시료를 용기에 넣은 후에 총무게는 40g, 그대로 건조시킨 후 무게는 30g이었다. 이 흙의 함수비는?

① 25%   ② 30%
③ 50%   ④ 75%

해설

• 물의 중량 + 순 토립자의 중량 : 40 − 10 = 30g
• 순 토립자의 중량 : 30 − 10 = 20g
• 물의 중량 : 30 − 20 = 10g

$$\therefore \ 함수비 = \frac{물의\ 중량}{순\ 토립자의\ 중량} \times 100\%$$

$$= \frac{10}{20} \times 100\%$$

$$= 50\%$$

83

채석작업을 하는 때 채석작업계획에 포함되어야 하는 사항에 해당하지 않는 것은?

① 굴착면의 높이와 기울기
② 기둥 침하의 유무 및 상태 확인
③ 암석의 분할방법
④ 표토 또는 용수의 처리방법

채석작업 시 작업계획서 내용(산업안전보건기준에 관한 규칙 별표 4)
• 노천굴착과 갱내굴착의 구별 및 채석방법
• 굴착면의 높이와 기울기
• 굴착면 소단의 위치와 넓이
• 갱내에서의 낙반 및 붕괴방지 방법
• 발파방법
• 암석의 분할방법
• 암석의 가공장소
• 사용하는 굴착기계·분할기계·적재기계 또는 운반기계의 종류 및 성능
• 토석 또는 암석의 적재 및 운반방법과 운반경로
• 표토 또는 용수의 처리방법

84

다음 (   ) 안에 알맞은 내용은?

> 동바리로 사용하는 파이프 서포트의 높이가 (   )m를 초과하는 경우에는 높이 2m 이내마다 수평연결재를 2개 방향으로 만들고 수평연결재의 변위를 방지할 것

① 3
② 3.5
③ 4
④ 4.5

동바리로 사용하는 파이프 서포트의 높이가 3.5m를 초과하는 경우에는 높이 2m 이내마다 수평연결재를 2개 방향으로 만들고 수평연결재의 변위를 방지할 것(산업안전보건기준에 관한 규칙 제332조의2)

85

산업안전보건법령상 건설현장에서 작업으로 인하여 물체가 떨어지거나 날아올 위험이 있는 경우에 대한 안전조치에 해당하지 않는 것은?

① 수직보호망 설치
② 방호선반 설치
③ 울타리 설치
④ 낙하물 방지망 설치

사업주는 작업으로 인하여 물체가 떨어지거나 날아올 위험이 있는 경우 낙하물 방지망, 수직보호망 또는 방호선반의 설치, 출입금지구역의 설정, 보호구의 착용 등 위험을 방지하기 위하여 필요한 조치를 하여야 한다(산업안전보건기준에 관한 규칙 제14조).
※ 물체가 떨어지거나 날아올 위험이 있을 때의 재해예방대책과 거리가 먼 것으로 투하설비 설치, 격벽 설치, 안전대 착용, 울타리 설치, 작업지휘자 선정, 안전난간 설치 등이 출제된다.

86

유해위험방지계획서의 첨부서류에서 안전보건관리계획에 해당하지 않는 항목은?

① 산업안전보건관리비 사용계획서
② 안전관리조직표
③ 재해 발생 위험 시 연락 및 대피방법
④ 근로자 건강진단 실시계획

유해위험방지계획서 첨부서류 – 공사 개요 및 안전보건관리계획(시행규칙 별표 10)
• 공사개요서
• 공사현장의 주변 현황 및 주변과의 관계를 나타내는 도면(매설물 현황을 포함한다)
• 전체 공정표
• 산업안전보건관리비 사용계획서
• 안전관리조직표
• 재해 발생 위험 시 연락 및 대피방법

87

공사 종류 및 규모별 산업안전보건관리비 계상기준표에서 공사 종류의 명칭에 해당하지 않는 것은?

① 철도·궤도 신설공사
② 토목공사
③ 중건설공사
④ 특수건설공사

> **해설**
> 공사 종류 및 규모별 산업안전보건관리비 계상기준표에서 공사 종류 (건설업 산업안전보건관리비 계상 및 사용기준 별표 1)
> • 건축공사
> • 토목공사
> • 중건설공사
> • 특수건설공사

88

다음은 산업안전보건기준에 관한 규칙 중 가설 통로의 구조에 관한 사항이다. ( ) 안에 들어갈 내용으로 옳은 것은?

> 수직갱에 가설된 통로의 길이가 15m 이상인 경우에는 10m 이내마다 ( )을/를 설치할 것

① 손잡이
② 계단참
③ 클램프
④ 버팀대

> **해설**
> 수직갱에 가설된 통로의 길이가 15m 이상인 경우에는 10m 이내마다 계단참을 설치할 것(산업안전보건기준에 관한 규칙 제23조)

89

추락재해를 방지하기 위하여 10cm 그물코인 방망을 설치할 때 방망과 바닥면 사이의 최소 높이로 옳은 것은?(단, 설치된 방망의 단변 방향 길이 $L = 2$m, 장변 방향 방망의 지지 간격 $A = 3$m이다)

① 2.0m
② 2.4m
③ 3.0m
④ 3.4m

> **해설**
> 10cm 그물코이고 $L < A$이므로
> $$H_2 = \frac{0.85}{4}(L + 3A)$$
> $$= \frac{0.85}{4}(2 + 3 \times 3)$$
> $$\simeq 2.4\text{m}$$

90

흙파기 공사용 기계에 관한 설명으로 옳지 않은 것은?

① 불도저는 일반적으로 거리 60m 이하의 배토작업에 사용된다.
② 클램셸은 좁은 곳의 수직 파기를 할 때 사용한다.
③ 파워셔블은 기계가 위치한 면보다 낮은 곳을 파낼 때 유용하다.
④ 백호는 토질의 구멍 파기나 도랑 파기에 이용된다.

> **해설**
> 파워셔블은 기계가 위치한 면보다 높은 곳을 파낼 때 유용하다.

91

콘크리트 타설작업 시 안전에 대한 유의사항으로 옳지 않은 것은?

① 콘크리트를 치는 도중에는 거푸집, 지보공 등의 이상 유무를 확인한다.
② 타설 순서는 계획에 의하여 실시하여야 한다.
③ 전동기를 가능한 한 많이 사용할수록 거푸집에 작용하는 측압상 안전하다.
④ 콘크리트를 한 곳에만 치우쳐서 타설하지 않도록 주의한다.

해설

전동기는 적절히 사용되어야 하며, 지나친 진동은 거푸집 도괴의 원인이 될 수 있으므로 각별히 주의하여야 한다(콘크리트공사 표준안전작업지침 제13조).

92

굴착과 싣기를 동시에 할 수 있는 토공기계로 가장 옳지 않은 것은?

① 트랙터 셔블(tractor shovel)
② 백호(back hoe)
③ 파워셔블(power shovel)
④ 모터그레이더(motor grader)

해설

모터그레이더(motor grader)는 지면을 절삭하고 평활하게 다듬기 위한 토공기계의 대패와도 같은 산업기계로 굴착과 싣기를 동시에 할 수 있는 토공기계가 아니다.

93

철근콘크리트 공사 시 활용되는 거푸집의 필요조건이 아닌 것은?

① 콘크리트의 하중에 대해 뒤틀림이 없는 강도를 갖출 것
② 콘크리트 내 수분 등에 대한 물 빠짐이 원활한 구조를 갖출 것
③ 최소한의 재료로 여러 번 사용할 수 있는 전용성을 가질 것
④ 거푸집은 조립·해체·운반이 용이하도록 할 것

해설

철근콘크리트 공사 시 활용되는 거푸집은 콘크리트 내 수분 등에 대한 물 빠짐이 없는 구조를 갖추어야 한다.

94

철골조립 공사 중에 볼트작업을 하기 위해 주체인 철골에 매달아서 작업 발판으로 이용하는 비계는?

① 달비계   ② 말비계
③ 달대비계   ④ 선반비계

해설

달대비계

철골공사의 리벳치기, 볼트작업 시에 이용되는 비계이다. 주체인 철골에 매달아서 작업 발판을 만들고, 상하 이동을 시킬 수 없다.

• 달대비계를 조립하여 사용하는 경우 하중에 충분히 견딜 수 있도록 조치하여야 한다.
• 달대비계를 매다는 철선은 #8 소성철선을 사용하며 4가닥 정도로 꼬아서 하중에 대한 안전계수를 8 이상으로 확보하여야 한다.
• 철근을 사용할 때에는 19mm 이상을 쓰며 근로자는 반드시 안전모와 안전대를 착용하여야 한다.
※ 산업안전보건기준에 관한 규칙 제65조, 가설공사 표준안전작업지침 제11조

95

크레인을 사용하여 작업을 하는 경우 준수사항으로 옳지 않은 것은?

① 인양할 하물(荷物)을 바닥에서 끌어당기거나 밀어 정위치에서 작업을 할 것
② 유류드럼이나 가스통 등 운반 도중에 떨어져 폭발하거나 누출될 가능성이 있는 위험물 용기는 보관함(또는 보관고)에 담아 안전하게 매달아 운반할 것
③ 미리 근로자의 출입을 통제하여 인양 중인 하물이 작업자의 머리 위로 통과하지 않도록 할 것
④ 인양할 하물이 보이지 아니하는 경우에는 어떠한 동작도 하지 아니할 것(신호하는 사람에 의하여 작업을 하는 경우는 제외한다)

> **해설**
>
> 인양할 하물을 바닥에서 끌어당기거나 밀어내는 작업을 하지 않아야 한다(산업안전보건기준에 관한 규칙 제146조).

96

양중기에서 화물을 직접 지지하는 달기 와이어로프의 안전계수는 최소 얼마 이상으로 하여야 하는가?

① 2
② 3
③ 5
④ 10

> **해설**
>
> **와이어로프 등 달기구의 안전계수(산업안전보건기준에 관한 규칙 제163조)**
>
> 사업주는 양중기의 와이어로프 등 달기구의 안전계수(달기구 절단하중의 값을 그 달기구에 걸리는 하중의 최대값으로 나눈 값을 말한다)가 다음의 구분에 따른 기준에 맞지 아니한 경우에는 이를 사용해서는 아니 된다.
> • 근로자가 탑승하는 운반구를 지지하는 달기 와이어로프 또는 달기체인의 경우 : 10 이상
> • 화물의 하중을 직접 지지하는 달기 와이어로프 또는 달기체인의 경우 : 5 이상
> • 훅, 섀클, 클램프, 리프팅 빔의 경우 : 3 이상
> • 그 밖의 경우 : 4 이상

97

콘크리트 양생작업에 관한 설명 중 옳지 않은 것은?

① 콘크리트 타설 후 소요기간까지 경화에 필요한 조건을 유지시켜 주는 작업이다.
② 양생기간 중에 예상되는 진동, 충격, 하중 등의 유해한 작용으로부터 보호하여야 한다.
③ 습윤양생 시 일광을 최대한 도입하여 수화작용을 촉진하도록 한다.
④ 습윤양생 시 거푸집판이 건조될 우려가 있는 경우에는 살수하여야 한다.

> **해설**
>
> 습윤양생이란 시멘트를 굳힐 때 물기가 있으면 더 잘 굳는 것으로, 일광을 최소로 하여 수화작용을 촉진시킨다.

98

철골작업을 중지해야 할 강설량 기준으로 옳은 것은?

① 강설량이 시간당 1mm 이상인 경우
② 강설량이 시간당 5mm 이상인 경우
③ 강설량이 시간당 1cm 이상인 경우
④ 강설량이 시간당 5cm 이상인 경우

> **해설**
>
> **철골작업을 중지하여야 하는 기준(산업안전보건기준에 관한 규칙 제383조)**
> • 풍속이 초당 10m 이상인 경우
> • 강우량이 시간당 1mm 이상인 경우
> • 강설량이 시간당 1cm 이상인 경우

99

건설현장에서의 PC(Precast Concrete) 조립 시 안전대책으로 옳지 않은 것은?

① 달아 올린 부재의 아래에서 정확한 상황을 파악하고 전달하여 작업한다.
② 운전자는 부재를 달아 올린 채 운전대를 이탈해서는 안 된다.
③ 신호는 사전 정해진 방법에 의해서만 실시한다.
④ 크레인 사용 시 PC판의 중량을 고려하여 아웃트리거를 사용한다.

해설

PC(Precast Concrete) 조립 시 달아 올린 부재의 아래에는 작업자의 출입을 금지시켜야 한다.

100

차량계 하역운반기계 등을 사용하는 작업을 할 때, 그 기계가 넘어지거나 굴러떨어짐으로써 근로자에게 위험을 미칠 우려가 있는 경우에 이를 방지하기 위한 조치사항과 거리가 먼 것은?

① 유도자 배치
② 지반의 부동 침하 방지
③ 상단 부분의 안정을 위하여 버팀줄 설치
④ 갓길 붕괴 방지

해설

전도 등의 방지(산업안전보건기준에 관한 규칙 제171조)
사업주는 차량계 하역운반기계 등을 사용하는 작업을 할 때에 그 기계가 넘어지거나 굴러떨어짐으로써 근로자에게 위험을 미칠 우려가 있는 경우에는 그 기계를 유도하는 사람(이하 '유도자'라 한다)을 배치하고 지반의 부동 침하 및 갓길 붕괴를 방지하기 위한 조치를 해야 한다.

99 ① 100 ③ **정답**

제1과목 | 산업재해 예방 및 안전보건교육

01

재해 예방의 4원칙에 해당하지 않는 것은?

① 손실 발생의 원칙 　　② 원인 계기의 원칙

③ 예방 가능의 원칙 　　④ 대책 선정의 원칙

해설

재해 예방의 4원칙
- 손실 우연의 원칙
- 원인 계기의 원칙
- 예방 가능의 원칙
- 대책 선정의 원칙

02

재해 발생 시 조치사항 중 대책 수립의 목적은?

① 재해 발생 관련자 문책 및 처벌

② 재해 손실비 산정

③ 재해 발생 원인 분석

④ 동종 및 유사 재해의 방지

해설

재해 발생 시 조치 순서

(산업재해 발생) → 긴급처리 → 재해조사 → 원인 강구 → 대책 수립 → 대책 실시계획 → 실시 → 평가
- 긴급처리 : 관련 기계의 정지 → 재해자 구출 → 재해자의 응급조치 → 관계자 통보 → 2차 재해 방지 → 현장 보존
- 재해조사 : 잠재적인 재해 위험요인 색출
- 원인 강구 : 직접 원인(사람, 물체), 간접 원인(관리)
- 대책 수립 : 동종 또는 유사 재해의 방지
- 대책 실시계획
- 실시
- 평가

03

안전보건관리조직의 형태 중 라인(line)형 조직의 특성이 아닌 것은?

① 소규모 사업장(100명 이하)에 적합하다.

② 라인에 과중한 책임을 지우기 쉽다.

③ 안전관리 전담 요원을 별도로 지정한다.

④ 모든 명령은 생산계통을 따라 이루어진다.

해설

라인형 조직에서는 안전관리에 관한 계획부터 실시에 이르기까지 모든 권한이 포괄적이고 직선적으로 행사되므로, 안전관리 전담 요원을 별도로 두지 않는다.

04

알더퍼의 ERG(Existence Relation Growth)이론에서 생리적 욕구, 물리적 측면의 안전욕구 등 저차원적 욕구에 해당하는 것은?

① 관계욕구 　　② 성장욕구

③ 존재욕구 　　④ 사회적 욕구

해설

ERG이론(Alderfer)에서 인간의 기본적인 3가지 욕구
- 존재(생존)의 욕구(Existence needs) : 생리적 욕구, 물리적 측면의 안전욕구 등 저차원적 욕구
- 관계의 욕구(Relatedness needs) : 사회적·인간적 관계에 대한 욕구
- 성장의 욕구(Growth needs) : 개인의 성장에 대한 욕구

05

벨트식, 안전그네식 안전대의 사용 구분에 따른 분류에 해당하지 않는 것은?

① U자 걸이용
② D링 걸이용
③ 안전블록
④ 추락방지대

해설

안전대의 종류(보호구 안전인증 고시 별표 9)
• 벨트식 : 1개 걸이용, U자 걸이용
• 안전그네식 : 추락방지대, 안전블록

06

산업안전보건법령상 안전보건표지에 관한 설명으로 옳지 않은 것은?

① 안전보건표지 속의 그림 또는 부호의 크기는 안전보건표지의 크기와 비례하여야 하며, 안전보건표지 전체 규격의 30% 이상이 되어야 한다.
② 안전보건표지는 그 표시내용을 근로자가 빠르고 쉽게 알아볼 수 있는 크기로 제작해야 한다.
③ 안전보건표지는 쉽게 파손되거나 변형되지 않는 재료로 제작해야 한다.
④ 안전보건표지에는 야광물질을 사용하여서는 아니 된다.

해설

안전보건표지의 제작(시행규칙 제40조)
• 안전보건표지는 그 종류별로 별표 9에 따른 기본모형에 의하여 별표 7의 구분에 따라 제작해야 한다.
• 안전보건표지는 그 표시내용을 근로자가 빠르고 쉽게 알아볼 수 있는 크기로 제작해야 한다.
• 안전보건표지 속의 그림 또는 부호의 크기는 안전보건표지의 크기와 비례해야 하며, 안전보건표지 전체 규격의 30% 이상이 되어야 한다.
• 안전보건표지는 쉽게 파손되거나 변형되지 않는 재료로 제작해야 한다.
• 야간에 필요한 안전보건표지는 야광물질을 사용하는 등 쉽게 알아볼 수 있도록 제작해야 한다.

07

하인리히의 재해 발생 원인 도미노이론에서 사고의 직접 원인으로 옳은 것은?

① 통제의 부족
② 관리구조의 부적절
③ 불안전한 행동과 상태
④ 유전과 환경적 영향

해설

하인리히의 도미노이론(하인리히의 재해 발생 5단계)
• 1단계 : 사회적 환경 및 유전적 요소
• 2단계 : 개인적 결함
• 3단계 : 불안전한 행동 또는 불안전한 상태(사고의 직접원인)
• 4단계 : 사고
• 5단계 : 재해

08

부하의 행동에 영향을 주는 리더십 중 조언, 설명, 보상조건 등의 제시를 통한 적극적인 방법은?

① 강요
② 모범
③ 제언
④ 설득

09

억측 판단의 배경이 아닌 것은?

① 생략행위
② 초조한 심정
③ 희망적 관측
④ 과거의 성공한 경험

해설

• 억측 판단의 배경(유도요인) : 과거의 성공한 경험, 강한 원망(願望), 희망적 관측, 불확실한 정보와 지식의 이해, 과거의 성공한 경험, 선입관, 초조한 심정 등
• 생략행위 : 규칙 무시와 제멋대로의 판단에서 나오는 행동, 즉 작업 시에 원래 사용하던 작업용구를 사용하지 않고 가까이에 있는 다른 용도의 용구를 사용하여 임시적으로 사용하거나, 정해진 순서를 그냥 넘어간다거나 소정의 보호구를 사용하지 않는 것 등이 그 예이다.

10

안전관리에 관한 계획에서 실시에 이르기까지 모든 권한이 포괄적이며 하향적으로 행사되며, 전문 안전 담당 부서가 없는 안전관리조직은?

① 직계식 조직
② 참모식 조직
③ 직계-참모식 조직
④ 안전보건 조직

해설

직계식 조직[라인(line) 조직]
- 경영자, 관리자의 지휘와 명령이 위에서 아래로 직선적으로 신속히 전달되며, 100명 이하의 소규모 기업에 적합한 조직 유형이다.
- 권한과 책임이 명백하고 이해하기 쉽다.
- 명령과 보고가 상하관계뿐이므로 명확하고 통솔이 잘된다.
- 부하에 대한 훈련이 용이하다.
- 안전에 관한 지시나 조치가 신속하고 철저하다.
- 안전 정보 및 신기술 개발이 어렵고, 조직 규모가 커지면 적용하기 어렵다.
- 라인에 과중한 책임을 지우기 쉽다.
- 안전관리 전담 요원을 별도로 두지 않는다.
- 모든 명령은 생산계통을 따라 이루어진다.
- 모든 권한이 포괄적이며 하향적으로 행사된다.

11

부주의의 발생원인과 그 대책이 옳게 연결된 것은?

① 의식의 우회 – 상담
② 소질적 조건 – 교육
③ 작업환경 조건 불량 – 작업 순서 정비
④ 작업 순서의 부적당 – 작업자 재배치

해설

부주의의 발생원인과 대책
- 의식의 우회 : 상담
- 소질적 조건 : 적성에 따른 작업자 재배치
- 작업환경 조건 불량 : 인간공학적 접근
- 작업 순서의 부적당 : 작업 순서의 정비

12

성공적인 리더가 갖추어야 할 특성으로 가장 거리가 먼 것은?

① 강한 출세 욕구
② 강력한 조직능력
③ 미래지향적 사고능력
④ 상사에 대한 부정적인 태도

해설

성공적인 리더는 상사에 대한 긍정적인 태도가 강하고, 부하직원에 대한 관심이 높다.

13

피로를 측정하는 방법 중 동작 분석, 연속 반응시간 등을 통하여 피로를 측정하는 방법은?

① 생리학적 측정
② 생화학적 측정
③ 심리학적 측정
④ 생역학적 측정

해설

피로 측정방법
- 심리학적 측정 : 동작 분석, 연속 반응시간 등을 통하여 측정한다.
- 생리학적 측정 : 심박수, 혈압, 혈중 젖산농도, 근전도 등을 측정한다.
- 생화학적 측정 : 카페인, 멜라토닌, 도파민 등의 수치를 측정한다.
- 생역학적 측정 : 자세, 균형, 동작 수행능력 등을 측정한다.

14

학습의 전개단계에서 주제를 논리적으로 체계화하는 방법이 아닌 것은?

① 간단한 것에서 복잡한 것으로
② 부분적인 것에서 전체적인 것으로
③ 미리 알려져 있는 것에서 미지의 것으로
④ 많이 사용하는 것에서 적게 사용하는 것으로

해설

학습의 전개단계에서 주제는 전체적인 것에서 부분적인 것으로 체계화해야 한다.

15

OJT(On the Job Training)에 관한 설명으로 옳은 것은?

① 집합교육 형태의 훈련이다.

② 다수의 근로자에게 조직적 훈련이 가능하다.

③ 직장의 실정에 맞게 실제적 훈련이 가능하다.

④ 전문가를 강사로 활용할 수 있다.

해설

①, ②, ④는 Off JT의 설명이다.

OJT(On the Job Training)의 특징

• 상호 신뢰 및 이해도가 높아진다.
• 개개인에게 적절한 지도훈련이 가능하다.
• 개개인의 업무능력에 적합하고 자세한 교육이 가능하다.
• 직장의 실정에 맞게 실제적 훈련이 가능하다.
• 훈련의 효과가 곧 업무에 나타나며, 훈련의 개선이 용이하다.
• 훈련에 필요한 업무의 계속성이 유지된다.
• 직장의 직속상사에 의한 교육이 가능하다.
• 교육을 통하여 상사와 부하 간의 의사소통과 신뢰감이 깊어진다.

16

모랄 서베이(morale survey)의 주요방법 중 태도조사법에 해당하는 것은?

① 사례연구법 ② 관찰법

③ 실험연구법 ④ 문답법

해설

태도조사법

문답법, 면접법, 질문지법, 집단토의법, 투사법 등

17

안전교육방법 중 사례연구법의 특징이 아닌 것은?

① 흥미가 있고, 학습동기를 유발할 수 있다.

② 현실적인 문제의 학습이 가능하다.

③ 관찰력과 분석력을 높일 수 있다.

④ 원칙과 규정의 체계적 습득이 용이하다.

해설

사례연구법의 특징

• 원칙과 규정의 체계적 습득에는 부적합하다.
• 여러 사례를 조사하여 결과를 도출하는 방법이다.
• 흥미가 있고, 학습동기를 유발할 수 있다.
• 현실적인 문제의 학습이 가능하다.
• 관찰력과 분석력을 높일 수 있다.

18

산업안전보건법령상 일용 근로자의 안전보건교육 교육과정별 교육시간 기준으로 옳지 않은 것은?

① 채용 시의 교육 : 1시간 이상

② 작업내용 변경 시의 교육 : 2시간 이상

③ 건설업 기초 안전·보건교육(건설 일용 근로자) : 4시간 이상

④ 특별교육 : 2시간 이상(흙막이 지보공의 보강 또는 동바리를 설치하거나 해체하는 작업에 종사하는 일용 근로자)

해설

근로자 작업내용 변경 시 교육(시행규칙 별표 4)

일용 근로자 및 근로계약기간이 1주일 이하인 기간제 근로자	1시간 이상
그 밖의 근로자	2시간 이상

19

다음 중 산업안전보건법령상 안전인증 대상 기계 또는 설비로 옳지 않은 것은?

① 프레스
② 전단기
③ 롤러기
④ 산업용 원심기

해설

안전인증 대상 기계 또는 설비(시행령 제74조)

프레스, 전단기 및 절곡기, 크레인, 리프트, 압력용기, 롤러기, 사출성형기, 고소 작업대, 곤돌라

20

산업안전보건법령상 프레스 등을 사용하여 작업할 때 작업 시작 전 점검사항으로 옳지 않은 것은?

① 클러치 및 브레이크의 기능
② 머니퓰레이터(manipulator) 작동의 이상 유무
③ 프레스의 금형 및 고정볼트 상태
④ 1행정 1정지 기구·급정지장치 및 비상정지장치의 기능

해설

프레스 작업 시작 전 점검사항(산업안전보건기준에 관한 규칙 별표 3)

• 클러치 및 브레이크의 기능
• 크랭크축·플라이휠·슬라이드·연결봉 및 연결 나사의 풀림 여부
• 1행정 1정지 기구·급정지장치 및 비상정지장치의 기능
• 슬라이드 또는 칼날에 의한 위험방지 기구의 기능
• 프레스의 금형 및 고정볼트 상태
• 방호장치의 기능
• 전단기의 칼날 및 테이블의 상태

21

인간공학에 관련된 설명으로 옳지 않은 것은?

① 편리성, 쾌적성, 효율성을 높일 수 있다.
② 사고를 방지하고 안전성과 능률성을 높일 수 있다.
③ 인간의 특성과 한계점을 고려하여 제품을 설계한다.
④ 생산성을 높이기 위해 인간을 작업 특성에 맞추는 것이다.

해설

인간공학은 생산성을 높이기 위해 작업을 인간 특성에 맞추는 것이다.

22

인터페이스 설계 시 고려해야 하는 인간과 기계와의 조화성에 해당하지 않는 것은?

① 지적 조화성
② 신체적 조화성
③ 감성적 조화성
④ 심미적 조화성

해설

인간과 기계와의 조화성

신체적 조화성, (인)지적 조화성, 감성적 조화성

23

인간-기계시스템 설계과정의 주요 6단계를 올바른 순서로 나열한 것은?

> ⓐ 기본 설계
> ⓑ 시스템의 정의
> ⓒ 목표 및 성능명세 결정
> ⓓ 인간-기계 인터페이스(human-machine interface) 설계
> ⓔ 매뉴얼 및 성능 보조자료 작성
> ⓕ 시험 및 평가

① ⓒ → ⓑ → ⓐ → ⓓ → ⓔ → ⓕ
② ⓐ → ⓑ → ⓒ → ⓓ → ⓔ → ⓕ
③ ⓑ → ⓒ → ⓐ → ⓔ → ⓓ → ⓕ
④ ⓒ → ⓐ → ⓑ → ⓔ → ⓓ → ⓕ

해설

인간-기계시스템 설계과정의 주요 6단계
- 1단계 : 시스템 목표 및 성능명세 결정
- 2단계 : 시스템의 정의
- 3단계 : 기본 설계(작업설계, 직무 분석, 기능 할당)
- 4단계 : 인터페이스 설계(계면 설계)
- 5단계 : 보조물 설계(촉진물 설계)
- 6단계 : 시험 및 평가

24

일반적으로 의자 설계의 원칙에서 고려해야 할 사항과 거리가 먼 것은?

① 체중 분포에 관한 사항
② 상반신의 안정에 관한 사항
③ 개인차의 반영에 관한 사항
④ 의자 좌판의 높이에 관한 사항

해설

의자 설계의 원칙
체중 분포, 의자 좌판의 높이, 의자 좌판의 깊이와 폭, 상반신의 안정에 관한 사항이 있다. 그러나 개인차의 반영에 관한 사항, 의자 등판의 높이 등은 의자 설계의 원칙에서 고려해야 할 사항과 거리가 멀다.

25

인간의 반응체계에서 이미 시작된 반응을 수정하지 못하는 저항시간(refractory period)은?

① 0.1초
② 0.5초
③ 1초
④ 2초

해설

인간의 반응체계에서 이미 시작된 반응을 수정하지 못하는 저항시간(refractory period)은 0.5초이다.
총 반응시간 = 단순 반응시간 + 동작시간
　　　　　 = 0.2 + 0.3 = 0.5초

26

인간-기계체계에서 인간의 과오에 기인된 원인 확률을 분석하여 위험성의 예측과 개선을 위한 평가기법은?

① PHA
② FMEA
③ THERP
④ MORT

해설

③ THERP(Technique for Human Error Rate Prediction, 인간실수율예측기법) : 인간의 과오를 정량적으로 평가하고 분석하는 데 사용하는 기법
① PHA(예비위험분석기법) : 프로그램의 최초단계에서 위험한 상태의 정도를 평가하는 기법
② FMEA(고장의 유형과 영향 분석) : 시스템을 구성하는 한 요소의 고장이 시스템 전체에 미치는 영향을 해석하는 정성적·귀납적 분석기법
④ MORT : 광범위한 안전을 달성하기 위한 분석기법

27

결함수분석법에 있어 정상사상(top event)이 발생하지 않게 하는 기본사상들의 집합을 무엇이라고 하는가?

① 컷셋(cut set)
② 페일셋(fail set)
③ 트루셋(truth set)
④ 패스셋(path set)

컷셋(cut set)은 모든 기본사상들이 동시에 결함을 발생시켰을 때 정상사상을 일으키는 기본사상의 집합이고, 패스셋은 정상사상을 일으키지 않는 기본사상의 집합이다.

※ 페일셋(fail set), 트루셋(truth set)은 결함수분석법에서 사용되지 않는 용어이다.

28

시스템안전프로그램계획(SSPP)에서 완성해야 할 시스템 안전업무에 속하지 않는 것은?

① 정성 해석
② 운용 해석
③ 경제성 분석
④ 프로그램 심사의 참가

시스템안전프로그램계획(SSPP)에서 완성해야 할 시스템 안전업무
• 정성적 해석
• 운용위험요인 해석(OHA)
• 프로그램 심사의 참가 : 업무활동 심사의 참가 / 설계 심사의 참가

29

고용노동부 고시의 근골격계 부담작업의 범위에서 근골격계 부담작업에 대한 설명으로 옳지 않은 것은?

① 하루에 10회 이상 25kg 이상의 물체를 드는 작업
② 하루에 총 2시간 이상 쪼그리고 앉거나 무릎을 굽힌 자세에서 이루어지는 작업
③ 하루에 총 2시간 이상 집중적으로 자료입력 등을 위해 키보드 또는 마우스를 조작하는 작업
④ 하루에 총 2시간 이상 지지되지 않은 상태에서 4.5kg 이상의 물건을 한 손으로 들거나 동일한 힘으로 쥐는 작업

근골격계 부담작업(근골격계 부담작업의 범위 및 유해요인조사 방법에 관한 고시 제3조)
• 하루에 4시간 이상 집중적으로 자료입력 등을 위해 키보드 또는 마우스를 조작하는 작업
• 하루에 총 2시간 이상 목, 어깨, 팔꿈치, 손목 또는 손을 사용하여 같은 동작을 반복하는 작업
• 하루에 총 2시간 이상 머리 위에 손이 있거나, 팔꿈치가 어깨 위에 있거나, 팔꿈치를 몸통으로부터 들거나, 팔꿈치를 몸통 뒤쪽에 위치하도록 하는 상태에서 이루어지는 작업
• 지지되지 않은 상태이거나 임의로 자세를 바꿀 수 없는 조건에서, 하루에 총 2시간 이상 목이나 허리를 구부리거나 트는 상태에서 이루어지는 작업
• 하루에 총 2시간 이상 쪼그리고 앉거나 무릎을 굽힌 자세에서 이루어지는 작업
• 하루에 총 2시간 이상 지지되지 않은 상태에서 1kg 이상의 물건을 한 손의 손가락으로 집어 옮기거나, 2kg 이상에 상응하는 힘을 가하여 한 손의 손가락으로 물건을 쥐는 작업
• 하루에 총 2시간 이상 지지되지 않은 상태에서 4.5kg 이상의 물건을 한 손으로 들거나 동일한 힘으로 쥐는 작업
• 하루에 10회 이상 25kg 이상의 물체를 드는 작업
• 하루에 25회 이상 10kg 이상의 물체를 무릎 아래에서 들거나, 어깨 위에서 들거나, 팔을 뻗은 상태에서 드는 작업
• 하루에 총 2시간 이상, 분당 2회 이상 4.5kg 이상의 물체를 드는 작업
• 하루에 총 2시간 이상 시간당 10회 이상 손 또는 무릎을 사용하여 반복적으로 충격을 가하는 작업

30

Rasmussen의 행동 분류 3가지에 해당하지 않는 것은?

① 숙련기반행동(skill-based behavior)

② 지식기반행동(knowledge-based behavior)

③ 경험기반행동(experience-based behavior)

④ 규칙기반행동(rule-based behavior)

해설

라스무센(Rasmussen)의 행동 분류 3가지

• 숙련기반행동(skill-based behavior)
• 지식기반행동(knowledge-based behavior)
• 규칙기반행동(rule-based behavior)

32

인간오류의 분류에 있어 원인에 의한 분류 중 작업의 조건이나 작업의 형태 중에서 다른 문제가 생겨 그 때문에 필요한 사항을 실행할 수 없는 오류(error)를 무엇이라고 하는가?

① secondary error

② primary error

③ command error

④ commission error

해설

실수원인의 수준적 분류

• 1차 에러(primary error) : 작업자 자신으로부터 발생하는 에러
• 2차 에러(secondary error) : 어떤 결함으로부터 파생하여 발생하는 에러
• 지시 에러(command error) : 작업자가 움직일 수 없어 발생하는 에러

31

후각적 표시장치에 대한 설명으로 틀린 것은?

① 냄새의 확산을 통제하기 힘들다.

② 코가 막히면 민감도가 떨어진다.

③ 복잡한 정보를 전달하는 데 유용하다.

④ 냄새에 대한 민감도의 개인차가 있다.

해설

복잡하지 않은 단순한 정보를 전달할 때는 후각적 표시장치가 유용하고, 복잡한 정보를 전달할 때는 시각적 표시장치가 유용하다.

33

신뢰성과 보전성을 효과적으로 개선하기 위해 작성하는 보전기록자료로서 가장 거리가 먼 것은?

① 자재관리표

② MTBF 분석표

③ 설비이력카드

④ 고장원인대책표

해설

신뢰성과 보전성을 효과적으로 개선하기 위해 작성하는 보전기록자료
MTBF 분석표, 설비이력카드, 고장원인대책표

34

신체 부위의 운동에 대한 설명으로 옳지 않은 것은?

① 굴곡은 부위 간의 각도가 증가하는 신체의 움직임을 의미한다.

② 외전은 신체 중심선으로부터 이동하는 신체의 움직임을 의미한다.

③ 내전은 신체의 외부에서 중심선으로 이동하는 신체의 움직임을 의미한다.

④ 외선은 신체의 중심으로부터 회전하는 신체의 움직임을 의미한다.

해설

굴곡은 부위 간의 각도가 감소하는 신체의 움직임을 의미한다.

35

조종장치의 저항 중 갑작스러운 속도의 변화를 막고 부드러운 제어동작을 유지하게 해 주는 저항을 무엇이라 하는가?

① 점성저항　　　　② 관성저항

③ 마찰저항　　　　④ 탄성저항

해설

점성저항

출력과 반대 방향으로 그 속도에 비례해서 작용하는 힘 때문에 생기는 항력으로 원활한 제어를 도우며, 특히 규정된 변위 속도를 유지하는 효과를 가지며, 물질의 점성에 기인하여 운동을 억제하려는 저항이다.

36

에너지대사율(Relative Metabolic Rate)에 관한 설명으로 가장 옳지 않은 것은?

① 작업대사량은 작업 시 소비에너지와 안정 시 소비에너지의 차로 나타낸다.

② RMR은 작업대사량을 기초대사량으로 나눈 값이다.

③ 산소소비량을 측정할 때 더글러스 백(douglas bag)을 이용한다.

④ 기초대사량은 의자에 앉아서 호흡하는 동안에 측정한 산소소비량으로 구한다.

해설

기초대사량

최소 10시간 이상 금식한 다음 잠에서 깬 후 30~60분 동안 편안하게 휴식을 취한 후 측정한 산소소비량으로 구한다.

37

의자 좌판의 높이 결정 시 사용할 수 있는 인체측정치는?

① 앉은키

② 앉은 무릎 높이

③ 앉은 팔꿈치 높이

④ 앉은 오금 높이

해설

의자 좌판의 높이 결정 시 사용할 수 있는 인체측정치는 앉은 오금(무릎의 구부러지는 안쪽의 오목한 부분) 높이이다.

38

산업현장에서 사용하는 생산설비의 경우 안전장치가 부착되어 있으나 생산성을 위해 제거하고 사용하는 경우가 있다. 이러한 경우를 대비하여 설계 시 안전장치를 제거하면 작동이 안 되는 구조를 채택하고 있는데, 이러한 구조는 무엇인가?

① fail safe
② fool proof
③ lock out
④ tamper proof

해설

휴먼에러의 방지

- tamper proof : 장치를 임의로 조작하거나 파손하는 것을 방지하기 위해 설계하는 것
- fail safe : 기계 등이 고장이 발생했을 때 사고나 재해를 예방하도록 안전을 확보하는 장치 또는 기구
- fool proof : 작업자가 실수를 하더라도 사고로 연결되지 않도록 항상 안전하게 작동되는 구조
- lock out : 정비 · 청소 · 수리 등의 작업을 수행하기 위하여 해당 기계의 운전을 정지한 후 다른 사람이 그 기계를 운전하는 것을 방지하기 위하여 기동장치에 잠금장치를 하거나 표지판을 설치하는 등의 조치

39

고온 작업자의 고온 스트레스로 인해 발생하는 생리적 영향이 아닌 것은?

① 피부와 직장온도의 상승
② 발한(sweating)의 증가
③ 심박출량(cardiac output)의 증가
④ 근육에서의 젖산 감소로 인한 근육통과 근육 피로 증가

해설

근육에서 젖산이 증가하면 근육통과 근육 피로가 증가한다. 즉, 젖산이 감소하면 피로도 감소한다.

40

청각신호의 수신과 관련된 인간의 기능으로 볼 수 없는 것은?

① 검출(detection)
② 순응(adaptation)
③ 위치 판별(directional judgement)
④ 절대적 식별(absolute judgement)

해설

청각신호의 3가지 기능

- 청각신호의 검출 : 신호의 존재 여부를 결정하는 것
- 위치 판별(상대적 식별) : 2가지 이상의 신호가 인접하여 제시되었을 때 이를 구별하는 것
- 절대적 식별 : 어떤 분류에 속하는 특정한 신호가 단독으로 제시되었을 때 이를 식별하는 것

제**3**과목 | 기계 · 기구 및 설비 안전관리

41

기계나 그 부품에 고장이나 기능 불량이 생겨도 항상 안전하게 작동하는 안전화 대책은?

① 진단
② 예방정비
③ 페일 세이프(fail safe)
④ 풀 프루프(fool proof)

해설

페일 세이프(fail safe)

- 기계나 그 부품에 고장이나 기능 불량이 생겨도 항상 안전하게 작동하는 안전화 대책이다.
- 시스템 안전 달성을 위한 시스템 안전 설계단계 중 위험 상태의 최소화 단계에 해당한다.

42

소성가공의 종류가 아닌 것은?

① 단조
② 압연
③ 인발
④ 연삭

해설

연삭은 연삭칩이 발생되는 절삭가공법이다.

소성가공(비절삭가공)의 종류

단조, 압연, 압출, 프레스(판금), 인발, 전조가공 등

43

다음 중 기계설비 기능의 안전화를 위해 고려해야 할 사항에 속하는 것은?

> ㉠ 재료의 결함
> ㉡ 가공상의 잘못
> ㉢ 정전 시의 오동작
> ㉣ 설계의 잘못

① ㉠
② ㉡
③ ㉢
④ ㉣

해설

기계설비 안전화의 방법

- 기능의 안전화 : 전압 강하, 정전 및 단락, 사용압력 변동 등의 오작동 방지
- 구조의 안전화 : 설계결함, 재료결함, 가공결함, 사용결함 등에 대한 안전화
- 외형의 안전화 : 덮개, 안전색채 조절, 가드의 설치
- 작업의 안전화 : 방호장치의 작동결함

44

다음은 지게차의 헤드가드에 관한 기준이다. ( ) 안에 들어갈 내용으로 옳은 것은?

> 지게차 사용 시 화물낙하위험의 방호조치사항으로 헤드가드를 갖추어야 한다. 그 강도는 지게차 최대하중의 ( ) 값의 등분포정하중에 견딜 수 있어야 한다. 단, 그 값이 4ton을 넘는 것에 대하여서는 4ton으로 한다.

① 2배
② 3배
③ 4배
④ 5배

해설

헤드가드(산업안전보건기준에 관한 규칙 제180조)

사업주는 다음에 따른 적합한 헤드가드(head guard)를 갖추지 아니한 지게차를 사용해서는 안 된다. 다만, 화물의 낙하에 의하여 지게차의 운전자에게 위험을 미칠 우려가 없는 경우에는 그렇지 않다.

- 강도는 지게차의 최대하중의 2배 값(4ton을 넘는 값에 대해서는 4ton으로 한다)의 등분포정하중에 견딜 수 있을 것
- 상부틀의 각 개구의 폭 또는 길이가 16cm 미만일 것
- 운전자가 앉아서 조작하거나 서서 조작하는 지게차의 헤드가드는 한국산업표준에서 정하는 높이 기준 이상일 것

45

보일러의 연도(굴뚝)에서 버려지는 여열을 이용하여 보일러에 공급되는 급수를 예열하는 부속장치는?

① 과열기
② 절탄기
③ 공기예열기
④ 연소장치

해설

절탄기(economizer)

급수예열기. 보일러 전열면(傳熱面)을 가열하고 난 연도(煙道)가스로 보일러 급수를 가열하는 장치

46

산업안전보건법령상 연삭숫돌의 상부를 사용하는 것을 목적으로 하는 탁상용 연삭기 덮개의 노출각도는?

① 60° 이내
② 65° 이내
③ 80° 이내
④ 125° 이내

해설

방호장치 자율안전기준 고시 별표 4

48

아세틸렌 용접장치의 안전 기준과 관련하여 다음 (   ) 안에 들어갈 용어로 옳은 것은?

> 사업주는 가스용기가 발생기와 분리되어 있는 아세틸렌 용접장치에 대하여 발생기와 가스용기 사이에 (   )을/를 설치하여야 한다.

① 격납실
② 안전기
③ 안전밸브
④ 소화설비

해설

사업주는 가스용기가 발생기와 분리되어 있는 아세틸렌 용접장치에 대하여 발생기와 가스용기 사이에 안전기를 설치하여야 한다(산업안전보건기준에 관한 규칙 제289조).

49

산업용 로봇작업 시 안전조치방법으로 옳지 않은 것은?

① 작업 중의 머니퓰레이터의 속도의 지침에 따라 작업한다.
② 로봇의 조작방법 및 순서의 지침에 따라 작업한다.
③ 작업을 하고 있는 동안 해당 작업 근로자 이외에도 로봇의 기동스위치를 조작할 수 있도록 한다.
④ 2명 이상의 근로자에게 작업을 시킬 때는 신호 방법의 지침을 정하고 그 지침에 따라 작업한다.

해설

작업을 하고 있는 동안 로봇의 기동스위치 등에 작업 중이라는 표시를 하는 등 작업에 종사하고 있는 근로자가 아닌 사람이 그 스위치 등을 조작할 수 없도록 필요한 조치를 할 것(산업안전보건기준에 관한 규칙 제222조)

47

프레스의 분류 중 동력프레스에 해당하지 않는 것은?

① 크랭크프레스
② 토글프레스
③ 마찰프레스
④ 아버프레스

해설

동력프레스의 종류

크랭크프레스, 토글프레스, 마찰프레스 등

50

다음 중 산업안전보건기준에 관한 규칙에 따라 컨베이어 (conveyor)의 방호장치로 볼 수 없는 것은?

① 반발예방장치
② 이탈방지장치
③ 비상정지장치
④ 덮개 또는 울

해설

반발예방장치는 목재가공용 기계의 방호장치에 해당한다(산업안전보 건기준에 관한 규칙 제105조).

※ 산업안전보건기준에 관한 규칙 제11절 참고

51

산업안전보건법령상 차량계 하역운반기계를 이용한 화물 적재 시의 준수해야 할 사항으로 옳지 않은 것은?

① 최대적재량의 10% 이상 초과하지 않도록 적재한다.
② 운전자의 시야를 가리지 않도록 적재한다.
③ 붕괴, 낙하 방지를 위해 화물에 로프를 거는 등 필요 조치를 한다.
④ 편하중이 생기지 않도록 적재한다.

해설

화물적재 시의 조치(산업안전보건기준에 관한 규칙 제173조)

• 사업주는 차량계 하역운반기계 등에 화물을 적재하는 경우에 다음 의 사항을 준수하여야 한다.
  – 하중이 한쪽으로 치우치지 않도록 적재할 것
  – 구내운반차 또는 화물자동차의 경우 화물의 붕괴 또는 낙하에 의 한 위험을 방지하기 위하여 화물에 로프를 거는 등 필요한 조치를 할 것
  – 운전자의 시야를 가리지 않도록 화물을 적재할 것
• 상기의 화물을 적재하는 경우에는 최대적재량을 초과해서는 아니 된다.

52

프레스의 본질적 안전화(no-hand in die 방식) 추진대책 이 아닌 것은?

① 안전 금형을 설치
② 전용 프레스의 사용
③ 방호울이 부착된 프레스 사용
④ 감응식 방호장치 설치

해설

본질적 안전화 방식의 예

안전 금형 부착 프레스, 금형에 설치한 안전장치, 방호울식 프레스, 전용 프레스, 자동(배출) 프레스 등(롤 피더, 다이얼 피더, 그리퍼 피더, 호퍼 피더, 푸셔 피더, 슈트, 슬라이딩 다이, 이젝터, 산업용 로봇 등)

53

다음 중 연삭기의 종류가 아닌 것은?

① 다두 연삭기
② 원통 연삭기
③ 센터리스 연삭기
④ 만능 연삭기

해설

연삭기의 종류

원통 연삭기, 센터리스 연삭기, 만능 연삭기, 내면 연삭기, 평면 연삭 기 등

54

프레스 방호장치에서 게이트 가드식 방호장치의 작동방 식에 따른 분류와 가장 거리가 먼 것은?

① 경사식
② 하강식
③ 도립식
④ 횡 슬라이드식

해설

작동방식에 따른 게이트 가드식 방호장치의 종류

상승식, 하강식, 도립식, 횡 슬라이드식

55

산업안전보건법령상 크레인의 방호장치 중 정상적으로 작동될 수 있도록 미리 조정해 두어야 하는 것으로 가장 옳지 않은 것은?

① 권과방지장치　　② 낙하방지장치

③ 비상정지장치　　④ 과부하방지장치

해설

방호장치의 조정(산업안전보건기준에 관한 규칙 제134조)

사업주는 크레인에 과부하방지장치, 권과방지장치, 비상정지장치 및 제동장치, 그 밖의 방호장치[승강기의 파이널 리밋 스위치(final limit switch), 속도조절기, 출입문 인터 록(inter lock) 등을 말한다]가 정상적으로 작동될 수 있도록 미리 조정해 두어야 한다.

56

롤러기에 사용되는 급정지장치의 종류가 아닌 것은?

① 손 조작식

② 발 조작식

③ 무릎 조작식

④ 복부 조작식

해설

롤러기에 사용되는 조작부의 설치 위치에 따른 급정지장치의 종류(방호장치 자율안전기준 고시 별표 3)

종류	설치 위치	비고
손 조작식	밑면에서 1.8m 이내	
복부 조작식	밑면에서 0.8m 이상 1.1m 이내	위치는 급정지장치의 조작부의 중심점을 기준
무릎 조작식	밑면에서 0.6m 이내	

57

정(chisel)작업의 일반적인 안전수칙으로 옳지 않은 것은?

① 따내기 및 칩이 튀는 가공에서는 보안경을 착용하여야 한다.

② 절단작업 시 절단된 끝이 튀는 것을 조심하여야 한다.

③ 작업을 시작할 때는 가급적 정을 세게 타격하고 점차 힘을 줄여 간다.

④ 담금질 된 철강 재료는 정가공을 하지 않는 것이 좋다.

해설

정작업 시 처음에는 가볍게 두드리고, 점차 힘을 가한 후, 작업이 끝날 때에는 가볍게 두드린다.

58

기계운동의 형태에 따른 위험점 분류에 해당하지 않는 것은?

① 끼임점　　② 회전물림점

③ 협착점　　④ 절단점

해설

기계운동 형태에 따른 위험점 분류

• 협착점(왕복운동 + 고정부) : 프레스, 절단기, 성형기
• 끼임점(회전 또는 직선운동 + 고정부) : 연삭숫돌과 작업대
• 절단점(회전운동 자체) : 둥근톱의 톱날, 띠톱날
• 물림점(회전운동 + 회전운동) : 롤러기
• 접선물림점(회전운동 + 접선부) : 벨트와 풀리
• 회전말림점(돌기회전부) : 회전축, 드릴

59

보일러에서 프라이밍(priming)과 포밍(foaming)의 발생 원인으로 옳지 않은 것은?

① 역화가 발생되었을 경우
② 기계적 결함이 있을 경우
③ 보일러가 과부하로 사용될 경우
④ 보일러수에 불순물이 많이 포함되었을 경우

해설

프라이밍과 포밍의 발생원인
• 고수위일 경우
• 급격한 과열
• 기계적 결함이 있는 경우
• 보일러가 과부하로 사용될 경우
• 보일러수에 불순물이 많이 포함되었을 경우

60

기계설비의 안전조건 중 구조의 안전화에 대한 설명으로 가장 거리가 먼 것은?

① 기계재료의 선정 시 재료 자체에 결함이 없는지 철저히 확인한다.
② 사용 중 재료의 강도가 열화될 것을 감안하여 설계 시 안전율을 고려한다.
③ 기계작동 시 기계의 오동작을 방지하기 위하여 오동작방지회로를 적용한다.
④ 가공경화와 같은 가공결함이 생길 우려가 있는 경우는 열처리 등으로 결함을 방지한다.

해설

오동작방지회로의 적용은 기능의 안전화에 해당된다.

61

전기기계·기구의 조작 부분을 점검하거나 보수하는 경우에는 근로자가 안전하게 작업할 수 있도록 전기기계·기구로부터 몇 m 이상의 작업공간을 확보하여야 하는지 그 기준으로 옳은 것은?

① 0.5   ② 0.7
③ 0.9   ④ 1.2

해설

전기기계·기구의 조작 시 등의 안전조치(산업안전보건기준에 관한 규칙 제310조)
사업주는 전기기계·기구의 조작 부분을 점검하거나 보수하는 경우에는 근로자가 안전하게 작업할 수 있도록 전기기계·기구로부터 폭 70cm 이상의 작업공간을 확보하여야 한다. 다만, 작업공간을 확보하는 것이 곤란하여 근로자에게 절연용 보호구를 착용하도록 한 경우에는 그러하지 아니하다.

62

근로자가 충전전로를 취급하거나 그 인근에서 작업하는 경우 조치하여야 하는 사항으로 옳지 않은 것은?

① 충전전로를 취급하는 근로자에게 그 작업에 적합한 절연용 보호구를 착용시킬 것
② 충전전로를 정전시키는 경우 차단장치나 단로기 등의 잠금장치 확인 없이 빠른 시간 내에 작업을 완료할 것
③ 충전전로에 근접한 장소에서 전기작업을 하는 경우에는 해당 전압에 적합한 절연용 방호구를 설치할 것
④ 고압 및 특별고압의 전로에서 전기작업을 하는 근로자에게 활선작업용 기구 및 장치를 사용하도록 할 것

해설

충전전로를 정전시키는 경우 차단장치나 단로기 등에 잠금장치 및 꼬리표를 부착해야 한다.

63

전로의 과전류로 인한 재해를 방지하기 위한 방법으로 과전류차단장치를 설치할 때에 대한 설명으로 옳지 않은 것은?

① 과전류차단장치로는 차단기·퓨즈 또는 보호계전기 등이 있다.
② 차단기·퓨즈는 계통에서 발생하는 최대과전류에 대하여 충분하게 차단할 수 있는 성능을 가져야 한다.
③ 과전류차단장치는 반드시 접지선에 병렬로 연결하여 과전류 발생 시 전로를 자동으로 차단하도록 설치하여야 한다.
④ 과전류차단장치가 전기계통상에서 상호 협조·보완되어 과전류를 효과적으로 차단하도록 하여야 한다.

해설

과전류차단장치는 반드시 접지선이 아닌 전로에 직렬로 연결하여 과전류 발생 시 전로를 자동으로 차단하도록 설치해야 한다(산업안전보건기준에 관한 규칙 제305조).

64

감전에 영향을 미치는 요인으로 통전경로별 위험도가 가장 높은 것은?

① 왼손 – 등
② 오른손 – 등
③ 오른손 – 왼발
④ 왼손 – 가슴

해설

통전이 심장에 가까울수록 감전 위험도가 높다.

65

메탄올의 연소반응이 다음과 같을 때 최소산소농도(MOC)는 약 얼마인가?(단, 메탄올의 연소하한값(L)은 6.7vol%이다)

$$CH_3OH + 1.5O_2 \rightarrow CO_2 + 2H_2O$$

① 1.5vol% ② 6.7vol%
③ 10vol% ④ 15vol%

해설

$MOC = LFL \times O_2 = 6.7 \times 1.5 \simeq 10vol\%$

66

활선작업 시 사용하는 안전장구가 아닌 것은?

① 절연용 보호구
② 절연용 방호구
③ 활선작업용 기구
④ 절연저항 측정기구

해설

절연용 보호구 등의 사용(산업안전보건기준에 관한 규칙 제323조)
사업주는 다음의 작업에 사용하는 절연용 보호구, 절연용 방호구, 활선작업용 기구, 활선작업용 장치에 대하여 각각의 사용목적에 적합한 종별·재질 및 치수의 것을 사용해야 한다.
• 밀폐 공간에서의 전기작업
• 이동 및 휴대장비 등을 사용하는 전기작업
• 정전전로 또는 그 인근에서의 전기작업
• 충전전로에서의 전기작업
• 충전전로 인근에서의 차량·기계장치 등의 작업

67

파이프 등에 유체가 흐를 때 발생하는 유동대전에 가장 큰 영향을 미치는 요인은?

① 유체의 이동거리
② 유체의 점도
③ 유체의 속도
④ 유체의 양

해설

유동대전

액체류가 파이프 등 내부에서 유동할 때 액체와 관 벽 사이에서 정전기가 발생되는 현상으로, 액체의 유동속도에 따라 크게 좌우된다.

68

정전기에 의한 재해 방지대책으로 옳지 않은 것은?

① 대전방지제 등을 사용한다.
② 공기 중의 습기를 제거한다.
③ 금속 등의 도체를 접지시킨다.
④ 배관 내 액체가 흐를 경우 유속을 제한한다.

해설

정전기를 방지하려면 공기 중에 습기(70%)를 더 공급한다.

69

전기불꽃이나 과열에 대해서 회로 특성상 폭발의 위험을 방지할 수 있는 방폭구조는?

① 내압 방폭구조
② 유입 방폭구조
③ 안전증 방폭구조
④ 압력 방폭구조

해설

① 내압 방폭구조 : 전폐구조를 하고 있으며 외부의 폭발성 가스가 내부로 침입하여 내부에서 폭발하더라도 용기는 그 압력에 견디고, 내부의 폭발로 인하여 외부의 폭발성 가스에 착화될 우려가 없도록 만들어진 구조
② 유입 방폭구조 : 전기기기의 불꽃, 아크 또는 고온이 발생하는 부분을 기름 속에 넣어 기름면 위에 존재하는 폭발성 가스 또는 증기에 인화될 우려가 없도록 한 구조
④ 압력 방폭구조 : 전기설비 용기 내부에 공기, 질소, 탄산가스 등의 보호가스를 봉입하여 해당 용기의 내부에 가연성 가스 또는 증기가 침입하지 못하도록 한 구조

70

전로의 사용전압이 400V일 때 절연저항값은 몇 MΩ 이상으로 하여야 하는가?

① 0.2
② 0.4
③ 0.8
④ 1.0

해설

저압전로의 절연성능(전기설비기술기준 제52조)

전로의 사용전압[V]	DC 시험전압[V]	절연저항[MΩ]
SELV 및 PELV	250	0.5
FELV를 포함한 500V 이하	500	1.0
500V 초과	1,000	1.0

71

전기설비의 점화원 중 잠재적 점화원에 속하지 않는 것은?

① 전동기 권선

② 마그넷 코일

③ 케이블

④ 릴레이 전기접점

해설

전기설비의 점화원

• 현재적 점화원
  – 직류전동기의 정류자, 권선형 유도전동기의 슬립링 등
  – 전열기, 저항기, 전동기의 고온부 등
  – 개폐기 및 차단기류의 접점, 제어기기 및 보호계전기의 전기 접점 등
• 잠재적 점화원 : 전동기의 권선, 변압기의 권선, 마그넷 코일, 전기적 광원, 케이블, 기타 배선 등

72

전기기계 · 기구의 누전에 의한 감전 위험을 방지하기 위하여 해당 전로에는 정격에 적합하고 감도가 양호한 감전 방지용 누전차단기를 설치하여야 한다. 이 누전차단기의 기준은 정격감도전류가 30mA 이하이고 작동시간은 몇 초 이내이어야 하는가?(단, 정격부하전류가 50A 미만의 전기기계 · 기구에 접속되는 누전차단기이다)

① 0.03초

② 0.1초

③ 0.3초

④ 0.5초

해설

전기기계 · 기구에 설치되어 있는 누전차단기는 정격감도전류가 30mA 이하이고 작동시간은 0.03초 이내일 것. 다만, 정격전부하전류가 50A 이상인 전기기계 · 기구에 접속되는 누전차단기는 오작동을 방지하기 위하여 정격감도전류는 200mA 이하로, 작동시간은 0.1초 이내로 할 수 있다(산업안전보건기준에 관한 규칙 제304조).

73

다음 중 가연성 물질과 산화성 고체가 혼합하고 있을 때 연소에 미치는 현상으로 옳은 것은?

① 착화온도(발화점)가 높아진다.

② 최소점화에너지가 감소하며, 폭발의 위험성이 증가한다.

③ 가스나 가연성 증기의 경우 공기 혼합보다 연소범위가 축소된다.

④ 공기 중에서보다 산화작용이 약하게 발생하여 화염온도가 감소하며 연소속도가 늦어진다.

해설

① 착화온도(발화점)가 낮아진다.

③ 가스나 가연성 증기의 경우 공기 혼합보다 연소범위가 확장된다.

④ 공기 중에서보다 산화작용이 강하게 발생하여 화염온도가 증가하며 연소속도가 빨라진다.

74

다음 중 냉각소화에 해당하는 것은?

① 튀김 기름이 인화되었을 때 싱싱한 야채를 넣어 소화한다.

② 가연성 기체의 분출 화재 시 주 밸브를 닫아서 연료 공급을 차단한다.

③ 금속화재의 경우 불활성 물질로 가연물을 덮어 미연소 부분과 분리한다.

④ 촛불을 입으로 불어서 끈다.

해설

②, ③, ④는 제거소화의 예시이다.

냉각소화와 제거소화

• 냉각소화 : 열을 흡수하여 연소반응의 속도를 지연시키는 소화방법이다.
• 제거소화 : 가연물을 제거하거나 공급을 중단시켜 소화시키는 소화방법이다.

75

폭발범위에 있는 가연성 가스 혼합물에 전압을 변화시키며 전기불꽃을 주었더니 1,000V가 되는 순간 폭발이 일어났다. 이때 사용한 전기불꽃의 콘덴서 용량은 0.1μF을 사용하였다면 이 가스에 대한 최소발화에너지는 몇 mJ인가?

① 5 ② 10
③ 50 ④ 100

해설

$$E = \frac{1}{2}CV^2$$
$$= \frac{1}{2} \times 0.1 \times 10^{-6} \times 1,000^2$$
$$= 0.05J$$
$$= 50mJ$$

77

산업안전보건법상 물질안전보건자료 작성 시 포함되어야 하는 항목이 아닌 것은?(단, 참고사항은 제외한다)

① 화학제품과 회사에 관한 정보
② 제조일자 및 유효기간
③ 운송에 필요한 정보
④ 환경에 미치는 영향

해설

물질안전보건자료 작성 시 포함되어야 할 항목 및 그 순서(화학물질의 분류·표시 및 물질안전보건자료에 관한 기준 제10조)
- 화학제품과 회사에 관한 정보
- 유해성·위험성
- 구성성분의 명칭 및 함유량
- 응급조치요령
- 폭발·화재 시 대처방법
- 누출사고 시 대처방법
- 취급 및 저장방법
- 노출방지 및 개인보호구
- 물리화학적 특성
- 안정성 및 반응성
- 독성에 관한 정보
- 환경에 미치는 영향
- 폐기 시 주의사항
- 운송에 필요한 정보
- 법적규제 현황
- 그 밖의 참고사항

76

가열·마찰·충격 또는 다른 화학물질과의 접촉 등으로 인하여 산소나 산화제의 공급이 없더라도 폭발 등 격렬한 반응을 일으킬 수 있는 물질은?

① 알코올류
② 무기과산화물
③ 나이트로화합물
④ 과망간산칼륨

해설

폭발성 물질
질산에스테르류, 나이트로화합물, 아조화합물, 하이드라진(N_2H_4) 유도체, 유기과산화물 등

78

5% NaOH 수용액과 10% NaOH 수용액을 반응기에 혼합하여 6% 100kg의 NaOH 수용액을 만들려면 각각 몇 kg의 NaOH 수용액이 필요한가?

① 5% NaOH 수용액 : 33.3,
   10% NaOH 수용액 : 66.7
② 5% NaOH 수용액 : 50,
   10% NaOH 수용액 : 50
③ 5% NaOH 수용액 : 66.7,
   10% NaOH 수용액 : 33.3
④ 5% NaOH 수용액 : 80,
   10% NaOH 수용액 : 20

해설

혼합 수용액이 6% NaOH 수용액 100kg이므로 5% NaOH 수용액의 무게를 $x$kg이라고 하면 10% NaOH 수용액의 무게는 $100 - x$kg이다.
따라서, $0.06 \times 100 = 0.05x + 0.1 \times (100 - x)$
$x = 80$kg, $100 - x = 20$
∴ 5% NaOH 수용액 80kg, 10% NaOH 수용액 20kg

79

최소점화에너지(MIE)와 온도, 압력의 관계를 옳게 설명한 것은?

① 압력, 온도에 모두 비례한다.
② 압력, 온도에 모두 반비례한다.
③ 압력에 비례하고, 온도에 반비례한다.
④ 압력에 반비례하고, 온도에 비례한다.

해설

최소점화에너지(MIE) 값이 작을수록 점화가 쉬워진다. 즉, 온도와 압력이 상승하면 최소점화에너지 값이 작아져 점화가 쉽게 일어난다.

80

산업안전보건법령상 특수화학설비를 설치할 때 내부의 이상 상태를 조기에 파악하기 위하여 필요한 계측장치를 설치하여야 한다. 이러한 계측장치와 거리가 먼 것은?

① 압력계   ② 유량계
③ 온도계   ④ 비중계

해설

계측장치 등의 설치(산업안전보건기준에 관한 규칙 제273조)
사업주는 위험물을 정한 기준량 이상으로 제조하거나 취급하는 특수화학설비를 설치하는 경우에는 내부의 이상 상태를 조기에 파악하기 위하여 필요한 온도계·유량계·압력계 등의 계측장치를 설치하여야 한다.

81

다음 중 건설공사관리의 주요기능이라 볼 수 없는 것은?

① 안전관리　　　　② 공정관리

③ 품질관리　　　　④ 재고관리

해설

건설공사관리의 주요기능

공정관리, 품질관리, 원가관리, 안전관리, 환경관리, 기상관리

82

건설공사 도급인은 건설공사 중에 가설구조물의 붕괴 등 산업재해가 발생할 위험이 있다고 판단되면 건축·토목 분야의 전문가의 의견을 들어 건설공사 발주자에게 해당 건설공사의 설계 변경을 요청할 수 있는데, 이러한 가설구조물의 기준으로 옳지 않은 것은?

① 높이 20m 이상인 비계

② 작업발판 일체형 거푸집 또는 높이 5m 이상인 거푸집 및 동바리

③ 터널의 지보공 또는 높이가 2m 이상인 흙막이 지보공

④ 동력을 이용하여 움직이는 가설구조물

해설

설계 변경 요청 대상(시행령 제58조)

• 높이 31m 이상인 비계

• 작업발판 일체형 거푸집 또는 높이 5m 이상인 거푸집 동바리[타설(打設)된 콘크리트가 일정 강도에 이르기까지 하중 등을 지지하기 위하여 설치하는 부재(部材)]

• 터널의 지보공 또는 높이 2m 이상인 흙막이 지보공

• 동력을 이용하여 움직이는 가설구조물

83

다음은 산업안전보건기준에 관한 규칙 중 조립도에 관한 사항이다. (　) 안에 알맞은 것은?

> 거푸집 및 동바리 등을 조립하는 경우에는 그 구조를 검토한 후 조립도를 작성하여야 한다. 조립도에는 거푸집 및 동바리를 구성하는 부재의 재질·단면규격·(　) 및 이음방법 등을 명시해야 한다.

① 부재강도　　　　② 기울기

③ 안전대책　　　　④ 설치간격

해설

조립도(산업안전보건기준에 관한 규칙 제331조)

• 사업주는 거푸집 및 동바리를 조립하는 경우에는 그 구조를 검토한 후 조립도를 작성하고, 그 조립도에 따라 조립하도록 해야 한다.

• 상기의 조립도에는 거푸집 및 동바리를 구성하는 부재의 재질·단면규격·설치간격 및 이음방법 등을 명시해야 한다.

84

지반의 굴착 작업에 있어서 비가 올 경우를 대비한 직접적인 대책으로 옳은 것은?

① 측구 설치

② 낙하물 방지망 설치

③ 추락 방호망 설치

④ 매설물 등의 유무 또는 상태 확인

해설

굴착면의 붕괴 등에 의한 위험방지(산업안전보건기준에 관한 규칙 제339조)

사업주는 비가 올 경우를 대비하여 측구를 설치하거나 굴착경사면에 비닐을 덮는 등 빗물 등의 침투에 의한 붕괴재해를 예방하기 위하여 필요한 조치를 해야 한다.

85

건설공사 유해위험방지계획서 제출 시 공통적으로 제출하여야 할 첨부서류가 아닌 것은?

① 공사개요서
② 전체 공정표
③ 산업안전보건관리비 사용계획서
④ 가설도로계획서

해설

유해위험방지계획서 첨부서류 - 공사 개요 및 안전보건관리계획(시행규칙 별표 10)
• 공사개요서
• 공사현장의 주변 현황 및 주변과의 관계를 나타내는 도면(매설물 현황을 포함한다)
• 전체 공정표
• 산업안전보건관리비 사용계획서
• 안전관리조직표
• 재해 발생 위험 시 연락 및 대피방법

86

건립 중 강풍에 의한 풍압 등 외압에 대한 내력이 설계에 고려되었는지 확인하여야 하는 철골 구조물이 아닌 것은?

① 단면이 일정한 구조물
② 기둥이 타이플레이트형인 구조물
③ 이음부가 현장용접인 구조물
④ 구조물의 폭과 높이의 비가 1 : 4 이상인 구조물

해설

설계도 및 공작도 확인(철골공사 표준안전작업지침 제3조)
구조 안전의 위험이 큰 다음의 철골 구조물은 건립 중 강풍에 의한 풍압 등 외압에 대한 내력이 설계에 고려되었는지 확인하여야 한다.
• 높이 20m 이상의 구조물
• 구조물의 폭과 높이의 비가 1 : 4 이상인 구조물
• 단면구조에 현저한 차이가 있는 구조물
• 연면적당 철골량이 50kg/m^2 이하인 구조물
• 기둥이 타이플레이트(tie plate)형인 구조물
• 이음부가 현장용접인 구조물

87

산업안전보건관리비에 관한 설명으로 옳지 않은 것은?

① 발주자는 도급인이 산업안전보건관리비를 다른 목적으로 사용한 금액에 대해서는 계약금액에서 감액 조정할 수 있다.
② 발주자는 도급인이 산업안전보건관리비를 사용하지 아니한 금액에 대하여는 반환을 요구할 수 있다.
③ 발주자가 도급계약 체결을 위한 원가 계산에 의한 예정 가격 작성 시 산업안전보건관리비를 계상한다.
④ 발주자는 설계변경 등으로 대상액의 변동이 있는 경우 공사 완료 후 정산하여야 한다.

해설

계상의무 및 기준(건설업 산업안전보건관리비 계상 및 사용기준 제4조)
발주자 또는 자기공사자는 설계변경 등으로 대상액의 변동이 있는 경우 지체 없이 산업안전보건관리비를 조정 계상하여야 한다. 다만, 설계변경으로 공사금액이 800억 원 이상으로 증액된 경우에는 증액된 대상액을 기준으로 재계상한다.

88

비계의 부재 중 기둥과 기둥을 연결시키는 부재가 아닌 것은?

① 띠장   ② 장선
③ 가새   ④ 작업 발판

해설

작업 발판은 작업자가 안전하게 작업할 수 있도록 하는 부품으로, 비계의 가로 바와 수평으로 연결되어 있다.

89

가설 통로의 구조에 대한 기준으로 옳지 않은 것은?

① 경사가 15°를 초과하는 경우에는 미끄러지지 아니하는 구조로 할 것
② 경사는 20° 이하로 할 것
③ 추락의 위험이 있는 장소에는 안전난간을 설치할 것
④ 수직갱에 가설된 통로의 길이가 15m 이상인 경우에는 10m 이내마다 계단참을 설치할 것

해설

가설 통로의 구조(산업안전보건기준에 관한 규칙 제23조)

사업주는 가설 통로를 설치하는 경우 다음의 사항을 준수하여야 한다.
• 견고한 구조로 할 것
• 경사는 30° 이하로 할 것. 다만, 계단을 설치하거나 높이 2m 미만의 가설 통로로서 튼튼한 손잡이를 설치한 경우에는 그러하지 아니하다.
• 경사가 15°를 초과하는 경우에는 미끄러지지 아니하는 구조로 할 것
• 추락할 위험이 있는 장소에는 안전난간을 설치할 것. 다만, 작업상 부득이한 경우에는 필요한 부분만 임시로 해체할 수 있다.
• 수직갱에 가설된 통로의 길이가 15m 이상인 경우에는 10m 이내마다 계단참을 설치할 것
• 건설공사에 사용하는 높이 8m 이상인 비계다리에는 7m 이내마다 계단참을 설치할 것

90

추락방지망의 달기 로프를 지지점에 부착할 때 지지점의 간격이 1.5m인 경우 지지점의 강도는 최소 얼마 이상이어야 하는가?

① 200kg
② 300kg
③ 400kg
④ 500kg

해설

$F = 200 \times B$
$\quad = 200 \times 1.5$
$\quad = 300kg$
여기서, B : 지지점의 간격

91

철골구조의 앵커볼트 매립과 관련된 사항 중 옳지 않은 것은?

① 기둥 중심은 기준선 및 인접 기둥의 중심에서 3mm 이상 벗어나지 않을 것
② 앵커볼트는 매립 후에 수정하지 않도록 설치할 것
③ 베이스 플레이트의 하단은 기준 높이 및 인접 기둥의 높이에서 3mm 이상 벗어나지 않을 것
④ 앵커볼트는 기둥 중심에서 2mm 이상 벗어나지 않을 것

해설

앵커볼트의 매립(철골공사 표준안전작업지침 제5조)

앵커볼트를 매립하는 정밀도는 다음의 범위 내이어야 한다.
• 기둥 중심은 기준선 및 인접 기둥의 중심에서 5mm 이상 벗어나지 않을 것
• 인접 기둥 간 중심거리의 오차는 3mm 이하일 것
• 앵커볼트는 기둥 중심에서 2mm 이상 벗어나지 않을 것
• 베이스 플레이트의 하단은 기준 높이 및 인접 기둥의 높이에서 3mm 이상 벗어나지 않을 것

92

토사 붕괴에 따른 재해를 방지하기 위한 흙막이 지보공 설비가 아닌 것은?

① 흙막이판
② 말뚝
③ 턴버클
④ 띠장

해설

턴버클은 철골공사에 사용하는 설비로, 지지 막대나 지지 와이어 등을 죄는 데 사용한다.

93

토공기계 중 클램셸(clam shell)의 용도에 대해 가장 잘 설명한 것은?

① 단단한 지반에 작업하기 쉽고 작업속도가 빠르며 특히 암반굴착에 적합하다.

② 수면하의 실트 혹은 모래를 굴착하고 준설선에 많이 사용한다.

③ 상당히 넓고 얕은 범위의 점토질 지반 굴착에 적합하다.

④ 기계위치보다 높은 곳의 굴착, 비탈면 절취에 적합하다.

해설

클램셸(clam shell)은 항만이나 공장에서 석탄 등과 같은 벌크(bulk) 물건의 하역작업, 토목공사에서 부드러운 토질에서 깊은 구멍을 파는 작업, 루즈(loose) 토사의 적재 등에 적합하다.

94

차량계 건설기계의 운전자가 운전 위치를 이탈하는 경우 준수해야 할 사항으로 옳지 않은 것은?

① 버킷은 지상에서 1m 정도의 위치에 둔다.

② 브레이크를 걸어 둔다.

③ 디퍼는 지면에 내려 둔다.

④ 원동기를 정지시킨다.

해설

차량계 하역운반기계 등 차량계 건설기계의 운전자가 운전 위치를 이탈하는 경우 포크, 버킷, 디퍼 등의 장치를 가장 낮은 위치 또는 지면에 내려 두어야 한다(산업안전보건기준에 관한 규칙 제99조).

95

토석 붕괴의 요인 중 외적 요인이 아닌 것은?

① 토석의 강도 저하

② 사면, 법면의 경사 및 기울기의 증가

③ 절토 및 성토 높이의 증가

④ 공사에 의한 진동 및 반복하중의 증가

해설

토석의 강도 저하, 절토 사면의 토질 및 암질, 성토 사면의 토질 구성 및 분포 등은 내적 요인에 해당한다.

96

히빙현상에 대한 안전대책과 가장 거리가 먼 것은?

① 어스앵커 설치

② 흙막이벽의 근입심도 확보

③ 양질의 재료로 지반 개량 실시

④ 굴착 주변에 상재하중을 증대

해설

히빙현상에 대한 안전대책
- 굴착 주변의 상재하중을 제거하여 토압을 최대한 낮춘다.
- 어스앵커를 설치한다.
- 흙막이벽의 근입심도를 깊게 한다.
- 지반 개량으로 흙의 전단강도를 높인다.
- 굴착 주변을 웰포인트 공법과 병행한다.
- 토류벽의 배면토압을 경감시킨다.
- 굴착 저면에 토사 등 인공중력을 가한다.
- 굴착방식을 아일랜드 컷 방식으로 개선한다.

97

거푸집 해체작업 시 유의사항으로 옳지 않은 것은?

① 일반적으로 수평 부재의 거푸집은 연직 부재의 거푸집보다 빨리 떼어낸다.

② 해체된 거푸집이나 각목 등에 박혀 있는 못 또는 날카로운 돌출물은 즉시 제거하여야 한다.

③ 상하 동시 작업은 원칙적으로 금지하여 부득이한 경우에는 긴밀히 연락을 취하여 작업을 하여야 한다.

④ 거푸집 해체작업장 주위에는 관계자를 제외하고는 출입을 금지시켜야 한다.

> **해설**
>
> **거푸집 해체작업 시 준수사항(콘크리트공사 표준안전작업지침 제9조)**
> - 거푸집 및 지보공(동바리)의 해체는 순서에 의하여 실시하여야 하며 안전담당자를 배치하여야 한다.
> - 거푸집 및 지보공(동바리)은 콘크리트 자중 및 시공 중에 가해지는 기타 하중에 충분히 견딜 만한 강도를 가질 때까지는 해체하지 아니하여야 한다.
> - 거푸집을 해체할 때에는 다음에 정하는 사항을 유념하여 작업하여야 한다.
>   - 해체작업을 할 때에는 안전모 등 안전 보호장구를 착용토록 하여야 한다.
>   - 거푸집 해체작업장 주위에는 관계자를 제외하고는 출입을 금지시켜야 한다.
>   - 상하 동시 작업은 원칙적으로 금지하여 부득이한 경우에는 긴밀히 연락을 취하며 작업을 하여야 한다.
>   - 거푸집 해체 때 구조체에 무리한 충격이나 큰 힘에 의한 지렛대 사용은 금지하여야 한다.
>   - 보 또는 슬래브 거푸집을 제거할 때에는 거푸집의 낙하 충격으로 인한 작업원의 돌발적 재해를 방지하여야 한다.
>   - 해체된 거푸집이나 각목 등에 박혀 있는 못 또는 날카로운 돌출물은 즉시 제거하여야 한다.
>   - 해체된 거푸집이나 각목은 재사용 가능한 것과 보수하여야 할 것을 선별, 분리하여 적치하고 정리정돈을 하여야 한다.
> - 기타 제3자의 보호조치에 대하여도 완전한 조치를 강구하여야 한다.

98

콘크리트의 비파괴 검사방법이 아닌 것은?

① 반발경도법　　　　② 자기법

③ 음파법　　　　　　④ 침지법

> **해설**
>
> **콘크리트의 비파괴 검사방법**
> 반발경도법(슈미트해머법), 자기법, 음파법(초음파법), 인발법, 방사선법 등

99

취급운반의 원칙으로 옳지 않은 것은?

① 운반작업을 집중하여 시킬 것

② 곡선 운반을 할 것

③ 생산을 최고로 하는 운반을 생각할 것

④ 연속 운반을 할 것

> **해설**
>
> 취급운반 시에는 직선 운반을 해야 한다.

100

연암의 굴착면 기울기 기준으로 옳은 것은?

① 1 : 1.0　　　　　② 1 : 1.8

③ 1 : 0.5　　　　　④ 1 : 1.2

> **해설**
>
> **굴착면의 기울기 기준(산업안전보건기준에 관한 규칙 별표 11)**
>
> | 지반의 종류 | 굴착면의 기울기 |
> | --- | --- |
> | 모래 | 1 : 1.8 |
> | 연암 및 풍화암 | 1 : 1.0 |
> | 경암 | 1 : 0.5 |
> | 그 밖의 흙 | 1 : 1.2 |
>
> 굴착면의 기울기 : 굴착면의 높이에 대한 수평거리의 비율

제1과목 │ 산업재해 예방 및 안전보건교육

01

재해원인을 직접원인과 간접원인으로 나눌 때, 직접원인에 해당하는 것은?

① 기술적 원인

② 관리적 원인

③ 교육적 원인

④ 물적 원인

해설

재해원인

- 직접원인 : 불안전한 행위(인적 요인), 불안전한 상태(물적 요인)
- 간접원인 : 기술적 원인, 교육적 원인, 작업관리상 원인, 신체적(생리적) 원인, 정신적 원인 등

02

안전관리의 중요성과 가장 거리가 먼 것은?

① 인간 존중이라는 인도적인 신념의 실현

② 경영·경제상의 제품의 품질과 생산성 향상

③ 재해로부터 인적·물적 손실 예방

④ 작업환경 개선을 통한 투자비용 증대

해설

작업환경 개선을 통해 투자비용이 감소되어야 한다.

03

산업안전보건법령상 안전보건관리규정을 작성하여야 할 사업 중 정보서비스업의 상시근로자 수는 몇 명 이상인가?

① 50

② 100

③ 300

④ 500

해설

안전보건관리규정을 작성하여야 할 사업 중 정보서비스업의 상시근로자 수는 300명 이상이다(시행규칙 별표 2).

04

안전관리조직의 형태 중 라인·스태프형에 대한 설명으로 옳지 않은 것은?

① 안전 스태프는 안전에 관한 기획·입안·조사·검토 및 연구를 행한다.

② 안전업무를 전문적으로 담당하는 스태프 및 생산라인의 각 계층에도 겸임 또는 전임의 안전담당자를 둔다.

③ 모든 안전관리업무를 생산라인을 통하여 직선적으로 이루어지도록 편성된 조직이다.

④ 대규모 사업장(1,000명 이상)에 효율적이다.

해설

모든 안전관리업무를 생산라인을 통하여 직선적으로 이루어지도록 편성된 조직은 직계(라인형)조직이다.

05

안전모의 종류 중 머리 부위의 감전에 대한 위험을 방지할 수 있는 것은?

① A형
② B형
③ AC형
④ AE형

해설

머리 부위의 감전에 대한 위험을 방지할 수 있는 안전모는 AE형, ABE형이다(보호구 안전인증 고시 별표 1).

06

공장 내에 안전보건표지를 부착하는 주된 이유는?

① 안전의식 고취
② 인간행동의 변화 통제
③ 공장 내의 환경 정비 목적
④ 능률적인 작업을 유도

해설

공장 내에 안전보건표지를 부착하는 주된 이유는 작업장에 잠재적인 위험을 알리고, 작업자들의 안전한 행동을 유도하기 위한 것이다.

07

자신의 약점이나 무능력, 열등감을 위장하여 유리하게 보호함으로써 안정감을 찾으려는 방어적 적응기제에 해당하는 것은?

① 보상
② 고립
③ 퇴행
④ 억압

해설

• 방어적 적응기제 : 보상, 합리화, 투사, 승화, 동일시, 치환 등
• 도피적 적응기제 : 고립, 퇴행, 억압, 백일몽 등

08

재해손실비의 평가방식 중 시몬즈(R.H. Simonds) 방식에 의한 계산방법으로 옳은 것은?

① 직접비 + 간접비
② 공동비용 + 개별비용
③ 보험코스트 + 비보험코스트
④ (휴업상해건수×관련 비용 평균치) + (통원상해건수×관련 비용 평균치)

해설

시몬즈(R.H. Simonds)의 평가방식에 의한 계산방법

재해손실비 = 보험코스트 + 비보험코스트

09

인지과정 착오의 요인이 아닌 것은?

① 정서 불안정
② 감각차단현상
③ 작업자의 기능 미숙
④ 생리·심리적 능력의 한계

해설

인간의 착오요인
• 인지과정 착오 : 정서 불안정, 감각차단현상, 생리·심리적 능력의 한계, 정보저장능력의 한계 등
• 판단과정 착오 : 정보 부족, 능력 부족, 자기합리화, 환경조건 불비 등
• 조작과정 착오 : 작업자의 기능 미숙, 경험 부족, 피로 등
• 심리적 및 기타 요인 : 불안, 공포, 과로, 수면 부족 등

10

집단에 있어서의 인간관계를 하나의 단면(斷面)에서 포착하였을 때 이러한 단면적(斷面的)인 인간관계가 생기는 기제(mechanism)와 가장 거리가 먼 것은?

① 모방
② 암시
③ 습관
④ 커뮤니케이션

해설

집단에서의 인간관계 메커니즘
모방, 암시, 동일화, 투사, 커뮤니케이션 등

11

다음과 같은 스트레스에 대한 반응은 무엇에 해당하는가?

> 여동생이나 남동생을 얻게 되면서 손가락을 빠는 것과 같이 어린 시절의 버릇을 나타낸다.

① 투사
② 억압
③ 승화
④ 퇴행

해설

퇴행(regression)
과거 발달단계의 행동 특징들로 되돌아감으로써 위협적 사건들을 피하는 것을 말한다.
예 말을 잘하던 어린이가 동생이 출생함으로써 말을 하지 않고 어리광을 부리는 행동을 하는 것

12

조직이 리더에게 부여하는 권한으로 볼 수 없는 것은?

① 보상적 권한
② 강압적 권한
③ 합법적 권한
④ 위임된 권한

해설

리더십의 권한
• 조직이 리더에게 부여하는 권한
  – 보상적 권한
  – 강압적 권한
  – 합법적 권한
• 리더가 자신에게 부여하는 권한
  – 전문성의 권한
  – 위임된 권한

13

피로의 예방과 회복대책에 대한 설명이 아닌 것은?

① 작업부하를 크게 할 것
② 정적 동작을 피할 것
③ 작업속도를 적절하게 할 것
④ 근로시간과 휴식을 적정하게 할 것

해설

작업부하를 작게 한다. 즉, 운동량을 최소로 하여 피로를 방지한다.
※ 작업부하
  • 작업공간 : 작업자세, 작업면, 의자, 책상 등의 지지면, 동적공간
  • 작업방식 : 동작순서, 조작방법, 정보표시, 작업의 흐름
  • 작업밀도 : 작업속도, 근육강도, 주의집중, 긴장도 등

10 ③ 11 ④ 12 ④ 13 ① **정답**

14

일선 관리감독자를 대상으로, 작업지도기법, 작업개선기법, 인간관계 관리기법 등을 교육하는 방법은?

① ATT(American Telephone & Telegram Co.)
② MTP(Management Training Program)
③ CCS(Civil Communication Section)
④ TWI(Training Within Industry)

해설

① ATT : 교육 대상 계층이 한정되어 있지 않고 한 번 훈련받은 관리자는 그 부하인 감독자에 대해서 지도원이 될 수 있다. 작업의 감독, 인사관계, 고객관계, 종업원의 향상, 공구 및 자료 보고 기록, 개인 작업의 개선, 안전, 복무 조정 등의 내용을 교육한다.
② MTP : 주로 관리의 기초, 작업의 개선, 작업의 관리, 부하의 훈련, 인간관계 및 관리의 전개 등으로 구성된 중간 관리층을 대상으로 하는 관리자 훈련방법이다. TWI보다 약간 높은 관리자 훈련프로그램이다.
③ CCS : 최고층 관리감독자를 대상으로 하며, ATP(Adminstration Training Program)라고도 한다. 톱 매니지먼트 교육에서 보급교육으로 변환된 교육방법으로 교육내용으로는 정책 수립, 조직, 통제, 운영 등이 있다.

15

교육 대상자 수가 많고, 교육 대상자의 학습능력의 차이가 큰 경우 집단 안전교육방법으로서 가장 효과적인 방법은?

① 문답식 교육
② 토의식 교육
③ 시청각 교육
④ 상담식 교육

해설

시청각 교육법

- 교육 대상자 수가 많고, 교육 대상자의 학습능력의 차이가 큰 경우 집단 안전교육방법으로 가장 효과적이다.
- 대규모 수업체제의 구성이 용이하다.
- 교재의 구조화를 기할 수 있고, 교수의 평준화가 가능하다.
- 학습의 다양성과 능률화를 기할 수 있고, 학습자에게 공통 경험을 형성시켜 줄 수 있다.

16

산업안전보건법상 고용노동부장관이 산업재해 예방을 위하여 종합적인 개선조치를 할 필요가 있다고 인정할 때에 안전보건개선계획의 수립·시행을 명할 수 있는 대상 사업장이 아닌 것은?

① 산업재해율이 같은 업종의 규모별 평균 산업재해율보다 높은 사업장
② 사업주가 안전보건조치의무를 이행하지 아니하여 중대재해가 발생한 사업장
③ 고용노동부장관이 관보 등에 고시한 유해인자의 노출 기준을 초과한 사업장
④ 경미한 재해가 다발로 발생한 사업장

해설

안전보건진단을 받아 안전보건개선계획을 수립할 대상(법 제49조, 시행령 제49조)

- 산업재해율이 같은 업종 평균 산업재해율의 2배 이상인 사업장
- 사업주가 필요한 안전조치 또는 보건조치를 이행하지 아니하여 중대재해가 발생한 사업장
- 대통령령으로 정하는 수 이상의 직업성 질병자가 발생한 사업장[직업성 질병자가 연간 2명 이상(상시 근로자 1,000명 이상 사업장의 경우 3명 이상) 발생한 사업장]
- 유해인자의 노출 기준을 초과한 사업장
- 그 밖에 작업환경 불량, 화재·폭발 또는 누출 사고 등으로 사업장 주변까지 피해가 확산된 사업장으로서 고용노동부령으로 정하는 사업장

17

산업안전보건법상 아세틸렌 용접장치 또는 가스집합 용접장치를 사용하여 행하는 금속의 용접·용단 또는 가열 작업자에게 특별안전·보건교육을 시키고자 할 때의 교육내용이 아닌 것은?

① 용접 흄, 분진 및 유해광선 등의 유해성에 관한 사항
② 작업방법·순서 및 응급처지에 관한 사항
③ 안전밸브의 취급 및 주의에 관한 사항
④ 안전기 및 보호구 취급에 관한 사항

해설

아세틸렌 용접장치 또는 가스집합 용접장치를 사용하는 금속의 용접·용단 또는 가열작업(발생기·도관 등에 의하여 구성되는 용접장치만 해당)을 할 때 교육내용(시행규칙 별표 5)
• 용접 흄, 분진 및 유해광선 등의 유해성에 관한 사항
• 가스용접기, 압력조정기, 호스 및 취관두(불꽃이 나오는 용접기의 앞부분) 등의 기기점검에 관한 사항
• 작업방법·순서 및 응급처치에 관한 사항
• 안전기 및 보호구 취급에 관한 사항
• 화재예방 및 초기대응에 관한 사항
• 그 밖에 안전·보건관리에 필요한 사항

18

교육훈련 평가의 4단계를 올바르게 나열한 것은?

① 학습 → 반응 → 행동 → 결과
② 학습 → 행동 → 반응 → 결과
③ 행동 → 반응 → 학습 → 결과
④ 반응 → 학습 → 행동 → 결과

19

산업안전보건법상 중대재해에 해당하지 않는 것은?

① 추락으로 인하여 1명이 사망한 재해
② 건물의 붕괴로 인하여 15명의 부상자가 동시에 발생한 재해
③ 화재로 인하여 4개월의 요양이 필요한 부상자가 동시에 3명 발생한 재해
④ 근로환경으로 인하여 직업성 질병자가 동시에 5명 발생한 재해

해설

중대재해의 범위(시행규칙 제3조)
• 사망자가 1명 이상 발생한 재해
• 3개월 이상의 요양이 필요한 부상자가 동시에 2명 이상 발생한 재해
• 부상자 또는 직업성 질병자가 동시에 10명 이상 발생한 재해

20

산업안전보건법상 바탕은 흰색, 기본모형은 빨간색, 관련 부호 및 그림은 검은색을 사용하는 안전보건표지는?

① 안전복 착용
② 출입금지
③ 고온경고
④ 비상구

해설

안전보건표지의 종류별 색채(시행규칙 별표 7)
• 금지표지(출입금지 등) : 바탕은 흰색, 기본모형은 빨간색, 관련 부호 및 그림은 검은색
• 지시표지(안전복 착용 등) : 바탕은 파란색, 관련 그림은 흰색
• 경고표지(고온경고 등) : 바탕은 노란색, 기본모형·관련 부호 및 그림은 검은색. 그 외 바탕은 무색, 기본모형은 빨간색(검은색도 가능)
• 안내표지(비상구 등) : 바탕은 흰색, 기본모형 및 관련 부호는 녹색, 바탕은 녹색, 관련 부호 및 그림은 흰색

21

FTA의 논리게이트 중에서 3개 이상의 입력사상 중 2개가 일어나면 출력이 나오는 것은?

① 억제게이트
② 조합 AND게이트
③ 배타적 OR게이트
④ 우선적 AND게이트

해설

① 억제게이트 : 수정기호를 병용해서 게이트 역할을 한다. 입력사상이 수정기호 안의 조건을 만족시킬 때만 출력이 나온다.
③ 배타적 OR게이트 : OR게이트이지만, 2개 또는 2개 이상의 입력이 동시에 존재하는 경우에는 출력이 생기지 않는다.
④ 우선적 AND게이트 : 입력현상 중에서 어떤 현상이 다른 현상보다 먼저 일어나 출력현상이 생기는 수정게이트이다.

22

'음의 높이, 무게 등 물리적 자극을 상대적으로 판단하는데 있어 특정 감각기관의 변화감지역은 표준 자극에 비례한다.'라는 법칙을 발견한 사람은?

① 피츠(Fitts)
② 드루리(Drury)
③ 웨버(Weber)
④ 호프만(Hofmann)

해설

웨버(Weber)의 법칙
• 음의 높이, 무게 등 물리적 자극을 상대적으로 판단하는 데 있어 특정 감각의 변화감지역으로 사용되는 표준 자극에 비례한다.
• 동일한 양의 인식(감각)의 증가를 얻기 위해서는 자극을 지수적으로 증가시켜야 한다.
• 변화 감지역은 동기, 적응, 연습, 피로 등의 요소에 의해서 좌우된다.

23

다음 중 일반적으로 가장 신뢰도가 높은 시스템의 구조는?

① 직렬 연결구조
② 병렬 연결구조
③ 단일 부품구조
④ 직병렬 혼합구조

해설

병렬 연결구조는 여러 개의 단자 중 하나만 정상이면 정상 작동하므로, 가장 신뢰도가 높은 시스템의 구조이다.

24

인간 – 기계시스템의 신뢰도를 향상시킬 수 있는 방법으로 가장 적절하지 않은 것은?

① 중복 설계
② 고가 재료 사용
③ 부품 개선
④ 충분한 여유 용량

해설

인간 – 기계시스템의 신뢰도를 향상시킬 수 있는 설계적 방법으로 중복 설계, 부품 개선, 충분한 여유 용량, 적절한 유지관리 등이 있다.

25

모든 시스템 안전프로그램 중 최초단계의 분석으로 시스템 내의 위험요소가 어떤 상태에 있는지를 정성적으로 평가하는 방법은?

① CA
② FHA
③ PHA
④ FMEA

해설

① CA(위험도분석) : 직접 시스템의 손실과 인명의 사상에 연결되는 높은 위험도를 가진 요소나 고장 형태에 따른 정량적 분석이다.
② FHA(결함사고분석) : 서브시스템 분석에 사용되는 분석기법이다.
④ FMEA(고장의 유형과 영향 분석) : 시스템을 구성하는 한 요소의 고장이 시스템 전체에 미치는 영향을 해석하는 정성적 · 귀납적 분석기법이다.

26

사람의 감각기관 중 반응속도가 가장 느린 것은?

① 청각　　　　　　② 시각

③ 미각　　　　　　④ 촉각

28

Chapanis의 위험 수준에 의한 위험 발생률 분석에 대한 설명으로 옳은 것은?

① 자주 발생하는(frequent) > 10^{-3}/day

② 가끔 발생하는(occasional) > 10^{-5}/day

③ 거의 발생하지 않는(remote) > 10^{-6}/day

④ 극히 발생하지 않는(impossible) > 10^{-8}/day

27

FMEA의 위험성 분류 중 카테고리 2에 해당하는 것은?

① 영향 없음

② 활동의 지연

③ 작업 수행의 실패

④ 생명 또는 가옥의 상실

29

산업안전보건법에서 규정하는 근골격계 부담작업의 범위에 해당하지 않는 것은?

① 단기간 작업 또는 간헐적인 작업

② 하루에 10회 이상 25kg 이상의 물체를 드는 작업

③ 하루에 총 2시간 이상 쪼그리고 앉거나 무릎을 굽힌 자세에서 이루어지는 작업

④ 하루에 4시간 이상 집중적으로 자료입력 등을 위해 키보드 또는 마우스를 조작하는 작업

30

NIOSH의 연구에 기초하여 목과 어깨 부위의 근골격계질환 발생과 인과관계가 가장 적은 위험요인은?

① 진동
② 반복작업
③ 과도한 힘
④ 작업 자세

해설

NIOSH의 연구에 기초하여, 목과 어깨 부위의 근골격계질환 발생과 인과관계가 큰 위험요인

반복작업, 과도한 힘, 작업 자세

31

인간오류의 분류 중 원인에 의한 분류의 하나로, 작업자 자신으로부터 발생하는 에러로 옳은 것은?

① command error
② secondary error
③ primary error
④ third error

해설

실수원인의 수준적 분류

• 1차 에러(primary error) : 작업자 자신으로부터 발생하는 에러
• 2차 에러(secondary error) : 어떤 결함으로부터 파생하여 발생하는 에러
• 지시 에러(command error) : 작업자가 움직일 수 없어 발생하는 에러

32

다음 중 생리적 스트레스를 전기적으로 측정하는 방법으로 옳지 않은 것은?

① 뇌전도(EEG)
② 근전도(EMG)
③ 전기피부반응(GSR)
④ 안구반응(EOG)

해설

생리적 스트레스를 전기적으로 측정하는 방법

뇌전도(EEG), 근전도(EMG), 전기피부반응(GSR)

33

FTA의 용도와 거리가 먼 것은?

① 고장의 원인을 연역적으로 찾을 수 있다.
② 시스템의 전체적인 구조를 그림으로 나타낼 수 있다.
③ 시스템에서 고장이 발생할 수 있는 부분을 쉽게 찾을 수 있다.
④ 구체적인 초기사건에 대하여 상향식(bottom-up) 접근방식으로 재해경로를 분석하는 정량적 기법이다.

해설

FTA는 시스템 고장을 발생시키는 사상에 대하여 하향식(top-down) 접근방식으로 재해경로를 분석하는 정량적 기법이다.

34

A작업장에서 1시간 동안에 480BTU의 일을 하는 근로자의 대사량은 900BTU이고, 증발 열손실이 2,250BTU, 복사 및 대류로부터 열이득이 각각 1,900BTU 및 80BTU라 할 때 열 축적은 얼마인가?

① 100
② 150
③ 200
④ 250

해설

신체 열 함량 변화량

$\Delta S = (M - W) \pm R \pm C - E$
$= (900 - 480) + 1,900 + 80 - 2,250 = 150$

여기서, M : 대사열 발생량
W : 수행한 일
R : 복사열 교환량
C : 대류열 교환량
E : 증발열 발산량

35

조종반응비율(C/R비)에 관한 설명으로 옳지 않은 것은?

① 조종장치와 표시장치의 물리적 크기와 성질에 따라 달라진다.

② 표시장치의 이동거리를 조종장치의 이동거리로 나눈 값이다.

③ 조종반응비율이 낮다는 것은 민감도가 높다는 의미이다.

④ 최적의 조종반응비율은 조종장치의 조종시간과 표시장치의 이동시간이 교차하는 값이다.

해설

조종반응비율(C/R비)은 조종장치의 이동거리를 표시장치의 이동거리로 나눈 값이다.

36

건강한 남성이 8시간 동안 특정 작업을 실시하고, 산소소비량이 1.2L/분으로 나타났다면 8시간 총작업시간에 포함되어야 할 최소 휴식시간은?(단, 남성의 권장 평균 에너지소비량은 5kcal/분, 안정 시 에너지소비량은 1.5kcal/분으로 가정한다)

① 107분   ② 117분

③ 127분   ④ 137분

해설

- 분당 에너지소비량 : $5 \times 1.2 = 6.0$kcal/min
- 8시간의 작업시간 중 필요한 휴식시간

$$R = 8 \times 60 \times \frac{6-5}{6-1.5} = \frac{480 \times 1}{4.5} \simeq 107\text{min}$$

37

눈금이 고정되어 측정값의 변화 방향이나 변화속도를 나타내는 데 가장 유리한 표시장치는?

① 동침형   ② 동목형

③ 계수형   ④ 묘사형

해설

동침형 표시장치

시간에 따른 값의 변화를 실시간으로 표시할 수 있어 변화의 방향이나 변화속도를 쉽게 파악할 수 있다. 표시값의 변화를 빠르게 파악해야 하는 경우에 가장 적합한 표시장치이며, 눈금은 고정이고 바늘이 움직인다.

38

설비의 보전과 가동에 있어 시스템의 고장과 고장 사이의 시간 간격을 의미하는 용어는?

① MTTR   ② MDT

③ MTBF   ④ MTBR

해설

③ MTBF(Mean Time Between Failures) : 평균고장간격(시스템, 부품 등 고장 간의 동작시간 평균치)

① MTTR(Mean Time To Repair) : 평균수리시간(총수리시간을 그 기간의 수리 횟수로 나눈 시간)

② MDT(Mean Down Time) : 평균정지시간

④ MTBR(Mean Time Between Repair) : 평균수리간격(수리에서 수리까지의 평균시간)

39

음량 수준이 50phon일 때 sone 값은?

① 2
② 5
③ 10
④ 100

sone 값 $= 2^{\frac{phon - 40}{10}} = 2^{\frac{50-40}{10}} = 2sone$

40

광원으로부터 직사 휘광을 처리하기 위한 방법으로 옳지 않은 것은?

① 광원의 휘도를 줄인다.
② 가리개나 차양을 사용한다.
③ 광원을 시선에서 멀리 한다.
④ 광원의 주위를 어둡게 한다.

광원으로부터 직사 휘광을 처리하기 위해서는 광원의 주위를 밝게 해야 한다.

제3과목 | 기계·기구 및 설비 안전관리

41

프레스 작업 중 작업자의 신체 일부가 위험한 작업점으로 들어가면 자동적으로 정지되는 기능이 있는데, 이러한 안전대책을 무엇이라고 하는가?

① 풀 프루프(fool proof)
② 페일 세이프(fail safe)
③ 인터로크(interlock)
④ 리밋스위치(limit switch)

• fool proof : 인간이 기계 등의 취급을 잘못해도 바로 사고나 재해와 연결되는 일이 없도록 안전하게 작동하는 기구
• fail safe : 기계가 고장 났을 경우 그대로 폭주해서 사고, 재해로 연결되지 않도록 안전을 확보하는 기구

42

프레스의 손쳐내기식 방호장치에서 방호판의 기준에 대한 설명이다. ( )에 들어갈 내용으로 맞는 것은?

> 방호판의 폭은 금형폭의 (㉠) 이상이어야 하고, 행정 길이가 (㉡)mm 이상인 프레스 기계에서는 방호판의 폭을 (㉢)mm로 해야 한다.

① ㉠ 1/2, ㉡ 300, ㉢ 200
② ㉠ 1/2, ㉡ 300, ㉢ 300
③ ㉠ 1/3, ㉡ 300, ㉢ 200
④ ㉠ 1/3, ㉡ 300, ㉢ 300

방호판의 폭은 금형폭의 1/2 이상이어야 하고, 행정 길이가 300mm 이상의 프레스 기계에는 방호판 폭을 300mm로 해야 한다(방호장치 안전인증 고시 별표 1).

43

산업안전보건법령에 따라 컨베이어의 작업 시작 전 점검 사항으로 옳지 않은 것은?

① 원동기 및 풀리 기능의 이상 유무
② 이탈 등의 방지 장치 기능의 이상 유무
③ 과부하방지장치 기능의 이상 유무
④ 원동기·회전축·기어 및 풀리 등의 덮개 또는 울 등의 이상 유무

해설

컨베이어 작업 시작 전 점검사항(산업안전보건기준에 관한 규칙 별표 3)
• 원동기 및 풀리(pulley) 기능의 이상 유무
• 이탈 등의 방지 장치 기능의 이상 유무
• 비상정지장치 기능의 이상 유무
• 원동기·회전축·기어 및 풀리 등의 덮개 또는 울 등의 이상 유무

44

다음 중 컨베이어의 종류로 옳지 않은 것은?

① 체인 컨베이어
② 스크루 컨베이어
③ 슬라이딩 컨베이어
④ 유체 컨베이어

해설

컨베이어의 분류(KS T 2301)
• 산적화물 컨베이어 : 벨트 컨베이어, 체인 컨베이어. 스크루 컨베이어, 진동 컨베이어, 유체 컨베이어, 공기부상 컨베이어 등
• 단위화물 컨베이어 : 벨트 컨베이어, 체인 컨베이어, 승강 컨베이어, 롤러 컨베이어, 유체 컨베이어, 공기부상 컨베이어, 신축 컨베이어, 축적 컨베이어, 분류 컨베이어 등

45

보일러의 방호장치로 적절하지 않은 것은?

① 압력방출장치
② 과부하방지장치
③ 압력제한스위치
④ 고저수위조절장치

해설

보일러의 방호장치
압력방출장치(안전밸브 및 압력릴리프장치), 압력제한스위치, 고저수위조절장치

46

선반에서 절삭가공 중 발생하는 연속적인 칩을 자동적으로 끊어 주는 역할을 하는 것은?

① 칩브레이커　　　② 방진구
③ 보안경　　　　　④ 커버

47

프레스의 방호장치에 해당하지 않는 것은?

① 가드식 방호장치
② 수인식 방호장치
③ 롤 피드식 방호장치
④ 손쳐내기식 방호장치

해설

프레스기의 방호장치의 종류
광전자식, 양수 조작식, 가드식, 손쳐내기식, 수인식

48

동력식 수동 대패기계의 덮개와 송급 테이블면과의 간격 기준은 몇 mm 이하여야 하는가?

① 3 ② 5
③ 8 ④ 12

49

압력용기에서 안전밸브를 2개 설치한 경우 그 설치방법으로 옳은 것은?(단, 해당하는 압력용기가 외부화재에 대한 대비가 필요한 경우로 한정한다)

① 1개는 최고사용압력 이하에서 작동하고 다른 1개는 최고사용압력의 1.1배 이하에서 작동하도록 한다.
② 1개는 최고사용압력 이하에서 작동하고 다른 1개는 최고사용압력의 1.2배 이하에서 작동하도록 한다.
③ 1개는 최고사용압력의 1.05배 이하에서 작동하고 다른 1개는 최고사용압력의 1.1배 이하에서 작동하도록 한다.
④ 1개는 최고사용압력의 1.05배 이하에서 작동하고 다른 1개는 최고사용압력의 1.2배 이하에서 작동하도록 한다.

50

산업안전보건법령상 달비계에 사용해서는 안 되는 달기 체인의 기준으로 옳지 않은 것은?

① 변형이 심한 것
② 균열이 있는 것
③ 길이의 증가가 제조 시보다 3%를 초과한 것
④ 링의 단면지름 감소가 제조 시 링 지름의 10%를 초과한 것

51

지게차 헤드가드의 안전기준에 관한 설명으로 옳은 것은?

① 상부틀의 각 개구의 폭 또는 길이가 20cm 이상일 것
② 강도는 지게차의 최대하중의 2배 값(4ton을 넘는 값에 대해서는 4ton으로 한다)의 등분포정하중에 견딜 수 있을 것
③ 운전자가 서서 조작하는 방식의 지게차의 경우에는 운전석의 바닥면에서 헤드가드의 상부틀 하면까지의 높이가 2m 이상일 것
④ 운전자가 앉아서 조작하는 방식의 지게차의 경우에는 운전자의 좌석 윗면에서 헤드가드의 상부틀 아랫면까지의 높이가 1m 이상일 것

52

숫돌의 지름이 D[mm], 회전수가 N[rpm]일 때 숫돌의 원주속도 V[m/min]를 구하는 식으로 옳은 것은?

① DN

② πDN

③ $\dfrac{DN}{1,000}$

④ $\dfrac{\pi DN}{1,000}$

해설

연삭기의 원주속도

- $V = \dfrac{\pi DN}{1,000}$ m/min(숫돌 지름의 단위 : mm)

- $V = \dfrac{\pi DN}{60 \times 1,000}$ m/s(숫돌 지름의 단위 : mm)

- $V = \dfrac{\pi DN}{60}$ m/s(숫돌 지름의 단위 : m)

53

다음 중 원심기에 적용하는 방호장치는?

① 덮개

② 권과방지장치

③ 리밋스위치

④ 과부하 방지장치

해설

내용물이 튀어나오는 것을 방지하도록 덮개를 설치하여야 한다.

54

양수 조작식 방호장치에서 누름 버튼의 상호 간 내측 거리는 얼마 이상이어야 하는가?

① 250mm 이상

② 300mm 이상

③ 350mm 이상

④ 400mm 이상

해설

양수 조작식 방호장치에서 누름 버튼 상호 간의 내측 거리는 300mm 이상이어야 한다(방호장치 안전인증 고시 별표 1).

55

산업안전보건법령에 따라 아세틸렌 발생기실에 설치해야 할 배기통은 얼마 이상의 단면적을 가져야 하는가?

① 바닥 면적의 1/16

② 바닥 면적의 1/20

③ 바닥 면적의 1/24

④ 바닥 면적의 1/30

해설

바닥 면적의 16분의 1 이상의 단면적을 가진 배기통을 옥상으로 돌출시키고, 그 개구부를 창이나 출입구로부터 1.5m 이상 떨어지도록 한다(산업안전보건기준에 관한 규칙 제287조).

56

셰이퍼(shaper) 작업 시 위험요인과 가장 거리가 먼 것은?

① 가공칩(chip) 비산

② 램(ram) 말단부 충돌

③ 바이트(bite)의 이탈

④ 척-핸들(chuck-handle) 이탈

해설

척-핸들(chuck-handle) 이탈은 드릴작업에서의 위험요인이다.

셰이퍼(shaper)

램(ram)의 왕복운동에 의한 바이트의 직선절삭운동과 절삭운동에 수직 방향인 테이블의 운동으로 일감이 이송되어 평면을 주로 가공하는 공작기계이다.

57

드릴링 머신을 이용한 작업 시 안전수칙에 관한 설명으로 옳지 않은 것은?

① 일감을 손으로 견고하게 쥐고 작업한다.

② 장갑을 끼고 작업을 하지 않는다.

③ 칩은 기계를 정지시킨 다음에 와이어브러시로 제거한다.

④ 드릴을 끼운 후에는 척 렌치를 반드시 탈거한다.

해설

드릴링 머신 작업 시 일감을 손으로 쥐고 작업하면 매우 위험하므로 바이스 등으로 고정시키고 작업해야 한다.

59

휴대용 연삭기 덮개의 각도는 몇 도(°) 이내인가?

① 60° ② 90°

③ 125° ④ 180°

해설

휴대용 연삭기 덮개의 각도는 180° 이내이다(방호장치 자율안전기준 고시 별표 4).

58

왕복운동을 하는 기계의 동작 부분과 고정 부분 사이에 형성되는 위험점으로 프레스, 절단기 등에서 주로 나타나는 것은?

① 끼임점 ② 절단점

③ 협착점 ④ 접선물림점

해설

① 끼임점 : 기계의 고정 부분과 회전하는 동작 부분이 함께 만드는 위험점(연삭숫돌과 작업대)

② 절단점 : 운동하는 기계와 회전하는 운동 부분의 위험이 형성되는 점(둥근톱의 톱날, 띠톱날)

④ 접선물림점 : 회전하는 부분의 접선 방향으로 물려 들어가는 위험점(벨트와 풀리)

60

기계설비의 안전조건 중 외관의 안전화에 해당하지 않는 것은?

① 오동작 방지회로 적용

② 안전색채 조절

③ 덮개의 설치

④ 구획된 장소에 격리

해설

오동작 방지회로 적용은 기능의 안전화에 해당한다.

외형(외관)의 안전화

• 상자로 내장한다.

• 안전덮개, 울, 가드를 설치한다.

• 원동기, 동력전달장치를 별실 또는 구획된 장소에 격리시킨다.

• 기계·장비의 본체, 버튼, 배관, 회전부 돌출 부분 등에 안전색채를 사용한다.

61

전류밀도, 통전전류, 접촉 면적과 피부저항과의 관계를 올바르게 설명한 것은?

① 전류밀도와 통전전류는 반비례관계이다.
② 통전전류와 접촉 면적에 관계없이 피부저항은 항상 일정하다.
③ 같은 크기의 통전전류가 흘러도 접촉 면적이 커지면 전류밀도는 커진다.
④ 같은 크기의 통전전류가 흘러도 접촉 면적이 커지면 피부저항은 작게 된다.

해설
① 전류밀도와 통전전류는 비례관계이다.
② 통전전류와 접촉 면적에 따라 피부저항은 변화한다.
③ 같은 크기의 통전전류가 흐를 때 접촉 면적이 커지면 전류밀도는 작아진다.

62

누전차단기의 설치환경조건에 관한 설명으로 옳지 않은 것은?

① 전원전압은 정격전압의 85~110% 범위로 한다.
② 설치 장소가 직사광선을 받을 경우 차폐시설을 설치한다.
③ 정격부동작전류가 정격감도전류의 30% 이상이어야 하고 이들의 차가 가능한 한 큰 것이 좋다.
④ 정격전부하전류가 30A인 이동형 전기기계·기구에 접속되어 있는 경우 일반적으로 정격감도전류는 30mA 이하인 것을 사용한다.

해설
정격부동작전류는 정격감도전류의 50% 이상으로 하고, 이들의 전룻값은 가능한 한 작게 한다(감전방지용 누전차단기 설치에 관한 기술지침).

63

22.9kV 특별고압 활선작업 시 충전전로에 대한 접근한계거리는 몇 cm인가?

① 30
② 60
③ 90
④ 110

해설
충전전로에서 작업 시 접근한계거리(산업안전보건기준에 관한 규칙 제321조)

충전전로의 선간전압[kV]	충전전로에 대한 접근한계거리[cm]
0.3 이하	접촉금지
0.3 초과 0.75 이하	30
0.75 초과 2 이하	45
2 초과 15 이하	60
15 초과 37 이하	90
37 초과 88 이하	110
88 초과 121 이하	130
121 초과 145 이하	150
145 초과 169 이하	170
169 초과 242 이하	230
242 초과 362 이하	380
362 초과 550 이하	550
550 초과 800 이하	790

64

정전기의 발생에 영향을 주는 요인과 가장 거리가 먼 것은?

① 박리속도
② 물체의 표면 상태
③ 접촉 면적 및 압력
④ 외부 공기의 풍속

해설
정전기 발생에 영향을 주는 요인
• 물체의 특성
• 물체의 표면 상태
• 물질의 이력
• 접촉 면적 및 압력
• 분리속도

65

인체의 대부분이 수중에 있는 상태에서의 허용접촉전압으로 옳은 것은?

① 2.5V 이하　　　　② 25V 이하
③ 50V 이하　　　　④ 100V 이하

해설

허용접촉전압의 종류

종별	접촉 상태	허용접촉전압
제1종	• 인체의 대부분이 수중에 있는 상태	2.5V 이하
제2종	• 인체가 현저히 젖어 있는 상태 • 금속성의 전기기계장치나 구조물에 인체의 일부가 상시 접촉되어 있는 상태	25V 이하
제3종	• 제1종, 제2종 이외의 경우로서 통상의 인체 상태에서 있어서 접촉전압이 가해지면 위험성이 높은 상태	50V 이하
제4종	• 제1종, 제2종 이외의 경우로서 통상 인체 상태에 접촉전압이 가해지더라도 위험성이 낮은 상태 • 접촉전압이 가해질 우려가 없는 경우	제한 없음

66

제전기의 설치 장소로 가장 적절한 것은?

① 대전물체의 뒷면에 접지물체가 있는 경우
② 정전기의 발생원으로부터 5~20cm 정도 떨어진 장소
③ 오물과 이물질이 자주 발생하고 묻기 쉬운 장소
④ 온도가 150℃, 상대습도가 80% 이상인 장소

해설

제전기의 설치

원칙적으로 대전물체 이면의 접지 또는 타 제전기가 설치되어 있고, 정전기의 발생원, 오물이 많은 곳 등의 장소, 온도 150℃ 이상, 상대습도 80% 이상의 환경은 피하는 것이 좋다. 따라서, 정전기의 발생원에서 최소거리 이상 떨어져 있으면서 발생원에 가까운 위치에 설치해야 하므로 정전기의 발생원으로부터 5~20cm 이상 떨어진 위치가 적절하다.

67

누전에 의한 감전의 위험을 방지하기 위하여 반드시 접지를 하여야만 하는 부분에 해당되지 않는 것은?

① 절연대 위 등과 같이 감전 위험이 없는 장소에서 사용하는 전기기계·기구의 금속체
② 전기기계·기구의 금속제 외함, 금속제 외피 및 철대
③ 전기를 사용하지 아니하는 설비 중 전동식 양중기의 프레임과 궤도에 해당하는 금속체
④ 코드와 플러그를 접속하여 사용하는 휴대형 전동기계·기구의 노출된 비충전 금속체

해설

접지를 안 해도 되는 경우(산업안전보건기준에 관한 규칙 제302조)
• 전기용품 및 생활용품 안전관리법이 적용되는 이중절연 또는 이와 같은 수준 이상으로 보호되는 구조로 된 전기기계·기구
• 절연대 위 등과 같이 감전 위험이 없는 장소에서 사용하는 전기기계·기구
• 비접지방식의 전로(그 전기기계·기구의 전원 측의 전로에 설치한 절연변압기의 2차 전압이 300V 이하, 정격용량이 3kVA 이하이고 그 절연전압기의 부하 측의 전로가 접지되어 있지 아니한 것으로 한정한다)에 접속하여 사용되는 전기기계·기구

68

전선 간에 가해지는 전압이 어떤 값 이상으로 되면 전선 주위의 전기장이 강하게 되어 전선 표면의 공기가 국부적으로 절연이 파괴되어 빛과 소리를 내는 것은?

① 표피작용　　　　② 페란티효과
③ 코로나현상　　　④ 근접현상

해설

① 표피작용(효과) : 도체에 교류전류를 흘렸을 때 나타나는 현상이다. 흐르는 전류의 주파수가 높아지면 흐를수록 도체의 중심 부분에는 전류가 흐르기 어려워지고 전류가 도체의 표면을 흐르게 되는 효과이다.
② 페란티효과 : 선로의 진상전류(충전전류)나 자기 인덕턴스에 의한 기전력 때문에 수전단의 전압이 송전단 전압보다 높아지는 현상이다.
④ 근접현상(효과) : 도체가 평행 배치될 때 양전류의 상호작용에 의해 2개의 선이 서로 가깝거나 먼 부분의 전류밀도가 증가하는 현상이다.

69

방폭구조의 명칭과 표기기호가 잘못 연결된 것은?

① 안전증 방폭구조 : e

② 유입(油入) 방폭구조 : o

③ 내압(耐壓) 방폭구조 : p

④ 본질안전 방폭구조 : ia 또는 ib

해설

내압(耐壓) 방폭구조 : d

70

사람이 전기에 접촉하는 경우에는 접촉하는 상태에 따라 인체저항과 통전전류가 달라지므로 인체의 접촉 상태에 따라 접촉전압을 제한할 필요가 있다. 다음의 경우 일반 허용접촉전압으로 옳은 것은?

> • 인체가 현저히 젖어 있는 상태
> • 금속성의 전기기계장치나 구조물에 인체의 일부가 상시 접촉되어 있는 상태

① 2.5V 이하

② 25V 이하

③ 50V 이하

④ 제한 없음

해설

허용접촉전압의 종류

종별	접촉 상태	허용접촉전압
제1종	• 인체의 대부분이 수중에 있는 상태	2.5V 이하
제2종	• 인체가 현저히 젖어 있는 상태 • 금속성의 전기기계장치나 구조물에 인체의 일부가 상시 접촉되어 있는 상태	25V 이하
제3종	• 제1종, 제2종 이외의 경우로서 통상의 인체 상태에서 있어서 접촉전압이 가해지면 위험성이 높은 상태	50V 이하
제4종	• 제1종, 제2종 이외의 경우로서 통상 인체 상태에 접촉전압이 가해지더라도 위험성이 낮은 상태 • 접촉전압이 가해질 우려가 없는 경우	제한 없음

71

전기설비 등에는 누전에 의한 감전의 위험을 방지하기 위하여 전기기계 · 기구에 접지를 실시하도록 하고 있다. 전기기계 · 기구의 접지에 대한 설명으로 옳지 않은 것은?

① 특별고압의 전기를 취급하는 변전소 · 개폐소 그 밖에 이와 유사한 장소에서는 지락(地絡)사고가 발생할 경우 접지극의 전위상승에 의한 감전위험을 감소시키기 위한 조치를 하여야 한다.

② 코드와 플러그를 접속하여 사용하는 전압이 대지전압 110V를 넘는 전기기계 · 기구가 노출된 비충전 금속체에는 접지를 반드시 실시하여야 한다.

③ 접지설비에 대하여는 상시 적정상태 유지 여부를 점검하고 이상을 발견한 때에는 즉시 보수하거나 재설치하여야 한다.

④ 전기기계 · 기구의 금속제 외함, 금속제 외피 및 철대에는 접지를 실시하여야 한다.

해설

전기기계 · 기구의 접지(산업안전보건기준에 관한 규칙 제302조)

사업주는 누전에 의한 감전의 위험을 방지하기 위하여 코드와 플러그를 접속하여 사용하는 전기기계 · 기구 중 다음의 어느 하나에 해당하는 노출된 비충전 금속체에 대하여 접지를 해야 한다.

• 사용전압이 대지전압 150V를 넘는 것

• 냉장고 · 세탁기 · 컴퓨터 및 주변기기 등과 같은 고정형 전기기계 · 기구

• 고정형 · 이동형 또는 휴대형 전동기계 · 기구

• 물 또는 도전성(導電性)이 높은 곳에서 사용하는 전기기계 · 기구, 비접지형 콘센트

• 휴대형 손전등

72

교류아크용접작업 시 감전을 예방하기 위하여 사용하는 자동전격방지기의 2차 전압은 몇 V 이하로 유지하여야 하는가?

① 25
② 35
③ 50
④ 40

해설

자동전격방지장치

교류아크용접기의 자동전격방지장치는 전격의 위험을 방지하기 위하여 아크 발생이 중단된 후 약 1초 이내에 출력 측 무부하전압을 자동적으로 25V 이하로 저하시키는 장치이다.

73

다음 중 절연성 액체를 운반하는 관에 있어서 정전기로 인한 화재 및 폭발을 예방하기 위한 방법으로 가장 거리가 먼 것은?

① 유속을 줄인다.
② 관을 접지시킨다.
③ 도전성이 큰 재료의 관을 사용한다.
④ 관의 안지름을 작게 한다.

해설

관의 안지름을 작게 하면 유속이 빨라져서 정전기가 잘 일어나므로 관의 안지름을 크게 한다.

74

다음 중 물분무소화설비의 주된 소화효과에 해당하는 것으로만 나열한 것은?

① 냉각효과, 질식효과
② 희석효과, 제거효과
③ 제거효과, 억제효과
④ 억제효과, 희석효과

해설

물분무소화설비의 주된 소화효과

냉각효과, 질식효과, 희석효과, 유화효과 등

75

폭발범위에 관한 설명으로 옳은 것은?

① 공기밀도에 대한 폭발성 가스 및 증기의 폭발 가능 밀도 범위
② 가연성 액체의 액면 근방에 생기는 증기가 착화할 수 있는 온도 범위
③ 폭발화염이 내부에서 외부로 전파될 수 있는 용기의 틈새 간격 범위
④ 가연성 가스와 공기와의 혼합가스에 점화원을 주었을 때 폭발이 일어나는 혼합가스의 농도 범위

76

25℃, 1기압에서 공기 중 벤젠(C_6H_6)의 허용농도가 10ppm일 때 이를 mg/m^3의 단위로 환산하면 약 얼마인가?(단, C, H의 원자량은 각각 12, 1이다)

① 28.7
② 31.9
③ 34.8
④ 45.9

해설

$$벤젠 \ 10ppm = 78 \times \frac{10 \times 1,000 \times 1,000}{22.4 \times 10^6} \times \frac{273}{25 + 273}$$

$$\simeq 31.9mg/m^3$$

77

황린에 대한 설명으로 옳은 것은?

① 연소 시 인화수소 가스가 발생한다.
② 황린은 자연발화하므로 물속에 보관한다.
③ 황린은 황과 인의 화합물이다.
④ 독성 및 부식성이 없다.

해설

① 황린은 연소 시 오산화인(P_2O_5) 가스가 발생한다.
③ 황린은 인의 동소체이며 인 원자 4개로 이루어진 분자로 존재한다.
④ 증기는 공기보다 무겁고 자극적이며 맹독성인 물질이다.

78

다음 중 산업안전보건법령상 화학설비에 해당하는 것은?

① 응축기·냉각기·가열기·증발기 등 열교환기류
② 사이클론, 백필터, 전기집진기 등 분진처리설비
③ 온도·압력·유량 등을 지시·기록 등을 하는 자동 제어 관련 설비
④ 안전밸브·안전판·긴급차단 또는 방출밸브 등 비상조치 관련 설비

해설

②, ③, ④는 화학설비의 부속설비이다.
화학설비(산업안전보건기준에 관한 규칙 별표 7)
• 반응기·혼합조 등 화학물질 반응 또는 혼합장치
• 증류탑·흡수탑·추출탑·감압탑 등 화학물질 분리장치
• 저장탱크·계량탱크·호퍼·사일로 등 화학물질 저장설비 또는 계량설비
• 응축기·냉각기·가열기·증발기 등 열교환기류
• 고로 등 점화기를 직접 사용하는 열교환기류
• 캘린더(calender)·혼합기·발포기·인쇄기·압출기 등 화학제품 가공설비
• 분쇄기·분체분리기·용융기 등 분체화학물질 취급장치
• 결정조·유동탑·탈습기·건조기 등 분체화학물질 분리장치
• 펌프류·압축기·이젝터(ejector) 등의 화학물질 이송 또는 압축설비

79

반응기가 이상 과열인 경우 반응폭주를 방지하기 위하여 작동하는 장치로 가장 거리가 먼 것은?

① 고온경보장치
② 블로다운 시스템
③ 긴급차단장치
④ 자동 shutdown 장치

해설

블로다운(blowdown) 장치
보일러의 불순물을 배출하기 위해 수면에 수면 분출밸브를 설치하여 물을 배출하는 장치이다.

80

다음 중 산업안전보건법령상 공정안전보고서에 포함되어야 할 사항으로 가장 거리가 먼 것은?

① 평균 안전율
② 공전안전자료
③ 비상조치계획
④ 공정위험성 평가서

해설

공정안전보고서에 포함되어야 하는 내용(시행령 제44조)
• 공정안전자료
• 공정위험성 평가서
• 안전운전계획
• 비상조치계획
• 그 밖에 공정상의 안전과 관련하여 고용노동부장관이 필요하다고 인정하여 고시하는 사항

81

물체를 투하할 때 투하설비를 설치하거나 감시인을 배치하는 등의 위험방지를 위한 조치를 하여야 하는 기준 높이는?

① 3m 이상

② 5m 이상

③ 7m 이상

④ 10m 이상

해설

투하설비 등(산업안전보건기준에 관한 규칙 제15조)

사업주는 높이가 3m 이상인 장소로부터 물체를 투하하는 경우 적당한 투하설비를 설치하거나 감시인을 배치하는 등 위험을 방지하기 위하여 필요한 조치를 하여야 한다.

82

철골보 인양작업 시 준수사항으로 옳지 않은 것은?

① 인양용 와이어로프의 체결지점은 수평부재의 1/4 지점을 기준으로 한다.

② 인양용 와이어로프의 매달기 각도는 양변 60°를 기준으로 한다.

③ 흔들리거나 선회하지 않도록 유도로프로 유도한다.

④ 훅은 용접의 경우 용접규격을 반드시 확인한다.

해설

인양용 와이어로프의 체결지점은 수평부재의 1/3 지점을 기준으로 한다[철골공사(데크플레이트 포함)의 안전작업에 관한 기술지원규정].

83

흙의 안식각과 동일한 의미를 가진 용어는?

① 자연경사각

② 비탈면각

③ 시공경사각

④ 계획경사각

해설

흙의 안식각이란 안정된 비탈면과 원지면이 이루는 흙의 사면각도로 자연경사각, 휴식각, 자연구배라고도 한다.

84

건설공사 유해위험방지계획서를 제출하는 경우 자격을 갖춘 자의 의견을 들은 후 제출하여야 하는데 이 자격에 해당하지 않는 자는?

① 건설안전기사로서 건설안전 관련 실무경력이 4년인 자

② 건설안전기술사

③ 토목시공기술사

④ 건설안전 분야 산업안전지도사

해설

유해위험방지계획서의 건설안전 분야 자격 등(시행규칙 제43조)

- 건설안전 분야 산업안전지도사
- 건설안전기술사 또는 토목·건축 분야 기술사
- 건설안전산업기사 이상의 자격을 취득한 후 건설안전 관련 실무경력이 건설안전기사 이상의 자격은 5년, 건설안전산업기사 자격은 7년 이상인 사람

85

점성토 지반의 개량공법으로 적합하지 않은 것은?

① 바이브로 플로테이션 공법

② 프리로딩 공법

③ 치환공법

④ 페이퍼 드레인 공법

해설

바이브로 플로테이션 공법은 사질 지반의 개량공법이다.

86

유해위험방지계획서 제출 대상 공사로 볼 수 없는 것은?

① 지상 높이가 31m 이상인 건축물의 건설공사

② 터널건설공사

③ 깊이 10m 이상인 굴착공사

④ 최대 지간 길이가 40m 이상인 다리의 건설공사

해설

유해위험방지계획서 제출 대상(시행령 제42조)
• 다음 어느 하나에 해당하는 건축물 또는 시설 등의 건설·개조 또는 해체(이하 '건설 등'이라 한다)공사
  – 지상 높이가 31m 이상인 건축물 또는 인공구조물
  – 연면적 30,000m² 이상인 건축물
  – 연면적 5,000m² 이상인 시설로서 다음의 어느 하나에 해당하는 시설
    ⓐ 문화 및 집회시설(전시장 및 동물원·식물원은 제외한다)
    ⓑ 판매시설, 운수시설(고속철도의 역사 및 집배송시설은 제외한다)
    ⓒ 종교시설
    ⓓ 의료시설 중 종합병원
    ⓔ 숙박시설 중 관광숙박시설
    ⓕ 지하도 상가
    ⓖ 냉동·냉장 창고시설
• 연면적 5,000m² 이상인 냉동·냉장 창고시설의 설비공사 및 단열공사
• 최대 지간(支間)길이(다리의 기둥과 기둥의 중심 사이의 거리)가 50m 이상인 다리의 건설 등 공사
• 터널의 건설 등 공사
• 다목적댐, 발전용댐, 저수용량 2,000만ton 이상의 용수 전용 댐 및 지방상수도 전용 댐의 건설 등 공사
• 깊이 10m 이상인 굴착공사

87

건축공사로서 대상액이 5억 원 이상 50억 원 미만인 경우에 산업안전보건관리비의 비율(A) 및 기초액(B)으로 옳은 것은?

① A : 2.28%, B : 4,325,000원

② A : 1.99%, B : 5,499,000원

③ A : 2.35%, B : 5,400,000원

④ A : 1.57%, B : 4,411,000원

해설

공사 종류 및 규모별 산업안전보건관리비 계상기준표(건설업 산업안전보건관리비 계상 및 사용기준 별표 1)

구분 / 공사 종류	대상액 5억 원 미만인 경우 적용비율 (%)	대상액 5억 원 이상 50억 원 미만인 경우		대상액 50억 원 이상인 경우 적용비율 (%)	보건관리자 선임 대상 건설공사의 적용비율 (%)
		적용비율 (%)	기초액		
건축공사	3.11%	2.28%	4,325,000원	2.37%	2.64%
토목공사	3.15%	2.53%	3,300,000원	2.60%	2.73%
중건설공사	3.64%	3.05%	2,975,000원	3.11%	3.39%
특수건설공사	2.07%	1.59%	2,450,000원	1.64%	1.78%

88

말뚝을 절단할 때 내부응력에 가장 큰 영향을 받는 말뚝은?

① 나무말뚝

② PC말뚝

③ 강말뚝

④ RC말뚝

해설

말뚝
• 종류 : 나무말뚝, 강말뚝, RC말뚝, PC말뚝
• 말뚝을 절단할 때 내부응력에 가장 큰 영향을 받는 말뚝은 PC말뚝이다.

89

사다리를 설치하여 사용함에 있어 사다리 지주 끝에 사용하는 미끄럼 방지재료로 적당하지 않은 것은?

① 고무
② 코르크
③ 가죽
④ 비닐

미끄럼방지 장치(가설공사 표준안전작업지침 제21조)

사업주는 사다리를 설치하여 사용함에 있어서 다음의 사항을 준수하여야 한다.

• 사다리 지주의 끝에 고무, 코르크, 가죽, 강스파이크 등을 부착시켜 바닥과의 미끄럼을 방지하는 안전장치가 있어야 한다.
• 쐐기형 강스파이크는 지반이 평탄한 맨땅 위에 세울 때 사용하여야 한다.
• 미끄럼방지 판자 및 미끄럼방지 고정쇠는 돌마무릴 또는 인조석 깔기마감한 바닥용으로 사용하여야 한다.
• 미끄럼방지 발판은 인조고무 등으로 마감한 실내용을 사용하여야 한다.

90

안전난간의 구조 및 설치기준으로 옳지 않은 것은?

① 안전난간은 상부 난간대, 중간 난간대, 발끝막이판, 난간기둥으로 구성할 것
② 상부 난간대와 중간 난간대는 난간 길이 전체에 걸쳐 바닥면 등과 평행을 유지할 것
③ 발끝막이판은 바닥면 등으로부터 10cm 이상의 높이를 유지할 것
④ 안전난간은 구조적으로 가장 취약한 지점에서 가장 취약한 방향으로 작용하는 80kg 이상의 하중에 견딜 수 있는 튼튼한 구조일 것

안전난간은 구조적으로 가장 취약한 지점에서 가장 취약한 방향으로 작용하는 100kg 이상의 하중에 견딜 수 있는 튼튼한 구조여야 한다(산업안전보건기준에 관한 규칙 제13조).

91

다음 중 해체작업용 기계 · 기구로 가장 거리가 먼 것은?

① 압쇄기
② 핸드 브레이커
③ 철제 해머
④ 진동롤러

진동롤러는 다짐용 기계 · 기구이다.
※ 해체공사 표준안전작업지침 참고

92

다음 중 굴착기의 전부장치와 거리가 먼 것은?

① 붐(boom)
② 암(arm)
③ 버킷(bucket)
④ 블레이드(blade)

굴착기의 전부장치(작업부)는 붐, 암, 버킷으로 구성되어 있다.

93

강재 거푸집과 비교한 합판 거푸집의 특성이 아닌 것은?

① 외기온도의 영향이 적다.
② 녹이 슬지 않으므로 보관하기가 쉽다.
③ 중량이 무겁다.
④ 보수가 간단하다.

해설

강재 거푸집보다 합판 거푸집의 중량이 가볍다.

94

옹벽 축조를 위한 굴착작업에 관한 설명으로 옳지 않은 것은?

① 수평 방향으로 연속적으로 시공한다.
② 하나의 구간을 굴착하면 방치하지 말고 기초 및 본 체구조물 축조를 마무리한다.
③ 절취경사면에 전석, 낙석의 우려가 있고 혹은 장기간 방치할 경우에는 숏크리트, 록볼트, 캔버스 및 모르타르 등으로 방호한다.
④ 작업위치 좌우에 만일의 경우에 대비한 대피통로를 확보하여 둔다.

해설

수평 방향의 연속 시공을 금지하며, 블록으로 나누어 단위시공 단면적을 최소화하여 분단시공을 한다(굴착공사 표준안전작업지침 제14조).

95

옥외에 설치되어 있는 주행크레인에 대하여 이탈방지장치를 작동시키는 등 이탈 방지를 위한 조치를 하여야 하는 순간풍속 기준은?

① 초당 10m 초과
② 초당 20m 초과
③ 초당 30m 초과
④ 초당 40m 초과

해설

폭풍에 의한 이탈 방지(산업안전보건기준에 관한 규칙 제140조)
사업주는 순간풍속이 초당 30m를 초과하는 바람이 불어올 우려가 있는 경우 옥외에 설치되어 있는 주행크레인에 대하여 이탈방지장치를 작동시키는 등 이탈 방지를 위한 조치를 하여야 한다.

96

흙막이 가시설 공사 중 발생할 수 있는 보일링(boiling) 현상에 관한 설명으로 옳지 않은 것은?

① 이 현상이 발생하면 흙막이벽의 지지력이 상실된다.
② 지하 수위가 높은 지반을 굴착할 때 주로 발생된다.
③ 흙막이벽의 근입장 깊이가 부족할 경우 발생한다.
④ 연약한 점토 지반에서 굴착면의 융기로 발생한다.

해설

히빙(heaving)현상
연약한 지반을 굴착할 때 흙막이벽 뒤쪽 흙의 중량이 바닥의 지지력보다 커지면 굴착 저면에서 흙이 부풀어 오르는 현상

97

콘크리트 타설 시 안전에 유의해야 할 사항으로 옳지 않은 것은?

① 콘크리트 다짐효과를 위하여 최대한 높은 곳에서 타설한다.
② 타설 순서는 계획에 의하여 실시한다.
③ 콘크리트를 치는 도중에는 거푸집, 지보공 등의 이상 유무를 확인하여야 한다.
④ 타설 시 비어 있는 공간이 발생되지 않도록 밀실하게 부어 넣는다.

해설

콘크리트 타설 시 높은 위치에서 콘크리트를 직접 낙하시키면 재료의 분리, 공기의 혼입, 다지기 불충분 등 불량 콘크리트의 원인이 되기 쉬우므로 슈트 등을 사용하여 낙하거리를 가능한 짧게 해야 한다.

98

철골공사의 용접, 용단작업에 사용되는 가스의 용기는 최대 몇 ℃ 이하로 보존해야 하는가?

① 25℃
② 36℃
③ 40℃
④ 48℃

99

운반작업을 인력운반작업과 기계운반작업으로 분류할 때 기계운반작업으로 실시하기에 부적절한 대상은?

① 단순하고 반복적인 작업
② 표준화되어 있어 지속적이고 운반량이 많은 작업
③ 취급물의 형상, 성질, 크기 등이 다양한 작업
④ 취급물이 중량인 작업

해설

취급물의 형상, 성질, 크기 등이 다양한 작업은 인력운반작업이 적당하다.

100

중량물을 운반할 때의 바른 자세로 옳은 것은?

① 허리를 구부리고 양손으로 들어 올린다.
② 중량은 보통 체중의 60%가 적당하다.
③ 물건은 최대한 몸에서 멀리하여 들어 올린다.
④ 길이가 긴 물건은 앞쪽을 높게 하여 운반한다.

해설

① 허리를 곧은 자세로 하여야 한다.
② 중량은 일반적으로 남자는 체중의 40%, 여자는 25% 정도가 적당하다.
③ 물건은 최대한 몸에 가까이하여 들어 올린다.

교육은 우리 자신의 무지를 점차 발견해 가는 과정이다.

– 월 듀란트 –

기출이 답이다 산업안전산업기사

개정2판1쇄 발행	2026년 01월 05일 (인쇄 2025년 11월 07일)
초 판 발 행	2024년 07월 05일 (인쇄 2024년 05월 24일)
발 행 인	박영일
책 임 편 집	이해욱
편 저	최광희
편 집 진 행	윤진영 · 오현석
표 지 디 자 인	권은경 · 길전홍선
편 집 디 자 인	정경일
발 행 처	(주)시대고시기획
출 판 등 록	제10-1521호
주 소	서울시 마포구 큰우물로 75 [도화동 538 성지 B/D] 9F
전 화	1600-3600
팩 스	02-701-8823
홈 페 이 지	www.sdedu.co.kr

I S B N	979-11-434-0183-0(13500)
정 가	34,000원

안전이 곧 경쟁력! 산업안전 시리즈

산업안전(산업)기사란?

제조 및 서비스업 등 각 산업현장에 소속되어 산업재해 예방계획 수립에 관한 사항을 수행하여 작업환경의 점검 및 개선에 관한 사항, 사고사례 분석 및 개선에 관한 사항, 근로자의 안전교육 및 훈련 등을 수행하는 직무이다.

산업보건/산업안전지도사란?

외부전문가인 지도사의 객관적이고도 전문적인 지도 · 조언을 통하여 사업장 내에서의 기존의 위생 · 보건과 안전상의 문제점을 규명하여 개선하고 생산라인 관계자에게 생산현장의 생산방식이나 공법 도입에 따른 위생 · 보건과 안전대책 수립에 도움을 주는 직무이다.

무단뽀 산업안전기사 필기
+무료 동영상(기출) 강의

단기합격을 위한 핵심요약 이론
실제 기출 선지를 활용한 OX/빈칸문제
과년도+최근 기출(복원)문제 및 상세한 해설

기출이 답이다 산업안전산업기사
필기 10개년 기출문제집

과목별 필수이론 요약 정리
최근 10개년 기출(복원)문제 수록
개정 산업안전보건법 반영

기출이 답이다 산업보건지도사 1차
10개년 기출문제집

시험에 자주 나오는 문제를 분석한 핵심이론
최근 10개년 기출문제 수록
기출문제를 집중분석한 해설 수록

기출이 답이다 산업안전지도사 1차
10개년 기출문제집

시험에 자주 나오는 문제를 분석한 핵심이론
최근 10개년 기출문제 수록
이론서가 필요 없는 자세한 해설 수록

※ 도서의 구성 및 이미지는 변경될 수 있습니다.

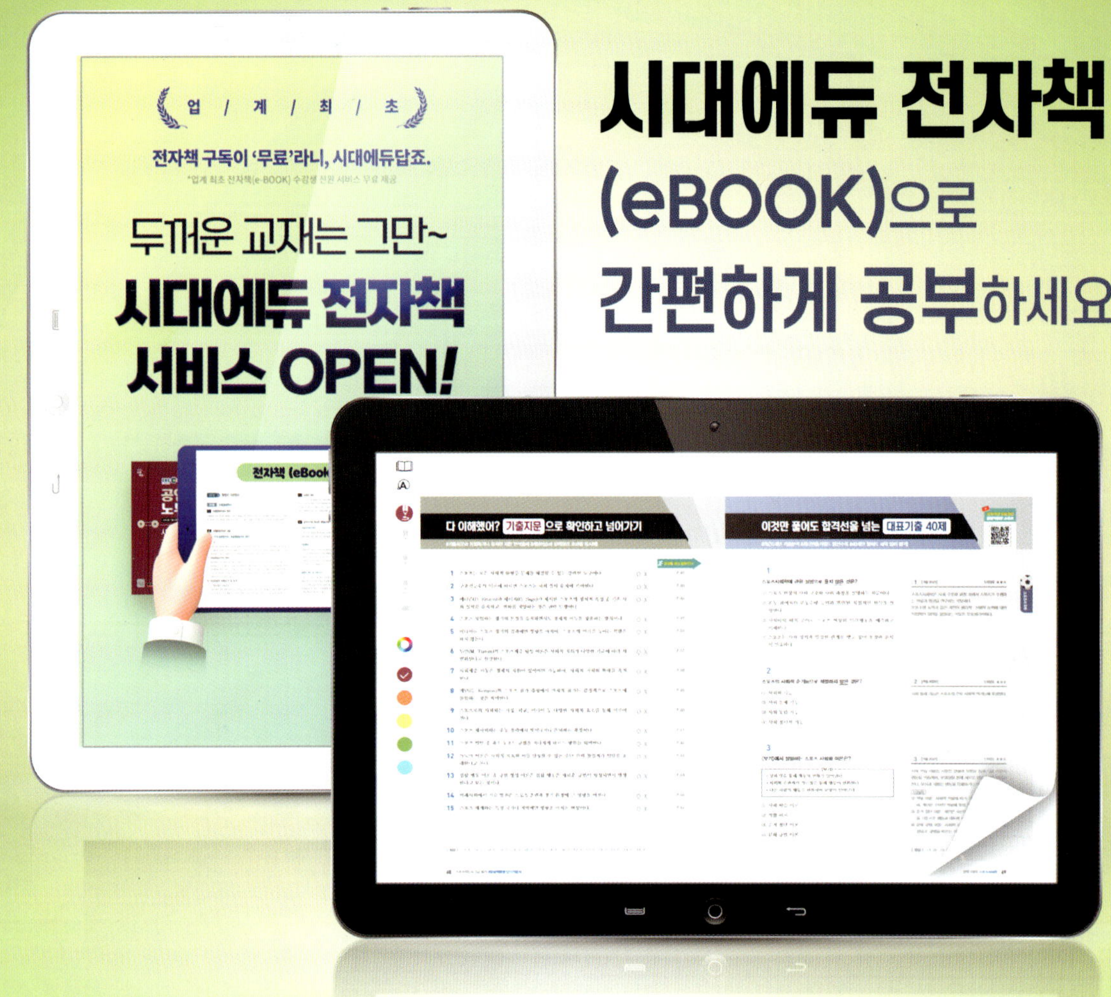